Calculus

NINTH EDITION

Varberg · Purcell · Rigdon 原著

國立臺中技術學院　朱蘊鑛教授
國立高雄海洋科技大學　徐世敏副教授　編譯

微積分

最新版

微積分(最新版) 教學網頁
http://dme.nkmu.edu.tw/main.php?mod=custom_page&site_id=49&page_id=272
或是在網路上搜尋 "徐世敏"

東華書局

國家圖書館出版品預行編目資料

微 積 分 / Dale Varberg, Edwin J. Purcell, Steve E.
　　Rigdon 原著 ; 朱蘊鑛, 徐世敏編譯 . -- 十一版 . --
　　臺北市 : 臺灣培生教育, 2013.01
　　　面 ；　公分
　　譯自 : Calculus, 9th ed.
　　ISBN 978-986-280-200-7(平裝)

　　1. 微積分

314.1　　　　　　　　　　　　　　　101026931

微積分 最新版

原　　　著	Dale Varberg・Edwin J. Purcell・Steve E. Rigdon
譯　　　者	朱蘊鑛、徐世敏
發　行　人	謝振環
出　版　者	臺灣東華書局股份有限公司
地　　　址	臺北市重慶南路一段一四七號三樓
電　　　話	02-2311-4027
傳　　　真	02-2311-6615
劃 撥 帳 號	00064813
網　　　址	www.tunghua.com.tw
讀 者 服 務	service@tunghua.com.tw
門　　　市	臺北市重慶南路一段一四七號一樓
電　　　話	02-2371-9320
出 版 日 期	2013 年 1 月十一版一刷
	2023 年 9 月十一版五刷
I S B N	978-986-280-200-7

版權所有・翻印必究

Authorized translation from the English language edition, entitled CALCULUS, 9th Edition, by VARBERG, DALE; PURCELL, EDWIN; RIGDON, STEVE, published by Pearson Education, Inc, Copyright © 2007.

All rights reserved. No part of this book may be reproduced or transmitted in any form or by any means, electronic or mechanical, including photocopying, recording or by any information storage retrieval system, without permission from Pearson Education, Inc.

CHINESE TRADITIONAL language edition published by TUNG HUA BOOK COMPANY LID, Copyright © 2019.

序

　　微積分是大學教育中一門極重要的課程。對工科同學而言，它關係著後續的工程數學及專業科目的學習，對商科及其他科系的同學而言，它關係著統計學的學習。

　　Varberg、Purcell 和 Rigdon 等人所著由培生公司所出版的微積分原文第 9 版教科書是一本非常好的教科書。本書儘量避免冗長的定義及證明，第 0 章的預備知識是微積分學習的基礎，後幾章向量微積分是實函數微積分學習的優美延伸。

　　為了讓同學集中精神在數學部分的學習，我們特將此書譯成中文，在版面編排的許可範圍內，課文盡可能保持原版的所有內容，習題的編選則以課文中範例的持續或延伸練習為原則。

　　這是一個變化快速的時代，計算軟體、編輯軟體蓬勃發展，微積分教學也面臨許多新的可能性。可以利用計算軟體（如 Maple、Mathematica）繪製靜態或動態的圖形、可以透過網路編製教學網頁、可以利用編輯軟體製作電子書、可以利用文書編輯軟體靈活製作紙本學習本。微積分的課堂中因著這些教材的介入變得多采多姿。當然，這也意味著授課者將面臨許多的挑戰。

　　本書的編譯者多年來致力於多種不同形式教材的編製，也在課堂中嘗試及學習使用。"看見是相信的開始"，所以利用網頁或是電子書展示大量的圖檔或動畫。"動手寫是學習的開始"，所以為學生預備了待填入解說的紙本學習本。本書特別將上述部份教材列為教學配件，提供給願意嘗試的老師們使用。相信透過持續的學習，現代科技與珍貴的傳統學習可以達到令人自在的平衡。

　　一本微積分教科書的出版實屬不易。本書的編譯疏漏之處在所難免，期盼各界賢達不吝指正。

編譯者　朱蘊鑛、徐世敏
西元 2015 年 10 月於
高雄

目錄

序

第 0 章　預備知識

0.1　實數、估計與邏輯 ･･････････････････････････････････････ 2
0.2　不等式與絕對值 ･･･ 9
0.3　直角坐標系 ･･ 17
0.4　方程式的圖形 ･･ 25
0.5　函數及其圖形 ･･ 30
0.6　函數的運算 ･･ 35
0.7　三角函數 ･･･ 41

第 1 章　極限

1.1　極限的簡介 ･･ 52
1.2　極限的嚴密研究 ･･･ 59
1.3　極限定理 ･･･ 64
1.4　含三角函數的極限 ･･･････････････････････････････････････ 70
1.5　在無窮遠處的極限；無窮大極限 ･････････････････････････ 74
1.6　函數的連續性 ･･ 80

第 2 章　導數

2.1　具同一主題的兩個問題 ･･････････････････････････････････ 90
2.2　導數 ･･ 96
2.3　求導數的法則 ･･･ 102
2.4　三角函數的導數 ･･ 109
2.5　連鎖法則 ･･ 113
2.6　高階導數 ･･ 119
2.7　隱微分 ･･ 123
2.8　相關變化率 ･･･ 128
2.9　微分與近似 ･･･ 134

第 3 章　導數的應用

- 3.1　極大值與極小值 …… 142
- 3.2　單調性與凹性 …… 146
- 3.3　區域極值與開區間上的區域極值 …… 152
- 3.4　實際問題 …… 157
- 3.5　利用微積分描繪函數圖形 …… 160
- 3.6　導數均值定理 …… 165
- 3.7　數值解方程式 …… 169
- 3.8　反導函數 …… 175
- 3.9　微分方程的簡介 …… 181

第 4 章　定積分

- 4.1　面積的簡介 …… 188
- 4.2　定積分 …… 197
- 4.3　微積分第一基本定理 …… 205
- 4.4　微積分第二基本定理與代換法 …… 214
- 4.5　積分均值定理與對稱性的應用 …… 221
- 4.6　數值積分 …… 227

第 5 章　定積分的應用

- 5.1　平面區域的面積 …… 236
- 5.2　固體的體積：截面法、圓盤法、墊圈法 …… 241
- 5.3　旋轉體的體積：殼層法 …… 248
- 5.4　平面曲線的長度 …… 254
- 5.5　功與流體的作用力 …… 261
- 5.6　動差與質心 …… 267
- 5.7　機率與隨機變數 …… 272

第 6 章　超越函數

- 6.1　自然對數函數 …… 280
- 6.2　反函數及其導函數 …… 287
- 6.3　自然指數函數 …… 292
- 6.4　一般指數與對數函數 …… 297
- 6.5　指數型成長與衰退 …… 302
- 6.6　一階線性微分方程 …… 308
- 6.7　微分方程的近似 …… 312

目錄 Contents

6.8　反三角函數及其導函數 ……………………………………………317
6.9　雙曲函數及其反函數 …………………………………………………325

第 7 章　積分的技巧

7.1　基本的積分法則 ………………………………………………………332
7.2　分部積分 ………………………………………………………………336
7.3　某些三角積分 …………………………………………………………341
7.4　有理化代換 ……………………………………………………………347
7.5　利用部分分式積分有理式函數 ………………………………………351
7.6　積分策略 ………………………………………………………………357

第 8 章　不定型與瑕積分

8.1　不定型 0/0 ……………………………………………………………364
8.2　其他不定型 ……………………………………………………………367
8.3　瑕積分：無窮界限的積分 ……………………………………………372
8.4　瑕積分：無窮大被積函數 ……………………………………………380

第 9 章　無窮級數

9.1　無窮數列 ………………………………………………………………386
9.2　無窮級數 ………………………………………………………………391
9.3　正項級數：積分檢定 …………………………………………………398
9.4　正項級數的其他檢定 …………………………………………………403
9.5　交錯級數、絕對收斂與條件收斂 ……………………………………409
9.6　冪級數 …………………………………………………………………415
9.7　冪級數的運算 …………………………………………………………419
9.8　泰勒與馬克勞林級數 …………………………………………………424
9.9　一個函數的泰勒近似 …………………………………………………432

第 10 章　圓錐曲線與極坐標

10.1　拋物線 …………………………………………………………………440
10.2　橢圓與雙曲線 …………………………………………………………443
10.3　坐標軸的平移與旋轉 …………………………………………………450
10.4　平面曲線的參數表示 …………………………………………………458
10.5　極坐標系 ………………………………………………………………464
10.6　極方程式的圖形 ………………………………………………………471
10.7　微積分在極坐標系 ……………………………………………………474

第 11 章　空間幾何與向量

- 11.1　三度空間的笛卡兒坐標 … 482
- 11.2　向量 … 488
- 11.3　點積 … 494
- 11.4　叉積 … 503
- 11.5　向量值函數與曲線運動 … 508
- 11.6　三度空間中的直線與切線 … 519
- 11.7　曲率與加速度的分量 … 523
- 11.8　三度空間中的曲面 … 533
- 11.9　柱面坐標與球面坐標 … 539

第 12 章　多變數函數的導數

- 12.1　多變數函數 … 546
- 12.2　偏導數 … 553
- 12.3　極限與連續 … 558
- 12.4　可微分性 … 565
- 12.5　方向導數與梯度 … 573
- 12.6　連鎖法則 … 578
- 12.7　切平面與近似 … 584
- 12.8　極大值與極小值 … 589
- 12.9　拉格朗日乘子法 … 598

第 13 章　多重積分

- 13.1　矩形區域上的二重積分 … 606
- 13.2　疊積分 … 611
- 13.3　非矩形區域上的二重積分 … 615
- 13.4　二重積分在極坐標系 … 622
- 13.5　二重積分的應用 … 627
- 13.6　曲面的面積 … 631
- 13.7　三重積分在笛卡兒坐標系 … 637
- 13.8　三重積分在柱面及球面坐標系 … 644
- 13.9　多重積分的變數變換 … 649

第 14 章　向量微積分

- 14.1　向量場 … 662
- 14.2　線積分 … 667

- 14.3 路徑的獨立性 ······ 673
- 14.4 平面上的格林定理 ······ 681
- 14.5 曲面積分 ······ 688
- 14.6 高斯散度定理 ······ 698
- 14.7 斯托克斯定理 ······ 704

附錄 A　附錄

- A.1 數學歸納法 ······ 710
- A.2 一些重要定理的證明 ······ 712

附錄 B　積分表

- B.1 基本式 ······ 718
- B.2 三角式 ······ 718
- B.3 含 $\sqrt{u^2 \pm a^2}$ ······ 720
- B.4 含 $\sqrt{a^2 - u^2}$ ······ 720
- B.5 指數和對數式 ······ 721
- B.6 反三角式 ······ 721
- B.7 雙曲線式 ······ 722
- B.8 其它代數式 ······ 723
- B.9 定積分 ······ 724

預備知識

Chapter 0

本章概要

0.1 實數,估計與邏輯

0.2 不等式與絕對值

0.3 直角坐標系

0.4 方程式的圖形

0.5 函數及其圖形

0.6 函數的運算

0.7 三角函數

0.1 實數、估計與邏輯

微積分是建立在實數系及它的性質上的一門學問。但是實數是什麼？它具有哪些性質呢？為了回答此問題，我們從較簡單的數系開始。

整數與有理數　最簡單的數就是**自然數**（natural numbers），

$$1, 2, 3, 4, 5, 6, \ldots$$

有了它們我們可以計數：我們的書本、我們的朋友與我們的金錢。如果納入它們的負數及零，我們得到**整數**（integers）

$$\ldots, -3, -2, -1, 0, 1, 2, 3, \ldots$$

當我們測量身高、體重或伏特時，只用整數是不夠的。它們分散太開以致無法給出充分的精確度。我們被迫考慮數的商（比值）（圖 1），就如同下列的數

$$\frac{3}{4}, \frac{-7}{8}, \frac{21}{5}, \frac{19}{-2}, \frac{16}{2}, \text{與} \frac{-17}{1}$$

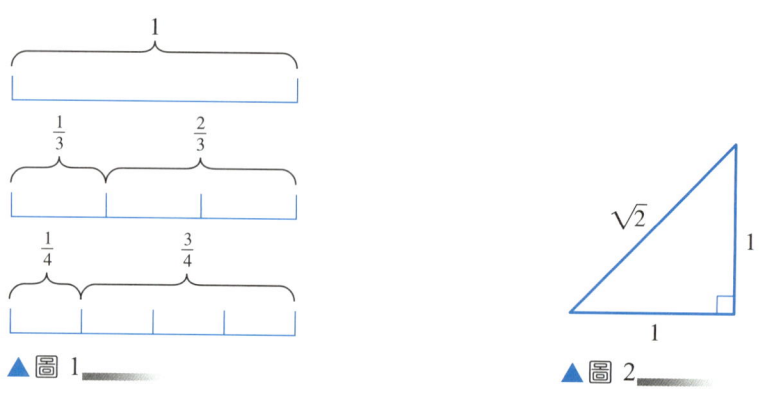

▲圖 1　　　　　　　　　▲圖 2

請注意我們納入 $\frac{16}{2}$ 和 $\frac{-17}{1}$，儘管依照一般的除法意義我們將它表示為 8 和 -17。我們沒將 $\frac{5}{0}$ 和 $\frac{-9}{0}$ 納入是因為這些符號沒有意義。請記得，分母不得為 0。可寫成 m/n 的數，其中 m 和 n 皆為整數且 $n \neq 0$，稱為**有理數**（rational numbers）。

有理數可用來測量出所有的長度嗎？不。此驚人的事實被西元前 5 世紀的古希臘人所發現。他們證明當 $\sqrt{2}$ 為腰長等於 1 的等腰直角三角形之斜邊的測量值時（圖 2），$\sqrt{2}$ 無法表為兩個整數的商。所以，$\sqrt{2}$ 是一個**無理數**（irrational numbers）（不是有理數）。$\sqrt{3}, \sqrt{5}, \sqrt[3]{7}, \pi$ 和一堆數皆是無理數。

實數 考慮所有可以用來測量長度的數（有理數和無理數），以及它們的負數和零。我們稱這些數為**實數**（real numbers）。

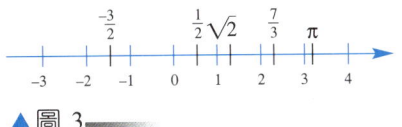

▲圖 3

實數可被視為分布在一條水平直線上的點之標誌。該標誌記錄了一個稱為**原點**（origin）且標誌為 0 的固定點往左或往右到該點的距離（**方向距離** directed distance）（圖 3），往左是負的，往右是正的。雖然我們不可能顯示所有的標誌，但是每個點皆有一個唯一的標誌。此標誌就稱為該點的**坐標**（coordinate），而且所形成的坐標直線稱為**實線**（real line）。圖 4 顯示了討論到目前為止，數的集合之間的關係。

你也許記得實數系還可以被擴大為**複數系**（complex numbers）。複數是形如 $a + bi$ 的數，其中 a 和 b 皆為實數且 $i = \sqrt{-1}$。本書使用複數的機會甚微。事實上若未特別說明或加形容詞，我們談論到數，都是指實數。實數是微積分中的主要角色。

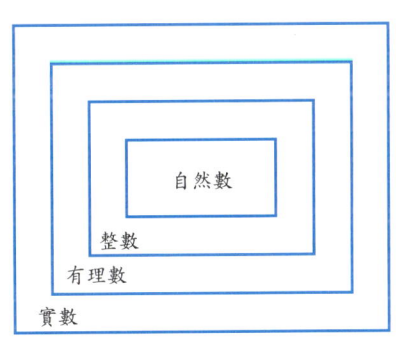

▲圖 4

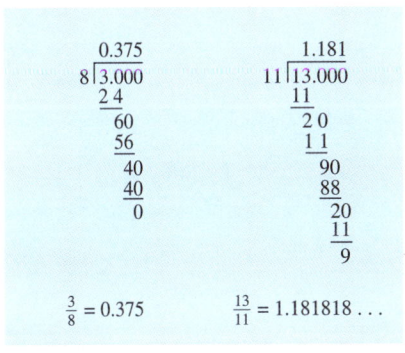

▲圖 5

循環小數與不循環小數 每個有理數皆可表為小數，因為按照定義，它總是可以表為兩個整數之商；如果我們將分子除以分母，則可得到一個小數（圖 5）。例如，

$$\frac{1}{2} = 0.5 \qquad \frac{3}{8} = 0.375 \qquad \frac{3}{7} = 0.428571428571428571\ldots$$

而無理數也可以表為小數。例如，

$$\sqrt{2} = 1.4142135623\ldots, \qquad \pi = 3.1415926535\ldots$$

一個有理數的小數表現如果不是有限的（例如 $\frac{3}{8} = 0.375$），就是永遠以某個週期循環（例如 $\frac{13}{11} = 1.181818$）。一個有限小數可視為重現 0 的一個循環小數，例如

4 微積分

$$\frac{3}{8} = 0.375 = 0.3750000\ldots$$

所以，每個有理數皆可表為循環小數。換言之，若 x 為一個有理數，則 x 可以表為一個循環小數。反之亦然，若 x 是個循環小數，則 x 是一個有理數。

● 範例 1

（循環小數是有理數）證明 $x = 0.136136136\ldots$ 代表一個有理數。

解答： 我們從 $1000x$ 中減去 x，然後解得 x。

$$\begin{aligned}
1000x &= 136.136136\ldots \\
x &= 0.136136\ldots \\
\hline
999x &= 136 \\
x &= \frac{136}{999}
\end{aligned}$$

然而無理數的小數表現就無法以週期循環來表現。相反地，一個不循環的小數必定代表一個無理數。因此例如

$$0.101001000100001\ldots$$

必定代表一個無理數（注意在兩個 1 之間的 0 愈來愈多）。圖 6 總結我們所說的。

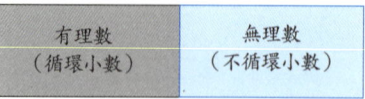

▲圖 6

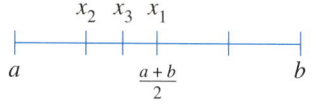

▲圖 7

稠密性 在兩個不管多靠近的相異實數 a 和 b 之間，存在著另一實數。尤其 $x_1 = (a+b)/2$ 是位在 a 和 b 中間的實數（圖 7）。因為存在另一實數 x_2 介於 a 和 x_1 之間，有另一實數 x_3 介於 x_1 和 x_2 之間，而且這種論點可以重覆無限多次，所以說在 a 和 b 之間存在無限多個實數。因此，「恰好大於 3 的實數」是不存在的。

事實上，我們可以說得更多。在兩個相異的實數之間，存在一個有理數與一個無理數。因此依照上面的論點，在兩個相異實數之間存在無限多個有理數與無限多個無理數。

關於我們剛才的討論結果，數學家有一種說法：「分布在實數線上的有理數與無理數是**稠密的（dense）**」。每個實數皆有任意靠近它的有理數和無理數。

稠密性的一個結果是任一無理數皆可用一個有理數來逼近到我們想要的靠近程度。以 $\sqrt{2}$ 為例，數列 1, 1.4, 1.41, 1.414, 1.41421,

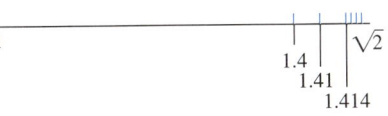

▲ 圖 8

本書中的許多問題都以特殊符號標誌
[C] 代表使用一部計算機。
[GC] 代表使用一部繪圖計算機。
[CAS] 代表使用一套電腦代數系統。
[EXPL] 代表該問題要求你探索且超越書中給的解釋。

1.414213, ... 穩定地且勢不可擋地前進到達 $\sqrt{2}$（圖 8）。只要此數列走得夠遠，我們將可接近 $\sqrt{2}$ 到我們希望的程度。

計算機與電腦　現在許多計算機能夠執行數值運算與符號運算，也可以繪圖。數十年前，計算機可以執行如 $\sqrt{12.2}$ 和 $1.25 \sin 22°$ 之小數近似值的運算。在 1990 年代初期，計算機可以繪出絕大多數的代數、三角、指數或對數函數的圖形。近來來，計算機能夠執行許多的符號運算（symbolic operations），例如展開 $(x - 3y)^{12}$ 或解 $x^3 - 2x^2 + x = 0$。如 Mathematica 或 Maple 等電腦代數系統（CAS）能夠執行這樣的符號運算，也具備完善的內建功能，可以做許多其它的事。

關於一部計算機的使用，我們的建議是：

知道何時你的計算機或電腦給你一個準確的答案（exact answer），而且何時它給你一個近似值（approximation）。例如，若你要求 $\sin 60°$，你的計算機也許給你準確的答案 $\sqrt{3}/2$，也許它會給你一個近似值 0.8660254。

1. 在大數情況下，求出一個準確的答案是較合適的。特別是，當後續的計算中必須使用此結果時。例如，當你必須把 $\sin 60°$ 的結果平方，那麼計算 $(\sqrt{3}/2)^2 = 3/4$ 比計算 0.86602542 來得容易且準確。

2. 在一個應用問題中，如果可能，同時找出準確解與近似解。透過檢視你找出的近似解，可以檢核你的答案是否合於問題的敘述。

估計　給定一個複雜的算術問題，一個粗心的學生也許在計算機上快速地按幾個鍵之後，就提出答案，而沒察覺少按一個括號或手指滑掉已造成一個錯誤的結果。一個對數字有感覺且細心的學生，即使有相同的操作失誤，他也會注意到答案的太大或太小，而確認答案是錯誤的，而且重新正確地計算。知道如何在心裡做預估是很重要的。

範例 2

計算 $(\sqrt{430} + 72 + \sqrt[3]{7.5})/2.75$。

解答：一個聰明的學生以 $(20 + 72 + 2)/3$ 估算這問題並說答案應該是 30 左右。所以當她的計算機給出答案 93.448 時，她會懷疑答案的正確性（事實上，她計算了 $\sqrt{430} + 72 + \sqrt[3]{7.5}/2.75$）。重算之後，她得到正確的答案：34.434。

6 微積分

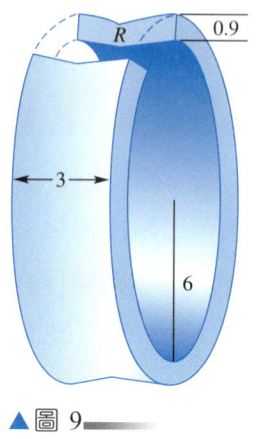

▲ 圖 9

許多問題都以此符號標誌。
≈ 代表做問題之前先做一個估計；然後依此估計值檢查你的答案。

● 範例 3

將圖 9 所示陰影區域 R 繞 x 軸旋轉。估計所產生的環形固體 S 的體積。

解答： 區域 R 大約長 3 單位且高 0.9 單位。我們估計它的面積為 $3(0.9) \approx 3$ 平方單位。想像固體環 S 被切開且水平展開成一個盒子，長大約為 $2\pi r \approx 2(3)(6) = 36$ 單位。而一個盒子的體積為其橫截面積與長度的乘積。所以我們估計該盒子的體積為 $3(36) = 108$ 立方單位。如果你算出的答案是 1000 立方單位，那你必須檢查你的計算程序與結果。

估計（estimation）需結合普通常識與適度的估算，尤其在處理應用問題時，我們極力主張你經常使用它。在你嘗試求得正確答案之前，先做一個估計。若你的答案接近你的估計，並不保證你的答案是正確的。反之，若你的答案與你的估計差太多，那你應當檢查你的答案。可能有一個錯誤存在於你的答案或你的估計中。記得 $\pi \approx 3$，$\sqrt{2} \approx 1.4$，$2^{10} \approx 1000$，1 英尺 $\approx$ 10 英寸，1 英里 $\approx$ 5000 英尺，等等。

一些邏輯 數學中重要的結果稱為**定理（theorems）**；你將會在本書中找到許多定理。最重要的會用定理（*Theorem*）標出，且常常會給它一個名稱（例如畢氏定理）。不像公設或是定義，它們被視為理所當然，定理是需要證明的。

許多定理敘述為「若 P 則 Q」。我們時常將「若 P 則 Q」簡寫為「$P \Rightarrow Q$」，它亦可讀作「P 可推得（implies）Q」。我們稱 P 為定理的假設（*hypothesis*），而 Q 為定理的結論（*conclusion*）。證明包含了顯示「當 P 為真時，Q 必定為真」。

初學者可能會將 $P \Rightarrow Q$ 與它的**逆敘述（converse）** $Q \Rightarrow P$ 搞混。這兩個敘述不是等價的（equivalent）。「若約翰是一個密蘇里人，則約翰是一個美國人」是一個真的敘述，但它的逆敘述「若約翰是一個美國人，則約翰是一個密蘇里人」也許不是真的。

敘述 P 的**否定（negation）**寫成 $\sim P$。例如，若 P 是敘述「下雨了」，則 $\sim P$ 是敘述「沒有下雨」。敘述 $\sim Q \Rightarrow \sim P$ 稱為敘述 $P \Rightarrow Q$ 的**對換敘述（contrapositive）**而且等價於 $P \Rightarrow Q$。「等價」的意思是 $P \Rightarrow Q$ 與 $\sim Q \Rightarrow \sim P$ 同時為真或同時為假。例如關於約翰，「若約翰是一個密蘇里人，則約翰是一個美國人」的對換敘述為「若約翰不是一個美國人，則約翰不是一個密蘇里人」。

因為一個敘述與它的對換敘述是等價的,當我們要證明的定理是「若 P 則 Q」時,我們證明它的對換敘述「若 $\sim Q$ 則 $\sim P$」為真也是可以的。所以,要證明 $P \Rightarrow Q$ 時,我們可以假設 $\sim Q$,然後推導出 $\sim P$。這裡有一個簡單的例子。

範例 4

證明若 n^2 是偶數,則 n 是偶數。

解答:題目之對換敘述為「若 n 不是偶數,則 n^2 不是偶數」,它等價於「若 n 是奇數,則 n^2 是奇數」。我們將證明此對換敘述。若 n 是奇數,則存在整數 k 使得 $n = 2k + 1$。則

$$n^2 = (2k + 1)^2 = 4k^2 + 4k + 1 = 2(2k^2 + 2k) + 1$$

因此 n^2 等於一個整數的 2 倍再多 1。所以 n^2 是奇數。

實數線上的順序

我們說 $x < y$ 意為在實數線上,x 位於 y 的左邊

```
────┼────────┼────→
    x        y
```

順序性質

1. 三一律 若 x 和 y 皆為實數,則下列三者恰有一成立;
   $x < y$ 或 $x = y$ 或 $x > y$
2. 遞移性 $x < y$ 且 $y < z \Rightarrow x < z$
3. 相加性 $x < y \Rightarrow$ 且 $x + z < y + z$
4. 相乘性
   當 z 為正數,
   $x < y \Rightarrow xz < yz$
   當 z 為負數,
   $x < y \Rightarrow xz > yz$

矛盾證法(或說**反證法**)(proof by contradiction),是指一個證明從假設「定理的結論不成立」開始,進行推導之後,得到一個矛盾。而 $P \Leftrightarrow Q$ 代表 $P \Rightarrow Q$ 與 $Q \Rightarrow P$ 同時為真,即 P 和 Q 等價。

順序(Order) 非零實數平分為兩個不相交的集合-正實數與負實數。此一事實讓我們以

$$\boxed{x < y \Leftrightarrow y - x \text{ 是正數}}$$

來介紹順序關係 <(讀作「小於」)。我們同意 $x < y$ 和 $y > x$ 將代表同件事。所以,$3 < 4$ 和 $4 > 3$ 代表同樣意義。

順序關係 ≤(讀作「小於或等於」)是 < 的第一個表兄弟。它定義為

$$\boxed{x \leq y \Leftrightarrow y - x \text{ 為正數或 } 0}$$

當左盒中的 < 和 > 被換成 ≤ 和 ≥ 時,順序性質 2、3、4 照樣成立。

數量詞(Quantifiers) 許多數學敘述包含一個變數 x,而且該敘述的真假由 x 的值決定。例如,敘述「$\sqrt{x}$ 是一個有理數」與 x 的值有關;對於某些 x 的值而言它是真的,例如 $x = 1, 4, 9, \frac{4}{9}$ 和 $\frac{10,000}{49}$,而對於另些 x 的值而言它是假的,例如 $x = 2, 3, 77$ 和 π。像

「$x^2 \geq 0$」這種敘述對於所有的實數 x 皆為真,而像「x 是大於 2 的偶數且 x 是一個質數」這種敘述恆為假。我們將令 $P(x)$ 代表其真假值與 x 的值相關之敘述 P。

當敘述 $P(x)$ 對於所有 x 的值皆為真時,我們說「對於所有 x,$P(x)$」或「對於每個 x,$P(x)$」。當存在至少一個 x 的值使得 $P(x)$ 為真,我們說「存在一個 x 使得 $P(x)$」。「對於所有」和「存在一個」是兩個重要的數量詞。

範例 5

下列那些敘述為真?

(a) 對於所有 x,$x^2 > 0$。

(b) 對於所有 x,$x < 0 \Rightarrow x^2 > 0$。

(c) 對於每個 x,存在一個 y 使得 $y > x$。

(d) 存在一個 y 使得,對於所有 x,$y > x$。

解答:

(a) 假。若令 $x = 0$,則 $x^2 > 0$ 為假。

(b) 真。若 x 是負數,則 x^2 是正數。

(c) 真。此敘述包含兩個數量詞,「對於每個」和「存在一個」。為了正確閱讀此敘述,我們必須以正確的順序使用它們。此敘述以「對於每個」開始,所以若此敘述為真,則對於每個我們選定的 x 值而言,接著的敘述必為真。若你不確定整個敘述是否為真,試些 x 值看看此敘述的第二部分是否為真。例如,我們可能選擇 $x = 100$,那麼存在一個 y 使得 y 大於 x 嗎?換句話說,存在一個數大於 100 嗎?是的,當然。101 就是。其次,選定 $x = 1,000,000$,存在一個大於 x 的 y 嗎?是的,$y = 1,000,001$ 就是。現在問你自己:「若我令 x 是一任意實數,我能找到一個大於 x 的 y 嗎?」答案是肯定的。就選 y 為 $x + 1$ 即可。

(d) 假。此敘述說存在一個實數大於每個其它的實數。換句話說,存在一個最大的實數。這是假的;我們有一個反證法。假設存在一個最大的實數 y。令 $x = y + 1$,則 $x > y$,這與 y 是最大實數互相予盾。

練習題 0.1

1-4 題中,請化簡各式

1. $1 - \dfrac{1}{1 + \dfrac{1}{2}}$

2. $2 + \dfrac{3}{1 + \dfrac{5}{2}}$

3. $\left(\sqrt{5} + \sqrt{3}\right)\left(\sqrt{5} - \sqrt{3}\right)$

4. $\left(\sqrt{5}-\sqrt{3}\right)^2$

5-8 題中，請化簡各式

5. $\dfrac{x^2-4}{x-2}$

6. $\dfrac{x^2-x-6}{x-3}$

7. $\dfrac{2x-2x^2}{x^3-2x^2+x}$

8. $\dfrac{12}{x^2+2x}+\dfrac{4}{x}+\dfrac{2}{x+2}$

9. 下列各式是否有定義？若有請找出它的值。

   (a) $0 \cdot 0$　　　　(b) $\dfrac{0}{0}$　　　　(c) $\dfrac{0}{17}$

   (d) $\dfrac{3}{0}$　　　　(e) 0^5　　　　(f) 17^0

10-11 題中，利用長除法將下列分數化為小數

10. $\dfrac{1}{12}$　　　　11. $\dfrac{11}{3}$

12-13 題中，將下列循環小數化為分數

12. $0.123123123\ldots$　　　13. $2.56565656\ldots$

14. 下列那些敘述為真？假設 x 與 y 均為實數。

   (a) 對於所有 x，$x>0 \Rightarrow x^2>0$。

   (b) 對於所有 x，$x>0 \Leftrightarrow x^2>0$。

   (c) 對於所有 x，$x^2>x$。

   (d) 對於每個 x，存在一個 y 使得 $y>x^2$。

   (e) 對於每一個正數 y，存在另一個正數 x 使得 $0<x<y$。

0.2　不等式與絕對值

解方程式（例如，$3x-17=6$ 或 $x^2-x-6=0$）是傳統的數學工作之一；在本課程中它是重要的，而且我們假設你記得如何解方程式。但是在微積分中幾乎同等重要的是解不等式（例如，$3x-17<6$ 或 $x^2-x-6 \geq 0$）。解（solve）不等式即為求得使不等式為真的所有實數所成的集合。方程式的解集合通常包含一個數或有限個數，但是，不等式的解集合通常是一個完整的區間或是一些區間的聯集。

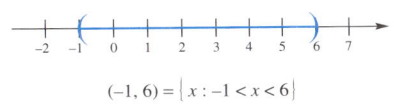
▲圖 1

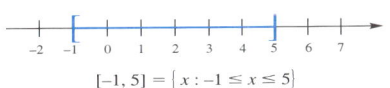
▲圖 2

區間　不同型式的區間將會出現在我們的工作中，而且我們將給予它們特殊名稱與符號。不等式 $a<x<b$，其實是兩個不等式 $a<x$ 和 $x<b$，它描述了由所有 a 和 b 之間的數，不包含端點 a 和 b，所成的開區間（open interval），我們用符號 (a,b) 表示此區間（圖 1）。不等式 $a \leq x \leq b$ 描述相對應的閉區間（closed interval），它包含端點 a 和 b，此區間表示為 $[a,b]$（圖 2）。下表指出各種的區間及它們的表示符號。

集合符號	區間符號	圖示
$\{x : a < x < b\}$	(a, b)	
$\{x : a \leq x \leq b\}$	$[a, b]$	
$\{x : a \leq x < b\}$	$[a, b)$	
$\{x : a < x \leq b\}$	$(a, b]$	
$\{x : x \leq b\}$	$(-\infty, b]$	
$\{x : x < b\}$	$(-\infty, b)$	
$\{x : x \geq a\}$	$[a, \infty)$	
$\{x : x > a\}$	(a, ∞)	
$\mathbb{R}$	$(-\infty, \infty)$	

解不等式 就像解方程式般，解不等式的過程包含了逐步轉換不等式，直到解集合顯現。

我們可以在不等式的兩邊執行某些運算而不改變它的解集合。

1. 我們可以在不等式的兩邊同加一個數。
2. 我們可以在不等式的兩邊同乘一個正數。
3. 我們可以在不等式的兩邊同乘一個負數，但必須改變不等式符號的方向。

範例 1

解不等式 $2x - 7 < 4x - 2$，並描繪解集合的圖形。

解答：

$$2x - 7 < 4x - 2$$
$$2x < 4x + 5 \quad (\text{加 } 7)$$
$$-2x < 5 \quad (\text{加} -4x)$$
$$x > -\frac{5}{2} \quad (\text{乘} -\frac{1}{2})$$

解集合的圖形如圖 3 所示。

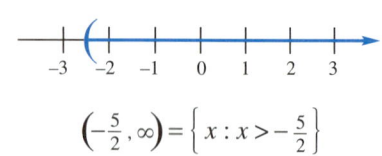

$\left(-\frac{5}{2}, \infty\right) = \left\{x : x > -\frac{5}{2}\right\}$

▲圖 3

範例 2

解 $-5 \leq 2x + 6 < 4$。

解答：

$$-5 \leq 2x + 6 < 4$$
$$-11 \leq 2x \quad\quad < -2 \quad (\text{加} -6)$$
$$-\tfrac{11}{2} \leq \quad x \quad\quad < -1 \quad (\text{乘} \tfrac{1}{2})$$

圖 4 顯示了解集合的圖形。

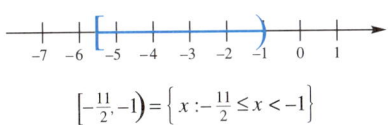

$\left[-\tfrac{11}{2}, -1\right) = \left\{x : -\tfrac{11}{2} \leq x < -1\right\}$

▲圖 4

在進入二次不等式之前，我們先注意下述討論：線性因子 $(x-a)$ 在 $x > a$ 時為正，在 $x < a$ 時為負，所以乘積 $(x-a)(x-b)$ 只有在 a 或 b 發生正負號的改變。這些使因子為零的點就稱為**分割點**（split points）。它們是決定不等式的解集合的關鍵。

範例 3

解二次不等式 $x^2 - x < 6$。

測試點	符號 $(x-3)$	符號 $(x+2)$	$(x-3)(x+2)$
-3	$-$	$-$	$+$
0	$-$	$+$	$-$
5	$+$	$+$	$+$

解答：

$$x^2 - x < 6$$
$$x^2 - x - 6 < 0 \quad (\text{加} -6)$$
$$(x-3)(x+2) < 0 \quad (\text{因式分解})$$

我們看到 -2 與 3 是分割點；它們將實數分割成三個區間 $(-\infty, -2), (-2, 3)$ 與 $(3, \infty)$。在每一個區間中，$(x-3)(x+2)$ 有固定的的正負號。用**測試點**（test points）$-3, 0$ 與 5（三個區間中的任意點皆可）可以找出 $(x-3)(x+2)$ 在每一個區間的正負號。

參考圖 5，可得解集合為區間 $(-2, 3)$。

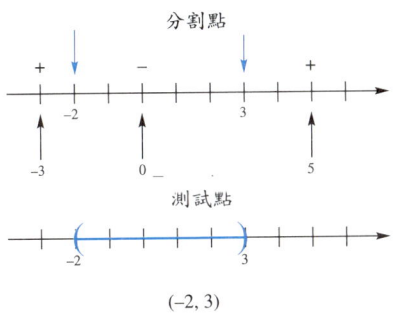

▲圖 5

範例 4

解 $3x^2 - x - 2 > 0$。

解答： 因為

$$3x^2 - x - 2 = (3x + 2)(x - 1) - 3(x-1)\left(x + \tfrac{2}{3}\right)$$

可得分割點為 $-\tfrac{2}{3}$ 與 1，採用測試點 $-2, 0$ 與 2，可列出圖 6 上部的討論。

因此，解集合為兩個區間的聯集：$\left(-\infty, -\tfrac{2}{3}\right) \cup (1, \infty)$

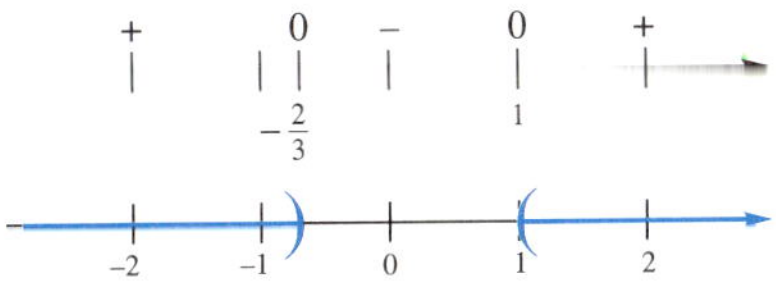

▲圖 6

12 微積分

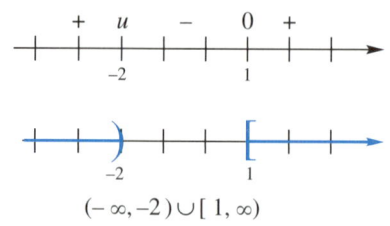
▲圖 7

範例 5

解 $\dfrac{x-1}{x+2} \geq 0$。

解答：因為 $\dfrac{A}{B} = A \cdot \dfrac{1}{B}$，而 B 與 $\dfrac{1}{B}$ 有相同的正負號；

所以 $\dfrac{x-1}{x+2}$ 與 $(x-1)(x+2)$ 有相同的正負號，注意，分母 $x+2 \neq 0$。

分割點為 -2 與 1，採用測試點 -3，0 與 2，可列出圖 7 上部的討論。

因此，解集合為兩個區間的聯集：$(-\infty, -2) \cup [1, \infty)$。

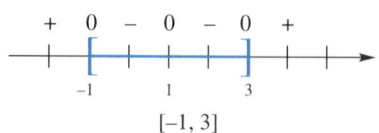
▲圖 8

範例 6

解 $(x+1)(x-1)^2(x-3) \leq 0$。

解答：分割點為 -1，1 與 3，它們將實數分割成四個區間，採用測試點測試之後，可得解集合為 $[-1, 1] \cup [1, 3]$，也就是區間 $[-1, 3]$。

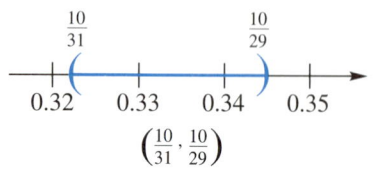
▲圖 9

範例 7

解 $2.9 < \dfrac{1}{x} < 3.1$。

解答：因為 $\dfrac{1}{x}$ 介在 2.9 與 3.1 之間，所以 x 是正的，我們可以在不等式乘 x 而不用改變大小關係。因此

$$2.9x < 1 < 3.1x$$

此時，我們需要將此不等式拆成兩個不等式

$$2.9x < 1 \quad \text{與} \quad 1 < 3.1x$$

$$x < \dfrac{1}{2.9} \quad \text{與} \quad \dfrac{1}{3.1} < x$$

每一個滿足原不等式的 x 必須同時滿足這兩個不等式，因此，解集合由滿足下列不等式的 x 所組成

$$\dfrac{1}{3.1} < x < \dfrac{1}{2.9}$$

可寫成

$$\dfrac{10}{31} < x < \dfrac{10}{29}$$

因此，解集合為區間 $\left(\dfrac{10}{31}, \dfrac{10}{29}\right)$。

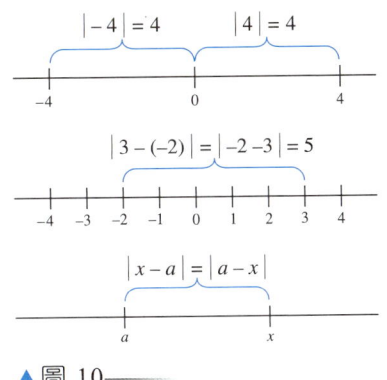
▲圖 10

絕對值　絕對值的概念在微積分是很重要的。實數 x 的**絕對值**（absolute value），以 $|x|$ 表示，定義為

$$|x| = x \quad,\quad x \geq 0$$
$$|x| = -x \quad,\quad x < 0$$

例如，$|6| = 6$，$|0| = 0$，且 $|-5| = -(-5) = 5$。注意 $|x|$ 總是非負的，而且 $|-x| = |x|$。$|x|$ 可被視為 x 與原點之間的距離。同理，$|x - a|$ 是 x 與 a 之間的距離（圖 10）

性質　絕對值在乘與除的運算下，表現良好；但在加與減的運算下，就沒那麼好。

絕對值的性質

1. $|ab| = |a||b|$

2. $\left|\dfrac{a}{b}\right| = \dfrac{|a|}{|b|}$

3. $|a + b| \leq |a| + |b|$（三角不等式）

4. $|a - b| \geq ||a| - |b||$

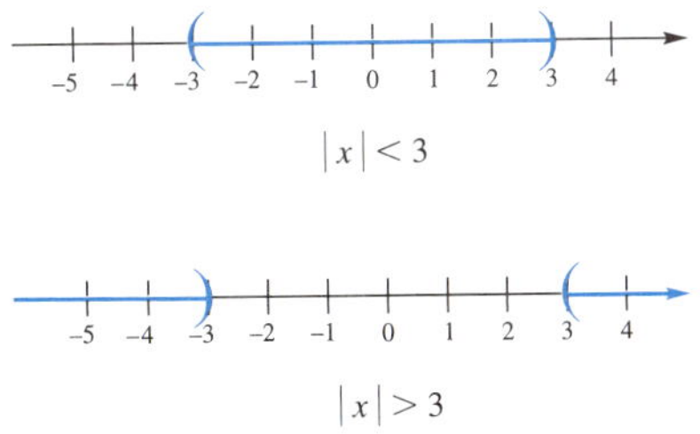

含絕對值的不等式　若 $|x| < 3$，則 x 和原點的距離必須小於 3。換句話說，x 必定同時小於 3 且大於 -3；即 $-3 < x < 3$。反之，若 $|x| > 3$，則 x 與原點的距離必須大於 3。當 $x > 3$ 或 $x < -3$，這才有可能發生（圖 11）。而這些都是下列敘述的特別情況，其中 $a > 0$

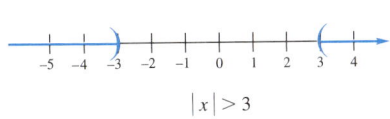
▲圖 11

(1)
$$|x| < a \Leftrightarrow -a < x < a$$
$$|x| > a \Leftrightarrow x < -a \text{ 或 } x > a$$

我們可以利用這些事實來解含絕對值的不等式，因為它們提供了解除絕對值符號的方法。

> ● **範例 8**
>
> 解不等式 $|x - 4| < 2$ 並且將解集合顯示在實數線上。
>
> **解答**：將(1)式不等式中的 x 改成 $|x-4|$，可得
> $$|x - 4| < 2 \Leftrightarrow -2 < x - 4 < 2$$
> 在右邊不等式的三部分上都加上 4，可得 $2 < x < 6$，圖 12 將解集合顯示在數線上。

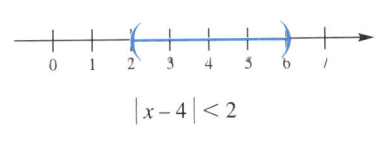
▲圖 12

範例 9

解不等式 $|3x - 5| \geq 1$ 並且將解集合圖形顯示在數線上。

解答：

$$3x - 5 \leq -1 \quad \text{或} \quad 3x - 5 \geq 1$$
$$3x \leq 4 \quad \text{或} \quad 3x \geq 6$$
$$x \leq \tfrac{4}{3} \quad \text{或} \quad x \geq 2$$

解集合為兩個區間的聯集 $(-\infty, \tfrac{4}{3}] \cup [2, \infty)$。圖 13 顯示了它的圖形。

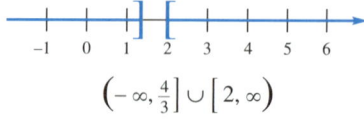

$(-\infty, \tfrac{4}{3}] \cup [2, \infty)$

▲圖 13

範例 10

令 ε 為一個正數。證明

$$|x - 2| < \frac{\varepsilon}{5} \Leftrightarrow |5x - 10| < \varepsilon$$

解答：

$$
\begin{aligned}
|x - 2| < \tfrac{\varepsilon}{5} &\Leftrightarrow 5|x - 2| < \varepsilon \quad (\text{乘 } 5) \\
&\Leftrightarrow |5||(x - 2)| < \varepsilon \quad (|5| = 5) \\
&\Leftrightarrow |5(x - 2)| < \varepsilon \quad (|a||b| = |ab|) \\
&\Leftrightarrow |5x - 10| < \varepsilon
\end{aligned}
$$

範例 11

令 ε 為一個正數。求一個正數 δ 使得

$$|x - 3| < \delta \Rightarrow |6x - 18| < \varepsilon$$

解答：

$$
\begin{aligned}
|6x - 18| < \varepsilon &\Leftrightarrow |6(x - 3)| < \varepsilon \quad (|ab| = |a||b|) \\
&\Leftrightarrow 6|x - 3| < \varepsilon \quad (\text{乘 } \tfrac{1}{6}) \\
&\Leftrightarrow |x - 3| < \tfrac{\varepsilon}{6}
\end{aligned}
$$

所以，我們選定 $\delta = \varepsilon/6$，則

$$|x - 3| < \delta \Rightarrow |x - 3| < \frac{\varepsilon}{6} \Rightarrow |6x - 18| < \varepsilon$$

找出 δ

關於範例 11 的解答要注意兩件事實
1. 我們所求之 δ 值必與 ε 相關。我們選定的是 $\delta = \varepsilon/6$。
2. 小於 $\varepsilon/6$ 的任意正數 δ 都是合適的。例如 $\delta = \varepsilon/7$ 或 $\delta = \varepsilon/(2\pi)$ 都是其他的正確選擇。

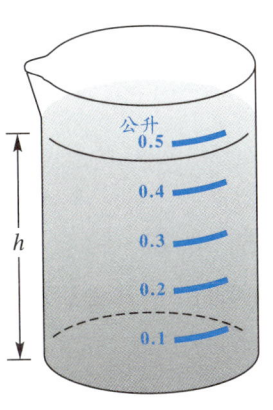
▲ 圖 14

範例 12

一個容量半公升（500 立方公分）的燒杯之內半徑為 4 公分。我們必須測量杯中水的高度 h 準確到什麼程度才能保證半升的水之誤差在 1% 以內，即為一個小於 5 立方公分的誤差？見圖 14。

解答：杯中水的體積 V 之公式為 $V = 16\pi h$。我們要求 $|V - 500| < 5$，或相當於 $|16\pi h - 500| < 5$。而

$$|16\pi h - 500| < 5 \Leftrightarrow \left|16\pi\left(h - \frac{500}{16\pi}\right)\right| < 5$$

$$\Leftrightarrow 16\pi \left|h - \frac{500}{16\pi}\right| < 5$$

$$\Leftrightarrow \left|h - \frac{500}{16\pi}\right| < \frac{5}{16\pi}$$

$$\Leftrightarrow |h - 9.947| < 0.09947 \approx 0.1$$

所以我們測量高度必須準確到約 0.1 公分，或 1 毫米。

二次公式　大多數同學記得**二次公式**（Quadratic Formula）。二次方程式 $ax^2 + bx + c = 0$ 的解可表為

$$x = \frac{-b \pm \sqrt{b^2 - 4ac}}{2a}$$

$d = b^2 - 4ac$ 稱為該二次方程式的**判別式**（discriminant）。若 $d > 0$，則方程式 $ax^2 + bx + c = 0$ 有兩個實數解；若 $d = 0$，則有一個實數解；若 $d < 0$，則沒有實數解。若原方程式無法因式分解時，我們可以利用二次公式解二次不等式。

範例 13

解 $x^2 - 2x - 4 \leq 0$。

解答：方程式 $x^2 - 2x - 4 = 0$ 的兩個解為

$$x_1 = \frac{-(-2) - \sqrt{4 + 16}}{2} = 1 - \sqrt{5} \approx -1.24$$

和

$$x_2 = \frac{-(-2) + \sqrt{4 + 16}}{2} = 1 + \sqrt{5} \approx 3.24$$

所以

$$x^2 - 2x - 4 = (x - x_1)(x - x_2) = (x - 1 + \sqrt{5})(x - 1 - \sqrt{5})$$

分割點為 $1 - \sqrt{5}$ 與 $1 + \sqrt{5}$，它們將實數線分成三個區間（圖 15）。用測試點 $-2, 0$ 與 4 測試之後，可得解集合為 $[1 - \sqrt{5}, 1 + \sqrt{5}]$。

▲ 圖 15

平方 關於平方，我們注意到

$$|x|^2 = x^2 \quad \text{且} \quad |x| = \sqrt{x^2}$$

這可由性質 $|a||b| = |ab|$ 推得。

平方運算可以維持不等式嗎？一般而言是不行的。例如，$-3 < 2$，但是 $(-3)^2 > 2^2$。另一方面，$2 < 3$ 且 $2^2 < 3^2$。若我們處理的是非負實數，則 $a < b \Leftrightarrow a^2 < b^2$。下列為其有用的變型

$$|x| < |y| \Leftrightarrow x^2 < y^2$$

範例 14

解不等式 $|3x + 1| < 2|x - 6|$。

解答：利用上述方框中的結果，我們可以移除絕對質符號

$$\begin{aligned}
|3x + 1| < 2|x - 6| &\Leftrightarrow |3x + 1| < |2x - 12| \\
&\Leftrightarrow (3x + 1)^2 < (2x - 12)^2 \\
&\Leftrightarrow 9x^2 + 6x + 1 < 4x^2 - 48x + 144 \\
&\Leftrightarrow 5x^2 + 54x - 143 < 0 \\
&\Leftrightarrow (x + 13)(5x - 11) < 0
\end{aligned}$$

分割點為 -13 與 $\frac{11}{5}$，它們將實數線分成三個區間 $(-\infty, -13)$, $(-13, \frac{11}{5})$ 與 $(\frac{11}{5}, \infty)$。用測試點 -14, 0 與 3 測試之後，可得解集合為 $(-13, \frac{11}{5})$。

練習題 0.2

1. 請利用區間記號（如 (a,b)、$[a,b]$…等）描述各圖中的區間

   (a) ┼──(──┼──┼──┼──┼──)──┼
       1 2 3 4 5 6 7 8

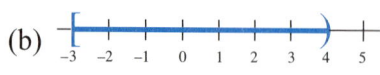

   (b) ├──┼──┼──┼──┼──┼──)──┼
      -3 -2 -1 0 1 2 3 4 5

   (c) ←──┼──┼──┼──┼──┤──┼──┼
      -7 -6 -5 -4 -3 -2 -1 0

   (d) ┼──┼──[──┼──┼──]──┼
      -3 -2 -1 0 1 2 3 4

2-9 題中，以區間符號表示下列不等式的解集合並描繪其圖形。

2. $x - 7 < 2x - 5$

3. $x^2 + 2x - 12 < 0$

4. $2x^2 + 5x - 3 > 0$

5. $\dfrac{x+4}{x-3} \leq 0$

6. $\dfrac{1}{3x-2} \leq 4$

7. $(x+2)(x-1)(x-3) > 0$

8. $(2x-3)(x-1)^2(x-3) \geq 0$

9. $x^3 - 5x^2 - 6x < 0$

10. 假如 $a \leq b$，則下列何者成立
   (a) $a^2 \leq ab$
   (b) $a - 3 \leq b - 3$
   (c) $a^3 \leq a^2 b$
   (d) $-a \leq -b$

11-14 題中，求不等式的解集合。

11. $|x - 2| \geq 5$

12. $|x + 2| < 1$

13. $|4x + 5| \leq 10$

14. $|2x - 1| > 2$

15-16 題中，利用二次公式解二次不等式。

15. $x^2 - 3x - 4 \geq 0$

16. $3x^2 + 17x - 6 > 0$

0.3 直角坐標系

在平面上畫兩條數線，一條水平、一條鉛直使它們相交於它們的零點。這兩條線稱為**坐標軸**（coordinate axes），它們的交點以 O 標誌並叫做**原點**（origin）。水平直線稱為 **x 軸**（x-axis），鉛直線稱為 **y 軸**（y-axis）。x 軸的正向是向右，y 軸的正向是向上。這兩條坐標軸將平面分割成四個區域，分別稱為第一、第二、第三與第四象限，如圖1所示。

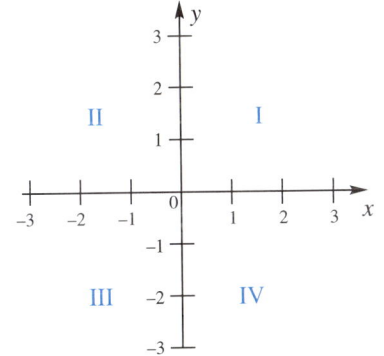
▲圖 1

平面上的每個點 P 可被分配到一對數字，稱為它的**笛卡兒坐標**（Cartesian coordinates）。若通過點 P 的垂直線與水平線分別與 x 軸和 y 軸交於 a 和 b，則 P 的坐標為 (a,b)（見圖2）。我們稱 (a,b) 為一個**有序數對**（ordered pair），因為哪個數排在第一是有差別的。第一個數 a 是 **x 坐標**（x-coordinate），第二個數 b 是 **y 坐標**（y-coordinate）。

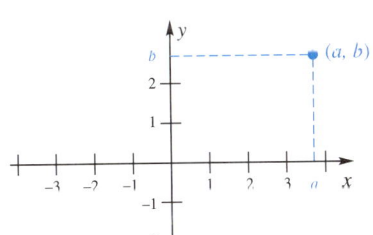
▲圖 2

距離公式 若坐標已知，我們可以介紹平面上任意兩點之間的距離公式。它是建立在**畢氏定理**（Pythagorean Theorem）上，此定理說，若 a 和 b 是一個直角三角形的兩個足之長且 c 為斜邊之長（圖3），則

$$a^2 + b^2 = c^2$$

相反地，若一個三角形的三個邊長滿足上式，則此三角形為一直角三角形。

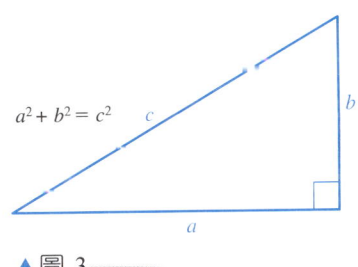
▲圖 3

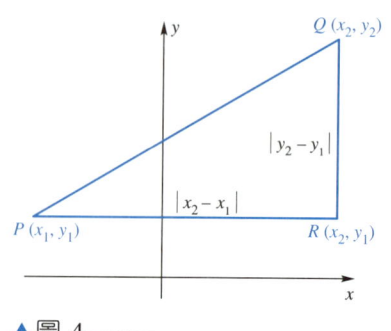
▲圖 4

現在考慮兩個點 P 和 Q，分別具有坐標 (x_1, y_1) 和 (x_2, y_2)。P、Q 和坐標為 (x_2, y_1) 的點 R 成為一個直角三角形的三頂點（圖 4）。應用畢氏定理並且將兩邊取平方根，我們得到下列**距離公式**（Distance Formula）

$$d(P, Q) = \sqrt{(x_2 - x_1)^2 + (y_2 - y_1)^2}$$

範例 1

求點 P 和點 Q 之間的距離。
(a) $P(-2, 3)$，$Q(4, -1)$
(b) $P(\sqrt{2}, \sqrt{3})$，$Q(\pi, \pi)$

解答：
(a) $d(P, Q) = \sqrt{(4 - (-2))^2 + (-1 - 3)^2} = \sqrt{36 + 16} = \sqrt{52} \approx 7.21$
(b) $d(P, Q) = \sqrt{(\pi - \sqrt{2})^2 + (\pi - \sqrt{3})^2} \approx \sqrt{4.971} \approx 2.23$

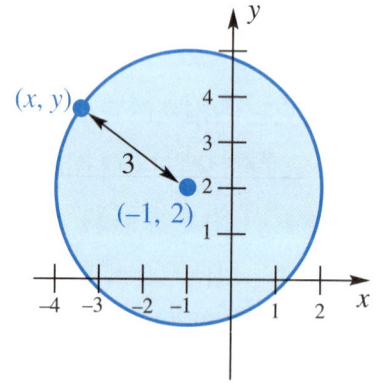
▲圖 5

圓的方程式　從距離公式到圓的方程式只是一小步。一個**圓**（circle）是平面上和一個定點（圓心）等距離（半徑）的所有點所成之集合。例如，考慮圓心在 $(-1, 2)$ 且半徑為 3 的一個圓（圖 5）。令 (x, y) 代表此圓的任意點，則依距離公式可得

$$\sqrt{(x + 1)^2 + (y - 2)^2} = 3$$

將上式兩邊平方得

$$(x + 1)^2 + (y - 2)^2 = 9$$

我們將上式稱為此圓的方程式。

一般而言，半徑為 r 且圓心在 (h, k) 的圓方程式為

$$(x - h)^2 + (y - k)^2 = r^2$$

我們稱上式為一個**圓的標準方程式**（standard equation of a circle）。

圓 ↔ 方程式

當我們說
$$(x+1)^2 + (y-2)^2 = 9$$
是圓心為 $(-1, 2)$，半徑為 3 之圓的方程式之時，是指兩件事：
1. 假如一個點在此圓上，則它的坐標 (x, y) 必須滿足此方程式。
2. 假如數字 x 與 y 滿足此方程式，則它們是該圓上的一點之坐標。

範例 2

求半徑為 5 且圓心在 $(1, -5)$ 之圓的標準方程式。再求此圓上 x 坐標為 2 的兩個點的 y 坐標。

解答：所求方程式為
$$(x-1)^2 + (y+5)^2 = 25$$
為了完成第二項工作，我們將 $x = 2$ 代入上式解 y。
$$(2-1)^2 + (y+5)^2 = 25$$
$$(y+5)^2 = 24$$
$$y + 5 = \pm\sqrt{24}$$
$$y = -5 \pm \sqrt{24} = -5 \pm 2\sqrt{6}$$

如果我們將圓的標準式中的兩個平方項展開再結合諸常數，則方程式成為下式
$$x^2 + ax + y^2 + by = c$$

我們不禁要問，是否形如上式的式子都是圓的方程式。答案是肯定的，除了一些明顯的例外。

範例 3

證明方程式
$$x^2 - 2x + y^2 + 6y = -6$$
代表一個圓，並求此圓的圓心與半徑。

解答：將一般式化為標準式，即可看出圓心與半徑。
$$x^2 - 2x + 1 + y^2 + 6y + 9 = -6 + 1 + 9$$
$$(x-1)^2 + (y+3)^2 = 4$$
上式為一個圓的標準式，可看出圓心為 $(1, -3)$，半徑為 2。

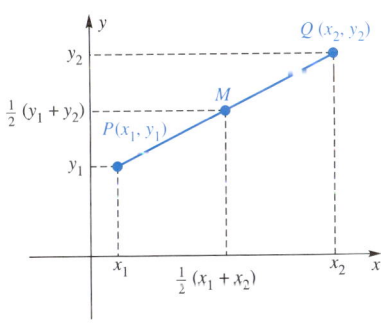
▲圖 6

中點公式 考慮 $P(x_1, y_1)$ 和 $Q(x_2, y_2)$ 兩個點，其中 $x_1 \leq x_2$ 且 $y_1 \leq y_2$，如圖 6 所示。x_1 和 x_2 之間的距離為 $x_2 - x_1$。當我們將距離的一半 $\frac{1}{2}(x_2 - x_1)$ 加到 x_1 之時，可以得到在 x_1 和 x_2 中間的數。

$$x_1 + \frac{1}{2}(x_2 - x_1) = x_1 + \frac{1}{2}x_2 - \frac{1}{2}x_1 = \frac{1}{2}x_1 + \frac{1}{2}x_2 = \frac{x_1 + x_2}{2}$$

點 $(x_1 + x_2)/2$ 恰好在 x 軸上 x_1 和 x_2 的中間，因此線段 PQ 的中點 M 具有 x 坐標 $(x_1 + x_2)/2$。同理可證 M 的 y 坐標為 $(y_1 + y_2)/2$。因此，我們得到**中點公式**（Midpoint Formula）。

連接點 $P(x_1, y_1)$ 和點 $Q(x_2, y_2)$ 之線段的中點為 $\left(\dfrac{x_1 + x_2}{2}, \dfrac{y_1 + y_2}{2}\right)$

範例 4

求以連接 (1, 3) 和 (7, 11) 之線段為直徑的圓之方程式。

解答：圓心在直徑的中點，所以圓心的坐標為 (1 + 7)/2 = 4 和 (3 + 11)/2 = 7。直徑的長為

$$\sqrt{(7-1)^2 + (11-3)^2} = \sqrt{36 + 64} = 10$$

所以，圓的半徑為 5。圓的方程式為

$$(x - 4)^2 + (y - 7)^2 = 25$$

直線 考慮圖 7 中的直線。從點 A 到點 B，上升了（鉛直變化）2 單位且執行了（水平變化）5 單位。我們說這條直線的斜率為 $\dfrac{2}{5}$。給定一條通過 $A(x_1, y_1)$ 和 $B(x_2, y_2)$ 的直線，其中 $x_1 \neq x_2$（圖 8），我們定義該條直線的**斜率（slope）** m 為

$$m = \dfrac{上升}{執行} = \dfrac{y_2 - y_1}{x_2 - x_1}$$

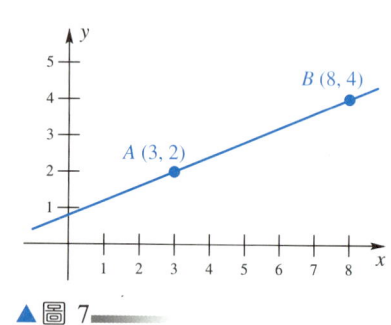
▲ 圖 7

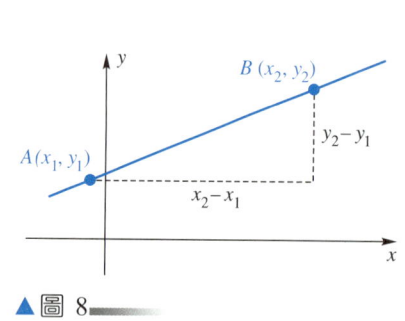
▲ 圖 8

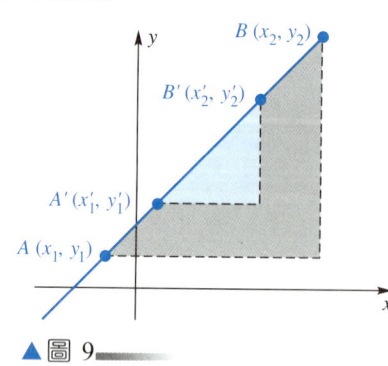
▲ 圖 9

斜率之值與我們計算時選用的點 A、B 有關嗎？圖 9 中的相似三角形證明

$$\dfrac{y'_2 - y'_1}{x'_2 - x'_1} = \dfrac{y_2 - y_1}{x_2 - x_1}$$

所以點 A'、B' 與點 A、B 所算出來的斜率是一樣的。點 A 位於點 B 的左邊或右邊也沒關係，因為

$$\dfrac{y_1 - y_2}{x_1 - x_2} = \dfrac{y_2 - y_1}{x_2 - x_1}$$

重要的是，分子和分母坐標相減的順序要一致。

斜率說出了一條直線的傾斜程度，如圖 10 所示。注意，一條水平線的斜率為零，一條由左往右上升之直線的斜率為正，一條由左往右下降之直線的斜率為負。斜率的絕對值越大，直線就越陡。鉛直線的斜率沒有定義，因為它含有除以 0。

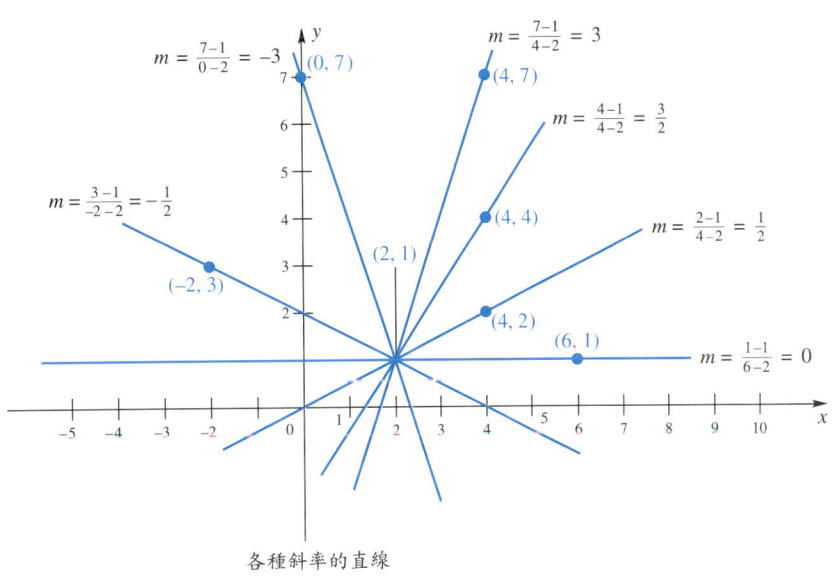

各種斜率的直線

▲ 圖 10

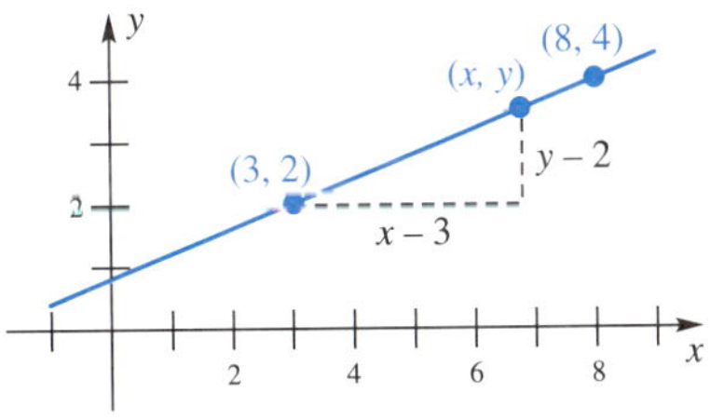

點斜（Point–Slope）式 再一次考慮我們一開始所討論的直線，見圖 11。我們知道這一條直線滿足下列條件

1. 通過點 (3, 2)，且
2. 具有斜率 $\frac{2}{5}$。

▲ 圖 11

令 (x, y) 代表此線上任意其他點。若我們使用此點和點 (3, 2) 來計算出斜率，一定可得 $\frac{2}{5}$，也就是

$$\frac{y-2}{x-3} = \frac{2}{5}$$

等式兩邊同乘 $(x-3)$，可得

$$y - 2 = \frac{2}{5}(x - 3)$$

直線上的所有點皆可滿足上式，即使是 (3, 2)。不在該直線上的點則無法滿足上式。

我們在上述例子中所做的事情，可以一般化。通過定點 (x_1, y_1) 且斜率為 m 之直線的方程式為

$$y - y_1 = m(x - x_1)$$

我們稱此式為直線的**點斜式**（point–slope）。

再一次考慮過 $(8, 4)$ 和 $(3, 2)$ 的直線。若我們取 $(8, 4)$ 為 (x_1, y_1)，可得

$$y - 4 = \tfrac{2}{5}(x - 8)$$

它看起來和 $y - 2 = \tfrac{2}{5}(x - 3)$ 不太一樣。但是，這兩個式子皆可簡化為 $5y - 2x = 4$。

● **範例 5**

求通過 $(-4, 2)$ 和 $(6, -1)$ 的直線方程式。

解答：所求直線的斜率為 $m = (-1 - 2)/(6 + 4) = -\tfrac{3}{10}$。所以，使用 $(-4, 2)$ 當固定點，可得方程式為

$$y - 2 = -\tfrac{3}{10}(x + 4)$$

斜截（Slope–Intercept）**式**　直線的方程式可表示成不同的型式。假設一條直線的斜率為 m 且 y 截距為 b（該直線與 y 軸相交於點 $(0, b)$），如圖 12 所示。選取 $(0, b)$ 為 (x_1, y_1)，並應用點斜式，可得

$$y - b = m(x - 0)$$

可寫成

$$y = mx + b$$

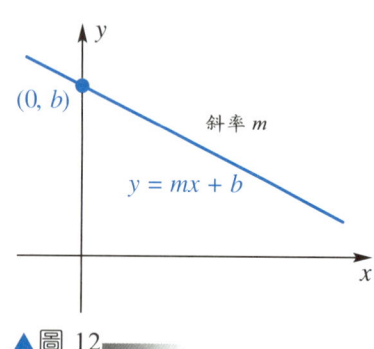

▲ 圖 12

這個式子稱為**斜截式**（slope–intercept）。當我們看到這種式子時，可確定它是一條直線，並立刻說出它的斜率和截距。例如，給定方程式

$$3x - 2y + 4 = 0$$

解 y，則可得

$$y = \tfrac{3}{2}x + 2$$

這是斜率為 $\tfrac{3}{2}$，且 y 截距為 2 之直線的方程式。

預備知識　Chapter 0

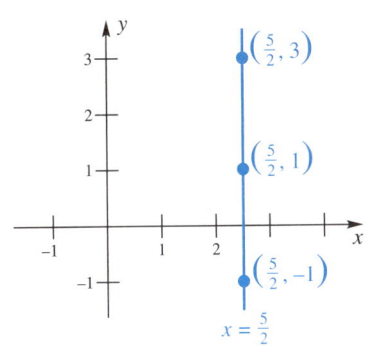
▲ 圖 13

鉛直線的方程式　鉛直線的方程式很簡單。圖 13 中之鉛直線的方程式為 $x = \frac{5}{2}$，因為一個點在此直線上若且唯若它的橫坐標 x 滿足 $x = \frac{5}{2}$。任何一條鉛直線的方程式可表示成 $x = k$，其中 k 是一個常數。注意，水平線的方程式可寫為 $y = k$。

一般式 $Ax + By + C = 0$　有一種型式適用於所有直線，包括鉛直線。考慮

$$y - 2 = -4(x + 2)$$
$$y = 5x - 3$$
$$x = 5$$

這些式子可以重寫成

$$4x + y + 6 = 0$$
$$-5x + y + 3 = 0$$
$$x + 0y - 5 = 0$$

上面所有的式子皆如下式

$$\boxed{Ax + By + C = 0,\ A \text{ 和 } B \text{ 不同時為 } 0}$$

上式叫做**一般線性方程式**（general linear equation）。可輕易看出任何直線的方程式皆可表示成此種型式。反之，一般線性方程式的圖形總是一條直線。

摘要：直線的方程式

　　　　鉛直線：$x = k$
　　　　水平線：$y = k$
　　　　點斜式：$y - y_1 = m(x - x_1)$
　　　　斜截式：$y = mx + b$
　　　　一般線性方程式：$Ax + By + C = 0$

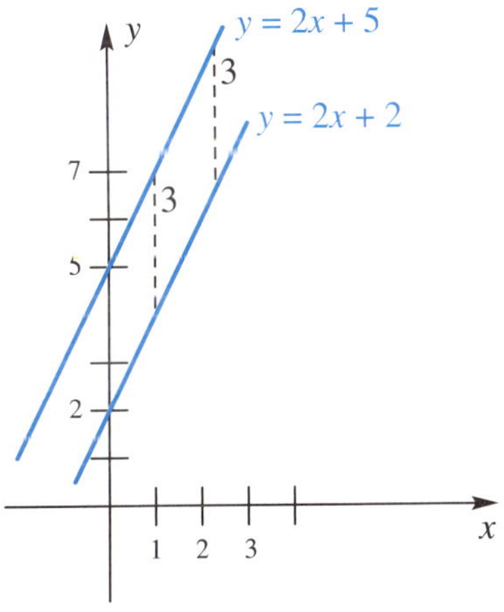

平行線　兩條沒有交點的直線稱為平行的。例如：方程式為 $y = 2x + 2$ 和 $y = 2x + 5$ 的兩條直線是平行的，因為對於每個 x 值，第二條線比第一條線高 3 單位（見圖 14）。同理，方程式為 $-2x + 3y + 12 = 0$ 和 $4x - 6y - 5$ 的兩條線也是平行的，因為它們可以重寫成 $y = \frac{2}{3}x - 4$ 和 $y = \frac{2}{3}x - \frac{5}{6}$。若兩條直線有相同的斜率與相同的 y 截距，則這兩條直線是同一條，而它們不稱為平行的。總之，兩條非垂直的直線是平行的若且唯若它們有相同的斜率和相異的 y 截距。而兩條

▲ 圖 14

鉛直線是平行的若且唯若它們是相異的鉛直線。

> **範例 6**
>
> 求通過點 $(6, 8)$ 且與直線 $3x - 5y = 11$ 平行的直線方程式。
>
> **解答**：解方程式 $3x - 5y = 11$ 中的 y，可得 $y = \frac{3}{5}x - \frac{11}{5}$，可看出直線的斜率為 $\frac{3}{5}$。所求之直線方程式為
> $$y - 8 = \frac{3}{5}(x - 6)$$
> 也就是 $y = \frac{3}{5}x + \frac{22}{5}$。因為 y 截距不一樣，所以，它們是相異的。

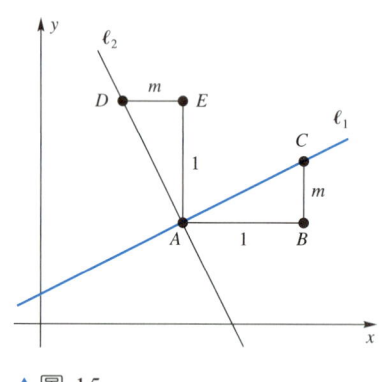

▲ 圖 15

垂直的兩條直線 可以利用一個與斜率有關的條件，來看出兩條直線是否垂直嗎？是的；兩條傾斜的直線是垂直的若且唯若它們的斜率相乘等於 -1。請看圖 15。這個圖解釋得相當完整；利用幾何可以證明：兩條傾斜的直線是垂直的若且唯若 $m_2 = -1/m_1$。

> **範例 7**
>
> 求通過直線 $3x + 4y = 8$ 和 $6x - 10y = 7$ 的交點，且與直線 $3x + 4y = 8$ 垂直的直線方程式（圖 16）。
>
> **解答**：為了求出兩條直線的交點，我們把第一個方程式乘以 -2 並加到第二個方程式。
>
> $$\begin{array}{r} -6x - 8y = -16 \\ 6x - 10y = 7 \\ \hline -18y = -9 \end{array}$$
>
> $$y = \frac{1}{2}$$
>
> 將 $y = \frac{1}{2}$ 代入第一個方程式得 $x = 2$。交點為 $\left(2, \frac{1}{2}\right)$。第一式的斜截式為 $y = -\frac{3}{4}x + 2$。與它垂直的直線之斜率為 $\frac{4}{3}$。因此，所求之直線方程式為
> $$y - \frac{1}{2} = \frac{4}{3}(x - 2)$$

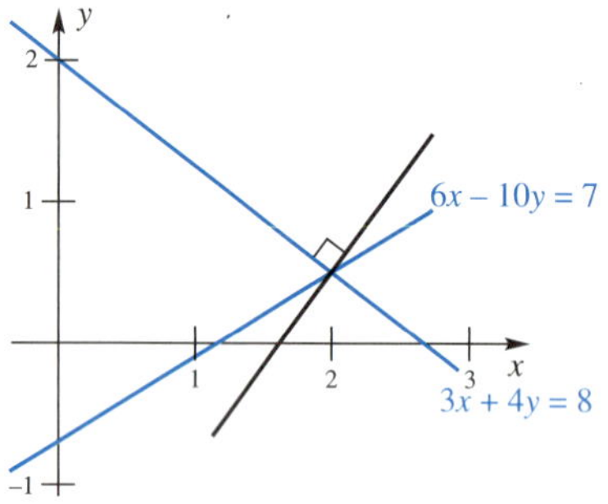

▲ 圖 16

練習題 0.3

1-3 題中，求滿足給定條件的圓方程式。

1. 圓心為 $(-2, 3)$ 且半徑為 4。

2. 圓心為 $(2, -1)$ 且過點 $(5, 3)$。

3. 圓心為 $(3, 4)$ 且與 x 軸相切。

4-6 題中，求給定方程式所代表之圓的圓心與半徑。

4. $x^2 + 2x + 10 + y^2 - 6y - 10 = 0$。

5. $x^2 + y^2 - 6y = 16$

6. $x^2 + y^2 - 12x + 35 = 0$

7-10 題中，求滿足給定條件的直線方程式，然後寫成 $Ax + By + C = 0$ 的形式。

7. 過點 $(2, 2)$ 且斜率為 -1。

8. y 截距為 3 且斜率為 2。

9. y 截距為 5 且斜率為 0。

10. 過 $(4, 1)$ 與 $(8, 2)$。

11. 已知一直線過點 $(3, -3)$，當此直線也滿足所列條件時，它的方程式為何？

    (a) 平行於直線 $y = 2x + 5$

    (b) 垂直於直線 $y = 2x + 5$

    (c) 平行於直線 $2x + 3y = 6$

    (d) 垂直於直線 $2x + 3y = 6$

    (e) 平行於過 $(-1, 2)$ 與 $(3, -1)$ 的直線

    (f) 平行於直線 $x = 8$

    (g) 垂直於直線 $x = 8$

12. 已知一直線過 $(-2, -1)$ 且垂直於直線 $y + 3 = -\frac{2}{3}(x - 5)$，求其方程式。

13-14 題中，請找出兩直線的交點，然後寫出過此交點並垂直於第一條直線的直線方程式。

13. $2x + 3y = 4$
    $-3x + y = 5$

14. $3x - 4y = 5$
    $2x + 3y = 9$

15. 證明兩個圓 $x^2 + y^2 - 4x - 2y - 11 = 0$ 和 $x^2 + y^2 + 20x - 12y + 72 = 0$ 不相交。

0.4 方程式的圖形

平面上的每一點都有一個坐標，使我們可以用一個方程式（代數的東西）來描述一條曲線（幾何的東西）。我們已在前一節看到如何對圓和直線完成此代數工作。現在我們進行幾何工作：描繪方程式的圖形。一個以 x 和 y 為變數之方程式的圖形，包含了平面上所有使得該方程式成立的點 (x, y)。

繪圖程序 給定一個以 x, y 為變數的二元方程式，如，$y = 2x^3 - x + 19$，我們可以依照下列三步驟完成徒手的繪圖。

步驟 1：求出滿足該方程式的一些點的坐標。
步驟 2：將這些點畫在平面上。
步驟 3：用一條平滑曲線將這些點連接起來。

第 3 章中，我們將使用聰明的方來描繪一些方程式的圖形（函數的圖形），目前，此簡單的方法已夠用。執行步驟 1 的最佳方法是製作一個數值表。指定變數 x 的值，然後算出對應的 y 值，將結果列成表格型

式。

不論是具繪圖功能的計算機,或是電腦代數系統(CAS),它們的繪圖也是照此程序進行的,「計算、描點然後連接」。一個使用者只需定義函數,然後就可以叫計算機或是電腦繪出漂亮的圖形。

範例 1

描繪方程式 $y = x^2 - 3$ 的圖形。

解答:三步驟程序如圖 1 所示。

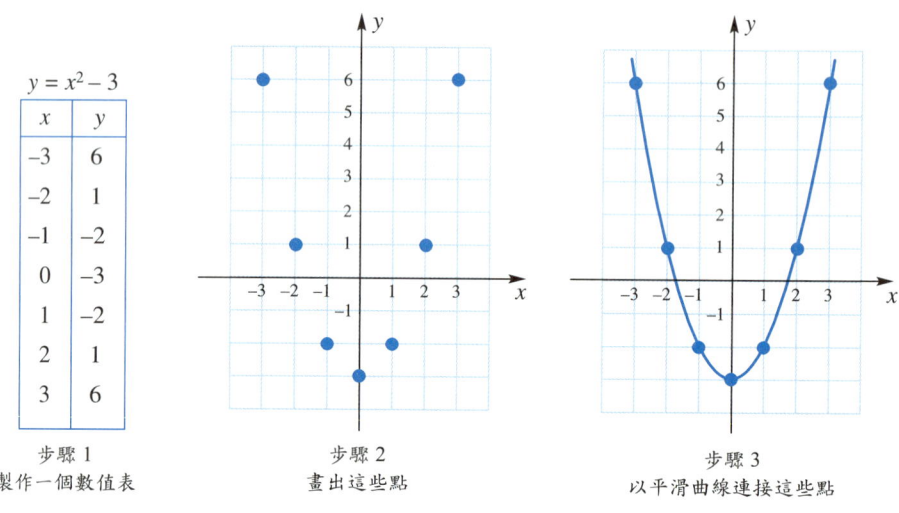

步驟 1
製作一個數值表

步驟 2
畫出這些點

步驟 3
以平滑曲線連接這些點

▲圖 1

圖形的對稱性 藉著檢驗方程式的是否滿足某種代數特性,可確認出圖形是否具有某種幾何對稱性,對方程式的繪圖是有幫助的。請看 $y = x^2 - 3$ 的圖形,如圖 1 和圖 2 所繪。如果沿著 y 軸對摺坐標平面,則 y 軸兩側的圖形將重疊一致。例如,$(3, 6)$ 與 $(-3, 6)$、$(2, 1)$ 與 $(-2, 1)$,一般而言,(x, y) 與 $(-x, y)$ 重疊。就代數而言,方程式 $y = x^2 - 3$ 中的 x 用 $-x$ 取代時,仍產生同義的方程式。

考慮一個任意的圖形。若 (x, y) 與 $(-x, y)$ 同在圖形上,則此圖形**對稱於 y 軸**(symmetric with respect to the y-axis)(圖 2)。而若 (x, y) 和 $(x, -y)$ 同在圖形上,則此圖形**對稱於 x 軸**(symmetric with respect to the x-axis)(圖 3)。最後,若 (x, y) 和 $(-x, -y)$ 同在圖形上,則此圖形**對稱於原點**(symmetric with respect to the origin)(見範例 2)。

給定一個方程式,關於圖形的對稱性,我們有三個簡單的檢定法則。

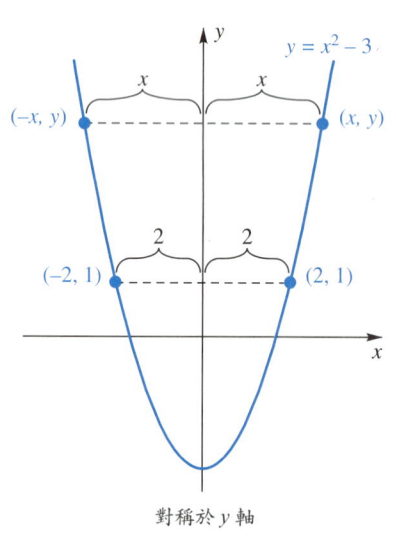

對稱於 y 軸

▲圖 2

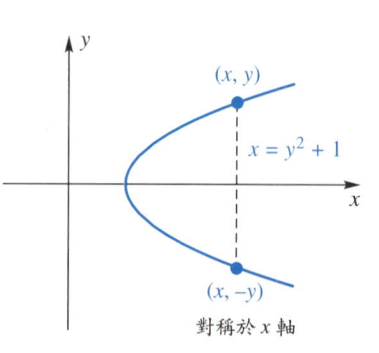

對稱於 x 軸

▲圖 3

1. 若 $-x$ 取代 x 時，可產生同義的（equivalent）方程式，則圖形對稱於 y 軸（例如 $y = x^2$）；
2. 若 $-y$ 取代 y 時，可產生同義的方程式，則圖形對稱於 x 軸（例如 $x = y^2 + 1$）；
3. 若 $(-x, -y)$ 取代 (x, y) 時，可產生同義的全等方程式，則圖形對稱於原點（例如 $y = x^3$）。

範例 2

描繪 $y = x^3$ 的圖形。

解答： 就如上述，圖形對稱於原點，所以我們只須針對非負的 x 值做一個數值表；我們利用對稱性找到對應點。例如，$(2, 8)$ 和 $(-2, -8)$ 同時在圖形上，$(3, 27)$ 和 $(-3, -27)$ 也同在圖形上，等等。見圖 4。

$y = x^3$

x	y
0	0
1	1
2	8
3	27
4	64

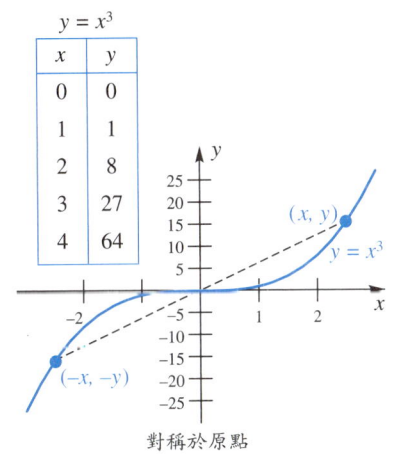

對稱於原點

▲圖 4

截距 方程式的圖形與兩條坐標軸的交點在許多問題中扮演了重要的角色。例如，考慮方程式

$$y = x^3 - 2x^2 - 5x + 6 = (x + 2)(x - 1)(x - 3)$$

當 $y = 0$ 時，$x = -2, 1, 3$。這三個數 -2、1 和 3 叫做 **x 截距**（x-intercepts）。同理，當 $x = 0$ 時，$y = 6$，因此，**y 截距**（y-intercepts）是 6。

範例 3

找出 $y^2 - x + y - 6 = 0$ 的圖形的所有截距。

解答： 將 $y = 0$ 代入方程式，可得 $x = -6$，所以 x 截距是 -6。令 $x = 0$，則 $y^2 + y - 6 = 0$，或 $(y + 3)(y - 2) = 0$；所以，y 截距為 -3 和 2。檢定此圖形的對稱性，可知此圖形不具有前面提到的任何一種對稱性。方程式的圖形如圖 5 所示。

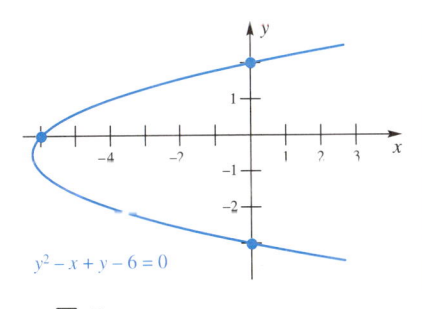

$y^2 - x + y - 6 = 0$

▲圖 5

因為二次方程式與三次方程式在往後的文章裡經常被引用，所以我們將它們的典型圖形呈現在圖 6 中。

若方程式為 $y = ax^2 + bx + c$ 或 $x = ay^2 + by + c$，其中 $a \neq 0$，則它的圖形是一條**拋物線**（parabolas）。在第一種情況中，若 $a > 0$ 則圖形開口向上；若 $a < 0$ 則圖形開口向下。在第二種情況中，若 $a > 0$ 則圖形開口向右；若 $a < 0$ 則圖形開口向左。範例 3 的方程式可表示成 $x = y^2 + y - 6$。

圖形的交點 常常，我們需要知道兩個圖形的交點。藉由找出同時滿足這兩個方程式的代數解，我們可以找到圖形的交點，請看下例。

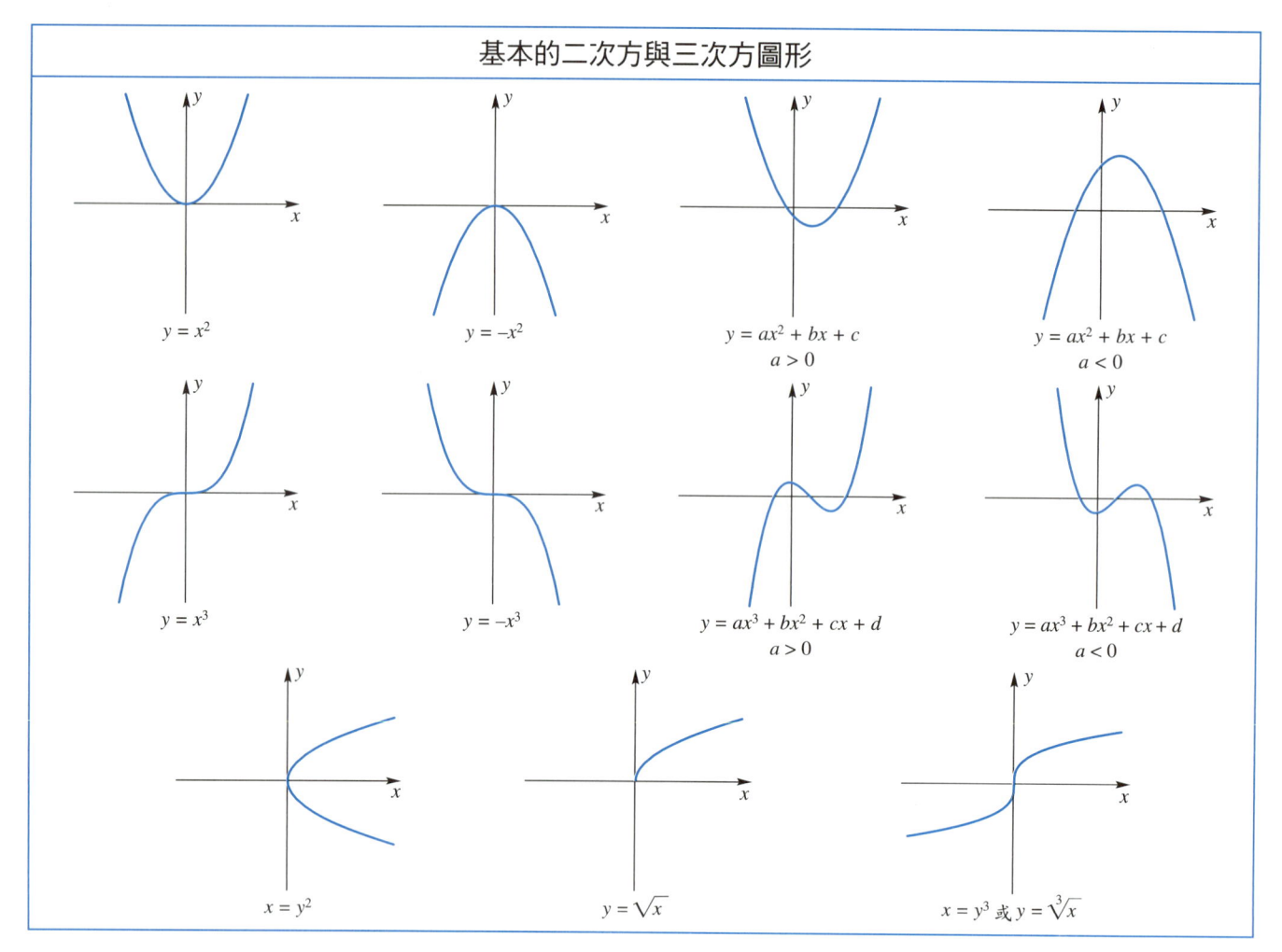

基本的二次方與三次方圖形

$y = x^2$

$y = -x^2$

$y = ax^2 + bx + c$
$a > 0$

$y = ax^2 + bx + c$
$a < 0$

$y = x^3$

$y = -x^3$

$y = ax^3 + bx^2 + cx + d$
$a > 0$

$y = ax^3 + bx^2 + cx + d$
$a < 0$

$x = y^2$

$y = \sqrt{x}$

$x = y^3$ 或 $y = \sqrt[3]{x}$

▲ 圖 6

範例 4

請找出直線 $y = -2x + 2$ 和拋物線 $y = 2x^2 - 4x - 2$ 的交點，並且在同一個坐標平面上，描繪這兩個圖形。

解答：我們需要同時解兩個方程式，將第一式的 y 帶入第二式，得到一個只變數有 x 的式子之後，解 x

$$-2x + 2 = 2x^2 - 4x - 2$$
$$0 = 2x^2 - 2x - 4$$
$$0 = 2(x + 1)(x - 2)$$
$$x = -1, \quad x = 2$$

代入原方程式，可得 $y = 4$ 和 -2；所以交點為 $(-1, 4)$ 和 $(2, -2)$。此二圖形如圖 7 所示。

▲圖 7

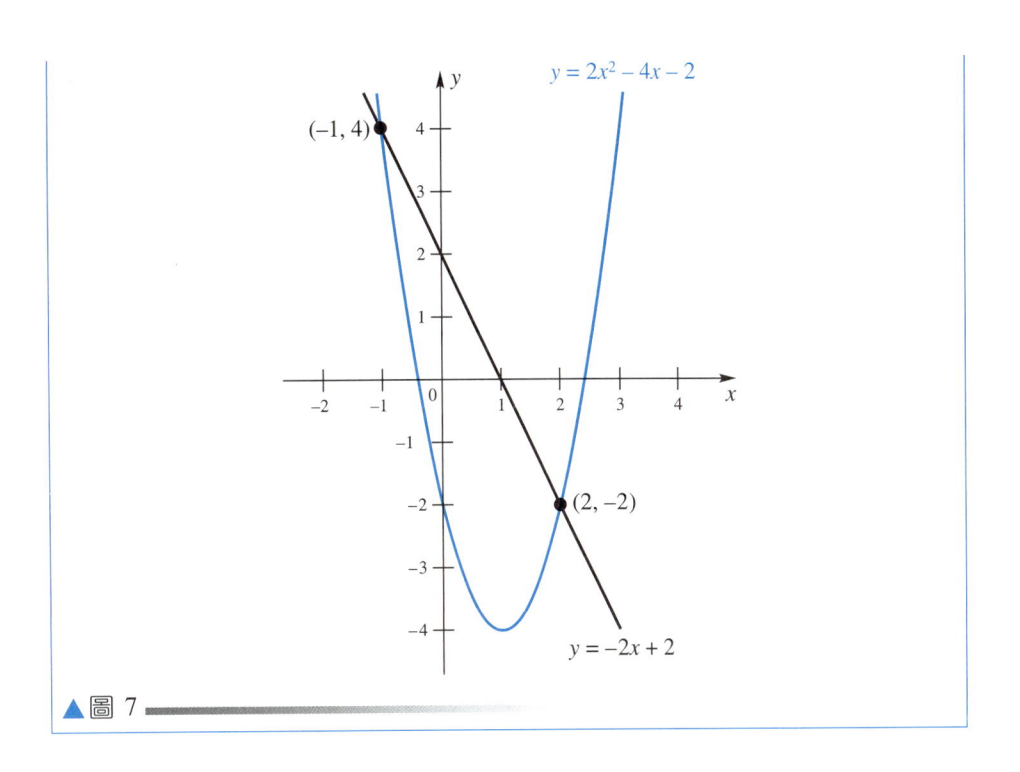

練習題 0.4

1-10 題中，描繪方程式的圖形，由對稱性的檢查開始，並確定找出所有的 x 截距與 y 截距。

1. $y = -x^2 + 1$

2. $x = -y^2 + 1$

3. $x^2 + y = 0$

4. $x^2 + y^2 = 4$

5. $3x^2 + 4y^2 = 12$

6. $x^2 - y^2 = 4$

7. $x^2 + (y-1)^2 = 9$

8. $x^2 - 4x + 3y^2 = -2$

9. $x^2 + 9(y+2)^2 = 36$

10. $|x| + |y| = 1$

11-14 題中，請在同一個坐標平面上，描繪兩個圖形，並標示出交點的坐標（見範例 4）。

11. $y = -x + 1$
    $y = (x+1)^2$

12. $y = 2x + 3$
    $y = -(x-1)^2$

13. $y = x$
    $x^2 + y^2 = 4$

14. $y - 3x = 1$
    $x^2 + 2x + y^2 = 15$

15. 在下列式子中，找出與圖 8 中的圖形相對應的式子

    (a) $y = ax^2$，$a > 0$

    (b) $y = ax^3 + bx^2 + cx$，$a > 0$

    (c) $y = ax^3 + bx^2 + cx$，$a < 0$

    (d) $y = ax^3$，$a > 0$

▲ 圖 8

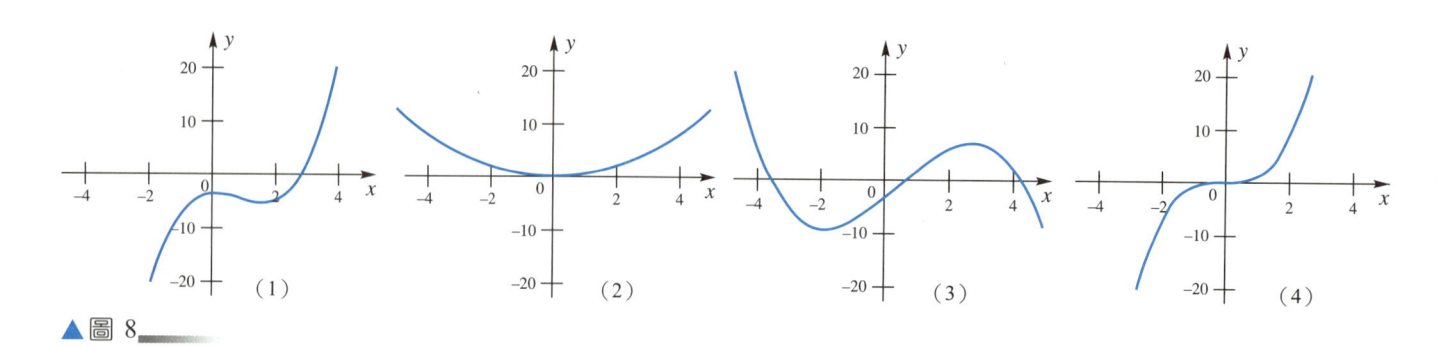

0.5　函數及其圖形

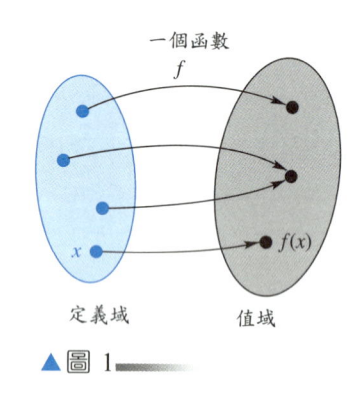

函數是數學最重要的基本概念之一，並且在微積分中扮演極重要的角色。

定義

函數（function）是一種對應規則，它將一個集合（稱為**定義域 domain**）中的每一個元素 x 對應到另一個集合中一個唯一的元素 $f(x)$。以此對應規則所得到的所有 $f(x)$ 所成之集合稱為**值域（range）**（見圖 1）。

▲ 圖 1

可將函數視為一部機器，每輸入（input）一個 x 值就會產生一個唯一的輸出值（output）$f(x)$（見圖 2）。每一個輸入值只能配對一個輸出值 $f(x)$。但是，也可以是一些相異的輸入值配對同一個輸出值。

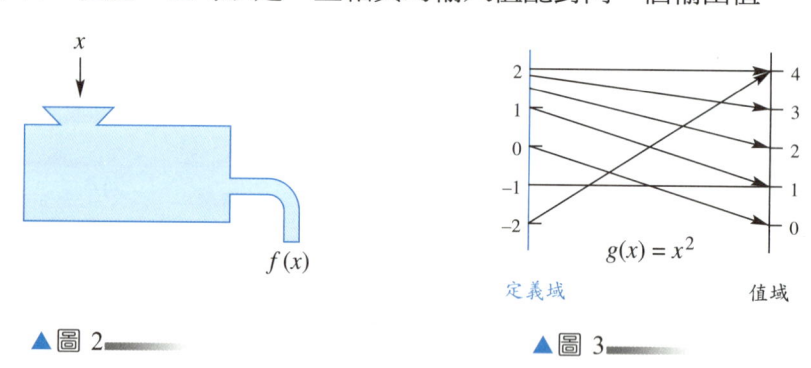

▲ 圖 2

▲ 圖 3

該定義並沒有對定義域和值域設限。例如，定義域是你的同班同學所成的集合，值域是學期成績的等級 $\{A, B, C, D, F\}$，而對應規則是班上每一位同學的學期成績等級結果。但是，在本書中你所碰到的函數幾乎都是實函數，也就是，定義域與值域都是實數所成的集合之函數。例如，函數 g 對每一個實數 x，都將它平方，產生實數 x^2。我們可以用一個公式來描述此對應規則，就是 $g(x) = x^2$。圖 3 是此函數的一個圖解。

函數符號　單一字母，像 f（或 g 或 F），被用來表是一個函數。$f(x)$ 讀作「f of x」或「f at x」，表示 f 指派給 x 的值。若 $f(x) = x^3 - 4$，則

$$f(2) = 2^3 - 4 = 4$$
$$f(a) = a^3 - 4$$
$$f(a + h) = (a + h)^3 - 4 = a^3 + 3a^2h + 3ah^2 + h^3 - 4$$

請仔細研讀下列範例。雖然其中有些式子現在看起來頗奇怪，但是它們在第 2 章中將扮演重要角色。

範例 1

令 $f(x) = x^2 - 2x$，計算並化簡
(a) $f(4)$
(b) $f(4 + h)$
(c) $f(4 + h) - f(4)$
(d) $[f(4 + h) - f(4)]/h$

解答：
(a) $f(4) = 4^2 - 2 \cdot 4 = 8$
(b) $f(4 + h) = (4 + h)^2 - 2(4 + h) = 16 + 8h + h^2 - 8 - 2h$
  $= 8 + 6h + h^2$
(c) $f(4 + h) - f(4) = 8 + 6h + h^2 - 8 = 6h + h^2$
(d) $\dfrac{f(4 + h) - f(4)}{h} = \dfrac{6h + h^2}{h} = \dfrac{h(6 + h)}{h} = 6 + h$

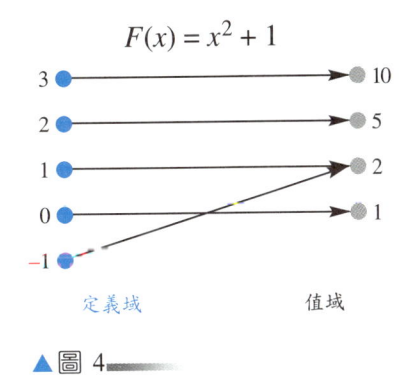

定義域和值域 要完全指定一個函數，除了對應規則之外，我們必須敘述函數的定義域。例如，若函數 F 定義為 $F(x) = x^2 + 1$ 且定義域為 $\{-1, 0, 1, 2, 3\}$（圖 4），則它的值域為 $\{1, 2, 5, 10\}$。對應規則與定義域決定了值域。

當一個函數沒有指定定義域之時，我們假設它的定義域是使得函數的對應規則有意義的實數所成的最大集合，稱之為**自然定義域（natural domain）**。記得，分母不得為零，平方根符號裡的數不得為負。

▲圖 4

範例 2

求下列各函數的自然定義域。
(a) $f(x) = 1/(x - 3)$
(b) $g(t) = \sqrt{9 - t^2}$
(c) $h(w) = 1/\sqrt{9 - w^2}$

解答：
(a) 分母不可為 0，所以我們必須排除 3。自然定義域為 $(-\infty, 3) \cup (3, \infty)$
(b) 為了避免負數的平方根，我們必須選擇 t 使得 $9 - t^2 \geq 0$。所以 t 必須滿足 $|t| \leq 3$。自然定義域為 $[-3, 3]$。
(c) 我們必須避免被 0 除與負數的平方根，所以須剔除 -3 和 3。自然定義域為 $(-3, 3)$。

當一個函數的規則是由形如 $y = f(x)$ 的方程式指定之時，x 叫做**自變數**（independent variable），而 y 叫做**因變數**（dependent variable）。定義域中的任一值都可代入自變數，此 x 值完全決定了所對應的因變數之值。

一個函數的輸入不一定是單一實數。一個函數的輸入可以是多個實數（如 CH12 中的多變數函數與 CH14 中的向量場）。下面的範例就是一個二變數函數。

範例 3

令 $V(x, d)$ 表示一個長為 x 且直徑為 d 的圓柱棒的體積（見圖 5）。求
(a) $V(x, d)$ 的一個公式
(b) V 的定義域和值域
(c) $V(4, 0.1)$

解答：
(a) $V(x, d) = x \cdot \pi \left(\dfrac{d}{2}\right)^2 = \dfrac{\pi x d^2}{4}$
(b) 因為圓柱棒的長度和直徑必須是正的，所以定義域為 $\{(x, d): x > 0$ 且 $d > 0\}$。任意的正體積皆有可能，所以值域為 $(0, \infty)$。
(c) $V(4, 0.1) = \dfrac{\pi \cdot 4 \cdot 0.1^2}{4} = 0.01\pi$

▲圖 5

函數的圖形 當一個函數的定義域與值域皆為實數所成的集合，我們可以將此函數的圖形描繪在直角坐標平面上。**函數 f 的圖形**（graph of a function）就是方程式 $y = f(x)$ 的圖形。

範例 4

描繪下列各函數的圖形
(a) $f(x) = x^2 - 2$
(b) $g(x) = 2/(x - 1)$

解答： 函數 f 與 g 的自然定義域分別為 $(-\infty, \infty)$ 以及 $(-\infty, \infty) - \{1\}$。

依照 0.4 節所描述的繪圖程序，我們得到 f 和 g 的圖形，如圖 6 和圖 7 所示。

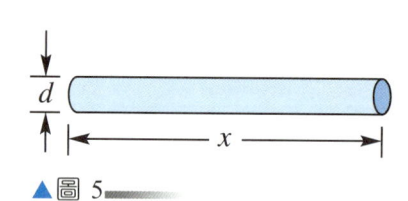

預備知識 Chapter 0   33

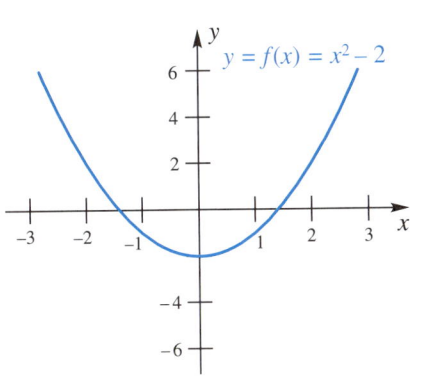

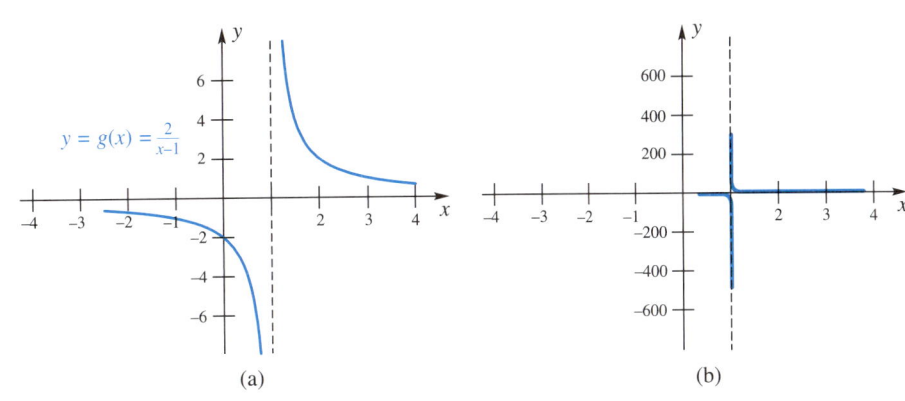

▲ 圖 6

▲ 圖 7

特別注意函數 g 的圖形。垂直線 $x=1$ 稱為 g 圖形的一條垂直**漸近線**（asymptote）。當 x 趨近於 1 時，圖形逐漸靠近這條線，雖然這條線不是 g 圖形的一部分。注意到 g 圖形也有一條水平漸近線，x 軸。F 與 g 的定義域與值域列於下表中。

函數	定義域	值域
$f(x) = x^2 - 2$	所有實數	$\{y: y \geq -2\}$
$g(x) = \dfrac{2}{x-1}$	$\{x: x \neq 1\}$	$\{y: y \neq 0\}$

偶函數與奇函數　經由檢視函數的代數式我們可以預測一個函數圖形的對稱性。若對於所有 x，$f(-x) = f(x)$，則圖形對稱於 y 軸。這種函數叫做**偶函數**（even function）。函數 $f(x) = x^2 - 2$（見圖 6）是偶函數；$f(x) = 3x^6 - 2x^4 + 11x^2 - 5$，$f(x) = x^2/(1 + x^4)$ 和 $f(x) = (x^3 - 2x)/3x$ 皆為偶函數。

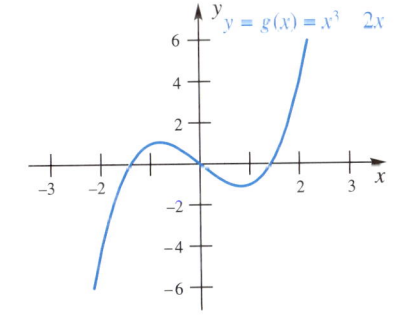

若對於所有 x，$f(-x) = -f(x)$，則圖形對稱於原點。這種函數叫做**奇函數**（odd function）。$g(x) = x^3 - 2x$（見圖 8）是一個奇函數。注意

$$g(-x) = (-x)^3 - 2(-x) = -x^3 + 2x = -(x^3 - 2x) = -g(x)$$

▲ 圖 8

範例 5

函數 $f(x) = \dfrac{x^3 + 3x}{x^4 - 3x^2 + 4}$ 是偶函數，還是奇函數呢？

解答：因為

$$f(-x) = \frac{(-x)^3 + 3(-x)}{(-x)^4 - 3(-x)^2 + 4} = \frac{-(x^3 + 3x)}{x^4 - 3x^2 + 4} = -f(x)$$

所以 f 是一個奇函數。$y = f(x)$ 的圖形對稱於原點，如圖 9 所示。

▲ 圖 9

兩個特別的函數　時常被用來當作例子的函數中有兩個很特別：絕對值函數 | |，以及最大整數函數 〚 〛。它們定義為

$$|x| = \begin{cases} x & \text{若 } x \geq 0 \\ -x & \text{若 } x < 0 \end{cases}$$

和

$$〚x〛 = \text{小於或等於 } x \text{ 的最大整數}$$

所以，$|-3.1| = |3.1| = 3.1$，而 $〚-3.1〛 = -4$ 且 $〚3.1〛 = 3$。這兩個函數的圖形如圖 10 和圖 11 所示。絕對值函數是偶函數，因為 $|-x| = |x|$。最大整數函數既非偶函數亦非奇函數，這可由它的圖形看出。

我們將常常利用這些函數的一些幾何特徵。$|x|$ 的圖形在原點有一個尖角，而 $〚x〛$ 的圖形在每個整數做一個跳躍。

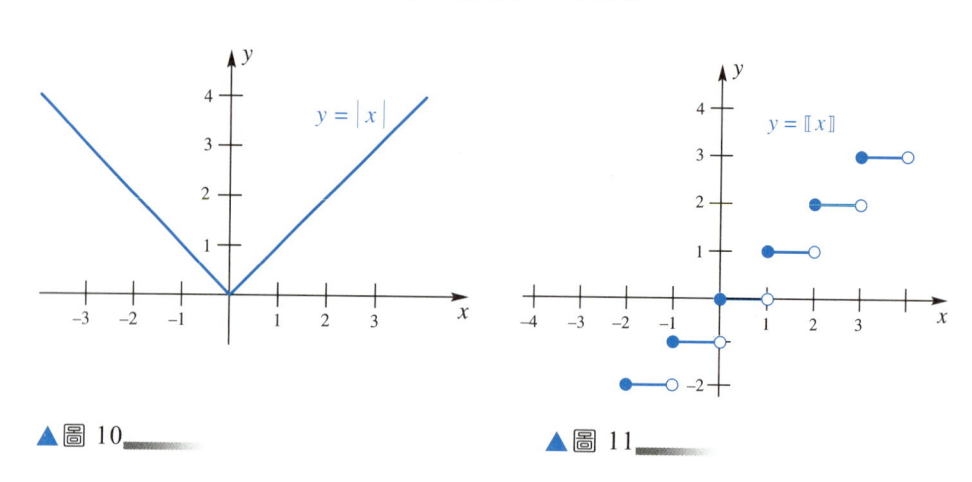

▲圖 10　　　　　　　　　　　　　▲圖 11

■ 練習題 0.5

1. 令 $f(x) = 1 - x^2$，求下列函數值。

    (a) $f(1)$　　　(b) $f(-2)$　　　(c) $f(0)$

    (d) $f(k)$　　　(e) $f(-5)$　　　(f) $f(\frac{1}{4})$

    (g) $f(1+h)$　　(h) $f(1+h) - f(1)$

    (i) $f(2+h) - f(2)$

2. 令 $G(y) = 1/(y-1)$，求下列函數值。

    (a) $G(0)$　　　(b) $G(0.999)$　　(c) $G(1.01)$

    (d) $G(y^2)$　　(e) $G(-x)$　　　(f) $G(\frac{1}{x^2})$

3. 圖 12 中，哪些圖形是函數的圖形？

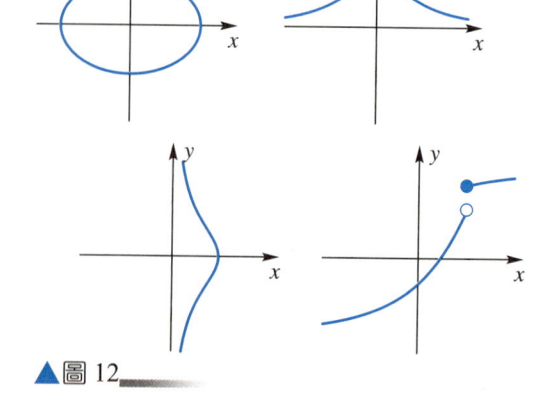

    ▲圖 12

4. 已知 $f(x) = 2x^2 - 1$，計算並化簡 $[f(a+h) - f(a)]/h$。

5. 已知 $F(t) = 4t^3$，計算並化簡 $[F(a+h) - F(a)]/h$。

6-14 題中，判斷給定函數是偶函數、奇函數，或都不是，並且描繪函數圖形。

6. $f(x) = -4$

7. $f(x) = 3x$

8. $g(x) = 3x^2 + 2x - 1$

9. $g(u) = \dfrac{u^2}{8}$

10. $g(x) = \dfrac{x}{x^2 - 1}$

11. $f(x) = |2x|$

12. $F(t) = -|t + 3|$

13. $g(t) = \begin{cases} 1, & t \leq 0 \\ t+1, & 0 < t \leq 2 \\ t^2 - 1, & t \geq 1 \end{cases}$

14. $h(x) = \begin{cases} -x^2 + 4, & x \leq 1 \\ 3x, & x > 1 \end{cases}$

15. 令 $A(c)$ 是一個封閉區域的面積，此區域的上界是 $y = x+1$、下界是 x 軸、左界是 y 軸且右界是直線 $x = c$。這樣的函數稱為**累積函數**（accumulation function），圖 13。求下列各值

   (a) $A(1)$
   (b) $A(2)$
   (c) $A(0)$
   (d) $A(c)$
   (e) 繪出 $A(c)$ 的圖形
   (f) A 的定義域與值域為何？

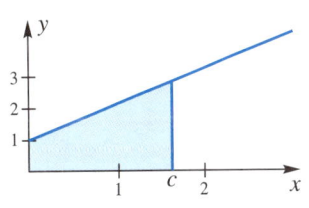

▲圖 13

0.6 函數的運算

就像兩個數 a 和 b 可相加成為一個新的數 $a + b$ 一樣，兩個函數 f 和 g 也可以相加產生新的函數 $f + g$。除了加法，我們將在本節中介紹其他的函數運算。

和、差、積、商與冪 考慮函數 f 和 g

$$f(x) = \frac{x-3}{2}, \quad g(x) = \sqrt{x}$$

將 $f(x) + g(x) = (x-3)/2 + \sqrt{x}$ 指派給變數 x，我們可以製造出一個新的函數 $f + g$；也就是

$$(f+g)(x) = f(x) + g(x) = \frac{x-3}{2} + \sqrt{x}$$

對於定義域我們必須小心處理。x 必須是一個 f 和 g 皆有定義的數。換句話說，$f + g$ 的定義域就是 f 的定義域和 g 的定義域的交集（共同部分）（見圖 1）。

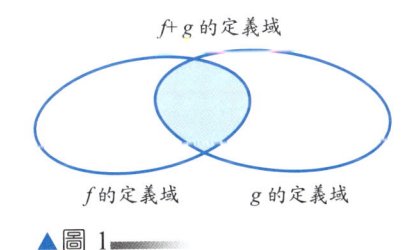

▲圖 1

類似的討論可得 $f-g$，$f \cdot g$ 和 f/g 的定義。假設 f 和 g 具有它們的自然定義域，則下列成立：

公式	定義域
$(f+g)(x) = f(x) + g(x) = \dfrac{x-3}{2} + \sqrt{x}$	$[0, \infty)$
$(f-g)(x) = f(x) - g(x) = \dfrac{x-3}{2} - \sqrt{x}$	$[0, \infty)$
$(f \cdot g)(x) = f(x) \cdot g(x) = \dfrac{x-3}{2}\sqrt{x}$	$[0, \infty)$
$\left(\dfrac{f}{g}\right)(x) = \dfrac{f(x)}{g(x)} = \dfrac{x-3}{2\sqrt{x}}$	$(0, \infty)$

此例中，我們必須將 0 由 f/g 的定義域中排除，以避免除以 0。

我們也可以考慮一個函數的冪。f^n 是一個將 x 指派到 $[f(x)]^n$ 的函數。所以

$$g^3(x) = [g(x)]^3 = (\sqrt{x})^3 = x^{3/2}$$

注意，我們保留符號 f^{-1} 給反函數，這將在 6.2 節討論。所以 f^{-1} 不代表 $1/f$。

範例 1

令 $F(x) = \sqrt[4]{x+1}$ 且 $G(x) = \sqrt{9-x^2}$，具自然定義域 $[-1, \infty)$ 和 $[-3, 3]$。求 $F+G$、$F-G$、$F \cdot G$、F/G 和 F^5 的計算公式，並求它們的自然定義域。

解答：

公式	定義域
$(F+G)(x) = F(x) + G(x) = \sqrt[4]{x+1} + \sqrt{9-x^2}$	$[-1, 3]$
$(F-G)(x) = F(x) - G(x) = \sqrt[4]{x+1} - \sqrt{9-x^2}$	$[-1, 3]$
$(F \cdot G)(x) = F(x) \cdot G(x) = \sqrt[4]{x+1}\sqrt{9-x^2}$	$[-1, 3]$
$\left(\dfrac{F}{G}\right)(x) = \dfrac{F(x)}{G(x)} = \dfrac{\sqrt[4]{x+1}}{\sqrt{9-x^2}}$	$[-1, 3)$
$F^5(x) = [F(x)]^5 = (\sqrt[4]{x+1})^5 = (x+1)^{5/4}$	$[-1, \infty)$

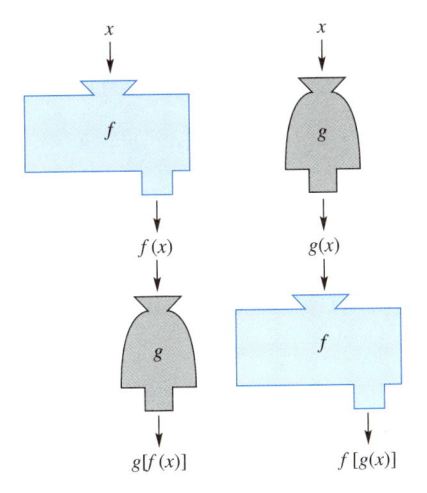

函數的合成 稍早，我們曾經將函數視為機器。輸入 x，將 x 處理之後，輸出 $f(x)$。兩部機器也許可以一前一後連接在一起，產生一部更複雜的機器；所以，兩個函數或許也能一前一後連接在一起工作（圖 2）。若 x 先透過 f 的作用，產生 $f(x)$ 之後，又讓 $f(x)$ 透過 g 的作用產生了 $g(f(x))$，我們就將 g 和 f 結合在一起工作了。這樣產生的函數稱為 g 與 f 的**合成**（composition），以 $g \circ f$ 表示。因此

$$(g \circ f)(x) = g(f(x))$$

在前一個例子中，我們有 $f(x) = (x-3)/2$ 與 $g(x) = \sqrt{x}$。我們可用兩種方式將這兩個函數合成：

$$(g \circ f)(x) = g(f(x)) = g\left(\frac{x-3}{2}\right) = \sqrt{\frac{x-3}{2}}$$

$$(f \circ g)(x) = f(g(x)) = f(\sqrt{x}) = \frac{\sqrt{x}-3}{2}$$

可發現 $g \circ f$ 不等於 $f \circ g$。所以函數的合成不具有交換性。

我們必須小心描述一個合成函數的定義域。$g \circ f$ 的定義域是滿足下列條件的 x 所成的集合。

1. x 在 f 的定義域內。
2. $f(x)$ 在 g 的定義域內。

在我們的例子中，$g \circ f$ 的定義域為區間 $[3, \infty)$，因為 g 的輸入值必須是非負的，而在此區間中 $f(x)$ 是非負的。而 $f \circ g$ 的定義域為 $[0, \infty)$（為什麼？），所以我們看到 $g \circ f$ 與 $f \circ g$ 的定義域不相同。圖 3 顯示了 $g \circ f$ 的定義域如何排除那些使得 $f(x)$ 不在 g 之定義域內的 x 值。

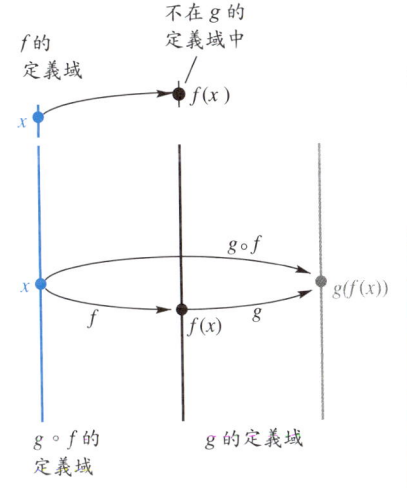

● **範例 2**

令 $f(x) = 6x/(x^2-9)$ 且 $g(x) = \sqrt{3x}$ 具有自然定義域。先求 $(f \circ g)(12)$，再求 $(f \circ g)(x)$ 及其定義域。

解答：

$$(f \circ g)(12) = f(g(12)) = f(\sqrt{36}) = f(6) = \frac{6 \cdot 6}{6^2 - 9} = \frac{4}{3}$$

$$(f \circ g)(x) = f(g(x)) = f(\sqrt{3x}) = \frac{6\sqrt{3x}}{(\sqrt{3x})^2 - 9}$$

▲ 圖 2

▲ 圖 3

> 取 $x \geq 0$，可使得 $\sqrt{3x}$ 有意義，且可得 $\left(\sqrt{3x}\right)^2 = 3x$，因此在 $[0, \infty)$ 中可得
>
> $$(f \circ g)(x) = \frac{6\sqrt{3x}}{3x - 9} = \frac{2\sqrt{3x}}{x - 3}$$
>
> 因為 $x = 3$ 會導致除以 0，所以需要將 3 從 $[0, \infty)$ 中排除。
> 因此 $f \circ g$ 的定義域為 $[0, 3) \cup (3, \infty)$。

在微積分裡，我們經常需要將一個已知函數表示成多個比較簡單之函數的合成。通常，可以有不只一種的方式可完成此工作。例如 $p(x) = \sqrt{x^2 + 4}$ 可寫成

$$p(x) = g(f(x))，其中 g(x) = \sqrt{x} 且 f(x) = x^2 + 4$$

或寫成

$$p(x) = g(f(x))，其中 g(x) = \sqrt{x + 4} 且 f(x) = x^2$$

使用 $f(x) = x^2 + 4$ 且 $g(x) = \sqrt{x}$ 所得的拆解 $p(x) = g(f(x))$ 比較簡單，也比較常被選用。在第 2 章裡這樣的拆解能力是很重要的。

範例 3

將函數 $p(x) = (x + 2)^5$ 表示成合成函數 $g \circ f$。

解答：令 $g(x) = x^5$ 且 $f(x) = x + 2$，則 $p(x) = (x + 2)^5 = g(x + 2) = g(f(x)) = (g \circ f)(x)$。

平移 觀察如何用簡單的函數建構出更有變化的函數，對於繪圖有很大的幫助。請問下列方程式的圖形彼此之間有什麼關係？

$$y = f(x) \quad y = f(x - 3) \quad y = f(x) + 2 \quad y = f(x - 3) + 2$$

以 $f(x) = |x|$ 為例，則相對應的四個圖形如圖 4 所示。

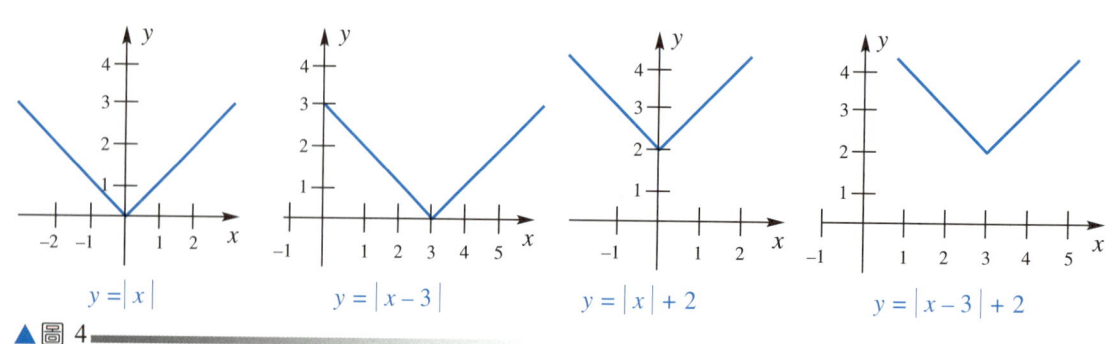

$y = |x|$　　$y = |x - 3|$　　$y = |x| + 2$　　$y = |x - 3| + 2$

▲ 圖 4

預備知識　Chapter 0　39

注意，這四個圖形都有相同的形狀；後三個是第一個的平移。以 $x-3$ 代替 x 可將圖形往右平移 3 單位；加 2 可將圖形往上平移 2 單位。

$f(x) = |x|$ 的圖形呈現的變化是具有一般性的。圖 5 利用了另一個函數 $f(x) = x^3 + x^2$ 來呈現圖形的變化。

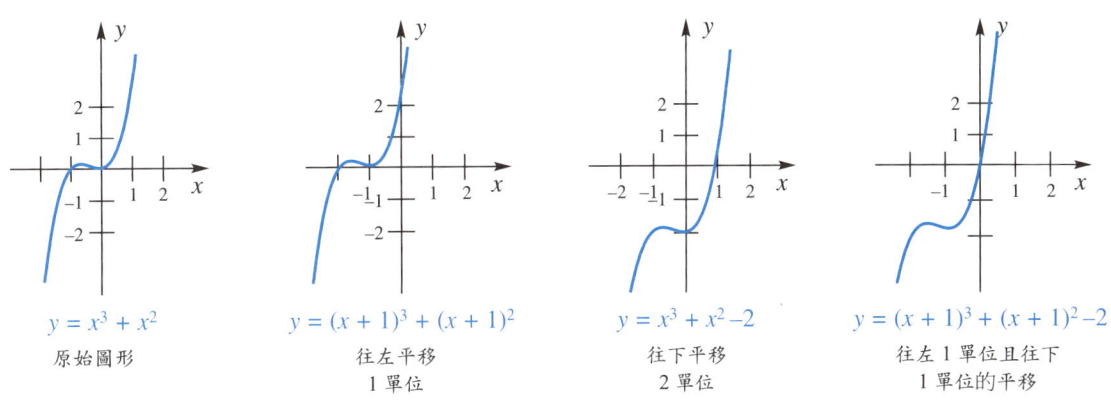

$y = x^3 + x^2$
原始圖形

$y = (x+1)^3 + (x+1)^2$
往左平移
1 單位

$y = x^3 + x^2 - 2$
往下平移
2 單位

$y = (x+1)^3 + (x+1)^2 - 2$
往左 1 單位且往下
1 單位的平移

▲ 圖 5

一般的函數也可用相同的準則。它們可由圖 6 來解釋，其中 h 和 k 皆大於 0。若 $h < 0$，則往左平移；若 $k < 0$，則往下平移。

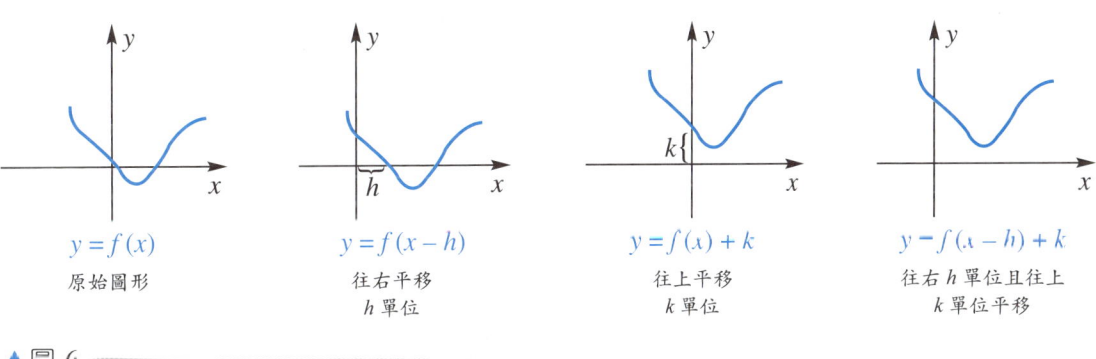

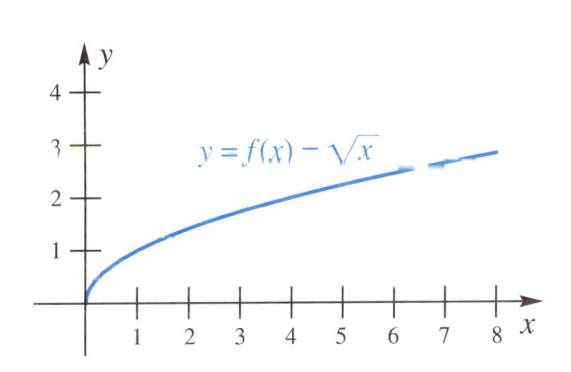

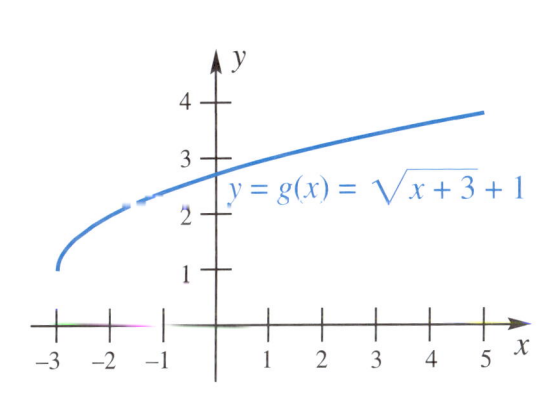

$y = f(x)$
原始圖形

$y = f(x-h)$
往右平移
h 單位

$y = f(x) + k$
往上平移
k 單位

$y = f(x-h) + k$
往右 h 單位且往上
k 單位平移

▲ 圖 6

$y = f(x) = \sqrt{x}$

▲ 圖 7

$y = g(x) = \sqrt{x+3} + 1$

▲ 圖 8

範例 4

先描繪 $f(x) = \sqrt{x}$ 的圖形，再做適當的平移畫出函數 $g(x) = \sqrt{x+3} + 1$ 的圖形。

解答：將 f 的圖形（圖 7）往左平移 3 單位且上平移 1 單位，就可得 g 的圖形（圖 8）。

▲圖 9 常數函數 $f(x) = 4$

▲圖 10 單位函數 $f(x) = x$

函數的部分目錄 函數 $f(x) = k$，其中 k 為一常數，稱為**常數函數**（constant function），它的圖形是一條水平直線（圖 9）。函數 $f(x) = x$ 稱為**單位函數**（identity function），它的圖形是通過原點且斜率為 1 的一條直線（圖 10）。由這些簡單函數，我們可以建構出許多重要的函數。

在常數函數與單位函數實施加、減、乘運算之後，所得的函數稱為**多項式函數**（polynomial function）。這就是說，f 是一個多項式函數若且唯若 f 形如下式：

$$f(x) = a_n x^n + a_{n-1} x^{n-1} + \cdots + a_1 x + a_0$$

其中 $a_n, a_{n-1}, \ldots, a_1, a_0$ 為實數且 n 為非負整數。若 $a_n \neq 0$，則 n 是該多項式的**次數**（degree）。$f(x) = ax + b$ 是一次方項式函數或稱為**線性函數**（linear function）。$f(x) = ax^2 + bx + c$ 是二次多項式函數，或稱為**二次函數**（quadratic function）。

兩個多項式函數的商稱為**有理函數**（rational functions）。所以 f 是一個有理函數若且唯若 f 形如下式：

$$f(x) = \frac{a_n x^n + a_{n-1} x^{n-1} + \cdots + a_1 x + a_0}{b_m x^m + b_{m-1} x^{m-1} + \cdots + b_1 x + b_0}$$

有理函數的定義域為使得分母不為 0 的所有實數所成之集合。

在常數函數與單位函數實施加、減、乘、除和取根等運算，所得之函數稱為**顯代數函數**（explicit algebraic function）。下列為兩個例子：

$$f(x) = 3x^{2/5} = 3\sqrt[5]{x^2} \qquad g(x) = \frac{(x+2)\sqrt{x}}{x^3 + \sqrt[3]{x^2-1}}$$

到目前為止所介紹的函數，再加上後面將介紹的三角函數、反三角函數、指數函數與對數函數，構成了微積分的基本原料。

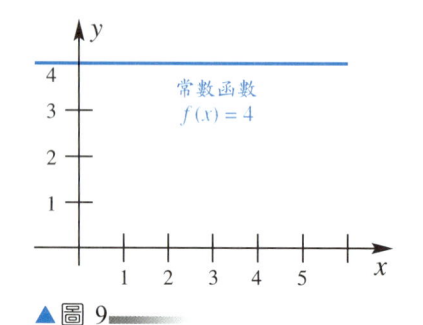

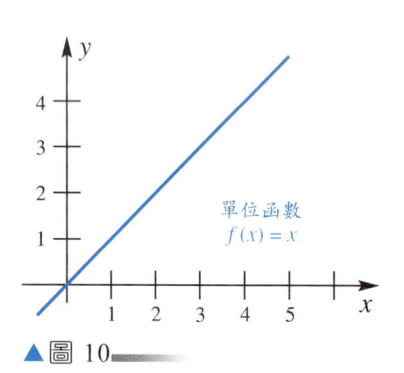

■ 練習題 0.6

1. 已知 $f(x) = x+3$ 且 $g(x) = x^2$，求下列每個值。
   (a) $(f+g)(2)$ (b) $(f \circ g)(0)$
   (c) $(g/f)(3)$ (d) $(f \circ g)(1)$
   (e) $(g \circ f)(1)$ (f) $(g \circ f)(-8)$

2. 已知 $f(x) = x^2 + x$ 且 $g(x) = 2/(x+3)$，求下列每個值。
   (a) $(f-g)(2)$ (b) $(f/g)(1)$
   (c) $g^2(3)$ (d) $(f \circ g)(1)$
   (e) $(g \circ f)(1)$ (f) $(g \circ g)(3)$

3. 已知 $g(x) = x^2 + 1$，求 $g^3(x)$ 與 $(g \circ g \circ g)(x)$。

4. 求 f 和 g 使得 $F = g \circ f$（見範例 3）。
   (a) $F(x) = \sqrt{x+7}$ (b) $F(x) = (x^2+x)^{15}$

5. 先繪出 $g(x) = \sqrt{x}$ 的圖形，然後利用平移繪出 $f(x) = \sqrt{x-2} - 3$ 的圖形（見範例 4）。

6. 先繪出 $h(x) = |x|$ 的圖形，然後利用平移繪出 $g(x) = |x+3| - 4$ 的圖形。

7. 請利用平移描繪 $f(x) = (x-2)^2 - 4$ 的圖形。

8. 說出下列各敘述的結果是奇函數、偶函數或者都不是。請證明你的敘述。
   (a) 兩個偶函數之和
   (b) 兩個奇函數之和
   (c) 兩個偶函數的乘積
   (d) 兩個奇函數的乘積
   (e) 一個偶函數與一個奇函數的乘積

9. 已知 $f(x) = \dfrac{1}{x-1}$，計算並化簡下列函數值。
   (a) $f(1/x)$ (b) $f(f(x))$
   (c) $f(1/f(x))$

10. 已知 $f_1(x) = x$, $f_2(x) = 1/x$, $f_3(x) = 1-x$, $f_4(x) = 1/(1-x)$, $f_5(x) = (x-1)/x$, 且 $f_6(x) = x/(x-1)$。可得 $f_3(f_4(x)) = f_3(1/(1-x)) = 1 - 1/(1-x) = x/(x-1) = f_6(x)$ 也就是 $f_3 \circ f_4 = f_6$。事實上，這些函數中任兩個函數的合成都會等於另一個函數，請完成圖 11 中的合成表。

$\circ$	f_1	f_2	f_3	f_4	f_5	f_6
f_1						
f_2						
f_3				f_6		
f_4						
f_5						
f_6						

▲圖 11

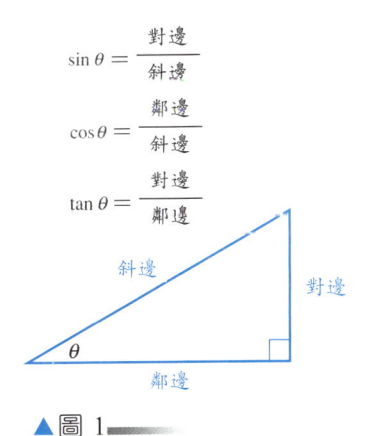

$\sin \theta = \dfrac{對邊}{斜邊}$

$\cos \theta = \dfrac{鄰邊}{斜邊}$

$\tan \theta = \dfrac{對邊}{鄰邊}$

▲圖 1

0.7 三角函數

對於銳角，我們是利用直角三角形來定義三角函數。圖 1 顯示正弦、餘弦與正切函數的定義摘要。你應該仔細複習圖 1，因為這些概念在本書往後的許多應用中是必需的。

對於廣義角，我們利用單位圓來定義三角函數。以原點為圓心且以 1 為半徑的圓稱為單位圓，以 C 表示，它的方程式為 $x^2 + y^2 = 1$。令 A 為點 $(1, 0)$ 且令 t 為一個正數。圓 C 上存在一個唯一點 P，使得依逆時鐘方向繞行圓弧 AP 所測得的距離恰等於 t（見圖2）。假如 $t = \pi$，則 P 是點 $(-1, 0)$。假如 $t = 3\pi/2$，則 P 是點 $(0, -1)$。假如 $t = 2\pi$，則 P 是點 A。假如 $t > 2\pi$，則繞行圓弧 AP 將多於一圈。

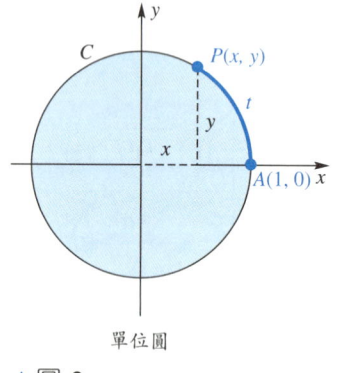

若 $t < 0$，則我們依順時鐘方向繞行圓 C 到達某定點 P 使得由點 A 到 P 之圓弧的距離為 $|t|$。這樣，我們就將每一個實數 t 與單位圓上的一個唯一點 $P(x, y)$ 連接在一起了。我們可以對正弦與餘弦函數做定義了。

定義 正弦和餘弦函數（Sine and Cosine functions）
已知一個實數 t，根據上列討論，它在單位圓上決定了點 $P(x, y)$（圖2）。則

$$\sin t = y \quad 且 \quad \cos t = x$$

正弦和餘弦的基本性質 根據上述定義，我們可以直接得到許多事實。首先，因為 t 可為任意實數，所以正弦和餘弦函數的定義域皆為 $(-\infty, \infty)$。其次，x 和 y 總是在 -1 和 1 之間，所以正弦和餘弦函數的值域皆為 $[-1, 1]$。

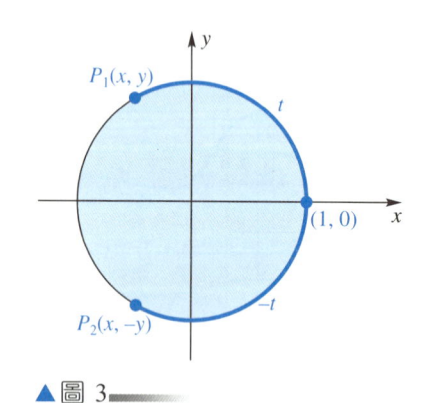

因為單位圓的圓周長為 2π，所以 t 和 $t + 2\pi$ 決定相同的點 $P(x, y)$。因此

$$\sin(t + 2\pi) = \sin t \quad 且 \quad \cos(t + 2\pi) = \cos t$$

分別由 t 和 $-t$ 所決定的點 P_1 和 P_2 對稱於 x 軸（圖3）。因此 P_1 和 P_2 的 x 坐標相同，而 y 坐標只差正負號。所以

$$\sin(-t) = -\sin t \quad 且 \quad \cos(-t) = \cos t$$

換言之，正弦是一個奇函數而餘弦是一個偶函數。

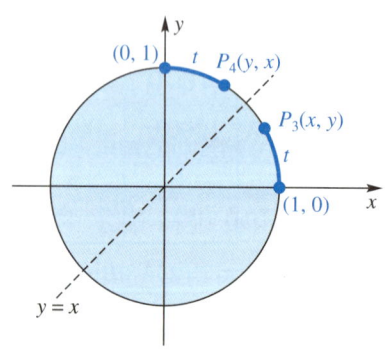

分別由 t 和 $\pi/2 - t$ 所決定的對應點 P_3 和 P_4 對稱於直線 $y = x$，所以 P_3 和 P_4 的 x 坐標與 y 坐標彼此互換（圖4）。也就是

$$\sin\left(\frac{\pi}{2} - t\right) = \cos t \quad 且 \quad \cos\left(\frac{\pi}{2} - t\right) = \sin t$$

最後，我們提到正弦與餘弦函數的一個重要等式：

$$\sin^2 t + \cos^2 t = 1$$

對任一實數 t。此等式的成立是是根據一個事實：(x, y) 在單位圓上，x 與 y 滿足 $x^2 + y^2 = 1$。

正弦和餘弦的圖形 依循之前說過的繪圖程序，計算出一些點的坐標、描出這些點然後用平滑曲線連接之。左邊列出了一些計算，利用繪圖工具（如 Maple，Mathematica 等 CAS），可畫出正弦和餘弦函數的圖形，如圖 5 所示

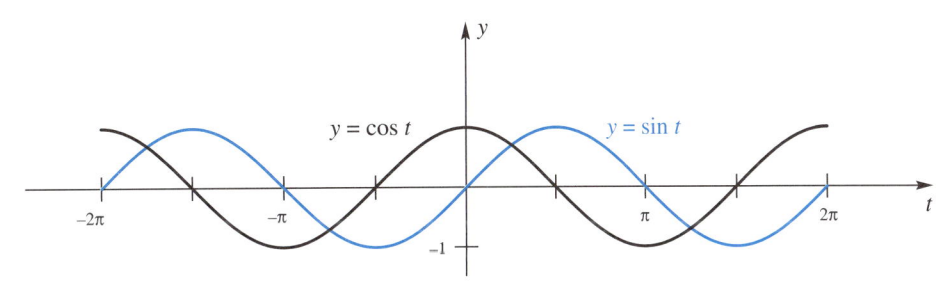

t	$\sin t$	$\cos t$
0	0	1
$\pi/6$	$1/2$	$\sqrt{3}/2$
$\pi/4$	$\sqrt{2}/2$	$\sqrt{2}/2$
$\pi/3$	$\sqrt{3}/2$	$1/2$
$\pi/2$	1	0
$2\pi/3$	$\sqrt{3}/2$	$-1/2$
$3\pi/4$	$\sqrt{2}/2$	$-\sqrt{2}/2$
$5\pi/6$	$1/2$	$-\sqrt{3}/2$
π	0	-1

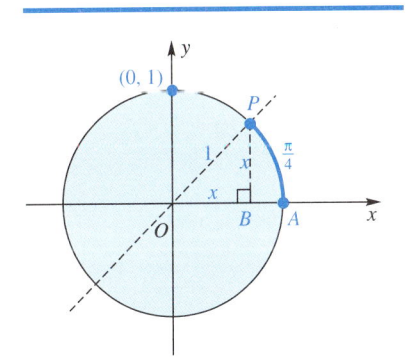

▲ 圖 5

▲ 圖 5

由上圖可得下列幾個值得注意的事項：

1. $\sin t$ 和 $\cos t$ 的值都是從 -1 到 1。
2. 兩個圖形都是在長度為 2π 的相鄰區間上重複出現。
3. $y = \sin t$ 的圖形對稱於原點，而 $y = \cos t$ 的圖形對稱於 y 軸。（因此，正弦函數是奇函數，餘弦函數是偶函數）
4. $y = \cos t$ 的圖形往右平移 $\pi/2$ 單位就是 $y = \sin t$ 的圖形。

以下範例處理形如 $\sin(at)$ 或 $\cos(at)$ 的函數，它們經常出現在應用中。

● **範例 1**

描繪下列函數的圖形

(a) $y = \sin(2\pi t)$ (b) $y = \cos(2t)$

解答：

(a) 當 t 從 0 到 1，$2\pi t$ 從 0 到 2π。所以 $y = \sin(2\pi t)$ 的圖形在長度為 1 的相鄰區間上重複出現。圖形如圖 6 所示。

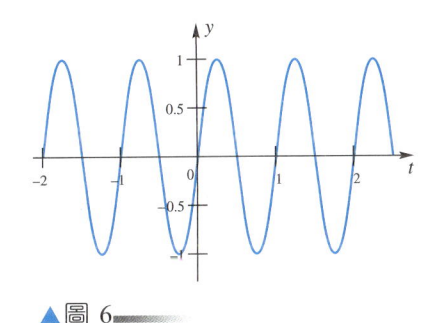

▲ 圖 6

t	$\sin(2\pi t)$	t	$\sin(2\pi t)$
0	$\sin(2\pi \cdot 0) = 0$	$\dfrac{5}{8}$	$\sin\left(2\pi \cdot \dfrac{5}{8}\right) = -\dfrac{\sqrt{2}}{2}$
$\dfrac{1}{8}$	$\sin\left(2\pi \cdot \dfrac{1}{8}\right) = \dfrac{\sqrt{2}}{2}$	$\dfrac{3}{4}$	$\sin\left(2\pi \cdot \dfrac{3}{4}\right) = -1$
$\dfrac{1}{4}$	$\sin\left(2\pi \cdot \dfrac{1}{4}\right) = 1$	$\dfrac{7}{8}$	$\sin\left(2\pi \cdot \dfrac{7}{8}\right) = -\dfrac{\sqrt{2}}{2}$
$\dfrac{3}{8}$	$\sin\left(2\pi \cdot \dfrac{3}{8}\right) = \dfrac{\sqrt{2}}{2}$	1	$\sin(2\pi \cdot 1) = 0$
$\dfrac{1}{2}$	$\sin\left(2\pi \cdot \dfrac{1}{2}\right) = 0$	$\dfrac{9}{8}$	$\sin\left(2\pi \cdot \dfrac{9}{8}\right) = \dfrac{\sqrt{2}}{2}$

(b) 當 t 從 0 到 π，$2t$ 從 0 到 2π。所以 $y = \cos(2t)$ 的圖形在長度為 π 的相鄰區間上重複出現。圖形如圖 7 所示。

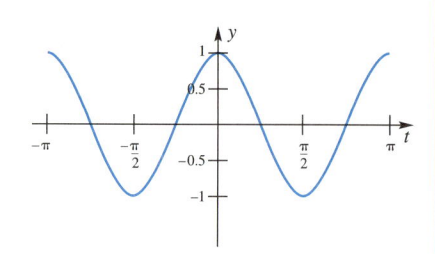

▲ 圖 7

t	$\cos(2t)$	t	$\cos(2t)$
0	$\cos(2 \cdot 0) = 1$	$\dfrac{5\pi}{8}$	$\cos\left(2 \cdot \dfrac{5\pi}{8}\right) = -\dfrac{\sqrt{2}}{2}$
$\dfrac{\pi}{8}$	$\cos\left(2 \cdot \dfrac{\pi}{8}\right) = \dfrac{\sqrt{2}}{2}$	$\dfrac{3\pi}{4}$	$\cos\left(2 \cdot \dfrac{3\pi}{4}\right) = 0$
$\dfrac{\pi}{4}$	$\cos\left(2 \cdot \dfrac{\pi}{4}\right) = 0$	$\dfrac{7\pi}{8}$	$\cos\left(2 \cdot \dfrac{7\pi}{8}\right) = \dfrac{\sqrt{2}}{2}$
$\dfrac{3\pi}{8}$	$\cos\left(2 \cdot \dfrac{3\pi}{8}\right) = -\dfrac{\sqrt{2}}{2}$	π	$\cos(2 \cdot \pi) = 1$
$\dfrac{\pi}{2}$	$\cos\left(2 \cdot \dfrac{\pi}{2}\right) = -1$	$\dfrac{9\pi}{8}$	$\cos\left(2 \cdot \dfrac{9\pi}{8}\right) = \dfrac{\sqrt{2}}{2}$

三角函數的週期與振幅　給定一個函數 f，假如存在一個正數 p，使得 f 的定義域內所有實數 x 皆滿足 $f(x + p) = f(x)$，則稱 f 是**週期的**（periodic）。最小的這種正數 p 稱為 f 的**週期**（period）。正弦函數是週期的，因為對所有 x，$\sin(x + 2\pi) = \sin x$ 都成立。對所有 x，下式也成立

$$\sin(x + 4\pi) = \sin(x - 2\pi) = \sin(x + 12\pi) = \sin x$$

因此，4π、-2π 和 12π 都是滿足 $\sin(x + p) = \sin x$ 的實數 p。所謂週期，是指這樣的實數 p 中最小的正數，所以 sin 的週期為 $p = 2\pi$。餘弦函數也是週期為 2π 的週期函數。函數 $\sin(at)$ 具有週期 $2\pi/a$ 因為

$$\sin\left[a\left(t + \dfrac{2\pi}{a}\right)\right] = \sin[at + 2\pi] = \sin(at)$$

函數 $\cos(at)$ 的週期也是 $2\pi/a$。

範例 2

下列各函數的週期為何？

(a) $\sin(2\pi t)$ (b) $\cos(2t)$

(c) $\sin(2\pi t/12)$

解答：

(a) 因為 $\sin(2\pi t)$ 為形如 $\sin(at)$ 的函數，且 $a = 2\pi$，它的週期為 $p = \dfrac{2\pi}{2\pi} = 1$。

(b) 因為 $\cos(2t)$ 為形如 $\cos(at)$ 的函數，且 $a = 2$，因此它的週期為 $p = \dfrac{2\pi}{2} = \pi$。

(c) 函數 $\sin(2\pi t/12)$ 的週期為 $p = \dfrac{2\pi}{2\pi/12} = 12$。

若週期函數 f 具有最小值和最大值，我們定義**振幅（amplitude）** A 為圖形上最高點和最低點之鉛直距離的一半。

範例 3

求下列各週期函數的振幅。

(a) $\sin(2\pi t/12)$ (b) $3\cos(2t)$

(c) $50 + 21\sin(2\pi t/12 + 3)$

解答：

(a) 因為函數 $\sin(2\pi t/12)$ 的值域為 $[-1, 1]$，所以它的振幅為 $A = 1$。

(b) 因為函數 $3\cos(2t)$ 的值域為 $[-3, 3]$，所以它的振幅為 $A = 3$。

(c) 因為函數 $21\sin(2\pi t/12 + 3)$ 的值域為 $[-21, 21]$，所以函數 $50 + 21\sin(2\pi t/12 + 3)$ 的值域為 $[-21+50, 21+50] = [29, 71]$，所求振幅為 $A = 21$。

一般而言，若 $a > 0$ 且 $A > 0$，則下列曲線稱為**正弦波線（sinusoidal curve）**，它們的形狀與正弦函數的圖形相似。

$C + A\sin(a(t + b))$ 及 $C + A\cos(a(t + b))$ 皆具有週期 $\dfrac{2\pi}{a}$ 且振幅為 A。

三角函數，特別是正弦波線，可用來模型化物理現象，包括每天的潮汐水位及每年的溫度。

▲ 圖 8

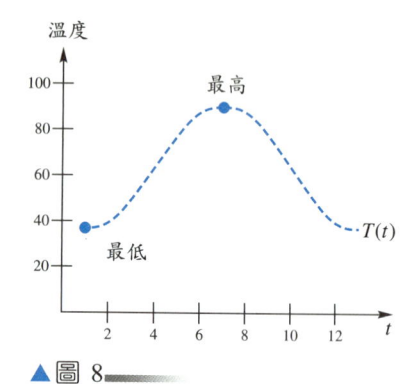

範例 4

密蘇里州聖路易市一年的正常高溫，最低溫是 1 月 15 日的 37°F，最高溫是 7 月 15 的 89°F。此正常高溫的圖形大致如一條正弦波線。

(a) 求 C、A、a 和 b 之值使得

$$T(t) = C + A\sin(a(t+b))$$

是正常高溫的一個合理模式，其中 t 表示自 1 月 1 日起算的月數。

(b) 利用此模式估計 5 月 15 日的正常高溫。

解答：

(a) 因為季節氣候每 12 個月重複一次，所求函數的週期長度為 $t = 12$。所以 $\frac{2\pi}{a} = 12$，也就是 $a = \frac{2\pi}{12}$。振幅為最高點與最低點高度之差的一半；在本例中，$A = \frac{1}{2}(89-37) = 26$。而 C 的值是最低溫度與最高溫度的中點，所以 $C = \frac{1}{2}(89+37) = 63$。因此函數 $T(t)$ 形如下式

$$T(t) = 63 + 26\sin\left(\frac{2\pi}{12}(t+b)\right)$$

最後，將 b 值求出。最低的正常高溫 37 是出現在 1 月 15 日，大約是 1 月中，所以 $T(1/2) = 37$，而且當 $t = 1/2$ 時 $T(t)$ 必須到達最小值 37。圖 8 總結到目前為止所得的資訊。函數 $y = 63 + 26\sin(2\pi t/12)$ 在 $t = -3$ 時到達它的最小值。因此，我們必須將曲線 $y = 63 + 26\sin(2\pi t/12)$ 往右平移 $1/2 - (-3) = 7/2$ 單位。所以

$$T(t) = 63 + 26\sin\left(\frac{2\pi}{12}\left(t - \frac{7}{2}\right)\right)$$

圖 9 顯示了 $T(t)$ 的圖形。

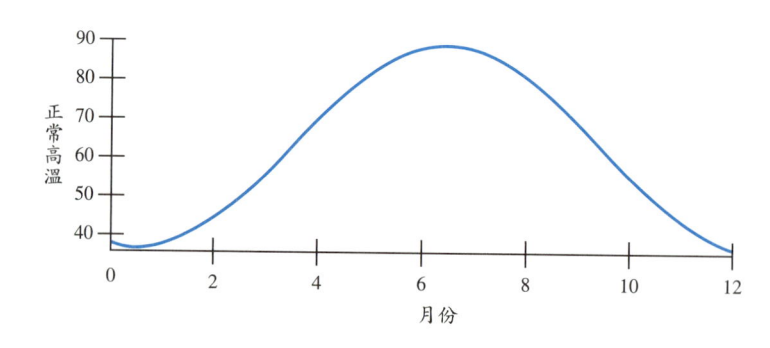

▲ 圖 9

(b) 要估計 5 月 15 日的正常高溫，我們令 $t = 4.5$ 代入 T，可得

$$T(4.5) = 63 + 26\sin(2\pi(4.5-3.5)/12) = 76$$

聖路易市 5 月 15 日實際正常高溫為 75°F。我們的模式只高估 1°F，在如此少的資訊之下，此估計算是非常準確了。

四個其他的三角函數　為了方便起見，我們介紹四個其他的三角函數：正切、餘切、正割和餘割。

$$\tan t = \frac{\sin t}{\cos t} \qquad \cot t = \frac{\cos t}{\sin t}$$

$$\sec t = \frac{1}{\cos t} \qquad \csc t = \frac{1}{\sin t}$$

範例 5

證明正切函數是一個奇函數。

解答：

$$\tan(-t) = \frac{\sin(-t)}{\cos(-t)} = \frac{-\sin t}{\cos t} = -\tan t$$

範例 6

證明下列等式。

$$1 + \tan^2 t = \sec^2 t \qquad 1 + \cot^2 t = \csc^2 t$$

解答：

$$1 + \tan^2 t = 1 + \frac{\sin^2 t}{\cos^2 t} = \frac{\cos^2 t + \sin^2 t}{\cos^2 t} = \frac{1}{\cos^2 t} = \sec^2 t$$

$$1 + \cot^2 t = 1 + \frac{\cos^2 t}{\sin^2 t} = \frac{\sin^2 t + \cos^2 t}{\sin^2 t} = \frac{1}{\sin^2 t} = \csc^2 t$$

關於正切函數（圖10），有兩件事需要注意。第一，在 $\pm\pi/2, \pm 3\pi/2, \ldots$ 有鉛直漸近線。這我們可預見到，因為 $\cos t$ 在這些 t 值為 0，此意謂 $\sin t/\cos t$ 牽涉到分母為 0。第二，正切函數為週期函數且週期為 π。

48 微積分

$y = \tan t$

▲圖 10

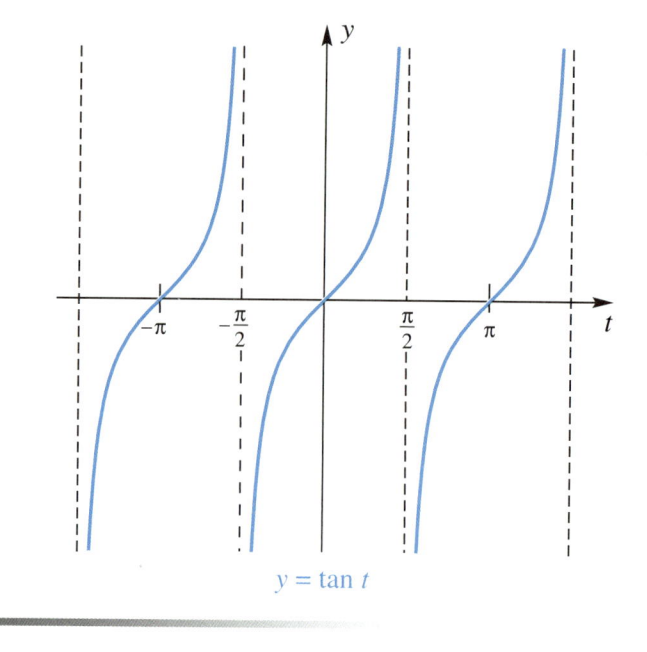

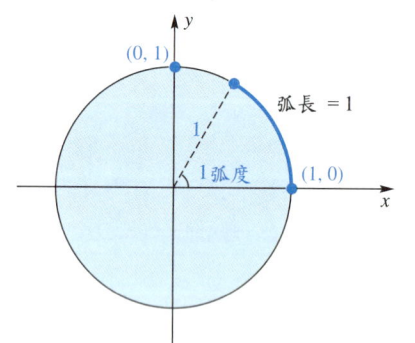

▲圖 11

度	弳
0	0
30	π/6
45	π/4
60	π/3
90	π/2
120	2π/3
135	3π/4
150	5π/6
180	π
360	2π

▲圖 12

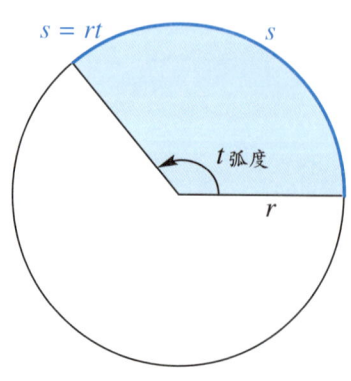

▲圖 13

關於角度 角通常以度（degrees）或弧度（radians）為量度單位。1 弧度是單位圓上弧長為 1 之圓弧所對應之圓心角的度量。見圖 11。對應於繞一個完整圓周 360° 的圓心角為 2π 弧度。也就是說，一個平角為 180° 或 π 弧度。

$$180° = \pi \text{ 弧度} \approx 3.1415927 \text{ 弧度}$$

由此可得

$$1 \text{ 弧度} \approx 57.29578° \quad 1° \approx 0.0174533 \text{ 弧度}$$

圖 12 顯示了常用的度與弧度之間的換算值。

將完整的一圈 360 等分是古代巴比倫人的選擇（他們喜歡 60 的倍數），微積分中是將一圈等分成 2π 部分（也就是採用弧度制）。注意，對半徑為 r 的圓而言，t 弧度的圓心角所對應的弧長 s 滿足（見圖 13）

$$\frac{s}{2\pi r} = \frac{t}{2\pi}$$

因此，可推得 $s = rt$。

當 $r = 1$ 則 $s = t$。這意謂著：在單位圓上，t 弧度的圓心角在圓周上所切出的圓弧弧長為 t。假如我們把順時針方向測量出的長度賦予負號，則上面的敘述對負的 t 值依然是成立的。

範例 7

已知一輛腳踏車的車輪半徑為 30 公分，求車輪轉動 100 圈所行經的距離。

解答：

所求距離為 $s = (30)(100)(2\pi) = 6000\pi \approx 18{,}849.6$ 公分 ≈ 188.5 公尺

現在，我們可以將角度三角學和單位圓三角學連接起來。若角 θ 的度量為 t 弧度，也就是圓心角 θ 在單位圓切出的圓弧弧長為 t，則

$$\sin\theta = \sin t \quad \cos\theta = \cos t$$

在微積分裡，當我們碰到一個以度為單位的角之時，做任何計算之前，總是先將它改成以弧度為單位。例如，

$$\sin 31.6° = \sin\left(31.6 \cdot \frac{\pi}{180}\right) \approx \sin 0.552 \text{ 弧度}$$

重要的恆等式　我們不打算證明下列恆等式，只強調它們在本書的重要性。

三角恆等式　下列各式對於所有的 x 和 y 皆成立，只要在等式兩邊所選的 x 和 y 有定義。

奇 - 偶公式	餘角公式
$\sin(-x) = -\sin x$	$\sin\left(\frac{\pi}{2} - x\right) = \cos x$
$\cos(-x) = \cos x$	$\cos\left(\frac{\pi}{2} - x\right) = \sin x$
$\tan(-x) = -\tan x$	$\tan\left(\frac{\pi}{2} - x\right) = \cot x$

畢達哥拉斯公式	和角公式
$\sin^2 x + \cos^2 x = 1$	$\sin(x+y) = \sin x \cos y + \cos x \sin y$
$1 + \tan^2 x = \sec^2 x$	$\cos(x+y) = \cos x \cos y - \sin x \sin y$
$1 + \cot^2 x = \csc^2 x$	$\tan(x+y) = \dfrac{\tan x + \tan y}{1 - \tan x \tan y}$

兩倍角公式	半角公式
$\sin 2x = 2\sin x \cos x$	$\sin\left(\dfrac{x}{2}\right) = \pm\sqrt{\dfrac{1-\cos x}{2}}$
$\begin{aligned}\cos 2x &= \cos^2 x - \sin^2 x \\ &= 2\cos^2 x - 1 \\ &= 1 - 2\sin^2 x\end{aligned}$	$\cos\left(\dfrac{x}{2}\right) = \pm\sqrt{\dfrac{1+\cos x}{2}}$

和化積

$$\sin x + \sin y = 2\sin\left(\frac{x+y}{2}\right)\cos\left(\frac{x-y}{2}\right)$$

$$\cos x + \cos y = 2\cos\left(\frac{x+y}{2}\right)\cos\left(\frac{x-y}{2}\right)$$

積化和差

$$\sin x \sin y = -\tfrac{1}{2}[\cos(x+y) - \cos(x-y)]$$
$$\cos x \cos y = \tfrac{1}{2}[\cos(x+y) + \cos(x-y)]$$
$$\sin x \cos y = \tfrac{1}{2}[\sin(x+y) + \sin(x-y)]$$

練習題 0.7

1. 將下列角度轉換為弧度（答案中留著符號 π）。
   - (a) $30°$
   - (b) $45°$
   - (c) $-60°$
   - (d) $240°$
   - (e) $-370°$
   - (f) $10°$

2. 將下列弧度轉換為角度。
   - (a) $\dfrac{7}{6}\pi$
   - (b) $\dfrac{3}{4}\pi$
   - (c) $-\dfrac{1}{3}\pi$
   - (d) $\dfrac{4}{3}\pi$
   - (e) $-\dfrac{35}{18}\pi$
   - (f) $\dfrac{3}{18}\pi$

3. 在不使用計算機的情況下，計算下列各值。
   - (a) $\tan\dfrac{\pi}{6}$
   - (b) $\sec\pi$
   - (c) $\sec\dfrac{3\pi}{4}$
   - (d) $\csc\dfrac{\pi}{2}$
   - (e) $\cot\dfrac{\pi}{4}$
   - (f) $\tan\left(-\dfrac{\pi}{4}\right)$

4. 在不使用計算機的情況下，計算下列各值。
   - (a) $\tan\dfrac{\pi}{3}$
   - (b) $\sec\dfrac{\pi}{3}$
   - (c) $\cot\dfrac{\pi}{3}$
   - (d) $\csc\dfrac{\pi}{4}$
   - (e) $\tan\left(-\dfrac{\pi}{6}\right)$
   - (f) $\cos\left(-\dfrac{\pi}{3}\right)$

5. 在 $[-\pi, 2\pi]$ 中描繪下列各函數的圖形。
   - (a) $y = \sin 2x$
   - (b) $y = 2\sin t$
   - (c) $y = \cos\left(x - \dfrac{\pi}{4}\right)$
   - (d) $y = \sec t$

6-8 題中，決定下列各函數的週期、振幅及移動（水平與鉛直）並描繪在區間 $-5 \le x \le 5$ 上的圖形。

6. $y = 3\cos\dfrac{x}{2}$

7. $y = 2\sin 2x$

8. $y = 3\cos\left(x - \dfrac{\pi}{2}\right) - 1$

9-12 題中，請求出準確值。

9. $\cos^2\dfrac{\pi}{3}$

10. $\sin^2\dfrac{\pi}{6}$

11. $\cos^2\dfrac{\pi}{12}$

12. $\sin^2\dfrac{\pi}{8}$

極限 Chapter 1

本章概要

1.1 極限的簡介
1.2 極限的嚴密研究
1.3 極限定理
1.4 含三角函數的極限
1.5 在無窮遠處的極限；無窮大極限
1.6 函數的連續性

1.1 極限的簡介

前一章所討論的主題正是所謂的學前微積分之部分。它們提供微積分的基礎,但是它們並非微積分。現在我們準備好學習一個新的想法,就是極限的觀念。它區別了微積分與其他的數學分枝。事實上,我們以下列方式定義微積分:

微積分是研究極限的一門學問

導致極限概念的問題　極限概念是物理、工程和社會科學中許多問題的中心。基本問題是:當 x 趨近於某個常數 c 時,函數 $f(x)$ 如何變化?

假設當一個物體穩定地往前移動時我們知道它在任意時刻的位置。我們以 $s(t)$ 表示在時刻 t 之位置。該物體在 $t=1$ 時的移動速率有多快呢?我們可以利用公式「距離等於速率乘以時間」求在任一段時間的速率;換句話說,

$$速率 = \frac{距離}{時間}$$

我們稱此為「平均」速率,因為不管時段多小,我們絕不知道在此時段內的速率是否為一常數。例如,在時段 [1,2] 上的平均速率為 $\frac{s(2)-s(1)}{2-1}$;在時段 [1,1.2] 上的平均速率為 $\frac{s(1.2)-s(1)}{1.2-1}$,等等。該物體在 $t=1$ 的移動速率有多快呢?為了給此「瞬間」速率意義,我們必須談論在微小時段上之平均速率的極限。

我們可以利用幾何公式求出矩形和三角形的面積,但是關於由曲線圍成的區域,例如一個圓,又如何求出面積呢?兩千多年前阿基米德已有解決方法。設想在圖 1 所畫的內接正多邊形。阿基米德能夠求出正 n 邊形的面積,並且藉由邊數愈來愈多之正 n 邊形的面積,他能夠逼近圓形的面積到任意設定的準確度。換句話說,圓的面積等於當 n(正多邊形的邊數)無上限增加時,圓的內接正 n 邊形的面積之極限。

考慮函數 $y=f(x)$ 在 $a \leq x \leq b$ 的圖形。若圖形為一條直線,利用距離公式很容易就可算出曲線的長度。但是若圖形是彎曲的曲線,該如何求其長度呢?我們可以沿著曲線選定多個點並且用線段連接起來,如圖 2 所示。如果我們將這些線段的長度加總,可以得到近似曲線長度的一個和。事實上「曲線的長度」可定義為當線段數目無限增加時,線段長度之總和的極限。

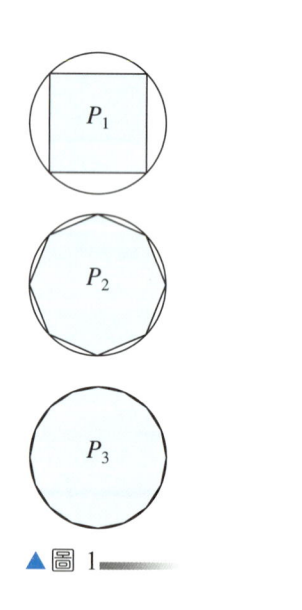

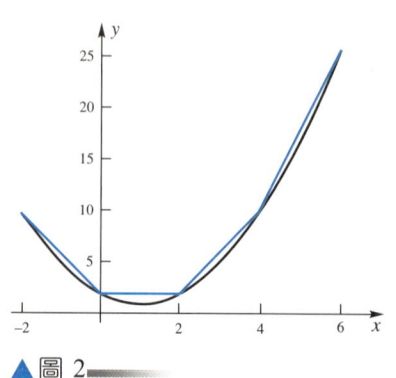

直觀的理解

考慮函數

$$f(x) = \frac{x^3-1}{x-1}$$

注意到它在 $x = 1$ 無定義，因為 $f(x)$ 在此點呈現無意義的形式 $\frac{0}{0}$。但是，我們仍可問，當 x 趨近於 1 時 $f(x)$ 如何變化？更進一步說，當 x 趨近 1 時 $f(x)$ 會趨近某個特別的數嗎？我們可以用三種方法得到答案。

第一種方法，我們可以計算，當 x 接近 1 時的函數值，或是描繪 $y = 4f(x)$ 的圖形，利用數值或是圖形進行直觀的判斷，請看圖 3。

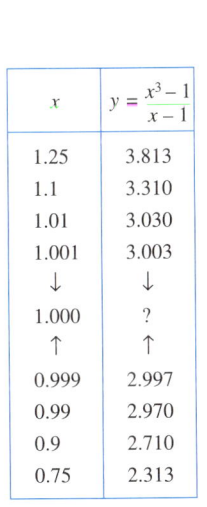

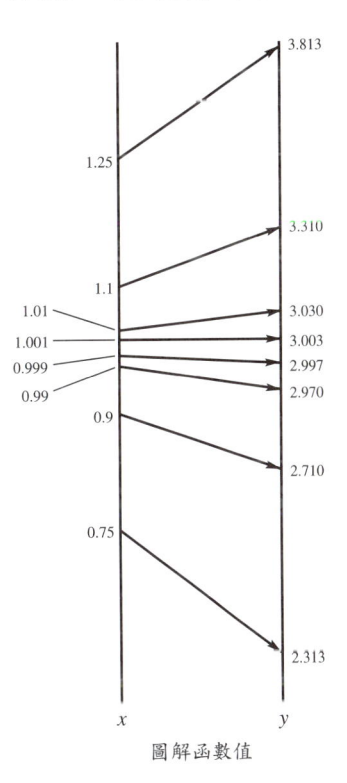

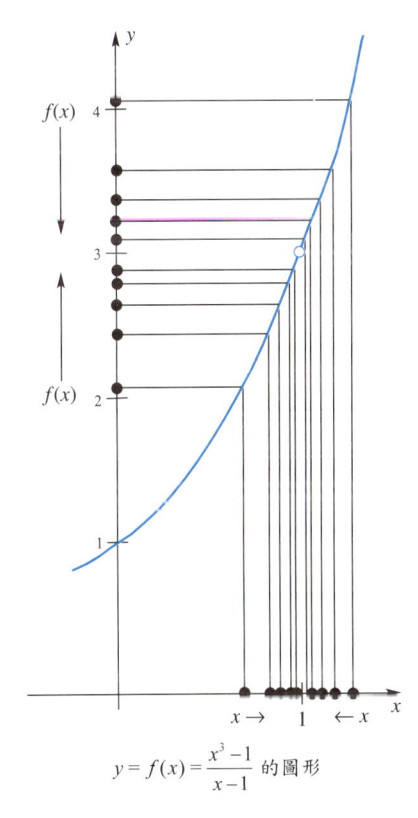

x	$y = \frac{x^3-1}{x-1}$
1.25	3.813
1.1	3.310
1.01	3.030
1.001	3.003
↓	↓
1.000	?
↑	↑
0.999	2.997
0.99	2.970
0.9	2.710
0.75	2.313

函數值表

圖解函數值

$y = f(x) = \dfrac{x^3-1}{x-1}$ 的圖形

▲ 圖 3

這些數值與圖形似乎指向同一結論：當 x 趨近 1 時，$f(x)$ 趨近 3。我們可用數學符號記為

$$\lim_{x \to 3} \frac{x^3-1}{x-1} = 3$$

第二種方法，利用代數計算，這裡是因式分解，我們可以有另一種較方便的解說，在稍後的章節中我們會有更多的練習。

$$\lim_{x \to 3}\frac{x^3-1}{x-1} = \lim_{x \to 3}\frac{(x-1)(x^2+x+1)}{x-1}$$
$$= \lim_{x \to 3}(x^2+x+1) = 1^2+1+1 = 3$$

請注意，只要 $x \neq 1$，則 $(x-1)/(x-1) = 1$，可得 $(x^3-1)/(x-1) = x^2+x+1$。

第三種方法，進行一個嚴格的定義，我們會在 1.2 節中提出。

以下是一個直觀的定義。

定義　極限的直觀意義（Intuitive Meaning of Limit）

當 x 靠近（但不等於）a 時，$f(x)$ 會靠近 L，我們就說 $\lim_{x \to c} f(x) = L$。

請注意，我們在 c 不要求任何事。函數 f 不必在 c 有定義；就像在剛考慮過的例子中 $f(x) = (x^3-1)/(x-1)$ 在 1 沒有定義。

更多的例子　本節中我們將只用第一種方法，利用數值與圖形判斷出極限。

● **範例 1**

求 $\lim_{x \to 3}(x+2)$。

解答：利用計算機可算出圖 4 中的值。而圖 5 顯示了 $f(x) = x+2$ 的圖形。
當 x 靠近 3，$x+2$ 會靠近 $3+2=5$。我們寫成

$$\lim_{x \to 3}(x+2) = 5$$

● **範例 2**

求 $\lim_{x \to 3}\frac{x^2-x-6}{x-3}$。

解答：利用計算機可算出圖 6 中的值。而圖 7 顯示了 $f(x) = \frac{x^2-x-6}{x-3}$ 的圖形。當 x 靠近 3，$\frac{x^2-x-6}{x-3}$ 會靠近 5，我們寫成

$$\lim_{x \to 3}\frac{x^2-x-6}{x-3} = 5$$

x	$x+2$
3.16	5.16
3.12	5.12
3.08	5.08
3.04	5.04
↓	↓
3	?
↑	↑
2.96	4.96
2.92	4.92
2.88	4.88
2.84	4.84

▲ 圖 4

x	$(x^2-x-6)/(x-3)$
3.16	5.16
3.12	5.12
3.08	5.08
3.04	5.04
↓	↓
3	?
↑	↑
2.96	4.96
2.92	4.92
2.88	4.88
2.84	4.84

▲ 圖 6

雖然，$f(x) = \dfrac{x^2 - x - 6}{x - 3}$ 在 $x = 3$ 沒有定義，但是在其他點上

$$\dfrac{x^2 - x - 6}{x - 3} = \dfrac{(x+2)(x-3)}{x - 3} = x + 2$$

因此，例 1 與例 2 有一樣的極限。

這也說明了，一個函數在某一點的極限存在與否，跟該函數在那一點有沒有定義無關。

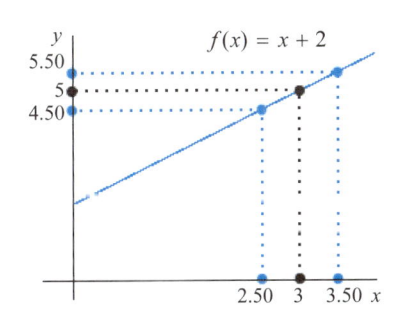

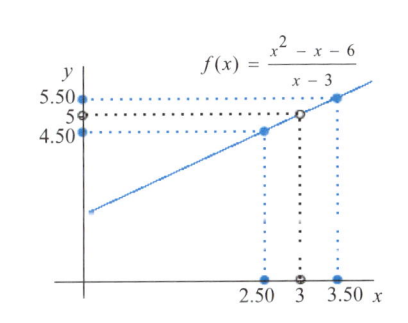

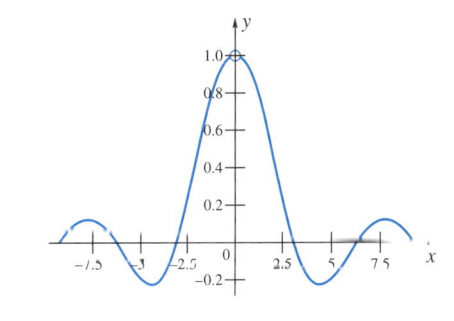

▲ 圖 5

▲ 圖 7

▲ 圖 9

x	$\dfrac{\sin x}{x}$
1.0	0.84147
0.1	0.99833
0.01	0.99998
↓	↓
0	?
↑	↑
−0.01	0.99998
−0.1	0.99833
−1.0	0.84147

▲ 圖 8

範例 3

求極限 $\lim\limits_{x \to 0} \dfrac{\sin x}{x}$。

解答：利用計算機可算出圖 8 中的值。而圖 9 顯示了 $y = (\sin x)/x$ 的圖形。我們求得 $\lim\limits_{x \to 0} \dfrac{\sin x}{x} = 1$

一些警告 常常，事情不像它們可能呈現的那麼簡單。接下來的例子提出一些可能的問題。

範例 4

x	$x^2 - \dfrac{\cos x}{10{,}000}$
± 1	0.99995
± 0.5	0.24991
± 0.1	0.00990
± 0.01	0.000000005
↓	↓
0	?

▲ 圖 10

（你的計算器可能會愚弄你）求 $\lim\limits_{x \to 0}\left[x^2 - \dfrac{\cos x}{10{,}000}\right]$。

解答：仿照範例 3 使用的程序，我們做出圖 10 之函數值表。它所提示的結論是所求極限為 0。但這是錯誤。若我們記起 $y = \cos x$ 的圖形，可知當 x 趨近於 0 時，$\cos x$ 接近 1。所以

$$\lim_{x \to 0}\left[x^2 - \dfrac{\cos x}{10{,}000}\right] = 0^2 - \dfrac{1}{10{,}000} = -\dfrac{1}{10{,}000}$$

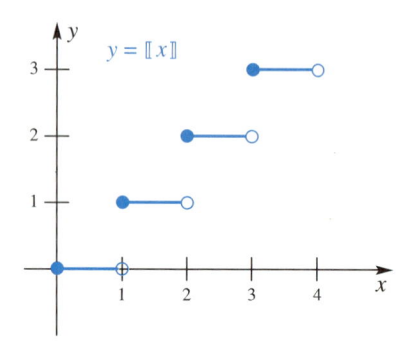

▲ 圖 11

x	$\sin\frac{1}{x}$
$2/\pi$	1
$2/(2\pi)$	0
$2/(3\pi)$	-1
$2/(4\pi)$	0
$2/(5\pi)$	1
$2/(6\pi)$	0
$2/(7\pi)$	-1
$2/(8\pi)$	0
$2/(9\pi)$	1
$2/(10\pi)$	0
$2/(11\pi)$	-1
$2/(12\pi)$	0
↓	↓
0	?

▲ 圖 12

範例 5

（在跳躍點沒有極限）求 $\lim_{x \to 2}[\![x]\!]$。

解答： 記得 $[\![x]\!]$ 代表小於或等於 x 的最大整數（見 0.5 節）。而 $y = [\![x]\!]$ 的圖形如圖 11 所示。對於所有小於 2 且接近 2 的實數 x 而言，$[\![x]\!] = 1$，但是對於所有大於 2 卻接近 2 的實數 x 而言，$[\![x]\!] = 2$。當 x 接近 2 時，$[\![x]\!]$ 會靠近單一個實數 L 嗎？不會。不管我們提出那個實數 L（1 或 2），總有 x 在 2 的左邊或右邊，非常靠近 2 且，$[\![x]\!]$ 和 L 的距離至少大於 $\frac{1}{2}$。

我們的結論是 $\lim_{x \to 2}[\![x]\!]$ 不存在。

範例 6

（太多的搖晃）求 $\lim_{x \to 0}\sin(1/x)$。

解答： 這個問題提出了到目前為止所問過的最深奧的極限問題。因為我們不想長篇大論，我們只要求你做兩件事。首先選擇一串 x 值趨近於 0。利用計算機算出在這串 x 值的函數值 $\sin(1/x)$。除非你非常幸運，否則你算出的值將劇烈振盪。

其次，考慮嘗試描繪 $y = \sin(1/x)$ 的圖形。沒有一個人曾經把這件事做得很好。但是圖 12 的數值提供了如何畫好 $y = \sin(1/x)$ 之圖形的一條線索。在 0 的任何一個鄰域，該圖形在 -1 和 1 之間振盪無限多回（圖 13）。清楚地，當 x 接近 0 時 $\sin(1/x)$ 不靠近一個固定實數 L。我們結論 $\lim_{x \to 0}\sin(1/x)$ 不存在。

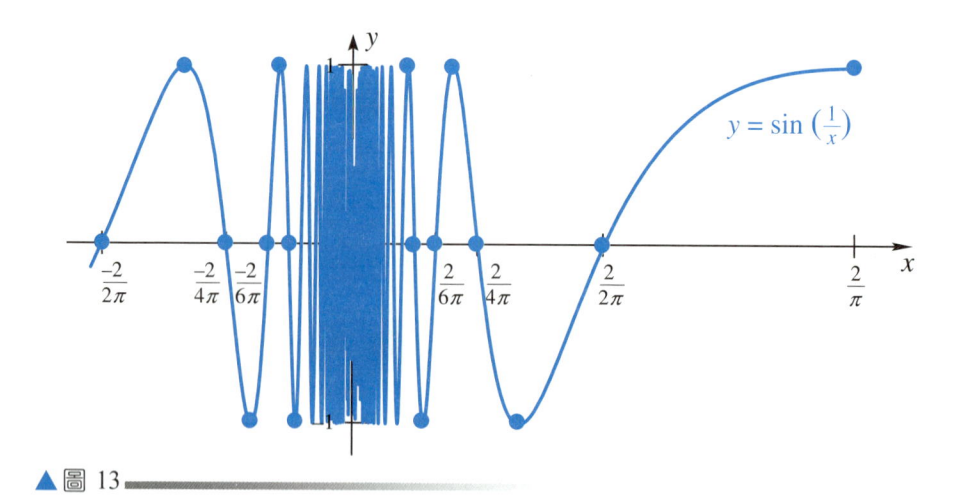

▲ 圖 13

單邊極限 當一個函數做了一個跳躍（就像範例 5 中 $[\![x]\!]$ 在每個整數點）時，則在此跳躍點極限不存在。此種函數卻提出了單邊極限的概念。令符號 $x \to c^+$ 代表 x 從右邊趨近 c，而令 $x \to c^-$ 代表從左邊趨近 c。

極限 Chapter 1

定義　右極限和左極限（Right-and Left-Hand Limits）

$\lim_{x \to c^+} f(x) = L$ 代表 x 從 c 的右邊接近 c 時，$f(x)$ 靠近 L。

同理，$\lim_{x \to c^-} f(x) = L$ 代表 x 從 c 的左邊接近 c 時，$f(x)$ 靠近 L。

所以，儘管 $\lim_{x \to 2} [\![x]\!]$ 不存在，但由圖 11 可知

$$\lim_{x \to 2^-} [\![x]\!] = 1 \quad 和 \quad \lim_{x \to 2^+} [\![x]\!] = 2$$

我們相信你會發現下列定理非常合理。

定理 A

$\lim_{x \to c} f(x) = L$ 若且唯若 $\lim_{x \to c^-} f(x) = L$ 且 $\lim_{x \to c^+} f(x) = L$。

圖 14 提供了更多的瞭解。雖然除了一點以外，所有的單邊極限皆存在，函數 f 在 $x = -1$ 和 2 的極限不存在。

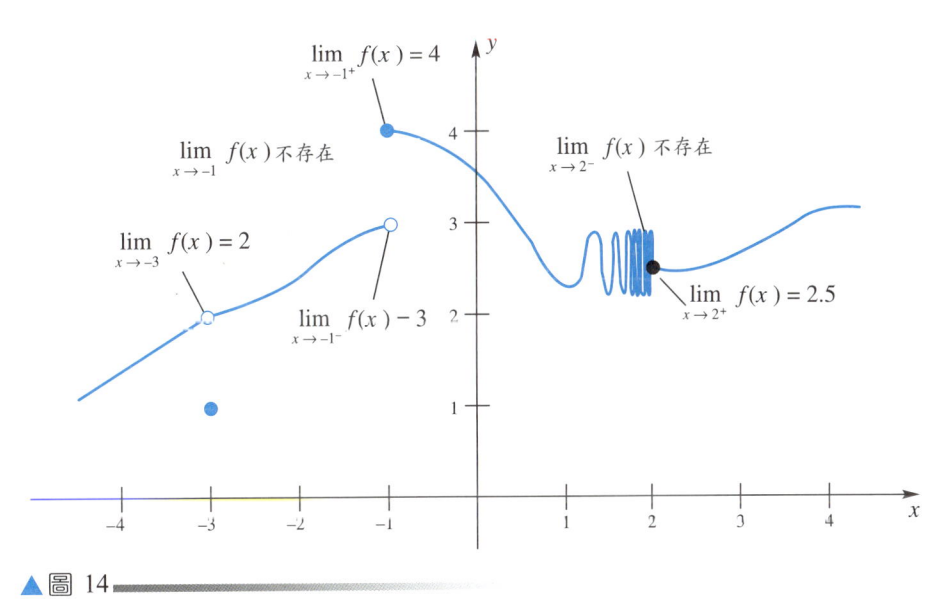

▲ 圖 14

練習題 1.1

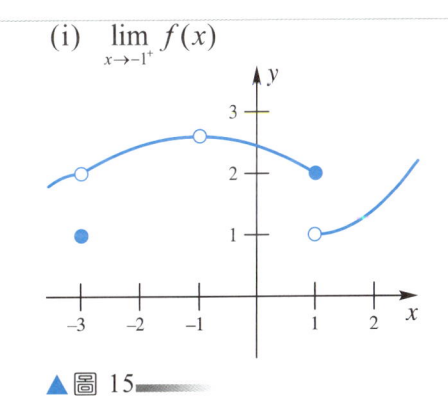

1. 就圖 15 所繪的函數 f，求下列各指定極限或函數值，或敘述它不存在。

    (a) $\lim_{x \to -3} f(x)$
    (b) $f(-3)$
    (c) $f(-1)$
    (d) $\lim_{x \to -1} f(x)$
    (e) $f(1)$
    (f) $\lim_{x \to 1} f(x)$
    (g) $\lim_{x \to 1^-} f(x)$
    (h) $\lim_{x \to 1^+} f(x)$
    (i) $\lim_{x \to -1^+} f(x)$

▲ 圖 15

2. 就圖 16 所繪的函數 f，求下列各指定極限或函數值，或敘述它不存在。

   (a) $\lim_{x \to -3} f(x)$ (b) $f(-3)$
   (c) $f(-1)$ (d) $\lim_{x \to -1} f(x)$
   (e) $f(1)$ (f) $\lim_{x \to 1} f(x)$
   (g) $\lim_{x \to 1^-} f(x)$ (h) $\lim_{x \to 1^+} f(x)$
   (i) $\lim_{x \to -1^+} f(x)$

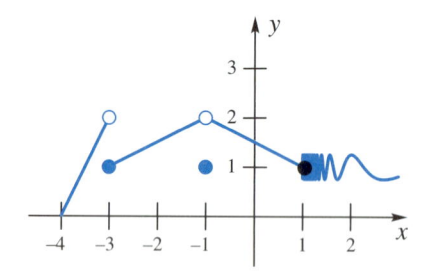

   ▲ 圖 16

3. 就圖 17 所繪之函數 f，求下列各指定極限或函數值，或敘述它不存在。

   (a) $f(-3)$ (b) $f(3)$
   (c) $\lim_{x \to -3^-} f(x)$ (d) $\lim_{x \to -3^+} f(x)$
   (e) $\lim_{x \to -3} f(x)$ (f) $\lim_{x \to 3^+} f(x)$

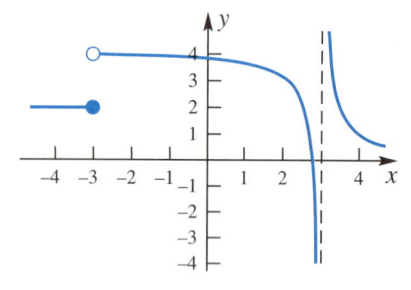

   ▲ 圖 17

4. 就圖 18 所繪之函數 f，求下列各指定極限或函數值，或敘述它不存在。

   (a) $\lim_{x \to -1^-} f(x)$ (b) $\lim_{x \to -1^+} f(x)$
   (c) $\lim_{x \to -1} f(x)$ (d) $f(-1)$
   (e) $\lim_{x \to 1} f(x)$ (f) $f(1)$

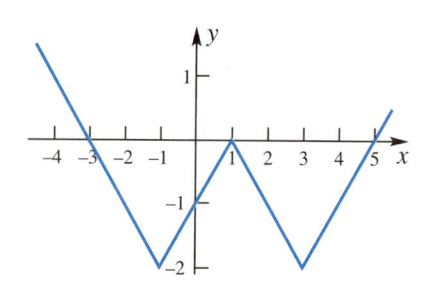

   ▲ 圖 18

5. 函數 $f(x)$ 如下述

   $$f(x) = \begin{cases} -x, & x < 0 \\ x, & 0 \leq x < 1 \\ 1+x, & x \geq 1 \end{cases}$$

   請繪出 $f(x)$ 的圖形，然後利用圖形求下列各值或敘述它不存在。

   (a) $\lim_{x \to 0} f(x)$ (b) $\lim_{x \to 1} f(x)$
   (c) $f(1)$ (d) $\lim_{x \to 1^+} f(x)$

6. 函數 $g(x)$ 如下述

   $$g(x) = \begin{cases} -x+1, & x < 1 \\ x-1, & 1 < x < 2 \\ 5-x^2, & x \geq 2 \end{cases}$$

   請繪出 $g(x)$ 的圖形，然後利用圖形求下列各值或敘述它不存在。

   (a) $\lim_{x \to 1} g(x)$ (b) $g(1)$
   (c) $\lim_{x \to 2} g(x)$ (d) $\lim_{x \to 2^+} g(x)$

7. 請繪出 $f(x) = x - [\![x]\!]$ 的圖形；然後求下列各值或敘述它不存在。

   (a) $f(0)$ (b) $\lim_{x \to 0} f(x)$
   (c) $\lim_{x \to 0^-} f(x)$ (d) $\lim_{x \to 1/2} f(x)$

1.2 極限的嚴密研究

前一節中,我們給了一個非正式的極限定義。這裡針對該定義重做一個稍佳的註釋。我們說 $\lim_{x \to c} f(x) = L$ 代表當 x 足夠靠近 c 但不等於 c 時,$f(x)$ 可以靠近 L 到我們要求的程度。第一個範例解釋了此種觀點。

範例 1

利用 $y = f(x) = 3x^2$ 的圖形決定 x 必須多靠近 2 才能保證 $f(x)$ 距離 12 在 0.05 之內。

解答: 為了讓 $f(x)$ 距離 12 在 0.05 內,我們必有 $11.95 < f(x) < 12.05$。直線 $y = 11.95$ 和 $y = 12.05$ 已如圖 1 所示。若 $y = 3x^2$,則 $x = \sqrt{y/3}$。所以 $f(\sqrt{11.95/3}) = 12.05$ 且 $f(\sqrt{12.05/3}) = 12.05$。圖 1 指出 $\sqrt{11.95/3} < x < \sqrt{12.05/3}$,則 $11.95 < f(x) < 12.05$。上述 x 之不等式區間近似於 $1.99583 < x < 2.00416$。此區間的右端點 2.00416 較左端點靠近 2 且距離 2 有 0.00416。所以若 x 靠近 2 在 0.00416 之內,則 $f(x)$ 靠近 12 到 0.05 之內。

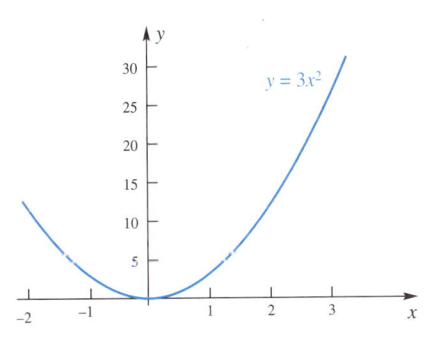

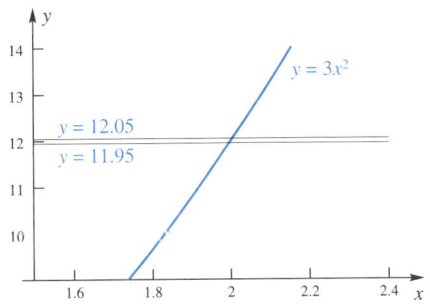

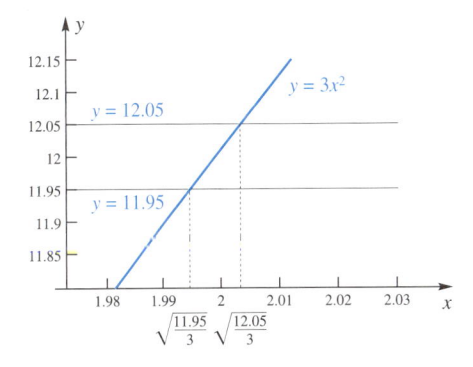

▲圖 1

▲圖 2

如果我們問 x 要多靠近 2 才能保證 $f(x)$ 靠近 12 到 0.01 之內,這解答將和上述程序一樣,而且我們會發現 x 必在一個比上述更小的區間內。如果我們要求 $f(x)$ 距離 12 在 0.001 以內,我們將設定一個更窄的 x 區間。在範例 1 中,似乎可以看出不管我們要求 $f(x)$ 多靠近 12,只要我們令 x 足夠靠近 2 就可達成目標。我們接下來將精確地定義極限。

極限的嚴密定義　我們依傳統使用 ε 和 δ 代表任意正數。

我們說 $f(x)$ 距 L 在 ε 之內意指 $L - \varepsilon < f(x) < L + \varepsilon$,或全等於 $|f(x) - L| < \varepsilon$。這意謂著 $f(x)$ 落入圖 2 所顯示的開區間 $(L - \varepsilon, L + \varepsilon)$ 中。

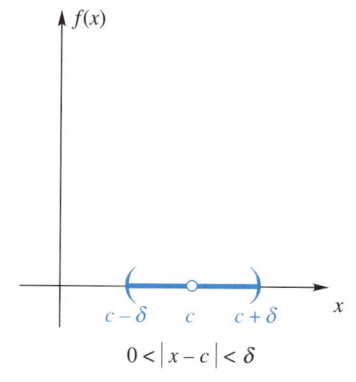

其次，說 x 充分靠近但異於 c 就是說對某個 δ，x 進入去除 c 之開區間 $(c - \delta, c + \delta)$ 內。也許最佳說法是寫成

$$0 < |x - c| < \delta$$

注意 $|x - c| < \delta$ 將描述區間 $c - \delta < x < c + \delta$，然而 $0 < |x - c|$ 要求去除 c。我們正在描述的區間如圖 3 所示。

我們現在準備好介紹微積分中最重要的定義（有些人認為）。

> **定義** 極限的嚴密意義（Precise Meaning of Limit）
>
> 我們說 $\lim\limits_{x \to c} f(x) = L$ 意思是對於每一給定之正數 ε（不管多小），存在一個對應的正數 δ 使得若 $0 < |x - c| < \delta$，則 $|f(x) - L| < \varepsilon$；即
>
> $$0 < |x - c| < \delta \Rightarrow |f(x) - L| < \varepsilon 。$$

圖 4 中的圖形可幫助我們瞭解此定義。

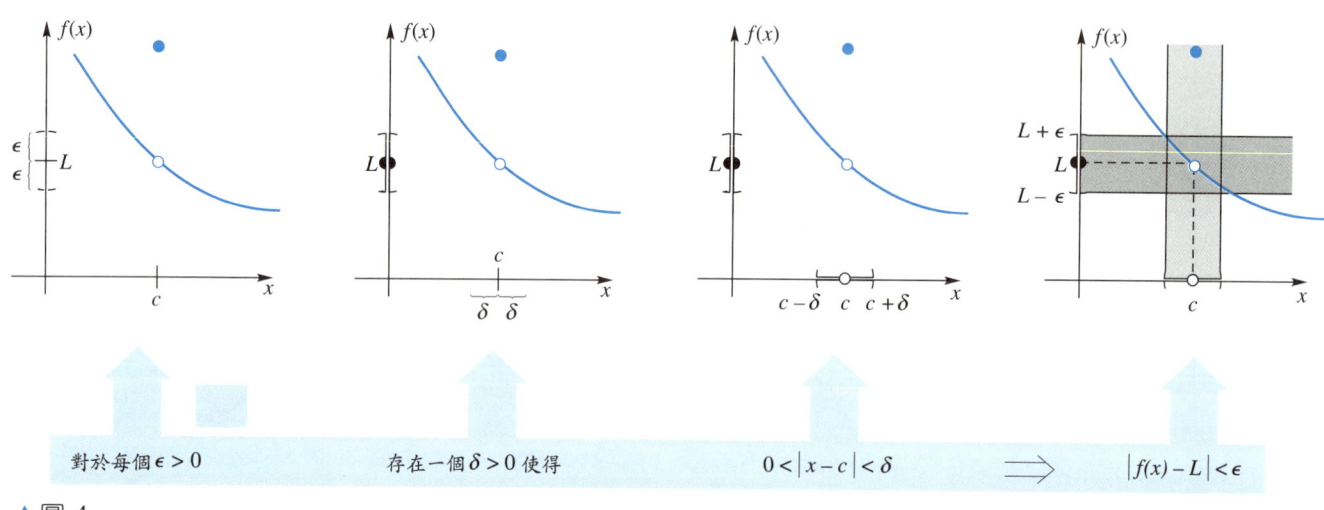

▲圖 3

▲圖 4

我們必須強調：正數 ε 必先給定，然後正數 δ 才被找出，而且它經常和 ε 有關。

一些極限證明 在下列每個範例中，我們以所謂的預備分析開始。我們納入它使得在每個證明中我們選擇的 δ 不是憑空想像出來的，而是有跡可循。它顯示了為了完成證明你必須在稿紙上作業的那種工作。一旦你開始了解一個範例，再看一遍，但蓋上預備分析，然後注意到證明是多麼的巧妙。

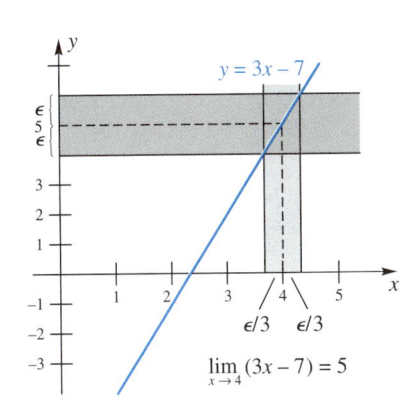

極限 Chapter 1

▲ 圖 5
$\lim_{x \to 4}(3x-7) = 5$

▲ 圖 6
$\lim_{x \to 4}(\frac{1}{2}x+3) = 5$

▲ 圖 7
$\lim_{x \to 2}\frac{2x^2-3x-2}{x-2} = 5$

範例 2

證明 $\lim_{x \to 4}(3x-7) = 5$。

預備分析：令 ε 為任意正數。我們必須找出一個 $\delta > 0$ 使得

$$0 < |x-4| < \delta \Rightarrow |(3x-7)-5| < \varepsilon$$

考慮右邊不等式

$$\begin{aligned}|(3x-7)-5| < \varepsilon &\Leftrightarrow |3x-12| < \varepsilon \\ &\Leftrightarrow |3(x-4)| < \varepsilon \\ &\Leftrightarrow |3||(x-4)| < \varepsilon \\ &\Leftrightarrow |x-4| < \frac{\varepsilon}{3}\end{aligned}$$

現在我們知道如何選擇 δ；即 $\delta = \varepsilon/3$。當然，任何更小的 δ 也能奏效。

正式證明：令 ε 為給定之正數。選定 $\delta = \varepsilon/3$。則 $0 < |x-4| < \delta$ 保證

$$|(3x-7)-5| = |3x-12| = |3(x-4)| = 3|x-4| < 3\delta = \varepsilon$$

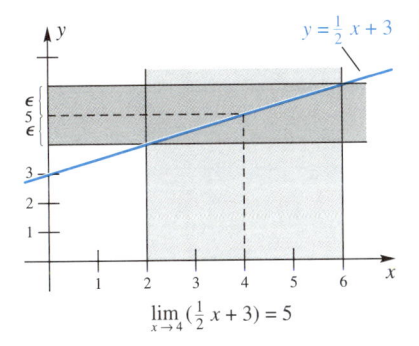

現在注視圖 6 並且讓自己確信 $\delta = 2\varepsilon$ 是一個適當的選擇，可用以證明 $\lim_{x \to 4}(\frac{1}{2}x+3) = 5$。

範例 3

證明 $\lim_{x \to 2}\frac{2x^2-3x-2}{x-2} = 5$。

預備分析：我們要找一個 δ 使得

$$0 < |x-2| < \delta \Rightarrow \left|\frac{2x^2-3x-2}{x-2}-5\right| < \varepsilon$$

現在，對於 $x \neq 2$，

$$\begin{aligned}\left|\frac{2x^2-3x-2}{x-2}-5\right| < \varepsilon &\Leftrightarrow \left|\frac{(2x+1)(x-2)}{x-2}-5\right| < \varepsilon \\ &\Leftrightarrow |(2x+1)-5| < \varepsilon \\ &\Leftrightarrow |2(x-2)| < \varepsilon \\ &\Leftrightarrow |2||x-2| < \varepsilon \\ &\Leftrightarrow |x-2| < \frac{\varepsilon}{2}\end{aligned}$$

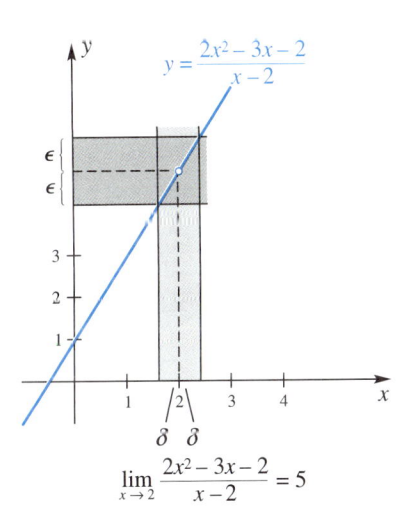

這指示 $\delta = \varepsilon/2$ 將可奏效（見圖 7）。

正式證明：令 $\varepsilon > 0$ 是給定的。選定 $\delta = \varepsilon/2$。則 $0 < |x-2| < \delta$ 保證

$$\begin{aligned}\left|\frac{2x^2-3x-2}{x-2}-5\right| &= \left|\frac{(2x+1)(x-2)}{x-2}-5\right| = |2x+1-5| \\ &= |2(x-2)| = 2|x-2| < 2\delta = \varepsilon\end{aligned}$$

範例 4

證明 $\lim_{x \to c}(mx+b) = mc+b$。

預備分析：我們要找 δ 使得
$$0 < |x-c| < \delta \Rightarrow |(mx+b)-(mc+b)| < \varepsilon$$

現在
$$|(mx+b)-(mc+b)| = |mx-mc| = |m(x-c)| = |m||x-c|$$

上列不等式提示 $\delta = \varepsilon/(|m|+1)$ 將可奏效。

正式證明：令 ε 是給定之正數。選定 $\delta = \varepsilon/(|m|+1)$。則 $0 < |x-c| < \delta$ 保證
$$|(mx+b)-(mc+b)| = |mx-mc| = |m||x-c| < |m|\delta < \varepsilon 。$$

範例 5

證明若 $c > 0$ 則 $\lim_{x \to c} \sqrt{x} = \sqrt{c}$。

預備分析：參閱圖 8。我們必須找到 δ 使得
$$0 < |x-c| < \delta \Rightarrow |\sqrt{x} - \sqrt{c}| < \varepsilon$$

現在
$$|\sqrt{x} - \sqrt{c}| = \left|\frac{(\sqrt{x}-\sqrt{c})(\sqrt{x}+\sqrt{c})}{\sqrt{x}+\sqrt{c}}\right| = \left|\frac{x-c}{\sqrt{x}+\sqrt{c}}\right|$$
$$= \frac{|x-c|}{\sqrt{x}+\sqrt{c}} \leq \frac{|x-c|}{\sqrt{c}}$$

為了最後一項小於 ε，我們要求 $|x-c| < \varepsilon\sqrt{c}$ 且 $x > 0$。所以我們必須限制 $\delta \leq \varepsilon\sqrt{c}$ 且 $\delta \leq c$ 才能使得 $|\sqrt{x}-\sqrt{c}| < \varepsilon$。

令 ε 為給定之正數。選定 $\delta = \min\{\varepsilon\sqrt{c}, c\}$。則 $0 < 0 < |x-c| < \delta < \delta$ 保證
$$|\sqrt{x}-\sqrt{c}| = \left|\frac{(\sqrt{x}-\sqrt{c})(\sqrt{x}+\sqrt{c})}{\sqrt{x}+\sqrt{c}}\right| = \left|\frac{x-c}{\sqrt{x}+\sqrt{c}}\right|$$
$$= \frac{|x-c|}{\sqrt{x}+\sqrt{c}} \leq \frac{|x-c|}{\sqrt{c}} < \frac{\delta}{\sqrt{c}} = \leq \varepsilon$$

▲圖 8 $\lim_{x \to c}\sqrt{x} = \sqrt{c}$

範例 6

證明 $\lim_{x \to 3}(x^2 - x + 5) = 11$。

預備分析：我們的工作是找到 δ 使得
$$0 < |x-3| < \delta \Rightarrow |(x^2-x+5)-11| < \varepsilon$$

現在
$$|(x^2-x+5)-11| = |x^2-x-6| = |x+2||x-3|$$

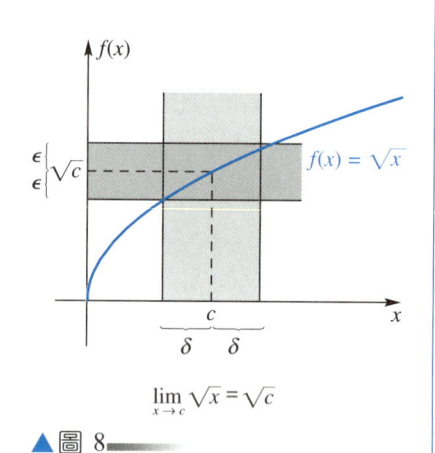

$|x-3|<1 \Rightarrow 2<x<4$
$\Rightarrow 4<x+2<6$
$\Rightarrow |x+2|<6$

▲ 圖 9

我們先令 $\delta \leq 1$，則 $|x-3|<\delta$ 保證
$$|x+2| = |x-3+5|$$
$$\leq |x-3|+|5| \quad \text{（圖 9 提供另一種推算）}$$
$$< 1+5=6$$

再要求 $\delta \leq \varepsilon/6$，則 $|x+2||x-3|<\varepsilon$。

正式證明：令 ε 為所給之正數。選定 $\delta = \min\{1, \varepsilon/6\}$。則 $0<|x-3|<\delta$ 保證

$$|(x^2-x+5)-11| = |x^2-x-6| = |x+2||x-3| < 6 \cdot \frac{\varepsilon}{6} = \varepsilon$$

範例 7

證明 $\lim_{x \to c} x^2 = c^2$。

證明：我們仿照範例 6 中的證明方法。令 ε 為給定之正數。選定 $\delta = \min\{1, \varepsilon/(1+2|c|)\}$。則 $0<|x-c|<\delta$ 保證

$$|x^2-c^2| = |x+c||x-c| = |x-c+2c||x-c|$$
$$\leq (|x-c|+2|c|)|x-c|$$
$$< (1+2|c|)|x-c| < \frac{(1+2|c|) \cdot \varepsilon}{1+2|c|} = \varepsilon$$

範例 8

證明 $\lim_{x \to c} \frac{1}{x} = \frac{1}{c}$，$c \neq 0$。

預備分析：研究圖 10。我們必須找到 δ 使得

$$0<|x-c|<\delta \Rightarrow \left|\frac{1}{x}-\frac{1}{c}\right|<\varepsilon$$

現在

$$\left|\frac{1}{x}-\frac{1}{c}\right| = \left|\frac{c-x}{xc}\right| = \frac{1}{|x|} \cdot \frac{1}{|c|} \cdot |x-c|$$

為了使得上式小於 ε，我們先令 $\delta \leq |c|/2$，則 $|x| \geq |c|/2$。再令 $\delta \leq \varepsilon c^2/2$，則

$$\frac{1}{|x|} \cdot \frac{1}{|c|} \cdot |x-c| < \frac{1}{|c|/2} \cdot \frac{1}{|c|} \cdot \frac{\varepsilon c^2}{2} = \varepsilon$$

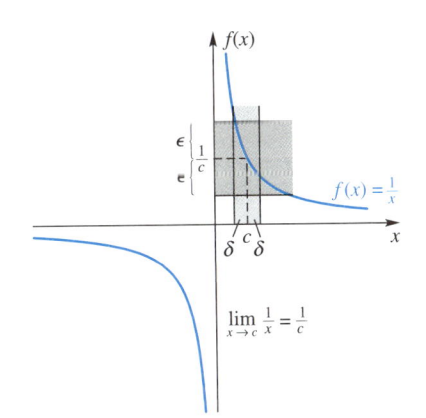

▲ 圖 10

正式證明：令 δ 為給定之正數。選定 $\delta = \min\{|c|/2, \varepsilon c^2/2\}$。則 $0<|x-c|<\delta$ 保證

$$\left|\frac{1}{x}-\frac{1}{c}\right| = \left|\frac{c-x}{xc}\right| = \frac{1}{|x|} \cdot \frac{1}{|c|} \cdot |x-c| < \frac{1}{|c|/2} \cdot \frac{1}{|c|} \cdot \frac{\varepsilon c^2}{2} = \varepsilon$$

單邊極限　給出右極限和左極限的 ε-δ 定義並不需要許多想像。

> **定義　右極限（Right-Hand Limit）**
>
> 我們說 $\lim_{x \to c^+} f(x) = L$ 意指對於每一正數 ε，存在一個對應的正數 δ 使得
> $$0 < x - c < \delta \Rightarrow |f(x) - L| < \varepsilon$$

我們將左極限的 ε-δ 定義留給讀者自己寫作。

本節所提出的 ε-δ 概念也許是微積分課程中最錯綜複雜且難懂的主題。它也許花你一些時間來理解這個概念，但它值得你努力付出。微積分是研究極限的一門學問，所以對於極限的概念有清楚的瞭解是值得努力的目標。

■ 練習題 1.2

1-3 題中，請對於每一個敘述給予適當的 ε-δ 定義。

1. $\lim_{t \to a} f(t) = M$

2. $\lim_{x \to c^-} f(x) = L$

3. $\lim_{t \to a^+} g(t) = D$

利用 ε-δ 定義證明下列極限等式成立。

4. $\lim_{x \to -21}(3x - 1) = -64$

5. $\lim_{x \to 0}\left(\dfrac{2x^2 - x}{x}\right) = -1$

6. $\lim_{x \to 1}\sqrt{2x} = \sqrt{2}$

7. $\lim_{x \to 1}\dfrac{14x^2 - 20x + 6}{x - 1} = 8$

8. $\lim_{x \to 1}(2x^2 + 1) = 3$

9. $\lim_{x \to 0} x^4 = 0$

10. 證明 $\lim_{x \to 0^+}\sqrt{x} = 0$。

11. 證明：若 $|f(x)| < B$，對於 $|x - a| < 1$，且 $\lim_{x \to a} g(x) = 0$，則 $\lim_{x \to a} f(x)g(x) = 0$。

12. 證明：若 $f(x) \leq g(x)$，對於以 a 為中心的一個去心鄰域內之所有 x，且若 $\lim_{x \to a} f(x) = L$ 且 $\lim_{x \to a} g(x) = M$，則 $L \leq M$。

1.3　極限定理

多數的讀者認為利用前節之 ε-δ 定義來證明極限值存在是費時且困難的。此即為本節之定理如此受歡迎的原因。第一個定理是一個大定理。利用它，我們可以處理即將面對且經常出現之問題。

定理 A　主要極限定理（Maim Limit Theorem）

令 n 為正整數，k 是一個常數，且 f 和 g 兩個函數在 c 有極限。則

1. $\lim\limits_{x \to c} k = k$；
2. $\lim\limits_{x \to c} x = c$；
3. $\lim\limits_{x \to c} kf(x) = k \lim\limits_{x \to c} f(x)$；
4. $\lim\limits_{x \to c} [f(x) + g(x)] = \lim\limits_{x \to c} f(x) + \lim\limits_{x \to c} g(x)$；
5. $\lim\limits_{x \to c} [f(x) - g(x)] = \lim\limits_{x \to c} f(x) - \lim\limits_{x \to c} g(x)$；
6. $\lim\limits_{x \to c} [f(x) \cdot g(x)] = \lim\limits_{x \to c} f(x) \cdot \lim\limits_{x \to c} g(x)$；
7. $\lim\limits_{x \to c} \dfrac{f(x)}{g(x)} = \dfrac{\lim\limits_{x \to c} f(x)}{\lim\limits_{x \to c} g(x)}$，已知 $\lim\limits_{x \to c} g(x) \neq 0$；
8. $\lim\limits_{x \to c} [f(x)]^n = \left[\lim\limits_{x \to c} f(x)\right]^n$；
9. $\lim\limits_{x \to c} \sqrt[n]{f(x)} = \sqrt[n]{\lim\limits_{x \to c} f(x)}$，已知 $\lim\limits_{x \to c} f(x) > 0$ 當 n 為偶數。

這些重要的結果可用學習口訣來達到最佳記憶。例如，敘述 4 之口訣為和之極限等於極限之和。當然定理 A 需要被證明。我們將此工作延到本節最後，而先來示範此定理如何使用。

主要極限定理的應用　在下列範例中，圓圈中的號碼表示使用定理 A 中該號碼之敘述。每一個等式由該指定之敘述來驗證。

● 範例 1

求 $\lim\limits_{x \to 3} 2x^4$。

解答：

$$\lim_{x \to 3} 2x^4 \overset{③}{=} 2 \lim_{x \to 3} x^4 \overset{⑧}{=} 2 \left[\lim_{x \to 3} x\right]^4 \overset{②}{=} 2[3]^4 = 162$$

範例 2

求 $\lim_{x \to 3}(4x^2 - 5x)$。

解答：

$$\lim_{x \to 3}(4x^2 - 5x) \stackrel{⑤}{=} \lim_{x \to 3} 4x^2 - \lim_{x \to 3} 5x \stackrel{③}{=} 4\lim_{x \to 3} x^2 - 5\lim_{x \to 3} x$$

$$\stackrel{⑧}{=} 4\left(\lim_{x \to 3} x\right)^2 - 5\lim_{x \to 3} x \stackrel{②}{=} 4(3)^2 - 5(3) = 21$$

範例 3

求 $\lim_{x \to 4} \dfrac{\sqrt{x^2 + 9}}{x}$。

解答：

$$\lim_{x \to 4} \frac{\sqrt{x^2+9}}{x} \stackrel{⑦}{=} \frac{\lim_{x \to 4}\sqrt{x^2+9}}{\lim_{x \to 4} x} \stackrel{⑨,②}{=} \frac{\sqrt{\lim_{x \to 4}(x^2+9)}}{4} \stackrel{④}{=} \frac{1}{4}\sqrt{\lim_{x \to 4} x^2 + \lim_{x \to 4} 9}$$

$$\stackrel{⑧,①}{=} \frac{1}{4}\sqrt{\left[\lim_{x \to 4} x\right]^2 + 9} \stackrel{②}{=} \frac{1}{4}\sqrt{4^2 + 9} = \frac{5}{4}$$

範例 4

若 $\lim_{x \to 3} f(x) = 4$ 且 $\lim_{x \to 3} g(x) = 8$，求 $\lim_{x \to 3}\left[f^2(x) \cdot \sqrt[3]{g(x)}\right]$。

解答：

$$\lim_{x \to 3}\left[f^2(x) \cdot \sqrt[3]{g(x)}\right] \stackrel{⑥}{=} \lim_{x \to 3} f^2(x) \cdot \lim_{x \to 3} \sqrt[3]{g(x)}$$

$$\stackrel{⑧,⑨}{=} \left[\lim_{x \to 3} f(x)\right]^2 \cdot \sqrt[3]{\lim_{x \to 3} g(x)}$$

$$= [4]^2 \cdot \sqrt[3]{8} = 32$$

記得一個多項式 f 形如下式

$$f(x) = a_n x^n + a_{n-1} x^{n-1} + \cdots + a_1 x + a_0$$

然而一個有理式為兩個多項式之商，也就是

$$f(x) = \frac{a_n x^n + a_{n-1} x^{n-1} + \cdots + a_1 x + a_0}{b_m x^m + b_{m-1} x^{m-1} + \cdots + b_1 x + b_0}$$

定理 B　代換定理（Substitution Theorem）

若 f 為一個多項式或有理式，且已知 $f(c)$ 有定義，則

$$\lim_{x \to c} f(x) = f(c)$$

在有理式之情況，分母在 c 不為 0。

定理 B 的證明是重複利用定理 A 導證即得。注意，定理 B 允許我們只要將 c 代入 x，即可求得多項式與有理式的極限，已知有理式的分母在 c 不為 0。

範例 5

求 $\displaystyle\lim_{x \to 2} \frac{7x^5 - 10x^4 - 13x + 6}{3x^2 - 6x - 8}$。

解答：

$$\lim_{x \to 2} \frac{7x^5 - 10x^4 - 13x + 6}{3x^2 - 6x - 8} = \frac{7(2)^5 - 10(2)^4 - 13(2) + 6}{3(2)^2 - 6(2) - 8} = -\frac{11}{2}$$

範例 6

求 $\displaystyle\lim_{x \to 1} \frac{x^3 + 3x + 7}{x^2 - 2x + 1} - \lim_{x \to 1} \frac{x^3 + 3x + 7}{(x - 1)^2}$。

解答：因為分母的極限為 0，定理 B 或定理 A 的敘述 7 皆不適用。但是，因為分子的極限為 11，我們看到當 x 接近 1 時我們將接近 11 的數除以接近 0 的正數。結果是一個可以任意大的正數。我們說此極限不存在（在本章後段（見 1.5 節）我們會說此極限為 $+\infty$）。

定理 C

若 $f(x) = g(x)$，對於所有在包含 c 的一個開區間內的實數 x，可能除了 c 之外，若 $\displaystyle\lim_{x \to c} g(x)$ 存在，則 $\displaystyle\lim_{x \to c} f(x) = \lim_{x \to c} g(x)$。

範例 7

求 $\lim_{x \to 1} \dfrac{x-1}{\sqrt{x}-1}$。

解答：

$$\lim_{x \to 1} \dfrac{x-1}{\sqrt{x}-1} = \lim_{x \to 1} \dfrac{(\sqrt{x}-1)(\sqrt{x}+1)}{\sqrt{x}-1} = \lim_{x \to 1}(\sqrt{x}+1) = \sqrt{1}+1 = 2$$

範例 8

求 $\lim_{x \to 1} \dfrac{x^2+x-2}{x^2-1}$。

解答：

$$\lim_{x \to 1} \dfrac{x^2+x-2}{x^2-1} = \lim_{x \to 1} \dfrac{(x-1)(x+2)}{(x-1)(x+1)} = \lim_{x \to 1} \dfrac{x+2}{x+1} = \dfrac{3}{2}$$

定理 A 的證明

　　敘述 1 的 2 之證明　首先設定 $m = 0$ 然後 $m = 1$，$b = 0$ 於 $\lim_{x \to c}(mx+b) = mc+b$ 中（1.2 節之範例 4），即得證。

　　敘述 3 的證明　若 $k = 0$，則此結果是顯而易見的，所以假設 $k \neq 0$。因為 $\lim_{x \to c} f(x) = L$ 存在，所以令 ε 為給定之正數，則存在正數 δ 使得

$$0 < |x-c| < \delta \Rightarrow |f(x) - L| < \dfrac{\varepsilon}{|k|}$$

$$|kf(x) - kL| = |k||f(x) - L| < |k|\dfrac{\varepsilon}{|k|} = \varepsilon$$

上述證明了

$$\lim_{x \to c} kf(x) = kL = k \lim_{x \to c} f(x)$$

　　敘述 4 的證明　參看圖 1。令 $\lim_{x \to c} f(x) = L$ 且 $\lim_{x \to c} g(x) = M$。給定一個正數 ε，則 $\varepsilon/2$ 也是正數。因為 $\lim_{x \to c} f(x) = L$，所以存在正數 δ_1，使得

$$0 < |x-c| < \delta_1 \Rightarrow |f(x) - L| < \dfrac{\varepsilon}{2}$$

因為 $\lim_{x \to c} g(x) = M$，所以存在正數 δ_2 使得

$$0 < |x-c| < \delta_2 \Rightarrow |g(x) - M| < \dfrac{\varepsilon}{2}$$

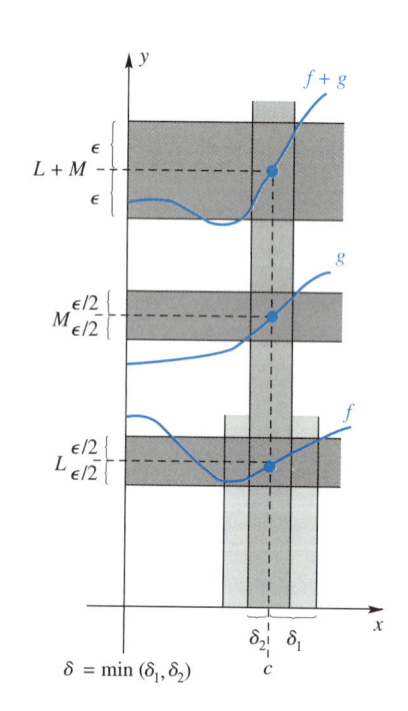

▲ 圖 1

選定 $\delta = \min\{\delta_1, \delta_2\}$，則 $\delta \leq \delta_1$ 且 $\delta \leq \delta_2$，所以 $0 < |x - c| < \delta$ 保證

$$\begin{aligned}|f(x) + g(x) - (L + M)| &= |[f(x) - L] + [g(x) - M]| \\ &\leq |f(x) - L| + |g(x) - M| \text{（三角不等式）}\\ &< \frac{\varepsilon}{2} + \frac{\varepsilon}{2} = \varepsilon\end{aligned}$$

由以上證得 $\lim_{x \to c}[f(x) + g(x)] = L + M = \lim_{x \to c} f(x) + \lim_{x \to c} g(x)$。

敘述 5 的證明

$$\begin{aligned}\lim_{x \to c}[f(x) - g(x)] &= \lim_{x \to c}[f(x) + (-1)g(x)] \\ &= \lim_{x \to c} f(x) + \lim_{x \to c}(-1)g(x) \\ &= \lim_{x \to c} f(x) + (-1)\lim_{x \to c} g(x) \\ &= \lim_{x \to c} f(x) - \lim_{x \to c} g(x)\end{aligned}$$

壓擠定理 你可能已聽某人說過 "I was caught between a rock and a hard place."（俚語：進退兩難）這就像下列定理中 g 的遭遇一般（見圖 2）。

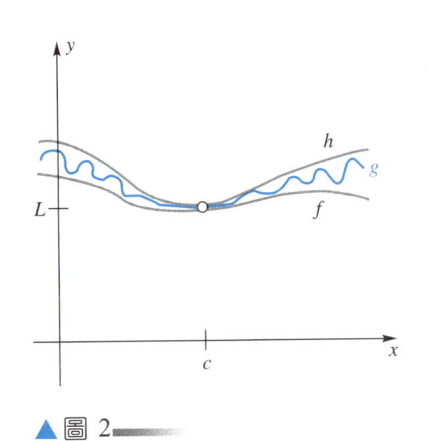

▲圖 2

定理 D　壓擠定理（Squeeze Theorem）

令函數 f、g 及 h 滿足 $f(x) \leq g(x) \leq h(x)$，對於所有接近 c 的實數 x，可能除了 c 之外。若 $\lim_{x \to c} f(x) = \lim_{x \to c} h(x) = L$，則 $\lim_{x \to c} g(x) = L$。

證明　令 ε 為給定之正數。選定 δ_1，使得

$$0 < |x - c| < \delta_1 \Rightarrow L - \varepsilon < f(x) < L + \varepsilon$$

又選定 δ_2，使得

$$0 < |x - c| < \delta_2 \Rightarrow L - \varepsilon < h(x) < L + \varepsilon$$

也選擇 δ_3，使得

$$0 < |x - c| < \delta_3 \Rightarrow f(x) \leq g(x) \leq h(x)$$

令 $\delta = \min\{\delta_1, \delta_2, \delta_3\}$，則

$$0 < |x - c| < \delta \Rightarrow L - \varepsilon < f(x) \leq g(x) \leq h(x) < L + \varepsilon$$

我們得 $\lim_{x \to c} g(x) = L$。

範例 9

假設我們已證得 $1 - x^2/6 \leq (\sin x)/x \leq 1$，對於所有靠近 0 但異於 0 之 x。我們對於 $\lim\limits_{x \to 0} \dfrac{\sin x}{x}$ 能做什麼結論？

解答：令 $f(x) = 1 - x^2/6$，$g(x) = (\sin x)/x$ 且 $h(x) = 1$。可得 $\lim\limits_{x \to 0} f(x) = 1 = \lim\limits_{x \to 0} h(x)$。所以根據定理 D 可得

$$\lim_{x \to 0} \frac{\sin x}{x} = 1$$

練習題 1.3

1-8 題中，求極限之值或敘述它不存在。

1. $\lim\limits_{x \to 2} \dfrac{x^2 - 4}{x^2 + 4}$

2. $\lim\limits_{x \to -1} \dfrac{x^2 - 2x - 3}{x + 1}$

3. $\lim\limits_{x \to -1} \dfrac{x^3 - 6x^2 + 11x - 6}{x^3 + 4x^2 - 19x + 14}$

4. $\lim\limits_{x \to 1} \dfrac{x^2 + x - 2}{x^2 - 1}$

5. $\lim\limits_{x \to -3} \dfrac{x^2 - 14x - 51}{x^2 - 4x - 21}$

6. $\lim\limits_{u \to -2} \dfrac{u^2 - ux + 2u - 2x}{u^2 - u - 6}$

7. $\lim\limits_{x \to 1} \dfrac{x^2 + ux - x - u}{x^2 + 2x - 3}$

8. $\lim\limits_{x \to \pi} \dfrac{2x^2 - 6x\pi + 4\pi^2}{x^2 - \pi^2}$

9-10 題中，請找出 $\lim\limits_{x \to 2}[f(x) - f(2)]/(x - 2)$ 之值。

9. $f(x) = 3x^2$

10. $f(x) = \dfrac{1}{x}$

11-16 題中，求單邊極限之值或敘述它不存在。

11. $\lim\limits_{x \to -3^+} \dfrac{\sqrt{3 + x}}{x}$

12. $\lim\limits_{x \to 3^+} \dfrac{x - 3}{\sqrt{x^2 - 9}}$

13. $\lim\limits_{x \to 2^+} \dfrac{(x^2 + 1)[\![x]\!]}{(3x - 1)^2}$

14. $\lim\limits_{x \to 3^-}(x - [\![x]\!])$

15. $\lim\limits_{x \to 0^-} \dfrac{x}{|x|}$

16. $\lim\limits_{x \to 3^+} [\![x^2 + 2x]\!]$

1.4 含三角函數的極限

前節定理 B 說多項式及有理式的極限皆可用代換法求得。代換法也可應用於三角函數，其結果敘述如下。

定理 A 三角函數的極限（Limits of Trigonometric Functions）

對於每個在定義域中的實數 c，

1. $\lim\limits_{t \to c} \sin t = \sin c$
2. $\lim\limits_{t \to c} \cos t = \cos c$
3. $\lim\limits_{t \to c} \tan t = \tan c$
4. $\lim\limits_{t \to c} \cot t = \cot c$
5. $\lim\limits_{t \to c} \sec t = \sec c$
6. $\lim\limits_{t \to c} \csc t = \csc c$

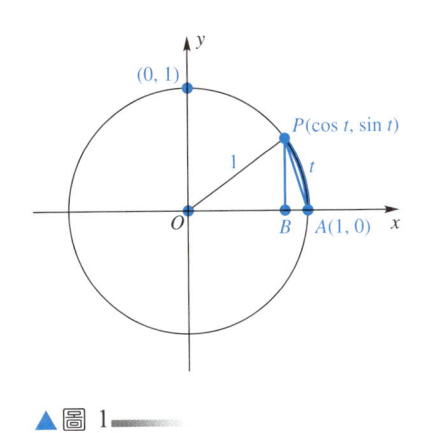

敘述 1 之證明　我們首先建立 $c = 0$ 之特別情況。假設 $t > 0$ 且令點 A，B 和 P 如圖 1 所定義。則

$$0 < |BP| < |AP| < \text{弧長 } AP$$

但是 $|BP| = \sin t$ 且弧長 $AP = t$，所以

$$0 < \sin t < t$$

若 $t < 0$ 則 $t < \sin t < 0$。於是由壓擠定理推得 $\lim_{t \to 0} \sin t = 0$。要完成證明，我們也要證得 $\lim_{t \to 0} \cos t = 1$。應用三角恆等式及前節定理 A，可得

$$\lim_{t \to 0} \cos t = \lim_{t \to 0} \sqrt{1 - \sin^2 t} = \sqrt{1 - \left(\lim_{t \to 0} \sin t\right)^2} = \sqrt{1 - 0^2} = 1$$

現在來證 $\lim_{t \to c} \sin t = \sin c$，我們先令 $h = t - c$ 使得 $h \to 0$ 當 $t \to c$ 時。則

$$\begin{aligned}\lim_{t \to c} \sin t &= \lim_{h \to 0} \sin(c + h) \\ &= \lim_{h \to 0}(\sin c \cos h + \cos c \sin h) \text{（和角恆等式）} \\ &= (\sin c)\left(\lim_{h \to 0} \cos h\right) + (\cos c)\left(\lim_{h \to 0} \sin h\right) \\ &= (\sin c)(1) + (\cos c)(0) = \sin c\end{aligned}$$

敘述 2 之證明　若 $\cos c > 0$，則當 t 接近 c 時，我們有 $\cos t = \sqrt{1 - \sin^2 t}$。因此

$$\lim_{t \to c} \cos t = \lim_{t \to c} \sqrt{1 - \sin^2 t} = \sqrt{1 - \left(\lim_{t \to c} \sin t\right)^2} = \sqrt{1 - \sin^2 c} = \cos c$$

另一方面，若 $\cos c < 0$，則當 t 接近 c 時，我們有 $\cos t = -\sqrt{1 - \sin^2 t}$。在此情況下，

$$\lim_{t \to c} \cos t = \lim_{t \to c}\left(-\sqrt{1 - \sin^2 t}\right) = -\sqrt{1 - \left(\lim_{t \to c} \sin t\right)^2} = -\sqrt{1 - \sin^2 c}$$
$$= -\sqrt{\cos^2 c} = -|\cos c| = \cos c$$

▲圖 1

範例 1

求 $\lim_{t \to 0} \dfrac{t^2 \cos t}{t + 1}$。

解答：

$$\lim_{t \to 0} \frac{t^2 \cos t}{t + 1} = \left(\lim_{t \to 0} \frac{t^2}{t + 1}\right)\left(\lim_{t \to 0} \cos t\right) = 0 \cdot 1 = 0$$

有兩個重要的但無法用代換法計算的極限是

$$\lim_{t \to 0} \frac{\sin t}{t} \quad \text{和} \quad \lim_{t \to 0} \frac{1 - \cos t}{t}$$

我們在 1.1 節遇到第 1 個極限，當時我們猜極限為 1。現在我們證明極限確實為 1。

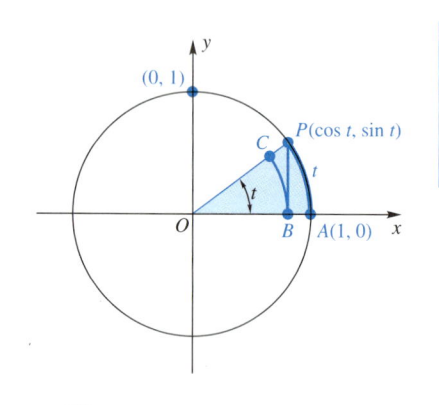

定理 B　特別的三角極限（Special Trigonometric Limits）

1. $\displaystyle\lim_{t \to 0} \frac{\sin t}{t} = 1$ 　　　2. $\displaystyle\lim_{t \to 0} \frac{1 - \cos t}{t} = 0$

敘述 1 之證明　在本節定理 A 的證明中，我們已證得

$$\lim_{t \to 0} \cos t = 1 \quad \text{且} \quad \lim_{t \to 0} \sin t = 0$$

對於 $-\pi/2 \leq t \leq \pi/2$，$t \neq 0$，畫垂直線段 BP 和圓弧 BC，如圖 2 所示。由圖 2 明顯可得

扇形 OBC 面積 $\leq$ 三角形 OBP 面積 $\leq$ 扇形 OAP 面積

相當於

$$\frac{1}{2}(\cos t)^2 |t| \leq \frac{1}{2} \cos t \, |\sin t| \leq \frac{1}{2} 1^2 |t|$$

將上列每項乘 2 再除以正數 $|t|\cos t$ 後得

$$\cos t \leq \frac{|\sin t|}{|t|} \leq \frac{1}{\cos t}$$

因為當 $-\pi/2 \leq t \leq \pi/2$，$t \neq 0$ 時，$(\sin t)/t$ 是正的，所以 $|\sin t|/|t| = (\sin t)/t$。因此

$$\cos t \leq \frac{\sin t}{t} \leq \frac{1}{\cos t}$$

又 $\displaystyle\lim_{t \to 0} \cos t = 1 = \lim_{t \to 0} \frac{1}{\cos t}$。利用壓擠定理，我們證得

$$\lim_{t \to 0} \frac{\sin t}{t} = 1$$

▲ 圖 2

敘述 2 之證明

$$\lim_{t \to 0} \frac{1 - \cos t}{t} = \lim_{t \to 0} \frac{1 - \cos t}{t} \cdot \frac{1 + \cos t}{1 + \cos t} = \lim_{t \to 0} \frac{1 - \cos^2 t}{t(1 + \cos t)}$$

$$= \lim_{t \to 0} \frac{\sin^2 t}{t(1 + \cos t)}$$

$$= \left(\lim_{t \to 0} \frac{\sin t}{t} \right) \frac{\lim_{t \to 0} \sin t}{\lim_{t \to 0} (1 + \cos t)} = 1 \cdot \frac{0}{2} = 0$$

在第 2 章我們將明確使用此二個極限等式。目前我們可以利用它們來計算其他的極限。

範例 2

求下列各極限。

(a) $\lim\limits_{x \to 0} \dfrac{\sin 3x}{x}$　　(b) $\lim\limits_{t \to 0} \dfrac{1 - \cos t}{\sin t}$　　(c) $\lim\limits_{x \to 0} \dfrac{\sin 4x}{\tan x}$

解答：

(a) $\lim\limits_{x \to 0} \dfrac{\sin 3x}{x} = \lim\limits_{x \to 0} 3 \dfrac{\sin 3x}{3x} = 3 \lim\limits_{x \to 0} \dfrac{\sin 3x}{3x}$

(b) $\lim\limits_{t \to 0} \dfrac{1 - \cos t}{\sin t} = \lim\limits_{t \to 0} \dfrac{\frac{1 - \cos t}{t}}{\frac{\sin t}{t}} = \dfrac{\lim\limits_{t \to 0} \frac{1 - \cos t}{t}}{\lim\limits_{t \to 0} \frac{\sin t}{t}} = \dfrac{0}{1} = 0$

(c) $\lim\limits_{x \to 0} \dfrac{\sin 4x}{\tan x} = \lim\limits_{x \to 0} \dfrac{\frac{4 \sin 4x}{4x}}{\frac{\sin x}{x \cos x}}$

$= \dfrac{4 \lim\limits_{x \to 0} \frac{\sin 4x}{4x}}{\left(\lim\limits_{x \to 0} \frac{\sin x}{x} \right) \left(\lim\limits_{x \to 0} \frac{1}{\cos x} \right)} = \dfrac{4}{1 \cdot 1} = 4$

範例 3

描繪 $u(x) = |x|$、$l(x) = -|x|$ 和 $f(x) = x \cos(1/x)$ 的圖形。利用這些圖形及壓擠定理決定 $\lim\limits_{x \to 0} f(x)$。

解答： 注意到 $\cos(1/x)$ 總是在 -1 和 1 之間，所以 $f(x) = x \cos(1/x)$ 總是在 $-x$ 和 x 之間。換言之，$y = x \cos(1/x)$ 之圖形介於 $y = |x|$ 和 $y = -|x|$ 的圖形之間，如圖 3 所示。我們又知道 $\lim\limits_{x \to 0} |x| = \lim\limits_{x \to 0} (-|x|) = 0$。所以依照壓擠定理可知 $\lim\limits_{x \to 0} f(x) = 0$。

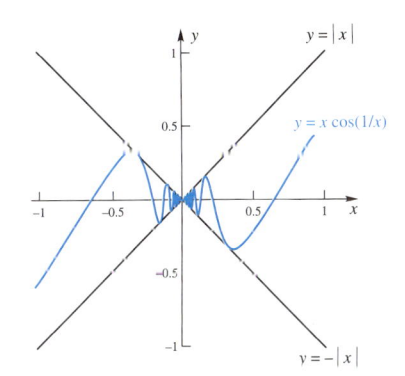

▲ 圖 3

練習題 1.4

1-9 題中，求各極限之值

1. $\lim\limits_{x\to 0}\dfrac{\cos x}{x+1}$

2. $\lim\limits_{t\to 0}\dfrac{\cos^2 t}{1+\sin t}$

3. $\lim\limits_{x\to 0}\dfrac{3x\tan x}{\sin x}$

4. $\lim\limits_{x\to 0}\dfrac{\sin x}{2x}$

5. $\lim\limits_{\theta\to 0}\dfrac{\sin 3\theta}{2\theta}$

6. $\lim\limits_{\theta\to 0}\dfrac{\tan 5\theta}{\sin 2\theta}$

7. $\lim\limits_{t\to 0}\dfrac{\sin^2 3t}{2t}$

8. $\lim\limits_{t\to 0}\dfrac{\tan 2t}{\sin 2t-1}$

9. $\lim\limits_{\theta\to 0}\dfrac{\sin^2\theta}{\theta^2}$

10-11 題中，描繪函數 $u(x)$, $l(x)$ 和 $f(x)$ 之圖形，然後利用這些圖形結合壓擠定理求 $\lim\limits_{x\to 0}f(x)$。

10. $u(x)=|x|$, $l(x)=-|x|$, $f(x)=x\sin(1/x)$

11. $u(x)=1$, $l(x)=1-x^2$, $f(x)=\cos^2 x$

1.5 在無窮遠處的極限；無窮大極限

　　數學中最深奧的問題與詭論經常和無窮大概念的使用糾結在一起。然而數學的進展可以部分利用我們對無窮大概念的理解來量測。我們已經使用符號 ∞ 和 $-\infty$ 來表示某種區間。所以，我們用 $(3,\infty)$ 表示所有大於 3 的實數所成之集合。注意到我們從不說 ∞ 是一個實數。例如，我們絕不將它加上一個數或除以一個數。在本節我們將以新的方式來使用符號 ∞ 和 $-\infty$，但它們還是不代表任意實數。

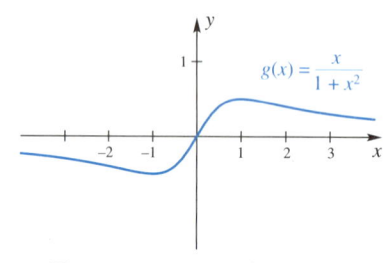

在無窮遠處的極限　考慮函數 $g(x)=x/(1+x^2)$，其圖形如圖 1 所示。我們要問：當 x 越來越大時，$g(x)$ 如何變化？以符號表示，我們要求 $\lim\limits_{x\to\infty}g(x)$ 之值。

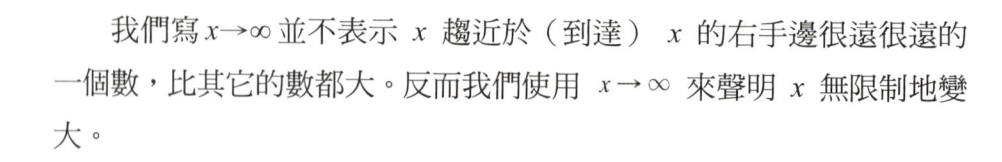

▲圖 1

　　我們寫 $x\to\infty$ 並不表示 x 趨近於（到達）x 的右手邊很遠很遠的一個數，比其它的數都大。反而我們使用 $x\to\infty$ 來聲明 x 無限制地變大。

　　在圖 2 之表中，我們列出了某些 x 值之函數值 $g(x)=x/(1+x^2)$。它呈現隨著 x 越來越大，$g(x)$ 越來越小。我們記為

$$\lim_{x\to\infty}\frac{x}{1+x^2}=0$$

x	$\dfrac{x}{1+x^2}$
10	0.099
100	0.010
1000	0.001
10000	0.0001
↓	↓
∞	?

▲圖 2

若以 0 之左邊很遠的負數來計算函數值，則我們記為

$$\lim_{x \to -\infty} \frac{x}{1+x^2} = 0$$

當 $x \to \pm\infty$ 時的嚴密極限定義　相似於我們對任意極限的 ε-δ 定義，我們做下列定義。

> **定義**　$x \to \pm\infty$ 的極限
>
> 令 f 定義在 $[c, \infty)$ 上，c 為某實數。我們說 $\lim\limits_{x \to \infty} f(x) = L$ 若且唯若對於每個正數 ε，存在對應的正數 M 使得
>
> $$x > M \Rightarrow |f(x) - L| < \varepsilon$$

你將注意到 M 可能，且通常是，和 ε 相關。通常，ε 越小則 M 必須越大。圖 3 中的圖形可以協助你瞭解我們所說的。

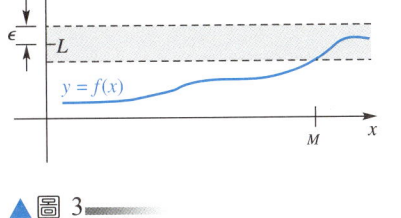

▲ 圖 3

> **定義**　$x \to -\infty$ 的極限
>
> 令 f 定義在 $(-\infty, c]$ 上，c 為某實數。我們說 $\lim\limits_{x \to -\infty} f(x) = L$ 若且唯若對於每個正數 ε，存在一個對應的負數 M 使得
>
> $$x < M \Rightarrow |f(x) - L| < \varepsilon$$

● **範例 1**

證明若 k 是一個正整數，則
$$\lim_{x \to \infty} \frac{1}{x^k} = 0 \text{ 且 } \lim_{x \to -\infty} \frac{1}{x^k} = 0$$

解答：令 ε 為給定之正數。經過預備分析之後（如同 1.2 節），我們選定 $M = \sqrt[k]{1/\varepsilon}$。則 $x > M$ 保證

$$\left| \frac{1}{x^k} - 0 \right| = \frac{1}{x^k} < \frac{1}{M^k} = \varepsilon$$

同理可證第二個極限等式。

● **範例 2**

證明 $\lim\limits_{x \to \infty} \dfrac{x}{1+x^2} = 0$。

解答：我們在這裡使用了一個基本的技巧：分子與分母同除以 x 在分母的最高次，也就是 x^2。

$$\lim_{x\to\infty}\frac{x}{1+x^2} = \lim_{x\to\infty}\frac{\frac{x}{x^2}}{\frac{1+x^2}{x^2}} = \lim_{x\to\infty}\frac{\frac{1}{x}}{\frac{1}{x^2}+1}$$

$$= \frac{\lim_{x\to\infty}\frac{1}{x}}{\lim_{x\to\infty}\frac{1}{x^2}+\lim_{x\to\infty}1} = \frac{0}{0+1} = 0$$

範例 3

求 $\lim_{x\to -\infty}\frac{2x^3}{1+x^3}$。

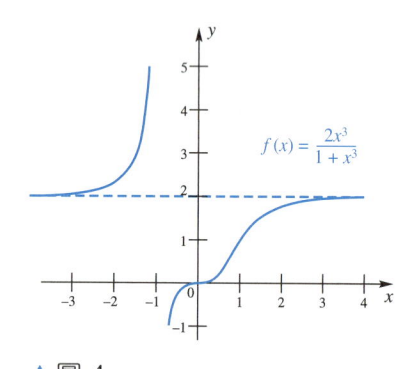

解答：函數 $f(x) = 2x^3/(1+x^3)$ 的圖形如圖 4 所示。為求此極限，分子與分母皆除以 x^3。

$$\lim_{x\to -\infty}\frac{2x^3}{1+x^3} = \lim_{x\to -\infty}\frac{2}{1/x^3+1} = \frac{2}{0+1} = 2$$

$f(x) = \dfrac{2x^3}{1+x^3}$

▲ 圖 4

數列的極限　某些函數的定義域為自然數集合 $\{1, 2, 3, \ldots\}$。在此情況，我們通常用 a_n 來表示此數列的第 n 項，或以 $\{a_n\}$ 代表整個數列。例如，我們可能以 $a_n = n/(n+1)$ 定義一個數列。讓我們考慮，當 n 增大時數列如何變化。一些計算顯示

$$a_1 = \frac{1}{2},\quad a_2 = \frac{2}{3},\quad a_3 = \frac{3}{4},\quad a_4 = \frac{4}{5},\quad \ldots,\quad a_{100} = \frac{100}{101},\quad \ldots$$

看起來就像這些值會趨近 1，所以說 $\lim_{n\to\infty} a_n = 1$ 似乎是合理的。下列定義寫出數列極限的意義。

定義　數列的極限（Limit of a Sequence）

令 a_n 在大於某個實數 c 的所有自然數有定義。我們說 $\lim_{n\to\infty} a_n = L$，若且唯若，對於每個正數 ε，存在一個對應的自然數 M 使得

$$n > M \implies |a_n - L| < \varepsilon$$

注意此定義幾乎等於 $\lim_{x\to\infty} f(x)$ 的定義。僅有的差異是現在函數的變數是自然數。如同我們預期的，主要的極限定理（定理 1.3A）也適用於數列。

極限 Chapter 1

▲ 圖 5

範例 4

求 $\lim_{n\to\infty} \sqrt{\dfrac{n+1}{n+2}}$。

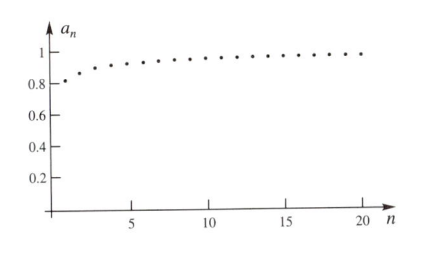

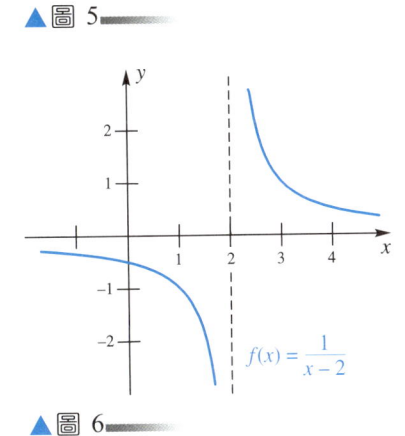

解答：圖 5 顯示了 $a_n = \sqrt{\dfrac{n+1}{n+2}}$ 的圖形。利用定理 1.3A 可得

$$\lim_{n\to\infty}\sqrt{\dfrac{n+1}{n+2}} = \left(\lim_{n\to\infty}\dfrac{n+1}{n+2}\right)^{1/2} = \left(\lim_{n\to\infty}\dfrac{1+1/n}{1+2/n}\right)^{1/2} = \left(\dfrac{1+0}{1+0}\right)^{1/2} = 1$$

在 3.7 節和第 4 章裡我們將需要數列的極限這種概念。第 9 章對於數列會有更完整的論述。

無窮大極限　考慮描繪於圖 6 的函數 $f(x) = 1/(x-2)$。當 x 由左邊接近 2 時，函數看起來無限制地遞減。同樣地，當 x 由右邊接近 2 時，函數無限制地遞增。因此談及 $\lim_{x\to 2} 1/(x-2)$ 是無意義的，但我們認為可以合理的寫成

$$\lim_{x\to 2^-}\dfrac{1}{x-2} = -\infty \quad 且 \quad \lim_{x\to 2^+}\dfrac{1}{x-2} = \infty$$

▲ 圖 6　$f(x) = \dfrac{1}{x-2}$

以下是嚴密的定義。

定義　無窮大極限（Infinite Limit）

我們說 $\lim_{x\to c^+} f(x) = \infty$ 若且唯若對於每個正數 M，存在一個對應的正數 δ 使得

$$0 < x - c < \delta \Rightarrow f(x) > M$$

換句話說，令 x 由右邊足夠接近 c，但不等於 c，可使得 $f(x)$ 大到我們想要的程度。同理可得，下列各記號的定義

$$\lim_{x\to c^+} f(x) = -\infty \quad \lim_{x\to c^-} f(x) = \infty \quad \lim_{x\to c^-} f(x) = -\infty$$
$$\lim_{x\to \infty} f(x) = \infty \quad \lim_{x\to \infty} f(x) = -\infty \quad \lim_{x\to -\infty} f(x) = \infty \quad \lim_{x\to -\infty} f(x) = -\infty$$

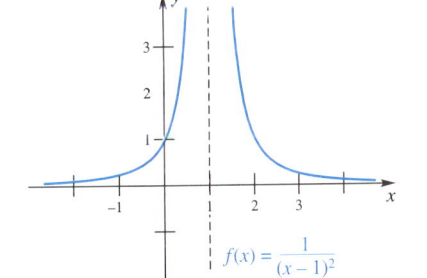

範例 5

求 $\lim_{x\to 1^-}\dfrac{1}{(x-1)^2}$ 和 $\lim_{x\to 1^+}\dfrac{1}{(x-1)^2}$。

解答：函數 $f(x) = 1/(x-1)^2$ 的圖形如圖 7 所示。當 $x \to 1^+$，分母保持正數但趨近 0，而分子為 1。因此，令 x 自右邊足夠接近 1，但不等於 1，比值 $1/(x-1)^2$ 可以任意大，同理，當 $x \to 1^-$，$1/(x-1)^2$ 也可以任意大。我們結論

▲ 圖 7　$f(x) = \dfrac{1}{(x-1)^2}$

$$\lim_{x \to 1^+} \frac{1}{\underbrace{(x-1)^2}_{\text{趨近 } 0^+}} = \infty \quad , \quad \lim_{x \to 1^-} \frac{1}{\underbrace{(x-1)^2}_{\text{趨近 } 0^+}} = \infty$$

因為兩個極限皆是 ∞，我們也可寫成

$$\lim_{x \to 1} \frac{1}{(x-1)^2} = \infty$$

範例 6

求 $\displaystyle\lim_{x \to 2^+} \frac{x+1}{x^2 - 5x + 6}$。

解答：

$$\lim_{x \to 2^+} \frac{x+1}{x^2 - 5x + 6} = \lim_{x \to 2^+} \frac{x+1}{(x-3)(x-2)}$$

當 $x \to 2^+$ 時，$x+1 \to 3$，$x-3 \to -1$ 且 $x-2 \to 0^+$；因此，分子接近 3，但是，分母是負的且接近 0，可得

$$\lim_{x \to 2^+} \frac{x+1}{x^2 - 5x + 6} = \lim_{x \to 2^+} \frac{\overbrace{x+1}^{\text{趨近 }3}}{\underbrace{(x-3)}_{\text{趨近 }-1}\underbrace{(x-2)}_{\text{趨近 }0^+}} = -\infty$$

與漸近線的關係 在 0.5 節漸近線曾被簡短討論，現在我們要介紹更多關於漸近線的內容。若下列任一敘述為真，則稱直線 $x = c$ 是 $y = f(x)$ 的圖形的一條**垂直漸近線**。

1. $\displaystyle\lim_{x \to c^+} f(x) = \infty$ 　　2. $\displaystyle\lim_{x \to c^+} f(x) = -\infty$

3. $\displaystyle\lim_{x \to c^-} f(x) = \infty$ 　　4. $\displaystyle\lim_{x \to c^-} f(x) = -\infty$

所以在圖 6 中，$x = 2$ 是一條垂直漸近線。同理，在範例 6 中，儘管沒繪出圖形，$x = 2$ 和 $x = 3$ 皆為漸近線。

依類似道理，直線 $y = b$ 是 $y = f(x)$ 之圖形的一條**水平線漸近線**，若

$$\lim_{x \to \infty} f(x) = b \quad \text{或} \quad \lim_{x \to -\infty} f(x) = b$$

在圖 6 和圖 7 中，$y = 0$ 是一條水平漸近線。

範例 7

令 $f(x) = \dfrac{2x}{x-1}$。求 $y = f(x)$ 之圖形的水平與垂直漸近線。

解答：我們常常在分母為 0 之處，有一條垂直漸近線，本例中有這樣的垂直漸近線，因為

$$\lim_{x \to 1^+} \frac{2x}{x-1} = \lim_{x \to 1^+} \frac{\overbrace{2x}^{\text{趨近 2}}}{\underbrace{x-1}_{\text{趨近 } 0^+}} = \infty \quad \text{且} \quad \lim_{x \to 1^-} \frac{2x}{x-1} = \lim_{x \to 1^-} \frac{\overbrace{2x}^{\text{趨近 2}}}{\underbrace{x-1}_{\text{趨近 } 0^-}} = -\infty$$

另一方面，

$$\lim_{x \to \infty} \frac{2x}{x-1} = \lim_{x \to \infty} \frac{2}{1 - 1/x} = 2 \quad \text{且} \quad \lim_{x \to -\infty} \frac{2x}{x-1} = 2$$

所以 $y = 2$ 是一條水平漸近線。圖 8 顯示了 $y = 2x/(x-1)$ 的圖形。

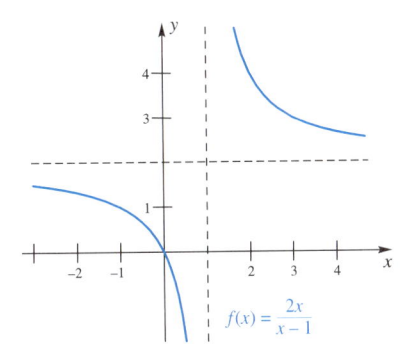

▲ 圖 8 $f(x) = \dfrac{2x}{x-1}$

練習題 1.5

1-26 題中，求各極限之值

1. $\displaystyle\lim_{x \to \infty} \frac{x}{x-5}$

2. $\displaystyle\lim_{x \to \infty} \frac{x^2}{5-x^3}$

3. $\displaystyle\lim_{t \to -\infty} \frac{t}{t-5}$

4. $\displaystyle\lim_{x \to \infty} \frac{x^2}{(x-5)(3-x)}$

5. $\displaystyle\lim_{\theta \to -\infty} \frac{\pi \theta^5}{\theta^5 - 5\theta^4}$

6. $\displaystyle\lim_{x \to \infty} \sqrt[3]{\frac{1 + 8x^2}{x^2 + 4}}$

7. $\displaystyle\lim_{n \to \infty} \frac{n^2}{n^2 + 1}$

8. $\displaystyle\lim_{n \to \infty} \frac{n^2}{n+1}$

9. $\displaystyle\lim_{n \to \infty} \frac{n}{n^2 + 1}$

10. $\displaystyle\lim_{x \to \infty} \frac{2x+1}{\sqrt{x^3 + 3}}$

（提示：分子與分母同除以 x，注意，當 $x > 0$ 時，$\sqrt{x^2+3}/x = \sqrt{(x^2+3)/x^2}$）

11. $\displaystyle\lim_{x \to \infty} \frac{\sqrt{2x+1}}{x+4}$

12. $\displaystyle\lim_{x \to \infty} \left(\sqrt{2x^2 + 3} - \sqrt{2x^2 - 5}\right)$

（提示：分子與分母同乘 $\sqrt{2x^2+3} + \sqrt{2x^2-5}$）

13. $\displaystyle\lim_{x \to \infty} \left(\sqrt{x^2 + 2x} - x\right)$

14. $\displaystyle\lim_{x \to \infty} \dfrac{a_n x^n + \cdots + a_1 x + a_0}{b_n x^n + \cdots + b_1 x + b_0}$，其中 $a_n \ne 0$，$b_n \ne 0$，且 n 是一個自然數。

15. $\displaystyle\lim_{x \to 4^+} \frac{x}{x-4}$

16. $\displaystyle\lim_{t \to -3^+} \frac{t^2 - 9}{t+3}$

17. $\displaystyle\lim_{x \to 5^-} \frac{x^2}{(x-5)(3-x)}$

18. $\displaystyle\lim_{\theta \to \pi^+} \frac{\theta^2}{\sin \theta}$

19. $\displaystyle\lim_{\theta \to (\pi/2)^+} \frac{\pi \theta}{\cos \theta}$

20. $\displaystyle\lim_{x \to 3^-} \frac{x^2 - x - 6}{x - 3}$

21. $\displaystyle\lim_{x \to 0^+} \frac{\lVert x \rVert}{x}$

22. $\displaystyle\lim_{x \to 0^-} \frac{\lVert x \rVert}{x}$

23. $\displaystyle\lim_{x \to 0^-} \frac{|x|}{x}$

24. $\displaystyle\lim_{x \to 0^+} \frac{|x|}{x}$

25. $\displaystyle\lim_{x \to 0^-} \frac{1 + \cos x}{\sin x}$

26. $\displaystyle\lim_{x \to \infty} \frac{\sin x}{x}$

27-29 題中，請找出給定函數的水平及垂直漸近線。

27. $f(x) = \dfrac{3}{x+1}$

28. $F(x) = \dfrac{2x}{x-3}$

29. $g(x) = \dfrac{14}{2x^2+7}$

30. 假如 $\lim\limits_{x\to\infty}[f(x)-(ax+b)] = 0$ 或是 $\lim\limits_{x\to-\infty}[f(x)-(ax+b)] = 0$，則稱直線 $y = ax+b$ 是 $y = f(x)$ 的一條斜漸近線。請找出下述 $f(x)$ 的斜漸近線。

$$f(x) = \dfrac{2x^4 + 3x^3 - 2x - 4}{x^3 - 1}$$

31. 已知 $f(x) = \dfrac{3x^3 + 4x^2 - x + 1}{x^2 + 1}$，請找出 $f(x)$ 的斜漸近線。

1.6 函數的連續性

在數學與科學中，我們用連續這個字來描述一個持續進行的過程不做突然改變。事實上，我們的經驗引導我們假設這是許多自然過程的一個必要特性。當它關於函數時就是我們現在想要明確定義的觀念。在圖 1 的三個圖形當中，只有第三個圖形顯示在 c 連續。在前面兩個圖形中，不是 $\lim\limits_{x\to c} f(x)$ 不存在，就是 $\lim\limits_{x\to c} f(x)$ 存在但不等於 $f(c)$。只有第三個圖中才是 $\lim\limits_{x\to c} f(x) = f(c)$。

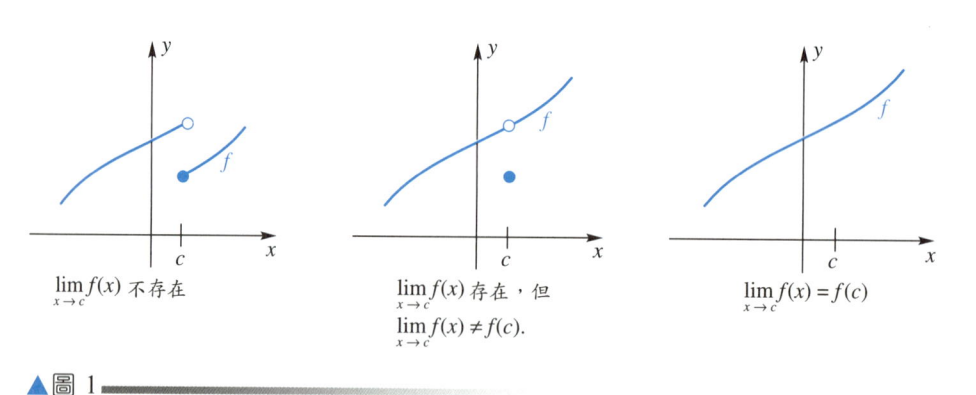

$\lim\limits_{x\to c} f(x)$ 不存在　　$\lim\limits_{x\to c} f(x)$ 存在，但 $\lim\limits_{x\to c} f(x) \neq f(c)$.　　$\lim\limits_{x\to c} f(x) = f(c)$

▲圖 1

以下是正式定義。

定義　在一點連續（Continuity at a Point）
令 f 定義在包含 c 的一個開區間上。我們說 f 在 c 連續若 $$\lim_{x\to c} f(x) = f(c)$$

極限 Chapter 1   81

依此定義我們要求三件事：

1. $\lim_{x \to c} f(x)$ 存在，

2. $f(c)$ 存在（即 c 在 f 的定義域內），且

3. $\lim_{x \to c} f(x) = f(c)$。

若上述三者任何一個失敗，則 f 在 c 不連續（discontinuous）。所以圖 1 中由第一和第二個圖形所代表的函數在 c 不連續。但是它們在定義域的其他點是連續的。

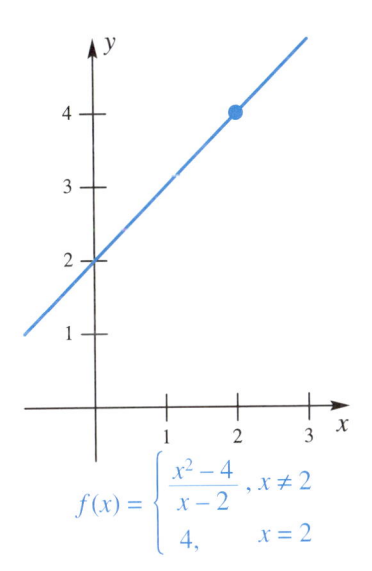

範例 1

已知 $f(x) = \dfrac{x^2 - 4}{x - 2}$，$x \neq 2$，則 f 在 $x = 2$ 該如何定義，才能使得它在 $x = 2$ 連續？

解答：

$$\lim_{x \to 2} \frac{x^2 - 4}{x - 2} = \lim_{x \to 2} \frac{(x - 2)(x + 2)}{x - 2} = \lim_{x \to 2} (x + 2) = 4$$

因此，我們定義 $f(2) = 4$。所得之函數圖形如圖 2 所示。事實上，我們知道 $f(x) = x + 2$，對所有 x。

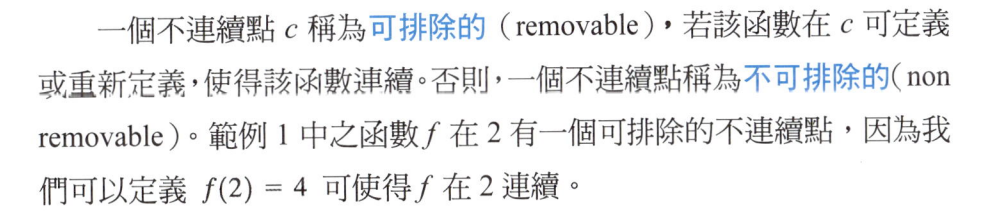

$$f(x) = \begin{cases} \dfrac{x^2 - 4}{x - 2}, & x \neq 2 \\ 4, & x = 2 \end{cases}$$

▲ 圖 2

一個不連續點 c 稱為**可排除的**（removable），若該函數在 c 可定義或重新定義，使得該函數連續。否則，一個不連續點稱為**不可排除的**（non removable）。範例 1 中之函數 f 在 2 有一個可排除的不連續點，因為我們可以定義 $f(2) = 4$ 可使得 f 在 2 連續。

熟悉函數的連續性　在本書所碰到的大多數函數如非 (1) 到處連續就是 (2) 除一些點外到處連續。特別地，定理 1.3B 保證下列結果。

定理 A　多項式和有理式的連續性

任一多項式在每個實數 c 皆連續。一個有理式在其定義域的每一點 c 皆連續，也就是，分母不為零的每一點。

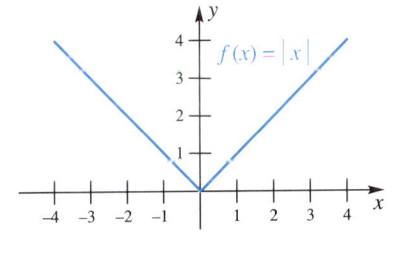

$f(x) = |x|$

▲ 圖 3

回顧絕對值函數 $f(x) = |x|$；它的圖形如圖 3 所示。當 $x < 0$ 時 $|x| = -x$，是一個多項式；當 $x > 0$ 時 $|x| = x$，也是一個多項式；根據定理 A，$|x|$ 在不為零的點皆為連續。但是

$$\lim_{x \to 0} |x| = 0 = |0| \quad (\lim_{x \to 0^+} |x| = \lim_{x \to 0^+} x = 0 \text{ 且 } \lim_{x \to 0^-} |x| = \lim_{x \to 0^-} (-x) = 0 \,)$$

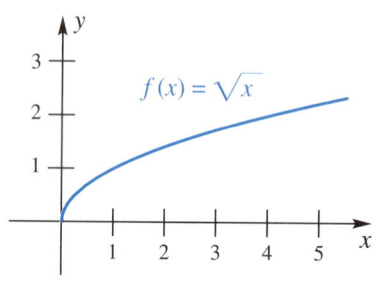

所以，絕對值函數是一個到處連續的函數。

依主要的極限定理（定理 1.3A）

$$\lim_{x \to c} \sqrt[n]{x} = \sqrt[n]{\lim_{x \to c} x} = \sqrt[n]{c}$$

已知 $c > 0$ 當 N 為偶數時。此意指 $f(x) = \sqrt[n]{x}$ 在有定義的地方皆連續。尤其 $f(x) = \sqrt{x}$ 在每個正數 c 皆連續（圖 4）。

▲ 圖 4

> **定理 B** 絕對值與 n 次方根函數的連續性
>
> 絕對值函數在每個實數 c 皆連續。若 n 為奇數，則 n 次方根函數在每個實數 c 皆連續；若 n 為偶數，則 n 次方根函數在每個正數 c 皆連續。

在函數運算下之連續性 標準函數運算能保持連續性嗎？是的，依照下列定理。其中 f 和 g 是函數，k 是常數，而 n 是正整數。

> **定理 C** 函數運算下的連續性
>
> 若 f 和 g 皆在 c 連續，則 kf、$f+g$、$f-g$、$f \cdot g$、f/g（若 $g(c) \neq 0$），f^n 和 $\sqrt[n]{f}$ 也是如此。

證明 所有這些結論都是來自定理 1.3A 中相對應的極限等式之事實。例如，該定理結合 f 和 g 皆在 c 連續之事實，可得

$$\lim_{x \to c} f(x)g(x) = \lim_{x \to c} f(x) \cdot \lim_{x \to c} g(x) = f(c)g(c)$$

這意謂 $f \cdot g$ 在 c 連續。

● **範例 2**

$F(x) = (3|x| - x^2)/(\sqrt{x} + \sqrt[3]{x})$ 在那些實數連續呢？

解答： 因為 F 在非正數無定義，我們不考慮非正數。而對於任一正數而言，函數 $\sqrt{x}$、$\sqrt[3]{x}$、$|x|$ 和 x^2 皆是連續的（定理 A 和 B）。故由定理 C 推得 $3|x|$、$3|x|$、$-x^2$、$\sqrt{x} + \sqrt[3]{x}$，在每個正數連續，因此

$$\frac{(3|x| - x^2)}{(\sqrt{x} + \sqrt[3]{x})}$$

在每個正數連續。

三角函數之連續性可自定理 1.4A 推知。

極限 Chapter 1   83

定理 D 三角函數的連續性

正弦和餘弦函數皆是到處連續的。而正切、餘切、正割和餘割函數，皆在其定義內的每個點連續。

範例 3

已知 $f(x) = \dfrac{\sin x}{x(1-x)}$，$x \neq 0, 1$，請找出 f 的所有不連續點，並說出每個不連續點為可排除的或不可排除的。

解答：當 $x \neq 0, 1$ 時，分子和分母皆是連續的，所以，在 $x \neq 0, 1$ 處，f 是連續的。又因為

$$\lim_{x \to 0} \frac{\sin x}{x(1-x)} = \lim_{x \to 0} \frac{\sin x}{x} \cdot \lim_{x \to 0} \frac{1}{(1-x)} = (1)(1) = 1$$

我們可以定義 $f(0) = 1$，使得 f 在 0 連續，所以 $x = 0$ 是一個可排除的不連續點。而

$$\lim_{x \to 1^+} \frac{\sin x}{x(1-x)} = -\infty \quad 且 \quad \lim_{x \to 1^-} \frac{\sin x}{x(1-x)} = \infty$$

無法定義 $f(1)$，使得 f 在 1 連續。所以 $x = 1$ 是一個不可排除的不連續點。$y = f(x)$ 的圖形如圖 5 所示。

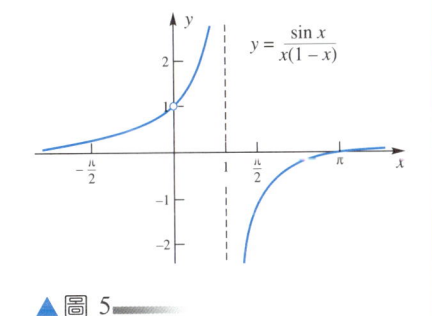

▲ 圖 5

另一個函數運算，合成，在後面章節中它是非常重要的。它也維持了連續性。

定理 E 合成極限定理

若 $\lim\limits_{x \to c} g(x) = L$ 且 f 在 L 連續，則

$$\lim_{x \to c} f(g(x)) = f\left(\lim_{x \to c} g(x)\right) = f(L)$$

尤其，若 g 在 c 連續且 f 在 $g(c)$ 連續，則合成函數 $f \circ g$ 在 c 連續。

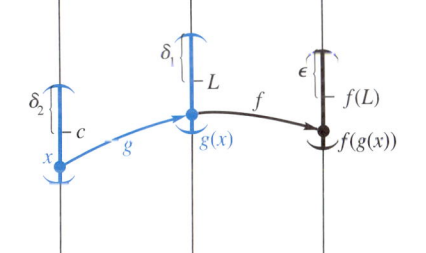

證明 令 ε 為給定之正數。因為 f 在 L 連續，存在一個對應的正數 δ_1，使得

$$|t - L| < \delta_1 \Rightarrow |f(t) - f(L)| < \varepsilon$$

並且（見圖 6）

$$|g(x) - L| < \delta_1 \Rightarrow |f(g(x)) - f(L)| < \varepsilon$$

又因為 $\lim\limits_{x \to c} g(x) = L$，所以對於正數 δ_1 存在一個對應的正數 δ_2 使得

▲ 圖 6

$$0 < |x - c| < \delta_2 \Rightarrow |g(x) - L| < \delta_1$$

將上列兩式合併可得

$$0 < |x - c| < \delta_2 \Rightarrow |f(g(x)) - f(L)| < \varepsilon$$

這證明了

$$\lim_{x \to c} f(g(x)) = f(L)$$

若 g 在 c 連續，則 $L = g(c)$ 而第二個敘述為第一個敘述的特別情況。

範例 4

證明 $h(x) = |x^2 - 3x + 6|$ 在每個實數皆連續。

解答：令 $f(x) = |x|$ 且 $g(x) = x^2 - 3x + 6$。兩者皆在每個實數連續。所以它們的合成

$$h(x) = f(g(x)) = |x^2 - 3x + 6|$$

也是如此。

範例 5

證明 $h(x) = \sin \dfrac{x^4 - 3x + 1}{x^2 - x - 6}$ 除了 3 和 –2 之外到處連續。

解答：$x^2 - x - 6 = (x - 3)(x + 2)$。所以有理式

$$g(x) = \frac{x^4 - 3x + 1}{x^2 - x - 6}$$

除了 3 和 –2 之外是到處連續的（定理 A）。又由定理 D 得知正弦函數是到處連續的。所以由定理 E 我們推得，因為 $h(x) = \sin(g(x))$，h 除了 3 和 –2 之外是到處連續的。

在一個區間上連續 至今，我們已討論在一點的連續性。接著我們想要討論在一個區間上的連續性。在一個區間上連續應該意指在該區間的每個點皆連續。此即所謂的在一個開區間上連續。

當我們考慮一個閉區間時，我們碰到一個問題。也許函數 f 在 a 的左邊沒定義（例如，$f(x) = \sqrt{x}$ 在 $a = 0$ 之左邊無定義），所以嚴格來說，$\lim\limits_{x \to a} f(x)$ 不存在。我們是對策是：若 f 在 (a, b) 內的每個點連續，且 $\lim\limits_{x \to a^+} f(x) = f(a)$，$\lim\limits_{x \to b^-} f(x) = f(b)$，則我們稱 f 在閉區間 $[a, b]$ 上連續。

極限 Chapter 1   85

> **定義** 在一個區間上連續（Continuity on an Interval）
>
> 若 $\lim_{x \to a^+} f(x) = f(a)$，則稱函數 f 在 a **右連續**。
>
> 若 $\lim_{x \to b^-} f(x) = f(b)$，則稱函數 f 在 b **左連續**。
>
> 若 f 在 (a, b) 內的每一點皆連續，則稱函數 f **在開區間** (a, b) **上連續**。
>
> 若 f 在 (a, b) 上連續，在 a 右連續且在 b 左連續，則稱 f **在閉區間** $[a, b]$ **上連續**。

例如，$f(x) = 1/x$ 在 $(0,1)$ 上連續，且 $g(x) = \sqrt{x}$ 在 $[0,1]$ 上連續。

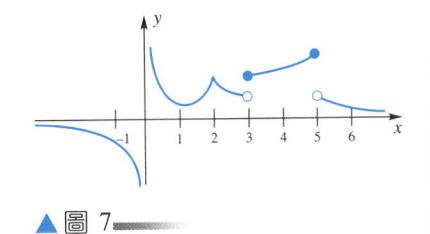

▲ 圖 7

● **範例 6**

請利用上述定義，描述圖 7 中之函數的連續性。

解答： 函數在開區間 $(-\infty, 0)$、$(0, 3)$ 和 $(5, \infty)$ 上連續，且在閉區間 $[3, 5]$ 上連續。

● **範例 7**

已知 $g(x) = \sqrt{4 - x^2}$，$-2 \leq x \leq 2$，請問，函數 g 最大的連續區間為何？

解答： 若 c 是開區間 $(-2, 2)$ 內的一點，則由定理 E 可知 g 在 c 連續；所以 g 在 $(-2, 2)$ 上連續。而單邊極限為

$$\lim_{x \to -2^+} \sqrt{4 - x^2} = \sqrt{4 - \left(\lim_{x \to -2^+} x\right)^2} = \sqrt{4 - 4} = 0 = g(-2)$$

和

$$\lim_{x \to 2^-} \sqrt{4 - x^2} = \sqrt{4 - \left(\lim_{x \to 2^-} x\right)^2} = \sqrt{4 - 4} = 0 = g(2)$$

可得，g 在 -2 右連續且在 2 左連續。所以，g 在定義域閉區間 $[-2, 2]$ 上連續。

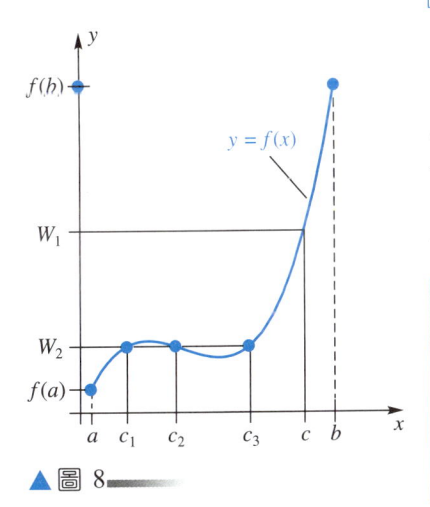

直觀上，f 在 $[a, b]$ 上連續，意謂著 f 在 $[a, b]$ 上的圖形沒有跳躍處，我們應當可以從點 $(a, f(a))$ 連續畫到點 $(b, f(b))$，所以，無須從紙上提起筆就可以畫出 f 的圖形。因此，f 應可取得介於 $f(a)$ 和 $f(b)$ 之間的每個值。我們將此性質更明確的敘述於定理 F 中。

> **定理 F** 中間值定理（Intermediate Value Theorem）
>
> 令函數 f 定義在 $[a, b]$ 上，且令 W 是介於 $f(a)$ 和 $f(b)$ 之間的一個數。若 f 在 $[a, b]$ 上連續，則至少存在一個介於 a 和 b 之間的數 c，使得 $f(c) = W$ 成立。

▲ 圖 8

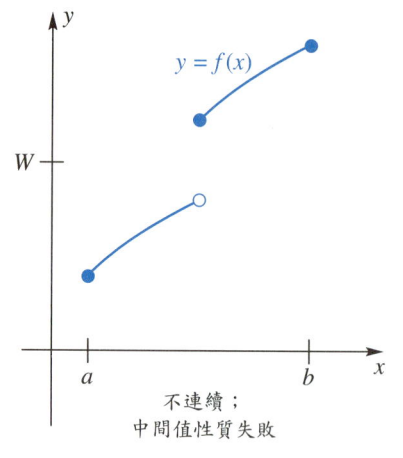

86 微積分

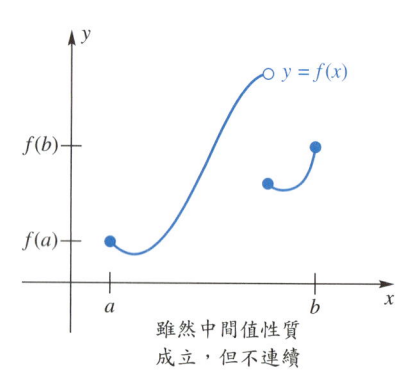

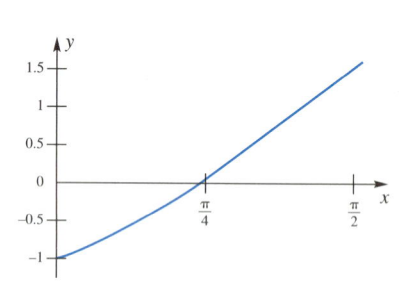

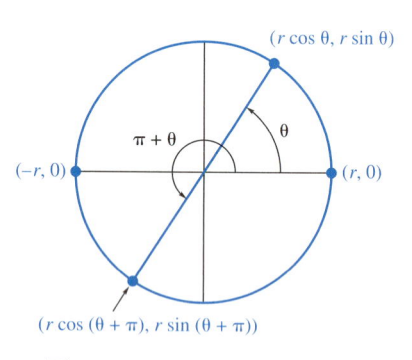

圖 8 顯示了一個在 $[a, b]$ 上連續的函數 $f(x)$ 之圖形。中間值定理說出，對於每個在 $(f(a), f(b))$ 內的值 W，必存在一個在 $[a, b]$ 內的數 c，使得 $f(c) = W$。換言之，f 取得介於 $f(a)$ 和 $f(b)$ 之間的每個值。對此定理而言，連續性是必要的，否則有可能存在一個函數 f 和一個介於 $f(a)$ 和 $f(b)$ 之間的數 W，使得在 $[a, b]$ 中沒有 c 滿足 $f(c) = W$。圖 9 顯示了一個這樣的函數。

此定理的逆敘述，「若 f 取得介於 $f(a)$ 和 $f(b)$ 之間的每個值，則 f 是連續的」，通常不為真。圖 8 和圖 10 皆顯示函數取得介於 $f(a)$ 和 $f(b)$ 之間的每個值，但圖 10 中之函數並非在 $[a, b]$ 上連續。

中間值定理可用來告訴我們方程式的解之相關事情，如下列範例所示。

● **範例 8**

利用中間值定理證明方程式 $x - \cos x = 0$ 在 $x = 0$ 和 $x = \pi/2$ 之間有一解。

解答：令 $f(x) = x - \cos x$ 且令 $W = 0$。則 $f(0) = 0 - \cos 0 = -1$ 且 $f(\pi/2) = \pi/2 - \cos \pi/2 = \pi/2$。因為 f 在 $[0, \pi/2]$ 上連續且 $W = 0$ 介於 $f(0)$ 和 $f(\pi/2)$ 之間，中間值定理保證，存在一數 c 在 $(0, \pi/2)$ 內，使得 $f(c) = 0$。此數 c 即為方程式 $x - \cos x = 0$ 的一個解。圖 11 指出恰有一個這樣的 c。

中間值定理也能導出令人驚奇的結果。

● **範例 9**

利用中間值定理證明，在一個圓形金屬環上總是存在兩個互相對立的點具有相同的溫度。

解答：選定坐標使得環中心為原點，令 r 為環之半徑長（見圖 12）。定義 $T(x, y)$ 為在點 (x, y) 的溫度。考慮環的一條直徑與 x 軸交角為 θ，且定義 $f(\theta)$ 為交角 θ 與 $\theta + \pi$ 對應的環上兩點之溫度差；也就是

$$f(\theta) = T(r\cos\theta, r\sin\theta) - T(r\cos(\theta + \pi), r\sin(\theta + \pi))$$

依此定義，可得

$$f(0) = T(r, 0) - T(-r, 0)$$
$$f(\pi) = T(-r, 0) - T(r, 0) = -\big[T(r, 0) - T(-r, 0)\big] = -f(0)$$

所以，若非 $f(0)$ 和 $f(\pi)$ 皆為 0，就是一個正且一個負。若兩者皆為 0，則我們找到所求兩點。否則，我們可以應用中間值定理。假設溫度連續變化，我們結論存在一個 c 介於 0 和 π 之間使得 $f(c) = 0$。所以，在角 c 和角 $c + \pi$ 對應之兩點具有相同的溫度。

練習題 1.6

1-8 題中，敘述各給定函數是否在 3 連續。若不是，請說明理由。

1. $g(x) = x^2 - 9$

2. $h(x) = \dfrac{3}{x-3}$

3. $h(t) = \dfrac{|t-3|}{t-3}$

4. $h(x) = \dfrac{x^2-9}{x-3}$

5. $f(x) = \dfrac{21-7x}{x-3}$

6. $r(t) = \begin{cases} \dfrac{t^3-27}{t-3} & , t \neq 3 \\ 27 & , t = 3 \end{cases}$

7. $r(t) = \begin{cases} \dfrac{t^3-27}{t-3} & , t \neq 3 \\ 23 & , t = 3 \end{cases}$

8. $f(x) = \begin{cases} -3x+7 & , x \leq 3 \\ -2 & , x > 3 \end{cases}$

9. 函數 $y = g(x)$ 的圖形如圖 13 所示，請說出 g 在哪裡不連續，並說明這些不連續的點是否為左連續、右連續或者都不是。

10. 函數 $y = h(x)$ 的圖形如圖 14 所示，請說出 h 在哪些區間連續。

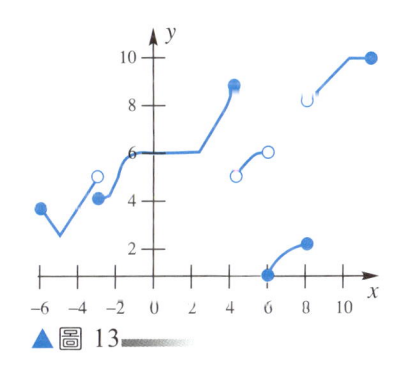

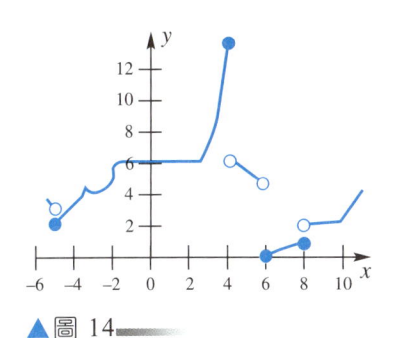

▲ 圖 13

▲ 圖 14

11-13 題中，各給定函數皆有一個點未定義，應如何定義，可使函數在該點連續呢？

11. $f(x) = \dfrac{x^2-49}{x-7}$

12. $g(\theta) = \dfrac{\sin\theta}{\theta}$

13. $H(t) = \dfrac{\sqrt{t}-1}{t-1}$

14. 利用中間值定理證明方程式 $x^3 + 3x - 2 = 0$ 在 0 和 1 之間有一個實數解。

15. 利用中間值定理證明方程式 $(\cos t) \cdot t^3 + 6\sin^5 t - 3 = 0$ 在 0 和 2π 之間有一個實數解。

16. 已知 $f(x) = \begin{cases} x+1 & , x < 1 \\ ax+b & , 1 \leq x < 2 \\ 3x & , x \geq 2 \end{cases}$，請找出 a 與 b 之值，使得 f 是一個處處連續的函數。

導數 Chapter 2

本章概要

- 2.1 具同一主題的兩個問題
- 2.2 導數
- 2.3 求導數的法則
- 2.4 三角函數的導數
- 2.5 連鎖法則
- 2.6 高階導數
- 2.7 隱微分
- 2.8 相關變化率
- 2.9 微分與近似

2.1 具同一主題的兩個問題

我們的第一個問題是很古老的；它回溯到偉大的希臘科學家阿基米德（西元前 287-212）的時代，我們稱之為**切線斜率問題**。我們的第二個問題是較近代的。它起源自克卜勒（1571-1630）、伽俐略（1564-1642）、牛頓（1642-1727）及其它人嘗試描述一個運動物體的速率，也就是所謂的**瞬間速度問題**。

這兩個問題，一個是幾何的，一個是力學的，看起來很不相關。不要被外表蒙騙了，事實上，這兩個問題是同一個問題。

切線　按照歐基里德的觀念，切線是與曲線只相交於一點的直線，對圓而言，這樣的說法是正確的（圖 1），但對於其他大多數的曲線而言，這樣的描述是不正確的（圖 2）。關於一條曲線在 P 點的切線，較佳的說法是將切線當成該曲線在 P 點附近的最佳直線逼近。但是以數學所要求的精準度而言，這樣的說法還是太模糊。極限概念提供了一個最佳的描述。

令 P 為曲線上的一個定點，且令曲線上的點 Q 為在點 P 附近的可移動點。通過 P 和 Q 的直線，稱為一條**割線**（secant line）。當 Q 沿著曲線接近 P 時，割線 PQ 的極限位置（假如存在的話）就稱為該曲線在點 P 的**切線**（tangent line）（圖 3）。

假設曲線是方程式 $y = f(x)$ 的圖形。則 P 有坐標 $(c, f(c))$，一個附近的點 Q 有坐標 $(c + h, f(c + h))$，且割線 PQ 的斜率 m_{sec} 為（圖 4）：

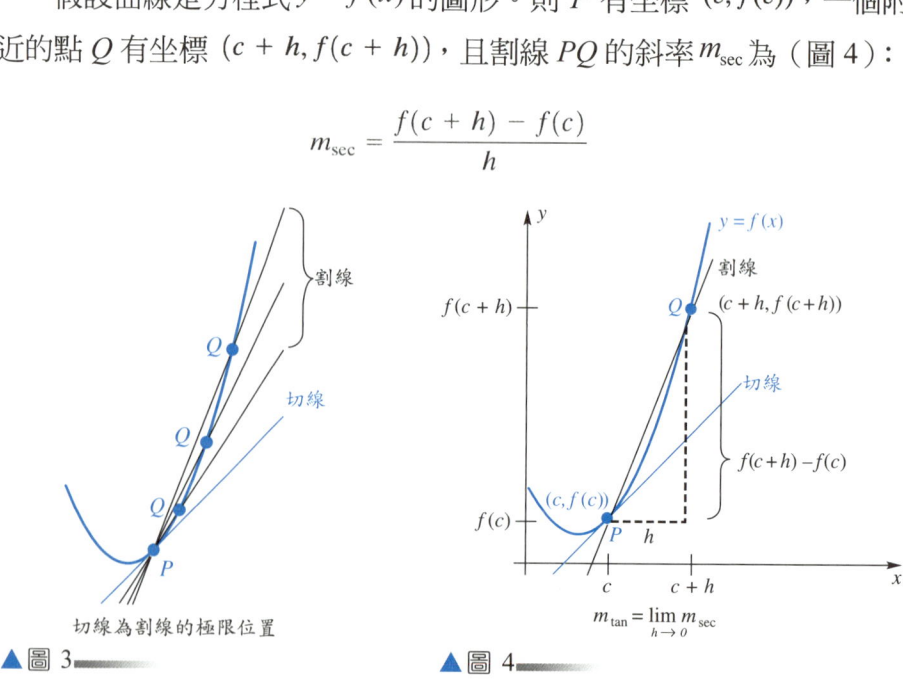

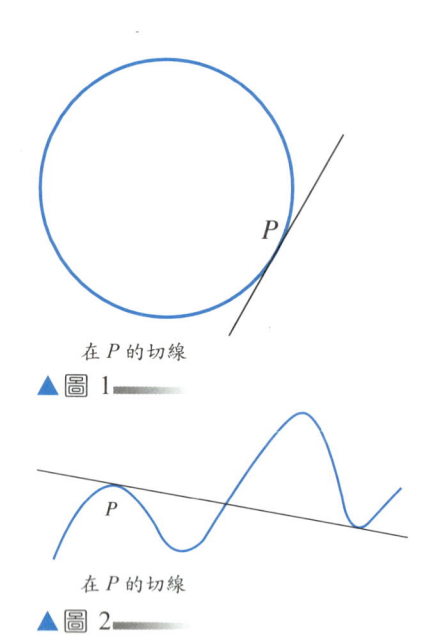

$$m_{\text{sec}} = \frac{f(c + h) - f(c)}{h}$$

在 P 的切線
▲圖 1

在 P 的切線
▲圖 2

切線為割線的極限位置
▲圖 3

$$m_{\tan} = \lim_{h \to 0} m_{\text{sec}}$$

▲圖 4

利用第 1 章所討論的極限概念，現在，我們可以正式定義切線。

> **定義　切線（Tangent Line）**
>
> 曲線 $y = f(x)$ 在點 $P(c, f(c))$ 的切線（tangent line）是一條通過點 P 且斜率如下述的直線
>
> $$m_{\tan} = \lim_{h \to 0} m_{\sec} = \lim_{h \to 0} \frac{f(c + h) - f(c)}{h}$$
>
> 假如此極限存在，且不是 ∞ 或是 $-\infty$。

範例 1

求曲線 $y = f(x) = x^2$ 在點 $P(2, 4)$ 的切線斜率。

解答：所求切線如圖 5 所示。顯然，它的斜率為正。

$$\begin{aligned}
m_{\tan} &= \lim_{h \to 0} \frac{f(2 + h) - f(2)}{h} \\
&= \lim_{h \to 0} \frac{(2 + h)^2 - 2^2}{h} \\
&= \lim_{h \to 0} \frac{4 + 4h + h^2 - 4}{h} \\
&= \lim_{h \to 0} \frac{h(4 + h)}{h} \\
&= 4
\end{aligned}$$

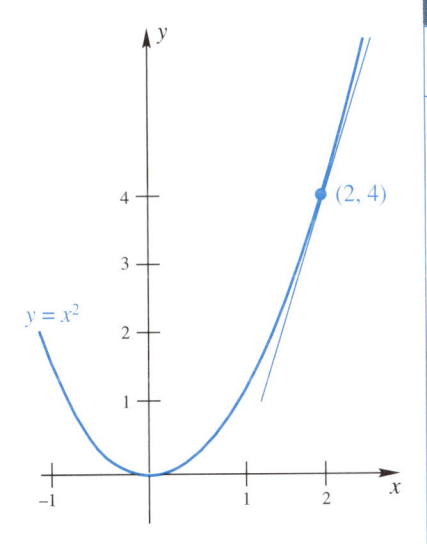

▲ 圖 5

範例 2

求曲線 $y = f(x) = -x^2 + 2x + 2$ 在 x 坐標為 -1、$\frac{1}{2}$、2 和 3 諸點的切線斜率。

解答：與其分別計算四個切線斜率，不如先計算 x 坐標為 c 的切線斜率，然後再代入不同的值，求得需要的答案。

曲線 $y = f(x)$ 在點 $(c, f(c))$ 的切線斜率為

$$\begin{aligned}
m_{\tan} &= \lim_{h \to 0} \frac{f(c + h) - f(c)}{h} \\
&= \lim_{h \to 0} \frac{-(c + h)^2 + 2(c + h) + 2 - (-c^2 + 2c + 2)}{h} \\
&= \lim_{h \to 0} \frac{-c^2 - 2ch - h^2 + 2c + 2h + 2 + c^2 - 2c - 2}{h} \\
&= \lim_{h \to 0} \frac{h(-2c - h + 2)}{h} \\
&= -2c + 2
\end{aligned}$$

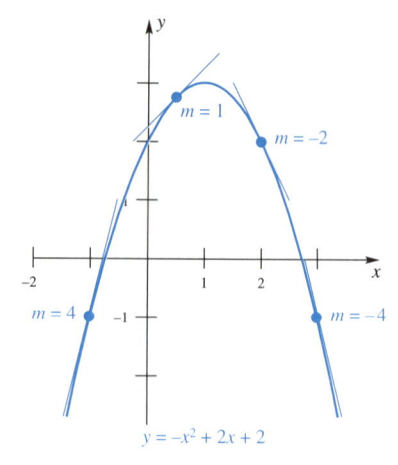

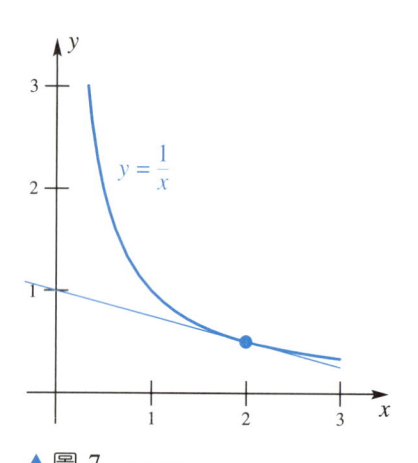

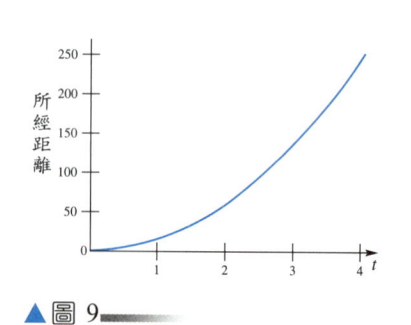

所求斜率（分別令 $c = 1$、$\frac{1}{2}$、2 和 3）為 4、1、-2 和 -4。這些答案與圖 6 中的圖形一致。

範例 3

求曲線 $y = \frac{1}{x}$ 在點 $\left(2, \frac{1}{2}\right)$ 的切線方程式（見圖 7）。

解答：令 $f(x) = 1/x$

$$\begin{aligned}
m_{\tan} &= \lim_{h \to 0} \frac{f(2+h) - f(2)}{h} \\
&= \lim_{h \to 0} \frac{\frac{1}{2+h} - \frac{1}{2}}{h} \\
&= \lim_{h \to 0} \frac{\frac{2}{2(2+h)} - \frac{2+h}{2(2+h)}}{h} \\
&= \lim_{h \to 0} \frac{2 - (2+h)}{2(2+h)h} \\
&= \lim_{h \to 0} \frac{-h}{2(2+h)h} \\
&= \lim_{h \to 0} \frac{-1}{2(2+h)} = -\frac{1}{4}
\end{aligned}$$

所求切線過點 $\left(2, \frac{1}{2}\right)$ 且斜率為 $-\frac{1}{4}$。由點斜式可知所求為 $y - \frac{1}{2} = -\frac{1}{4}(x - 2)$ 或相當於 $y = 1 - \frac{1}{4}x$。

平均速度與瞬間速度 假如我們花 2 小時自一個城鎮開車到達 80 哩遠的另一城鎮，則我們的平均速度是每小時 40 哩。**平均速度**等於自第一位置到第二位置的距離除以所經過的時間。

但是在我們的旅途中，車速表上顯示的常常不是數字 40。一開始它顯示的是 0，有時高達 57，旅途結束時，又回到 0。車速表測量的是什麼？當然，它測量的不是平均速度。

考慮一個更精確的例子，真空中，一個只受地心引力影響的落體 P。實驗證明，若從靜止開始，P 在 t 秒內會落下 $16t^2$ 呎。所以，它在第 1 秒內落下 16 呎，而在前 2 秒內落下 64 呎（圖 8）；顯然，隨著時間過去，它落下的速度愈來愈快。圖 9 顯示了經過的距離（在鉛直軸上）是時間 t（在水平軸上）的一個函數。

在第 2 秒內（$t=1$ 到 $t=2$），P 落下 $64-16=48$ 呎。平均速度為

$$v_{\text{avg}} = \frac{64-16}{2-1} = 48 \text{ 呎每秒}$$

在 $t=1$ 到 $t=1.5$ 之時段內，它落下 $16(1.5)^2 - 16 = 20$ 呎。平均速度為

$$v_{\text{avg}} = \frac{16(1.5)^2 - 16}{1.5-1} = \frac{20}{0.5} = 40 \text{ 呎每秒}$$

同理，在 $t=1$ 到 $t=1.1$ 以及 $t=1.01$ 之時段內，我們分別計算它的平均速度為

$$v_{\text{avg}} = \frac{16(1.1)^2 - 16}{1.1-1} = \frac{3.36}{0.1} = 33.6 \text{ 呎每秒}$$

$$v_{\text{avg}} = \frac{16(1.01)^2 - 16}{1.01-1} = \frac{0.3216}{0.01} = 32.16 \text{ 呎每秒}$$

我們剛才做的就是計算在越來越短的時段內的平均速度，都是從 $t=1$ 起算。時段越短，我們針對在時間點 $t=1$ 的瞬間速度的估計應當越準。看著數字 48, 40, 33.6 和 32.16，我們可以猜測，瞬間速度為每秒 32 呎。

讓我們更精準些。假設一個物體 P 沿著一條坐標線移動，它在時間 t 的位置為 $s=f(t)$。時間為 c 時，物體在 $f(c)$；在鄰近的時間 $c+h$，它位在 $f(c+h)$（見圖 10）。所以在此時段上的**平均速度**（average velocity）為

$$v_{\text{avg}} = \frac{f(c+h) - f(c)}{h}$$

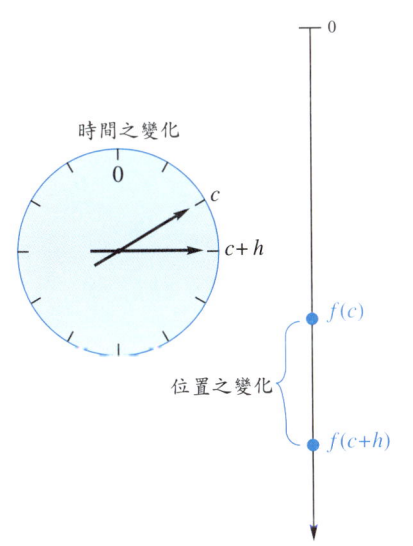

▲圖 10

現在，我們可以定義瞬間速度。

定義　瞬間速度（Instantaneous Velocity）

假如一個物體沿一條坐標線移動，且具有位置函數 $f(t)$，則它在時間 c 的**瞬間速度**（instantaneous velocity）為

$$v = \lim_{h \to 0} v_{\text{avg}} = \lim_{h \to 0} \frac{f(c+h) - f(c)}{h}$$

假如此極限存在，且不是 ∞ 或是 $-\infty$。

針對我們所討論的 $f(t)=16t^2$，在 $t=1$ 的瞬間速度為

$$v = \lim_{h \to 0} \frac{f(1+h)-f(1)}{h}$$
$$= \lim_{h \to 0} \frac{16(1+h)^2 - 16}{h}$$
$$= \lim_{h \to 0} \frac{16 + 32h + 16h^2 - 16}{h}$$
$$= \lim_{h \to 0} (32 + 16h) = 32$$

此印證了我們稍早的猜測。

範例 4

一個只受地心引力影響，且由靜止開始之落體的位置函數為 $f(t)=16t^2$ 呎。求它在 $t=3.8$ 秒和 $t=5.4$ 秒的瞬間速度。

解答：我們計算在 $t=c$ 秒的瞬間速度。因為 $f(t)=16t^2$，

$$v = \lim_{h \to 0} \frac{f(c+h)-f(c)}{h}$$
$$= \lim_{h \to 0} \frac{16(c+h)^2 - 16c^2}{h}$$
$$= \lim_{h \to 0} \frac{16c^2 + 32ch + 16h^2 - 16c^2}{h}$$
$$= \lim_{h \to 0} (32c + 16h) = 32c$$

所以，在 3.8 秒之 v 為 $32(3.8)=121.6$ 呎每秒；在 5.4 秒之 v 為 $32(5.4)=172.8$ 呎每秒。

範例 5

一個只受地心引力影響，且由靜止開始的落體（見例 4），到達瞬間速度 $v=112$ 呎每秒，要花多長時間呢？

解答：由範例 4 得知經過 c 秒後瞬間速度到達 $32c$ 呎每秒。所以解方程式 $32c=112$ 得 $c=\dfrac{112}{32}=3.5$ 秒。

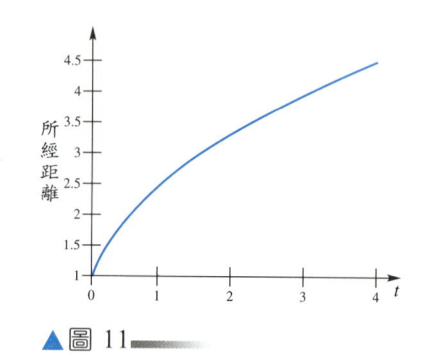

範例 6

一個質點沿著一條坐標線移動。經過 t 秒後，它到原點的有向距離為 $s=f(t)=\sqrt{5t+1}$ 公分。請求出開始後第 3 秒的瞬間速度。

解答：圖 11 顯示了，所經過的距離為時間的函數。在時間 $t=3$ 的瞬間速度為在 $t=3$ 的切線斜率。

▲圖 11

導數 Chapter 2

$$v = \lim_{h \to 0} \frac{f(3+h) - f(3)}{h}$$

$$= \lim_{h \to 0} \frac{\sqrt{5(3+h)+1} - \sqrt{5(3)+1}}{h}$$

$$= \lim_{h \to 0} \frac{\sqrt{16+5h} - 4}{h}$$

$$= \lim_{h \to 0} \left(\frac{\sqrt{16+5h} - 4}{h} \cdot \frac{\sqrt{16+5h} + 4}{\sqrt{16+5h} + 4} \right)$$

$$= \lim_{h \to 0} \frac{16 + 5h - 16}{h(\sqrt{16+5h} + 4)}$$

$$= \lim_{h \to 0} \frac{5}{\sqrt{16+5h} + 4} = \frac{5}{8}$$

所以，開始後第 3 秒的瞬間速度為 5/8 公分每秒。

變化率 速度只是本課程中許多重要的變化率之一；它是距離相對於時間之變化率。其他引起我們興趣的變化率有金屬線的密度（質量相對於距離之變化率）、邊際收益（收益相對於產品數量之變化率）、和電流（電量相對於時間的變化率）。在每個例子中，我們必須區別在一段區間上的平均變化率和在一點的瞬間變化率。變化率一詞若不加形容詞是指瞬間變化率。

練習題 2.1

1. 求曲線 $y = x^2 - 1$ 在 $x = -2, -1, 0, 1, 2$ 等諸點的切線斜率（見例 2）。

2. 求曲線 $y = x^3 - 3x$ 在 $x = -2, -1, 0, 1, 2$ 等諸點的切線斜率。

3. 求曲線 $y = 1/(x-1)$ 在點 $(0, -1)$ 的切線方程式。

4. 實驗顯示，一個落體在 t 秒內落下 $16t^2$ 呎，

    (a) 在 $t = 0$ 到 $t = 1$ 之間，落下多遠？

    (b) 在 $t = 1$ 到 $t = 2$ 之間，落下多遠？

    (c) 在 $2 \leq t \leq 3$ 的平均速度為何？

    C (d) 在 $3 \leq t \leq 3.01$ 的平均速度為何？

    ≈ (e) 求出在 $t = 3$ 的瞬間速度（見例 4）。

5. 一個質點沿著一條坐標線移動，t 秒後的位置 s 為 $s = t^2 + 1$ 公尺。

    (a) 在 $2 \leq t \leq 3$ 的平均速度為何？

    C (b) 在 $2 \leq t \leq 2.003$ 的平均速度為何？

    (c) 在 $2 \leq t \leq 2 + h$ 的平均速度為何？

    ≈ (d) 求出在 $t = 2$ 的瞬間速度。

6. 一個質點沿著一條坐標線移動。經過 t 秒後，它到原點的有向距離為 $\sqrt{2t+1}$ 呎。

   (a) 求出在 $t=\alpha$, $\alpha>0$ 的瞬間速度。

   (b) 何時可達到 1/2 呎每秒的瞬間速度（見例 5）？

7. 一個質點沿著一條坐標線移動。經過 t 秒後，它到原點的有向距離為 $-t^2+4t$ 呎，何時該質點暫時停止（也就是，瞬間速度變成 0）？

8. 某一種商業行為正在發展中，t 年後的累積總利潤為 $1000t^2$ 元。

   第三年中（即 $2 \leq t \leq 3$），獲得多少利潤？

   第三年前半年（即 $2 \leq t \leq 2.5$），該商業行為的平均利潤為何（一年多少元）？

   $t=2$ 時，瞬間利潤變化率為何？

9. 速度對時間的變化率稱為**加速度**，假設有一質點，在時間為 t 時的速度為 $v(t)=2t^2$，求 $t=1$ 時的瞬間加速度。

2.2 導數

我們已經看到切線斜率和瞬間速度是同一個基本概念的不同表現。一個器官的生長率（生物學）、邊際利潤（經濟學）、一條金屬線的密度（物理學），和分解率（化學）也都是此基本概念的表現形式。我們的數學直覺建議，雖然有這麼多不同的詞彙與應用，我們應該獨立研究此概念。我們選用名詞「導數」。將它加入函數和極限而成為微積分中的關鍵詞之一。

定義　導數

一個函數 f 的**導(函)數**（derivative）是另一個函數 f'（讀作 "f prime"），它在 x 的值為

$$f'(x) = \lim_{h \to 0} \frac{f(x+h) - f(x)}{h}$$

導數與導函數

對一個特定值 a

$$f'(a) = \lim_{h \to 0} \frac{f(a+h) - f(a)}{h}$$

是 $f(x)$ 在 $x=a$ 的導數（derivative of f at a）

假如對 x 的各個值，導數都存在，則可以把 a 改寫成 x。並稱

$$f'(x) = \lim_{h \to 0} \frac{f(x+h) - f(x)}{h}$$

為 $f(x)$ 的導函數（derivative of f）。因為英文也是 derivative，常常，也被稱為 $f(x)$ 的導數。

如果此極限存在，我們說 f 在 x 是**可微分的**（f is differential at x）。求導數（或是導函數）的過程稱為**微分**（differentiation）；微積分中與導數有關的部分叫做**微分學**（differential calaulus）。

求導數　我們以一些例子來解說。

範例 1

令 $f(x) = 18x + 5$，求導數 $f'(2)$。

解答：

$$f'(2) = \lim_{h \to 0} \frac{f(2+h) - f(2)}{h} = \lim_{h \to 0} \frac{[18(2+h)+5] - [18(2)+5]}{h}$$
$$= \lim_{h \to 0} \frac{18h}{h} = \lim_{h \to 0} 18 = 18$$

範例 2

令 $f(x) = x^3 + 7x$，求導函數 $f'(x)$。

解答：

$$f'(x) = \lim_{h \to 0} \frac{f(x+h) - f(x)}{h}$$
$$= \lim_{h \to 0} \frac{\left[(x+h)^3 + 7(x+h)\right] - \left[x^3 + 7x\right]}{h}$$
$$= \lim_{h \to 0} \frac{3x^2h + 3xh^2 + h^3 + 7h}{h}$$
$$= \lim_{h \to 0} (3x^2 + 3xh + h^2 + 7)$$
$$= 3x^2 + 7$$

範例 3

令 $f(x) = 1/x$，求導函數 $f'(x)$。

解答：
$$f'(x) = \lim_{h \to 0} \frac{f(x+h) - f(x)}{h} = \lim_{h \to 0} \frac{\frac{1}{x+h} - \frac{1}{x}}{h}$$
$$= \lim_{h \to 0} \left[\frac{x - (x+h)}{(x+h)x} \cdot \frac{1}{h}\right] = \lim_{h \to 0} \left[\frac{-h}{(x+h)x} \cdot \frac{1}{h}\right]$$
$$= \lim_{h \to 0} \frac{-1}{(x+h)x} = -\frac{1}{x^2}$$

所以，f' 為函數 $f'(x) = -1/x^2$，$x = 0$。

範例 4

已知 $F(x) = \sqrt{x}$，$x > 0$，求導函數 $F'(x)$。

解答：
$$F'(x) = \lim_{h \to 0} \frac{F(x+h) - F(x)}{h}$$
$$= \lim_{h \to 0} \frac{\sqrt{x+h} - \sqrt{x}}{h}$$

$$= \lim_{h \to 0} \left[\frac{\sqrt{x+h} - \sqrt{x}}{h} \cdot \frac{\sqrt{x+h} + \sqrt{x}}{\sqrt{x+h} + \sqrt{x}} \right]$$

$$= \lim_{h \to 0} \frac{x + h - x}{h(\sqrt{x+h} + \sqrt{x})}$$

$$= \lim_{h \to 0} \frac{h}{h(\sqrt{x+h} + \sqrt{x})}$$

$$= \lim_{h \to 0} \frac{1}{\sqrt{x+h} + \sqrt{x}}$$

$$= \frac{1}{\sqrt{x} + \sqrt{x}} = \frac{1}{2\sqrt{x}}$$

所以 F 的導函數為 $F'(x) = 1/(2\sqrt{x})$，$x > 0$。

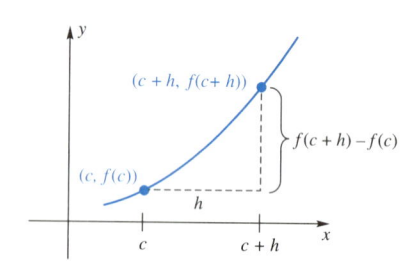

導數的另一種形式 $f'(c)$ 的定義可以不使用字母 h，也可以採用其他字母，例如，

$$f'(c) = \lim_{h \to 0} \frac{f(c+h) - f(c)}{h}$$

$$= \lim_{p \to 0} \frac{f(c+p) - f(c)}{p}$$

$$= \lim_{s \to 0} \frac{f(c+s) - f(c)}{s}$$

有另一種更不同的寫法，但仍只是符號的改變，可由圖 1 和圖 2 的比較來理解。注意，x 取代了 $c+h$，$x - c$ 取代了 h。因此可得

$$\boxed{f'(c) = \lim_{x \to c} \frac{f(x) - f(c)}{x - c}}$$

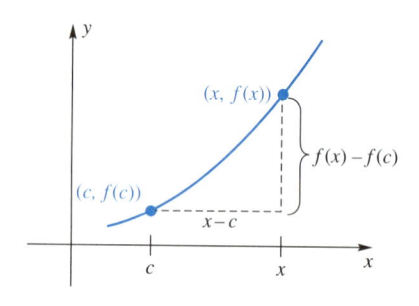

▲圖 1

▲圖 2

● **範例 5**

令 $g(x) = 2/(x+3)$，請利用 $g'(c) = \lim_{x \to c} \dfrac{g(x) - g(c)}{x - c}$ 求 $g'(c)$。

解答：

$$g'(c) = \lim_{x \to c} \frac{g(x) - g(c)}{x - c} = \lim_{x \to c} \frac{\dfrac{2}{x+3} - \dfrac{2}{c+3}}{x - c}$$

$$= \lim_{x \to c} \left[\frac{2(c+3) - 2(x+3)}{(x+3)(c+3)} \cdot \frac{1}{x - c} \right]$$

$$= \lim_{x \to c} \left[\frac{-2(x - c)}{(x+3)(c+3)} \cdot \frac{1}{x - c} \right]$$

$$= \lim_{x \to c} \frac{-2}{(x+3)(c+3)} = \frac{-2}{(c+3)^2}$$

範例 6

下列每一式皆為一個導數,請說出是那一個函數,在那一點的導數?

(a) $\lim_{h \to 0} \dfrac{(3+h)^4 - 81}{h}$

(b) $\lim_{x \to 5} \dfrac{\dfrac{1}{x^2} - \dfrac{1}{25}}{x - 5}$

解答:

(a) 此為函數 $f(x) = x^4$ 在 $x = 3$ 的導數。

(b) 此為函數 $f(x) = 1/x^2$ 在 $x = 5$ 的導數。

可微分保證連續 若一條曲線在某點有切線,則曲線在該點不可能跳躍或擺動太劇烈。此事實的精確說明是一個重要的定理。

定理 A　可微分保證連續

若 $f'(c)$ 存在,則 f 在 c 連續。

證明

我們需要說明 $\lim_{x \to c} f(x) = f(c)$,首先,我們將 $f(x)$ 寫成一種花俏的寫法

$$f(x) = f(c) + \dfrac{f(x) - f(c)}{x - c} \cdot (x - c) \quad , \quad x \neq c$$

因此

$$\lim_{x \to c} f(x) = \lim_{x \to c} \left[f(c) + \dfrac{f(x) - f(c)}{x - c} \cdot (x - c) \right]$$

$$= \lim_{x \to c} f(c) + \lim_{x \to c} \dfrac{f(x) - f(c)}{x - c} \cdot \lim_{x \to c} (x - c)$$

$$= f(c) + f'(c) \cdot 0$$

$$= f(c) \qquad \blacksquare$$

此定理的逆敘述不恆成立。若函數 f 在 c 連續,不保證 f 在 c 有導數。考慮 $f(x) = |x|$ 在原點的行為(圖 3)即可明白。此函數 f 當然在 0 連續。但是它在 0 沒有導數,如下述證明。

$$\lim_{h \to 0^+} \dfrac{f(0+h) - f(0)}{h} = \lim_{h \to 0^+} \dfrac{|h|}{h} = \lim_{h \to 0^+} \dfrac{h}{h} = 1$$

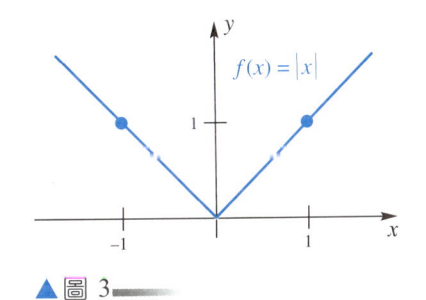

▲圖 3

然而

$$\lim_{h \to 0^-} \frac{f(0+h)-f(0)}{h} = \lim_{h \to 0^-} \frac{|h|}{h} = \lim_{h \to 0^-} \frac{-h}{h} = -1$$

因為右極限和左極限不同，所以

$$\lim_{h \to 0} \frac{f(0+h)-f(0)}{h}$$

不存在。即 $f'(0)$ 不存在。

同理可證，任一連續函數圖形在有尖角的地方是不可微分的。圖 4 的圖形中，指出一個函數在不可微分之點的一些特徵。

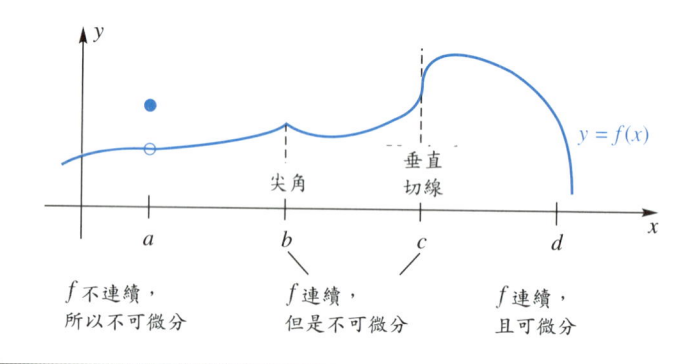

▲圖 4

圖 4 中之函數 f 在發生垂直切線的點 c 沒有導數。這是因為

$$\lim_{h \to 0} \frac{f(c+h)-f(c)}{h} = \infty$$

這就是說，垂直線的斜率無定義。

增量　若變數 x 的值從 x_1 變成 x_2，則 $x_2 - x_1$ 稱為 x 的一個**增量**（increment）且通常寫成 Δx。若 $x_1 = 4.1$ 且 $x_2 = 5.7$，則

$$\Delta x = x_2 - x_1 = 5.7 - 4.1 = 1.6$$

若 $x_1 = c$ 且 $x_2 = c + h$，則

$$\Delta x = x_2 - x_1 = c + h - c = h$$

假設 $y = f(x)$ 是一個函數。若 x 從 x_1 變成 x_2，則 y 從 $y_1 = f(x_1)$ 變成 $y_2 = f(x_2)$。所以對應於增量 $\Delta x = x_2 - x_1$，y 的增量為

$$\Delta y = y_2 - y_1 = f(x_2) - f(x_1)$$

導數 Chapter 2   101

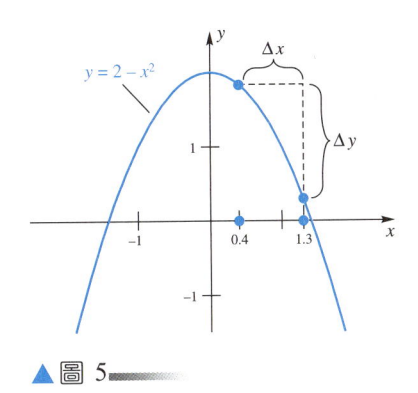

▲ 圖 5

● 範例 7

令 $y = f(x) = 2 - x^2$。求對應於 x 從 0.4 變成 1.3 的 Δy（見圖 5）。

解答：
$$\Delta y = f(1.3) - f(0.4) = [2 - (1.3)^2] - [2 - (0.4)^2] = -1.53$$

萊布尼茲導數符號（Leibniz Notaton for the Derivative） 假設獨立變數從 x 變為 $x + \Delta x$。則相關變數 y 對應的改變量為

$$\Delta y = f(x + \Delta x) - f(x)$$

且比值

$$\frac{\Delta y}{\Delta x} = \frac{f(x + \Delta x) - f(x)}{\Delta x}$$

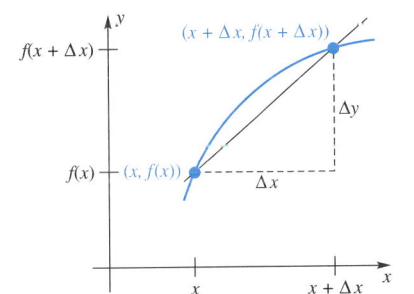

代表通過 $(x, f(x))$ 之割線的斜率，如圖 6 所示。當 $\Delta x \to 0$ 時，割線斜率將逼近切線斜率，我們用符號 dy/dx 代表切線斜率。因此，可寫成

$$\frac{dy}{dx} = \lim_{\Delta x \to 0} \frac{\Delta y}{\Delta x} = \lim_{\Delta x \to 0} \frac{f(x + \Delta x) - f(x)}{\Delta x} = f'(x)$$

▲ 圖 6

$\dfrac{dy}{dx}$ 的意思

$\dfrac{dy}{dx}$ 唸成「y 對 x 的導數」或是「y 對 x 的微分」（the derivative of y respect to x），不是指 dy 除以 dx，而是提醒我們「是 $\dfrac{\Delta y}{\Delta x}$ 的極限」。

導數的圖形 導數 $f'(x)$ 提供了 $y = f(x)$ 的圖形上各點的切線斜率。所以，當切線往右向上升，導數為正，而當切線往右下降，導數為負。因此，就算只給予函數圖形，我們也可以得到導函數的粗略圖形。

● 範例 8

已知 $y = f(x)$ 的圖形如圖 7 的第一圖所示，請描繪導數 $f'(x)$ 的圖形。

解答：當 $x < 0$ 時，$y = f(x)$ 圖形上的切線斜率為正。

由圖形可推估，當 $x = -2$，斜率約為 3。

當我們沿著圖 7 中的曲線由左往右移動，我們看出斜率仍為正，但是切線的傾斜度漸漸變小。

當 $x = 0$，切線是水平的，也就是 $f'(0) = 0$。

當 x 介於 0 和 2 之間，切線斜率為負，表示在此區間導數是負的。

當 $x = 2$，我們又得到水平切線，也就是 $x = 2$ 的導數為 0。

當 $x > 2$，切線再度具有正的斜率。

導函數的圖形如圖中之第三圖所示。

▲ 圖 7

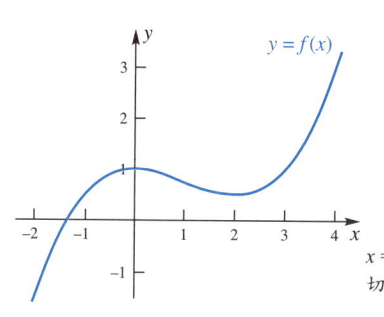

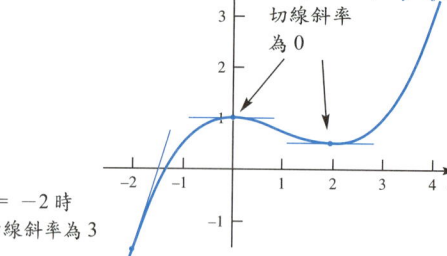

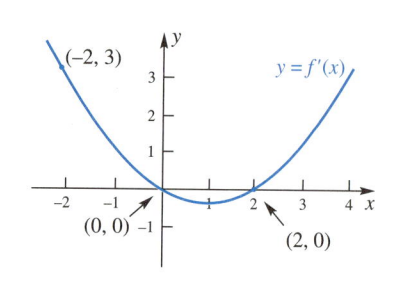

練習題 2.2

1-2 題中，請利用定義 $f'(c) = \lim_{h \to 0} \dfrac{f(c+h) - f(c)}{h}$ 找出指定的導數。

1. $f(x) = x^2$，求 $f'(1)$。

2. $f(x) = x^2 - x$，求 $f'(3)$。

3-5 題中，請利用 $f'(x) = \lim_{h \to 0} \dfrac{f(x+h) - f(x)}{h}$ 找出 $f'(x)$。

3. $f(x) = 2x + 1$

4. $f(x) = \dfrac{2}{x}$

5. $f(x) = \sqrt{3x}$

6-7 題中，請利用 $f'(x) = \lim_{t \to x} \dfrac{f(t) - f(x)}{t - x}$ 找出 $f'(x)$（見例 5）。

6. $f(x) = x^2 - 3x$

7. $f(x) = \dfrac{x}{x - 5}$

8-12 題中，每一式皆為一個導數，請說出是那一個函數在那一點的導數？（見例 6）

8. $\lim\limits_{h \to 0} \dfrac{2(5+h)^3 - 2(5)^3}{h}$

9. $\lim\limits_{h \to 0} \dfrac{(3+h)^2 + 2(3+h) - 15}{h}$

10. $\lim\limits_{x \to 2} \dfrac{x^2 - 4}{x - 2}$

11. $\lim\limits_{t \to x} \dfrac{t^2 - x^2}{t - x}$

12. $\lim\limits_{x \to t} \dfrac{\dfrac{2}{x} - \dfrac{2}{t}}{x - t}$

13-14 題中，請根據給定的 x_1 與 x_2 求 Δy（見例 7）。

13. $y = 3x + 2$，$x_1 = 1.0$，$x_2 = 1.5$

14. $y = \dfrac{1}{x}$，$x_1 = 1.0$，$x_2 = 1.2$

2.3　求導數的法則

直接由導數定義求一個函數的導函數的過程，就是建立差商

$$\dfrac{f(x + h) - f(x)}{h}$$

導數 Chapter 2

▲ 圖 1

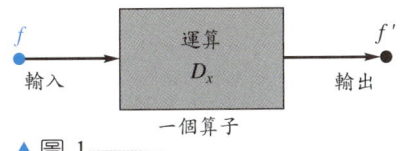

且計算其極限，過程可能費時又冗長。我們將發展可縮短這冗長過程的工具，事實上它將允許我們求出看起來很複雜之函數的導函數。

記得一個函數 f 的導函數是另一函數 f'。在前一節我們看到若 $f(x) = x^3 + 7x$，則 $f'(x) = 3x^2 + 7$。當我們求 f 的導函數時，我們微分 f。作用在 f 身上的導數運算產生 f'。我們通常使用符號 D_x 來表示微分運算（圖 1）。符號 D_x 是說，我們將要求出符號後面之函數的導函數（相對於變數 x），我們記為 $D_x f(x) = f'(x)$。剛才提到的例子，可寫成 $D_x(x^3 + 7x) = 3x^2 + 7$。這 D_x 是一個**算子**（operator）。如圖 1 所提示的，一個算子本身也是一個函數，輸入一個函數而輸出另一函數。

利用上節所介紹的萊布尼茲符號，我們現在有三個導數符號。若 $y = f(x)$，我們可將 f 的導數表示為

$$f'(x) \quad \text{或} \quad D_x f(x) \quad \text{或} \quad \frac{dy}{dx}$$

我們將使用符號 $\dfrac{d}{dx}$ 表示與算子 D_x 相同的運算。

常數與指數法則　常數函數的圖形為一條水平直線（圖 2），因此在每個地方它有斜率 0。這樣，可瞭解我們的第一個定理。

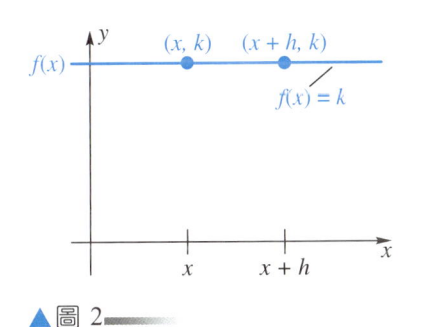

▲ 圖 2

> **定理 A　常數法則（Constant function Rule）**
>
> 若 $f(x) = k$，k 為一常數，則對任一 x，$f'(x) = 0$；也就是
>
> $$D_x(k) = 0 \quad \text{或是} \quad \frac{d}{dx} k = 0$$

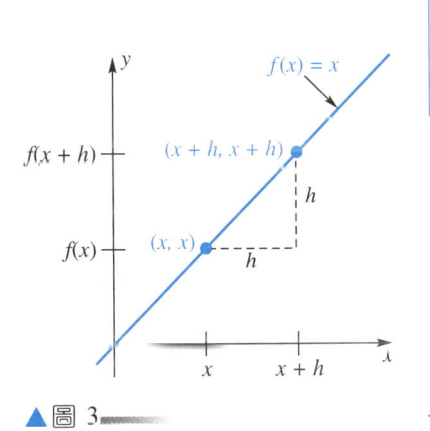

證明

$$f'(x) = \lim_{h \to 0} \frac{f(x+h) - f(x)}{h} = \lim_{h \to 0} \frac{k - k}{h} = \lim_{h \to 0} 0 = 0 \qquad \blacksquare$$

$f(x) = x$ 的圖形是通過原點且斜率為 1 的一條直線（圖 3）；我們應可預期，此函數對於所有 x 的導數皆為 1。

▲ 圖 3

> **定理 B　單位函數法則（Identity Function Rule）**
>
> 若 $f(x) = x$，則 $f'(x) = 1$，也就是
>
> $$D_x(x) = 1 \quad \text{或是} \quad \frac{d}{dx} x = 1$$

證明

$$f'(x) = \lim_{h \to 0} \frac{f(x+h) - f(x)}{h} = \lim_{h \to 0} \frac{x+h-x}{h} = \lim_{h \to 0} \frac{h}{h} = 1$$

> **定理 C　冪法則（Power Rule）**
>
> 若 $f(x) = x^n$，n 為一正整數，則 $f'(x) = nx^{n-1}$；也就是
>
> $$D_x(x^n) = nx^{n-1} \quad \text{或是} \quad \frac{d}{dx}x^n = n \cdot x^{n-1}$$

> **微分符號**
>
> 本節中，我們使用了多種微分符號
> $$f'(x)$$
> $$\frac{dy}{dx}$$
> 與　　$D_x f(x)$
>
> 你應該熟悉這些符號，本書後面將用到每一種符號。

證明

$$f'(x) = \lim_{h \to 0} \frac{f(x+h) - f(x)}{h} = \lim_{h \to 0} \frac{(x+h)^n - x^n}{h}$$

$$= \lim_{h \to 0} \frac{x^n + nx^{n-1}h + \frac{n(n-1)}{2}x^{n-2}h^2 + \cdots + nxh^{n-1} + h^n - x^n}{h}$$

$$= \lim_{h \to 0} \frac{h\left[nx^{n-1} + \frac{n(n-1)}{2}x^{n-2}h + \cdots + nxh^{n-2} + h^{n-1}\right]}{h}$$

$$= nx^{n-1}$$

D_x 是一個線性算子　當應用在函數的常數倍或函數之和時，算子 D_x 表現良好。

> **定理 D　倍數法則（Constant Multiple Rule）**
>
> 若 f 為一可微分函數，且 k 為一常數，則 $(kf)'(x) = k \cdot f'(x)$；也就是
>
> $$D_x[k \cdot f(x)] = k \cdot D_x f(x) \quad \text{或是} \quad \frac{d}{dx}(k \cdot f(x)) = k \cdot \frac{d}{dx}f(x)$$

證明　令 $F(x) = k \cdot f(x)$。則

$$F'(x) = \lim_{h \to 0} \frac{F(x+h) - F(x)}{h} = \lim_{h \to 0} \frac{k \cdot f(x+h) - k \cdot f(x)}{h}$$

$$= \lim_{h \to 0} k \cdot \frac{f(x+h) - f(x)}{h} = k \cdot \lim_{h \to 0} \frac{f(x+h) - f(x)}{h}$$

$$= k \cdot f'(x)$$

定理 E 和法則（Sum Rule）

若 f 和 g 是可微分函數，則 $(f+g)'(x) = f'(x) + g'(x)$；也就是
$$D_x[f(x) + g(x)] = D_x f(x) + D_x g(x)$$

證明 令 $F(x) = f(x) + g(x)$。則

$$\begin{aligned}
F'(x) &= \lim_{h \to 0} \frac{[f(x+h) + g(x+h)] - [f(x) + g(x)]}{h} \\
&= \lim_{h \to 0} \left[\frac{f(x+h) - f(x)}{h} + \frac{g(x+h) - g(x)}{h} \right] \\
&= \lim_{h \to 0} \frac{f(x+h) - f(x)}{h} + \lim_{h \to 0} \frac{g(x+h) - g(x)}{h} \\
&= f'(x) + g'(x)
\end{aligned}$$
∎

算子 L 若具備定理 D 和 E 所敘述的性質，就稱為線性的；L 是**線性算子（linear operator）**，若對於所有的函數 f 和 g，下列式子成立：

1. $L(kf) = kL(f)$，對每個常數 k；
2. $L(f+g) = L(f) + L(g)$。

在本書中線性算子將會一再出現，D_x 是一個特別重要的例子。一個線性算子總是滿足差法則 $L(f-g) = L(f) - L(g)$，如下列針對 D_x 所述。

定理 F 差法則（Difference Rule）

若 f 和 g 是可微分函數，則 $(f-g)'(x) = f'(x) - g'(x)$；也就是
$$D_x[f(x) - g(x)] = D_x f(x) - D_x g(x)$$

● 範例 1

求 $5x^2 + 7x - 6$ 和 $4x^6 - 3x^5 - 10x^2 + 5x + 16$ 的導函數。

解答：

$$\begin{aligned}
D_x(5x^2 + 7x - 6) &= D_x(5x^2 + 7x) - D_x(6) &&\text{（定理 F）}\\
&= D_x(5x^2) + D_x(7x) - D_x(6) &&\text{（定理 E）}\\
&= 5D_x(x^2) + 7D_x(x) - D_x(6) &&\text{（定理 D）}\\
&= 5 \cdot 2x + 7 \cdot 1 - 0 &&\text{（定理 C、B、A）}\\
&= 10x + 7
\end{aligned}$$

$$D_x(4x^6 - 3x^5 - 10x^2 + 5x + 16)$$
$$= D_x(4x^6) - D_x(3x^5) - D_x(10x^2) + D_x(5x) + D_x(16)$$
$$= 4D_x(x^6) - 3D_x(x^5) - 10D_x(x^2) + 5D_x(x) + D_x(16)$$
$$= 4(6x^5) - 3(5x^4) - 10(2x) + 5(1) + 0$$
$$= 24x^5 - 15x^4 - 20x + 5$$

積與商法則 至今我們已知兩個函數之和、差、積、商的極限，等於此二函數之極限的和、差、積、商。而且此二函數之和或差的導函數，等於此二函數之導函數的和或差。所以很自然會以為兩個函數之積的導函數，等於兩函數之導函數的積。但這種想法是錯誤的。讓我們看看下列範例便可明白。

範例 2

令 $g(x) = x$，$h(x) = 1 + 2x$ 且 $f(x) = g(x) \cdot h(x) = x(1 + 2x)$。求 $D_x f(x)$、$D_x g(x)$ 和 $D_x h(x)$，且證明 $D_x f(x) \neq [D_x g(x)][D_x h(x)]$。

解答：
$$D_x f(x) = D_x[x(1 + 2x)]$$
$$= D_x(x + 2x^2)$$
$$= 1 + 4x$$
$$D_x g(x) = D_x x = 1$$
$$D_x h(x) = D_x(1 + 2x) = 2$$

注意到
$$D_x(g(x))D_x(h(x)) = 1 \cdot 2 = 2$$
然而
$$D_x f(x) = D_x[g(x)h(x)] = 1 + 4x$$
所以 $D_x f(x) \neq [D_x g(x)][D_x h(x)]$。

定理 G　積法則（Product Rule）

若 f 和 g 是可微分函數，則
$$(f \cdot g)'(x) = f(x)g'(x) + g(x)f'(x) = f'(x)g(x) + f(x)g'(x)$$
也就是
$$D_x[f(x)g(x)] = f(x)D_x g(x) + g(x)D_x f(x)$$

證明 令 $F(x) = f(x)g(x)$。則

$$F'(x) = \lim_{h \to 0} \frac{F(x+h) - F(x)}{h}$$
$$= \lim_{h \to 0} \frac{f(x+h)g(x+h) - f(x)g(x)}{h}$$
$$= \lim_{h \to 0} \frac{f(x+h)g(x+h) - f(x+h)g(x) + f(x+h)g(x) - f(x)g(x)}{h}$$
$$= \lim_{h \to 0} \left[f(x+h) \cdot \frac{g(x+h) - g(x)}{h} + g(x) \cdot \frac{f(x+h) - f(x)}{h} \right]$$
$$= \lim_{h \to 0} f(x+h) \cdot \lim_{h \to 0} \frac{g(x+h) - g(x)}{h} + g(x) \cdot \lim_{h \to 0} \frac{f(x+h) - f(x)}{h}$$
$$= f(x)g'(x) + g(x)f'(x) \qquad \blacksquare$$

範例 3

利用積法則求 $(3x^2 - 5)(2x^4 - x)$ 的導函數。

解答：
$$D_x\left[(3x^2 - 5)(2x^4 - x)\right] = (3x^2 - 5)D_x(2x^4 - x) + (2x^4 - x)D_x(3x^2 - 5)$$
$$= (3x^2 - 5)(8x^3 - 1) + (2x^4 - x)(6x)$$
$$= 24x^5 - 3x^2 - 40x^3 + 5 + 12x^5 - 6x^2$$
$$= 36x^5 - 40x^3 - 9x^2 + 5$$

定理 H　商法則（Quotient Rule）

令 f 和 g 是可微分函數且 $g(x) \neq 0$。則

$$\left(\frac{f}{g}\right)'(x) = \frac{g(x)f'(x) - f(x)g'(x)}{g^2(x)} = \frac{f'(x)g(x) - f(x)g'(x)}{g^2(x)}$$

也就是

$$D_x\left(\frac{f(x)}{g(x)}\right) = \frac{g(x)D_x f(x) - f(x)D_x g(x)}{g^2(x)}$$

證明　令 $F(x) = f(x)/g(x)$。則

$$F'(x) = \lim_{h \to 0} \frac{F(x+h) - F(x)}{h}$$
$$= \lim_{h \to 0} \frac{\dfrac{f(x+h)}{g(x+h)} - \dfrac{f(x)}{g(x)}}{h}$$
$$= \lim_{h \to 0} \frac{g(x)f(x+h) - f(x)g(x+h)}{h} \cdot \frac{1}{g(x)g(x+h)}$$

$$= \lim_{h \to 0} \left[\frac{g(x)f(x+h) - g(x)f(x) + f(x)g(x) - f(x)g(x+h)}{h} \cdot \frac{1}{g(x)g(x+h)} \right]$$

$$= \lim_{h \to 0} \left\{ \left[g(x)\frac{f(x+h) - f(x)}{h} - f(x)\frac{g(x+h) - g(x)}{h} \right] \frac{1}{g(x)g(x+h)} \right\}$$

$$= \left[g(x)f'(x) - f(x)g'(x) \right] \frac{1}{g(x)g(x)}$$

∎

● 範例 4

求 $\dfrac{d}{dx} \dfrac{(3x-5)}{(x^2+7)}$。

解答：

$$\frac{d}{dx}\left[\frac{3x-5}{x^2+7}\right] = \frac{(x^2+7)\dfrac{d}{dx}(3x-5) - (3x-5)\dfrac{d}{dx}(x^2+7)}{(x^2+7)^2}$$

$$= \frac{(x^2+7)(3) - (3x-5)(2x)}{(x^2+7)^2}$$

$$= \frac{-3x^2 + 10x + 21}{(x^2+7)^2}$$

● 範例 5

已知 $y = \dfrac{2}{x^4+1} + \dfrac{3}{x}$，求 $D_x y$。

解答：

$$D_x y = D_x\left(\frac{2}{x^4+1}\right) + D_x\left(\frac{3}{x}\right)$$

$$= \frac{(x^4+1)D_x(2) - 2D_x(x^4+1)}{(x^4+1)^2} + \frac{xD_x(3) - 3D_x(x)}{x^2}$$

$$= \frac{(x^4+1)(0) - (2)(4x^3)}{(x^4+1)^2} + \frac{(x)(0) - (3)(1)}{x^2}$$

$$= \frac{-8x^3}{(x^4+1)^2} - \frac{3}{x^2}$$

● 範例 6

針對負整數次方證明冪法則成立；也就是

$$\boxed{D_x(x^{-n}) = -nx^{-n-1}}$$

$$D_x(x^{-n}) = D_x\left(\frac{1}{x^n}\right) = \frac{x^n \cdot 0 - 1 \cdot nx^{n-1}}{x^{2n}} = \frac{-nx^{n-1}}{x^{2n}} = -nx^{-n-1}$$

練習題 2.3

1-13 題中,請利用本節的法則求 $D_x y$

1. $y = \pi x^3$
2. $y = 2x^{-2}$
3. $y = \dfrac{\pi}{x}$
4. $y = \dfrac{\alpha}{x^3}$
5. $y = \pi x^7 - 2x^5 - 5x^{-2}$
6. $y = \dfrac{1}{2x} + 2x$
7. $y = x(x^2 + 1)$
8. $y = (2x+1)^2$
9. $y = (x^2 + 2)(x^3 + 1)$
10. $y = \dfrac{1}{3x^2 + 1}$
11. $y = \dfrac{x-1}{x+1}$
12. $y = \dfrac{2x^2 - 1}{3x + 5}$
13. $y = \dfrac{5x - 4}{3x^2 + 1}$

14. 若 $f(0) = 4, f'(0) = -1, g(0) = -3$ 且 $g'(0) = 5$ 求

    (a) $(f \cdot g)'(0)$
    (b) $(f + g)'(0)$
    (c) $(f/g)'(0)$

15. 若 $f(3) = 7, f'(3) = 2, g(3) = 6$ 且 $g'(3) = -10$ 求

    (a) $(f - g)'(3)$
    (b) $(f \cdot g)'(3)$
    (c) $(g/f)'(3)$

16. 求 $y = x^2 - 2x + 2$ 在 $(1,1)$ 的切線方程式。

17. 一球在 t 秒時,離地面的高度為 s 呎,且 $s = -16t^2 + 40t + 100$。

    (a) 當 $t = 2$ 時,瞬間速度為何?
    (b) 何時瞬間速度為 0?

18. 一顆球滾下一傾斜平面,t 秒後離起點的距離為 $s = 4.5t^2 + 2t$ 呎,問何時它的瞬間速度為 30 呎/秒?

2.4 三角函數的導數

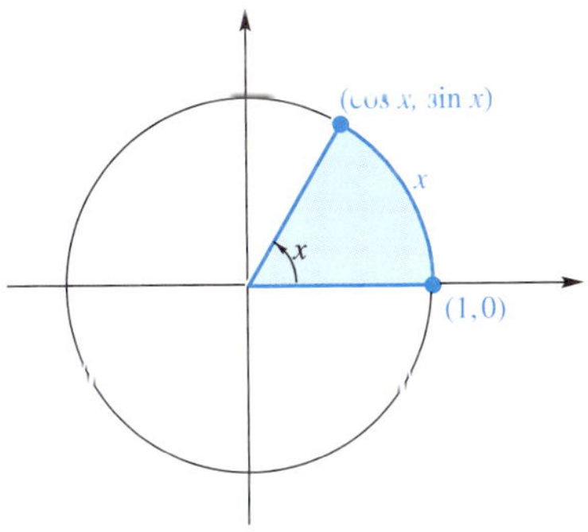

圖 1 使我們想起正弦和餘弦函數的定義。其中 x 被視為單位圓上一段圓弧的長度,或相當於此圓弧所對應之圓心角的弧度量。所以 $f(x) = \sin x$ 和 $g(x) = \cos x$ 是定義域和值域皆是實數所成集合的函數,我們可以考慮求它們的導函數。

導數公式 為了求出 $D_x(\sin x)$,我們將使用導數的定義,並對 $\sin(x + h)$ 使用和角公式。

$$D_x(\sin x) = \lim_{h \to 0} \frac{\sin(x+h) - \sin x}{h}$$

$$= \lim_{h \to 0} \frac{\sin x \cos h + \cos x \sin h - \sin x}{h}$$

▲圖 1

$$= \lim_{h \to 0}\left(-\sin x \frac{1-\cos h}{h} + \cos x \frac{\sin h}{h}\right)$$

$$= (-\sin x)\left[\lim_{h\to 0}\frac{1-\cos h}{h}\right] + (\cos x)\left[\lim_{h\to 0}\frac{\sin h}{h}\right]$$

注意到上式中的兩個極限就是我們在 1.4 節研究過的。在定理 1.4B 我們證得

$$\lim_{h\to 0}\frac{\sin h}{h} = 1 \quad 且 \quad \lim_{h\to 0}\frac{1-\cos h}{h} = 0$$

所以

$$D_x(\sin x) = (-\sin x)\cdot 0 + (\cos x)\cdot 1 = \cos x$$

同理，

$$D_x(\cos x) = \lim_{h\to 0}\frac{\cos(x+h) - \cos x}{h}$$

$$= \lim_{h\to 0}\frac{\cos x \cos h - \sin x \sin h - \cos x}{h}$$

$$= \lim_{h\to 0}\left(-\cos x \frac{1-\cos h}{h} - \sin x \frac{\sin h}{h}\right)$$

$$= (-\cos x)\cdot 0 - (\sin x)\cdot 1$$

$$= -\sin x$$

我們將這些結果整理成一個重要的定理。

定理 A

函數 $f(x) = \sin x$ 和 $g(x) = \cos x$ 是可微分的，且
$$D_x(\sin x) = \cos x \qquad D_x(\cos x) = -\sin x$$

● 範例 1

求 $D_x(3\sin x - 2\cos x)$。

解答：

$$D_x(3\sin x - 2\cos x) = 3D_x(\sin x) - 2D_x(\cos x)$$
$$= 3\cos x + 2\sin x$$

導數　Chapter 2

$y = 3 \sin 2x$

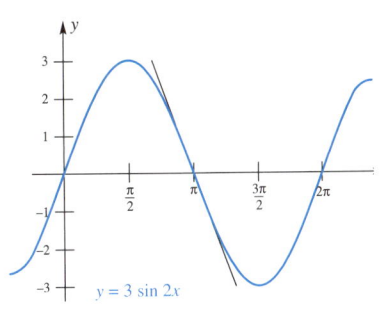

▲圖 2

● 範例 2

求 $y = 3\sin x$ 的圖形在點 $(\pi, 0)$ 的切線方程式（見圖 2）。

解答 導數為 $\dfrac{dy}{dx} = 3\cos x$，所以當 $x = \pi$，斜率為 $3\cos\pi = -3$。利用直線之點斜式可得所求之切線方程式為
$$y - 0 = -3(x - \pi)$$
$$y = -3x + 3\pi$$

● 範例 3

求 $D_x(x^2 \sin x)$。

解答：利用積法則，可得
$$D_x(x^2 \sin x) = x^2 D_x(\sin x) + \sin x (D_x x^2) = x^2 \cos x + 2x \sin x$$

● 範例 4

求 $\dfrac{d}{dx}\left(\dfrac{1 + \sin x}{\cos x}\right)$。

解答：利用商法則，可得
$$\frac{d}{dx}\left(\frac{1 + \sin x}{\cos x}\right) = \frac{\cos x \left(\dfrac{d}{dx}(1 + \sin x)\right) - (1 + \sin x)\left(\dfrac{d}{dx}\cos x\right)}{\cos^2 x}$$
$$= \frac{\cos^2 x + \sin x + \sin^2 x}{\cos^2 x}$$
$$= \frac{1 + \sin x}{\cos^2 x}$$

● 範例 5

在時間 t 秒，一個上下振動的軟木塞中心在水平面上（或下）$y = 2\sin t$ 公分處。此軟木塞在 $t = 0$、$\pi/2$、π 秒時的速度為何？

解答：速度是位置的導函數，且 $\dfrac{dy}{dt} = 2\cos t$。所以，

當 $t = 0$，$\dfrac{dy}{dt} = 2\cos 0 = 2$，當 $t = \pi/2$，$\dfrac{dy}{dt} = 2\cos\dfrac{\pi}{2} = 0$，且

當 $t = \pi$，$\dfrac{dy}{dt} = 2\cos\pi = -2$

因為正切、餘切、正割和餘割函數皆可由正弦和餘弦函數來定義，所以這些函數的導數可應用商法則於定理 A 而得。結果敘述於定理 B。

定理 B

$D_x \tan x = \sec^2 x$ $\qquad D_x \cot x = -\csc^2 x$

$D_x \sec x = \sec x \tan x$ $\qquad D_x \csc x = -\csc x \cot x$

對於所有在函數的定義域中的 x。

範例 6

求 $D_x(x^n \tan x)$，$n \geq 1$。

解答：
$$D_x(x^n \tan x) = x^n D_x(\tan x) + \tan x (D_x x^n)$$
$$= x^n \sec^2 x + nx^{n-1} \tan x$$

範例 7

求 $y = \tan x$ 的圖形在點 $(\pi/4, 1)$ 的切線方程式。

解答： $y = \tan x$ 的導函數為 $\dfrac{dy}{dx} = \sec^2 x$。當 $x = \pi/4$，導數為 $\sec^2 \dfrac{\pi}{4} = \left(\dfrac{2}{\sqrt{2}}\right)^2 = 2$。所以，所求直線過點 $(\pi/4, 1)$，且斜率為 2。因此，所求切線方程式為

$$y - 1 = 2\left(x - \dfrac{\pi}{4}\right)$$

$$y = 2x - \dfrac{\pi}{2} + 1$$

範例 8

求 $y = \sin^2 x$ 的圖形上具有水平切線的所有點。

解答： 當導數為 0 時切線是水平的。利用積法則得導函數

$$\dfrac{d}{dx}\sin^2 x = \dfrac{d}{dx}(\sin x \sin x) = \sin x \cos x + \sin x \cos x = 2 \sin x \cos x$$

導數為 0 若且唯若 $\sin x = 0$ 或 $\cos x = 0$；也就是，水平切線發生在 $x = 0, \pm \dfrac{\pi}{2}, \pm \pi, \pm \dfrac{3\pi}{2}, \ldots$。

練習題 2.4

1-11 題中，求 $D_x y$

1. $y = 2\sin x + 3\cos x$
2. $y = \sin^2 x + \cos^2 x$
3. $y = \sec x = 1/\cos x$
4. $y = \csc x = 1/\sin x$

5. $y = \tan x = \dfrac{\sin x}{\cos x}$ 6. $y = \cot x = \dfrac{\cos x}{\sin x}$ 9. $y = \dfrac{\sin x}{x}$ 10. $y = \dfrac{1-\cos x}{x}$

7. $y = \dfrac{\sin x + \cos x}{\cos x}$ 8. $y = \sin x \cos x$ 11. $y = x^2 \cos x$

2.5 連鎖法則

想像嘗試求

$$F(x) = (2x^2 - 4x + 1)^{60}$$

的導函數。你可能求得導函數，但首先你必須展開上式然後微分多項式。或者，嘗試求 $G(x) = \sin 3x$ 的導函數，我們也許可以使用某些三角恆等式化簡上式為 $\sin x$ 和 $\cos x$ 的代數式，然後利用前幾節的微分法則微分之。

幸運地，有一個更好的方法。在學會**連鎖法則**後，你將能夠寫出答案

$$F'(x) = 60(2x^2 - 4x + 1)^{59}(4x - 4)$$
$$G'(x) = 3\cos 3x$$

連鎖法則是如此重要，接下來我們微分任何函數時幾乎都少不了它。

微分一個合成函數　考慮合成函數 $y = f(g(x))$。若我們令 $u = g(x)$，我們可視 f 為 的一個函數。敘述「$f(u)$ 對 u 的變化率是 2，且 $u = g(x)$ 對 x 的變化率是 3」，可寫成

$$\dfrac{dy}{du} = 2 \quad \text{且} \quad \dfrac{du}{dx} = 3$$

就像前面的敘述一樣，似乎應該將兩個變化率相乘；也就是，y 對 x 的變化率應該如下述

$$\dfrac{dy}{dx} = \dfrac{dy}{du} \times \dfrac{du}{dx}$$

事實上，這是真的，此結果稱為**連鎖法則**（Chain Rule）。

> **定理 A　連鎖法則（Chain Rule）**
>
> 令 $y = f(u)$ 且 $u = g(x)$。若 g 在 x 可微分且 f 在 $u = g(x)$ 可微分，則合成函數 $f \circ g$ 在 x 可微分且
> $$(f \circ g)'(x) = f'(g(x))g'(x)$$
> 也就是
> $$D_x(f(g(x))) = f'(g(x))g'(x)$$
> 或
> $$\frac{dy}{dx} = \frac{dy}{du}\frac{du}{dx}$$

連鎖法則的應用

範例 1

若 $y = (2x^2 - 4x + 1)^{60}$，求 $D_x y$。

解答：令 $f(u) = u^{60}$ 且 $u = g(x) = 2x^2 - 4x + 1$。則
$$\begin{aligned}D_x y &= D_x f(g(x)) \\ &= f'(u)g'(x) \\ &= (60u^{59})(4x - 4) \\ &= 60(2x^2 - 4x + 1)^{59}(4x - 4)\end{aligned}$$

範例 2

若 $y = 1/(2x^5 - 7)^3$，求 $\dfrac{dy}{dx}$。

解答：令 $y = \dfrac{1}{u^3} = u^{-3}$ 且 $u = 2x^5 - 7$。則
$$\begin{aligned}\frac{dy}{dx} &= \frac{dy}{du}\frac{du}{dx} \\ &= (-3u^{-4})(10x^4) \\ &= \frac{-3}{u^4} \cdot 10x^4 \\ &= \frac{-30x^4}{(2x^5 - 7)^4}\end{aligned}$$

範例 3

求 $D_t\left(\dfrac{t^3 - 2t + 1}{t^4 + 3}\right)^{13}$。

解答：令 $y = u^{13}$ 且 $u = (t^3 - 2t + 1)/(t^4 + 3)$。
先利用連鎖法則，再利用商法則

導數 Chapter 2

$$D_t\left(\frac{t^3-2t+1}{t^4+3}\right)^{13} = 13\left(\frac{t^3-2t+1}{t^4+3}\right)^{13-1} D_t\left(\frac{t^3-2t+1}{t^4+3}\right)$$

$$= 13\left(\frac{t^3-2t+1}{t^4+3}\right)^{12} \frac{(t^4+3)(3t^2-2)-(t^3-2t+1)(4t^3)}{(t^4+3)^2}$$

$$= 13\left(\frac{t^3-2t+1}{t^4+3}\right)^{12} \frac{-t^6+6t^4-4t^3+9t^2-6}{(t^4+3)^2}$$

● 範例 4

若 $y = \sin 2x$，求 $\dfrac{dy}{dx}$。

解答：令 $y = \sin u$ 且 $u = 2x$。則

$$\frac{dy}{dx} = (\cos 2x)\left(\frac{d}{dx}2x\right) = 2\cos 2x$$

● 範例 5

已知 $F(y) = y\sin y^2$，求 $F'(y)$。

解答：先利用積法則，再利用連鎖法則

$$F'(y) = \frac{d}{dy}(y\sin y^2)$$
$$= \frac{d}{dy}(y)\cdot\sin y^2 + y\cdot\frac{d}{dy}(\sin y^2)$$
$$= 1\cdot\sin y^2 + y\cdot\cos y^2\cdot\frac{d}{dy}(y^2)$$
$$= \sin y^2 + 2y^2\cos y^2$$

微分符號

本節中，我們使用了多種微分符號

$$f'(x)$$
$$\frac{dy}{dx}$$

與 $D_x f(x)$

你應該熟悉這些符號，本書後面將用到每一種符號。

● 範例 6

求 $D_x\left(\dfrac{x^2(1-x)^3}{1+x}\right)$。

解答：利用商法則、積法則及連鎖法則

$$D_x\left(\frac{x^2(1-x)^3}{1+x}\right) = \frac{(1+x)D_x(x^2(1-x)^3) - x^2(1-x)^3 D_x(1+x)}{(1+x)^2}$$

$$= \frac{(1+x)[x^2 D_x(1-x)^3 + (1-x)^3 D_x(x^2)] - x^2(1-x)^3(1)}{(1+x)^2}$$

$$= \frac{(1+x)[x^2(3(1-x)^2(-1)) + (1-x)^3(2x)] - x^2(1-x)^3}{(1+x)^2}$$

$$= \frac{(1+x)[-3x^2(1-x)^2 + 2x(1-x)^3] - x^2(1-x)^3}{(1+x)^2}$$

$$= \frac{(1+x)(1-x)^2 x(2-5x) - x^2(1-x)^3}{(1+x)^2}$$

● 範例 7

求 $\dfrac{d}{dx}\dfrac{1}{(2x-1)^3}$。

解答：

$$\frac{d}{dx}\frac{1}{(2x-1)^3} = \frac{d}{dx}(2x-1)^{-3} = -3(2x-1)^{-3-1}\frac{d}{dx}(2x-1) = -\frac{6}{(2x-1)^4}$$

● 範例 8

假設 F 是可微分的，請利用函數 $F(x)$ 表示下列導函數。

(a) $D_x(F(x^3))$ (b) $D_x[(F(x))^3]$

解答：

(a) $D_x(F(x^3)) = F'(x^3)D_x(x^3) = 3x^2\,F'(x^3)$

(b) $D_x[(F(x))^3] = 3[F(x)]^2 D_x(F(x)) = 3[F(x)]^2 F'(x)$

應用連鎖法則超過一次

● 範例 9

求 $D_x \sin^3(4x)$。

解答：$\sin^3(4x) = [\sin(4x)]^3$，因此

$$\begin{aligned}
D_x \sin^3(4x) &= D_x[\sin(4x)]^3 = 3[\sin(4x)]^{3-1}D_x[\sin(4x)] \\
&= 3[\sin(4x)]^{3-1} D_x \sin(4x) \\
&= 3[\sin(4x)]^2 \cos(4x) D_x(4x) \\
&= 3[\sin(4x)]^2 \cos(4x)(4) \\
&= 12 \cos(4x) \sin^2(4x)
\end{aligned}$$

● 範例 10

求 $D_x \sin[\cos(x^2)]$。

解答：

$$\begin{aligned}
D_x \sin[\cos(x^2)] &= \cos[\cos(x^2)] \cdot [-\sin(x^2)] \cdot 2x \\
&= -2x \sin(x^2) \cos[\cos(x^2)]
\end{aligned}$$

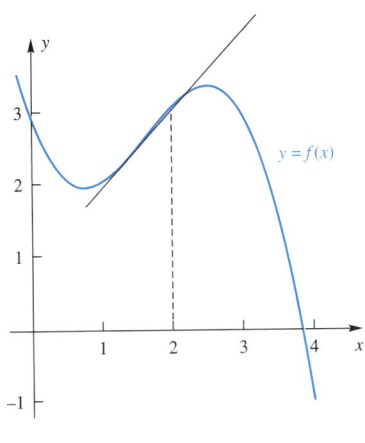

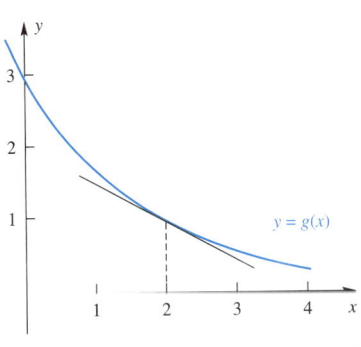

範例 11

假設 $y=f(x)$ 和 $y=g(x)$ 的圖形如圖 1 所示。利用這些圖形估計

(a) $(f-g)'(2)$ (b) $(f \circ g)'(2)$

解答：

(a) 由定理 2.3F，$(f-g)'(2) = f'(2) - g'(2)$。由圖 1，我們可得 $f'(2) \approx 1$ 且 $g'(2) \approx -\frac{1}{2}$。所以

$$(f-g)'(2) \approx 1 - \left(-\frac{1}{2}\right) = \frac{3}{2}$$

(b) 由圖 1 可知 $f'(1) \approx \frac{1}{2}$。所以利用連鎖法則，

$$(f \circ g)'(2) = f'(g(2))g'(2) = f'(1)g'(2) \approx \frac{1}{2}\left(-\frac{1}{2}\right) = -\frac{1}{4}$$

▲圖 1

為了讓同學早日熟悉其他重要函數的微分技巧，接下來，我們要直接介紹自然對數函數 $\ln x$，及自然對數函數 e^x 的微分公式，至於它們的定義，及與它們相關的其他超越函數的微分，將在第 6 章中仔細討論。

自然對數與自然指數的導函數

$$D_x \ln x = \frac{1}{x}, x>0 \qquad\qquad D_x e^x = e^x, x \in \Re$$

自然對數律

若 a 和 b 為正數且 r 為任一有理數，則

(i) $\ln ab = \ln a + \ln b$ (ii) $\ln \frac{a}{b} = \ln a - \ln b$ (iii) $\ln a^r = r \ln a$.

自然指數律

令 a 和 b 為任意實數。則

(i) $e^a e^b = e^{a+b}$ (ii) $e^a/e^b = e^{a-b}$。

範例 12

求 $D_x \ln \sqrt{3x-2}$。

解答：

$$D_x \ln \sqrt{3x-2} = \frac{1}{\sqrt{3x-2}} D_x \sqrt{3x-2}$$

$$= \frac{1}{\sqrt{3x-2}} \cdot \frac{1}{2\sqrt{3x-2}} \cdot D_x(3x-2)$$

$$= \frac{3}{2(3x-2)}$$

範例 13

求 $D_x e^{x^2-3x}$。

解答：

$$D_x e^{x^2-3x} = e^{x^2-3x} D_x(x^2-3x) = e^{x^2-3x}(2x-3)$$

練習題 2.5

1-10 題中，求 $y = D_x y$

1. $y = (1+x)^{15}$
2. $y = (3-2x)^5$
3. $y = (x^3 - 2x^2 + 3x + 1)^{11}$
4. $y = (x^2 - x + 1)^{-7}$
5. $y = \cos^3 x$
6. $y = \sin^4(3x^2)$
7. $y = \left(\frac{x+1}{x-1}\right)^3$
8. $y = \cos\left(\frac{3x^2}{x+2}\right)$
9. $y = (3x-2)^2(3-x^2)^2$
10. $y = \sin^3 x$

11-12 題中，求指定的導數值。

11. $G(t) = (t^2+9)^3(t^2-2)^4$，求 $G'(1)$。
12. $g(s) = \cos \pi s \sin^2 \pi s$，求 $g'\left(\frac{1}{2}\right)$。

13-14 題中，請利用多次連鎖法則（範例 9 及 10）求指定導函數。

13. $D_x\left[\sin^4(x^2+3x)\right]$
14. $D_t\left[\sin^3(\cos t)\right]$

15-18 題中，假設 F 是可微分的，請利用 $F(x)$ 表示各導函數（範例 8）。

15. $\dfrac{d}{dz}\left(\dfrac{1}{(F(z))^2}\right)$
16. $\dfrac{d}{dz}\left(1+(F(2z))\right)^2$
17. $\dfrac{d}{dx} F(\cos x)$
18. $\dfrac{d}{dx} \cos F(x)$

19. 已知 $f(0) = 1$ 且 $f'(0) = 2$，求 $g(x) = \cos f(x)$ 的 $g'(0)$。

20. 已知 $f(1) = 2$、$f'(1) = -1$、$g(1) = 0$ 且 $g'(1) = 1$
求 $F(x) = f(x)\cos g(x)$ 的 $F'(1)$。

21-27 題中，求指定的導函數或導數，假設 x 在可使得 $\ln$ 有定義的範圍中（範例 12）。

21. $D_x \ln(x^2 + 3x + \pi)$
22. $D_x \ln(x-4)^3$
23. $D_x \ln \sqrt{3x-2}$
24. $z = x^2 \ln x^2 + (\ln x)^3$，求 $\dfrac{dz}{dx}$。
25. $g(x) = \ln(x + \sqrt{x^2+1})$，求 $g'(x)$。

26. $f(x) = \ln\left(\sqrt[3]{x}\right)$,求 $f'(81)$。

27. $f(x) = \ln(\cos x)$,求 $f'\left(\dfrac{\pi}{4}\right)$

28-32 題中,求 $D_x y$(範例 13)。

28. $y = e^{x+2}$

29. $y = e^{2x^2-x}$

30. $y = e^{\sqrt{x+2}}$

31. $y = x^3 e^x$

32. $y = e^{x^3 \ln x}$

2.6 高階導數

微分運算是作用在一個函數 f 上,然後產生另一函數 f'。若我們微分 f',可產生另一個函數,以 f'' 表示(讀作 "f double prime")且稱為 f 的**二階導函數**(second derivative)。也許可以再微分下去,產生 f''',稱為 f 的**三階導函數**。**四階導函數**以 $f^{(4)}$ 表示,**五階導函數**以 $f^{(5)}$ 表示,等等。

例如,若

$$f(x) = 2x^3 - 4x^2 + 7x - 8$$

則

$$f'(x) = 6x^2 - 8x + 7$$
$$f''(x) = 12x - 8$$
$$f'''(x) = 12$$
$$f^{(4)}(x) = 0$$

因為 0 函數的導函數為 0,所以四階導函數及更高階之導函數皆為 0。

| \multicolumn{5}{c}{$y = f(x)$ 的高階導函數符號} |
導函數	f' 符號	y' 符號	D 符號	萊布尼茲符號
一階	$f'(x)$	y'	$D_x y$	$\dfrac{dy}{dx}$
二階	$f''(x)$	y''	$D_x^2 y$	$\dfrac{d^2 y}{dx^2}$
三階	$f'''(x)$	y'''	$D_x^3 y$	$\dfrac{d^3 y}{dx^3}$
四階	$f^{(4)}(x)$	$y^{(4)}$	$D_x^4 y$	$\dfrac{d^4 y}{dx^4}$
⋮	⋮	⋮	⋮	⋮
n 階	$f^{(n)}(x)$	$y^{(n)}$	$D_x^n y$	$\dfrac{d^n y}{dx^n}$

範例 1

若 $y = \sin 2x$，求 d^3y/dx^3，d^4y/dx^4 和 $d^{12}y/dx^{12}$。

解答：

$$\frac{dy}{dx} = 2\cos 2x \qquad \frac{d^2y}{dx^2} = -2^2 \sin 2x$$

$$\frac{d^3y}{dx^3} = -2^3 \cos 2x \qquad \frac{d^4y}{dx^4} = 2^4 \sin 2x$$

$$\frac{d^5y}{dx^5} = 2^5 \cos 2x \qquad \cdots \qquad \frac{d^{12}y}{dx^{12}} = 2^{12} \sin 2x$$

速度與加速度 在 2.1 節中，我們利用瞬間速度的概念引出導數的定義。讓我們用一範例來複習此概念，從現在起，我們將使用名詞「速度」代替累贅的名詞"瞬間速度"。

範例 2

一個物體沿著一條坐標線移動，t 秒後的位置 s 為 $s = 2t^2 - 12t + 8$ 公分，$t \geq 0$。當 $t = 1$ 和 $t = 6$ 時，物體的速度為何？何時速度為 0？何時速度為正？

解答： 若我們以符號 $v(t)$ 代表在時間 t 的速度，則

$$v(t) = \frac{ds}{dt} = 4t - 12$$

所以，

$$v(1) = 4(1) - 12 = -8 \text{ 公分／秒}$$
$$v(6) = 4(6) - 12 = 12 \text{ 公分／秒}$$

當 $4t - 12 = 0$ 時，速度為 0；即 $t = 3$ 時，速度為 0。而當 $t > 3$ 時，則速度 $4t - 12 > 0$。所有這些結果如圖 1 所示

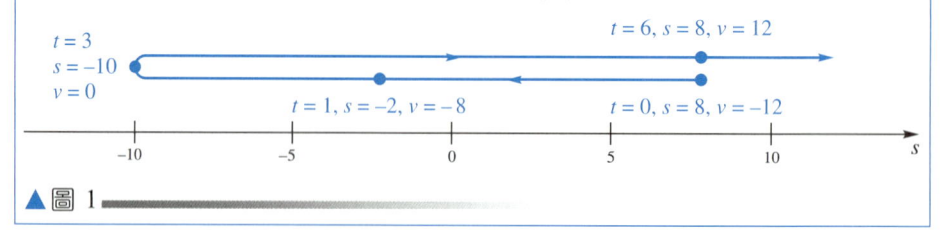

▲圖 1

速率（speed）是速度（velocity）的絕對值。速度可以是正的、負的或是 0，但是，速率不會是負的。

現在，我們針對二階導函數 d^2s/dt^2 的物理意義做解釋。它是速度的一階導函數，所以它量度了速度相對於時間的變化率，稱之為**加速度（acceleration）**。若以 a 表示，則

$$a = \frac{dv}{dt} = \frac{d^2s}{dt^2}$$

在範例 2 中，$s = 2t^2 - 12t + 8$。所以

$$v = \frac{ds}{dt} = 4t - 12$$

$$a = \frac{d^2s}{dt^2} = 4$$

這是指速度是以每秒增加 4 公分／秒的固定變化率加速。

範例 3

一個物體沿著一條水平坐標線移動，且它在時間 t 的位置為

$$s = t^3 - 12t^2 + 36t - 30$$

其中 s 的單位是呎，t 的單位是秒。

(a) 何時速度為 0？ (b) 何時速度為正？
(c) 何時物體向左移動？ (d) 何時加速度為正？

解答：

(a) $v = ds/dt = 3t^2 - 24t + 36 = 3(t - 2)(t - 6)$。

所以當 $t = 2$ 和 $t = 6$ 時，$v = 0$。

(b) 當 $(t - 2)(t - 6) > 0$，$v > 0$；

也就是，當 $t < 2$ 或 $t > 6$ 時，v 為正（見圖 2）。

(c) 當 $v < 0$ 時，物體向左移動；也就是，$2 < t < 6$ 時，物體向左移動。

(d) $a = dv/dt = 6t - 24 = 6(t - 4)$。所以當 $t > 4$ 時，$a > 0$。

該物體的運動如圖 3 所示。

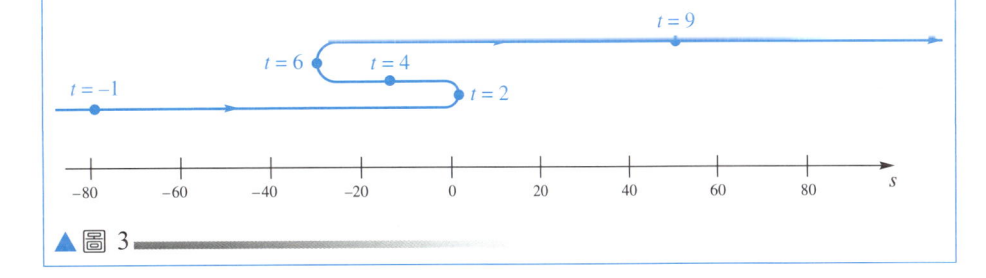

▲圖 2

▲圖 3

落體問題 一個物體在距離地平面 s_0 呎的高度，以每秒 v_0 呎的初速度垂直向上丟擲，若 s 表示經過 t 秒後它在地平面上的高度，則

$$s = -16t^2 + v_0 t + s_0$$

圖 4 是此情形的示意圖。注意，正的速度是指該物體向上移動。

範例 4

在一個高 160 呎的建築物頂端，以每秒 64 呎的初速向上丟擲一球。

(a) 何時它會到達最高點？ (b) 它的最大高度為何？
(c) 何時它會碰觸地面？ (d) 它碰觸地面時的速率為何？
(e) 它在 $t = 2$ 的加速度為何？

解答：令 $t = 0$ 表示球拋出的瞬間。則 $s_0 = 160$ 且 $v_0 = 64$。所以
$$s = -16t^2 + 64t + 160$$
$$v = \frac{ds}{dt} = -32t + 64$$
$$a = \frac{dv}{dt} = -32$$

(a) 球到達最高點時，速度為 0，即 $-32t + 64 = 0$，也就是，$t = 2$ 秒時。

(b) 當 $t = 2$，$s = -16(2)^2 + 64(2) + 160 = 224$ 呎。

(c) 當 $s = 0$ 時，球碰觸地面，可得
$$-16t^2 + 64t + 160 = 0$$
除 -16 得
$$t^2 - 4t - 10 = 0$$
由二次求解公式得
$$t = \frac{4 \pm \sqrt{16 + 40}}{2} = \frac{4 \pm 2\sqrt{14}}{2} = 2 \pm \sqrt{14}$$
只有正的答案有意義。所以，$t = 2 + \sqrt{14} \approx 5.74$ 秒時，球碰觸地面。

(d) $t = 2 + \sqrt{14}$ 時，$v = -32(2 + \sqrt{14}) + 64 \approx -119.73$。所以，球以 119.73 呎每秒的速率碰觸地面。

(e) 加速度總是 -32 呎／秒^2。這就是，重力加速度。

練習題 2.6

1-5 題中，求 d^3y/dx^3

1. $y = x^3 + 3x^2 + 6x$
2. $y = (3x + 5)^3$
3. $y = \sin(7x)$
4. $y = \sin(x^3)$
5. $y = \dfrac{1}{x-1}$

6-7 題中，求 $f''(2)$

6. $f(x) = x^2 + 1$
7. $f(t) = \dfrac{2}{t}$

8. 求 $D_x^n(1/x)$ 的公式。

9. 已知 $g(t) = at^2 + bt + c$，$g(1) = 5$，$g'(1) = 3$ 且 $g''(1) = -4$，求 a, b 和 c。

10. 已知 $f(x) = A\sin(x) + B\cos(x)$ 且 $f(0) = 1$、$f'(0) = -2$，請找出 A、B 之值。

11-12 題中，一個物體根據 $s = f(t)$ 沿著一條水平坐標線移動，s 表示物體到原點的有向距離，以呎為單位，且 t 以秒為單位，請回答下列問題。（範例 2 與範例 3）

(a) 當時間為 t 時的速度 $v(t)$ 及加速度 $a(t)$ 為何？

(b) 何時物體向右移動？

(c) 何時物體向左移動？

(d) 何時加速度為負？

(d) 請繪出物體的移動示意圖。

11. $s = 12t - 2t^2$

12. $s = t^2 + \dfrac{16}{t}$，$t > 0$

13. 垂直向上丟擲一物體，t 秒後的高度為 $s = -16t^2 + 48t + 256$（範例 4）。

(a) 初速度為何？

(b) 何時到達最大高度？

(c) 最大高度為何？

(d) 何時碰觸地面？

(e) 碰觸地面時的速率為何？

14. 一拋射體以每秒 v_0 呎的初速度自地面垂直向上發射，t 秒後的高度為 $s = v_0 t - 16t^2$ 呎，為了使最大高度為 1 哩，初速度必須為何？

15. 從一個懸崖頂端，以每秒 v_0 呎的初速度，垂直向下丟擲一物體，t 秒內落下 $s = v_0 t + 16t^2$ 呎，假如此物體 3 秒後以每秒 140 呎的速度，撞擊懸崖下方的海面，請問懸崖有多高？

2.7 隱微分

在方程式

$$y^3 + 7y = x^3$$

我們無法以 x 的**顯形式**（explicit form）表示 y。但是，對於每個 x 仍然存在唯一的 y 與之對應。例如，對應於 $x = 2$ 的 y 值為何？為了回答此問題，我們必須解

$$y^3 + 7y = 8$$

當然 $y = 1$ 是一個解，且 $y = 1$ 是唯一的實數解。給定 $x = 2$，方程式 $y^3 + 7y = x^3$ 決定一個對應的 y 值。我們說，該方程式以 x 的一個**隱函數**（implicit function）定義出 y。此方程式的圖形，如圖 1 所示，當然像一個可微分函數的圖形。新奇的是，我們沒有一個形如 $y = f(x)$ 的等式。根據圖形，我們假設 y 是以 x 為變數的某個未知函數。如果我們以 $y(x)$

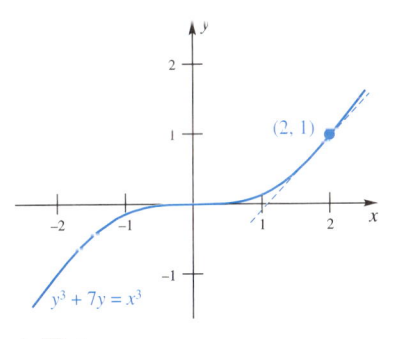

▲圖 1

表此函數，則原方程式可寫成

$$[y(x)]^3 + 7y(x) = x^3$$

即使我們沒有 $y(x)$ 的一個公式，藉由方程式兩邊都對 x 微分，我們仍可獲得 x、$y(x)$ 和 $y'(x)$ 之間的一個關係式。應用連鎖法則，可得

$$\frac{d}{dx}(y^3) + \frac{d}{dx}(7y) = \frac{d}{dx}x^3$$

$$3y^2\frac{dy}{dx} + 7\frac{dy}{dx} = 3x^2$$

$$\frac{dy}{dx}(3y^2 + 7) = 3x^2$$

$$\frac{dy}{dx} = \frac{3x^2}{3y^2 + 7}$$

注意，dy/dx 的表示式中包含 x 和 y，通常這是一個惱人的事實。如果我們只是要求出某一已知坐標之點的斜率，不會有問題。例如，在 (2,1)，我們有

$$\frac{dy}{dx} = \frac{3(2)^2}{3(1)^2 + 7} = \frac{12}{10} = \frac{6}{5}$$

所以，斜率為 $\frac{6}{5}$。

剛才所講解的無須事先將 y 解為 x 的一個顯形式，而求出 dy/dx 的方法稱為**隱微分**（implicit differentiation）。但是，這個方法正當嗎？它是否提供正確的答案呢？

可用來印證的一個例子

● 範例 1

已知 $4x^2y - 3y = x^3 - 1$，求 dy/dx。

解答：

方法 1 解原方程式得 y 的顯形式為

$$y(4x^2 - 3) = x^3 - 1$$

$$y = \frac{x^3 - 1}{4x^2 - 3}$$

所以，

$$\frac{dy}{dx} = \frac{(4x^2 - 3)(3x^2) - (x^3 - 1)(8x)}{(4x^2 - 3)^2} = \frac{4x^4 - 9x^2 + 8x}{(4x^2 - 3)^2}$$

導數 Chapter 2

方法 2 隱微分　原方程式兩邊的導函數相等。我們得到

$$\frac{d}{dx}(4x^2y - 3y) = \frac{d}{dx}(x^3 - 1)$$

$$4x^2 \cdot \frac{dy}{dx} + y \cdot 8x - 3\frac{dy}{dx} = 3x^2$$

$$\frac{dy}{dx}(4x^2 - 3) = 3x^2 - 8xy$$

$$\frac{dy}{dx} = \frac{3x^2 - 8xy}{4x^2 - 3} = \frac{3x^2 - 8x\frac{x^3 - 1}{4x^2 - 3}}{4x^2 - 3}$$

$$= \frac{12x^4 - 9x^2 - 8x^4 + 8x}{(4x^2 - 3)^2} = \frac{4x^4 - 9x^2 + 8x}{(4x^2 - 3)^2}$$

$$\frac{dy}{dx} = \frac{3x^2 - 8xy}{4x^2 - 3} = \frac{3x^2 - 8x\frac{x^3 - 1}{4x^2 - 3}}{4x^2 - 3}$$

$$= \frac{12x^4 - 9x^2 - 8x^4 + 8x}{(4x^2 - 3)^2} = \frac{4x^4 - 9x^2 + 8x}{(4x^2 - 3)^2}$$

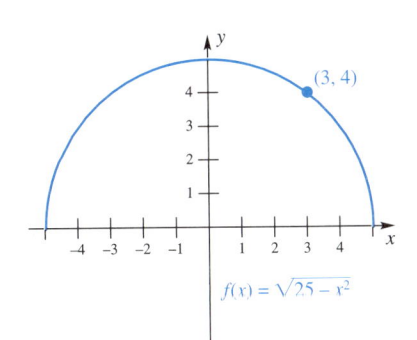

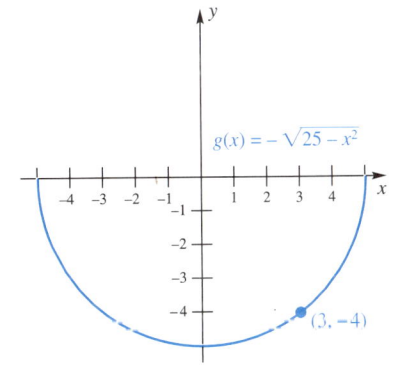

某些微妙的難題

考慮方程式

$$x^2 + y^2 = 25$$

它決定出函數 $y = f(x) = \sqrt{25 - x^2}$ 和函數 $y = g(x) = -\sqrt{25 - x^2}$。它們的圖形如圖 2 所示。

這兩個函數在 ($-5, 5$) 上皆是可微分的。首先考慮 f，它滿足

$$x^2 + [f(x)]^2 = 25$$

利用隱微分可得

$$2x + 2f(x)f'(x) = 0$$
$$f'(x) = -\frac{x}{f(x)} = -\frac{x}{\sqrt{25 - x^2}}$$

同理可得

$$g'(x) = -\frac{x}{g(x)} = \frac{x}{\sqrt{25 - x^2}}$$

▲圖 2

較輕鬆地，我們對原方程式 $x^2 + y^2 = 25$ 做隱微分可同時得到上述結果。也就是

$$2x + 2y\frac{dy}{dx} = 0$$

$$\frac{dy}{dx} = -\frac{x}{y} = \begin{cases} \dfrac{-x}{\sqrt{25-x^2}} & \text{若 } y = f(x) \\ \dfrac{-x}{-\sqrt{25-x^2}} & \text{若 } y = g(x) \end{cases}$$

當然，這些結果與上述結果相同。

注意，通常只要知道 $dy/dx = -x/y$ 就足以應用我們的結果。假設我們想知道圓 $x^2 + y^2 = 25$ 在 $x = 3$ 的切線斜率。當 $x = 3$ 時，對應的 y 值為 4 和 −4。將 (3, 4) 和 (3, −4) 分別代入 $-x/y$，可得所求的切線斜率分別為 $-\dfrac{3}{4}$ 和 $\dfrac{3}{4}$（見圖 2）。

為了把事情變得複雜，我們指出 $x^2 + y^2 = 25$ 決定了許多其他的函數。例如，考慮函數 h 定義為

$$h(x) = \begin{cases} \sqrt{25-x^2} & \text{若 } -5 \leq x \leq 3 \\ -\sqrt{25-x^2} & \text{若 } 3 < x \leq 5 \end{cases}$$

它也滿足 $x^2 + y^2 = 25$，因為 $x^2 + [h(x)]^2 = 25$。但是它在 $x = 3$ 就不連續了，所以，在 $x = 3$ 不存在有導數（見圖 3）。雖然隱函數的討論引導出困難的技術問題（在高等微積分中處理），但我們所探討的問題有直接的解。

▲ 圖 3

更多的例子 在接下來的例子中，我們假設所給的方程式可決定出一個或多個可微分的函數，且都是可以用隱微分求出它們的導函數。

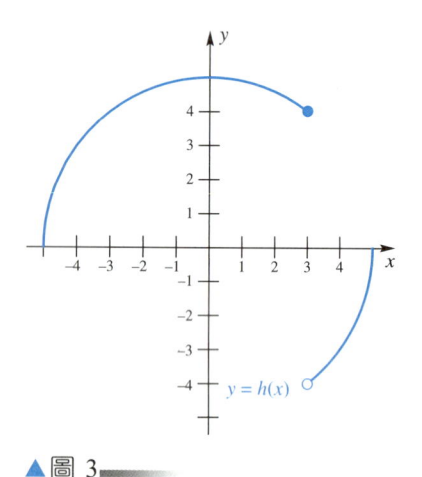

範例 2

已知 $x^2 + 5y^3 = x + 9$，求 dy/dx。

解答：

$$\frac{d}{dx}(x^2 + 5y^3) = \frac{d}{dx}(x + 9)$$

$$2x + 15y^2\frac{dy}{dx} = 1$$

$$\frac{dy}{dx} = \frac{1 - 2x}{15y^2}$$

範例 3

求曲線 $y^3 - xy^2 + \cos xy = 2$ 在點 $(0, 1)$ 的切線方程式。

解答：為了方便起見，我們使用 y' 代替 dy/dx。利用隱微分可得

$$3y^2 y' - x(2yy') - y^2 - (\sin xy)(xy' + y) = 0$$

$$y'(3y^2 - 2xy - x\sin xy) = y^2 + y\sin xy$$

$$y' = \frac{y^2 + y\sin xy}{3y^2 - 2xy - x\sin xy}$$

在 $(0, 1)$，$y' = \frac{1}{3}$。因此，在 $(0, 1)$ 的切線方程式為

$$y - 1 = \tfrac{1}{3}(x - 0)$$

或

$$y = \tfrac{1}{3}x + 1$$

再說冪法則

定理 A　冪法則（Power Rule）

令 r 為任一非零的有理數。則對於使得 x^{r-1} 有定義的 x，

$$D_x(x^r) = rx^{r-1}$$

證明　因為 r 是有理數，r 可表為 p/q，其中 p 和 q 皆為整數且 $q > 0$。令

$$y = x^r = x^{p/q}$$

則

$$y^q = x^p$$

且利用隱微分得

$$qy^{q-1} D_x y = px^{p-1}$$

所以，

$$D_x y = \frac{px^{p-1}}{qy^{q-1}} = \frac{p}{q}\frac{x^{p-1}}{(x^{p/q})^{q-1}} = \frac{p}{q}\frac{x^{p-1}}{x^{p-p/q}}$$

$$= \frac{p}{q} x^{p-1-p+p/q} = \frac{p}{q} x^{p/q-1} = rx^{r-1}$$

> **範例 4**
>
> 若 $y = 2x^{5/3} + \sqrt{x^2 + 1}$，求 $D_x y$。

解答：利用定理 A 及連鎖法則，我們求得

$$D_x y = 2D_x x^{5/3} + D_x(x^2+1)^{1/2}$$
$$= 2 \cdot \frac{5}{3} x^{5/3-1} + \frac{1}{2}(x^2+1)^{1/2-1} \cdot (2x)$$
$$= \frac{10}{3} x^{2/3} + \frac{x}{\sqrt{x^2+1}}$$

練習題 2.7

1-5 題中，假設每一個給定的方程式都定義出一個以 x 為變數的可微分函數，請利用隱微分法求 $D_x y$。

1. $y^2 - x^2 = 1$
2. $xy = 1$
3. $xy^2 = x - 8$
4. $xy + \sin(xy) = 1$
5. $\cos(xy^2) = y^2 + x$

6-7 題中，求在各指定點的切線方程式（範例 3）。

6. $x^3 y + y^3 x = 30$；$(1, 3)$
7. $\sin(xy) = y$；$(\pi/2, 1)$
8. 已知 $s^2 t + t^3 = 1$，求 ds/dt 與 dt/ds。
9. 已知 $y = \sin(x^2) + 2x^3$，求 dx/dy。
10. 請找出曲線 $8(x^2 + y^2)^2 = 100(x^2 - y^2)$ 在點 $(3,1)$ 的法線（垂直於切線的直線）方程式。

11. 兩條曲線在交點上的兩條切線如果互相垂直，就稱這兩條曲線正交。
    證明雙曲線 $xy = 1$ 與雙曲線 $x^2 - y^2 = 1$ 在它們的交點正交。
12. 證明橢圓 $2x^2 + y^2 = 6$ 與拋物線 $y^2 = 4x$ 為正交。
13. 一個質量為 m 的質點沿著 x 軸移動，它的位置 x 及速度 $v = dx/dt$ 滿足 $m(v^2 - v_0^2) = k(x_0^2 - x^2)$，此處 v_0，x_0，及 k 為常數，請利用隱微分法證明：當 $v \neq 0$ 時，$m \dfrac{dv}{dt} = -kx$。
14. 求曲線 $x^2 y - xy^2 = 2$ 上切線為鉛直線的點，也就是，$dx/dy = 0$ 的點。

2.8 相關變化率

若 y 是以時間 t 為變數，則它的導數 dy/dt 稱為**對時間之變率**（time rate of change）。若 y 是距離，則這種對時間之變率稱為速度。我們對各型各色的對時間之變率深感興趣：水流進一個桶子的變率，一個油漬

導數 Chapter 2

面的擴張變率，一片不動產增值的變率等等。若 y 是 t 的顯函數，這問題是簡單的；我們只需微分並計算所要求的時間點的導數即可。

也許，y 不是 t 的顯函數，我們知道的是 y 和另一個也是以 t 為變數的函數 x 之間的關係，並且知道一些關於 dx/dt 的事情。我們仍可能求出 dy/dt，因為 dy/dt 和 dx/dt 是 相關變化率（related rates）。過程中常常會需要求隱微分。

兩個簡單例子

範例 1

一顆小氣球在距離一位站在地面的觀察者 150 呎處被釋放。若氣球以每秒 8 呎的變率（速率）上升，則當氣球距地面 50 呎高時，觀察者到氣球之間的距離增加得多快？

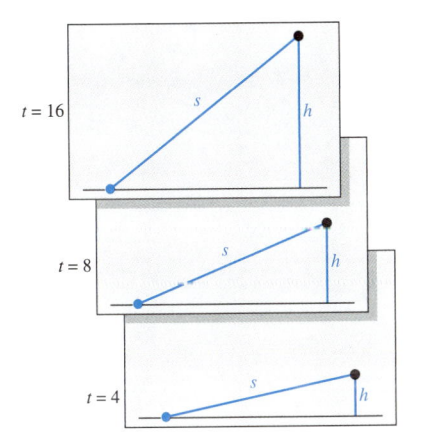

解答：令 t 為球釋放後所經的秒數，h 為球的高度且 s 為球與觀察者之間的距離（見圖 1）。h 和 s 皆以 t 為變數；但是，當 t 增加時三角形的底邊長不變，圖 2 是示意圖。根據畢達哥拉斯恆等式可得

$$s^2 = h^2 + (150)^2$$

將上式兩邊對 t 微分，可得

$$2s\frac{ds}{dt} = 2h\frac{dh}{dt}$$

或

$$s\frac{ds}{dt} = h\frac{dh}{dt}$$

當 $h = 50$ 時，$s = \sqrt{(50)^2 + (150)^2} = 50\sqrt{10}$。代入上式得

$$50\sqrt{10}\frac{ds}{dt} = 50(8)$$

或

$$\frac{ds}{dt} = \frac{8}{\sqrt{10}} \approx 2.53$$

當 $h = 50$ 時，氣球到觀察者之間的距離以每秒 2.53 呎的變率增加。

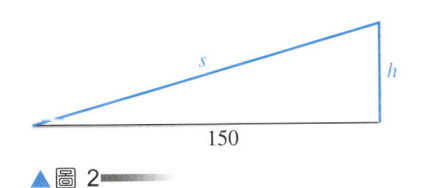

▲圖 1

▲圖 2

130 微積分

▲圖 3

範例 2

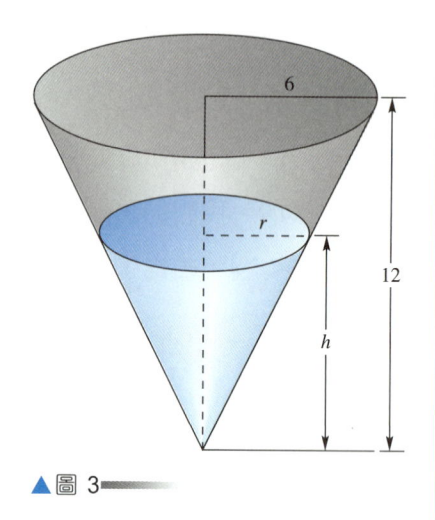

水以每分 8 立方呎的變率（速率）被注入一個圓錐形大容器中。若此盛水容器高 12 呎且圓形開口的半徑為 6 呎，則當水深 4 呎時，水平面上升得多快呢？

解答：令 h 表示水深且 r 表示相對應的水面半徑（見圖 3）。由相似三角形對應邊長成比例之性質，得知 $r/h = 6/12$，所以 $r = h/2$。因此容器中水的體積為

$$V = \frac{1}{3}\pi\left(\frac{h}{2}\right)^2 h = \frac{\pi h^3}{12}$$

所以

$$\frac{dV}{dt} = \frac{3\pi h^2}{12}\frac{dh}{dt} = \frac{\pi h^2}{4}\frac{dh}{dt}$$

將 $h = 4$ 與 $dV/dt = 8$ 代入上式得

$$8 = \frac{\pi(4)^2}{4}\frac{dh}{dt}$$

由此可得

$$\frac{dh}{dt} = \frac{2}{\pi} \approx 0.637$$

當水深 4 呎時，水平面每分鐘上升 0.637 呎。

一個系統化的程序

第 1 步：令 t 表示經過的時間。畫出一個對於所有的 $t > 0$ 皆正確的示意圖。標示那些不隨 t 遞增而改變的數量及它們的數值。以字母表示隨時間變化的數量，並在示意圖中標示出。

第 2 步：敘述關於變數的已知條件及要求出的資訊。將要求出的資訊用對 t 微分的導數呈現。

第 3 步：將這些變數的關係，用一個方程式表示出，該式對所有的 $t > 0$ 皆正確。

第 4 步：利用隱微分，將第 3 步中的方程式對 t 微分，所得的另一個方程式，將包含對 t 微分的導數，同樣，此式對所有的 $t > 0$ 皆正確。

第 5 步：此時，將問題的答案所需要的所有在某一瞬間的已知資訊都帶入第 4 步所得的方程式中，就可得到要求出的導數了。

範例 3

一架向北的飛機以每小時 640 哩的速率於中午飛越某小鎮。另一架向東的飛機以每小時 600 哩的速率於中午過後 15 分飛越同一小鎮。若飛機在同樣高度飛行，則在下午 1 點 15 分時，這兩架飛機分離得多快？

解答：

第 1 步：令 t 表中午 12 點 15 分後所經過的時間，y 為向北飛的飛機於此時間後所飛行的距離，x 為向東飛的飛機由此時間後的飛行距離，且 s 為此兩架飛機的距離。從中午 12 點到 12 點 15 分，向北飛的飛機飛行了 $\frac{640}{4} = 160$ 哩，所以在時間 t 時，它所飛行的距離為 $y+160$ 哩（見圖 4）。

第 2 步：已知對所有的 $t > 0$，$dy/dt = 640$ 且 $dx/dt = 600$。我們欲知在 $t = 1$ 時（即下午 1 點 15 分時）的 ds/dt。

第 3 步：依畢達哥拉斯恆等式，

$$s^2 = x^2 + (y+160)^2$$

第 4 步：上式兩邊對 t 微分，可得

$$2s\frac{ds}{dt} = 2x\frac{dx}{dt} + 2(y+160)\frac{dy}{dt}$$

或

$$s\frac{ds}{dt} = x\frac{dx}{dt} + (y+160)\frac{dy}{dt}$$

第 5 步：對所有的 $t > 0$，$dx/dt = 600$ 且 $dy/dt = 640$，而在 $t = 1$ 的那一刻，$x = 600$，$y = 640$，且 $s = \sqrt{600^2 + (640+160)^2} = 1000$。將這些資料代入第 4 步的方程式中，可得

$$1000\frac{ds}{dt} = (600)(600) + (640+160)(640)$$

因此

$$\frac{ds}{dt} = 872$$

下午 1 點 15 分時，這兩架飛機每小時分離 872 哩。

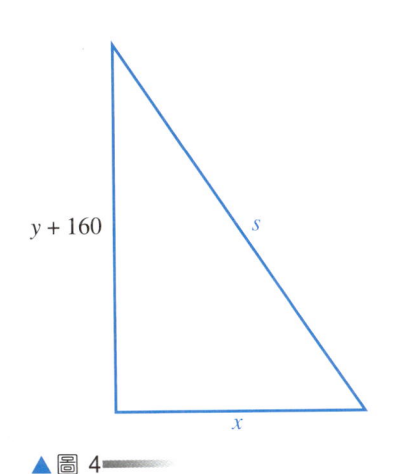

▲圖 4

範例 4

一個女人站在一個懸崖上，透過望遠鏡注視一艘逐漸靠近懸崖正下方之海岸線的汽船。若此望遠鏡位於水平面上方 250 呎且該汽船以每秒 20 呎的變率（速率）靠近海岸線，當汽船離岸邊 250 呎遠時，望遠鏡的角度變率為何？

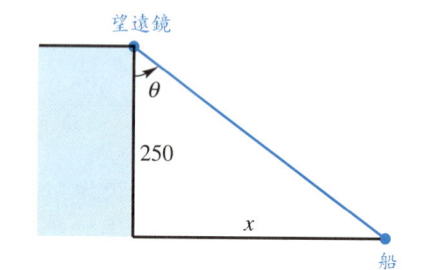

解答：

第 1 步：畫出示意圖（圖 5）且標示變數 x 和 θ，如圖所示。

第 2 步：已知 $dx/dt = -20$；負號是因為 x 隨時間遞減。我們欲知 $x = 250$ 時的 $d\theta/dt$。

第 3 步：由三角學可知

$$\tan \theta = \frac{x}{250}$$

第 4 步：上式兩邊對 t 微分，可得

$$\sec^2 \theta \frac{d\theta}{dt} = \frac{1}{250} \frac{dx}{dt}$$

第 5 步：當 $x = 250$ 時，$\theta = \pi/4$ 且 $\sec^2 \theta = \sec^2(\pi/4) = 2$。所以

$$2\frac{d\theta}{dt} = \frac{1}{250}(-20)$$

或

$$\frac{d\theta}{dt} = \frac{-1}{25} = -0.04$$

角度 θ 的變率為每秒 -0.04 弧度。負號表示 θ 隨時間遞減。

▲ 圖 5

範例 5

當太陽在一棟高度為 120 呎的大樓後方下沈時，該大樓的影子逐漸增長。當太陽光射線形成 30°（或 $\pi/6$ 弧度）時，影子增長得多快呢？

解答：

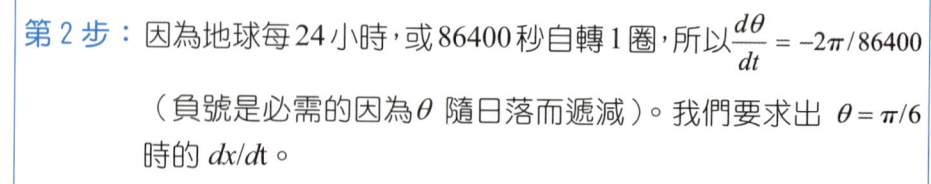

第 1 步：令 t 表示由午夜開始起算的秒數。令 x 呎表影子的長度且 θ 為太陽光射線的角度。見圖 6。

第 2 步：因為地球每 24 小時，或 86400 秒自轉 1 圈，所以 $\frac{d\theta}{dt} = -2\pi/86400$

（負號是必需的因為 θ 隨日落而遞減）。我們要求出 $\theta = \pi/6$ 時的 dx/dt。

第 3 步：圖 6 指出 x 和 θ 滿足 $\cot \theta = x/120$，所以 $x = 120 \cot \theta$。

第 4 步：將上式兩邊對 t 微分，可得

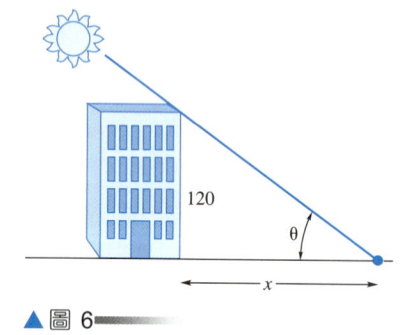

▲ 圖 6

$$\frac{dx}{dt} = 120(-\csc^2\theta)\frac{d\theta}{dt} = -120(\csc^2\theta)\left(-\frac{2\pi}{86400}\right) = \frac{\pi}{360}\csc^2\theta \text{ 呎／秒}$$

第 5 步：當 $\theta = \pi/6$ 時，

$$\frac{dx}{dt} = \frac{\pi}{360}\csc^2\frac{\pi}{6} = \frac{\pi}{360}(2)^2 = \frac{\pi}{90} \approx 0.0349 \text{ 呎／秒}$$

注意到當日落時，θ 是遞減的，但影子長度 x 卻是遞增的。

練習題 2.8

1-2 題中，求 $\dfrac{dy}{dt}$ 和 $\dfrac{dx}{dt}$ 之值

方程式	已知	求
1. $y = x^2 - \sqrt{x}$	$x = 4$, $\dfrac{dx}{dt} = 8$	$\dfrac{dy}{dt}$
	$x = 16$, $\dfrac{dy}{dt} = 12$	$\dfrac{dx}{dt}$
2. $xy = 4$	$x = 8$, $\dfrac{dx}{dt} = 10$	$\dfrac{dy}{dt}$
	$x = 1$, $\dfrac{dy}{dt} = -6$	$\dfrac{dx}{dt}$

3. 一立方體的邊長以每秒 3 吋的速率增加，當邊長為 12 吋時，立方體的體積以怎樣的變率增加？

4. 假設一個肥皂泡在脹大的過程中一直保持球形，若以每秒 3 立方吋的速率將空氣吹入此肥皂泡，當肥皂泡的半徑為 3 吋時，半徑增加得多快？

5. 一架飛機在 1 哩的高度水平飛行，直接越過一位觀察者，假如飛機的固定速率為每小時 400 哩，45 秒後，飛機與觀察者之間的距離增加得多快？（提示：45 秒（即 $\dfrac{3}{4}\cdot\dfrac{1}{60}=\dfrac{1}{80}$ 小時）內，飛機飛行了 5 哩。）

6. 一個 20 呎高的梯子斜靠在一個建築的牆上，若梯底在水平步道上，以每秒 1 呎的速率滑離該牆，當梯底離該牆 5 呎時，梯頂下滑得多快？

7. 經過一個管子，以每秒 16 立方呎的速率倒下沙子，在地上形成一個圓錐形的沙堆，此圓錐形的高度總是底部直徑的 1/4，當沙堆 4 呎高時，它的高度增加得多快？

提示：參考圖 7 並利用 $V = \dfrac{1}{3}\pi r^2 h$

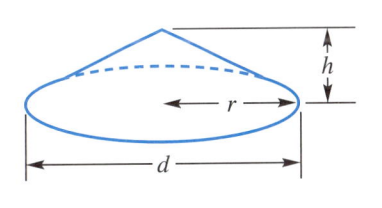

▲ 圖 7

8. 一個小孩在放風箏，此風箏在小孩的手之上方 90 呎高，且風以每秒 5 呎的速率，水平吹走風箏。當小孩放出 150 呎的風箏線之時，放出風箏線的速率有多快呢？（假設由小孩的手到風箏之間的風箏線一直維持直線狀態，當然，這是不切實際的假設。）

9. 一質點 P 沿著 $y = \sqrt{x^2 - 4}$，$x \geq 2$ 的圖形移動，P 的 x 坐標以每秒 5 單位的速率增加，當 $x = 3$ 時，P 的 y 坐標增加得多快？

10. 一金屬圓盤加熱時會膨脹，若它的半徑以每秒 0.02 吋的速率增加，當半徑為 8.1 吋時，圓盤盤面的面積增加得多快？

2.9 微分與近似

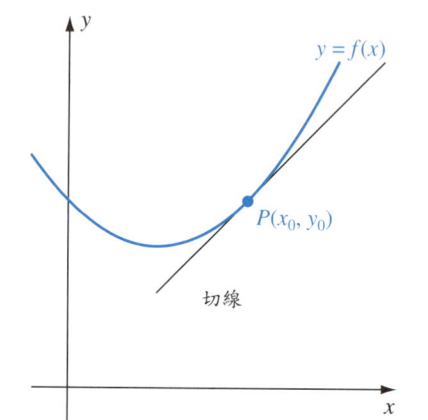

萊布尼茲符號 dy/dx 用來表示 y 對 x 的微分，符號 d/dx 當成一個算子，用表示緊跟在 d/dx 之後的東西對 x 的微分，因此 d/dx 與 D_x 有相同的意思。到目前為止，我們把 dy/dx (或是 d/dx) 當成一個單一的符號，未曾試著對 dy 與 dx 分別給予意義。本節中，我們將定義 dy，也定義 dx。

令 f 是一個可微分函數，$P(x_0, y_0)$ 是 $y = f(x)$ 圖形上的一點，如圖 1 所示。因為 f 可微分，可得

$$\lim_{\Delta x \to 0} \frac{f(x_0 + \Delta x) - f(x_0)}{\Delta x} = f'(x_0)$$

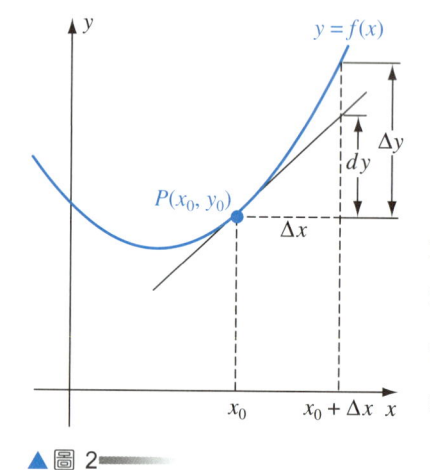

若 Δx 很微小，則商 $[f(x_0 + \Delta x) - f(x_0)]/\Delta x$ 將近似於 $f'(x_0)$，因此

$$f(x_0 + \Delta x) - f(x_0) \approx \Delta x \, f'(x_0)$$

上式的左邊稱為 Δy，這是當 x 從 x_0 變成 $x_0 + \Delta x$ 時，y 的真正變化量。上式的右邊叫做 dy，它是 Δy 的一個近似值。如圖 2 所示，數量 dy 等於當 x 由 x_0 變到 $x_0 + \Delta x$ 時，曲線在點 P 之切線的變化量。當 Δx 非常小時，我們可預期，dy 是 Δy 的一個良好近似值，而且，因為它是數字 $f'(x_0)$ 乘以 Δx，通常是容易計算的。

微分(Differential)的定義 底下是微分 dx 和 dy 的正式定義。

定義　微分（Differential）

令 $y = f(x)$ 是變數 x 的一個可微分函數。

Δx 是變數 x 的一個增量。

dx 稱為**變數 x 的微分**（differential of x），等於增量 Δx。

Δy 是當 x 由 x 變到 $x + \Delta x$ 時的真正變化量；也就是 $\Delta y = f(x + \Delta x) - f(x)$。

dy 稱為 **y 的微分**（differential of y），定義為 $dy = f'(x)\, dx$。

● 範例 1

針對下列各給定的 y，求 dy

(a) $y = x^3 - 3x + 1$ 　　(b) $y = \sqrt{x^2 + 3x}$

(c) $y = \sin(x^4 - 3x^2 + 11)$

解答：

(a) $dy = (3x^2 - 3)\, dx$

(b) $dy = \frac{1}{2}(x^2 + 3x)^{-1/2}(2x + 3)\, dx = \frac{2x + 3}{2\sqrt{x^2 + 3x}}\, dx$

(c) $dy = \cos(x^4 - 3x^2 + 11) \cdot (4x^3 - 6x)\, dx$

有兩件是要注意，第一，因為 $dy = f'(x)dx$，等式兩邊同除以 dx 可得

$$\frac{dy}{dx} = f'(x)$$

我們可以說，導數是兩個微分的商。

第二，相對於每個導數法則，將等式兩邊同乘以 dx，可得一個微分法則。下表中，我們展示了一些重要的法則。

導數（Derivative）與微分（Differential）的差別

導數（Derivative）與微分（Differential）是不一樣的。當你寫 $D_x y$ 或是 dy/dx 時，是指導數；當你寫 dy 時，是指微分。請勿混淆符號。

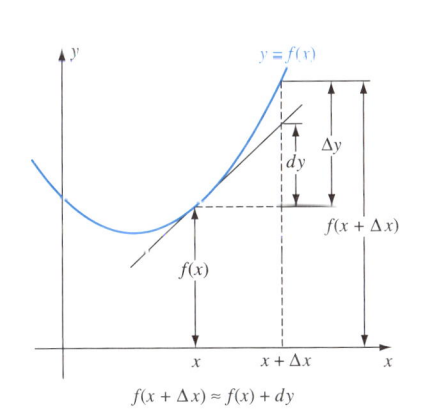

導數法則（Derivative Rule）	微分法則（Differential Rule）
1. $\dfrac{dk}{dx} = 0$	1. $dk = 0$
2. $\dfrac{d(ku)}{dx} = k\dfrac{du}{dx}$	2. $d(ku) = k\, du$
3. $\dfrac{d(u + v)}{dx} = \dfrac{du}{dx} + \dfrac{dv}{dx}$	3. $d(u + v) = du + dv$
4. $\dfrac{d(uv)}{dx} = u\dfrac{dv}{dx} + v\dfrac{du}{dx}$	4. $d(uv) = u\, dv + v\, du$
5. $\dfrac{d(u/v)}{dx} = \dfrac{v(du/dx) - u(dv/dx)}{v^2}$	5. $d\left(\dfrac{u}{v}\right) = \dfrac{v\, du - u\, dv}{v^2}$
6. $\dfrac{d(u^n)}{dx} = nu^{n-1}\dfrac{du}{dx}$	6. $d(u^n) = nu^{n-1}\, du$

近似 假設 $y = f(x)$ 如圖 3 所示。一個增量 Δx 產生一個對應的 y 增量 Δy，它可由微分 dy 來近似。所以

$$f(x + \Delta x) \approx f(x) + dy = f(x) + f'(x)\,\Delta x$$

這是接下來的所有範例的根基。

▲ 圖 3

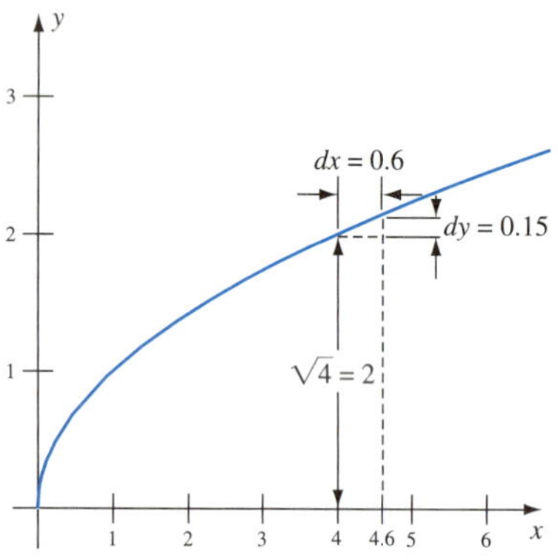

範例 2

假設你需要 $\sqrt{4.6}$ 和 $\sqrt{8.2}$ 的良好近似值,但是你的計算機壞了。你可以怎麼處理?

解答:考慮描繪於圖 4 中的 $y = \sqrt{x}$ 之圖形。當 x 從 4 變到 4.6,$\sqrt{x}$ 從 $\sqrt{4}$ 變到 $\sqrt{4} + dy$。

現在

$$dy = \frac{1}{2}x^{-1/2}\,dx = \frac{1}{2\sqrt{x}}\,dx$$

在 $x = 4$ 且 $dx = 0.6$ 時,

$$dy = \frac{1}{2\sqrt{4}}(0.6) = \frac{0.6}{4} = 0.15$$

所以,

$$\sqrt{4.6} \approx \sqrt{4} + dy = 2 + 0.15 = 2.15$$

同理,在 $x = 9$ 且 $dx = -0.8$ 時,

$$dy = \frac{1}{2\sqrt{9}}(-0.8) = \frac{-0.8}{6} \approx -0.133$$

因此,

$$\sqrt{8.2} \approx \sqrt{9} + dy \approx 3 - 0.133 = 2.867$$

近似值 2.15 和 2.867 可與真正的值(準確到第 4 位小數)2.1448 和 2.8636 做比較。

▲ 圖 4

範例 3

一個球形肥皂泡的半徑由 3 吋增大到 3.025 吋,請利用微分估算所增加的面積。

解答:一個球形肥皂泡的面積為 $A = 4\pi r^2$。我們利用微分 dA 來估算真正的變化量 ΔA,

$$dA = 8\pi r\,dr$$

$r = 3$ 且 $dr = \Delta r = 0.025$,可得

$$dA = 8\pi(3)(0.025) \approx 1.885 \text{ 平方吋}$$

估計的誤差 科學中一個常見的問題,一個研究者量度變數 x 在 x_0 的值時,有可能的誤差 $\pm\Delta x$。y 以 x 為變數,將 x_0 代入得值 y_0。值 y_0 由於 x 中有誤差而不準確,但有多壞呢?利用微分來估計此誤差是標準的程序。

範例 4

量得一正方體的邊長為 11.4 公分,可能誤差為 ± 0.05 公分。計算此正方體的體積,並求出該體積可能誤差的近似值。

解答:邊長為 x 的正方體的體積為 $V = x^3$。所以 $dV = 3x^2\, dx$。若 $x = 11.4$ 且 $dx = 0.05$,則 $V = (11.4)^3 \approx 1482$ 且

$$\Delta V \approx dV = 3(11.4)^2(0.05) \approx 19$$

所以,我們可以說該正方體的體積為 1482 ± 19 立方公分。

範例 4 中的數量 ΔV 稱為**絕對誤差**(absolute erroe)。另一種誤差的量度叫做**相對誤差**(relative error),它是將絕對誤差除以總體積而得。我們可用 dV/V 來估算相對誤差 $\Delta V/V$。在範例 4 中,相對誤差為

$$\frac{\Delta V}{V} \approx \frac{dV}{V} \approx \frac{19}{1482} \approx 0.0128$$

而相對誤差通常以百分比表示。所以我們說範例 4 中的正方體體積的相對誤差近似於 1.28%。

範例 5

Poiseuille 血流定律說:流經一條動脈的血液與動脈半徑的 4 次方成正比。即 $V = kR^4$。為了使血流增加 50%,半徑必須增加多少?

解答:V 的微分為 $dV = 4kR^3\, dR$。V 中的相關變化率為

$$\frac{\Delta V}{V} \approx \frac{dV}{V} = \frac{4kR^3\, dR}{kR^4} = 4\frac{dR}{R}$$

所以對於 50% 的體積變化,

$$0.5 \approx \frac{dV}{V} = 4\frac{dR}{R}$$

R 的相關變化率為

$$\frac{\Delta R}{R} \approx \frac{dR}{R} \approx \frac{0.5}{4} = 0.125$$

因此,一條動脈的半徑增大 12.5% 將使血流增加約 50%。

線性近似 若 f 在 a 是可微分的,則由直線的點斜式可得,函數 f 在 $(a, f(a))$ 的切線方程式為 $y = f(a) + f'(a)(x - a)$。函數

$$L(x) = f(a) + f'(a)(x - a)$$

稱為函數 f 在 a 的**線性近似（linear approximation）**，當 x 靠近 a 時，它通常是 f 的一個良好近似。

範例 6

求出並繪出 $f(x) = 1 + \sin 2x$ 在 $x = \pi/2$ 的線性近似。

解答： f 的導函數為 $f'(x) = 2\cos 2x$，所以，所求的線性近似為

$$L(x) = f(\pi/2) + f'(\pi/2)(x - \pi/2)$$
$$= (1 + \sin \pi) + (2\cos \pi)(x - \pi/2)$$
$$= 1 - 2(x - \pi/2) = (1 + \pi) - 2x$$

圖 5(a) 顯示了，函數 f 及線性近似 L 在區間 $[0, \pi]$ 上的圖形。我們發現，在 $\pi/2$ 附近此近似是良好的，但是，當挪移 x 離開 $\pi/2$ 時，近似就沒那麼好了。圖 5(b) 和 (c) 顯示了 f 和 L 在越來越小的區間上的圖形。當 x 很靠近 $\pi/2$ 時，我們看到線性近似非常接近函數 f。

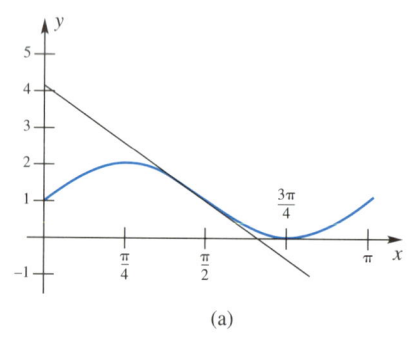

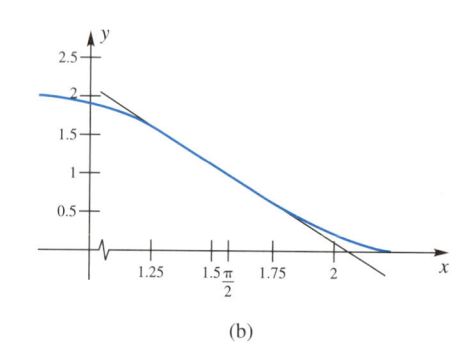

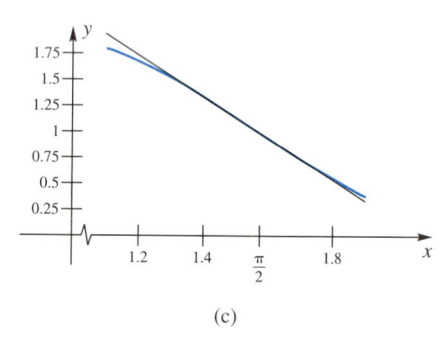

▲ 圖 5

練習題 2.9

1-5 題中，求 dy。

1. $y = x^2 + x - 3$
2. $y = (2x+3)^{-4}$
3. $y = (\sin x + \cos x)^3$
4. $y = (\tan x + 1)^3$
5. $y = \left(x^{10} + \sqrt{\sin 2x}\right)^2$

6-7 題中，請利用微分求出給定數字的近似值（範例 2），請與計算機算出的值比較。

6. $\sqrt{402}$
7. $\sqrt{35.9}$
8. $\sqrt[3]{26.91}$

9. 假設 f 是一個函數，已知 $f(1) = 10$ 且 $f'(1.02) = 12$，請利用此資訊算出 $f(1.02)$ 的近似值。

10. 假設 f 是一個函數，已知 $f(3) = 8$ 且 $f'(3.05) = \dfrac{1}{4}$，請利用此資訊算出 $f(3.05)$ 的近似值。

11-14 題中，求各給定函數在指定點的線性近似，並在指定區間上繪出函數及其線性近似的圖形。

11. $f(x) = x^2$ 在 $a = 2, [0,3]$

12. $h(x) = \sin x$ 在 $a = 0, [-\pi, \pi]$

13. $F(x) = 3x + 4$ 在 $a = 3, [0,6]$

14. $G(x) = x + \sin 2x$ 在 $a = \pi/2, [0, \pi]$

Chapter 3 導數的應用

本章概要

- 3.1 極大值與極小值
- 3.2 單調性與凹性
- 3.3 區域極值與開區間上的區域極值
- 3.4 實際問題
- 3.5 利用微積分描繪函數圖形
- 3.6 導數均值定理
- 3.7 數值解方程式
- 3.8 反導函數
- 3.9 微分方程的簡介

3.1 極大值與極小值

在生活當中，我們時常面對尋找完成某事的最佳途徑問題。例如，一個農夫想要選擇能夠產生最大利潤的作物組合。一位醫師希望擇定能夠治癒某種疾病的最小劑量藥品。通常像這種問題可被規劃為包含求一個函數在某一特別集合上的極大值或極小值。若是這樣，微積分的方法提供了解決此類問題的一個有力工具。

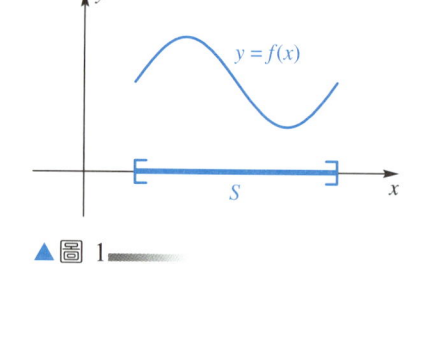

給定一個函數 $f(x)$ 及一個定義域 S，如圖 1 所示。我們提出三個問題：

1. $f(x)$ 在 S 上有極大值或極小值嗎？
2. 若有，在何處可達到這些極大值或極小值呢？
3. 若它們存在，則極大值和極小值為何？

回答上列問題是本節的主要目標。我們以介紹一個明確的字彙開始。

▲圖 1

▲圖 2

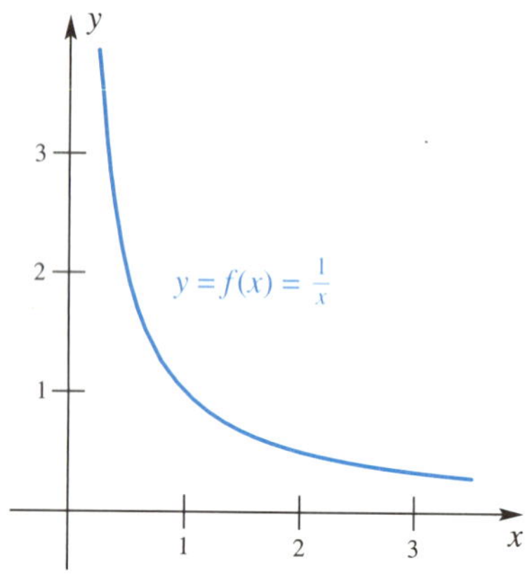

在 $(0, \infty)$ 上，無極大值或極小值
在 $[1, 3]$ 上，極大值 $= 1$，極小值 $= \frac{1}{3}$
在 $(1, 3]$ 上，無極大值，極小值 $= \frac{1}{3}$

▲圖 3

無極大值，極小值 $= 0$

定義

令函數 f 的定義域 S 包含點 c。我們稱

(i) $f(c)$ 是 f 在 S 上的**極大值**（maximum value），若 $f(c) \geq f(x)$ 對於所有在 S 中之 x；

(ii) $f(c)$ 是 f 在 S 上的**極小值**（minimum value），若 $f(c) \leq f(x)$ 對於所有在 S 中之 x；

(iii) $f(c)$ 是 f 在 S 上的**極值**（extreme value），若 $f(c)$ 是極大值或極小值；

(iv) 我們欲求極值的函數為**目標函數**（objective function）。

存在性問題 f 在 S 上有一個極大（或極小）值嗎？首先，這答案取決於集合 S。考慮 $f(x) = 1/x$ 在 $S = (0, \infty)$ 上；它既無極大值亦無極小值（圖 2）。另一方面，同樣的函數在 $S = [1, 3]$ 上有極大值 $f(1) = 1$ 且有極小值 $f(3) = \frac{1}{3}$。在 $S = (1, 3]$ 上，f 無極大值但有極小值 $f(3) = \frac{1}{3}$。

答案也和函數的種類有關。考慮不連續函數 g（圖 3）

$$g(x) = \begin{cases} x & \text{若 } 1 \leq x < 2 \\ x - 2 & \text{若 } 2 \leq x \leq 3 \end{cases}$$

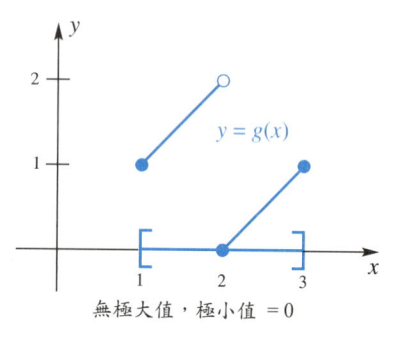

在 $S = [1, 3]$ 上，g 沒有極大值（它可以任意靠近 2 但就是無法到達 2）。但是，g 有極小值 $g(2) = 0$。

有一個很好的定理，可以回答許多實際問題之解答的存在性。

> **定理 A　極大－極小存在性定理**
> 若函數 f 在閉區間 $[a, b]$ 上連續，則 f 在 $[a, b]$ 上具有極大值和極小值。

極值發生在何處呢？　通常目標函數的定義域為一個區間 I。而此區間也許是 0.2 節所討論的 9 種區間的任何一種。其中有些包含端點；有些沒有。例如，$I = [a, b]$ 包含它的兩個端點；$[a, b)$ 只包含左端點；(a, b) 不包含任一端點。而定義在閉區間上之函數的極值經常發生在端點（見圖 4）。

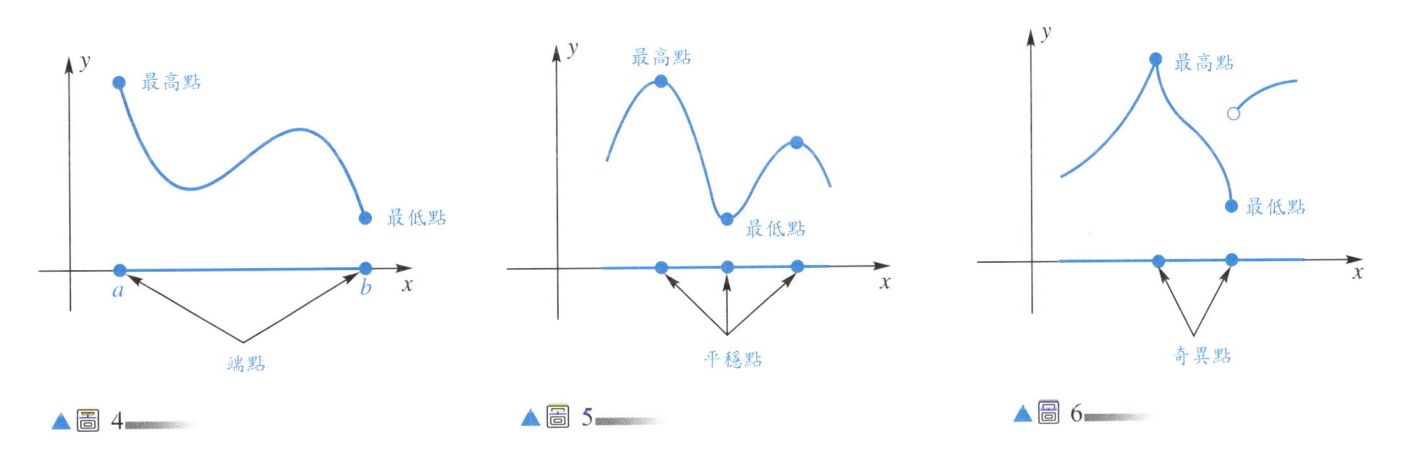

▲圖 4

▲圖 5

▲圖 6

若點 c 滿足 $f'(c) = 0$，我們稱 c 為一個**平穩點**（stationary point）。這名稱來自於函數 f 的圖形在平穩點上是平坦之事實，因為切線是水平的。極值時常發生在平穩點（見圖 5）。

最後，若 c 是 I 的一個內點且 $f'(c)$ 不存在，則 c 稱為一個**奇異點**（singular point）。函數 f 在奇異點有一個尖角，垂直切線，也許做一個跳躍，或接近該點時劇烈擺動。雖然在實際問題中鮮少出現，極值可能發生在奇異點（圖 6）。

以上這三種點（端點、平穩點和奇異點）是極值討論的關鍵點。函數 f 定義域中的這三種點都稱為 f 的**臨界點**（critical point）。

▲ 圖 7 $y = -2x^3 + 3x^2$

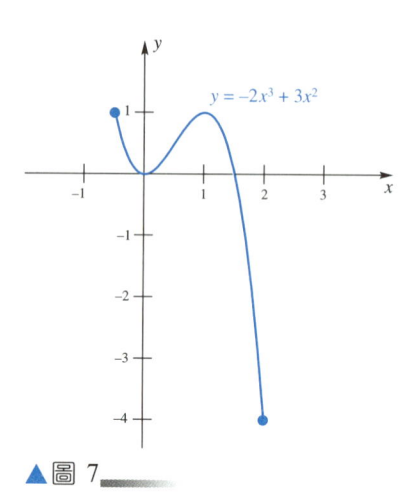

範例 1

求 $f(x) = -2x^3 + 3x^2$ 在 $\left[-\frac{1}{2}, 2\right]$ 上的臨界點。

解答：端點為 $-\frac{1}{2}$ 和 2。解方程式 $f'(x) = -6x^2 + 6x = 0$ 得平穩點為 0 和 1。不存在奇異點。所以臨界點為 $-\frac{1}{2}$、0、1 和 2。

定理 B　臨界點定理

令 f 定義在包含點 c 的一個區間 I 上。
若 $f(c)$ 是一個極值，則 c 必為一個臨界點。

證明　首先考慮 $f(c)$ 是 f 在 I 上的極大值這種情況，並且假設 c 既非端點亦非奇異點。我們必須證明 c 是一個平穩點。

因為 $f(c)$ 是極大值，$f(x) \leq f(c)$ 對所有 I 內之 x；即為

$$f(x) - f(c) \leq 0$$

所以，若 $x < c$ 使得 $x - c < 0$，則

(1) $$\frac{f(x) - f(c)}{x - c} \geq 0$$

然而，若 $x > c$，則

(2) $$\frac{f(x) - f(c)}{x - c} \leq 0$$

但是 $f'(c)$ 存在，因為 c 不是一個奇異點。因此，當我們令 $x \to c^-$ 於 (1) 中且 $x \to c^+$ 於 (2) 中，我們分別得到 $f'(c) \geq 0$ 且 $f'(c) \leq 0$。所以我們結論 $f'(c) = 0$。

同理可證，$f(c)$ 是極小值的情況。　∎

極值為何？　根據定理 A 和 B，我們現在介紹一個簡單程序，可用來求一個在閉區間 I 上連續之函數的極大值和極小值。

第 1 步：求 f 在 I 上的臨界點。

第 2 步：計算 f 在每個臨界點的函數值。其中最大者就是極大值；其中最小者就是極小值。

範例 2

求 $f(x) = x^3$ 在 $[-2, 2]$ 上的極大值和極小值。

解答：在 $(-2, 2)$ 上，導數 $f'(x) = 3x^2$，而且只有 $x = 0$ 使得導數為 0。故臨界點為 $x = 0$ 以及端點 $x = -2$ 和 $x = 2$。而 $f(-2) = -8$，$f(0) = 0$，且 $f(2) = 8$。所以 f 的極大值為 8 且極小值為 -8。

範例 3

求 $f(x) = -2x^3 + 3x^2$ 在 $\left[-\frac{1}{2}, 2\right]$ 上的極大值和極小值。

解答：在範例 1 中，我們確認臨界點為 $-\frac{1}{2}$、0、1 和 2。而 $f\left(-\frac{1}{2}\right) = 1$，$f(0) = 0$，$f(1) = 1$，且 $f(2) = -4$。所以極大值為 1 且極小值為 -4。f 的圖形如圖 7 所示。

範例 4

函數 $F(x) = x^{2/3}$ 到處連續。求它在 $[-1, 2]$ 上的極大值和極小值。

解答：$F'(x) = \frac{2}{3}x^{-1/3}$，它絕不為 0。但是，$F'(0)$ 不存在，所以 0 是一個臨界點，端點 -1 和 2 也是。而 $F(-1) = 1$，$F(0) = 0$ 且 $F(2) = \sqrt[3]{4} \approx 1.59$。所以極大值為 $\sqrt[3]{4}$；極小值為 0。F 的圖形如圖 8 所示。

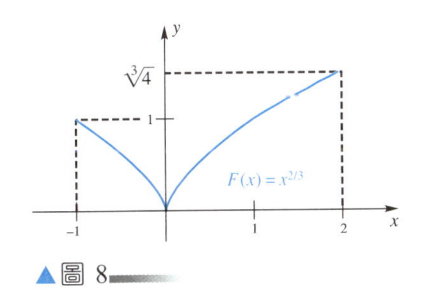

▲ 圖 8

範例 5

求 $f(x) = x + 2\cos x$ 在 $[-\pi, 2\pi]$ 上的極大值和極小值。

解答：圖 9 顯示了 $y = f(x)$ 的圖形。導數為 $f'(x) = 1 - 2\sin x$，在 $(-\pi, 2\pi)$ 上有定義，且當 $\sin x = 1/2$ 時，$f'(x)$ 為 0。在 $[-\pi, 2\pi]$ 上滿足 $\sin x = 1/2$ 者只有 $x = \pi/6$ 和 $x = 5\pi/6$。此兩點加上端點 $-\pi$ 和 2π 成為臨界點。計算 f 在每個臨界點的函數值：

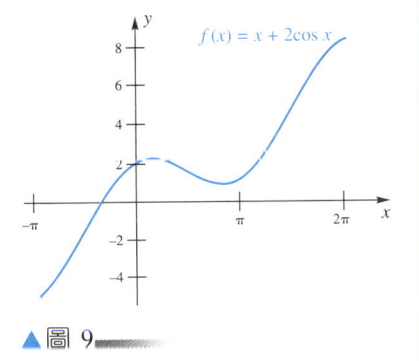

$$f(-\pi) = -2 - \pi \approx -5.14 \qquad f(\pi/6) = \sqrt{3} + \frac{\pi}{6} \approx 2.26$$

$$f(5\pi/6) = -\sqrt{3} + \frac{5\pi}{6} \approx 0.89 \qquad f(2\pi) = 2 + 2\pi \approx 8.28$$

所以，$-2 - \pi$ 是極小值，而極大值為 $2 + 2\pi$。

▲ 圖 9

練習題 3.1

1-3 題中，每一個函數的定義域都是 $[-2, 4]$，請找出所有的奇異點，及極大值與極小值。

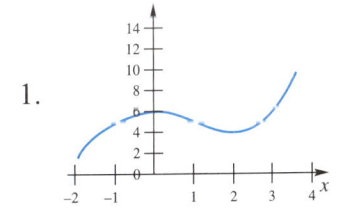

1.

2.

3.

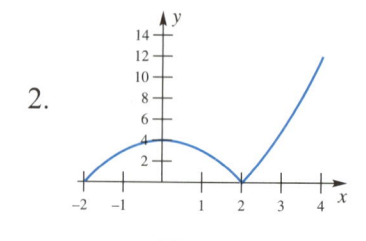

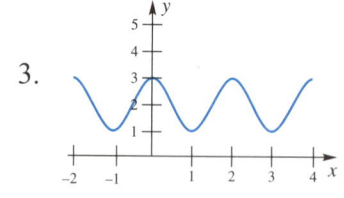

4-13 題中，確認臨界點並求函數在指定區間上的極大值和極小值。

4. $f(x) = x^2 + 4x + 4$，$I = [-4, 0]$

5. $f(x) = \dfrac{1}{5}(2x^3 + 3x^2 - 12x)$，$I = [-3, 3]$

6. $f(x) = \dfrac{1}{1+x^2}$，$I = [-3, 1]$

7. $f(x) = x^4 - 2x^2 + 2$，$I = [-2, 2]$

8. $f(x) = x^5 - \dfrac{25}{3}x^3 + 20x - 1$，$I = [-3, 2]$

9. $f(x) = \dfrac{x}{1+x^2}$，$I = [-1, 4]$

10. $r(\theta) = \sin\theta$，$I = \left[-\dfrac{\pi}{4}, \dfrac{\pi}{6}\right]$

11. $s(t) = \sin t - \cos t$，$I = [0, \pi]$

12. $a(x) = |x-1|$，$I = [0, 3]$

13. $g(x) = x - 2\sin x$，$I = [-2\pi, 2\pi]$

3.2　單調性與凹性

　　考慮圖 1 中的圖形。沒人會驚訝我們說 f 遞減到 c 的左邊且往 c 的右邊遞增。但為了確保名稱一致，我們給出明確定義。

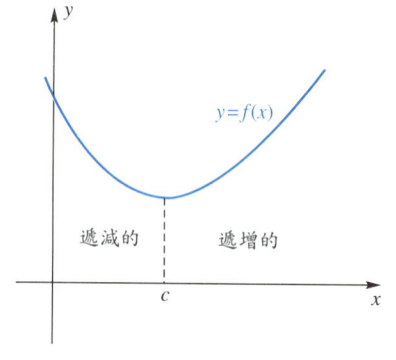

定義

令 f 定義在區間 I 上。我們說

(i) f 在 I 上**遞增**（increasing），若對於 I 中的每對數 x_1 和 x_2，
$$x_1 < x_2 \Rightarrow f(x_1) < f(x_2)$$

(ii) f 在 I 上**遞減**（decreasing），若對於 I 中的每對數 x_1 和 x_2，
$$x_1 < x_2 \Rightarrow f(x_1) > f(x_2)$$

(iii) f 在 I 上**嚴格單調**（strictly monotonic），若 f 不是在 I 上遞增就是在 I 上遞減。

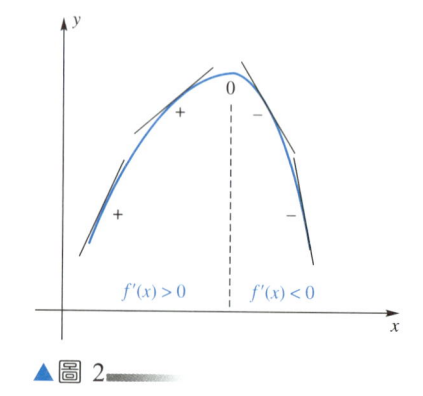

一階導數與單調性　記得一階導數 $f'(x)$ 是函數 f 的圖形在點 x 的切線斜率。所以，若 $f'(x) > 0$，則切線往右上升，f 是遞增的（見圖 2）。同理，若 $f'(x) < 0$，則切線往右下降，f 是遞減的。這些觀察並沒有證明了定理 A，我們要到 3.6 節才給予一個嚴謹的證明。

導數的應用 Chapter 3   147

> **定理 A　單調性定理（Monotonicity Theorem）**
>
> 令 f 在區間 I 上連續且在 I 的每個內點皆可微分。
> (i) 若對於 I 的每個內點 x，$f'(x) > 0$，則 f 在 I 上遞增。
> (ii) 若對於 I 的每個內點 x，$f'(x) < 0$，則 f 在 I 上遞減。

此定理允許我們決定一個可微分函數在何處遞增？在何處遞減？不過就是解兩個不等式而已。

● 範例 1

令 $f(x) = 2x^3 - 3x^2 - 12x + 7$，求 f 在何處遞增，在何處遞減。

解答： 我們先求出 f 的導數。
$$f'(x) = 6x^2 - 6x - 12 = 6(x+1)(x-2)$$
我們必須決定何處
$$(x+1)(x-2) > 0$$
及何處
$$(x+1)(x-2) < 0$$

這個問題已在 0.2 節詳細討論過。分割點是 -1 和 2，它們將 x 軸分割為三個區間 $(-\infty, -1)$，$(-1, 2)$，$(2, \infty)$。利用測試點 -2、0 和 3，可知在第一個和第三個區間中 $f'(x) > 0$，在第二個區間中 $f'(x) < 0$（圖 3）。所以依照定理 A，f 在 $(-\infty, -1]$ 和 $[2, \infty)$ 上遞增，在 $[-1, 2]$ 上遞減。注意，定理 A 允許我們包含這些區間的端點，即使在這些端點上 $f'(x) = 0$。F 的圖形如圖 4 所示。

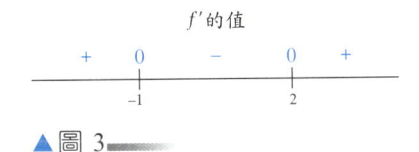

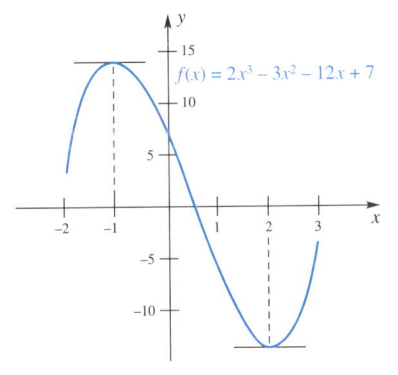

▲圖 3　f' 的值

▲圖 4

● 範例 2

決定 $g(x) = x/(1 + x^2)$ 在何處遞增，在何處遞減。

解答：
$$g'(x) = \frac{(1+x^2) - x(2x)}{(1+x^2)^2} = \frac{1-x^2}{(1+x^2)^2} = \frac{(1-x)(1+x)}{(1+x^2)^2}$$

$g'(x)$ 和 $(1-x)(1+x)$ 有相同的正負號。分割點 -1 和 1 決定了三個區間 $(-\infty, -1)$，$(-1, 1)$ 和 $(1, \infty)$。當我們測試它們後發現，在第一個和第三個區間上 $g'(x) < 0$，在第二個區間上 $g'(x) > 0$（圖 5）。由定理 A 我們結論在 $(-\infty, -1]$ 和 $[1, \infty)$ 上遞減，在 $[-1, 1]$ 上遞增。

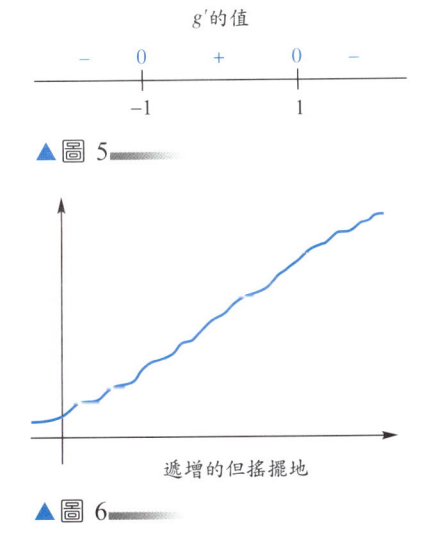

▲圖 5　g' 的值

一階導數與凹性　一個函數也許遞增且圖形劇烈搖擺（圖 6）。為了分析圖形的搖擺，必須研究當我們沿著圖形由左至右移動時，切線是如何轉動的。若切線以逆時針方向轉動，我們說圖形上凹；若切線順時針轉動，圖形下凹。利用函數及它們的導函數，這兩個定義有較佳的陳述。

▲圖 6　遞增的但搖擺地

定義

令 f 在一個開區間 I 上可微分。

若 f' 在 I 上是遞增的，則稱 f 在 I 上是**上凹的**（concave up），

若 f' 在 I 上是遞減的，則稱 f 在 I 上是**下凹的**（concave down）。

　　圖 7 中的圖將有助於釐清這些觀念。注意到一條上凹的曲線形狀像一個杯子。

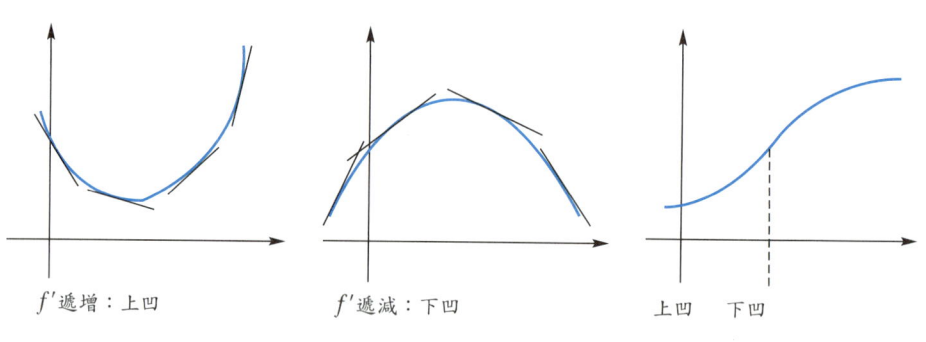

▲ 圖 7

　　由於定理 A，我們有一個簡易準則可用來決定一條曲線在何處上凹，在何處下凹。我們只要記得 f 的二階導數就是 f' 的一階導數。因此，若 f'' 是正的，則 f' 遞增；若 f'' 是負的，則 f' 遞減。

定理 B　凹性定理（Concavity Theorem）

令 f 在開區間 I 上二次可微分。

(i)　若 $f''(x) > 0$ 對於 I 內所有 x，則 f 在 I 上凹。

(ii)　若 $f''(x) < 0$ 對於 I 內所有 x，則 f 在 I 下凹。

▲ 圖 8

● 範例 3

$f(x) = \frac{1}{3}x^3 - x^2 - 3x + 4$ 在何處遞增、遞減、上凹和下凹呢？

解答：

$$f'(x) = x^2 - 2x - 3 = (x+1)(x-3)$$
$$f''(x) = 2x - 2 = 2(x-1)$$

解不等式 $(x+1)(x-3) > 0$ 及 $(x+1)(x-3) < 0$，我們結論 f 在 $(-\infty, -1]$ 和 $[3, \infty)$ 上遞增且在 $[-1, 3]$ 上遞減（圖 8）。同理，解不等式 $2(x-1) > 0$ 和 $2(x-1) < 0$，可得 f 在 $(1, \infty)$ 上凹且在 $(-\infty, 1)$ 下凹。F 的圖形如圖 9 所示。

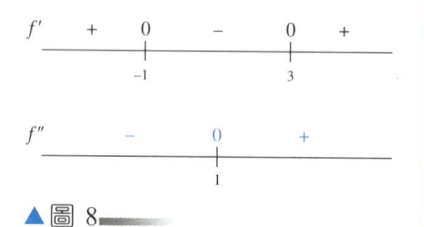

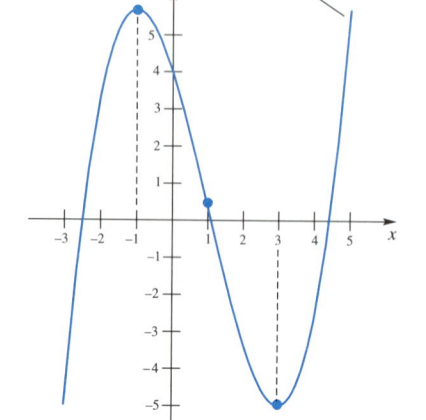

▲ 圖 9

導數的應用 Chapter 3   149

範例 4

$g(x) = x/(1 + x^2)$ 在何處上凹、在何處下凹呢？請描繪 g 的圖形。

解答：在範例 2 中，我們已得知 g 在 $(-\infty, -1]$ 和 $[1, \infty)$ 上遞減且在 $[-1, 1]$ 上遞增。為了分析凹性，我們計算 g''。

$$g'(x) = \frac{1 - x^2}{(1 + x^2)^2}$$

$$g''(x) = \frac{(1 + x^2)^2(-2x) - (1 - x^2)(2)(1 + x^2)(2x)}{(1 + x^2)^4}$$

$$= \frac{(1 + x^2)[(1 + x^2)(-2x) - (1 - x^2)(4x)]}{(1 + x^2)^4}$$

$$= \frac{2x^3 - 6x}{(1 + x^2)^3}$$

$$= \frac{2x(x^2 - 3)}{(1 + x^2)^3}$$

因為分母總是為正，我們只須解 $x(x^2 - 3) > 0$ 和 $x(x^2 - 3) < 0$。分割點 $-\sqrt{3}$、0、和 $\sqrt{3}$ 決定了四個區間。測試它們之後（圖 10），可知 g 在 $(-\sqrt{3}, 0)$ 和 $(\sqrt{3}, \infty)$ 上凹且在 $(-\infty, -\sqrt{3})$ 和 $(0, \sqrt{3})$ 下凹。利用已得到的所有資訊，以及 g 是一個奇函數，它的圖形會對稱於原點，我們可畫出 g 的圖形（圖 11）。

▲ 圖 10

▲ 圖 11

範例 5

將水以每秒 $\frac{1}{2}$ 立方吋的固定速率注入一個圓錐形容器（圖 12）。水的高度 h 是時間 t 的一個函數 $h(t)$，並且 $h(t)$ 的描述是從 $t = 0$ 一直到容器注滿水為止。

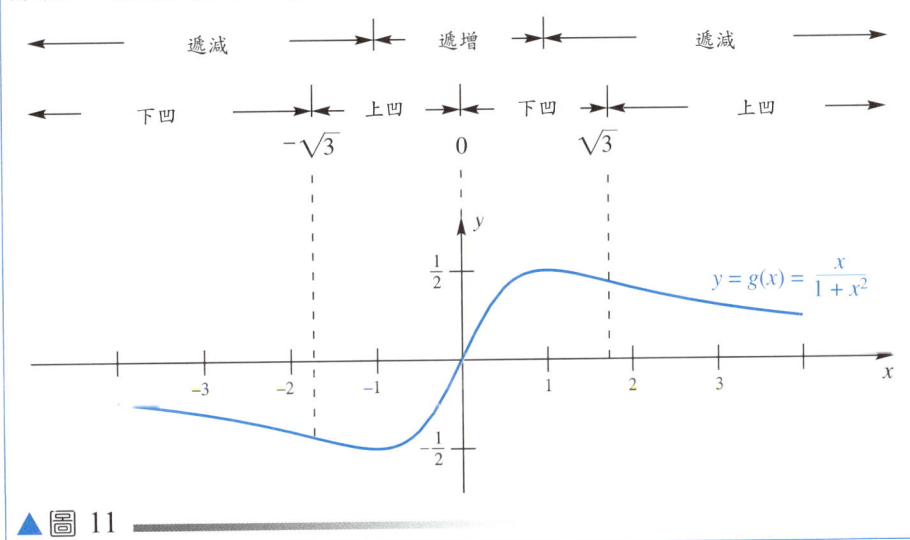

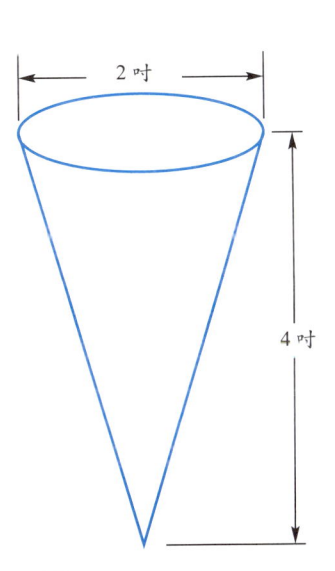

▲ 圖 12

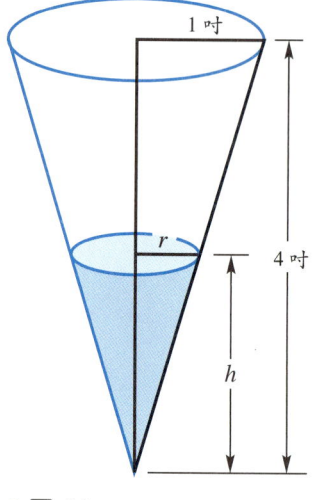

▲ 圖 13

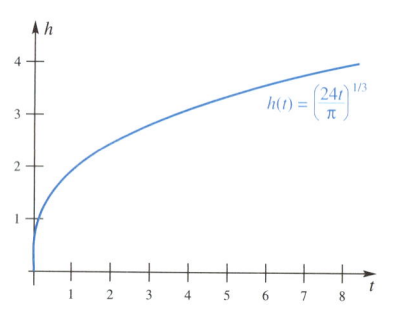

▲ 圖 14

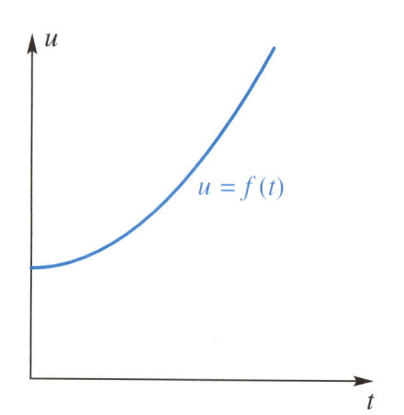

▲ 圖 15

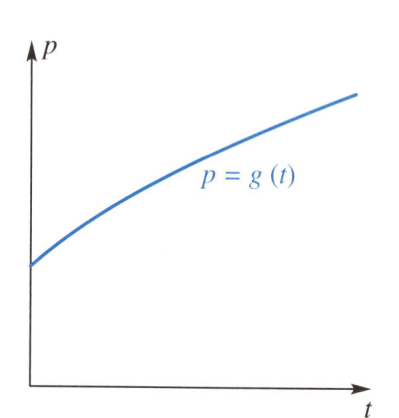

▲ 圖 16

≈解答：一個正圓錐體的體積為 $V = \frac{1}{3}\pi r^2 h$。注意到圖 13 中的相似三角形。利用相似三角形的性質，我們有

$$\frac{r}{h} = \frac{1}{4}$$

所以 $r = h/4$，且容器內水的體積為

$$V = \frac{1}{3}\pi r^2 h = \frac{\pi}{3}\left(\frac{h}{4}\right)^2 h = \frac{\pi}{48}h^3$$

另一方面，水以每秒 $\frac{1}{2}$ 立方吋的速率注入圓錐形容器，所以在時間為 t 之 V 為 $V = \frac{1}{2}t$。因此

$$\frac{1}{2}t = \frac{\pi}{48}h^3$$

當 $h = 4$，我們有 $t = \frac{2\pi}{48}4^3 = \frac{8}{3}\pi \approx 8.4$；所以大約花 8.4 秒可將容器注滿水。由上式可得 h 為 t 的函數

$$h(t) = \sqrt[3]{\frac{24}{\pi}t}$$

h 的一階導數為

$$h'(t) = D_t \sqrt[3]{\frac{24}{\pi}t} = \frac{8}{\pi}\left(\frac{24}{\pi}t\right)^{-2/3} = \frac{2}{\sqrt[3]{9\pi t^2}} > 0$$

且二階導數為

$$h''(t) = D_t \frac{2}{\sqrt[3]{9\pi t^2}} = -\frac{4}{3\sqrt[3]{9\pi t^5}} < 0$$

$h(t)$ 的圖形如圖 14 所示。如我們所預期的，h 的圖形遞增且下凹。

範例 6

新聞局在 2004 年 5 月報導說：東亞地區的失業率以遞增的速度持續增加中。另一方面，食物價格遞增的速度較以前緩慢。利用遞增／遞減函數及凹性解釋這些敘述。

解答：令 $u = f(t)$ 代表在時間 t 的失業人口數。失業人數遞增就是說 $\frac{du}{dt} > 0$；而說以一個遞增速度增加 u 意謂 du/dt 是遞增的，這相當於說 du/dt 的導數是正的。所以，$d^2u/dt^2 > 0$。所以失業人數曲線是遞增且上凹的，如圖 15 所示。

同理，若 $p = g(t)$ 代表在時間 t 的食物價格，則 dp/dt 是正的且遞減。所以 dp/dt 的導數是負的，即 $d^2p/dt^2 < 0$。因此食物價格曲線是遞增且下凹的，如圖 16 所示。

反曲點 令 f 在 c 連續。若 f 在 c 的左右兩側之凹性相反，我們就稱 $(c, f(c))$ 為函數 f 的圖形的一個**反曲點**（inflection point）。圖 17 中的圖形指出了一些反曲點。

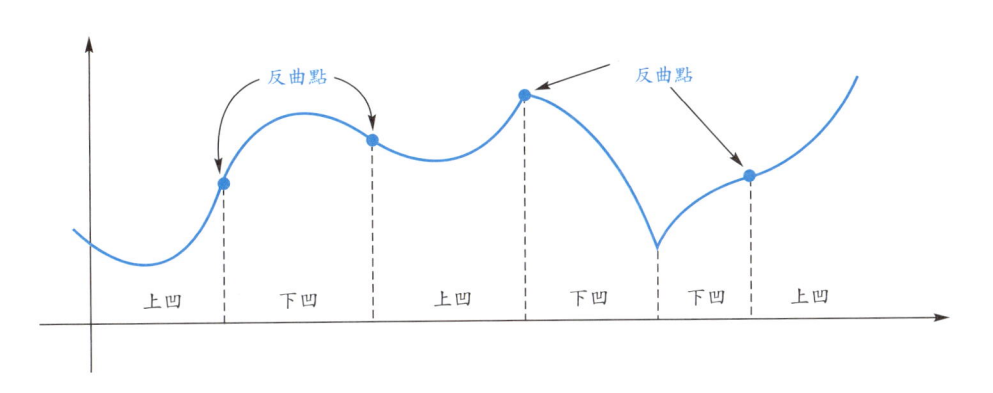

▲圖 17

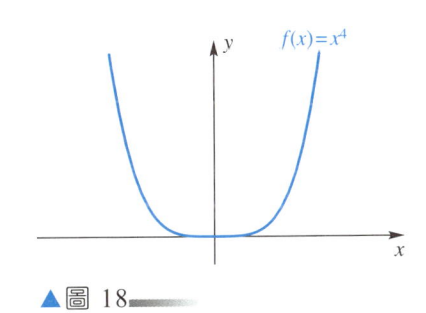

如你所猜，$f''(x) = 0$ 或 $f''(x)$ 不存在的點可能是反曲點的候選人。我們故意使用候選人這個字，就像政治選舉一樣，候選人可能競選失敗（沒有當選）。所以有可能 $f''(x) = 0$ 之處不是一個反曲點。因此在尋找反曲點時，我們先找出 $f''(x) = 0$ 及 $f''(x)$ 不存在之處，然後再檢查它們是否真的是反曲點。

▲圖 18

回顧範例 4 中的圖形，你將看到它有三個反曲點。它們是 $(-\sqrt{3}, -\sqrt{3}/4)$、$(0, 0)$ 和 $(\sqrt{3}, \sqrt{3}/4)$。

範例 7

求 $F(x) = x^{1/3} + 2$ 的所有反曲點。

解答：

$$F'(x) = \frac{1}{3x^{2/3}}, \quad F''(x) = \frac{2}{9x^{5/3}}$$

$F''(x)$ 絕不為 0，但是，$x = 0$ 時 $F''(x)$ 不存在。點 $(0, 2)$ 是一個反曲點，因為 $x < 0$ 時 $F''(x) > 0$，且 $x > 0$ 時 $F''(x) < 0$。F 的圖形描繪於圖 19 中。

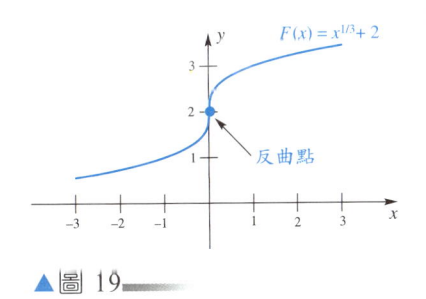

▲圖 19

練習題 3.2

1-5 題中，利用單調性定理（定理 A），決定所給定之函數在何處遞增、何處遞減。

1. $f(x) = 3x + 3$
2. $g(x) = (x+1)(x-2)$
3. $G(x) = 2x^3 - 9x^2 + 12x$

4. $f(x) = \dfrac{x-1}{x^2}$

5. $H(t) = \sin t$, $0 \leq t \leq 2\pi$

6-8 題中,利用凹性定理(定理 B),決定所給之函數在何處上凹、何處下凹,並求出所有反曲點。

6. $f(x) = (x-1)^2$
7. $G(w) = w^2 - 1$
8. $T(t) = 3t^3 - 18t$

9-11 題中,決定給定函數的圖形在何處遞增、遞減、上凹與下凹。然後繪圖(見範例 4)。

9. $g(x) = 4x^3 - 3x^2 - 6x + 12$
10. $G(x) = 3x^5 - 5x^3 + 1$
11. $H(x) = \dfrac{x^2}{x^2 + 1}$

3.3 區域極值與開區間上的區域極值

跟據 3.1 節的說法,一個函數 f 在集合 S 上的極大值是 f 在整個集合 S 上所能得到的最大值,它被稱為做 f 的**全域極大值**(global mamimun value)或**絕對極大值**(absolute maximum value)。對於定義域為 $S = [a, b]$ 且圖形描繪於圖 1 的函數 f 而言,$f(a)$ 是絕對極大值。但是 $f(c)$ 為何?它也許不是一國之王,但至少是地區的首領。我們稱它為一個**區域極大值**(local maximum value),或稱為一個**相對極大值**(relative maximum value)。圖 2 顯示了一些可能的情形。注意,全域極大值只是區域極大值中的最大者。同理,全域極小值是區域極小值中的最小者。

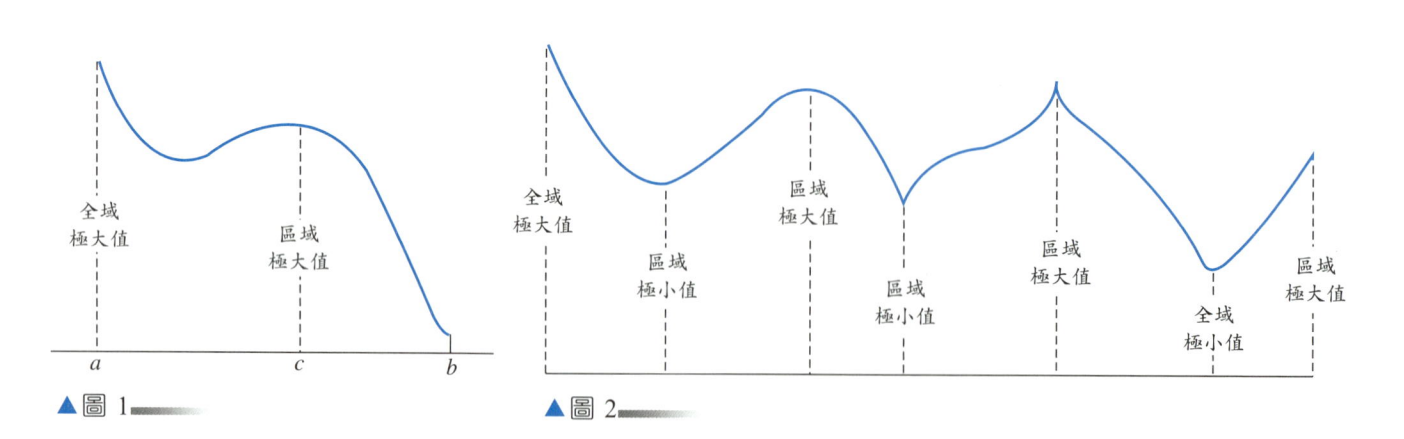

▲圖 1

▲圖 2

以下是區域極大值和區域極小值的正式定義。符號 ∩ 代表兩集合的交集。

定義

令函數 f 的定義域 S 包含點 c。

(i) 假如存在有一個區間 (a, b) 包含 c，使得 $f(c)$ 是 f 在 $(a, b) \cap S$ 上的極大值，則稱 $f(c)$ 是 f 的一個**區域極大值**（local maximum value）；

(ii) 假如存在有一個區間 (a, b) 包含 c，使得 $f(c)$ 是 f 在 $(a, b) \cap S$ 上的極小值，則稱 $f(c)$ 是 f 的一個**區域極小值**（local minimum value）；

(iii) 假如 $f(c)$ 是一個區域極大值或是一個區域極小值，則稱 $f(c)$ 是 f 的一個**區域極值**（local extreme value）。

區域極值發生在何處呢？ 將極值一詞由區域極值代替，臨界點定理（定理 3.1B）照樣成立；證明本質上相同。所以，臨界點（端點、平穩點和奇異點）是區域極值可能發生之處的候選者。我們說候選者是因為我們並不主張每一個臨界點一定是一個區域極值。圖 3 中的左圖可釐清這點。但是，若在一個臨界點的兩側導數是異號的，則在該點有一個區域極值，請看圖 3 中的中圖和右圖。

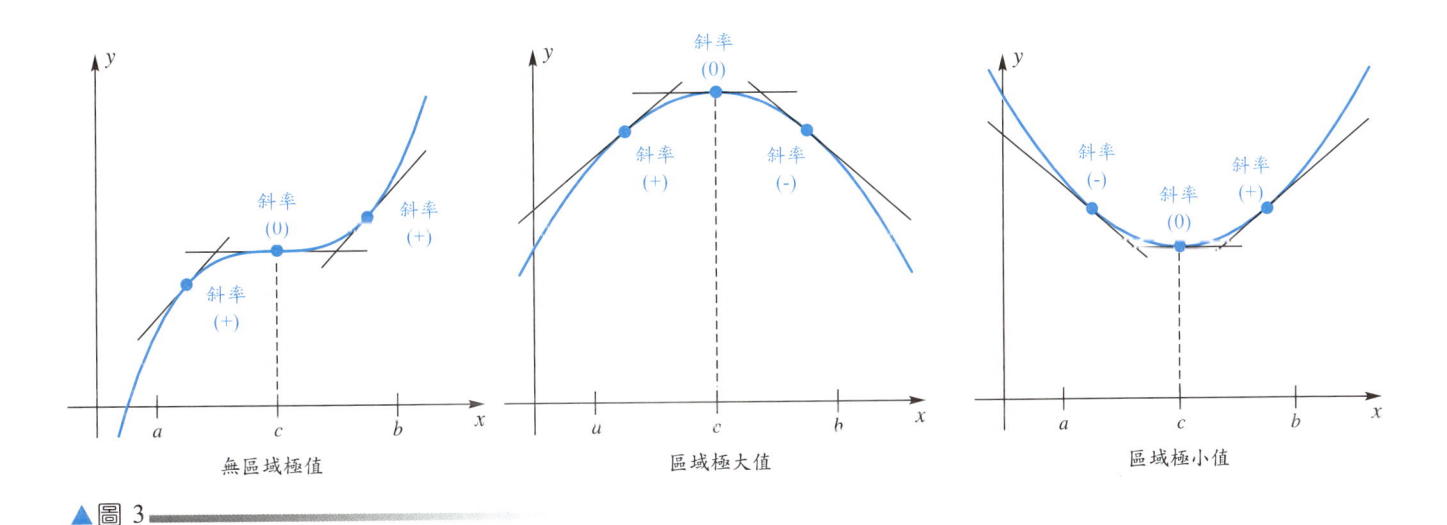

無區域極值　　　區域極大值　　　區域極小值

▲ 圖 3

定理 A　一階導數檢定（First Derivative Test）

令 f 在一個包含臨界點 c 的開區間 (a, b) 上連續

(i) 若 (a, c) 中所有的 x 皆滿足 $f'(x) > 0$，且 (c, b) 中所有的 x 皆滿足 $f'(x) < 0$，則 $f(c)$ 是 f 的一個區域極大值。

(ii) 若 (a, c) 中所有的 x 皆滿足 $f'(x) < 0$，且 (c, b) 中所有的 x 皆滿足 $f'(x) > 0$，則 $f(c)$ 是 f 的一個區域極小值。

(iii) 若 $f'(x)$ 在 c 的兩側有相同符號，則 $f(c)$ 不是 f 的一個區域極值。

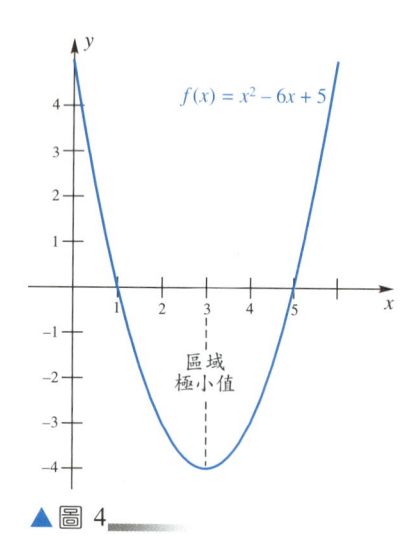

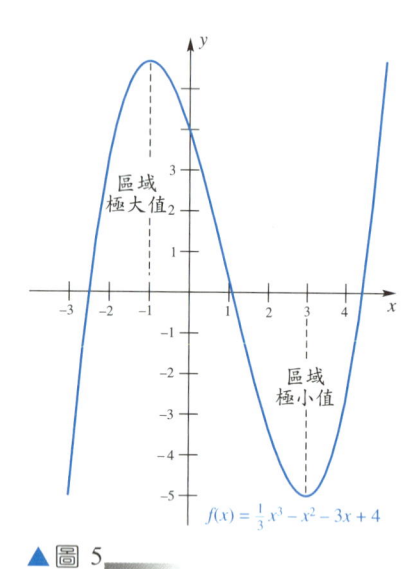

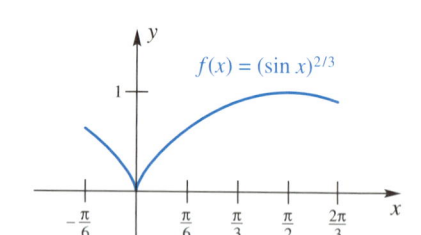

證明(i) 由單調性定理可知，若 $f'(x) > 0$ 對於 (a, c) 中所有 x，則 f 在 (a, c) 上遞增。且若 $f'(x) < 0$ 對於 (c, b) 中所有 x，則 f 在 (a, c) 上遞減。所以對於 (a, b) 中的所有 x 而言 $f(x) < f(c)$，除了 c 之外。所以說 $f(c)$ 是 f 的一個區域極大值。

同理可證 (ii) 和 (iii)。 ■

範例 1

求函數 $f(x) = x^2 - 6x + 5$ 在 $(-\infty, \infty)$ 上的區域極值。

解答：多項式 f 到處連續且導數為 $f'(x) = 2x - 6$。而 $f'(x) = 0$ 的解為 $x = 3$，所以唯一的臨界點為 $x = 3$。$x < 3$ 時 $f'(x) = 2(x - 3) < 0$，所以 f 在 $(-\infty, 3]$ 上遞減；$x > 3$ 時 $2(x - 3) > 0$，所以 f 在 $[3, \infty)$ 上遞增。由一階導數檢定可知，$f(3) = -4$ 是 f 的一個區域極小值。函數 f 的圖形如圖 4 所示。注意，其實 $f(3)$ 是全域極小值。

▲圖 4

範例 2

求函數 $f(x) = \frac{1}{3}x^3 - x^2 - 3x + 4$ 在 $(-\infty, \infty)$ 上的區域極值。

解答：因為 $f'(x) = x^2 - 2x - 3 = (x + 1)(x - 3)$，$f$ 的臨界點為 -1 和 3。在 $(-\infty, -1)$ 和 $(3, \infty)$ 中 $(x + 1)(x - 3) > 0$，且在 $(-1, 3)$ 中 $(x + 1)(x - 3) < 0$。由一階導數檢定可得 $f(-1) = \frac{17}{3}$ 是一個區域極大值，且 $f(3) = -5$ 是一個區域極小值（圖 5）。

▲圖 5

範例 3

求函數 $f(x) = (\sin x)^{2/3}$ 在 $(-\pi/6, 2\pi/3)$ 上的區域極值。

解答：

$$f'(x) = \frac{2 \cos x}{3(\sin x)^{1/3}}, \quad x \neq 0$$

因為 $f'(0)$ 不存在且 $f'(\pi/2) = 0$，所以 0 和 $\pi/2$ 是臨界點。在 $(-\pi/6, 0)$ 和 $(\pi/2, 2\pi/3)$ 中 $f'(x) < 0$；且在 $(0, \pi/2)$ 中 $f'(x) > 0$。由一階導數檢定可知，$f(0) = 0$ 是一個區域極小值，且 $f(\pi/2) = 1$ 是一個區域極大值。f 的圖形如圖 6 所示。

▲圖 6

二階導數檢定 關於區域極值存在有另一個檢定法，有時比一階導數檢定較易於使用，此法需計算在平穩點的二階導數，且不適用於奇異點。

導數的應用 **Chapter 3** 155

定理 B 二階導數檢定

令 f' 和 f'' 在包含 c 的一個開區域 (a, b) 中存在，且 $f'(c) = 0$
(i) 若 $f''(c) < 0$，則 $f(c)$ 是 f 的一個區域極大值。
(ii) 若 $f''(c) > 0$，則 $f(c)$ 是 f 的一個區域極小值。

證明(i) 由定義與假設可知，

$$f''(c) = \lim_{x \to c} \frac{f'(x) - f'(c)}{x - c} = \lim_{x \to c} \frac{f'(x) - 0}{x - c} < 0$$

所以，存在包含 c 的一個（可能很小）區間 (α, β) 使得

$$\frac{f'(x)}{x - c} < 0, \quad x \neq c \text{ 且 } x \in (\alpha, \beta)$$

上列不等式保證，當 $\alpha < x < c$ 時 $f'(x) > 0$，當 $c < x < \beta$ 時 $f'(x) < 0$。

所以由一階導數檢定得 $f(c)$ 是一個區域極大值。

同理可證 (ii)。 ∎

範例 4

利用二階導數檢定，求 $f(x) = x^2 - 6x + 5$ 的區域極值。

解答：f 是範例 1 的函數，
$$f'(x) = 2x - 6 = 2(x - 3)$$
$$f''(x) = 2$$
所以 $f'(3) = 0$ 且 $f''(3) = 2 > 0$。
由二階導數檢定可知 $f(3)$ 是一個區域極小值。

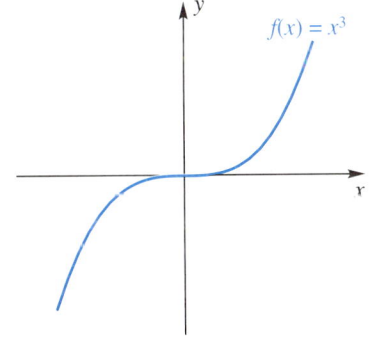

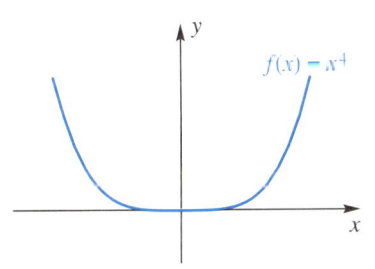

範例 5

利用二階導數檢定，求 $f(x) = \frac{1}{3}x^3 - x^2 - 3x + 4$ 的區域極值。

解答：f 是範例 2 中的函數。
$$f'(x) = x^2 - 2x - 3 = (x + 1)(x - 3)$$
$$f''(x) = 2x - 2$$
臨界點為 -1 和 3。因為 $f''(-1) = -4$ 且 $f''(3) = 4$，由二階導數檢定，可知 $f(-1)$ 是一個區域極大值，且 $f(3)$ 是一個區域極小值。

▲ 圖 7

不幸地，二階導數檢定有時不管用，因為 $f''(x)$ 可能在一個平穩點的值為 0。對於 $f(x) = x^3$ 和 $f(x) = x^4$ 而言，$f'(0) = 0$ 且 $f''(0) = 0$（見圖 7）。第一個 f 在 0 沒有區域極值；第二個 f 在 0 有一區域極小值。這說明了，假如在一個平穩點上 $f''(x) = 0$，假如沒有更多資訊的話，我們不能對區域極值做結論。

開區間上的極值 本節與 3.1 節所研究的問題，通常是在一個閉區間中求函數的極大值或極小值。但是，實際問題中的區間並非總是封閉的；它們有時是開放的，或是一端開放一端封閉。若我們正確地用本節發展的定理，我們仍能處理這些問題。注意，名詞"極值"是指全域極值。

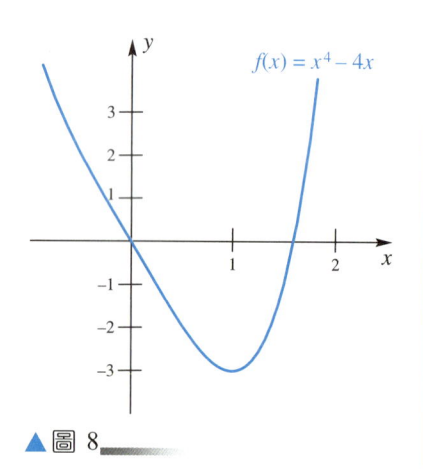

● **範例 6**

求 $f(x) = x^4 - 4x$ 在 $(-\infty, \infty)$ 上的極小值和極大值。

解答：
$$f'(x) = 4x^3 - 4 = 4(x^3 - 1) = 4(x-1)(x^2 + x + 1)$$

因為 $x^2 + x + 1$ 沒有實數解（永遠大於 0），所以恰有一個臨界點 $x = 1$。當 $x < 1$ 時，$f'(x) < 0$，當 $x > 1$ 時，$f'(x) > 0$。所以 $f(1) = -3$ 是 f 的一個區域極小值。f 在 1 的左邊遞減且在 1 的右邊遞增，所以 $f(1)$ 是 f 的極小值，且 f 沒有極大值，f 的圖形如圖 8 所示。

▲ 圖 8

● **範例 7**

求 $G(p) = \dfrac{1}{p(1-p)}$ 在 $(0, 1)$ 上的極大值和極小值。

解答：
$$G'(p) = \frac{d}{dp}[p(1-p)]^{-1} = \frac{2p-1}{p^2(1-p)^2}$$

唯一的臨界點是 $p = 1/2$。對於 $(0, 1)$ 內的每個 p 值，分母恆為正數；所以分子決定符號。若 $0 < p < 1/2$，則 $G'(p) < 0$；若 $1/2 < p < 1$，則 $G'(p) > 0$。所以由一階導數檢定可得 $G(1/2) = 4$ 是一個區域極小值。因為沒有端點或奇異點需要檢查，$G(1/2)$ 是全域極小值。G 沒有極大值。$y = G(p)$ 的圖形如圖 9 所示。

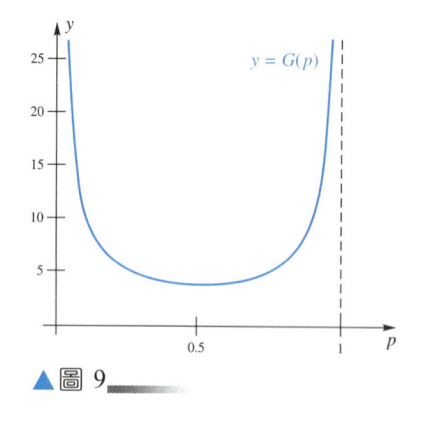

▲ 圖 9

■ **練習題 3.3**

1-4 題中，請找出臨界點，然後利用 (a) 一階導數檢定和 (b) 二階導數檢定，決定哪個臨界點產生區域極大值，哪個臨界點產生區域極小值。

1. $f(x) = x^3 - 6x^2 + 4$

2. $f(x) = \dfrac{1}{2}x + \sin x, \, 0 < x < 2\pi$

3. $f(x) = \dfrac{x}{x^2+4}$

4. $h(y) = y^2 - \dfrac{1}{y}$

5-6 題中，求出臨界點，並利用你所選擇的檢定法，決定哪個臨界點產生區域極大值，哪個臨界點產生區域極小值，並求其值。

5. $H(x) = x^4 - 2x^3$

6. $f(t) = t - \dfrac{1}{t}, t \neq 0$

7-8 題中，給定的是 f'，請找出 x 之值，使得 f 在該值有 (a) 區域極小值 (b) 區域極大值

7. $f'(x) = x^3(1-x)^2$

8. $f'(x) = -(x-1)(x-2)(x-3)(x-4)$

3.4 實際問題

以本章前三節所發展的例子與理論為基礎，我們提出下列可應用在許多實際最佳化問題的步驟。不必完全遵行這些步驟，有時用常識判斷或許可以省略某些步驟。

第 1 步：為問題畫出一圖，並且為重要的數量指定適當的變數。

第 2 步：寫出目標函數 Q 的公式，以便根據第 1 步的變數求 Q 的極值。

第 3 步：利用問題的條件消去所有其他變數，使得 Q 成為單一變數函數。

第 4 步：求臨界點（端點、平穩點、奇異點）。

第 5 步：不是將臨界值代入目標函數，就是利用前一節所發展的理論來決定所求之極大值或極小值。

● 範例 1

如圖 1，將一個長 24 吋、寬 9 吋矩形紙板的四個角落各剪掉一個大小相同的正方形，然後摺成一個矩形盒子。求最大體積盒子的尺寸。此最大體積為何？

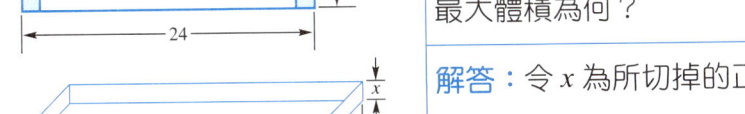

解答：令 x 為所切掉的正方形邊長，且 V 為紙盒的體積。則

$$V = x(9-2x)(24-2x) = 216x - 66x^2 + 4x^3$$

x 不可能小於 0 或大於 4.5，所以我們在 $[0, 4.5]$ 中求 V 的最大值。解下列方程式

$$\dfrac{dV}{dx} = 216 - 132x + 12x^2 = 12(18 - 11x + x^2) = 12(9-x)(2-x) = 0$$

得 $x = 2$ 或 $x = 9$，但 9 不在 $[0, 4.5]$ 內。我們有 3 個臨界點 0, 2 和 4.5。計算可得 $V(0) = 0 = V(4.5)$，$V(2) = 200$。所以若 $x = 2$，則紙盒有最大體積 200 立方吋，此時盒子的長為 20 吋，寬為 5 吋且高為 2 吋。

▲圖 1

▲ 圖 2

範例 2

如圖 2 所示，一個農夫計畫用 100 公尺鐵絲圍成 2 個相等且相鄰的柵欄，長寬尺寸為何時可圍出最大面積？

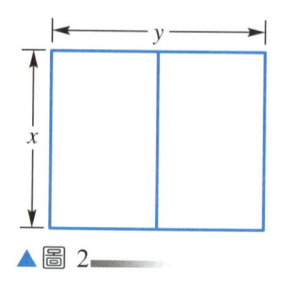

解答： 令 x 表寬度，y 表長度。則 $3x + 2y = 100$；也就是

$$y = 50 - \frac{3}{2}x$$

全部的面積 A 為

$$A = xy = 50x - \frac{3}{2}x^2$$

因為 3 個邊的長度為 x，所以 $0 \leq x \leq \frac{100}{3}$。

所以，我們的問題是在 $\left[0, \frac{100}{3}\right]$ 中求 A 的最大值。

$$\frac{dA}{dx} = 50 - 3x$$

解方程式 $50 - 3x = 0$，得 $x = \frac{50}{3}$ 為一個平穩點。所以有 3 個臨界點：$0, \frac{50}{3}$ 和 $\frac{100}{3}$。經計算得 $A(0) = 0 = A\left(\frac{100}{3}\right)$，$A\left(\frac{50}{3}\right) \approx 416.67$。

寬度為 $x = \frac{50}{3} \approx 16.67$ 公尺、長度為 $y = 50 - \frac{3}{2}\left(\frac{100}{3}\right) = 50$ 公尺時，可得最大面積。

範例 3

求內接於一個正圓錐且具最大體積之正圓柱體的尺寸。

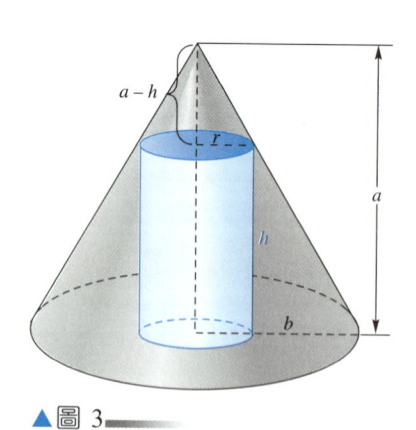

解答： 令正圓錐之高度為 a 且底圓半徑為 b。分別以 h、r 和 V 表一個內接正圓柱體之高度、半徑和體積（見圖 3）。則

$$V = \pi r^2 h$$

由相似三角形可知

$$\frac{a - h}{r} = \frac{a}{b}$$

由此得

$$h = a - \frac{a}{b}r$$

因此

▲ 圖 3

$$V = \pi r^2\left(a - \frac{a}{b}r\right) = \pi a r^2 - \pi \frac{a}{b}r^3$$

我們要在 $[0, b]$ 中求 $V(r)$ 的極大值。

$$\frac{dV}{dr} = 2\pi a r - 3\pi \frac{a}{b}r^2 = \pi a r\left(2 - \frac{3}{b}r\right)$$

可得平穩點為 $r = 0$ 和 $r = 2b/3$，所以存在 3 個臨界點：0、$2b/3$ 和 b。經計算得

$$V(0) = 0 = V(b), \quad V(2b/3) = \frac{4}{27}\pi a b^2$$

所以 $V(2b/3)$ 為最大體積，而其尺寸為 $h = a/3$ 且 $r = 2b/3$。

範例 4

假設一條魚以相對於水流為 v 的速度逆流游動，令水的流速為 $-v_c$（負號表示水流方向與魚的游動方向相反）。該魚逆流游了距離 d 所消耗的能量與游動所需的時間和速度的立方成正比，怎樣的速度 v 可使得游動距離 d 所耗的能量為最小值？

解答： 圖 4 顯示情況。魚逆流而上的速度（即相對於岸邊的速度）為 $v - v_c$，我們有 $d = (v - v_c)t$，其中 t 為所需時間。所以 $t = d/(v - v_c)$。對某一固定 v 而言，逆流而上一段距離 d，該魚所耗的能量為

$$E(v) = k \frac{d}{v - v_c} v^3 = kd \frac{v^3}{v - v_c}$$

E 的定義域為 (v_c, ∞)。為了求 E 之最小值，我們解方程式

$$E'(v) = kd \frac{(v - v_c)3v^2 - v^3(1)}{(v - v_c)^2} = \frac{kd}{(v - v_c)^2}v^2(2v - 3v_c) = 0$$

由上式得 $v = \frac{3}{2}v_c$ 是唯一臨界點。若 $v = \frac{3}{2}v_c$，則 $2v - 3v_c < 0$，所以 E 在 $\frac{3}{2}v_c$ 的左邊遞減。若 $v > \frac{3}{2}v_c$，則 $2v - 3v_c > 0$，所以 E 在 $\frac{3}{2}v_c$ 的右邊遞增。因此 $E(\frac{3}{2}v_c)$ 是 E 的極小值。所以，假如該魚以水流速度的 1.5 倍逆流而上將最節省能量。

▲ 圖 4

練習題 3.4

1. 求出滿足下述條件的兩個數：積為 -16 且平方和是最小值。

2. 哪一個數字的正平方根減去它的八倍的所得的數值為最大？
   （提示：$\sqrt{x} - 8x$ 在 $x = $? 時為最大）

3. 求出滿足下述條件的兩個數：積為 -12 且平方和是最小值。

4. 在拋物線 $y = x^2$ 上求出與點 $(0,5)$ 最靠近的點。（提示：極小化 (x,y) 與 $(0,5)$ 之間距離的平方）。

5. 證明：已知一個矩形的週長為定值 K，當此矩形是正方形時可得到最大的面積。

6. 一位農夫有 80 呎長的圍籬，他打算用這些圍籬沿著穀倉長 100 呎的一側圍出一個欄圈，見圖 5（沿穀倉那一邊不需要圍籬），如何設計才會有最大的面積的欄圈？

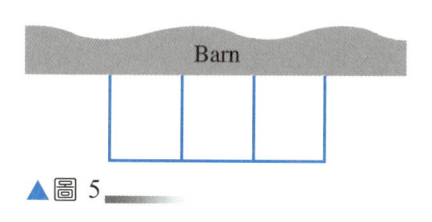

▲ 圖 5

7. 問題 6 中的農夫決定用 80 呎的圍籬圍出如圖 6 中所示的 3 個大小一致的欄圈，如何設計才能使得這些欄圈有最大的面積？

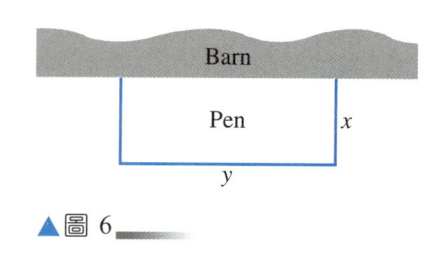

▲ 圖 6

8. 一個矩形有兩個角在 x 軸上，另兩個角在拋物線 $y = 12 - x^2$，$y \geq 0$ 上（見圖 7），矩形的長與寬為何時，面積最大？

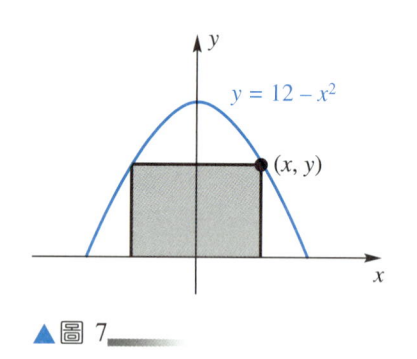

▲ 圖 7

3.5 利用微積分描繪函數圖形

在 0.4 與 0.5 節中，我們利用描點、對稱性、漸近線等技巧進行繪圖，得到不錯的效果，但是假如要繪圖的方程式（或是函數）較複雜，或者我們對圖形的精準性有更高的要求之時，本節介紹的技巧就很重要了。

微積分為圖形的精細結構提供了一個強有力的工具，特別是在確認圖形特徵改變之處。我們可以定位區域極大點、區域極小點、和反曲點，也可以精確地決定圖形在何處遞增或在何處上凹。本節將試著綜合所有繪圖的技巧，精確地繪出函數的圖形。

導數的應用　Chapter 3

範例 1

描繪 $f(x) = \dfrac{3x^5 - 20x^3}{32}$ 的圖形。

解答： 因為 $f(-x) = -f(x)$，f 是一個奇函數，所以它的圖形對稱於原點。令 $f(x) = 0$，我們求出 x 截距為 0 和 $\pm\sqrt{20/3} \approx \pm 2.6$。微分函數 f 可得

$$f'(x) = \frac{15x^4 - 60x^2}{32} = \frac{15x^2(x-2)(x+2)}{32}$$

所以臨界點為 -2、0 和 2；由圖 1 可得，在 $(-\infty, -2)$ 和 $(2, \infty)$ 上 $f'(x) > 0$，且在 $(-2, 0)$ 和 $(0, 2)$ 上 $f'(x) < 0$。這些事實告訴我們 f 於何處遞增且於何處遞減；同時確認 $f(-2) = 2$ 是一個區域極大值且 $f(2) = -2$ 是一個區域極小值。

再次微分，我們得到

$$f''(x) = \frac{60x^3 - 120x}{32} = \frac{15x(x-\sqrt{2})(x+\sqrt{2})}{8}$$

研究 $f''(x)$ 的正負號（圖 2），我們推得 f 在 $(-\infty, -\sqrt{2})$ 和 $(0, \sqrt{2})$ 下凹，而在 $(-\sqrt{2}, 0)$ 和 $(\sqrt{2}, \infty)$ 上凹。所以有 3 個反曲點：$(-\sqrt{2}, 7\sqrt{2}/8) \approx (-1.4, 1.2)$，$(0, 0)$ 和 $(\sqrt{2}, -7\sqrt{2}/8) \approx (1.4, -1.2)$。

這些資訊被陳列在圖 3 的上端，在它們的正下方，我們利用這些資訊描繪出函數的圖形。

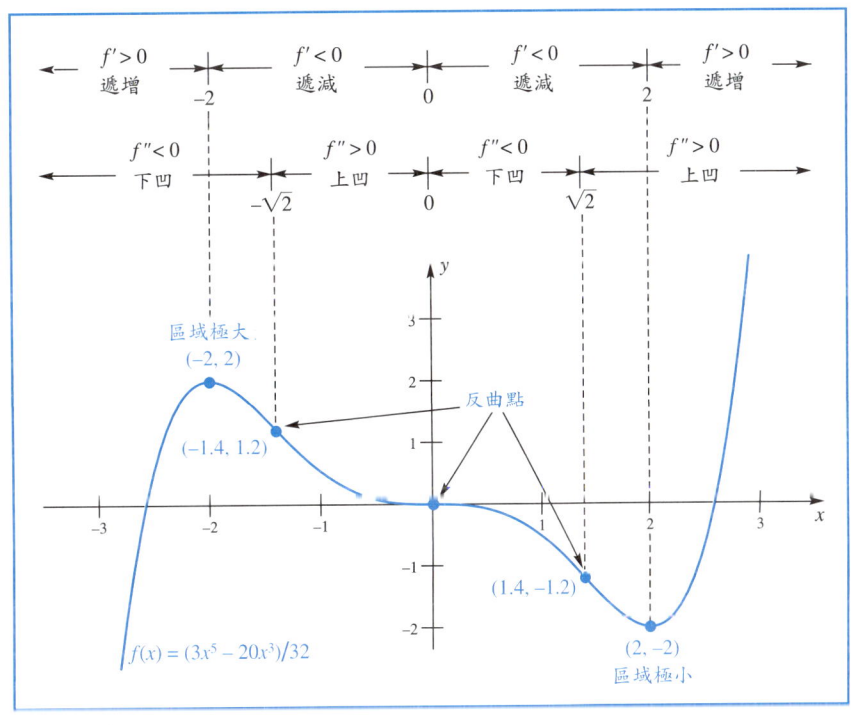

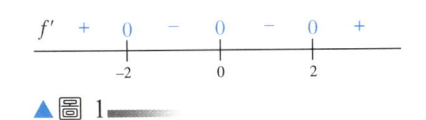

▲圖 1

▲圖 2

▲圖 3

範例 2

描繪 $f(x) = \dfrac{x^2 - 2x + 4}{x - 2}$ 的圖形。

解答：因為 $x^2 - 2x + 4 = 0$ 的解並非實數，所以沒有 x 截距。而 y 截距是 -2。又因為

$$\lim_{x \to 2^-} \frac{x^2 - 2x + 4}{x - 2} = -\infty \text{ 且 } \lim_{x \to 2^+} \frac{x^2 - 2x + 4}{x - 2} = \infty$$

所以在 $x = 2$ 處有一條垂直漸近線。微分兩次可得

$$f'(x) = \frac{x(x-4)}{(x-2)^2} \text{ 且 } f'(x) = \frac{x(x-4)}{(x-2)^2}$$

因此平穩點為 $x = 0$ 和 $x = 4$。

所以，在 $(-\infty, 0)$ 和 $(4, \infty)$ 上 $f'(x) > 0$，且在 $(0, 2)$ 和 $(2, 4)$ 上 $f'(x) < 0$。在 $(2, \infty)$ 上 $f''(x) > 0$，且在 $(-\infty, 2)$ 上 $f''(x) < 0$。因為 $f''(x)$ 絕不為 0，不存在反曲點。另一方面，$f(0) = -2$ 和 $f(4) = 6$ 分別為區域極大值和區域極小值。

$$f(x) = \frac{x^2 - 2x + 4}{x - 2} = x + \frac{4}{x - 2}$$

當 $|x|$ 逐漸變大時，$y = f(x)$ 的圖形逐漸靠近直線 $y = x$。我們稱直線 $y = x$ 為 f 之圖形的一條斜漸近線。利用以上這些資訊，我們可以描繪一個相當準確的圖形（圖 4）。

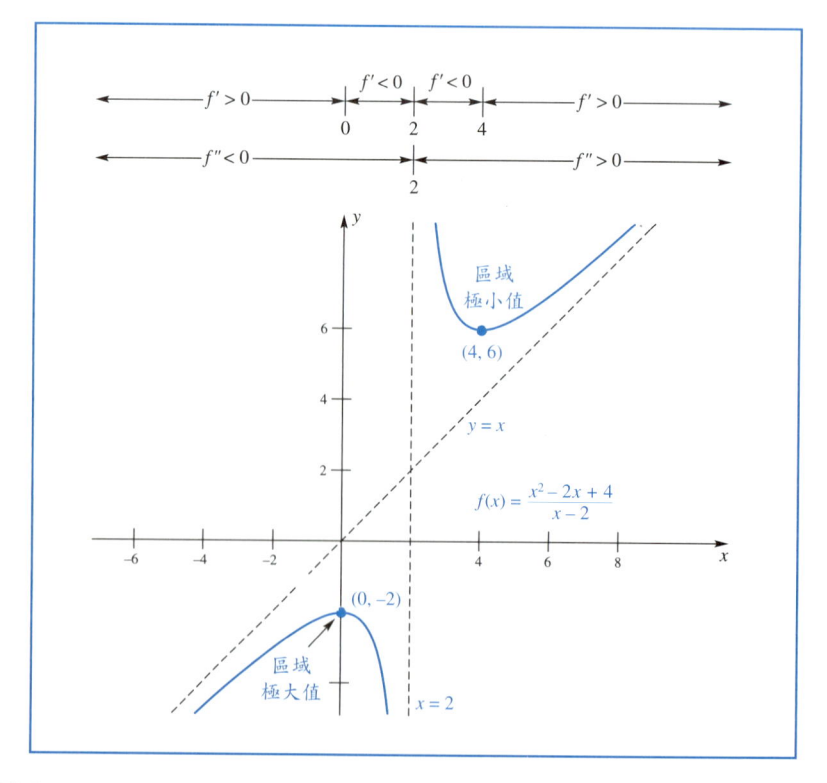

▲圖 4

範例 3

分析函數 $F(x) = \dfrac{\sqrt{x}(x-5)^2}{4}$ 並描繪其圖形。

解答：F 的定義域為 $[0, \infty)$ 且值域為 $[0, \infty)$，所以 F 的圖形只出現於第一象限。x 截距為 0 和 5，y 截距為 0。根據

$$F'(x) = \frac{5(x-1)(x-5)}{8\sqrt{x}}, \quad x > 0$$

我們找到平穩點 1 和 5。因為在 $(0, 1)$ 和 $(5, \infty)$ 上 $F'(x) > 0$，在 $(1, 5)$ 上 $F'(x) < 0$，我們結論 $F(1) = 4$ 是一個區域極大值，$F(5) = 0$ 是一個區域極小值。

計算二階導數可得

$$F''(x) = \frac{5(3x^2 - 6x - 5)}{16x^{3/2}}, \quad x > 0$$

$3x^2 - 6x - 5 = 0$ 在 $(0, \infty)$ 內恰有一解 $1 + 2\sqrt{6}/3 \approx 2.6$。

利用測試點 1 和 3，我們發現，在 $(0, 1 + 2\sqrt{6}/3)$ 上 $f''(x) < 0$，且在 $(1 + 2\sqrt{6}/3, \infty)$ 上 $f''(x) > 0$，所以反曲點為 $(1 + 2\sqrt{6}/3, F(1 + 2\sqrt{6}/3)) \approx (2.6, 2.3)$。

當 x 變大時，$F(x)$ 無限制地變大且比任何線性函數還要快速；所以，不存在有漸近線。圖形描繪於圖 5。

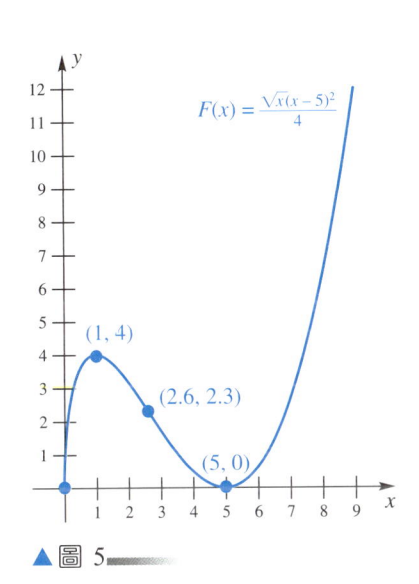

▲ 圖 5

方法的摘要 在描繪函數圖形的過程中，常識是無法取代的。但是，下列程序在大多數情況下是有幫助的。

第 1 步：微積分學前的分析

  (a) 檢查函數的定義域和值域。

  (b) 檢定相對於 y 軸和原點的對稱性（函數是偶函數還是奇函數？）。

  (c) 求截距

第 2 步：微積分的分析

  (a) 利用一階導數求臨界點及找出圖形在何處遞增、遞減。

  (b) 檢定臨界點，找出區域極大值或區域極小值。

  (c) 利用二階導數找出圖形在何處上凹、下凹並找出反曲點。

  (d) 求漸近線。

第 3 步：描繪一些點（包含所有臨界點和反曲點）。

第 4 步：描繪圖形。

範例 4

描繪 $f(x) = x^{1/3}$ 和 $g(x) = x^{2/3}$ 及其導函數的圖形。

解答： 兩個函數的定義域皆為 $(-\infty, \infty)$。f 的值域為 $(-\infty, \infty)$，但 g 的值域為 $[0, \infty)$。$f(-x) = -f(x)$，f 是一個奇函數；$g(-x) = g(x)$，g 是一個偶函數。一階導函數為

$$f'(x) = \frac{1}{3}x^{-2/3} = \frac{1}{3x^{2/3}}$$

且

$$g'(x) = \frac{2}{3}x^{-1/3} = \frac{2}{3x^{1/3}}$$

二階導函數為

$$f''(x) = -\frac{2}{9}x^{-5/3} = -\frac{2}{9x^{5/3}}$$

和

$$g''(x) = -\frac{2}{9}x^{-4/3} = -\frac{2}{9x^{4/3}}$$

兩個函數皆有唯一的臨界點，$x = 0$，是導數不存在之處。

注意到 $f'(x) > 0$，對所有 x，除了 $x = 0$ 之外。且 f 在 $(-\infty, \infty)$ 上連續，所以 f 在 $(-\infty, \infty)$ 上遞增，因此 f 沒有區域極值。當 $x < 0$ 時 $f''(x) > 0$，且當 $x > 0$ 時 $f''(x) < 0$，可知，f 在 $(-\infty, 0)$ 上凹，且在 $(0, \infty)$ 下凹，點 $(0, 0)$ 為反曲點。

現在考慮 $g(x)$，當 $x < 0$ 時 $g'(x) < 0$，且當 $x > 0$ 時 $g'(x) > 0$，所以 g 在 $(-\infty, 0]$ 上遞減，而在 $[0, \infty)$ 上遞增，且 $g(0) = 0$ 是一個區域極小值。同時注意到，只要 $x \neq 0$ 則 $g''(x) < 0$，因此 g 在 $(-\infty, 0)$ 和 $(0, \infty)$ 皆是下凹的，而 $(0, 0)$ 不是一個反曲點。$f(x)$，$f'(x)$，$g(x)$，和 $g'(x)$ 的圖形如圖 6 和圖 7 所示。

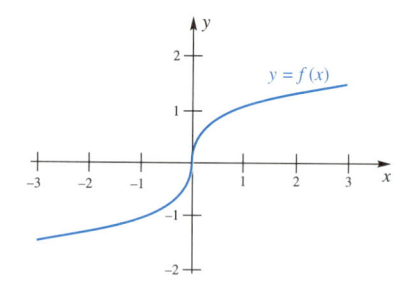

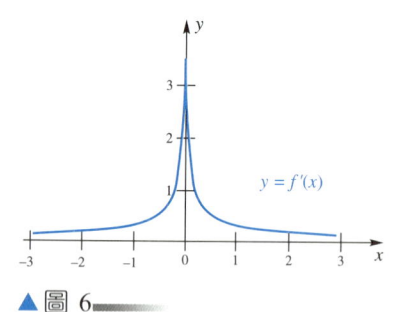

▲ 圖 6

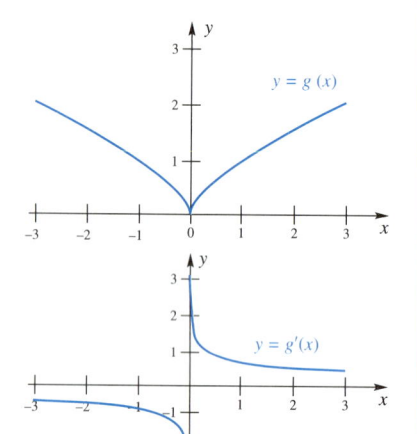

▲ 圖 7

練習題 3.5

如同上述方法摘要般的做一個分析，然後描繪函數圖形。

1. $f(x) = x^3 - 3x + 5$
2. $G(x) = (x-1)^4$
3. $H(t) = t^2(t^2 - 1)$
4. $g(x) = \dfrac{x}{x+1}$
5. $f(x) = \dfrac{x}{x^2 + 4}$
6. $P(x) = \dfrac{1}{x^2 + 1}$
7. $\omega(z) = \dfrac{z^2 + 1}{z}$
8. $g(x) = \dfrac{|x| + x}{2}(3x + 2)$

3.6 導數均值定理

使用幾何語言，均值定理易於敘述和瞭解。它說，在一個連續函數的圖形上，若 A 和 B 之間的每個點皆有一條非垂直的切線，則在 A 和 B 之間至少存在一個點 C，使得過點 C 的切線平行於割線 AB。在圖 1 中，恰有一個這種點 C，在圖 2 中，則有好幾個這種點。我們用函數語言敘述定理，然後加以證明。

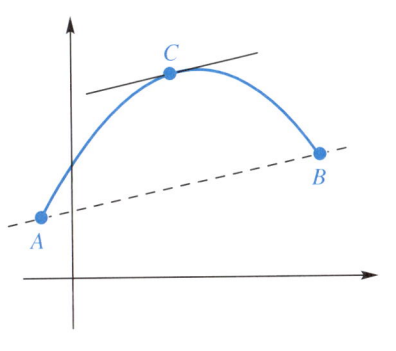

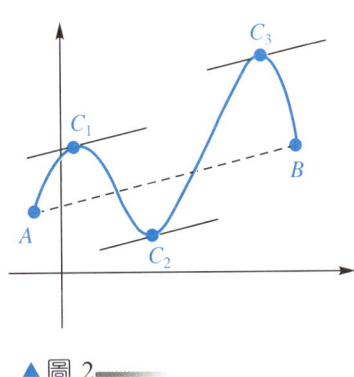

▲ 圖 1

▲ 圖 2

定理 A 　導數均值定理（Mean Value Theorem for Derivatives）

若 f 在閉區間 $[a, b]$ 上連續，且在開區間 (a, b) 上可微分，則 (a, b) 上至少有一數 c 滿足

$$\frac{f(b) - f(a)}{b - a} = f'(c)$$

也就是

$$f(b) - f(a) = f'(c)(b - a)$$

證明　仔細分析圖 3 中所介紹的函數 $s(x) = f(x) - g(x)$，其中 $y = g(x)$ 的圖形是一條過 $(a, f(a))$ 與 $(b, f(b))$ 的直線，斜率為 $\dfrac{f(b) - f(a)}{b - a}$ 且過點 $(a, f(a))$，所以它的點斜式為

$$g(x) - f(a) = \frac{f(b) - f(a)}{b - a}(x - a)$$

這樣就產生了 $s(x)$ 的一個式子

$$s(x) = f(x) - g(x) = f(x) - f(a) - \frac{f(b) - f(a)}{b - a}(x - a)$$

很容易看出 $s(a) = s(b) = 0$，且對於在 (a, b) 上的 x 而言

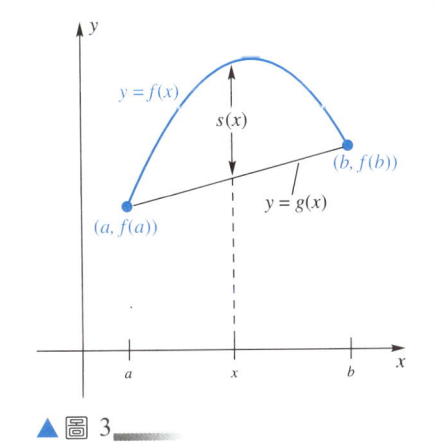

▲ 圖 3

$$s'(x) = f'(x) - \frac{f(b) - f(a)}{b - a}$$

現在，我們做一個關鍵性的觀察。假如我們知道，(a,b)中存在一個數 c 滿足 $s'(c) = 0$，證明就完成了。因為上式變成

$$0 = f'(c) - \frac{f(b) - f(a)}{b - a}$$

這等同於定理的敘述。

(a,b)中存在一個數 c 滿足 $s'(c) = 0$ 的證明如下述。

顯然，s 在 $[a, b]$ 上連續，根據極值存在定理（定理 3.1A），s 在 $[a, b]$ 中具有極大值與極小值。假如極大值與極小值剛好都是 0，則 $s(x)$ 在 $[a,b]$ 中恆等於 0，所以，所有在 (a,b) 中的 x 皆滿足 $s'(x) = 0$，這比我們要的還要多。

因為 $s(a) = s(b) = 0$，所以假如極大值或極小值異於 0，則極值發生於一個內點 c。又因為 s 在 (a,b) 中的每一點都可微分，根據臨界點定理（定理 3.1B），可得 $s'(c) = 0$，這正是我們需要的。∎

定理的展示

範例 1

求 $f(x) = 2\sqrt{x}$ 在 $[1,4]$ 上滿足均值定理的 c 值。

解答：

$$f'(x) = 2 \cdot \frac{1}{2}x^{-1/2} = \frac{1}{\sqrt{x}}$$

且

$$\frac{f(4) - f(1)}{4 - 1} = \frac{4 - 2}{3} = \frac{2}{3}$$

解方程式

$$\frac{1}{\sqrt{c}} = \frac{2}{3}$$

得 $c = \frac{9}{4}$（圖 4）。

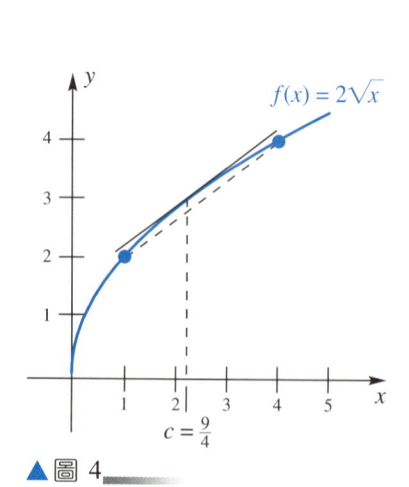

▲ 圖 4

導數的應用 Chapter 3

範例 2

求 $f(x) = x^3 - x^2 - x + 1$ 在 $[-1, 2]$ 上滿足均值定理的所有 c 值。

解答：圖 5 是 f 的圖形。由圖可看出存在 c_1 和 c_2 滿足均值定理。

$$f'(x) = 3x^2 - 2x - 1$$

且

$$\frac{f(2) - f(-1)}{2 - (-1)} = \frac{3 - 0}{3} = 1$$

解方程式

$$3c^2 - 2c - 1 = 1$$

或

$$3c^2 - 2c - 2 = 0$$

得兩解 $(2 \pm \sqrt{4 + 24})/6$，相當於 $c_1 \approx -0.55$ 和 $c_2 \approx 1.22$。

▲ 圖 5
$f(x) = x^3 - x^2 - x + 1$
$c_1 = -.55$, $c_2 = 1.22$

範例 3

令 $f(x) = x^{2/3}$ 在 $[-8, 27]$ 上，證明均值定理不成立並說明不成立的理由。

解答：

$$f'(x) = \frac{2}{3} x^{-1/3}, \quad x \neq 0$$

且

$$\frac{f(27) - f(-8)}{27 - (-8)} = \frac{9 - 4}{35} = \frac{1}{7}$$

解方程式

$$\frac{2}{3} c^{-1/3} = \frac{1}{7}$$

得

$$c = \left(\frac{14}{3}\right)^3 \approx 102$$

所以 c 不在 $(-8, 27)$ 內，不滿足均值定理的結論。如圖 6 所示 f 的圖形可看出 $f'(0)$ 不存在，所以問題出在 f 不是在 $(-8, 27)$ 上可微分。

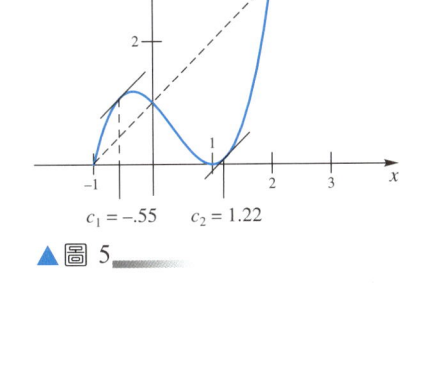

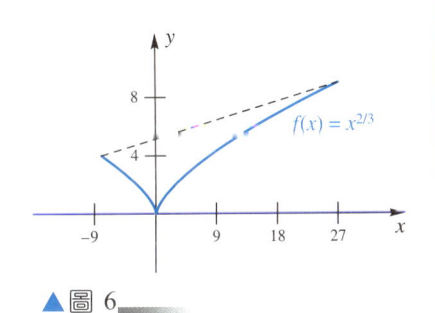

▲ 圖 6
$f(x) = x^{2/3}$

若函數 $s(t)$ 代表一個物體在時間 t 的位置，則均值定理說在任何時段內，存在某一時刻之瞬間速度等於平均速度。

> **範例 4**
>
> 設某物體的位置函數為 $s(t) = t^2 - t - 2$，求物體在區間 [3, 6] 上的平均速度，並求出其瞬間速度等於平均速度的那一刻。
>
> **解答**：在區間 [3, 6] 上的平均速度為 $(s(6) - s(3))/(6 - 3) = 8$。而瞬間速度為 $s'(t) = 2t - 1$。解方程式 $8 = 2t - 1$ 得 $t = 9/2$ 即為所求。

定理的利用　在 3.2 節中，我們承諾要嚴格證明單調性定理（定理 3.2A）。

單調性定理的證明　假設 f 在區間 I 上連續，且 I 內部的每一點 x 皆滿足 $f'(x) > 0$。考慮 I 中滿足 $x_1 < x_2$ 的任意兩點 x_1 和 x_2，在區間 $[x_1, x_2]$ 上應用均值定理，在 (x_1, x_2) 上存在一數 c 滿足

$$f(x_2) - f(x_1) = f'(c)(x_2 - x_1)$$

因為 $f'(c) > 0$，所以 $f(x_2) - f(x_1) > 0$；$f(x_2) > f(x_1)$。這就是所謂的 f 在區間 I 上遞增。

可用同樣的方法處理在 I 上 $f'(x) < 0$ 的情形。∎

下一個定理將在本章及下一章重複使用，它說：具有相同導函數的兩個函數只相差一個常數（見圖 7）。

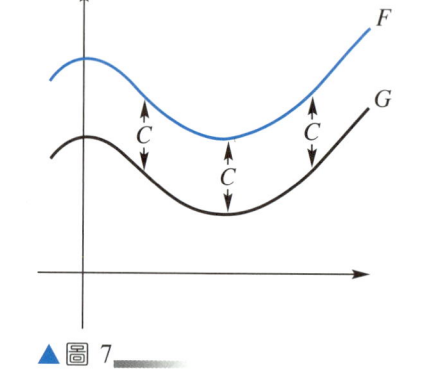

▲圖 7

> **定理 B**
>
> 若 (a, b) 中的所有 x 皆滿足 $F'(x) = G'(x)$，則存在一個常數 C 使得
> $$F(x) = G(x) + C$$
> 對於 (a, b) 中的所有 x。

證明　令 $H(x) = F(x) - G(x)$。則 (a, b) 中的 x 皆滿足

$$H'(x) = F'(x) - G'(x) = 0$$

在 (a, b) 上選一定點 x_1，且令 x 是其他點，函數在以 x_1 與 x 為端點的閉區間上滿足均值的條件，因此，x_1 與 x 中存在一點 c 滿足

$$H(x) - H(x_1) = H'(c)(x - x_1)$$

根據假設，$H'(c) = 0$，所以 (a, b) 上的 x 皆滿足 $H(x) - H(x_1) = 0$，即 $H(x) = H(x_1)$。因為 $H(x) = F(x) - G(x)$，可得 $F(x) - G(x) = H(x_1)$。令 $C = H(x_1)$，可得 $F(x) = G(x) + C$。∎

■ **練習題 3.6**

1-9 題中，請決定均值定理是否適用於給定的函數與閉區間；若是，求滿足定理的 c 值；若不是，說明理由；並繪出函數在指定區間的圖形。

1. $g(x)=|x|$; $[-2,2]$

2. $f(x)=x^2+x$; $[-2,2]$

3. $H(s)=s^2+3s-1$; $[-3,1]$

4. $F(x)=\dfrac{x^3}{3}$; $[-2,2]$

5. $f(z)=\dfrac{1}{3}(z^3+z-4)$; $[-1,2]$

6. $F(t)=\dfrac{1}{t-1}$; $[0,2]$

7. $h(t)=t^{2/3}$; $[-2,2]$

8. $S(\theta)=\sin\theta$; $[-\pi,\pi]$

9. $f(x)=x+|x|$; $[-2,1]$

10. （Roll 定理）函數 f 在閉區間 $[a,b]$ 上連續，且在開區間 (a,b) 上可微分，若 $f(a)=f(b)$，則在 (a,b) 中至少存在一點 c 使得 $f'(c)=0$。證明：洛耳定理只是均值定理的一個特殊例子。

3.7 數值解方程式

在數學與科學中，我們經常需要解一個方程式 $f(x)=0$。可以確定的是，若 f 是一個線性的或二次的多項式，則存在有廣為人知的公式解。但對其他的代數方程式或是含超越函數的方程式而言，就鮮少有可用的明確公式解。碰到這種情況該怎麼辦呢？

一個足智多謀的人解決問題有聰明的方法，給你一杯咖啡，你可以一點一點加入糖，直到它夠甜。給你一個太大的塞子去塞一個洞，你可以一點一點削掉，直到塞子剛好合洞的大小。針對求出來的解，一次修改一點來增加準確度，直到滿意為止。數學家稱這樣的過程為逐次逼近法（method of successive approximation），或是迭代法（method of iteration）。

在本節中我們提出了 3 種這樣解方程式的方法：二分法、牛頓法和定點法。每一種方法都是逼近 $f(x)=0$ 的實數解，因為涉及許多的計算，你需要將計算機放在手邊。

二分法　二分法有兩項優點，簡單和可靠，但是有一項主要的缺點，需要大量的步驟來達到所要求的準確度。

▲ 圖 1

第一步

▲ 圖 2

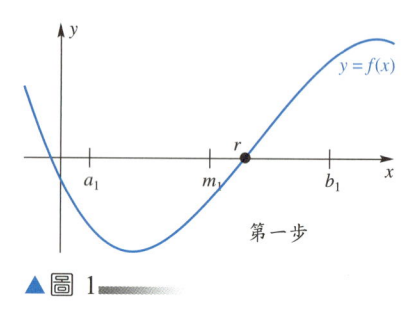

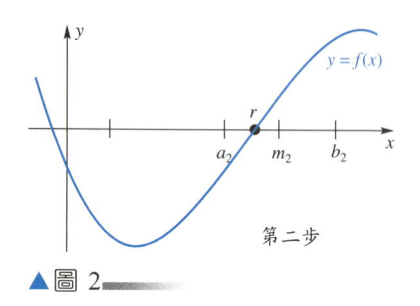

第二步

由描繪函數 f 的圖形開始這種演算過程，假設 f 是一個連續函數（見圖 1），$f(x) = 0$ 的一個實根（實數解）r 就是圖形與 x 軸交點的 x 坐標。第一步，選定兩個點，$a_1 < b_1$，使得 $f(a_1) \cdot f(b_1) < 0$，中間值定理保證存在一根介於 a 和 b 之間。然後計算 f 在中點 $m_1 = (a_1 + b)/2$ 的函數值，此數 m_1 是我們給予 r 的第一個近似值。

如果不是 $f(m_1) = 0$（即 $r = m_1$），就是 $f(m_1)$ 與 $f(a_1)$ 或 $f(b_1)$ 異號。將兩個子區間 $[a_1, m_1]$ 和 $[m_1, b_1]$ 發生正負號改變者表為 $[a_2, b_2]$，並且計算 f 在它的中點 $m_2 = (a_2 + b_2)/2$ 的函數值（圖 2）。此數 m_2 是我們給予 r 的第二個近似值。

重複同樣過程，決定了一串近似值 $m_1, m_2, m_3, \ldots$ 和子區間 $[a_1, b_1]$, $[a_2, b_2]$, $[a_3, b_3]$, $\ldots$，每個子區間皆包含實根 r，且長度為前一個的一半。當 r 的近似值到達所求的準確度，也就是當 $(b_n - a_n)/2$ 小於可忍受的誤差（將以 E 表示）時，停止該逼近過程。

演算法　二分法（Bisection Method）

令 $f(x)$ 是一個連續函數，且實數 a_1 和 b_1 滿足 $a_1 < b_1$ 及 $f(a_1) \cdot f(b_1) < 0$。令 E 表示誤差 $|r - m_n|$ 的指定界限。對於任意正整數 n，重複步驟 1 到 5 直到 $h_n < E$ 才停止：

1. 計算 $m_n = (a_n + b_n)/2$
2. 計算 $f(m_n)$，且若 $f(m_n) = 0$，則停止過程。
3. 計算 $h_n = (b_n - a_n)/2$
4. 若 $f(a_n) \cdot f(m_n) < 0$，則令 $a_{n+1} = a_n$ 且 $b_{n+1} = m_n$。
5. 若 $f(a_n) \cdot f(m_n) > 0$，則令 $a_{n+1} = m_n$ 且 $b_{n+1} = b_n$。

● 範例 1

求 $f(x) = x^3 - 3x - 5 = 0$ 的實根，準確到 0.0000001 之內。

解答：首先描繪 $y = x^3 - 3x - 5$ 的圖形（圖 3），且注意到它和 x 軸的交點介於 2 和 3 之間，我們用 $a_1 = 2$、$b_1 = 3$ 開始。

第 1 步：$m_1 = (a_1 + b_1)/2 = (2 + 3)/2 = 2.5$

第 2 步：$f(m_1) = f(2.5) = 2.5^3 - 3 \cdot 2.5 - 5 = 3.125$

第 3 步：$h_1 = (b_1 - a_1)/2 = (3 - 2)/2 = 0.5$

第 4 步：因為

$$f(a_1) \cdot f(m_1) = f(2)f(2.5) = (-3)(3.125) = -9.375 < 0$$

我們設 $a_2 = a_1 = 2$ 且 $b_2 = m_1 = 2.5$。

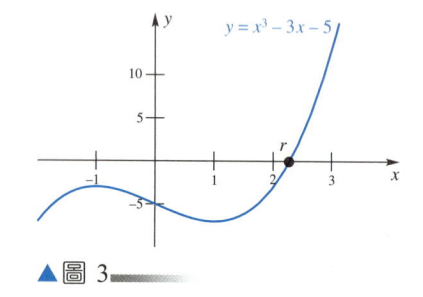

▲ 圖 3

導數的應用　Chapter 3

第 5 步：條件 $f(a_n) \cdot f(m_n) > 0$ 不成立。

接下來我們增加 n 為 2 且重複這些步驟。我們連續這種過程，得到下列表中的數據：

n	h_n	m_n	$f(m_n)$
01	0.5	2.5	3.125
02	0.25	2.25	-0.359
03	0.125	2.375	1.271
04	0.0625	2.3125	0.429
05	0.03125	2.28125	0.02811
06	0.015625	2.265625	-0.16729
07	0.0078125	2.2734375	-0.07001
08	0.0039063	2.2773438	-0.02106
09	0.0019531	2.2792969	0.00350
10	0.0009766	2.2783203	-0.00878
11	0.0004883	2.2788086	-0.00264
12	0.0002441	2.2790528	0.00043
13	0.0001221	2.2789307	-0.00111
14	0.0000610	2.2789918	-0.00034
15	0.0000305	2.2790224	0.00005
16	0.0000153	2.2790071	-0.00015
17	0.0000076	2.2790148	-0.00005
18	0.0000038	2.2790187	-0.000001
19	0.0000019	2.2790207	0.000024
20	0.0000010	2.2790197	0.000011
21	0.0000005	2.2790192	0.000005
22	0.0000002	2.2790189	0.0000014
23	0.0000001	2.2790187	-0.0000011
24	0.0000001	2.2790188	0.0000001

我們結論：最大誤差為 0.0000001 的範圍內，$r = 2.2790188$。

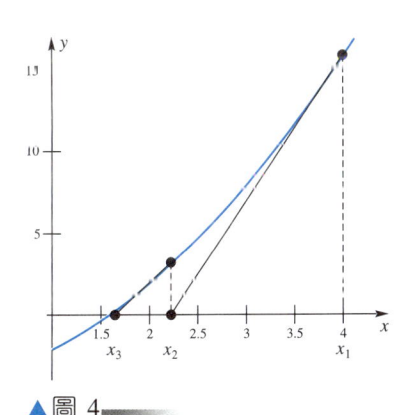

牛頓法　我們繼續考慮，解方程式 $f(x) = 0$ 求根 r 的問題。假設 f 是可微分的，所以 $y = f(x)$ 的圖形處處皆有切線。若我們可藉繪圖或其他方法找到 r 的第一個近似值 x_1（見圖 4），點 $(x_1, f(x_1))$ 上的切線和 x 軸的交點應該是一個較佳的近似值，稱為 x_2。利用 x_2 做為一個近似值，我們可以找到一個更好的近似值 x_3，等等。

該過程可以被機械化，使得它易於在計算機上操作。點 $(x_1, f(x_1))$ 上的切線為

▲圖 4

$$y - f(x_1) = f'(x_1)(x - x_1)$$

而且，令 $y = 0$ 代入上式解 x，可得該切線的 x 截距，x_2

$$x_2 = x_1 - \frac{f(x_1)}{f'(x_1)}$$

一般而言，我們有下列演算法，也稱為遞迴公式或迭代方案。

> **演算法　牛頓法（Newton's Method）**
>
> 令 $f(x)$ 為一可微分函數，且令 x_1 為 $f(x) = 0$ 之根的給定起始近似值，令 E 表誤差 $|r - x_n|$ 的指定界限。對 $n = 1, 2, ...$ 重複下列步驟直到 $|x_{n+1} - x_n| < E$ 為止：
>
> 1. $$x_{n+1} = x_n - \frac{f(x_n)}{f'(x_n)}$$

範例 2

利用牛頓法求 $f(x) = x^3 - 3x - 5 = 0$ 的實根，到第 7 位小數。

解答：我們使用 $x_1 = 2.5$ 作為我們給予 r 的第 1 個近似值。因為 $f(x) = x^3 - 3x - 5$ 且 $f'(x) = 3x^2 - 3$，演算為

$$x_{n+1} = x_n - \frac{x_n^3 - 3x_n - 5}{3x_n^2 - 3} = \frac{2x_n^3 + 5}{3x_n^2 - 3}$$

經計算可得下表

n	x_n
1	2.5
2	2.30
3	2.2793
4	2.2790188
5	2.2790188

經過 4 步，我們得到一致的前 8 位數字。我們很有信心的說，$r \approx 2.2790188$，也許最後一位數字有些問題。

範例 3

利用牛頓法求 $f(x) = 2 - x + \sin x = 0$ 的正實根 r。

解答：$y = 2 - x + \sin x$ 的圖形如圖 5 所示。用 $x_1 = 2$ 為起始值，因為 $f'(x) = -1 + \cos x$，且 $f'(x) = 3x^2 - 3$，演算為

$$x_{n+1} = x_n - \frac{2 - x_n + \sin x_n}{-1 + \cos x_n}$$

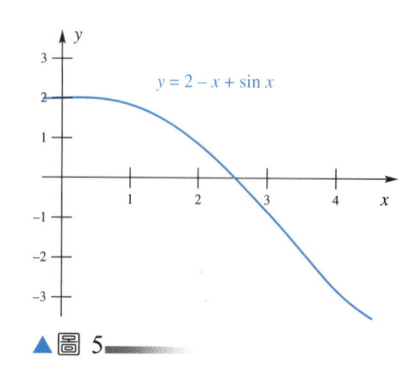

▲ 圖 5

導數的應用 **Chapter 3** 173

由此可得下表：

n	x_n
1	2.0
2	2.6420926
3	2.5552335
4	2.5541961
5	2.5541960
6	2.5541960

恰經 5 步，我們得到小數點後 7 位數字一致。我們結論 $r \approx 2.5541960$。

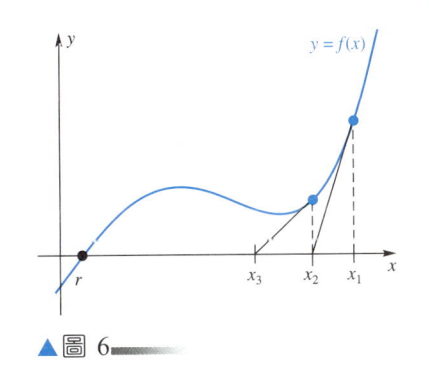

牛頓法產生了根的一串近似值，通常，牛頓法製造出收斂到 $f(x) = 0$ 之根的一串數列 $\{x_n\}$，也就是 $\lim_{n \to \infty} x_n = r$，但並不是總是如此。圖 6 解釋了可能出現的錯誤，對於圖 6 中的函數而言，問題在於 x_1 跟 r 靠得不夠近，以致無法啟動一個收斂的過程。假如在 r 或接近 r 時，$f'(x)$ 等於 0 或不存在，則有其他的問題會產生。當牛頓法不能產生收斂到解的近似值時，你可以使用不同的起始點再試一次，或利用其他不同的方法。

▲圖 6

定點演算法 定點演算法既簡單又直接，但經常是管用的。

假設一個方程式可表示為 $x = g(x)$，解此方程式就是，找出滿足 $r = g(r)$ 的一個實數 r，我們將 r 叫做 g 的一個**定點**（fixed point）。我們提出下列演算來求這種數。首先猜一個數 x_1，然後令 $x_2 = g(x_1)$，$x_3 = g(x_2)$，等等，如果我們夠幸運，當 $n \to \infty$ 時，x_n 會收斂到根 r。

演算法　定點演算法（Fixed-Point Algorithm）

令 $g(x)$ 是一個連續函數，並且 x_1 是方程式 $x = g(x)$ 之根 r 的一個起始近似值。令 E 表誤差 $|r - x_n|$ 的指定界限。

對於 $n = 1, 2, \ldots$ 重複下列步驟直到 $|x_{n+1} - x_n| < E$ 為止

1. $$x_{n+1} = g(x_n)$$

範例 4

利用定點演算法逼近 $f(x) = x^2 - 2\sqrt{x+1} = 0$ 的解。

解答： 我們將方程式寫成 $x^2 = 2\sqrt{x+1}$，可得 $x = \pm(2\sqrt{x+1})^{1/2}$。因為我們知道解是正的，所以 $x = (2\sqrt{x+1})^{1/2}$。我們將迭代寫成

$$x_{n+1} = (2\sqrt{x_n+1})^{1/2} = \sqrt{2}\,(x_n+1)^{1/4}$$

圖 7 顯示了曲線 $y = x$ 和曲線 $y = \sqrt{2}\,(x+1)^{1/4}$ 的交點位於 1 和 2 之間，所以我們令 $x_1 = 2$ 為我們的起始點，可得下表，解近似於 1.8350867。

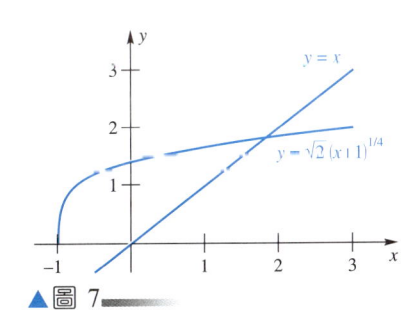

▲圖 7

n	x_n	n	x_n
1	2.0	7	1.8350896
2	1.8612097	8	1.8350871
3	1.8392994	9	1.8350868
4	1.8357680	10	1.8350867
5	1.8351969	11	1.8350867
6	1.8351045	12	1.8350867

範例 5

利用定點演算法解 $x = 2\cos x$。

解答：由圖 8 得知曲線 $y = x$ 和曲線 $y = 2\cos x$ 的交點約在 $x = 1$。令 $x_1 = 1$ 且應用演算 $x_{n+1} = 2\cos x_n$，我們得到下表的結果。

n	x_n	n	x_n
1	1	6	1.4394614
2	1.0806046	7	0.2619155
3	0.9415902	8	1.9317916
4	1.1770062	9	-0.7064109
5	0.7673820	10	1.5213931

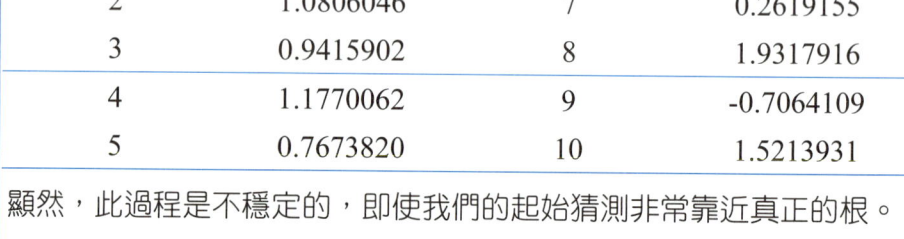

▲圖 8

顯然，此過程是不穩定的，即使我們的起始猜測非常靠近真正的根。

讓我們採取另一種策略，將 $x = 2\cos x$ 改寫為 $x = (x + 2\cos x)/2$ 且利用演算

$$x_{n+1} = \frac{x_n + 2\cos x_n}{2}$$

此過程產生了一個收斂的數列，如下表所示（上表中振盪的 x_n 值可能是四捨五入之誤差造成的）。

n	x_n	n	x_n	n	x_n
1	1	7	1.0298054	13	1.0298665
2	1.0403023	8	1.0298883	14	1.0298666
3	1.0261107	9	1.0298588	15	1.0298665
4	1.0312046	10	1.0298693	16	1.0298666
5	1.0293881	11	1.0298655		
6	1.0300374	12	1.0298668		

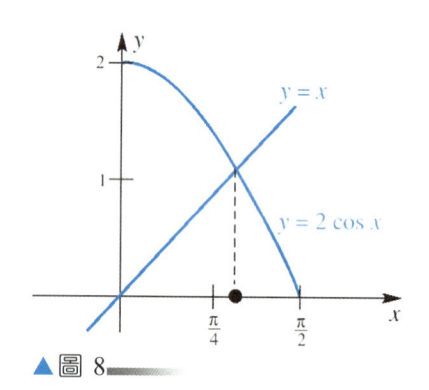

練習題 3.7

C 1-2 題中,利用二分法逼近所給方程式在指定區間上的實根,答案應準確到第 2 位小數。

1. $x^3 + 2x - 6 = 0$; $[1, 2]$

2. $2\cos x - \sin x = 0$; $[1, 2]$

C 3-7 題中,利用牛頓法逼近所給方程式的指定根,準確到第 5 位小數,由繪圖開始。

3. $x^3 + 6x^2 + 9x + 1 = 0$ 的最大根。

4. $7x^3 + x - 5 = 0$ 的實根。

5. $\cos x - 2x$ 的根。

6. $2x - \sin x = 1$ 的根。

7. $2x^2 - \sin x = 0$ 的正根。

8. 請利用牛頓法計算 $\sqrt[3]{6}$,準確到第 5 位小數。(提示:解 $x^3 - 6 = 0$)

9-10 題中,請利用定點演算法,以指定的 x_1 解方程式,準確到第 5 位小數。

9. $x = \dfrac{3}{2}\cos x$; $x_1 = 1$

10. $x = 2 - \sin x$; $x_1 = 2$

3.8 反導函數

在本章和前一章我們研究了微分。如果我們要解含導函數的方程式,我們將需要此導數的相反函數,稱為反微分(antidifferentiation)或積分(integration)。

定義

若在 I 上 $D_x F(x) = f(x)$ 恆成立,也就是,對於 I 中的所有 x,$F'(x) = f(x)$,則稱 F 是 f 在區間 I 上的一個**反導函數**(antiderivative)。

範例 1

求函數 $f(x) = 4x^3$ 在 $(-\infty, \infty)$ 上的一個反導函數。

解答:$D_x(x^4) = x^3$,所以 $F'(x) = 4x^3$ 是 f 在 $(-\infty, \infty)$ 上的一個反導函數。

思考一下,將想到範例 1 的其他解答,函數 $F(x) = x^4 + 6$ 也滿足 $F'(x) = f(x)$,所以它也是 $f(x) = 4x^3$ 的一個反導函數。事實上,$F(x) = x^4 + C$,C 為任意常數,都是 $4x^3$ 在 $(-\infty, \infty)$ 上的一個反導數(見圖 1)。

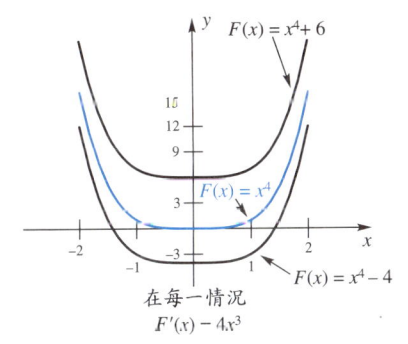

▲ 圖 1

現在我們提出一個重要的問題。$f(x) = 4x^3$ 的每個反導函數都是 $f(x) = x^4 + C$ 這種型式嗎？是的。這是定理 3.6B 保證的，它說若兩個函數有相同導函數，則這兩個函數必定只相差一個常數。

我們的結論是這樣。假設 $F(x)$ 是 $f(x)$ 的一個反導數，C 代表任一常數，則 $F(x)+C$ 代表 $f(x)$ 的所有反導函數所成之集合，稱為 f 的**一般反導函數（general antiderivative）**，通常就稱為 f 的**反導函數（antiderivative）**。

範例 2

求 $f(x) = x^2$ 在 $(-\infty, \infty)$ 上的一般反導函數。

解答：令 $F(x) = \frac{1}{3}x^3$，則 $F'(x) = x^2 = f(x)$，所以，f 的一般反導函數為 $\frac{1}{3}x^3 + C$。

反導函數的符號　我們用 D_x 代表求導函數的運算，相對的我們使用符號 $\int \ldots dx$ 來代表求反導函數的運算。所以，若 F 是 f 的一個反導數，則我們用 $\int f(x)\, dx$ 代表求 f 的一般反導數。因此

$$\int f(x)\, dx = F(x) + C$$

請注意

$$D_x \int f(x)\, dx = f(x) \quad \text{且} \quad \int D_x f(x)\, dx = f(x) + C$$

反導函數的證明法則

為了證明
$$\int f(x)\, dx = F(x) + C$$
我們需要做的事只是證明
$$D_x[F(x) + C] = f(x)$$

定理 A　冪法則（Power Rule）

若 r 為不等於 -1 的任一有理數，則

$$\int x^r\, dx = \frac{x^{r+1}}{r+1} + C$$

證明

$$D_x\left[\frac{x^{r+1}}{r+1} + C\right] = \frac{1}{r+1}(r+1)x^r = x^r \quad \blacksquare$$

我們將常使用名詞**不定積分（indefinite integral）**取代名詞反導函數，並使用**積分（integrate）**代表反微分。在符號 $\int f(x)\, dx$ 中，$\int$ 稱為積分符號且 $f(x)$ 稱為**被積函數（integrand）**。所以，我們積分被積函數且由此計算不定積分。

範例 3

求 $f(x) = x^{4/3}$ 的一般反導函數。

解答：

$$\int x^{4/3}\, dx = \frac{x^{7/3}}{\frac{7}{3}} + C = \frac{3}{7} x^{7/3} + C$$

可直接由正弦、餘弦函數的導函數公式得到它們的反導函數公式。

定理 B

$$\int \sin x\, dx = -\cos x + C \quad \text{且} \quad \int \cos x\, dx = \sin x + C$$

證明 只要注意到 $D_x(-\cos x + C) = \sin x$ 且 $D_x(\sin x + C) = \cos x$ ∎

不定積分是線性的

定理 C　不定積分是一個線性算子

令 f 和 g 有反導函數（不定積分）且令 k 為一常數，則

(i) $\displaystyle\int k f(x)\, dx = k \int f(x)\, dx$;

(ii) $\displaystyle\int [f(x) + g(x)]\, dx = \int f(x)\, dx + \int g(x)\, dx$;

(iii) $\displaystyle\int [f(x) - g(x)]\, dx = \int f(x)\, dx - \int g(x)\, dx.$

證明 為了證明 (i) 與 (ii)，只需說明右式的微分等於左式的被積函數

$$D_x\left[k \int f(x)\, dx\right] = k D_x \int f(x)\, dx = k f(x)$$

$$D_x\left[\int f(x)\, dx + \int g(x)\, dx\right] = D_x \int f(x)\, dx + D_x \int g(x)\, dx$$
$$= f(x) + g(x)$$

性質 (iii) 是根據 (i) 與 (ii)。 ∎

● 範例 4

利用 $\int$ 是線性的，完成下列計算

(a) $\int (3x^2 + 4x)\,dx$ (b) $\int (u^{3/2} - 3u + 14)\,du$ (c) $\int \left(1/t^2 + \sqrt{t}\right) dt$

解答：

$$\int (3x^2 + 4x)\,dx = \int 3x^2\,dx + \int 4x\,dx$$
$$= 3\int x^2\,dx + 4\int x\,dx$$
$$= 3\left(\frac{x^3}{3} + C_1\right) + 4\left(\frac{x^2}{2} + C_2\right)$$
$$= x^3 + 2x^2 + (3C_1 + 4C_2)$$
$$= x^3 + 2x^2 + C$$

(a)

(b)
$$\int (u^{3/2} - 3u + 14)\,du = \int u^{3/2}\,du - 3\int u\,du + 14\int 1\,du$$
$$= \tfrac{2}{5}u^{5/2} - \tfrac{3}{2}u^2 + 14u + C$$

(c)
$$\int \left(\frac{1}{t^2} + \sqrt{t}\right) dt = \int (t^{-2} + t^{1/2})\,dt = \int t^{-2}\,dt + \int t^{1/2}\,dt$$
$$= \frac{t^{-1}}{-1} + \frac{t^{3/2}}{\frac{3}{2}} + C = -\frac{1}{t} + \frac{2}{3}t^{3/2} + C$$

一般的冪法則　若 $u = g(x)$ 是一個可微分函數，且 r 是一個有理數 $(r \neq -1)$，則

$$D_x\left[\frac{u^{r+1}}{r + 1}\right] = u^r \cdot D_x u$$

或是，以函數符號表示

$$D_x\left(\frac{[g(x)]^{r+1}}{r + 1}\right) = [g(x)]^r \cdot g'(x)$$

由此我們得到一個重要的不定積分法則。

定理 D　一般的冪法則（Generalized Power Rule）

令 g 為一個可微分函數且 r 為異於 -1 的一個有理數，則

$$\int [g(x)]^r g'(x)\,dx = \frac{[g(x)]^{r+1}}{r + 1} + C$$

範例 5

計算

(a) $\int (x^4 + 3x)^{30}(4x^3 + 3)\, dx$

(b) $\int \sin^{10} x \cos x\, dx$

解答：

(a) 令 $g(x) = x^4 + 3x$，則 $g'(x) = 4x^3 + 3$。所以，依定理 D

$$\int (x^4 + 3x)^{30}(4x^3 + 3)\, dx = \int [g(x)]^{30} g'(x)\, dx = \frac{[g(x)]^{31}}{31} + C$$

$$= \frac{(x^4 + 3x)^{31}}{31} + C$$

(b) 令 $g(x) = \sin x$，則 $g'(x) = \cos x$。所以

$$\int \sin^{10} x \cos x\, dx = \int [g(x)]^{10} g'(x)\, dx = \frac{[g(x)]^{11}}{11} + C$$

$$= \frac{\sin^{11} x}{11} + C$$

範例 6

計算下列各不定積分

(a) $\int (x^3 + 6x)^5 (6x^2 + 12)\, dx$

(b) $\int (x^2 + 4)^{10} x\, dx$

解答：

(a) 令 $u = x^3 + 6x$，則 $du = (3x^2 + 6)\, dx$，
因此 $(6x^2 + 12)\, dx = 2(3x^2 + 6)\, dx = 2\, du$，可得

$$\int (x^3 + 6x)^5 (6x^2 + 12)\, dx = \int u^5\, 2\, du$$

$$= 2 \int u^5\, du$$

$$= 2\left[\frac{u^6}{6} + C\right]$$

$$= \frac{u^6}{3} + 2C$$

$$= \frac{(x^3 + 6x)^6}{3} + K$$

(b) 令 $u = x^2 + 4$，則 $du = 2x\,dx$，可得

$$\int (x^2+4)^{10} x\,dx = \int (x^2+4)^{10} \cdot \frac{1}{2} \cdot 2x\,dx$$
$$= \frac{1}{2} \int u^{10}\,du$$
$$= \frac{1}{2}\left(\frac{u^{11}}{11} + C\right)$$
$$= \frac{(x^2+4)^{11}}{22} + K$$

關於不定積分的技巧，我們將在第 7 章中有更多的討論，希望早一點熟悉不定積分中最重要的技巧——代換積分（**冪法則的推廣**）的讀者，請跳到 7-1 節，直接利用該節的各種積分公式進行不定積分的練習。

練習題 3.8

1-10 題中，求各給定函數的一般反導函數

1. $f(x) = 5$
2. $f(x) = x - 4$
3. $f(x) = x^2 + \pi$
4. $f(x) = x^{5/4}$
5. $f(x) = 7x^{-3/4}$
6. $f(x) = x^2 - x$
7. $f(x) = 3x^2 - \pi x$
8. $f(x) = 4x^5 - x^3$
9. $f(x) = \dfrac{3}{x^2} - \dfrac{2}{x^3}$
10. $f(x) = \dfrac{4x^6 + 3x^4}{x^3}$

11-15 題中，求指定的不定積分

11. $\int (x^2 + x)\,dx$
12. $\int (x^3 + \sqrt{x})\,dx$
13. $\int (x+1)^2\,dx$
14. $\int (\sin\theta - \cos\theta)\,d\theta$
15. $\int (t^2 - 2\cos t)\,dt$

16-22 題中，請利用範例 5、範例 6 的方法求不定積分

16. $\int (\sqrt{2}x + 1)^3 \sqrt{2}\,dx$
17. $\int (\pi x^3 + 1)^4 3\pi x^2\,dx$
18. $\int (5x^2 + 1)(5x^3 + 3x - 8)^6\,dx$
19. $\int 3t\sqrt[3]{2t^2 - 11}\,dt$
20. $\int x^2\sqrt{x^3 + 4}\,dx$
21. $\int \sin x(1+\cos x)^4\,dx$
22. $\int \sin x\cos x\sqrt{1+\sin^2 x}\,dx$

23-25 題中，利用反微分兩次，根據給定的 $f''(x)$ 找出 $f(x)$，請注意，你的答案必需包含兩個任意常數，例如，$f''(x) = x$ 則 $f'(x) = x^2/2 + C_1$，且 $f(x) = x^3/6 + C_1 x + C_2$。

23. $f''(x) = 3x + 1$
24. $f''(x) = \sqrt{x}$
25. $f''(x) = \dfrac{x^4 + 1}{x^3}$

26. 證明：$\int [f(x)g'(x) + g(x)f'(x)]\,dx = f(x)g(x) + C$

27-30 題中，請利用積分公式 $\int \dfrac{1}{u}\,du = \ln|u| + C$ 求不定積分

27. $\int \dfrac{1}{2x+1}\,dx$
28. $\int \dfrac{1}{1-2x}\,dx$

29. $\int \dfrac{z}{2z^2+8}dz$ 30. $\int \dfrac{2\ln x}{x}dx$ 31. $\int e^{3x+1}dx$ 32. $\int xe^{x^2-3}dx$

31-34 題中,請利用積分公式 $\int e^u du = e^u + C$ 求不定積分 33. $\int (x+3)e^{x^2+6x}dx$ 34. $\int \dfrac{e^{-1/x}}{x^2}dx$

3.9　微分方程簡介

在前一節中,我們的工作是反微分(積分)一個函數 f,得到一個新的函數 F。寫成

$$\int f(x)\,dx = F(x) + C$$

依照定義,只要 $F'(x) = f(x)$ 成立,這就是正確的。現在,導數語言 $F'(x) = f(x)$ 相當於微分語言 $dF(x) = f(x)\,dx$(2.9 節),所以我們可以說

$$\int dF(x) = F(x) + C$$

用此觀點來說,積分一個函數的微分可得此函數(加一常數),這是萊布尼茲的觀點,它將幫助我們解微分方程(式)(differential equations)。

何謂微分方程?　為了便於找出答案,我們用一個簡單的例子開始。

範例 1

有一條曲線通過點 $(-1, 2)$,且在每一點的斜率等於該點 x 坐標的兩倍,求此曲線的 $xy-$方程式。

解答: 曲線上的每一點 (x, y) 必須滿足

$$\dfrac{dy}{dx} = 2x$$

我們要求一個函數 $y = f(x)$ 滿足此方程式,且 $x = -1$ 時 $y = 2$,我們提出兩種方法。

> **方法 1** 當方程式形如 $dy/dx = g(x)$ 時，y 必為 $g(x)$ 的一個反導函數；也就是
>
> $$y = \int g(x)\,dx$$
>
> 就本例而言，
>
> $$y = \int 2x\,dx = x^2 + C$$
>
> **方法 2** 視 dy/dx 為兩個微分之商，將 $dy/dx = 2x$ 兩邊同乘 dx 可得
>
> $$dy = 2x\,dx$$
>
> 然後積分兩邊的微分，相等兩邊的結果，並化簡之
>
> $$\int dy = \int 2x\,dx$$
> $$y + C_1 = x^2 + C_2$$
> $$y = x^2 + C_2 - C_1$$
> $$y = x^2 + C$$
>
> 方法 2 也適用於其他不是 $dy/dx = g(x)$ 形式的微分方程。
>
> $y = x^2 + C$ 代表了圖 1 中展示的曲線群，在這一群曲線中，我們必須選出滿足條件「當 $x = -1$ 時 $y = 2$」的那一條，因此
>
> $$2 = (-1)^2 + C$$
>
> 可得 $C = 1$，所以我們要找的曲線是 $y = x^2 + 1$。

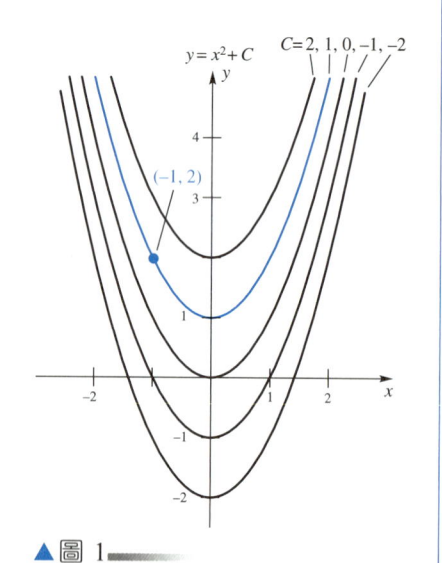

▲ 圖 1

方程式 $dy/dx = 2x$ 和 $dy = 2x\,dx$ 都叫做微分方程，其他例子有

$$\frac{dy}{dx} = 2xy + \sin x$$
$$y\,dy = (x^3 + 1)\,dx$$
$$\frac{d^2y}{dx^2} + 3\frac{dy}{dx} - 2xy = 0$$

　　給定一個方程式，假如它的未知是一個函數，且此式涉及該未知函數的導函數，就稱此式為一個**微分方程（式）**（differential equations）。假如一個函數可以滿足一個微分方程，就稱此函數為該微分方程的一個**解**（solution），所以，解一個微分方程就是求一個未知函數，通常這是一件困難的工作。在這裡，我們只考慮最簡單的情形——**一階可分離**（first-order separable）微分方程。這一種方程式只涉及未知函數的一階導函數，而且可以把變數分別放在等號的兩側。

分離變數法 考慮微分方程

$$\frac{dy}{dx} = \frac{x + 3x^2}{y^2}$$

兩邊同乘 $y^2 dx$，可得

$$y^2 \, dy = (x + 3x^2) \, dx$$

在此種形式中，微分方程式的變數被分離在等式的兩邊，含 y 項的在方程式左邊，含 x 項的在方程式右邊。在這種分離形式中，我們可以利用方法 2（兩邊同時積分，兩邊維持相等關係，然後化簡）解微分方程請看下列例題。

範例 2

解微分方程

$$\frac{dy}{dx} = \frac{x + 3x^2}{y^2}$$

並求滿足 $x = 0$ 時 $y = 6$ 的解。

解答：給定的方程式同義於

$$y^2 \, dy = (x + 3x^2) \, dx$$

所以，

$$\int y^2 \, dy = \int (x + 3x^2) \, dx$$

$$\frac{y^3}{3} + C_1 = \frac{x^2}{2} + x^3 + C_2$$

$$y^3 = \frac{3x^2}{2} + 3x^3 + (3C_2 - 3C_1)$$

$$= \frac{3x^2}{2} + 3x^3 + C$$

$$y = \sqrt[3]{\frac{3x^2}{2} + 3x^3 + C}$$

使用條件：當 $x = 0$ 時 $y = 6$，可求出常數 C

$$6 = \sqrt[3]{C}$$
$$216 = C$$

因此，

$$y = \sqrt[3]{\frac{3x^2}{2} + 3x^3 + 216}$$

運動問題　記得若 $s(t)$、$v(t)$、和 $a(t)$ 分別代表一個物體沿一條坐標線移動，在時間為 t 的位置、速度、和加速度，則

$$v(t) = s'(t) = \frac{ds}{dt}$$

$$a(t) = v'(t) = \frac{dv}{dt} = \frac{d^2s}{dt^2}$$

在之前的討論中，我們假設 $s(t)$ 是已知的，且由此得 $v(t)$ 和 $a(t)$，現在，我們想要考慮相反的過程：給定加速度 $a(t)$，求速度 $v(t)$ 和位置 $s(t)$。

範例 3　落體問題

若空氣阻力可忽略不計，則地球表面附近一個落體的重力加速度為 32 呎／秒^2，若一個物體在 1000 呎高處以 50 呎／秒的速度被垂直上拋（圖 2），求 4 秒後該物體的速度和高度。

解答： 假設高度 s 的正向是向上，則開始之時，$v = ds/dt$ 為正（s 是遞增的），但 $a = dv/dt$ 是負的（重力往下拉，所以 v 是遞減的）。因此，我們的分析以微分方程式 $dv/dt = -32$ 開始，附帶條件為當 $t = 0$ 時 $v = 50$ 且 $s = 1000$。

$$\frac{dv}{dt} = -32$$

$$v = \int -32\, dt = -32t + C$$

因為 $t = 0$ 時 $v = 50$，我們求出 $C = 50$，所以

$$\boxed{v = -32t + 50}$$

而 $v = ds/dt$，所以我們有另一個微分方程式

$$\frac{ds}{dt} = -32t + 50$$

積分可得

$$s = \int (-32t + 50)\, dt$$
$$= -16t^2 + 50t + K$$

因為 $t = 0$ 時 $s = 1000$，所以 $K = 1000$ 且

$$\boxed{s = -16t^2 + 50t + 1000}$$

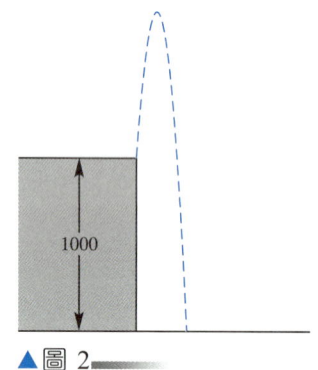

▲圖 2

最後，t = 4 時

$$v = -32(4) + 50 = -78 呎／秒$$
$$s = -16(4)^2 + 50(4) + 1000 = 944 呎$$

範例 4

一個物體沿著一條坐標線移動的加速度為 $a(t) = (2t+3)^{-3}$ 公尺／秒^2，假如當 $t=0$ 時的速度為 4 公尺／秒，求 2 秒後的速度。

解答：

$$\frac{dv}{dt} = (2t+3)^{-3}$$

$$v = \int (2t+3)^{-3} dt = \frac{1}{2} \int (2t+3)^{-3} 2\, dt$$

$$= \frac{1}{2} \frac{(2t+3)^{-2}}{-2} + C = -\frac{1}{4(2t+3)^2} + C$$

因為 $t=0$ 時 $v=4$，

$$4 = -\frac{1}{4(3)^2} + C$$

可得 $C = \frac{145}{36}$，所以

$$v = -\frac{1}{4(2t+3)^2} + \frac{145}{36}$$

當 $t=2$ 時，

$$v = -\frac{1}{4(49)} + \frac{145}{36} \approx 4.023 公尺／秒$$

練習題 3.9

1-4 題中，驗證給定函數是給定微分方程的一個解。

1. $\dfrac{dy}{dx} + \dfrac{x}{y} = 0$; $y = \sqrt{1-x^2}$

2. $-x\dfrac{dy}{dx} + y = 0$; $y = Cx$

3. $\dfrac{d^2y}{dx^2} + y = 0$; $y = C_1 \sin x + C_2 \cos x$

4. $\left(\dfrac{dy}{dx}\right)^2 + y^2 = 1$; $y = \sin(x+C)$ 及 $y = \pm 1$

5-10 題中，先求給定微分方程的一般解，然後求滿足指定條件的特別解。（範例 2）

5. $\dfrac{dy}{dx} = x^2 + 1$; $x = 1$ 時 $y = 1$

6. $\dfrac{dy}{dx} = x^{-3} + 2$; $x = 1$ 時 $y = 3$

7. $\dfrac{dy}{dx} = \dfrac{x}{y}$; $x = 1$ 時 $y = 1$

8. $\dfrac{dy}{dt} = y^4$; $t = 0$ 時 $y = 1$

9. $\dfrac{ds}{dt} = 16t^2 + 4t - 1$；$t = 0$ 時 $s = 100$

10. $\dfrac{dy}{dx} = (2x+1)^4$；$x = 0$ 時 $y = 6$

11. 有一條曲線通過點 $(1, 2)$，且在每一點的斜率等於該點 x 坐標的 3 倍，求此曲線的 xy－方程式（範例 1）。

12. 有一條曲線通過點 $(1, 2)$，且在每一點的斜率等於該點 y 坐標平方的 3 倍，求此曲線的 xy－方程式。

13. 以每秒 96 呎的速度自地球表面垂直上拋一顆球，此球可以到達的最大高度為何？（範例 3）

Chapter 4 定積分

本章概要

- 4.1 面積的簡介
- 4.2 定積分
- 4.3 微積分第一基本定理
- 4.4 微積分第二基本定理與代換法
- 4.5 積分均值定理與對稱性的應用
- 4.6 數值積分

4.1 面積的簡介

兩個幾何問題激發了微積分兩個最重要的概念，求切線問題將我們帶領到導數，求面積問題將帶領我們到定積分。

對於多邊形，求面積幾乎不是問題，我們由定義一個矩形的面積為熟悉的長乘寬開始，接著我們依序導出平行四邊形的面積，三角形和任意多邊形的面積。

圖 1 中的系列圖形提示如何完成這些問題。

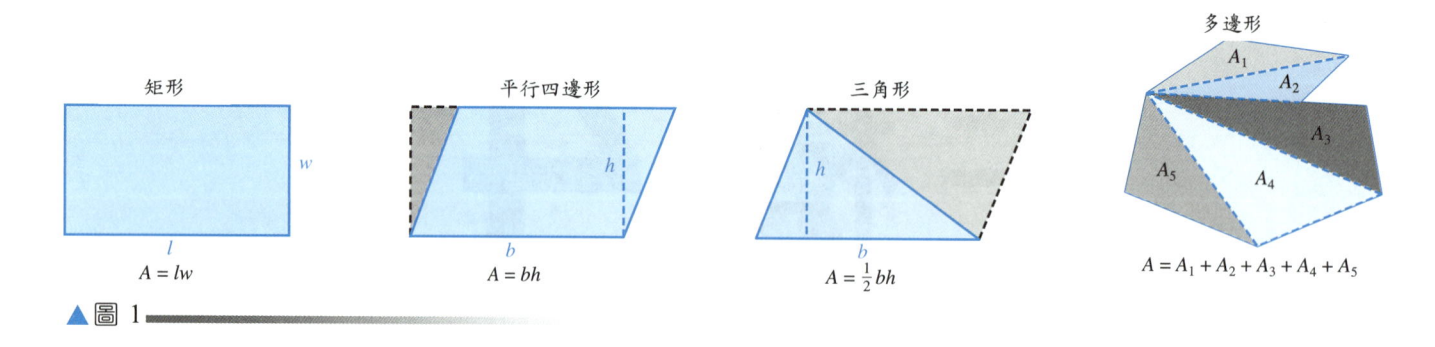

矩形
$A = lw$

平行四邊形
$A = bh$

三角形
$A = \frac{1}{2}bh$

多邊形
$A = A_1 + A_2 + A_3 + A_4 + A_5$

▲ 圖 1

當我們考慮一個由曲線包圍的區域時，求面積將是一個困難的問題，但是，2000 多年前阿基米德提供了解答的一個關鍵，考慮區域內一系列內接多邊形，它們的面積愈來愈接近區域的面積。例如，一個半徑為 1 的圓（單位圓），考慮內接正多邊形 $P_1, P_2, P_3, \ldots$ 分別具 4 邊、8 邊、16 邊、…如圖 2 所示，當 $n \to \infty$ 時 P_n 面積的極限就是圓的面積，所以，若 $A(F)$ 表區域 F 的面積，則

$$A(圓) = \lim_{n \to \infty} A(P_n)$$

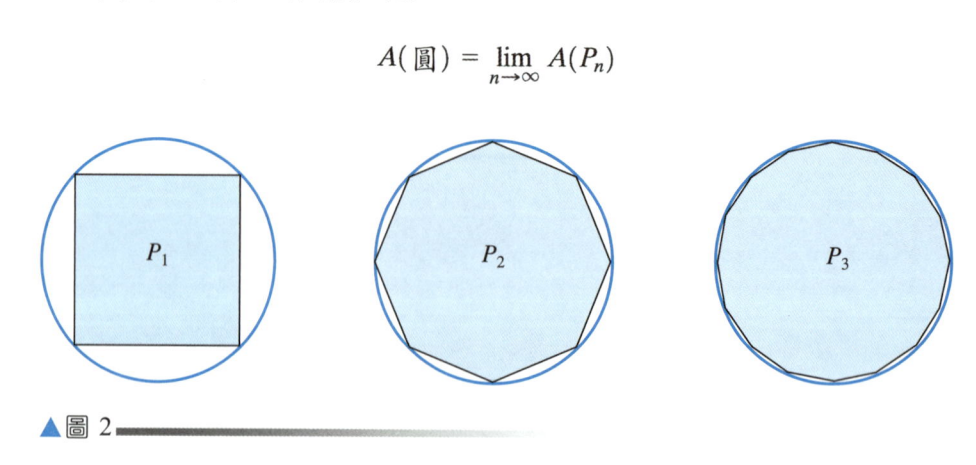

▲ 圖 2

阿基米德也考慮外接正多邊形 $T_1 \cdot T_2 \cdot T_3 \ldots$（圖 3），不管使用內接或外接多邊形，他證明了都可得到相同的單位圓面積（稱為 π），從他所做的到現今我們對面積的處理方式，這只是一小步。

▲ 圖 3

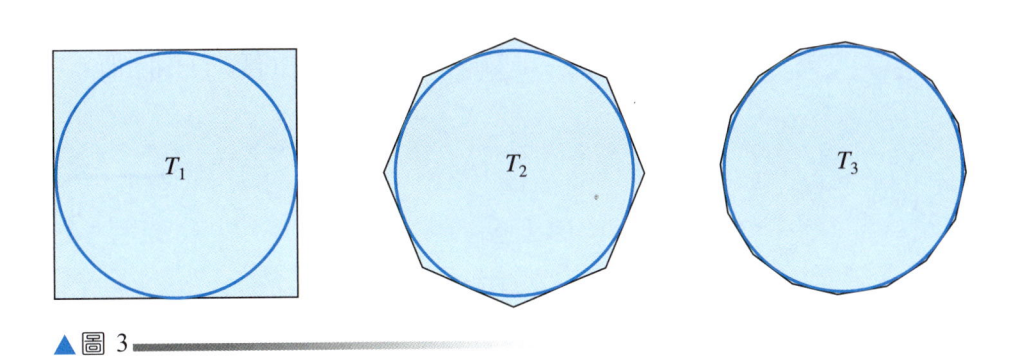

和符號（Sigma Notation） 對一個曲線區域 R，面積的求法包含下列步驟：

1. 用 n 個相鄰的外接矩形或 n 個相鄰的內接矩形估計區域 R 的面積。
2. 求每一個矩形的面積。
3. 加總 n 個矩形的面積。
4. 求當 $n \to \infty$ 時的極限。

若內接多邊形和外接多邊形面積的極限相等，則我們稱此極限為區域 R 的面積。第 3 步驟包含加總矩形面積，我們需要和的符號及該符號的一些性質。例如，考慮下列和：

$$1^2 + 2^2 + 3^2 + 4^2 + \cdots + 100^2$$

與

$$a_1 + a_2 + a_3 + a_4 + \cdots + a_n$$

為了以簡潔方式表達這些和，我們將這些和分別記為

$$\sum_{i=1}^{100} i^2 \quad \text{與} \quad \sum_{i=1}^{n} a_i$$

此處 Σ（希臘字母 sigma），相對於英文 S，表示將以下標 i 標記的每個數加總。

所以

$$\sum_{i=2}^{4} a_i b_i = a_2 b_2 + a_3 b_3 + a_4 b_4$$

$$\sum_{j=1}^{n} \frac{1}{j} = \frac{1}{1} + \frac{1}{2} + \frac{1}{3} + \cdots + \frac{1}{n}$$

$$\sum_{k=1}^{4} \frac{k}{k^2+1} = \frac{1}{1^2+1} + \frac{2}{2^2+1} + \frac{3}{3^2+1} + \frac{4}{4^2+1}$$

如果 $\sum_{i=1}^{n} c_i$ 中的所有 c_i 有相同值 c，則

$$\sum_{i=1}^{n} c_i = \underbrace{c + c + c + \cdots + c}_{n \text{ 項}}$$

因此，

$$\sum_{i=1}^{n} c = nc$$

特別地，

$$\sum_{i=1}^{5} 2 = 5(2) = 10 \quad \text{且} \quad \sum_{i=1}^{100} (-4) = 100(-4) = -400$$

Σ 的性質　可以把 Σ 視為一個作用在數列上的線性算子。

定理 A　**Σ 的線性性質**

若 c 為一常數，則

(i) $\sum_{i=1}^{n} ca_i = c \sum_{i=1}^{n} a_i$；

(ii) $\sum_{i=1}^{n} (a_i + b_i) = \sum_{i=1}^{n} a_i + \sum_{i=1}^{n} b_i$；

(iii) $\sum_{i=1}^{n} (a_i - b_i) = \sum_{i=1}^{n} a_i - \sum_{i=1}^{n} b_i$

證明　證明不難，我們只證明性質 (i)

$$\sum_{i=1}^{n} ca_i = ca_1 + ca_2 + \cdots + ca_n = c(a_1 + a_2 + \cdots + a_n) = c \sum_{i=1}^{n} a_i \quad \blacksquare$$

範例 1

假設 $\sum_{i=1}^{100} a_i = 60$ 且 $\sum_{i=1}^{100} b_i = 11$，計算 $\sum_{i=1}^{100} (2a_i - 3b_i + 4)$。

解答：

$$\begin{aligned}
\sum_{i=1}^{100} (2a_i - 3b_i + 4) &= \sum_{i=1}^{100} 2a_i - \sum_{i=1}^{100} 3b_i + \sum_{i=1}^{100} 4 \\
&= 2\sum_{i=1}^{100} a_i - 3\sum_{i=1}^{100} b_i + \sum_{i=1}^{100} 4 \\
&= 2(60) - 3(11) + 100(4) = 487
\end{aligned}$$

範例 2

證明

(a) $\sum_{i=1}^{n}(a_{i+1} - a_i) = a_{n+1} - a_1$

(b) $\sum_{i=1}^{n}[(i+1)^2 - i^2] = (n+1)^2 - 1$

解答：

(a) $\sum_{i=1}^{n}(a_{i+1} - a_i) = (a_2 - a_1) + (a_3 - a_2) + (a_4 - a_3) + \cdots + (a_{n+1} - a_n)$

$= -a_1 + a_2 - a_2 + a_3 - a_3 + a_4 - \cdots - a_n + a_{n+1}$

$= -a_1 + a_{n+1} = a_{n+1} - a_1$

(b) 立刻由 (a) 可得。

可隨意使用下標符號，所以

$$\sum_{i=1}^{n} a_i = \sum_{j=1}^{n} a_j = \sum_{k=1}^{n} a_k$$

這些符號皆等於 $a_1 + a_2 + \cdots + a_n$，因此，這樣的下標有時稱為**啞下標**（dummy index）。

某些特殊的和公式 求區域面積時，我們將經常必須考慮前 n 個正整數的和，及它們的平方和、立方和等等，這些和有漂亮的公式；證明於範例 4 後討論。

1. $\sum_{i=1}^{n} i = 1 + 2 + 3 + \cdots + n = \dfrac{n(n+1)}{2}$

2. $\sum_{i=1}^{n} i^2 = 1^2 + 2^2 + 3^2 + \cdots + n^2 = \dfrac{n(n+1)(2n+1)}{6}$

3. $\sum_{i=1}^{n} i^3 = 1^3 + 2^3 + 3^3 + \cdots + n^3 = \left[\dfrac{n(n+1)}{2}\right]^2$

3. $\sum_{i=1}^{n} i^4 = 1^4 + 2^4 + 3^4 + \cdots + n^4 = \dfrac{n(n+1)(2n+1)(3n^2 + 3n - 1)}{30}$

範例 3

求 $\sum_{j=1}^{n}(j+2)(j-5)$ 的一個公式。

解答：

$$\sum_{j=1}^{n}(j+2)(j-5) = \sum_{j=1}^{n}(j^2 - 3j - 10) = \sum_{j=1}^{n}j^2 - 3\sum_{j=1}^{n}j - \sum_{j=1}^{n}10$$

$$= \frac{n(n+1)(2n+1)}{6} - 3\frac{n(n+1)}{2} - 10n$$

$$= \frac{n}{6}[2n^2 + 3n + 1 - 9n - 9 - 60]$$

$$= \frac{n(n^2 - 3n - 34)}{3}$$

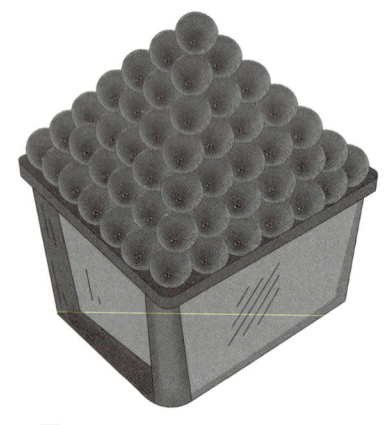

範例 4

圖 4 中顯示的金字塔有多少顆橘子呢？

解答：

$$1^2 + 2^2 + 3^2 + \cdots + 7^2 = \sum_{i=1}^{7} i^2 = \frac{7(8)(15)}{6} = 140$$

▲圖 4

特殊和公式的證明

$$(i+1)^2 - i^2 = 2i + 1$$

$$\sum_{i=1}^{n}[(i+1)^2 - i^2] = \sum_{i=1}^{n}(2i + 1)$$

$$(n+1)^2 - 1^2 = 2\sum_{i=1}^{n}i + \sum_{i=1}^{n}1$$

$$n^2 + 2n = 2\sum_{i=1}^{n}i + n$$

$$\frac{n^2 + n}{2} = \sum_{i=1}^{n}i$$

利用幾個相同的技巧可建立公式 2、3 和 4。

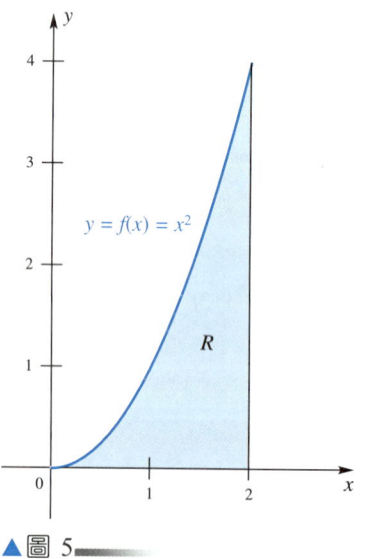

用內接多邊形求面積 考慮由拋物線 $y = f(x) = x^2$、x 軸和鉛直線 $x = 2$ 所圍成的區域 R（圖 5），我們說 R 是在曲線 $y = x^2$ 下方介於 $x = 0$ 和 $x = 2$ 之間的區域，我們的目標是計算它的面積 $A(R)$。

用 $n+1$ 個點，將區間 $[0, 2]$ 分割為 n 個子區間（見圖 6），每個子區間的長為 $\Delta x = 2/n$，

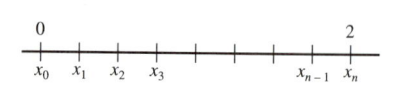

$$0 = x_0 < x_1 < x_2 < \cdots < x_{n-1} < x_n = 2$$

▲圖 5

▲圖 6

所以

$$x_0 = 0$$
$$x_1 = \Delta x = \frac{2}{n}$$
$$x_2 = 2 \cdot \Delta x = \frac{4}{n}$$
$$\vdots$$
$$x_i = i \cdot \Delta x = \frac{2i}{n}$$
$$\vdots$$
$$x_{n-1} = (n-1) \cdot \Delta x = \frac{(n-1)2}{n}$$
$$x_n = n \cdot \Delta x = n\left(\frac{2}{n}\right) = 2$$

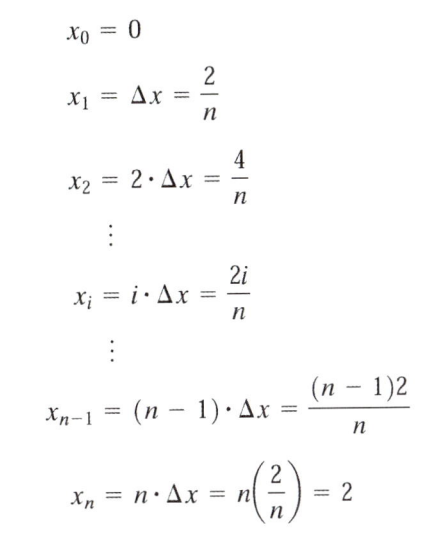

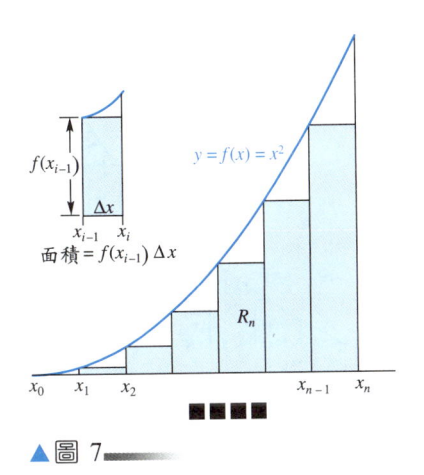

考慮底為 $[x_{i-1}, x_i]$ 且高為 $f(x_{i-1}) = x_{i-1}^2$ 的矩形，它的面積為 $f(x_{i-1})\Delta x$（見圖 7 左上方），所有這種矩形的聯集 R_n 構成了 個內接多邊形，如圖 7 右下方所示。

計算這些矩形面積的總和可得內接多邊形的面積 $A(R_n)$

$$A(R_n) = f(x_0)\Delta x + f(x_1)\Delta x + f(x_2)\Delta x + \cdots + f(x_{n-1})\Delta x$$

現在

$$f(x_i)\Delta x = x_i^2 \Delta x = \left(\frac{2i}{n}\right)^2 \cdot \frac{2}{n} = \left(\frac{8}{n^3}\right)i^2$$

所以

$$A(R_n) = \left[\frac{8}{n^3}(0^2) + \frac{8}{n^3}(1^2) + \frac{8}{n^3}(2^2) + \cdots + \frac{8}{n^3}(n-1)^2\right]$$
$$= \frac{8}{n^3}[1^2 + 2^2 + \cdots + (n-1)^2]$$
$$= \frac{8}{n^3}\left[\frac{(n-1)n(2n-1)}{6}\right] \text{（特殊的和公式 2，} n\text{-1 取代 } n\text{）}$$
$$= \frac{8}{6}\left(\frac{2n^3 - 3n^2 + n}{n^3}\right)$$
$$= \frac{4}{3}\left(2 - \frac{3}{n} + \frac{1}{n^2}\right)$$
$$= \frac{8}{3} - \frac{4}{n} + \frac{4}{3n^2}$$

我們結論

$$A(R) = \lim_{n\to\infty} A(R_n) = \lim_{n\to\infty}\left(\frac{8}{3} - \frac{4}{n} + \frac{4}{3n^2}\right) = \frac{8}{3}$$

圖 8 中的圖形可幫助你了解當 n 愈來愈大時，發生了什麼事。

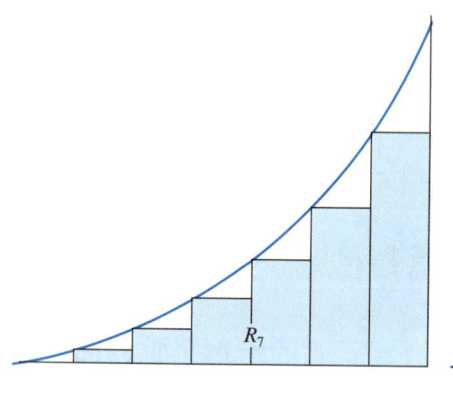

$A(R_7) \approx \frac{8}{3} - 0.5442$

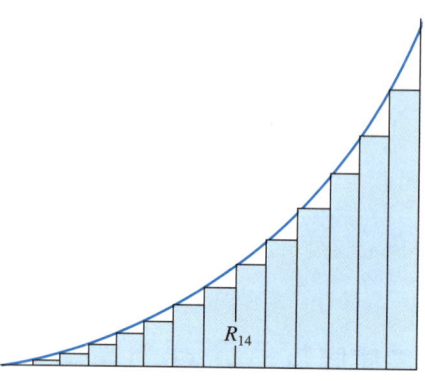

$A(R_{14}) \approx \frac{8}{3} - 0.2789$

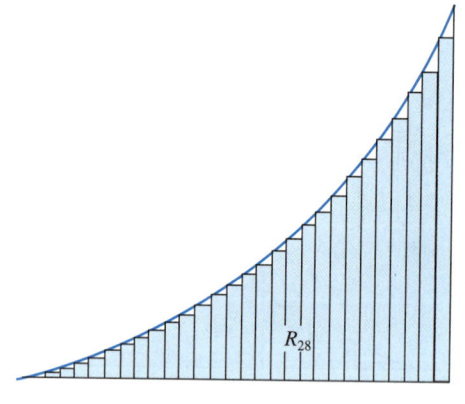

$A(R_{28}) \approx \frac{8}{3} - 0.1412$

▲圖 8

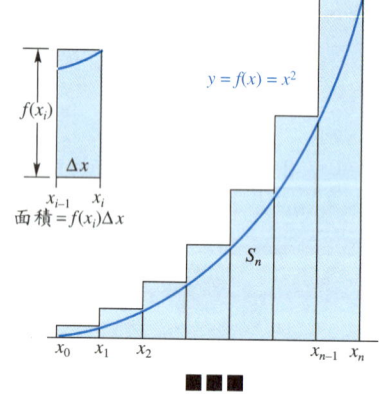

用外接多邊形求面積　也許你仍不相信 $A(R) = \frac{8}{3}$，我們可以提供更多證據。考慮底為 $[x_{i-1}, x_i]$ 且高為 $f(x_i) = x_i^2$ 的矩形（見圖 9 左上方），它的面積為 $f(x_i)\,\Delta x$，所有這種矩形的聯集 S_n 構成了一個外接多邊形，如圖 9 右下方所示。

▲圖 9

面積 $A(S_n)$ 的計算類似於 $A(R_n)$ 的計算。

$$A(S_n) = f(x_1)\,\Delta x + f(x_2)\,\Delta x + \cdots + f(x_n)\,\Delta x$$

就像之前，$f(x_i)\,\Delta x = x_i^2\,\Delta x = (8/n^3)i^2$，所以

$$A(S_n) = \left[\frac{8}{n^3}(1^2) + \frac{8}{n^3}(2^2) + \cdots + \frac{8}{n^3}(n^2)\right]$$

$$= \frac{8}{n^3}[1^2 + 2^2 + \cdots + n^2]$$

$$= \frac{8}{n^3}\left[\frac{n(n+1)(2n+1)}{6}\right] \text{（特殊的和公式 2）}$$

$$= \frac{8}{6}\left[\frac{2n^3 + 3n^2 + n}{n^3}\right]$$

$$= \frac{8}{3} + \frac{4}{n} + \frac{4}{3n^2}$$

再一次，我們結論

$$A(R) = \lim_{n\to\infty} A(S_n) = \lim_{n\to\infty}\left(\frac{8}{3} + \frac{4}{n} + \frac{4}{3n^2}\right) = \frac{8}{3}$$

相同主題的另一個問題 假設一個物體沿著 x 軸行進,它在時間 t 的速度為 $v = f(t) = \frac{1}{4}t^3$ 呎／秒,從 $t = 0$ 到 $t = 3$ 它走了多遠呢?此問題可用微分方程的方法來解(3.9 節),但我們的心裡有其他想法。

我們以一個熟悉的事實開始,若一個物體在長度為 Δt 的時段中,以固定速度 k 運動,則所行經的距離為 $k\,\Delta t$,這恰是矩形的面積,如圖 10 所示。

回到原來給定的問題,其中 $v = f(t) = \frac{1}{4}t^3 + 1$,圖形如圖 11 上半部所示。將區間 $[0,3]$ 分割成 n 個長度為 $\Delta t = 3/n$ 的子區間,分割點為 $0 = t_0 < t_1 < t_2 < \cdots < t_n = 3$,然後考慮對應的外接多邊形 S_n,見圖 11 下半部。當 Δt 很小時,它的面積 $A(S_n)$ 應該是所求距離的一個良好近似值,因為在每一個子區間內,真正的速度幾乎是個常數。而且,此近似值隨 n 的變大而愈準確。

計算 $A(S_n)$ 時,請注意 $t_i = 3i/n$,所以第 i 個矩形的面積為

$$f(t_i)\,\Delta t = \left[\frac{1}{4}\left(\frac{3i}{n}\right)^3 + 1\right]\frac{3}{n} = \frac{81}{4n^4}i^3 + \frac{3}{n}$$

因此

$$A(S_n) = f(t_1)\,\Delta t + f(t_2)\,\Delta t + \cdots + f(t_n)\,\Delta t$$

$$= \sum_{i=1}^{n} f(t_i)\,\Delta t$$

$$= \sum_{i=1}^{n}\left(\frac{81}{4n^4}i^3 + \frac{3}{n}\right)$$

$$= \frac{81}{4n^4}\sum_{i=1}^{n}i^3 + \sum_{i=1}^{n}\frac{3}{n}$$

$$= \frac{81}{4n^4}\left[\frac{n(n+1)}{2}\right]^2 + \frac{3}{n}\cdot n \quad (\text{特殊的和公式 3})$$

$$= \frac{81}{16}\left[\frac{n^2(n^2+2n+1)}{n^4}\right] + 3$$

$$= \frac{81}{16}\left(1 + \frac{2}{n} + \frac{1}{n^2}\right) + 3$$

我們結論

$$\text{所求的距離} = \lim_{n\to\infty} A(S_n) = \frac{81}{16} + 3 = \frac{129}{16} \approx 8.06$$

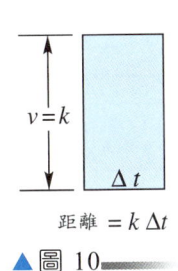

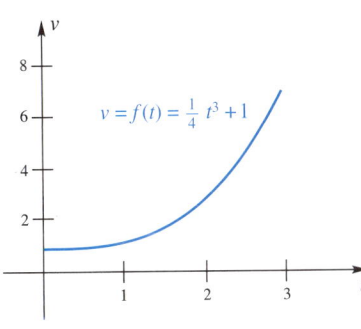

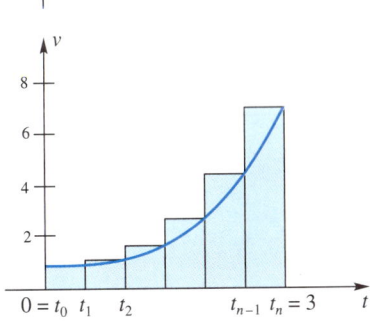

從 $t = 0$ 到 $t = 3$，該物體大約走了 8.06 英尺。

本例的結論也適用於其他以正的速度運動的物體，距離等於速度函數之下的區域面積。

練習題 4.1

1-4 題中，求指定和之值。

1. $\sum_{k=1}^{6}(k-1)$
2. $\sum_{k=1}^{7}\frac{1}{k+1}$
3. $\sum_{m=1}^{8}(-1)^m 2^{m-2}$
4. $\sum_{n=1}^{6} n\cos(n\pi)$

5-8 題中，將指定和以 Σ 表示。

5. $1+2+3+\cdots+41$
6. $1+\frac{1}{2}+\frac{1}{3}+\cdots+\frac{1}{100}$
7. $a_1+a_3+a_5+a_7+\cdots+a_{99}$
8. $f(w_1)\Delta x + f(w_2)\Delta x + \cdots + f(w_n)\Delta x$

9-10 題中，已知 $\sum_{i=1}^{10} a_i = 40$ 且 $\sum_{i=1}^{10} a_i = 50$，計算各和之值（範例 1）。

9. $\sum_{i=1}^{10}(a_i+b_i)$
10. $\sum_{n=1}^{10}(3a_n+2b_n)$

11-13 題中，請利用特殊的和公式 1-4，計算各和之值（範例 1）。

11. $\sum_{i=1}^{100}(3i-2)$
12. $\sum_{i=1}^{10}[(i-1)(4i+3)]$
13. $\sum_{k=1}^{10} 5k^2(k+4)$

14-17 題中，請算出給定的內接或外接多邊形的面積。

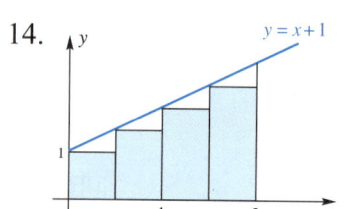

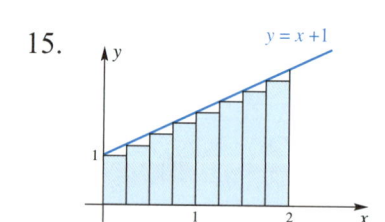

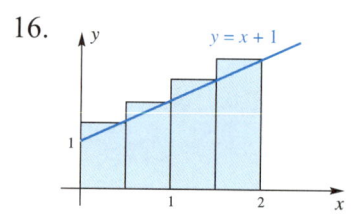

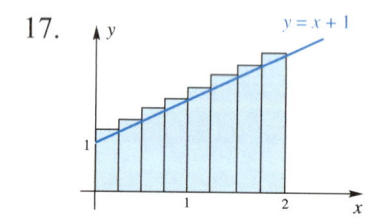

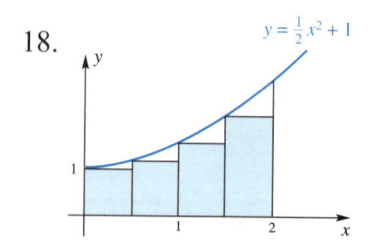

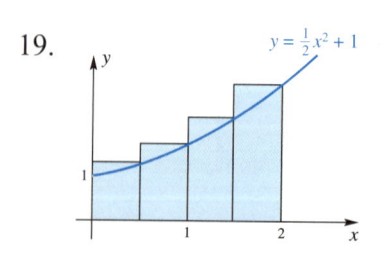

14. [圖：$y = x+1$]

15. [圖：$y = x+1$]

16. [圖：$y = x+1$]

17. [圖：$y = x+1$]

18. [圖：$y = \frac{1}{2}x^2+1$]

19. [圖：$y = \frac{1}{2}x^2+1$]

4.2 定積分

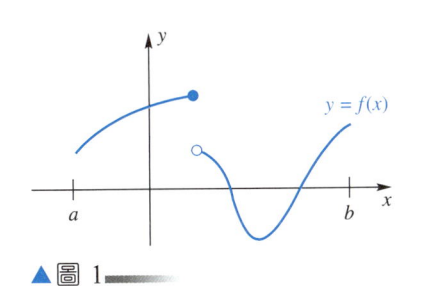

所有的準備已做好，我們將進行定積分的定義，萊布尼茲和牛頓介紹了此概念的初版，黎曼給了我們現代的定義，為了進行系統化的討論，我們沿用前一節討論的概念，首先是記號黎曼和。

黎曼和　考慮定義在閉區間 $[a, b]$ 上的一個函數 f，在這區間上它也許有正值也有負值，而且不一定連續，它的圖形可能像圖 1 中的一般。

▲圖 1

考慮用點 $a = x_0 < x_1 < x_2 < \cdots < x_{n-1} < x_n = b$ 分割 $[a, b]$ 為 n 個子區間（不必等長）所得的一個分割 P，令 $\Delta x_i = x_i - x_{i-1}$，且在每個子區間 $[x_{i-1}, x_i]$ 上，任取一點 $\overline{x}_i$，稱為第 i 個子區間的一個樣本點，圖 2 顯示了一個 $n = 6$ 的例子。

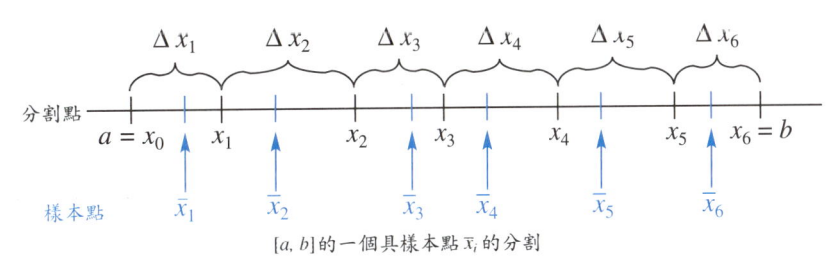

$[a, b]$ 的一個具樣本點 $\overline{x}_i$ 的分割

▲圖 2

我們稱總和

$$R_P = \sum_{i=1}^{n} f(\overline{x}_i) \Delta x_i$$

為 f 相對於分割 P 的一個黎曼和，它的幾何解釋如圖 3 所示。

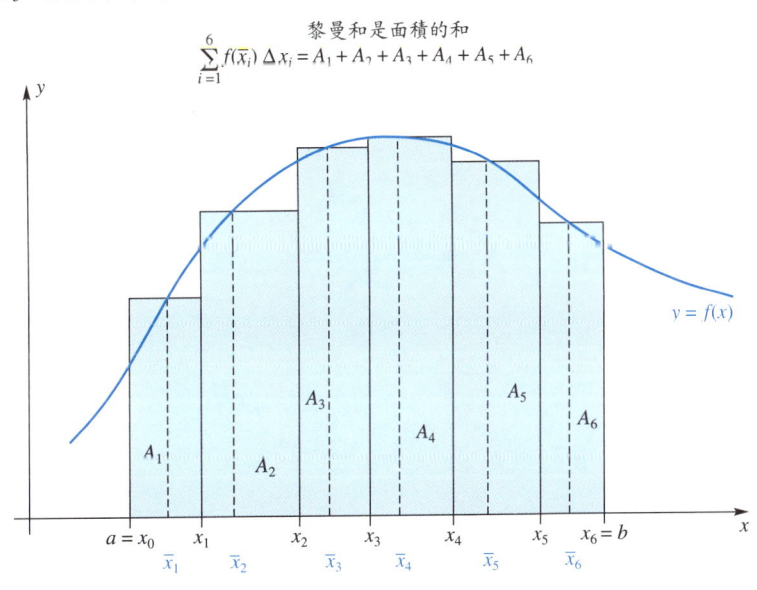

黎曼和是面積的和
$$\sum_{i=1}^{6} f(\overline{x}_i) \Delta x_i = A_1 + A_2 + A_3 + A_4 + A_5 + A_6$$

▲圖 3

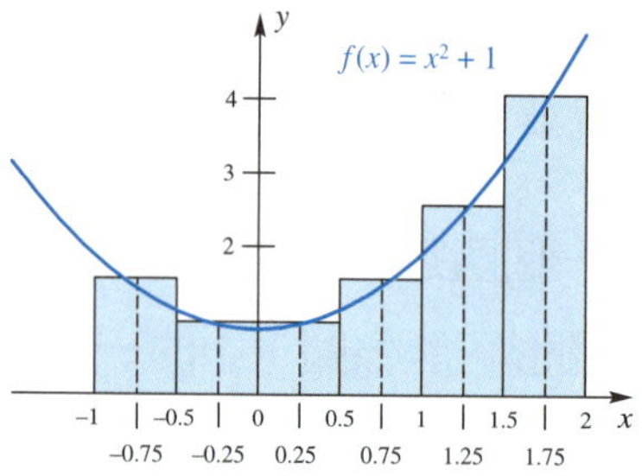

範例 1

函數 $f(x) = x^2 + 1$ 在區間 $[-1, 2]$ 上使用等距分割點 $-1 < -0.5 < 0 < 0.5 < 1 < 1.5 < 2$ 進行分割，且第 i 個子區間的樣本點 $\overline{x}_i$ 為該子區間的中點，求黎曼和。

解答：請看圖 4 中的圖形

$$R_P = \sum_{i=1}^{6} f(\overline{x}_i) \Delta x_i$$

$$= \left[f(-0.75) + f(-0.25) + f(0.25) + f(0.75) + f(1.25) + f(1.75)\right](0.5)$$

$$= [1.5625 + 1.0625 + 1.0625 + 1.5625 + 2.5625 + 4.0625](0.5)$$

$$= 5.9375$$

▲ 圖 4

圖 3 和圖 4 中的函數是正的，因此，黎曼和是矩形面積的和，但是若 f 是負的呢？此時，具有 $f(\overline{x}_i) < 0$ 的樣本點 $\overline{x}_i$ 將導致一個矩形完全在 x 軸下方，且乘積 $f(\overline{x}_i) \Delta x_i$ 是負的，這意謂著這樣的一個矩形對於黎曼和的貢獻是負的，見圖 5。

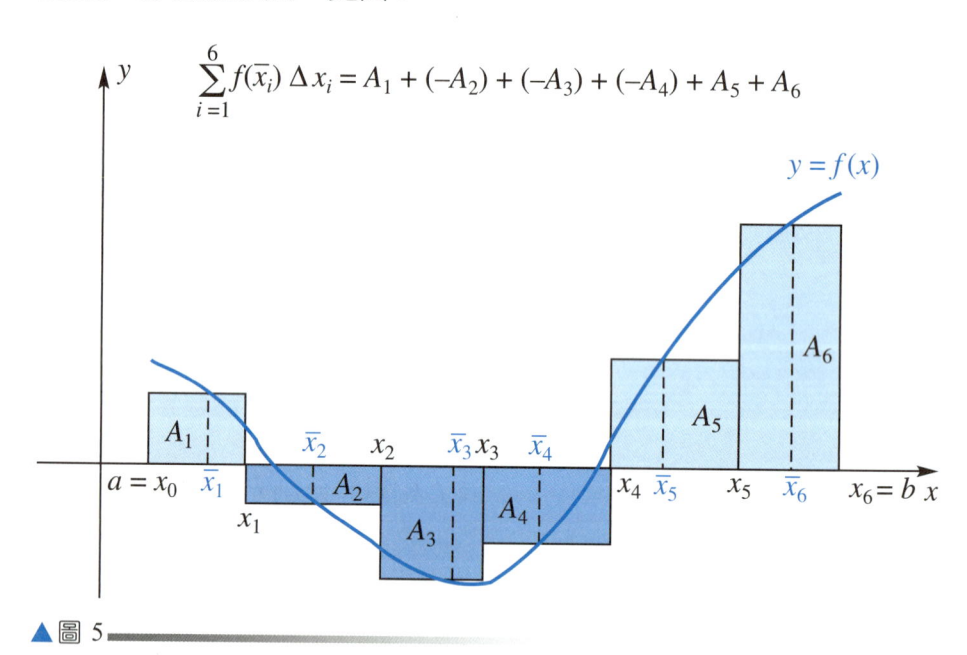

$$\sum_{i=1}^{6} f(\overline{x}_i) \Delta x_i = A_1 + (-A_2) + (-A_3) + (-A_4) + A_5 + A_6$$

▲ 圖 5

範例 2

$f(x) = (x+1)(x-2)(x-4) = x^3 - 5x^2 + 2x + 8$ 在區間 $[0, 5]$ 上使用分割點 $0 < 1.1 < 2 < 3.2 < 4 < 5$ 得分割 P，且第 i 個子區間的樣本點 $\overline{x}_i$ 為 $\overline{x}_1 = 0.5$、$\overline{x}_2 = 1.5$、$\overline{x}_3 = 2.5$、$\overline{x}_4 = 3.6$ 及 $\overline{x}_5 = 5$，求黎曼和 R_P。

解答：

$$\begin{aligned}
R_P &= \sum_{i=1}^{5} f(\overline{x}_i)\, \Delta x_i \\
&= f(\overline{x}_1)\Delta x_1 + f(\overline{x}_2)\Delta x_2 + f(\overline{x}_3)\Delta x_3 + f(\overline{x}_4)\Delta x_4 + f(\overline{x}_5)\Delta x_5 \\
&= f(0.5)(1.1 - 0) + f(1.5)(2 - 1.1) + f(2.5)(3.2 - 2) \\
&\quad + f(3.6)(4 - 3.2) + f(5)(5 - 4) \\
&= (7.875)(1.1) + (3.125)(0.9) + (-2.625)(1.2) + (-2.944)(0.8) + 18(1) \\
&= 23.9698
\end{aligned}$$

對應的圖形請看圖 6。

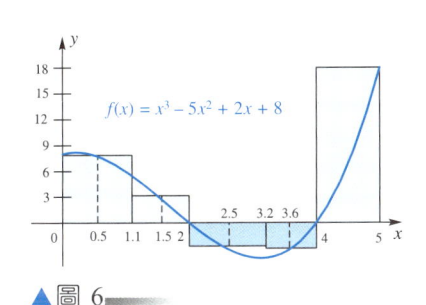

▲ 圖 6

定積分的定義 假設 P、Δx_i 和 $\overline{x}_i$ 的意義如上討論，令 $\|P\|$ 表示分割 P 中最長的子區間長度，稱為 P 的**範數**(norm)，例如，在範例 1 中，$\|P\| = 0.5$；在範例 2 中，$\|P\| = 3.2 - 2 = 1.2$。

定義 定積分（Definite Integral）

令 f 為定義在閉區間 $[a, b]$ 上的一個函數。若

$$\lim_{\|P\| \to 0} \sum_{i=1}^{n} f(\overline{x}_i)\, \Delta x_i$$

存在，我們說 f 在 $[a, b]$ 上是**可積分的**（integrable），稱 $\int_a^b f(x)\, dx$ 為 f 從 a 到 b 的**定積分**（definite integrable）（或黎曼積分），定義為

$$\int_a^b f(x)\, dx = \lim_{\|P\| \to 0} \sum_{i=1}^{n} f(\overline{x}_i)\, \Delta x_i$$

一般而言，$\int_a^b f(x)\, dx$ 代表在區間 $[a, b]$ 上，曲線 $y = f(x)$ 和 x 軸所圍成區域的正負號面積，意思是，若區域在 x 軸上方則為面積的正號，若區域在 x 軸上方則為面積的負號，以符號表示為

$$\int_a^b f(x)\, dx = A_{\text{up}} - A_{\text{down}}$$

其中 A_{up} 和 A_{down} 如圖 7 所示。

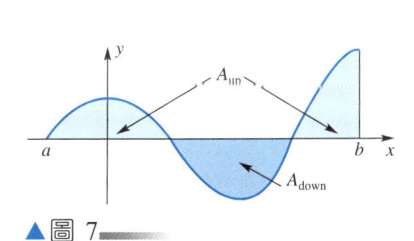

▲ 圖 7

定積分定義中的 *limit* 一字具有更廣義的意義，需要一些解釋，等式

$$\lim_{\|P\|\to 0} \sum_{i=1}^{n} f(\overline{x}_i)\,\Delta x_i = L$$

是指，對於任意正數 ε，存在一個正數 δ，使得只要任一個分割 P 的範數 $\|P\|$ 小於 δ，則 f 在 $[a,b]$ 上的每一個黎曼和 $\sum_{i=1}^{n} f(\overline{x}_i)\,\Delta x_i$，都會滿足

$$\left|\sum_{i=1}^{n} f(\overline{x}_i)\,\Delta x_i - L\right| < \varepsilon$$

此時，我們說指定的極限存在且具等於 L。

回到符號 $\int_a^b f(x)\,dx$，我們稱 a 為積分的下限（lower limit）且 b 為積分的上限（upper limit）。

定義 $\int_a^b f(x)\,dx$ 時，我們假設 $a < b$，可用下列定義移除這個限制。

$$\int_a^a f(x)\,dx = 0$$
$$\int_a^b f(x)\,dx = -\int_b^a f(x)\,dx,\quad a > b$$

所以

$$\int_2^2 x^3\,dx = 0,\qquad \int_6^2 x^3\,dx = -\int_2^6 x^3\,dx$$

最後我們指出在 $\int_a^b f(x)\,dx$ 中 x 是一個啞變數（dummy variable），因為我們可用其他字母取代 x，所以

$$\int_a^b f(x)\,dx = \int_a^b f(t)\,dt = \int_a^b f(u)\,du$$

那些函數是可積分的呢？ 並不是每一個函數在閉區間 $[a,b]$ 上都是可積分的，例如，無界限的函數

$$f(x) = \begin{cases} \dfrac{1}{x^2} & \text{若 } x \neq 0 \\ 1 & \text{若 } x = 0 \end{cases}$$

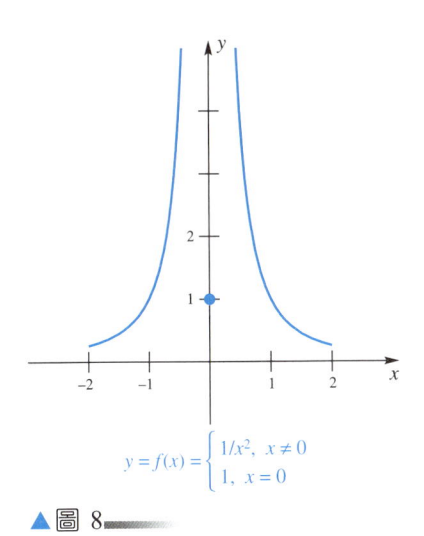

繪圖於圖 8 中，在 [−2, 2] 上是不可積分的，我們可以證明它的黎曼和可以任意大，所以在 [−2, 2] 上，黎曼和的極限不存在。

即使是有界限的函數也可能是不可積分的，但它們必定是十分複雜的，下述定理 A 是關於可積分的重要定理，此時要證明它是太困難的，我們留到高等微積分的課本中再來證明。

定理 A　可積分性定理（Integrability Theorem）

若 f 在 $[a, b]$ 上是有界的，且除了在有限多個點之外在 $[a, b]$ 上是連續的，則 f 在 $[a, b]$ 上是可積分的，尤其，若 f 在 $[a, b]$ 上連續，則 f 在 $[a, b]$ 上是可積分的。

$$y = f(x) = \begin{cases} 1/x^2, & x \neq 0 \\ 1, & x = 0 \end{cases}$$

▲圖 8

依此定理，下列函數在每個閉區間 $[a, b]$ 上皆是可積分的。

1. 多項式函數
2. 正弦和餘弦函數
3. 有理式函數，假如 $[a, b]$ 不包含令分母為 0 的點。

計算定積分　已知一個函數是可積分的，則我們可以利用**正規分割**（regular partition）（具有等長子區間的分割）來計算它的定積分之值。

範例 3

計算 $\displaystyle\int_{-2}^{3} (x + 3)\, dx$。

解答：分割區間 $[−2, 3]$ 為 n 個等長的子區間，每個長度為 $\Delta x = 5/n$，在每個子區間 $[x_{i-1}, x_i]$，取 $\bar{x}_i = x_i$ 為樣本點，則

$$x_0 = -2$$
$$x_1 = -2 + \Delta x = -2 + \frac{5}{n}$$
$$x_2 = -2 + 2\Delta x = -2 + 2\left(\frac{5}{n}\right)$$
$$\vdots$$
$$x_i = -2 + i\Delta x = -2 + i\left(\frac{5}{n}\right)$$
$$\vdots$$
$$x_n = -2 + n\Delta x = -2 + n\left(\frac{5}{n}\right) = 3$$

所以 $f(\bar{x}_i) = \bar{x}_i + 3 = 1 + i(5/n)$ 且

$$\sum_{i=1}^{n} f(\overline{x}_i)\,\Delta x_i = \sum_{i=1}^{n} f(x_i)\,\Delta x$$

$$= \sum_{i=1}^{n}\left[1 + i\left(\frac{5}{n}\right)\right]\frac{5}{n}$$

$$= \frac{5}{n}\sum_{i=1}^{n} 1 + \frac{25}{n^2}\sum_{i=1}^{n} i$$

$$= \frac{5}{n}(n) + \frac{25}{n^2}\left[\frac{n(n+1)}{2}\right] \quad (\text{特殊的和公式 1})$$

$$= 5 + \frac{25}{2}\left(1 + \frac{1}{n}\right)$$

因為 P 是一個正規分割，$\|P\| \to$ 等同於 $n \to \infty$。我們結論

$$\int_{-2}^{3}(x+3)\,dx = \lim_{\|P\| \to 0}\sum_{i=1}^{n} f(\overline{x}_i)\,\Delta x_i$$

$$= \lim_{n \to \infty}\left[5 + \frac{25}{2}\left(1 + \frac{1}{n}\right)\right]$$

$$= \frac{35}{2}$$

因為所求積分就是圖 9 中的梯形面積，我們可以輕鬆地檢驗解答，根據梯形面積公式 $A = \frac{1}{2}(a+b)h$ 可得 $\frac{1}{2}(1+6)5 = 35/2$。

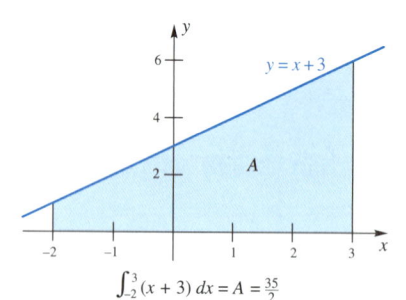

$\int_{-2}^{3}(x+3)\,dx = A = \frac{35}{2}$

▲ 圖 9

範例 4

計算 $\int_{-1}^{3}(2x^2 - 8)\,dx$。

解答： 圖 10 指出此積分之值等於 $-A_1 + A_2$，其中 A_1 和 A_2 分別為 x 軸下方和上方區域的面積。

令 P 為 $[-1, 3]$ 的一個正規分割，分割成 n 個等長的子區間，每個子區間的長度為 $\Delta x = 4/n$，在每個子區間 $[x_{i-1}, x_i]$，取 $\overline{x}_i = x_i$，則

$$x_i = -1 + i\,\Delta x = -1 + i\left(\frac{4}{n}\right)$$

且

$$f(x_i) = 2x_i^2 - 8 = 2\left[-1 + i\left(\frac{4}{n}\right)\right]^2 - 8$$

$$= -6 - \frac{16i}{n} + \frac{32i^2}{n^2}$$

因此，

$$\sum_{i=1}^{n} f(\overline{x}_i)\,\Delta x_i = \sum_{i=1}^{n} f(x_i)\,\Delta x$$

$$= \sum_{i=1}^{n}\left[-6 - \frac{16}{n}i + \frac{32}{n^2}i^2\right]\frac{4}{n}$$

$\int_{-1}^{3}(2x^2 - 8)\,dx = -A_1 + A_2 = -\frac{40}{3}$

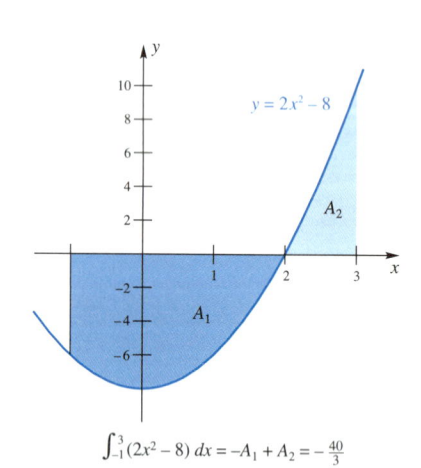

▲ 圖 10

$$= -\frac{24}{n}\sum_{i=1}^{n}1 - \frac{64}{n^2}\sum_{i=1}^{n}i + \frac{128}{n^3}\sum_{i=1}^{n}i^2$$

$$= -\frac{24}{n}(n) - \frac{64}{n^2}\frac{n(n+1)}{2} + \frac{128}{n^3}\frac{n(n+1)(2n+1)}{6}$$

$$= -24 - 32\left(1 + \frac{1}{n}\right) + \frac{128}{6}\left(2 + \frac{3}{n} + \frac{1}{n^2}\right)$$

我們結論

$$\int_{-1}^{3}(2x^2 - 8)\,dx = \lim_{\|P\|\to 0}\sum_{i=1}^{n}f(\overline{x}_i)\,\Delta x_i$$

$$= \lim_{n\to\infty}\left[-24 - 32\left(1 + \frac{1}{n}\right) + \frac{128}{6}\left(2 + \frac{3}{n} + \frac{1}{n^2}\right)\right]$$

$$= -24 - 32 + \frac{128}{3} = -\frac{40}{3}$$

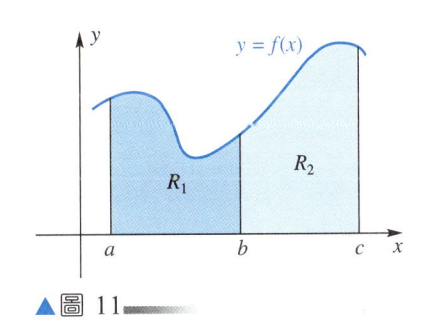

區間可加性 考慮圖 11 中的兩個具曲線邊界的區域 R_1 和 R_2 且令 $R = R_1 \cup R_2$。

顯然

$$A(R) = A(R_1 \cup R_2) = A(R_1) + A(R_2)$$

我們好像應該考慮

$$\int_{a}^{c}f(x)\,dx = \int_{a}^{b}f(x)\,dx + \int_{b}^{c}f(x)\,dx$$

定理 B　區間可加性

若 f 在一個包含點 a、b 和 c 的區間上是可積分的，則

$$\int_{a}^{c}f(x)\,dx = \int_{a}^{b}f(x)\,dx + \int_{b}^{c}f(x)\,dx$$

不論 a、b、c 的順序為何。

例如，

$$\int_{0}^{2}x^2\,dx = \int_{0}^{1}x^2\,dx + \int_{1}^{2}x^2\,dx,$$

又例如，

$$\int_{0}^{2}x^2\,dx = \int_{0}^{3}x^2\,dx + \int_{3}^{2}x^2\,dx。$$

速度與位置 4.1 節末,我們解釋了,只要速度函數 $v(t)$ 是正的,則在速度曲線下方的面積等於所行經的距離。一般而言,位置等於速度函數的定積分。尤其,若 $v(t)$ 為一個物體在時間 t 的速度,$t \geq 0$,且該物體在時間 0 的位置為 0,則在時間為 a 時,該物體之的位置為 $\int_0^a v(t)\,dt$。

範例 5

一個物體,時間 $t = 0$ 時位於原點,速度以公尺/秒為單位如下所述

$$v(t) = \begin{cases} t/20, & 0 \leq t \leq 40 \\ 2, & 40 < t \leq 60 \\ 5 - t/20 & t > 60 \end{cases}$$

請描繪速度曲線,並用定積分表示 $t = 140$ 時該物體的位置,且利用面積公式計算該定積分的值。

解答: 圖 12 描繪出速度曲線,$t = 140$ 時的位置等於定積分 $\int_0^{140} v(t)\,dt$,利用三角形和矩形的面積公式以及區間可加性(定理 B)計算之:

$$\int_0^{140} v(t)\,dt = \int_0^{40} \frac{t}{20}\,dt + \int_{40}^{60} 2\,dt + \int_{60}^{140}\left(5 - \frac{t}{20}\right)dt$$
$$= 40 + 40 + 40 - 40 = 80$$

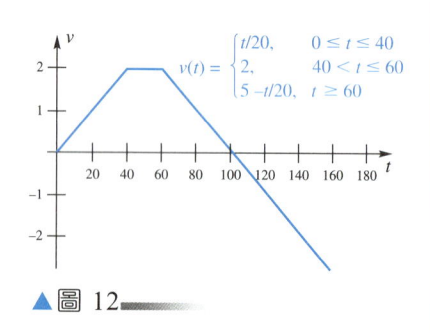

▲圖 12

練習題 4.2

1-2 題中,請根據圖中的指示求黎曼和之值

1. [圖:$y = f(x) = -x^2 + 4x$]

2. [圖:$y = f(x) = x^2 - 4x + 3$]

3. 請根據給定的資料求黎曼和 $\sum_{i=1}^n f(\bar{x}_i)\Delta x_i$:

$f(x) = x - 1$;$P: 3 < 3.75 < 4.25 < 5.5 < 6 < 7$;

$\bar{x}_1 = 3, \bar{x}_2 = 4, \bar{x}_3 = 4.75, \bar{x}_4 = 6, \bar{x}_5 = 6.5$

4-6 題中,請使用給定的 a,b 之值將給定的極限表示成定積分

4. $\lim_{\|P\| \to 0} \sum_{i=1}^n (\bar{x}_i)^3 \Delta x_i$;$a = 1, b = 3$

5. $\lim_{\|P\| \to 0} \sum_{i=1}^n \frac{\bar{x}_i^2}{1 + \bar{x}_i} \Delta x_i$;$a = -1, b = 1$

6. $\lim_{\|P\| \to 0} \sum_{i=1}^n (\sin \bar{x}_i)^2 \Delta x_i$;$a = 0, b = \pi$

7-8 題中,模仿範例 3 和範例 4,利用定義計算定積分。

7. $\int_0^2 (x+1)dx$
   提示：使用 $\bar{x}_i = 2i/n$

8. $\int_0^2 (x^2+1)dx$

9-12 題中，請利用區間可加性及適當的面積公式計算 $\int_a^b f(x)\,dx$，其中 a 和 b 分別是 f 定義域中的左右端點。

9. $f(x) = \begin{cases} 2x & ,\, 0 \le x \le 1 \\ 2 & ,\, 1 < x \le 2 \\ x & ,\, 2 < x \le 5 \end{cases}$

10. $f(x) = \begin{cases} \sqrt{1-x^2} & ,\, 0 \le x \le 1 \\ x-1 & ,\, 1 < x \le 2 \end{cases}$

11. $f(x) = \begin{cases} -\sqrt{4-x^2} & ,\, -2 \le x \le 0 \\ -2x-2 & ,\, 0 < x \le 2 \end{cases}$

12. $f(x) = 4 - |x|,\; -4 \le x \le 4$

13-14 題中，一個物體的速度函數如圖所示，假設物體在時間 $t = 0$ 的位置是原點，請利用圖形決定該物體在 $t = 20$，40，60，80，100 及 120 的位置。

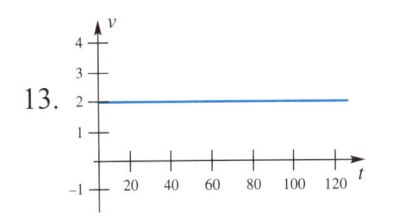

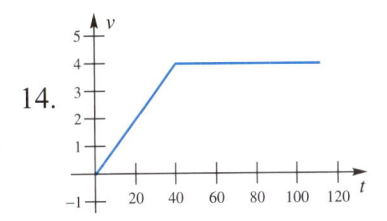

13.

14.

4.3　微積分第一基本定理

第一基本定理

4.1 節末，我們研究一個問題，一個物體在時間為 t 時的速度為 $v = f(t) = \frac{1}{4}t^3 + 1$，我們發現從 $t = 0$ 到 $t = 3$ 所經過的距離為

$$\lim_{n \to \infty} \sum_{i=1}^n f(t_i)\,\Delta t = \frac{129}{16}$$

使用 4.2 節的術語，我們現在可以說此距離等於定積分

$$\lim_{n \to \infty} \sum_{i=1}^n f(t_i)\,\Delta t = \int_0^3 f(t)\,dt$$

同理，可發現從 $t = 0$ 到 $t = x$ 所行經的距離 s 為

$$s(x) = \int_0^x f(t)\,dt$$

現在我們提出的問題是：s 的導數為何？

因為所經過的距離的導數就是速度，我們有

$$s'(x) = v = f(x)$$

也就是，

$$\frac{d}{dx}s(x) = \frac{d}{dx}\int_0^x f(t)\,dt = f(x)$$

現在，定義 $A(x)$ 為 $y = \frac{1}{3}t + \frac{2}{3}$ 圖形下方，t 軸上方，鉛直線 $t = 1$ 和 $t = x$ 之間所圍區域的面積（見圖1），其中 $x \geq 1$。這種函數稱為一個**累積函數（accumulate function）**，因為它累積了曲線下方從一個固定值到一個變數值的面積。A 的導函數為何？

面積 $A(x)$ 等於定積分

$$A(x) = \int_1^x \left(\frac{2}{3} + \frac{1}{3}t\right)dt$$

在此例中，我們可以使用幾何方法計算此定積分，$A(x)$ 恰為一個梯形的面積，所以

$$A(x) = (x-1)\frac{1 + \left(\frac{2}{3} + \frac{1}{3}x\right)}{2} = \frac{1}{6}x^2 + \frac{2}{3}x - \frac{5}{6}$$

由此可知 A 的導函數為

$$A'(x) = \frac{d}{dx}\left(\frac{1}{6}x^2 + \frac{2}{3}x - \frac{5}{6}\right) = \frac{1}{3}x + \frac{2}{3}$$

換言之，

$$\frac{d}{dx}\int_1^x \left(\frac{2}{3} + \frac{1}{3}t\right)dt = \frac{2}{3} + \frac{1}{3}x$$

讓我們定義另一個累積函數 B 為曲線 $y = t^2$ 下方，t 軸上方，原點右方與直線 $t = x$ 左方所圍區域的面積，其中 $x \geq 0$（見圖2）。此面積之值為定積分

$\int_0^x t^2\,dt$。為了求此面積，我們考慮一個黎曼和，我們使用 $[0, x]$ 的一個正規分割且令每個子區間的樣本點為該區間的右端點，則黎曼和為

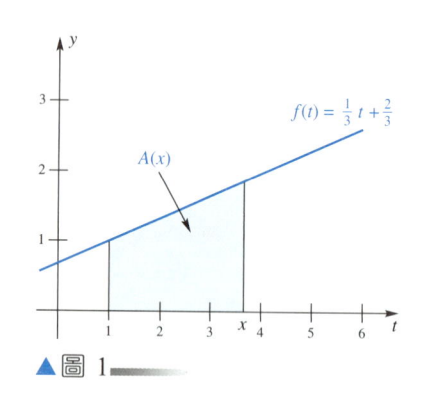

▲圖1

專有名詞

- 不定積分 $\int f(x)dx$ 是一群以 x 為變數的函數。
- 定積分 $\int_a^b f(x)dx$ 是一個數字。
- 假如定積分 $\int_a^x f(t)dt$ 的上界是變數 x，則此定積分是以 x 為變數的函數。
- 形如 $F(x) = \int_a^x f(t)dt$ 的函數稱為累積函數。

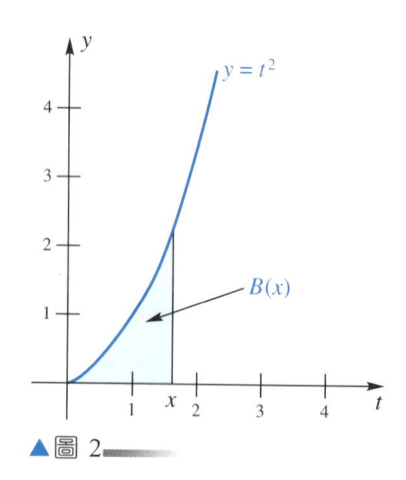

▲圖2

$$\sum_{i=1}^{n} f(t_i)\,\Delta t = \sum_{i=1}^{n} f\!\left(\frac{ix}{n}\right)\frac{x}{n}$$
$$= \frac{x}{n}\sum_{i=1}^{n}\left(\frac{ix}{n}\right)^2$$
$$= \frac{x^3}{n^3}\sum_{i=1}^{n} i^2$$
$$= \frac{x^3}{n^3}\frac{n(n+1)(2n+1)}{6}$$

該定積分為這些黎曼和的極限

$$\int_{0}^{x} t^2\,dt = \lim_{n\to\infty}\sum_{i=1}^{n} f(t_i)\,\Delta t$$
$$= \lim_{n\to\infty}\frac{x^3}{n^3}\frac{n(n+1)(2n+1)}{6}$$
$$= \frac{x^3}{6}\lim_{n\to\infty}\frac{2n^3+3n^2+n}{n^3}$$
$$= \frac{x^3}{6}\cdot 2 = \frac{x^3}{3}$$

因此，$B(x)=x^3/3$ 且 B 的導函數為

$$B'(x) = \frac{d}{dx}\frac{x^3}{3} = x^2$$

也就是說，

$$\boxed{\frac{d}{dx}\int_{0}^{x} t^2\,dt = x^2}$$

以上兩個例子使我們考慮下列定理。

定理 A　微積分第一基本定理（First Fundamental Theorem of Calculus）

令函數 f 在閉區間 $[a, b]$ 上連續，且 x 為 (a, b) 中的任意點，則

$$\frac{d}{dx}\int_{a}^{x} f(t)\,dt = f(x)$$

證明的概述　對於 $[a, b]$ 中之 x，定義 $F(x)=\int_{a}^{x} f(t)\,dt$，則對於 (a, b) 中的 x，可得

$$\frac{d}{dx}\int_a^x f(t)\,dt = F'(x)$$

$$= \lim_{h\to 0}\frac{F(x+h)-F(x)}{h}$$

$$= \lim_{h\to 0}\frac{1}{h}\left[\int_a^{x+h} f(t)\,dt - \int_a^x f(t)\,dt\right]$$

$$= \lim_{h\to 0}\frac{1}{h}\int_x^{x+h} f(t)\,dt$$

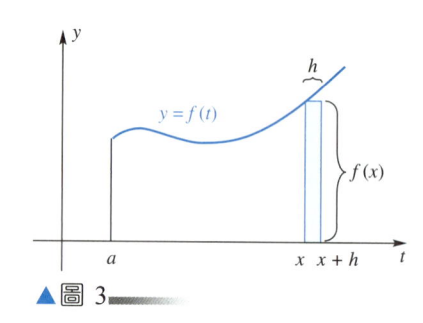

最後一式得自區間可加性（定理 4.2B），當 h 很小時，f 在區間 $[x, x+h]$ 上不會改變太多，在這個小區間中，f 大約等於 $f(x)$（見圖 3），所以 $\int_x^{x+h} f(t)\,dt \approx hf(x)$，

因此，

$$\frac{d}{dx}\int_a^x f(t)\,dt \approx \lim_{h\to 0}\frac{1}{h}[hf(x)] = f(x)$$

▲圖 3

在本節末我們將給予一個完整的證明。

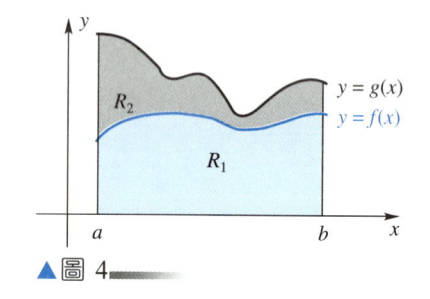

比較性質 考慮圖 4 中區域 R_1 和 R_2 的面積，可得定積分的另一性質。

▲圖 4

定理 B 比較性質

若 f 和 g 在 $[a, b]$ 上是可積分的，且 $f(x) \leq g(x)$ 對 $[a, b]$ 中的所有 x 皆成立，則

$$\int_a^b f(x)\,dx \leq \int_a^b g(x)\,dx$$

證明 令 $P: a = x_0 < x_1 < x_2 < \cdots < x_n = b$ 為 $[a, b]$ 的任一分割，且令 $\overline{x}_i$ 為第 i 個子區間 $[x_{i-1}, x_i]$ 的樣本點。則

$$f(\overline{x}_i) \leq g(\overline{x}_i)$$

$$f(\overline{x}_i)\Delta x_i \leq g(\overline{x}_i)\Delta x_i$$

$$\sum_{i=1}^n f(\overline{x}_i)\Delta x_i \leq \sum_{i=1}^n g(\overline{x}_i)\Delta x_i$$

$$\lim_{\|P\|\to 0}\sum_{i=1}^n f(\overline{x}_i)\Delta x_i \leq \lim_{\|P\|\to 0}\sum_{i=1}^n g(\overline{x}_i)\Delta x_i$$

$$\int_a^b f(x)\,dx \leq \int_a^b g(x)\,dx$$

定理 C　有界性質

若 f 在 $[a, b]$ 上可積分，且 $m \leq f(x) \leq M$ 對 $[a, b]$ 中的所有 x 皆成立，則

$$m(b - a) \leq \int_a^b f(x)\, dx \leq M(b - a)$$

證明　圖 5 中的圖形可助我們瞭解此定理，注意，$m(b-a)$ 是下方小矩形的面積，$M(b-a)$ 是大矩形的面積，而 $\int_a^b f(x)\, dx$ 是曲線下方的面積。

為了證明右邊不等式，令 $g(x) = M$ 在 $[a, b]$ 上，則由定理 B 可得，

$$\int_a^b g(x)\, dx = M(b - a)$$

同理可證左邊不等式

▲圖 5

定積分是一個線性算子

定理 D　定積分的線性性質

假設 f 和 g 在 $[a, b]$ 上是可積分的，且 k 是一個常數，則 kf 和 $f + g$ 是可積分的且

(i) $\displaystyle\int_a^b kf(x)\, dx = k\int_a^b f(x)\, dx;$

(ii) $\displaystyle\int_a^b [f(x) + g(x)]\, dx = \int_a^b f(x)\, dx + \int_a^b g(x)\, dx;$ 及

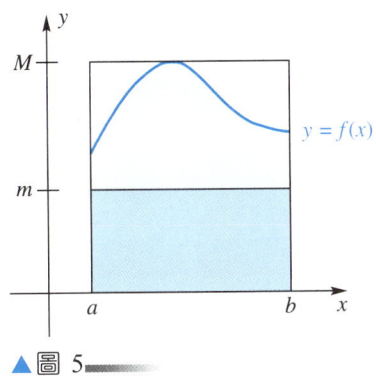

(iii) $\displaystyle\int_a^b [f(x) - g(x)]\, dx = \int_a^b f(x)\, dx - \int_a^b g(x)\, dx.$

證明　(i) 和 (ii) 的證明是利用 Σ 的線性和極限的性質，我們證明 (ii)，

$$\begin{aligned}
\int_a^b [f(x) + g(x)]\, dx &= \lim_{\|P\| \to 0} \sum_{i=1}^n [f(\bar{x}_i) + g(\bar{x}_i)] \Delta x_i \\
&= \lim_{\|P\| \to 0} \left[\sum_{i=1}^n f(\bar{x}_i)\, \Delta x_i + \sum_{i=1}^n g(\bar{x}_i)\, \Delta x_i \right] \\
&= \lim_{\|P\| \to 0} \sum_{i=1}^n f(\bar{x}_i)\, \Delta x_i + \lim_{\|P\| \to 0} \sum_{i=1}^n g(\bar{x}_i)\, \Delta x_i \\
&= \int_a^b f(x)\, dx + \int_a^b g(x)\, dx
\end{aligned}$$

將 $f(x) - g(x)$ 寫成 $f(x) + (-1)g(x)$，利用 (i) 和 (ii) 可證明 (iii)。

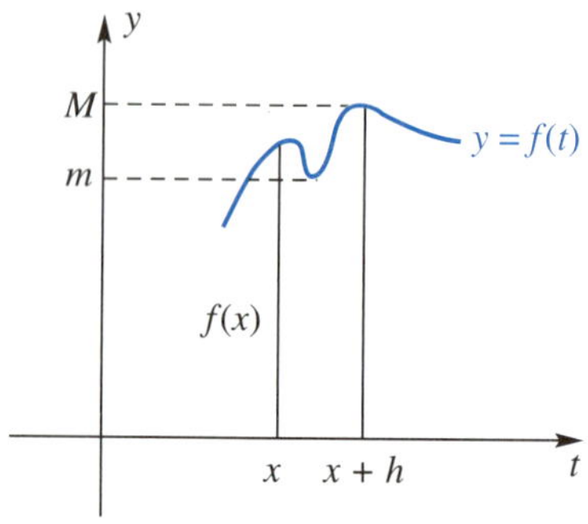

微積分第一基本定理的證明

證明 在之前所提出的證明概述中，我們定義 $F(x) = \int_a^x f(t)\,dt$，可得

$$F(x+h) - F(x) = \int_x^{x+h} f(t)\,dt$$

假設 $h > 0$ 且令 m 和 M 分別是 f 在 $[x, x+h]$ 上的極小值和極大值（圖 6）。

根據定理 C 可得

$$mh \leq \int_x^{x+h} f(t)\,dt \leq Mh$$

或是

$$mh \leq F(x+h) - F(x) \leq Mh$$

除以 h，我們得

$$m \leq \frac{F(x+h) - F(x)}{h} \leq M$$

m 和 M 和 h 有關，而且因為 f 是連續的，當 $h \to 0$ 時 m 和 M 必定趨近於 $f(x)$。由壓擠定理可得

$$\lim_{h \to 0} \frac{F(x+h) - F(x)}{h} = f(x)$$

$h < 0$ 的情況以同樣方法處理。

▲圖 6

範例 1

求 $\dfrac{d}{dx}\left[\int_1^x t^3\,dt\right]$。

解答：根據微積分第一基本定理，

$$\frac{d}{dx}\left[\int_1^x t^3\,dt\right] = x^3$$

範例 2

求 $\dfrac{d}{dx}\left[\displaystyle\int_2^x \dfrac{t^{3/2}}{\sqrt{t^2+17}}\,dt\right]$。

解答：

$$\dfrac{d}{dx}\left[\int_2^x \dfrac{t^{3/2}}{\sqrt{t^2+17}}\,dt\right] = \dfrac{x^{3/2}}{\sqrt{x^2+17}}$$

範例 3

求 $\dfrac{d}{dx}\left[\displaystyle\int_x^4 \tan^2 u \cos u\,du\right]$，$\dfrac{\pi}{2} < x < \dfrac{3\pi}{2}$。

解答： 記得 $\displaystyle\int_b^a f(x)dx = -\int_a^b f(x)dx$，

$$\dfrac{d}{dx}\left[\int_x^4 \tan^2 u \cos u\,du\right] = \dfrac{d}{dx}\left[-\int_4^x \tan^2 u \cos u\,du\right]$$
$$= -\dfrac{d}{dx}\left[\int_4^x \tan^2 u \cos u\,du\right] = -\tan^2 x \cos x$$

範例 4

以兩種方法計算 $D_x\left[\displaystyle\int_1^{x^2} (3t-1)\,dt\right]$。

解答： 我們可將中括弧中的式子表示為

$$\int_1^u (3t-1)\,dt\text{，其中 } u = x^2$$

根據連鎖法則，上列合成函數對 x 的導函數為

$$D_u\left[\int_1^u (3t-1)\,dt\right] \cdot D_x u = (3u-1)(2x) = (3x^2-1)(2x) = 6x^3 - 2x$$

另一種方法，先計算定積分，然後再利用微分法則。定積分 $\displaystyle\int_1^{x^2}(3t-1)\,dt$ 是直線 $y = 3t-1$ 下方、x 軸上方、$t=1$ 和 $t=x^2$ 之間區域的面積（見圖 7），因為此梯形面積為 $\dfrac{x^2-1}{2}[2+(3x^2-1)] = \dfrac{3}{2}x^4 - x^2 - \dfrac{1}{2}$，所以

$$\int_1^{x^2}(3t-1)\,dt = \dfrac{3}{2}x^4 - x^2 - \dfrac{1}{2}$$

因此，

$$D_x \int_1^{x^2}(3t-1)\,dt = D_x\left(\dfrac{3}{2}x^4 - x^2 - \dfrac{1}{2}\right) = 6x^3 - 2x$$

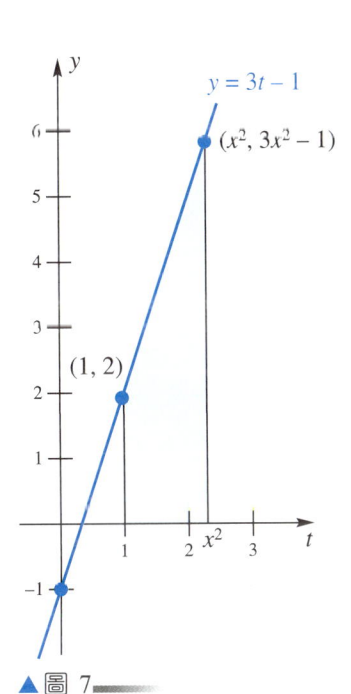

▲圖 7

位置等於累積的速度 前一節我們考慮從原點開始運動的物體，曾提到它的位置等於速度函數的定積分，見下一個範例，我們需要考慮累積函數。

範例 5

一個在從原點開始運動的物體（時間 $t = 0$ 時位於原點）具有下述速度，以公尺／秒為單位，

$$v(t) = \begin{cases} t/20 & , \ 0 \leq t \leq 40 \\ 2 & , \ 40 < t \leq 60 \\ 5 - t/20 & , \ t > 60 \end{cases}$$

何時該物體會返回原點？

解答： 令 $F(a) = \int_0^a v(t)\,dt$ 表示該物體在時間 a 的位置，此累積函數如圖 8 所示，若該物體在某一時間 a 回到原點，則 $F(a) = 0$。因為在曲線下方、x 軸上方、介於 0 到 100 之間的面積需恰等於在曲線上方、x 軸下方、介於 100 到 a 之間的面積，所以，所求的 a 值必須大於 100，因此

$$F(a) = \int_0^a v(t)\,dt = \int_0^{100} v(t)\,dt + \int_{100}^a v(t)\,dt$$

$$= \frac{1}{2} 40 \cdot 2 + 20 \cdot 2 + \frac{1}{2} 40 \cdot 2 + \int_{100}^a (5 - t/20)\,dt$$

$$= 120 + \frac{1}{2}(a - 100)(5 - a/20)$$

$$= -130 + 5a - \frac{1}{40}a^2$$

令 $F(a) = 0$，可得一個二次方程式，它的兩個解為 $a = 100 \pm 40\sqrt{3}$，因為 a 必須大於 100，所以 $a = 100 + 40\sqrt{3} \approx 169.3$ 秒。該物體在時間 $t = 100 + 40\sqrt{3} \approx 169.3$ 秒時又回到原點。

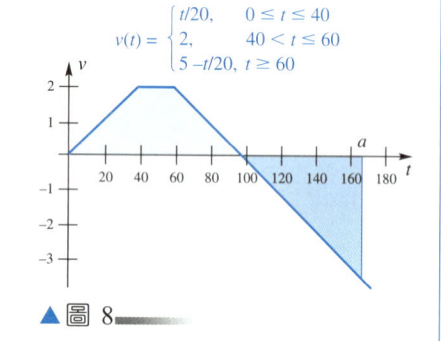

▲ 圖 8

一個計算定積分的方法 下一個範例展示了一個計算定積分的方法，請耐心看完它的冗長過程，下一節我們將學習一種非常有效率的計算定積分的方法。

範例 6

令 $A(x) = \int_1^x t^3\,dt$

(a) 令 $y = A(x)$，證明 $dy/dx = x^3$

(b) 求微分方程 $dy/dx = x^3$ 滿足條件 $x = 1$ 時 $y = 0$ 的解

(c) 求 $\int_1^4 t^3\,dt$

解答：

(a) 根據微積分第一基本定理，
$$\frac{dy}{dx} = A'(x) = x^3$$

(b) 因為微分方程 $dy/dx = x^3$ 是可分離的，我們可寫成
$$dy = x^3 \, dx$$

兩邊積分，可得
$$y = \int x^3 \, dx = \frac{x^4}{4} + C$$

$x = 1$ 時 $y = 0$，因此 $0 = \frac{x^4}{4} + C$，得 $C = -1/4$，所以，微分方程 $dy/dx = x^3$ 滿足 $x = 1$ 時 $y = 0$ 的解為 $y = x^4/4 - 1/4$。

(c) 因為 $y = A(x)$ 時，我們有 $y = A(1) = \int_1^1 t^3 \, dt = 0$，所以 $y = A(x)$ 是微分方程 $dy/dx = x^3$ 滿足 $x = 1$ 時 $y = 0$ 的解，就是 (b) 所得的解，因此，$A(x) = \frac{x^4}{4} - \frac{1}{4}$，

$$\int_1^4 t^3 \, dt = A(4) = \frac{4^4}{4} - \frac{1}{4} = 64 - \frac{1}{4} = \frac{255}{4}$$

練習題 4.3

1-4 題中，請找出可表示面積的累積函數 $A(x)$ 並畫出它的圖形

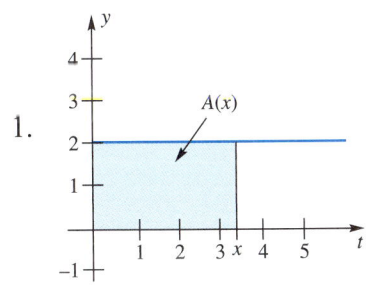

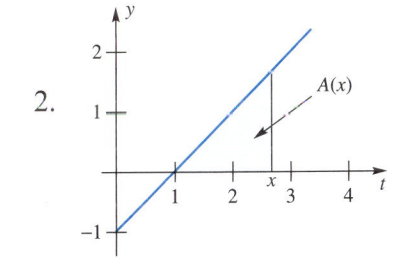

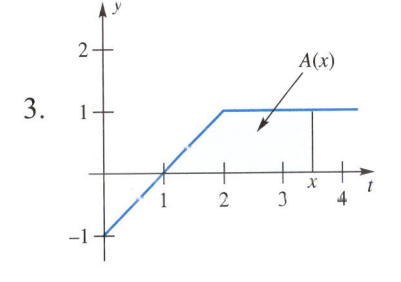

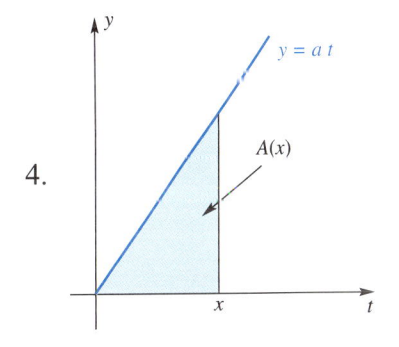

1.

2.

3.

4.

5-11 題中，求 $G'(x)$。

5. $G(x) = \int_1^x 2t\, dt$

6. $G(x) = \int_x^1 2t\, dt$

7. $G(x) = \int_1^x \cos^3 2t \tan t\, dt$；$-\pi/2 < x < \pi/2$

8. $G(x) = \int_1^x xt\, dt$ （請注意）

9. $G(x) = \int_1^{x^2} \sin t\, dt$

10. $G(x) = \int_{-x^2}^x \dfrac{t^2}{1+t^2}\, dt$　提示：$\int_{-x^2}^x = \int_{-x^2}^0 + \int_0^x$

11. $G(x) = \int_{\cos x}^{\sin x} t^5\, dt$

12-14 題中，求函數 $y = f(x)$，$x \geq 0$ 圖形的 (a) 遞增區間 (b) 上凹區間。

12. $f(x) = \int_0^x \dfrac{s}{\sqrt{1+s^2}}\, ds$

13. $f(x) = \int_0^x (t + \sin t)\, dt$

14. $f(x) = \int_1^x \dfrac{1}{\theta}\, d\theta$

15-16 題中，請先繪圖，然後利用區間可加性及線性性質計算 $\int_0^4 f(x)\, dx$。

15. $f(x) = \begin{cases} 2 & , 0 \leq x < 2 \\ x & , 2 \leq x \leq 4 \end{cases}$

16. $f(x) = \begin{cases} 1 & , 0 \leq x < 1 \\ x & , 1 \leq x < 2 \\ 4 - x & , 2 \leq x \leq 4 \end{cases}$

17. 求 $\displaystyle\lim_{x \to 0} \dfrac{1}{x} \int_0^x \dfrac{1+t}{2+t}\, dt$

18. 求 $\displaystyle\lim_{x \to 1} \dfrac{1}{x-1} \int_1^x \dfrac{1+t}{2+t}\, dt$

4.4　微積分第二基本定理與代換法

前一節討論的微積分第一基本定理指出了定積分與導函數之間的相反關係，這個關係為我們提供了一個計算定積分的有力工具，此工具稱為微積分第二基本定理，我們使用它的機會將遠大於使用微積分第一基本定理的機會。

定理 A　微積分第二基本定理（Second Fundamental Theorem of Calculus）

令 f 在 $[a, b]$ 上連續，且 F 是 f 在 $[a, b]$ 上的任一反導函數，則
$$\int_a^b f(x)\, dx = F(b) - F(a)$$

證明　對於 $[a, b]$ 中的 x，定義 $G(x) = \int_a^x f(t)\, dt$，根據微積分第一基本定理，對於 (a, b) 中的所有 x 皆具有 $G'(x) = f(x)$，所以 G 是 f 的一個反導函數，而 F 也是 f 的一個反導函數。因為 $G'(x) = F'(x)$，由定理

3.6B 可知函數 F 和 G 相差一個常數，所以對於 $[a, b]$ 中的所有 x

$$F(x) = G(x) + C$$

因為 $G(a) = \int_a^a f(t)\, dt = 0$，所以

$$F(b) - F(a) = [G(b) + C] - C = G(b) = \int_a^b f(t)\, dt \qquad \blacksquare$$

範例 1

證明 $\int_a^b k\, dx = k(b - a)$，其中 k 為一常數。

解答：$F(x) = kx$ 是 $f(x) = k$ 的一個反導函數，根據微積分第二基本定理

$$\int_a^b k\, dx = F(b) - F(a) = kb - ka = k(b - a)$$

範例 2

證明 $\int_a^b x\, dx = \dfrac{b^2}{2} - \dfrac{a^2}{2}$。

解答：$F(x) = x^2/2$ 是 $f(x) = x$ 的一個反導函數，因此

$$\int_a^b x\, dx = F(b) - F(a) = \frac{b^2}{2} - \frac{a^2}{2}$$

範例 3

證明，若 r 是異於 -1 的有理數，則

$$\int_a^b x^r\, dx = \frac{b^{r+1}}{r+1} - \frac{a^{r+1}}{r+1}$$

解答：$F(x) = x^{r+1}/(r+1)$ 是 $f(x) = x^r$ 的一個反導函數，所以

$$\int_a^b x^r\, dx = F(b) - F(a) = \frac{b^{r+1}}{r+1} - \frac{a^{r+1}}{r+1}$$

當 $r < 0$ 時，0 不可以在 $[a,b]$ 中，為什麼？

為了方便起見，我們將 $F(b) - F(a)$ 表示成

$$F(b) - F(a) = \Big[F(x)\Big]_a^b$$

用此符號可得下列式子，

$$\int_2^5 x^2\,dx = \left[\frac{x^3}{3}\right]_2^5 = \frac{125}{3} - \frac{8}{3} = \frac{117}{3} = 39$$

● 範例 4

計算 $\int_{-1}^{2}(4x - 6x^2)\,dx$，

(a) 直接利用微積分第二基本定理，

(b) 先使用線性性質（定理 4.3D）。

解答：

(a) $$\int_{-1}^{2}(4x - 6x^2)\,dx = \left[2x^2 - 2x^3\right]_{-1}^{2}$$
$$= (8 - 16) - (2 + 2) = -12$$

(b) $$\int_{-1}^{2}(4x - 6x^2)\,dx = 4\int_{-1}^{2} x\,dx - 6\int_{-1}^{2} x^2\,dx$$
$$= 4\left[\frac{x^2}{2}\right]_{-1}^{2} - 6\left[\frac{x^3}{3}\right]_{-1}^{2}$$
$$= 4\left(\frac{4}{2} - \frac{1}{2}\right) - 6\left(\frac{8}{3} + \frac{1}{3}\right)$$
$$= -12$$

● 範例 5

計算 $\int_1^8 (x^{1/3} + x^{4/3})\,dx$。

解答：

$$\int_1^8 (x^{1/3} + x^{4/3})\,dx = \left[\frac{3}{4}x^{4/3} + \frac{3}{7}x^{7/3}\right]_1^8$$
$$= \left(\frac{3}{4}\cdot 16 + \frac{3}{7}\cdot 128\right) - \left(\frac{3}{4}\cdot 1 + \frac{3}{7}\cdot 1\right)$$
$$= \frac{45}{4} + \frac{381}{7} \approx 65.68$$

● 範例 6

以兩種方法求 $D_x \int_0^x 3\sin t\,dt$。

解答：簡單的方法是應用微積分第一基本定理，

$$D_x \int_0^x 3\sin t\,dt = 3\sin x$$

第二個方法是先利用微積分第二基本定理計算從 0 到 x 的積分

$$\int_0^x 3\sin t\, dt = [-3\cos t]_0^x = -3\cos x - (-3\cos 0) = -3\cos x + 3$$

然後使用微分法則

$$D_x \int_0^x 3\sin t\, dt = D_x(-3\cos x + 3) = 3\sin x$$

利用不定積分符號，我們可將微積分第二基本定理表示成

$$\int_a^b f(x)\, dx = \left[\int f(x)\, dx\right]_a^b$$

代換法 在 3.8 節中，我們介紹了冪法則的代換法，如下列定理所述，此法則可被推廣到一般的情形，機敏的讀者可發現，代換法只是連鎖規則的相反。

定理 B　不定積分的代換法則（Substitution Rule for Indefinite Integrals）

令 g 是一個可微分函數，且假設 F 是 f 的一個反導函數，則

$$\int f(g(x))g'(x)\, dx = F(g(x)) + C$$

證明　我們需做的事，是證明右式的微分是左式，這只是連鎖法則的簡單應用

$$D_x[F(g(x)) + C] = F'(g(x))g'(x) = f(g(x))g'(x)$$

定理 B 的使用通常如下述。在積分 $\int f(g(x))g'(x)\, dx$ 中，我們令 $u = g(x)$，可得 $du/dx = g'(x)$，所以 $du = g'(x)\, dx$，積分可寫成

$$\int \underbrace{f(g(x))}_{u}\underbrace{g'(x)\, dx}_{du} = \int f(u)\, du = F(u) + C = F(g(x)) + C \quad\blacksquare$$

因此，假如夠找出 $f(x)$ 的一個反導函數，就可以求出 $\int f(g(x))g'(x)dx$。代換法中最麻煩的部分是找出適當的代換，有時很明顯，有時不易找出，只能說：熟能生巧！

範例 7

計算 $\int \sin 3x\, dx$。

解答：可輕易看出，代換是 $u = 3x$，所以 $du = 3dx$

$$\int \sin 3x\, dx = \int \frac{1}{3} \sin(\underbrace{3x}_{u}) \underbrace{3\, dx}_{du}$$

$$= \frac{1}{3} \int \sin u\, du = -\frac{1}{3} \cos u + C = -\frac{1}{3} \cos 3x + C$$

範例 8

計算 $\int x \sin x^2\, dx$。

解答：令 $u = x^2$，可得 $du = 2x dx$，因此

$$\int x \sin x^2\, dx = \int \frac{1}{2} \sin(\underbrace{x^2}_{u}) \underbrace{2x\, dx}_{du}$$

$$= \frac{1}{2} \int \sin u\, du = -\frac{1}{2} \cos u + C = -\frac{1}{2} \cos x^2 + C$$

假如你能在不寫出 u 的情況之下，直接用心算完成計算，也是很好。

範例 9

計算 $\int x^3 \sqrt{x^4 + 11}\, dx$。

解答：心裡想著代換 $u = x^4 + 11$，但是不把 u 寫出來

$$\int x^3 \sqrt{x^4 + 11}\, dx = \frac{1}{4} \int (x^4 + 11)^{1/2} (4x^3\, dx)$$

$$= \frac{1}{6} (x^4 + 11)^{3/2} + C$$

範例 10

計算 $\int_0^4 \sqrt{x^2 + x}\, (2x + 1)\, dx$。

解答：令 $u = x^2 + x$，則 $du = (2x+1)dx$，所以

$$\int \sqrt{\underbrace{x^2 + x}_{u}}\, \underbrace{(2x + 1)\, dx}_{du} = \int u^{1/2}\, du = \tfrac{2}{3} u^{3/2} + C$$

$$= \tfrac{2}{3} (x^2 + x)^{3/2} + C$$

根據微積分第二基本定理，可得

$$\int_0^4 \sqrt{x^2+x}\,(2x+1)\,dx = \left[\tfrac{2}{3}(x^2+x)^{3/2} + C\right]_0^4$$
$$= \left[\tfrac{2}{3}(20)^{3/2} + C\right] - [0+C]$$
$$= \tfrac{2}{3}(20)^{3/2} \approx 59.63$$

注意，不定積分中的 C 總是被消去，所以，當我們使用微積分第二定理時總是取 $C = 0$。

範例 11

計算 $\displaystyle\int_0^{\pi/4} \sin^3 2x \cos 2x\,dx$。

解答：令 $u = \sin 2x$，則 $du = 2\cos 2x\,dx$，所以

$$\int \sin^3 2x \cos 2x\,dx = \frac{1}{2}\int \underbrace{(\sin 2x)^3}_{u}\underbrace{(2\cos 2x)\,dx}_{du} = \frac{1}{2}\int u^3\,du$$
$$= \frac{1}{2}\frac{u^4}{4} + C = \frac{\sin^4 2x}{8} + C$$

根據微積分第二基本定理，可得

$$\int_0^{\pi/4} \sin^3 2x \cos 2x\,dx = \left[\frac{\sin^4 2x}{8}\right]_0^{\pi/4} = \frac{1}{8} - 0 = \frac{1}{8}$$

範例 10 和 11 中都有兩階段的計算，在應用第二基本定理之前，我們必先用 x 表示不定積分的結果，然後分別把定積分的上下界代入，完成計算。我們可直接用 u 來完成定積分的計算嗎？這裡有一個定理，允許我們代換積分的上下界，讓我們可以用較少的步驟完成定積分的計算。

定理 C　定積分的代換法則（Substitution Rule for Definite Integrals）

令 g 在 $[a, b]$ 上有一個連續的導函數，且 f 在 g 的值域上連續，則

$$\int_a^b f(g(x))g'(x)\,dx = \int_{g(a)}^{g(b)} f(u)\,du$$

其中 $u = g(x)$。

證明　令 F 是 f 的一個反導函數，根據微積分第二基本定理，可得

$$\int_{g(a)}^{g(b)} f(u)\,du = \left[F(u)\right]_{g(a)}^{g(b)} = F(g(b)) - F(g(a))$$

另一方面，根據不定積分的代換法則，可得

$$\int f(g(x))g'(x)\,dx = F(g(x)) + C$$

所以，再根據微積分第二基本定理，可得

$$\int_a^b f(g(x))g'(x)\,dx = \left[F(g(x))\right]_a^b = F(g(b)) - F(g(a))$$

● 範例 12

計算 $\int_0^1 \dfrac{x+1}{(x^2+2x+6)^2}\,dx$。

解答：令 $u = x^2 + 2x + 6$，則 $du = (2x+2)\,dx = 2(x+1)\,dx$，且 $x = 0$ 時 $u = 6$，$x = 1$ 時 $u = 9$，所以

$$\begin{aligned}
\int_0^1 \frac{x+1}{(x^2+2x+6)^2}\,dx &= \frac{1}{2}\int_0^1 \frac{2(x+1)}{(x^2+2x+6)^2}\,dx \\
&= \frac{1}{2}\int_6^9 u^{-2}\,du = \left[-\frac{1}{2}\frac{1}{u}\right]_6^9 \\
&= -\frac{1}{18} - \left(-\frac{1}{12}\right) = \frac{1}{36}
\end{aligned}$$

● 範例 13

計算 $\int_{\pi^2/9}^{\pi^2/4} \dfrac{\cos\sqrt{x}}{\sqrt{x}}\,dx$。

解答：令 $u = \sqrt{x}$，則 $du = dx/(2\sqrt{x})$，所以

$$\begin{aligned}
\int_{\pi^2/9}^{\pi^2/4} \frac{\cos\sqrt{x}}{\sqrt{x}}\,dx &= 2\int_{\pi^2/9}^{\pi^2/4} \cos\sqrt{x}\cdot\frac{1}{2\sqrt{x}}\,dx \\
&= 2\int_{\pi/3}^{\pi/2} \cos u\,du \\
&= \left[2\sin u\right]_{\pi/3}^{\pi/2} = 2 - \sqrt{3}
\end{aligned}$$

練習題 4.4

1-7 題中，請利用微積分第二基本定理計算定積分。

1. $\int_0^2 x^3\,dx$
2. $\int_{-1}^2 (3x^2 - 2x + 2)\,dx$
3. $\int_1^4 \dfrac{1}{w^2}\,dw$
4. $\int_{-4}^{-2} \left(y^2 + \dfrac{1}{y^3}\right)\,dy$
5. $\int_1^4 \dfrac{s^4 - 8}{s^2}\,ds$
6. $\int_0^{\pi/2} \cos x\,dx$
7. $\int_{\pi/6}^{\pi/2} 2\sin t\,dt$

8-22 題中，請利用定積分的代換法則計算定積分。

8. $\int_0^1 (x^2+1)^{10}(2x)\, dx$

9. $\int_{-1}^0 \sqrt{x^3+1}(3x^2)\, dx$

10. $\int_{-1}^3 \frac{1}{(t+2)^2}\, dt$

11. $\int_5^8 \sqrt{3x+1}\, dx$

12. $\int_1^7 \frac{1}{\sqrt{2x+2}}\, dx$

13. $\int_1^3 \frac{x^2+1}{\sqrt{x^3+3x}}\, dx$

14. $\int_0^{\pi/2} \cos^2 x \sin x\, dx$

15. $\int_0^{\pi/2} \sin^2 3x \cos 3x\, dx$

16. $\int_0^1 (x+1)(x^2+2x)^2\, dx$

17. $\int_0^{\pi/6} \sin^3\theta \cos\theta\, d\theta$

18. $\int_0^1 \cos(3x-3)\, dx$

19. $\int_0^1 x\sin(\pi x^2)\, dx$

20. $\int_0^{\pi/4} (\cos 2x + \sin 2x)\, dx$

21. $\int_0^{\pi/2} \sin x \sin(\cos x)\, dx$

22. $\int_0^1 x\cos^3(x^2)\sin(x^2)\, dx$

4.5 積分均值定理與對稱性的應用

n 個數 $y_1, y_2, \ldots, y_n$ 的平均數的意義是將它們加起來再除以 n

$$\bar{y} = \frac{y_1 + y_2 + \cdots + y_n}{n}$$

我們可以針對一個函數 f 在一個閉區間 $[a, b]$ 上的平均值做定義嗎？假設我們對 $[a, b]$ 做等分的分割，如 $P: a = x_0 < x_1 < x_2 < \cdots < x_{n-1} < x_n = b$，滿足 $\Delta x = (b-a)/n$，n 個值 $f(x_1), f(x_2), \ldots, f(x_n)$ 的平均數為

$$\frac{f(x_1) + f(x_2) + \cdots + f(x_n)}{n} = \frac{1}{n}\sum_{i=1}^n f(x_i)$$
$$= \sum_{i=1}^n f(x_i)\frac{b-a}{n}\frac{1}{b-a}$$
$$= \frac{1}{b-a}\sum_{i=1}^n f(x_i)\,\Delta x$$

上式的最後一個和是函數 f 在 $[a, b]$ 上的一個黎曼和，因此

$$\frac{f(x_1) + f(x_2) + \cdots + f(x_n)}{n} = \frac{1}{b-a}\sum_{i=1}^n f(x_i)\,\Delta x$$
$$\approx \frac{1}{b-a}\int_a^b f(x)\, dx$$

取 $n \to \infty$ 時，上面的近似符號"$\approx$"就變成了等號"$=$"，這提示了下列定義。

> **定義　函數的平均值（Average Value of a Function）**
>
> 若 f 在 $[a, b]$ 上是可積分的，則 f 在 $[a, b]$ 上的**平均值**（average value）為
>
> $$\frac{1}{b-a}\int_a^b f(x)\,dx$$

範例 1

求函數 $f(x) = x\sin x^2$ 在區間 $[0, \sqrt{\pi}]$ 上的平均值（見圖 1）。

解答：所求平均值為 $\dfrac{1}{\sqrt{\pi}-0}\int_0^{\sqrt{\pi}} x\cdot \sin x^2\,dx$。

令 $u = x^2$，可得 $du = 2x\,dx$，因此

$$\frac{1}{\sqrt{\pi}}\int_0^{\sqrt{\pi}} x\sin x^2\,dx = \frac{1}{\sqrt{\pi}}\int_0^{\pi}\frac{1}{2}\sin u\,du = \frac{1}{2\sqrt{\pi}}\Big[-\cos u\Big]_0^{\pi} = \frac{1}{2\sqrt{\pi}}(2) = \frac{1}{\sqrt{\pi}}$$

▲ 圖 1

範例 2

假設一支金屬棒長 2 呎，棒子上位置 x 處的溫度（以華氏計）為 $T(x) = 40 + 20x(2-x)$，求此棒子的平均溫度，並問是否存在溫度等於平均溫度的點？

解答：平均溫度為

$$\frac{1}{2}\int_0^2 [40 + 20x(2-x)]\,dx = \int_0^2 (20 + 20x - 10x^2)\,dx$$

$$= \left[20x + 10x^2 - \frac{10}{3}x^3\right]_0^2$$

$$= \left(40 + 40 - \frac{80}{3}\right) = \frac{160}{3}\,°F$$

圖 2 顯示溫度 T 是 x 的一個函數，且指出存在有兩點的溫度等於平均溫度。解方程式

$$40 + 20x(2-x) = \frac{160}{3}$$

$$3x^2 - 6x + 2 = 0$$

由一元二次求解公式得

$$x = \frac{1}{3}(3-\sqrt{3}) \approx 0.42265 \quad 且 \quad x = \frac{1}{3}(3+\sqrt{3}) \approx 1.5774$$

以上兩解都在 0 和 2 之間，所以有兩點的溫度等於平均溫度。

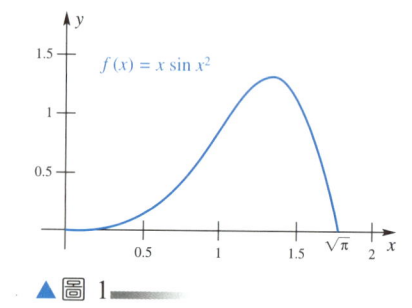

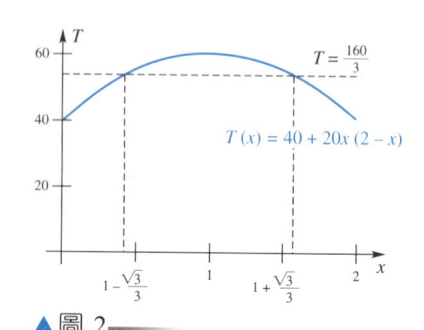

▲ 圖 2

定理 A　積分均值定理（Mean Value Theorem for Integruls）

若 f 在閉區間 $[a, b]$ 上連續，則在 $[a,b]$ 中必定存在一數 c 使得

$$f(c) = \frac{1}{b-a}\int_a^b f(t)\, dt$$

兩個均值定理

■ 導數均值定理說：(a,b) 中存在點 c 使得 f 的平均變化率 $(f(b)-f(a))/(b-a)$ 等於瞬間變化率 $f'(c)$。

■ 積分均值定理說：$[a,b]$ 中存在點 c 使得 f 的平均值 $\frac{1}{b-a}\int_a^b f(t)dt$ 等於函數值 $f(c)$。

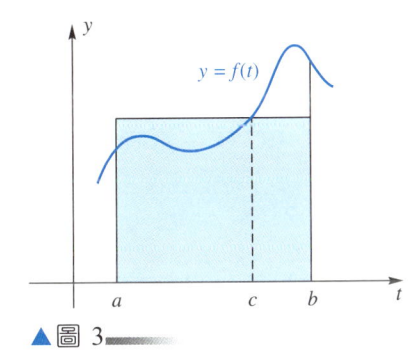

證明　對於 $a \leq x \leq b$ 定義 $G(x) = \int_a^x f(t)\, dt$，根據導數均值定理（應用於 G），在 (a, b) 中存在一數 c 使得

$$G'(c) = \frac{G(b) - G(a)}{b-a}$$

因為 $G(a) = \int_a^a f(t)\, dt = 0$，$G(b) = \int_a^b f(t)\, dt$，且 $G'(c) = f(c)$，所以

$$G'(c) = f(c) = \frac{1}{b-a}\int_a^b f(t)\, dt$$

積分均值定理可說成：在 $[a, b]$ 中存在一數 c，使得以 $f(c)$ 為高度、$b-a$ 為寬度的矩形面積等於曲線下方的面積（見圖 3）。

▲圖 3

範例 3

求 $f(x) = x^2$ 在區間 $[-3, 3]$ 上滿足積分均值定理的所有 c 值。

解答：圖 4 中的 f 圖形指出，可能有兩個 c 值滿足積分均值定理。函數 f 的平均值為

$$\frac{1}{3-(-3)}\int_{-3}^{3} x^2\, dx = \frac{1}{6}\left[\frac{x^3}{3}\right]_{-3}^{3} = \frac{1}{18}[27 - (-27)] = 3$$

解方程式

$$3 = f(c) = c^2$$
$$c = \pm\sqrt{3}$$

$-\sqrt{3}$ 與 $\sqrt{3}$ 皆在 $[-3, 3]$ 內，所以兩者皆滿足積分均值定理。

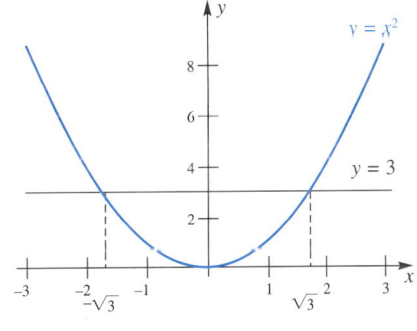

▲圖 4 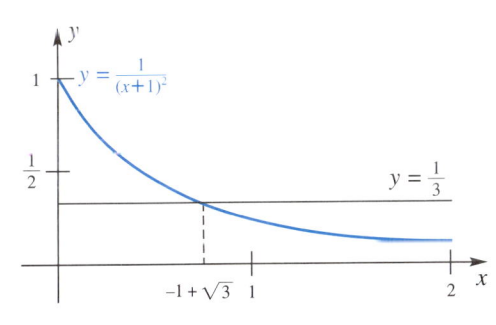　　　▲圖 5

範例 4

求 $f(x) = \dfrac{1}{(x+1)^2}$ 在區間 $[0, 2]$ 上滿足積分均值定理的所有 c 值。

解答：圖 5 中的 f 圖形指出，應該有一個 c 值滿足積分均值定理。利用代換 $u = x + 1$，$du = dx$ 可求得函數 f 的平均值為

$$\frac{1}{2-0}\int_0^2 \frac{1}{(x+1)^2}\,dx = \frac{1}{2}\int_1^3 \frac{1}{u^2}\,du = \frac{1}{2}\big[-u^{-1}\big]_1^3 = \frac{1}{2}\left(-\frac{1}{3}+1\right) = \frac{1}{3}$$

為了求 c 值，需要解方程式

$$\frac{1}{3} = f(c) = \frac{1}{(c+1)^2}$$

$$c^2 + 2c + 1 = 3$$

$$c = \frac{-2 \pm \sqrt{2^2 - 4(1)(-2)}}{2} = -1 \pm \sqrt{3}$$

$-1-\sqrt{3} \approx -2.7321$，$-1+\sqrt{3} \approx 0.73205$，所以 $c = -1+\sqrt{3}$ 是在區間 $[0, 2]$ 中唯一滿足積分均值定理的 c 值。

使用對稱性於計算定積分中　　偶函數滿足 $f(-x) = f(x)$，奇函數滿足 $f(-x) = -f(x)$，前者的圖形對稱於 y 軸，後者的圖形對稱於原點，這裡有一個關於這兩種函數的重要積分定理。

定理 B　對稱性定理

若 f 是一個偶函數，則

$$\int_{-a}^{a} f(x)\,dx = 2\int_0^a f(x)\,dx$$

若 f 是一個奇函數，則

$$\int_{-a}^{a} f(x)\,dx = 0$$

針對偶函數證明　　此定理的幾何解釋如圖 6 和圖 7 所示。

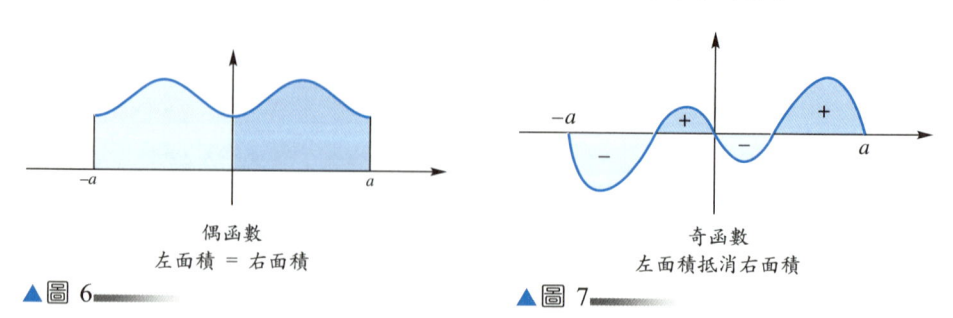

偶函數
左面積 = 右面積
▲ 圖 6

奇函數
左面積抵消右面積
▲ 圖 7

我們先寫下

$$\int_{-a}^{a} f(x)\,dx = \int_{-a}^{0} f(x)\,dx + \int_{0}^{a} f(x)\,dx$$

針對上式右邊第一項積分，我們使用代換 $u = -x$，$du = -dx$。若 f 是偶函數，則 $f(u) = f(-x) = f(x)$ 且

$$\int_{-a}^{0} f(x)\,dx = -\int_{-a}^{0} f(-x)(-dx) = -\int_{a}^{0} f(u)\,du = \int_{0}^{a} f(u)\,du = \int_{0}^{a} f(x)\,dx$$

因此，

$$\int_{-a}^{a} f(x)\,dx = \int_{0}^{a} f(x)\,dx + \int_{0}^{a} f(x)\,dx = 2\int_{0}^{a} f(x)\,dx$$

同理可證奇函數的論述。∎

範例 5

計算 $\int_{-\pi}^{\pi} \cos\left(\dfrac{x}{4}\right) dx$。

解答：因為 $\cos(-x/4) = \cos(x/4)$，$f(x) = \cos(x/4)$ 是一個偶函數，所以

$$\int_{-\pi}^{\pi} \cos\left(\frac{x}{4}\right) dx = 2\int_{0}^{\pi} \cos\left(\frac{x}{4}\right) dx = 8\int_{0}^{\pi} \cos\left(\frac{x}{4}\right) \cdot \frac{1}{4} dx$$
$$= 8\int_{0}^{\pi/4} \cos u\,du = \bigl[8\sin u\bigr]_{0}^{\pi/4} = 4\sqrt{2}$$

範例 6

計算 $\int_{-5}^{5} \dfrac{x^5}{x^2 + 4}\,dx$。

解答：$f(x) = x^5/(x^2+4)$ 是一個奇函數，所以積分之值為 0。

範例 7

計算 $\int_{-2}^{2} (x\sin^4 x + x^3 - x^4)\,dx$。

解答：積分式的前兩項為奇函數，最後一項為偶函數。所以

$$\int_{-2}^{2}(x\sin^4 x + x^3)\,dx - \int_{-2}^{2} x^4\,dx = 0 - 2\int_{0}^{2} x^4\,dx$$
$$= \left[-2\frac{x^5}{5}\right]_{0}^{2} = -\frac{64}{5}$$

範例 8

計算 $\int_{-\pi}^{\pi} \sin^3 x \cos^5 x\, dx$。

解答：函數 $\sin x$ 是奇函數且 $\cos x$ 是偶函數。一個奇函數的奇數次方是一個奇函數，所以 $\sin^3 x$ 是一個奇函數。一個偶函數的任意整數次方還是偶函數，所以 $\cos^5 x$ 是一個偶函數。而一個奇函數乘一個偶函數是一個奇函數。所以被積分式 $\sin^3 x \cos^5 x$ 是一個奇函數，它在 $[-\pi, \pi]$ 上的積分值為 0。

週期性的使用　假如對於函數 f 定義域中的所有 x，存在一數 p 使得 $f(x+p) = f(x)$，則稱 f 是週期的，最小的這種正數 p 稱為 f 的**週期**（period），三角函數是週期函數的例子。

定理 C

若 f 是週期為 p 的週期函數，則

$$\int_{a+p}^{b+p} f(x)\, dx = \int_a^b f(x)\, dx$$

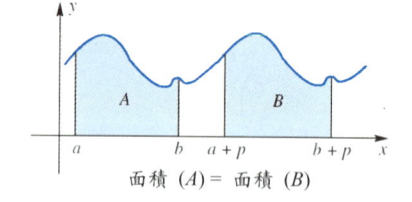

證明　圖 8 顯示此定理的幾何解釋，令 $u = x - p$ 使得 $x = u + p$ 且 $du = dx$，則

$$\int_{a+p}^{b+p} f(x)\, dx = \int_a^b f(u+p)\, du = \int_a^b f(u)\, du = \int_a^b f(x)\, dx$$

因為 f 具週期 p，我們可用 $f(u)$ 取代 $f(u+p)$。

面積 (A) = 面積 (B)

▲圖 8

範例 9

計算 (a) $\int_0^{2\pi} |\sin x|\, dx$ 與 (b) $\int_0^{100\pi} |\sin x|\, dx$。

解答：

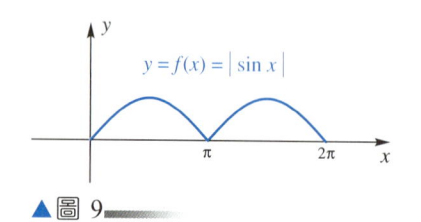

(a) $f(x) = |\sin x|$ 為週期函數且週期為 π（圖 9），所以

$$\int_0^{2\pi} |\sin x|\, dx = \int_0^{\pi} |\sin x|\, dx + \int_{\pi}^{2\pi} |\sin x|\, dx$$

$$= \int_0^{\pi} |\sin x|\, dx + \int_0^{\pi} |\sin x|\, dx$$

$$= 2\int_0^{\pi} \sin x\, dx = 2\bigl[-\cos x\bigr]_0^{\pi} = 2[1-(-1)] = 4$$

$y = f(x) = |\sin x|$

▲圖 9

(b) $\int_0^{100\pi} |\sin x|\, dx = \int_0^{\pi} |\sin x|\, dx + \int_{\pi}^{2\pi} |\sin x|\, dx + \cdots + \int_{99\pi}^{100\pi} |\sin x|\, dx$

$\underbrace{}_{100 \text{ 個積分，每個等於 } \int_0^{\pi} \sin x\, dx}$

$= 100 \int_0^{\pi} \sin x\, dx = 100[-\cos x]_0^{\pi} = 100(2) = 200$

■ 練習題 4.5

1-4 題中，求函數 f 在給定區間上的平均值。

1. $f(x) = 4x^3$; $[1,3]$
2. $f(x) = \dfrac{x}{\sqrt{x^2+16}}$; $[0,3]$
3. $f(x) = 2 + |x|$; $[-2,1]$
4. $f(x) = x\cos x^2$; $[0, \sqrt{\pi}]$

5-7 題中，求在給定區間上滿足積分均值定理的所有 c 值。

5. $f(x) = x^2$; $[-1,1]$
6. $f(x) = 1 - x^2$; $[-4,3]$
7. $f(x) = ax + b$; $[1,4]$

8-11 題中，利用對稱性計算給定的積分。

8. $\int_{-\pi}^{\pi} (\sin x + \cos x)\, dx$
9. $\int_{-1}^{1} \dfrac{x^3}{(1+x^2)^4}\, dx$
10. $\int_{-\pi}^{\pi} (\sin x + \cos x)^2\, dx$
11. $\int_{-1}^{1} (1 + x + x^2 + x^3)\, dx$

4.6 數值積分

有許多定積分無法用我們學過的微積分第二基本定理求出它的值，例如，不定積分

$$\int \sin(x^2)\, dx, \quad \int \sqrt{1-x^4}\, dx, \quad \int \dfrac{\sin x}{x}\, dx$$

不可能用基本函數來表示，所以無法代入上界與下界來完成定積分的計算。本節將介紹有效的數值逼近方法，我們可直接在計算機或電腦上執行有效的演算法。在 4.2 節中我們看過如何用黎曼和用來估計一個定積分，本節中我們要複習黎曼和並且提出另外兩個方法：梯形法則和拋物線法則。

黎曼和 假設 f 在 $[a, b]$ 上有定義且 $[a, b]$ 被分割為 n 個子區間，端點為 $a = x_0 < x_1 < \cdots < x_{n-1} < x_n = b$，則黎曼和定義為

$$\sum_{i=1}^{n} f(\overline{x}_i)\,\Delta x_i$$

其中 $\overline{x}_i$ 為區間 $[x_{i-1}, x_i]$ 內的某一點，且 $\Delta x_i = x_i - x_{i-1}$。現在我們假設分割是正規的，也就是，對於所有的 i 皆有 $\Delta x_i = (b-a)/n$，本節視黎曼和為估計定積分的一種方法。

我們考慮三種情況：樣本點 $\overline{x}_i$ 為 $[x_{i-1}, x_i]$ 的左端點、右端點或中點。這三點分別為

$$\text{左端點} = x_{i-1} = a + (i-1)\frac{b-a}{n}$$

$$\text{右端點} = x_i = a + i\frac{b-a}{n}$$

$$\text{中點} = \frac{x_{i-1} + x_i}{2} = \frac{a + (i-1)\frac{b-a}{n} + a + i\frac{b-a}{n}}{2} = a + \left(i - \tfrac{1}{2}\right)\frac{b-a}{n}$$

對應這三種樣本點，我們命名三種黎曼和如下：

$$\text{左黎曼和} = \sum_{i=1}^{n} f(\overline{x}_i)\,\Delta x_i = \frac{b-a}{n}\sum_{i=1}^{n} f\left(a + (i-1)\frac{b-a}{n}\right)$$

$$\text{右黎曼和} = \sum_{i=1}^{n} f(\overline{x}_i)\,\Delta x_i = \frac{b-a}{n}\sum_{i=1}^{n} f\left(a + i\frac{b-a}{n}\right)$$

$$\text{中點黎曼和} = \sum_{i=1}^{n} f(\overline{x}_i)\,\Delta x_i = \frac{b-a}{n}\sum_{i=1}^{n} f\left(a + \left(i - \tfrac{1}{2}\right)\frac{b-a}{n}\right)$$

範例 1

利用 $n=4$ 的左、右、和中點黎曼和來估計定積分 $\int_{1}^{3}\sqrt{4-x}\,dx$。

解答：令 $f(x) = \sqrt{4-x}$。我們有 $a = 1$、$b = 3$，且 $n = 4$，所以 $(b-a)/n = 0.5$。x_i 和 $f(x)$ 之值為

$$\begin{aligned}
x_0 &= 1.0 & f(x_0) &= f(1.0) = \sqrt{4-1} \approx 1.7321 \\
x_1 &= 1.5 & f(x_1) &= f(1.5) = \sqrt{4-1.5} \approx 1.5811 \\
x_2 &= 2.0 & f(x_2) &= f(2.0) = \sqrt{4-2} \approx 1.4142 \\
x_3 &= 2.5 & f(x_3) &= f(2.5) = \sqrt{4-2.5} \approx 1.2247 \\
x_4 &= 3.0 & f(x_4) &= f(3.0) = \sqrt{4-3} = 1.0000
\end{aligned}$$

利用左黎曼和，我們有下列近似：

$$\int_{1}^{3} \sqrt{4-x}\,dx \approx \text{左黎曼和}$$

$$= \frac{b-a}{n}[f(x_0) + f(x_1) + f(x_2) + f(x_3)]$$

$$= 0.5[f(1.0) + f(1.5) + f(2.0) + f(2.5)]$$

$$\approx 0.5(1.7321 + 1.5811 + 1.4142 + 1.2247)$$

$$\approx 2.9761$$

右黎曼和導致下列近似：

$$\int_1^3 \sqrt{4-x}\, dx \approx 右黎曼和$$

$$= \frac{b-a}{n}[f(x_1) + f(x_2) + f(x_3) + f(x_4)]$$

$$= 0.5[f(1.5) + f(2.0) + f(2.5) + f(3.0)]$$

$$\approx 0.5(1.5811 + 1.4142 + 1.2247 + 1.0000)$$

$$\approx 2.6100$$

最後，定積分之中點黎曼和近似為

$$\int_1^3 \sqrt{4-x}\, dx \approx 中點黎曼和$$

$$= \frac{b-a}{n}\left[f\left(\frac{x_0+x_1}{2}\right) + f\left(\frac{x_1+x_2}{2}\right) + f\left(\frac{x_2+x_3}{2}\right) + f\left(\frac{x_3+x_4}{2}\right)\right]$$

$$= 0.5\,[f(1.25) + f(1.75) + f(2.25) + f(2.75)]$$

$$\approx 0.5(1.6583 + 1.5000 + 1.3229 + 1.1180)$$

$$\approx 2.7996$$

範例 2

使用 $n=8$ 的右黎曼和估計定積分 $\int_0^2 \sin x^2\, dx$。

解答：令 $f(x) = \sin x^2$。已知 $a=0$、$b=2$，且 $n=8$，所以 $(b-a)/n = 0.25$。使用右黎曼和我們有下列近似：

$$\int_0^2 \sin x^2\, dx \approx 右黎曼和$$

$$= \frac{b-a}{n}\left[\sum_{i=1}^{8} f\left(a + i\frac{b-a}{n}\right)\right]$$

$$= 0.25(\sin 0.25^2 + \sin 0.5^2 + \sin 0.75^2 + \sin 1^2$$

$$+ \sin 1.25^2 + \sin 1.5^2 + \sin 1.75^2 + \sin 2^2)$$

$$\approx 0.69622$$

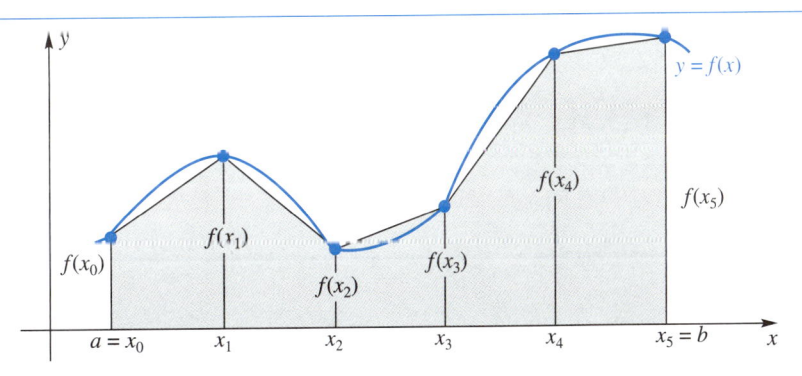

▲ 圖 1

Methods for Approximating $\int_a^b f(x)dx$

1. Left Riemann Sum（左黎曼和）

Area of ith rectangle $= f(x_{i-1})\,\Delta x_i = \dfrac{b-a}{n}f\!\left(a+(i-1)\dfrac{b-a}{n}\right)$

$\int_a^b f(x)\,dx \approx \dfrac{b-a}{n}\sum_{i=1}^{n} f\!\left(a+(i-1)\dfrac{b-a}{n}\right)$

$E_n = \dfrac{(b-a)^2}{2n} f'(c)$ for some c in $[a,b]$

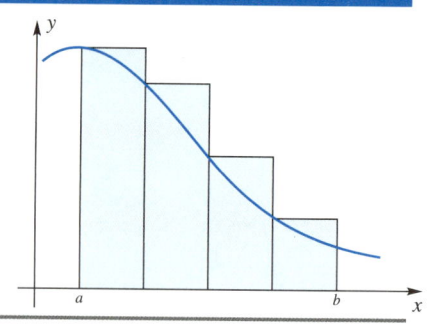

2. Right Riemann Sum（右黎曼和）

Area of ith rectangle $= f(x_i)\,\Delta x_i = \dfrac{b-a}{n}f\!\left(a+i\dfrac{b-a}{n}\right)$

$\int_a^b f(x)\,dx \approx \dfrac{b-a}{n}\sum_{i=1}^{n} f\!\left(a+i\dfrac{b-a}{n}\right)$

$E_n = -\dfrac{(b-a)^2}{2n} f'(c)$ for some c in $[a,b]$

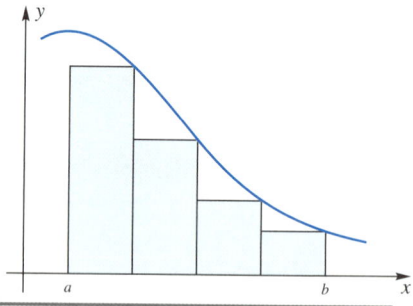

3. Midpoint Riemann Sum（中點黎曼和）

Area of ith rectangle $= f\!\left(\dfrac{x_{i-1}+x_i}{2}\right)\Delta x_i = \dfrac{b-a}{n}f\!\left(a+\left(i-\dfrac{1}{2}\right)\dfrac{b-a}{n}\right)$

$\int_a^b f(x)\,dx \approx \dfrac{b-a}{n}\sum_{i=1}^{n} f\!\left(a+\left(i-\dfrac{1}{2}\right)\dfrac{b-a}{n}\right)$

$E_n = \dfrac{(b-a)^3}{24n^2} f''(c)$ for some c in $[a,b]$

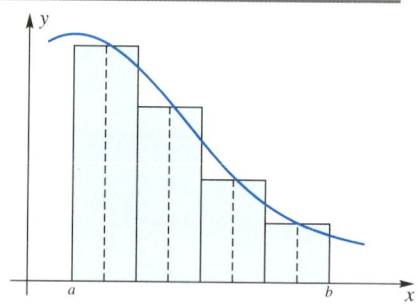

4. Trapezoidal Rule（梯形法則）

Area of ith trapezoid $= \dfrac{b-a}{n}\dfrac{f(x_{i-1})+f(x_i)}{2}$

$\int_a^b f(x)\,dx \approx \dfrac{b-a}{n}\sum_{i=1}^{n} \dfrac{f(x_{i-1})+f(x_i)}{2}$

$= \dfrac{b-a}{2n}\left[f(a)+2\sum_{i=1}^{n-1} f\!\left(a+i\dfrac{b-a}{n}\right)+f(b)\right]$

$E_n = -\dfrac{(b-a)^3}{12n^2} f''(c)$ for some c in $[a,b]$

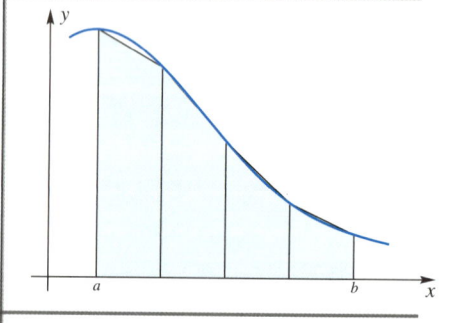

5. Parabolic Rule (n must be even)（拋物線法則）n 是偶數

$\int_a^b f(x)\,dx \approx \dfrac{b-a}{3n}[f(x_0)+4f(x_1)+2f(x_2)+4f(x_3)+2f(x_4)+\cdots$
$+4f(x_{n-3})+2f(x_{n-2})+4f(x_{n-1})+f(x_n)]$

$= \dfrac{b-a}{3n}[f(a)+4\sum_{i=1}^{n/2} f\!\left(a+(2i-1)\dfrac{b-a}{n}\right)+2\sum_{i=1}^{n/2-1} f\!\left(a+2i\dfrac{b-a}{n}\right)+f(b)]$

$E_n = -\dfrac{(b-a)^5}{180n^4} f^{(4)}(c)$ for some c in $[a,b]$

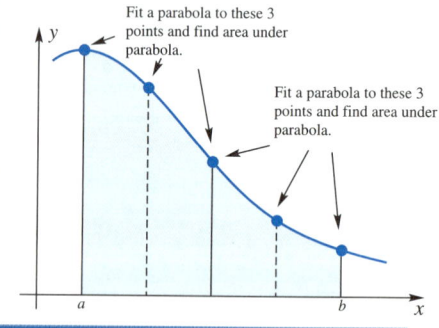

定積分 Chapter 4

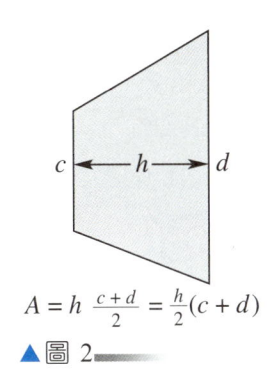

梯形法則 如圖 1 所示，以線段連接每一對點 $(x_{i-1}, f(x_{i-1}))$ 和 $(x_i, f(x_i))$，可以構成 n 個梯形。我們用這些梯形面積總和來逼近曲線下方的面積，這種方法稱為**梯形法則**（Trapezoidal Rule）。

記得面積公式如圖 2 所示，第 i 個梯形的面積為

$$A_i = \frac{h}{2}[f(x_{i-1}) + f(x_i)]$$

$A = h\,\frac{c+d}{2} = \frac{h}{2}(c+d)$

▲圖 2

更準確地說，A_i 為符號面積，因為 f 在一個子區間為負值時 A_i 是負的。定積分 $\int_a^b f(x)\,dx$ 近似於 $A_1 + A_2 + \cdots + A_n$，也就是近似於

$$\frac{h}{2}[f(x_0) + f(x_1)] + \frac{h}{2}[f(x_1) + f(x_2)] + \cdots + \frac{h}{2}[f(x_{n-1}) + f(x_n)]$$

這就是**梯形法則**：

梯形法則

$$\int_a^b f(x)\,dx \approx \frac{h}{2}[f(x_0) + 2f(x_1) + 2f(x_2) + \cdots + 2f(x_{n-1}) + f(x_n)]$$

$$= \frac{b-a}{2n}\left[f(a) + 2\sum_{i=1}^{n-1} f\left(a + i\frac{b-a}{n}\right) + f(b)\right]$$

範例 3

利用 $n = 8$ 的梯形法則估計定積分 $\int_0^2 \sin x^2\,dx$。

解答：此題的被積分式和區間與範例 2 的相同，

$$\int_0^2 \sin x^2\,dx \approx \frac{b-a}{2n}\left[f(a) + 2\sum_{i=1}^{7} f\left(a + i\frac{b-a}{n}\right) + f(b)\right]$$

$$= 0.125\left[\sin 0^2 + 2(\sin 0.25^2 + \sin 0.5^2 + \sin 0.75^2 + \sin 1^2 + \sin 1.25^2 + \sin 1.5^2 + \sin 1.75^2) + \sin 2^2\right]$$

$$\approx 0.79082$$

拋物線法則（辛普森法則） 在梯形法則中，我們用線段來逼近曲線，用拋物線段好像可以做得更好。就像之前一樣，我們分割 $[a, b]$ 為 n 個長度為 $h = (b-a)/n$ 的子區間，但此時 n 必須是偶數，然後為每一組相鄰的二點找出過該三點的拋物線，如圖 3 所示。

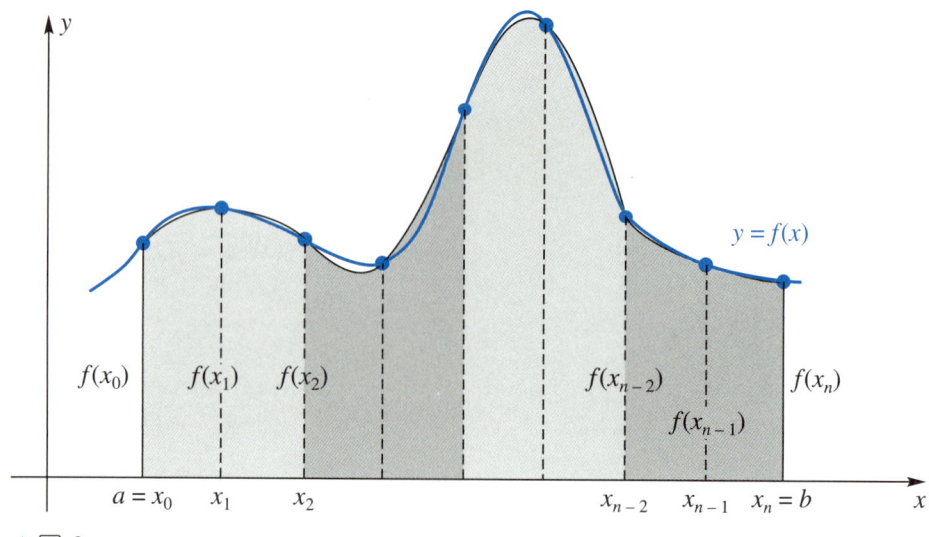

▲ 圖 3

▲ 圖 4
拋物線
$A = \frac{h}{3}(c + 4d + e)$

使用圖 4 中拋物線下方的面積公式，我們可以得到一個近似值，這種方法稱為**拋物線法則**（Parabolic Rule），也稱為**辛普森法則**（Simpon's Rule）。

拋物線法則

$$\int_a^b f(x)\, dx \approx \frac{h}{3}[f(x_0) + 4f(x_1) + 2f(x_2) + \cdots + 4f(x_{n-1}) + f(x_n)]$$

$$= \frac{b-a}{3n}\left[f(a) + 4\sum_{i=1}^{n/2} f\left(a + (2i-1)\frac{b-a}{n}\right) + 2\sum_{i=1}^{n/2-1} f\left(a + 2i\frac{b-a}{n}\right) + f(b)\right]$$

其中的係數依序為 1, 4, 2, 4, 2, 4, 2, …, 2, 4, 1。

範例 4

利用 $n = 6$ 的拋物線法則估計定積分 $\int_0^3 \frac{1}{1+x^2}\, dx$。

解答： 令 $f(x) = 1/(1+x^2)$, $a = 0$, $b = 3$，且 $n = 6$。而 x_i 為 $x_0 = 0$, $x_1 = 0.5$, $x_2 = 1.0$, ⋯, $x_6 = 3.0$。

$$\int_0^3 \frac{1}{1+x^2}\, dx \approx \frac{3-0}{3 \cdot 6}[f(0) + 4f(0.5) + 2f(1.0) + 4f(1.5) + 2f(2.0) + 4f(2.5) + f(3.0)]$$

$$= \frac{1}{6}(1 + 4 \cdot 0.8 + 2 \cdot 0.5 + 4 \cdot 0.30769 + 2 \cdot 0.2 + 4 \cdot 0.13793 + 0.1)$$

$$= 1.2471$$

練習題 4.6

1-3 題中，分別利用 $n = 8$ 的(1)左黎曼和，(2)右黎曼和，(3)梯形法則，(4)拋物線法則，來逼近給定的定積分，然後使用微積分第二基本定理算出定積分的準確值。

1. $\int_1^3 \frac{1}{x^2} dx$

2. $\int_0^2 \sqrt{x} dx$

3. $\int_0^1 x(x^2+1)^5 dx$

4-5 題中，分別利用 $n = 4, 8, 16$ 的(1)左黎曼和，(2)右黎曼和，(3)中點黎曼和，(4)梯形法則，(5)拋物線法則，來逼近給定的定積分（注意，就目前所具備的積分技巧而言，這些定積分都無法利用微積分第二基本定理算出它們的準確值），請將各近似值寫在下表中：

	左黎曼和	右黎曼和	中點黎曼和	梯形法則	拋物線法則
$n = 4$					
$n = 8$					
$n = 16$					

4. $\int_1^3 \frac{1}{x} dx$

5. $\int_0^2 \sqrt{x^2+1} dx$

Chapter 5 定積分的應用

本章概要

5.1 平面區域的面積

5.2 固體的體積：截面法、圓盤法、墊圈法

5.3 旋轉體的體積：殼層法

5.4 平面曲線的長度

5.5 功與流體的作用力

5.6 動差與質心

5.7 機率與隨機變數

5.1 平面區域的面積

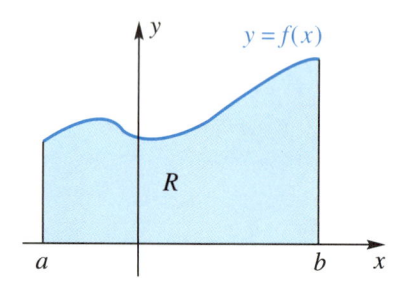

4.1 節中面積的討論引發了定積分的定義，我們可以利用定積分來計算許多複雜區域的面積，我們用幾個簡單的例子開始。

在 x 軸上方的區域 令 $y = f(x)$ 決定了 xy 平面中的一條曲線，假設 f 在 $[a, b]$ 上是連續的且非負的（如圖 1）。考慮由 $y = f(x)$、$x = a$、$x = b$ 和 $y = 0$ 的圖形所圍成的區域 R，我們說 R 是「在 $y = f(x)$ 下方介於 $x = a$ 和 $x = b$ 之間的區域」，它的面積為

$$A(R) = \int_a^b f(x)\,dx$$

▲圖 1

範例 1

求在 $y = x^4 - 2x^3 + 2$ 下方介於 $x = -1$ 和 $x = 2$ 之間的區域 R 的面積。

≈解答： 圖 2 顯示了 R 的圖形，它的面積為

$$A(R) = \int_{-1}^{2}(x^4 - 2x^3 + 2)\,dx = \left[\frac{x^5}{5} - \frac{x^4}{2} + 2x\right]_{-1}^{2}$$
$$= \left(\frac{32}{5} - \frac{16}{2} + 4\right) - \left(-\frac{1}{5} - \frac{1}{2} - 2\right) = \frac{51}{10} = 5.1$$

在 x 軸下方的區域 面積是一個非負的數，若 $y = f(x)$ 的圖形在 x 軸下方，則 $\int_a^b f(x)\,dx$ 是一個負數，因此不是一個面積，不過它恰是由 $y = f(x)$、$x = a$、$x = b$ 和 $y = 0$ 所圍成區域的面積的負值。

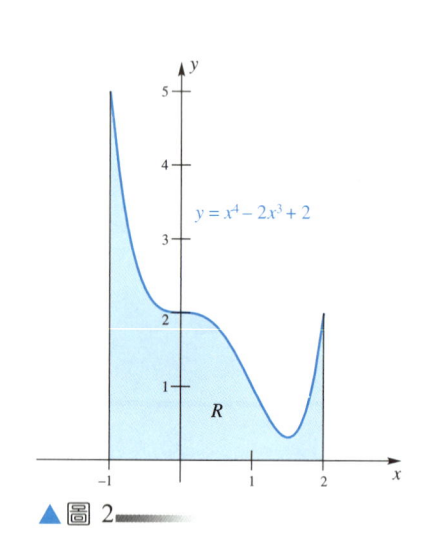

範例 2

求由 $y = x^2/3 - 4$，x 軸，$x = -2$，$x = 3$ 所圍區域的面積。

解答： 區域 R 顯示於圖 3 中，它的面積為

$$A(R) = -\int_{-2}^{3}\left(\frac{x^2}{3} - 4\right)dx = \int_{-2}^{3}\left(-\frac{x^2}{3} + 4\right)dx$$
$$= \left[-\frac{x^3}{9} + 4x\right]_{-2}^{3} = \left(-\frac{27}{9} + 12\right) - \left(\frac{8}{9} - 8\right) = \frac{145}{9} \approx 16.11$$

▲圖 2

▲圖 3

定積分的應用 Chapter 5

範例 3

求由 $y = x^3 - 3x^2 - x + 3$，x 軸上介於 $x = -1$ 和 $x = 2$ 之間的線段，及直線 $x = 2$ 所圍區域 R 的面積。

解答：區域 R 是圖 4 中的陰影部分，左半部 R_1 在 x 軸上方，右半部 R_2 在 x 軸下方，R_1 和 R_2 的面積必須分開計算。

所以

$$\begin{aligned} A(R) &= A(R_1) + A(R_2) \\ &= \int_{-1}^{1} (x^3 - 3x^2 - x + 3)\,dx - \int_{1}^{2} (x^3 - 3x^2 - x + 3)\,dx \\ &= \left[\frac{x^4}{4} - x^3 - \frac{x^2}{2} + 3x\right]_{-1}^{1} - \left[\frac{x^4}{4} - x^3 - \frac{x^2}{2} + 3x\right]_{1}^{2} \\ &= 4 - \left(-\frac{7}{4}\right) = \frac{23}{4} \end{aligned}$$

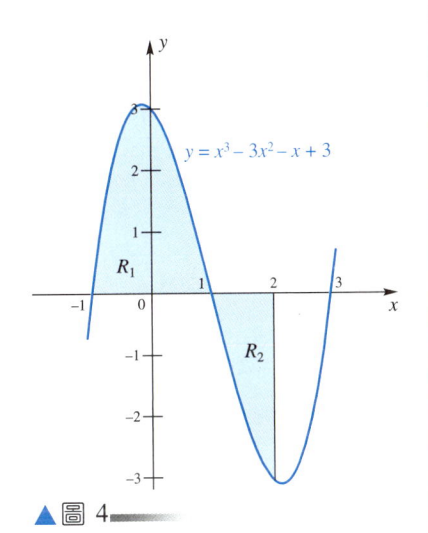

▲圖 4

一個有益的思考方法　對於以上所考慮的簡單型區域，寫下正確的積分是非常容易的，當我們考慮更複雜的區域（例如，兩條曲線之間的區域）時，要選對積分就更困難了，但是，有一個非常有益的思考方法，它包含 5 個步驟。

第 1 步：描繪區域。
第 2 步：將區域切成薄片，並標示出一個典型的薄片。
第 3 步：用一個矩形面積近似此典型薄片的面積。
第 4 步：加總這些薄片面積的近似值。
第 5 步：求總和在薄片寬度趨近 0 的極限，這樣可得到一個定積分。

範例 4

用一個定積分表示 $y = 1 + \sqrt{x}$ 下方介於 $x = 0$ 和 $x = 4$ 之間區域的面積。

解答：圖 5 顯示了上述 5 個步驟

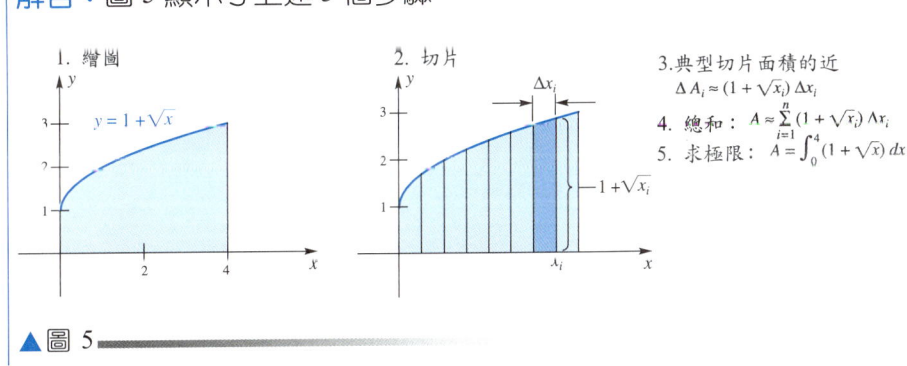

1. 繪圖
2. 切片
3. 典型切片面積的近 $\Delta A_i \approx (1 + \sqrt{x_i})\Delta x_i$
4. 總和：$A \approx \sum_{i=1}^{n} (1 + \sqrt{x_i})\Delta x_i$
5. 求極限：$A = \int_{0}^{4} (1 + \sqrt{x})\,dx$

▲圖 5

瞭解此 5 步程序後，我們可以縮減為 3 步：切片、近似、積分。積分一詞包含兩步驟：(1) 加總薄片面積，(2) 求薄片寬度趨近 0 的極限。在此過程中，當我們求極限時，$\Sigma\ldots\Delta x$ 變成了 $\int\ldots dx$，圖 6 提供了同一個問題的簡化版解答。

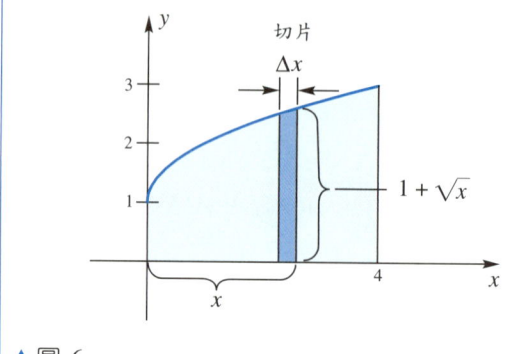

近似
$$\Delta A \approx (1 + \sqrt{x})\,\Delta x$$
積分
$$A = \int_0^4 (1 + \sqrt{x})\,dx$$

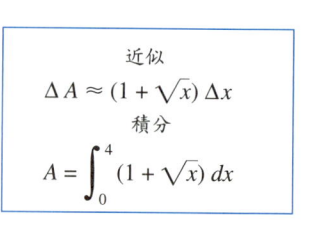

▲圖 6

$$\Delta A \approx [f(x) - g(x)]\,\Delta x$$
$$A = \int_a^b [f(x) - g(x)]\,dx$$

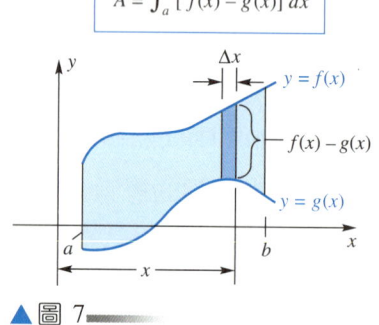

▲圖 7

兩條曲線之間的區域 考慮曲線 $y = f(x)$ 和 $y = g(x)$，當 $a \le x \le b$ 時 $f(x) \le g(x)$，它們決定了圖 7 所示的區域，我們將利用切片、近似、積分求它的面積。

範例 5

求曲線 $y = x^4$ 和 $y = 2x - x^2$ 所圍區域的面積。

解答：先找出這兩條曲線的交點，解方程式 $2x - x^2 = x^4$ 得 $x = 0$ 和 $x = 1$。圖 8 中有此區域的圖形，也展示了適當的近似及對應的積分。

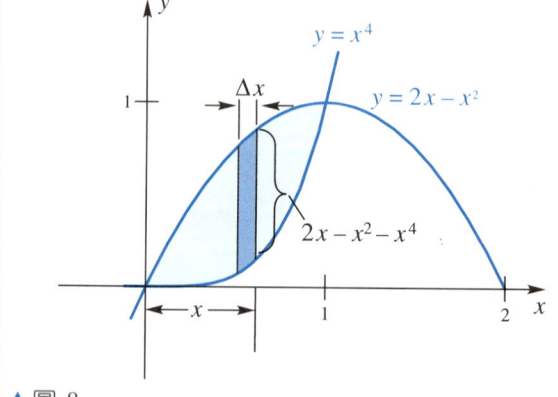

$$\Delta A \approx (2x - x^2 - x^4)\,\Delta x$$
$$A = \int_0^1 (2x - x^2 - x^4)\,dx$$

▲圖 8

最後一件工作：計算積分。

$$\int_0^1 (2x - x^2 - x^4)\,dx = \left[x^2 - \frac{x^3}{3} - \frac{x^5}{5}\right]_0^1 = 1 - \frac{1}{3} - \frac{1}{5} = \frac{7}{15}$$

定積分的應用 Chapter 5   239

範例 6　橫向切片

求拋物線 $y^2 = 4x$ 和直線 $4x - 3y = 4$ 所圍區域的面積。

解答： 先求這兩條曲線的交點，直線可寫成 $4x = 3y + 4$，因為同等於 $4x$，所以

$$y^2 = 3y + 4$$
$$y^2 - 3y - 4 = 0$$
$$(y - 4)(y + 1) = 0$$
$$y = 4, -1$$

交點為 $(4, 4)$ 和 $\left(\dfrac{1}{4}, -1\right)$。這兩條曲線所圍區域如圖 9 所示。

假如對此區域做縱向切片，我們會碰到一個問題，因為下界包含兩個不同的曲線，所以需將區域分成兩部分，左邊部分的下界是拋物線，右邊部分的下界是直線，然後計算兩個積分。但若改成橫向切片將簡單許多，圖 10 展示了此區域的橫向切片，積分變數是 y 不是 x。每一個橫向切片都是由左邊的拋物線到右邊的直線，每一個薄片的長度是較大的 x 值（$x = \dfrac{1}{4}(3y+4)$）減去較小的 x 值（$x = \dfrac{1}{4}y^2$）。

$$\begin{aligned}
A &= \int_{-1}^{4} \left[\dfrac{3y + 4 - y^2}{4}\right] dy = \dfrac{1}{4}\int_{-1}^{4} (3y + 4 - y^2)\, dy \\
&= \dfrac{1}{4}\left[\dfrac{3y^2}{2} + 4y - \dfrac{y^3}{3}\right]_{-1}^{4} \\
&= \dfrac{1}{4}\left[\left(24 + 16 - \dfrac{64}{3}\right) - \left(\dfrac{3}{2} - 4 + \dfrac{1}{3}\right)\right] \\
&= \dfrac{125}{24} \approx 5.21
\end{aligned}$$

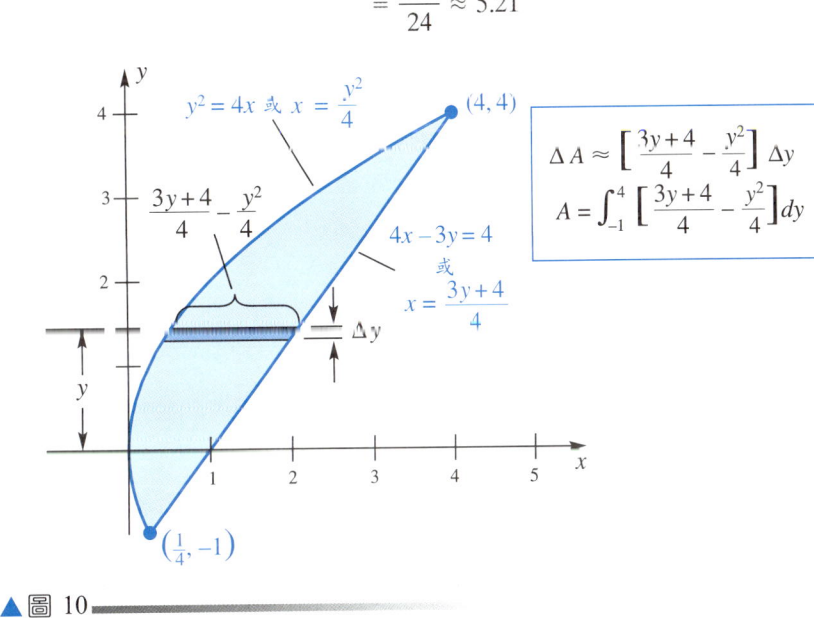

▲ 圖 9

$$\Delta A \approx \left[\dfrac{3y+4}{4} - \dfrac{y^2}{4}\right]\Delta y$$
$$A = \int_{-1}^{4} \left[\dfrac{3y+4}{4} - \dfrac{y^2}{4}\right] dy$$

▲ 圖 10

距離和位移　考慮一個沿著一條直線運動的物體，它在時間為 t 時的速度為 $v(t)$，若 $v(t) \geq 0$，則該物體在時間為 $a \leq t \leq b$ 時所經過的距離為 $\int_a^b v(t)\, dt$，若 $v(t)$ 可以是負的，則

$$\int_a^b v(t)\, dt = s(b) - s(a)$$

量度了該物體的**位移（displacement）**，也就是由起始位置 $s(a)$ 到結束位置的有向距離。若要獲得該物體在時段 $a \leq t \leq b$ 所行經的**總距離（total distant）**，我們必須計算 $\int_a^b |v(t)|\, dt$，這是速度曲線和 t 軸所圍區域的面積。

範例 7

一個物體在 $t = 0$ 的位置為 $s = 3$，在時間 t 它的速度為 $v(t) = 5\sin 6\pi t$。在時間 $t = 2$ 該物體的位置為何？且它在這段時間行經多少距離？

解答：該物體的位移為

$$s(2) - s(0) = \int_0^2 v(t)\, dt = \int_0^2 5\sin 6\pi t\, dt = \left[-\frac{5}{6\pi}\cos 6\pi t\right]_0^2 = 0$$

所以 $s(2) = s(0) = 3$，該物體在時間 $t = 2$ 的位置為 3，而它所行經的總距離為

$$\int_0^2 |v(t)|\, dt = \int_0^2 |5\sin 6\pi t|\, dt$$

利用對稱性計算定積分之值（見圖 11），可得

$$\int_0^2 |v(t)|\, dt = 12\int_0^{2/12} 5\sin 6\pi t\, dt = 60\left[-\frac{1}{6\pi}\cos 6\pi t\right]_0^{1/6} = \frac{20}{\pi} \approx 6.3662$$

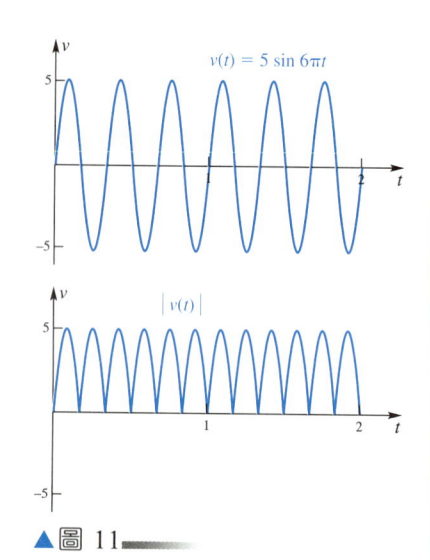

▲圖 11

練習題 5.1

1-7 題中，請利用三步驟（切片、近似、積分）設定並計算定積分，找出各給定區域的面積。

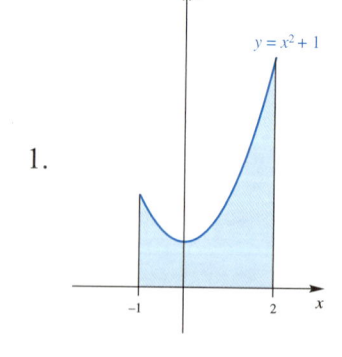

1.

2. [圖：$y = x^2 + 2$，$y = -x$]

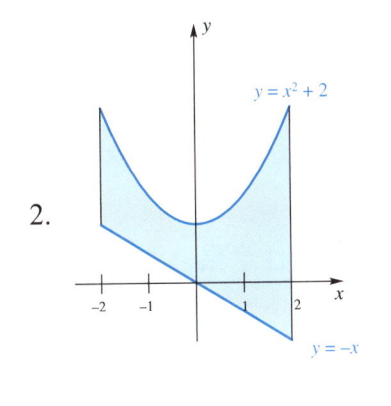

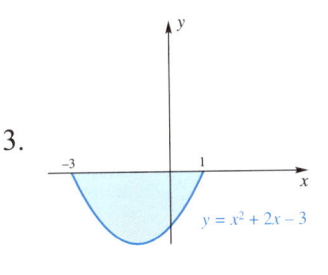

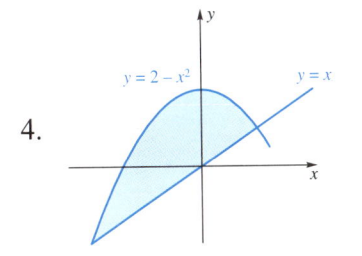

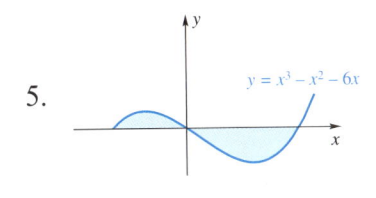

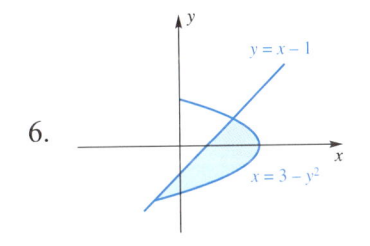

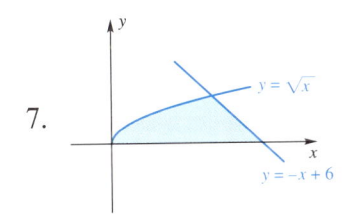

3. [圖：$y = x^2 + 2x - 3$]

4. [圖：$y = 2 - x^2$，$y = x$]

5. [圖：$y = x^3 - x^2 - 6x$]

6. [圖：$y = x - 1$，$x = 3 - y^2$]

7. [圖：$y = \sqrt{x}$，$y = -x + 6$]

8-10 題中，描繪給定方程式的圖形所圍成的區域，標示出一個典型的薄片，找出薄片面積的近似，設定一個定積分，然後計算此區域的面積。

8. $y = x^3$, $y = 0$，介於 $x = -3$ 和 $x = 3$ 之間。

9. $y = x^2 - 2x$，$y = -x^2$。

10. $4y^2 - 2x = 0$，$4y^2 + 4x - 12 = 0$。

5.2 固體的體積：截面法、圓盤法、墊圈法

體積是什麼？我們由簡單的固體直立柱體（right cylinder）開始，圖 1 顯示了四個直立柱體，每一個都是由一個平面區域（底部）往垂直該區域的方向移動了距離 h 而產生，直立柱體的體積就定義為底部面積乘高度 h，也就是

$$V = A \cdot h$$

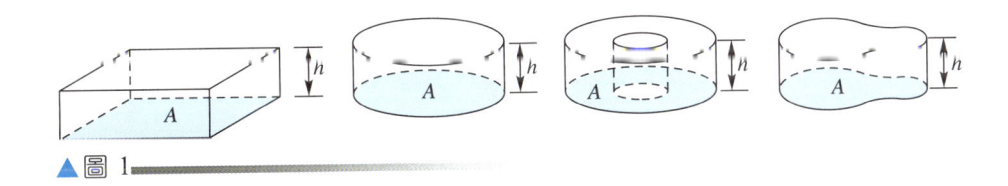

▲圖 1

接下來要考慮的固體具有一個性質：在一條給定直線的每一個垂直截面具有已知面積，我們可以假設這條直線是 x 軸，且在 x 的截面面積為 $A(x)$，$a \leq x \leq b$（圖 2）。我們用分割點 $a = x_0 < x_1 < x_2 < \ldots < x_n = b$ 分割區間 $[a, b]$，然後用通過這些點且垂直 x 軸的平面將固體切成一片片薄的

板塊（slabs）（圖 3），一片薄板塊的體積 ΔV_i 近似於一個柱體的體積，也就是

$$\Delta V_i \approx A(\bar{x}_i) \Delta x_i$$

（記得，$\bar{x}_i$ 稱為樣本點，是區間 $[x_{i-1}, x_i]$ 內的任意點。）

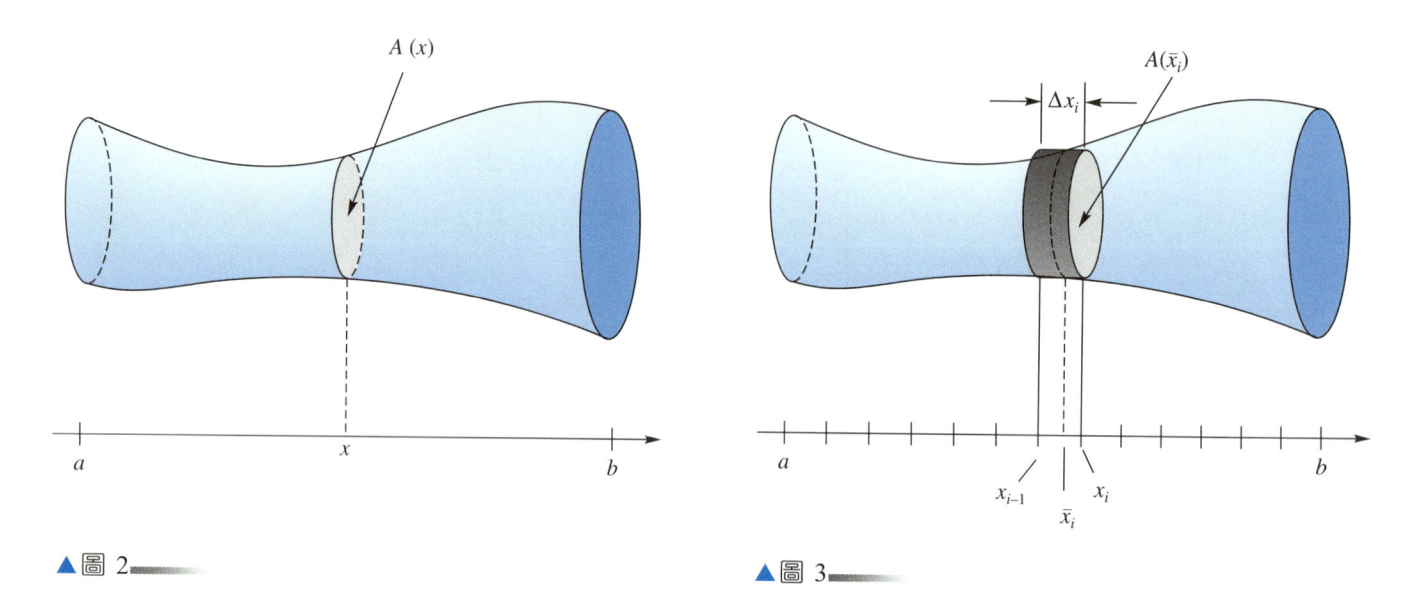

▲圖 2

▲圖 3

固體的體積近似於黎曼和

$$V \approx \sum_{i=1}^{n} A(\bar{x}_i) \Delta x_i$$

當我們令分割的範數趨近 0 時，可得到一個定積分，此積分就定義為該固體的體積。

$$V = \int_a^b A(x)\, dx$$

你當然可以直接使用上列公式得到體積，但是，我們建議在每個問題中，你最好通過公式推導過程求得體積，我們稱此過程為「切片、近似、積分」。

旋轉體：圓盤法（Method of Disks） 平面上有一個區域位於一條直線的一側，將此區域繞該直線旋轉，可產生一個固體，稱為**旋轉體**（solid of revolution），該直線就稱為旋轉體的**軸**（axis）。

例如，一個半圓區域繞它的直徑旋轉，則產生一個球體（圖 4），一個直角三角形內部區域繞它的一個足邊旋轉，則產生一個圓錐體（圖

5），一個圓形區域繞一條共平面且跟它不相交的直線旋轉（圖 5），則掃出一個甜甜圈狀的固體。上述的每一個例子都可以用一個定積分代表體積。

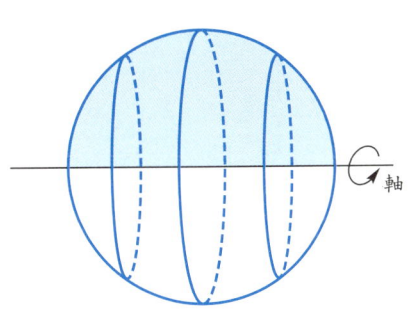

▲圖 4 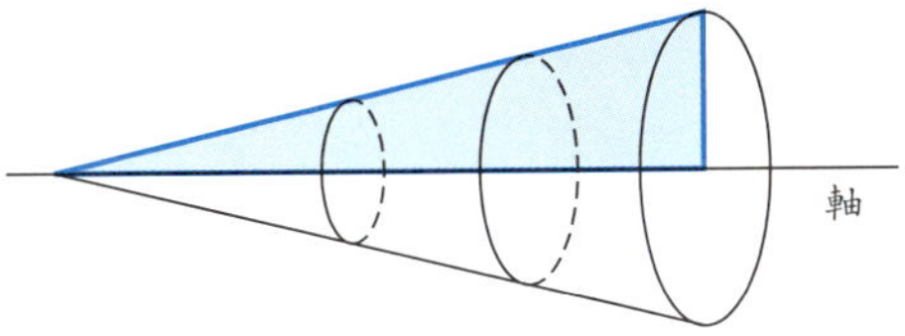　　　　　▲圖 5 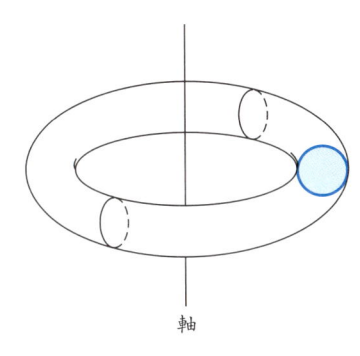　　　　　▲圖 6

範例 1

令 R 是 $y = \sqrt{x}$，x 軸和 $x = 4$ 所圍區域，求將 R 繞 x 軸旋轉所得旋轉體的體積。

解答：區域 R 與它的一個典型切片展示於圖 7 的左部分，繞 x 軸旋轉時，此區域產生一個旋轉體且該切片產生一個圓盤，一個銅板狀的物體。

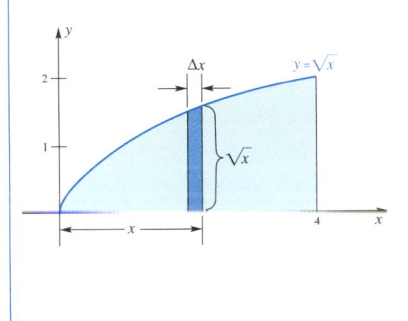

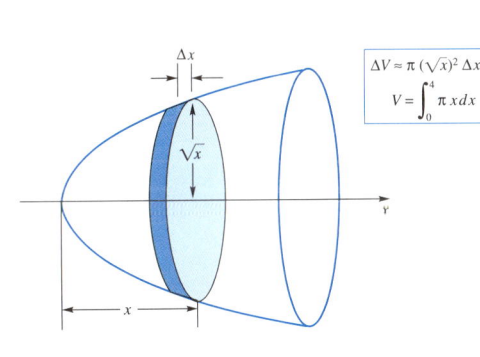

$$\Delta V \approx \pi (\sqrt{x})^2 \Delta x$$
$$V = \int_0^4 \pi x \, dx$$

▲圖 7

記得圓柱體的體積為 $\pi r^2 h$，我們用 $\pi(\sqrt{x})^2 \Delta x$ 近似圓盤的體積 ΔV，然後積分

$$V = \pi \int_0^4 x \, dx = \pi \left[\frac{x^2}{2}\right]_0^4 = \pi \frac{16}{2} = 8\pi \approx 25.13$$

範例 2

令 R 是由曲線 $y = x^3$，y 軸和 $y = 3$ 所圍區域，求將 R 繞 y 軸旋轉所得旋轉體的體積（圖 8）。

解答：這裡我們做水平（橫向）切片，選擇 y 為積分變數，注意，$y = x^3$ 可寫成 $x = \sqrt[3]{y}$ 且 $\Delta V \approx \pi(\sqrt[3]{y})^2 \Delta y$，因此體積為

$$V = \pi \int_0^3 y^{2/3}\, dy = \pi \left[\frac{3}{5} y^{5/3}\right]_0^3 = \pi \frac{9\sqrt[3]{9}}{5} \approx 11.76$$

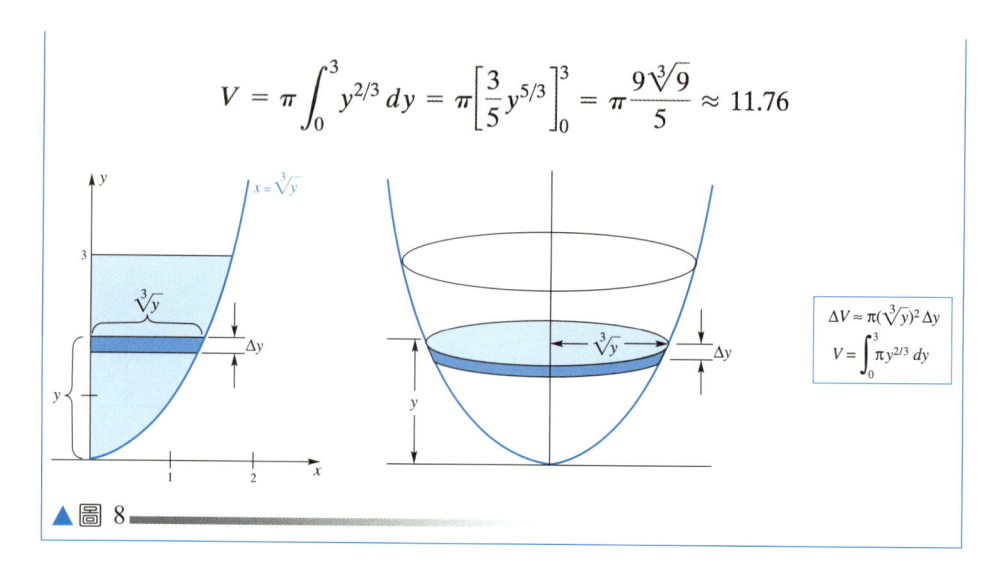

▲ 圖 8

墊圈法（Method of Washers） 有時將一個旋轉體切片會產生中間有洞的圓盤，我們稱它們為**墊圈**（washer），請看圖 9 顯示的圖形及公式。

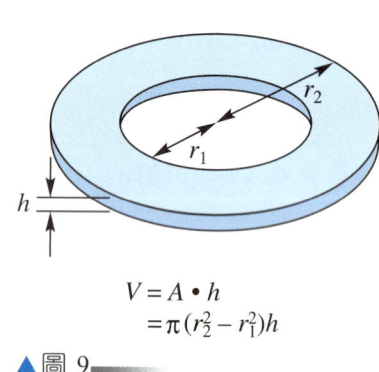

$V = A \cdot h = \pi(r_2^2 - r_1^2)h$

▲ 圖 9

範例 3

求將拋物線 $y = x^2$ 和 $y^2 = 8x$ 所圍區域繞 x 軸旋轉所得固體的體積。

解答：關鍵仍是切片、近似、積分（見圖 10）。

$$V = \pi \int_0^2 (8x - x^4)\, dx = \pi \left[\frac{8x^2}{2} - \frac{x^5}{5}\right]_0^2 = \frac{48\pi}{5} \approx 30.16$$

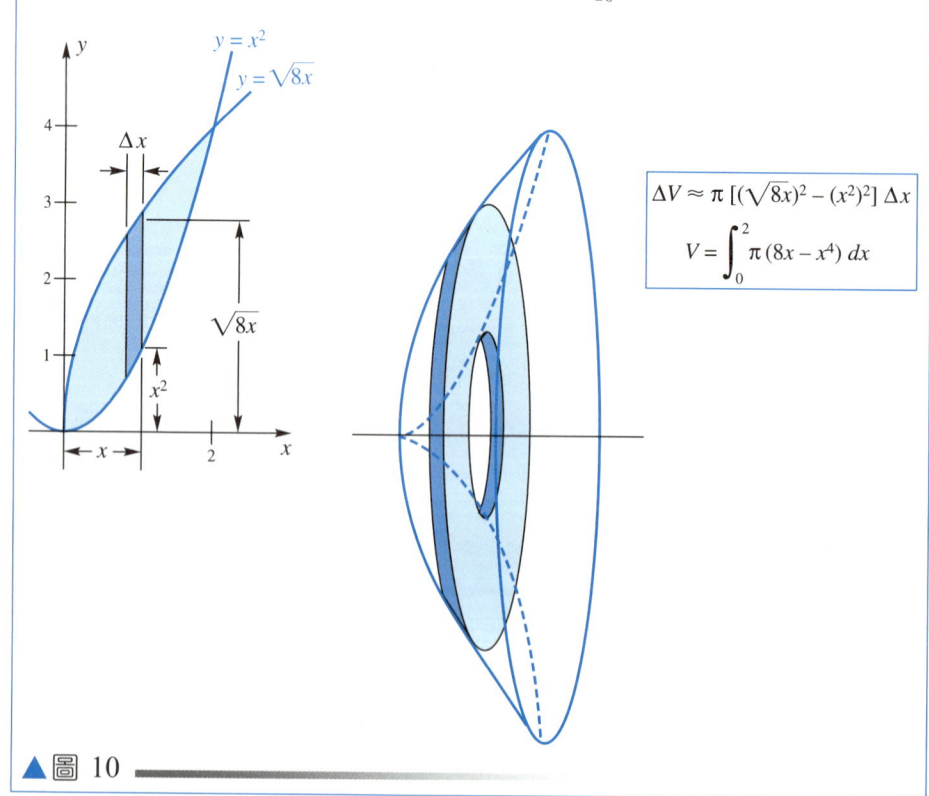

$\Delta V \approx \pi [(\sqrt{8x})^2 - (x^2)^2]\, \Delta x$

$V = \int_0^2 \pi (8x - x^4)\, dx$

▲ 圖 10

定積分的應用 Chapter 5   245

範例 4

將曲線 $x = \sqrt{4-y^2}$ 和 y 軸所圍半圓區域繞直線 $x = -1$ 旋轉，請找出代表此旋轉體體積的定積分。

解答：墊圈的外半徑為 $x = \sqrt{4-y^2}$，內半徑為 1，圖 11 顯示了解答。積分可被化簡，x 軸上方部分和下方部分有相同體積，所以我們可以只計算從 0 到 2 的積分，然後將結果乘 2。

$$V = \pi \int_{-2}^{2} \left[\left(1 + \sqrt{4-y^2}\right)^2 - 1^2 \right] dy$$

$$= 2\pi \int_{0}^{2} \left[2\sqrt{4-y^2} + 4 - y^2 \right] dy$$

$$\Delta V \approx \pi \left[(1 + \sqrt{4-y^2})^2 - 1^2 \right] \Delta y$$
$$V = \int_{-2}^{2} \pi \left[(1 + \sqrt{4-y^2})^2 - 1^2 \right] dy$$

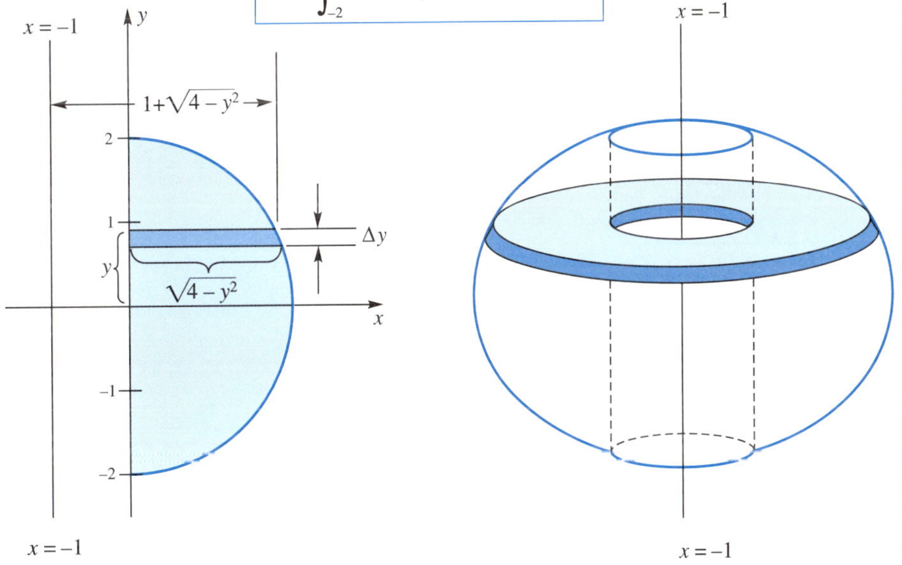

▲圖 11

已知橫截面的固體　到目前為止，我們考慮的固體都只具有圓形的截面，其實對於截面為正方形或三角形的固體而言，上述求體積的方法也可行。事實上，需要的就只是確知截面的面積，因為我們可用此截面來近似切片板塊（slab）的體積，固體體積就可以用定積分求得。

範例 5

令一個固體的底部是由 $y = 1 - x^2/4$，x 軸和 y 軸在第一象限所圍的區域，假設垂直 x 軸的截面（橫切面）是正方形，求此固體的體積。

解答：當我們垂直 x 軸切片時，可得到薄薄的正方形盒子（圖 12），就像起司薄片一樣。

$$V = \int_0^2 \left(1 - \frac{x^2}{4}\right)^2 dx = \int_0^2 \left(1 - \frac{x^2}{2} + \frac{x^4}{16}\right) dx = \left[x - \frac{x^3}{6} + \frac{x^5}{80}\right]_0^2$$

$$= 2 - \frac{8}{6} + \frac{32}{80} = \frac{16}{15} \approx 1.07$$

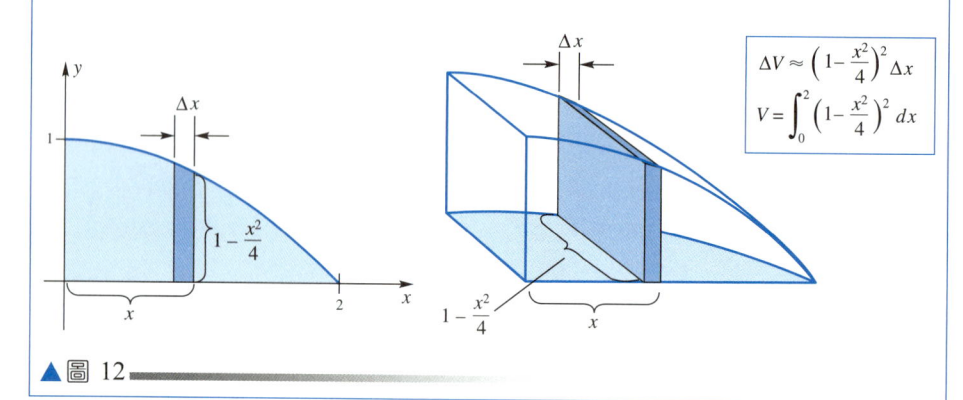

$\Delta V \approx \left(1 - \frac{x^2}{4}\right)^2 \Delta x$

$V = \int_0^2 \left(1 - \frac{x^2}{4}\right)^2 dx$

▲ 圖 12

$A = \frac{1}{2} u \left(\frac{\sqrt{3}}{2} u\right) = \frac{\sqrt{3}}{4} u^2$

▲ 圖 13

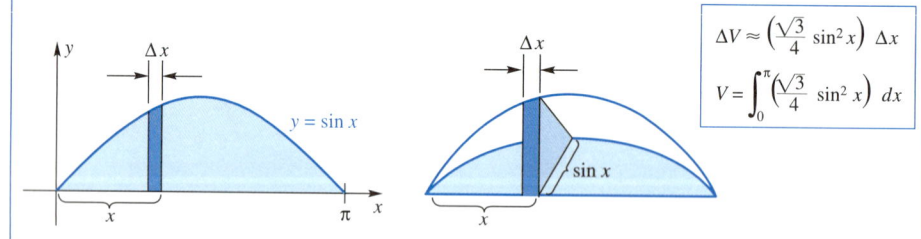

範例 6

一個固體的底部是 $y = \sin x$ 和 x 軸之間的區域,每個垂直 x 軸的截面是一個豎立在底部的等邊三角形,求此固體的體積。

解答:邊長為 u 的等邊三角形的面積為 $\sqrt{3}u^2/4$(見圖 13),計算工作的進行如圖 14 所示。

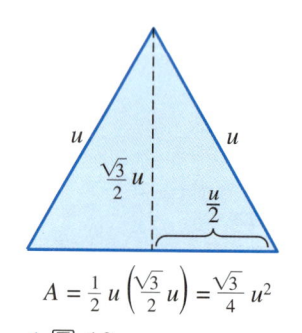

$\Delta V \approx \left(\frac{\sqrt{3}}{4} \sin^2 x\right) \Delta x$

$V = \int_0^\pi \left(\frac{\sqrt{3}}{4} \sin^2 x\right) dx$

▲ 圖 14

定積分的計算需要使用半角公式 $\sin^2 x = (1 - \cos 2x)/2$

$$V = \frac{\sqrt{3}}{4} \int_0^\pi \frac{1 - \cos 2x}{2} dx = \frac{\sqrt{3}}{8} \int_0^\pi (1 - \cos 2x) dx$$

$$= \frac{\sqrt{3}}{8} \left[\int_0^\pi 1 \, dx - \frac{1}{2} \int_0^\pi \cos 2x \cdot 2 \, dx\right]$$

$$= \frac{\sqrt{3}}{8} \left[x - \frac{1}{2} \sin 2x\right]_0^\pi = \frac{\sqrt{3}}{8} \pi \approx 0.68$$

練習題 5.2

1 題中，請將給定區域圖 15 繞指定軸旋轉，然後利用「切片，近似，積分」求旋轉體的體積。

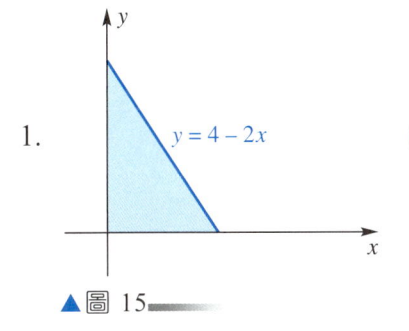

1. $y = 4 - 2x$ (a) x 軸 (b) y 軸

▲圖 15

2-3 題中，描繪由給定方程式所圍區域 R，並且畫出一個典型的縱向切片，然後求將 R 繞 x 軸旋轉所得旋轉體的體積。

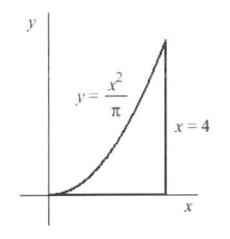

2. $y = \dfrac{x^2}{\pi}$，$x = 4$，$y = 0$。

3. $y = \sqrt{9 - x^2}$，$y = 0$，$x = -2$，$x = 3$。

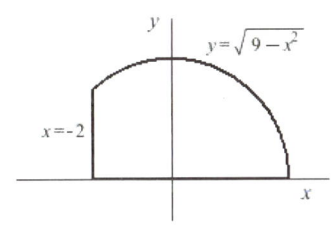

4-5 題中，描繪由給定方程式所圍區域 R，並且畫出一個典型的橫向切片，然後求將 R 繞 y 軸旋轉所得旋轉體的體積。

4. $x = y^2$，$x = 0$，$y = 3$。

5. $x = \sqrt{4 - y^2}$，$x = 0$。

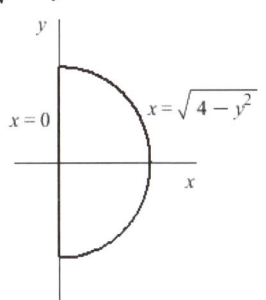

6. 求將直線 $y = 6x$ 和拋物線 $y = 6x^2$ 所圍區域繞 x 軸旋轉所得旋轉體的體積。

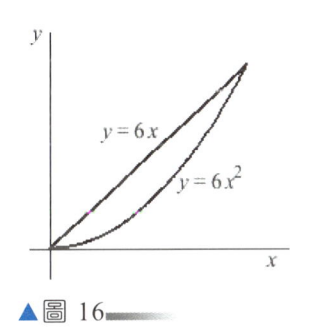

▲圖 16

7. 求將直線 $y = 4x$ 和拋物線 $y = 4x^2$ 所圍區域圖 17 繞 y 軸旋轉所得旋轉體的體積。

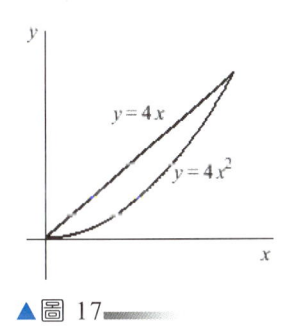

▲圖 17

8. 一個固體的底部是圓 $x^2 + y^2 = 4$ 的內部區域，假設此固體垂直 x 軸的橫切面是正方形，求此固體的體積（範例 5 和範例 6）。

9. 求第一象限中由 $y^2 = x^3$，$x = 4$ 與 x 軸所圍區域圖 18 繞下列各指定軸旋轉所得旋轉體的體積：(a) 直線 $x = 4$ (b) 直線 $y = 8$

▲圖 18

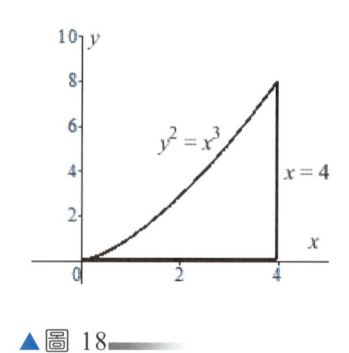

10. 在一個半徑是 r 的垂直圓柱體中切割出一個楔形（圖 19），楔形的上表面是位在一個通過圓柱體底部的一個直徑的平面上，且與圓柱體底部的夾角為 θ，請算出楔形的體積。

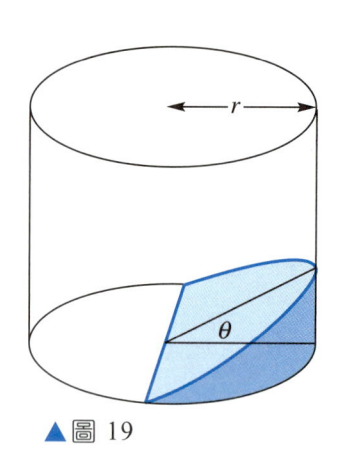

▲圖 19

5.3　旋轉體的體積：殼層法

我們有另一個方法可以求出旋轉體的體積：殼層法。對許多問題而言，它比圓盤法或墊圈法較易於應用。

一個圓柱殼層是由兩個同心的直立圓柱體所圍成的固體（圖 1）。假如內半徑為 r_1，外半徑為 r_2，且高度為 h，則它的體積為

$$V = (底部面積) \cdot (高度)$$
$$= (\pi r_2^2 - \pi r_1^2)h$$
$$= \pi(r_2 + r_1)(r_2 - r_1)h$$
$$= 2\pi \left(\frac{r_2 + r_1}{2}\right)h(r_2 - r_1)$$

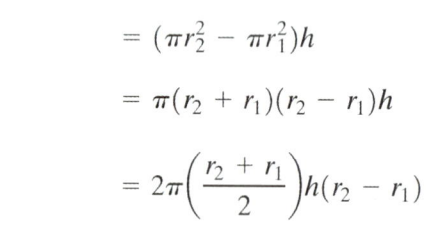

▲圖 1

其中 $(r_1 + r_2)/2$ 將以 r 表示，它是 r_1 和 r_2 的平均。所以

$$V = 2\pi \cdot (平均半徑) \cdot (高度) \cdot (厚度)$$
$$= 2\pi r h \, \Delta r$$

有一個方法可幫助我們記住這個公式：若此殼非常細薄且易於彎曲（像紙般），我們可將它的側邊剪開，打開之後變成一矩形薄層，可將它視為長 $2\pi r$，高 h 且厚 Δr 的薄盒子來計算它的體積（圖 2）

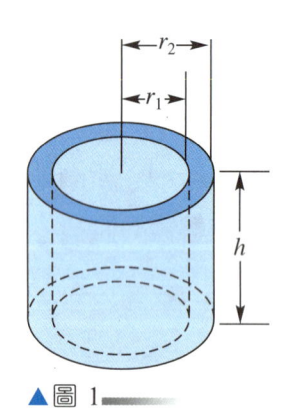

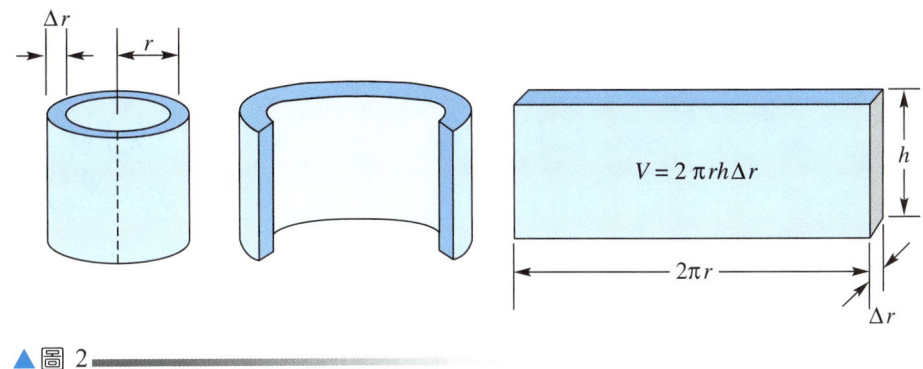

▲ 圖 2

殼層法（The Method of Shells） 考慮如圖 3 所示的一個區域，將它縱向切片並繞 y 軸旋轉，此區域將產生一個旋轉體，且其中的每一切片所產生的部分近似一個圓柱殼層。為了求此旋轉體的體積，我們先計算一個典型殼層的體積 ΔV，加總之後求殼層厚度趨近 0 時的極限，最後得到一個定積分。再一次，策略為「切片、近似、積分」。

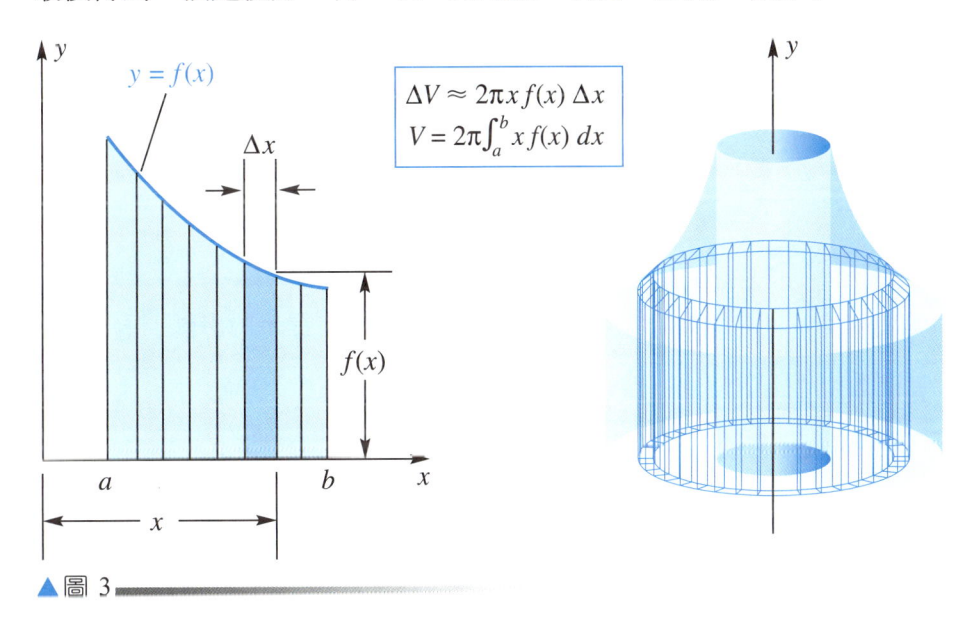

$$\Delta V \approx 2\pi x f(x) \Delta x$$
$$V = 2\pi \int_a^b x f(x) \, dx$$

▲ 圖 3

範例 1

求由 $y = 1/\sqrt{x}$，x 軸，$x = 1$ 和 $x = 4$ 所圍區域繞 y 軸旋轉所得旋轉體的體積。

解答： 由圖 3 可知由一個切片所產生的殼層的體積為

$$\Delta V \approx 2\pi x f(x) \Delta x$$

$$\Delta V \approx 2\pi x \frac{1}{\sqrt{x}} \Delta x$$

所求體積為

$$V = 2\pi \int_1^4 x \frac{1}{\sqrt{x}}\, dx = 2\pi \int_1^4 x^{1/2}\, dx$$
$$= 2\pi \left[\frac{2}{3} x^{3/2}\right]_1^4 = 2\pi \left(\frac{2}{3}\cdot 8 - \frac{2}{3}\cdot 1\right) = \frac{28\pi}{3} \approx 29.32$$

範例 2

由直線 $y = (r/h)x$，x 軸和 $x = h$ 所圍區域繞 x 軸旋轉，可產生一個圓錐體（假設 $r > 0$，$h > 0$），利用圓盤法和殼層法求其體積。

解答：圓盤法　根據圖 4 所提的步驟：切片、近似、積分，可得

$$V = \pi \frac{r^2}{h^2} \int_0^h x^2\, dx = \pi \frac{r^2}{h^2} \left[\frac{x^3}{3}\right]_0^h = \frac{\pi r^2 h^3}{3h^2} = \frac{1}{3}\pi r^2 h$$

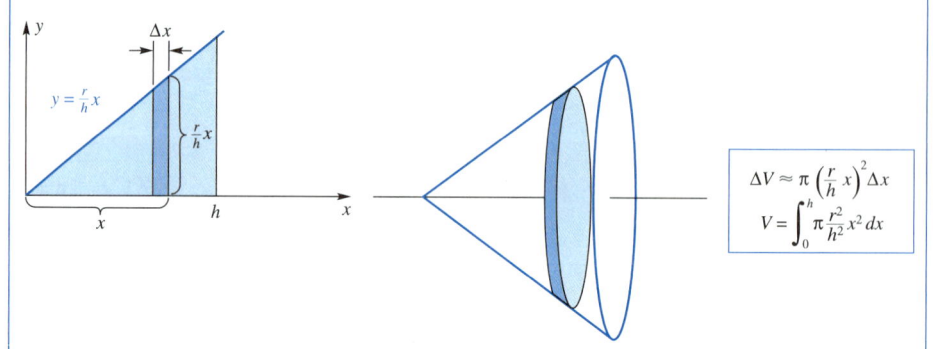

▲圖 4

殼層法　根據圖 5 提示的步驟，所求體積為

$$V = \int_0^r 2\pi y \left(h - \frac{h}{r} y\right) dy = 2\pi h \int_0^r \left(y - \frac{1}{r} y^2\right) dy$$
$$= 2\pi h \left[\frac{y^2}{2} - \frac{y^3}{3r}\right]_0^r = 2\pi h \left[\frac{r^2}{2} - \frac{r^2}{3}\right] = \frac{1}{3}\pi r^2 h$$

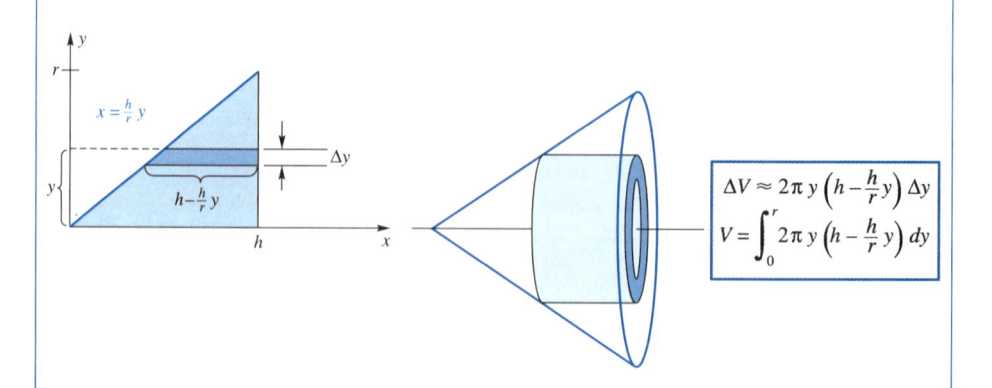

▲圖 5

範例 3

求位於第一象限在拋物線 $y = x^2$ 上方且在拋物線 $y = 2 - x^2$ 下方的區域繞 y 軸旋轉所得旋轉體的體積。

解答： 觀察此區域（圖 6 的左部分）可知，做橫向切片然後使用圓盤法不是求體積的最佳選擇（因為區域右邊包含兩個曲線，需求兩個定積分），但是縱向切片會產生圓柱殼層，可以有效率地求得體積。

$$V = \int_0^1 2\pi x(2 - 2x^2)\, dx = 4\pi \int_0^1 (x - x^3)\, dx$$
$$= 4\pi \left[\frac{x^2}{2} - \frac{x^4}{4}\right]_0^1 = 4\pi \left[\frac{1}{2} - \frac{1}{4}\right] = \pi \approx 3.14$$

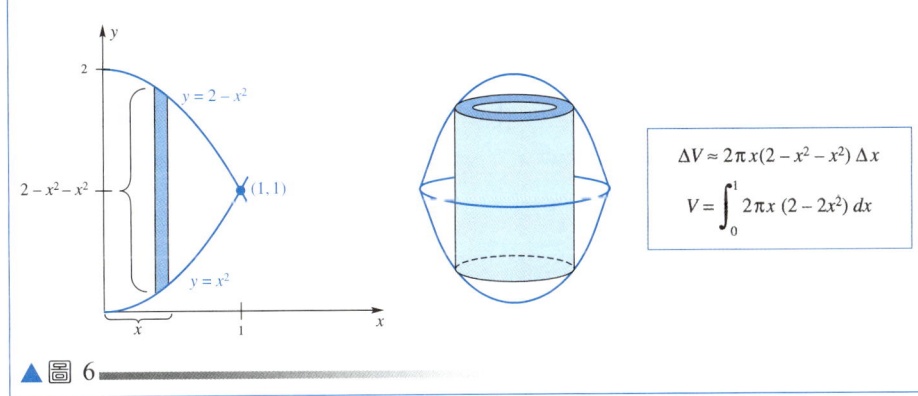

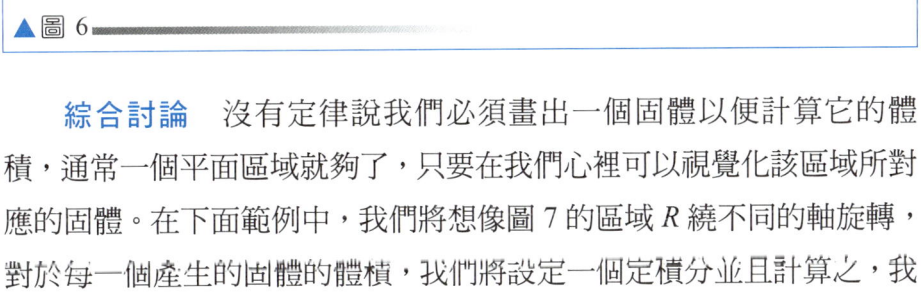

$\Delta V \approx 2\pi x(2 - x^2 - x^2)\, \Delta x$

$V = \int_0^1 2\pi x\,(2 - 2x^2)\, dx$

▲圖 6

綜合討論 沒有定律說我們必須畫出一個固體以便計算它的體積，通常一個平面區域就夠了，只要在我們心裡可以視覺化該區域所對應的固體。在下面範例中，我們將想像圖 7 的區域 R 繞不同的軸旋轉，對於每一個產生的固體的體積，我們將設定一個定積分並且計算之，我們的工作將只藉由檢視一個平面區域圖形就可以完成。

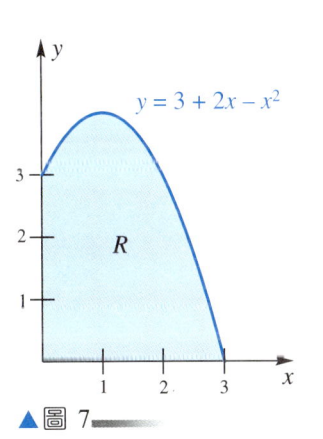

範例 4

圖 7 中的區域 R 繞下列各指定直線旋轉產生旋轉體，請利用 "設定一個定積分然後計算" 求出這些旋轉體的體積，
(a) x 軸，(b) y 軸，(c) 直線 $y = -1$，(d) 直線 $x = 4$。

▲圖 7

解答：

(a)

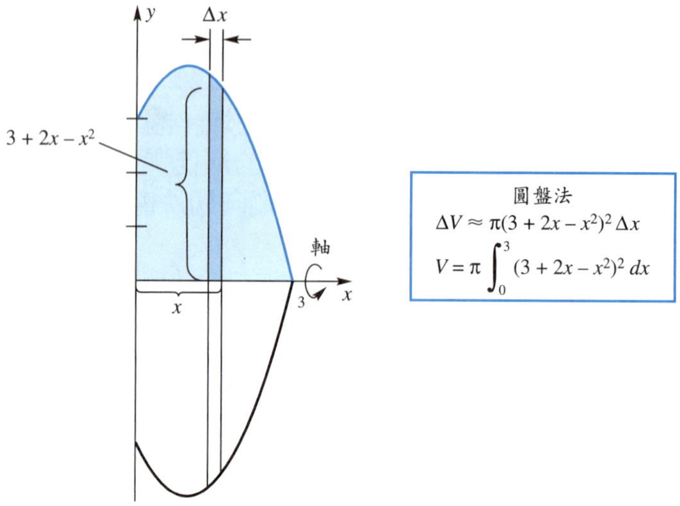

圓盤法
$\Delta V \approx \pi(3 + 2x - x^2)^2 \Delta x$
$V = \pi \int_0^3 (3 + 2x - x^2)^2 \, dx$

(b)

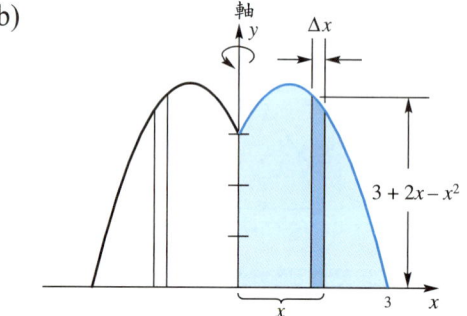

殼層法
$\Delta V \approx 2\pi x (3 + 2x - x^2) \Delta x$
$V = 2\pi \int_0^3 x(3 + 2x - x^2) \, dx$

$$V = 2\pi \int_0^3 x(3 + 2x - x^2) \, dx = \frac{45}{2}\pi \approx 70.69$$

(c)

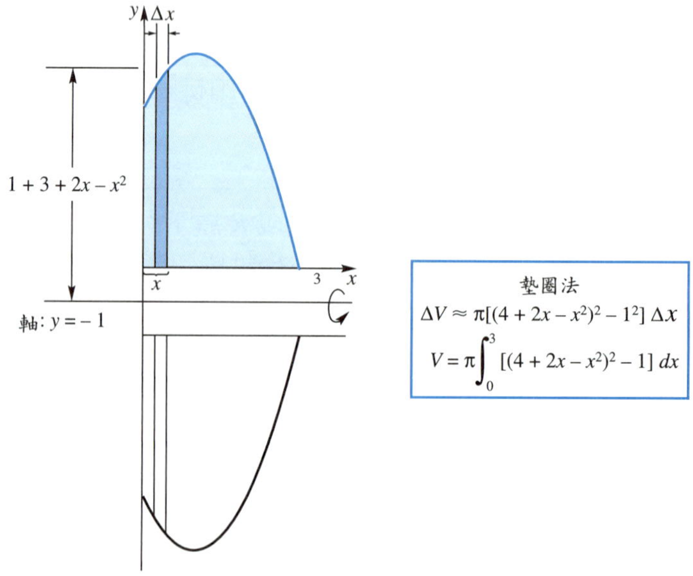

軸：$y = -1$

墊圈法
$\Delta V \approx \pi[(4 + 2x - x^2)^2 - 1^2] \Delta x$
$V = \pi \int_0^3 [(4 + 2x - x^2)^2 - 1] \, dx$

$$V = \pi \int_0^3 [(4 + 2x - x^2)^2 - 1] \, dx = \frac{243}{5}\pi \approx 152.68$$

(d)

$$\Delta V \approx 2\pi (4-x)(3+2x-x^2) \Delta x$$
$$V = 2\pi \int_0^3 (4-x)(3+2x-x^2)\, dx$$

殼層法

$$V = 2\pi \int_0^3 (4-x)(3+2x-x^2)\, dx = \frac{99}{2}\pi \approx 155.51$$

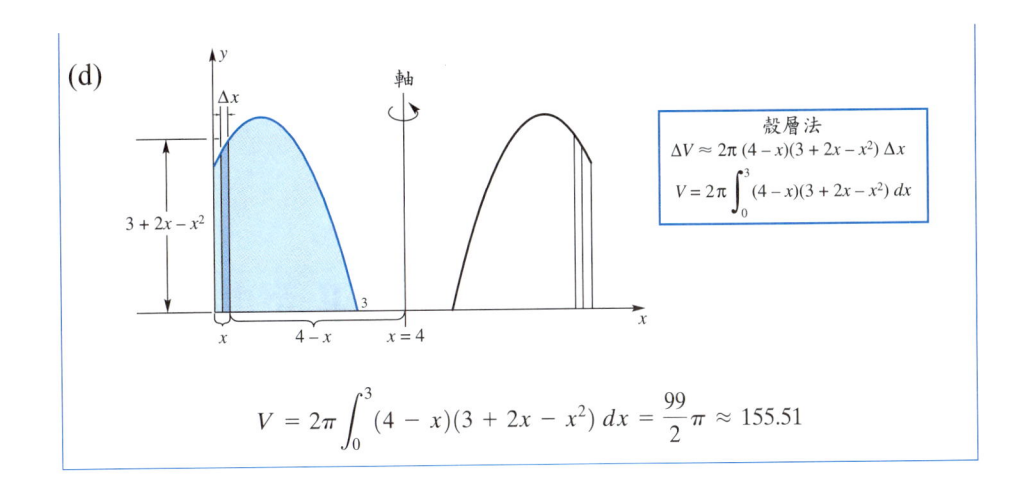

練習題 5.3

1-5 題中，請根據下列步驟，求將給定曲線所圍區域 R 繞指定軸旋轉所得旋轉體的體積。

(a) 繪出區域 R
(b) 繪出一個典型切片，並標示之
(c) 寫出此切片所產生之殼層的體積公式
(d) 設立定積分
(e) 求定積分的值

1. $y = x^2$，$x = 1$，$y = 0$；繞 y 軸。

2. $y = \sqrt{x}$，$x = 3$，$y = 0$；繞 y 軸。

3. $y = 9 - x^2$ $(x \geq 0)$，$x = 0$，$y = 0$；繞 y 軸。

4. $y = \sqrt{x}$，$x = 5$，$y = 0$；繞直線 $x = 5$。

5. $y = 9 - x^2$ $(x \geq 0)$，$x = 0$，$y = 0$；繞直線 $x = 3$。

6. 考慮圖 8 中的區域 R，請根據指定的方法，為將 R 繞下列各指定軸旋轉所得旋轉體的體積設定出定積分。

   (a) x 軸（墊圈法）
   (b) y 軸（殼層法）
   (c) 直線 $x = a$（殼層法）
   (d) 直線 $x = b$（殼層法）

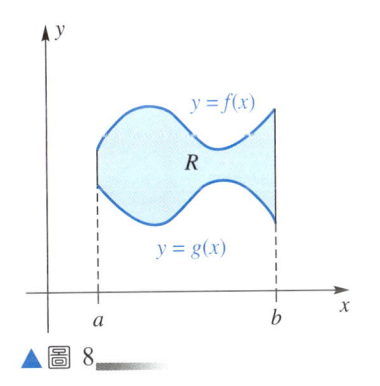

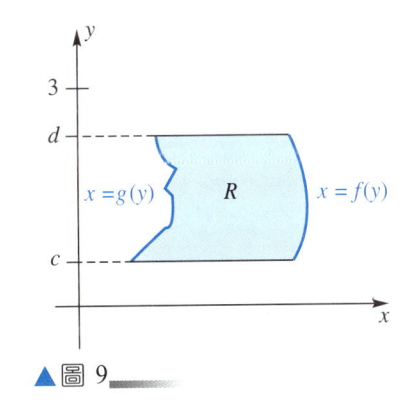

▲ 圖 8

▲ 圖 9

7. 考慮圖 9 中的區域 R，請根據指定的方法，為將 R 繞下列各指定軸旋轉所得旋轉體的體積設定出定積分。

   (a) y 軸（墊圈法）
   (b) x 軸（殼層法）
   (c) 直線 $y = 3$（殼層法）

8. 描繪由 $y = 1/x^3, x = 1, x = 3$ 和 $y = 0$ 所圍區域 R，設定（但不必計算）下列每一項的積分。
   (a) R 的面積
   (b) 將 R 繞 y 軸旋轉所得旋展體的體積
   (c) 將 R 繞 $y = -1$ 旋轉所得旋展體的體積
   (d) 將 R 繞 $x = 4$ 旋轉所得旋展體的體積

5.4 平面曲線的長度

圖 1 中的螺線有多長呢？假如它是一段細繩，大多數人會把它拉直然後用直尺量出它的長度，但假如它是一個方程式的圖形，要這樣做就有點困難。

▲圖 1

$y = \sin x$，$0 \le x \le \pi$ 的圖形是一條平面曲線（圖 2），$x = y^2$，$-2 \le y \le 2$（圖 3）的圖形也是，此兩曲線都是函數的圖形，前者的函數形如 $y = f(x)$，後者的函數形如 $x = g(x)$，但是，螺線不是前者也不是後者，圓 $x^2 + y^2 = a^2$ 也是如此。

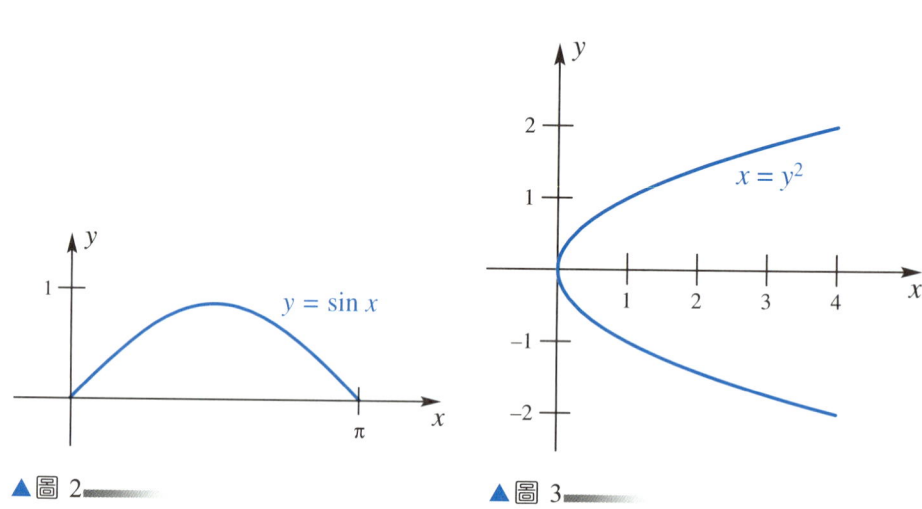

▲圖 2

▲圖 3

圓提出了思考曲線的另一個方法，根據三角函數的定義，可用下式描述圓 $x^2 + y^2 = a^2$（圖 4），

$$x = a\cos t, \quad y = a\sin t, \quad 0 \le t \le 2\pi$$

其中 t 為時間，而 x 和 y 給定了一個質點在時間 t 的位置，我們稱變數 t 為一個 **參數**（parameter），x 和 y 皆用此參數來表示，我們說 $x = a\cos t$，$y = a\sin t$，$0 \le t \le 2\pi$ 是描述該圓的 **參數方程式**（parameter equation）。

$x = a\cos t, \; y = a\sin t$
$0 \le t \le 2\pi$
▲圖 4

假如我們描繪參數式 $x = t\cos t$，$y = t\sin t$，$0 \le t \le 5\pi$ 的圖形，會得到一條像圖 1 的螺線曲線，我們也可以用參數式形式來看待正弦曲

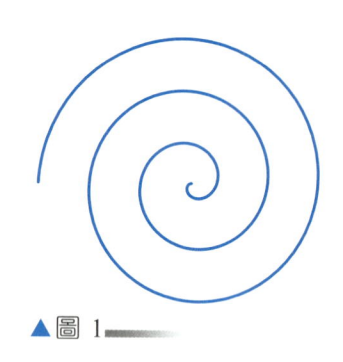

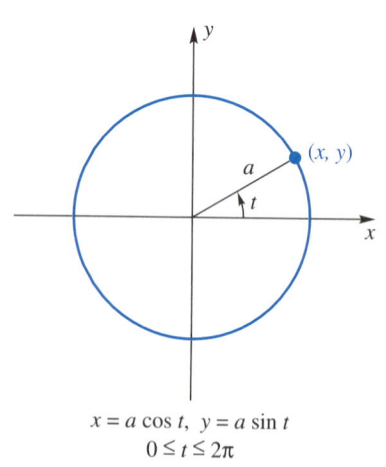

線（圖 2）和拋物線（圖 3），它們可以表示成

$$x = t, \quad y = \sin t, \quad 0 \leq t \leq \pi$$

和

$$x = t^2, \quad y = t, \quad -2 \leq t \leq 2$$

因此，一條**平面曲線（plane curve）**是由一對參數式 $x = f(t)$，$y = g(t)$，$a \leq t \leq b$ 所決定的，假設其中的 f 和 g 在給定的區間上連續。當 t 從 a 漸增到 b 時，點 (x, y) 勾勒出平面上的一條曲線。

範例 1

描繪由參數式 $x = 2t+1$，$y = t^2 - 1$，$0 \leq t \leq 3$ 所決定的曲線。

解答：我們製作一個數值表，然後描點 (x, y)，最後按照 t 由小到大的順序用半滑曲線連接這些點，如圖 5 所示。

$x = 2t+1, y = t^2 - 1$
$0 \leq t \leq 3$

t	x	y
0	1	−1
1	3	0
2	5	3
3	7	8

▲圖 5

事實上，我們已給的定義過於廣泛，以下將做一些限制，得到所謂的平滑曲線。

定義

一對參數式 $x = f(t)$，$y = g(t)$，$a \leq t \leq b$，其中 f' 和 g' 存在且在 $[a, b]$ 上連續，而且 $f'(t)$ 和 $g'(t)$ 在 (a, b) 上不同時為 0，則它們所決定的平面曲線是**平滑的（smooth）**。

一條曲線被參數化的方式（也就是函數 $f(t)$ 和 $g(t)$ 以及 t 的範圍被選擇的方式）決定了一個正的方向。例如，在範例 1 中，$t = 0$ 時曲線在點 $(1, -1)$（圖 5），當 $t = 1$ 時曲線在點 $(3, 0)$，當 t 從 0 漸增到 3 時曲線從 $(1, -1)$ 到 $(7, 8)$ 勾勒出一條軌跡，軌跡形成的方向稱為曲線的**方向（orientation）**，通常如圖 5 所示，在曲線上用箭頭。

範例 2

描繪由參數式 $x = t - \sin t$，$y = 1 - \cos t$，$0 \leq t \leq 4\pi$ 決定的曲線，指出它的方向，這條曲線是平滑的嗎？

解答：列出一個表，其中針對 0 到 4π 的一些 t 值求出 x 和 y 值，就可描出圖 6 中的圖形。雖然 x 和 y 皆為 t 的可微分函數，但是這條曲線不是平滑的，問題出在 $dx/dt = 1 - \cos t$ 且 $dy/dt = \sin t$，當 $t = 2\pi$ 時它們同時為 0。

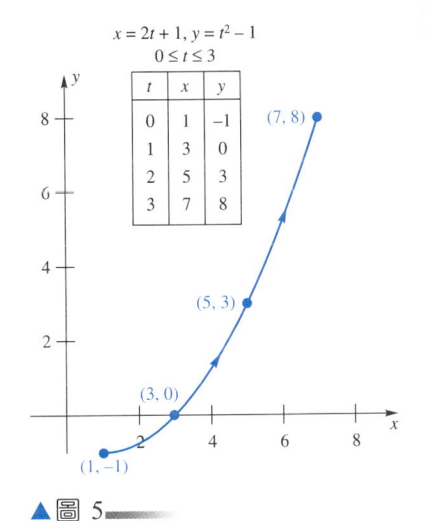

$x = t - \sin t, y = 1 - \cos t$
$0 \leq t \leq 4\pi$

t	$x(t)$	$y(t)$
0	0.00	0
$\pi/2$	0.57	1
π	3.14	2
$3\pi/2$	5.71	1
2π	6.28	0
$5\pi/2$	6.85	1
3π	9.42	2
$7\pi/2$	10.00	1
4π	12.57	0

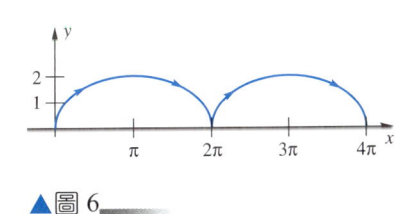

▲圖 6

範例 2 中所描述的曲線稱為**擺線（cycloid）**，它描述了當一個半徑為 1 的車輪沿 x 軸滾動時，車輪圓周上一個固定點所描繪出的軌跡。

弧長　終於，我們準備好面對主要的問題，由參數式 $x = f(t)$，$y = g(t)$，$a \le t \le b$ 所決定的平滑曲線的長度是甚麼意思？

我們用下列諸點分割區間 $[a, b]$ 為 n 個子區間：

$$a = t_0 < t_1 < t_2 < \ldots < t_n = b$$

這樣可將曲線切割為 n 段，它們的端點為 $Q_0, Q_1, Q_2, \ldots, Q_{n-1}, Q_n$，如圖 7 所示。

我們的方法是用多邊形的線段來逼近曲線，計算它們的總長，然後求分割的範數趨近於 0 時的極限，我們用下述式子估計第 i 段曲線的長度 Δs_i（見圖 7）

$$\Delta s_i \approx \Delta w_i = \sqrt{(\Delta x_i)^2 + (\Delta y_i)^2}$$
$$= \sqrt{[f(t_i) - f(t_{i-1})]^2 + [g(t_i) - g(t_{i-1})]^2}$$

根據導數均值定理（定理 3.6A），我們知道 (t_{i-1}, t_i) 中存在 $\bar{t}_i$ 和 $\hat{t}_i$ 滿足

$$f(t_i) - f(t_{i-1}) = f'(\bar{t}_i)\,\Delta t_i$$
$$g(t_i) - g(t_{i-1}) = g'(\hat{t}_i)\,\Delta t_i$$

其中 $\Delta t_i = t_i - t_{i-1}$，所以

$$\Delta w_i = \sqrt{[f'(\bar{t}_i)\,\Delta t_i]^2 + [g'(\hat{t}_i)\,\Delta t_i]^2}$$
$$= \sqrt{[f'(\bar{t}_i)]^2 + [g'(\hat{t}_i)]^2}\,\Delta t_i$$

多邊形線段的總長度為

$$\sum_{i=1}^{n} \Delta w_i = \sum_{i=1}^{n} \sqrt{[f'(\bar{t}_i)]^2 + [g'(\hat{t}_i)]^2}\,\Delta t_i$$

上式右邊幾乎就是一個黎曼和，唯一的困難在於 $\bar{t}_i$ 和 $\hat{t}_i$ 不像是同一點，但在高等微積分課本中可證明：取分割的範數趨近於 0 時的極限時兩者並無差別，所以我們可以定義曲線的**弧長（arc length）**為上式在分割的範數趨近於 0 時的極限；也就是

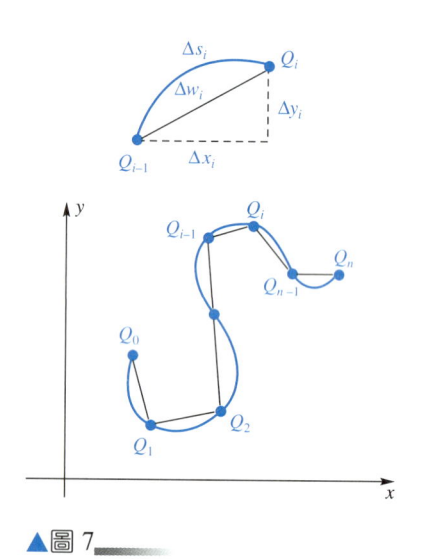

▲圖 7

定積分的應用 Chapter 5

$$L = \int_a^b \sqrt{[f'(t)]^2 + [g'(t)]^2}\, dt = \int_a^b \sqrt{\left(\frac{dx}{dt}\right)^2 + \left(\frac{dy}{dt}\right)^2}\, dt$$

有兩種有趣的特殊情況，若曲線是由 $y = f(x)$，$a \le x \le b$ 決定的，則

$$L = \int_a^b \sqrt{1 + \left(\frac{dy}{dx}\right)^2}\, dx$$

同理，若曲線是由 $x = g(y)$，$c \le y \le d$ 決定的，則

$$L = \int_c^d \sqrt{1 + \left(\frac{dx}{dy}\right)^2}\, dy$$

● 範例 3

求圓 $x^2 + y^2 = a$ 的周長。

解答：圓的參數式可以是 $x = a\cos t$，$y = a\sin t$，$0 \le t \le 2\pi$，則 $dx/dt = -a\sin t$，$dy/dt = a\cos t$，根據第一個公式可得

$$L = \int_0^{2\pi} \sqrt{a^2 \sin^2 t + a^2 \cos^2 t}\, dt = \int_0^{2\pi} a\, dt = \bigl[at\bigr]_0^{2\pi} = 2\pi a$$

● 範例 4

求由 A(0, 1) 到 B(5, 13) 的線段之長。

解答：給定的線段如圖 8 所示，它所在的直線之方程式為 $y = \frac{12}{5}x + 1$，所以 $dy/dx = \frac{12}{5}$，根據第二個弧長公式可得

$$L = \int_0^5 \sqrt{1 + \left(\frac{12}{5}\right)^2}\, dx = \int_0^5 \sqrt{\frac{5^2 + 12^2}{5^2}}\, dx = \frac{13}{5}\int_0^5 1\, dx$$

$$= \left[\frac{13}{5}x\right]_0^5 = 13$$

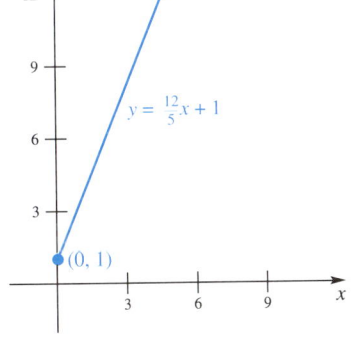

▲圖 8

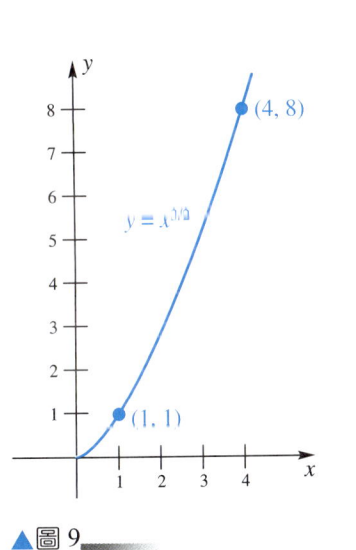

● 範例 5

求曲線 $y = x^{3/2}$ 由點 (1, 1) 到點 (4, 8) 的弧長（見圖 9）。

解答：因為 $dy/dx = \frac{3}{2}x^{1/2}$，所以

$$L = \int_1^4 \sqrt{1 + \left(\frac{3}{2}x^{1/2}\right)^2}\, dx = \int_1^4 \sqrt{1 + \frac{9}{4}x}\, dx$$

▲圖 9

令 $u = 1 + \frac{9}{4}x$，則 $du = \frac{9}{4}dx$，因此

$$\int \sqrt{1 + \frac{9}{4}x}\, dx = \frac{4}{9}\int \sqrt{u}\, du = \frac{4}{9}\frac{2}{3}u^{3/2} + C$$

$$= \frac{8}{27}\left(1 + \frac{9}{4}x\right)^{3/2} + C$$

可得，

$$\int_1^4 \sqrt{1 + \frac{9}{4}x}\, dx = \left[\frac{8}{27}\left(1 + \frac{9}{4}x\right)^{3/2}\right]_1^4 = \frac{8}{27}\left(10^{3/2} - \frac{13^{3/2}}{8}\right) \approx 7.63$$

範例 6

描繪由參數式 $x = 2\cos t$，$y = 4\sin t$，$0 \leq t \leq \pi$ 所決定的曲線，設立一個可求出弧長的定積分，並利用 $n = 8$ 的拋物線法則逼近此定積分。

解答：圖 10 中，模仿先前的例子，先製作一個 3 行的數值表，然後繪出圖形，給定弧長的定積分為

$$L = \int_0^\pi \sqrt{\left(\frac{dx}{dt}\right)^2 + \left(\frac{dy}{dt}\right)^2}\, dt$$

$$= \int_0^\pi \sqrt{(-2\sin t)^2 + (4\cos t)^2}\, dt$$

$$= \int_0^\pi 2\sqrt{\sin^2 t + 4\cos^2 t}\, dt$$

$$= 2\int_0^\pi \sqrt{1 + 3\cos^2 t}\, dt$$

此定積分無法用微積分第二基本定理算出它的值。令 $f(t) = \sqrt{1 + 3\cos^2 t}$，利用 $n = 8$ 的拋物線法則得近似值為

$$L \approx 2\frac{\pi - 0}{3 \cdot 8}\left[f(0) + 4f\left(\frac{\pi}{8}\right) + 2f\left(\frac{2\pi}{8}\right) + 4f\left(\frac{3\pi}{8}\right) + 2f\left(\frac{4\pi}{8}\right)\right.$$

$$\left. + 4f\left(\frac{5\pi}{8}\right) + 2f\left(\frac{6\pi}{8}\right) + 4f\left(\frac{7\pi}{8}\right) + f(\pi)\right]$$

$$\approx 2\frac{\pi}{24}[2.0 + 4 \cdot 1.8870 + 2 \cdot 1.5811 + 4 \cdot 1.1997 + 2 \cdot 1.0$$

$$+ 4 \cdot 1.1997 + 2 \cdot 1.5811 + 4 \cdot 1.8870 + 2.0)]$$

$$\approx 9.6913$$

$x = 2\cos t$, $y = 4\sin t$
$0 \leq t \leq \pi$

t	x	y
0	2	0
π/6	$\sqrt{3}$	2
π/3	1	$2\sqrt{3}$
π/2	0	4
2π/3	−1	$2\sqrt{3}$
5π/6	$-\sqrt{3}$	2
π	−2	0

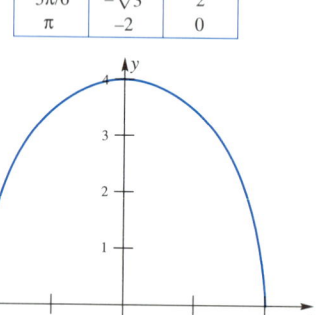

▲圖 10

弧長的微分　令 f 在 $[a, b]$ 上是連續可微分，對於 (a, b) 中的每個 x 我們定義

$$s(x) = \int_a^x \sqrt{1 + [f'(u)]^2}\, du$$

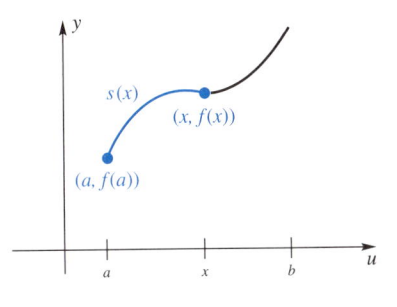

則 $s(x)$ 給定了曲線 $y = f(u)$ 上由點 $(a, f(a))$ 到 $(x, f(x))$ 的弧長（見圖 11），根據微積分第一基本定理（定理 4.3A）可得

$$s'(x) = \frac{ds}{dx} = \sqrt{1 + [f'(x)]^2} = \sqrt{1 + \left(\frac{dy}{dx}\right)^2}$$

所以，**弧長的微分**（differential of arc length）ds 可以寫成

$$ds = \sqrt{1 + \left(\frac{dy}{dx}\right)^2}\, dx$$

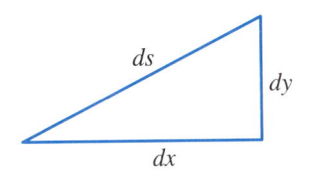

事實上，按照圖形的參數化方式，我們有 ds 的三個公式：

$$ds = \sqrt{1 + \left(\frac{dy}{dx}\right)^2}\, dx = \sqrt{1 + \left(\frac{dx}{dy}\right)^2}\, dy = \sqrt{\left(\frac{dx}{dt}\right)^2 + \left(\frac{dy}{dt}\right)^2}\, dt$$

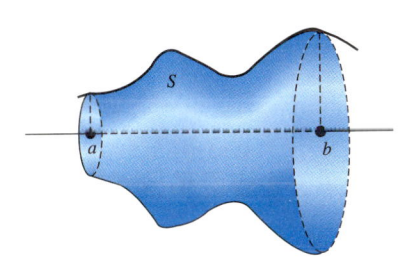

有些人會將這些公式寫成（見圖 12）

$$(ds)^2 = (dx)^2 + (dy)^2$$

旋轉體的表面積　如圖 13 所示，平面上一條平滑的曲線繞該平面上的一條軸旋轉，則產生一個旋轉體的表面，我們要求這種表面的面積。首先，我們介紹錐台的面積公式，**錐台**（frustum）（圖 14 中陰影部分）是錐體（cone）的部分表面，介於兩個垂直於圓錐體中心軸的平面之間。假如一個錐台的底半徑為 r_1 和 r_2 且斜高為 ℓ，則它的面積 A 可寫成

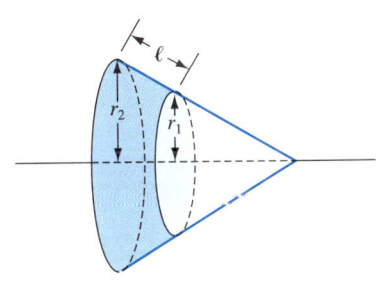

$$A = 2\pi\left(\frac{r_1 + r_2}{2}\right)\ell = 2\pi(\text{平均半徑})\cdot(\text{斜高})$$

上式的推導只跟圓的面積有關。

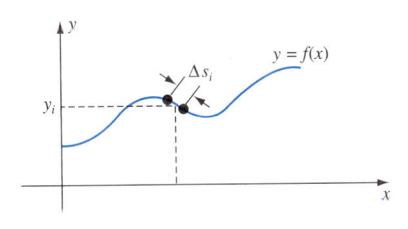

令 $y = f(x)$，$a \leq x \leq b$，決定了一條在 xy 平面上半部的平滑曲線，如圖 15 所示，以點 $a = x_0 < x_1 < \cdots < x_n = b$ 分割區間 $[a, b]$ 為 n 段，這樣也將曲線分成 n 段，令 Δs_i 表示第 i 段曲線的長度，且令 y_i 為此段曲線上某一點的 y 坐標。將曲線繞 x 軸旋轉，產生了一個表面且這第 i 段產生了一個狹窄帶面，此狹窄帶面的面積應近似於一個錐台的面積，也就是 $2\pi y_i \Delta s_i$，加總之後求分割範數趨近 0 時的極限，可得到旋轉體表面積的定義，見圖 16，所以表面積如下述

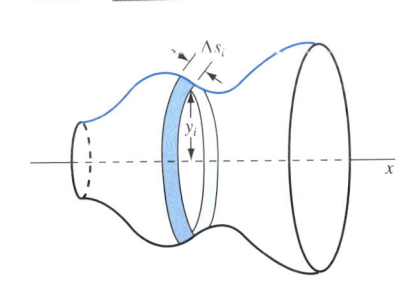

$$A = \lim_{\|P\|\to 0}\sum_{i=1}^{n}2\pi y_i\,\Delta s_i$$
$$= 2\pi\int_a^b y\,ds$$
$$= 2\pi\int_a^b f(x)\sqrt{1+[f'(x)]^2}\,dx$$

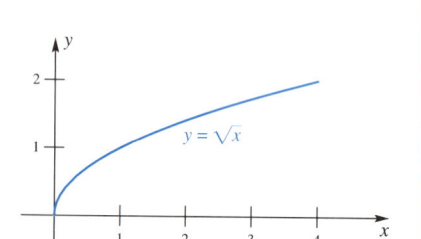

範例 7

求將曲線 $y=\sqrt{x}$，$0\le x\le 4$ 繞 x 軸旋轉所得旋轉體的表面積（圖 17）。

解答：因為，$f(x)=\sqrt{x}$ 且 $f'(x)=1/(2\sqrt{x})$，所以
$$A = 2\pi\int_0^4 \sqrt{x}\sqrt{1+\frac{1}{4x}}\,dx = 2\pi\int_0^4 \sqrt{x}\sqrt{\frac{4x+1}{4x}}\,dx$$
$$= \pi\int_0^4 \sqrt{4x+1}\,dx = \left[\pi\cdot\frac{1}{4}\cdot\frac{2}{3}(4x+1)^{3/2}\right]_0^4$$
$$= \frac{\pi}{6}(17^{3/2}-1^{3/2}) \approx 36.18$$

若曲線的參數式為 $x=f(t)$，$y=g(t)$，$a\le t\le b$，則表面積公式變成
$$A = 2\pi\int_a^b y\,ds = 2\pi\int_a^b g(t)\sqrt{[f'(t)]^2+[g'(t)]^2}\,dt$$

▲圖 17

練習題 5.4

≈ 1-2 題中，求指定曲線的長度。

1. $y=4x^{3/2}$ 上，由 $x=1/3$ 到 $x=5$。

2. $y=\dfrac{2}{3}(x^2+1)^{3/2}$ 上，由 $x=1$ 到 $x=2$。

3-4 題中，描繪所給參數式的圖形並求其長度。

3. $x=t^3/3,\ y=t^2/2;\ 0\le t\le 1$

4. $x=4\sin t,\ y=4\cos t-5;\ 0\le t\le\pi$

5. 請利用一個對 x 積分的定積分，求直線 $y=2x+3$ 介於 $x=1$ 和 $x=3$ 之間的線段的長度，並以距離公式驗算之。

6. 請利用一個對 y 積分的定積分，求直線 $2y-2x+3=0$ 介於 $y=1$ 和 $y=3$ 之間的線段的長度，並以距離公式驗算之。

7-10 題中，求將給定曲線繞 x 軸旋轉所得旋轉體的表面積。

7. $y=6x,\ 0\le x\le 1$

8. $y=\sqrt{25-x^2},\ -2\le x\le 3$

9. $x=1-t^2,\ y=2t,\ 0\le t\le 1$

10. $x=r\cos t,\ y=r\sin t,\ 0\le t\le\pi$

11. 請繪出下列各參數式的圖形

(a) $x = 3\cos t, y = 3\sin t, 0 \le t \le 2\pi$

(b) $x = 3\cos t, y = \sin t, 0 \le t \le 2\pi$

(c) $x = t\cos t, y = t\sin t, 0 \le t \le 6\pi$

(d) $x = \cos t, y = \sin 2t, 0 \le t \le 2\pi$

(e) $x = \cos 3t, y = \sin 2t, 0 \le t \le 2\pi$

(f) $x = \cos t, y = \sin \pi t, 0 \le t \le 40$

5.5 功與流體的作用力

在物理學中，若一個物體受力 F 而移動距離 d，則該**力所做的功**（work done by the foece）為

$$功 = (力) \cdot (距離)$$

也就是，

$$W = F \cdot D$$

若力的單位是牛頓（使 1 公斤的物體產生每秒每秒 1 公尺的加速度所需的力），則功的單位是牛頓－公尺，又稱為焦耳，若力的單位是磅且距離的單為是呎，則功的單位是呎－磅。例如，一個人使用 3 牛頓的力將一物體抬高 2 米時，所做的功是 $3 \cdot 2 = 6$ 焦耳（圖 1）。同理，當一個工人以固定的力 150 磅（為了克服阻力）推一輛台車 20 呎時，所做的功是 $150 \cdot 20 = 3000$ 呎－磅（圖 2），在許多實際情況中，物體沿著一條直線移動所受的力不是固定的，而是有變化的。假設 x 軸上有一個物體被一個隨位置而改變的力由 a 移動到 b，在 x 所受的力為 $F(x)$，F 是一個連續函數，則這個變動的力做了多少的功呢？再一次，切片、近似、積分將為我們提供一個答案，這裡切片是指分割區間 $[a,b]$ 為許多小段；估計是指假設在一個從 x 到 $x + \Delta x$ 的典型片段中，施力為固定的 $F(x)$，假如在區間 $[x_{i-1}, x_i]$ 上的施力是固定的常力 $F(x_i)$，則物體從 x_{i-1} 移動到 x_i 所需的功為 $F(x_i)(x_i - x_{i-1})$（圖 3）；積分是指加總每片段所做的功，然後求片段的長度趨近於 0 時的極限。所以，將物體從 a 移動到 b 所做的功為

$$W = \lim_{\Delta x \to 0} \sum_{i=1}^{n} F(x_i) \Delta x = \int_a^b F(x)\, dx$$

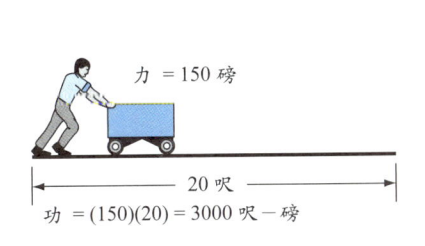

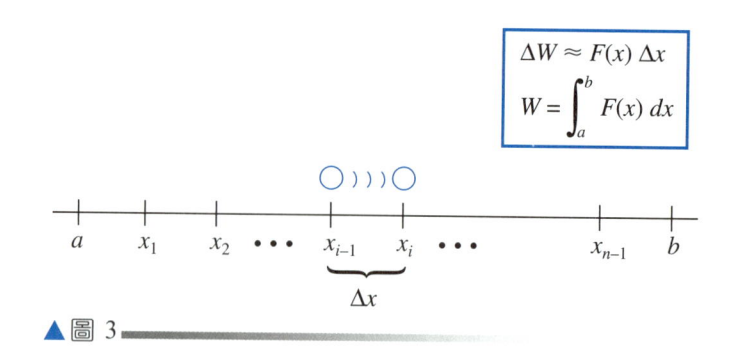

$$\Delta W \approx F(x)\,\Delta x$$
$$W = \int_a^b F(x)\,dx$$

▲圖 3

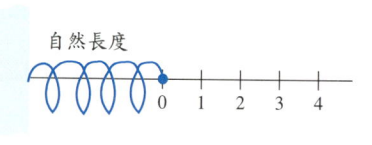

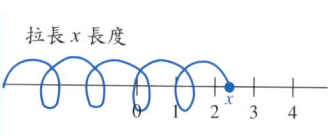

應用於彈簧　根據物理學中的虎克定律，將一個彈簧由自然長度（nature length）開始伸長或壓縮 x 單位，所需的力為（圖 4）

$$F(x) = kx$$

其中 k 稱為彈簧係數（spring constant）是正的，且與彈簧的彈性有關，越僵硬的彈簧，它的 k 值越大。

▲圖 4

範例 1

將一個自然長度為 0.2 米的彈簧伸長 0.04 米需要 12 牛頓的力，求將彈簧由自然長度伸長至 0.3 米所需作的功。

解答：根據虎克定律，將彈簧伸長 x 米所需的力為 $F(x) = kx$，已知 $F(0.04) = 12$，可得 $k \cdot 0.04 = 12$，所以 $k = 300$，因此 $F(x) = 300x$。當彈簧為自然長度 0.2 米時，$x = 0$；當彈簧為 0.3 米長時，$x = 0.1$。所以所求的功為

$$W = \int_0^{0.1} 300x\,dx = \left[150x^2\right]_0^{0.1} = 1.5 \text{ 焦耳}$$

應用於抽水　任何一位曾經用過手壓泵的人（圖 5）都知道自一個大水缸中抽水必須做功，但須做多少功呢？此問題的答案需仰賴前幾節的討論所使用的基本原理。

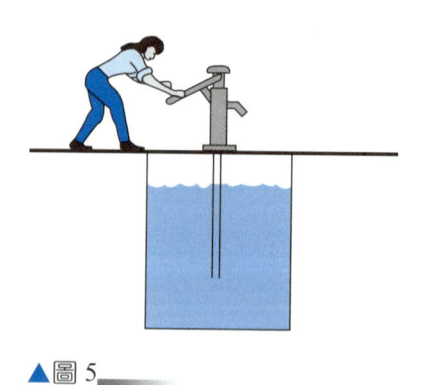

▲圖 5

範例 2

有一個裝滿水的正圓錐形大水缸（圖 6），假設水缸高 10 呎且頂部半徑為 4 呎，求完成下列工作所需要的功 (a) 將水抽到水缸頂部的邊沿，(b) 將水抽到高過水缸頂部 10 呎之處。

解答：

(a) 將水缸置於一個坐標系中，如圖 6 所示。假想將水切片成細薄的水平圓盤，每一個圓盤必須被往上舉到水缸邊，高度為 y 且厚度為 Δy 的圓盤具有半徑 $4y/10$（根據相似三角形），所以，圓盤的體積近似 $\pi(4y/10)^2 \Delta y$ 立方呎，重量約為 $\delta\pi(4y/10)^2 \Delta y$，其中 $\delta = 62.4$ 是水的密度，以磅／立方呎為單位。舉起此圓盤水所需的力就是它的重量，且此圓盤水必須被舉起的距離是 $10-y$ 呎，所以作用於此圓盤的功近似於

$$\Delta W = （力）\cdot（距離）\approx \delta\pi\left(\frac{4y}{10}\right)^2 \Delta y \cdot (10-y)$$

因此，

$$W = \int_0^{10} \delta\pi\left(\frac{4y}{10}\right)^2 (10-y)\, dy = \delta\pi\frac{4}{25}\int_0^{10}(10y^2 - y^3)\, dy$$

$$= \frac{(4\pi)(62.4)}{25}\left[\frac{10y^3}{3} - \frac{y^4}{4}\right]_0^{10} \approx 26{,}138 \text{ 呎-磅}$$

(b) 與 (a) 的討論一樣，只須把被舉起的距離由 $10-y$ 改成 $20-y$，因此

$$W = \delta\pi\int_0^{10}\left(\frac{4y}{10}\right)^2(20-y)\, dy = \delta\pi\frac{4}{25}\int_0^{10}(20y^2 - y^3)\, dy$$

$$= \frac{(4\pi)(62.4)}{25}\left[\frac{20y^3}{3} - \frac{y^4}{4}\right]_0^{10} \approx 130{,}690 \text{ 呎－磅}$$

▲圖 6

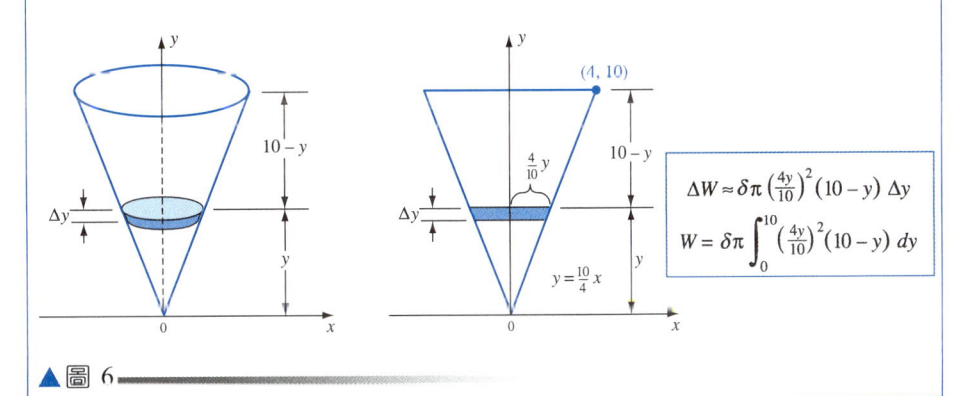

範例 3

如圖 7 所示，一個水缸長 50 呎且兩側是半徑為 10 英尺的半圓形，假設水缸裡有 7 英尺深的水，求將水抽上水缸邊緣所需作的功。

解答：分析圖 8，依序進行切片、近似、積分之後可得所需作的功為

$$W = \delta \int_{-10}^{-3} 100\sqrt{100 - y^2}(-y)\,dy$$

$$= 50\delta \int_{-10}^{-3} (100 - y^2)^{1/2}(-2y)\,dy$$

$$= \left[(50\delta)\left(\frac{2}{3}\right)(100 - y^2)^{3/2} \right]_{-10}^{-3}$$

$$= \frac{100}{3}(91)^{3/2}\delta \approx 1{,}805{,}616 \text{ 呎}-\text{磅}$$

$\Delta W \approx \delta \cdot 50 \left(2\sqrt{100 - y^2}\right)(\Delta y)(-y)$
$W = \delta \int_{-10}^{-3} 100\sqrt{100 - y^2}\,(-y)\,dy$

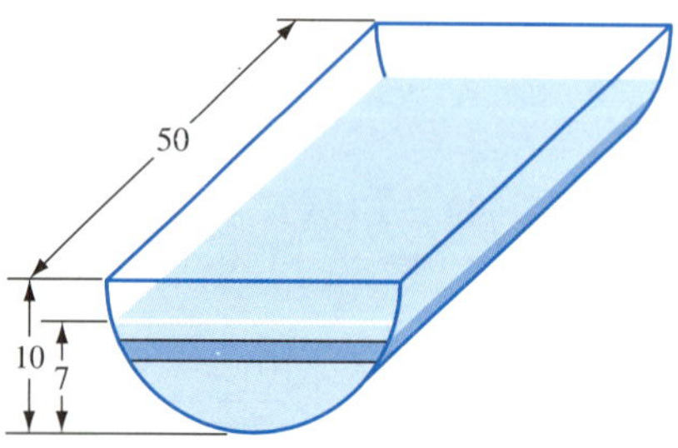

▲ 圖 7 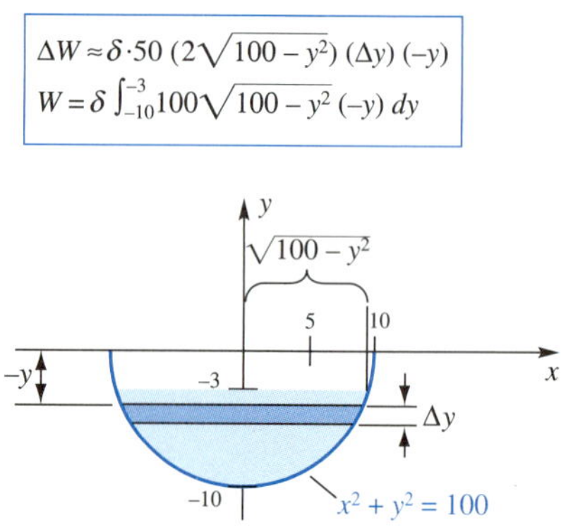　　　▲ 圖 8

流體的作用力（Fluid Force）　假想有一種密度為 δ 的液體被注入圖 9 中的水缸，液體在水缸中的深度為 h，則該流體對一個位於水缸底部且面積為 A 的矩形區域所施的力等於該矩形上方的流體的重量（圖 10），也就是 $F = \delta h A$。

根據 Blaise Pascal (1623-1662) 所提出的一個事實，一個流體（fluid）在每一個方向所施的壓力（一個單位面積上的力）是一樣的。因此，考慮流體中的一個表面，不管它是水平、鉛直或是其他角度，只要深度一樣，表面上的每一點所受的力是一樣的。例如，圖 9 中的 3 個小矩形，雖然分別位於水缸的 3 個壁上，一個在底部兩個在側壁上，當它們有相同的面積時，它們所受的力大約是相同的。我們說「大約」，是因為對水缸兩側壁上的兩個小矩形而言，小矩形中的點的深度是不一致的。但是這樣的近似，使我們可以算出流體在水缸的每一個壁上所施的力。

定積分的應用 **Chapter 5** 265

$F = \delta hA$

▲ 圖 9

▲ 圖 10

▲ 圖 11

● **範例 4**

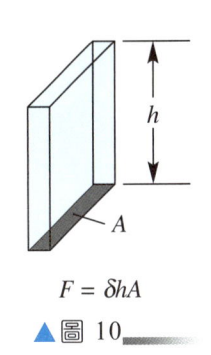

假設圖 9 中水缸的直立側壁的形狀如圖 11 所示，且水缸中被注入 5 呎深的水（$\delta = 62.4$ 磅／立方呎），求這些水作用在水缸的直立側壁上的總力。

解答：如圖 12 所示，將水缸置於一個坐標系中，注意到右邊緣具有斜率 3，方程式為 $y - 0 = 3(x-8)$，也就是 $x = \frac{1}{3}y + 8$。作用在深度為 $5-y$ 的一個窄矩形上的力近似於 $\delta hA = \delta(5-y)(\frac{1}{3}y + 8)\Delta y$。

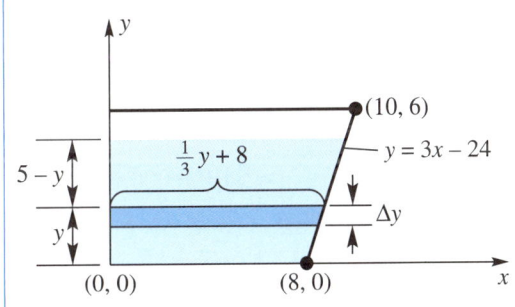

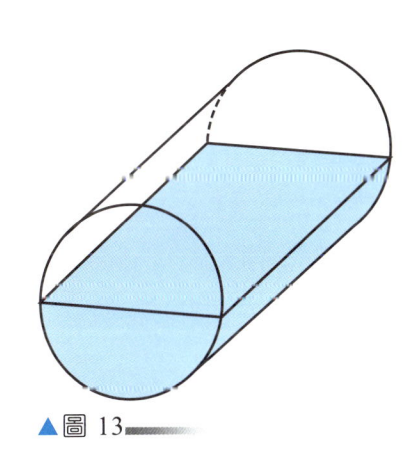

$$\Delta F \approx \delta(5-y)\left(\frac{1}{3}y + 8\right)\Delta y$$
$$F = \int_0^5 \delta(5-y)\left(\frac{1}{3}y + 8\right)dy$$

▲ 圖 12

$$F = \delta \int_0^5 \left(40 - \tfrac{19}{3}y - \tfrac{1}{3}y^2\right)dy = \delta\left[40y - \tfrac{19}{6}y^2 - \tfrac{1}{9}y^3\right]_0^5$$
$$= 62.4\left(200 - \tfrac{475}{6} - \tfrac{125}{9}\right) \approx 6673 \text{ 磅}$$

● **範例 5**

一個橫躺的圓柱油桶裡裝了一半的油（圖 13），若每油桶的兩端是半徑為 8 呎的圓，求桶內的油在油桶的一端所施的作用力，假設油的密度為 $\delta = 50$ 磅／立方呎。

解答：如圖 14 所示，將圓形端置於一個坐標系中，然後像範例 4 一樣進行計算。

$$F = \delta \int_{-4}^{0} (16-y^2)^{1/2}(-2y\,dy) = \delta\left[\tfrac{2}{3}(16-y^2)^{3/2}\right]_{-4}^{0}$$
$$= (50)\left(\tfrac{2}{3}\right)(16)^{3/2} \approx 2133 \text{ 磅}$$

▲ 圖 13

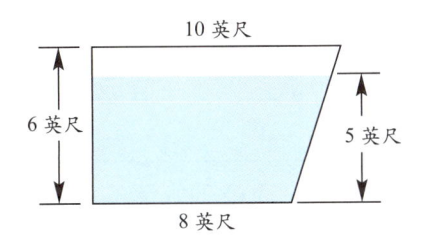

266 微積分

▲ 圖 15

▲ 圖 14

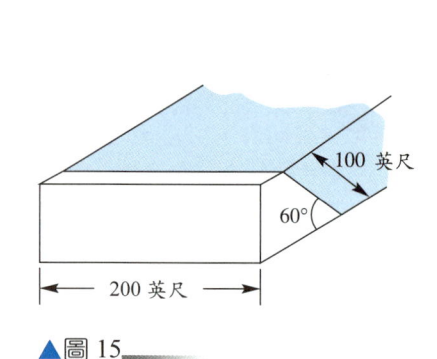

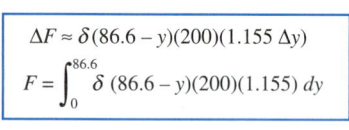

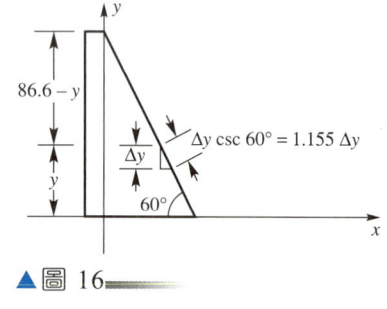

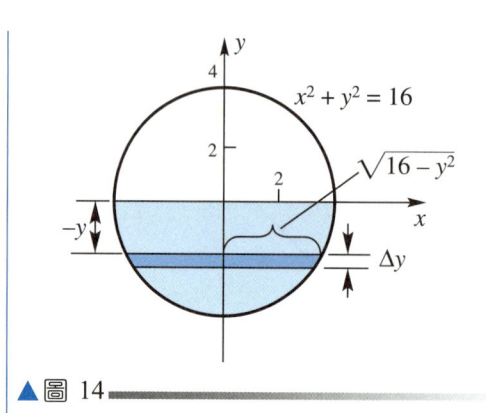

$$\Delta F \approx \delta(-y)(2\sqrt{16-y^2})\Delta y$$
$$F = \int_{-4}^{0} \delta(-y)(2\sqrt{16-y^2})\,dy$$

$$\Delta F \approx \delta(86.6-y)(200)(1.155\,\Delta y)$$
$$F = \int_{0}^{86.6} \delta(86.6-y)(200)(1.155)\,dy$$

▲ 圖 16

● 範例 6

如圖 15 所示，一個水壩的水側是一個 200 呎×100 呎且與水平面成 60° 傾斜的矩形，求滿水位時水對水壩的作用力。

解答：如圖 16 所示，將水壩的側邊置於坐標系中，注意到水壩的垂直高度為 $100\sin 60° \approx 86.6$ 呎。

$$F = (62.4)(200)(1.155)\int_{0}^{86.6}(86.6-y)\,dy$$
$$= (62.4)(200)(1.155)\left[86.6y - \frac{y^2}{2}\right]_{0}^{86.6}$$
$$\approx 54{,}100{,}000 \text{ 磅}$$

■ 練習題 5.5

1. 將一個原本處於自然長度的彈簧拉長了 $\frac{1}{2}$ 呎需要 6 磅的力，求此彈簧的彈簧係數及如此拉長了 $\frac{1}{2}$ 呎所需作的功。

2. 針對問題 1 中的彈簧，從自然長度開始被拉長了 2 呎需作多少的功？

3. 將一個自然長度為 0.08 米的彈簧壓縮成 0.07 米時，需要 0.6 牛頓的力。求將此彈簧從自然長度壓縮成 0.06 米時所需作的功。（虎克定理可應用在伸長或壓縮的情況中）

4. 將一彈簧自 8 公分拉長至 9 公分需作的功是 0.05 焦耳，再由 9 公分拉長到 10 公分另需作功 0.10 焦耳，求此彈簧的彈簧係數及它的自然長度。

5-6 題中，一個水缸的鉛直橫切面顯示於圖中，假設水缸長 10 呎且充滿水，假如這些水被往上抽到水缸頂上方 5 呎處，求抽乾水缸裡的水所需作的功。

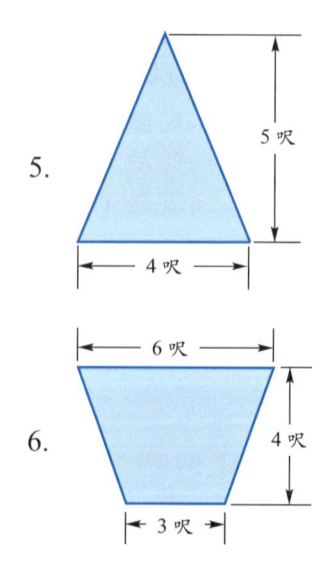

5.

6.

7. 一條每英尺 2 磅重的繩索被用來將 500 呎深之井底 200 磅重物拉上頂端。求所做之功。

8-9 題中，陰影區域是裝滿水（$\delta = 62.4$ 磅／立方呎）的水缸的直立側壁，水平面的高度如圖所示，求水對此直立側壁的所施的作用力。

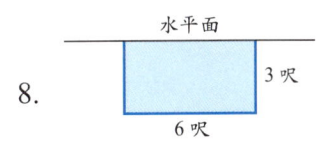

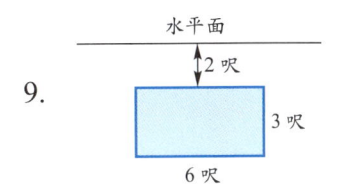

8.

9.

5.6 力矩與質心

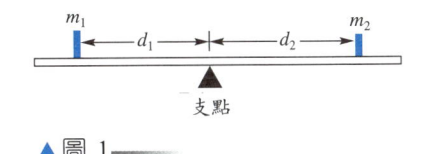

兩個質量 m_1 和 m_2 被放在一個蹺蹺板的兩端，它們離支點的距離分別為 d_1 和 d_2（圖 1），當 $d_1 m_1 = d_2 m_2$ 時，該蹺蹺板達到平衡。

▲圖 1

此情況的數學模式為：使用一條水平坐標線取代蹺蹺板且將原點放在支點（圖 2），則 m_1 的坐標為 $x_1 = -d_1$，m_2 的坐標為 $x_2 = d_2$，且達到平衡的條件為

$$x_1 m_1 + x_2 m_2 = 0$$

一個物體的質量 m 與它到一定點的有向距離（lever arm 力臂）的乘積稱為此物體相對於該定點的**力矩（moment）**（圖 3），它量度了此質量繞該定點轉動的趨勢。

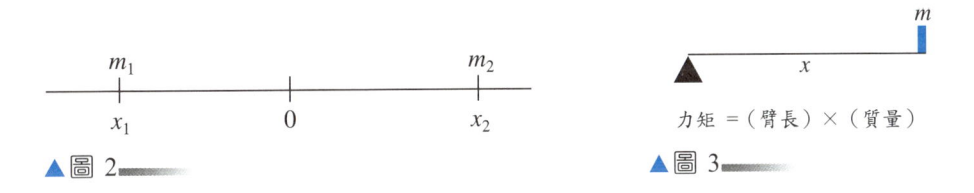

▲圖 2　　　　　　　　　　▲圖 3

可推廣剛才所描述的情況，假如一個系統在 x 軸的 n 個點 $x_1, x_2, \ldots, x_n$ 上分別置有質量 $m_1, m_2, \ldots, m_n$，則此系統（相對於原點）的總力矩 M 為 n 個別力矩的總和；也就是

$$M = x_1 m_1 + x_2 m_2 + \cdots + x_n m_n = \sum_{i=1}^{n} x_i m_i,$$

此系統在原點上達到平衡的條件為 $M = 0$。常常我們所考慮的系統不是在原點上達到平衡，而是在其他點達到平衡，問題是在哪一點？例如圖 4 中有一個系統，支點該放在哪裡可使得此系統達到平衡？

▲圖 4

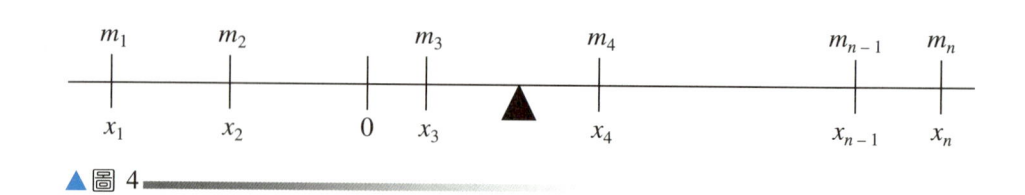

令所求坐標為 $\bar{x}$，則相對於 $\bar{x}$ 的總力矩應為 0；也就是

$$(x_1 - \bar{x})m_1 + (x_2 - \bar{x})m_2 + \cdots + (x_n - \bar{x})m_n = 0$$

或是

$$x_1 m_1 + x_2 m_2 + \cdots + x_n m_n = \bar{x} m_1 + \bar{x} m_2 + \cdots + \bar{x} m_n$$

由上式得

$$\bar{x} = \frac{M}{m} = \frac{\sum_{i=1}^{n} x_i m_i}{\sum_{i=1}^{n} m_i}$$

點 $\bar{x}$，稱為**質心**（center of mass），是平衡點，它恰等於相對於原點的總力矩除以總質量。

● 範例 1

x 軸上的點 0、1、2 和 4 上分別放著質量 4、2、6 和 7 公斤（圖 5），求此系統的質心。

解答：

$$\bar{x} = \frac{(0)(4) + (1)(2) + (2)(6) + (4)(7)}{4 + 2 + 6 + 7} = \frac{42}{19} \approx 2.21$$

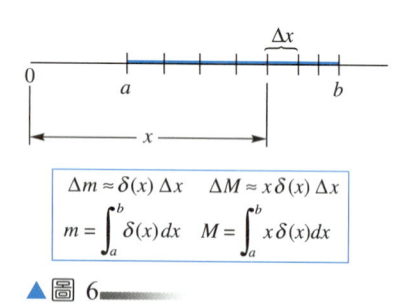

▲圖 5

直線上的連續質量分配　現在考慮一條密度（每單位長度之質量）隨位置改變的細金屬直線段，我們要求它的平衡點。我們在此金屬線上置放一條坐標線，然後執行例行的程序：切片、近似和積分。假設在 x 的密度為 $\delta(x)$，我們首先得到總質量 m，接著是相對於原點的總力矩 M（圖 6），由此可得下列公式

$\Delta m \approx \delta(x)\, \Delta x \quad \Delta M \approx x\delta(x)\, \Delta x$
$m = \int_a^b \delta(x)\, dx \quad M = \int_a^b x\delta(x)\, dx$

▲圖 6

$$\bar{x} = \frac{M}{m} = \frac{\int_a^b x\delta(x)\, dx}{\int_a^b \delta(x)\, dx}$$

定積分的應用 Chapter 5   269

範例 2

已知一條金屬棒在距離它的一端 x 公分處的密度為 $\delta(x) = 3x^2$ 克／公分，求這段金屬棒由 $x = 0$ 到 $x = 10$ 的質心。

≈ **解答**：我們預期 $\bar{x}$ 較接近 10，因為金屬棒愈往右端愈重（圖 7）。

$$\bar{x} = \frac{\int_0^{10} x \cdot 3x^2\, dx}{\int_0^{10} 3x^2\, dx} = \frac{\left[3x^4/4\right]_0^{10}}{\left[x^3\right]_0^{10}} = \frac{7500}{1000} = 7.5 \text{ 公分}$$

▲圖 7

平面上的質量分配　坐標平面中的 n 個點 $(x_1, y_1), (x_1, y_1), \cdots, (x_n, y_n)$ 上分別放著質量 $m_1, m_2, \ldots, m_n$（圖 8），則相對於 y 軸和 x 軸的總力矩分別為

$$M_y = \sum_{i=1}^{n} x_i m_i \qquad M_x = \sum_{i=1}^{n} y_i m_i$$

質心（平衡點）的坐標 $(\bar{x}, \bar{y})$ 為

$$\bar{x} = \frac{M_y}{m} = \frac{\sum_{i=1}^{n} x_i m_i}{\sum_{i=1}^{n} m_i} \qquad \bar{y} = \frac{M_x}{m} = \frac{\sum_{i=1}^{n} y_i m_i}{\sum_{i=1}^{n} m_i}$$

▲圖 8

範例 3

具質量 1、4、2、3 和 2 單位的 5 個質點，分別位於點 $(6, -1)$、$(2, 3)$、$(-4, 2)$、$(-7, 4)$ 和 $(2, -2)$，求此系統的質心。

解答：

$$\bar{x} = \frac{(6)(1) + (2)(4) + (-4)(2) + (-7)(3) + (2)(2)}{1 + 4 + 2 + 3 + 2} = -\frac{11}{12}$$

$$\bar{y} = \frac{(-1)(1) + (3)(4) + (2)(2) + (4)(3) + (-2)(2)}{1 + 4 + 2 + 3 + 2} = \frac{23}{12}$$

接下來，我們要考慮的是**薄片（lamina）**（極薄的平板）的質心問題。為了簡化討論，我們假設薄片是均質的（homogeneous），也就是具有固定的密度 δ。

考慮由 $x = a$、$x = b$、$y = f(x)$ 和 $y = g(x)$，所圍成（見圖 10）的均質薄片，其中 $g(x) \leq f(x)$，分析圖 9 和圖 10，我們可得質心坐標公式為

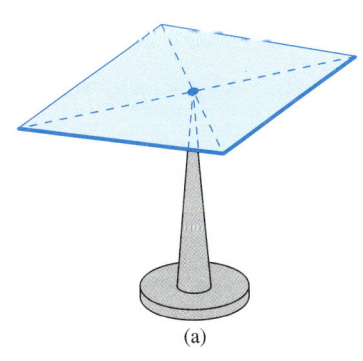

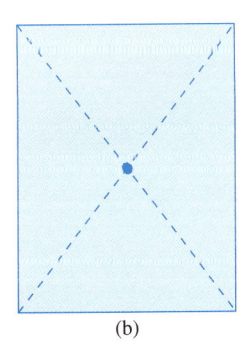

▲圖 9

$$\bar{x} = \frac{\int_a^b x[f(x) - g(x)]\,dx}{\int_a^b [f(x) - g(x)]\,dx}$$

$$\bar{y} = \frac{\int_a^b \frac{f(x) + g(x)}{2}[f(x) - g(x)]\,dx}{\int_a^b [f(x) - g(x)]\,dx} = \frac{\frac{1}{2}\int_a^b [(f(x))^2 - (g(x))^2]\,dx}{\int_a^b [f(x) - g(x)]\,dx}$$

$$\bar{x} = \frac{M_y}{m} \qquad \bar{y} = \frac{M_x}{m}$$

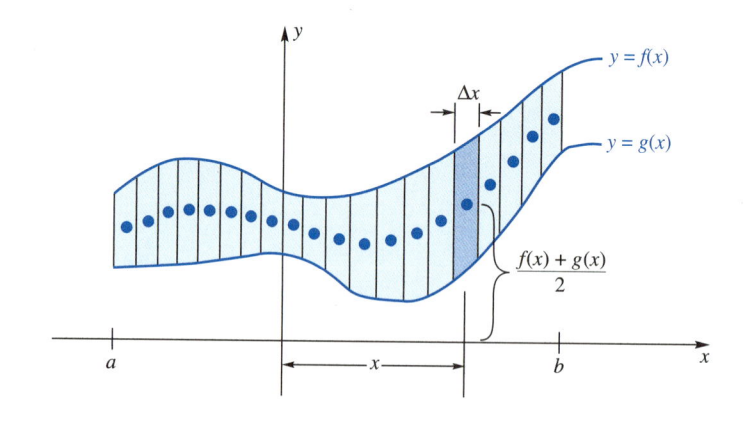

$\Delta m \approx \delta [f(x) - g(x)]\,\Delta x$	$\Delta M_y \approx x\,\delta [f(x) - g(x)]\,\Delta x$	$\Delta M_x \approx \frac{\delta}{2}[(f(x))^2 - (g(x))^2]\,\Delta x$
$m = \delta \int_a^b [f(x) - g(x)]\,dx$	$M_y = \delta \int_a^b x[f(x) - g(x)]\,dx$	$M_x = \frac{\delta}{2}\int_a^b [f^2(x) - g^2(x)]\,dx$

▲ 圖 10

有一個事實，均質薄片的質心跟它的密度或質量無關，只跟它的形狀有關，因此求質心的問題變成幾何問題而不是物理問題，所以，我們常用平面區域的**形心（centroid）**問題取代均質薄片的質心問題。

● 範例 4

求曲線 $y = x^3$ 和 $y = \sqrt{x}$ 所圍區域的形心。

解答：注意圖 11 中的圖形。

$$\bar{x} = \frac{\int_0^1 x(\sqrt{x} - x^3)\,dx}{\int_0^1 (\sqrt{x} - x^3)\,dx} = \frac{\left[\frac{2}{5}x^{5/2} - \frac{x^5}{5}\right]_0^1}{\left[\frac{2}{3}x^{3/2} - \frac{x^4}{4}\right]_0^1} = \frac{\frac{1}{5}}{\frac{5}{12}} = \frac{12}{25}$$

$$\bar{y} = \frac{\int_0^1 \frac{1}{2}(\sqrt{x} + x^3)(\sqrt{x} - x^3)\,dx}{\int_0^1 (\sqrt{x} - x^3)\,dx} = \frac{\frac{1}{2}\int_0^1 [(\sqrt{x})^2 - (x^3)^2]\,dx}{\int_0^1 (\sqrt{x} - x^3)\,dx}$$

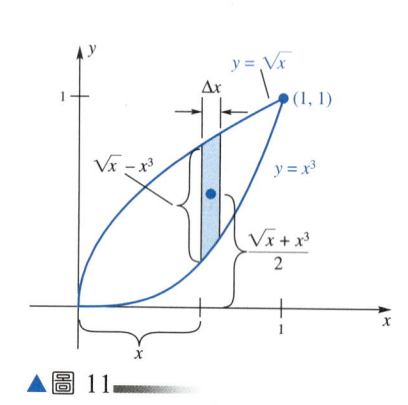

▲ 圖 11

▲ 圖 12

$$= \frac{\frac{1}{2}\left[\frac{x^2}{2} - \frac{x^7}{7}\right]_0^1}{\frac{5}{12}} = \frac{\frac{5}{28}}{\frac{5}{12}} = \frac{3}{7}$$

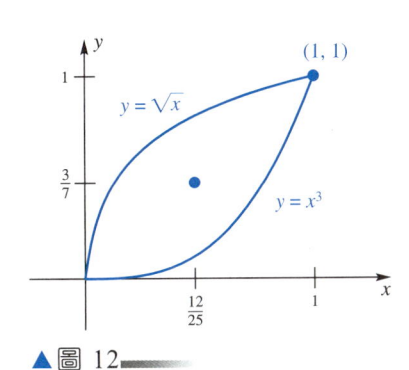

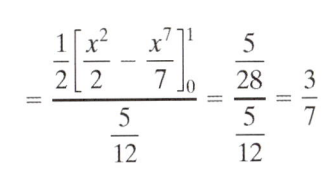

形心如圖 12 所示。

範例 5

求在曲線 $y = \sin x$ 下方，$0 \le x \le \pi$ 之區域的形心（圖 13）。

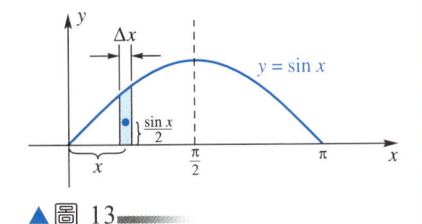

解答：此區域對稱於直線 $x = \pi/2$，由此可知（無須積分）$\bar{x} = \pi/2$。

$$\int_0^\pi \sin^2 x\, dx = \frac{1}{2}\left(\int_0^\pi 1\, dx - \int_0^\pi \cos 2x\, dx\right)$$

$$= \frac{1}{2}\left[x - \frac{1}{2}\sin 2x\right]_0^\pi = \frac{\pi}{2}$$

$$\int_0^\pi \sin x\, dx = \left[-\cos x\right]_0^\pi = 1 + 1 = 2$$

所以

$$\bar{y} = \frac{\frac{1}{2}\int_0^\pi \sin^2 x\, dx}{\int_0^\pi \sin x\, dx} = \frac{\frac{1}{2}\cdot\frac{\pi}{2}}{2} = \frac{\pi}{8} \approx 0.39$$

▲ 圖 13

練習題 5.6

1. 數線上的 $x_1 = 2$，$x_2 = -2$ 與 $x_3 = 1$ 上分別放置了質量為 $m_1 = 5$，$m_2 = 7$ 與 $m_3 = 9$ 的質點，求此系統的質心。

2. John 與 Mary 的體重分別為 180 磅與 110 磅，兩人坐在一個長 12 呎，支點在中央的翹翹板兩端，他們 80 磅重的兒子 Tom 應坐在哪裡可使得該板保持平衡？

3. 有一條 7 單位長的金屬線，它在離該線的某一端 x 單位之處的密度為 $\delta(x) = \sqrt{x}$，求從此端到質心的距離。

4. 有一條 7 單位長的金屬線，它在離該線的某一端 x 單位之處的密度為 $\delta(x) = 1 + x^3$，求從此端到質心的距離。

5. 坐標平面上一個質點系統的質量與坐標分配如下：2, (1, 1); 3, (7, 1); 4, (−2, −5); 6, (−1, 0); 2, (4, 6)，求此系統分別相對於兩條坐標軸的力矩並求質心的坐標。

6. 坐標平面上一個質點系統的質量與坐標分配如下：5, (−3, 2); 6, (−2, −2); 2, (3, 5); 7, (4, 3); 1, (7, −1)，求此系統分別相對於兩條坐標軸的力矩並求質心的坐標。

7-9 題中,請繪出所給曲線所圍的區域並求該區域的形心。

7. $y = 2 - x, y = 0, x = 0$

8. $y = x^3, y = 0, x = 1$

9. $x = y^2, x = 2$

5.7 機率與隨機變數

在許多情況下,一個實驗(experiment)的結果隨著不同次的試驗(trial)而改變。例如,丟擲一個銅板有時出現正面,有時出現反面;又如一個大聯盟投手可能在一場比賽投 2 局,而在另一場比賽投 7 局。假如一個實驗的結果一個隨試驗的不同而改變,則我們說此實驗的結果是**隨機的(random)**,但是在經過非常多次的重複試驗後,隨機實驗的結果終究存有一個規律的分配。

我們使用機率來量度隨機實驗的結果或事件(多個結果所成的集合)出現的可能性。一個幾乎確定會發生的事件的機率大約是 1,一個幾乎確定不會發生的事件的機率大約是 0,一個會發生與不會發生的可能性差不多的事件的機率大約是 1/2。若 A 是一個事件,也就是可能發生的結果所成的一個集合,則我們用 $P(A)$ 表示 A 的機率。機率必須滿足下列性質:

1. $0 \leq P(A) \leq 1$ 對於任一事件 A。
2. 若 S 是所有可能結果所成的集合,稱之為**樣本空間(sample space)**,則 $P(S) = 1$。
3. 若事件 A 和事件 B **不相交(disjoint)**,也就是 A 和 B 沒有共同的結果,則 $P(A \text{ 或 } B) = P(A) + P(B)$。

由這些敘述可推得下列結果:若 A^c 表事件 A 的餘集,則 $P(A^c) = 1 - P(A)$。而且若 $A_1, A_2, \ldots, A_n$ 是一串不相交事件,則 $P(A_1 \text{ 或 } A_2 \text{ 或} \cdots \text{或 } A_n) = P(A_1) + P(A_2) + \cdots + P(A_n)$。

將隨機實驗的結果指派到實數的一個規則稱為一個**隨機變數(random variable)**,習慣上我們用大寫英文字母代表隨機變數,而以小寫英文字母代表隨機變數的可能性或是值。例如,我們的實驗是丟擲一個公正的銅板 3 次,則樣本空間為 $S = \{HHH, HHT, HTH, THH, HTT, THT, TTH, TTT\}$。我們可以定義隨機變數 X 為 3 次丟擲中 H(正

面）出現的次數，則 X 的 機率分配（probability distributon）如下表所示。

x	0	1	2	3
$P(X=x)$	$\dfrac{1}{8}$	$\dfrac{3}{8}$	$\dfrac{3}{8}$	$\dfrac{1}{8}$

隨機變數的期望值是機率與統計中一個重要的概念。請看下列定義

定義　隨機變數的期望值（Expectation of a Ramdom Variable）

若 X 是一個隨機變數，機率分配如下列

x	x_1	x_2	$\cdots$	x_n
$P(X=x)$	p_1	p_2	$\cdots$	p_n

則 X 的 期望值（expectation），記為 $E(X)$，也稱為 X 的 平均數（mean）且記為 μ，如下述

$$\mu = E(X) = x_1 p_1 + x_2 p_2 + \cdots + x_n p_n = \sum_{i=1}^{n} x_i p_i$$

因為 $\sum_{i=1}^{n} p_i = 1$，所以 $E(X)$ 的式子與 n 個分別位於 x_1，x_2，$\cdots$，x_n 的質量 m_1，m_2，$\cdots$，m_n 所成的系統的質心是一樣的：

$$質心 = \frac{M}{n} = \frac{\sum_{i=1}^{n} x_i p_i}{\sum_{i=1}^{n} p_i} = \frac{\sum_{i=1}^{n} x_i p_i}{1} = \sum_{i=1}^{n} x_i p_i = E(x)$$

範例 1

將塑膠原料注入模子中，可以一次同時製造出 20 個塑膠零件成品，這 20 個成品被檢查是否有瑕疵。假設 20 個成品中瑕疵品個數的機率分配如下表所示。

x_i	0	1	2	3
p_i	0.90	0.06	0.03	0.01

求 (a) 一批 20 個成品中至少包含一個瑕疵品的機率，(b) 每一批 20 個成品中期望的瑕疵品數目。

解答：

(a) $P(X \geq 1) = P(X=1) + P(X=2) + P(X=3)$
$\qquad = 0.06 + 0.03 + 0.01 = 0.10$

(b) 瑕疵品數目的期望值為
$\quad E(X) = 0 \cdot 0.90 + 1 \cdot 0.06 + 2 \cdot 0.03 + 3 \cdot 0.01 = 0.15$

平均而言，每一批預期會有 0.15 個瑕疵品。

假如一個隨機變數 X 的可能值是有限多個，如 $\{x_1, x_2, ..., x_n\}$，或是無限多個，但可展列成 $\{x_1, x_2, ...\}$，則我們說隨機變數 X 是**離散的（discrete）**，假如一個隨機變數 X 可自某一實數區間取任意值，則稱 X 是**連續的（continuous）**隨機變數，我們用類似於前一節研究質量為連續分配時的方式來研究連續隨機變數。對於一個連續隨機變數 X，我們必須指派一個機率密度函數（PDF），假如 X 是一個發生在 $[A, B]$ 上的連續隨機變數，則它的 PDF 是一個滿足下列條件的函數 f

1. $f(x) \geq 0$

2. $\int_A^B f(x)\, dx = 1$

3. $P(a \leq X \leq b) = \int_a^b f(x)\, dx$，對於 $[A, B]$ 中的所有 $a, b\ (a \leq b)$

第三個性質說藉由計算 PDF 曲線下方的區域面積，我們可以求得一個連續隨機變數的機率（見圖 1），通常我們定義 PDF 在 $[A, B]$ 之外的值為 0。

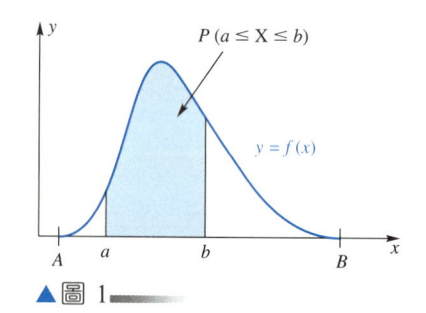

一個連續隨機變數 X 的**期望值（expected value）**或**平均數（mean）**，定義成

$$\mu = E(X) = \int_A^B x f(x)\, dx$$

這類似於一個具有變化密度之物體的質心：

$$\text{質心} = \frac{M}{m} = \frac{\int_A^B x f(x)\, dx}{\int_A^B f(x)\, dx} = \frac{\int_A^B x f(x)\, dx}{1} = \int_A^B x f(x)\, dx = E(X)$$

▲圖 1

範例 2

一個連續隨機變數 X 的 PDF 為

$$f(x) = \begin{cases} \dfrac{1}{10}, & \text{若 } 0 \leq x \leq 10 \\ 0, & \text{其他} \end{cases}$$

求 (a) $P(1 \leq X \leq 9)$ (b) $P(X \geq 4)$ (c) $E(X)$

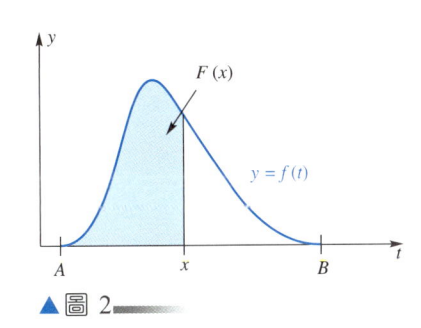

解答：隨機變數 X 發生於 $[0,10]$

(a) $P(1 \leq X \leq 9) = \int_1^9 \frac{1}{10}\, dx = \frac{1}{10} \cdot 8 = \frac{4}{5}$

(b) $P(X \geq 4) = \int_4^{10} \frac{1}{10}\, dx = \frac{1}{10} \cdot 6 = \frac{3}{5}$

(c) $E(X) = \int_0^{10} x\,\frac{1}{10}\, dx = \left[\frac{x^2}{20}\right]_0^{10} = 5$

累積分配函數（cumulative distribution function）（CDF）是與 PDF 密切相關的一個函數，給定一個隨機變數 X，則它的累積分配函數 F 的定義如下

$$F(x) = P(X \leq x)$$

對於離散的和連續的隨機變數而言，此函數皆有定義。對範例 1 中的離散隨機變數而言，它的 CDF 是一個階梯函數，在 x_i 上有一個大小為 $p_i = P(X = x_i)$ 的跳躍。對於一個發生在區間 $[A, B]$ 且 PDF 為 $f(x)$ 的連續隨機變數而言，它的 CDF 等於下列定積分（見圖 2）

$$F(x) = \int_A^x f(t)\, dt, \quad A \leq x \leq B$$

▲ 圖 2

在第 4 章，我們使用累積函數一詞來討論用此方式定義的函數，CDF 定義出 PDF 下方累積的面積，所以它是一個累積函數。下述定理列出 CDF 的一些性質。

定理 A

令 X 是一個發生於區間 $[A, B]$ 的連續隨機變數，且 PDF 為 $f(x)$、CDF 為 $F(x)$，則

1. $F'(x) = f(x)$
2. $F(A) = 0$ 且 $F(B) = 1$
3. $P(a \leq X \leq b) = F(b) - F(a)$

範例 4

在可信度理論中，隨機變數通常是某項產品的使用時間，例如一個手提電腦電池的續航時間。PDF 可被用來求關於使用時間的機率與期望值。假設某電池的續航時間（以小時計）是一個隨機變數 X，且它的 PDF 如下述

$$f(x) = \begin{cases} \frac{12}{625}x^2(5-x), & \text{若 } 0 \leq x \leq 5 \\ 0, & \text{其他} \end{cases}$$

(a) 證明這確實是一個 PDF 並描繪它的圖形
(b) 求此電池可至少連續使用 3 小時的機率
(c) 求續航時間的期望值
(d) 求 CDF 並描繪其圖形

解答：
(a) 對於所有 x，$f(x) \geq 0$ 且

$$\int_0^5 \frac{12}{625}x^2(5-x)\,dx = \frac{12}{625}\int_0^5 (5x^2 - x^3)\,dx$$

$$= \frac{12}{625}\left[\frac{5}{3}x^3 - \frac{1}{4}x^4\right]_0^5 = 1$$

PDF 之圖形描繪於圖 3 中。

(b) 所求機率為

$$P(X \geq 3) = \int_3^5 \frac{12}{625}x^2(5-x)\,dx$$

$$= \frac{12}{625}\left[\frac{5}{3}x^3 - \frac{1}{4}x^4\right]_3^5$$

$$= \frac{328}{625} = 0.5248$$

(c) 期望的續航時間為

$$E(X) = \int_0^5 x\left[\frac{12}{625}x^2(5-x)\right]dx$$

$$= \frac{12}{625}\int_0^5 (5x^3 - x^4)\,dx$$

$$= \frac{12}{625}\left[\frac{5}{4}x^4 - \frac{1}{5}x^5\right]_0^5 = 3 \text{ 小時}$$

(d) 對於介於 0 和 5 之間的 x，可得

$$F(x) = \int_0^x \frac{12}{625}t^2(5-t)\,dt$$

$$= \frac{4}{125}x^3 - \frac{3}{625}x^4$$

對於 $x < 0$，$F(x) = 0$ 且對於 $x > 5$，$F(x) = 1$。圖 4 顯示了 $F(x)$ 的圖形。

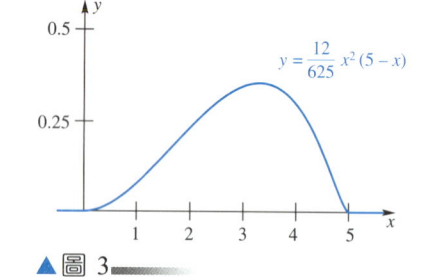

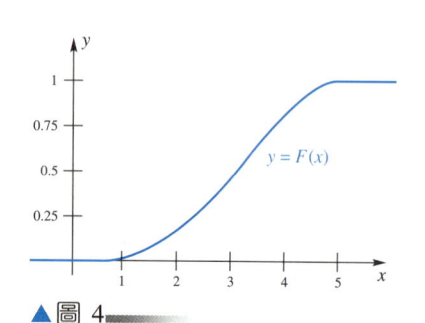

▲ 圖 3（$y = \frac{12}{625}x^2(5-x)$）

▲ 圖 4（$y = F(x)$）

練習題 5.7

1-3 題中，給定一個離散隨機變數 X 的機率分配，請根據給定的分配求 (a) $P(X \geq 2)$，(b) $E(X)$。

1.
x_i	0	1	2	3
p_i	0.80	0.10	0.05	0.05

2.
x_i	-2	-1	0	1	2
p_i	0.2	0.2	0.2	0.2	0.2

3.
x_i	1	2	3	4
p_i	0.4	0.2	0.2	0.2

4-7 題中，給定一個連續隨機變數 X 的 PDF，請利用 PDF 求 (a) $P(X \geq 2)$，(b) $E(X)$，(c) CDF。

4. $f(x) = \begin{cases} \dfrac{1}{20}, & 0 \leq x \leq 20 \\ 0, & \text{其他} \end{cases}$

5. $f(x) = \begin{cases} \dfrac{3}{64} x^2 (4-x), & 0 \leq x \leq 4 \\ 0, & \text{其他} \end{cases}$

6. $f(x) = \begin{cases} \dfrac{\pi}{8} \sin(\pi x/4), & 0 \leq x \leq 4 \\ 0, & \text{其他} \end{cases}$

7. $f(x) = \begin{cases} \dfrac{4}{3} x^{-2}, & 1 \leq x \leq 4 \\ 0, & \text{其他} \end{cases}$

8. 假如一個隨機變數 X 的 PDF 如下述，則稱 X 在 $[a, b]$ 上具有均勻分配（uniform distribution）

$f(x) = \begin{cases} \dfrac{1}{b-a}, & \text{若 } a \leq x \leq b \\ 0, & \text{其他} \end{cases}$

(a) 求出 X 的值到 a 的距離小於到 b 的距離的機率。

(b) 求 X 的期望值。

(c) 求 X 的 CDF。

9. 一個連續隨機變數 X 的**中位數**（median）是一個值 x_0，使得 $P(X \leq x_0) = 0.5$，求定義在區間 $[a, b]$ 上的均勻隨機變數的中位數。

10. 已知 $f(x) = k x(5-x)$，$0 \leq x \leq 5$，求 k 值使得 $f(x)$ 是一個 PDF。

11. 假如 X 是一個離散隨機變數，則它的 CDF 是一個步階函數（step function），請為第一題中的離散隨機變數 X 找出並繪出 CDF。

12. 假設隨機變數 Z 的 CDF 如下述

$F(z) = \begin{cases} 0, & z < 0 \\ z^2/9, & 0 \leq z \leq 3 \\ 1, & z > 3 \end{cases}$

請找出下列各值或是函數

(a) $P(Z > 1)$ (b) $P(1 < Z < 2)$

(c) Z 的 PDF (d) $E(Z)$

Chapter 6 超越函數

本章概要

6.1 自然對數函數

6.2 反函數及其導函數

6.3 自然指數函數

6.4 一般指數與對數函數

6.5 指數型成長與衰退

6.6 一階線性微分方程

6.7 微分方程的近似

6.8 反三角函數及其導函數

6.9 雙曲函數及其反函數

6.1 自然對數函數

微積分的能力，不管是微分還是積分，已被充分地展現，但是我們不過是輕掠過微積分應用的表面而已。為了進行更深的探討，我們必須擴充函數的種類，這是本章的目的，在本章中我們將研究一些新的函數。

首先，請注意下面一序列導函數的一個缺口

$$D_x\left(\frac{x^2}{2}\right) = x^1, \ D_x(x) = x^0, \ D_x(??) = x^{-1}, \ D_x\left(-\frac{1}{x}\right) = x^{-2}, \ D_x\left(-\frac{x^{-2}}{2}\right) = x^{-3}$$

本書到目前為止，有哪一個函數的導函數是 $1/x$？

我們將在本章中介紹一些新的函數，第一個新函數就是可以填入上述缺口的函數，我們稱它為**自然對數函數**（nature logarithm function），它跟高中代數中所學的對數函數有關，我們將於 6.4 節中討論，現在就先接受事實：我們將定義一個新的函數並且研究它的性質。

> **定義　自然對數函數**
>
> **自然對數函數**（nature logarithm function），記為 ln，定義如下
>
> $$\ln x = \int_1^x \frac{1}{t}\, dt, \quad x > 0$$
>
> 自然對數函數的定義域是所有正實數所成的集合。

圖 1 中的圖形指出了 $\ln x$ 的幾何意義，自然對數函數 $\ln x$ 與曲線 $y = 1/t$ 下方介於 1 和 x 之間的面積有關；當 $x > 1$ 時，$\ln x$ 等於面積；當 $0 < x < 1$ 時，$\ln x$ 等於面積的負號。顯然，$x > 0$ 時，$\ln x$ 有定義；$x \leq 0$ 時，$\ln x$ 無定義，因為 $1/t$ 在一個包含 0 的區間上的定積分是不存在的。

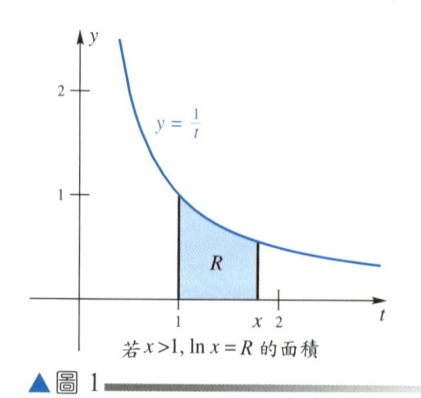

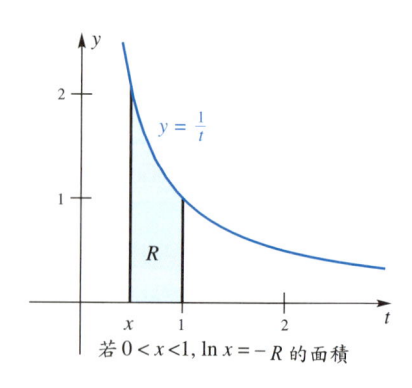

若 $x > 1$，$\ln x = R$ 的面積　　　若 $0 < x < 1$，$\ln x = -R$ 的面積

▲ 圖 1

請問這個新函數的導函數是甚麼？正是我們需要的！

自然對數函數的導函數 由微積分第一基本定理可得

$$D_x \ln x = D_x \int_1^x \frac{1}{t}\, dt = \frac{1}{x}, \quad x > 0$$

此式可結合連鎖法則，若 $u = f(x) > 0$ 且 f 是可微分的，則

$$D_x \ln u = \frac{1}{u} D_x u$$

範例 1

求 $D_x \ln \sqrt{x}$。

解答：令 $u = \sqrt{x} = x^{1/2}$，則

$$D_x \ln \sqrt{x} = \frac{1}{x^{1/2}} \cdot D_x(x^{1/2}) = \frac{1}{x^{1/2}} \cdot \frac{1}{2} x^{-1/2} = \frac{1}{2x}$$

範例 2

求 $D_x \ln(x^2 - x - 2)$。

解答：假如 $x^2 - x - 2 > 0$ 則此問題有意義。當 $x < -1$ 或 $x > 2$ 時 $x^2 - x - 2 = (x-2)(x+1)$ 是正的，因此 $\ln(x^2 - x - 2)$ 的定義域是 $(-\infty, -1) \cup (2, \infty)$，在此定義域中可得

$$D_x \ln(x^2 - x - 2) = \frac{1}{x^2 - x - 2} D_x(x^2 - x - 2) = \frac{2x - 1}{x^2 - x - 2}$$

範例 3

證明

$$D_x \ln|x| = \frac{1}{x}, \quad x \neq 0$$

解答：若 $x > 0$，則 $|x| = x$ 且

$$D_x \ln|x| = D_x \ln x = \frac{1}{x}$$

若 $x < 0$，則 $|x| = -x$ 且

$$D_x \ln|x| = D_x \ln(-x) = \frac{1}{-x} D_x(-x) = \left(\frac{1}{-x}\right)(-1) = \frac{1}{x}$$

每一個微分公式都有一個與它對應的積分公式，範例 3 中的微分公式所對應的積分公式如下

$$\int \frac{1}{x} \, dx = \ln|x| + C, \quad x \neq 0$$

或以 u 代替 x，

$$\int \frac{1}{u} \, du = \ln|u| + C, \quad u \neq 0$$

此公式可填補積分冪法則的一個存在已久的缺口：

$$\int u^r \, du = u^{r+1}/(r+1) + C, \, r \neq -1$$

現在我們有 $\int u^{-1} \, du = \ln|u| + C$。

範例 4

求 $\int \dfrac{5}{2x+7} \, dx$。

解答：令 $u = 2x + 7$，則 $du = 2\,dx$，因此

$$\int \frac{5}{2x+7} \, dx = \frac{5}{2} \int \frac{1}{2x+7} \, 2\, dx = \frac{5}{2} \int \frac{1}{u} \, du$$

$$= \frac{5}{2} \ln|u| + C = \frac{5}{2} \ln|2x+7| + C$$

範例 5

計算 $\int_{-1}^{3} \dfrac{x}{10-x^2} \, dx$。

解答：令 $u = 10 - x^2$，則 $du = -2x\,dx$，因此

$$\int \frac{x}{10-x^2} \, dx = -\frac{1}{2} \int \frac{-2x}{10-x^2} \, dx = -\frac{1}{2} \int \frac{1}{u} \, du$$

$$= -\frac{1}{2} \ln|u| + C = -\frac{1}{2} \ln|10-x^2| + C$$

所以由微積分第二基本定理可得

$$\int_{-1}^{3} \frac{x}{10-x^2} \, dx = \left[-\frac{1}{2} \ln|10-x^2| \right]_{-1}^{3} = -\frac{1}{2} \ln 1 + \frac{1}{2} \ln 9 = \frac{1}{2} \ln 9$$

範例 6

求 $\int \dfrac{x^2 - x}{x + 1}\, dx$。

解答：根據長除法（圖 2）可得

$$\dfrac{x^2 - x}{x + 1} = x - 2 + \dfrac{2}{x + 1}$$

所以，

$$\int \dfrac{x^2 - x}{x + 1}\, dx = \int (x - 2)\, dx + 2\int \dfrac{1}{x + 1}\, dx$$

$$= \dfrac{x^2}{2} - 2x + 2\int \dfrac{1}{x + 1}\, dx$$

$$= \dfrac{x^2}{2} - 2x + 2\ln|x + 1| + C$$

$$\begin{array}{r}
x - 2 \\
x + 1 \overline{\smash{)}\; x^2 - x }\\
\underline{x^2 + x }\\
-2x \\
\underline{-2x - 2}\\
2
\end{array}$$

▲ 圖 2

自然對數的性質

定理 A

若 a 和 b 為正數且 r 為任一有理數，則

(i) $\ln 1 = 0$; (ii) $\ln ab = \ln a + \ln b$;

(iii) $\ln \dfrac{a}{b} = \ln a - \ln b$; (iv) $\ln a^r = r \ln a$.

證明

(i) $\ln 1 = \displaystyle\int_1^1 \dfrac{1}{t}\, dt = 0$

(ii) $x > 0$ 時，可得

$$D_x \ln ax = \dfrac{1}{ax} \cdot a = \dfrac{1}{x}$$

且

$$D_x \ln x = \dfrac{1}{x}$$

由定理 3.6B 可得

$$\ln ax = \ln x + C$$

將 $x = 1$ 代入上式，可得 $\ln a = C$，所以

$$\ln ax = \ln x + \ln a$$

最後令 $x = b$ 就可得證。

(iii) 將(ii) 中的 a 以 $1/b$ 代替,可得

$$\ln\frac{1}{b} + \ln b = \ln\left(\frac{1}{b} \cdot b\right) = \ln 1 = 0$$

所以,

$$\ln\frac{1}{b} = -\ln b$$

再一次使用 (ii),可得

$$\ln\frac{a}{b} = \ln\left(a \cdot \frac{1}{b}\right) = \ln a + \ln\frac{1}{b} = \ln a - \ln b$$

(iv) $x > 0$ 時,可得

$$D_x(\ln x^r) = \frac{1}{x^r} \cdot rx^{r-1} = \frac{r}{x}$$

且

$$D_x(r \ln x) = r \cdot \frac{1}{x} = \frac{r}{x}$$

由定理 3.6B 可得

$$\ln x^r = r \ln x + C$$

將 $x = 1$ 代入上式,可得 $C = 0$,所以

$$\ln x^r = r \ln x$$

最後令 $x = a$ 就可得證。

範例 7

已知 $y = \ln \sqrt[3]{(x-1)/x^2}$,$x > 1$,求 dy/dx。

解答:

$$y = \ln\left(\frac{x-1}{x^2}\right)^{1/3} = \frac{1}{3}\ln\left(\frac{x-1}{x^2}\right)$$
$$= \frac{1}{3}\left[\ln(x-1) - \ln x^2\right] = \frac{1}{3}\left[\ln(x-1) - 2\ln x\right]$$

所以

$$\frac{dy}{dx} = \frac{1}{3}\left[\frac{1}{x-1} - \frac{2}{x}\right] = \frac{2-x}{3x(x-1)}$$

對數微分法　利用自然對數函數的性質可大量簡化包含商、積或冪的式子的微分工作，這個方法叫做**對數微分法**（logarithmic differentiation），將於範例 8 中展示。

範例 8

已知 $y = \dfrac{\sqrt{1-x^2}}{(x+1)^{2/3}}$，求 $\dfrac{dy}{dx}$。

解答：先取自然對數；然後對於 x 隱微分，

$$\ln y = \frac{1}{2}\ln(1-x^2) - \frac{2}{3}\ln(x+1)$$

$$\frac{1}{y}\frac{dy}{dx} = \frac{-2x}{2(1-x^2)} - \frac{2}{3(x+1)} = \frac{-(x+2)}{3(1-x^2)}$$

因此，

$$\frac{dy}{dx} = \frac{-y(x+2)}{3(1-x^2)} = \frac{-\sqrt{1-x^2}(x+2)}{3(x+1)^{2/3}(1-x^2)}$$

$$= \frac{-(x+2)}{3(x+1)^{2/3}(1-x^2)^{1/2}}$$

自然數數的圖形　$\ln x$ 的定義域是所有正實數，所以 $y = \ln x$ 的圖形位於右半平面。對於 $x > 0$，我們有

$$D_x \ln x = \frac{1}{x} > 0$$

與

$$D_x^2 \ln x = -\frac{1}{x^2} < 0$$

第一個式子告訴我們，自然對數函數是連續的、遞增的，第二個式子告訴我們它是處處下凹的。我們可以證明

$$\lim_{x \to \infty} \ln x = \infty$$

且

$$\lim_{x \to 0^+} \ln x = -\infty$$

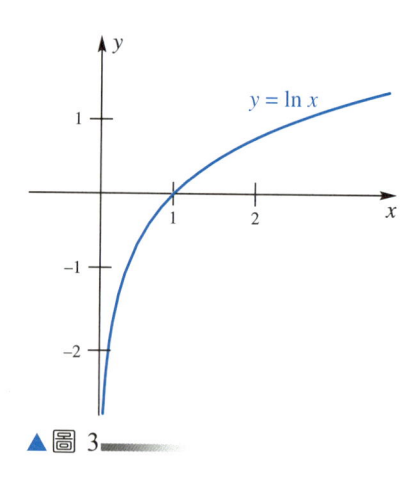

最後，我們又有 $\ln 1 = 0$，綜合這些事實可得 $y = \ln x$ 的圖形（圖 3）。

三角積分　一些三角函數的積分可利用自然對數函數來計算。

▲圖 3

● **範例 9**

計算 $\int \tan x \, dx$。

解答：因為 $\tan x = \dfrac{\sin x}{\cos x}$，我們採用代換 $u = \cos x$，$du = -\sin x \, dx$ 得到

$$\int \tan x \, dx = \int \dfrac{\sin x}{\cos x} dx = \int \dfrac{-1}{\cos x}(-\sin x \, dx) = -\ln|\cos x| + C$$

同理，可得

$$\int \cot x \, dx = \ln|\sin x| + C$$

● **範例 10**

計算 $\int \sec x \csc x \, dx$。

解答：利用三角恆等式 $\sec x \csc x = \tan x + \cot x$，可得

$$\int \sec x \csc x \, dx = \int (\tan x + \cot x) \, dx = -\ln|\cos x| + \ln|\sin x| + C$$

練習題 6.1

1-12 題中，求指定的導函數，假設每一題中 x 都限制在 $\ln$ 有定義的範圍內。

1. $D_x \ln(x^2 + 3x + \pi)$
2. $D_x \ln(3x^3 + 2x)$
3. $D_x \ln(x - 4)^3$
4. $D_x \ln \sqrt{3x - 2}$
5. $y = 3 \ln x$，求 $\dfrac{dy}{dx}$
6. $y = x^2 \ln x$，求 $\dfrac{dy}{dx}$
7. $z = x^2 \ln x^2 + (\ln x)^3$，求 $\dfrac{dz}{dx}$
8. $r = \dfrac{\ln x}{x^2 \ln x^2} + \left(\ln \dfrac{1}{x}\right)^3$，求 $\dfrac{dr}{dx}$
9. $g(x) = \ln(x + \sqrt{x^2 + 1})$，求 $g'(x)$
10. $h(x) = \ln(x + \sqrt{x^2 - 1})$，求 $h'(x)$
11. $f(x) = \ln \sqrt[3]{x}$，求 $f'(81)$
12. $f(x) = \ln(\cos x)$，求 $f'(\dfrac{\pi}{4})$

13-24 題中，求積分。

13. $\int \dfrac{1}{2x + 1} dx$
14. $\int \dfrac{1}{1 - 2x} dx$
15. $\int \dfrac{6v + 9}{3v^2 + 9v} dv$
16. $\int \dfrac{z}{2z^2 + 8} dz$
17. $\int \dfrac{2 \ln x}{x} dx$
18. $\int \dfrac{-1}{x(\ln x)^2} dx$

19. $\int_0^3 \dfrac{x^4}{2x^5+\pi}\,dx$

20. $\int_0^1 \dfrac{t+1}{2t^2+4t+3}\,dt$

21. $\int \dfrac{x^2}{x-1}\,dx$

22. $\int \dfrac{x^2+x}{2x-1}\,dx$

23. $\int \dfrac{x^4}{x+4}\,dx$

24. $\int \dfrac{x^3+x^2}{x+2}\,dx$

25-26 題中，請利用對數微分法求 $\dfrac{dy}{dx}$。

25. $y = \dfrac{x+11}{\sqrt{x^3-4}}$

26. $y = \dfrac{\sqrt{x+13}}{(x-4)\sqrt[3]{2x+1}}$

27. 請找出 $f(x) = 2x^2 \ln x - x^2$ 的所有區域極值（local extreme values）。

6.2 反函數及其導函數

一個函數 f 在它的定義域 D 中取一個數 x，並且將它指派給值域 R 中唯一的一個值 y，假如我們是夠幸運，就像圖 1 和圖 2 所描繪的兩個函數圖形一般，我們可以逆轉 f；也就是，對 R 中任一個給定的 y，我們可以明確地返回它的出發的處。這個先取 y 然後將 x 指派給它的新函數記為 f^{-1}，注意，它的定義域是 R，值域是 D，我們稱它為函數 f 的反函數（inverse）。右上角的 -1 有新的意義，這裡的 f^{-1} 不是表示 $\dfrac{1}{f}$ 而是表示反函數。

$y = f(x) = x^2$
無反函數

▲圖 3

$y = f(x) = 2x$
$x = f^{-1}(y) = \dfrac{1}{2}y$

▲圖 1

$y = f(x) = x^3 - 1$
$x = f^{-1}(y) = \sqrt[3]{y+1}$

▲圖 2

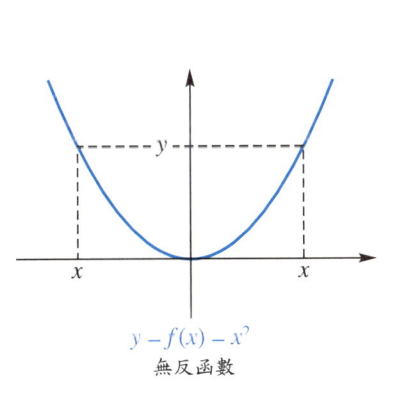

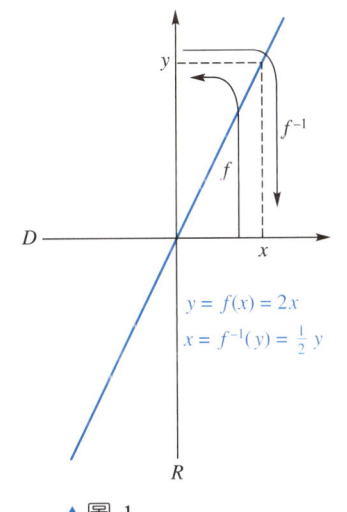

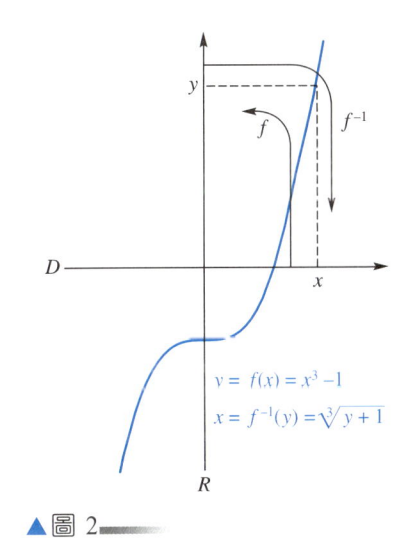

$y = g(x) = \sin x$
無反函數

▲圖 4

有時，我們可以給 f^{-1} 一個公式，若 $y = f(x) = 2x$，則 $x = f^{-1}(y) = \dfrac{1}{2}y$（見圖 1）。同理，若 $y = f(x) = x^3 - 1$，則 $x = f^{-1}(y) = \sqrt[3]{y+1}$（圖 2）。但是事情常常不是這麼簡單，並不是每個函數都可以明確地逆轉。例如，$y = f(x) = x^2$，對每一個給定的正數 y，存在兩個 x 對應到它（圖 3）。而函數 $y = g(x) = \sin x$ 更糟，對於每一 y，存在無限多個 x 與它對應（圖 4）。這樣的函數沒有反函數。

反函數的存在性　我們希望擁有決定一個函數是否具有反函數的簡單準則，一個這樣的準則為：函數是**一對一**（one-to-one），也就是，$x_1 \neq x_2$ 時 $f(x_1) \neq f(x_2)$ 成立，與此代數條件同義的幾何條件為：每一條水平直線和曲線 $y = f(x)$ 的交點最多只有一點，但是通常我們不知道 $y = f(x)$ 的圖形，所以另一個比較便於使用的準則為：函數是**嚴格單調的**（strictly monotonic），意思是指函數在它的定義域上不是遞增就是遞減。

定理 A

若 f 在定義域上是嚴格單調的，則 f 有反函數。

證明　令 x_1 和 x_2 是 f 定義域中的兩個數且 $x_1 < x_2$。因為 f 是單調的，所以 $f(x_1) < f(x_2)$ 或 $f(x_1) > f(x_2)$。不管是那種情況，$f(x_1) \neq f(x_2)$。所以 $x_1 \neq x_2$ 時 $f(x_1) \neq f(x_2)$ 成立，這意謂 f 是一對一，因此具有反函數。

● 範例 1

證明 $f(x) = x^5 + 2x + 1$ 有反函數。

解答：$f'(x) = 5x^4 + 2 > 0$ 對所有 x。所以 f 在整條實數線上遞增，因此有反函數。

對於在自然定義域中沒有反函數的函數，我們有一個拯救的方法，只要限制它的定義域，使得圖形在受限制之後的定義域上為遞增或遞減，就可以建立出一個具有反函數的函數了。例如，對於 $y = f(x) = x^2$，我們可以限制定義域為 $x \geq 0$，對於 $y = g(x) = \sin x$，我們可以限制定義域為區間 $[-\pi/2, \pi/2]$，這樣，這兩個函數都有反函數了（圖 5），而且對於第一個函數 $y = f(x) = x^2$ 我們甚至可以給一個公式：$f^{-1}(y) = \sqrt{y}$。

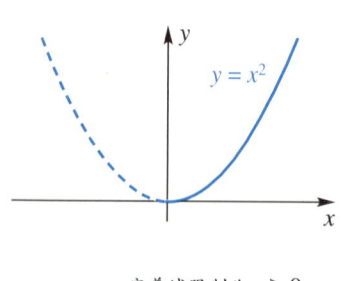

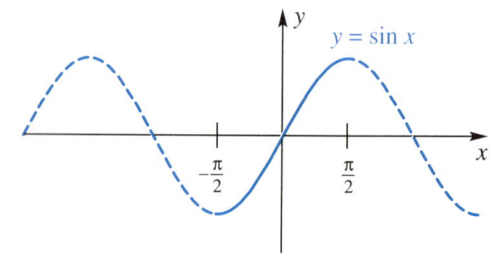

定義域限制為 $x \geq 0$　　　　　定義域限制為 $\left[-\dfrac{\pi}{2}, \dfrac{\pi}{2}\right]$

▲ 圖 5

若 f 有反函數 f^{-1}，則 f^{-1} 也有反函數，就是 f，所以我們稱 f 和 f^{-1} 為一對反函數，也就是

$$f^{-1}(f(x)) = x \quad \text{且} \quad f(f^{-1}(y)) = y$$

範例 2

證明 $f(x) = 2x + 6$ 有反函數，求 $f^{-1}(y)$ 的一個公式，且驗證上列方框中的式子。

解答：因為 f 是一個遞增函數，所以它有反函數，解 $y = 2x + 6$ 可得 $x = (y-6)/2 = f^{-1}(y)$。最後進行驗證

$$f^{-1}(f(x)) = f^{-1}(2x+6) = \frac{(2x+6)-6}{2} = x$$

且

$$f(f^{-1}(y)) = f\left(\frac{y-6}{2}\right) = 2\left(\frac{y-6}{2}\right) + 6 = y$$

$y = f^{-1}(x)$ 的圖形　假設 f 有反函數，則

$$x = f^{-1}(y) \Leftrightarrow y = f(x)$$

因此，$y = f(x)$ 和 $x = f^{-1}(y)$ 決定相同的數對 (x, y)，所以有相同的圖形。但是，習慣上是使用 x 作為函數定義域中的變數，所以現在我們想要知道 $y = f^{-1}(x)$ 的圖形。不難得知，一個圖形上的 x 與 y 互換角色所得的圖形，就是對直線 $y = x$ 的反射圖形，所以 $y = f^{-1}(x)$ 的圖形是 $y = f(x)$ 的圖形對直線 $y = x$ 的反射（圖 6）

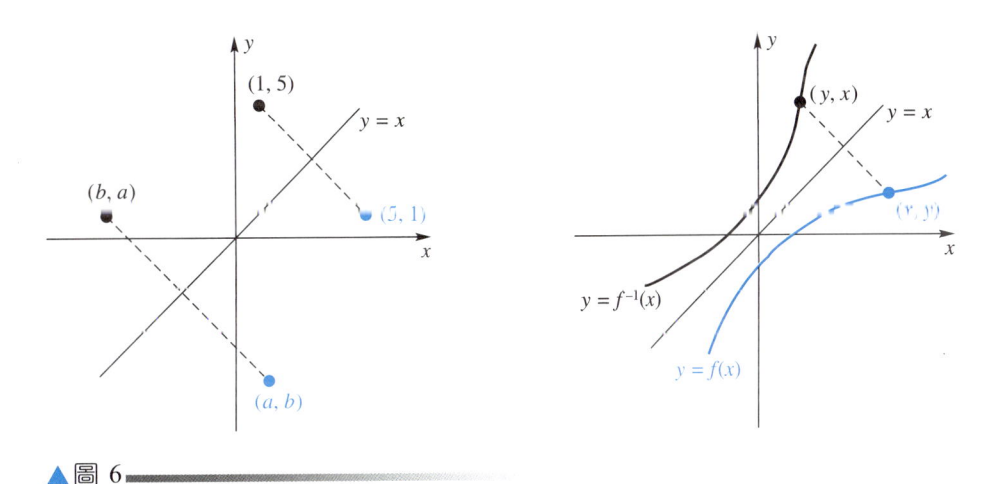

▲ 圖 6

關於求 $f^{-1}(x)$ 的公式，我們提出一個含三個步驟的程序。

第 1 步：解用 x 表示 y 的方程式 $y = f(x)$ 中的 x，改用 y 表示 x。

第 2 步：將上一步驟中用 y 表示的式子命名為 $f^{-1}(y)$。

第 3 步：將 $f^{-1}(y)$ 中的 y 改成 x，得 $f^{-1}(x)$ 的公式。

範例 3

已知 $y = f(x) = x/(1-x)$，求 $f^{-1}(x)$。

解答：

第 1 步：
$$y = \frac{x}{1-x}$$
$$(1-x)y = x$$
$$y - xy = x$$
$$x + xy = y$$
$$x(1+y) = y$$
$$x = \frac{y}{1+y}$$

第 2 步：$f^{-1}(y) = \dfrac{y}{1+y}$

第 3 步：$f^{-1}(x) = \dfrac{x}{1+x}$

反函數的導函數 本節的最後，我們研究一個函數的導函數跟它的反函數的導函數之間的關係。

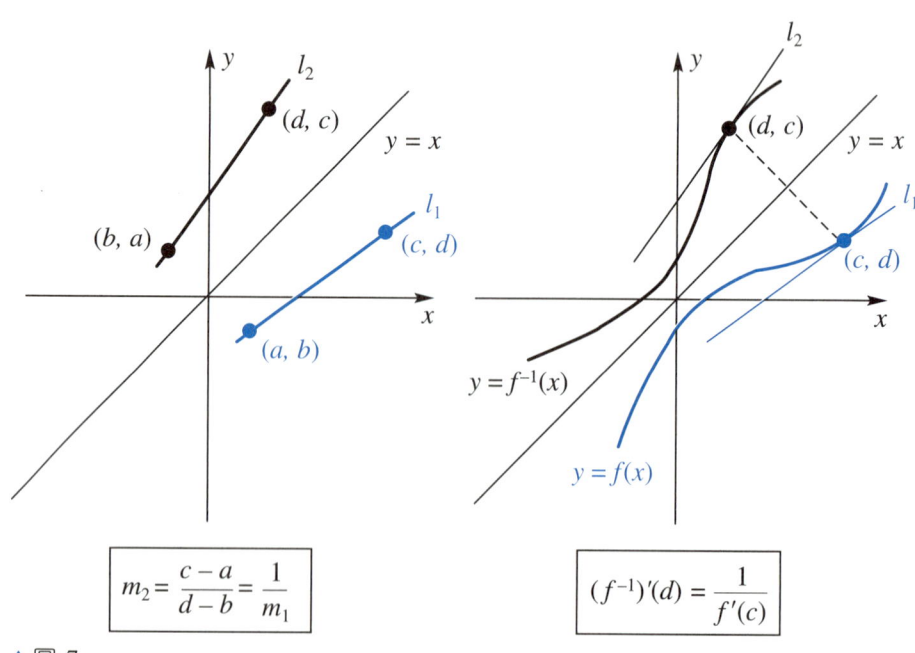

$$m_2 = \frac{c-a}{d-b} = \frac{1}{m_1}$$

$$(f^{-1})'(d) = \frac{1}{f'(c)}$$

▲圖 7

參考圖 7 的兩個圖形，我們得到下列定理，它的證明請參考高等微積分書籍。

定理 B　反函數定理（Inverse Function Theorem）

令函數 f 在區間 I 上可微分且嚴格單調，若在 I 中的某一點 x 上滿足 $f'(x) \neq 0$，則 f^{-1} 在 f 值域中的點 $y = f(x)$ 上是可微分的，且

$$(f^{-1})'(y) = \frac{1}{f'(x)}$$

此結果常寫成

$$\frac{dx}{dy} = \frac{1}{dy/dx}$$

範例 4

已知 $y = f(x) = x^5 + 2x + 1$，求 $(f^{-1})'(4)$。

解答：$f(1) = 4$，且 $f'(x) = 5x^4 + 2$，由定理 B，可得

$$(f^{-1})'(4) = \frac{1}{f'(1)} = \frac{1}{5+2} = \frac{1}{7}$$

練習題 6.2

1-3 題中，藉由證明 f 是嚴格單調的來證明 f 具有反函數（範例 1）。

1. $f(x) = -x^5 - x^3$
2. $f(z) = (z-1)^2$，$z \geq 1$
3. $f(x) = \int_0^x \sqrt{t^4 + t^2 + 10}\, dt$

4-8 題中，找出 $f^{-1}(x)$ 的公式，然後驗證：$f^{-1}(f(x)) = x$ 且 $f(f^{-1}(x)) = x$（範例 2,3）。

4. $f(x) = x + 1$
5. $f(x) = \sqrt{x+1}$
6. $f(x) = -\dfrac{1}{x-3}$
7. $f(x) = 4x^2$，$x \leq 0$
8. $f(x) = \dfrac{x-1}{x+1}$

9-10 題中，請根據給定的 $y = f(x)$ 圖形繪出 $y = f^{-1}(x)$ 的圖形。

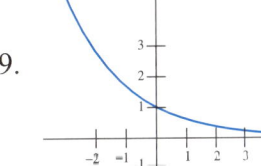

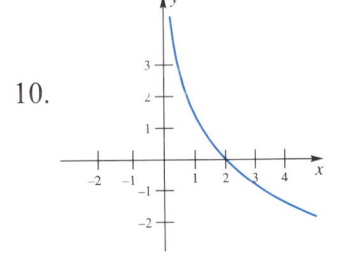

9.

10.

11-13 題中，利用定理 B 求 $(f^{-1})'(2)$。（範例 4）

11. $f(x) = 3x^5 + x - 2$
12. $f(x) = x^5 + 5x - 4$
13. $f(x) = \sqrt{x+1}$

6.3 自然指數函數

6.1 節結束前最後的討論中，我們得到 $y = f(x) = \ln x$ 的圖形，如圖 1 所示。自然對數函數在它的定義域 $D = (0, \infty)$ 上可微分且為遞增；且它的值域是 $R = (-\infty, \infty)$，因此它的反函數 $\ln^{-1}$ 存在，且定義域為 $(-\infty, \infty)$，值域為 $(0, \infty)$。這個函數非常重要，所以我們給它特別的名稱和符號。

▲圖 1

定義

ln 的反函數稱為**自然指數函數**（nature exponential function），且記為 exp，因此

$$x = \exp y \iff y = \ln x$$

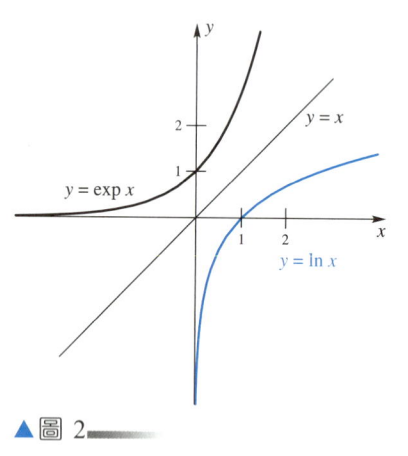

由此定義可知

1. $\exp(\ln x) = x, \; x > 0$ \hfill (1)
2. $\ln(\exp y) = y,$ 對所有的 y \hfill (2)

因為 exp 和 ln 互為反函數，所以 $y = \exp x$ 的圖形是 $y = \ln x$ 的圖形對直線 $y = x$ 的反射（圖 2）。

▲圖 2

自然指數函數的性質 首先我們介紹一個新的數，就像 π 一樣，它在數學中非常重要，我們給它一個特殊符號 e。

定義

字母 e 代表滿足 $\ln e = 1$ 的那一個正實數。

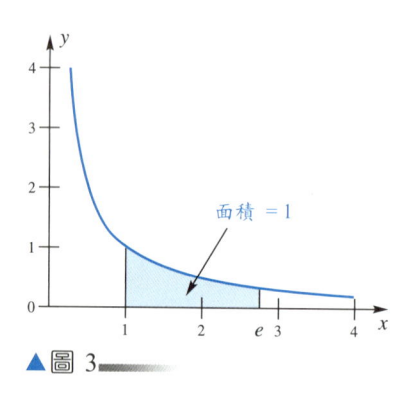

圖 3 解釋了此定義：在 $y = 1/x$ 之下，且介於 $x = 1$ 和 $x = e$ 之間的區域面積為 1，也就是 $\int_1^e \frac{1}{t} dt = 1$。因為 $\ln e = 1$，所以 $\exp 1 = e$，數字 e 與數字 π 一樣是無理數，它的近似值為

$$e \approx 2.718281828459045$$

▲圖 3

現在我們要進行一個關鍵性的觀察，根據上述的 (1) 式與定理 6.1A，若 r 是有理數，則

$$e^r = \exp(\ln e^r) = \exp(r \ln e) = \exp r$$

我們須強調此結果，當 r 是有理數時，$\exp r = e^r$。我們用抽象的反函數概念所定義的函數 $\exp r$，居然只是一個簡單的指數函數 e^r。

當 r 是無理數時，又如何呢？在基礎代數中有一個缺口，我們很難定義出冪數為無理數的指數之值，例如，$e^{\sqrt{2}}$ 是甚麼意思？根據剛才的討論，只需對於任意實數 x（有理數或無理數）做下述定義

$$e^x = \exp x$$

因此，本節一開始的 (1) 和 (2) 兩式可改寫為

$$(1)' \quad e^{\ln x} = x, \quad x > 0$$
$$(2)' \quad \ln(e^y) = y, \quad \text{所有 } y$$

現在我們可以證明指數律中的兩個定律。

---

e 的定義

e 的定義有三種方式
1. $e = \ln^{-1} 1$（我們的定義）
2. $e = \lim_{n \to \infty} (1+h)^{1/h}$
3. $e = \lim_{n \to \infty} \left(1 + \frac{1}{1!} + \frac{1}{2!} + \cdots + \frac{1}{n!}\right)$

在本書中，定義 2 與 3 變成定理（見 6.5 節的定理 A，與 9.7 節的範例 3）

定理 A

令 a 和 b 為任意實數，則 $e^a e^b = e^{a+b}$ 且 $e^a/e^b = e^{a-b}$。

證明 為了證明第一個定律，我們寫成

$$\begin{aligned}
e^a e^b &= \exp(\ln e^a e^b) & (\text{由}(1)) \\
&= \exp(\ln e^a + \ln e^b) & (\text{定理 } 6.1\text{A}) \\
&= \exp(a + b) & (\text{由}(2)') \\
&= e^{a+b} & (\text{因為 } \exp x = e^x)
\end{aligned}$$

同理可證第二個定律。

e^x 的導函數 因為 $\exp$ 和 $\ln$ 互為反函數，由定理 6.2B 可得 $\exp x = e^x$ 是可微分的函數，我們可以利用該定理求 $D_x e^x$。令 $y = e^x$，則

$$x = \ln y$$

兩邊對 x 微分，且使用連鎖法則，可得

$$1 = \frac{1}{y} D_x y$$

因此，

$$D_x y = y = e^x$$

我們證明了重要的事實：e^x是它自己的導函數；也就是

$$D_x e^x = e^x$$

所以，$y = e^x$是微分方程式$y' = y$的一個解。

若$u = f(x)$是可微分的，則根據連鎖法則可得

$$D_x e^u = e^u D_x u$$

範例 1

求 $D_x e^{\sqrt{x}}$。

解答： 令 $u = \sqrt{x}$，可得

$$D_x e^{\sqrt{x}} = e^{\sqrt{x}} D_x \sqrt{x} = e^{\sqrt{x}} \cdot \frac{1}{2} x^{-1/2} = \frac{e^{\sqrt{x}}}{2\sqrt{x}}$$

範例 2

求 $D_x e^{x^2 \ln x}$。

解答：

$$\begin{aligned} D_x e^{x^2 \ln x} &= e^{x^2 \ln x} D_x(x^2 \ln x) \\ &= e^{x^2 \ln x} \left(x^2 \cdot \frac{1}{x} + 2x \ln x \right) \\ &= x e^{x^2 \ln x} (1 + \ln x^2) \end{aligned}$$

範例 3

令 $f(x) = xe^{x/2}$，求 f 在何處遞增、遞減、上凹、下凹，並找出所有極值點和反曲點，然後描繪 f 的圖形。

解答：

$$f'(x) = \frac{xe^{x/2}}{2} + e^{x/2} = e^{x/2}\left(\frac{x+2}{2}\right)$$

且

$$f''(x) = \frac{e^{x/2}}{2} + \left(\frac{x+2}{2}\right)\frac{e^{x/2}}{2} = e^{x/2}\left(\frac{x+4}{4}\right)$$

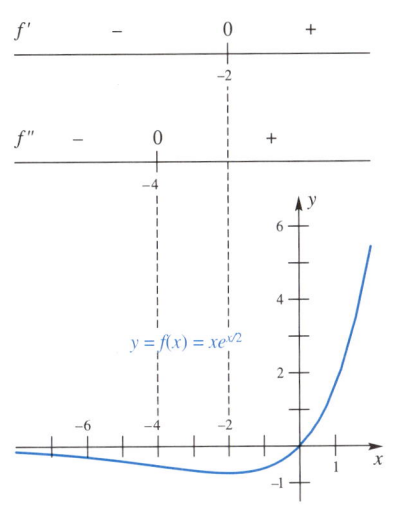

因為 $e^{x/2} > 0$ 對所有 x，所以 $x < -2$ 時 $f'(x) < 0$，$f'(-2) = 0$，$x > -2$ 時 $f'(x) > 0$；可知 f 在 $(-\infty, -2]$ 上遞減、在 $[-2, \infty)$ 上遞增，且在 $x = -2$ 有極小值 $f(-2) = -2/e \approx -0.7$。

同理，$x < -4$ 時 $f''(x) < 0$，$f''(-4) = 0$，$x > -4$ 時 $f''(x) > 0$；所以 f 的圖形在 $(-\infty, -4)$ 下凹，在 $(-4, \infty)$ 上凹，且有一個反曲點 $(-4, -4e^{-2}) \approx (-4, -0.54)$。因為 $\lim\limits_{x \to -\infty} xe^{x/2} = 0$，所以直線 $y = 0$ 是一條水平漸近線。綜合以上資訊，可得 f 的圖形如圖 4 所示。

▲圖 4

導數公式 $D_x e^x = e^x$ 自動產生積分公式 $\int e^x \, dx = e^x + C$，或以 u 取代 x 可得，

$$\int e^u \, du = e^u + C$$

範例 4

計算 $\int e^{-4x} \, dx$。

解答：令 $u = -4x$，則 $du = -4 \, dx$，可得

$$\int e^{-4x} \, dx = -\frac{1}{4} \int e^{-4x}(-4 \, dx) = -\frac{1}{4} \int e^u \, du = -\frac{1}{4} e^u + C = -\frac{1}{4} e^{-4x} + C$$

範例 5

計算 $\int x^2 e^{-x^3} \, dx$。

解答：令 $u = -x^3$，故 $du = -3x^2 \, dx$。則

$$\int x^2 e^{-x^3} \, dx = -\frac{1}{3} \int e^{-x^3}(-3x^2 \, dx)$$
$$= -\frac{1}{3} \int e^u \, du = -\frac{1}{3} e^u + C$$
$$= -\frac{1}{3} e^{-x^3} + C$$

範例 6

計算 $\int_1^3 xe^{-3x^2}\, dx$。

解答：令 $u = -3x^2$，則 $du = -6x\, dx$，可得

$$\int xe^{-3x^2}\, dx = -\frac{1}{6}\int e^{-3x^2}(-6x\, dx) = -\frac{1}{6}\int e^u\, du$$
$$= -\frac{1}{6}e^u + C = -\frac{1}{6}e^{-3x^2} + C$$

所以，依微積分第二基本定理得

$$\int_1^3 xe^{-3x^2}\, dx = \left[-\frac{1}{6}e^{-3x^2}\right]_1^3 = -\frac{1}{6}(e^{-27} - e^{-3}) = \frac{e^{-3} - e^{-27}}{6} \approx 0.0082978$$

範例 7

計算 $\int \dfrac{6e^{1/x}}{x^2}\, dx$。

解答：令 $u = 1/x$，則 $du = (-1/x^2)\, dx$，可得

$$\int \frac{6e^{1/x}}{x^2}\, dx = -6\int e^{1/x}\left(\frac{-1}{x^2}\, dx\right) = -6\int e^u\, du$$
$$= -6e^u + C = -6e^{1/x} + C$$

雖然在本書接下的內容中，記號 $\exp y$ 將幾乎完全被 e^y 取代，$\exp$ 仍將常常出現在科學的論述中，特別是當指數 y 很複雜之時。例如，統計學中常常會遇到的常態分配密度函數

$$f(x) = \frac{1}{\sigma\sqrt{2\pi}}\exp\left[-\frac{(x-\mu)^2}{2\sigma^2}\right]$$

練習題 6.3

1-8 題中，化簡各給定的表示

1. $e^{3\ln x}$
2. $e^{-2\ln x}$
3. $\ln e^{\cos x}$
4. $\ln e^{-2x-3}$
5. $\ln(x^3 e^{-3x})$
6. $e^{x-\ln x}$
7. $e^{\ln 3 + 2\ln x}$
8. $e^{\ln x^2 - y\ln x}$

9-20 題中，求 $D_x y$（範例 1 與 2）。

9. $y = e^{x+2}$
10. $y = e^{2x^2-x}$
11. $y = e^{\sqrt{x+2}}$
12. $y = e^{-1/x^2}$
13. $y = e^{2\ln x}$
14. $y = e^{x/\ln x}$
15. $y = x^3 e^x$
16. $y = e^{x^3 \ln x}$

17. $y = \sqrt{e^{x^2}} + e^{\sqrt{x^2}}$

18. $y = e^{1/x^2} + 1/e^{x^2}$

19. $e^{xy} + xy = 2$ （利用隱微分法）

20. $e^{x+y} = 4 + x + y$

21-28 題中，求各給定積分。

21. $\int e^{3x+1}\, dx$

22. $\int xe^{x^2-3}\, dx$

23. $\int (x+3)e^{x^2+6x}\, dx$

24. $\int \dfrac{e^x}{e^x - 1}\, dx$

25. $\int \dfrac{e^{-1/x}}{x^2}\, dx$

26. $\int e^{x+e^x}\, dx$

27. $\int_0^1 e^{2x+3}\, dx$

28. $\int_1^2 \dfrac{e^{3/x}}{x^2}\, dx$

29. 求由 $y = e^x$, $y = 0$, $x = 0$ 和 $x = \ln 3$ 所圍區域繞 x 軸旋轉所得旋轉體的體積。

30. 求由 $y = e^{-x^2}$, $y = 0$, $x = 0$ 和 $x = 1$ 所圍區域繞 y 軸旋轉所得旋轉體的體積。

6.4　一般指數與對數函數

2^π 是什麼？

在代數中，2^n 首先是對正整數 n 定義，得到 $2^1 = 2$，　$2^4 = 2\cdot 2\cdot 2\cdot 2$。接下來，對 $n = 0$ 定義得到
$$2^0 = 1，$$
也對負整數定義，得到
$$2^{-n} = 1/2^n，n > 0，$$
最後利用方根函數對有理數 r 定義 2^r，得到 $2^{7/3} = \sqrt[3]{2^7}$。

為了將 2^x 的定義推廣到所有實數 x，我們需要微積分。關於 2^π 的定義，有一種方法是用數列的極限
$$2^3, 2^{3.1}, 2^{3.14}, 2^{3.141}, \cdots$$
我們採用的是另一種方法
$$2^\pi = e^{\pi \ln 2}$$
這一種定義與微積分有關，因為自然對數函數 $\ln x$ 的定義需要定積分 $\int_1^x \dfrac{1}{t}\, dt$。

前一節中，我們定義了 $e^{\sqrt{2}}$，e^π 及 e 的其他無理數指數，但是 $2^{\sqrt{2}}$，π^π，π^e 及其他數字的無理指數又如何呢？事實上，對於 $a > 0$ 及任意實數 x 我們想要定義 a^x。我們已知道，若 $r = p/q$ 是一個有理數，則 $a^r = (\sqrt[q]{a})^p$，同時也知道

$$a^r = \exp(\ln a^r) = \exp(r \ln a) = e^{r \ln a}$$

這促成了**以 a 為底的指數函數**(exponential function to the base a)的定義。

定義

對於 $a > 0$ 和任意實數 x
$$a^x = e^{x \ln a}$$

當然，只有當以前的指數性質也成立時，這個新的定義才是恰當的，為了堅固我們對此定義的信心，我們用此定義計算 3^2（需借助計算機）

$$3^2 = e^{2\ln 3} \approx e^{2(1.0986123)} \approx 9.000000$$

你的計算機給的計算結果可能不是數字 9，計算機中 e^x 與 $\ln x$ 的值是用近似值，通常是準確到小數點後 8 位數字。

現在我們可以填補 6.1 節中，自然對數性質中的一個缺口，

$$\ln(a^x) = \ln(e^{x\ln a}) = x\ln a$$

定理 6.1A 的性質 (iv) 不像之前說的只對有理數成立，對於所有實數 x 也都成立。

a^x 的性質　定理 A 中摘要了我們熟悉的指數性質，現在可用嚴密的方式來證明了。定理 B 告訴我們如何微分和積分 a^x。

定理 A　指數的性質

若 $a>0$，$b>0$，且 x 和 y 為實數，則

(i) $a^x a^y = a^{x+y}$　　(ii) $\dfrac{a^x}{a^y} = a^{x-y}$　　(iii) $(a^x)^y = a^{xy}$

(iv) $(ab)^x = a^x b^x$　　(v) $\left(\dfrac{a}{b}\right)^x = \dfrac{a^x}{b^x}$

證明　我們將證明 (ii) 和 (iii)，其他性質請讀者自行練習。

(ii) $\dfrac{a^x}{a^y} = e^{\ln(a^x/a^y)} = e^{\ln a^x - \ln a^y}$

$\qquad = e^{x\ln a - y\ln a} = e^{(x-y)\ln a} = a^{x-y}$

(iii) $(a^x)^y = e^{y\ln a^x} = e^{yx\ln a} = a^{yx} = a^{xy}$　∎

定理 B　指數函數法則

$$D_x a^x = a^x \ln a$$
$$\int a^x\,dx = \left(\dfrac{1}{\ln a}\right)a^x + C, \qquad a \neq 1$$

證明

$$D_x a^x = D_x(e^{x\ln a}) = e^{x\ln a} D_x(x\ln a)$$
$$= a^x \ln a$$

由微分公式馬上可得積分公式。　∎

範例 1

求 $D_x\bigl(3^{\sqrt{x}}\bigr)$。

解答：

$$D_x\bigl(3^{\sqrt{x}}\bigr) = 3^{\sqrt{x}} \ln 3 \cdot D_x \sqrt{x} = \dfrac{3^{\sqrt{x}} \ln 3}{2\sqrt{x}}$$

範例 2

已知 $y = (x^4 + 2)^5 + 5^{x^4+2}$，求 dy/dx。

解答：

$$\begin{aligned}\frac{dy}{dx} &= 5(x^4+2)^4 \cdot 4x^3 + 5^{x^4+2}\ln 5 \cdot 4x^3\\ &= 4x^3[5(x^4+2)^4 + 5^{x^4+2}\ln 5]\\ &= 20x^3[(x^4+2)^4 + 5^{x^4+1}\ln 5]\end{aligned}$$

範例 3

求 $\displaystyle\int 2^{x^3} x^2\, dx$。

解答： 令 $u = x^3$，則 $du = 3x^2\, dx$，可得

$$\begin{aligned}\int 2^{x^3} x^2\, dx &= \frac{1}{3}\int 2^{x^3}(3x^2\, dx) = \frac{1}{3}\int 2^u\, du\\ &= \frac{1}{3}\frac{2^u}{\ln 2} + C = \frac{2^{x^3}}{3\ln 2} + C\end{aligned}$$

函數 $\log_a$ 最後，我們要與你在代數中所學的對數做一個聯繫。注意到若 $0 < a < 1$，則 $f(x) = a^x$ 是一個遞減函數；若 $a > 1$，則它是一個遞增函數，你可藉由考慮導數來檢查。不管 $0 < a < 1$ 或是 $a > 1$，$f(x) = a^x$ 都有反函數，此反函數就叫做**以 a 為底的對數函數**（logarithmic function to the base a），請看下述定義

定義

令 a 為異於 1 的正數，則

$$y = \log_a x \Leftrightarrow x = a^y$$

歷史上，最常使用的底數是 10，所產生的對數稱為**常用對數**（common logarithms），但是在微積分和所有的高等數學中，最重要的底數是 e。請特別注意 $\log_e$，它是 $f(x) = e^x$ 的反函數，也恰是 ln 的另一種記號；也就是

$$\log_e x = \ln x$$

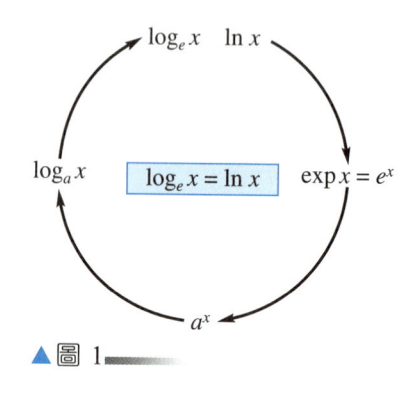

我們已走了一整圈（見圖 1）。我們在 6.1 節中介紹的函數，到頭來居然只是一個普通的對數函數，不過它具有一個很特別的底數，e。

現在觀察，若 $y = \log_a x$，也就是 $x = a^y$，則

$$\ln x = y \ln a$$

可得

$$\boxed{\log_a x = \frac{\ln x}{\ln a}}$$

由上式可知 $\log_a$ 滿足一般的對數性質（見定理 6.1A）。而且

$$\boxed{D_x \log_a x = \frac{1}{x \ln a}}$$

範例 4

已知 $y = \log_{10}(x^4 + 13)$，求 $\dfrac{dy}{dx}$。

解答：

$$\frac{dy}{dx} = \frac{1}{(x^4 + 13) \ln 10} \cdot 4x^3 = \frac{4x^3}{(x^4 + 13) \ln 10}$$

函數 a^x、x^a 和 x^x 由比較圖 2 中的三個圖形開始。更一般來說，令 a 為一常數。不要將**指數函數**（exponential function）$f(x) = a^x$ 與冪函數（power function）$g(x) = x^a$ 混淆，也不要混淆它們的導函數。我們剛學過

$$\boxed{D_x(a^x) = a^x \ln a}$$

對實數 a（有理數或無理數），我們有

$$D_x(x^a) = D_x(e^{a \ln x}) = e^{a \ln x} \cdot \frac{a}{x}$$
$$= x^a \cdot \frac{a}{x} = ax^{a-1}$$

所以

$$D_x(x^a) = ax^{a-1}$$

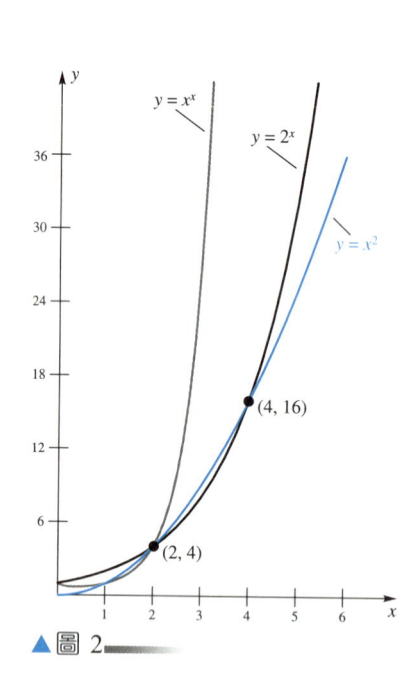

對應的積分公式為

$$\int x^a \, dx = \frac{x^{a+1}}{a+1} + C, \quad a \neq -1$$

最後，我們要考慮 $f(x) = x^x$，底數與指數都是變數。

範例 5

若 $y = x^x$，$x > 0$，請用兩種不同方法求 $D_x y$。

解答：

方法 1　$y = x^x = e^{x \ln x}$

$$D_x y = e^{x \ln x} D_x(x \ln x) = x^x \left(x \cdot \frac{1}{x} + \ln x \right) = x^x(1 + \ln x)$$

方法 2　利用 6.1 節中的對數微分法可得

$$y = x^x$$

$$\ln y = x \ln x$$

$$\frac{1}{y} D_x y = x \cdot \frac{1}{x} + \ln x$$

$$D_x y = y(1 + \ln x) = x^x(1 + \ln x)$$

範例 6

已知 $y = (x^2 + 1)^\pi + \pi^{\sin x}$，求 dy/dx。

解答：

$$\frac{dy}{dx} = \pi(x^2 + 1)^{\pi-1}(2x) + \pi^{\sin x} \ln \pi \cdot \cos x$$

範例 7

已知 $y = (x^2 + 1)^{\sin x}$，求 $\dfrac{dy}{dx}$。

解答：

$$\ln y = (\sin x) \ln(x^2 + 1)$$

$$\frac{1}{y} \frac{dy}{dx} = (\sin x) \frac{2x}{x^2 + 1} + (\cos x) \ln(x^2 + 1)$$

$$\frac{dy}{dx} = (x^2 + 1)^{\sin x} \left[\frac{2x \sin x}{x^2 + 1} + (\cos x) \ln(x^2 + 1) \right]$$

範例 8

計算 $\int_{1/2}^{1} \dfrac{5^{1/x}}{x^2} dx$。

解答：令 $u = 1/x$，則 $du = (-1/x^2)dx$，可得

$$\int \frac{5^{1/x}}{x^2} dx = -\int 5^{1/x}\left(-\frac{1}{x^2} dx\right) = -\int 5^u du$$

$$= -\frac{5^u}{\ln 5} + C = -\frac{5^{1/x}}{\ln 5} + C$$

所以，由微積分第二基本定理可得

$$\int_{1/2}^{1} \frac{5^{1/x}}{x^2} dx = \left[-\frac{5^{1/x}}{\ln 5}\right]_{1/2}^{1} = \frac{1}{\ln 5}(5^2 - 5)$$

$$= \frac{20}{\ln 5} \approx 12.43$$

■ 練習題 6.4

1-10 題中，求指定的導函數或積分。

1. $D_x(6^{2x})$
2. $D_x(3^{2x^2-3x})$
3. $D_x \log_3 e^x$
4. $D_x \log_{10}(x^3+9)$
5. $D_z[3^z \ln(z+5)]$
6. $D_\theta \sqrt{\log_{10}(3^{\theta^2-\theta})}$
7. $\int x 2^{x^2} dx$
8. $\int 10^{5x-1} dx$
9. $\int_1^4 \dfrac{5^{\sqrt{x}}}{\sqrt{x}} dx$
10. $\int_0^1 (10^{3x} + 10^{-3x}) dx$
11. $y = 10^{(x^2)} + (x^2)^{10}$
12. $y = \sin^2 x + 2^{\sin x}$
13. $y = x^{\pi+1} + (\pi+1)^x$
14. $y = 2^{(e^x)} + (2^e)^x$
15. $y = (x^2+1)^{\ln x}$
16. 已知 $f(x) = x^{\sin x}$，求 $f'(1)$。

11-14 題中，求 $\dfrac{dy}{dx}$，注意：你必須區分是 a^x、x^a 還是 x^x（範例 5-7）。

6.5 指數型成長與衰退

在 2004 年初，世界人口數約 64 億，據說到了 2020 年將到達 79 億，這種預測是如何做出來的呢？

為了以數學處理此問題，令 $y = f(t)$ 表示在時間 t 的人口數，其中 t 為 2004 年之後的年數。我們可以做一個合理的假設：在一段短時間 Δt 內，人口數的增加（出生數減去死亡數）Δy 正比於該時段一開始的人口數，也正比於該時段的長度，因此 $\Delta y = ky \Delta t$，或是

$$\frac{\Delta y}{\Delta t} = ky$$

取極限之後，可得下列微分方程

$$\boxed{\frac{dy}{dt} = ky}$$

若 $k > 0$，則人口數是成長的；若 $k < 0$，則人口數是萎縮的，依歷史資料推算，k 大約為 0.0132（假設 t 以年為單位）。

解微分方程 我們在 3.9 節開始微分方程的學習，你可能需要回頭複習一下。現在我們要解 $dy/dt = ky$，滿足條件：$t = 0$ 時 $y = y_0$。分離變數並積分之後可得

$$\frac{dy}{y} = k\, dt$$

$$\int \frac{dy}{y} = \int k\, dt$$

$$\ln y = kt + C$$

條件 $t = 0$ 時 $y = y_0$ 給定了 $C = \ln y_0$。因此

$$\ln y - \ln y_0 = kt$$

或

$$\ln \frac{y}{y_0} = kt$$

變成指數形式可得

$$\frac{y}{y_0} = e^{kt}$$

或是

$$\boxed{y = y_0 e^{kt}}$$

當 $k > 0$ 時，此種成長稱為指數型成長（exponential growth），當 $k < 0$ 時，叫做指數型衰退（exponential decay）。

回到世界人口問題，我們選定時間 t 是 2004 年 1 月 1 日後的年數，y 是以十億人為單位。所以，$y_0 = 6.4$，且因為 $k = 0.0132$，可得

$$y = 6.4e^{0.0132t}$$

到了 2020 年，也就是 $t = 16$ 時，我們可以預測 y 約為

$$y = 6.4e^{0.0132(16)} \approx 7.9 \text{（十億）} = 79 \text{億}$$

範例 1

依據上述假設，經過多久世界人口可變成兩倍？

解答：：問題的意思是"從 2004 年開始，幾年之後人口數達到 128 億？"，我們要解方程式

$$12.8 = 6.4e^{0.0132t}$$
$$2 = e^{0.0132t}$$

得

$$\ln 2 = 0.0132t$$
$$t = \frac{\ln 2}{0.0132} \approx 53 \text{ 年}$$

範例 2

估計一個急速成長環境中的細菌數目，中午時為 10000 且兩小時後為 40000，預估下午 5 點時將有多少細菌？

解答：我們假設微分方程 $dy/dt = ky$ 是可應用的，所以 $y = y_0 e^{kt}$。現在我們有兩個條件（$y_0 = 10{,}000$ 與 $t = 2$ 時 $y = 40{,}000$），由此可得

$$40{,}000 = 10{,}000 e^{k(2)}$$
$$4 = e^{2k}$$
$$\ln 4 = 2k$$
$$k = \tfrac{1}{2}\ln 4 = \ln \sqrt{4} = \ln 2$$

所以，

$$y = 10{,}000 e^{(\ln 2)t}$$

$t = 5$ 時可得

$$y = 10{,}000 e^{0.693(5)} \approx 320{,}000$$

超越函數　Chapter 6

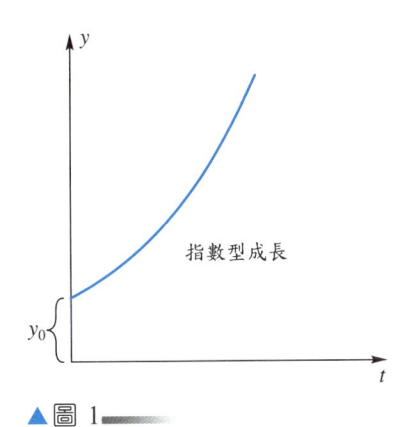

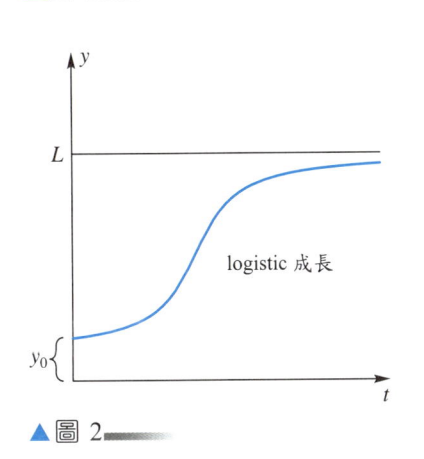

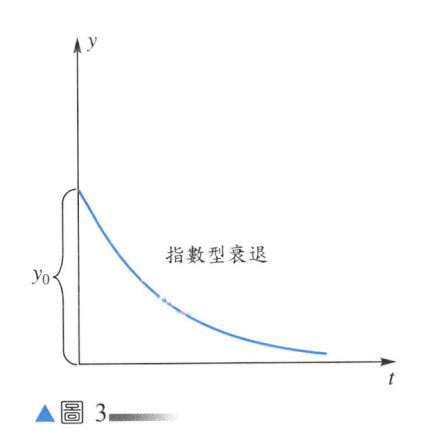

圖 1（指數型成長）

用指數型模型來模擬群體數量的成長是有瑕疵的，因為依照此模型，群體數量將以越來越快的速度無限成長（圖 1）。在大部分的情況（包括世界人口數）中，有限的空間與資源最後將減緩成長速率。這促成了另一個群體數量成長模型的產生，稱為 logistic 模型（logistic model），在此模型中，我們假設成長速率與群體數量 y 及 $L-y$ 都成正比，其中 L 是可能發生的最高群體數量。這樣產生了一個微分方程

$$\frac{dy}{dt} = ky(L-y)$$

圖 2（logistic 成長）

注意，當 y 很小時，$dy/dt \approx kLy$，這大約是指數型成長；但是當 y 接近 L 時，成長減緩且 dy/dt 越來越小，產生一個如圖 2 所示的曲線。

放射性衰變　並非每樣事物皆成長；某些事物將隨時間遞減。例如，放射性元素的衰變，而且以一個速率正比於當前數量的方式衰變。所以，它們的改變率也滿足微分方程

$$\frac{dy}{dt} = ky$$

但是 k 是負的。$y = y_0 e^{kt}$ 依然是此式的解，圖 3 中展示了一個典型的圖形。

圖 3（指數型衰退）

範例 3

碳 14 是一種放射性元素，衰變速率與原來的數量成正比。它的半衰期（half-life）為 5730 年；也就是給定某一數量的碳 14，須花 5730 年才會衰變為原來數量的一半。假如現在有 10 克的碳 14，經過 2000 年後還剩多少？

解答：由已知條件半衰期為 5730 年可得

$$\frac{1}{2} = 1e^{k(5730)}$$

$$-\ln 2 = 5730k$$

$$k = \frac{-\ln 2}{5730} \approx -0.000121$$

所以

$$y = 10e^{-0.000121t}$$

當 $t = 2000$ 時，可得

$$y = 10e^{-0.000121(2000)} \approx 7.85 \text{克}$$

牛頓冷卻定律　牛頓冷卻定律（Newton's Law of Cooling）說：一個物體冷卻（或增溫）的變化率與該物溫度和周遭溫度的差成正比。假設初溫為 T_0 的某一物體被放在室溫為 T_1 的房間內，若 $T(t)$ 表示該物體在時間 t 的溫度，則牛頓冷卻定律說

$$\frac{dT}{dt} = k(T - T_1)$$

範例 4

自 350°F 的烤箱中取出一個物體，將該物體放到室溫 70°F 的房間內冷卻，若在一小時內溫度下降 250°F，則自烤箱取出後 3 小時該物體的溫度為何？

解答：微分方程可寫成

$$\frac{dT}{dt} = k(T - 70)$$

$$\frac{dT}{T - 70} = k\, dt$$

$$\int \frac{dT}{T - 70} = \int k\, dt$$

$$\ln|T - 70| = kt + C$$

因為初始溫度大於 70，因此 $T - 70$ 為正，絕對值符號可省略

$$T - 70 = e^{kt+C}$$

$$T = 70 + C_1 e^{kt}$$

其中 $C_1 = e^C$。由初始條件 $T(0) = 350$ 可得 C_1

$$350 = T(0) = 70 + C_1 e^{k \cdot 0}$$

$$280 = C_1$$

所以

$$T(t) = 70 + 280 e^{kt}$$

利用已知條件 $T(1) = 250$ 可知

$$250 = T(1) = 70 + 280 e^{k \cdot 1}$$

$$280 e^k = 180$$

$$e^k = \frac{180}{280}$$

$$k = \ln \frac{180}{280} \approx -0.44183$$

所以，

$$T(t) = 70 + 280 e^{-0.44183 t}$$

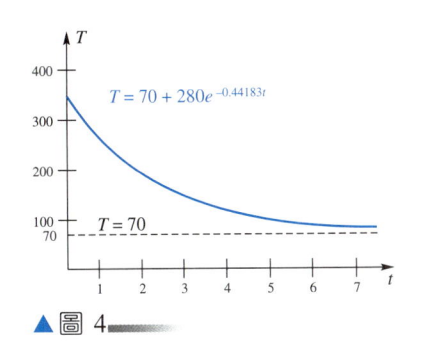

見圖 4，3 小時後該物體的溫度為
$$T(3) = 70 + 280e^{-0.44183 \cdot 3} \approx 144.4°F$$

複利 我們將$100 存入銀行，假如利息為年利率 12%，以月複利計算（一年複利 12 次），則第一個月底本利和為$100(1.01)，第二個月底本利和為$100(1.01)^2$，第 12 個月底（1 年後）本利和為$100(1.01)^{12}$。就一般情形來說，假如我們將本金 A_0 元存入銀行，利息為年利率$100r$％，一年複利 n 次，則 t 年後的本利和為

$$A(t) = A_0\left(1 + \frac{r}{n}\right)^{nt}$$

範例 5

假設凱薩琳將$500 存入銀行，利息為年利率 4%每天複利一次，請問 3 年後的本利和為多少？

解答：此處 $r = 0.04$ 且 $n = 365$，可得
$$A = 500\left(1 + \frac{0.04}{365}\right)^{365(3)} \approx \$563.74$$

現在我們考慮**連續複利**（compounded continuously），也就是令一年內複利的次數 n 趨近於無窮大，則我們宣稱有

$$A(t) = \lim_{n \to \infty} A_0\left(1 + \frac{r}{n}\right)^{nt} = A_0 \lim_{n \to \infty}\left[\left(1 + \frac{r}{n}\right)^{n/r}\right]^{rt}$$
$$= A_0\left[\lim_{h \to 0}(1+h)^{1/h}\right]^{rt} = A_0 e^{rt}$$

其中 r/n 被 h 代替了，$n \to \infty$ 時 $h \to 0$，也用了一個事實 $\lim_{h \to 0}(1+h)^{1/h} = e$。

定理 A

$$\lim_{h \to 0}(1+h)^{1/h} = e$$

（我們省略了證明）

> **範例 6**
>
> 假設範例 5 中的銀行採連續複利，則 3 年後凱薩琳的本利和為多少？
>
> 解答：
> $$A(t) = A_0 e^{rt} = 500 e^{(0.04)(3)} \approx \$563.75$$

練習題 6.5

1-4 題中，針對各給定的微分方程求滿足初始條件的解。

1. $\dfrac{dy}{dt} = -6y$, $y(0) = 4$

2. $\dfrac{dy}{dt} = 6y$, $y(0) = 1$

3. $\dfrac{dy}{dt} = 0.005y$, $y(10) = 2$

4. $\dfrac{dy}{dt} = -0.003y$, $y(-2) = 3$

5. 一群細菌的成長速率與它的數量成正比。起初，它的數量是 10,000，10 天後變成 20,000，請問 25 天後細菌數量為多少？（範例 2）

6. 一個群體數量的成長率與它的數量成正比，5 年後該群體數量為 164,000，12 年後群體數量為 235,000，請問起初的群體數量為何？

7. 一種放射性物質的半衰期為 700 年，若起初有 10 克，則 300 年後衰變為幾克？

8. 若一放射性物質在 2 天內失去 15% 的放射性，則他的半衰期為何？

9. 某物體自 300°F 的烤箱中取出放置在 75°F 的房間內冷卻，假如在 $\dfrac{1}{2}$ 小時內冷卻到 200°F，則 3 小時後該物體的溫度為何？

10. 今天我們將 $375 存入銀行，若年利率為 3.5%，且採用下列指定方式複利，則 2 年後的本利和是多少呢？

    (a) 每年複利一次　　(b) 每月複利

    (c) 每日複利　　　　(d) 連續複利

11-13 題中，利用事實 $e = \lim\limits_{h \to 0}(1+h)^{1/h}$ 求下列每個極限。

11. $\lim\limits_{x \to 0}(1-x)^{1/x}$

    提示：$(1-x)^{1/x} = [(1-x)^{1/(-x)}]^{-1}$

12. $\lim\limits_{x \to 0}(1+3x)^{1/x}$

13. $\lim\limits_{n \to \infty}\left(\dfrac{n+2}{n}\right)^n$

6.6 一階線性微分方程

在 3.9 節中我們首度解微分方程，當時我們發展了一種稱為分離變數的方法來解微分方程，前一節中，我們也用此法解與成長或是衰退有

關的微分方程。

並不是所有的微分方程都是可分離的。請看下述微分方程

$$\frac{dy}{dx} = 2x - 3y$$

我們無法將 dy 及含 y 的式子與 dx 及含 x 的式子分離在等式的兩邊，但是可整理如下形式

$$\frac{dy}{dx} + P(x)y = Q(x)$$

其中 $P(x)$ 和 $Q(x)$ 都是以 x 為變數的函數，此種形式的微分方程叫做**一階線性微分方程**（first-order linear differential equation）。

一個微分方程的所有解所成之集合稱為**通解**（general solution）。許多問題會要求須滿足條件 $x = a$ 時 $y = b$，其中 a 和 b 是給定的數，這種條件稱為**初始條件**（initial condition），一個滿足微分方程與初始條件的函數稱為一個**特解**（particular solution）。

解一階線性方程 為了解一階線性微分方程，首先，我們在等式兩邊同乘以**積分因子**（integrating factor）

$$e^{\int P(x)\,dx}$$

則微分方程變為

$$e^{\int P(x)\,dx}\frac{dy}{dx} + e^{\int P(x)\,dx}P(x)y = e^{\int P(x)\,dx}Q(x)$$

左邊是乘積 $y \cdot e^{\int P(x)\,dx}$ 的導函數，所以方程式可寫成

$$\frac{d}{dx}(y \cdot e^{\int P(x)\,dx}) = e^{\int P(x)\,dx}Q(x)$$

兩邊同時積分，可得

$$ye^{\int P(x)\,dx} = \int (Q(x)e^{\int P(x)\,dx})\,dx$$

所以通解為

$$y = e^{-\int P(x)\,dx}\int (Q(x)e^{\int P(x)\,dx})\,dx$$

你不需要強行記憶最後的結果；此法的過程很容易記住，請看下面範例。

範例 1

解 $\dfrac{dy}{dx} + \dfrac{2}{x}y = \dfrac{\sin 3x}{x^2}$。

解答：我們的積分因子為

$$e^{\int P(x)\,dx} = e^{\int (2/x)\,dx} = e^{2\ln|x|} = e^{\ln x^2} = x^2$$

將原式兩邊同乘 x^2，可得

$$x^2 \dfrac{dy}{dx} + 2xy = \sin 3x$$

也就是

$$\dfrac{d}{dx}(x^2 y) = \sin 3x$$

積分兩邊得

$$x^2 y = \int \sin 3x\,dx = -\tfrac{1}{3}\cos 3x + C$$

或是

$$y = \left(-\tfrac{1}{3}\cos 3x + C\right) x^{-2}$$

範例 2

已知微分方程 $\dfrac{dy}{dx} - 3y = xe^{3x}$，求滿足條件 $x=0$ 時 $y=4$ 的特解。

解答：積分因子為

$$e^{\int (-3)\,dx} = e^{-3x}$$

等式兩邊同乘以此因子，則原式變為

$$\dfrac{d}{dx}(e^{-3x} y) = x$$

或是

$$e^{-3x} y = \int x\,dx = \tfrac{1}{2}x^2 + C$$

所以通解為

$$y = \tfrac{1}{2}x^2 e^{3x} + C e^{3x}$$

代入條件 $x = 0$ 時 $y = 4$，可得 $C = 4$。所以特解為

$$y = \frac{1}{2}x^2 e^{3x} + 4e^{3x}$$

應用 我們介紹化學中常見的混合問題

● 範例 3

一個儲槽中有 120 加侖的鹽水，其中有 75 磅的鹽，並且以每分鐘 2 加侖的速率注入每加侖含 1.2 磅鹽的鹽水。在注入鹽水的同時，儲槽以相同的速率排出鹽水（圖 1）。若持續攪拌儲槽中的鹽水以保持均勻，1 小時後儲槽中還有多少鹽？

解答：令 y 表示經過 t 分鐘後儲槽中鹽的磅數。儲槽每分鐘經由注入的鹽水可得 2.4 磅的鹽，經由排出的鹽水失去 $\frac{2}{120}y$ 磅的鹽，因此

$$\frac{dy}{dt} = 2.4 - \frac{1}{60}y$$

需滿足的條件為 $t = 0$ 時 $y = 75$。原式可整理成

$$\frac{dy}{dt} + \frac{1}{60}y = 2.4$$

積分因子為 $e^{t/60}$，所以

$$\frac{d}{dt}[ye^{t/60}] = 2.4e^{t/60}$$

可得

$$ye^{t/60} = \int 2.4 e^{t/60}\, dt = (60)(2.4)e^{t/60} + C$$

$t = 0$ 時 $y = 75$ 代入，可得 $C = -69$，因此

$$y = e^{-t/60}[144e^{t/60} - 69] = 144 - 69e^{-t/60}$$

1 小時（60 分鐘）後，

$$y = 144 - 69e^{-1} \approx 118.62 \text{ pounds}$$

請注意，y 在 $t \to \infty$ 時的極限為 144，這對應到一個事實：儲槽最終將完全呈現注入的鹽水的濃度。假如儲槽中的鹽水每加侖含 1.2 磅的鹽，則 120 加侖的鹽水含有 144 磅的鹽。

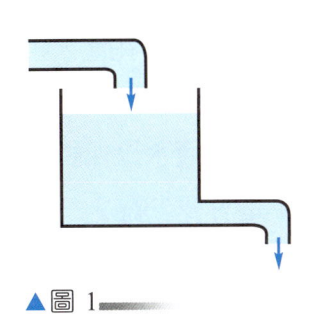

▲圖 1

練習題 6.6

1-8 題中,解每個微分方程。

1. $\dfrac{dy}{dx} + y = e^{-x}$

2. $(x+1)\dfrac{dy}{dx} + y = x^2 - 1$

3. $\dfrac{dy}{dx} - \dfrac{y}{x} = xe^x$

4. $\dfrac{dy}{dx} + \dfrac{y}{x} = \dfrac{1}{x}$

5. $y' + \dfrac{2y}{x+1} = (x+1)^3$

6. $\dfrac{dy}{dx} - \dfrac{y}{x} = 3x^3$; $x = 1$ 時 $y = 3$

7. $y' = e^{2x} - 3y$; $x = 0$ 時 $y = 1$

8. $xy' + (1+x)y = e^{-x}$; $x = 1$ 時 $y = 0$

9. 一個儲槽中有 200 加侖的鹽水,其中有 50 磅的鹽,並且以每分鐘 4 加侖的速率注入每加侖含 2 磅鹽的鹽水。在注入鹽水的同時,儲槽以相同的速率排出鹽水。若持續攪拌儲槽中的鹽水以保持均勻,40 分鐘後儲槽中還有多少鹽?

6.7 微分方程的近似解

許多微分方程沒有明確的**解析解**(analytic solution),對這種微分方程我們只能求它的近似解。本節中,我們將研究兩種求微分方程近似解的方法;一個方法是圖解的,另一個方法是數值的。

斜率場(slope field) 考慮如下式的一階線性微分方程

$$y' = f(x, y)$$

此式說:在點 (x, y) 上,一個解的斜率為 $f(x, y)$。例如,微分方程 $y' = y$ 說:解所成的曲線在點 (x, y) 的斜率等於 y。

對於微分方程 $y' = \frac{1}{5}xy$ 而言,它的解在點 (5, 3) 的斜率為 $y' = \frac{1}{5} \cdot 5 \cdot 3 = 3$;它的解在點 (1, 4) 的斜率為 $y' = \frac{1}{5} \cdot 1 \cdot 4 = \frac{4}{5}$。請看圖 1 中的圖解:在點 (5, 3) 上畫一小段斜率為 3 的線段,在點 (1, 4) 上畫一小段斜率為 4/5 的線段。

▲圖 1

若我們對於一些實數對 (x, y) 重複這種工作,可得到一個**斜率場**(slope field)。因為徒手描繪斜率場是一件辛苦的工作,這工作最好交由電腦來完成;數學軟體 Mathematica 和 Maple 皆具有描繪斜率場的能力,圖 2 顯示了微分方程 $y' = \frac{1}{5}xy$ 的斜率場。給定一個初始條件,我們可以循著斜率場得到特解的粗略近似。通常,我們可以經由斜率場看出一個微分方程的所有解的行為。

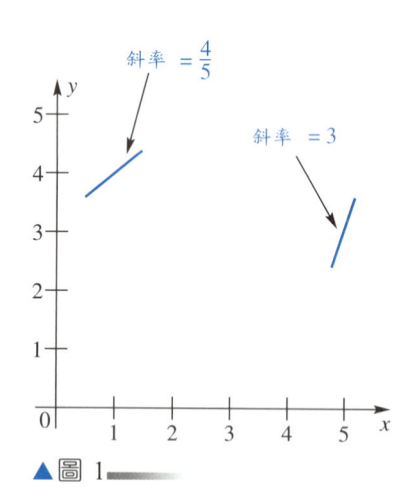

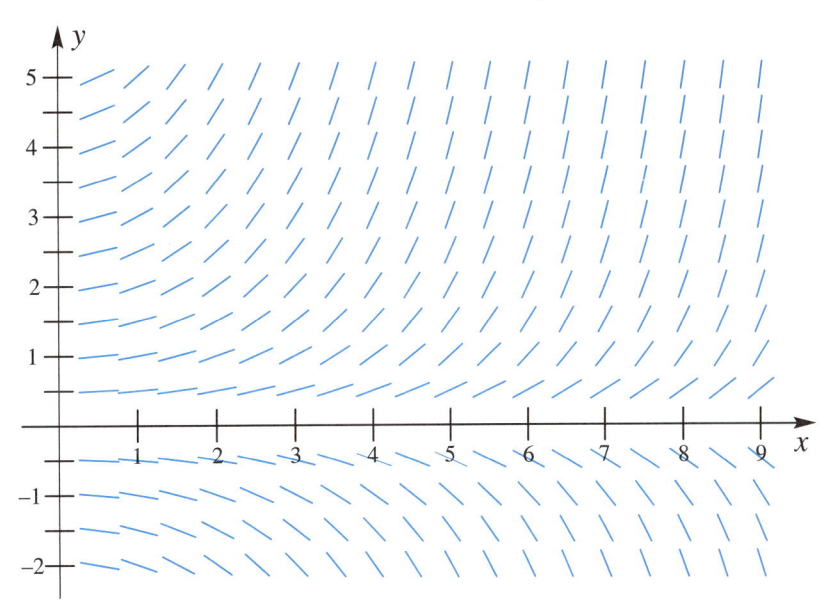

▲圖 2

範例 1

假設一個群體的數量 y 滿足微分方程 $y' = 0.2y(16 - y)$，此方程式的斜率場如圖 3 所示。

(a) 描繪滿足初始條件 $y(0) = 3$ 的特解。

(b) 當 $y(0) > 16$ 時，解的行為如何？

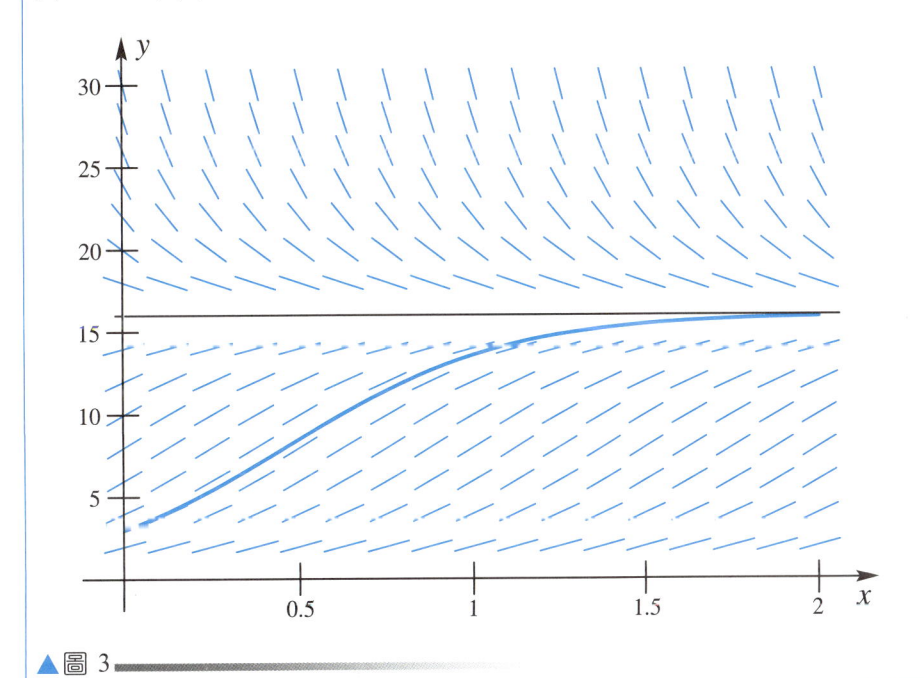

(c) 當 $0 < y(0) < 16$ 時，解的行為如何？

▲圖 3

解答：

(a) 滿足初始條件 $y(0) = 3$ 的解包含點 $(0, 3)$，由該點出發往右，此解循著斜率線移動，圖 3 中的曲線顯示了此解的圖形。

(b) $y(0) > 16$ 時，解會往水平漸近線 $y = 16$ 遞減。

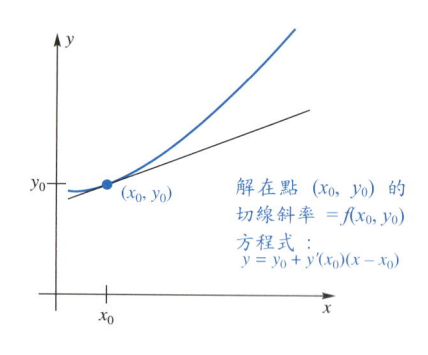

(c) $0 < y(0) < 16$ 時，解會往水平漸近線 $y = 16$ 遞增。

(b) 和 (c) 指出了，不論初始數量是多少，群體數量都將收斂到 16。

尤拉法（Euler's Method）　我們再一次考慮形如 $y' = f(x, y)$ 且具有初始條件 $y(x_0) = y_0$ 的微分方程。記住，不管我們是否有明顯寫出，y 都是以 x 為變數的函數。初始條件告訴我們實數對 (x_0, y_0) 是解的圖形上的一點。我們也知道：解在 x_0 的切線斜率為 $f(x_0, y_0)$，見圖 4。

假如 h 是很小的正數，我們期望下列切線在區間 $[x_0, x_0+h]$ 上可以接近解 $y(x)$

$$P_1(x) = y_0 + y'(x_0)(x - x_0) = y_0 + f(x_0, y_0)(x - x_0)$$

令 $x_1 = x_0 + h$，則在 x_1 我們有

$$P_1(x_1) = y_0 + hy'(x_0) = y_0 + hf(x_0, y_0)$$

設定 $y_1 = y_0 + hf(x_0, y_0)$，則我們得到 x_1 上的解 $y(x_1)$ 的一個近似值，見圖 5 中的解釋。

因為 $y' = f(x, y)$，我們知道解在 $x = x_1$ 的斜率為 $f(x_1, y(x_1))$，在此點，我們不知道 $y(x_1)$，但我們知道它的一個近似值 y_1。我們重複這樣的過程，也為解在點 $x_2 = x_1 + h$ 得到一個近似值 $y_2 = y_1 + hf(x_1, y_1)$。如此一直做下去，這種過程稱為**尤拉法（Euler's Method）**，參數 h 稱為**步長（step size）**。

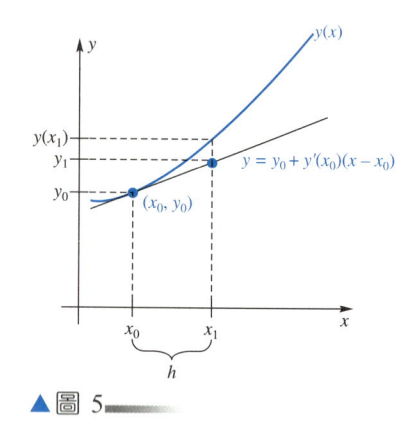

演算法　尤拉法（Euler's Method）

為了找出微分方程 $y' = f(x, y)$ 滿足初始條件 $y(x_0) = y_0$ 的近似解，選定一個步長 h 並對 $n = 1, 2, \ldots$ 重複下列步驟：

1. 設 $x_n = x_{n-1} + h$
2. 設 $y_n = y_{n-1} + hf(x_{n-1}, y_{n-1})$

記得，微分方程的解是一個函數，但是尤拉法沒有產生一個函數；而是產生一個由實數對 (x_i, y_i) 所成的集合，該集合近似於微分方程的解 y。

請注意 $y(x_n)$ 與 y_n 的差別，$y(x_n)$（通常是未知的）是在 x_n 的準確解的值，y_n 是我們對於在 x_n 的準確解的近似；也就是，y_n 是我們對於 $y(x_n)$ 的近似。

範例 2

使用尤拉法，選定 $h = 0.2$，找出微分方程
$$y' = y, \quad y(0) = 1$$
在區間 $[0, 1]$ 上的近似解。

解答：針對此問題，$f(x, y) = y$，以 $x_0 = 0$ 且 $y_0 = 1$ 開始，可得
$$y_1 = y_0 + hf(x_0, y_0) = 1 + 0.2 \cdot 1 = 1.2$$
$$y_2 = 1.2 + 0.2 \cdot 1.2 = 1.44$$
$$y_3 = 1.44 + 0.2 \cdot 1.44 = 1.728$$
$$y_4 = 1.728 + 0.2 \cdot 1.728 = 2.0736$$
$$y_5 = 2.0736 + 0.2 \cdot 2.0736 = 2.48832$$

n	x_n	y_n	e^{x_n}
0	0.0	1.0	1.00000
1	0.2	1.2	1.22140
2	0.4	1.44	1.49182
3	0.6	1.728	1.82212
4	0.8	2.0736	2.22554
5	1.0	2.48832	2.71828

微分方程 $y' = y$ 說 y 是它自己的導函數，滿足初始條件 $y(0) = 1$ 的解是 $y(x) = e^x$。左邊圖表中列出了 5 個用尤拉法得到的近似值與準確值的比較。圖 6(a) 顯示了 y 的這 5 個近似 (x_i, y_i)，$i = 1, 2, 3, 4, 5$；圖 6 也顯示了準確解 $y(x) = e^x$。選定更小的 h 通常產生更精確的近似值。當然，更小的 h 意謂須花更多步才能到達 $x = 1$。

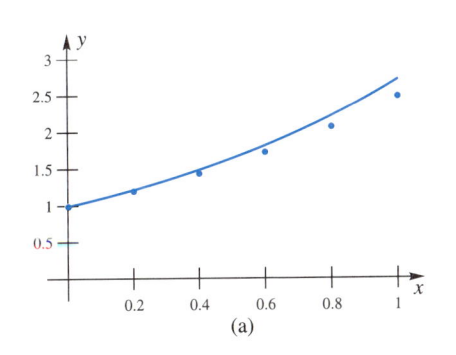

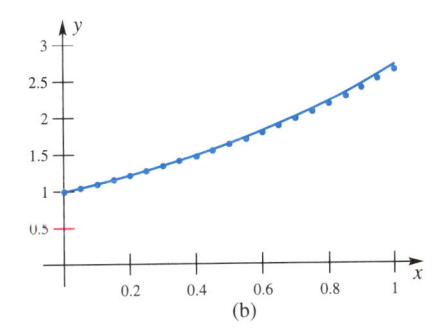

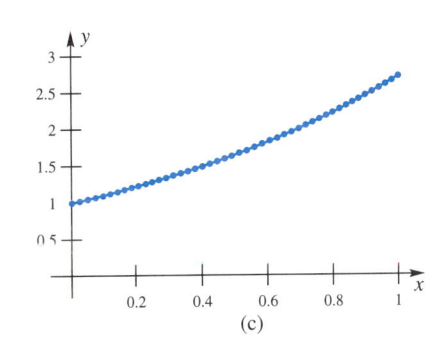

▲圖 6

範例 3

使用尤拉法，分別選定 $h = 0.05$ 和 $h = 0.01$，找出微分方程
$$y' = y, \quad y(0) = 1$$
在區間 $[0, 1]$ 上的近似解。

解答：估計過程像範例 2 一樣，但是縮短步長 h 為 0.05 可得到下表：

n	x_n	y_n	n	x_n	y_n
0	0.00	1.000000	11	0.55	1.710339
1	0.05	1.050000	12	0.60	1.795856
2	0.10	1.102500	13	0.65	1.885649
3	0.15	1.157625	14	0.70	1.979932

n	x_n	y_n
0	0.00	1.000000
1	0.01	1.010000
2	0.02	1.020100
3	0.03	1.030301
⋮	⋮	⋮
90	0.99	2.678033
100	1.00	2.704814

4	0.20	1.215506	15	0.75	2.078928
5	0.25	1.276282	16	0.80	2.182875
6	0.30	1.340096	17	0.85	2.292018
7	0.35	1.407100	18	0.90	2.406619
8	0.40	1.477455	19	0.95	2.526950
9	0.45	1.551328	20	1.00	2.653298
10	0.50	1.628895			

圖 6(b) 中，顯示了使用尤拉法並選定 $h = 0.05$ 求出的近似解。
對於 $h = 0.01$ 的情況進行同樣的計算程序，結果摘要於左表與圖 6(c) 中。

■ 練習題 6.7

1-4 題中，針對一個形如 $y' = f(x, y)$ 的微分方程給定一個斜率場，利用此斜率場描繪滿足給定初始條件的解。在每題中，求 $\lim_{x \to \infty} y(x)$ 並找出 $y(2)$ 的近似值。

1. $y(0) = 5$
2. $y(0) = 6$
3. $y(0) = 16$
4. $y(1) = 3$

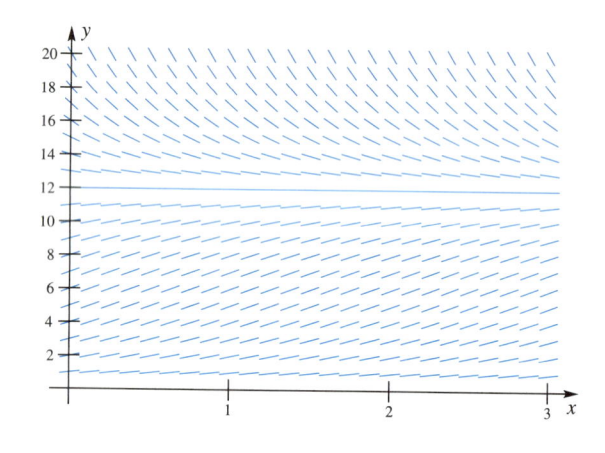

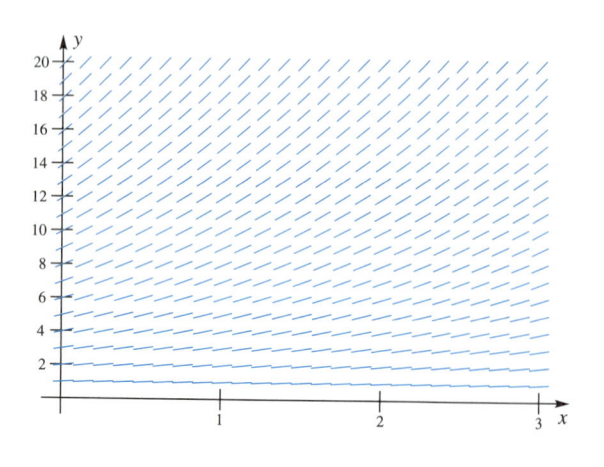

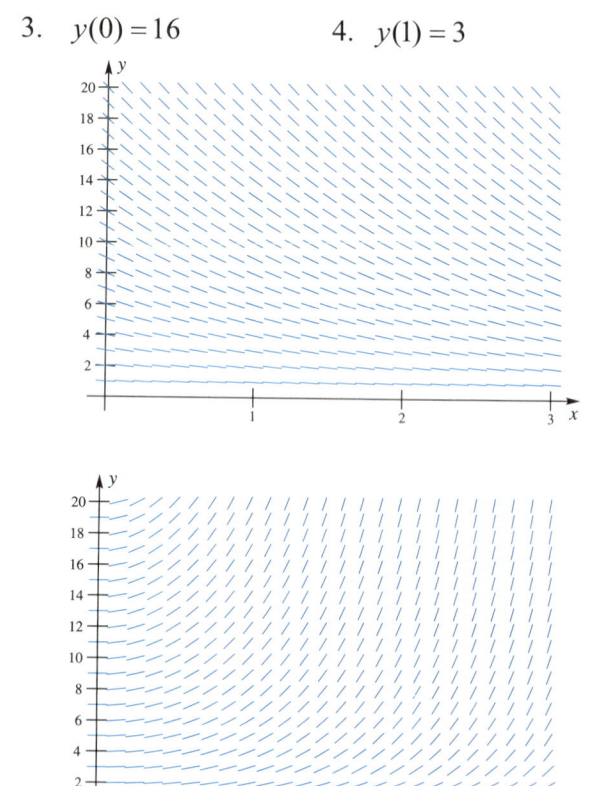

5-8 題中，繪出各給定微分方程的斜率場，利用 3.9 節的分離變數法或是 6.6 節的積分因子法找出滿足初始條件的特解，並繪出該特解。

5. $y' = \frac{1}{2}y$; $y(0) = \frac{1}{2}$

6. $y' = -y$; $y(0) = 4$

7. $y' = x - y + 2$; $y(0) = 4$

8. $y' = 2x - y + \frac{3}{2}$; $y(0) = 3$

9-11 題中，使用尤拉法，選定 $h = 0.2$，找出給定微分方程在指定區間上的近似解。

9. $y' = 2y$, $y(0) = 3$, $[0,1]$

10. $y' = x$, $y(0) = 0$, $[0,1]$

11. $y' = xy$, $y(1) = 1$, $[1,2]$

6.8　反三角函數及其導函數

我們已在 0.7 節中定義了六個三角函數，並且偶爾在範例及習題中使用它們。提到反函數，它們是反函數不存在的函數，因為對於它們值域內的每一個 y，存在無限多個 x 與它對應（圖 1）。但是，我們仍將介紹它們的反函數。這種對沒有反函數的函數定義出反函數的可行性有賴於一種過程，叫做**限制定義域**（restricting domain）。

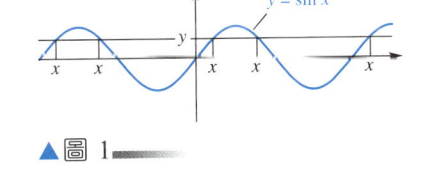

▲圖 1

反正弦與反餘弦　對於正弦和餘弦函數，在可形成反函數的前提下，我們一邊限制它的定義域，一邊又需使值域盡可能的大。可達成目標的做法有許多種，但是公認的做法示意於圖 2 與圖 3 中，其中也顯示了反函數的圖形可透過對直線 $y = x$ 的反射得到。

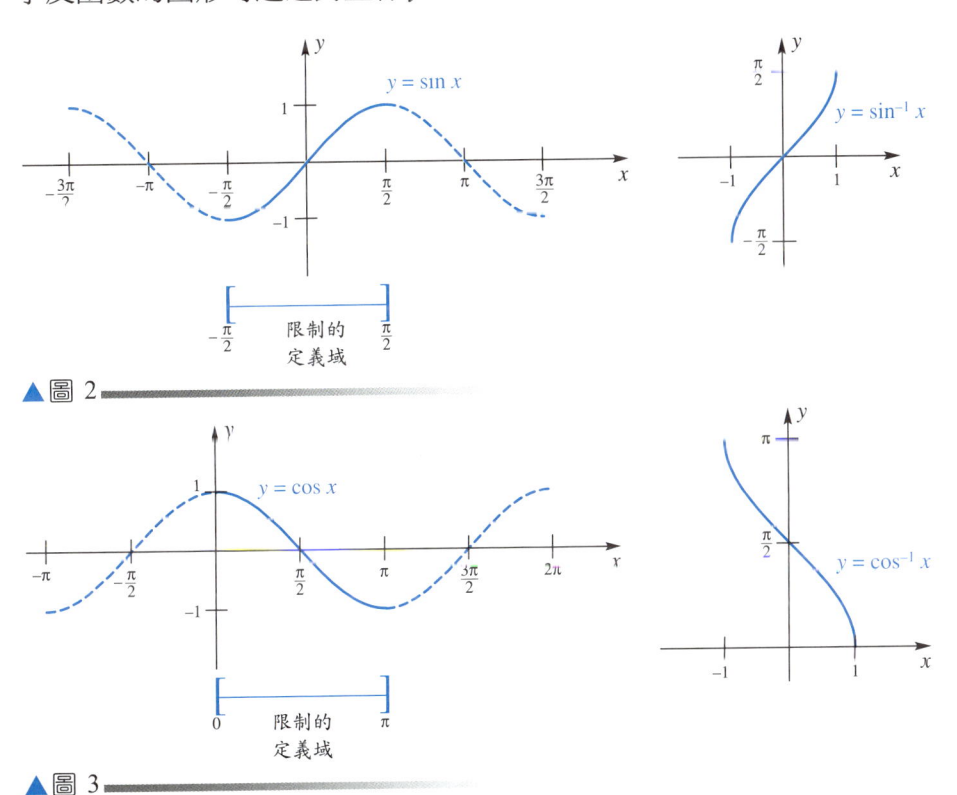

▲圖 2

▲圖 3

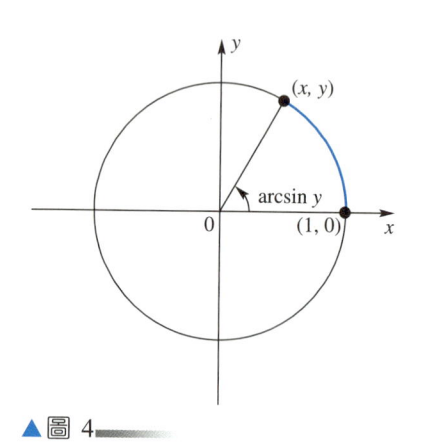

定義

分別限制正弦和餘弦的定義域為 $[-\pi/2, \pi/2]$ 和 $[0, \pi]$ 之後，就可得到反函數。因此，

$$x = \sin^{-1} y \iff y = \sin x, -\frac{\pi}{2} \leq x \leq \frac{\pi}{2}$$

$$x = \cos^{-1} y \iff y = \cos x, 0 \leq x \leq \pi$$

符號 arcsin 經常用來表示 $\sin^{-1}$，同樣地 arccos 表示 $\cos^{-1}$。可將 arcsin 視為"正弦是…的弧長"或是"正弦是…的角度"（圖 4）。往後在本書中我們將使用此兩種符號。

▲圖 4

範例 1

計算
(a) $\sin^{-1}(\sqrt{2}/2)$
(b) $\cos^{-1}(-\frac{1}{2})$
(c) $\cos(\cos^{-1} 0.6)$
(d) $\sin^{-1}(\sin 3\pi/2)$

解答：

(a) $\sin^{-1}\left(\dfrac{\sqrt{2}}{2}\right) = \dfrac{\pi}{4}$
(b) $\cos^{-1}\left(-\dfrac{1}{2}\right) = \dfrac{2\pi}{3}$
(c) $\cos(\cos^{-1} 0.6) = 0.6$
(d) $\sin^{-1}\left(\sin\dfrac{3\pi}{2}\right) = -\dfrac{\pi}{2}$

其中只有(d)比較麻煩，假如以 $3\pi/2$ 為答案，是錯誤的，因為 $\sin^{-1} y$ 必須在區間 $[-\pi/2, \pi/2]$ 中，求解過程應該如下

$$\sin^{-1}\left(\sin\frac{3\pi}{2}\right) = \sin^{-1}(-1) = -\pi/2$$

另一種說法

$\sin^{-1} y$
是區間 $[-\pi/2, \pi/2]$ 中
正弦之值為 y 的數

$\cos^{-1} y$
是區間 $[0, \pi]$ 中餘弦之值為 y 的數

$\tan^{-1} y$
是區間 $(-\pi/2, \pi/2)$ 中
正切之值為 y 的數

範例 2

利用計算機求
(a) $\cos^{-1}(-0.61)$
(b) $\sin^{-1}(1.21)$
(c) $\sin^{-1}(\sin 4.13)$

解答： 先將計算機調成弧度制模式

(a) $\cos^{-1}(-0.61) = 2.2268569$
(b) 你的計算機應顯示一個告知有錯誤的訊息，因為 $\sin^{-1}(1.21)$ 不存在。
(c) $\sin^{-1}(\sin 4.13) = -0.9884073$

反正切與反正割 圖 5 中，我們顯示了正切函數的圖形，限制的定義域，及 $y = \tan^{-1} x$ 的圖形。

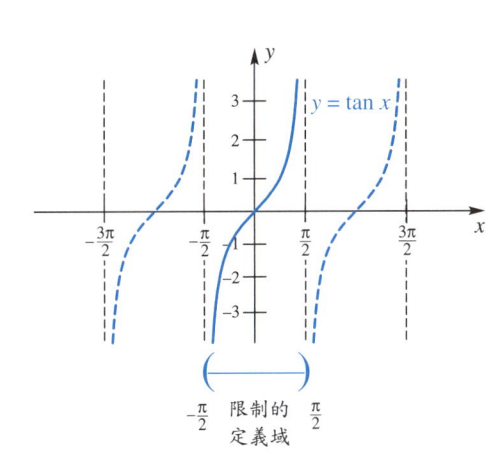

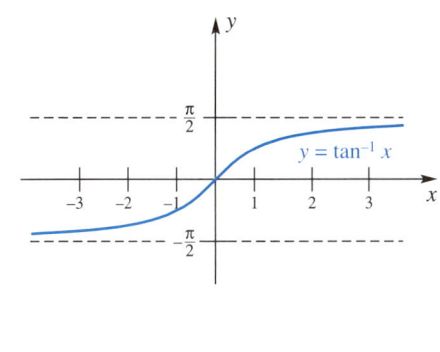

▲圖 5

為了得到正割函數的反函數，我們先描繪 $y = \sec x$ 的圖形，適當地限制它的定義域，然後描繪 $y = \sec^{-1} x$ 的圖形（圖 6）。

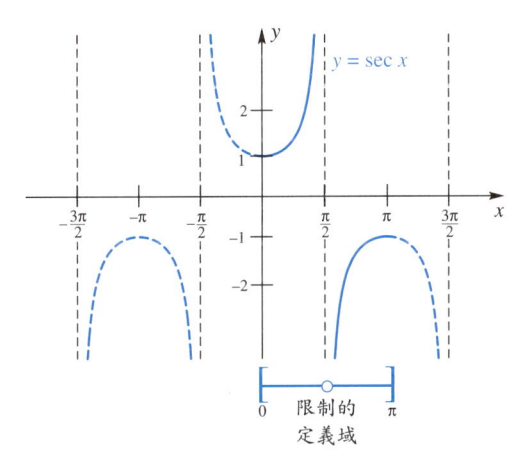

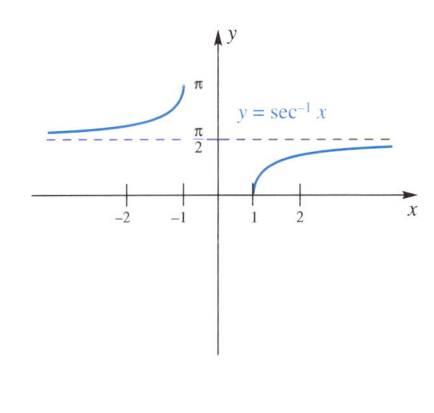

▲圖 6

定義

分別限制正切與正割函數的定義域為 $(-\pi/2, \pi/2)$ 和 $[0, \pi/2) \cup (\pi/2, \pi]$ 之後，就可得到反函數。因此，

$$x = \tan^{-1} y \iff y = \tan x, -\frac{\pi}{2} < x < \frac{\pi}{2}$$

$$x = \sec^{-1} y \iff y = \sec x, 0 \leq x \leq \pi, x \neq \frac{\pi}{2}$$

範例 3

計算

(a) $\tan^{-1}(1)$ (b) $\tan^{-1}(-\sqrt{3})$ (c) $\tan^{-1}(\tan 5.236)$

(d) $\sec^{-1}(-1)$ (e) $\sec^{-1}(2)$ (f) $\sec^{-1}(-1.32)$

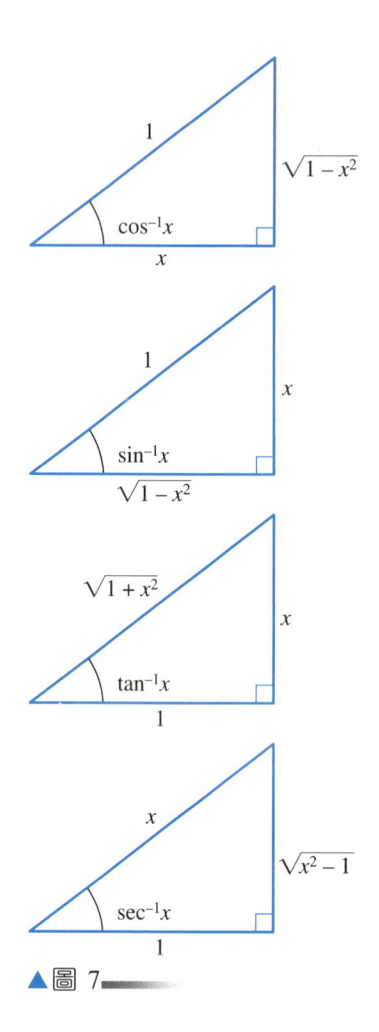

解答：

(a) $\tan^{-1}(1) = \dfrac{\pi}{4}$ (b) $\tan^{-1}(-\sqrt{3}) = -\dfrac{\pi}{3}$

(c) $\tan^{-1}(\tan 5.236) = -1.0471853$

因為 $\sec x = 1/\cos x$，所以

$$\sec^{-1} y = \cos^{-1}\left(\dfrac{1}{y}\right)$$

(d) $\sec^{-1}(-1) = \cos^{-1}(-1) = \pi$

(e) $\sec^{-1}(2) = \cos^{-1}\left(\dfrac{1}{2}\right) = \dfrac{\pi}{3}$

(f) $\sec^{-1}(-1.32) = \cos^{-1}\left(-\dfrac{1}{1.32}\right) = \cos^{-1}(0.7575758)$
$= 2.4303875$

四個有用的恆等式 定理 A 中提供了一些有用的恆等式，你可以利用圖 7 中的三角形來幫助記憶。

定理 A

(i) $\sin(\cos^{-1} x) = \sqrt{1 - x^2}$

(ii) $\cos(\sin^{-1} x) = \sqrt{1 - x^2}$

(iii) $\sec(\tan^{-1} x) = \sqrt{1 + x^2}$

(iv) $\tan(\sec^{-1} x) = \begin{cases} \sqrt{x^2 - 1}, & x \geq 1 \\ -\sqrt{x^2 - 1}, & x \leq -1 \end{cases}$

證明 為了證明 (i)，記得 $\sin^2 \theta + \cos^2 \theta = 1$，若 $0 \leq \theta \leq \pi$，則

$$\sin \theta = \sqrt{1 - \cos^2 \theta}$$

令 $\theta = \cos^{-1} x$ 代入上式，可得

$$\sin(\cos^{-1} x) = \sqrt{1 - \cos^2(\cos^{-1} x)} = \sqrt{1 - x^2}$$

同理可證恆等式 (ii)。利用等式 $\sec^2 \theta = 1 + \tan^2 \theta$ 可證 (iii) 和 (iv)。∎

▲圖 7

範例 4

計算 $\sin\left[2\cos^{-1}\left(\dfrac{2}{3}\right)\right]$。

解答： 記得兩倍角恆等式 $\sin 2\theta = 2\sin\theta\cos\theta$，所以

$$\sin\left[2\cos^{-1}\left(\dfrac{2}{3}\right)\right] = 2\sin\left[\cos^{-1}\left(\dfrac{2}{3}\right)\right]\cos\left[\cos^{-1}\left(\dfrac{2}{3}\right)\right]$$

$$= 2\cdot\sqrt{1-\left(\dfrac{2}{3}\right)^2}\cdot\dfrac{2}{3} = \dfrac{4\sqrt{5}}{9}$$

三角函數的導函數　我們已在 2.4 節中學過六個三角函數的導函數公式，它們應該被熟記。

$$D_x \sin x = \cos x \qquad D_x \cos x = -\sin x$$
$$D_x \tan x = \sec^2 x \qquad D_x \cot x = -\csc^2 x$$
$$D_x \sec x = \sec x \tan x \qquad D_x \csc x = -\csc x \cot x$$

我們可以結合上列法則與連鎖法則。例如，若 $u = f(x)$ 是可微分的，則

$$D_x \sin u = \cos u \cdot D_x u$$

反三角函數　由反函數定理可知 $\sin^{-1}$、$\cos^{-1}$、$\tan^{-1}$ 和 $\sec^{-1}$ 是可微分的，我們要求它們的導函數公式，我們敘述並證明此結果。

定理 B　四個反三角函數的導函數

(i) $D_x \sin^{-1} x = \dfrac{1}{\sqrt{1-x^2}}, \quad -1 < x < 1$

(ii) $D_x \cos^{-1} x = -\dfrac{1}{\sqrt{1-x^2}}, \quad -1 < x < 1$

(iii) $D_x \tan^{-1} x = \dfrac{1}{1+x^2}$

(iv) $D_x \sec^{-1} x = \dfrac{1}{|x|\sqrt{x^2-1}}, \quad |x| > 1$

證明　每一個敘述的證明皆依照相同方式。為了證明 (i)，令 $y = \sin^{-1} x$，則可得

$$x = \sin y$$

兩邊同時對 x 微分，並在右邊使用連鎖法則，可得

$$1 = \cos y \, D_x y = \cos(\sin^{-1} x) \, D_x(\sin^{-1} x)$$
$$= \sqrt{1-x^2} \, D_x(\sin^{-1} x)$$

由此得 $D_x(\sin^{-1} x) = 1/\sqrt{1-x^2}$。同理可證 (ii)、(iii) 和 (iv)，但是(iv)需要一點討論，令 $y = \sec^{-1} x$，可得 $x = \sec y$

兩邊同時對 x 微分，可得

$$\begin{aligned}1 &= \sec y \tan y \, D_x y \\ &= \sec(\sec^{-1} x) \tan(\sec^{-1} x) \, D_x(\sec^{-1} x) \\ &= \begin{cases} x\sqrt{x^2-1} \, D_x(\sec^{-1} x), & x \geq 1 \\ x(-\sqrt{x^2-1}) \, D_x(\sec^{-1} x), & x \leq -1 \end{cases} \\ &= |x|\sqrt{x^2-1} \, D_x(\sec^{-1} x)\end{aligned}$$

這樣就可完成證明。 ∎

$D_x \sec^{-1} x$

有另一個求 $\sec^{-1} x$ 導函數的方法

$$\begin{aligned}D_x \sec^{-1} x &= D_x \cos^{-1}\left(\frac{1}{x}\right) \\ &= \frac{-1}{\sqrt{1-1/x^2}} \cdot \frac{-1}{x^2} \\ &= \frac{1}{\sqrt{x^2-1}} \cdot \frac{\sqrt{x^2}}{x^2} \\ &= \frac{1}{\sqrt{x^2-1}} \cdot \frac{|x|}{x^2} \\ &= \frac{1}{|x|\sqrt{x^2-1}}\end{aligned}$$

● 範例 5

求 $D_x \sin^{-1}(3x-1)$。

解答：

$$\begin{aligned}D_x \sin^{-1}(3x-1) &= \frac{1}{\sqrt{1-(3x-1)^2}} D_x(3x-1) \\ &= \frac{3}{\sqrt{-9x^2+6x}}\end{aligned}$$

由定理 B 之微分公式，我們可得下列積分公式。

$$\int \frac{1}{\sqrt{1-x^2}} \, dx = \sin^{-1} x + C$$
$$\int \frac{1}{1+x^2} \, dx = \tan^{-1} x + C$$
$$\int \frac{1}{x\sqrt{x^2-1}} \, dx = \sec^{-1}|x| + C$$

這些公式可被推廣為下列公式：

$$\int \frac{1}{\sqrt{a^2-x^2}} \, dx = \sin^{-1}\left(\frac{x}{a}\right) + C$$
$$\int \frac{1}{a^2+x^2} \, dx = \frac{1}{a} \tan^{-1}\left(\frac{x}{a}\right) + C$$
$$\int \frac{1}{x\sqrt{x^2-a^2}} \, dx = \frac{1}{a} \sec^{-1}\left(\frac{|x|}{a}\right) + C$$

範例 6

計算 $\int_0^1 \dfrac{1}{\sqrt{4-x^2}}\,dx$。

解答：

$$\int_0^1 \dfrac{1}{\sqrt{4-x^2}}\,dx = \left[\sin^{-1}\left(\dfrac{x}{2}\right)\right]_0^1 = \sin^{-1}\dfrac{1}{2} - \sin^{-1} 0 = \dfrac{\pi}{6} - 0 = \dfrac{\pi}{6}$$

範例 7

計算 $\int \dfrac{3}{\sqrt{5-9x^2}}\,dx$。

解答： 令 $u = 3x$，則 $du = 3dx$

$$\int \dfrac{3}{\sqrt{5-9x^2}}\,dx = \int \dfrac{1}{\sqrt{5-u^2}}\,du = \sin^{-1}\left(\dfrac{u}{\sqrt{5}}\right) + C$$
$$= \sin^{-1}\left(\dfrac{3x}{\sqrt{5}}\right) + C$$

範例 8

計算 $\int \dfrac{e^x}{4+9e^{2x}}\,dx$。

解答： 令 $u = 3e^x$，則 $du = 3e^x dx$

$$\int \dfrac{e^x}{4+9e^{2x}}\,dx = \dfrac{1}{3}\int \dfrac{1}{4+9e^{2x}}(3e^x\,dx) = \dfrac{1}{3}\int \dfrac{1}{4+u^2}\,du$$
$$= \dfrac{1}{3}\cdot\dfrac{1}{2}\tan^{-1}\left(\dfrac{u}{2}\right) + C = \dfrac{1}{6}\tan^{-1}\left(\dfrac{3e^x}{2}\right) + C$$

範例 9

計算 $\int_6^{18} \dfrac{1}{x\sqrt{x^2-9}}\,dx$。

解答：

$$\int_6^{18} \dfrac{1}{x\sqrt{x^2-9}}\,dx = \dfrac{1}{3}\left[\sec^{-1}\dfrac{|x|}{3}\right]_6^{18}$$
$$= \dfrac{1}{3}\left(\sec^{-1}\dfrac{|18|}{3} - \sec^{-1}\dfrac{|6|}{3}\right)$$
$$= \dfrac{1}{3}\left(\sec^{-1} 6 - \dfrac{\pi}{3}\right) \approx 0.1187$$

範例 10

一個人站在高於一個湖面 200 呎的懸崖頂端，當他注視湖面之時，有一艘汽船以 25 呎／秒的速率離開懸崖底。當汽船離懸崖底 150 呎時，他的視線俯角變化的速率為何？

解答：見圖 8 中的示意，注意到俯角 θ 為

$$\theta = \tan^{-1}\left(\frac{200}{x}\right)$$

所以，

$$\frac{d\theta}{dt} = \frac{1}{1+(200/x)^2} \cdot \frac{-200}{x^2} \cdot \frac{dx}{dt} = \frac{-200}{x^2+40{,}000} \cdot \frac{dx}{dt}$$

將 $x = 150$ 且 $dx/dt = 255$ 代入上式，得 $d\theta/dt = -0.08$ 弧度／秒。

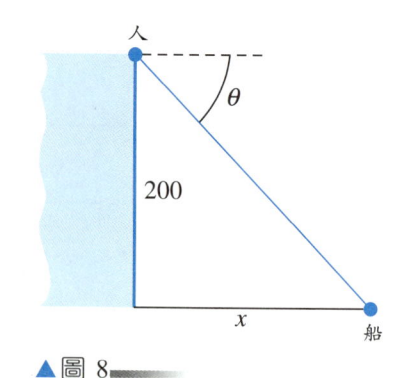

▲圖 8

重寫被積分式 藉由完全平方我們可將被積分式分母中的二次式化為標準式。

範例 11

計算 $\displaystyle\int \frac{7}{x^2 - 6x + 25}\,dx$。

解答：

$$\int \frac{7}{x^2-6x+25}\,dx = \int \frac{7}{x^2-6x+9+16}\,dx$$
$$= 7\int \frac{1}{(x-3)^2+4^2}\,dx$$
$$= \frac{7}{4}\tan^{-1}\left(\frac{x-3}{4}\right)+C$$

練習題 6.8

1-8 題中，在不使用計算機的情況下寫出準確值。

1. $\arccos\left(\dfrac{\sqrt{2}}{2}\right)$

2. $\arcsin\left(-\dfrac{\sqrt{3}}{2}\right)$

3. $\sin^{-1}\left(-\dfrac{\sqrt{3}}{2}\right)$

4. $\sin^{-1}\left(-\dfrac{\sqrt{2}}{2}\right)$

5. $\arctan(\sqrt{3})$

6. $\arcsin\left(-\dfrac{1}{2}\right)$

7. $\tan^{-1}\left(-\dfrac{\sqrt{3}}{3}\right)$

8. $\sin(\sin^{-1} 0.4567)$

9-10 題中，在不使用計算機的情況下找出準確值（範例 4）。

9. $\cos\left[2\sin^{-1}\left(-\dfrac{2}{3}\right)\right]$

10. $\tan\left[2\tan^{-1}\left(\dfrac{1}{3}\right)\right]$

11. 求下列極限

(a) $\lim\limits_{x\to\infty} \tan^{-1} x$ (b) $\lim\limits_{x\to-\infty} \tan^{-1} x$

12. 求下列極限

(a) $\lim\limits_{x\to 1^-} \sin^{-1} x$ (b) $\lim\limits_{x\to -1^+} \sin^{-1} x$

13-18 題中，求 $\dfrac{dy}{dx}$。

13. $y = \ln(2 + \sin x)$ 14. $y = e^{\tan x}$

15. $y = \sin^{-1}(2x^2)$ 16. $y = \arccos(e^x)$

17. $y = x^3 \tan^{-1}(e^x)$ 18. $y = (\tan^{-1} x)^3$

19-28 題中，求積分。

19. $\int_0^{\sqrt{2}/2} \dfrac{1}{\sqrt{1-x^2}} dx$ 20. $\int_{\sqrt{2}}^{2} \dfrac{dx}{x\sqrt{x^2-1}}$

21. $\int_{-1}^{1} \dfrac{1}{1+x^2} dx$ 22. $\int_0^{\pi/2} \dfrac{\sin\theta}{1+\cos^2\theta} d\theta$

23. $\int \dfrac{1}{1+4x^2} dx$ 24. $\int \dfrac{e^x}{1+e^{2x}} dx$

25. $\int \dfrac{1}{\sqrt{12-9x^2}} dx$ 26. $\int \dfrac{x}{\sqrt{12-9x^2}} dx$

27. $\int \dfrac{1}{x^2-6x+13} dx$

28. $\int \dfrac{1}{2x^2+8x+25} dx$

6.9 雙曲函數及其反函數

在數學與科學中，e^x 和 e^{-x} 的某種組合經常出現，它們將被賦予特殊的名稱。

定義　雙曲函數（Hyperbolic Functions）

雙曲正弦、雙曲餘弦和四種相關的函數定義為

$$\sinh x = \dfrac{e^x - e^{-x}}{2} \qquad \cosh x = \dfrac{e^x + e^{-x}}{2}$$

$$\tanh x = \dfrac{\sinh x}{\cosh x} \qquad \coth x = \dfrac{\cosh x}{\sinh x}$$

$$\text{sech } x = \dfrac{1}{\cosh x} \qquad \text{csch } x = \dfrac{1}{\sinh x}$$

名稱顯示了它們應該與三角函數存在某種關係，是的，首先雙曲函數基本恆等式（令我們想起三角函數中的 $\cos^2 x + \sin^2 x = 1$）為

$$\cosh^2 x - \sinh^2 x = 1$$

它的證明如下

$$\cosh^2 x - \sinh^2 x = \dfrac{e^{2x} + 2 + e^{-2x}}{4} - \dfrac{e^{2x} - 2 + e^{-2x}}{4} = 1$$

▲ 圖 1

▲ 圖 2

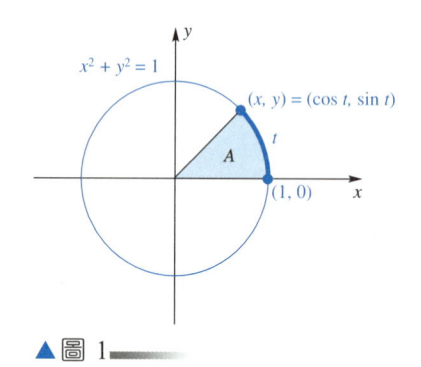

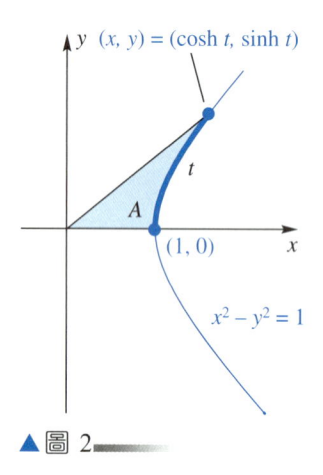

其次，記得三角函數與單位圓關係密切（圖1），使得它們有時叫做圓形函數（circular function）。事實上，參數式 $x = \cos t$，$y = \sin t$ 描述了單位圓，參數式 $x = \cosh t$，$x = \sinh t$ 描述了雙曲線 $x^2 - y^2 = 1$ 的右支（圖2）。而且，在這兩種情況中，參數 t 和陰影面積 A 的關係為 $t = 2A$。

因為 $\sinh(-x) = -\sinh x$，sinh 是一個奇函數；$\cosh(-x) = \cosh x$，所以 cosh 是一個偶函數。因此，$y = \sinh x$ 的圖形對稱於原點，而 $y = \cosh x$ 的圖形對稱於 y 軸。同理，tanh 是一個奇函數而 sech 是一個偶函數。這些圖形顯示於圖 3 中。

雙曲函數的導函數　我們可以直接由定義求 $D_x \sinh x$ 和 $D_x \cosh x$。

$$D_x \sinh x = D_x\left(\frac{e^x - e^{-x}}{2}\right) = \frac{e^x + e^{-x}}{2} = \cosh x$$

且

$$D_x \cosh x = D_x\left(\frac{e^x + e^{-x}}{2}\right) = \frac{e^x - e^{-x}}{2} = \sinh x$$

這些事實確認了圖 3 中圖形的特徵。例如，因為 $D_x(\sinh x) = \cosh x > 0$，雙曲正弦總是遞增。同理，$D_x^2(\cosh x) = \cosh x > 0$，這意謂著雙曲餘弦的圖形是上凹的。

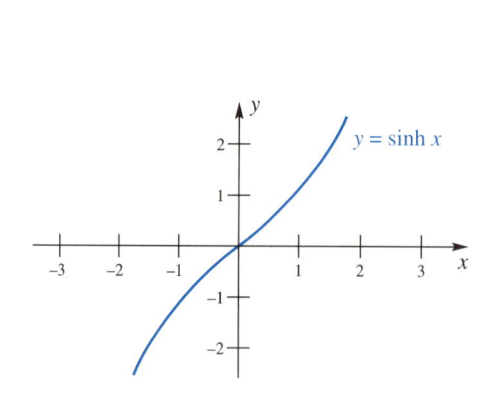

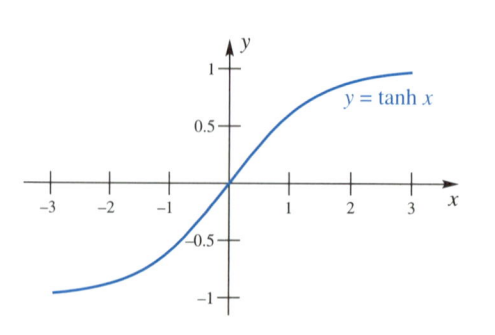

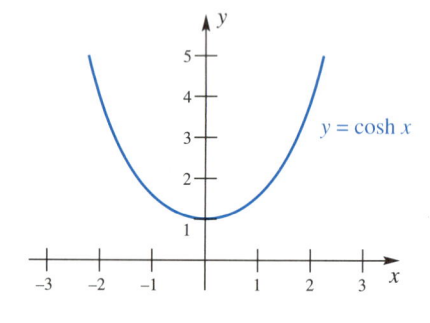

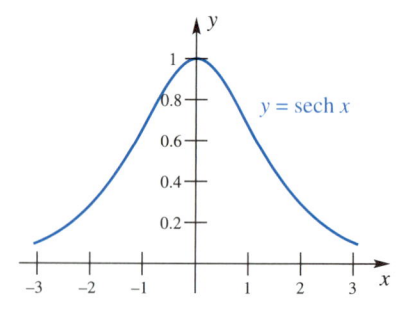

▲ 圖 3

其他四個雙曲函數的導函數可由頭兩個結合商法則得到。

定理 A　雙曲函數的導函數

$$D_x \sinh x = \cosh x \qquad D_x \cosh x = \sinh x$$
$$D_x \tanh x = \text{sech}^2 x \qquad D_x \coth x = -\text{csch}^2 x$$
$$D_x \,\text{sech}\, x = -\text{sech}\, x \tanh x \qquad D_x \,\text{csch}\, x = -\text{csch}\, x \coth x$$

三角函數及雙曲函數在微分方程中也有某種關係。三角函數 $\sin x$ 與 $\cos x$ 是二階微分方程 $y'' = -y$ 的解，雙曲函數 $\sinh x$ 與 $\cosh x$ 是二階微分方程 $y'' = y$ 的解。

● 範例 1

求 $D_x \tanh(\sin x)$。

解答：

$$D_x \tanh(\sin x) = \text{sech}^2(\sin x)\, D_x(\sin x)$$
$$= \cos x \cdot \text{sech}^2(\sin x)$$

● 範例 2

求 $D_x \cosh^2(3x - 1)$。

解答：

$$D_x \cosh^2(3x - 1) = 2 \cosh(3x - 1)\, D_x \cosh(3x - 1)$$
$$= 2 \cosh(3x - 1) \sinh(3x - 1)\, D_x(3x - 1)$$
$$= 6 \cosh(3x - 1) \sinh(3x - 1)$$

● 範例 3

求 $\int \tanh x\, dx$。

解答： 令 $u = \cosh x$，則 $du = \sinh x\, dx$。

$$\int \tanh x\, dx = \int \frac{\sinh x}{\cosh x}\, dx = \int \frac{1}{u}\, du$$
$$= \ln|u| + C = \ln|\cosh x| + C = \ln(\cosh x) + C$$

反雙曲函數　因為雙曲正弦和雙曲正切有正的導函數，它們是遞增函數，所以有反函數。我們限制定義域為 $x \geq 0$，就得到雙曲餘弦和雙曲正割的反函數。因此

$$x = \sinh^{-1} y \iff y = \sinh x$$
$$x = \cosh^{-1} y \iff y = \cosh x \text{ 且 } x \geq 0$$
$$x = \tanh^{-1} y \iff y = \tanh x$$
$$x = \text{sech}^{-1} y \iff y = \text{sech } x \text{ 且 } x \geq 0$$

因為雙曲函數是用 e^x 和 e^{-x} 來定義，我們對於反雙曲函數可用自然對數來表示並不感到訝異。例如，考慮 $y = \cosh x$，$x \geq 0$；就是考慮

$$y = \frac{e^x + e^{-x}}{2}, \quad x \geq 0$$

我們的目的是解上式求 x，這樣可給定 $\cosh^{-1} y$。上式兩邊同乘 $2e^x$，可得 $2ye^x = e^{2x} + 1$，或是

$$(e^x)^2 - 2ye^x + 1 = 0, \quad x \geq 0$$

由上式可得

$$e^x = \frac{2y + \sqrt{(2y)^2 - 4}}{2} = y + \sqrt{y^2 - 1}$$

所以，$x = \ln(y + \sqrt{y^2 - 1})$，因此

$$x = \cosh^{-1} y = \ln\left(y + \sqrt{y^2 - 1}\right)$$

將類似的論述應用在每個反雙曲函數，可得到下列結果。圖 3 提示了必要的定義域限制，圖 4 顯示了反雙曲函數的圖形。

$$\sinh^{-1} x = \ln\left(x + \sqrt{x^2 + 1}\right)$$
$$\cosh^{-1} x = \ln\left(x + \sqrt{x^2 - 1}\right), \quad x \geq 1$$
$$\tanh^{-1} x = \frac{1}{2} \ln \frac{1 + x}{1 - x}, \quad -1 < x < 1$$
$$\text{sech}^{-1} x = \ln\left(\frac{1 + \sqrt{1 - x^2}}{x}\right), \quad 0 < x \leq 1$$

上述函數皆可微分。事實上，

$$D_x \sinh^{-1} x = \frac{1}{\sqrt{x^2 + 1}}$$
$$D_x \cosh^{-1} x = \frac{1}{\sqrt{x^2 - 1}}, \quad x > 1$$
$$D_x \tanh^{-1} x = \frac{1}{1 - x^2}, \quad -1 < x < 1$$
$$D_x \text{sech}^{-1} x = \frac{-1}{x\sqrt{1 - x^2}}, \quad 0 < x < 1$$

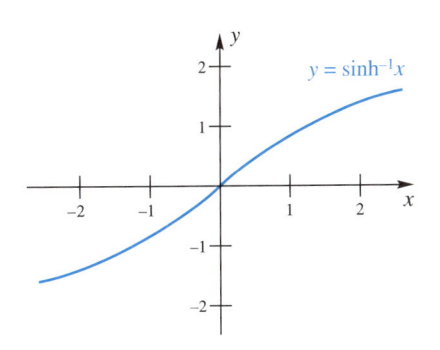

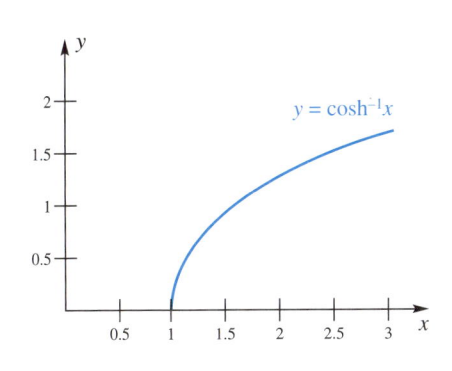

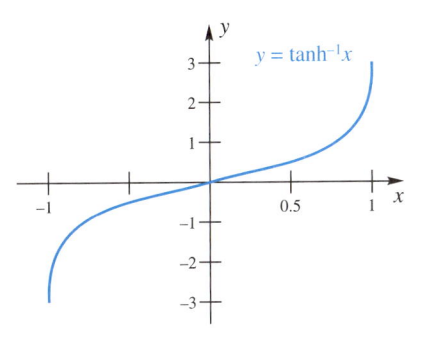

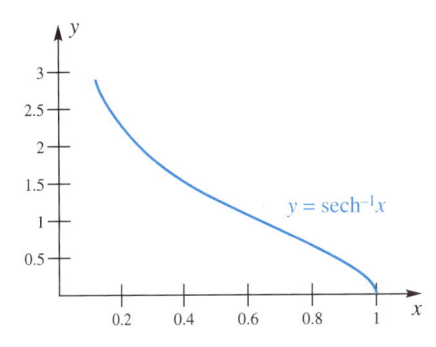

超越函數 Chapter 6

▲ 圖 4

範例 4

以兩種不同方法證明 $D_x \sinh^{-1} x = 1/\sqrt{x^2+1}$。

解答：

方法 1 令 $y = \sinh^{-1} x$，則

$$x = \sinh y$$

兩邊同時對 x 微分，可得

$$1 = (\cosh y) D_x y$$

所以，

$$D_x y = D_x(\sinh^{-1} x) = \frac{1}{\cosh y} = \frac{1}{\sqrt{1+\sinh^2 y}} = \frac{1}{\sqrt{1+x^2}}$$

方法 2 用對數表示 $\sinh^{-1} x$

$$\begin{aligned}
D_x(\sinh^{-1} x) &= D_x \ln\left(x + \sqrt{x^2+1}\right) \\
&= \frac{1}{x+\sqrt{x^2+1}} D_x\left(x + \sqrt{x^2+1}\right) \\
&= \frac{1}{x+\sqrt{x^2+1}} \left(1 + \frac{x}{\sqrt{x^2+1}}\right) \\
&= \frac{1}{\sqrt{x^2+1}}
\end{aligned}$$

練習題 6.9

1-10 題中，求 $D_x y$。

1. $y = \sinh^2 x$
2. $y = \cosh^2 x$
3. $y = 5\sinh^2 x$
4. $y = \cosh^3 x$
5. $y = \cosh(3x+1)$
6. $y = \sinh(x^2 + x)$
7. $y = \ln(\sinh x)$
8. $y = \ln(\coth x)$
9. $y = x^2 \cosh x$
10. $y = \cosh 3x \sinh x$

11-17 題中，求積分。

11. $\int \sinh(3x+2)\, dx$
12. $\int x \cosh(\pi x^2 + 5)\, dx$
13. $\int \dfrac{\cosh \sqrt{z}}{\sqrt{z}}\, dz$
14. $\int e^x \sinh e^x \, dx$
15. $\int \cos x \sinh(\sin x)\, dx$
16. $\int \tanh x \ln(\cosh x)\, dx$
17. $\int x \coth x^2 \ln(\sinh x^2)\, dx$

Chapter 7 積分的技巧

本章概要

- 7.1 基本的積分法則
- 7.2 分部積分
- 7.3 某些三角積分
- 7.4 有理化代換
- 7.5 利用部分分式積分有理式函數
- 7.6 積分策略

7.1 基本的積分法則

現在我們可以討論的函數已包含了所有的基本函數，它們是常數函數、冪函數、代數式函數、對數函數與指數函數、三角函數與反三角函數，以及所有將加減乘除及合成運算作用在上述函數而得的函數。所以，下列函數都是基本函數

$$f(x) = \frac{e^x + e^{-x}}{2} = \cosh x$$

$$g(x) = (1 + \cos^4 x)^{1/2}$$

$$h(x) = \frac{3^{x^2-2x}}{\ln(x^2+1)} - \sin[\cos(\cosh x)]$$

基本函數的微分是很直接的，只要有系統的使用我們已學過的法則，而且結果總是一個基本函數。積分則是很不一樣的一件事，它包含一些技巧與許多的訣竅；更糟的是，積分的結果不一定是一個基本函數。例如，我們已經知道 e^{-x^2} 和 $(\sin x)/x$ 的反導數都不是基本函數。兩個最主要的積分技巧為代換法與分部積分。代換法已於 4.4 節中介紹了；我們偶而在本章之前的某些章節使用到它。

標準式 為了能夠有效地使用代換法與分部積分法，我們需要一長串的積分公式。本書附錄中有一個詳細的積分表（太長了不易記住），以下列出一些較常用的，請讀者試著牢記它們。

標準的積分式

常數，冪   1. $\displaystyle\int k\, du = ku + C$ 2. $\displaystyle\int u^r\, du = \begin{cases} \dfrac{u^{r+1}}{r+1} + C & r \neq -1 \\ \ln|u| + C & r = -1 \end{cases}$

指數   3. $\displaystyle\int e^u\, du = e^u + C$ 4. $\displaystyle\int a^u\, du = \dfrac{a^u}{\ln a} + C,\, a \neq 1, a > 0$

三角函數   5. $\displaystyle\int \sin u\, du = -\cos u + C$ 6. $\displaystyle\int \cos u\, du = \sin u + C$

7. $\displaystyle\int \sec^2 u\, du = \tan u + C$ 8. $\displaystyle\int \csc^2 u\, du = -\cot u + C$

9. $\displaystyle\int \sec u \tan u\, du = \sec u + C$ 10. $\displaystyle\int \csc u \cot u\, du = -\csc u + C$

11. $\displaystyle\int \tan u\, du = -\ln|\cos u| + C$ 12. $\displaystyle\int \cot u\, du = \ln|\sin u| + C$

代數式函數   13. $\displaystyle\int \dfrac{du}{\sqrt{a^2 - u^2}} = \sin^{-1}\left(\dfrac{u}{a}\right) + C$ 14. $\displaystyle\int \dfrac{du}{a^2 + u^2} = \dfrac{1}{a}\tan^{-1}\left(\dfrac{u}{a}\right) + C$

雙曲函數 15. $\int \dfrac{du}{u\sqrt{u^2-a^2}} = \dfrac{1}{a}\sec^{-1}\left(\dfrac{|u|}{a}\right) + C = \dfrac{1}{a}\cos^{-1}\left(\dfrac{a}{|u|}\right) + C$

16. $\int \sinh u\, du = \cosh u + C$ 17. $\int \cosh u\, du = \sinh u + C$

不定積分的代換法

當你面對一個不定積分時，假如它是一個標準型式，直接寫答案就可以了；假如不是標準型式，則試著找出適當的代換，將原式變成標準形式；假如第一次代換行不通，那就再試一次別的代換。多練習，熟能生巧！

為了方便參考引用，我們重述定理 4.4B 中的積分代換法如下。

定理 A　不定積分的代換法（Substitution in definite Integrals）

令 g 是一個可微分函數且假設 F 是 f 的一個反導函數。若 $u = g(x)$，則

$$\int f(g(x))g'(x)\, dx = \int f(u)\, du = F(u) + C = F(g(x)) + C$$

● 範例 1

求 $\int \dfrac{x}{\cos^2(x^2)}\, dx$。

解答：令 $u = x^2$，則 $du = 2x\, dx$，可得

$$\int \dfrac{x}{\cos^2(x^2)}\, dx = \dfrac{1}{2}\int \dfrac{1}{\cos^2(x^2)} \cdot 2x\, dx = \dfrac{1}{2}\int \sec^2 u\, du$$

$$= \dfrac{1}{2}\tan u + C = \dfrac{1}{2}\tan(x^2) + C$$

● 範例 2

求 $\int \dfrac{3}{\sqrt{5-9x^2}}\, dx$。

解答：考慮 $\int \dfrac{du}{\sqrt{a^2-u^2}}$，令 $u = 3x$，則 $du = 3dx$，可得

$$\int \dfrac{3}{\sqrt{5-9x^2}}\, dx = \int \dfrac{1}{\sqrt{5-u^2}}\, du = \sin^{-1}\left(\dfrac{u}{\sqrt{5}}\right) + C$$

$$= \sin^{-1}\left(\dfrac{3x}{\sqrt{5}}\right) + C$$

● **範例 3**

求 $\int \dfrac{6e^{1/x}}{x^2}\, dx$。

解答：考慮 $\int e^u\, du$，令 $u = 1/x$，則 $du = (-1/x^2)\, dx$，可得

$$\int \dfrac{6e^{1/x}}{x^2}\, dx = -6\int e^{1/x}\left(\dfrac{-1}{x^2}\, dx\right) = -6\int e^u\, du$$

$$= -6e^u + C = -6e^{1/x} + C$$

● **範例 4**

求 $\int \dfrac{e^x}{4 + 9e^{2x}}\, dx$。

解答：考慮 $\int \dfrac{1}{a^2 + u^2}\, du$，令 $u = 3e^x$，則 $du = 3e^x\, dx$，可得

$$\int \dfrac{e^x}{4 + 9e^{2x}}\, dx = \dfrac{1}{3}\int \dfrac{1}{4 + 9e^{2x}}(3e^x\, dx) = \dfrac{1}{3}\int \dfrac{1}{4 + u^2}\, du$$

$$= \dfrac{1}{3}\cdot\dfrac{1}{2}\tan^{-1}\!\left(\dfrac{u}{2}\right) + C = \dfrac{1}{6}\tan^{-1}\!\left(\dfrac{3e^x}{2}\right) + C$$

　　沒有規定說你一定要寫出符號 u，假如你可以配合心算，在不寫出 u 的情況下完成計算，也是可以（常常這樣做更好，可節省一些書寫空間）。

● **範例 5**

求 $\int x\cos x^2\, dx$。

解答：心裡想著 $u = x^2$，利用心算可得

$$\int x\cos x^2\, dx = \dfrac{1}{2}\int (\cos x^2)(2x\, dx) = \dfrac{1}{2}\sin x^2 + C$$

● **範例 6**

求 $\int \dfrac{a^{\tan x}}{\cos^2 x}\, dx$。

解答：心裡想著 $u = \tan x$，利用心算可得

$$\int \dfrac{a^{\tan t}}{\cos^2 t}\, dt = \int a^{\tan t}(\sec^2 t\, dt) = \dfrac{a^{\tan t}}{\ln a} + C$$

定積分的代換法 這個議題在 4.4 節已討論過，它就像不定積分的代換，但是我們必須記得將積分上下限做適當的改變。

範例 7

求 $\int_2^5 t\sqrt{t^2-4}\,dt$ 之值。

解答：令 $u = t^2 - 4$，則 $du = 2t\,dt$；且 $t=2$ 時 $u=0$，$t=5$ 時 $u=21$。所以，

$$\int_2^5 t\sqrt{t^2-4}\,dt = \frac{1}{2}\int_2^5 (t^2-4)^{1/2}(2t\,dt)$$

$$= \frac{1}{2}\int_0^{21} u^{1/2}\,du$$

$$= \left[\frac{1}{3}u^{3/2}\right]_0^{21} = \frac{1}{3}(21)^{3/2} \approx 32.08$$

範例 8

求 $\int_1^3 x^3\sqrt{x^4+11}\,dx$ 之值。

解答：心裡想著 $u = x^4 + 11$，利用心算可得

$$\int_1^3 x^3\sqrt{x^4+11}\,dx = \frac{1}{4}\int_1^3 (x^4+11)^{1/2}(4x^3\,dx)$$

$$= \left[\frac{1}{6}(x^4+11)^{3/2}\right]_1^3$$

$$= \frac{1}{6}[92^{3/2} - 12^{3/2}] \approx 140.144$$

練習題 7.1

計算下列各積分。

1. $\int (x-2)^5\,dx$

2. $\int_0^2 x(x^2+1)^5\,dx$

3. $\int \dfrac{dx}{x^2+4}$

4. $\int \dfrac{e^x}{2+e^x}\,dx$

5. $\int \dfrac{x}{x^2+4}\,dx$

6. $\int \dfrac{2t^2}{2t^2+1}\,dt$

7. $\int \dfrac{5}{\sqrt{2t+1}}\,dt$

8. $\int e^{\cos z}\sin z\,dz$

9. $\int \dfrac{\sin\sqrt{t}}{\sqrt{t}}\,dt$

10. $\int_0^{\pi/4} \dfrac{\cos x}{1+\sin^2 x}\,dx$

11. $\int \dfrac{3x^2+2x}{x+1}\,dx$

12. $\int \dfrac{\sin(\ln 4x^2)}{x}\,dx$

13. $\int \dfrac{6e^x}{\sqrt{1-e^{2x}}}\,dx$

14. $\int \dfrac{x}{x^4+4}\,dx$

15. $\int \dfrac{x^3}{x^4+4} dx$

16. $\int \dfrac{\sin x - \cos x}{\sin x} dx$

23. $\int_0^{\pi/2} \dfrac{\sin x}{16+\cos^2 x} dx$

24. $\int_0^1 \dfrac{e^{2x}-e^{-2x}}{e^{2x}+e^{-2x}} dx$

17. $\int e^x \sec^2(e^x) dx$

18. $\int \dfrac{(6t-1)\sin\sqrt{3t^2-t-1}}{\sqrt{3t^2-t-1}} dt$

25. $\int \dfrac{1}{x^2+2x+5} dx$

26. $\int \dfrac{dx}{9x^2+18x+10}$

19. $\int \dfrac{t^2 \cos(t^3-2)}{\sin^2(t^3-2)} dt$

20. $\int (t+1)e^{-t^2-2t-5} dt$

27. $\int \dfrac{x+1}{9x^2+18x+10} dx$

21. $\int \cosh 3x\, dx$

22. $\int x^2 \sinh x^3\, dx$

7.2 分部積分

若代換法積分失敗，也許可以利用雙代換，即著名的分部積分（integration by parts）。此方法來自兩個函數的乘積微分公式的積分。

令 $u = u(x)$ 且 $v = v(x)$，則

$$D_x[u(x)v(x)] = u(x)v'(x) + v(x)u'(x)$$

或是

$$u(x)v'(x) = D_x[u(x)v(x)] - v(x)u'(x)$$

兩邊同時積分，可得

$$\int u(x)v'(x)\, dx = u(x)v(x) - \int v(x)u'(x)\, dx$$

因為 $dv = v'(x)\, dx$ 且 $du = u'(x)\, dx$，上式通常寫成下式：

分部積分：不定積分

$$\int u\, dv = uv - \int v\, du$$

用分部積分求定積分的公式為

$$\int_a^b u(x)v'(x)\, dx = \big[u(x)v(x)\big]_a^b - \int_a^b v(x)u'(x)\, dx$$

圖 1 提供了用分部積分求定積分的幾何註解，我們將它簡化如下：

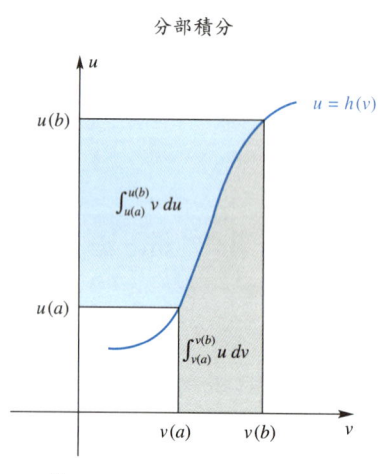

分部積分

$\int_{v(a)}^{v(b)} u\, dv = u(b)v(b) - u(a)v(a) - \int_{u(a)}^{u(b)} v\, du$

▲ 圖 1

分部積分：定積分

$$\int_a^b u\, dv = [uv]_a^b - \int_a^b v\, du$$

● 範例 1

求 $\int x \cos x\, dx$。

解答：令 $u = x, dv = \cos x\, dx$，則 $du = dx, v = \int \cos x\, dx = \sin x$（在這裡，我們可以省略任意常數 C），整理成下式

$$u = x \qquad dv = \cos x\, dx$$
$$du = dx \qquad v = \sin x$$

由分部積分公式可得

$$\int \underbrace{x}_{u} \underbrace{\cos x\, dx}_{dv} = \underbrace{x}_{u} \underbrace{\sin x}_{v} - \int \underbrace{\sin x}_{v} \underbrace{dx}_{du}$$
$$= x \sin x + \cos x + C$$

● 範例 2

求 $\int_1^2 \ln x\, dx$。

解答：我們使用下列代換：

$$u = \ln x \qquad dv = dx$$
$$du = \left(\frac{1}{x}\right) dx \qquad v = x$$

可得

$$\int_1^2 \ln x\, dx = [x \ln x]_1^2 - \int_1^2 x \frac{1}{x} dx$$
$$= 2 \ln 2 - \int_1^2 dx$$
$$= 2 \ln 2 - 1 \approx 0.386$$

● **範例 3**

求 $\int \arcsin x \, dx$。

解答：我們做下列代換：

$$u = \arcsin x \qquad dv = dx$$
$$du = \frac{1}{\sqrt{1-x^2}} dx \qquad v = x$$

可得

$$\int \arcsin x \, dx = x \arcsin x - \int \frac{x}{\sqrt{1-x^2}} dx$$
$$= x \arcsin x + \frac{1}{2} \int (1-x^2)^{-1/2}(-2x \, dx)$$
$$= x \arcsin x + \frac{1}{2} \cdot 2(1-x^2)^{1/2} + C$$
$$= x \arcsin x + \sqrt{1-x^2} + C$$

● **範例 4**

求 $\int_1^2 t^6 \ln t \, dt$。

解答：我們做下列代換：

$$u = \ln t \qquad dv = t^6 \, dt$$
$$du = \frac{1}{t} dt \qquad v = \frac{1}{7} t^7$$

可得

$$\int_1^2 t^6 \ln t \, dt = \left[\frac{1}{7} t^7 \ln t\right]_1^2 - \int_1^2 \frac{1}{7} t^7 \left(\frac{1}{t} dt\right)$$
$$= \frac{1}{7}(128 \ln 2 - \ln 1) - \frac{1}{7}\int_1^2 t^6 \, dt$$
$$= \frac{128}{7} \ln 2 - \frac{1}{49}[t^7]_1^2$$
$$= \frac{128}{7} \ln 2 - \frac{127}{49} \approx 10.083$$

重複使用分部積分　有時必須使用分部積分技巧多次。

範例 5

求 $\int x^2 \sin x \, dx$。

解答：令

$$u = x^2 \qquad dv = \sin x \, dx$$
$$du = 2x \, dx \qquad v = -\cos x$$

可得

$$\int x^2 \sin x \, dx = -x^2 \cos x + 2 \int x \cos x \, dx$$
$$= -x^2 \cos x + 2(x \sin x + \cos x + C) \text{（重複範例 1 的解答）}$$
$$= -x^2 \cos x + 2x \sin x + 2 \cos x + K$$

範例 6

求 $\int e^x \sin x \, dx$。

解答：令 $u = e^x, dv = \sin x \, dx$，則 $du = e^x dx$ 且 $v = -\cos x$，因此

$$\int e^x \sin x \, dx = -e^x \cos x + \int e^x \cos x \, dx$$

$$\int e^x \cos x \, dx = e^x \sin x - \int e^x \sin x \, dx$$

再一次使用分部積分 $\int e^x \cos x \, dx$：
$$u = e^x \qquad dv = \cos x \, dx$$
$$du = e^x \, dx \qquad v = \sin x$$

代入第一式，可得

$$\int e^x \sin x \, dx = -e^x \cos x + e^x \sin x - \int e^x \sin x \, dx$$

將最右項移到等式的左邊，可得

$$2 \int e^x \sin x \, dx = e^x (\sin x - \cos x) + C$$

所以

$$\int e^x \sin x \, dx = \frac{1}{2} e^x (\sin x - \cos x) + K$$

遞簡公式 形如下式的公式稱為一個遞簡公式（reduction formula）

$$\int f^n(x) g(x) \, dx = h(x) + \int f^k(x) g(x) \, dx$$

其中 $k < n$，這種公式通常是由分部積分推得。

● 範例 7

為 $\int \sin^n x\, dx$ 寫出一個遞簡公式。

解答：令 $u = \sin^{n-1} x$ 且 $dv = \sin x\, dx$。則
$$du = (n-1) \sin^{n-2} x \cos x\, dx \text{ 且 } v = -\cos x$$

由此可得
$$\int \sin^n x\, dx = -\sin^{n-1} x \cos x + (n-1) \int \sin^{n-2} x \cos^2 x\, dx$$

利用 $\cos^2 = 1 - \sin^2 x$，可得
$$\int \sin^n x\, dx = -\sin^{n-1} x \cos x + (n-1) \int \sin^{n-2} x\, dx - (n-1) \int \sin^n x\, dx$$

因此
$$n \int \sin^n x\, dx = -\sin^{n-1} x \cos x + (n-1) \int \sin^{n-2} x\, dx$$

由上式得遞簡公式
$$\int \sin^n x\, dx = \frac{-\sin^{n-1} x \cos x}{n} + \frac{n-1}{n} \int \sin^{n-2} x\, dx$$

● 範例 8

利用上列遞簡公式計算 $\int_0^{\pi/2} \sin^8 x\, dx$。

解答：

$$\int_0^{\pi/2} \sin^n x\, dx = \left[\frac{-\sin^{n-1} x \cos x}{n} \right]_0^{\pi/2} + \frac{n-1}{n} \int_0^{\pi/2} \sin^{n-2} x\, dx$$
$$= 0 + \frac{n-1}{n} \int_0^{\pi/2} \sin^{n-2} x\, dx$$

所以
$$\int_0^{\pi/2} \sin^8 x\, dx = \frac{7}{8} \int_0^{\pi/2} \sin^6 x\, dx$$
$$= \frac{7}{8} \cdot \frac{5}{6} \int_0^{\pi/2} \sin^4 x\, dx$$
$$= \frac{7}{8} \cdot \frac{5}{6} \cdot \frac{3}{4} \int_0^{\pi/2} \sin^2 x\, dx$$

$$= \frac{7}{8} \cdot \frac{5}{6} \cdot \frac{3}{4} \cdot \frac{1}{2} \int_0^{\pi/2} 1 \, dx$$

$$= \frac{7}{8} \cdot \frac{5}{6} \cdot \frac{3}{4} \cdot \frac{1}{2} \cdot \frac{\pi}{2} = \frac{35}{256}\pi$$

■ 練習題 7.2

1-10 題中，利用分部積分計算各積分。

1. $\int xe^x \, dx$
2. $\int xe^{3x} \, dx$
3. $\int x \cos x \, dx$
4. $\int x \sin 2x \, dx$
5. $\int (x-\pi)\sin x \, dx$
6. $\int \ln 3x \, dx$
7. $\int \ln(7x^5) \, dx$
8. $\int \arctan x \, dx$
9. $\int \frac{\ln x}{x^2} \, dx$
10. $\int z^3 \ln z \, dz$

11-14 題中，使用分部積分兩次求積分（範例 5,6）。

11. $\int x^2 e^x \, dx$
12. $\int x^5 e^{x^2} \, dx$
13. $\int \ln^2 z \, dz$
14. $\int x^2 \cos x \, dx$

15. 求曲線 $y = \ln x$、x 軸及直線 $x = e$ 所圍成區域的面積。

16. 求曲線 $y = x\sin x$ 與 $y = x\cos x$ 由 $x = 0$ 到 $x = \pi/4$ 所圍成區域的面積。

7.3 某些三角積分

當我們結合代換法與適當的三角恆等式，可以積分多種類型的三角積分。我們考慮 5 種常見的類型。

1. $\int \sin^n x \, dx$ 和 $\int \cos^n x \, dx$
2. $\int \sin^m x \cos^n x \, dx$
3. $\int \sin mx \cos nx \, dx$，$\int \sin mx \sin nx \, dx$，$\int \cos mx \cos nx \, dx$
4. $\int \tan^n x \, dx$，$\int \cot^n x \, dx$
5. $\int \tan^m x \sec^n x \, dx$，$\int \cot^m x \csc^n x \, dx$

常用的等式

本節常用的三角恆等式如下

畢氏定理恆等式
$$\sin^2 x + \cos^2 x = 1$$
$$1 + \tan^2 x = \sec^2 x$$
$$1 + \cot^2 x = \csc^2 x$$

半角恆等式
$$\sin^2 x = \frac{1 - \cos 2x}{2}$$
$$\cos^2 x = \frac{1 + \cos 2x}{2}$$

類型 1（$\int \sin^n x \, dx$，$\int \cos^n x \, dx$）

● 範例 1

（n 為奇數）求 $\int \sin^5 x \, dx$。

解答：先提出一個 $\sin x$ 之後，使用等式 $\sin^2 x + \cos^2 x = 1$

$$\int \sin^5 x \, dx = \int \sin^4 x \sin x \, dx$$
$$= \int (1 - \cos^2 x)^2 \sin x \, dx$$
$$= \int (1 - 2\cos^2 x + \cos^4 x) \sin x \, dx$$
$$= -\int (1 - 2\cos^2 x + \cos^4 x)(-\sin x \, dx)$$
$$= -\cos x + \frac{2}{3}\cos^3 x - \frac{1}{5}\cos^5 x + C$$

● 範例 2

（n 為偶數）求 $\int \sin^2 x \, dx$ 和 $\int \cos^4 x \, dx$。

解答：使用半角公式

$$\int \sin^2 x \, dx = \int \frac{1 - \cos 2x}{2} \, dx$$
$$= \frac{1}{2}\int dx - \frac{1}{4}\int (\cos 2x)(2 \, dx)$$
$$= \frac{1}{2}x - \frac{1}{4}\sin 2x + C$$

$$\int \cos^4 x \, dx = \int \left(\frac{1 + \cos 2x}{2}\right)^2 dx$$
$$= \frac{1}{4}\int (1 + 2\cos 2x + \cos^2 2x) \, dx$$
$$= \frac{1}{4}\int dx + \frac{1}{4}\int (\cos 2x)(2) \, dx + \frac{1}{8}\int (1 + \cos 4x) \, dx$$
$$= \frac{3}{8}\int dx + \frac{1}{4}\int \cos 2x(2 \, dx) + \frac{1}{32}\int \cos 4x(4 \, dx)$$
$$= \frac{3}{8}x + \frac{1}{4}\sin 2x + \frac{1}{32}\sin 4x + C$$

類型 2（$\int \sin^m x \cos^n x\, dx$）假如 m 或 n 為正奇數，則提出 $\sin x$ 或是 $\cos x$ 並使用等式 $\sin^2 x + \cos^2 x = 1$。

● 範例 3

（m 或 n 為奇數）求 $\int \sin^3 x \cos^{-4} x\, dx$。

解答：

$$\int \sin^3 x \cos^{-4} x\, dx = \int (1-\cos^2 x)(\cos^{-4} x)(\sin x)\, dx$$

$$= -\int (\cos^{-4} x - \cos^{-2} x)(-\sin x\, dx)$$

$$= -\left[\frac{(\cos x)^{-3}}{-3} - \frac{(\cos x)^{-1}}{-1}\right] + C$$

$$= \frac{1}{3}\sec^3 x - \sec x + C$$

假如 m 與 n 都是正偶數，則使用半角公式。

● 範例 4

（m 或 n 為偶數）求 $\int \sin^2 x \cos^4 x\, dx$。

解答：

$$\int \sin^2 x \cos^4 x\, dx$$

$$= \int \left(\frac{1-\cos 2x}{2}\right)\left(\frac{1+\cos 2x}{2}\right)^2 dx$$

$$= \frac{1}{8}\int (1 + \cos 2x - \cos^2 2x - \cos^3 2x)\, dx$$

$$= \frac{1}{8}\int \left[1 + \cos 2x - \frac{1}{2}(1+\cos 4x) - (1 - \sin^2 2x)\cos 2x\right] dx$$

$$= \frac{1}{8}\int \left[\frac{1}{2} - \frac{1}{2}\cos 4x + \sin^2 2x \cos 2x\right] dx$$

$$= \frac{1}{8}\left[\int \frac{1}{2}dx - \frac{1}{8}\int \cos 4x (4\, dx) + \frac{1}{2}\int \sin^2 2x (2\cos 2x\, dx)\right]$$

$$= \frac{1}{8}\left[\frac{1}{2}x - \frac{1}{8}\sin 4x + \frac{1}{6}\sin^3 2x\right] + C$$

類型 3（$\int \sin mx \cos nx\, dx$，$\int \sin mx \sin nx\, dx$，$\int \cos mx \cos nx\, dx$）

此種形式的積分常出現於物理及機械的應用中，處理這種形式的積

它們不一樣嗎？

一個不定積分可能有看數種看起來不同的結果，例如，第一種方法可得

$$\int \sin x \cos x\, dx$$
$$= -\int \cos x(-\sin x)\, dx$$
$$= -\tfrac{1}{2}\cos^2 x + C$$

第二種方法可得

$$\int \sin x \cos x\, dx = \int \sin x (\cos x)\, dx$$
$$= \tfrac{1}{2}\sin^2 x + C$$

其實，它們是一致的

$$\tfrac{1}{2}\sin^2 x + C = \tfrac{1}{2}(1-\cos^2 x) + C$$
$$= -\tfrac{1}{2}\cos^2 x + \left(\tfrac{1}{2} + C\right)$$

請試著驗證第三種答案與前兩個也是一致的

$$\int \sin x \cos x\, dx = \tfrac{1}{2}\int \sin 2x\, dx$$
$$= -\tfrac{1}{4}\cos 2x + C$$

分我們需要積化和差公式

1. $\sin mx \cos nx = \dfrac{1}{2}[\sin(m+n)x + \sin(m-n)x]$

2. $\sin mx \sin nx = -\dfrac{1}{2}[\cos(m+n)x - \cos(m-n)x]$

3. $\cos mx \cos nx = \dfrac{1}{2}[\cos(m+n)x + \cos(m-n)x]$

範例 5

求 $\displaystyle\int \sin 2x \cos 3x \, dx$。

解答：應用積化和差公式的第 1 式，可得

$$\int \sin 2x \cos 3x \, dx = \dfrac{1}{2}\int [\sin 5x + \sin(-x)] \, dx$$

$$= \dfrac{1}{10}\int \sin 5x (5 \, dx) - \dfrac{1}{2}\int \sin x \, dx$$

$$= -\dfrac{1}{10}\cos 5x + \dfrac{1}{2}\cos x + C$$

範例 6

若 m 和 n 為正整數，證明

$$\int_{-\pi}^{\pi} \sin mx \sin nx \, dx = \begin{cases} 0, & m \neq n \\ \pi, & m = n \end{cases}$$

解答：應用積化和差公式的第 2 式，若 $m \neq n$，則

$$\int_{-\pi}^{\pi} \sin mx \sin nx \, dx = -\dfrac{1}{2}\int_{-\pi}^{\pi} [\cos(m+n)x - \cos(m-n)x] \, dx$$

$$= -\dfrac{1}{2}\left[\dfrac{1}{m+n}\sin(m+n)x - \dfrac{1}{m-n}\sin(m-n)x\right]_{-\pi}^{\pi}$$

$$= 0$$

若 $m = n$，則

$$\int_{-\pi}^{\pi} \sin mx \sin nx \, dx = -\dfrac{1}{2}\int_{-\pi}^{\pi} [\cos 2mx - 1] \, dx$$

$$= -\dfrac{1}{2}\left[\dfrac{1}{2m}\sin 2mx - x\right]_{-\pi}^{\pi}$$

$$= -\dfrac{1}{2}[-2\pi] = \pi$$

範例 7

已知 m 和 n 皆為正整數，求 $\int_{-L}^{L} \sin\frac{m\pi x}{L} \sin\frac{n\pi x}{L}\, dx$。

解答：令 $u = \pi x/L$，則 $du = \pi dx/L$。$x = -L$ 時 $u = -\pi$，$x = L$ 時 $u = \pi$。所以

$$\int_{-L}^{L} \sin\frac{m\pi x}{L} \sin\frac{n\pi x}{L}\, dx = \frac{L}{\pi}\int_{-\pi}^{\pi} \sin mu \sin nu\, du$$

$$= \begin{cases} \dfrac{L}{\pi}\cdot 0 & m \neq n \\ \dfrac{L}{\pi}\cdot \pi & m = n \end{cases}$$

$$= \begin{cases} 0 & m \neq n \\ L & m = n \end{cases}$$

圖 1 顯示了 $y = \sin 3x \sin 2x$ 與 $y = \sin(3\pi x/10)\sin(2\pi x/10)$ 的圖形，根據圖形可推測 x 軸上方與下方的面積一致，因此 $A_{上方} - A_{下方} = 0$，範例 6,7 證實了此推測。

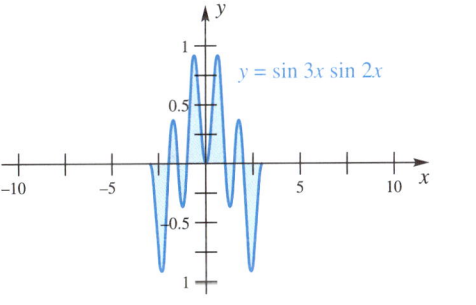

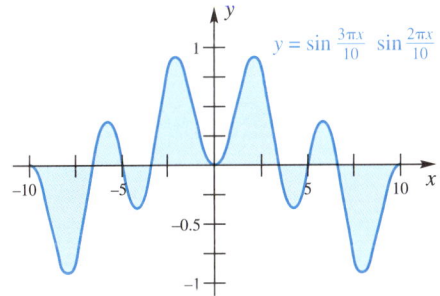

▲ 圖 1

類型 4（$\int \tan^n x\, dx$，$\int \cot^n x\, dx$）在正切的情況中，分析出 $\tan^2 x = \sec^2 x - 1$；在餘切的情況中，分析出 $\cot^2 x = \csc^2 x - 1$；

範例 8

求 $\int \cot^4 x\, dx$。

解答：

$$\int \cot^4 x\, dx = \int \cot^2 x\,(\csc^2 x - 1)\, dx$$

$$= \int \cot^2 x \csc^2 x\, dx - \int \cot^2 x\, dx$$

$$= -\int \cot^2 x\,(-\csc^2 x\, dx) - \int (\csc^2 x - 1)\, dx$$

$$= -\tfrac{1}{3}\cot^3 x + \cot x + x + C$$

範例 9

求 $\int \tan^5 x \, dx$。

解答：

$$\int \tan^5 x \, dx = \int \tan^3 x \, (\sec^2 x - 1) \, dx$$
$$= \int \tan^3 x \sec^2 x \, dx - \int \tan^3 x \, dx$$
$$= \int \tan^3 x \, (\sec^2 x \, dx) - \int \tan x \, (\sec^2 x - 1) \, dx$$
$$= \int \tan^3 x \, (\sec^2 x \, dx) - \int \tan x \, (\sec^2 x \, dx) + \int \tan x \, dx$$
$$= \tfrac{1}{4}\tan^4 x - \tfrac{1}{2}\tan^2 x - \ln|\cos x| + C$$

類型 5 ($\int \tan^m x \sec^n x \, dx$，$\int \cot^m x \csc^n x \, dx$)

範例 10

（n 為偶數，m 為任意數）求 $\int \tan^{-3/2} x \sec^4 x \, dx$。

解答：

$$\int \tan^{-3/2} x \sec^4 x \, dx = \int (\tan^{-3/2} x)(1 + \tan^2 x) \sec^2 x \, dx$$
$$\int \tan^{-3/2} x \sec^4 x \, dx = \int (\tan^{-3/2} x)(1 + \tan^2 x) \sec^2 x \, dx$$
$$= \int (\tan^{-3/2} x) \sec^2 x \, dx + \int (\tan^{1/2} x) \sec^2 x \, dx$$
$$= -2 \tan^{-1/2} x + \tfrac{2}{3}\tan^{3/2} x + C$$

範例 11

（m 為奇數，n 任意數）求 $\int \tan^3 x \sec^{-1/2} x \, dx$。

解答：

$$\int \tan^3 x \sec^{-1/2} x \, dx = \int (\tan^2 x)(\sec^{-3/2} x)(\sec x \tan x) \, dx$$
$$= \int (\sec^2 x - 1) \sec^{-3/2} x \, (\sec x \tan x \, dx)$$
$$= \int \sec^{1/2} x \, (\sec x \tan x \, dx) - \int \sec^{-3/2} x \, (\sec x \tan x \, dx)$$
$$= \tfrac{2}{3}\sec^{3/2} x + 2 \sec^{-1/2} x + C$$

練習題 7.3

1-10 題中,計算各積分

1. $\int \sin^2 x \, dx$
2. $\int \sin^3 x \, dx$
3. $\int \cos^3 x \, dx$
4. $\int \sin^5 4x \cos^2 4x \, dx$
5. $\int \sin^4 3t \cos^4 3t \, dt$
6. $\int \sin 4y \cos 5y \, dy$
7. $\int \cos y \cos 4y \, dy$
8. $\int \sin 3t \sin t \, dt$
9. $\int \tan^4 x \, dx$
10. $\int \tan^3 x \, dx$

11. 求 $\int_{-\pi}^{\pi} \cos mx \cos nx \, dx, m \neq n; m, n$ 為整數。

12. 求 $\int_{-L}^{L} \cos \dfrac{m\pi x}{L} \cos \dfrac{n\pi x}{L} \, dx, m \neq n; m, n$ 為整數。

13. 令 $f(x) = \sum_{n=1}^{N} a_n \sin(nx)$,請利用範例 6 證明下列式子對正整數 m 成立。

(a) $\dfrac{1}{\pi} \int_{-\pi}^{\pi} f(x) \sin(mx) \, dx = \begin{cases} a_m, & m \leq N \\ 0, & m > N \end{cases}$

(b) $\dfrac{1}{\pi} \int_{-\pi}^{\pi} f^2(x) \, dx = \sum_{n=1}^{N} a_n^2$

注意:此種形式的積分發生於傅立級數(Fourier series)中。

7.4 有理化代換

積分式出現根號常常是麻煩的,通常我們會試著把根號去掉,本節將介紹一些適當的代換。

積分式含 $\sqrt[n]{ax+b}$　若 $\sqrt[n]{ax+b}$ 出現在積分式中,則代換 $u = \sqrt[n]{ax+b}$ 可去除根號。

範例 1

求 $\int \dfrac{dx}{x - \sqrt{x}}$。

解答:令 $u = \sqrt{x}$,則 $u^2 = x$ 且 $2u \, du = dx$。所以

$$\int \dfrac{dx}{x - \sqrt{x}} = \int \dfrac{2u}{u^2 - u} \, du = 2 \int \dfrac{1}{u - 1} \, du$$
$$= 2 \ln|u - 1| + C = 2 \ln|\sqrt{x} - 1| + C$$

範例 2

求 $\int x\sqrt[3]{x-4}\,dx$。

解答：令 $u = \sqrt[3]{x-4}$，則 $u^3 = x-4$ 且 $3u^2\,du = dx$。所以

$$\int x\sqrt[3]{x-4}\,dx = \int (u^3+4)u \cdot (3u^2\,du) = 3\int (u^6 + 4u^3)\,du$$

$$= 3\left[\frac{u^7}{7} + u^4\right] + C = \frac{3}{7}(x-4)^{7/3} + 3(x-4)^{4/3} + C$$

範例 3

求 $\int x\sqrt[5]{(x+1)^2}\,dx$。

解答：令 $u = (x+1)^{1/5}$，則 $u^5 = x+1$ 且 $5u^4\,du = dx$。所以

$$\int x(x+1)^{2/5}\,dx = \int (u^5-1)u^2 \cdot 5u^4\,du$$

$$= 5\int (u^{11} - u^6)\,du = \tfrac{5}{12}u^{12} - \tfrac{5}{7}u^7 + C$$

$$= \tfrac{5}{12}(x+1)^{12/5} - \tfrac{5}{7}(x+1)^{7/5} + C$$

積分式含 $\sqrt{a^2-x^2}$，$\sqrt{a^2+x^2}$ 和 $\sqrt{x^2-a^2}$ 為了有理化這三個根式，我們假設 a 是一個正數且做下列三角代換

根式	代換	t 的限制
1. $\sqrt{a^2-x^2}$	$x = a\sin t$	$-\pi/2 \le t \le \pi/2$
2. $\sqrt{a^2+x^2}$	$x = a\tan t$	$-\pi/2 < t < \pi/2$
3. $\sqrt{x^2-a^2}$	$x = a\sec t$	$0 \le t \le \pi, t \ne \pi/2$

注意這些代換所達成的化簡

1. $\sqrt{a^2-x^2} = \sqrt{a^2 - a^2\sin^2 t} = \sqrt{a^2\cos^2 t} = |a\cos t| = a\cos t$
2. $\sqrt{a^2+x^2} = \sqrt{a^2 + a^2\tan^2 t} = \sqrt{a^2\sec^2 t} = |a\sec t| = a\sec t$
3. $\sqrt{x^2-a^2} = \sqrt{a^2\sec^2 t - a^2} = \sqrt{a^2\tan^2 t} = |a\tan t| = \pm a\tan t$

我們對 t 的限制，使我們可以去掉前兩個式子中的絕對值，也是 6.7 中為了使反函數存在所做的限制。

積分的技巧 Chapter 7   349

● 範例 4

求 $\int \sqrt{a^2 - x^2}\, dx$。

解答：使用代換

$$x = a \sin t,\quad -\frac{\pi}{2} \le t \le \frac{\pi}{2}$$

則 $dx = a \cos t\, dt$ 且 $\sqrt{a^2 - x^2} = a \cos t$。所以

$$\int \sqrt{a^2 - x^2}\, dx = \int a \cos t \cdot a \cos t\, dt = a^2 \int \cos^2 t\, dt$$

$$= \frac{a^2}{2} \int (1 + \cos 2t)\, dt$$

$$= \frac{a^2}{2}\left(t + \frac{1}{2}\sin 2t\right) + C$$

$$= \frac{a^2}{2}(t + \sin t \cos t) + C$$

如今，$x = a \sin t$，$-\pi/2 < t < \pi/2$ 相當於 $t = \sin^{-1}\left(\dfrac{x}{a}\right)$，因為 t 被限制在反函數存在的範圍。利用圖 1 的右邊的直角（如我們在 6.8 節所做的一樣），可得

$$\cos t = \cos\left[\sin^{-1}\left(\frac{x}{a}\right)\right] = \sqrt{1 - \frac{x^2}{a^2}} = \frac{1}{a}\sqrt{a^2 - x^2}$$

因此

$$\int \sqrt{a^2 - x^2}\, dx = \frac{a^2}{2}\sin^{-1}\left(\frac{x}{a}\right) + \frac{x}{2}\sqrt{a^2 - x^2} + C$$

利用範例 4 的結果我們可以計算下列定積分，它代表一個半圓的面積（圖 2）。所以，微積分印證了一個我們已知的結果。

$$\int_{-a}^{a} \sqrt{a^2 - x^2}\, dx = \left[\frac{a^2}{2}\sin^{-1}\left(\frac{x}{a}\right) + \frac{x}{2}\sqrt{a^2 - x^2}\right]_{-a}^{a} = \frac{a^2}{2}\left[\frac{\pi}{2} + \frac{\pi}{2}\right] = \frac{\pi a^2}{2}$$

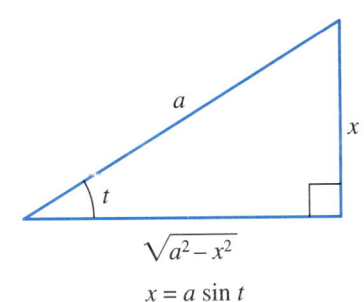

$x = a \sin t$
▲ 圖 1

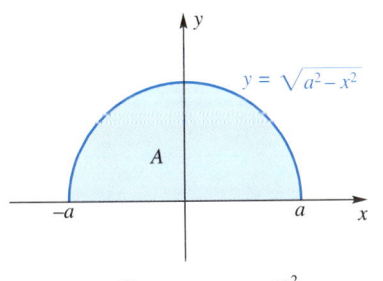

$A = \int_{-a}^{a} \sqrt{a^2 - x^2}\, dx = \dfrac{\pi a^2}{2}$
▲ 圖 2

● 範例 5

求 $\int \dfrac{dx}{\sqrt{9 + x^2}}$。

解答：令 $x = 3 \tan t$，$-\pi/2 < t < \pi/2$。則 $dx = 3 \sec^2 t\, dt$ 且 $\sqrt{9 + x^2} = 3 \sec t$。

$$\int \frac{dx}{\sqrt{9 + x^2}} = \int \frac{3 \sec^2 t}{3 \sec t}\, dt = \int \sec t\, dt$$

$$= \ln|\sec t + \tan t| + C$$

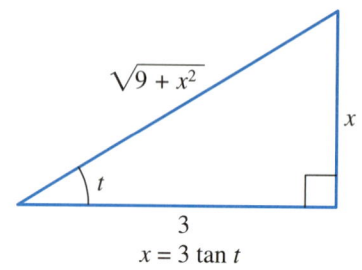

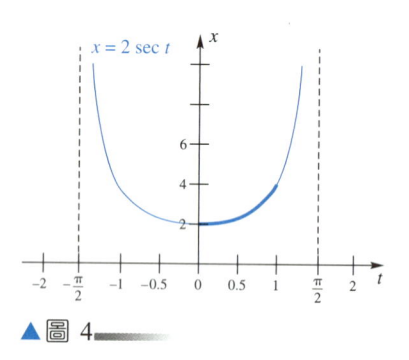

由圖 3 可得 $\tan t = x/3$ 且 $\sec t = \sqrt{9+x^2}/3$。所以

$$\int \frac{dx}{\sqrt{9+x^2}} = \ln\left|\frac{\sqrt{9+x^2}+x}{3}\right| + C$$

$$= \ln|\sqrt{9+x^2}+x| - \ln 3 + C$$

$$= \ln|\sqrt{9+x^2}+x| + K$$

$\sqrt{9+x^2}$、x、3、t
$x = 3\tan t$
▲圖 3

範例 6

計算 $\displaystyle\int_2^4 \frac{\sqrt{x^2-4}}{x}\,dx$。

解答：令 $x = 2\sec t$，$0 \le t < \pi/2$。因為 $2 \le x \le 4$，所以 t 作這樣的限制是合理的（見圖 4），這使我們可以去掉下式中的絕對值符號

$$\sqrt{x^2-4} = \sqrt{4\sec^2 t - 4} = \sqrt{4\tan^2 t} = 2|\tan t| = 2\tan t$$

因此

$$\int_2^4 \frac{\sqrt{x^2-4}}{x}\,dx = \int_0^{\pi/3} \frac{2\tan t}{2\sec t}\,2\sec t \tan t\,dt$$

$$= \int_0^{\pi/3} 2\tan^2 t\,dt = 2\int_0^{\pi/3}(\sec^2 t - 1)\,dt$$

$$= 2\big[\tan t - t\big]_0^{\pi/3} = 2\sqrt{3} - \frac{2\pi}{3} \approx 1.37$$

$x = 2\sec t$
▲圖 4

完成平方 當根號中有二次式 $x^2 + Bx + C$ 時，完成平方式有助於三角代換的實施。

範例 7

求 (a) $\displaystyle\int \frac{dx}{\sqrt{x^2+2x+26}}$ 和 (b) $\displaystyle\int \frac{2x}{\sqrt{x^2+2x+26}}$。

解答：

(a) $x^2 + 2x + 26 = x^2 + 2x + 1 + 25 = (x+1)^2 + 25$。令 $u = x+1$ 則 $du = dx$，可得

$$\int \frac{dx}{\sqrt{x^2+2x+26}} = \int \frac{du}{\sqrt{u^2+25}}$$

接著，令 $u = 5\tan t$，$-\pi/2 < t < \pi/2$，則 $du = 5\sec^2 t\,dt$ 且 $\sqrt{u^2+25} = \sqrt{25(\tan^2 t + 1)} = 5\sec t$。所以

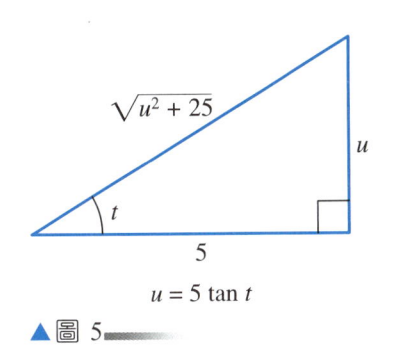

$$\int \frac{du}{\sqrt{u^2+25}} = \int \frac{5\sec^2 t\, dt}{5\sec t} = \int \sec t\, dt$$
$$= \ln|\sec t + \tan t| + C$$
$$= \ln\left|\frac{\sqrt{u^2+25}}{5} + \frac{u}{5}\right| + C$$
$$= \ln|\sqrt{u^2+25} + u| - \ln 5 + C$$
$$= \ln|\sqrt{x^2+2x+26} + x + 1| + K \quad (依圖 5)$$

▲ 圖 5　$u = 5\tan t$

(b) 將原式如下式改寫

$$\int \frac{2x}{\sqrt{x^2+2x+26}}\, dx = \int \frac{2x+2}{\sqrt{x^2+2x+26}}\, dx - 2\int \frac{1}{\sqrt{x^2+2x+26}}\, dx$$

第一個積分可用代換 $u = x^2 + 2x + 26$ 處理，第二個積分剛剛算過，因此可得

$$\int \frac{2x}{\sqrt{x^2+2x+26}}\, dx = 2\sqrt{x^2+2x+26} - 2\ln|\sqrt{x^2+2x+26} + x + 1| + K$$

練習題 7.4

1-8 題中，計算各指定的積分

1. $\int x\sqrt{x+1}\, dx$
2. $\int x\sqrt[3]{x+\pi}\, dx$
3. $\int \frac{t\, dt}{\sqrt{3t+4}}$
4. $\int t(3t+2)^{3/2}\, dt$
5. $\int \frac{x^2\, dx}{\sqrt{16-x^2}}$
6. $\int \frac{dx}{(x^2+4)^{3/2}}$
7. $\int \frac{t}{\sqrt{1-t^2}}\, dt$
8. $\int \frac{2z-3}{\sqrt{1-z^2}}\, dz$

9-12 題中，利用完成平方，需要時也使用適當的三角代換，求各積分。

9. $\int \frac{dx}{\sqrt{x^2+2x+5}}$
10. $\int \frac{dx}{\sqrt{x^2+4x+5}}$
11. $\int \frac{dx}{\sqrt{16+6x-x^2}}$
12. $\int \frac{2x+1}{x^2+2x+2}\, dx$

7.5　利用部分分式積分有理式函數

一個有理函數（rational function）是兩個多項式函數的商。例如

$$f(x) = \frac{2}{(x+1)^3},\quad g(x) = \frac{2x+2}{x^2-4x+8},\quad h(x) = \frac{x^5+2x^3-x+1}{x^3+5x}$$

$$\begin{array}{r}x^2-3\\x^3+5x\overline{\smash{\big)}x^5+2x^3-x+1}\\\underline{x^5+5x^3}\\-3x^3-x\\\underline{-3x^3-15x}\\14x+1\end{array}$$

▲ 圖 1

上式中，f 和 g 是**真分式函數**（proper rational functions），也就是說分子的次數小於分母。假分式（非真分式）函數總是可以寫成多項式函數和適當的有理函數的和。例如，利用圖 1 中的長除法可得下式

$$h(x) = \frac{x^5 + 2x^3 - x + 1}{x^3 + 5x} = x^2 - 3 + \frac{14x+1}{x^3+5x}$$

因為多項式的積分總是很簡單，因此有理函數的積分重點就放在真分式的積分上了。

範例 1

求 $\int \dfrac{2}{(x+1)^3}\, dx$。

解答：心裡想著 $u = x+1$，

$$\int \frac{2}{(x+1)^3}\, dx = 2\int (x+1)^{-3}\, dx = \frac{2(x+1)^{-2}}{-2} + C$$
$$= -\frac{1}{(x+1)^2} + C$$

範例 2

求 $\int \dfrac{2x+2}{x^2-4x+8}\, dx$。

解答：心裡想著 $u = x^2 - 4x + 8$，$du = (2x-4)\,dx$．然後將原積分式寫成兩個積分式的和

$$\int \frac{2x+2}{x^2-4x+8}\, dx = \int \frac{2x-4}{x^2-4x+8}\, dx + \int \frac{6}{x^2-4x+8}\, dx$$
$$= \ln|x^2-4x+8| + 6\int \frac{1}{x^2-4x+8}\, dx$$

第二個積分，完成分母中的平方

$$\int \frac{1}{x^2-4x+8}\, dx = \int \frac{1}{x^2-4x+4+4}\, dx = \int \frac{1}{(x-2)^2+4}\, dx$$
$$= \int \frac{1}{(x-2)^2+4}\, dx = \frac{1}{2}\tan^{-1}\left(\frac{x-2}{2}\right) + C$$

可得

$$\int \frac{2x+2}{x^2-4x+8}\, dx = \ln|x^2-4x+8| + 3\tan^{-1}\left(\frac{x-2}{2}\right) + K$$

部分分式分解（線性因子）

分式的相加為：通分然後相加。例如

$$\frac{2}{x-1} + \frac{3}{x+1} = \frac{2(x+1)+3(x-1)}{(x-1)(x+1)} = \frac{5x-1}{(x-1)(x+1)} = \frac{5x-1}{x^2-1}$$

現在我們要做的事是：把一個分式拆解成多個簡單分式的和。我們的注意力放在分母。

範例 3　相異的線性因子

分解 $(3x-1)/(x^2-x-6)$ 並求它的不定積分。

解答：分母可分解成 $(x+2)(x-3)$，所以我們可望將原式拆解成下式

(1) $$\frac{3x-1}{(x+2)(x-3)} = \frac{A}{x+2} + \frac{B}{x-3}$$

我們的工作是找出 A 與 B 之值，上式兩邊同乘 $(x+2)(x-3)$ 可得

(2) $$3x-1 = A(x-3) + B(x+2)$$

也就是

(3) $$3x-1 = (A+B)x + (-3A+2B)$$

整理後可得

$$A + B = 3 \quad \text{且} \quad -3A + 2B = -1$$

所以 $A = \frac{7}{5}$ 且 $B = \frac{8}{5}$。因此

$$\frac{3x-1}{x^2-x-6} = \frac{3x-1}{(x+2)(x-3)} = \frac{\frac{7}{5}}{x+2} + \frac{\frac{8}{5}}{x-3}$$

$$\int \frac{3x-1}{x^2-x-6}\, dx = \frac{7}{5}\int \frac{1}{x+2}\, dx + \frac{8}{5}\int \frac{1}{x-3}\, dx$$

$$= \frac{7}{5}\ln|x+2| + \frac{8}{5}\ln|x-3| + C$$

代入法　有另一種方法可求出 A 與 B，在(2)式中分別帶入 $x=3$ 與 $x=-2$，可得

$$8 = A\cdot 0 + B\cdot 5$$
$$-7 = A\cdot(-5) + B\cdot 0$$

馬上可得 $B = \dfrac{8}{5}$ 與 $A = \dfrac{7}{5}$。這是根據一個事實：(2)式兩邊的線性方程式在兩個點有相同的值，則它們是恆等的。

範例 4　相異的線性因子

求 $\displaystyle\int \dfrac{5x+3}{x^3 - 2x^2 - 3x}\, dx$。

解答：分母可分解成 $x(x+1)(x-3)$，所以可將原式拆解成下式

$$\dfrac{5x+3}{x(x+1)(x-3)} = \dfrac{A}{x} + \dfrac{B}{x+1} + \dfrac{C}{x-3}$$

可得

$$5x + 3 = A(x+1)(x-3) + Bx(x-3) + Cx(x+1)$$

將 $x = 0$, $x = -1$ 與 $x = 3$ 代入可得

$$3 = A(-3)$$
$$-2 = B(4)$$
$$18 = C(12)$$

也就是 $A = -1, B = -\dfrac{1}{2}, C = \dfrac{3}{2}$，因此

$$\int \dfrac{5x+3}{x^3 - 2x^2 - 3x}\, dx = -\int \dfrac{1}{x}\, dx - \dfrac{1}{2}\int \dfrac{1}{x+1}\, dx + \dfrac{3}{2}\int \dfrac{1}{x-3}\, dx$$

$$= -\ln|x| - \dfrac{1}{2}\ln|x+1| + \dfrac{3}{2}\ln|x-3| + C$$

範例 5　重複的線性因子

求 $\displaystyle\int \dfrac{x}{(x-3)^2}\, dx$。

解答：積分式可拆解成

$$\dfrac{x}{(x-3)^2} = \dfrac{A}{x-3} + \dfrac{B}{(x-3)^2}$$

可得

$$x = A(x-3) + B$$

先將 $x = 3$ 代入，然後帶入其他值，如 $x = 0$，可得 $B = 3$ 與 $A = 1$。因此

$$\int \dfrac{x}{(x-3)^2}\, dx = \int \dfrac{1}{x-3}\, dx + 3\int \dfrac{1}{(x-3)^2}\, dx$$

$$= \ln|x-3| - \dfrac{3}{x-3} + C$$

範例 5　有些相異，有些重複的線性因子

求 $\int \dfrac{3x^2 - 8x + 13}{(x+3)(x-1)^2} dx$

解答：積分式可拆解成

$$\dfrac{3x^2 - 8x + 13}{(x+3)(x-1)^2} = \dfrac{A}{x+3} + \dfrac{B}{x-1} + \dfrac{C}{(x-1)^2}$$

可得

$$3x^2 - 8x + 13 = A(x-1)^2 + B(x+3)(x-1) + C(x+3)$$

將 $x=1, x=-3$ 與 $x=0$ 代入，可得 $C=2, A=4$ 與 $B=-1$，因此

$$\int \dfrac{3x^2 - 8x + 13}{(x+3)(x-1)^2} dx = 4\int \dfrac{dx}{x+3} - \int \dfrac{dx}{x-1} + 2\int \dfrac{dx}{(x-1)^2}$$

$$= 4\ln|x+3| - \ln|x-1| - \dfrac{2}{x-1} + C$$

請留意上面的拆解包含了 $B/(x-1)$ 與 $C/(x-1)^2$，當分母中含有重複的線性因子時，拆解的原則為：針對分母中的每一個因子 $(ax+b)^k$ 需有如下式的 k 項拆解

$$\dfrac{A_1}{ax+b} + \dfrac{A_2}{(ax+b)^2} + \dfrac{A_3}{(ax+b)^3} + \cdots + \dfrac{A_k}{(ax+b)^k}$$

部分分式分解（二次因子）

範例 7　單一的二次因子

分解 $\dfrac{6x^2 - 3x + 1}{(4x+1)(x^2+1)}$ 並求它的不定積分。

解答：可望將積分式拆解成

$$\dfrac{6x^2 - 3x + 1}{(4x+1)(x^2+1)} = \dfrac{A}{4x+1} + \dfrac{Bx+C}{x^2+1}$$

兩邊同乘 $(4x+1)(x^2+1)$ 可得

$$6x^2 - 3x + 1 = A(x^2+1) + (Bx+C)(4x+1)$$

將 $x = \dfrac{-1}{4}$、0 和 1 代入上式可得

$$\tfrac{6}{16} + \tfrac{3}{4} + 1 = A\left(\tfrac{17}{16}\right) \quad \Rightarrow \quad A = 2$$

$$1 = 2 + C \quad \Rightarrow \quad C = -1$$

$$4 = 4 + (B-1)5 \quad \Rightarrow \quad B = 1$$

所以

$$\int \frac{6x^2 - 3x + 1}{(4x+1)(x^2+1)} dx = \int \frac{2}{4x+1} dx + \int \frac{x-1}{x^2+1} dx$$

$$= \frac{1}{2}\int \frac{4\,dx}{4x+1} + \frac{1}{2}\int \frac{2x\,dx}{x^2+1} - \int \frac{dx}{x^2+1}$$

$$= \frac{1}{2}\ln|4x+1| + \frac{1}{2}\ln(x^2+1) - \tan^{-1}x + C$$

● 範例 8　一個重複的二次因子

求 $\displaystyle\int \frac{6x^2 - 15x + 22}{(x+3)(x^2+2)^2} dx$。

解答：假設積分式可拆解成

$$\frac{6x^2 - 15x + 22}{(x+3)(x^2+2)^2} = \frac{A}{x+3} + \frac{Bx+C}{x^2+2} + \frac{Dx+E}{(x^2+2)^2}$$

經過繁複的計算之後可得 $A=1$、$B=-1$、$C=3$、$D=5$ 和 $E=0$。所以

$$\int \frac{6x^2 - 15x + 22}{(x+3)(x^2+2)^2} dx$$

$$= \int \frac{dx}{x+3} - \int \frac{x-3}{x^2+2} dx - 5\int \frac{x}{(x^2+2)^2} dx$$

$$= \int \frac{dx}{x+3} - \frac{1}{2}\int \frac{2x}{x^2+2} dx + 3\int \frac{dx}{x^2+2} - \frac{5}{2}\int \frac{2x\,dx}{(x^2+2)^2}$$

$$= \ln|x+3| - \frac{1}{2}\ln(x^2+2) + \frac{3}{\sqrt{2}}\tan^{-1}\left(\frac{x}{\sqrt{2}}\right) + \frac{5}{2(x^2+2)} + C$$

■ 練習題 7.5

請利用部分分式計算下列各積分。

1. $\displaystyle\int \frac{1}{x(x+1)} dx$

2. $\displaystyle\int \frac{2}{x^2+3x} dx$

3. $\displaystyle\int \frac{x-11}{x^2+3x-4} dx$

4. $\displaystyle\int \frac{2x^2-x-20}{x^2+x-6} dx$

5. $\displaystyle\int \frac{2x^2+x-4}{x^3-x^2-2x} dx$

6. $\displaystyle\int \frac{x^3}{x^2+x-2} dx$

7. $\displaystyle\int \frac{x^4+8x^2+8}{x^3-4x} dx$

8. $\displaystyle\int \frac{x+1}{(x-3)^2} dx$

9. $\displaystyle\int \frac{3x^2-21x+32}{x^3-8x^2+16x} dx$

10. $\displaystyle\int \frac{2x^2+x-8}{x^3+4x} dx$

11. $\displaystyle\int \frac{2x^2-3x-36}{(2x-1)(x^2+9)} dx$

12. $\displaystyle\int \frac{\cos t}{\sin^4 t - 16} dt$

13. $\displaystyle\int \frac{x^3-4x}{(x^2+1)^2} dx$

14. $\displaystyle\int_1^5 \frac{3x+13}{x^2+4x+3} dx$

7.6 積分策略

在本章中,我們已探討了一些積分的技巧,相對於微分是相當直接的工作,積分就不是那麼直接了。和法則、積法則、商法則及連鎖法則適用於幾乎是所有的函數,但是沒有萬無一失的積分法,只有一套積分技巧可供應用。所以一般來說,積分是一個嘗試錯誤的過程;當一個方法失敗時,就再試另一個方法。但是,我們仍可提出下列積分策略。

1. 尋找適當的代換,使得積分看起來像本章第一節所提供的積分公式中的積分式。例如

$$\int \sin 2x\, dx, \int xe^{-x^2}\, dx, \int x\sqrt{x^2-1}\, dx$$

可用簡單的代換來計算。

2. 利用適當的代換將問題變為分部積分可用之型式。例如 $\int xe^x\, dx$ 和 $\int x \sinh x\, dx$ 可用分部積分來計算。

3. 三角代換

   若積分式包含 $\sqrt{a^2-x^2}$,考慮代換 $x = a \sin t$。

   若積分式包含 $\sqrt{a^2+x^2}$,考慮代換 $x = a \tan t$。

   若積分式包含 $\sqrt{x^2-a^2}$,考慮代換 $x = a \sec t$。

4. 利用分解有理式為部分分式的和之技巧積分有理式。

   上述建議加上一點巧思可幫助我們處理許多的積分。

   積分表 本書附錄包含了 110 個積分公式,對我們來說這些已夠用。請記得,你必須經常將這些公式與代換法結合來計算積分。這也就是為什麼許多積分表,包括本書最後那些,捨 x 取 u 做為積分變數。

範例 1

使用公式（54）

(54) $\int \sqrt{a^2 - u^2}\, du = \dfrac{u}{2}\sqrt{a^2 - u^2} + \dfrac{a^2}{2}\sin^{-1}\dfrac{u}{a} + C$

計算下列積分：

(a) $\int \sqrt{9 - x^2}\, dx$ 　　(b) $\int \sqrt{16 - 4y^2}\, dy$

(c) $\int y\sqrt{1 - 4y^4}\, dy$ 　　(d) $\int e^t \sqrt{100 - e^{2t}}\, dt$

解答：

(a) 在此積分中我們有 $a = 3$ 且 $u = x$，所以

$$\int \sqrt{9 - x^2}\, dx = \dfrac{x}{2}\sqrt{9 - x^2} + \dfrac{9}{2}\sin^{-1}\dfrac{x}{3} + C$$

(b) 令 $u = 2y$ 且 $du = 2\, dy$。則

$$\int \sqrt{16 - 4y^2}\, dy = \dfrac{1}{2}\int \sqrt{4^2 - (2y)^2}\,(2\, dy)$$

$$= \dfrac{1}{2}\left(\dfrac{2y}{2}\sqrt{4^2 - (2y)^2} + \dfrac{4^2}{2}\sin^{-1}\dfrac{2y}{4}\right) + C$$

$$= \dfrac{y}{2}\sqrt{16 - 4y^2} + 4\sin^{-1}\dfrac{y}{2} + C$$

(c) 令 $u = 2y^2$ 且 $du = 4y\, dy$。則

$$\int y\sqrt{1 - 4y^4}\, dy = \dfrac{1}{4}\int \sqrt{1 - (2y^2)^2}\,(4y\, dy)$$

$$= \dfrac{1}{4}\left(\dfrac{2y^2}{2}\sqrt{1 - (2y^2)^2} + \dfrac{1}{2}\sin^{-1}\dfrac{2y^2}{1}\right) + C$$

$$= \dfrac{y^2}{4}\sqrt{1 - 4y^4} + \dfrac{1}{8}\sin^{-1} 2y^2 + C$$

(d) 令 $u = e^t$ 且 $du = e^t\, dt$。則

$$\int e^t \sqrt{100 - e^{2t}}\, dt = \int \sqrt{10^2 - (e^t)^2}\,(e^t\, dt)$$

$$= \dfrac{e^t}{2}\sqrt{10^2 - (e^t)^2} + \dfrac{10^2}{2}\sin^{-1}\dfrac{e^t}{10} + C$$

$$= \dfrac{e^t}{2}\sqrt{100 - e^{2t}} + 50\sin^{-1}\dfrac{e^t}{10} + C$$

電腦代數系統與計算機　今日像 Maple、Mathematica 或 Derive 等電腦代數系統（computer algebra system，簡稱 CAS）可被用來計算不定積分或定積分。許多計算機也有能力計算定積分。若使用這些工具計算

定積分，需鑑別該工具是否給你一個應用微積分第二基本定理得到的準確解，或只給你一個利用數值計算產生的近似值。在實際情況中此二者似乎看來一樣好，且若只是要計算一個積分，這也許會很正確。但是在許多情況下，定積分的結果將被用於後續的計算，此時，先求出準確答案有助於後續答案的準確度。例如，若 $\int_0^1 \frac{1}{1+x^2}$ 須用於後續的計算，則最好求一反導數且使用微積分第二基本定理得到

$$\int_0^1 \frac{1}{1+x^2}\,dx = [\tan^{-1} x]_0^1 = \tan^{-1} 1 - \tan^{-1} 0 = \frac{\pi}{4}$$

在後續的計算中，使用 $\pi/4$ 將優於使用近似值 0.785398，這裡的近似值 0.785398 是 CAS 中的數學軟體 Mathematica 給予的近似值。

範例 2

求圖 1 所示均質薄片的質心。

解答：利用 5.6 節的公式可得

$$m = \delta \int_0^{\sqrt{\pi}} \sin x^2 \, dx$$

$$M_y = \delta \int_0^{\sqrt{\pi}} x \sin x^2 \, dx$$

$$M_x = \frac{\delta}{2} \int_0^{\sqrt{\pi}} \sin^2 x^2 \, dx$$

在這些積分中，只有第二個可以利用微積分第二基本定理求出積分之值，第一個和第三個不具有可用基本函數表達的反導數，我們只能試著找出積分的近似值。我們選用了一個 CAS，得到的近似值如下

$$m = \delta \int_0^{\sqrt{\pi}} \sin x^2 \, dx \approx 0.89483\,\delta$$

$$M_y = \delta \int_0^{\sqrt{\pi}} x \sin x^2 \, dx = \delta \left[-\frac{1}{2}\cos x^2 \right]_0^{\sqrt{\pi}} = \delta$$

$$M_x = \frac{\delta}{2} \int_0^{\sqrt{\pi}} \sin^2 x^2 \, dx \approx 0.33494\,\delta$$

注意，CAS 可以得到第二個積分的準確值，也得到第一與第三個積分的近似值。由此結果可得

$$\bar{x} = \frac{M_y}{m} \approx \frac{\delta}{0.89483\,\delta} \approx 1.1175$$

$$\bar{y} = \frac{M_x}{m} \approx \frac{0.33494\,\delta}{0.89483\,\delta} \approx 0.3743$$

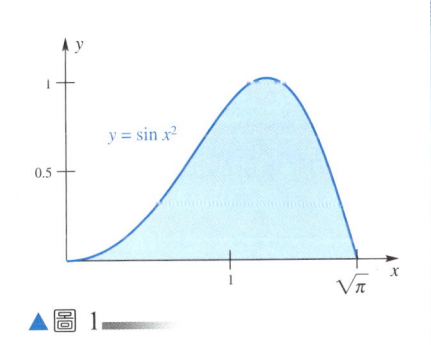

▲ 圖 1

範例 3

一根金屬棒的密度為 $\delta(x) = \exp(-x/4)$，為了使 0 到切口處的質量為 1，該在哪裡切斷金屬棒？

解答：令 a 表示切斷的位置，則

$$1 = \int_0^a \delta(x)\,dx = \int_0^a \exp(-x/4)\,dx = 4 - 4e^{-a/4}$$

可得

$$1 = 4 - 4e^{-a/4}$$
$$4e^{-a/4} = 3$$
$$a = -4\ln\frac{3}{4} \approx 1.1507$$

範例 4

一根金屬棒的密度為 $\delta(x) = \exp\left(\frac{1}{2}x^{3/2}\right)$，$x > 0$，為了使 0 到切口處的質量為 1，該在哪裡切斷金屬棒？請使用二分法估計切斷的位置，準確到小數點後兩位。

解答：再次令 a 表示切斷的位置，則

$$1 = \int_0^a \delta(x)\,dx = \int_0^a \exp\left(\frac{1}{2}x^{3/2}\right)dx$$

$\exp\left(\frac{1}{2}x^{3/2}\right)$ 的反導函數無法用基本函數表示，所以我們不能用微積分第二基本定理計算此定積分，只能用數值方法估計此積分。選用一個計算工具，經過一些嘗試和錯誤之後，我們得到下列結果：

$a = 1;$ $\quad \int_0^1 \exp\left(\frac{1}{2}x^{3/2}\right)dx \approx 1.2354 \quad\quad a = 1 \quad\quad$ 太大

$a = 0.5;$ $\quad \int_0^{0.5} \exp\left(\frac{1}{2}x^{3/2}\right)dx \approx 0.5374 \quad\quad a = 0.5 \quad\quad$ 太小

此時，我們知道 a 是介於 0.5 和 1.0 之間，[0.5, 1.0] 的中點是 0.75，所以接下來我們試 0.75：

$a = 0.75;$ $\quad \int_0^{0.75} \exp\left(\frac{1}{2}x^{3/2}\right)dx \approx 0.85815 \quad\quad a = 0.75 \quad\quad$ 太小

如此繼續下去，

$a = 0.875;$	$\int_0^{0.875} \exp\left(\frac{1}{2}x^{3/2}\right)dx \approx 1.0385$	$a = 0.875$	太大
$a = 0.8125;$	$\int_0^{0.8125} \exp\left(\frac{1}{2}x^{3/2}\right)dx \approx 0.94643$	$a = 0.8125$	太小
$a = 0.84375;$	$\int_0^{0.84375} \exp\left(\frac{1}{2}x^{3/2}\right)dx \approx 0.99198$	$a = 0.84375$	太小
$a = 0.859375;$	$\int_0^{0.859375} \exp\left(\frac{1}{2}x^{3/2}\right)dx \approx 1.0151$	$a = 0.859375$	太大
$a = 0.8515625;$	$\int_0^{0.8515625} \exp\left(\frac{1}{2}x^{3/2}\right)dx \approx 1.0035$	$a = 0.8515625$	太大
$a = 0.84765625;$	$\int_0^{0.84765625} \exp\left(\frac{1}{2}x^{3/2}\right)dx \approx 0.99775$	$a = 0.84765625$	太小

此時，我們把 a 陷在 0.84765625 和 0.8515625 之間了，準確到小數點後兩位，切斷的位置 a 應該是 $a = 0.85$。

● 範例 5

利用牛頓法估計範例 4 中方程式的解。

解答：待解的方程式可寫成

$$\int_0^a \exp\left(\frac{1}{2}x^{3/2}\right)dx - 1 = 0$$

令 $F(a)$ 是上式的左邊，我們需求出 $F(a) = 0$ 的近似解。記得牛頓法是一個迭代法，定義為

$$a_{n+1} = a_n - \frac{F(a_n)}{F'(a_n)}$$

此例中，我們可用微積分第　基本定理得到

$$F'(a) = \exp\left(\frac{1}{2}a^{3/2}\right)$$

令 $a_1 = 1$ 作為我們的起始猜測，則

$$a_2 = 1 - \frac{\int_0^1 \exp\left(\frac{1}{2}x^{3/2}\right)dx - 1}{\exp\left(\frac{1}{2}1^{3/2}\right)} \approx 0.857197$$

$$a_3 = 0.857197 - \frac{\int_0^{0.857197} \exp\left(\frac{1}{2}x^{3/2}\right)dx - 1}{\exp\left(\frac{1}{2}0.857197^{3/2}\right)} \approx 0.849203$$

$$a_4 = 0.849203 - \frac{\int_0^{0.849203} \exp\left(\frac{1}{2}x^{3/2}\right)dx - 1}{\exp\left(\frac{1}{2}0.849203^{3/2}\right)} \approx 0.849181$$

$$a_5 = 0.849181 - \frac{\int_0^{0.849181} \exp\left(\frac{1}{2}x^{3/2}\right)dx - 1}{\exp\left(\frac{1}{2}0.849181^{3/2}\right)} \approx 0.849181$$

切斷位置的近似值為 0.849181。注意，牛頓法需要的工作較少且給予的答案較準確。

練習題 7.6

1-9 題中，計算積分之值。

1. $\int xe^{-5x}\,dx$

2. $\int \frac{x}{x^2+9}\,dx$

3. $\int_1^2 \frac{\ln x}{x}\,dx$

4. $\int \frac{x}{x^2-5x+6}\,dx$

5. $\int \cos^4 2x\,dx$

6. $\int \sin^3 x \cos x\,dx$

7. $\int_3^4 \frac{1}{t-\sqrt{2t}}\,dt$

8. $\int_{-\pi/2}^{\pi/2} \cos^2 x \sin x\,dx$

9. $\int_0^{2\pi} |\sin 2x|\,dx$

10-13 題中，利用附錄的積分表及適當的代換計算給定的積分。

10. (a) $\int x\sqrt{3x+1}\,dx$ (b) $\int e^x \sqrt{3e^x+1}\,e^x\,dx$

11. (a) $\int \frac{dx}{9-16x^2}$ (b) $\int \frac{e^x}{9-16e^{2x}}\,dx$

12. (a) $\int \frac{\sqrt{x^2+2x-3}}{x+1}\,dx$ (b) $\int \frac{\sqrt{x^2-4x}}{x-2}\,dx$

13. (a) $\int \frac{y}{\sqrt{3y+5}}\,dy$ (b) $\int \frac{\sin t \cos t}{\sqrt{3\sin t + 5}}\,dt$

14-18 題中，利用一套 CAS 求給定的積分之值，若 CAS 對該積分沒有準確解，請找出一個數值解。

14. $\int_0^\pi \frac{\cos^2 x}{1+\sin x}\,dx$

15. $\int_0^{\pi/2} \sin^{12} x\,dx$

16. $\int_0^\pi \cos^4 \frac{x}{2}\,dx$

17. $\int_1^4 \frac{\sqrt{t}}{1+t^8}\,dt$

18. $\int_2^3 \frac{x^2+2x-1}{x^2-2x+1}\,dx$

Chapter 8 不定型與瑕積分

本章概要

8.1 不定型 0/0

8.2 其他不定型

8.3 瑕積分：無窮界限的積分

8.4 瑕積分：無窮大被積函數

8.1 不定型 0/0

這裡有三個熟悉的極限問題：

$$\lim_{x\to 0}\frac{\sin x}{x}, \quad \lim_{x\to 3}\frac{x^2-9}{x^2-x-6}, \quad \lim_{x\to a}\frac{f(x)-f(a)}{x-a}$$

第一個已在 1.4 節中討論，第三個實際上是導數 $f'(a)$ 的定義。這三個極限有一個共同的特徵，它們與分式有關且分子和分母的極限皆為 0，極限的主要定理（定理 1.3A）中的"商的極限等於極限的商"不適用於此。我們不是說它們的極限不存在，只是極限的主要定理無法決定它們的極限。

回想我們在 1.4 節中利用複雜的幾何論述說明 $\lim_{x\to 0}(\sin x)/x = 1$（定理 1.4B），另一方面，利用代數技巧因式分解可得

$$\lim_{x\to 3}\frac{x^2-9}{x^2-x-6} = \lim_{x\to 3}\frac{(x-3)(x+3)}{(x-3)(x+2)} = \lim_{x\to 3}\frac{x+3}{x+2} = \frac{6}{5}$$

真希望有一個標準的方法來應付這些分母與分子的極限皆為 0 的問題，但是這個要求太超過了。不過我們還是有一個可以廣泛且有效地應用的簡單方法。

羅必達法則（L'Hôpital's Rule）

定理 A　不定型 0/0 的羅必達法則

假設 $\lim_{x\to u}f(x) = \lim_{x\to u}g(x) = 0$。若 $\lim_{x\to u}f(x) = [f'(x)/g'(x)]$ 存在或等於 $\pm\infty$，則

$$\lim_{x\to u}\frac{f(x)}{g(x)} = \lim_{x\to u}\frac{f'(x)}{g'(x)}$$

本書省略了羅必達法則的證明，請參閱其他書籍，我們直接進入此法則的應用。注意，此法則讓我們可能可以用一個不再是 0/0 形式的極限取代原來的極限。

羅必達法則的幾何意義

請研究下列圖形，它們應該可以使羅必達法則看起來相當合理

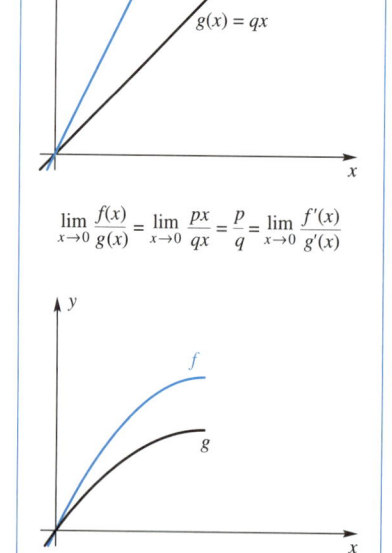

$f(x) = px$
$g(x) = qx$

$$\lim_{x\to 0}\frac{f(x)}{g(x)} = \lim_{x\to 0}\frac{px}{qx} = \frac{p}{q} = \lim_{x\to 0}\frac{f'(x)}{g'(x)}$$

$$\lim_{x\to 0}\frac{f(x)}{g(x)} = \lim_{x\to 0}\frac{f'(x)}{g'(x)}$$

範例 1

利用羅必達法則證明
$$\lim_{x \to 0} \frac{\sin x}{x} = 1 \quad \text{與} \quad \lim_{x \to 0} \frac{1 - \cos x}{x} = 0$$

解答：我們在 1.4 節中花了很大的力氣才得到這兩個極限，現在利用羅必達法則，兩行計算就可完成了

$$\lim_{x \to 0} \frac{\sin x}{x} = \lim_{x \to 0} \frac{D_x \sin x}{D_x x} = \lim_{x \to 0} \frac{\cos x}{1} = 1$$

$$\lim_{x \to 0} \frac{1 - \cos x}{x} = \lim_{x \to 0} \frac{D_x (1 - \cos x)}{D_x x} = \lim_{x \to 0} \frac{\sin x}{1} = 0$$

範例 2

求 $\lim_{x \to 3} \frac{x^2 - 9}{x^2 - x - 6}$ 和 $\lim_{x \to 2^+} \frac{x^2 + 3x - 10}{x^2 - 4x + 4}$。

解答：兩個極限皆為不定型 0/0，根據羅必達法則可得

$$\lim_{x \to 3} \frac{x^2 - 9}{x^2 - x - 6} = \lim_{x \to 3} \frac{2x}{2x - 1} = \frac{6}{5}$$

$$\lim_{x \to 2^+} \frac{x^2 + 3x - 10}{x^2 - 4x + 4} = \lim_{x \to 2^+} \frac{2x + 3}{2x - 4} = \infty$$

第一個極限已出現在本節開始的時候，當時我們是用因式分解簡化之後再算，當然兩種算法的答案是一樣的。

範例 3

求 $\lim_{x \to 0} \frac{\tan 2x}{\ln(1 + x)}$。

解答：分子與分母的極限皆為 0，因此

$$\lim_{x \to 0} \frac{\tan 2x}{\ln(1 + x)} = \lim_{x \to 0} \frac{2 \sec^2 2x}{1/(1 + x)} = \frac{2}{1} = 2$$

有時 $f'(x)/g'(x)$ 也是不定型 0/0，我們可再一次應用羅必達法則，就像我們現在要做的。每實施一次羅必達法則，就以記號 Ⓛ 標明。

● 範例 4

求 $\lim\limits_{x \to 0} \dfrac{\sin x - x}{x^3}$。

解答： 連續使用 3 次羅必達法則，可得

$$\lim_{x \to 0} \frac{\sin x - x}{x^3} \stackrel{L}{=} \lim_{x \to 0} \frac{\cos x - 1}{3x^2}$$

$$\stackrel{L}{=} \lim_{x \to 0} \frac{-\sin x}{6x}$$

$$\stackrel{L}{=} \lim_{x \to 0} \frac{-\cos x}{6} = -\frac{1}{6}$$

不要因為我們有一個優美的法則，就盲目地使用。在使用羅必達法則之前，我們必先確定極限為不定型 0/0，否則可能導致錯誤的結果。

● 範例 5

求 $\lim\limits_{x \to 0} \dfrac{1 - \cos x}{x^2 + 3x}$。

解答： 我們也許會這樣做

$$\lim_{x \to 0} \frac{1 - \cos x}{x^2 + 3x} \stackrel{L}{=} \lim_{x \to 0} \frac{\sin x}{2x + 3} \stackrel{L}{=} \lim_{x \to 0} \frac{\cos x}{2} = \frac{1}{2} \quad 錯誤$$

第一次使用羅必達法則是正確的；第二次就不正確了，因為在此階段極限並非不定型 0/0。正確的做法應該是

$$\lim_{x \to 0} \frac{1 - \cos x}{x^2 + 3x} \stackrel{L}{=} \lim_{x \to 0} \frac{\sin x}{2x + 3} = 0 \quad 正確$$

● 範例 6

求 $\lim\limits_{x \to \infty} \dfrac{e^{-x}}{x^{-1}}$。

解答： 我們可能使用羅必達法則無窮多次。

$$\lim_{x \to \infty} \frac{e^{-x}}{x^{-1}} \stackrel{L}{=} \lim_{x \to \infty} \frac{e^{-x}}{x^{-2}} \stackrel{L}{=} \lim_{x \to \infty} \frac{e^{-x}}{2x^{-3}} = \cdots$$

顯然，我們只是把問題變複雜了，一個較好的方法是先做一點代數處理

$$\lim_{x\to\infty}\frac{e^{-x}}{x^{-1}} = \lim_{x\to\infty}\frac{x}{e^x}$$

這樣的寫法使極限變成不定型 ∞/∞，這是下一節的主題。一個嚴謹的解答將出現於下一節中（8.2 節範例 1）。

■ 練習題 8.1

1-15 題中，求極限之值，使用羅必達法則之前請確定該式是不定型。

1. $\lim\limits_{x\to 0}\dfrac{2x-\sin x}{x}$

2. $\lim\limits_{x\to \pi/2}\dfrac{\cos x}{\frac{1}{2}\pi - x}$

3. $\lim\limits_{x\to 0}\dfrac{x-\sin 2x}{\tan x}$

4. $\lim\limits_{x\to 0}\dfrac{\tan^{-1} 3x}{\sin^{-1} x}$

5. $\lim\limits_{x\to -2}\dfrac{x^2+6x+8}{x^2-3x-10}$

6. $\lim\limits_{x\to 1^-}\dfrac{x^2-2x+2}{x^2-1}$

7. $\lim\limits_{x\to 1}\dfrac{\ln x^2}{x^2-1}$

8. $\lim\limits_{x\to 0}\dfrac{e^x-e^{-x}}{2\sin x}$

9. $\lim\limits_{t\to 1}\dfrac{\sqrt{t}-t^2}{\ln t}$

10. $\lim\limits_{x\to 0^+}\dfrac{7^{\sqrt{x}}-1}{2^{\sqrt{x}}-1}$

11. $\lim\limits_{x\to 0}\dfrac{\ln\cos 2x}{7x^2}$

12. $\lim\limits_{x\to 0^+}\dfrac{x^2}{\sin x - x}$

13. $\lim\limits_{x\to 0}\dfrac{\tan^{-1} x - x}{8x^3}$

14. $\lim\limits_{x\to 0}\dfrac{\int_0^x \sqrt{1+\sin t}\, dt}{x}$

15. $\lim\limits_{x\to 0^+}\dfrac{\int_0^x \sqrt{t}\cos t\, dt}{x^2}$

16. 已知 $f(x) = \begin{cases} \dfrac{e^x-1}{x}, & x \neq 0 \\ c, & x = 0 \end{cases}$，怎樣的 c 值可使得 $f(x)$ 在 $x=0$ 連續？

17. 已知 $f(x) = \begin{cases} \dfrac{\ln x}{x-1}, & x \neq 1 \\ c, & x = 1 \end{cases}$，怎樣的 c 值可使得 $f(x)$ 在 $x=1$ 連續？

8.2 其他不定型

在前一節範例 6 的解答中，我們碰到下列極限問題

$$\lim_{x\to\infty}\frac{x}{e^x}$$

這是一個形如 $\lim\limits_{x\to\infty} f(x)/g(x)$ 的問題，其中分子和分母皆趨近於無限大；我們稱之為不定型 ∞/∞，羅必達法則也適用於此情況。

> **定理 A　不定型 ∞/∞ 的羅必達法則**
>
> 假設 $\lim\limits_{x \to u}|f(x)| = \lim\limits_{x \to u}|g(x)| = \infty$，若 $\lim\limits_{x \to u}[f'(x)/g'(x)]$ 存在或等於 $\pm\infty$，則
>
> $$\lim_{x \to u}\frac{f(x)}{g(x)} = \lim_{x \to u}\frac{f'(x)}{g'(x)}$$
>
> 其中 u 可以是 a、a^-、a^+、$-\infty$ 或 ∞ 等任一符號。

不定型 ∞/∞　我們使用定理 A 完成前一節的範例 6。

● 範例 1

求 $\lim\limits_{x \to \infty}\dfrac{x}{e^x}$。

解答：x 與 e^x 在 $x \to \infty$ 時都趨近 ∞，因此根據羅必達法則可得

$$\lim_{x \to \infty}\frac{x}{e^x} = \lim_{x \to \infty}\frac{D_x x}{D_x e^x} = \lim_{x \to \infty}\frac{1}{e^x} = 0$$

● 範例 2

若 a 為任意正實數，證明 $\lim\limits_{x \to \infty}\dfrac{x^a}{e^x} = 0$。

解答：先考慮一個特例，$a = 2.5$ 時，使用羅必達法則三次可得

$$\lim_{x \to \infty}\frac{x^{2.5}}{e^x} \overset{L}{=} \lim_{x \to \infty}\frac{2.5 x^{1.5}}{e^x} \overset{L}{=} \lim_{x \to \infty}\frac{(2.5)(1.5)x^{0.5}}{e^x} \overset{L}{=} \lim_{x \to \infty}\frac{(2.5)(1.5)(0.5)}{x^{0.5}e^x} = 0$$

考慮一般的情形，令 m 表小於 a 的最大整數，則連續利用羅必達法則 $m+1$ 次可得

$$\lim_{x \to \infty}\frac{x^a}{e^x} \overset{L}{=} \lim_{x \to \infty}\frac{ax^{a-1}}{e^x} \overset{L}{=} \lim_{x \to \infty}\frac{a(a-1)x^{a-2}}{e^x} \overset{L}{=} \cdots \overset{L}{=} \lim_{x \to \infty}\frac{a(a-1)\cdots(a-m)}{x^{m+1-a}e^x} = 0$$

範例 3

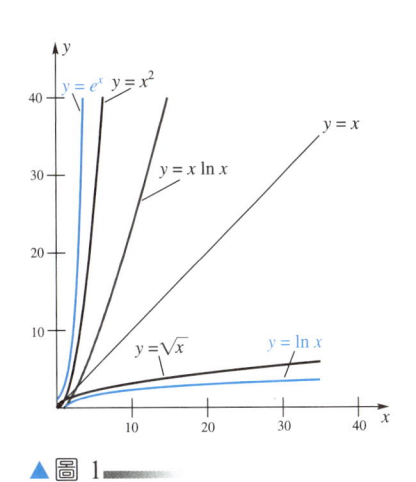

證明：若 a 為任意正實數，則 $\lim_{x \to \infty} \dfrac{\ln x}{x^a} = 0$。

解答： $x \to \infty$ 時，$\ln x$ 和 x^a 皆趨近於 ∞，根據羅必達法則可得

$$\lim_{x \to \infty} \frac{\ln x}{x^a} \overset{L}{=} \lim_{x \to \infty} \frac{1/x}{ax^{a-1}} = \lim_{x \to \infty} \frac{1}{ax^a} = 0$$

範例 2 與範例 3 說出了一些值得記憶的事情：對夠大的 x 而言，當 x 增加時 e^x 比 x 的任一個冪次都增加得快，當 x 增加時 $\ln x$ 比 x 的任一個冪次都增加得慢。例如，對夠大的 x 而言，e^x 比 x^{100} 增加得快且 $\ln x$ 比 $\sqrt[100]{x}$ 增加得慢，見圖 1，其中也列出了其他函數。

▲ 圖 1

範例 4

求 $\lim_{x \to 0^+} \dfrac{\ln x}{\cot x}$。

解答： 當 $x \to 0^+$，$\ln x \to -\infty$ 且 $\cot x \to \infty$，所以利用羅比達法則可得

$$\lim_{x \to 0^+} \frac{\ln x}{\cot x} \overset{L}{=} \lim_{x \to 0^+} \left[\frac{1/x}{-\csc^2 x} \right]$$

這仍舊是一個不定型，此時應用羅必達法則只會使情況更糟，我們需重寫括號裡的式子

$$\frac{1/x}{-\csc^2 x} = -\frac{\sin^2 x}{x} = -\sin x \frac{\sin x}{x}$$

因此

$$\lim_{x \to 0^+} \frac{\ln x}{\cot x} = \lim_{x \to 0^+} \left[-\sin x \frac{\sin x}{x} \right] = 0 \cdot 1 = 0$$

不定型 $0 \cdot \infty$ 及 $\infty - \infty$

假設 $A(x) \to 0$ 且 $B(x) \to \infty$，則它們的乘積 $A(x)B(x)$ 會如何？兩股競爭的勢力將乘積往相反方向拉扯，哪一個勢力會贏，是 A 還是 B，或是都沒有贏？關鍵在於哪一個勢力比較強（也就是工作的速率較快），或是兩者抵銷掉了。將原式轉換成 $0/0$ 或是 ∞/∞ 之後，羅必達法則可幫我們決定。

範例 5

求 $\lim\limits_{x \to \pi/2} (\tan x \cdot \ln \sin x)$。

解答：因為 $\lim\limits_{x \to \pi/2} \ln \sin x = 0$ 且 $\lim\limits_{x \to \pi/2} |\tan x| = \infty$，這是一個不定型 $0 \cdot \infty$。將 $\tan x$ 重寫成 $1/\cot x$，原式變成不定型 $0/0$。所以

$$\lim_{x \to \pi/2}(\tan x \cdot \ln \sin x) = \lim_{x \to \pi/2} \frac{\ln \sin x}{\cot x}$$

$$\overset{L}{=} \lim_{x \to \pi/2} \frac{\frac{1}{\sin x} \cdot \cos x}{-\csc^2 x}$$

$$= \lim_{x \to \pi/2} (-\cos x \cdot \sin x) = 0$$

範例 6

求 $\lim\limits_{x \to 1^+} \left(\dfrac{x}{x-1} - \dfrac{1}{\ln x} \right)$。

解答：原式是不定型 $\infty - \infty$，兩個分式通分後可變成不定型 $0/0$。

$$\lim_{x \to 1^+} \left(\frac{x}{x-1} - \frac{1}{\ln x} \right) = \lim_{x \to 1^+} \frac{x \ln x - x + 1}{(x-1)\ln x} \overset{L}{=} \lim_{x \to 1^+} \frac{x \cdot 1/x + \ln x - 1}{(x-1)(1/x) + \ln x}$$

$$= \lim_{x \to 1^+} \frac{x \ln x}{x - 1 + x \ln x} \overset{L}{=} \lim_{x \to 1^+} \frac{1 + \ln x}{2 + \ln x} = \frac{1}{2}$$

不定型 0^0、∞^0、1^∞

現在我們考慮三種指數型式的不定型。訣竅在於用對數型式取代原來的指數型式，然後將羅必達法則應用在對數型式上。

範例 7

求 $\lim\limits_{x \to 0^+} (x+1)^{\cot x}$。

解答：原式具不定型 1^∞。令 $y = (x+1)^{\cot x}$，則

$$\ln y = \cot x \ln(x+1) = \frac{\ln(x+1)}{\tan x}$$

這是不定型 $0/0$，使用羅必達法則可得

$$\lim_{x \to 0^+} \ln y = \lim_{x \to 0^+} \frac{\ln(x+1)}{\tan x} \overset{L}{=} \lim_{x \to 0^+} \frac{\frac{1}{x+1}}{\sec^2 x} = 1$$

如今 $y = e^{\ln y}$，且因為 $f(x) = e^x$ 是連續函數，所以

$$\lim_{x \to 0^+} y = \lim_{x \to 0^+} \exp(\ln y) = \exp\left(\lim_{x \to 0^+} \ln y\right) = \exp 1 = e$$

範例 8

求 $\lim\limits_{x \to \pi/2^-} (\tan x)^{\cos x}$。

解答：原式為不定型 ∞^0。令 $y = (\tan x)^{\cos x}$，則

$$\ln y = \cos x \cdot \ln \tan x = \frac{\ln \tan x}{\sec x} \quad \text{可得}$$

$$\lim_{x \to \pi/2^-} \ln y = \lim_{x \to \pi/2^-} \frac{\ln \tan x}{\sec x} \overset{L}{=} \lim_{x \to \pi/2^-} \frac{\frac{1}{\tan x} \cdot \sec^2 x}{\sec x \tan x}$$

$$= \lim_{x \to \pi/2^-} \frac{\sec x}{\tan^2 x} = \lim_{x \to \pi/2^-} \frac{\cos x}{\sin^2 x} = 0$$

因此

$$\lim_{x \to \pi/2^-} y = e^0 = 1$$

結論：我們已經將七種特定的極限問題歸類為不定型，分別用符號表示成 $0/0, \infty/\infty, 0 \cdot \infty, \infty - \infty, 0^0, \infty^0$ 與 1^∞。這七種當中的每一種都與兩個互相較勁的相反勢力有關，導致原式的結果不是很明確，透過實施在不定型 $0/0$ 或是 ∞/∞ 上的羅必達法則，常常也可決定極限的結果。

還有其他情形，例如 $0/\infty, \infty/0, \infty + \infty, \infty \cdot \infty, 0^\infty$ 及 ∞^∞。為什麼我們不稱它們是不定型？因為在這些情況中，兩個勢力的作用是一致而不是相反的。

範例 9

求 $\lim\limits_{x \to 0^+} (\sin x)^{\cot x}$。

解答：姑且稱這是一個 0^∞，這不是不定型。

注意，$\sin x$ 趨近 0，且指數 $\cot x$ 越來越大，只會導致原式快速趨近 0，因此

$$\lim_{x \to 0^+} (\sin x)^{\cot x} = 0$$

練習題 8.2

求下列各極限，使用羅比達法則之前請確定該式是不定型。

1. $\lim_{x \to \infty} \dfrac{\ln x^{10000}}{x}$

2. $\lim_{x \to \infty} \dfrac{(\ln x)^2}{2^x}$

3. $\lim_{x \to \infty} \dfrac{x^{10000}}{e^x}$

4. $\lim_{x \to \pi/2} \dfrac{3\sec x + 5}{\tan x}$

5. $\lim_{x \to 0} \dfrac{2\csc^2 x}{\cot^2 x}$

6. $\lim_{x \to 0}(x \ln x^{1000})$

7. $\lim_{x \to 0} 3x^2 \csc^2 x$

8. $\lim_{x \to \pi/2}(\tan x - \sec x)$

9. $\lim_{x \to 0^+}(3x)^{x^2}$

10. $\lim_{x \to \infty} x^{1/x}$

11. $\lim_{x \to 0^+}(\tan x)^{2/x}$

12. $\lim_{x \to -\infty}(e^{-x} - x)$

13. $\lim_{x \to 0^+}(\sin x)^x$

14. $\lim_{x \to \infty}(1 + \dfrac{1}{x})^x$

15. $\lim_{x \to 1}(\dfrac{1}{x-1} - \dfrac{x}{\ln x})$

16. $\lim_{x \to 0}(\cos x)^{1/x}$

17. $\lim_{x \to \infty}[\ln(x+1) - \ln(x-1)]$

18. $\lim_{x \to \infty} \dfrac{\int_1^x \sqrt{1+e^{-t}}\, dt}{x}$

19. $\lim_{x \to 1^+} \dfrac{\int_1^x \sin t\, dt}{x-1}$

8.3 瑕積分：無窮界限的積分

在 $\int_a^b f(x)\, dx$ 的定義中，我們假設區間 $[a, b]$ 是有限的。但是，在物理、經濟，和機率的許多應用中，我們希望 a 或 b（或兩者）可以是 ∞ 或 $-\infty$。因此我們需要定義下列符號

$$\int_0^\infty \dfrac{1}{1+x^2}\, dx, \quad \int_{-\infty}^{-1} xe^{-x^2}\, dx, \quad \int_{-\infty}^\infty x^2 e^{-x^2}\, dx$$

這些積分稱為無窮界限的**瑕積分**（improper integrals）。

一個界限是無窮的 考慮函數 $f(x) = xe^{-x}$。求定積分 $\int_0^1 xe^{-x}\, dx$、$\int_0^2 xe^{-x}\, dx$ 或 $\int_0^b xe^{-x}\, dx$，b 為任意正數，是有意義的。就像下一頁表中所示，定積分的值（曲線下方陰影區域的面積）隨著 b 的增加而遞增，但並不是沒有界限。為了定義 $\int_0^\infty xe^{-x}$，我們從 0 積分到一個任意的上界 b，利用分部積分可得

$$\int_0^b xe^{-x}\, dx = [-xe^{-x}]_0^b - \int_0^b (-e^{-x})\, dx = 1 - e^{-b} - be^{-b}$$

令 $b\to\infty$，則上列定積分的值收斂到 1。所以很自然地，我們定義

$$\int_0^\infty xe^{-x}\,dx = \lim_{b\to\infty}\int_0^b xe^{-x}\,dx = \lim_{b\to\infty}(1-e^{-b}-be^{-b}) = 1$$

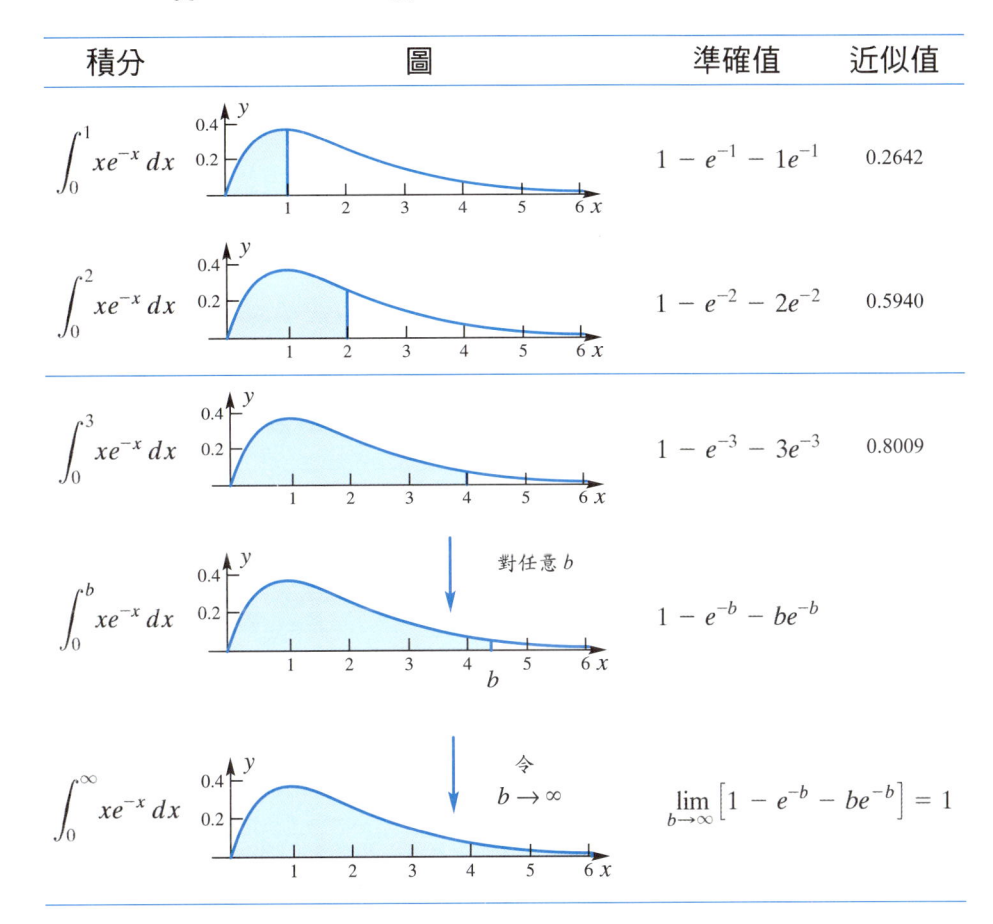

積分	圖	準確值	近似值
$\int_0^1 xe^{-x}\,dx$		$1-e^{-1}-1e^{-1}$	0.2642
$\int_0^2 xe^{-x}\,dx$		$1-e^{-2}-2e^{-2}$	0.5940
$\int_0^3 xe^{-x}\,dx$		$1-e^{-3}-3e^{-3}$	0.8009
$\int_0^b xe^{-x}\,dx$	對任意 b	$1-e^{-b}-be^{-b}$	
$\int_0^\infty xe^{-x}\,dx$	令 $b\to\infty$	$\lim_{b\to\infty}\left[1-e^{-b}-be^{-b}\right]=1$	

接下來是一般的定義。

定義

$$\int_{-\infty}^b f(x)\,dx = \lim_{a\to-\infty}\int_a^b f(x)\,dx$$

$$\int_a^\infty f(x)\,dx = \lim_{b\to\infty}\int_a^b f(x)\,dx$$

假如右邊的極限值存在，則我們說該瑕積分是收斂的（converge），且極限值就是瑕積分的值，否則就稱瑕積分是發散的（diverge）。

範例 1

求 $\int_{-\infty}^{-1} xe^{-x^2}\,dx$。

解答：

$$\int_{a}^{-1} xe^{-x^2}\,dx = -\frac{1}{2}\int_{a}^{-1} e^{-x^2}(-2x\,dx) = \left[-\frac{1}{2}e^{-x^2}\right]_{a}^{-1}$$

$$= -\frac{1}{2}e^{-1} + \frac{1}{2}e^{-a^2}$$

所以，$\int_{-\infty}^{-1} xe^{-x^2}\,dx = \lim_{a\to-\infty}\left[-\frac{1}{2}e^{-1} + \frac{1}{2}e^{-a^2}\right] = -\frac{1}{2e}$

我們說此瑕積分是收斂的，且值為 $-\dfrac{1}{2e}$。

範例 2

求 $\int_{0}^{\infty} \sin x\,dx$。

解答：

$$\int_{0}^{\infty} \sin x\,dx = \lim_{b\to\infty}\int_{0}^{b} \sin x\,dx = \lim_{b\to\infty}[-\cos x]_{0}^{b}$$

$$= \lim_{b\to\infty}[1 - \cos b]$$

上列極限不存在，所以說瑕積分是發散的。考慮 $\int_{0}^{\infty} \sin x\,dx$ 的幾何意義可支持上述結論（圖 1）。

▲圖 1

範例 3

根據牛頓反平方定律，地球作用在一架太空艙的引力為 $-k/x^2$，其中 x 為太空艙到地心的距離（圖 2），因此，升起太空艙所需的力為 $F(x) = k/x^2$。須作多少功才能推動 1000 磅重的太空艙脫離地球的重力場呢？（也就是由地表推到距離地球無限遠處）

解答： 先求常數 k 的值，利用 $x = 3960$ 哩（地球的半徑）時 $F = 1000$ 磅，可得 $k = 1000(3960)^2 \approx 1.568 \times 10^{10}$。

根據 5.5 節及本節的討論，所求之功為 $\int_{3960}^{\infty} F(x)\,dx$，以哩－磅計算為

$$1.568 \times 10^{10} \int_{3960}^{\infty} \frac{1}{x^2}\,dx = \lim_{b\to\infty} 1.568 \times 10^{10}\left[-\frac{1}{x}\right]_{3960}^{b}$$

$$= \lim_{b\to\infty} 1.568 \times 10^{10}\left[-\frac{1}{b} + \frac{1}{3960}\right]$$

$$= \frac{1.568 \times 10^{10}}{3960} \approx 3.96 \times 10^{6}$$

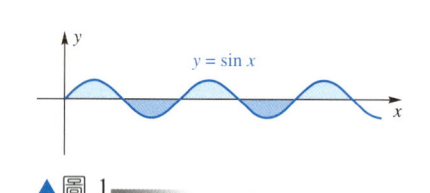

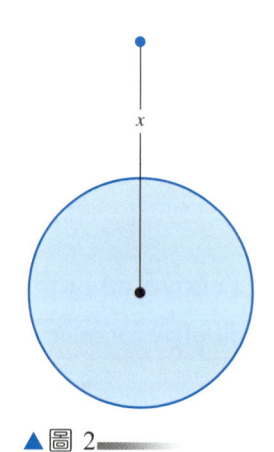

▲圖 2

兩個界限是無窮的　現在，我們也給 $\int_{-\infty}^{\infty} f(x)\,dx$ 一個定義。

> **定義**
>
> 假如 $\int_{-\infty}^{0} f(x)\,dx$ 與 $\int_{0}^{\infty} f(x)\,dx$ 都是收斂的，則稱 $\int_{-\infty}^{\infty} f(x)\,dx$ 是收斂的，且它的值為
>
> $$\int_{-\infty}^{\infty} f(x)\,dx = \int_{-\infty}^{0} f(x)\,dx + \int_{0}^{\infty} f(x)\,dx$$
>
> 否則稱 $\int_{-\infty}^{\infty} f(x)\,dx$ 是發散的。

範例 4

計算 $\int_{-\infty}^{\infty} \dfrac{1}{1+x^2}\,dx$ 之值或說它是發散的。

解答：

$$\begin{aligned}
\int_{0}^{\infty} \frac{1}{1+x^2}\,dx &= \lim_{b\to\infty}\int_{0}^{b} \frac{1}{1+x^2}\,dx \\
&= \lim_{b\to\infty}[\tan^{-1} x]_{0}^{b} \\
&= \lim_{b\to\infty}[\tan^{-1} b - \tan^{-1} 0] = \frac{\pi}{2}
\end{aligned}$$

因為被積函數是偶函數，所以

$$\int_{-\infty}^{0} \frac{1}{1+x^2}\,dx = \int_{0}^{\infty} \frac{1}{1+x^2}\,dx = \frac{\pi}{2}$$

因此

$$\int_{-\infty}^{\infty} \frac{1}{1+x^2}\,dx = \int_{-\infty}^{0} \frac{1}{1+x^2}\,dx + \int_{0}^{\infty} \frac{1}{1+x^2}\,dx = \frac{\pi}{2}+\frac{\pi}{2}=\pi$$

我們將使用符號 $[F(x)]_{a}^{\infty}$ 表示 $\lim\limits_{b\to\infty} F(b) - F(a)$。類似的定義也應用於 $[F(x)]_{-\infty}^{a}$ 和 $[F(x)]_{-\infty}^{\infty}$。

機率密度函數　假如一連續隨機變數 X 的 PDF $f(x)$ 在可能發生之值所成的集合之外被定義為 0，則一個 PDF 需滿足的條件為

1. $f(x) \geq 0$

2. $\int_{-\infty}^{\infty} f(x)\,dx = 1$

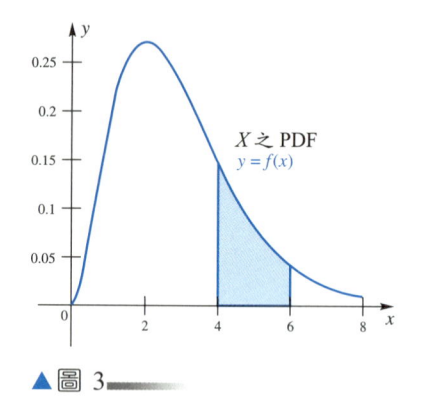

藉由積分我們可以利用一個隨機變數的 PDF 求出機率；例如，圖 3 解釋了 X 介於 4 和 6 之間的機率。

一個隨機變數的**平均數**（mean）和**變異數**（variance）定義為

$$\mu = E(X) = \int_{-\infty}^{\infty} x\, f(x)\, dx$$

$$\sigma^2 = V(X) = \int_{-\infty}^{\infty} (x-\mu)^2\, f(x)\, dx$$

隨機變數的變異數 σ^2 是機率分散程度的測度，它可經由下列公式計算而得

$$\sigma^2 = E(X^2) - \mu^2$$

當 σ^2 很小時，機率的分配是聚集在平均數的周圍；當 σ^2 較大時，機率分配就分散得比較開。

範例 5

指數型分配（exponential distribution），有時用來模型化電子或機械產品的壽命，它的 PDF 為

$$f(x) = \begin{cases} \lambda e^{-\lambda x}, & \text{若 } x \geq 0 \\ 0, & \text{若 } x < 0 \end{cases}$$

其中 λ 為某個正數。

(a) 證明這是一個 PDF。
(b) 求平均數 μ 和變異數 σ^2。
(c) 求累積分配函數（CDF）$F(x)$。
(d) 一種零件的使用壽命 X，以小時為量度單位，是一個隨機變數，且是一個 $\lambda = 0.01$ 的指數型分配，請問此零件正常工作 20 小時以上的機率為何？

解答：

(a) 函數 f 恆為非負的，且

$$\int_{-\infty}^{\infty} f(x)\, dx = \int_{-\infty}^{0} 0\, dx + \int_{0}^{\infty} \lambda e^{-\lambda x}\, dx$$

$$= 0 + [-e^{-\lambda x}]_0^{\infty}$$

$$= 1$$

所以 $f(x)$ 是一個 PDF。

(b)
$$E(X) = \int_{-\infty}^{\infty} xf(x)\, dx$$
$$= \int_{-\infty}^{0} x \cdot 0\, dx + \int_{0}^{\infty} x\lambda e^{-\lambda x}\, dx$$

第二個積分式中使用了分部積分，取 $u = x, dv = \lambda e^{-\lambda x}\, dx$ 可得 $du = dx, v = -e^{-\lambda x}$ 因此

$$E(X) = [-x\lambda e^{-\lambda x}]_0^{\infty} - \int_0^{\infty} (-e^{-\lambda x})\, dx$$
$$= (-0 + 0) + \left[-\frac{1}{\lambda} e^{-\lambda x}\right]_0^{\infty}$$
$$= \frac{1}{\lambda}$$

變異數為
$$\sigma^2 = E(X^2) - \mu^2$$
$$= \int_{-\infty}^{\infty} x^2 f(x)\, dx - \left(\frac{1}{\lambda}\right)^2$$
$$= \int_{-\infty}^{0} x^2 \cdot 0\, dx + \int_0^{\infty} x^2 \lambda e^{-\lambda x}\, dx - \frac{1}{\lambda^2}$$
$$= [-x^2 e^{-\lambda x}]_0^{\infty} - \int_0^{\infty} (-e^{-\lambda x}) 2x\, dx - \frac{1}{\lambda^2}$$
$$= (-0 + 0) + 2\int_0^{\infty} x e^{-\lambda x}\, dx - \frac{1}{\lambda^2}$$
$$= 2\frac{1}{\lambda^2} - \frac{1}{\lambda^2} = \frac{1}{\lambda^2}$$

(c) $x < 0$ 時，CDF 為 $F(x) = P(X \leq x) = 0$。$x \geq 0$ 時，
$$F(x) = \int_{-\infty}^{x} f(t)\, dt$$
$$= \int_{-\infty}^{0} 0\, dx + \int_0^{x} \lambda e^{-\lambda t}\, dt$$
$$= 0 + [-e^{-\lambda t}]_0^{x}$$
$$= 1 - e^{-\lambda x}$$

CDF 的圖形如圖 4 所示。

(d) 設定 $\lambda = 0.01$。所求機率為
$$P(X > 20) = \int_{20}^{\infty} 0.01 e^{-0.01x}\, dx$$
$$= [-e^{-0.01x}]_{20}^{\infty}$$
$$= 0 - (-e^{-0.01 \cdot 20})$$
$$= e^{-0.2}$$
$$\approx 0.819$$

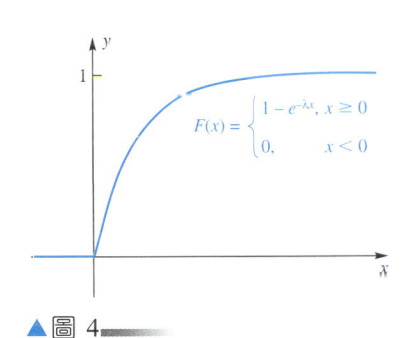

▲圖 4

$F(x) = \begin{cases} 1 - e^{-\lambda x}, & x \geq 0 \\ 0, & x < 0 \end{cases}$

常態分配（normal distribution）是著名的鐘形曲線，它是一個分配族群，因為平均數 μ 可為任意數，且變異數可為任意正數 σ^2。具參數 μ 和 σ^2 之常態分配的 PDF 為

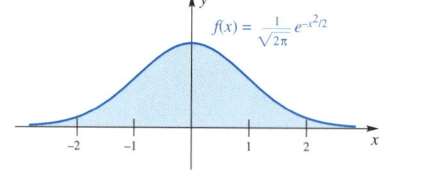

$$f(x) = \frac{1}{\sqrt{2\pi}\sigma} \exp[-(x-\mu)^2/2\sigma^2]$$

圖 5 顯示了平均數為 $\mu = 0$ 且變異數為 $\sigma^2 = 1$ 之常態分配的 PDF 圖形。

要證明

$$\int_{-\infty}^{\infty} \frac{1}{\sqrt{2\pi}\sigma} \exp[-(x-\mu)^2/2\sigma^2]\, dx = 1$$

是十分困難的，我們將在 13.4 完成證明。常態分配的其他性質如下列：

(a) 它的圖形對稱於直線 $x = \mu$；
(b) 它在 $x = \mu$ 處有極大值；
(c) 它在 $x = \mu \pm \sigma$ 處有反曲點；
(d) 平均數為 μ；
(e) 變異數為 σ^2。

$\mu=0$ 且 $\delta^2=1$ 的常態分配稱為**標準常態分配**（standard normal distribution），圖 5 中的圖形就是它的圖形。

範例 6

證明

$$\frac{1}{\sqrt{2\pi}} \int_{-\infty}^{\infty} x e^{-x^2/2}\, dx = 0$$

$$\frac{1}{\sqrt{2\pi}} \int_{-\infty}^{\infty} x^2 e^{-x^2/2}\, dx = 1$$

解答：

(a)

$$\frac{1}{\sqrt{2\pi}} \int_0^{\infty} x e^{-x^2/2}\, dx = \lim_{b \to \infty}\left[-\frac{1}{\sqrt{2\pi}} \int_0^b e^{-x^2/2}(-x\, dx)\right]$$

$$= \lim_{b \to \infty}\left[-\frac{1}{\sqrt{2\pi}} e^{-x^2/2}\right]_0^b = \frac{1}{\sqrt{2\pi}}$$

因為 $xe^{-x^2/2}$ 是奇函數,可得

$$\frac{1}{\sqrt{2\pi}}\int_{-\infty}^{0} xe^{-x^2/2}\, dx = -\frac{1}{\sqrt{2\pi}}\int_{0}^{\infty} xe^{-x^2/2}\, dx = -\frac{1}{\sqrt{2\pi}}$$

所以

$$\frac{1}{\sqrt{2\pi}}\int_{-\infty}^{\infty} xe^{-x^2/2}\, dx = \frac{1}{\sqrt{2\pi}}\int_{-\infty}^{0} xe^{-x^2/2}\, dx + \frac{1}{\sqrt{2\pi}}\int_{0}^{\infty} xe^{-x^2/2}\, dx$$

$$= -\frac{1}{\sqrt{2\pi}} + \frac{1}{\sqrt{2\pi}} = 0$$

(b) 因為 $e^{-x^2/2}$ 是偶函數且 $\int_{-\infty}^{\infty} \frac{1}{\sqrt{2\pi}} e^{-x^2/2}\, dx = 1$,

$$\frac{1}{\sqrt{2\pi}}\int_{0}^{\infty} e^{-x^2/2}\, dx = \frac{1}{2}$$

接著我們應用分部積分和羅必達法則。

$$\frac{1}{\sqrt{2\pi}}\int_{0}^{\infty} x^2 e^{-x^2/2}\, dx = \lim_{b \to \infty} \frac{1}{\sqrt{2\pi}}\int_{0}^{b} (x)(e^{-x^2/2}x)\, dx$$

$$= \lim_{b \to \infty} \frac{1}{\sqrt{2\pi}}\left(\left[-xe^{-x^2/2}\right]_{0}^{b} + \int_{0}^{b} e^{-x^2/2}\, dx \right)$$

$$= \frac{1}{\sqrt{2\pi}}\left(0 + \int_{0}^{\infty} e^{-x^2/2}\, dx \right) = \frac{1}{2}$$

因為 $xe^{-x^2/2}$ 是偶函數,所以對於 0 的左邊我們得到同樣的計算結果,因此

$$\frac{1}{\sqrt{2\pi}}\int_{-\infty}^{\infty} x^2 e^{-x^2/2}\, dx = \frac{1}{2} + \frac{1}{2} = 1$$

練習題 8.3

計算每個瑕積分或證明它發散。

1. $\int_{100}^{\infty} e^x\, dx$

2. $\int_{-\infty}^{-5} \frac{dx}{x^4}$

3. $\int_{1}^{\infty} 2xe^{-x^2}\, dx$

4. $\int_{-\infty}^{1} e^{4x}\, dx$

5. $\int_{9}^{\infty} \frac{x\, dx}{\sqrt{1+x^2}}$

6. $\int_{1}^{\infty} \frac{dx}{\sqrt{\pi x}}$

7. $\int_{10}^{\infty} \frac{x}{1+x^2}\, dx$

8. $\int_{1}^{\infty} \frac{x}{(1+x^2)^2}\, dx$

9. $\int_{e}^{\infty} \frac{1}{x \ln x}\, dx$

10. $\int_{e}^{\infty} \frac{\ln x}{x}\, dx$

11. $\int_{1}^{\infty} xe^{-x}\, dx$

12. $\int_{-\infty}^{1} \frac{dx}{(2x-3)^3}$

13. $\int_{-\infty}^{\infty} \frac{x}{\sqrt{x^2+9}}\, dx$

14. $\int_{-\infty}^{\infty} \frac{1}{x^2+2x+10}\, dx$

15. 假如一個連續隨機變數 X 的率密度函數 $f(x)$ 如下述，則稱為**均勻分配**（uniform distribution）

$$f(x) = \begin{cases} \dfrac{1}{b-a}, & a < x < b \\ 0, & x \leq a \text{ 或 } x \geq b \end{cases}$$

(a) 證明 $\int_{-\infty}^{\infty} f(x)\, dx = 1$

(b) 找出均勻分配的平均數 μ 及變異數 σ^2。

(c) 假如 $a = 0$ 且 $b = 10$，請找出 X 小於 2 的機率。

8.4　瑕積分：無窮大被積函數

我們已經做過的許多複雜的積分，這裡有一個看起來很簡單，但是錯誤的積分。

$$\int_{-2}^{1} \frac{1}{x^2}\, dx = \left[-\frac{1}{x}\right]_{-2}^{1} = -1 - \frac{1}{2} = -\frac{3}{2} \quad \text{錯誤}$$

看一眼圖 1，就會發現一件極度錯誤的事，積分值（假如存在的話）應該是一個正數。（為什麼？）

錯在哪裡呢？我們回到 4.2 節。假如一個函數在標準的認知下是可積分的，則該函數必須是有界的。函數 $f(x) = 1/x^2$ 不是有界的，所以它在標準的認知下是不可積分的。我們說 $\int_{-2}^{1} x^{-2}$ 是一個具有無窮大被積函數的瑕積分。本節的目的就是要定義並分析這種新的積分。

被積函數在一個端點為無窮大　我們針被積函數在積分區間的右端點趨近無窮大的瑕積分做出定義，被積函數在積分區間的左端點趨近無窮大的情況有完全類似的定義。

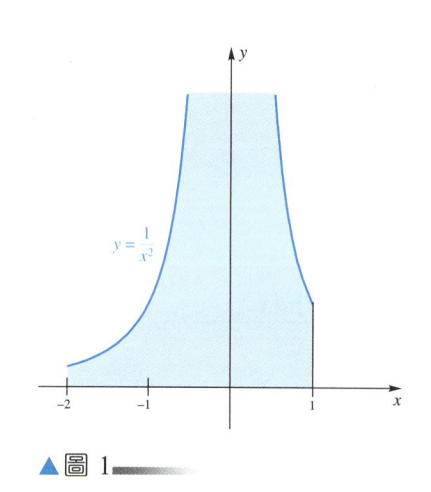

> **定義**
>
> 令 f 在左閉右開的區間 $[a, b)$ 上連續，並假設 $\lim\limits_{x \to b^-} |f(x)| = \infty$，則
>
> $$\int_a^b f(x)\, dx = \lim_{t \to b^-} \int_a^t f(x)\, dx$$
>
> 若此極限存在且是有限的，我們稱該積分收斂。否則，我們稱該積分發散。

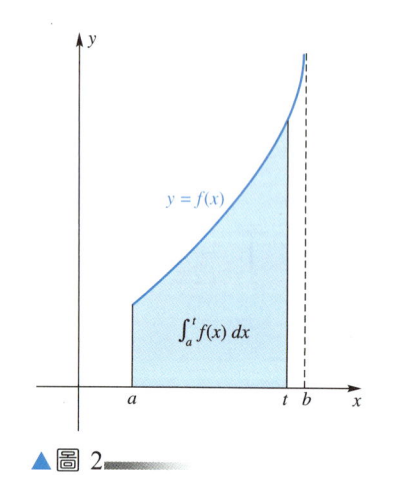

圖 2 顯示了此定義的幾何意義。

▲ 圖 1

▲ 圖 2

範例 1

計算瑕積分 $\int_0^2 \dfrac{dx}{\sqrt{4-x^2}}$。

解答：注意，被積函數在 2 趨近無窮大，

$$\int_0^2 \dfrac{dx}{\sqrt{4-x^2}} = \lim_{t \to 2^-} \int_0^t \dfrac{dx}{\sqrt{4-x^2}} = \lim_{t \to 2^-} \left[\sin^{-1}\left(\dfrac{x}{2}\right) \right]_0^t$$

$$= \lim_{t \to 2^-} \left[\sin^{-1}\left(\dfrac{t}{2}\right) - \sin^{-1}\left(\dfrac{0}{2}\right) \right] = \dfrac{\pi}{2}$$

範例 2

計算 $\int_0^{16} \dfrac{1}{\sqrt[4]{x}}\, dx$。

解答：

$$\int_0^{16} x^{-1/4}\, dx = \lim_{t \to 0^+} \int_t^{16} x^{-1/4}\, dx = \lim_{t \to 0^+} \left[\dfrac{4}{3} x^{3/4} \right]_t^{16}$$

$$= \lim_{t \to 0^+} \left[\dfrac{32}{3} - \dfrac{4}{3} t^{3/4} \right] = \dfrac{32}{3}$$

範例 3

計算 $\int_0^1 \dfrac{1}{x}\, dx$。

解答：

$$\int_0^1 \dfrac{1}{x}\, dx = \lim_{t \to 0^+} \int_t^1 \dfrac{1}{x}\, dx = \lim_{t \to 0^+} [\ln x]_t^1$$

$$= \lim_{t \to 0^+} [-\ln t] = \infty$$

我們說此瑕積分發散。

範例 4

證明：若 $p < 1$，則 $\int_0^1 \dfrac{1}{x^p}\, dx$ 為收斂，若 $p \geq 1$，則為發散。

解答：範例 3 已證明 $p = 1$ 的情況。若 $p \neq 1$，

$$\int_0^1 \dfrac{1}{x^p}\, dx = \lim_{t \to 0^+} \int_t^1 x^{-p}\, dx = \lim_{t \to 0^+} \left[\dfrac{x^{-p+1}}{-p+1} \right]_t^1$$

$$= \lim_{t \to 0^+} \left[\dfrac{1}{1-p} - \dfrac{1}{1-p} \cdot \dfrac{1}{t^{p-1}} \right] = \begin{cases} \dfrac{1}{1-p} & p < 1, \\ \infty & p > 1, \end{cases}$$

▲ 圖 3

範例 5

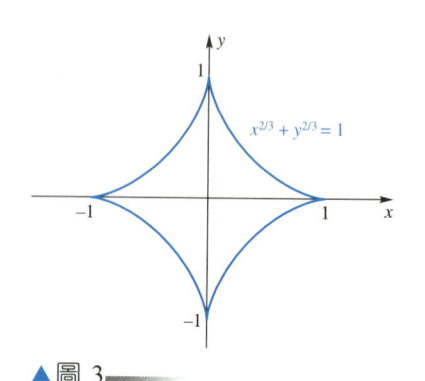

描繪四尖點內擺線 $x^{2/3} + y^{2/3} = 1$ 的圖形，並求其周長。

解答：圖形顯示於圖 3 中。只要先求圖形在第一象限部分的長度 L，再將它乘以 4，就可得到周長。根據 5.4 節的公式可得

$$L = \int_0^1 \sqrt{1 + (y')^2}\, dx$$

對 $x^{2/3} + y^{2/3} = 1$ 隱微分，可得

$$\frac{2}{3}x^{-1/3} + \frac{2}{3}y^{-1/3}y' = 0$$

或是

$$y' = -\frac{y^{1/3}}{x^{1/3}}$$

所以，

$$1 + (y')^2 = 1 + \frac{y^{2/3}}{x^{2/3}} = 1 + \frac{1 - x^{2/3}}{x^{2/3}} = \frac{1}{x^{2/3}}$$

因此

$$L = \int_0^1 \sqrt{1 + (y')^2}\, dx = \int_0^1 \frac{1}{x^{1/3}}\, dx \text{（利用範例 4 的結論：} p = \frac{1}{3} \text{）}$$
$$= 1/\left(1 - \frac{1}{3}\right) = \frac{3}{2}$$

所求周長為 $4L = 6$。

被積函數在一個內點為無窮大 瑕積分 $\int_{-2}^{1} 1/x^2$ 的被積函數在區間 $[-2\ 1]$ 的一個內點 $x = 0$ 趨近無窮大，我們對這種積分做正式的定義。

定義

令 f 在 $[a, b]$ 上除了一數 c 外皆為連續，$a < c < b$，並假設 $\lim_{x \to c} |f(x)| = \infty$，則我們定義

$$\int_a^b f(x)\, dx = \int_a^c f(x)\, dx + \int_c^b f(x)\, dx$$

若右邊兩個積分皆收斂，否則，我們說 $\int_a^b f(x)$ 發散。

範例 6

證明 $\int_{-2}^{1} 1/x^2 \, dx$ 發散。

解答：

$$\int_{-2}^{1} \frac{1}{x^2} \, dx = \int_{-2}^{0} \frac{1}{x^2} \, dx + \int_{0}^{1} \frac{1}{x^2} \, dx$$

由範例 4 可知右邊第二個積分發散。這就足以證明 $\int_{-2}^{1} 1/x^2 \, dx$ 發散。

範例 7

計算瑕積分 $\int_{0}^{3} \dfrac{dx}{(x-1)^{2/3}}$。

解答： 被積函數在 $x = 1$ 趨近無窮大（見圖 4）。所以

$$\begin{aligned}
\int_{0}^{3} \frac{dx}{(x-1)^{2/3}} &= \int_{0}^{1} \frac{dx}{(x-1)^{2/3}} + \int_{1}^{3} \frac{dx}{(x-1)^{2/3}} \\
&= \lim_{t \to 1^-} \int_{0}^{t} \frac{dx}{(x-1)^{2/3}} + \lim_{s \to 1^+} \int_{s}^{3} \frac{dx}{(x-1)^{2/3}} \\
&= \lim_{t \to 1^-} [3(x-1)^{1/3}]_{0}^{t} + \lim_{s \to 1^+} [3(x-1)^{1/3}]_{s}^{3} \\
&= 3 \lim_{t \to 1^-} [(t-1)^{1/3} + 1] + 3 \lim_{s \to 1^+} [2^{1/3} - (s-1)^{1/3}] \\
&= 3 + 3(2^{1/3}) \approx 6.78
\end{aligned}$$

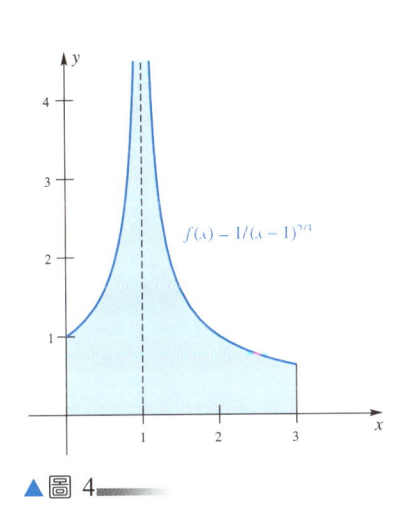

▲圖 4

練習題 8.4

計算每個瑕積分或證明它發散。

1. $\int_{1}^{3} \dfrac{dx}{(x-1)^{1/3}}$

2. $\int_{1}^{3} \dfrac{dx}{(x-1)^{4/3}}$

3. $\int_{3}^{10} \dfrac{dx}{\sqrt{x-3}}$

4. $\int_{0}^{9} \dfrac{dx}{\sqrt{9-x}}$

5. $\int_{0}^{1} \dfrac{dx}{\sqrt{1-x^2}}$

6. $\int_{100}^{\infty} \dfrac{x}{\sqrt{1+x^2}} \, dx$

7. $\int_{0}^{3} \dfrac{x}{\sqrt{9-x^2}} \, dx$

8. $\int_{0}^{\pi/2} \dfrac{\sin x}{1-\cos x} \, dx$

9. $\int_{0}^{\pi/2} \dfrac{\cos x}{\sqrt[3]{\sin x}} \, dx$

10. $\int_{0}^{\ln 3} \dfrac{e^x \, dx}{\sqrt{e^x - 1}}$

11. 請找出曲線 $y = (x-8)^{-2/3}$ 與直線 $y = 0$ 之間，$0 \leq x < 8$ 部分區域的面積。

12. 請找出曲線 $y = 1/x$ 與 $y = 1/(x^3 + x)$ 之間，$0 < x \leq 1$ 部分區域的面積。

Chapter 9 無窮級數

本章概要

9.1 無窮數列

9.2 無窮級數

9.3 正項級數：積分檢定

9.4 正項級數的其他檢定

9.5 交錯級數、絕對收斂與條件收斂

9.6 冪級數

9.7 冪級數的運算

9.8 泰勒與馬克勞林級數

9.9 一個函數的泰勒近似

9.1 無窮數列

簡單的說,一個數列

$$a_1, a_2, a_3, a_4, \ldots$$

就是一串依序排列的實數。正式的說法,一個**無窮數列**(infinite sequence)是一個函數,它以正整數為定義域且值域是實數所成的一個集合。我們以 $a_1, a_2, a_3, \ldots$,或以 $\{a_n\}_{n=1}^{\infty}$,或就只以 $\{a_n\}$ 表示一個數列。有時我們會允許定義域為大於某個整數的所有整數,例如 $b_0, b_1, b_2, b_3, \ldots$,與 $c_8, c_9, c_{10}, \ldots$,,它們被記為 $\{b_n\}_{n=0}^{\infty}$ 與 $\{c_n\}_{n=8}^{\infty}$。

一個數列可藉由足夠的前幾項來找出它的模式,例如數列

$$1, 4, 7, 10, 13, \ldots$$

可以用第 n 項的**顯式**(explicit formula)表示

$$a_n = 3n - 2 \text{ , } n \geq 1$$

也可以用**遞迴式**(recursion formula)來表示

$$a_1 = 1 \text{ , } a_n = a_{n-1} + 3 \text{ , } n \geq 2$$

上述三種說法都是描述同一個數列。接下來是四個顯式及它們所描述的數列的前幾項。

(1) $a_n = 1 - \dfrac{1}{n}$, $\qquad n \geq 1$: $\quad 0, \dfrac{1}{2}, \dfrac{2}{3}, \dfrac{3}{4}, \dfrac{4}{5}, \ldots$

(2) $b_n = 1 + (-1)^n \dfrac{1}{n}$, $\qquad n \geq 1$: $\quad 0, \dfrac{3}{2}, \dfrac{2}{3}, \dfrac{5}{4}, \dfrac{4}{5}, \dfrac{7}{6}, \dfrac{6}{7}, \ldots$

(3) $c_n = (-1)^n + \dfrac{1}{n}$, $\qquad n \geq 1$: $\quad 0, \dfrac{3}{2}, -\dfrac{2}{3}, \dfrac{5}{4}, -\dfrac{4}{5}, \dfrac{7}{6}, -\dfrac{6}{7}, \ldots$

(4) $d_n = 0.999$, $\qquad n \geq 1$: $\quad 0.999, 0.999, 0.999, 0.999, \ldots$

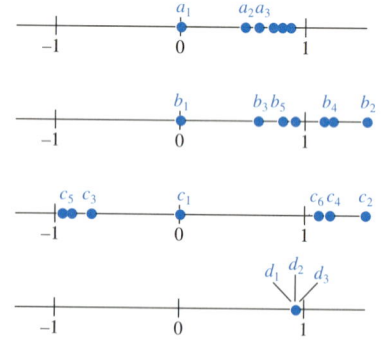

收斂 考慮剛才定義的四個數列。每個數列都有值在 1 的附近堆積(見圖 1 的四個圖形),它們都收斂到 1 嗎?正確答案是:$\{a_n\}$ 和 $\{b_n\}$ 收斂到 1,但 $\{c_n\}$ 和 $\{d_n\}$ 並非如此。底下是正式的定義,已在 1.5 節第一次被提出。

▲圖 1

定義

已知數列 $\{a_n\}$ 與實數 L，若對每一正數 ε，都存在一個對應的正數 N 使得

$$n \geq N \Rightarrow |a_n - L| < \varepsilon$$

則稱數列 $\{a_n\}$ **收斂（converge）**到 L，且記為

$$\lim_{n \to \infty} a_n = L$$

如果一個數列不收斂到任一實數 L，就稱為**發散（diverge）**。

為了探討與在無窮遠處之極限（1.5 節）的關係，我們描繪 $a_n = 1 - 1/n$ 及 $a(x) = 1 - 1/x$ 的圖形。它們的差別只在於數列的定義域被限制為正整數，前者被記為 $\lim_{n \to \infty} a_n = 1$，後者被記為 $\lim_{x \to \infty} a(x) = 1$。注意圖 2 中，圖形裡的 ε 和 N 的解釋。

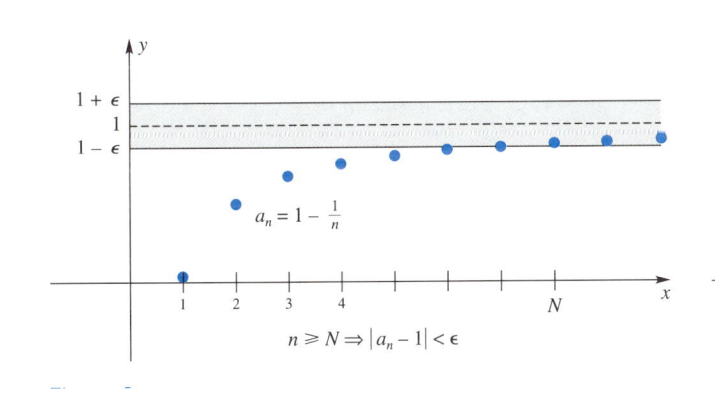

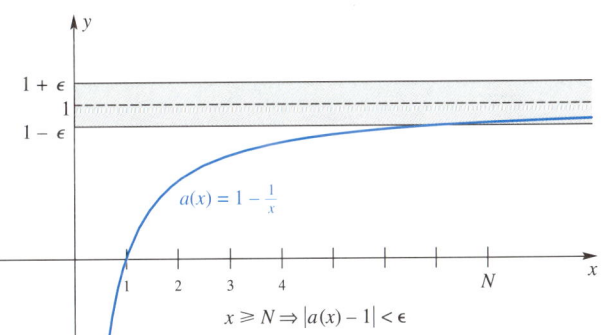

▲ 圖 2

範例 1

證明若 p 是一個正整數，則

$$\lim_{n \to \infty} \frac{1}{n^p} = 0$$

解答：給定一個任意正數 ε，選擇 N 為大於 $\sqrt[p]{1/\varepsilon}$ 的任意數。則 $n \geq N$ 可推得

$$|a_n - L| = \left|\frac{1}{n^p} - 0\right| = \frac{1}{n^p} \leq \frac{1}{N^p} < \frac{1}{(\sqrt[p]{1/\varepsilon})^p} = \varepsilon$$

所有熟悉的極限定理對於收斂數列皆成立。

定理 A　數列的極限性質

令 $\{a_n\}$ 和 $\{b_n\}$ 是收斂數列且 k 為一常數。則

(i)　$\lim\limits_{n \to \infty} k = k$；

(ii)　$\lim\limits_{n \to \infty} k a_n = k \lim\limits_{n \to \infty} a_n$；

(iii)　$\lim\limits_{n \to \infty} (a_n \pm b_n) = \lim\limits_{n \to \infty} a_n \pm \lim\limits_{n \to \infty} b_n$；

(iv)　$\lim\limits_{n \to \infty} (a_n \cdot b_n) = \lim\limits_{n \to \infty} a_n \cdot \lim\limits_{n \to \infty} b_n$；

(v)　$\lim\limits_{n \to \infty} \dfrac{a_n}{b_n} = \dfrac{\lim\limits_{n \to \infty} a_n}{\lim\limits_{n \to \infty} b_n}$，若 $\lim\limits_{n \to \infty} b_n \neq 0$。

範例 2

求 $\lim\limits_{n \to \infty} \dfrac{3n^2}{7n^2 + 1}$。

解答：分子與分母同時除以分母的最高次，然後照每一個等式上方圓圈中的數字所示，使用定理 A 中的各項性質

$$\lim_{n \to \infty} \frac{3n^2}{n^2 + 1} = \lim_{n \to \infty} \frac{3}{7 + (1/n^2)}$$

$$\overset{\text{⑤}}{=} \frac{\lim\limits_{n \to \infty} 3}{\lim\limits_{n \to \infty} [7 + (1/n^2)]}$$

$$\overset{\text{③}}{=} \frac{\lim\limits_{n \to \infty} 3}{\lim\limits_{n \to \infty} 7 + \lim\limits_{n \to \infty} 1/n^2}$$

$$\overset{\text{①}}{=} \frac{3}{7 + \lim\limits_{n \to \infty} 1/n^2} = \frac{3}{7 + 0} = \frac{3}{7}$$

範例 3

數列 $\{(\ln n)/e^n\}$ 收斂嗎？如果是，則收斂到何數？

解答：我們將常常使用下述事實（見圖 2）。

$$\text{若 } \lim_{x \to \infty} f(x) = L，則 \lim_{n \to \infty} f(n) = L.$$

根據羅必達法則，可得

$$\lim_{x \to \infty} \frac{\ln x}{e^x} = \lim_{x \to \infty} \frac{1/x}{e^x} = 0$$

所以，

$$\lim_{n \to \infty} \frac{\ln n}{e^n} = 0$$

也就是，$\{(\ln n)/e^n\}$ 收斂到 0。

定理 B　壓擠定理（Squeeze Theorem）

假設 $\{a_n\}$ 和 $\{c_n\}$ 皆收斂到 L，且 $n \geq K$ 時 $a_n \leq b_n \leq c_n$ 成立（K 是一個固定整數），則 $\{b_n\}$ 也收斂到 L。

範例 4

證明 $\lim\limits_{n \to \infty} \dfrac{\sin^3 n}{n} = 0$。

解答：$n \geq 1$ 時，$-1/n \leq (\sin^3 n)/n \leq 1/n$ 成立。因為 $\lim\limits_{n \to \infty}(-1/n) = 0$ 且 $\lim\limits_{n \to \infty}(1/n) = 0$，由壓擠定理可推得結果。

對於有正也有負的數列，下列的結果是有幫助的。

定理 C

若 $\lim\limits_{n \to \infty} |a_n| = 0$，則 $\lim\limits_{n \to \infty} a_n = 0$。

證明　因為 $-|a_n| \leq a_n \leq |a_n|$，由壓擠定理可得結果。

範例 5

證明：若 $-1 < r < 1$，則 $\lim\limits_{n \to \infty} r^n = 0$。

解答：若 $r = 0$，則結果是顯而易見的，所以我們假設 $r \neq 0$，則 $1/|r| > 1$，因此 $1/|r| = 1 + p$，p 為某正數。根據二項公式，可得

$$\frac{1}{|r|^n} = (1+p)^n = 1 + pn + （正數） > pn$$

因此，

$$0 \leq |r|^n \leq \frac{1}{pn}$$

因為 $\lim\limits_{n \to \infty}(1/pn) = (1/p)\lim\limits_{n \to \infty}(1/n) = 0$，由壓擠定理可得 $\lim\limits_{n \to \infty}|r|^n = 0$，也就是 $\lim\limits_{n \to \infty}|r^n| = 0$。再由定理 C，可得 $\lim\limits_{n \to \infty} r^n = 0$。

若 $r > 1$，例如 $r = 1.5$，則極限為何？r^n 會發散遞增到 ∞。我們記為

$$\lim_{n \to \infty} r^n = \infty, \quad r > 1$$

但是，我們說數列 $\{r^n\}$ 發散。只有當數列是趨近一個有限的極限時，我們才說它是收斂。當 $r \leq -1$ 時，數列 $\{r^n\}$ 也是發散。

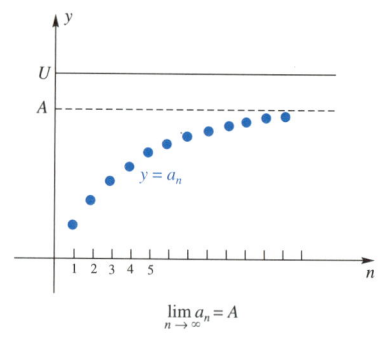

單調數列　現在考慮一個任意的**非遞減數列（nondecreasing sequence）** $\{a_n\}$，意思是 $a_n \leq a_{n+1}$，$n \geq 1$。例如 $a_n = n^2$ 與 $a_n = 1 - 1/n$。它若不是上升到無窮大，就是有上界且趨近於上方的蓋子（見圖 3）。底下是此重要的結果的正式敘述。

定理 D　單調數列定理（Monotonic Sequence Theorem）

若 U 是一個非遞減數列 $\{a_n\}$ 的上界，則此數列收斂到一個小於或等於 U 的極限 A。同理，若 L 是一個非遞增數列 $\{b_n\}$ 的下界，則 $\{b_n\}$ 收斂到一個大於或等於 L 的極限 B。

▲圖 3

範例 6

利用定理 D 證明數列 $b_n = n^2/2^n$ 收斂。

解答： 此數列的前幾項為

$$\frac{1}{2}, 1, \frac{9}{8}, 1, \frac{25}{32}, \frac{9}{16}, \frac{49}{128}, \cdots$$

$n \geq 3$ 時，此數列看起來是遞減的 ($b_n > b_{n+1}$)，接下來要證明。下列各不等式同義於其它不等式。

$$\frac{n^2}{2^n} > \frac{(n+1)^2}{2^{n+1}}$$

$$n^2 > \frac{(n+1)^2}{2}$$

$$2n^2 > n^2 + 2n + 1$$

$$n^2 - 2n > 1$$

$$n(n-2) > 1$$

最後一個不等式在 $n \geq 3$ 時明顯為真。因此數列是遞減（比非遞增還強的條件）且零是它的一個下界，單調數列定理保證它有一個極限。利用羅必達法則可證明它的極限為 0。

練習題 9.1

1-13 題中，寫出數列 $\{a_n\}$ 的前 5 項，判斷數列是收斂還是發散，假如是收斂，請求出 $\lim\limits_{n \to \infty} a_n$。

1. $a_n = \dfrac{n}{3n-1}$

2. $a_n = \dfrac{4n^2+2}{n^2+3n-1}$

3. $a_n = \dfrac{\sqrt{3n^2+2}}{2n+1}$

4. $a_n = (-1)^n \dfrac{n}{n+2}$

5. $a_n = \dfrac{n\cos(n\pi)}{2n-1}$

6. $a_n = \dfrac{\cos(n\pi)}{n}$

7. $a_n = e^{-n}\sin n$

8. $a_n = \dfrac{e^{2n}}{n^2+3n-1}$

9. $a_n = \dfrac{e^{2n}}{4^n}$

10. $a_n = \dfrac{(-\pi)^n}{5^n}$

11. $a_n = \left(\dfrac{1}{4}\right)^n + 3^{n/2}$ 12. $a_n = \dfrac{\ln n}{\sqrt{n}}$

13. $a_n = \left(1 + \dfrac{2}{n}\right)^{n/2}$

14-19 題中，對每個數列求 a_n 的顯式 $a_n = $ _____，判斷數列是收斂還是發散，假如是收斂，請求出 $\lim\limits_{n \to \infty} a_n$。

14. $\dfrac{1}{2}, \dfrac{2}{3}, \dfrac{3}{4}, \dfrac{4}{5}, \cdots$ 15. $\dfrac{1}{2^2}, \dfrac{2}{2^3}, \dfrac{3}{2^4}, \dfrac{4}{2^5}, \cdots$

16. $1, \dfrac{1}{1-\frac{1}{2}}, \dfrac{1}{1-\frac{2}{3}}, \dfrac{1}{1-\frac{3}{4}}, \cdots$

17. $\dfrac{1}{2-\frac{1}{2}}, \dfrac{2}{3-\frac{1}{3}}, \dfrac{3}{4-\frac{1}{4}}, \dfrac{5}{5-\frac{1}{5}}, \cdots$

18. $\sin 1, 2\sin\dfrac{1}{2}, 3\sin\dfrac{1}{3}, 4\sin\dfrac{1}{4}$

19. $1 - \dfrac{1}{2}, \dfrac{1}{2} - \dfrac{1}{3}, \dfrac{1}{3} - \dfrac{1}{4}, \dfrac{1}{5}, \cdots$

20-21 題中，寫出數列 $\{a_n\}$ 的前四項，然後利用定理 D 證明此數列收斂。

20. $a_n = \dfrac{4n-3}{2^n}$

21. $a_n = \left(1-\dfrac{1}{4}\right)\left(1-\dfrac{1}{9}\right)\cdots\left(1-\dfrac{1}{n^2}\right), n \geq 2$，

9.2　無窮級數

如果 $\{a_n\}$ 是一個無窮數列，則稱

$$a_1 + a_2 + a_3 + a_4 + \cdots$$

是一個**無窮級數**（infinite series），也可表示成 $\sum\limits_{k=1}^{\infty} a_k$ 或 $\sum a_k$，n **項部分和**（nth partial sum）S_n 定義為

$$S_n = a_1 + a_2 + a_3 + \cdots + a_n = \sum_{k=1}^{n} a_k$$

> **定義**
>
> 若部分和所成的數列 $\{S_n\}$ 收斂到 S，則稱無窮級數 $\sum\limits_{k=1}^{\infty} a_k$ **收斂**（converges）且**和**（sum）為 S。若 $\{S_n\}$ 發散，則稱級數**發散**（diverges）。一個發散的級數沒有和。

幾何級數　形如下述的級數

$$\sum_{k=1}^{\infty} ar^{k-1} = a + ar + ar^2 + ar^3 + \cdots$$

其中 $a \neq 0$，稱為**幾何級數**（geometric series）。

範例 1

已知一幾何級數 $\sum_{k=1}^{\infty} ar^{k-1}$，證明：若 $|r| < 1$ 則級數收斂且和 $S = a/(1-r)$；若 $|r| \geq 1$，則級數發散。

解答：令 $S_n = a + ar + ar^2 + \cdots + ar^{n-1}$。若 $r = 1$ 則 $S_n = na$，它會無限制地增加，因此 $\{S_n\}$ 發散。若 $r \neq 1$，則

$$S_n - rS_n = (a + ar + \cdots + ar^{n-1}) - (ar + ar^2 + \cdots + ar^n) = a - ar^n$$

因此

$$S_n = \frac{a - ar^n}{1-r} = \frac{a}{1-r} - \frac{a}{1-r}r^n$$

若 $|r| < 1$，則 $\lim_{n \to \infty} r^n = 0$（9.1 節，範例 5），所以

$$S = \lim_{n \to \infty} S_n = \frac{a}{1-r}$$

若 $|r| > 1$ 或 $r = -1$，則數列 $\{r^n\}$ 發散，因此 $\{S_n\}$ 亦發散。

範例 2

利用範例 1 的結果求下列幾何級數之和。

(a) $\dfrac{4}{3} + \dfrac{4}{9} + \dfrac{4}{27} + \dfrac{4}{81} + \cdots$

(b) $0.515151\ldots = \dfrac{51}{100} + \dfrac{51}{10,000} + \dfrac{51}{1,000,000} + \cdots$

解答：

(a) $S = \dfrac{a}{1-r} = \dfrac{\frac{4}{3}}{1 - \frac{1}{3}} = \dfrac{\frac{4}{3}}{\frac{2}{3}} = 2$ 　　(b) $S = \dfrac{\frac{51}{100}}{1 - \frac{1}{100}} = \dfrac{\frac{51}{100}}{\frac{99}{100}} = \dfrac{51}{99} = \dfrac{17}{33}$

順便提及，在（b）部分中說明了如何將循環小數表示成有理數

範例 3

圖 1 中的等邊三角形中有無限多個圓，這些圓與三角形相切也與旁邊的圓相切，一直到三個角落。這些圓的面積佔三角形面積的多少比例？

解答：為了方便起見，假設最大圓的半徑為 1，則三角形每邊長 $2\sqrt{3}$。考慮往鉛直方向堆疊的圓。藉助幾何理解（最大圓的圓心是上端頂點到底部之距離的 2/3），可知這些圓的半徑為 $1, \dfrac{1}{3}, \dfrac{1}{9}, \ldots$ 所以這堆圓的面積和為

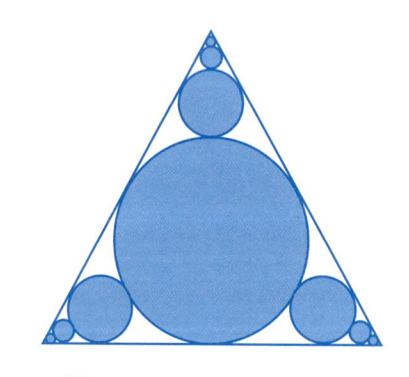

▲圖 1

$$\pi\left[1^2 + \left(\frac{1}{3}\right)^2 + \left(\frac{1}{9}\right)^2 + \left(\frac{1}{27}\right)^2 + \cdots\right]$$

$$= \pi\left[1 + \frac{1}{9} + \frac{1}{81} + \frac{1}{729} + \cdots\right] = \pi\left[\frac{1}{1 - \frac{1}{9}}\right] = \frac{9\pi}{8}$$

所有圓的面積總和為此數的 3 倍再減去兩個大圓面積，即為 $27\pi/8 - 2\pi$，或 $11\pi/8$。因為三角形的面積為 $3\sqrt{3}$，所以三角形面積被圓所佔的比例為

$$\frac{11\pi}{24\sqrt{3}} \approx 0.83$$

範例 4

假設彼得和保羅輪流丟擲一枚公平的硬幣，直到其中一人丟出正面為止。如果彼得先丟擲硬幣，他會贏的機率為何？

解答：彼得在第一擲就擲出正面的機率為 $\frac{1}{2}$，在第二擲丟出正面的機率為 $\frac{1}{2} \times \frac{1}{2} \times \frac{1}{2} = \frac{1}{8}$，在第三擲丟出正面的機率為 $\frac{1}{2} \times \frac{1}{2} \times \frac{1}{2} \times \frac{1}{2} \times \frac{1}{2} = \frac{1}{32}$。依此類推，彼得贏的機率是一個幾何級數之和

$$\frac{1}{2} + \frac{1}{8} + \frac{1}{32} + \frac{1}{128} + \cdots = \frac{1/2}{1 - 1/4} = \frac{2}{3}$$

而保羅贏的機率是 $1 - \frac{2}{3} = \frac{1}{3}$。彼得贏的機會比較大，因為他先擲硬幣。

一般的發散檢定

定理 A 一般項發散檢定（nth-Term Test for Divergence）

若級數 $\sum_{n=1}^{\infty} a_n$ 收斂，則 $\lim_{n\to\infty} a_n = 0$。相當於，若 $\lim_{n\to\infty} a_n \neq 0$ 或是 $\lim_{n\to\infty} a_n$ 不存在，則級數發散。

證明 令 S_n 是部分和且 $S = \lim_{n\to\infty} S_n$，注意 $a_n = S_n - S_{n-1}$。因為 $\lim_{n\to\infty} S_{n-1} = \lim_{n\to\infty} S_n = S$，所以

$$\lim_{n\to\infty} a_n = \lim_{n\to\infty} S_n - \lim_{n\to\infty} S_{n-1} = S - S = 0$$

範例 5

證明 $\sum_{n=1}^{\infty} \dfrac{n^3}{3n^3 + 2n^2}$ 發散。

解答：

$$\lim_{n \to \infty} a_n = \lim_{n \to \infty} \frac{n^3}{3n^3 + 2n^2} = \lim_{n \to \infty} \frac{1}{3 + 2/n} = \frac{1}{3} \neq 0$$

所以，根據一般項發散檢定，此級數發散。

調和級數 學生們總是想把定理 A 的敘述倒過來說：若 $a_n \to 0$ 成立，則 Σa_n 收斂，但是**調和級數**（harmonic series）

$$\sum_{n=1}^{\infty} \frac{1}{n} = 1 + \frac{1}{2} + \frac{1}{3} + \cdots + \frac{1}{n} + \cdots$$

說明了這樣的敘述是錯誤的。雖然 $\lim\limits_{n \to \infty} a_n = \lim\limits_{n \to \infty} (1/n) = 0$，但是如下一個範例所示，此級數是發散。

範例 6

證明：調和級數 $\sum_{n=1}^{\infty} \dfrac{1}{n}$ 發散。

解答： 我們將證明 S_n 是無限制的增加。假想 n 很大，並寫出

$$\begin{aligned} S_n &= 1 + \frac{1}{2} + \frac{1}{3} + \frac{1}{4} + \frac{1}{5} + \cdots + \frac{1}{n} \\ &= 1 + \frac{1}{2} + \left(\frac{1}{3} + \frac{1}{4}\right) + \left(\frac{1}{5} + \frac{1}{6} + \frac{1}{7} + \frac{1}{8}\right) + \left(\frac{1}{9} + \cdots + \frac{1}{16}\right) + \cdots + \frac{1}{n} \\ &> 1 + \frac{1}{2} + \frac{2}{4} + \frac{4}{8} + \frac{8}{16} + \cdots + \frac{1}{n} \\ &= 1 + \frac{1}{2} + \frac{1}{2} + \frac{1}{2} + \frac{1}{2} + \cdots + \frac{1}{n} \end{aligned}$$

顯然，只要 n 取得夠大，最後一個式子裡 1/2 的個數可以任意多，所以 S_n 可以無限制的增加，因此 $\{S_n\}$ 發散。所以調和級數發散。

潰散級數 幾何級數是少數幾個可以寫出 S_n 之顯式的級數中的一個；**潰散級數**（collapsing series）是另一個這樣的級數（見 4.1 節的範例 2）。

範例 7

證明下列級數收斂並求其和。

$$\sum_{k=1}^{\infty} \frac{1}{(k+2)(k+3)}$$

解答：利用部分分式進行分解

$$\frac{1}{(k+2)(k+3)} = \frac{1}{k+2} - \frac{1}{k+3}$$

可得

$$S_n = \sum_{k=1}^{n}\left(\frac{1}{k+2} - \frac{1}{k+3}\right) = \left(\frac{1}{3} - \frac{1}{4}\right) + \left(\frac{1}{4} - \frac{1}{5}\right) + \cdots + \left(\frac{1}{n+2} - \frac{1}{n+3}\right)$$

$$= \frac{1}{3} - \frac{1}{n+3}$$

因此，

$$\lim_{n \to \infty} S_n = \frac{1}{3}$$

此級數收斂且其和為 $\frac{1}{3}$。

收斂級數的性質

定理 B　收斂級數的線性

若 $\sum_{k=1}^{\infty} a_k$ 和 $\sum_{k=1}^{\infty} b_k$ 皆收斂且 c 為一常數，則 $\sum_{k=1}^{\infty} c a_k$ 及 $\sum_{k=1}^{\infty} (a_k + b_k)$ 皆收斂且

(i) $\sum_{k=1}^{\infty} c a_k = c \sum_{k=1}^{\infty} a_k$

(ii) $\sum_{k=1}^{\infty} (a_k + b_k) = \sum_{k=1}^{\infty} a_k + \sum_{k=1}^{\infty} b_k$

證明

(i) $\sum_{k=1}^{\infty} c a_k = \lim_{n \to \infty} \sum_{k=1}^{n} c a_k = \lim_{n \to \infty} c \sum_{k=1}^{n} a_k$

$\qquad = c \lim_{n \to \infty} \sum_{k=1}^{n} a_k = c \sum_{k=1}^{\infty} a_k$

(ii) $\sum_{k=1}^{\infty} (a_k + b_k) = \lim_{n \to \infty} \sum_{k=1}^{n} (a_k + b_k) = \lim_{n \to \infty} \left[\sum_{k=1}^{n} a_k + \sum_{k=1}^{n} b_k\right]$

$\qquad = \lim_{n \to \infty} \sum_{k=1}^{n} a_k + \lim_{n \to \infty} \sum_{k=1}^{n} b_k = \sum_{k=1}^{\infty} a_k + \sum_{k=1}^{\infty} b_k$

範例 8

計算 $\sum_{k=1}^{\infty}\left[3\left(\frac{1}{8}\right)^k - 5\left(\frac{1}{3}\right)^k\right]$。

解答：根據定理 B 和範例 1，可得當 x 靠近 3，$x+2$ 會靠近 $3+2=5$。我們寫成

$$\sum_{k=1}^{\infty}\left[3\left(\frac{1}{8}\right)^k - 5\left(\frac{1}{3}\right)^k\right] = 3\sum_{k=1}^{\infty}\left(\frac{1}{8}\right)^k - 5\sum_{k=1}^{\infty}\left(\frac{1}{3}\right)^k$$

$$= 3\frac{\frac{1}{8}}{1-\frac{1}{8}} - 5\frac{\frac{1}{3}}{1-\frac{1}{3}} = \frac{3}{7} - \frac{5}{2} = -\frac{29}{14}$$

定理 C

若 $\sum_{k=1}^{\infty} a_k$ 發散且 $c \neq 0$，則 $\sum_{k=1}^{\infty} ca_k$ 發散。

我們省略此定理的證明，只舉一例說明，級數

$$\sum_{k=1}^{\infty} \frac{1}{3k} = \sum_{k=1}^{\infty} \frac{1}{3} \cdot \frac{1}{k}$$

為發散，因為我們已知道調和級數發散。

加法的結合律允許我們對一個有限項的和進行任意的分組，例如

$2 + 7 + 3 + 4 + 5 = (2 + 7) + (3 + 4) + 5 = 2 + (7 + 3) + (4 + 5)$

但是，有時我們忽略了無窮級數的和是部分和所成數列的極限，而讓我們的直覺引導我們進入一個弔詭，例如，級數

$$1 - 1 + 1 - 1 + \cdots + (-1)^{n+1} + \cdots$$

的部分和為

$$\begin{aligned} S_1 &= 1 \\ S_2 &= 1 - 1 = 0 \\ S_3 &= 1 - 1 + 1 = 1 \\ S_4 &= 1 - 1 + 1 - 1 = 0 \\ &\vdots \end{aligned}$$

部分和所成的數列為 $1, 0, 1, 0, 1, \ldots$，它是發散；因此，級數 $1 - 1 + 1 - 1 + \cdots$ 是發散。但是，我們可能將此級數視為

$$(1 - 1) + (1 - 1) + \cdots$$

並宣稱級數的和為 0。或者將此級數視為

$$1 - (1-1) - (1-1) - \cdots$$

並宣稱級數的和為 1。級數的和不能是 0 又是 1。可證明：只有當級數是收斂時，級數的項可以重組；且可以任意重組。

> **定理 D** 在一個無窮級數中分組
>
> 一個收斂級數可以用任意方式重新組合（需保持原先各項的順序），重組之後的級數也是收斂，且和原級數有相同的和。

證明 令 Σa_n 為原級數且令 $\{S_n\}$ 為其部分和所成的數列。若 Σb_m 表任意重組後的級數，且 $\{T_m\}$ 為其部分和所成的數列，則每個 T_m 為 $\{S_n\}$ 中的某一個。例如，T_4 也許是

$$T_4 = a_1 + (a_2 + a_3) + (a_4 + a_5 + a_6) + (a_7 + a_8)$$

此時，$T_4 = S_8$。所以，$\{T_m\}$ 是 $\{S_n\}$ 的一個子數列（subsequence）。稍加思考，應該可以接受：若 $S_n \to S$ 則 $T_m \to S$。

練習題 9.2

1-10 題中，判斷給定的級數收斂或發散。若收斂，求其和。

1. $\sum_{k=1}^{\infty} \left(\frac{1}{7}\right)^k$

2. $\sum_{k=1}^{\infty} \left(-\frac{1}{4}\right)^{-k-2}$

3. $\sum_{k=1}^{\infty} \frac{k-5}{k+2}$

4. $\sum_{k=1}^{\infty} \left(\frac{9}{8}\right)^k$

5. $\sum_{k=2}^{\infty} \left(\frac{1}{k} - \frac{1}{k-1}\right)$

6. $\sum_{k=1}^{\infty} \frac{3}{k}$

7. $\sum_{k=1}^{\infty} \frac{2}{(k+2)k}$

8. $\sum_{k=1}^{\infty} \frac{4^{k+1}}{7^{k-1}}$

9. $\sum_{k=2}^{\infty} \left(\frac{3}{(k-1)^2} - \frac{3}{k^2}\right)$

10. $\sum_{k=6}^{\infty} \frac{2}{k-5}$

11-14 題中，將給定的小數表為一個無窮級數，並求此級數之和，利用此結果將該小數表為有理數（範例 2）。

11. 0.22222

12. 0.21212121…

13. 0.013013013…

14. 0.49999…

15. 計算 $\sum_{k=0}^{\infty} (1-r)^k$，$0 < r < 2$。

16. 計算 $\sum_{k=0}^{\infty} (-1)^k x^k$，$-1 < x < 1$。

9.3 正項級數：積分檢定

我們在 9.2 節中介紹了一些重要的觀念，但是在展示之時，主要是討論兩種很特別的級數：幾何級數與潰散級數。對於這兩種級數我們可以寫出部分和 S_n 的明確公式，但是，對於其他形式的級數能寫出 S_n 的明確公式很罕見的。現在，我們開始討論一般的無窮級數。

面對一個級數，我們總是要問兩個重要的問題：

1. 這個級數收斂嗎？
2. 假如它是收斂的，它的和是什麼？

我們要如何回答這兩個問題？或許會有人提議利用電腦。只要持續增加級數的加總項數，觀察部分和（partial sums）的變化，假如這些部分和看來是安定在一個固定的數字 S 上，我們就可以回答第一個問題，說它是收斂的。同時也可以答第二個問題，此級數的和是 S。事情有這麼簡單嗎？

我們來看一個在 9.2 節範例 6 討論過的級數，調和級數

$$1 + \frac{1}{2} + \frac{1}{3} + \frac{1}{4} + \cdots$$

我們已經知道此級數是發散的，但是電腦對我們的幫助不大。此級數的部分和可以無界限的增加，但是部分和的增加是如此的緩慢，為了讓部分和 S_n 達到 20，需要超過 2.72 億項，為了達到 100，需要超過 10^{43} 項。受限於能夠處理的數字數目，電腦只能重複 S_n 的值，使我們誤判 S_n 是收斂的。不只是對調和級數，對其他緩慢發散的級數也是如此。我們必須強調：關於收斂與發散，電腦無法取代數學的檢定。接下來；我們要討論收斂與發散的數學檢定。

在本節與下一節中，我們只討論每一項都是正數（或至少是非負的）的級數。有此限制，我們可以提出一些令人印象深刻的簡單的收斂檢定。關於一般級數的檢定將在 9.5 節中討論。

有界的部分和　我們第一個結果直接來自單調數列定理（定理 9.1D）。

重要的提醒

$a_1, a_2, a_3, \cdots$
是一個數列（*sequence*）。

$a_1 + a_2 + a_3 + \cdots$
是一個級數（*series*）。

$S_n = a_1 + a_2 + a_3 + \cdots + a_n$
是級數的 n 項部分和（*nth partial sum*）。

$S_1, S_2, S_3, \cdots$
是級數的部分和所成的數列，此數列是收斂的若且唯若

$$S = \lim_{n \to \infty} S_n$$

存在，並且是有限的（也就是，是一個實數），稱 S 為級數 $a_1 + a_2 + a_3 + \cdots$ 的和（*sum*）。

定理 A　有界的和檢定（Bounded Sum Test）

已知級數 Σa_k 的每一項都是非負的，則此級數是收斂的，若且唯若，它的部分和是有上界的。

證明　令 $S_n = a_1 + a_2 + \cdots + a_n$。因為 $a_k \geq 0$，$S_{n+1} \geq S_n$；$\{S_n\}$ 是一個非遞減數列。所以根據定理 9.1D，只要存在一數 U 使得所有的 n 都滿足 $S_n \leq U$，則數列 $\{S_n\}$ 會收斂。否則 S_n 將無限制地增加，$\{S_n\}$ 為發散。

範例 1

證明：級數 $\dfrac{1}{1!} + \dfrac{1}{2!} + \dfrac{1}{3!} + \cdots$ 收斂。

解答：我們須證明部分和是有上界的。首先，注意到

$$n! = 1 \cdot 2 \cdot 3 \cdots n \geq 1 \cdot 2 \cdot 2 \cdots 2 = 2^{n-1}$$

因此 $1/n! \leq 1/2^{n-1}$，所以

$$S_n = \frac{1}{1!} + \frac{1}{2!} + \frac{1}{3!} + \cdots + \frac{1}{n!}$$
$$\leq 1 + \frac{1}{2} + \frac{1}{4} + \cdots + \frac{1}{2^{n-1}}$$

最後的式子是一個幾何級數，且 $r = \dfrac{1}{2}$，根據 9.2 節範例 1 的公式可得

$$S_n \leq \frac{1 - \left(\frac{1}{2}\right)^n}{1 - \frac{1}{2}} = 2\left[1 - \left(\frac{1}{2}\right)^n\right] < 2$$

根據有界和檢定，可得此級數收斂。討論過程中也知道此級數的和 S 不超過 2，其實 $S = e - 1 \approx 1.71828$。

級數與瑕積分　$\displaystyle\sum_{k=1}^{\infty} f(k)$ 和 $\displaystyle\int_1^{\infty} f(x)\,dx$ 的收斂行為是相似的，由此可得一個有效的檢定法。

定理 B　積分檢定（Integral Test）

令 f 函數在區間 $[1, \infty)$ 上是連續的，正的，非遞增的且 $a_k = f(k)$，對所有正整數 k。則無窮級數 $\displaystyle\sum_{k=1}^{\infty} a_k$ 收斂　若且唯若

瑕積分 $\displaystyle\int_1^{\infty} f(x)\,dx$ 收斂。

此定理中的整數 1 可以被任意正整數 M 取代（見範例 4）。

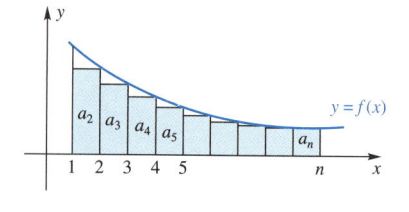

證明： 圖 1 指出我們可將級數 Σa_k 的部分和視為面積，因而將級數對應到一個積分。注意，圖中每一個矩形的面積是它的高度，因為寬度皆為 1。根據這些圖形可得

$$\sum_{k=2}^{n} a_k \leq \int_{1}^{n} f(x)\, dx \leq \sum_{k=1}^{n-1} a_k$$

現在假設 $\int_{1}^{\infty} f(x)\, dx$ 收斂，則根據上列左邊不等式，可得

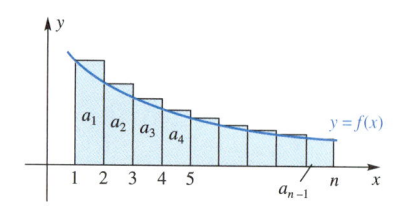

$$S_n = a_1 + \sum_{k=2}^{n} a_k \leq a_1 + \int_{1}^{n} f(x)\, dx \leq a_1 + \int_{1}^{\infty} f(x)\, dx$$

因此，根據有界的和檢定，可得 $\sum_{k=1}^{\infty} a_k$ 收斂。

另一方面，假設 $\sum_{k=1}^{\infty} a_k$ 為收斂，則由上列右邊不等式，可得若 $t \leq n$，則

$$\int_{1}^{t} f(x)\, dx \leq \int_{1}^{n} f(x)\, dx \leq \sum_{k=1}^{n-1} a_k \leq \sum_{k=1}^{\infty} a_k$$

因為 $\int_{1}^{t} f(x)\, dx$ 隨 t 遞增且有上界，所以 $\lim_{t \to \infty} \int_{1}^{t} f(x)\, dx$ 存在；也就是 $\int_{1}^{\infty} f(x)\, dx$ 收斂。 ■

定理 B 的結論常說成：級數 $\sum_{k=1}^{\infty} f(k)$ 與瑕積分 $\int_{1}^{\infty} f(x)\, dx$ 同時收斂或同時發散。

範例 2　p-級數檢驗（p-Series Test）

令 p 為一個常數

$$\sum_{k=1}^{\infty} \frac{1}{k^p} = 1 + \frac{1}{2^p} + \frac{1}{3^p} + \frac{1}{4^p} + \cdots$$

稱為一個 **p 級數**（p-series）。證明

(a) p 級數收斂若且唯若 $p > 1$。

(b) p 級數發散若且唯若 $p \leq 1$。

解答： 若 $p \geq 0$，則函數 $f(x) = 1/x^p$ 在 $[1, \infty)$ 上是連續的，正的，非遞增的，且 $f(k) = 1/k^p$。根據積分檢定可得，$\Sigma(1/k^p)$ 收斂，若且唯若 $\lim_{t \to \infty} \int_{1}^{t} x^{-p}\, dx$ 存在（是一個實數）。

若 $p \neq 1$，則

▲圖 1

$$\int_1^t x^{-p}\,dx = \left[\frac{x^{1-p}}{1-p}\right]_1^t = \frac{t^{1-p}-1}{1-p}$$

若 $p=1$，則

$$\int_1^t x^{-1}\,dx = [\ln x]_1^t = \ln t$$

若 $p>1$ 則 $\lim_{t\to\infty} t^{1-p}=0$，若 $p<1$ 則 $\lim_{t\to\infty} t^{1-p}=\infty$，而且因為 $\lim_{t\to\infty} \ln t=\infty$，我們結論：若 $p>1$ 則 p 級數收斂，若 $0\le p\le 1$ 則發散。

剩下 $p<0$ 之情況須考慮，當 $p<0$ 時，$\Sigma(1/k^p)$ 的第 n 項 $1/n^p$ 不趨近於 0，由一般項檢定法可得級數為發散。

範例 3

$\displaystyle\sum_{k=4}^{\infty}\frac{1}{k^{1.001}}$ 是收斂，還是發散？

解答：根據 p 級數檢定，$\displaystyle\sum_{k=1}^{\infty}(1/k^{1.001})$ 收斂。在一個級數中插入或移走有限項，不會影響它的收斂或是發散（雖然可能會影響它的和）。因此，給定的級數是收斂的。

範例 4

判斷 $\displaystyle\sum_{k=2}^{\infty}\frac{1}{k\ln k}$ 是收斂還是發散。

解答：函數 $f(x)=1/(x\ln x)$ 在 $[2,\infty)$ 上滿足積分檢定的假設條件。區間是 $[2,\infty)$ 還是 $[1,\infty)$ 是無關緊要的，見定理 B 下方的敘述。

$$\int_2^{\infty}\frac{1}{x\ln x}\,dx = \lim_{t\to\infty}\int_2^t\frac{1}{\ln x}\left(\frac{1}{x}\,dx\right) = \lim_{t\to\infty}[\ln\ln x]_2^t = \infty$$

因此，$\Sigma 1/(k\ln k)$ 發散。

估計一個級數之和 到目前為止，對於收斂級數除了幾何級數與潰散級數，我們尚未討論如何找出它的和。一般而言，這是一個困難的問題，但是，此時我們可以用積分檢定法所建議的一個方法來逼近級數的和。

如果我們使用 n 項部分和 S_n 來估計級數的和

$$S = a_1 + a_2 + a_3 + \cdots$$

則造成的誤差為

$$E_n = S - S_n = a_{n+1} + a_{n+2} + \cdots$$

令 $f(x)$ 是一個函數，滿足 $a_n = f(n)$，且 f 在 $[1, \infty)$ 上是正的，連續的，且非遞增；這些是定理 B 的條件。在這些條件下，

$$E_n = a_{n+1} + a_{n+2} + \cdots < \int_n^\infty f(x)\, dx$$

（見圖 2）我們可以利用此結果，來求出用前 n 項來逼近級數之和 S 的誤差的上界，並且可以用來決定 n 必需多大，才能估計 S 至預定的準確度。

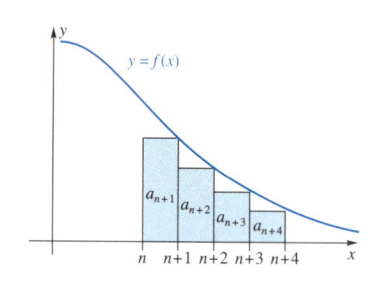

▲圖 2

範例 5

求利用前 20 項之和估計收斂級數 $\sum_{k=1}^\infty \dfrac{1}{k^{3/2}}$ 之和 S 所造成的誤差之上界。

解答：令 $f(x) = 1/x^{3/2}$，則函數 f 在 $[1, \infty)$ 上是正的，連續的，且非遞增。誤差可以滿足下式

$$E_{20} = \sum_{k=20+1}^\infty \frac{1}{k^{3/2}} < \int_{20}^\infty \frac{1}{x^{3/2}}\, dx = \lim_{A \to \infty} \left[-2x^{-1/2} \right]_{20}^A = \frac{2}{\sqrt{20}} \approx 0.44721$$

即使用了前 20 項，誤差還是相當大。

範例 6

n 必須多大，才能使得範例 5 中以 S_n 估計 S 所生的誤差 E_n 會小於 0.005？

解答：

$$E_n = \sum_{k=n+1}^\infty \frac{1}{k^{3/2}} < \int_n^\infty \frac{1}{x^{3/2}}\, dx = \lim_{A \to \infty} \left[-2x^{-1/2} \right]_n^A = \frac{2}{\sqrt{n}}$$

所以為了保證 $E_n < 0.005$，我們必須有

$$\frac{2}{\sqrt{n}} < 0.005$$

$$\sqrt{n} > \frac{2}{0.005}$$

$$n > \left(\frac{2}{0.005} \right)^2 = 400^2 = 160{,}000$$

練習題 9.3

1-6 題中，請利用積分檢定決定下列各級數收斂或發散。

1. $\sum_{k=0}^{\infty} \dfrac{1}{k+3}$

2. $\sum_{k=0}^{\infty} \dfrac{k}{k^2+3}$

3. $\sum_{k=1}^{\infty} \dfrac{-2}{\sqrt{k+2}}$

4. $\sum_{k=100}^{\infty} \dfrac{3}{(k+2)^2}$

5. $\sum_{k=1}^{\infty} ke^{-3k^2}$

6. $\sum_{k=5}^{\infty} \dfrac{1000}{k(\ln k)^2}$

7. $\sum_{k=1}^{\infty} \dfrac{k^2+1}{k^2+5}$

8. $\sum_{k=1}^{\infty} \left(\dfrac{3}{\pi}\right)^k$

9. $\sum_{k=1}^{\infty} \left[\left(\dfrac{1}{2}\right)^k + \dfrac{k-1}{2k+1}\right]$

10. $\sum_{k=1}^{\infty} \left(\dfrac{1}{k^2} + \dfrac{1}{2^k}\right)$

11. $\sum_{k=1}^{\infty} k \sin \dfrac{1}{k}$

12. $\sum_{k=1}^{\infty} k^2 e^{-k^3}$

13. $\sum_{k=1}^{\infty} \left(\dfrac{1}{k} - \dfrac{1}{k+1}\right)$

14. $\sum_{k=1}^{\infty} \dfrac{1}{1+4k^2}$

7-14 題中，請利用所學過的檢定法，包括 9.2 節中的，決定下列各級數收斂或發散。

9.4 正項級數的其他檢定

我們已經完成了幾何級數與 p-級數的分析

若 $-1 < r < 1$ 則 $\sum_{n=1}^{\infty} r^n$ 收斂，否則為發散

若 $p > 1$ 則 $\sum_{n=1}^{\infty} \dfrac{1}{n^p}$ 收斂，否則為發散

若幾何級數收斂，我們可以找出級數收斂到哪裡，但是我們沒有找出收斂的 p-級數之和。將這些級數跟其他級數比對，可用來判斷其他級數的收斂或發散。再一次提醒，我們仍然只考慮每一項皆為正數的級數（簡稱為正項級數）。

一個級數與另一個級數比較

一個級數的項比一個收斂級數的對應項小，則它因該是收斂；一個級數的項比一個發散級數的對應項大，則它因該是發散。應該是對的，就是對的。

> **定理 A　一般比較檢定（Ordinary Comparison Test）**
>
> 假設存在有正整數 N 使得，$n \geq N$ 時 $0 \leq a_n \leq b_n$ 恆成立，則
> (i) 若 Σb_n 收斂，則 Σa_n 也收斂。
> (ii) 若 Σa_n 發散，則 Σb_n 也發散。

證明　我們假設 $N = 1$；$N > 1$ 的情況只是稍微困難。為了證明 (i)，令 $S_n = a_1 + a_2 + \cdots + a_n$ 且注意 $\{S_n\}$ 是一個非遞減數列。若 Σb_n 收斂，比方和為 B，則

$$S_n \leq b_1 + b_2 + \cdots + b_n \leq \sum_{n=1}^{\infty} b_n = B$$

根據有界和檢定（定理 9.3A），可得 Σa_n 收斂。

性質 (ii) 來自 (i)；因為若 Σb_n 收斂，則 Σa_n 必定收斂。

● 範例 1

> $\sum_{n=1}^{\infty} \dfrac{n}{5n^2 - 4}$ 是收斂還是發散？
>
> **解答**：當 n 夠大時，第 n 項的行為類似 $1/5n$，我們猜測此級數發散。事實上
>
> $$\frac{n}{5n^2 - 4} > \frac{n}{5n^2} = \frac{1}{5} \cdot \frac{1}{n}$$
>
> 且 $\sum_{n=1}^{\infty} \dfrac{1}{5} \cdot \dfrac{1}{n}$ 發散，因為它只是調和級數的 5 分之 1。所以，根據一般比較檢定，可得此級數為發散。

● 範例 2

> $\sum_{n=1}^{\infty} \dfrac{n}{2^n(n+1)}$ 是收斂還是發散？
>
> **解答**：當 n 夠大時，第 n 項的行為類似 $(1/2)^n$，我們猜測此級數發散。注意，
>
> $$\frac{n}{2^n(n+1)} = \left(\frac{1}{2}\right)^n \frac{n}{n+1} < \left(\frac{1}{2}\right)^n$$
>
> 因為 $\Sigma \left(\dfrac{1}{2}\right)^n$ 收斂（它是一個 $r = \dfrac{1}{2}$ 的幾何級數），所以給定的級數收斂。

定理 B　極限比較檢定（Limit Comparison Test）

假設 $a_n \geq 0$，$b_n > 0$ 且

$$\lim_{n \to \infty} \frac{a_n}{b_n} = L$$

假如 $0 < L < \infty$，則 Σa_n 和 Σb_n 同時收斂或同時發散。

假如 $L = 0$ 且 Σb_n 收斂，則 Σa_n 收斂。

證明　假設在數列極限定義中取，$\varepsilon = L/2$（9.1 節）。則存在一數 N 使得 $n \geq N \Rightarrow |(a_n/b_n) - L| < L/2$；也就是

$$-\frac{L}{2} < \frac{a_n}{b_n} - L < \frac{L}{2}$$

上列不等式與下列不等式同義

$$\frac{L}{2} < \frac{a_n}{b_n} < \frac{3L}{2}$$

所以 $n \geq N$ 時，可得

$$b_n < \frac{2}{L} a_n \quad \text{且} \quad a_n < \frac{3L}{2} b_n$$

再結合一般比較檢定法，證明了 Σa_n 和 Σb_n 同時收斂或發散。最後的結論留給讀者自己證明。∎

範例 3

判定下列級數收斂或發散。

(a) $\displaystyle\sum_{n=1}^{\infty} \frac{3n - 2}{n^3 - 2n^2 + 11}$　　(b) $\displaystyle\sum_{n=1}^{\infty} \frac{1}{\sqrt{n^2 + 19n}}$

解答：利用極限比較檢定，我們須要決定第 n 項要跟什麼比。當 n 很大時的第 n 項像什麼？我們來看分子與分母的最高次項。第 1 題中，第 n 項是像 $3/n^2$；第 2 題中，第 n 項是像 $1/n$。

(a) $\displaystyle\lim_{n \to \infty} \frac{a_n}{b_n} = \lim_{n \to \infty} \frac{(3n - 2)/(n^3 - 2n^2 + 11)}{3/n^2} = \lim_{n \to \infty} \frac{3n^3 - 2n^2}{3n^3 - 6n^2 + 33} = 1$

(b) $\displaystyle\lim_{n \to \infty} \frac{a_n}{b_n} = \lim_{n \to \infty} \frac{1/\sqrt{n^2 + 19n}}{1/n} = \lim_{n \to \infty} \sqrt{\frac{n^2}{n^2 + 19n}} = 1$

因為 $\Sigma 3/n^2$ 收斂而 $\Sigma 1/n$ 發散，我們結論 (a) 中得級數收斂而 (b) 中的級數發散。

範例 4

$\sum_{n=1}^{\infty} \dfrac{\ln n}{n^2}$ 收斂嗎？

解答：應用極限比較檢定。

$$\lim_{n \to \infty} \frac{a_n}{b_n} = \lim_{n \to \infty} \frac{\ln n}{n^2} \div \frac{1}{n^2} = \lim_{n \to \infty} \ln n = \infty$$

（最後一個等式由羅必達法則而得）又因為 $\sum 1/n^{3/2}$ 是一個收斂的 p 級數，所以 $\sum (\ln n)/n^2$ 收斂。

一個級數跟自己比較

要利用比較檢定法得到有用的結果需要有洞察力或是恆心。我們必須在已經知道結果的級數中，選擇正確者來跟待決定的級數做比較。真希望我們能用某種方式讓一個級數跟自己比，而得以判斷該級數是收斂或是發散。大致說來，這是我們在**比值檢定（Ratio Test）**中要做的事。

定理 C　比值檢定（Ratio Test）

令 $\sum a_n$ 為一個正項級數且假設

$$\lim_{n \to \infty} \frac{a_{n+1}}{a_n} = \rho$$

(i)　若 $\rho < 1$，則級數收斂。

(ii)　若 $\rho > 1$ 或 $\lim_{n \to \infty} a_{n+1}/a_n = \infty$，則級數發散。

(iii)　若 $\rho = 1$，則此檢定無法判斷。

證明

比值檢定隱藏的想法是：因為 $\lim_{n \to \infty} a_{n+1}/a_n = \rho$，$a_{n+1} \approx \rho a_n$，所以此級數的行為就像是一個比值為 ρ 的幾何級數。一個幾何級數在比值小於 1 時收斂，比值大於 1 時發散。接下來的工作是整理此論述。

(i)　因為 $\rho < 1$，我們可選擇一個數 r 使得 $\rho < r < 1$，比方說 $r = (\rho + 1)/2$。接下來，選擇夠大的 N，使得 $n \geq N$ 時 $a_{n+1}/a_n < r$（這是可能的，因為 $\lim_{n \to \infty} a_{n+1}/a_n = \rho < r$），所以

$$a_{N+1} < ra_N$$
$$a_{N+2} < ra_{N+1} < r^2 a_N$$
$$a_{N+3} < ra_{N+2} < r^3 a_N$$
$$\vdots$$

因為 $ra_N + r^2 a_N + r^3 a_N + \cdots\cdots$ 是一個幾何級數,且 $0 < r < 1$,它是收斂的。依照一般比較檢定法,$\sum_{n=N+1}^{\infty} a_n$ 收斂,所以 $\sum_{n=1}^{\infty} a_n$ 也收斂。

(ii) 因為 $\rho > 1$,所以存在一數 N 使得 $a_{n+1}/a_n > 1$ 對所有的 $n \geq N$。因此,

$$a_{N+1} > a_N$$
$$a_{N+2} > a_{N+1} > a_N$$
$$\vdots$$

因此 $a_n > a_N > 0$ 對所有的 $n > N$,也就是說 $\lim_{n \to \infty} a_n$ 不可能為 0。根據 n 項檢定的發散檢定,可得 Σa_n 發散。

(iii) 已知 $\Sigma 1/n$ 發散,而 $\Sigma 1/n^2$ 收斂。對於第一個級數 $\Sigma 1/n$ 來說,

$$\lim_{n \to \infty} \frac{a_{n+1}}{a_n} = \lim_{n \to \infty} \frac{1}{n+1} \div \frac{1}{n} = \lim_{n \to \infty} \frac{n}{n+1} = 1$$

對於第二個級數 $\Sigma 1/n^2$ 來說,

$$\lim_{n \to \infty} \frac{a_{n+1}}{a_n} = \lim_{n \to \infty} \frac{1}{(n+1)^2} \div \frac{1}{n^2} = \lim_{n \to \infty} \frac{n^2}{(n+1)^2} = 1$$

所以當 $\rho = 1$ 時,比值檢定無法分辨收斂和發散。 ∎

範例 5

檢定 $\sum_{n=1}^{\infty} \frac{2^n}{n!}$ 收斂或發散。

解答:

$$\rho = \lim_{n \to \infty} \frac{a_{n+1}}{a_n} = \lim_{n \to \infty} \frac{2^{n+1}}{(n+1)!} \frac{n!}{2^n} = \lim_{n \to \infty} \frac{2}{n+1} = 0$$

根據比值檢定,此級數收斂。

範例 6

檢定 $\sum_{n=1}^{\infty} \dfrac{2^n}{n^{20}}$ 收斂或發散。

解答：

$$\rho = \lim_{n \to \infty} \frac{a_{n+1}}{a_n} = \lim_{n \to \infty} \frac{2^{n+1}}{(n+1)^{20}} \frac{n^{20}}{2^n}$$
$$= \lim_{n \to \infty} \left(\frac{n}{n+1}\right)^{20} \cdot 2 = 2$$

我們結論，所給之級數發散。

範例 7

檢定 $\sum_{n=1}^{\infty} \dfrac{n!}{n^n}$ 收斂或發散。

解答： 由定理 6.5A 可知下列事實

$$\lim_{n \to \infty}\left(1 + \frac{1}{n}\right)^n = \lim_{h \to 0}(1+h)^{1/h} = e$$

而

$$\rho = \lim_{n \to \infty} \frac{a_{n+1}}{a_n} = \lim_{n \to \infty} \frac{(n+1)!}{(n+1)^{n+1}} \frac{n^n}{n!} = \lim_{n \to \infty} \left(\frac{n}{n+1}\right)^n$$
$$= \lim_{n \to \infty} \frac{1}{((n+1)/n)^n} = \lim_{n \to \infty} \frac{1}{(1+1/n)^n} = \frac{1}{e} < 1$$

因此，此級數收斂。

摘要 檢定一個正項級數 Σa_n 收斂或發散，要仔細檢視 a_n。

1. 若 $\lim_{n \to \infty} a_n \neq 0$，由一般項檢定可知級數發散。
2. 若 a_n 跟 $n!$，r^n，或 n^n 有關，嘗試用比值檢定。
3. 若 a_n 只跟 n 的冪有關，嘗試極限比較檢定。特別，假如 a_n 是 n 的有理式時，分子與分母的最高次項的商當成檢定中的 b_n。
4. 若以上的檢定不管用，嘗試一般比較檢定，積分檢定，或有界的和檢定。
5. 某些級數需要一個聰明的處理或巧妙的方法來判定收斂或發散。

練習題 9.4

1-3 題中，請利用極限比較檢定判斷收斂或發散。

1. $\sum_{n=1}^{\infty} \frac{n}{n^2+2n+3}$
2. $\sum_{n=1}^{\infty} \frac{3n+1}{n^3-4}$
3. $\sum_{n=1}^{\infty} \frac{1}{n\sqrt{n+1}}$

4-6 題中，請利用比值檢定判斷收斂或發散。

4. $\sum_{n=1}^{\infty} \frac{8^n}{n!}$
5. $\sum_{n=1}^{\infty} \frac{5^n}{n^5}$
6. $\sum_{n=1}^{\infty} n\left(\frac{1}{3}\right)^n$

7-10 題中，判斷每個級數收斂或發散。指出你所使用的檢定。

7. $\sum_{n=1}^{\infty} \frac{n}{n+200}$
8. $\sum_{n=1}^{\infty} \frac{n!}{5+n}$
9. $\sum_{n=1}^{\infty} \frac{\sqrt{n+1}}{n^2+1}$
10. $\sum_{n=1}^{\infty} \frac{n^2}{n!}$
11. $\sum_{n=1}^{\infty} \frac{\ln n}{2^n}$

12. $\frac{1}{1\cdot 2}+\frac{1}{2\cdot 3}+\frac{1}{3\cdot 4}+\frac{1}{4\cdot 5}+\cdots$

（提示：$a_n = \frac{1}{n(n+1)}$）

13. $\frac{1}{2^2}+\frac{2}{3^2}+\frac{3}{4^2}+\frac{4}{5^2}+\cdots$

14. $\frac{1}{1^2+1}+\frac{2}{2^2+1}+\frac{3}{3^2+1}+\frac{4}{4^2+1}+\cdots$

15. $1+\frac{1}{2\sqrt{2}}+\frac{1}{3\sqrt{3}}+\frac{1}{4\sqrt{4}}+\cdots$

16. $\frac{\ln 2}{2^2}+\frac{\ln 3}{3^2}+\frac{\ln 4}{4^2}+\frac{\ln 5}{5^2}+\cdots$

17. $\sum_{n=1}^{\infty} \frac{1}{2+\sin^2 n}$
18. $\sum_{n=1}^{\infty} \frac{4+\cos n}{n^3}$

9.5 交錯級數、絕對收斂與條件收斂

在前兩節中，我們只考慮具有非負之項的級數。現在我們除去此限制，准許一些項可以是負的。特別是形如下式的級數，稱為**交錯級數**（alternating series）

$$a_1 - a_2 + a_3 - a_4 + \cdots$$

其中 $a_n > 0$，對於所有的 n。一個重要的例子為**交錯調和級數**（alternating harmonic series）

$$1-\frac{1}{2}+\frac{1}{3}-\frac{1}{4}+\cdots$$

我們已知調和級數發散；我們將很快會明白交錯調和級數是收斂。

一個收斂檢定 假設 $\{a_n\}$ 遞減；也就是 $a_{n+1} < a_n$ 對所有的 n。對於交錯級數 $a_1 - a_2 + a_3 - a_4 + \cdots$，我們有

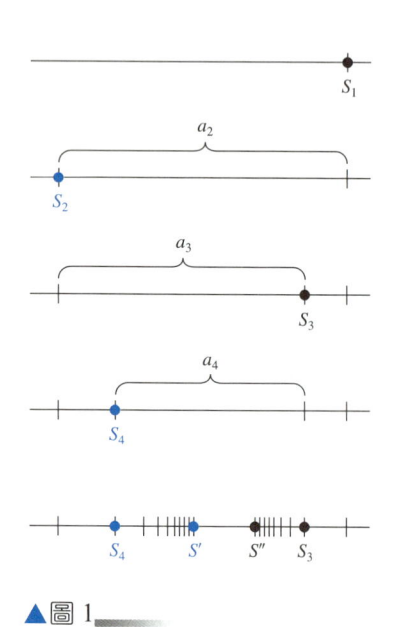

$$S_1 = a_1$$
$$S_2 = a_1 - a_2 = S_1 - a_2$$
$$S_3 = a_1 - a_2 + a_3 = S_2 + a_3$$
$$S_4 = a_1 - a_2 + a_3 - a_4 = S_3 - a_4$$

等等。這些部分和有一個幾何解釋,如圖 1 所示。其中偶數項 $S_2, S_4, S_6, \ldots$ 是遞增的且有上界,所以會收斂到一個極限,叫做 S'。同理,奇數項 $S_1, S_3, S_5, \ldots$ 是遞減的且有下界。它們也會收斂到一個極限,叫做 S''。

對於所有的 n,S' 和 S'' 都介於 S_n 和 S_{n+1} 之間(見圖 2),因此

$$|S'' - S'| \leq |S_{n+1} - S_n| = a_{n+1}$$

所以,條件 "當 $n \to \infty$ 時 $a_{n+1} \to 0$" 可保證 $S' = S''$,因而級數收斂到此共同值,我們稱為 S。最後,我們注意到 S 介於 S_n 和 S_{n+1} 之間,

$$|S - S_n| \leq |S_{n+1} - S_n| = a_{n+1}$$

也就是說,利用 S_n 來估計 S 所產生的誤差不會大於忽略不計之第一項的大小。我們已證得下列定理。

定理 A　交錯級數檢定(Alternating Series Test)

令 $a_1 - a_2 + a_3 - a_4 + \cdots$ 為一個交錯級數,且滿足 $a_n > a_{n+1} > 0$。若 $\lim\limits_{n \to \infty} a_n = 0$,則此級數收斂。而且利用前 n 項的部分和 S_n 來估計級數和 S 所造成的誤差不會超過 a_{n+1}。

範例 1

證明交錯調和級數

$$1 - \frac{1}{2} + \frac{1}{3} - \frac{1}{4} + \cdots$$

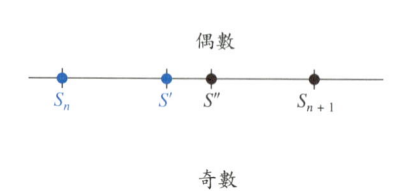

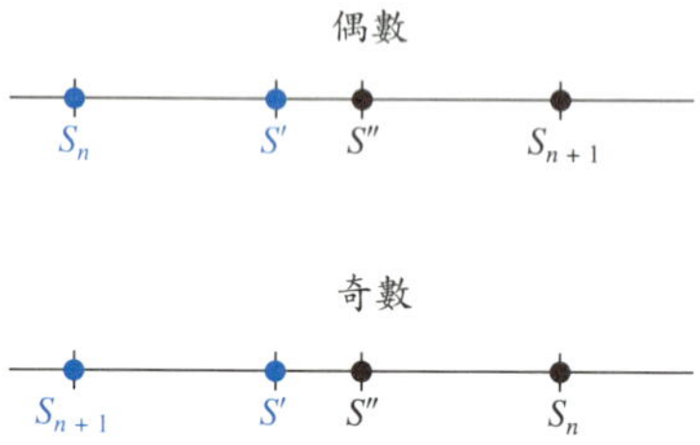

收斂。需要多少項的部分和 S_n 來估計此級數之和 S,可使誤差在 0.01 之內呢?

解答: 交錯調和級數滿足定理 A 的假設,所以收斂。我們想要 $|S - S_n| \leq 0.01$ 成立,這將會成立,若 $a_{n+1} \leq 0.01$。因為 $a_{n+1} = 1/(n+1)$,我們想要讓 $1/(n+1) \leq 0.01$ 成立,這需要 $n \geq 99$。所以,我們需要前 99 項之部分和來估計 S 以達到所要求之準確度。此討論告訴我們交錯調和級數的收斂有多慢。

範例 2

證明

$$\frac{1}{1!} - \frac{1}{2!} + \frac{1}{3!} - \frac{1}{4!} + \cdots\cdots$$

收斂。計算 S_5 且估算利用 S_5 估計級數之和 S 所產生的誤差。

解答：應用交錯級數檢定可證明收斂。

$$S_5 = 1 - \frac{1}{2} + \frac{1}{6} - \frac{1}{24} + \frac{1}{120} \approx 0.6333$$

$$|S - S_5| \leq a_6 = \frac{1}{6!} \approx 0.0014$$

範例 3

證明 $\sum_{n=1}^{\infty} (-1)^{n-1} \frac{n^2}{2^n}$ 收斂。

解答：為了對此級數有感覺，我們寫出它的前幾項

$$\frac{1}{2} - 1 + \frac{9}{8} - 1 + \frac{25}{32} - \frac{36}{64} + \cdots$$

此級數是交錯的且 $\lim_{n \to \infty} n^2/2^n = 0$（羅必達法則），不幸地，它的項 $n^2/2^n$ 原本不是遞減的。但是，看起來從第 3 項開始，它的項是遞減的；這樣夠好了，因為一開始的前幾項不會影響級數的收斂或發散。為了證明數列 $\{n^2/2^n\}$ 是從第 3 項開始遞減，我們考慮函數

$$f(x) = \frac{x^2}{2^x}$$

若 $x \geq 3$，則它的導函數為

$$f'(x) = \frac{2x \cdot 2^x - x^2 2^x \ln 2}{2^{2x}} = \frac{x 2^x (2 - x \ln 2)}{2^{2x}}$$

$$\approx \frac{x(2 - 0.69x)}{2^x} < 0$$

因此，f 在 $[3, \infty)$ 上遞減，所以對於 $n \geq 3$ 而言，$\{n^2/2^n\}$ 為遞減數列。根據交錯級數檢定，$\sum_{n=3}^{\infty} (-1)^{n-1} \frac{n^2}{2^n}$ 收斂，所以 $\sum_{n=1}^{\infty} (-1)^{n-1} \frac{n^2}{2^n}$ 收斂。

絕對收斂

> **定理 B　絕對收斂檢定（Absolute Convergence Test）**
>
> 若 $\Sigma |u_n|$ 收斂，則 Σu_n 收斂。

證明　我們使用一個技巧。令 $v_n = u_n + |u_n|$，則 $u_n = v_n - |u_n|$。現在 $0 \leq v_n \leq 2|u_n|$，所以根據一般比較檢定可得 Σv_n 收斂。再由線性定理（定理 9.2 B）可得 $\Sigma u_n = \Sigma(v_n - |u_n|)$ 收斂。∎

若 $\Sigma |u_n|$ 收斂，則稱級數 Σu_n 為**絕對收斂**（converge absolutely）。定理 B 說絕對收斂可推得收斂。所有對於正項級數的收斂檢定可用來檢定具有負項之級數的絕對收斂。

> **定理 C　絕對比值檢定（Absolute Ratio Test）**
>
> 令級數 Σu_n 的每一項皆不為 0，且
>
> $$\lim_{n \to \infty} \frac{|u_{n+1}|}{|u_n|} = \rho$$
>
> (i)　若 $\rho < 1$，則級數絕對收斂（所以收斂）。
> (ii)　若 $\rho > 1$，則級數發散。
> (iii)若 $\rho = 1$，則此檢定無法判斷。

證明　(i) 和 (iii) 是比值檢定的直接結果。對於 (ii)，根據原來的比值檢定可得 $\Sigma |u_n|$ 發散，但是在這裡我們更進一步，宣稱 Σu_n 為發散。因為

$$\lim_{n \to \infty} \frac{|u_{n+1}|}{|u_n|} > 1$$

所以當 n 夠大時，比方說 $n \geq N$，可得 $|u_{n+1}| > |u_n|$。反過來說，這樣可推得：$n \geq N$ 時，$|u_n| > |u_N| > 0$。所以 $\lim_{n \to \infty} u_n$ 不得為 0。根據一般項檢定可得 Σu_n 發散。∎

範例 4

證明 $\sum_{n=1}^{\infty}(-1)^{n+1}\dfrac{3^n}{n!}$ 絕對收斂。

解答：

$$\rho = \lim_{n\to\infty}\dfrac{|u_{n+1}|}{|u_n|} = \lim_{n\to\infty}\dfrac{3^{n+1}}{(n+1)!} \div \dfrac{3^n}{n!}$$
$$= \lim_{n\to\infty}\dfrac{3}{n+1} = 0$$

根據絕對比值檢定可知級數絕對收斂（因此收斂）。

範例 5

檢定 $\sum_{n=1}^{\infty}\dfrac{\cos(n!)}{n^2}$ 是收斂或發散。

解答： 假如你寫出此級數的前 100 項，你將發現各項正負號的變化是很隨機的。事實上，此級數是很難直接分析的。但是

$$\left|\dfrac{\cos(n!)}{n^2}\right| \leq \dfrac{1}{n^2}$$

且 $\sum\dfrac{1}{n^2}$ 收斂，所以根據一般比較檢定可知此級數為絕對收斂。再根據絕對收斂檢定（定理 B）可得此級數收斂。

條件收斂 一個常見的錯誤是試著將定理 B 轉過來，它並沒有說收斂可推得絕對收斂，這明顯是錯誤的。以交錯調和級數為例，已知 $1 - \frac{1}{2} + \frac{1}{3} - \frac{1}{4} + \cdots$ 收斂，但是 $1 + \frac{1}{2} + \frac{1}{3} + \frac{1}{4} + \cdots$ 為發散。

若 Σu_n 收斂但 $\Sigma|u_n|$ 發散，則稱級數 Σu_n 為**條件收斂**（conditionally convergent）。交錯調和級數是最重要的條件收斂級數，接下來還有其他的例子。

範例 6

證明 $\sum_{n=1}^{\infty}(-1)^{n+1}\dfrac{1}{\sqrt{n}}$ 是條件收斂。

解答： 根據交錯級數檢數檢定，可知 $\sum_{n=1}^{\infty}(-1)^{n+1}[1/\sqrt{n}]$ 收斂。但是 $\sum_{n=1}^{\infty}1/\sqrt{n}$ 發散，因為它是一個 p 級數，且 $p = \frac{1}{2}$。

絕對收斂級數的行為比條件收斂級數好很多。這裡有一個定理，對於絕對收斂級數它是成立的，對於條件收斂級數它是非常不對的。

定理 D　重排定理（Rearrangement Theorem）

假如一個級數是絕對收斂的，則我們可以重排它的項而不會影響級數的收斂性及級數的和。

例如，級數

$$1 + \frac{1}{4} - \frac{1}{9} + \frac{1}{16} + \frac{1}{25} - \frac{1}{36} + \frac{1}{49} + \frac{1}{64} - \frac{1}{81} + \cdots$$

是絕對收斂。重排之後得

$$1 + \frac{1}{4} + \frac{1}{16} - \frac{1}{9} + \frac{1}{25} + \frac{1}{49} + \frac{1}{64} - \frac{1}{36} + \cdots$$

此級數也是收斂且與原級數有相同的和。

練習題 9.5

1-3 題中，說明下列級數為收斂，然後估算由 S_9 估計 S 所生的誤差。

1. $\displaystyle\sum_{n=1}^{\infty}(-1)^{n+1}\frac{2}{3n+1}$

2. $\displaystyle\sum_{n=1}^{\infty}(-1)^{n+1}\frac{1}{\sqrt{n}}$

3. $\displaystyle\sum_{n=1}^{\infty}(-1)^{n+1}\frac{n}{n^2+1}$

4-7 題中，說明每個級數為絕對收斂。

4. $\displaystyle\sum_{n=1}^{\infty}(-\frac{3}{4})^n$

5. $\displaystyle\sum_{n=1}^{\infty}(-1)^n\frac{1}{n\sqrt{n}}$

6. $\displaystyle\sum_{n=1}^{\infty}(-1)^{n+1}\frac{n}{2^n}$

7. $\displaystyle\sum_{n=1}^{\infty}(-1)^{n+1}\frac{2^n}{n!}$

8-16 題中，判斷每個級數為絕對收斂，條件收斂或發散。

8. $\displaystyle\sum_{n=1}^{\infty}(-1)^{n+1}\frac{1}{5n}$

9. $\displaystyle\sum_{n=1}^{\infty}(-1)^{n+1}\frac{1}{5n^{1.1}}$

10. $\displaystyle\sum_{n=1}^{\infty}(-1)^{n+1}\frac{n}{10n+1}$

11. $\displaystyle\sum_{n=1}^{\infty}(-1)^{n+1}\frac{1}{n(1+\sqrt{n})}$

12. $\displaystyle\sum_{n=1}^{\infty}(-1)^{n+1}\frac{n^4}{2^n}$

13. $\displaystyle\sum_{n=1}^{\infty}\frac{\cos n\pi}{n}$

14. $\displaystyle\sum_{n=1}^{\infty}(-1)^n\frac{\sin n}{n\sqrt{n}}$

15. $\displaystyle\sum_{n=1}^{\infty}n\sin\left(\frac{1}{n}\right)$

16. $\displaystyle\sum_{n=1}^{\infty}\frac{(-3)^{n+1}}{n^2}$

9.6 冪級數

到目前為止，我們所討論的級數可稱為常數的級數（series of constants），也就是形如 Σu_n 的級數，其中每一個 u_n 是一個數字。現在我們考慮函數的級數（series of functions），也就是形如 $\Sigma u_n(x)$ 的級數。請看一個典型的例子

$$\sum_{n=1}^{\infty} \frac{\sin nx}{n^2} = \frac{\sin x}{1} + \frac{\sin 2x}{4} + \frac{\sin 3x}{9} + \cdots$$

當然，只要在 x 代入一個值（比方說 $x = 2.1$），我們就回到熟悉的領域；一個常數的級數。

關於函數的級數，我們有兩個重要的問題。

1. 那些 x 可使得級數收斂？
2. 它收斂到哪一個函數；也就是，級數的和 $S(x)$ 是什麼？

一般的情形適合在高等微積分課程中討論。在微積分課程中，我們可以討論函數級數的一個特別情況，冪級數。x 冪級數（power series in x）是一個形如下式的級數

$$\sum_{n=0}^{\infty} a_n x^n = a_0 + a_1 x + a_2 x^2 + \cdots$$

（在這裡我們將 $a_0 x^0$ 闡釋為 a_0，即使 $x = 0$）對於這樣的冪級數，我們可以馬上回答上述的兩個問題。

範例 1

哪些 x 可使得冪級數

$$\sum_{n=0}^{\infty} a x^n = a + ax + ax^2 + ax^3 + \cdots$$

收斂，且它的和為多少？假設 $a \neq 0$。

解答：我們已在 9.2 節中討論過此級數（用 r 代替 x）並稱為幾何級數。當 $-1 < x < 1$ 時，此級數收斂且它的和 $S(x)$ 為

$$S(x) = \frac{a}{1-x}, \quad -1 < x < 1$$

收斂集合 給定一個冪級數，所有可使此級數收斂的 x 值所成的集合稱為此冪級數的**收斂集合**（convergence set）。範例 1 指出它可以是一個開區間（見圖 1）。還有其他的可能嗎？

▲ 圖 1 收斂集合

範例 2

下列冪級數的收斂集合為何？

$$\sum_{n=0}^{\infty} \frac{x^n}{(n+1)2^n} = 1 + \frac{1}{2}\frac{x}{2} + \frac{1}{3}\frac{x^2}{2^2} + \frac{1}{4}\frac{x^3}{2^3} + \cdots$$

解答：注意，有些項可能是負的（假如 x 是負的）。利用絕對比值檢定（定理 9.5C）

$$\rho = \lim_{n \to \infty} \left| \frac{x^{n+1}}{(n+2)2^{n+1}} \div \frac{x^n}{(n+1)2^n} \right| = \lim_{n \to \infty} \frac{|x|}{2} \cdot \frac{n+1}{n+2} = \frac{|x|}{2}$$

此級數在 $\rho = |x|/2 < 1$ 時絕對收斂，且在 $|x|/2 > 1$ 時發散。因此，此級數在 $|x| < 2$ 時收斂，且在 $|x| > 2$ 時發散。

假如 $x = 2$ 或 $x = -2$，則比值檢定失效。但是，當 $x = 2$ 時，它是一個調和級數，所以發散。當 $x = -2$ 時，它是收斂的交錯調和級數。所以，此級數的收斂集合為 $-2 \le x < 2$（圖 2）。

▲ 圖 2 收斂集合

範例 3

求 $\sum_{n=0}^{\infty} \frac{x^n}{n!}$ 的收斂集合。

解答：

$$\rho = \lim_{n \to \infty} \left| \frac{x^{n+1}}{(n+1)!} \div \frac{x^n}{n!} \right| = \lim_{n \to \infty} \frac{|x|}{n+1} = 0$$

由絕對比值檢定可知對於所有 x，此級數皆收斂（圖 3）。

▲ 圖 3 收斂集合

範例 4

求 $\sum_{n=0}^{\infty} n!x^n$ 的收斂集合。

解答：

$$\rho = \lim_{n \to \infty} \left| \frac{(n+1)!x^{n+1}}{n!x^n} \right| = \lim_{n \to \infty}(n+1)|x| = \begin{cases} 0 & , x = 0 \\ \infty & , x \ne 0 \end{cases}$$

我們結論此級數只在 $x = 0$ 收斂（圖 4）。

▲ 圖 4 收斂集合

在我們的範例中，收斂集合都是一個區間（最後一個例子是退化的區間）。這將永遠是這樣。例如，不可能有冪級數的收斂集合是兩個非連通的部分（比方說 $[0, 1] \cup [2, 3]$），下一個定理有完整的敘述。

定理 A

冪級數 $\Sigma a_n x^n$ 的收斂集合必定是下列三種形式中的一種：

(i) 單一點 $x = 0$

(ii) 一個區間 $(-R, R)$，可能加上一個或兩個端點。

(iii) 整條數線。

在 (i)、(ii) 和 (iii) 中，我們分別說級數的**收斂半徑**（radius of convergence）為 0、R 和 ∞。

證明 假設級數在 $x = x_1 \neq 0$ 收斂，則 $\lim_{n \to \infty} a_n x_1^n = 0$，且存在一數 N 使得 $n \geq N$ 時，$|a_n x_1^n| < 1$。因此 $n \geq N$ 時，對於任意 x 滿足 $|x| < |x_1|$，可得

$$|a_n x^n| = |a_n x_1^n| \left|\frac{x}{x_1}\right|^n < \left|\frac{x}{x_1}\right|^n$$

現在 $\Sigma |x/x_1|^n$ 收斂，因為它是一個幾何級數且公比小於 1。所以根據一般比較檢定（定理 9.4A），可知 $\Sigma |a_n x^n|$ 收斂。我們已證明：若一個冪級數在 x_1 收斂（絕對），則它在所有滿足 $|x| < |x_1|$ 的 x 皆收斂。

另一方面，假設冪級數在 x_2 發散。則它在所有滿足 $|x| > |x_2|$ 的 x 處皆發散。因為假如它在在 x_1 收斂且 $|x_1| > |x_2|$，則根據我們已證的結果，可知它也會在 x_2 收斂，此與假設矛盾。

這兩段的討論消除了所有收斂集合可能的形式，除了上述三種。∎

事實上我們的證明做得比定理 A 的敘述還要多，值得我們將它寫成另一個定理。

定理 B

冪級數 $\Sigma a_n x^n$ 在它的收斂區間之內部是絕對收斂。

當然它甚至有可能在收斂集合的端點絕對收斂，但是我們無法確定；請看範例 2。

以 x - a 表示的冪級數 一個形如下述的級數

$$\sum a_n (x - a)^n = a_0 + a_1(x - a) + a_2(x - a)^2 + \cdots$$

稱為一個以 **x - a 表示的冪級數**（power series in x-a）。所有在 x 冪級數

的討論也都適用於 x-a 冪級數，特別是，x-a 冪級數的收斂集合必為下列三種區間之一：

1. 單一點 $x = a$。
2. 一個區間 $(a - R, a + R)$，可能加上一個或兩個端點（圖 5）。
3. 整條數線。

▲圖 5 收斂集合

範例 5

求 $\sum_{n=0}^{\infty} \dfrac{(x-1)^n}{(n+1)^2}$ 的收斂集合。

解答：我們應用絕對比值檢定。

$$\rho = \lim_{n \to \infty} \left| \frac{(x-1)^{n+1}}{(n+2)^2} \div \frac{(x-1)^n}{(n+1)^2} \right| = \lim_{n \to \infty} |x-1| \frac{(n+1)^2}{(n+2)^2}$$
$$= |x - 1|$$

所以 $|x - 1| < 1$ 時，也就是 $0 < x < 2$ 時，級數收斂；$|x - 1| > 1$ 時，級數發散。直接將 $x = 0$ 和 2 代入冪級數可發現級數皆收斂。因此，收斂集合為閉區間 $[0,2]$（圖 6）。

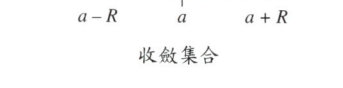

▲圖 6 收斂集合

範例 6

求下列冪級數的收斂集合

$$\frac{(x+2)^2 \ln 2}{2 \cdot 9} + \frac{(x+2)^3 \ln 3}{3 \cdot 27} + \frac{(x+2)^4 \ln 4}{4 \cdot 81} + \cdots$$

解答：第 n 項為 $u_n = \dfrac{(x+2)^n \ln n}{n \cdot 3^n}$，$n \geq 2$。因此，

$$\rho = \lim_{n \to \infty} \left| \frac{(x+2)^{n+1} \ln(n+1)}{(n+1)3^{n+1}} \cdot \frac{n 3^n}{(x+2)^n \ln n} \right|$$
$$= \frac{|x+2|}{3} \lim_{n \to \infty} \frac{n}{n+1} \frac{\ln(n+1)}{\ln n} = \frac{|x+2|}{3}$$

我們知道當 $\rho < 1$ 時，也就是當 $|x + 2| < 3$ 時，也就是當 $-5 < x < 1$ 時，級數收斂。但是我們必須檢查端點 -5 和 1。

在 $x = -5$，

$$u_n = \frac{(-3)^n \ln n}{n 3^n} = (-1)^n \frac{\ln n}{n}$$

且根據交錯級數檢定 $\Sigma (-1)^n (\ln n)/n$ 為收斂。

在 $x = 1$，$u_n = (\ln n)/n$ 且與調和級數做比較之後可得 $\Sigma (\ln n)/n$ 為發散。

因此，收斂集合為區間 $[-5, 1)$。

練習題 9.6

1-5 題中，求給定冪級數的收斂集合。

1. $\sum_{n=1}^{\infty} \frac{x^n}{(n-1)!}$
2. $\sum_{n=1}^{\infty} \frac{x^n}{3^n}$
3. $\sum_{n=1}^{\infty} \frac{x^n}{n^2}$
4. $\sum_{n=1}^{\infty} nx^n$
5. $\sum_{n=1}^{\infty} (-1)^{n+1} \frac{x^n}{n^2}$

6-12 題中，求給定冪級數的收斂集合。提示：首先求第 n 項的公式；然後利用絕對比值檢定。

6. $1 + x + \frac{x^2}{2!} + \frac{x^3}{3!} + \frac{x^4}{4!} + \cdots$
7. $x - \frac{x^3}{3!} + \frac{x^5}{5!} - \frac{x^7}{7!} + \frac{x^9}{9!} - \cdots$
8. $1 - \frac{x^2}{2!} + \frac{x^4}{4!} - \frac{x^6}{6!} + \frac{x^8}{8!} - \frac{x^{10}}{10!} \cdots$
9. $x + 2x^2 + 3x^3 + 4x^4 + \cdots$
10. $x + 2^2 x^2 + 3^2 x^3 + 4^2 x^4 + \cdots$
11. $1 + \frac{x+1}{2} + \frac{(x+1)^2}{2^2} + \frac{(x+1)^3}{2^3} + \cdots$
12. $\frac{x-2}{1^2} + \frac{(x-2)^2}{2^2} + \frac{(x-2)^3}{3^2} + \frac{(x-2)^4}{4^2} \cdots$

9.7 冪級數的運算

由前節我們知道一個冪級數的收斂集合為一個區間 I。此區間是新函數，冪級數之和 $S(x)$，的定義域。我們不禁要問 $S(x)$ 有一個簡單的公式嗎？$S(x)$ 可微分嗎？$S(x)$ 可積分嗎？

逐項微分與積分 將一個冪級數視為一個具有無窮多項的多項式。在微分與積分的運算下，它的行為像多項式；這些運算可逐項執行。

定理 A

假設 $S(x)$ 是一個冪級數在區間 I 上的和；也就是，

$$S(x) = \sum_{n=0}^{\infty} a_n x^n = a_0 + a_1 x + a_2 x^2 + a_3 x^3 + \cdots$$

則，若 x 是 I 的一個內點，

(i) $S'(x) = \sum_{n=0}^{\infty} D_x(a_n x^n) = \sum_{n=1}^{\infty} n a_n x^{n-1}$
$= a_1 + 2a_2 x + 3a_3 x^2 + \cdots$

(ii) $\int_0^x S(t)\, dt = \sum_{n=0}^{\infty} \int_0^x a_n t^n\, dt = \sum_{n=0}^{\infty} \frac{a_n}{n+1} x^{n+1}$
$= a_0 x + \frac{1}{2} a_1 x^2 + \frac{1}{3} a_2 x^3 + \frac{1}{4} a_3 x^4 + \cdots$

此定理說出許多事。它指出 S 可微分也可積分，它說出如何計算 S 的微分與積分，它說出微分級數與積分級數的收斂半徑與原級數的的收斂半徑一致（雖然對收斂區間的端點沒有任何的說明）。定理的證明相當困難，我們不討論。

定理 A 有一個美妙的結果：將它應用在一個已經知道和之公式的冪級數上，可得到其他級數的和之公式。

範例 1

應用定理 A 於幾何級數

$$\frac{1}{1-x} = 1 + x + x^2 + x^3 + \cdots, \quad -1 < x < 1$$

以得到兩個新級數的公式。

解答：逐項微分可得

$$\frac{1}{(1-x)^2} = 1 + 2x + 3x^2 + 4x^3 + \cdots, \quad -1 < x < 1$$

逐項積分可得

$$\int_0^x \frac{1}{1-t}\, dt = \int_0^x 1\, dt + \int_0^x t\, dt + \int_0^x t^2\, dt + \cdots$$

也就是，

$$-\ln(1-x) = x + \frac{x^2}{2} + \frac{x^3}{3} + \cdots, \quad -1 < x < 1$$

如果在上式中用 $-x$ 取代 x 且兩邊同乘 -1，可得

$$\boxed{\ln(1+x) = x - \frac{x^2}{2} + \frac{x^3}{3} - \frac{x^4}{4} + \cdots, \quad -1 < x < 1}$$

經討論後可知上列結果在端點 $x = 1$ 也成立（我們省略此討論）。

範例 2

寫出 $\tan^{-1} x$ 的冪級數表示。

解答：首先記得 $\tan^{-1} x$ 可寫成下式

$$\tan^{-1} x = \int_0^x \frac{1}{1+t^2}\, dt$$

將 $1/(1-x)$ 之幾何級數表示中的 x 用 $-t^2$ 取代，可得

$$\frac{1}{1+t^2} = 1 - t^2 + t^4 - t^6 + \cdots, \quad -1 < t < 1$$

所以，

$$\tan^{-1} x = \int_0^x (1 - t^2 + t^4 - t^6 + \cdots)\, dt$$

也就是，

$$\tan^{-1} x = x - \frac{x^3}{3} + \frac{x^5}{5} - \frac{x^7}{7} + \cdots, \quad -1 < x < 1$$

範例 3

求下列冪級數之和的一個公式。

$$S(x) = 1 + x + \frac{x^2}{2!} + \frac{x^3}{3!} + \cdots$$

解答：由 9.6 節範例 3 知道上列級數對於所有 x 皆為收斂。

逐項微分之後可得

$$S'(x) = 1 + x + \frac{x^2}{2!} + \frac{x^3}{3!} + \cdots$$

也就是，$S'(x) = S(x)$ 對於所有 x。而且 $S(0) = 1$。此微分方程有唯一解 $S(x) = e^x$（見 6.5 節）。所以，

$$e^x = 1 + x + \frac{x^2}{2!} + \frac{x^3}{3!} + \cdots$$

範例 4

寫出 e^{-x^2} 的冪級數表示。

解答：在 e^x 的冪級數中以 $-x^2$ 取代 x，可得

$$e^{-x^2} = 1 - x^2 + \frac{x^4}{2!} - \frac{x^6}{3!} + \cdots$$

代數運算　收斂的冪級數可以像多項式一樣，逐項相加和相減（定理 9.2B）。收斂的冪級數也可模仿多項式的相乘和相除，進行相乘和相除。

範例 5

將 $\ln(1+x)$ 和 e^x 的冪級數表示相乘及相除。

解答： 參考範例 1 和範例 3。仿照多項式的乘法，依序求相乘後的常數項，x 項、x^2 項等等。我們將成果整理如下。

$$0 + x - \frac{x^2}{2} + \frac{x^3}{3} - \frac{x^4}{4} + \cdots$$

$$1 + x + \frac{x^2}{2!} + \frac{x^3}{3!} + \frac{x^4}{4!} + \cdots$$

$$0 + (0+1)x + \left(0 + 1 - \frac{1}{2}\right)x^2 + \left(0 + \frac{1}{2!} - \frac{1}{2} + \frac{1}{3}\right)x^3$$
$$+ \left(0 + \frac{1}{3!} - \frac{1}{2!2} + \frac{1}{3} - \frac{1}{4}\right)x^4 + \cdots$$

$$= 0 + x + \frac{1}{2}x^2 + \frac{1}{3}x^3 + 0 \cdot x^4 + \cdots$$

底下是除法的進行過程

$$1 + x + \frac{1}{2}x^2 + \frac{1}{6}x^3 + \cdots \overline{\smash{\big)}\, \begin{array}{l} x - \frac{3}{2}x^2 + \frac{4}{3}x^3 - \quad x^4 + \cdots \\ x - \frac{1}{2}x^2 + \frac{1}{3}x^3 - \frac{1}{4}x^4 + \cdots \\ \hline x + \quad x^2 + \frac{1}{2}x^3 + \frac{1}{6}x^4 + \cdots \\ \hline -\frac{3}{2}x^2 - \frac{1}{6}x^3 - \frac{5}{12}x^4 + \cdots \\ -\frac{3}{2}x^2 - \frac{3}{2}x^3 - \frac{3}{4}x^4 + \cdots \\ \hline \frac{4}{3}x^3 + \frac{1}{3}x^4 + \cdots \\ \frac{4}{3}x^3 + \frac{4}{3}x^4 + \cdots \\ \hline -x^4 + \cdots \end{array}}$$

關於範例 5 的真正問題是：我們剛才得到的兩個冪級數是否分別收斂到 $[\ln(1+x)]e^x$ 和 $[\ln(1+x)]/e^x$？我們在下一個定理中回答了這個問題。我們只敘述不證明。

定理 B

令 $f(x) = \Sigma a_n x^n$ 和 $g(x) = \Sigma b_n x^n$，且此二級數至少對 $|x| < r$ 收斂。若將此二級數視為多項式，進行加法、減法和乘法，則產生的級數也會對 $|x| < r$ 收斂且分別寫成 $f(x) + g(x)$，$f(x) - g(x)$，和 $f(x) \cdot g(x)$。若 $b_0 \neq 0$，則除法也成立，但只有在 $|x|$ 足夠小時，我們才能保證它的正確性。

當 $|x|$ 夠小時，將一個冪級數帶入另一個冪級數是正當的，只要帶入的冪級數的常數項是零。接下來是一個例子。

範例 6

寫出 $\tan^{-1} x$ 的冪級數，請寫到 4 次項。

解答：因為

$$e^u = 1 + u + \frac{u^2}{2!} + \frac{u^3}{3!} + \frac{u^4}{4!} + \cdots$$

$$e^{\tan^{-1} x} = 1 + \tan^{-1} x + \frac{(\tan^{-1} x)^2}{2!} + \frac{(\tan^{-1} x)^3}{3!} + \frac{(\tan^{-1} x)^4}{4!} + \cdots$$

將範例 2 中 $\tan^{-1} x$ 的冪級數表示代入上式，且合併同類項

$$e^{\tan^{-1} x} = 1 + \left(x - \frac{x^3}{3} + \cdots\right) + \frac{\left(x - \frac{x^3}{3} + \cdots\right)^2}{2!} + \frac{\left(x - \frac{x^3}{3} + \cdots\right)^3}{3!}$$

$$+ \frac{\left(x - \frac{x^3}{3} + \cdots\right)^4}{4!} + \cdots$$

$$= 1 + \left(x - \frac{x^3}{3} + \cdots\right) + \frac{\left(x^2 - \frac{2}{3}x^4 + \cdots\right)}{2} + \frac{(x^3 + \cdots)}{6}$$

$$+ \frac{(x^4 + \cdots)}{24} + \cdots$$

$$= 1 + x + \frac{x^2}{2} - \frac{x^3}{6} - \frac{7x^4}{24} + \cdots$$

練習題 9.7

1-6 題中，寫出 $f(x)$ 的冪級數表示並說出它的收斂半徑。每一題都與幾何級數有關（範例 1 與範例 2）。

1. $f(x) = \dfrac{1}{1+x}$

2. $f(x) = \dfrac{1}{(1+x)^2}$ （提示：微分習題 1）

3. $f(x) = \dfrac{1}{2-3x} = \dfrac{\frac{1}{2}}{1 - \frac{3}{2}x}$

4. $f(x) = \dfrac{x^2}{1 - x^4}$

5. $f(x) = \int_0^x \ln(1+t)\,dt$

6. $f(x) = \int_0^x \tan^{-1} t\,dt$

7. 寫出 $\ln[(1+x)/(1-x)]$ 之冪級數表示並說出它的收斂半徑。提示：$\ln[(1+x)/(1-x)] = \ln(1+x) - \ln(1-x)$

8-9 題中，利用範例 3 的結果寫出 $f(x)$ 的 x 冪級數表示。

8. $f(x) = e^{-x}$

9. $f(x) = xe^{x^2}$

10-13 題中，利用範例 5 的結果寫出 $f(x)$ 的 x 冪級數表示。

10. $f(x) = e^{-x} \cdot \dfrac{1}{1-x}$

11. $f(x) = e^x \tan^{-1} x$

12. $f(x) = \int_0^x \dfrac{e^t}{1+t}\,dt$

13. $f(x) = \int_0^x \dfrac{\tan^{-1} t}{t}\,dt$

14. 請利用一些熟悉的的結果，找出下列各級數的和。

(a) $x - x^2 + x^3 - x^4 + x^5 - \cdots$

(b) $\dfrac{1}{2!} + \dfrac{x}{3!} + \dfrac{x^2}{4!} + \dfrac{x^3}{5!} + \cdots$

9.8　泰勒與馬克勞林級數

仍然懸而未決的主要問題為：給定一個函數 f（例如 $\sin x$ 或 $\ln(\cos^2 x)$），我們可以用 x，或更一般地用 $x-a$，表示成一個冪級數嗎？更精確地說，我們可以找到實數 $c_0, c_1, c_2, c_3, \ldots$，使得下式對於包含 a 的某個區間內的所有 x 都成立嗎？

$$f(x) = c_0 + c_1(x-a) + c_2(x-a)^2 + c_3(x-a)^3 + \cdots$$

假設這種表示是存在的，則由逐項微分定理（定理 9.7A）可得

$$f'(x) = c_1 + 2c_2(x-a) + 3c_3(x-a)^2 + 4c_4(x-a)^3 + \cdots$$
$$f''(x) = 2!c_2 + 3!c_3(x-a) + 4 \cdot 3c_4(x-a)^2 + \cdots$$
$$f'''(x) = 3!c_3 + 4!c_4(x-a) + 5 \cdot 4 \cdot 3c_5(x-a)^2 + \cdots$$
$$\vdots$$

將 $x = a$ 代入上式並解 c_n，可得

$$c_0 = f(a)$$
$$c_1 = f'(a)$$
$$c_2 = \frac{f''(a)}{2!}$$
$$c_3 = \frac{f'''(a)}{3!}$$

更一般性地，可得

$$c_n = \frac{f^{(n)}(a)}{n!}$$

（當 n = 0 時，我們規定 $f^{(0)}(a)$ 是 $f(a)$，且 0! 是 1。）所以係數 c_n 是由函數 f 決定的。這也說明了一個函數 f 不可能由兩個相異的 $x-a$ 冪級數來表示。

定理 A　唯一性定理（Uniqueness Theorem）

假設 f 滿足
$$f(x) = c_0 + c_1(x-a) + c_2(x-a)^2 + c_3(x-a)^3 + \cdots$$
對於以 a 為中心的一個開區間內的所有 x。則
$$c_n = \frac{f^{(n)}(a)}{n!}$$

因此，一個函數只能用唯一的一個 x-a 冪級數表示。一個函數用 x-a 表式的冪級數稱為它的**泰勒級數**（Taylor series）。若 $a = 0$，則對應的級數稱為**馬克勞林級數**（Maclaurin series）。

泰勒級數的收斂

定理 B　具有餘項的泰勒公式（Taylor's Formula with Remainder）

令函數 f 是一個函數，且對於在一個包含 a 的開區間 I 內的每一個 x，它的 $n+1$ 階導數 $f^{(n+1)}(x)$ 皆存在。則對於 I 內的每個 x，
$$f(x) = f(a) + f'(a)(x-a) + \frac{f''(a)}{2!}(x-a)^2 + \cdots$$
$$+ \frac{f^{(n)}(a)}{n!}(x-a)^n + R_n(x)$$

其中餘項 $R_n(x)$ 具有公式
$$R_n(x) = \frac{f^{(n+1)}(c)}{(n+1)!}(x-a)^{n+1}$$

其中 c 是介於 x 和 a 之間的某一點。

證明　我們針對 $n = 4$ 證明此定理；仿此證明可得 n 為任意值的證明。首先在 I 上定義 $R_4(x)$ 為

$$R_4(x) = f(x) - f(a) - f'(a)(x-a) - \frac{f''(a)}{2!}(x-a)^2$$
$$- \frac{f'''(a)}{3!}(x-a)^3 - \frac{f^{(4)}(a)}{4!}(x-a)^4$$

將 x 和 a 視為常數，且在 I 上定義一個新函數 g

$$g(t) = f(x) - f(t) - f'(t)(x-t) - \frac{f''(t)(x-t)^2}{2!} - \frac{f'''(t)(x-t)^3}{3!}$$
$$- \frac{f^{(4)}(t)(x-t)^4}{4!} - R_4(x)\frac{(x-t)^5}{(x-a)^5}$$

顯然，$g(x) = 0$（記得，x 視為固定的）且

$$g(a) = f(x) - f(a) - f'(a)(x-a) - \frac{f''(a)(x-a)^2}{2!} - \frac{f'''(a)(x-a)^3}{3!}$$
$$- \frac{f^{(4)}(a)(x-a)^4}{4!} - R_4(x)\frac{(x-a)^5}{(x-a)^5}$$
$$= R_4(x) - R_4(x)$$
$$= 0$$

因為 a 與 x 是 I 內的點，且滿足 $g(a)= g(x)=0$，我們可以應用導數均值定理。所以 a 和 x 之間存在一數 c，使得 $g'(c) = 0$。重複使用微分積法則可得 g 的導數

$$g'(t) = 0 - f'(t) - [f'(t)(-1) + (x-t)f''(t)] -$$
$$\frac{1}{2!}[f''(t)2(x-t)(-1) + (x-t)^2 f'''(t)]$$
$$- \frac{1}{3!}[f'''(t)3(x-t)^2(-1) + (x-t)^3 f^{(4)}(t)]$$
$$- \frac{1}{4!}[f^{(4)}(t)4(x-t)^3(-1) + (x-t)^4 f^{(5)}(t)] - R_4(x)\frac{5(x-t)^4(-1)}{(x-a)^5}$$
$$= -\frac{1}{4!}(x-t)^4 f^{(5)}(t) + 5R_4(x)\frac{(x-t)^4}{(x-a)^5}$$

因此，根據微分均值定理，x 和 a 之間存在一數 c，使得

$$0 = g'(c) = -\frac{1}{4!}(x-c)^4 f^{(5)}(c) + 5R_4(x)\frac{(x-c)^4}{(x-a)^5}$$

由此推得

$$\frac{1}{4!}(x-c)^4 f^{(5)}(c) = 5R_4(x)\frac{(x-c)^4}{(x-a)^5}$$
$$R_4(x) = \frac{f^{(5)}(c)}{5!}(x-a)^5$$

■

此定理告訴我們，當我們用一個函數的泰勒級數的有限項來逼近該函數時，會產生的誤差。

下一個定理中，我們終於回答了問題：一個函數 f 是否可用一個 x-a 冪級數表示。

定理 C　泰勒定理（Taylor's Theorem）

令函數 f 在某個開區間 $(a-r, a+r)$ 內的任意階導數皆存在。則它的泰勒級數

$$f(a) + f'(a)(x-a) + \frac{f''(a)}{2!}(x-a)^2 + \frac{f'''(a)}{3!}(x-a)^3 + \cdots$$

在區間 $(a-r, a+r)$ 上可表現函數 f，若且唯若

$$\lim_{n \to \infty} R_n(x) = 0$$

其中 $R_n(x)$ 是泰勒公式中的餘項

$$R_n(x) = \frac{f^{(n+1)}(c)}{(n+1)!}(x-a)^{n+1}$$

且 c 為 $(a-r, a+r)$ 內的某一點。

證明　我們只須記得具有餘項的泰勒公式（定理 B），

$$f(x) = f(a) + f'(a)(x-a) + \cdots + \frac{f^{(n)}(a)}{n!}(x-a)^n + R_n(x)$$

且由此推得結果。　∎

注意，若 $a = 0$，我們有馬克勞林級數

$$f(0) + f'(0)x + \frac{f''(0)}{2!}x^2 + \frac{f'''(0)}{3!}x^3 + \cdots$$

範例 1

寫出 $\sin x$ 的馬克勞林級數，且證明：對於所有 x，它可表示 $\sin x$。

解答：

$$\begin{aligned}
f(x) &= \sin x & f(0) &= 0 \\
f'(x) &= \cos x & f'(0) &= 1 \\
f''(x) &= -\sin x & f''(0) &= 0 \\
f'''(x) &= -\cos x & f'''(0) &= -1 \\
f^{(4)}(x) &= \sin x & f^{(4)}(0) &= 0 \\
&\vdots & &\vdots
\end{aligned}$$

因此，

$$\sin x = x - \frac{x^3}{3!} + \frac{x^5}{5!} - \frac{x^7}{7!} + \cdots$$

對於所有 x 上式皆為真，只要我們證明

$$\lim_{n\to\infty} R_n(x) = \lim_{n\to\infty} \frac{f^{(n+1)}(c)}{(n+1)!} x^{n+1} = 0$$

現在，$|f^{(n+1)}(x)| = |\cos x|$ 或 $|f^{(n+1)}(x)| = |\sin x|$，因此

$$|R_n(x)| \le \frac{|x|^{n+1}}{(n+1)!}$$

對於所有 x，因為 $\sum_{n=0}^{\infty} \frac{x^n}{n!}$ 收斂（9.6 節範例 3），所以 $\lim_{n\to\infty} x^n/n! = 0$。因而 $\lim_{n\to\infty} R_n(x) = 0$。

範例 2

寫出 $\cos x$ 的馬克勞林級數，並證明：對於所有 x，它可以表示 $\cos x$。

解答：我們可以像範例 1 一樣進行計算。但是利用逐項微分定理（定理 9.7A）微分該範例所得的級數是比較簡單的做法

$$\cos x = 1 - \frac{x^2}{2!} + \frac{x^4}{4!} - \frac{x^6}{6!} + \cdots$$

範例 3

以兩種相異的方法寫出 $f(x) = \cosh x$ 的馬克勞林級數，並證明：對於所有 x，它可以表示 $\cosh x$。

解答：

方法 1. 這是直接的方法。

$$\begin{aligned} f(x) &= \cosh x & f(0) &= 1 \\ f'(x) &= \sinh x & f'(0) &= 0 \\ f''(x) &= \cosh x & f''(0) &= 1 \\ f'''(x) &= \sinh x & f'''(0) &= 0 \\ &\vdots & &\vdots \end{aligned}$$

所以，

$$\cosh x = 1 + \frac{x^2}{2!} + \frac{x^4}{4!} + \frac{x^6}{6!} + \cdots$$

只要我們可以證明：對於所有 x，$\lim_{n\to\infty} R_n(x) = 0$。

現在假設 B 為任意正數且 $|x| \le B$。則

$$|\cosh x| = \left| \frac{e^x + e^{-x}}{2} \right| \le \frac{e^x}{2} + \frac{e^{-x}}{2} \le \frac{e^B}{2} + \frac{e^B}{2} = e^B$$

同理可得 $|\sinh x| \leq e^B$。因為 $f^{(n+1)}(x)$ 不是 $\cosh x$ 就是 $\sinh x$，我們結論

$$|R_n(x)| = \left|\frac{f^{(n+1)}(c)x^{n+1}}{(n+1)!}\right| \leq \frac{e^B|x|^{n+1}}{(n+1)!}$$

就像範例 1 中一般，上列的右式在 $n \to \infty$ 時趨近 0。

方法 2. 我們利用事實 $\cosh x = (e^x + e^{-x})/2$。由 9.7 節的範例 3，可得

$$e^x = 1 + x + \frac{x^2}{2!} + \frac{x^3}{3!} + \frac{x^4}{4!} + \cdots$$

$$e^{-x} = 1 - x + \frac{x^2}{2!} - \frac{x^3}{3!} + \frac{x^4}{4!} - \cdots$$

將上列兩式相加再除以 2 可得前面所得的結果。

● **範例 4**

寫出 $\sinh x$ 的馬克勞林級數，並證明：對於所有 x，它可以表示 $\sinh x$。

解答： 應用定理 9.7A，逐項微分 $\cosh x$ 的馬克勞林級數可同時完成兩項工作

$$\sinh x = x + \frac{x^3}{3!} + \frac{x^5}{5!} + \frac{x^7}{7!} + \cdots$$

二項級數（The Binomial Series） 我們先複習二項公式（Binomial Formula）。p 是一個正整數，則我們有

$$(1+x)^p = 1 + \binom{p}{1}x + \binom{p}{2}x^2 + \cdots + \binom{p}{p}x^p$$

其中

$$\binom{p}{k} = \frac{p!}{k!(p-k)!} = \frac{p(p-1)(p-2)\cdots(p-k+1)}{k!}$$

注意，若我們重新定義

$$\binom{p}{k} = \frac{p(p-1)(p-2)\cdots(p-k+1)}{k!}$$

則對於任意實數 p 而言，只要 k 為一個正整數，$\binom{p}{k}$ 就有意義。當然，假如 p 是正整數，則我們的新定義可以簡化成 $p!/[k!(p-k)!]$。

定理 D　二項級數（Binomial Series）

對於任意實數 p，且 $|x| < 1$，

$$(1+x)^p = 1 + \binom{p}{1}x + \binom{p}{2}x^2 + \binom{p}{3}x^3 + \cdots$$

證明　令 $f(x) = (1+x)^p$，則

$$f(x) = (1+x)^p \qquad\qquad f(0) = 1$$
$$f'(x) = p(1+x)^{p-1} \qquad\qquad f'(0) = p$$
$$f''(x) = p(p-1)(1+x)^{p-2} \qquad\qquad f''(0) = p(p-1)$$
$$f'''(x) = p(p-1)(p-2)(1+x)^{p-3} \qquad\qquad f'''(0) = p(p-1)(p-2)$$
$$\vdots \qquad\qquad\qquad\qquad \vdots$$

因此，$(1+x)^p$ 的馬克勞林級數如定理所述。為了證明它表示 $(1+x)^p$，我們需要證明 $\lim_{n \to \infty} R_n(x) = 0$。不幸的是，這是一個困難的工作，我們留給較高階的課程。　∎

範例 5

對於 $-1 < x < 1$，將 $(1-x)^{-2}$ 表示為一個馬克勞林級數。

解答：根據定理 D，

$$(1+x)^{-2} = 1 + (-2)x + \frac{(-2)(-3)}{2!}x^2 + \frac{(-2)(-3)(-4)}{3!}x^3 + \cdots$$
$$= 1 - 2x + 3x^2 - 4x^3 + \cdots$$

所以，

$$(1-x)^{-2} = 1 + 2x + 3x^2 + 4x^3 + \cdots$$

這與我們在 9.7 節範例 1 中使用另一種方法所得的結果一致。

範例 6

將 $\sqrt{1+x}$ 表示為一個馬克勞林級數，並利用它估計 $\sqrt{1.1}$ 到第 5 位小數。

解答：根據定理 D，對於 $|x| < 1$ 我們有

$$(1+x)^{1/2} = 1 + \frac{1}{2}x + \frac{(\frac{1}{2})(-\frac{1}{2})}{2!}x^2 + \frac{(\frac{1}{2})(-\frac{1}{2})(-\frac{3}{2})}{3!}x^3$$
$$+ \frac{(\frac{1}{2})(-\frac{1}{2})(-\frac{3}{2})(-\frac{5}{2})}{4!}x^4 + \cdots$$

$$= 1 + \frac{1}{2}x - \frac{1}{8}x^2 + \frac{1}{16}x^3 - \frac{5}{128}x^4 + \cdots$$

因為 $|0.1| < 1$，我們結論

$$\sqrt{1.1} = (1 + 0.1)^{1/2} = 1 + \frac{0.1}{2} - \frac{0.01}{8} + \frac{0.001}{16} - \frac{5(0.0001)}{128} + \cdots$$
$$\approx 1.04881$$

● 範例 7

計算 $\int_0^{0.4} \sqrt{1 + x^4}$ 到第 5 位小數。

解答：由範例 6，可得

$$\sqrt{1 + x^4} = 1 + \frac{1}{2}x^4 - \frac{1}{8}x^8 + \frac{1}{16}x^{12} - \frac{5}{128}x^{16} + \cdots$$

所以，

$$\int_0^{0.4} \sqrt{1 + x^4}\, dx = \left[x + \frac{x^5}{10} - \frac{x^9}{72} + \frac{x^{13}}{208} + \cdots \right]_0^{0.4} \approx 0.40102$$

∎

摘要 我們以列出重要的馬克勞林級數結束我們對於級數的討論。這些級數不只是在做練習時有幫助，更重要的是在數學與科學中它們很有用。

1. $\dfrac{1}{1-x} = 1 + x + x^2 + x^3 + x^4 + \cdots$ $\qquad -1 < x < 1$

2. $\ln(1 + x) = x - \dfrac{x^2}{2} + \dfrac{x^3}{3} - \dfrac{x^4}{4} + \dfrac{x^5}{5} - \cdots$ $\qquad -1 < x \leq 1$

3. $\tan^{-1} x = x - \dfrac{x^3}{3} + \dfrac{x^5}{5} - \dfrac{x^7}{7} + \dfrac{x^9}{9} + \cdots$ $\qquad -1 \leq x \leq 1$

4. $e^x = 1 + x + \dfrac{x^2}{2!} + \dfrac{x^3}{3!} + \dfrac{x^4}{4!} + \cdots$

5. $\sin x = x - \dfrac{x^3}{3!} + \dfrac{x^5}{5!} - \dfrac{x^7}{7!} + \dfrac{x^9}{9!} - \cdots$

6. $\cos x = 1 - \dfrac{x^2}{2!} + \dfrac{x^4}{4!} - \dfrac{x^6}{6!} + \dfrac{x^8}{8!} - \cdots$

7. $\sinh x = x + \dfrac{x^3}{3!} + \dfrac{x^5}{5!} + \dfrac{x^7}{7!} + \dfrac{x^9}{9!} + \cdots$

8. $\cosh x = 1 + \dfrac{x^2}{2!} + \dfrac{x^4}{4!} + \dfrac{x^6}{6!} + \dfrac{x^8}{8!} + \cdots$

9. $(1 + x)^p = 1 + \binom{p}{1}x + \binom{p}{2}x^2 + \binom{p}{3}x^3 + \binom{p}{4}x^4 + \cdots$ $\qquad -1 < x < 1$

練習題 9.8

1-4 題中，寫出 $f(x)$ 的馬克勞林級數到 x^5 項。提示：可利用已知的馬克勞林級數，然後實施乘法、除法等。例如 $\tan x = (\sin x)/(\cos x)$。

1. $f(x) = e^x \sin x$
2. $f(x) = e^{-x} \cos x$
3. $f(x) = e^x + x + \sin x$
4. $f(x) = \dfrac{\cos x - 1 + x^2/2}{x^4}$

5-10 題中，寫出用 $(x-a)$ 表示的泰勒級數到 $(x-a)^3$ 項。

5. $e^x, a = 1$
6. $\sin x, a = \dfrac{\pi}{6}$
7. $\cos x, a = \dfrac{\pi}{3}$
8. $\tan x, a = \dfrac{\pi}{4}$
9. $1 + x^2 + x^3, a = 1$
10. $2 - x + 3x^2 - x^3, a = -1$

11. 計算 $\displaystyle\int_0^1 \cos(x^2)\,dx$，準確到第 4 位小數。

12. 利用已知的級數寫出 $f(x)$ 的馬克勞林級數，並用來計算 $f^{(4)}(0)$。

   (a) $f(x) = e^{x+x^2}$
   (b) $f(x) = e^{\sin x}$
   (c) $f(x) = \displaystyle\int_0^x \dfrac{e^{t^2} - 1}{t^2}\,dt$

9.9　一個函數的泰勒近似

我們在前一節介紹的泰勒級數與馬克勞林級數無法直接用來近似函數 e^x 或是 $\tan x$。但是，在有限項之後截斷泰勒級數或是馬克勞林級數，可產生一個多項式，我們可以用此多項式逼近一個函數。這樣的多項式稱為泰勒多項式或是馬克勞林多項式。

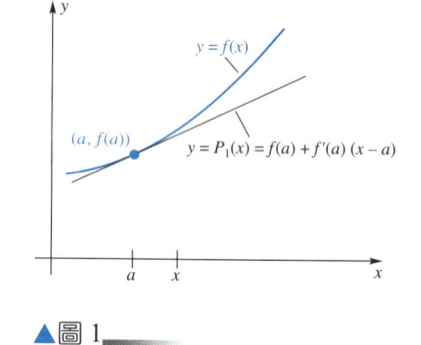

一階泰勒多項式　在 2.9 節中，我們強調函數 f 在點 a 的附近可以用過點 $(a, f(a))$ 的切線來逼近（見圖 1）。我們稱這一條線為 f 在 a 附近的線性近似，且發現它是

$$P_1(x) = f(a) + f'(a)(x - a)$$

▲圖 1

在 9.8 節研究過泰勒級數後，你應該認出 $P_1(x)$ 就是 f 在 a 展開的泰勒級數的前兩項，也就是 0 次方和 1 次方項。因此，我們稱 P_1 是以 a 為底的 1 階泰勒多項式（Taylor polynomial of order 1 based at a）。如圖 1 所示，我們只期望 $P_1(x)$ 在 $x = a$ 的附近是 $f(x)$ 的良好近似。

無窮級數 Chapter 9   433

● 範例 1

求函數 $f(x) = \ln x$ 以 $a = 1$ 為底的 $P_1(x)$，並利用它估計 $\ln 0.9$ 和 $\ln 1.5$。

解答： 因為 $f(x) = \ln x$，$f'(x) = 1/x$；所以，$f(1) = 0$ 且 $f'(1) = 1$。因此，

$$P_1(x) = 0 + 1(x - 1) = x - 1$$

因此，對於接近 1 的 x（圖 2），可得

$$\ln x \approx x - 1$$

所以

$$\ln 0.9 \approx 0.9 - 1 = -0.1$$
$$\ln 1.5 \approx 1.5 - 1 = 0.5$$

準確到第四位小數，$\ln 0.9$ 與 $\ln 1.5$ 的值分別是 -0.1054 與 0.4055。如我們期望的，$\ln 0.9$ 的估計比 $\ln 1.5$ 的估計好得多，因為 0.9 比 1.5 靠近 1。

▲ 圖 2

n 階泰勒多項式　當 x 接近 a 時，線性近似 $P_1(x)$ 的逼近效果很好，當 x 不接近 a 時，$P_1(x)$ 的逼近效果就不理想。如你所期望的，取泰勒級數較高次項的加總通常可以得到一個較佳的近似。所以，由 f 的泰勒級數的前 3 項組成的二次多項式

$$P_2(x) = f(a) + f'(a)(x - a) + \frac{f''(a)}{2}(x - a)^2$$

將對 f 提供一個比線性近似 $P_1(x)$ 更佳的近似。以 a 為底的 n 階泰勒多項式（Taylor polynomial of order n based at a）為

$$P_n(x) = f(a) + f'(a)(x - a) + \frac{f''(a)}{2!}(x - a)^2 + \cdots + \frac{f^{(n)}(a)}{n!}(x - a)^n$$

● 範例 2

寫出 $f(x) = \ln x$ 以 $a = 1$ 為底的 $P_2(x)$，並利用它估計 $\ln 0.9$ 和 $\ln 1.5$。

解答： $f(x) = \ln x$，$f'(x) = 1/x$，$f''(x) = -1/x^2$，所以 $f(1) = 0$，$f'(1) = 1$，且 $f''(1) = -1$。因此

$$P_2(x) = 0 + 1(x - 1) - \frac{1}{2}(x - 1)^2$$

對於接近 1 的 x，可得

$$\ln x \approx (x - 1) - \frac{1}{2}(x - 1)^2$$

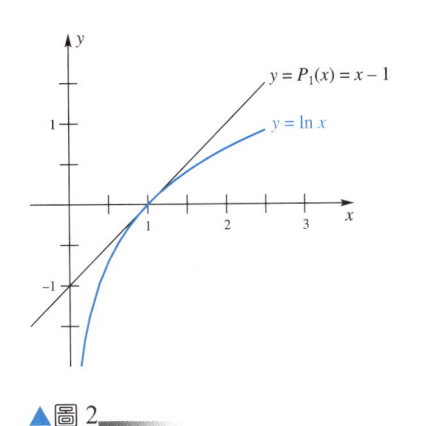

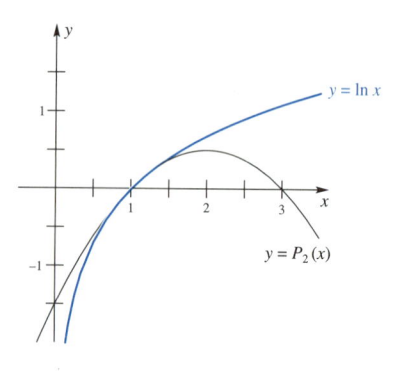

所以

$$\ln 0.9 \approx (0.9 - 1) - \frac{1}{2}(0.9 - 1)^2 = -0.1050$$

$$\ln 1.5 \approx (1.5 - 1) - \frac{1}{2}(1.5 - 1)^2 = 0.3750$$

如我們所預期的，這裡得到的近似值比用線性近似 $P_1(x)$ 所得到的近似值（圖 1）要好。圖 3 顯示了 $y = \ln x$ 及二次近似 $P_2(x)$ 的圖形。

▲圖 3

馬克勞林多項式 當 $a = 0$ 時，n 階泰勒多項式簡化為 **n 階馬克勞林多項式（Maclaurin polynomial of order n）**，它提供了在 $x = 0$ 附近一個特別有用的近似：

$$f(x) \approx P_n(x) = f(0) + f'(0)x + \frac{f''(0)}{2!}x^2 + \cdots + \frac{f^{(n)}(0)}{n!}x^n$$

● 範例 1

寫出 e^x 和 $\cos x$ 的 n 階馬克勞林多項式，然後使用 $n = 4$ 估計 $e^{0.2}$ 和 $\cos(0.2)$ 。

解答：需要的導數如下表所示。

n			在 $x = 0$		在 $x = 0$
0	$f(x)$	e^x	1	$\cos x$	1
1	$f'(x)$	e^x	1	$-\sin x$	0
2	$f''(x)$	e^x	1	$\cos x$	-1
3	$f^{(3)}(x)$	e^x	1	$\sin x$	0
4	$f^{(4)}(x)$	e^x	1	$\cos x$	1
5	$f^{(5)}(x)$	e^x	1	$-\sin x$	0
⋮	⋮	⋮	⋮	⋮	⋮

由此可得

$$e^x \approx 1 + x + \frac{1}{2!}x^2 + \frac{1}{3!}x^3 + \frac{1}{4!}x^4 + \cdots + \frac{1}{n!}x^n$$

$$\cos x \approx 1 - \frac{1}{2!}x^2 + \frac{1}{4!}x^4 - \cdots + (-1)^{n/2}\frac{1}{n!}x^n \quad (n \text{ 為偶數})$$

所以，使用 $n = 4$ 且 $x = 0.2$，我們有

$$e^{0.2} \approx 1 + 0.2 + \frac{(0.2)^2}{2} + \frac{(0.2)^3}{6} + \frac{(0.2)^4}{24} = 1.2214000$$

$$\cos(0.2) \approx 1 - \frac{(0.2)^2}{2} + \frac{(0.2)^4}{24} = 0.9800667$$

將這些結果和正確值（7 位小數）1.2214028 及 0.9800666 做比較。

為了將馬克勞林多項式如何近似 cos x 視覺化，我們在圖 4 描繪了 $P_1(x)$ 至 $P_5(x)$、$P_8(x)$、以及 cos x 的圖形。

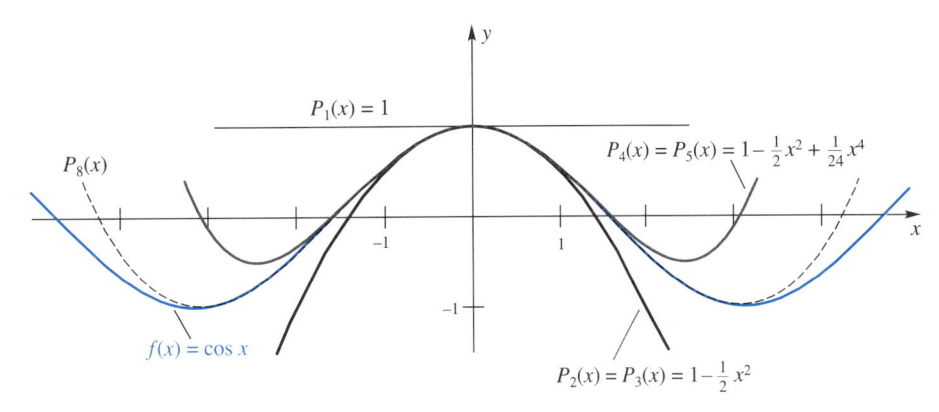

$f(x) = \cos x$ 的馬克勞林近似

▲圖 4

在範例 3 中，我們使用 4 階馬克勞林多項式來估計 cos(0.2) 如下：

$$\cos(0.2) \overset{第一個誤差}{\approx} 1 - \frac{1}{2!}(0.2)^2 + \frac{1}{4!}(0.2)^4 \overset{第二個誤差}{\approx} 0.9800667$$

此範例解釋了在估計過程中所產生的兩種誤差。首先，有**方法誤差**（error of the method）。於這個例子中，我們用 4 階多項式而不是用級數的和來估計 cos x。其次，有**計算誤差**（error of calculation）。這包含由於四捨五入所引起之誤差，就像在最後一項中我們用 0.9800667 代替無窮小數 0.9800666 所引起的誤差。

方法所產生的誤差　在 9.8 節裡，我們針對利用泰勒多項式估計函數所產生的誤差提出一個公式。具有餘項的泰勒公式為

$$f(x) = f(a) + f'(a)(x-a) + \frac{f''(a)}{2!}(x-a)^2 + \cdots$$
$$+ \frac{f^{(n)}(a)}{n!}(x-a)^n + R_n(x)$$
$$= P_n(x) + R_n(x)$$

其中的誤差項，或餘項，描述如下

$$R_n(x) = \frac{f^{(n+1)}(c)}{(n+1)!}(x-a)^{n+1}$$

其中 c 是介於 a 和 x 之間的某一個實數。當 $a = 0$ 時，泰勒公式稱為**馬克勞林公式（Maclaurin's Formula）**。

我們不知道 c 是什麼，只知道它是介在 a 和 x 之間的某一個實數。在許多的問題中，我們需要用 c 的已知界限設定餘項的界限。請看下一個範例。

範例 4

估計 $e^{0.8}$ 使得誤差小於 0.001。

解答：針對 $f(x) = e^x$，馬克勞林公式的餘項為

$$R_n(x) = \frac{f^{(n+1)}(c)}{(n+1)!} x^{n+1} = \frac{e^c}{(n+1)!} x^{n+1}$$

所以

$$R_n(0.8) = \frac{e^c}{(n+1)!} (0.8)^{n+1}$$

其中 $0 < c < 0.8$。我們的目標是選定夠大的 n 使得 $|R_n(0.8)| < 0.001$。現在，$e^c < e^{0.8} < 3$ 且 $(0.8)^{n+1} < (1)^{n+1}$，所以

$$|R_n(0.8)| < \frac{3(1)^{n+1}}{(n+1)!} = \frac{3}{(n+1)!}$$

可輕易驗證：當 $n \geq 6$ 時，$3/(n+1)! < 0.001$。因此使用 6 階馬克勞林多項式可以達到所要求的準確度：

$$e^{0.8} \approx 1 + (0.8) + \frac{(0.8)^2}{2!} + \frac{(0.8)^3}{3!} + \frac{(0.8)^4}{4!} + \frac{(0.8)^5}{5!} + \frac{(0.8)^6}{6!}$$

我們的計算機算出和為 0.2254948。

限制 $|R_n|$ 的有用工具 找出 R_n 的準確值幾乎是不可能的，因為我們只知道 c 在一個特定的區間中，不知道 c 的值。我們的工作是對於在給定區間中的 c 找出 $|R_n|$ 的最大可能值。這是一個困難的工作，因此只要我們能找出 $|R_n|$ 的一個良好上界就可以了。主要的工具有三角不等式、$|a \pm b| \leq |a| + |b|$、以及讓一個分數的分子變大或分母變小。

範例 5

已知 c 在 $[2, 4]$ 內，請找出

$$\left| \frac{c^2 - \sin c}{c} \right|$$

的最大值的一個良好上界。

解答：

$$\left|\frac{c^2 - \sin c}{c}\right| = \frac{|c^2 - \sin c|}{|c|} \leq \frac{|c^2| + |\sin c|}{|c|} \leq \frac{4^2 + 1}{2} = 8.5$$

另一個較佳的上界可如下推得：

$$\left|\frac{c^2 - \sin c}{c}\right| = \left|c - \frac{\sin c}{c}\right| \leq |c| + \left|\frac{\sin c}{c}\right| \leq 4 + \frac{1}{2} = 4.5$$

範例 6

利用一個 2 階泰勒多項式估計 $\cos 62°$，然後找出估計所產生的誤差的一個上界。

解答： 因 $62°$ 接近 $60°$，我們使用弧度制及以 $a = \pi/3$ 為底的泰勒多項式。

$$f(x) = \cos x \qquad f\left(\frac{\pi}{3}\right) = \frac{1}{2}$$

$$f'(x) = -\sin x \qquad f'\left(\frac{\pi}{3}\right) = -\frac{\sqrt{3}}{2}$$

$$f''(x) = -\cos x \qquad f''\left(\frac{\pi}{3}\right) = -\frac{1}{2}$$

$$f'''(x) = \sin x \qquad f'''(c) = \sin c$$

現在

$$62° = \frac{\pi}{3} + \frac{\pi}{90} \text{ 弧度}$$

所以，

$$\cos x = \frac{1}{2} - \frac{\sqrt{3}}{2}\left(x - \frac{\pi}{3}\right) - \frac{1}{4}\left(x - \frac{\pi}{3}\right)^2 + R_2(x)$$

且

$$\cos\left(\frac{\pi}{3} + \frac{\pi}{90}\right) = \frac{1}{2} - \frac{\sqrt{3}}{2}\left(\frac{\pi}{90}\right) - \frac{1}{4}\left(\frac{\pi}{90}\right)^2 + R_2\left(\frac{\pi}{3} + \frac{\pi}{90}\right)$$

$$\approx 0.4694654 + R_2$$

又

$$|R_2| = \left|\frac{\sin c}{3!}\left(\frac{\pi}{90}\right)^3\right| < \frac{1}{6}\left(\frac{\pi}{90}\right)^3 \approx 0.0000071$$

我們結論 $\cos 62° = 0.4694654$，且誤差小於 0.0000071。

練習題 9.9

1-4 題中，求 $f(x)$ 的 4 階馬克勞林多項式並利用它估計 $f(0.12)$。

1. $f(x) = e^{2x}$
2. $f(x) = \sin 2x$
3. $f(x) = \ln(1+x)$
4. $f(x) = \sinh x$

5-7 題中，求給定函數以 a 為底的 3 階泰勒多項式。

5. $e^x; a = 1$
6. $\sin x; a = \dfrac{\pi}{4}$
7. $\tan x; a = \dfrac{\pi}{6}$

8. 寫出 $f(x) = x^3 - 2x^2 + 3x + 5$ 以 1 為底的 3 階泰勒多項式，並證明它確實可以表示 $f(x)$。

9. 寫出 $f(x) = x^4$ 以 2 為底的 4 階泰勒多項式，並證明它確實可以表示 $f(x)$。

10-13 題中，在同一個坐標平面上畫出給定函數及它的 1,2,3,4 階馬克勞林多項式的圖形。

10. $\cos 2x$
11. $\sin x$
12. e^{-x^2}
13. $\dfrac{1}{1+x^2}$

14-15 題中，找出給定的表示式的最大誤差的一個良好上界，c 在給定的區間中。你的答案會因為使用的技巧不同而有異。（範例 5）

14. $\left| e^{2c} + e^{-2c} \right|; [0, 3]$
15. $\left| \dfrac{4c}{\sin c} \right|; [\dfrac{\pi}{4}, \dfrac{\pi}{2}]$

16-17 題中，求以 a 為底的 6 階泰勒多項式的餘項 $R_6(x)$ 的公式。然後找出 $|R_6(0.5)|$ 的一個良好上界。（範例 4 與 6）

16. $e^{-x}; a = 1$
17. $\sin x; a = \dfrac{\pi}{4}$

Chapter 10 圓錐曲線與極坐標

本章概要

- 10.1 拋物線
- 10.2 橢圓與雙曲線
- 10.3 坐標軸的平移與旋轉
- 10.4 平面曲線的參數表示
- 10.5 極坐標系
- 10.6 極方程式的圖形
- 10.7 微積分在極坐標系

10.1 拋物線

取一個具有兩部分的直立圓錐，用平面從各個不同的角度切過此圓錐體，如圖 1 所示，你可以截出來的曲線有：一個橢圓、一個拋物線、和一個雙曲線（你也可能得到其他其他曲線：一個圓、一點、相交兩直線及一直線）。這些曲線統稱為圓錐截痕（*conic sections* 或是 conics）。這種定義源自古希臘，我們將馬上採用另一種定義。可以證明這兩種概念是一致的。

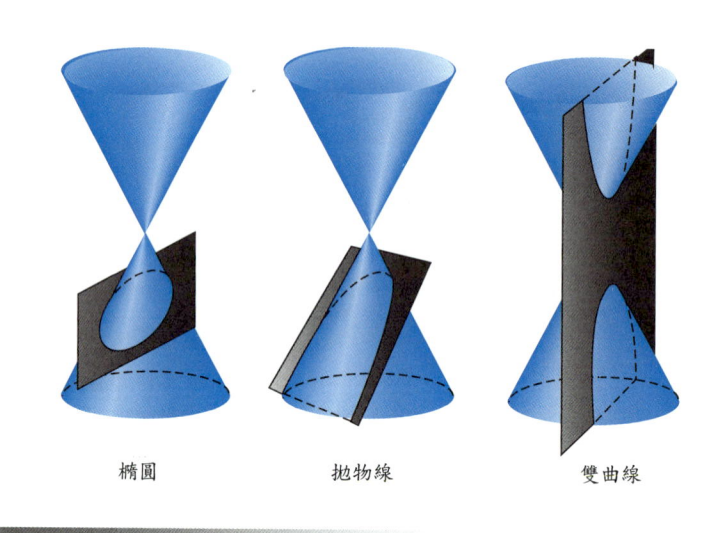

橢圓　　　　拋物線　　　　雙曲線

▲ 圖 1

在平面上，令 ℓ 為一條固定的直線（**準線** directrix）且 F 為不在該直線上的一個固定點（**焦點** focus），見圖 2。令 e 是一個固定的正數（**離心率** eccentricity），點 P 是平面上的點，且 P 到 F 的距離與 P 到 ℓ 的距離之比等於 e；也就是

$$|PF| = e|PL|$$

，所有這樣的 P 點所成的集合稱為一個**圓錐曲線**（conic）。若 $0 < e < 1$，此圓錐曲線為一個**橢圓**（ellipse）；若 $e = 1$，它是一個**拋物線**（parabola）；若 $e > 1$，它是一個**雙曲線**（hyperbola）。

圖 3 中的三條曲線是我們針對 $e = \frac{1}{2}$、$e = 1$ 和 $e = 2$ 所描繪的曲線。

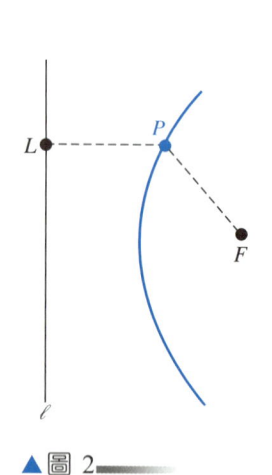

▲ 圖 2

橢圓 $(e=\frac{1}{2})$　　　　　拋物線 $(e=1)$　　　　　雙曲線 $(e=2)$

▲圖 3

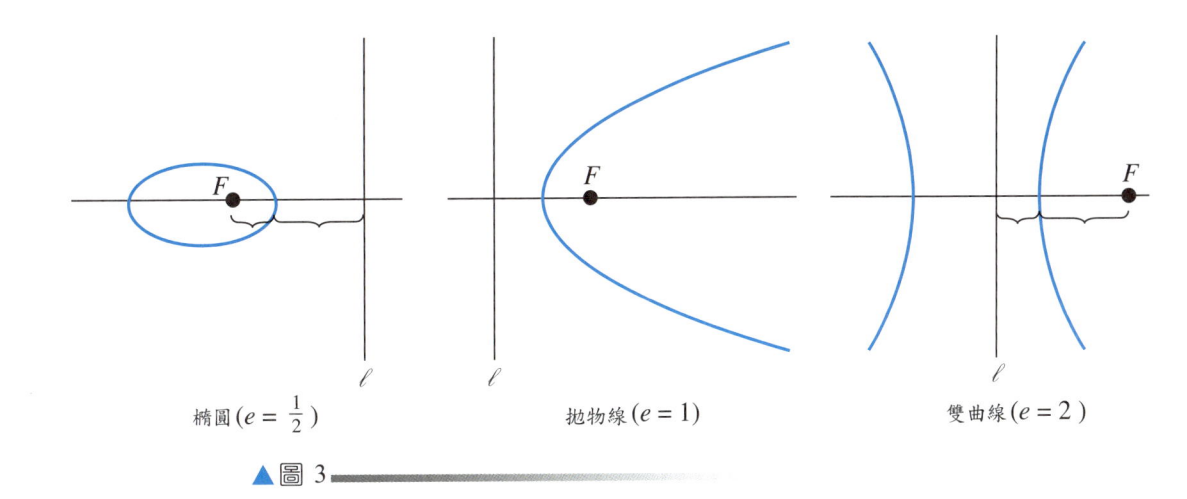

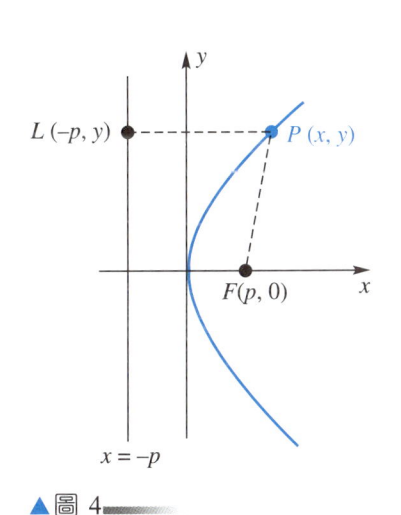

在每一個情況中，圓錐曲線皆對稱於通過焦點且垂直於準線的直線。我們稱這一條直線為圓錐曲線的**長軸（major axis）**（或簡稱為軸 axis）。長軸與圓錐曲線的交點稱為**頂點（vertex）**。拋物線有一個頂點，而橢圓與雙曲線皆有兩個頂點。

拋物線（$e=1$）　一個**拋物線（parabola）**就是到準線和到焦點等距離的所有點 P，也就是滿足下列等式的所有點 P 所成的集合（見圖 4）。

$$|PF| = |PL|$$

▲圖 4

我們希望根據此定義導出拋物線的 xy-方程式，而且我們希望方程式越簡單愈好。坐標軸的位置不會對曲線造成影響，但是會影響方程式的複雜程度。因為拋物線對稱於它的軸，自然地我們將軸放在 x 軸上，並令焦點 F 在原點的右邊，比方說 $(p,0)$，準線在原點的左邊且方程式為 $x=-p$，這樣的話，頂點就是原點了，見圖 4。

根據條件 $|PF|=|PL|$ 與距離公式，我們得到

$$\sqrt{(x-p)^2+(y-0)^2} = \sqrt{(x+p)^2+(y-y)^2}$$

兩邊平方並化簡後可得

$$y^2 = 4px$$

這稱為開口向右的水平拋物線的**標準式（standard equation）**。注意 $p>0$ 且 p 等於焦點到頂點的距離。

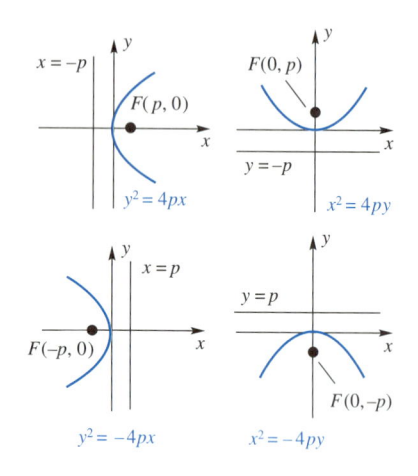

▲ 圖 5

範例 1

求方程式為 $y^2 = 12x$ 之拋物線的焦點和準線。

解答：因為 $y^2 = 4(3)x$，我們看出 $p = 3$。所以焦點在 $(3, 0)$；準線為直線 $x = -3$。

標準式有三種變形。如果我們交換 x 和 y，可得到方程式 $x^2 = 4py$。它是一個焦點在 $(0, p)$ 且準線為 $x = -p$ 之垂直拋物線的方程式。在方程式的一邊加一個負號，將使拋物線的開口轉向相反方向。所有的四種情況顯示於圖 5 中。

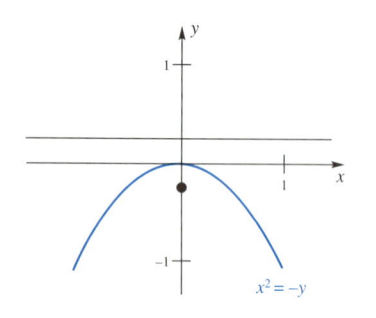

範例 2

決定拋物線 $x^2 = -y$ 的焦點與準線並繪圖。

解答：將方程式記為 $x^2 = -4\left(\frac{1}{4}\right)y$，由此可看出 $p = \frac{1}{4}$。根據方程式的形式可得：拋物線是鉛直的且開口向下；焦點是 $\left(0, -\frac{1}{4}\right)$；準線是水平線 $y = \frac{1}{4}$。圖形如圖 6 所示。

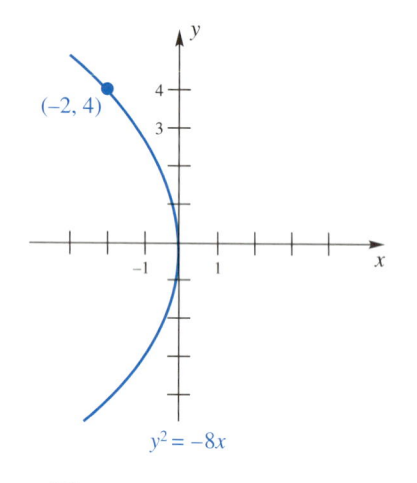

▲ 圖 6

範例 3

求頂點在原點且焦點在 $(0, 5)$ 的拋物線方程式。

解答：此拋物線開口向上且 $p = 5$。
方程式為 $x^2 = 2(5)y$，也就是 $x^2 = 20y$。

範例 4

一個開口向左的拋物線，頂點在原點且通過點 $(-2, 4)$，求此拋物線的方程式並繪出它的圖形。

解答：方程式為 $y^2 = -4px$。因為 $(-2, 4)$ 在圖形上，所以 $(4)^2 = -4p(-2)$，可得 $p = 2$。所求方程式為 $y^2 = -8x$。它的圖形見圖 7。

▲ 圖 7

■ 練習題 10.1

1-4 題中，求每個一拋物線的焦點坐標與準線方程式，並畫出拋物線及它的焦點和準線。

1. $y^2 = 4x$
2. $y^2 = -12x$
3. $x^2 = -12y$
4. $x^2 = -16y$

5-8 題中，請根據給定的條件求出拋物線的標準式。假設頂點在原點。

5. 焦點在 $(2, 0)$
6. 準線為 $x = 3$
7. 準線為 $y - 2 = 0$
8. 焦點為 $(-4, 0)$

9. 一個過點 $(-2, 4)$ 的拋物線，它的頂點是原點且它的軸是 x 軸，則方程式為何？請畫出它的圖形。

10. 一個過點 $(-3, 5)$ 的拋物線，它的頂點是原點且它的軸是 y 軸，則方程式為何？請畫出它的圖形。

11-12 題中，求給定的拋物線在指定點的切線與法線方程式，並畫出拋物線、切線與法線。

11. $y^2 = 16x, (1, -4)$ 12. $x^2 = 4y, (4, 4)$

10.2 橢圓與雙曲線

記得由條件 $|PF| = e|PL|$ 所決定的圓錐曲線是一個**橢圓（ellipse）**若 $0 < e < 1$，是一個**雙曲線（hyperbola）**若 $e > 1$（見 10.1 中的介紹）。在這兩種情況中，圓錐曲線有兩個頂點，我們記為 A' 和 A。長軸上介於 A' 和 A 中間的點稱為圓錐曲線的**中心（center）**。橢圓和雙曲線皆對稱於它們的中心，因此叫做**中央圓錐曲線（central conics）**。

為了推導中央圓錐曲線的方程式，將 x 軸沿著長軸放並將原點放在中心。我們可以假設焦點為 $F(c, 0)$，準線為 $x = k$，且頂點為 $A'(-a, 0)$ 和 $A(a, 0)$，而 c、k 和 a 皆是正數。顯然，A 一定介於 F 和直線 $x = k$ 之間。兩種可能的安排如圖 1 所示。在第一種情況中，對點 $P = A$ 應用 $|PF| = e|PL|$，可得

$$(1) \qquad a - c = e(k - a) = ek - ea$$

在第二種情況中，對點 $P = A$ 應用 $|PF| = e|PL|$，可得

$$c - a = e(a - k) = ea - ek$$

這不過是在兩邊同成 -1，與(1)式是一樣的。接下來，對點 $A'(-a, 0)$ 與 $F'(-c, 0)$ 及直線 $x = -k$ 應用 $|PF| = e|PL|$，可得

$$(2) \qquad a + c = e(k + a) = ek + ea$$

在 (1) 式與 (2) 式中解 c 與 k，可得

$$c = ea \text{ 與 } k = \frac{a}{e}$$

若 $0 < e < 1$，則 $c = ea < a$ 且 $k = a/e > a$。對一個橢圓來說，焦點 F 位於頂點 A 的左邊，而準線 $x = k$ 位於 A 的右邊。若 $e > 1$，則 $c = ea > a$

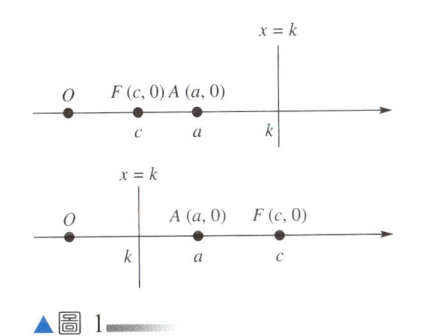

▲圖 1

且 $k = a/e < a$。對一個雙曲線而言，準線 $x = k$ 位於 A 的左邊，而焦點 F 位於 A 的右邊。見圖 2 和圖 3。

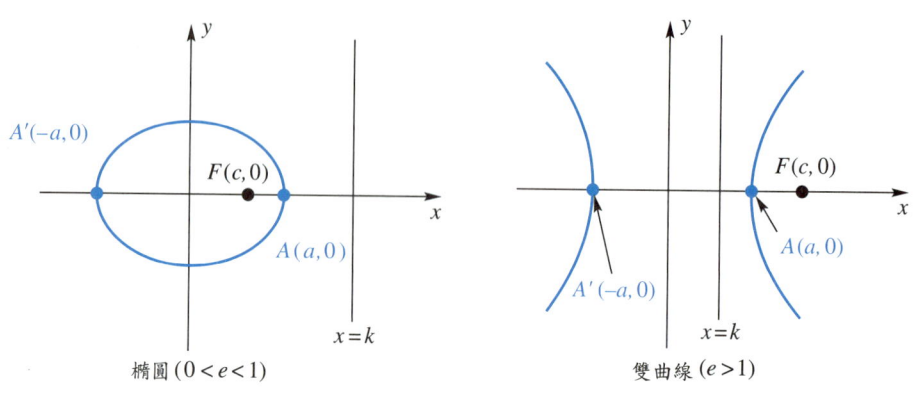

橢圓 $(0 < e < 1)$

▲ 圖 2

雙曲線 $(e > 1)$

▲ 圖 3

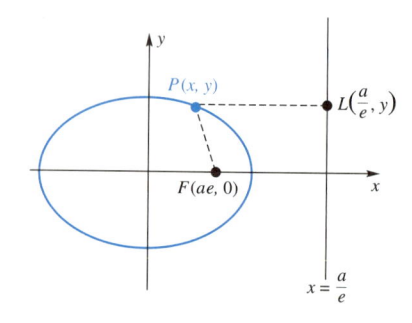

▲ 圖 4

現在令 $P(x, y)$ 是橢圓（或雙曲線）上的任一點。則 $L(a/e, y)$ 是它在準線上的投影（圖 4 是橢圓的情形）。條件 $|PF| = e|PL|$ 變成

$$\sqrt{(x - ae)^2 + y^2} = e\sqrt{\left(x - \frac{a}{e}\right)^2}$$

兩邊平方並整理後，可得

$$x^2 - 2aex + a^2e^2 + y^2 = e^2\left(x^2 - \frac{2a}{e}x + \frac{a^2}{e^2}\right)$$

也就是

$$(1 - e^2)x^2 + y^2 = a^2(1 - e^2)$$

或是

$$\frac{x^2}{a^2} + \frac{y^2}{a^2(1 - e^2)} = 1$$

因為上式只含 x 和 y 的偶數冪項，因此它的圖形是一條對稱於 x 軸、y 軸，和原點的曲線。而且因為具有此對稱性，所以一定存在有第二個焦點 $(-ae, 0)$ 及第二條準線 $x = -a/e$。包含兩個頂點（及兩個焦點）的軸稱為 長軸（major axis），通過中心並與長軸垂直的軸稱為 短軸（minor axis）。

圓錐曲線與極坐標 **Chapter 10** 445

橢圓的標準式 針對橢圓，我們有 $0 < e < 1$，所以 $(1 - e^2)$ 是正數。為了簡化符號，令 $b = a\sqrt{1 - e^2}$。則前面所推得的方程式變成

$$\frac{x^2}{a^2} + \frac{y^2}{b^2} = 1$$

稱此為**橢圓的標準式**（standard equation of an ellipse）。因為 $c = ae$，數目 a、b 和 c 滿足畢達哥拉斯恆等式 $a^2 = b^2 + c^2$。所以在圖 5 中，陰影直角三角形滿足 $a^2 = b^2 + c^2$。因此，$2a$ 是**長軸長**（major diameter），而 $2b$ 是**短軸長**（minor diameter）。

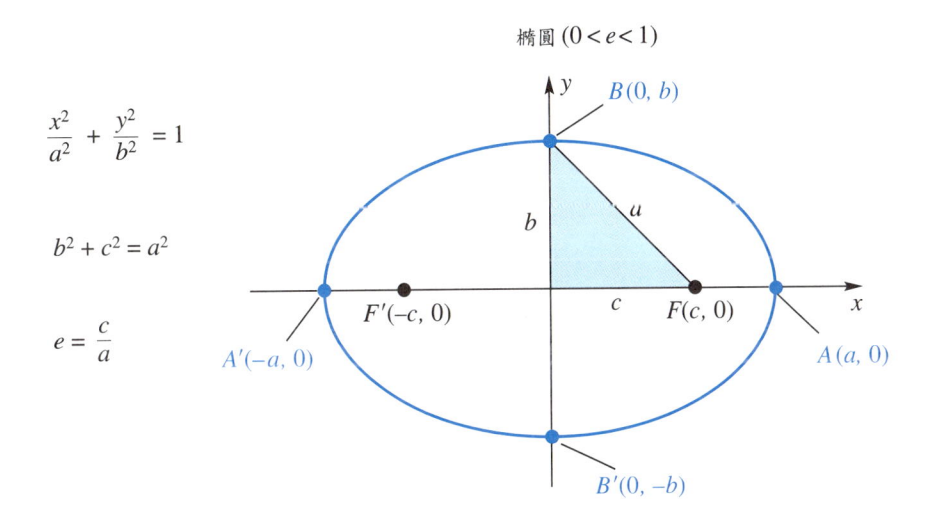

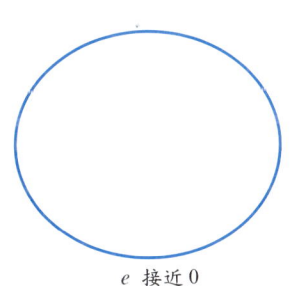

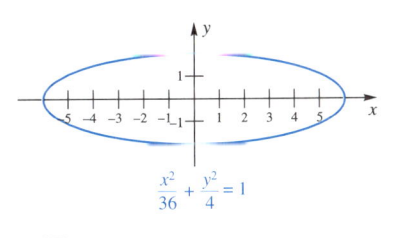

橢圓 $(0 < e < 1)$

$\dfrac{x^2}{a^2} + \dfrac{y^2}{b^2} = 1$

$b^2 + c^2 = a^2$

$e = \dfrac{c}{a}$

▲圖 5

現在考慮改變 e 值所產生的影響。若 e 接近 1，則 $b = a\sqrt{1 - e^2}$ 比 a 小很多；橢圓變薄且相當離心（eccentric）。若 e 接近 0，則 b 和 a 幾乎一樣大；橢圓變胖且相當圓（圖 6）。當 $b = a$ 時，方程式變成

$$\frac{x^2}{a^2} + \frac{y^2}{a^2} = 1$$

也就是 $x^2 + y^2 = a^2$。這是半徑為 a 且圓心在原點的圓方程式。

e 接近 1

e 接近 0

▲圖 6

$\dfrac{x^2}{36} + \dfrac{y^2}{4} = 1$

▲圖 7

● **範例 1**

描繪 $\dfrac{x^2}{36} + \dfrac{y^2}{4} = 1$ 的圖形，並決定它的焦點及離心率。

解答：因為 $a = b$ 且 $b = 2$，可得

$$c = \sqrt{a^2 - b^2} = \sqrt{36 - 4} = 4\sqrt{2} \approx 5.66$$

焦點為 $(\pm c, 0) = (\pm 4\sqrt{2}, 0)$，且 $e = c/a \approx 0.94$。圖形描繪於圖 7 中。

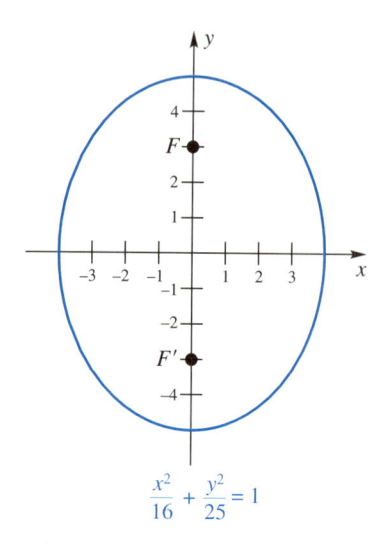

我們把到目前為止所描繪的橢圓稱為水平橢圓（*horizontal ellipse*）因為它的長軸為 x 軸。若我們交換 x 和 y 的角色，我們有鉛直橢圓（*vertical ellipse*）的方程式：

$$\frac{y^2}{a^2} + \frac{x^2}{b^2} = 1 \quad \text{或是} \quad \frac{x^2}{b^2} + \frac{y^2}{a^2} = 1$$

範例 2

描繪 $\dfrac{x^2}{16} + \dfrac{y^2}{25} = 1$ 的圖形，並決定它的焦點和離心率。

解答：較大的平方在 y^2 之下，這告訴我們長軸是鉛直的。注意 $a = 5$ 且 $b = 4$，所以 $c = \sqrt{25 - 16} = 3$。因此焦點在 $(0, \pm 3)$ 且 $e = c/a = \dfrac{3}{5} = 0.6$（圖 8）。

▲ 圖 8　$\dfrac{x^2}{16} + \dfrac{y^2}{25} = 1$

雙曲線的標準式　針對雙曲線，我們有 $e > 1$，所以 $e^2 - 1$ 是正數。若令 $b = a\sqrt{e^2 - 1}$，則先前所推得的方程式 $x^2/a^2 + y^2/(1 - e^2)a^2 = 1$ 變成

$$\frac{x^2}{a^2} - \frac{y^2}{b^2} = 1$$

上式稱為一個**雙曲線的標準式**（standard equation of a hyperbola）。因為 $c = ae$，可得 $c^2 = a^2 + b^2$。

為了解釋 b 的幾何意義，首先我們用 x 表示 y，可得

$$y = \pm \frac{b}{a}\sqrt{x^2 - a^2}$$

當 x 很大時，$\sqrt{x^2 - a^2}$ 就像是 x，因此 y 就像是 $y = \dfrac{b}{a}x$ 與 $y = -\dfrac{b}{a}x$。更具體的說：這兩條直線是此雙曲線的漸近線。

雙曲線重要的性質摘要於圖 9 中。就像橢圓一般，有一個以 a 和 b 為兩足的直角三角形（圖中陰影部分）。這個**基本三角形**（fundamental triangle）決定了以原點為中心且邊長 $2a$ 和 $2b$ 的矩形。而此矩形之對角線的延長線就是雙曲線的漸近線。

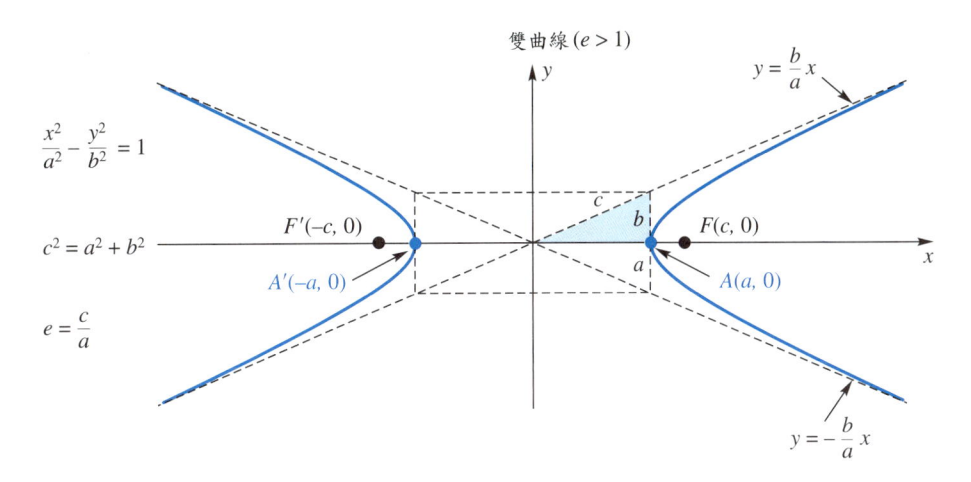

圓錐曲線與極坐標　Chapter 10

雙曲線 $(e>1)$

$\dfrac{x^2}{a^2}-\dfrac{y^2}{b^2}=1$

$c^2=a^2+b^2$

$e=\dfrac{c}{a}$

▲ 圖 9

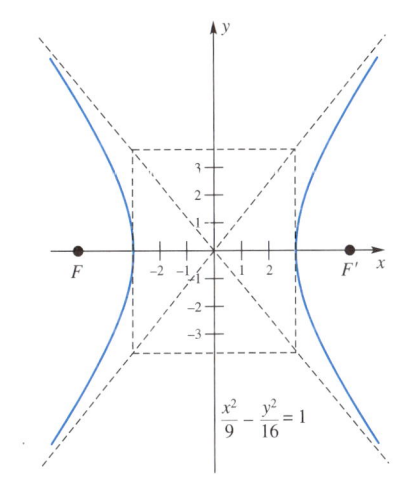

● **範例 3**

描繪 $\dfrac{x^2}{9}-\dfrac{y^2}{16}=1$ 的圖形，並畫出它的漸近線。漸近線的方程式為何？焦點為何？

解答：我們先決定基本三角形；它的水平足邊是 3 且鉛直足邊為 4。畫出它之後，我們可以畫出漸近線並描繪雙曲線的圖形（圖 10）。漸近線為 $y=\dfrac{4}{3}x$ 與 $y=-\dfrac{4}{3}x$。因為 $c=\sqrt{a^2+b^2}=\sqrt{9+16}=5$，焦點為 $(\pm 5,0)$。

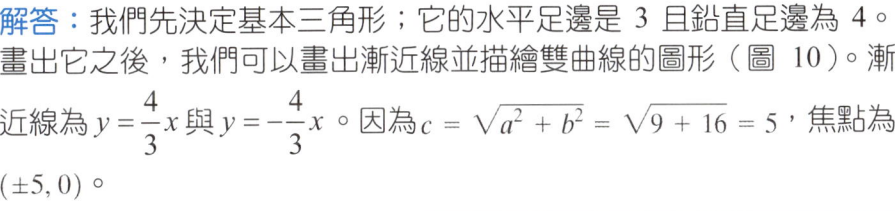

▲ 圖 10

再次考慮交換 x 和 y 的角色，則方程式變成

$$\dfrac{y^2}{a^2}-\dfrac{x^2}{b^2}=1$$

這是一個鉛直雙曲線的方程式（鉛直的長軸）。它的頂點在 $(0,\pm a)$，而它的焦點在 $(0,\pm c)$。

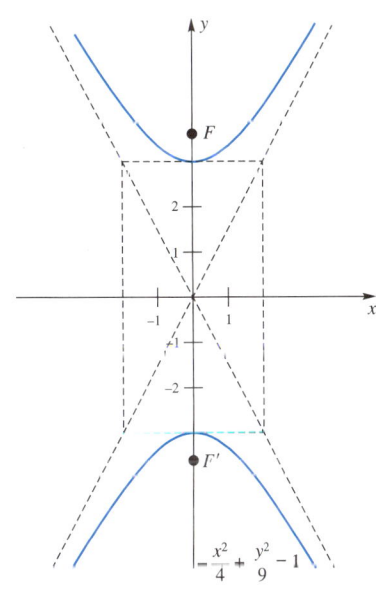

● **範例 4**

決定 $-\dfrac{x^2}{4}+\dfrac{y^2}{9}=1$ 的焦點並描繪它的圖形。

解答：我們立刻注意到這是一個鉛直雙曲線。因此 $a=3$，$b=2$ 且 $c=\sqrt{9+4}=\sqrt{13}\approx 3.61$。焦點在 $\left(0,\pm\sqrt{13}\right)$（圖 11）

▲ 圖 11

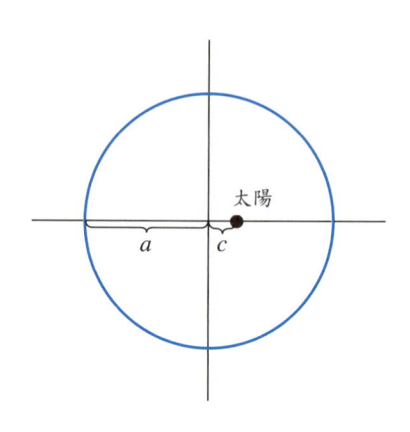

448 微積分

▲圖 12

範例 5

依照克卜勒（1571-1630）的說法，行星依一個橢圓軌跡繞太陽旋轉，太陽是此橢圓的一個焦點。地球距太陽最遠的距離為 94.56 百萬哩，最近的距離為 91.45 百萬哩。此軌跡的離心率為何？長軸長與短軸長為何？

解答： 使用圖 12 的符號，我們發現

$$a + c = 94.56 \qquad a - c = 91.45$$

解上列方程式得 $a = 93.01$ 且 $c = 1.56$。所以

$$e = \frac{c}{a} = \frac{1.56}{93.01} \approx 0.017$$

且長軸長和短軸長分別為

$$2a \approx 186.02 \qquad 2b = 2\sqrt{a^2 - c^2} \approx 185.99$$

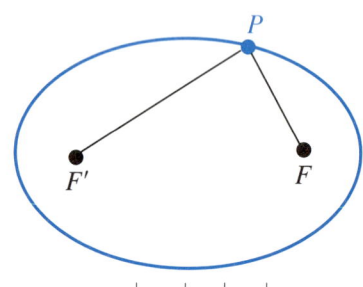

Ellipse: $|PF'| + |PF| = 2a$

▲圖 13

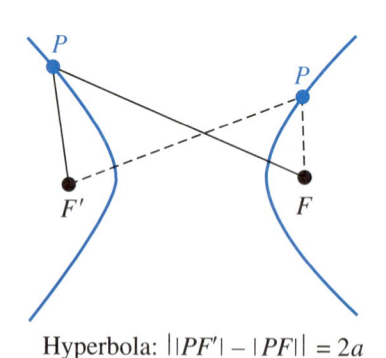

Hyperbola: $||PF'| - |PF|| = 2a$

▲圖 14

橢圓與雙曲線的細繩性質 我們選擇用條件 $|PF| = e\,|PL|$ 來定義圓錐曲線，當 $0 < e < 1$ 時，圖形是一個橢圓，當 $e > 1$ 時，圖形是一個雙曲線。這使我們採用統一的定義來定義出所有的圓錐曲線。但是有些作者會採用下述定義來定義出橢圓與雙曲線。

給定平面上兩定點（稱為焦點）及一個固定的正數 $2a$，則平面上所有到此兩點距離之和等於 $2a$ 的點所成的集合就是一個橢圓；平面上所有到此兩點距離之差等於 $2a$ 的點所成的集合就是一個雙曲線。（這裡所謂的差，是指大的距離減小的距離）

這兩種定義展示於圖 13 與圖 14。在橢圓中，假想我們將一條長 $2a$ 的細繩的釘在兩個端點上，取一支鉛筆在 P 點撐緊細繩，順勢移動鉛筆可以描繪出橢圓。這種性質稱為細繩性質（string properties），是我們所採用的離心率定義的後續結果。推導過程如下。

假設 a 與 e 已給定。我們知道焦點為 $(\pm ae, 0)$ 且準線為 $x = \pm a/e$。圖 15 中展示了橢圓與雙曲線的情形。

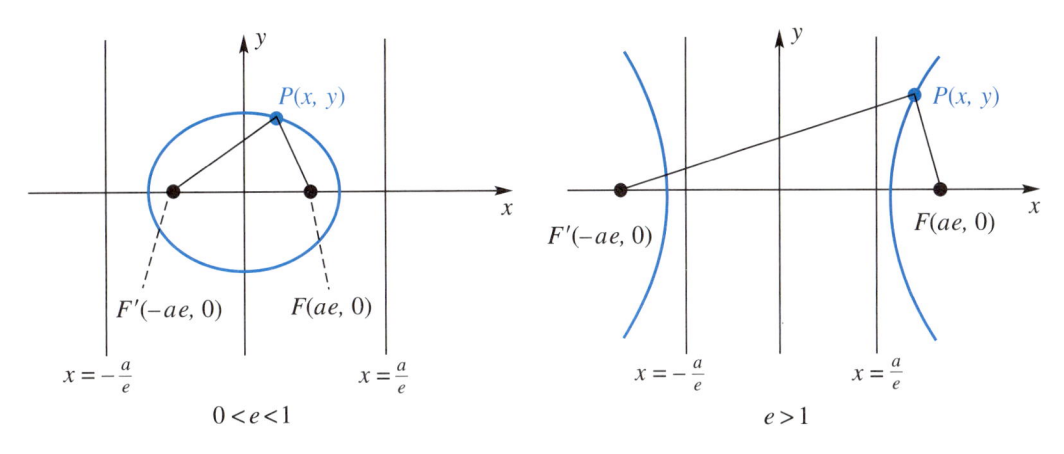

圓錐曲線與極坐標 Chapter 10   449

$0<e<1$ 的情況（左圖）與 $e>1$ 的情況（右圖）

▲圖 15

假如我們在橢圓上任取一點 $P(x, y)$，將條件 $|PF| = e|PL|$ 分別應用在左邊的焦點及準線與右邊的焦點及準線，可得

$$|PF'| = e\left(x + \frac{a}{e}\right) = ex + a \qquad |PF| = e\left(\frac{a}{e} - x\right) = a - ex$$

所以

$$|PF'| + |PF| = 2a$$

接下來考慮雙曲線右邊曲線上的一點 $P(x, y)$（見圖 15 上的右邊部分）。可得

$$|PF'| = e\left(x + \frac{a}{e}\right) = ex + a \qquad |PF| = e\left(x - \frac{a}{e}\right) = ex - a$$

因此 $|PF'| - |PF| = 2a$。假如 $P(x, y)$ 在左邊曲線上，我們會得到 $-2a$ 而不是 $2a$。兩種情況中，我們都有

$$||PF'| - |PF|| = 2a$$

範例 6

請找出到 $(\pm 3, 0)$ 的距離之和等於 10 的所有點所成的集合的方程式。

解答：這是一個水平橢圓，$a = 5$ 且 $c = 3$。因此 $b = \sqrt{a^2 - c^2} = 4$，方程式為 $\dfrac{x^2}{25} + \dfrac{y^2}{16} = 1$。

> **範例 7**
>
> 請找出到 $(0, \pm 6)$ 的距離之差等於 4 的所有點所成的集合的方程式。
>
> **解答**：這是一個垂直雙曲線，$a = 2$ 且 $c = 6$。因此 $b = \sqrt{c^2 - a^2} = \sqrt{32} = 4\sqrt{2}$，方程式為 $-\dfrac{x^2}{32} + \dfrac{y^2}{4} = 1$。

練習題 10.2

1-8 題中，說出給定方程式是哪一種圓錐曲線（如水平橢圓、鉛直雙曲線等等）。

1. $\dfrac{x^2}{9} + \dfrac{y^2}{4} = 1$

2. $\dfrac{x^2}{9} - \dfrac{y^2}{4} = 1$

3. $\dfrac{-x^2}{9} + \dfrac{y^2}{4} = 1$

4. $\dfrac{-x^2}{9} + \dfrac{y^2}{4} = -1$

5. $\dfrac{-x^2}{9} + \dfrac{y}{4} = 0$

6. $\dfrac{-x^2}{9} = \dfrac{y}{4}$

7. $9x^2 + 4y^2 = 9$

8. $x^2 - 4y^2 = 4$

9-12 題中，描繪方程式的圖形，指出頂點、焦點、和漸近線（若為雙曲線）。

9. $\dfrac{x^2}{16} + \dfrac{y^2}{4} = 1$

10. $\dfrac{x^2}{16} - \dfrac{y^2}{4} = 1$

11. $\dfrac{-x^2}{9} + \dfrac{y^2}{4} = 1$

12. $16x^2 + 4y^2 = 32$

13-14 題中，求滿足給定條件的 P 點所成之集合的方程式。

13. 點 P 到 $(0, \pm 9)$ 的距離之和為 26。

14. 點 P 到 $(\pm 7, 0)$ 的距離之差為 12。

15-18 題中，求給定曲線在指定點的切線方程式。

15. $\dfrac{x^2}{2} - \dfrac{y^2}{4} = 1$ 在點 $(\sqrt{3}, \sqrt{2})$。

16. $x^2 + y^2 = 169$ 在點 $(5, 12)$。

17. $\dfrac{x^2}{88} + \dfrac{y^2}{169} = 1$ 在點 $(0, 13)$。

18. $\dfrac{x^2}{49} + \dfrac{y^2}{33} = 1$ 在點 $(7, 0)$。

10.3 坐標軸的平移與旋轉

到目前為止，我們都是將圓錐曲線放在很特別的位置，主軸（長軸）總是在某一個坐標軸上；假如是拋物線的話，頂點總是在原點；假如是橢圓或雙曲線的話，中心總是在原點。現在我們要將圓錐曲線放在比較一般的位置上，雖然主軸（長軸）仍是平行某一個坐標軸。稍後的章節中我們將移除此限制。

我們先看圓的情形。半徑為 5 且圓心在 $(2, 3)$ 的圓方程式為

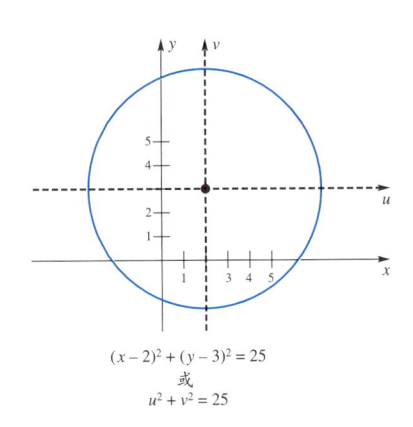

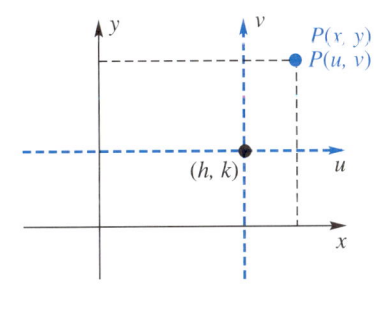

圓錐曲線與極坐標 Chapter 10　451

$$(x-2)^2 + (y-3)^2 = 25$$

也等於展開式

$$x^2 + y^2 - 4x - 6y = 12$$

同一個圓在 uv 坐標系中（見圖 1）變成一個圓心在原點的圓，且它的方程會變得比較簡單

$$u^2 + v^2 = 25$$

新坐標軸的使用不會改變一個曲線的形狀和大小，但可能大大的簡化該曲線的方程式。我們要探討的，就是這種軸的平移，及平移在方程式的變數所造成的改變。

▲圖 1　$(x-2)^2 + (y-3)^2 = 25$ 或 $u^2 + v^2 = 25$

平移　假如我們在平面上選用新的坐標軸，則每個點會有兩個坐標，相對於舊的坐標軸有舊的坐標 (x, y)，相對於新的坐標軸有新的坐標 (u, v)。我們說原始坐標進行一個**轉換**（transformation）。假如新的坐標軸分別平行於舊的坐標軸且具有相同的方向和單位長，則稱這一種轉換為**坐標軸的平移**（translation of axes）。

▲圖 2

由圖 2 可以看出新坐標 (u, v) 和舊坐標 (x, y) 的關係。令 (h, k) 為新原點的舊坐標，則

$$u = x - h, \quad v = y - k$$

或是，

$$x = u + h, \quad y = v + k$$

● **範例 1**

進行一個新原點在 $(2, -4)$ 的坐標軸平移之後，求 $P(-6, 5)$ 的新坐標。

解答：因為 $h = 2$ 且 $k = -4$，可得

$$u = x - h = -6 - 2 = -8 \quad v = y - k = 5 - (-4) = 9$$

新坐標為 $(-8, 9)$。

範例 2

給定方程式 $4x^2 + y^2 + 40x - 2y + 97 = 0$，求它的圖形在進行一個新原點在 $(-5, 1)$ 的平移之後的方程式。

解答：在方程式中，我們用 $u + h = u - 5$ 代替 x 且用 $v + k = v + 1$ 代替 y。可得

$$4(u - 5)^2 + (v + 1)^2 + 40(u - 5) - 2(v + 1) + 97 = 0$$

或是

$$4u^2 - 40u + 100 + v^2 + 2v + 1 + 40u - 200 - 2v - 2 + 97 = 0$$

化簡可得

$$4u^2 + v^2 = 4$$

或是

$$u^2 + \frac{v^2}{4} = 1$$

這是一個橢圓方程式。

完成平方　給定一個複雜的二次方程式，我們如何知道哪一個平移可以將方程式化簡成一個可辨認的形式？我們可以藉著完成平方來消除下列表示式中的一次項

$$Ax^2 + Cy^2 + Dx + Ey + F = 0, \qquad A \neq 0, C \neq 0$$

範例 3

藉著進行一個平移，除去

$$4x^2 + 9y^2 + 8x - 90y + 193 = 0$$

中的一次項，並利用此資訊來描繪此方程式的圖形。

解答：原方程式的完成平方可如下述進行

$$4(x^2 + 2x \quad) + 9(y^2 - 10y \quad) = -193$$
$$4(x^2 + 2x + 1) + 9(y^2 - 10y + 25) = -193 + 4 + 225$$
$$4(x + 1)^2 + 9(y - 5)^2 = 36$$
$$\frac{(x + 1)^2}{9} + \frac{(y - 5)^2}{4} = 1$$

使用平移 $u = x + 1$，$v = y - 5$ 可將上式轉換為

$$\frac{u^2}{9} + \frac{v^2}{4} = 1$$

這是一個水平橢圓的標準式。圖形顯示於圖 3 中。

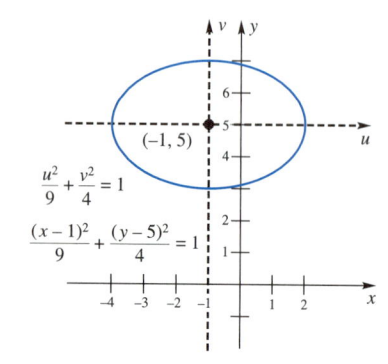

▲ 圖 3

範例 4

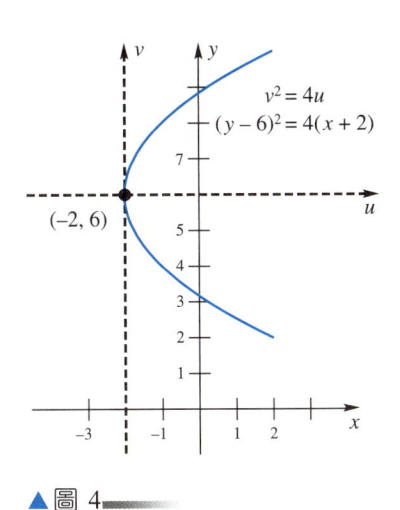

藉著進行一個平移，化簡
$$y^2 - 4x - 12y + 28 = 0$$
然後判定它代表哪一種圓錐曲線，列出它的重要特徵並描繪圖形。

解答：完成平方的步驟如下
$$y^2 - 12y = 4x - 28$$
$$y^2 - 12y + 36 = 4x - 28 + 36$$
$$(y-6)^2 = 4(x+2)$$

使用平移 $u = x + 2$，$v = y - 6$，可將上式轉換為 $v^2 = 4u$，它是開口向右且 $p = 1$ 的水平拋物線（圖 4）。

▲ 圖 4

一般的二次方程式 我們現在問一個重要的問題。方程式
$$Ax^2 + Cy^2 + Dx + Ey + F = 0$$
的圖形一定是一個圓錐曲線嗎？答案是否定的，除非我們承認某些限制型式。下表中列出了所有可能的情況，並各舉一例。

因此，二元二次方程式的圖形可分成三大類，共有九種圖形。

圓錐曲線	限制型式 limiting forms
1. (AC = 0) 拋物線：$y^2 = 4x$	平行兩直線：$y^2 = 4$ 一直線：$y^2 = 0$ 空集合：$y^2 = -1$
2. (AC > 0) 拋物線：$\dfrac{x^2}{9} + \dfrac{y^2}{4} = 1$	圓：$x^2 + y^2 = 4$ 一點：$2x^2 + y^2 = 0$ 空集合：$2x^2 + y^2 = -1$
3. (AC < 0) 拋物線：$\dfrac{x^2}{9} - \dfrac{y^2}{4} = 1$	相交兩直線：$x^2 + y^2 = 0$

範例 5

藉著進行一個平移，化簡 $4x^2 - y^2 - 8x - 6y - 5 = 0$ 並描繪它的圖形。

解答：我們重寫方程式如下：

$$4(x^2 - 2x \quad) - (y^2 + 6y \quad) = 5$$
$$4(x^2 - 2x + 1) - (y^2 + 6y + 9) = 5 + 4 - 9$$
$$4(x - 1)^2 - (y + 3)^2 = 0$$

令 $u = x - 1$ 且 $v = y + 3$，則可得

$$4u^2 - v^2 = 0$$

或是

$$(2u - v)(2u + v) = 0$$

這是相交兩直線的方程式（圖 5）。

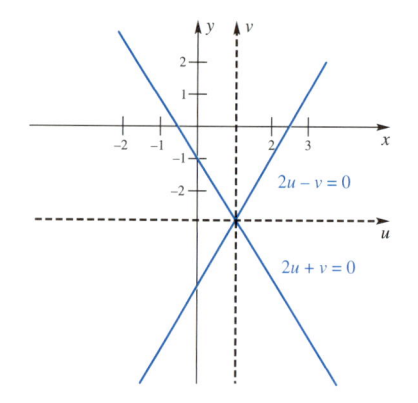

▲圖 5

範例 6

寫出焦點在 $(1, 1)$ 與 $(1, 11)$，且頂點在 $(1, 3)$ 與 $(1, 9)$ 的雙曲線方程式。

解答：中心在 $(1, 6)$，且是鉛直長軸上之兩頂點的中點。所以 $a = 3$ 且 $c = 5$，可得 $b = \sqrt{c^2 - a^2}$。方程式為

$$\frac{(y - 6)^2}{9} - \frac{(x - 1)^2}{16} = 1$$

圓錐截痕的一般方程式 考慮方程式

$$Ax^2 + Cy^2 + Dx + Ey + F = 0$$

假如 A 和 C 皆為 0，則我們有一個直線方程式（假如 D 和 E 不同時為 0）。假如 A 和 C 至少有一個不為 0，我們可能可以進行完成平方。我們可能得到的型式中最典型的有

1. $(y - k)^2 = \pm 4p(x - h)$

2. $\dfrac{(x - h)^2}{a^2} + \dfrac{(y - k)^2}{b^2} = 1$

3. $\dfrac{(x - h)^2}{a^2} - \dfrac{(y - k)^2}{b^2} = 1$

這些可分別被認出是一個頂點在 (h, k) 的水平拋物線，一個中心在 (h, k) 的水平橢圓（若 $a^2 > b^2$），以及一個中心在 (h, k) 的水平雙曲線的方程式。

在所有這些情形中，我們得到一個長軸和短軸平行於 x 軸和 y 軸的圖形。如果我們加入交叉乘積項 Bxy，如同

$$Ax^2 + Bxy + Cx^2 + Dx + Ey + F = 0$$

我們仍然得到一個圓錐截痕（或是一個限制型式），但是它的長軸與短軸會平行於 x 軸和 y 軸的一個**旋轉**（rotation）。

旋轉（Rotations） 引進一對新的坐標軸，u 軸和 v 軸，它與 x 軸和 y 軸有相同的原點，但旋轉了角度 θ，如圖 6 所示。一個點 P 則有兩組坐標：(x, y) 和 (u, v)。它們會有怎樣的關係？

令 r 是 OP 的長度，且令 ϕ 表示 u 軸正向到 OP 的角度。則 x、y、u、v 有圖 6 中的幾何關係。

觀察直角三角形 OPM，我們發現

$$\cos(\phi + \theta) = \frac{x}{r}$$

所以

$$x = r\cos(\phi + \theta) = r(\cos\phi\cos\theta - \sin\phi\sin\theta)$$
$$= (r\cos\phi)\cos\theta - (r\sin\phi)\sin\theta$$

考慮三角形 OPN，可得 $u = r\cos\phi$ 且 $v = r\sin\phi$。所以

$$\boxed{x = u\cos\theta - v\sin\theta}$$

同理可得

$$\boxed{y = u\sin\theta + v\cos\theta}$$

這些公式決定了一個稱被為**坐標軸旋轉**（rotation of axes）的轉換。

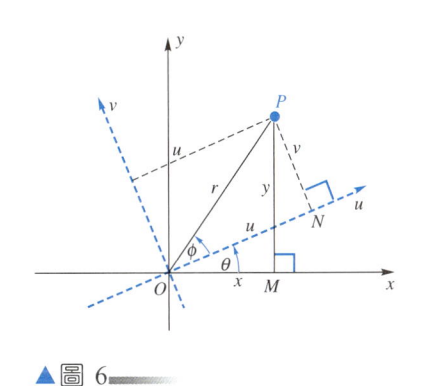

▲圖 6

範例 7

進行坐標軸旋轉 $\theta = \pi/4$ 的轉換之後，$xy = 1$ 的新方程式為何？請繪圖。

解答：需要的代換為

$$x = u\cos\frac{\pi}{4} - v\sin\frac{\pi}{4} = \frac{\sqrt{2}}{2}(u - v)$$

$$y = u\sin\frac{\pi}{4} + v\cos\frac{\pi}{4} = \frac{\sqrt{2}}{2}(u + v)$$

方程式 $xy = 1$ 變為

$$\frac{\sqrt{2}}{2}(u - v)\frac{\sqrt{2}}{2}(u + v) = 1$$

化簡後可得

$$\frac{u^2}{2} - \frac{v^2}{2} = 1$$

我們認出這是一個 $a = b = \sqrt{2}$ 之雙曲線的方程式。請注意，旋轉之後交叉乘積項消失了，選擇旋轉角度為 $\theta = \pi/4$ 使這件事會發生。圖形請看圖 7。

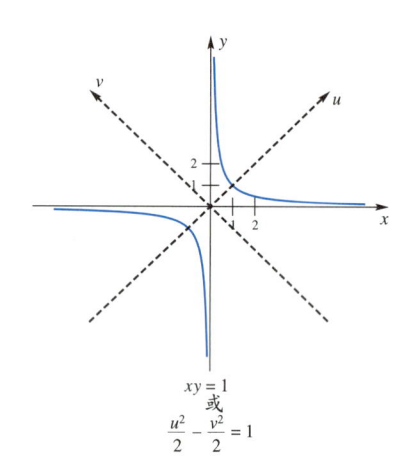

▲ 圖 7

決定角度 θ　我們如何知道要做哪一種旋轉可以消去交叉乘積項呢？考慮方程式

$$Ax^2 + Bxy + Cy^2 + Dx + Ey + F = 0$$

如果我們做下述代換

$$x = u\cos\theta - v\sin\theta$$
$$y = u\sin\theta + v\cos\theta$$

則方程式變成

$$au^2 + buv + cv^2 + du + ev + f = 0$$

其中 $a \cdot b \cdot c \cdot d \cdot e$ 和 f 是與 θ 有關的數。我們可以找出它們所有的表示式，但是我們只在意 b。經過一些計算與整理之後，可得

$$b = B(\cos^2\theta - \sin^2\theta) - 2(A - C)\sin\theta\cos\theta$$
$$= B\cos 2\theta - (A - C)\sin 2\theta$$

為了使 $b = 0$，我們需要

$$B\cos 2\theta = (A - C)\sin 2\theta$$

或是

$$\cot 2\theta = \frac{A-C}{B}$$

此公式回答了我們的問題。選擇滿足此公式的 θ，可以消去交叉乘積項。在範例 7 的方程式 $xy = 1$ 中，$A = 0$，$B = 1$，且 $C = 0$，所以，我們選擇滿足 $\cot 2\theta = 0$ 的 θ。$\theta = \pi/4$ 是可完成任務一個選擇。我們也可以選擇 $\theta = 3\pi/4$ 或是 $\theta = -5\pi/4$，但是習慣上我們會選擇第一象限角，也就是 $0 \le 2\theta < \pi$ 或是 $0 \le \theta < \pi/2$。

範例 8

進行一個坐標軸旋轉以消去下列方程式中的交叉乘積項，然後繪圖。

$$4x^2 + 2\sqrt{3}xy + 2y^2 + 10\sqrt{3}x + 10y = 5$$

解答：

$$\cot 2\theta = \frac{A-C}{B} = \frac{4-2}{2\sqrt{3}} = \frac{1}{\sqrt{3}}$$

也就是 $2\theta = \pi/3$，$\theta = \pi/6$。適當的代換為

$$x = u\frac{\sqrt{3}}{2} - v\frac{1}{2} = \frac{\sqrt{3}u - v}{2}$$

$$y = u\frac{1}{2} + v\frac{\sqrt{3}}{2} = \frac{u + \sqrt{3}v}{2}$$

我們的方程式先轉換成

$$4\frac{(\sqrt{3}u - v)^2}{4} + 2\sqrt{3}\frac{(\sqrt{3}u - v)(u + \sqrt{3}v)}{4} + 2\frac{(u + \sqrt{3}v)^2}{4} + 10\sqrt{3}\frac{\sqrt{3}u - v}{2} + 10\frac{u + \sqrt{3}v}{2} = 5$$

經過化簡後可得

$$5u^2 + v^2 + 20u = 5$$

為了使方程式成為可辨別的型式，我們完成平方

$$5(u^2 + 4u + 4) + v^2 = 5 + 20$$

$$\frac{(u+2)^2}{5} + \frac{v^2}{25} = 1$$

可認出此方程式代表一個鉛直橢圓，中心點在 $u = -2$，$v = 0$ 且 $a = 5$，$b = \sqrt{5}$。這允許我們畫出圖 8 的圖形。假如我們希望有更進一步的化簡，可做轉換 $r = u + 2, s = v$，得到標準式 $r^2/5 + s^2/25 = 1$。

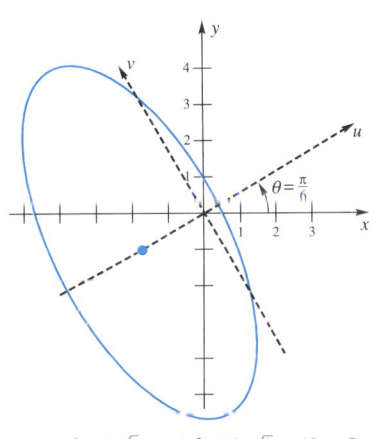

$4x^2 + 2\sqrt{3}xy + 2y^2 + 10\sqrt{3}x + 10y = 5$
或 $\frac{(u+2)^2}{5} + \frac{v^2}{25} = 1$

▲圖 8

練習題 10.3

1-9 題中，說出給定方程式所代表的圓錐曲線或是限制型式。通常你會需要完成平方（範例 3-5）。

1. $x^2 + y^2 - 2x + 2y + 1 = 0$

2. $9x^2 + 4y^2 + 72x - 16y + 124 = 0$

3. $16x^2 - 9y^2 + 192x + 90y - 495 = 0$

4. $9x^2 + 4y^2 + 72x - 16y + 160 = 0$

5. $16x^2 + 9y^2 + 192x + 90y + 1000 = 0$

6. $y^2 - 5x - 4y - 6 = 0$

7. $4x^2 - 4y^2 + 8x + 12y - 5 = 0$

8. $4x^2 - 24x + 36 = 0$

9. $4x^2 - 24x + 35 = 0$

10-18 題中，請描繪給定方程式的圖形。

10. $\dfrac{(x+3)^2}{4} + \dfrac{(y+2)^2}{16} = 1$

11. $(x+3)^2 + (y-2)^2 = 25$

12. $\dfrac{(x+3)^2}{4} - \dfrac{(y+2)^2}{16} = 1$

13. $4(x+3) = (y+2)^2$

14. $(x+2)^2 = 8(y-1)$

15. $(x+2)^2 = 4$

16. $(y-1)^2 = 16$

17. $\dfrac{(x+3)^2}{4} + \dfrac{(y-2)^2}{8} = 0$

18. $x^2 - 4y^2 - 14x - 32y - 11 = 0$

19-20 題中，請使用適當的坐標軸旋轉消去交叉乘積項，若需要的話，完成平方後平移坐標軸，將方程式寫成標準形式。最後，畫出圖形並畫出旋轉後的坐標軸。

19. $x^2 + xy + y^2 = 6$

20. $3x^2 + 10xy + 3y^2 + 10 = 0$

21. 已知曲線 C 通過 $(-1, 2), (0, 0), (3, 6)$ 三點，請分別找出滿足下述條件的 C 的方程式

    (a) C 是一個鉛直拋物線

    (b) C 是一個水平拋物線

    (c) C 是一個圓

10.4 平面曲線的參數表示

在 5.4 節中，當我們推導弧長的公式之時，曾經給予平面曲線一個一般性的定義。一條**平面曲線（plane curve）**可用一對參數式來決定

$$x = f(t), \quad y = g(t), t\ 在\ I\ 內$$

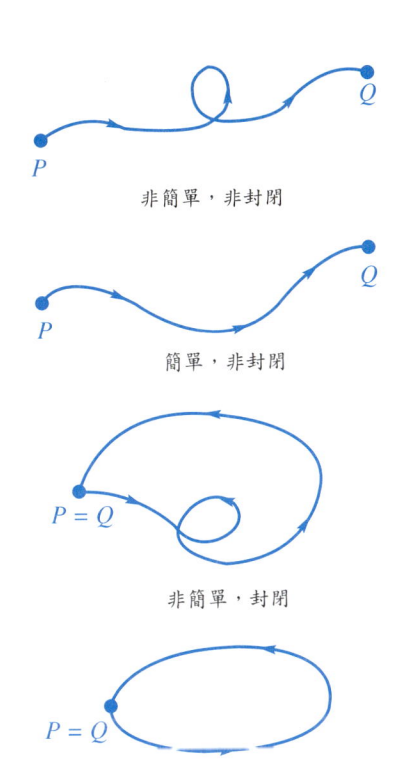

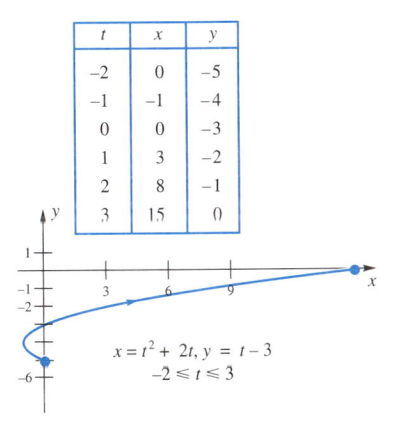

圓錐曲線與極坐標 **Chapter 10** 459

其中 f 和 g 在區間 I 上為連續，通常 I 是一個閉區間 $[a, b]$。稱 t 為參數，並把它當成對時間的量度。當 t 由 a 前進到 b，點 (x, y) 在 xy 平面上描繪出曲線。當 I 為閉區間 $[a, b]$ 時，點 $P = (x(a), y(a))$ 和 $Q = (x(b), y(b))$ 分別稱為**起點**（initial point)和**終點**（final end point）。若曲線的起點和終點重合，則我們稱曲線是**封閉的**（closed）。若不同的 t 在平面上產生不同的點（可能除了在 $t = a$ 及 $t = b$ 之外），則我們說曲線是一條**簡單**（simple）曲線（圖 1）。關係式 $x = f(t)$，$y = g(t)$ 與區間 I 稱為曲線的**參數化**（parametrization）。

消去參數 　為了辨認參數式所代表的曲線，我們可能需要除去參數。有時可藉著在一個式子中解出 t，然後帶入另一個式子來完成(範例 1)。常常，也可使用某一種熟悉的恆等式，見範例 2。

範例 1

消去 $x = t^2 + 2t$，$y = t - 3$，$-2 \leq t \leq 3$ 中的參數。然後確定它所代表的曲線並描繪圖形。

解答：根據第二式，可得 $t = y + 3$。將此代入第一式可得

$$x = (y + 3)^2 + 2(y + 3) = y^2 + 8y + 15$$

或是

$$x + 1 = (y + 4)^2$$

這是一個頂點在 $(-1, -4)$ 且開口向右的拋物線。

在描繪給定之方程式的圖形時時，我們須小心，只畫出拋物線在 $-2 \leq t \leq 3$ 部分的圖形。圖 2 展示了數值表與圖形。箭頭指出了曲線的方向（orientation），那是隨著 t 增加時，曲線形成的方向。

範例 2

證明 $x = a\cos t$，$y = b\sin t$，$0 \leq t \leq 2\pi$ 代表圖 3 所表示的橢圓。

解答：我們針對 $\cos t$ 和 $\sin t$ 解方程式，然後平方，然後相加

$$\left(\frac{x}{a}\right)^2 + \left(\frac{y}{b}\right)^2 = \cos^2 t + \sin^2 t = 1$$

$$\frac{x^2}{a^2} + \frac{y^2}{b^2} = 1$$

檢查一些 t 值，可確定我們會得到一個完整的橢圓。特別是，$t = 0$ 和 $t = 2\pi$ 決定出同一個點，叫做 $(a, 0)$。

假如 $a = b$，我們得到圓 $x^2 + y^2 = a^2$。

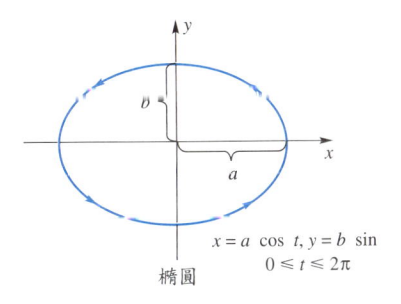

不同的參數式可能有相同的圖形。換句話說，一個曲線可以有多於一個的參數式。

範例 3

證明下列每一對參數式都有相同的圖形，如圖 4 所示的半圓。

(a) $x = \sqrt{1-t^2}, y = t, -1 \leq t \leq 1$

(b) $x = \cos t, y = \sin t, -\dfrac{\pi}{2} \leq t \leq \dfrac{\pi}{2}$

(c) $x = \dfrac{1-t^2}{1+t^2}, y = \dfrac{2t}{1+t^2}, -1 \leq t \leq 1$

解答：在每一對參數式中，我們都發現
$$x^2 + y^2 = 1$$
只要檢查一些 t 值，便可確定給定的 t 區間可產生此圓的同一部分。

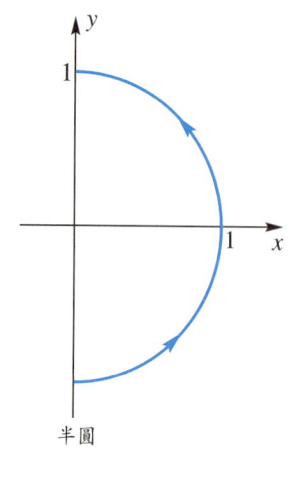

半圓
▲圖 4

範例 4

證明下列每對參數式都產生一個雙曲線的一個分支，假設 $a > 0$ 且 $b > 0$。

(a) $x = a \sec t, y = b \tan t, -\dfrac{\pi}{2} < t < \dfrac{\pi}{2}$

(b) $x = a \cosh t, y = b \sinh t, -\infty < t < \infty$

解答：

(a) 在第一例中，
$$\left(\dfrac{x}{a}\right)^2 - \left(\dfrac{y}{b}\right)^2 = \sec^2 t - \tan^2 t = 1$$

(b) 在第二例中，
$$\left(\dfrac{x}{a}\right)^2 - \left(\dfrac{y}{b}\right)^2 = \cosh^2 t - \sinh^2 t$$
$$= \left(\dfrac{e^t + e^{-t}}{2}\right)^2 - \left(\dfrac{e^t - e^{-t}}{2}\right)^2 = 1$$

檢查一些 t 值，可知在兩個例子中我們都得到雙曲線 $x^2/a^2 - y^2/b^2 = 1$ 的一個分支，見圖 5。

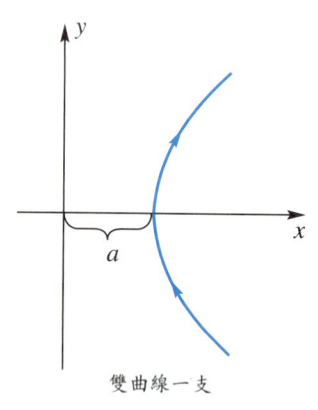

雙曲線一支
▲圖 5

請注意，在範例 4 的 (a) 中我們有一個定義在開區間 $(-\pi/2, \pi/2)$ 上的參數式，在 (b) 中我們有一個定義在無限區間 $(-\infty, \infty)$ 上的參數式。因為此曲線不包含端點，所以它不是封閉的。

擺線 當一個車輪沿一條直線做不滑動的滾動時，由車輪圓周上一點 P 所描繪出的軌跡曲線叫做**擺線（cycloid）**（圖 6）。一條擺線的笛卡

兒方程式是非常複雜的，但是可以輕易地找出簡單的參數式，如下例所示。

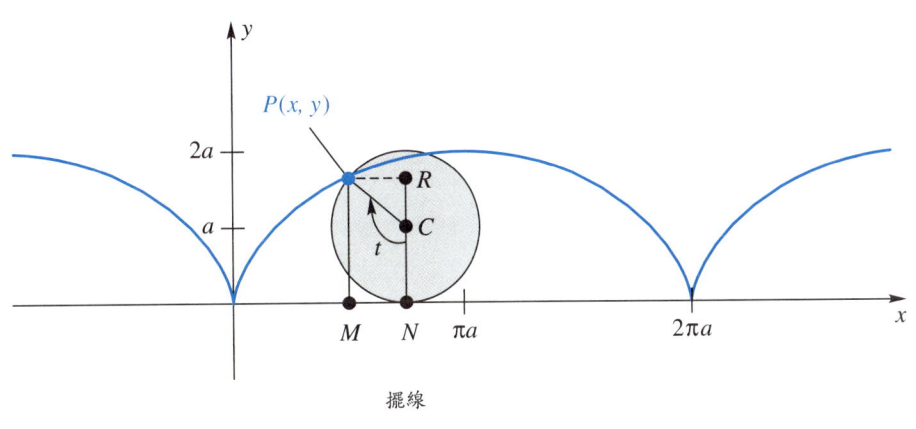

擺線

▲圖 6

範例 5

求擺線的參數式。

解答：令車輪沿 x 軸滾動，且開始時將 P 置於原點。車輪中心以 C 表示，且令 a 為其半徑。參數 t 的選擇如下：線段 CP 由開始時的鉛直位置開始，按著 P 的移動所做的順時針旋轉角度（以弧度為單位）。見圖 6。

因為 $|ON| = \text{arc } PN = at$

$$x = |OM| = |ON| - |MN| = at - a\sin t = a(t - \sin t)$$

且

$$y = |MP| = |NR| = |NC| + |CR| = a - a\cos t = a(1 - \cos t)$$

所以擺線的參數式為

$$x = a(t - \sin t), \quad y = a(1 - \cos t), \quad t > 0$$

以參數式定義之曲線的微積分　給定一條以參數式定義的曲線，我們可以在不消去參數的情況下，求出曲線的切線斜率嗎？根據下列定理，答案是肯定的。

定理 A

令 f 和 g 皆為連續可微分且 $f'(t) \neq 0$ 在 $\alpha < t < \beta$ 上。則參數式

$$x = f(t), \quad y = g(t)$$

定義出 y 為 x 的一個可微分函數且

$$\frac{dy}{dx} = \frac{dy/dt}{dx/dt}$$

證明 因為 $f'(t) \neq 0$ 對於 $\alpha < t < \beta$，f 是嚴格單調的，所以有一個可微分的反函數 f^{-1}（見反函數定理（定理 6.2B））。定義 F 為 $F = g \circ f^{-1}$ 可得

$$y = g(t) = g(f^{-1}(x)) = F(x) = F(f(t))$$

根據連鎖法則，可得

$$\frac{dy}{dt} = F'(f(t)) \cdot f'(t) = \frac{dy}{dx} \cdot \frac{dx}{dt}$$

因為 $dx/dt \neq 0$，我們有

$$\frac{dy}{dx} = \frac{dy/dt}{dx/dt}$$

■

範例 6

求由

$$x = 5\cos t, \quad y = 4\sin t, \quad 0 < t < 3$$

所決定之函數的前二階導數 dy/dx 和 d^2y/dx^2，並計算它們在 $t = \pi/6$ 的值（見範例 2）。

解答：令 y' 表示 $\dfrac{dy}{dx}$，則

$$\frac{dy}{dx} = \frac{dy/dt}{dx/dt} = \frac{4\cos t}{-5\sin t} = -\frac{4}{5}\cot t$$

$$\frac{d^2y}{dx^2} = \frac{dy'}{dx} = \frac{dy'/dt}{dx/dt} = \frac{\frac{4}{5}\csc^2 t}{-5\sin t} = -\frac{4}{25}\csc^3 t$$

當 $t = \pi/6$ 時，

$$\frac{dy}{dx} = \frac{-4\sqrt{3}}{5}, \quad \frac{d^2y}{dx^2} = \frac{-4}{25}(8) = -\frac{32}{25}$$

第一個值就是橢圓 $x^2/25 + y^2/16 = 1$ 在點 $(5\sqrt{3}/2, 2)$ 的切線斜率。你可以利用隱微分來檢驗。

範例 7

計算 (a) $\displaystyle\int_1^3 y\,dx$ 和 (b) $\displaystyle\int_1^3 xy^2\,dx$，其中 $x = 2t-1$ 且 $y = t^2 + 2$。

解答：由 $x = 2t - 1$，我們有 $dx = 2dt$。當 $x = 1$ 時 $t = 1$，當 $x = 3$ 時 $t = 2$。

(a) $\displaystyle\int_1^3 y\,dx = \int_1^2 (t^2 + 2)2\,dt = 2\left[\frac{t^3}{3} + 2t\right]_1^2 = \frac{26}{3}$

(b) $$\int_1^3 xy^2\,dx = \int_1^2 (2t-1)(t^2+2)^2 \cdot 2\,dt$$
$$= 2\int_1^2 (2t^5 - t^4 + 8t^3 - 4t^2 + 8t - 4)\,dt = 86\tfrac{14}{15}$$

範例 8

求擺線的一個拱形曲線下方區域的面積 A（圖 7）以及該拱形曲線的弧長。

擺線（拱形）

▲圖 7

解答： 根據範例 5，我們可將此拱形曲線表示成
$$x = a(t - \sin t), \quad y = a(1 - \cos t), \quad 0 \le t \le 2\pi$$

所以 $dx = a(1 - \cos t)\,dt$。因此，面積 A 為

$$A = \int_0^{2\pi a} y\,dx$$
$$= a^2 \int_0^{2\pi} (1 - \cos t)(1 - \cos t)\,dt$$
$$= a^2 \int_0^{2\pi} (1 - 2\cos t + \cos^2 t)\,dt$$
$$= a^2 \int_0^{2\pi} (1 - 2\cos t + \tfrac{1}{2} + \tfrac{1}{2}\cos 2t)\,dt$$
$$= a^2 \left[\tfrac{3}{2}t - 2\sin t + \tfrac{1}{4}\sin 2t\right]_0^{2\pi} = 3\pi a^2$$

為了計算 L，我們引用 5.4 節的弧長公式：

$$L = \int_\alpha^\beta \sqrt{\left(\frac{dx}{dt}\right)^2 + \left(\frac{dy}{dt}\right)^2}\,dt$$

此時，公式可寫成

$$L = \int_0^{2\pi} \sqrt{a^2(1 - \cos t)^2 + a^2(\sin^2 t)}\,dt$$
$$= a\int_0^{2\pi} \sqrt{2(1 - \cos t)}\,dt$$
$$= a\int_0^{2\pi} \sqrt{4\sin^2 \frac{t}{2}}\,dt$$
$$= 2a\int_0^{2\pi} \sin\frac{t}{2}\,dt$$
$$= \left[-4a\cos\frac{t}{2}\right]_0^{2\pi} = 8a$$

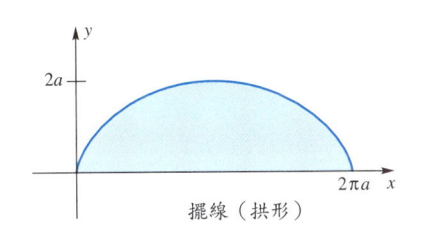

練習題 10.4

1-11 題中，給定一個用參數式表示的曲線。

(a) 畫出曲線

(b) 曲線是封閉的嗎？是簡單的嗎？

(c) 利用消去參數找出曲線的笛卡兒方程式（範例 1-4）

1. $x = 3t, y = 2t; -\infty < t < \infty$

2. $x = 3t - 1, y = t; 0 \le t \le 4$

3. $x = 4 - t, y = \sqrt{t}; 0 \le t \le 4$

4. $x = t - 3, y = \sqrt{2t}; 0 \le t \le 8$

5. $x = \dfrac{1}{s}, y = s; 1 \le s < 10$

6. $x = s, y = \dfrac{1}{s}; 1 \le s \le 10$

7. $x = t^3 - 4t, y = t^2 - 4; -3 \le t \le 3$

8. $x = 2\sin t, y = 3\cos t; 0 \le t \le 2\pi$

9. $x = 3\sin r, y = -2\cos r; 0 \le \theta \le 2\pi$

10. $x = 2\cos^2 r, y = 3\sin^2 r; 0 \le r \le 2\pi$

11. $x = 9\sin^2 \theta, y = \cos^2 \theta; 0 \le \theta \le \pi$

12-14 題中，在不消去參數的情況下，求 dy/dx 和 d^2y/dx^2。

12. $x = 3\tau^2, y = 4\tau^3; \tau \ne 0$

13. $x = 6s^2, y = -2s^3; s \ne 0$

14. $x = 1 - \cos t, y = 1 + \sin t; t \ne n\pi$

15-16 題中，在不消去參數的情況下，找出給定曲線在指定 t 值的切線方程式。請繪圖。

15. $x = t^2, y = t^3; t = 2$

16. $x = 2e^t, y = \dfrac{1}{3}e^{-t}; t = 0$

17-18 題中，求定義在給定區間上之參數曲線的長度。

17. $x = 2t - 1, y = 3t - 4; 0 \le t \le 3$

18. $x = 2\sin t, y = 2\cos t; 0 \le t \le \pi$

19. 算出給定的參數式的曲線長度

(a) $x = \sin\theta, y = \cos\theta, \ 0 \le \theta \le 2\pi$

(b) $x = \sin 3\theta, y = \cos 3\theta, \ 0 \le \theta \le 2\pi$

(c) 請解釋為什麼 (a) 和 (b) 算出來的長度不相等。

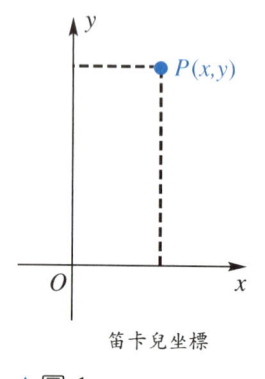

10.5 極坐標系

兩個法國數學家，Pierre de Fermat（1601-1665）和 René Descartes（1596-1650），介紹了笛卡兒（*Cartesian*）坐標系，或稱為直角（*rectangular*）坐標系。平面上的每一個點 P 都賦予兩個數字 (x,y)，他們是點 P 到兩條互相垂直的坐標軸的有向距離（圖 1）。現在人們對這個符號是如此地熟悉，以致於常常是毫不思索就直接使用。但是，這是

▲圖 1 笛卡兒坐標

解析幾何的基礎，它使微積分可以發展到現在的局面。

對每一個點賦予它到互相垂直的兩坐標軸的有向距離，不是指明平面上的一個點的唯一方法。本節中，我們將介紹另一種方法，對每一個點賦予極坐標（*polar coordinates*）。

極坐標（Polar Coordinates） 我們從一條稱為**極軸（polar axis）**的固定射線（half-line）開始，自一個稱為**極點（pole）**或**原點（origin）**的固定點 O 出發（見圖 2）。依規定，極軸是水平的且指向右，因此就是直角坐標系中的 x 軸正向。任何一點 P（不是極點）都是以 O 為圓心的唯一一個圓和自 O 發出的唯一一條射線的交點。若 r 是圓的半徑，且 θ 是射線與極軸形成的諸角度之一，則 (r, θ) 是 P 的一個**極坐標（polar coordinates）**（圖 2）。圖 3 顯示了一些在極坐標網格上的點。

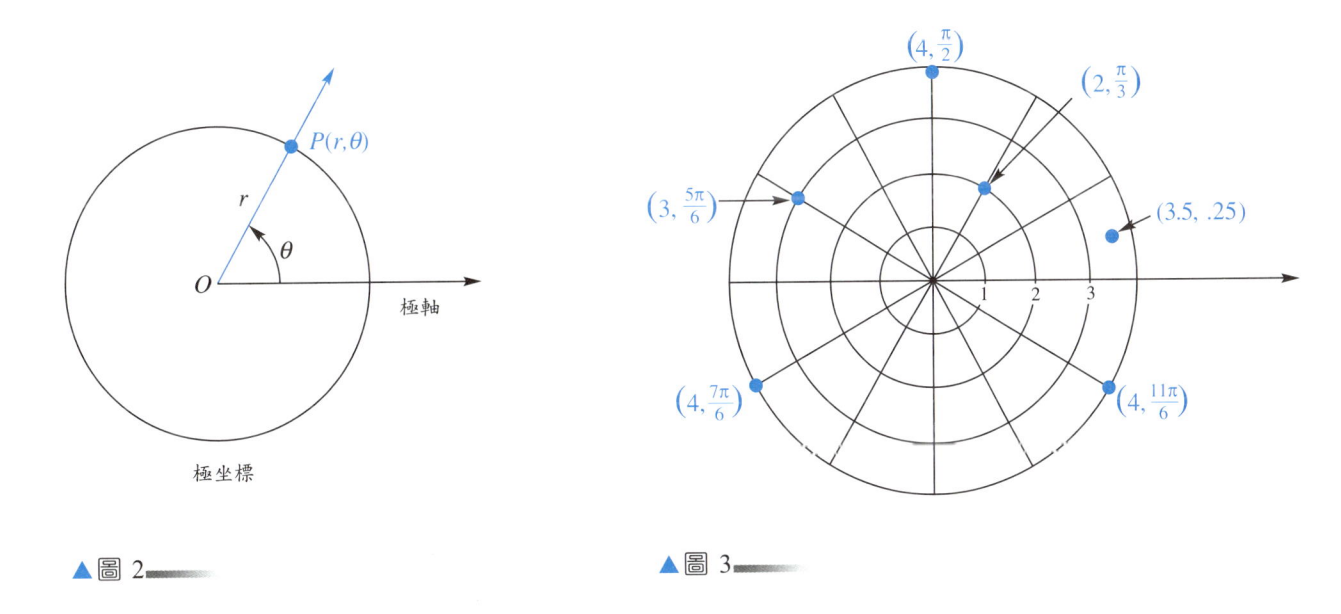

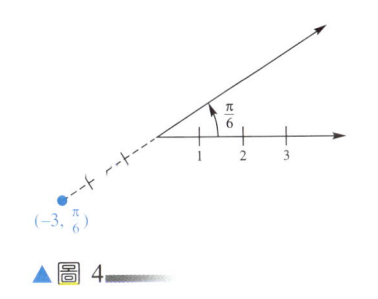

▲ 圖 2

▲ 圖 3

請注意一個不會發生在直角坐標的現象：每個點有無限多個極坐標。這是由於角 $\theta + 2\pi n$，$n = 0, \pm 1, \pm 2, \cdots$，具有相同的終邊。例如，具有極坐標 $(4, \pi/2)$ 的點也會有坐標 $(4, 5\pi/2)$，$(4, 9\pi/2)$，$(4, -3\pi/2)$，等等。因為我們允許 r 是負數，有額外的符號產生。當 r 是負數時，我們規定 (r, θ) 的位置如下：在與 θ 的終邊相反方向的射線上，且距原點 $|r|$ 單位長。所以具有極坐標 $(-3, \pi/6)$ 的點如圖 4 所示，且 $(-4, 3\pi/2)$ 是 $(4, \pi/2)$ 的另一個極坐標。原點具有極坐標 $(0, \theta)$，其中 θ 為任意角。

▲ 圖 4

極方程式 極方程式的例子如下

$$r = 8\sin\theta \quad \text{和} \quad r = \frac{2}{1-\cos\theta}$$

就像直角方程式一樣，最好是用它們的圖形來視覺化極方程式。**極方程式的圖形**（graph of a polar equation）是至少具有一個極坐標滿足此方程式的所有點所成的集合。描繪一個圖形的最基本方法是製作一個數值表，畫出對應的點，然後連接這些點。可繪圖的計算機或是一套 CAS 就是這樣畫出極方程式的圖形，

範例 1

描繪極方程式 $r = 8\sin\theta$ 的圖形。

解答：我們以 $\pi/6$ 的倍數代入 θ，且計算對應的 r 值。見圖 5 中的數值表。注意當 θ 從 0 增加到 2π 時，圖 5 中的圖形描繪了兩次。

範例 2

描繪 $r = \dfrac{2}{1-\cos\theta}$ 的圖形。

解答：見圖 6。

注意一個在直角坐標系中不會發生的現象。坐標 $(-2, 3\pi/2)$ 不滿足範例中的方程式，但是點 $P(-2, 3\pi/2)$ 在該方程式的圖形上，因為 $(2, \pi/2)$ 是同一點 P 的另一個坐標且它滿足方程式。我們結論：有一個集合，它是一個極方程式圖形上的一個點的多個坐標所成的集合，我們無法保證集合中的每一個坐標都會滿足該極方程式。這一個事實會產生許多困難，我們必須學習與它們共同相處。

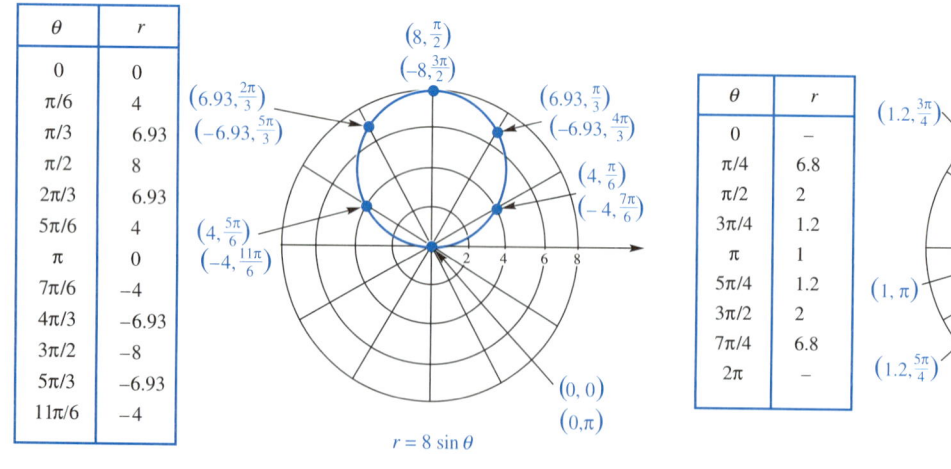

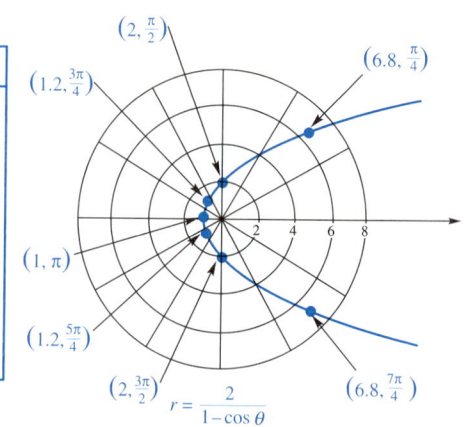

θ	r
0	0
$\pi/6$	4
$\pi/3$	6.93
$\pi/2$	8
$2\pi/3$	6.93
$5\pi/6$	4
π	0
$7\pi/6$	-4
$4\pi/3$	-6.93
$3\pi/2$	-8
$5\pi/3$	-6.93
$11\pi/6$	-4

▲ 圖 5

θ	r
0	—
$\pi/4$	6.8
$\pi/2$	2
$3\pi/4$	1.2
π	1
$5\pi/4$	1.2
$3\pi/2$	2
$7\pi/4$	6.8
2π	—

▲ 圖 6

圓錐曲線與極坐標 **Chapter 10**   467

與直角坐標的關係　我們假設極軸與直角坐標系的 x 軸正向重合，則一個點 P 的極坐標 (r, θ) 和直角坐標 (x, y) 有下列關係式。

極坐標到直角坐標　　　直角坐標到極坐標

$x = r\cos\theta$　　　　　　$r^2 = x^2 + y^2$
$y = r\sin\theta$　　　　　　$\tan\theta = y/x$

圖 7 中顯示了，對於第一象限中的一個點 P 這是成立的，可輕易證明這對於其他象限中的點也成立。

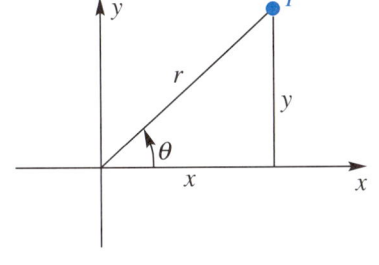

▲ 圖 7

範例 3

求 $(4, \pi/6)$ 的直角坐標，及 $(-3, \sqrt{3})$ 的極坐標。

解答：若 $(r, \theta) = (4, \pi/6)$，則

$$x = 4\cos\frac{\pi}{6} = 4 \cdot \frac{\sqrt{3}}{2} = 2\sqrt{3}$$

$$y = 4\sin\frac{\pi}{6} = 4 \cdot \frac{1}{2} = 2$$

若 $(x, y) = (-3, \sqrt{3})$，則（見圖 8）

$$r^2 = (-3)^2 + \left(\sqrt{3}\right)^2 = 12$$

$$\tan\theta = \frac{\sqrt{3}}{-3}$$

(r, θ) 可以是 $(2\sqrt{3}, 5\pi/6)$，也可以是 $(-2\sqrt{3}, -\pi/6)$。

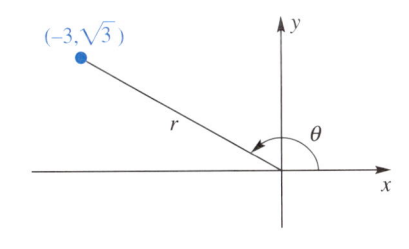

▲ 圖 8

有時，我們會藉由求一個極方程式的直角坐標方程式來確認此極方程式的圖形。請看下一個例子。

範例 4

利用轉變為直角坐標，證明 $r = 8\sin\theta$ 的圖形是一個圓，且 $r = 2/(1-\cos\theta)$ 的圖形是一個拋物線。

解答：將 $r = 8\sin\theta$ 的兩邊同乘 r，可得

$$r^2 = 8r\sin\theta$$

以直角坐標可表示成

$$x^2 + y^2 = 8y$$

且可寫成

$$x^2 + y^2 - 8y = 0$$
$$x^2 + y^2 - 8y + 16 = 16$$
$$x^2 + (y-4)^2 = 16$$

上式是一個圓心在 (0, 4) 且半徑為 4 之圓的方程式。

第二個方程式處理如下

$$r = \frac{2}{1 - \cos\theta}$$
$$r - r\cos\theta = 2$$
$$r - x = 2$$
$$r = x + 2$$
$$r^2 = x^2 + 4x + 4$$
$$x^2 + y^2 = x^2 + 4x + 4$$
$$y^2 = 4(x + 1)$$

上式是一個頂點在 $(-1, 0)$，且焦點在原點的拋物線的方程式。

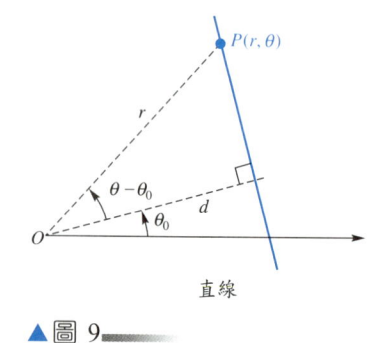

直線、圓和圓錐曲線的極方程式 假如一條直線通過極點，則它具有簡單的方程式 $\theta = \theta_0$。假如直線不通過極點，則它到極點的距離為 $d > 0$。找出極點到此直線的垂線，令 θ_0 是極軸到垂線的角度（圖 9），假如 $P(r, \theta)$ 是此直線上的任一點，則 $\cos(\theta - \theta_0) = d/r$，或是

$$\text{直線}: r = \frac{d}{\cos(\theta - \theta_0)}$$

▲圖 9

已知一個半徑為 a 的圓，假如它的圓心在極點，則它有簡單的方程式 $r = a$；假如它的圓心在 (r_0, θ_0)，則它的方程式非常複雜，除非我們選擇 $r_0 = a$，如圖 10。根據餘弦定律，可得 $a^2 = r^2 + a^2 - 2ra\cos(\theta - \theta_0)$，可簡化為

$$\text{圓}: r = 2a\cos(\theta - \theta_0)$$

▲圖 10

當 $\theta_0 = 0$ 及 $\theta_0 = \pi/2$ 時，又特別優美。$\theta_0 = 0$ 時，可得 $r = 2a\cos\theta$；$\theta_0 = \pi/2$ 時，可得 $r = 2a\cos(\theta - \pi/2)$，也就是 $r = 2a\sin\theta$。後者請與範例 1 比較。

最後，假如一個圓錐曲線（橢圓、拋物線、或雙曲線）的焦點被放在極點且它的準線距離焦點 d 單位長，如圖 11，則方程 $|PF| = e|PL|$ 可寫成

$$r = e[d - r\cos(\theta - \theta_0)]$$

▲圖 11

或是

$$圓錐曲線：r = \frac{ed}{1 + e\cos(\theta - \theta_0)}$$

再一次，當 $\theta_0 = 0$ 和 $\theta_0 = \pi/2$ 時，特別有趣。特別是 $e = 1$，$d = 2$，且 $\theta_0 = 0$ 時，我們得到範例 2 中的方程式。

我們討論的結果總結於次頁的圖表中。

範例 5

求離心率為 $\frac{1}{2}$，焦點在極點，且鉛直準線在極點右邊 10 單位的水平橢圓的方程式。

解答：

$$r = \frac{\frac{1}{2} \cdot 10}{1 + \frac{1}{2}\cos\theta} = \frac{10}{2 + \cos\theta}$$

範例 6

確認並描繪 $r = \dfrac{7}{2 + 4\sin\theta}$ 的圖形。

解答：此方程式表示一個具有鉛直長軸的圓錐曲線。將它寫成極方程式圖形表中的型式，可得

$$r = \frac{7}{2 + 4\sin\theta} = \frac{\frac{7}{2}}{1 + 2\sin\theta} = \frac{2\left(\frac{7}{4}\right)}{1 + 2\sin\theta}$$

根據上式我們確認，這是一個離心率為 $e = 2$，焦點在極點，且水平準線在極軸上方 $\frac{7}{4}$ 單位之雙曲線的極方程式（圖 12）。

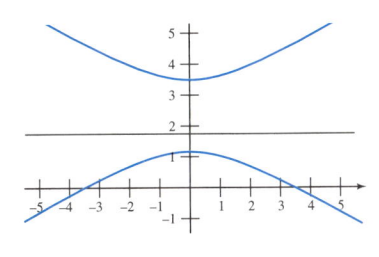

▲圖 12

極方程式總結

圖形種類	一般情況	$\theta_0 = 0$	$\theta_0 = \pi/2$
直線	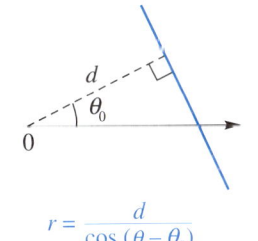 $r = \dfrac{d}{\cos(\theta - \theta_0)}$	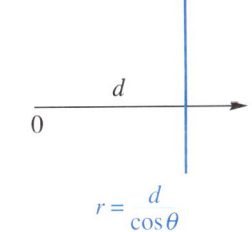 $r = \dfrac{d}{\cos\theta}$	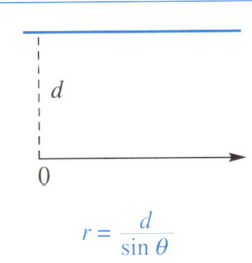 $r = \dfrac{d}{\sin\theta}$

| 圓 | $r = 2a\cos(\theta - \theta_0)$ | $r = 2a\cos\theta$ | $r = 2a\sin\theta$ |

| 橢圓 $(0 < e < 1)$
拋物線 $(e = 1)$
雙曲線 $(e > 1)$ | $r = \dfrac{ed}{1 + e\cos(\theta - \theta_0)}$ | $r = \dfrac{ed}{1 + e\cos\theta}$ | $r = \dfrac{ed}{1 + e\sin\theta}$ |

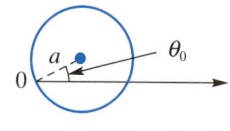

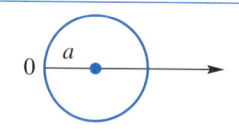

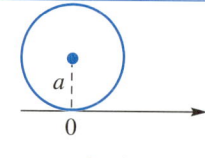

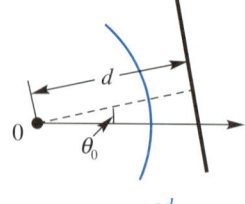

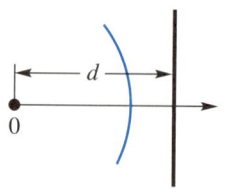

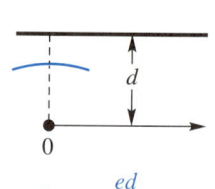

練習題 10.5

1. 畫出極坐標為 $(3, 2\pi)$，$\left(2, \dfrac{1}{2}\pi\right)$，$\left(4, -\dfrac{1}{3}\pi\right)$，$(0, 0)$，$(1, 54\pi)$，$\left(3, -\dfrac{1}{6}\pi\right)$，$\left(1, \dfrac{1}{2}\pi\right)$ 和 $\left(3, -\dfrac{3}{2}\pi\right)$ 的點。

2. 畫出極坐標為 $\left(3, \dfrac{9}{4}\pi\right)$，$\left(-2, \dfrac{1}{2}\pi\right)$，$\left(-2, -\dfrac{1}{3}\pi\right)$，$(-1, -1)$，$(1, -7\pi)$，$\left(-3, -\dfrac{1}{6}\pi\right)$，$\left(-2, -\dfrac{1}{2}\pi\right)$ 和 $\left(3, -\dfrac{33}{2}\pi\right)$ 的點。

3. 畫出極坐標如下列的點，請寫出每一個點的其他四個極坐標，兩個有正的 r，兩個有負的 r。
   (a) $\left(1, \dfrac{1}{2}\pi\right)$
   (b) $\left(-1, \dfrac{1}{4}\pi\right)$
   (c) $\left(\sqrt{2}, -\dfrac{1}{3}\pi\right)$
   (d) $\left(-\sqrt{2}, \dfrac{5}{2}\pi\right)$

4. 找出問題 4 中每一個點的直角坐標。

5. 找出直角坐標如下列之點的極坐標
   (a) $(3\sqrt{3}, 3)$
   (b) $(-2\sqrt{3}, 2)$
   (c) $(-\sqrt{2}, -\sqrt{2})$
   (d) $(0, 0)$

6-10 題中，描繪給定直角坐標方程式的圖形，然後求它的極方程式。

6. $x - 3y + 2 = 0$ 7. $x = 0$ 8. $y = -2$
9. $x - y = 0$ 10. $x^2 + y^2 = 4$

11-15 題中，求給定極方程式之圖形的直角坐標方程式。

11. $\theta = \dfrac{1}{2}\pi$ 12. $r = 3$ 13. $r\cos\theta + 3 = 0$

14. $r - 5\cos\theta = 0$

15. $r^2 - 6r\cos\theta - 4r\sin\theta + 9 = 0$

16-25 題中，說出給定極方程式所代表的曲線。若它是一個圓錐曲線，說出它的離心率。請繪圖。

16. $r = 6$ 17. $\theta = \dfrac{2\pi}{3}$ 18. $r = \dfrac{3}{\sin\theta}$

19. $r = \dfrac{-4}{\cos\theta}$ 20. $r = 4\sin\theta$

21. $r = -4\cos\theta$ 22. $r = \dfrac{4}{1 + \cos\theta}$

23. $r = \dfrac{4}{1 + 2\sin\theta}$ 24. $r = \dfrac{6}{2 + \sin\theta}$

25. $r = \dfrac{6}{4 - \cos\theta}$

10.6 極方程式的圖形

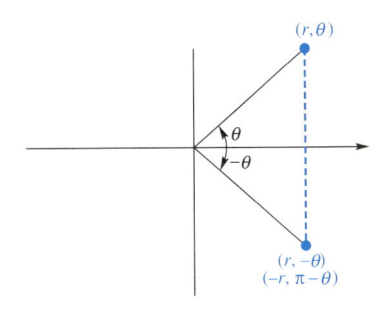

前一節所討論的極方程式產生了我們所熟悉的圖形，主要是直線、圓及圓錐曲線。現在我們將注意力轉移到更多變的圖形，心臟線（cardioids）、蚶線（limaçons）、雙紐線（lemniscates）、玫瑰線（roses）和螺線（spirals）。這些曲線的極方程式仍然非常簡單；但是對應的直角坐標方程式卻是十分複雜的。因此，我們看到具有超過一個坐標系的好處，有些曲線在某一個坐標系中具有簡單的方程式，其他曲線在另一個坐標系中有簡單的方程式。我們將在本書稍後的章節中介紹更多的坐標系。

對稱性可幫助我們瞭解一個圖形。關於極坐標中的對稱性，我們有一些檢定的方法。課文旁邊的一些圖形將協助你了解這些檢定法的由來

1. 若以 $(r, -\theta)$（或以 $(-r, \pi - \theta)$）代換 (r, θ) 之後，會產生一個同義的方程（圖1），則極方程的圖形對稱於 x 軸（極軸）。
2. 若以 $(-r, -\theta)$（或以 $(r, \pi - \theta)$）代換 (r, θ) 之後，會產生一個同義的方程（圖2），則極方程的圖形對稱於 y 軸（直線 $\theta = \pi/2$）。
3. 若以 $(-r, \theta)$（或以 $(r, \pi + \theta)$）代換 (r, θ) 之後，會產生一個同義的方程（圖3），則極方程的圖形對稱於原點（極點）。

心臟線與蚶線 我們考慮下列型式的方程式

$$r = a \pm b \cos \theta \qquad r = a \pm b \sin \theta$$

其中 a 和 b 是正數。它們的圖形稱為**蚶線（limaçons）**，特別當 $a = b$ 時稱為**心臟線（cardioids）**。典型的圖形如圖4所示。

範例 1

分析方程式 $r = 2 + 4\cos\theta$ 的對稱性並繪其圖形。

解答： 因為餘弦是一個偶函數（$\cos(-\theta) = \cos\theta$），所以圖形對稱於 x 軸。其他的對稱性檢定無效。圖5中有數值表及圖形。

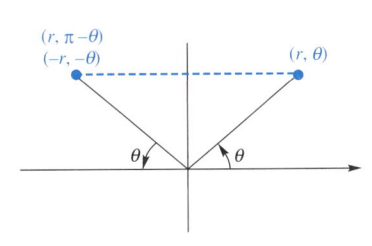

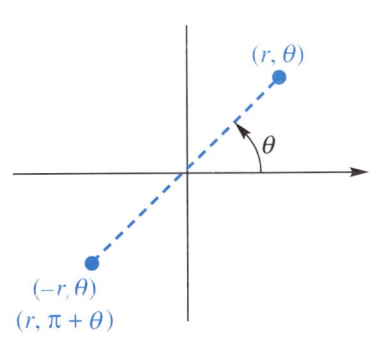

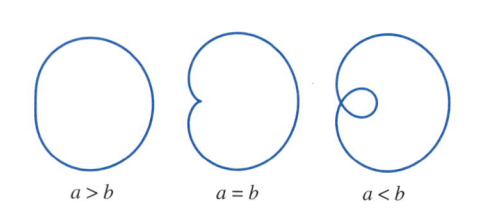

▲ 圖 4

θ	r
0	6
$\pi/6$	5.5
$\pi/3$	4
$\pi/2$	2
$7\pi/12$	1.0
$2\pi/3$	0
$3\pi/4$	−0.8
$5\pi/6$	−1.5
π	−2

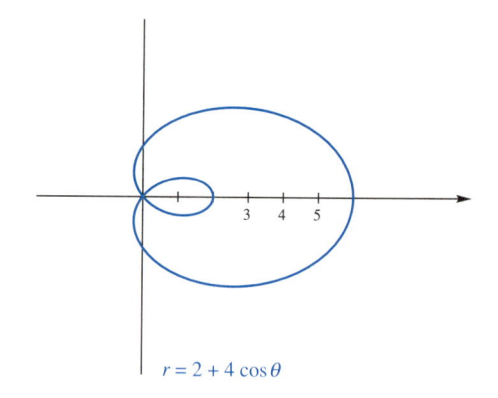

$r = 2 + 4\cos\theta$

▲ 圖 5

雙紐線　方程式 $r^2 = \pm a\cos 2\theta$　$r^2 = \pm a\sin 2\theta$ 的圖形是 8 字型曲線，叫做**雙紐線**（lemniscates）。

● **範例 2**

分析方程 $r^2 = 8\cos 2\theta$ 的對稱性並繪其圖形。

解答： 因為 $\cos(-2\theta) = \cos 2\theta$ 且
$$\cos[2(\pi - \theta)] = \cos(2\pi - 2\theta) = \cos(-2\theta) = \cos 2\theta$$

圖形對稱於兩條坐標軸。顯然它也對稱於原點。圖 6 中有數值表和圖形。

θ	r
0	± 2.8
$\pi/12$	± 2.6
$\pi/6$	± 2
$\pi/4$	0

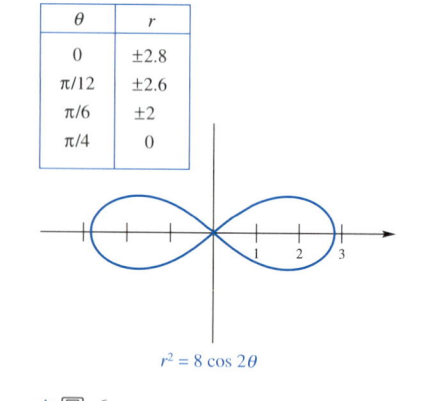

$r^2 = 8\cos 2\theta$

▲ 圖 6

玫瑰線　形如 $r = a\cos n\theta$ 和 $r = a\sin n\theta$ 的極方程代表花形曲線叫做**玫瑰線**（roses）。若 n 為奇數則玫瑰花有 n 片花瓣，若 n 為偶數則玫瑰花有 $2n$ 片花瓣。

● **範例 3**

分析 $r = 4\sin 2\theta$ 的對稱性並描繪其圖形。

解答： 你可以檢查 $r = 4\sin 2\theta$ 滿足所有的三個對稱性檢定。例如，它滿足檢定 1，因為
$$\sin 2(\pi - \theta) = \sin(2\pi - 2\theta) = -\sin 2\theta$$

所以用 $(-r, \pi - \theta)$ 代換 (r, θ) 會產生一個同義的方程式。

一個數值表及對應的圖形如圖 7 所示。曲線上之箭頭指出當 θ 從 0 增加到 2π 時，$P(r, \theta)$ 移動的方向。

圓錐曲線與極坐標 **Chapter 10** 473

θ	r	θ	r
0	0	$2\pi/3$	-3.5
$\pi/12$	2	$5\pi/6$	-3.5
$\pi/8$	2.8	π	0
$\pi/6$	3.5	$7\pi/6$	3.5
$\pi/4$	4	$4\pi/3$	3.5
$\pi/3$	3.5	$3\pi/2$	0
$3\pi/8$	2.8	$5\pi/3$	-3.5
$5\pi/12$	2	$11\pi/6$	-3.5
$\pi/2$	0	2π	0

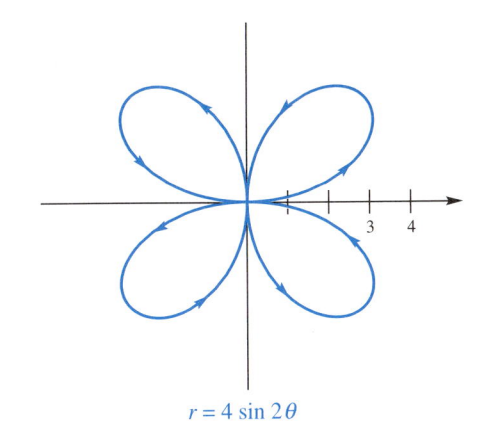

$r = 4\sin 2\theta$

▲圖 7

螺線 方程式 $r = a\theta$ 的圖形稱為**阿基米德螺線**（spiral of Archimedes）；$r = ae^{b\theta}$ 稱為一個**對數螺線**（logarithmic spiral）。

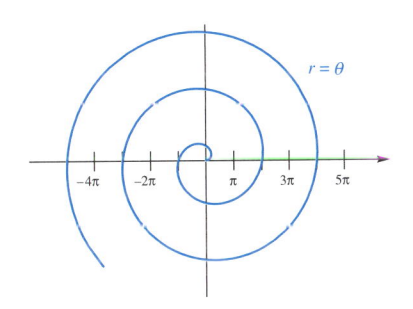

● **範例 4**

描繪 $r = \theta$，$\theta \geq 0$ 的圖形。

解答：我們略過數值表的建立，但是注意到圖形在 $(0, 0)$，$(2\pi, 2\pi)$，$(4\pi, 4\pi)$，… 都通過極軸，且在 (π, π)，$(3\pi, 3\pi)$，$(5\pi, 5\pi)$，…都通過極軸的反向射線（負 x 軸），如圖 8。

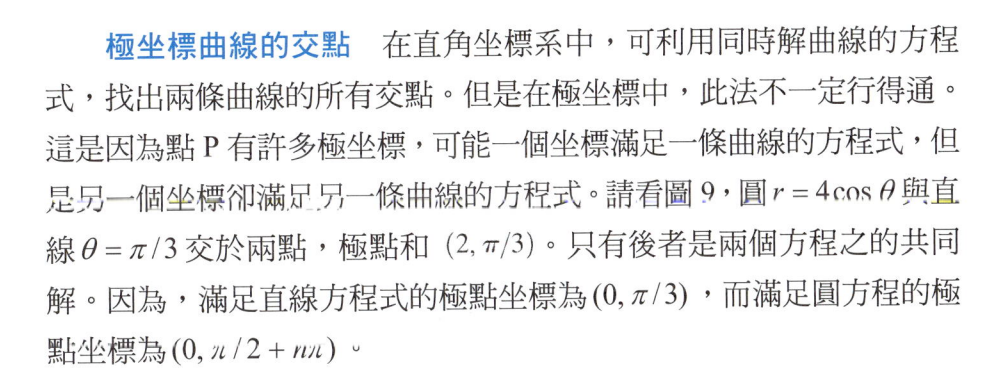

▲圖 8

極坐標曲線的交點 在直角坐標系中，可利用同時解曲線的方程式，找出兩條曲線的所有交點。但是在極坐標中，此法不一定行得通。這是因為點 P 有許多極坐標，可能一個坐標滿足一條曲線的方程式，但是另一個坐標卻滿足另一條曲線的方程式。請看圖 9，圓 $r = 4\cos\theta$ 與直線 $\theta = \pi/3$ 交於兩點，極點和 $(2, \pi/3)$。只有後者是兩個方程之的共同解。因為，滿足直線方程式的極點坐標為 $(0, \pi/3)$，而滿足圓方程的極點坐標為 $(0, \pi/2 + n\pi)$。

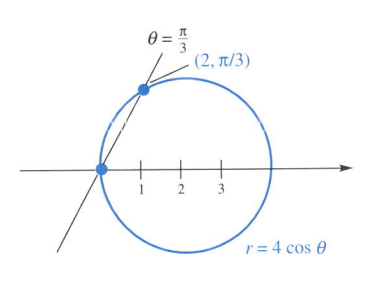

▲圖 9

我們的結論是：為了求給定極方程式之兩條曲線的所有交點，我們需要同時解方程式，然後小心地描繪兩個方程式的圖形以便找出其他可能的交點。

● **範例 5**

求兩條心臟線 $r = 1 + \cos\theta$ 和 $r = 1 - \sin\theta$ 的交點。

解答：若我們消去兩個方程中的 r，我們得到 $1 + \cos\theta = 1 - \sin\theta$。所以，$\cos\theta = -\sin\theta$，或 $\tan\theta = -1$。我們結論 $\theta = \frac{3}{4}\pi$ 或 $\theta = \frac{7}{4}\pi$，這會產生兩個交點 $\left(1 - \frac{1}{2}\sqrt{2}, \frac{3}{4}\pi\right)$ 和 $\left(1 + \frac{1}{2}\sqrt{2}, \frac{7}{4}\pi\right)$。圖 10 中的圖形顯示我們漏失了第三點，極點。理由是在 $r = 1 + \cos\theta$ 中，當 $\theta = \pi$ 時 $r = 0$，但在 $r = 1 - \sin\theta$ 中，當 $\theta = \pi/2$ 時 $r = 0$。

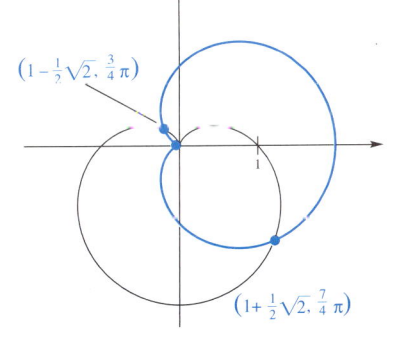

▲圖 10

■ 練習題 10.6

1-18 題中，請描繪給定極方程式的圖形並證明它的對稱性。

1. $\theta^2 - \pi^2/16 = 0$
2. $r\sin\theta + 4 = 0$
3. $r = 2\cos\theta$
4. $r = 4\sin\theta$
5. $r = \dfrac{2}{1-\cos\theta}$
6. $r = 3 - 3\cos\theta$ （心臟線）
7. $r = 5 - 5\sin\theta$ （心臟線）
8. $r = 1 - 2\sin\theta$ （蚶線）
9. $r = 4 - 3\cos\theta$ （蚶線）
10. $r^2 = 4\cos 2\theta$ （雙紐線）
11. $r^2 = 9\sin 2\theta$ （雙紐線）
12. $r^2 = -9\cos 2\theta$ （雙紐線）
13. $r = 5\cos 3\theta$ （3 瓣玫瑰線）
14. $r = 3\sin 3\theta$ （3 瓣玫瑰線）
15. $r = 6\sin 2\theta$ （4 瓣玫瑰線）
16. $r = 7\cos 5\theta$ （5 瓣玫瑰線）
17. $r = \dfrac{1}{2}\theta, \theta \geq 0$ （阿基米德螺線）
18. $r = e^\theta, \theta \geq 0$ （對數螺線）

19-22 題中，請描繪給定的曲線並求它們的交點。

19. $r = 6, r = 4 + 4\cos\theta$
20. $r = 1 - \cos\theta, r = 1 + \cos\theta$
21. $r = 3\sqrt{3}\cos\theta, r = 3\sin\theta$
22. $r = 5, r = \dfrac{5}{1 - 2\cos\theta}$

10.7 微積分在極坐標系

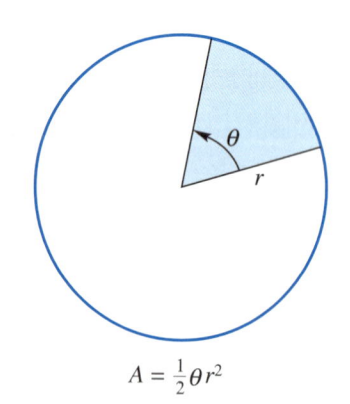

微積分中最基本的兩個問題是：決定一條切線的斜率及找出一個封閉區域的面積。我們將再一次考慮這兩個問題，但是，是在極坐標中。面積問題在本書剩下的部分中佔較大部分，所以我們先考慮面積問題。

在直角坐標系中，面積問題的討論基礎是矩形。在極坐標中，面積問題的討論基礎是扇形（像圖 1 中的扇形區域）。根據圓面積是 πr^2 之事實，我們推得圓心角為 θ 弧度的扇形面積為 $(\theta/2\pi)\pi r^2$；也就是

$$\boxed{\text{扇形的面積為：} A = \frac{1}{2}\theta r^2}$$

▲圖 1
$A = \frac{1}{2}\theta r^2$

圓錐曲線與極坐標　Chapter 10

面積在極坐標　首先，令 $r = f(\theta)$ 決定平面上的一條曲線，其中 f 是一個連續的非負函數，對於 $\alpha \leq \theta \leq \beta$ 且 $\beta - \alpha \leq 2\pi$。曲線 $r = f(\theta)$，$\theta = \alpha$ 和 $\theta = \beta$ 圍成一個區域 R（如圖 2 的左圖所示），我們要求出此區域的面積 $A(R)$。

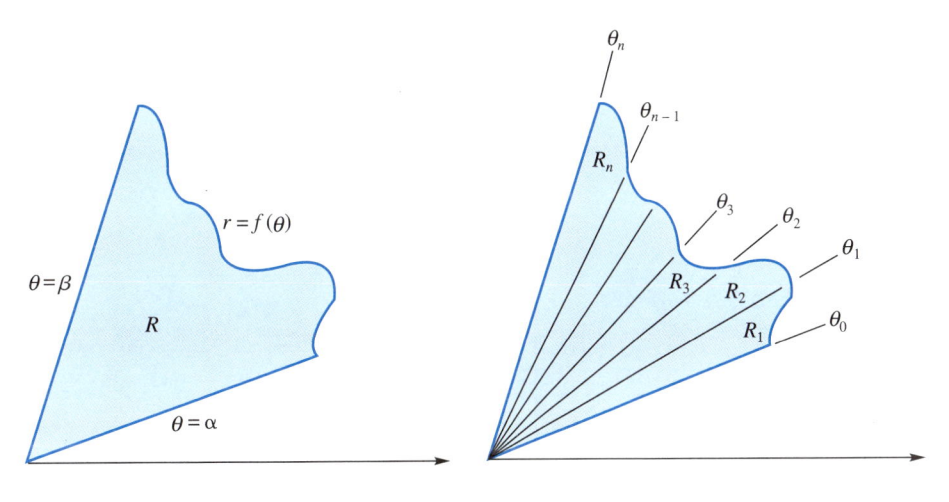

▲ 圖 2

採用 $\alpha = \theta_0 < \theta_1 < \theta_2 < \cdots < \theta_n = \beta$ 將區間 $[\alpha, \beta]$ 分割為 n 個子區間，這樣可將 R 切成 n 塊較小的扇形區域 R_1，R_2，$\cdots$，R_n，如圖 2 的右圖所示。顯然，$A(R) = A(R_1) + A(R_2) + \cdots + A(R_n)$。

我們估計第 i 塊切片的面積 $A(R_i)$；事實上，我們以兩種方法來進行。在第 i 個子區間 $[\theta_{i-1}, \theta_i]$ 上，f 分別在 u_i 和 v_i 得到它的極小值和極大值（圖 3）。所以，若 $\Delta \theta_i = \theta_i - \theta_{i-1}$ 則

$$\tfrac{1}{2}[f(u_i)]^2 \, \Delta \theta_i \leq A(R_i) \leq \tfrac{1}{2}[f(v_i)]^2 \, \Delta \theta_i$$

▲ 圖 3

所以

$$\sum_{i=1}^{n} \tfrac{1}{2}[f(u_i)]^2 \, \Delta \theta_i \leq \sum_{i=1}^{n} A(R_i) \leq \sum_{i=1}^{n} \tfrac{1}{2}[f(v_i)]^2 \, \Delta \theta_i$$

上列不等式的第一項和第三項都是積分 $\int_{\alpha}^{\beta} \tfrac{1}{2}[f(\theta)]^2 \, d\theta$ 的黎曼和。當我們令分割的範數趨近 0 時，我們（利用壓擠定理）可得到面積的公式

$$A = \tfrac{1}{2} \int_{\alpha}^{\beta} [f(\theta)]^2 \, d\theta$$

當然你可以直接背下此公式，但是我們建議你記下它的推導過程。事實上，你將注意到分割，估計，及積分也是極坐標面積問題的關鍵。

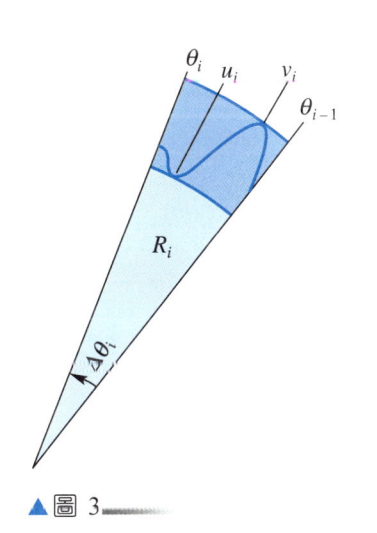

範例 1

求蚶線 $r = 2 + \cos\theta$ 內部區域的面積。

解答：圖形描繪於圖 4 中；注意 θ 從 0 變化到 2π。

為了求面積我們進行分割，估計，及積分。

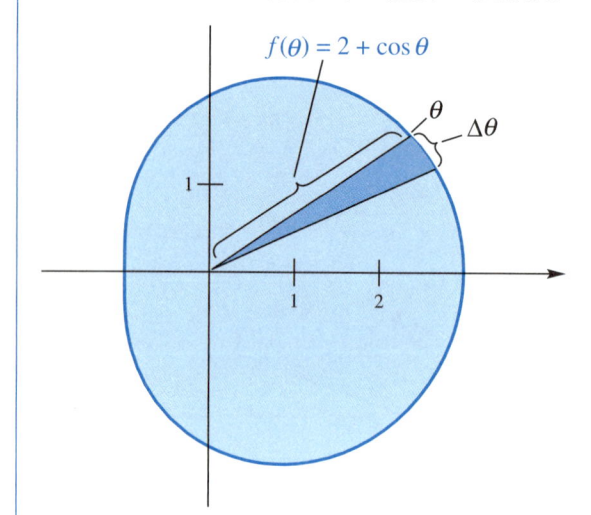

$\Delta A \approx \frac{1}{2}[f(\theta)]^2 \Delta\theta$

$A = \frac{1}{2}\int_0^{2\pi}(2+\cos\theta)^2 d\theta$

▲ 圖 4

根據對稱性，我們將 0 到 π 的積分乘 2，就可以得到 0 到 2π 的積分。所以，

$$A = \int_0^\pi (2+\cos\theta)^2 d\theta = \int_0^\pi (4 + 4\cos\theta + \cos^2\theta)\, d\theta$$

$$= \int_0^\pi 4\, d\theta + 4\int_0^\pi \cos\theta\, d\theta + \frac{1}{2}\int_0^\pi (1 + \cos 2\theta)\, d\theta$$

$$= \int_0^\pi \frac{9}{2}\, d\theta + 4\int_0^\pi \cos\theta\, d\theta + \frac{1}{4}\int_0^\pi \cos 2\theta \cdot 2\, d\theta$$

$$= \left[\frac{9}{2}\theta\right]_0^\pi + [4\sin\theta]_0^\pi + \left[\frac{1}{4}\sin 2\theta\right]_0^\pi$$

$$= \frac{9\pi}{2}$$

範例 2

求四瓣玫瑰線 $r = 4\sin 2\theta$ 的一片花瓣的面積。

解答：整朵完整的玫瑰線已在前一節的範例 3 中繪出。此處我們僅顯示第一象限的花瓣（圖 5）。所求面積為

$$A = \frac{1}{2}\int_0^{\pi/2} 16\sin^2 2\theta\, d\theta = 8\int_0^{\pi/2} \frac{1-\cos 4\theta}{2}\, d\theta$$

$$= 4\int_0^{\pi/2} d\theta - \int_0^{\pi/2} \cos 4\theta \cdot 4\, d\theta$$

$$= [4\theta]_0^{\pi/2} - [\sin 4\theta]_0^{\pi/2} = 2\pi$$

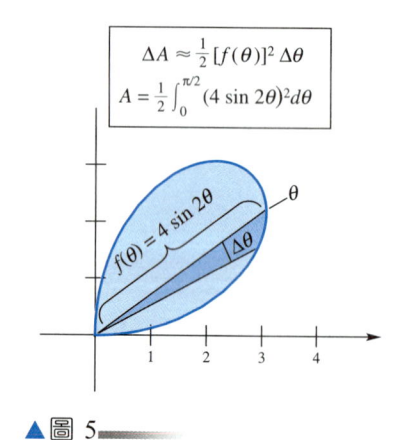

$\Delta A \approx \frac{1}{2}[f(\theta)]^2 \Delta\theta$

$A = \frac{1}{2}\int_0^{\pi/2}(4\sin 2\theta)^2 d\theta$

▲ 圖 5

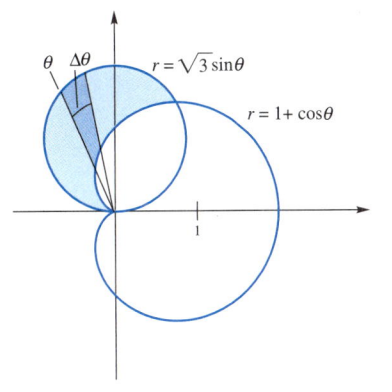

圓錐曲線與極坐標 **Chapter 10**   477

$$\Delta A \approx \frac{1}{2}[3\sin^2\theta - (1+\cos\theta)^2]\Delta\theta$$
$$A = \frac{1}{2}\int_{\pi/3}^{\pi}[3\sin^2\theta - (1+\cos\theta)^2]d\theta$$

▲ 圖 6

範例 3

求在心臟線 $r = 1 + \cos\theta$ 之外且在圓 $r = \sqrt{3}\sin\theta$ 之內的區域面積。

解答：這兩條曲線被描繪於圖 6 中。我們需要交點的 θ 坐標，讓我們試著解下列方程式。

$$1 + \cos\theta = \sqrt{3}\sin\theta$$
$$1 + 2\cos\theta + \cos^2\theta = 3\sin^2\theta$$
$$1 + 2\cos\theta + \cos^2\theta = 3(1 - \cos^2\theta)$$
$$4\cos^2\theta + 2\cos\theta - 2 = 0$$
$$2\cos^2\theta + \cos\theta - 1 = 0$$
$$(2\cos\theta - 1)(\cos\theta + 1) = 0$$

$$\cos\theta = \frac{1}{2} \text{ 或 } \cos\theta = -1$$

$$\theta = \frac{\pi}{3} \text{ 或 } \theta = \pi$$

分割，估計，及積分之後，可得

$$A = \frac{1}{2}\int_{\pi/3}^{\pi}[3\sin^2\theta - (1+\cos\theta)^2]d\theta$$

$$= \frac{1}{2}\int_{\pi/3}^{\pi}[3\sin^2\theta - 1 - 2\cos\theta - \cos^2\theta]d\theta$$

$$= \frac{1}{2}\int_{\pi/3}^{\pi}\left[\frac{3}{2}(1-\cos 2\theta) - 1 - 2\cos\theta - \frac{1}{2}(1+\cos 2\theta)\right]d\theta$$

$$= \frac{1}{2}\int_{\pi/3}^{\pi}[-2\cos\theta - 2\cos 2\theta]d\theta$$

$$= \frac{1}{2}[-2\sin\theta - \sin 2\theta]_{\pi/3}^{\pi}$$

$$= \frac{1}{2}\left[2\frac{\sqrt{3}}{2} + \frac{\sqrt{3}}{2}\right] = \frac{3\sqrt{3}}{4} \approx 1.299$$

切線在極坐標　在直角坐標系中，一條曲線的切線斜率為 $m = dy/dx$，我們馬上否決 $dr/d\theta$ 是極坐標系中與它對應的斜率公式。反而，若 $r = f(\theta)$ 決定一條曲線，我們寫成

$$y = r\sin\theta = f(\theta)\sin\theta$$
$$x = r\cos\theta = f(\theta)\cos\theta$$

所以，

$$\frac{dy}{dx} = \lim_{\Delta x \to 0}\frac{\Delta y}{\Delta x} = \lim_{\Delta\theta \to 0}\frac{\Delta y/\Delta\theta}{\Delta x/\Delta\theta} = \frac{dy/d\theta}{dx/d\theta}$$

也就是，

$$m = \frac{f(\theta)\cos\theta + f'(\theta)\sin\theta}{-f(\theta)\sin\theta + f'(\theta)\cos\theta}$$

當 $r = f(\theta)$ 的圖形通過極點時，剛才推得的公式可簡化。例如，對某個角 α，$r = f(\alpha) = 0$ 且 $f'(\alpha) \neq 0$，則在極點求 m 的公式為

$$m = \frac{f'(\alpha)\sin\alpha}{f'(\alpha)\cos\alpha} = \tan\alpha$$

因為直線 $\theta = \alpha$ 的斜率也是 $\tan\alpha$，可得直線 $\theta = \alpha$ 是此曲線在極點的切線。我們得到一個有用的事實：利用解方程式 $f(\theta) = 0$，可以找出曲線 $r = f(\theta)$ 在極點的切線。請看下例。

範例 4

考慮極方程式 $r = 4\sin 3\theta$。
(a) 求在 $\theta = \pi/6$ 和 $\theta = \pi/4$ 切線的斜率。
(b) 求在極點的切線。
(c) 描繪圖形
(d) 求一片花瓣的面積。

解答：

(a) $m = \dfrac{f(\theta)\cos\theta + f'(\theta)\sin\theta}{-f(\theta)\sin\theta + f'(\theta)\cos\theta} = \dfrac{4\sin 3\theta \cos\theta + 12\cos 3\theta \sin\theta}{-4\sin 3\theta \sin\theta + 12\cos 3\theta \cos\theta}$

在 $\theta = \pi/6$，

$$m = \frac{4\cdot 1 \cdot \dfrac{\sqrt{3}}{2} + 12\cdot 0 \cdot \dfrac{1}{2}}{-4\cdot 1 \cdot \dfrac{1}{2} + 12\cdot 0 \cdot \dfrac{\sqrt{3}}{2}} = -\sqrt{3}$$

在 $\theta = \pi/4$，

$$m = \frac{4\cdot \dfrac{\sqrt{2}}{2}\cdot \dfrac{\sqrt{2}}{2} - 12\cdot \dfrac{\sqrt{2}}{2}\cdot \dfrac{\sqrt{2}}{2}}{-4\cdot \dfrac{\sqrt{2}}{2}\cdot \dfrac{\sqrt{2}}{2} - 12\cdot \dfrac{\sqrt{2}}{2}\cdot \dfrac{\sqrt{2}}{2}} = \frac{2-6}{-2-6} = \frac{1}{2}$$

(b) 我們設定 $f(\theta) = 4\sin 3\theta = 0$ 並解之。可得切線為 $\theta = 0$，$\theta = \pi/3$，$\theta = 2\pi/3$，$\theta = \pi$，$\theta = 4\pi/3$，及 $\theta = 5\pi/3$。

(c) 注意到

$$\sin 3(\pi - \theta) = \sin(3\pi - 3\theta) = \sin 3\pi \cos 3\theta - \cos 3\pi \sin 3\theta = \sin 3\theta$$

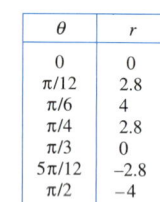

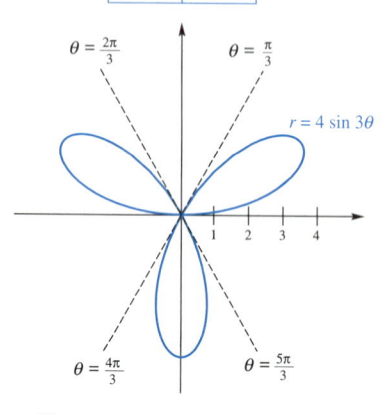

θ	r
0	0
$\pi/12$	2.8
$\pi/6$	4
$\pi/4$	2.8
$\pi/3$	0
$5\pi/12$	−2.8
$\pi/2$	−4

▲ 圖 7

可推得圖形對稱於 y 軸之後，我們建立一個數值表並且畫出圖形，見圖 7。

(d) $A = \dfrac{1}{2}\int_0^{\pi/3} (4\sin 3\theta)^2\, d\theta = 8\int_0^{\pi/3} \sin^2 3\theta\, d\theta$

$= 4\int_0^{\pi/3} (1 - \cos 6\theta)\, d\theta = 4\int_0^{\pi/3} d\theta - \dfrac{4}{6}\int_0^{\pi/3} \cos 6\theta \cdot 6\, d\theta$

$= \left[4\theta - \dfrac{2}{3}\sin 6\theta\right]_0^{\pi/3} = \dfrac{4\pi}{3}$

練習題 10.7

1-6 題中，描繪給定方程式的圖形，並求由它所圍成之區域的面積。

1. $r = a, a > 0$ 2. $r = 2a\cos\theta, a > 0$

3. $r = 5 + 4\cos\theta$ 4. $r = 3 + 3\sin\theta$

5. $r^2 = 6\cos 2\theta$ 6. $r^2 = 9\sin 2\theta$

7. 描繪蚶線 $r = 2 - 4\cos\theta$，並求在它內部環圈裡的區域面積。

8. 描繪三瓣玫瑰 $r = 4\cos 3\theta$，並求所有在它內部的區域面積。

9. 描繪在圓 $r = 2$ 的外部且在雙紐線 $r^2 = 8\cos 2\theta$ 的內部的區域，並求它的面積。

10. 求下列每一個曲線在 $\theta = \pi/3$ 的切線斜率。

(a) $r = 2\cos\theta$ (b) $r = 1 + \sin\theta$

(c) $r = \sin 2\theta$ (d) $r = 4 - 3\cos\theta$

Chapter 11 空間幾何與向量

本章概要

- 11.1　三度空間的笛卡兒坐標
- 11.2　向量
- 11.3　點積
- 11.4　叉積
- 11.5　向量值函數與曲線運動
- 11.6　三度空間中的直線與切線
- 11.7　曲率與加速度的分量
- 11.8　三度空間中的曲面
- 11.9　柱面坐標與球面坐標

11.1 三度空間的笛卡兒坐標

現在，我們進入微積分學習過程中的一個重要的轉捩點。到目前為止，我們的都是在平面（又稱為歐幾里得平面或二度空間）上作微積分之旅。對單變數函數，我們可在平面上畫出它的圖形，探討微積分的觀念。現在，我們將在三度空間作微積分的學習。我們將站在一個更高階的觀點，再一次討論所有我們熟悉的觀念，如極限、微分、積分。

我們由三條兩兩互相垂直且零點重疊（稱此點為原點）的直線 x-軸、y-軸、z-軸開始。雖然它們的方向可隨你高興而定，但是，我們還是依慣例，規定 y-軸的正向是向右，z-軸的正向是向上，那麼，x-軸就是一條垂直此書面的直線，且規定指向我們的方向是它的正向。如此我們就得到一個符合右手法則（right-handed system）的坐標系。稱之為符合右手法則是因為，當我們右手的四個指頭，食指至小指頭，由 x-軸正向掃至 y-軸正向時，拇指所指的方向就是 z-軸正向，見圖 1。

這三條坐標軸決定了三個平面，yz-平面、xz-平面、xy-平面，這三個平面又將空間分割成八個卦限，見圖 2。空間中的每一個點 P 都對應到一個有序三數 (x, y, z) ── 稱為點 P 的笛卡兒坐標（cartesian coordinates），而此三數分別指出點 P 至 yz-平面、xz-平面、xy-平面的距離，見圖 3。

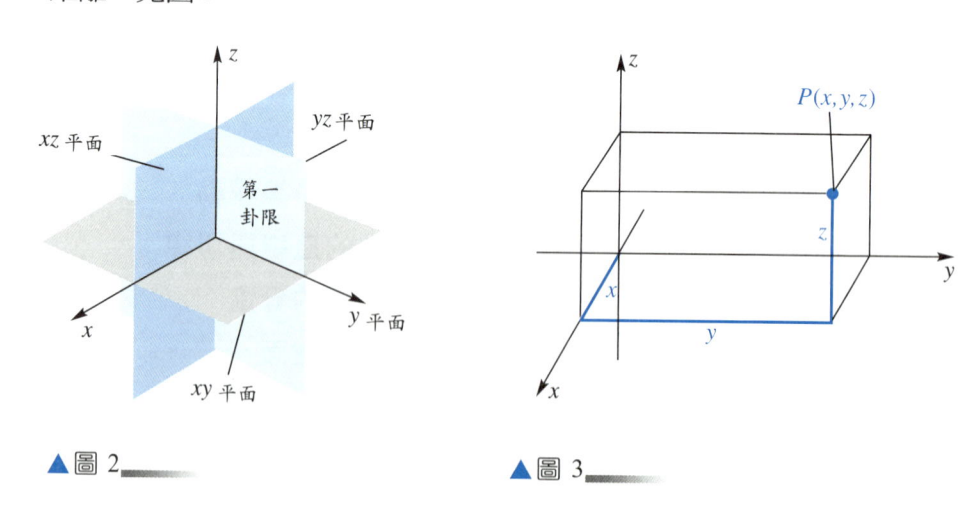

▲圖 1

▲圖 2

▲圖 3

在第一卦限中，三坐標都是正的，描點是簡單的工作，但是在其他卦限描點就不是那麼容易了，圖 4 與圖 5 中，我們分別描了點 $P(2, -3, 4)$ 與點 $Q(-3, 2, -5)$。

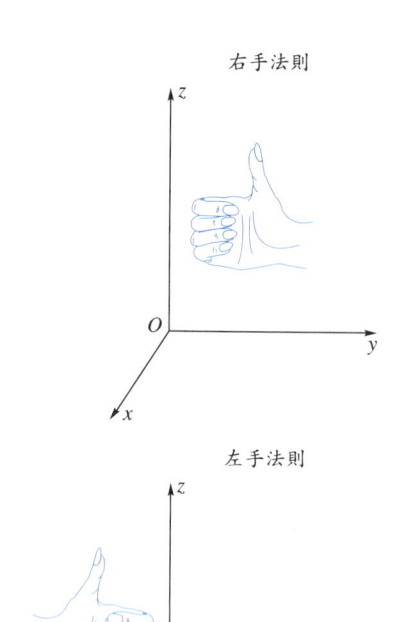

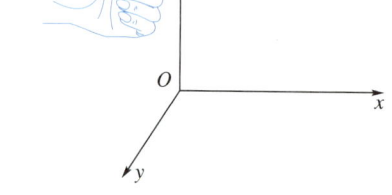

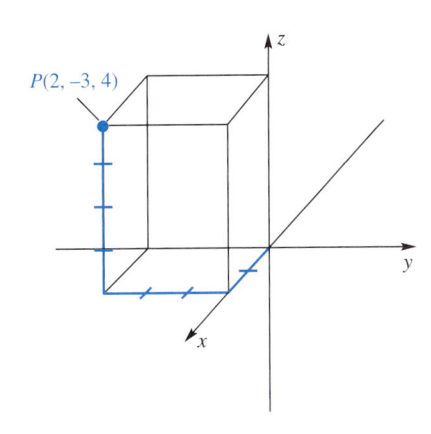

空間幾何與向量 Chapter 11　483

▲ 圖 4

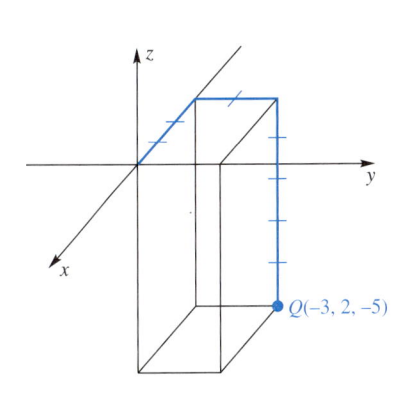

▲ 圖 5

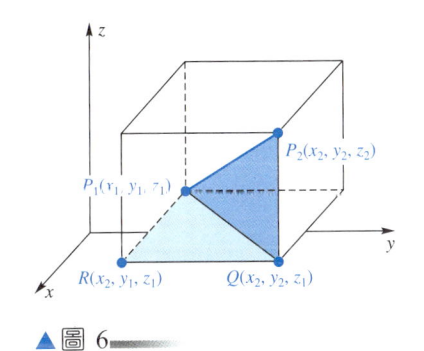

▲ 圖 6

距離公式　考慮空間中的兩相異點 $P_1(x_1, y_1, z_1)$ 與 $P_2(x_2, y_2, z_2)$，$(x_1 \neq x_2, y_1 \neq y_2, z_1 \neq z_2)$ 這兩點可決定一個以 P_1, P_2 為對角頂點且八個邊皆平行於坐標軸的矩形體，也就是平行六面體（parallelepided），見圖 6。圖 6 中的三角形 P_1QP_2 與三角形 P_1RQ 為直角三角形，由畢氏定理可得

$$|P_1P_2|^2 = |P_1Q|^2 + |QP_2|^2$$

與

$$|P_1Q|^2 = |P_1R|^2 + |RQ|^2$$

因此

$$|P_1P_2|^2 = |P_1R|^2 + |RQ|^2 + |QP_2|^2$$
$$= (x_2 - x_1)^2 + (y_2 - y_1)^2 + (z_2 - z_1)^2$$

這樣，我們就得到一個即使有某些相同坐標仍然適用的三度空間距離公式。

$$|P_1P_2| = \sqrt{(x_2 - x_1)^2 + (y_2 - y_1)^2 + (z_2 - z_1)^2}$$

範例 1

求圖 4 與圖 5 中的點 $P(2, -3, 4)$ 與點 $Q(-3, 2, -5)$ 之間的距離。

解答：
$$|PQ| = \sqrt{(-3-2)^2 + (2+3)^2 + (-5-4)^2} = \sqrt{131} \approx 11.45$$

球及其方程式　由距離公式到球的方程式只是一小步，說到球（sphere），我們的意思是指空間中到某一定點的距離為某一定值的所有點所成的集合，稱此定點為球心，此定值為半徑。而平面上的圓是平面上到某一定點的距離為某一定值的所有點所成的集合。事實上，假如 (x, y, z) 是以 (h, k, l) 為球心，以 r 為半徑的球上之一點，則

$$(x - h)^2 + (y - k)^2 + (z - l)^2 = r^2$$

我們稱此式為球的標準式，見圖 7。將球的標準式展開可得

$$x^2 + y^2 + z^2 + Gx + Hy + Iz + J = 0$$

反之，上式的圖形卻可以是一個球、一點，即退化球，或是空集合。想一窺究竟，可看下列範例。

什麼是球？

我們已經定義球是一個到某一點等距離的所有點所成集合。也就是，那些滿足 $(x - h)^2 + (y - k)^2 + (z - l)^2 = r^2$ 的點 (x, y, z)。有時我們用圓來表示圓周上與圓周內的所有點，例如，我們說圓的面積為 πr^2 時所指的圓。同樣地，有時我們用球來表示球與球內的所有點，即所謂的實心球。換句話說，有時球是指滿足 $(x - h)^2 + (y - k)^2 + (z - l)^2 \leq r^2$ 的點。當我們說一個球球的體積為 $\frac{4}{3}\pi r^3$ 時，我們是指後者。一個問題的內容中應該明確指出討論的是何者，球或實心球。

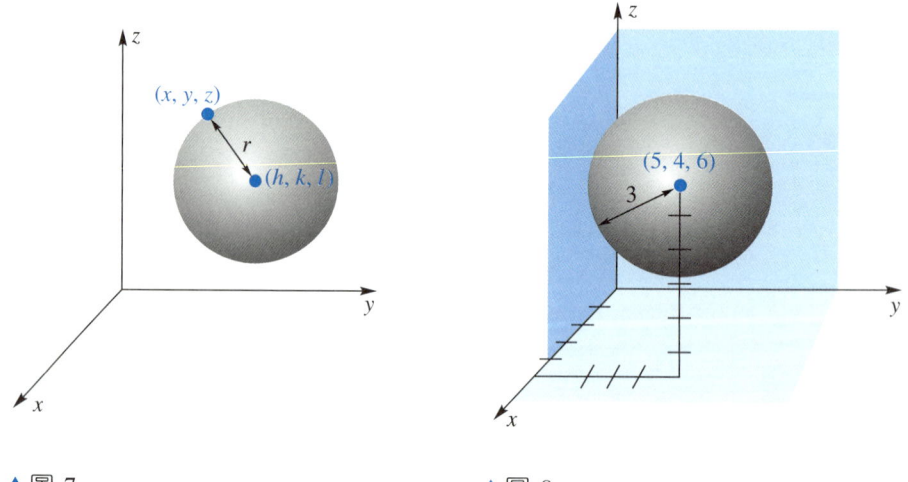

▲ 圖 7　　▲ 圖 8

範例 2

求方程式 $x^2 + y^2 + z^2 - 10x - 8y - 12z + 68 = 0$ 所代表的球的球心與半徑，並畫出圖形。

解答：利用配方法可得

$(x^2 - 10x +\ \ ) + (y^2 - 8y +\ \ ) + (z^2 - 12z +\ \ ) = -68$

$(x^2 - 10x + 25) + (y^2 - 8y + 16) + (z^2 - 12z + 36) = -68 + 25 + 16 + 36$

$(x - 5)^2 + (y - 4)^2 + (z - 6)^2 = 9$

因此，此方程式所代表的球的球心為 $(5, 4, 6)$ 半徑為 3，其圖形見圖 8。

假如，範例 2 中完成配方法後，方程式變成

$$(x-5)^2 + (y-4)^2 + (z-6)^2 = 0$$

則其圖形為一點 (5, 4, 6)；假如，右邊為負數，則其圖形為空集合。

另一個由可由距離公式推導的簡單結果是中點公式（Midpoint Formula）。假如 $P_1(x_1, y_1, z_1)$ 與 $P_2(x_2, y_2, z_2)$ 是一線段的端點，則此線段的中點 $M(m_1, m_2, m_3)$ 之坐標為

$$m_1 = \frac{x_1 + x_2}{2}, \qquad m_2 = \frac{y_1 + y_2}{2}, \qquad m_3 = \frac{z_1 + z_2}{2}$$

換句話說，欲求一線段的中點，只需取兩端點對應坐標的平均值即可。

範例 3

求以連接 $(-1, 2, 3)$ 與 $(5, -2, 7)$ 的線段為直徑的球之方程式（圖 9）。

解答：球的中心是此線段的中點，也就是點 $(2, 0, 5)$；半徑 r 滿足
$$r^2 = (5-2)^2 + (-2-0)^2 + (7-5)^2 = 17$$
我們得到球之方程式為
$$(x-2)^2 + y^2 + (z-5)^2 = 17$$

▲圖 9

三度空間中的圖形 雖然因為距離公式的關係，我們首先考慮二次方程式。但是，我們認定以 x、y 與 z 為變數的線性方程式，也就是形如下式的式子

$$Ax + By + Cz = D, \quad A^2 + B^2 + C^2 \neq 0$$

應該是比較容易分析。注意，$A^2 + B^2 + C^2 \neq 0$ 是 A, B, C 不同時為零的簡易說法！事實上，我們將在 11.3 節中說明一個線性方程式的圖形是一個平面。目前，把敘述視為理所當然，我們來看看如何做其圖。

通常平面與三條坐標軸皆有交點，在此情況下，我們就由找出此三交點開始，即找出 x-截距、y-截距與 z-截距。這三點可決定一平面，也可使我們畫出所求平面與各坐標平面的相交直線，稱為描跡（traces）。然後用一點小技巧，我們就可以塗抹出所求平面。

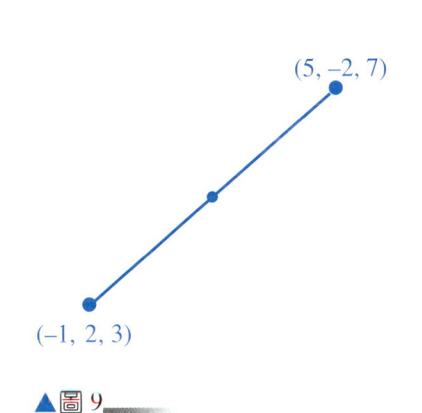

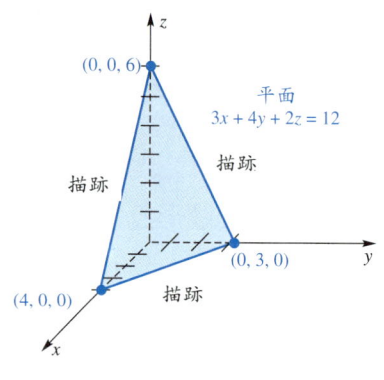

▲圖 10

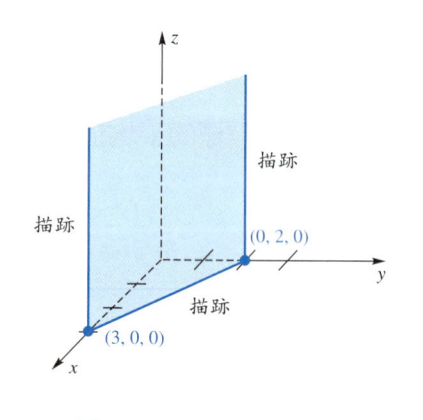

▲圖 11

範例 4

請畫出 $3x + 4y + 2z = 12$ 的圖形。

解答：令 y 與 z 為 0，解 x，得 $x = 4$，這就是 x–截距，對應的點為 $(4, 0, 0)$。同理，y–截距與 z–截距分別是 $(0, 3, 0)$ 與 $(0, 0, 6)$。下一步，連接這些點得此平面與各坐標平面的相交直線，描跡。圖 10 所示陰影部份為平面在第一卦限的部分。

當平面與三條坐標軸皆沒有交點時，又是什麼情況？方程式中少一個變數時，是其中的一例。

範例 5

請在三度空間中畫出 $2x + 3y = 6$ 的圖形。

解答：x–截距與 y–截距分別是 $(3, 0, 0)$ 與 $(0, 2, 0)$ 此兩點決定了 xy–平面上的跡。此平面恆不與 z–軸相交，x 與 y 不可同時為 0，所以，此平面平行 z–軸。我們在圖 11 中畫出此平面。

注意，以上各題中，三度空間中方程式的圖形是曲面。這可相對於二度空間中方程式的圖形是曲線。在 11.8 節中，我們將詳細討論方程式的作圖及與之相對的曲面。

三度空間中的曲線 5.4 節中，我們將平面曲線參數化。此概念可輕易地推廣至三度空間，三度空間中的曲線可由參數式決定

$$x = f(t), \quad y = g(t), \quad z = h(t); \quad a \le t \le b$$

當 $f'(t)$、$g'(t)$ 與 $h'(t)$ 存在且不皆為 0 時，我們稱此曲線為平滑曲線（smooth）。

弧長的概念也可輕易地推廣至三度空間的曲線。上述參數式所代表曲線的弧長為

$$L = \int_a^b \sqrt{[f'(t)]^2 + [g'(t)]^2 + [h'(t)]^2}\, dt$$

t	x	y	z
0	1	0	0
$\frac{\pi}{4}$	$\frac{\sqrt{2}}{2}$	$\frac{\sqrt{2}}{2}$	$\frac{1}{4}$
$\frac{\pi}{2}$	0	1	$\frac{1}{2}$
$\frac{3\pi}{4}$	$-\frac{\sqrt{2}}{2}$	$\frac{\sqrt{2}}{2}$	$\frac{3}{4}$
π	-1	0	1
$\frac{5\pi}{4}$	$-\frac{\sqrt{2}}{2}$	$-\frac{\sqrt{2}}{2}$	$\frac{5}{4}$
$\frac{3\pi}{2}$	0	-1	$\frac{3}{2}$
$\frac{7\pi}{4}$	$\frac{\sqrt{2}}{2}$	$-\frac{\sqrt{2}}{2}$	$\frac{7}{4}$
2π	1	0	2

● 範例 6

一物體在時間為 t 時的位置由下列參數式描述，請作此曲線的圖，並求其弧長。

$$x = \cos t \text{ , } y = \sin t \text{ , } z = t/\pi \text{ , } 0 \leq t \leq 2\pi$$

解答：

$$\begin{aligned} L &= \int_0^{2\pi} \sqrt{(-\sin t)^2 + (\cos t)^2 + (1/\pi)^2}\, dt \\ &= \int_0^{2\pi} \sqrt{\sin^2 t + \cos^2 t + 1/\pi^2}\, dt \\ &= \int_0^{2\pi} \sqrt{1 + 1/\pi^2}\, dt \\ &= 2\pi\sqrt{1 + 1/\pi^2} \end{aligned}$$

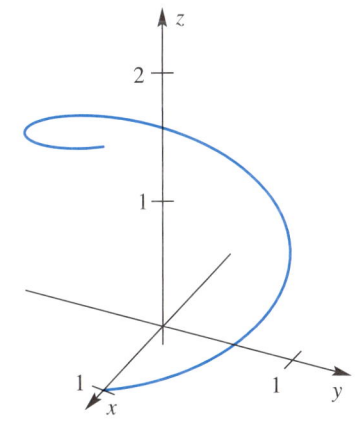

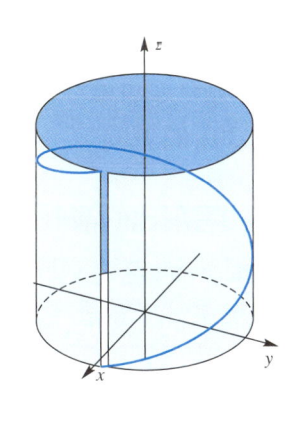

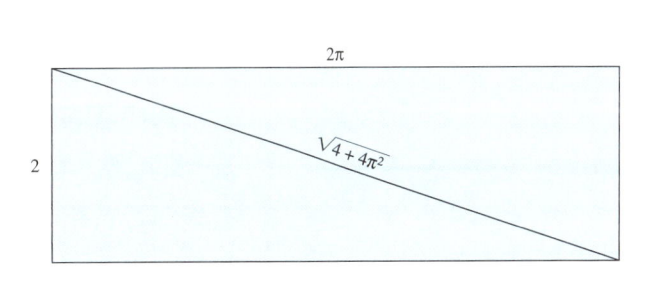

▲圖 12　　　　▲圖 13

練習題 11.1

1. 標示出下列各點：$(1, 2, 3), (2, 0, 1), (-2, 4, 5), (0, 3, 0)$ 與 $(-1, -2, -3)$，若可能的話，請畫出如範例 4 及範例 5 的 "盒子"。

2. 所有 yz–平面上之點的坐標有何特色？z 軸上的點呢？

3. 所有 xz–平面上之點的坐標有何特色？y 軸上的點呢？

4. 求點 $(2, 3, -1)$ 到下列各指定的距離
   (a) xy-平面　　(b) y 軸　　(c) 原點

5. 已知一個與 xy-平面相切的球之球心為 $(2, 4, 5)$，求出此球的方程式。

6-7 題中，完成平方，然後找出給定方程式所代表之球的球心與半徑。

6. $x^2 + y^2 + z^2 - 12x + 14y - 8z + 1 = 0$

7. $4x^2 + 4y^2 + 4z^2 - 4x + 8y + 16z - 13 = 0$

8-11 題中，完成平方式後，找出給定方程式所代表之球的球心與半徑。（範例 2）

8. $2x+6y+3z=12$

9. $x+3y-z=6$

10. $x+3y=8$

11. $3x+4z=12$

12. $x=t, y=t, z=2t; 0 \le t \le 2$

13. $x=t^{3/2}, y=3t, z=4t; 1 \le t \le 4$

12-13 題中，求出各給定曲線的弧長。

14. 求以連接 $(-2, 3, 6)$ 與 $(4, -1, 5)$ 之線段為直徑之球的方程式（範例 3）。

11.2　向量

　　許多在科學中產生的量（如長度、質量、體積及電荷）可用一個數字來指明，這些量及那些度量它們的數字，稱為 純量（scalars）。其他的量，如速度、力、扭力及位移，需要大小與方向才能做完整的描述，我們稱這樣的量為 向量（vectors），且以箭頭，即有向線段，表示之。箭頭的長度代表向量的 大小（magnitude）或長度，它的方向就是向量的 方向（direction）。圖 1 中，向量長度為 2.3 單位且方向為東北 30°，也就是由 x 軸正向量起 30° 的方向。

　　我們畫的箭頭，與由弓射出的箭一樣，有兩個末端。有羽毛的那一端，即起點，稱為 尾（tail），而尖端，即終點，稱為 頭（head），見圖 2。若兩向量有相同的大小與方向，就稱它們為 相等（equivalent），見圖 3。我們將用粗體字母代表向量，如 **u** 與 **v**。因為這種字型在一般的書寫中難以完成，所以可採用另一寫法，$\vec{u}$ 與 $\vec{v}$。而向量 **u** 的大小（或長度）以 $\|\mathbf{u}\|$ 表示。

　　通常，我們是在三度空間中考慮向量，也就是它們的起點與終點都是在三度空間中的點。然而在許多的應用中，所討論的向量是在 xy-平面上的。所以，一個問題的內容中應該指出，討論的是二度還是三度空間中的向量。

　　向量的運算　要求出 **u** 與 **v** 的 和（sum），我們在不改變大小、方向的情況下移動 **v**，使它的尾與 **u** 的頭重疊，則由 **u** 的尾至 **v** 的頭的向量就是 **u** + **v**。圖 4 的左邊說明了此方法，稱為 三角形定律）Triangle Law）。

　　另有一個求 **u** + **v** 的方法，移動 **v** 使它的尾與 **u** 的尾重疊，則 **u** + **v** 就是以此重疊尾為尾，且與以 **u**，**v** 為邊的平形四邊形之對角線重合的向量。圖 4 的左邊說明了此方法，稱為 平形四邊形定律（Parallelogram Law）。

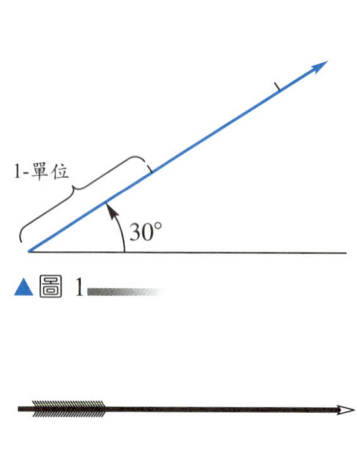

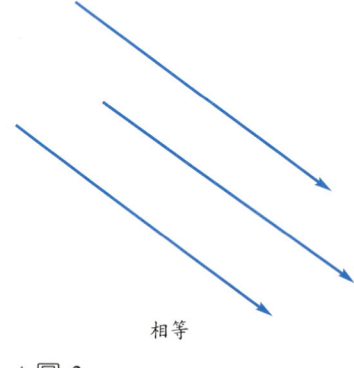

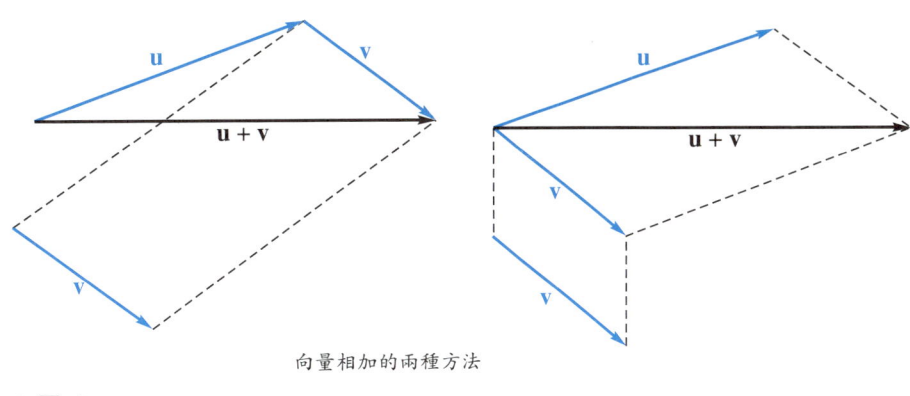

▲ 圖 4

向量相加的兩種方法

這兩種方法對兩向量的和所做的定義是一致的。你應該相信向量的加法具有交換律及結合律，也就是

$$u + v = v + u$$
$$(u + v) + w = u + (v + w)$$

假如 u 是一個向量，則 3u 是一個與 u 同向，長為其長度的 3 倍的向量，而 −2u 是一個與 u 反向，長為其長度的 2 倍的向量。一般而言，u 的**純量乘積**（scalar multiple）cu 的大小為 $|c|$ 乘以 u 的大小，方向為與 u 同向或反向，取決於 c 是正或負。特地指出，(−1)u 與 u 等長但是反向，稱為 u 的**反元素**（negative），常寫成 −u。因為將它與 u 相加，結果只是一點。而一點稱為**零向量**（zero vector），以 0 表示，它是唯一沒有適當定義出方向的向量。它是加法單位元素，也就是 u + 0 = 0 + u = u。最後，減法的定義為

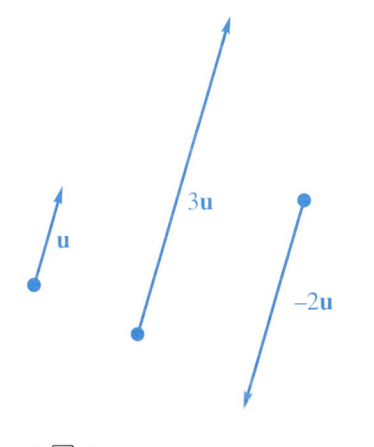

$$u - v = u + (-v)$$

▲ 圖 5

範例 1

請在圖 6 中，以 u、v 表示 w。

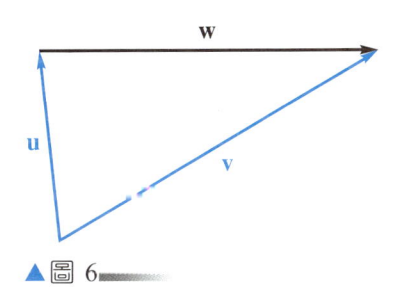

解答：因為 u + w = v，所以

$$w = v - u$$

若 P 與 Q 是平面上的點，則 $\overrightarrow{PQ}$ 表示尾為 P，頭為 Q 的向量。

▲ 圖 6

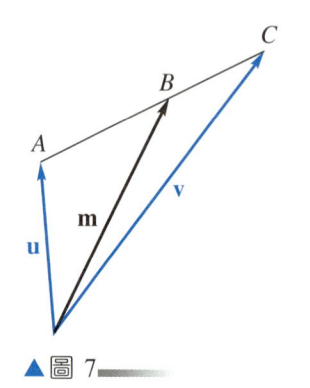

▲ 圖 7

▲ 圖 8

▲ 圖 9

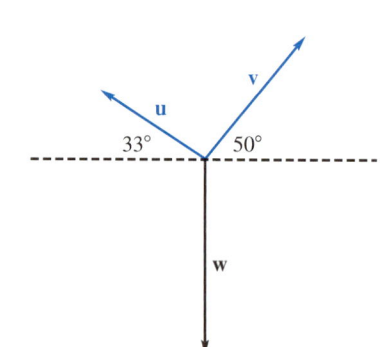

▲ 圖 10

範例 2

圖 7 中，$\overrightarrow{AB} = \frac{2}{3}\overrightarrow{AC}$，請以 **u**，**v** 表示 **m**。

解答：

$$\mathbf{m} = \mathbf{u} + \overrightarrow{AB} = \mathbf{u} + \frac{2}{3}\overrightarrow{AC} = \mathbf{u} + \frac{2}{3}(\mathbf{v} - \mathbf{u}) = \frac{1}{3}\mathbf{u} + \frac{2}{3}\mathbf{v}$$

更一般化，若 $\overrightarrow{AB} = t\overrightarrow{AC}$ 其中 $0 < t < 1$ 則

$$\mathbf{m} = (1-t)\mathbf{u} + t\mathbf{v}$$

所得 **m** 的表示式也可寫成

$$\mathbf{u} + t(\mathbf{v} - \mathbf{u})$$

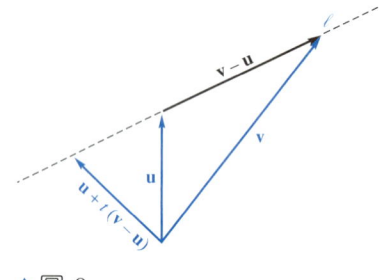

若 t 可為所有純量，我們可得與 **u** 同尾且頭在直線 ℓ 上的所有向量，見圖 8。這個事實在以後利用向量討論直線時將很重要。

應用 力具備大小與方向。假如 **u** 與 **v** 兩力作用在一點，則作用在此點的合力為此兩向量的向量和。

範例 3

如圖 9 所示，一個 200 牛頓的重物用兩條繩子支撐，請找出每一條繩子上的張力大小。

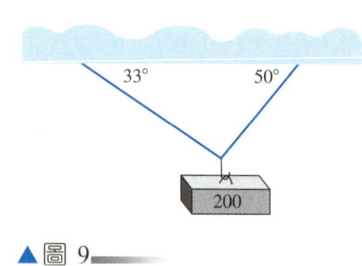

解答：所有的力都在同一平面上，所以問題中的向量為二度空間向量。負載 **w** 與兩張力 **u**、**v** 是圖 10 中所示向量，其中每一個向量都可表示為水平分量與垂直分量的和向量。這是一個平穩狀態，所以 (1) 向左的分量與向右的分量大小相等，(2) 向上的分量與向下的分量大小相等。換句話說，淨力為 0，所以

(1) $\qquad \|\mathbf{u}\|\cos 33° = \|\mathbf{v}\|\cos 50°$

(2) $\qquad \|\mathbf{u}\|\sin 33° + \|\mathbf{v}\|\sin 50° = \|\mathbf{w}\| = 200$

解 (1) 中的 $\|\mathbf{v}\|$，代入 (2)，可得

$$\|\mathbf{u}\|\sin 33° + \frac{\|\mathbf{u}\|\cos 33°}{\cos 50°}\sin 50° = 200$$

或

$$\|\mathbf{u}\| = \frac{200}{\sin 33° + \cos 33° \tan 50°} \approx 129.52 \text{ 牛頓}$$

所以

$$\|\mathbf{v}\| = \frac{\|\mathbf{u}\|\cos 33°}{\cos 50°} \approx \frac{129.52 \cos 33°}{\cos 50°} \approx 168.99 \text{ 牛頓}$$

u 與 ⟨u₁, u₂⟩ 的同一性

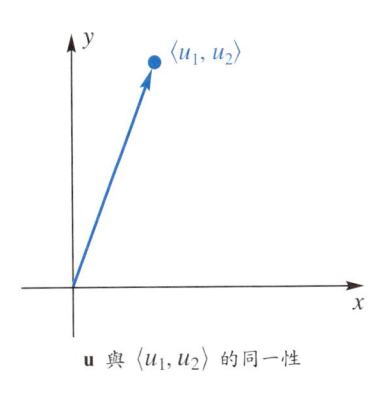

▲ 圖 11

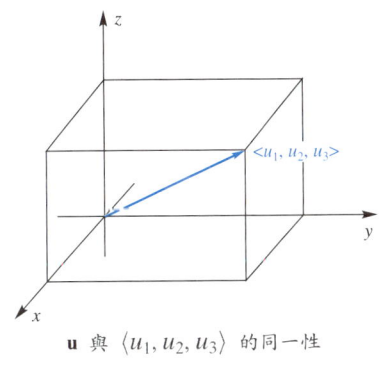

u 與 ⟨u₁, u₂, u₃⟩ 的同一性

▲ 圖 12

向量的代數方法　對一個給定平面向量 **u**，我們用一個尾在原點的箭頭表示之，見圖 11。此箭頭由頭的坐標 u_1 與 u_2 來決定，也就是，向量 **u** 可完全由有序對 $\langle u_1, u_2 \rangle$ 描述之。數字 u_1 與 u_2 就稱為向量 **u** 的**分量（components）**。為了區分，我們用 $\langle u_1, u_2 \rangle$ 表示起始於原點終止於坐標為 u_1 與 u_2 之點的向量，用 (u_1, u_2) 表示坐標為 u_1 與 u_2 的點。

推廣到三度空間中的向量的工作是很直接的。我們用一個起始於原點，終止於坐標為 u_1、u_2 及 u_3 之點的箭頭表示向量，並以 $\langle u_1, u_2, u_3 \rangle$ 表示之，見圖 12。本節接下來的內容中，我們討論三度空間向量的性質，二度空間向量的結果是顯而易見的。

當對應的坐標相等，也就是 $u_1 = v_1$，$u_2 = v_2$ 且 $u_3 = v_3$ 時，向量 $\mathbf{u} = \langle u_1, u_2, u_3 \rangle$ 與 $\mathbf{v} = \langle v_1, v_2, v_3 \rangle$ 相等。純量 c 乘以向量 **u** 的意思是每一個分量都乘以 c，也就是

$$c\mathbf{u} = \mathbf{u}c = \langle cu_1, cu_2, cu_3 \rangle$$

符號 $-\mathbf{u}$ 是指向量 $(-1)\mathbf{u} = \langle -u_1, -u_2, -u_3 \rangle$。所有分量皆為 0 的向量就稱為零向量，也就是，$\mathbf{0} = \langle 0, 0, 0 \rangle$，兩向量 **u** 與 **v** 的和為

$$\mathbf{u} + \mathbf{v} = \langle u_1 + v_1, u_2 + v_2, u_3 + v_3 \rangle$$

向量 $\mathbf{u} - \mathbf{v}$ 定義為

$$\mathbf{u} - \mathbf{v} = \mathbf{u} + (-1)\mathbf{v} = \langle u_1 - v_1, u_2 - v_2, u_3 - v_3 \rangle$$

圖 13 說明這些代數定義與本節稍早討論的幾何定義是同義的。

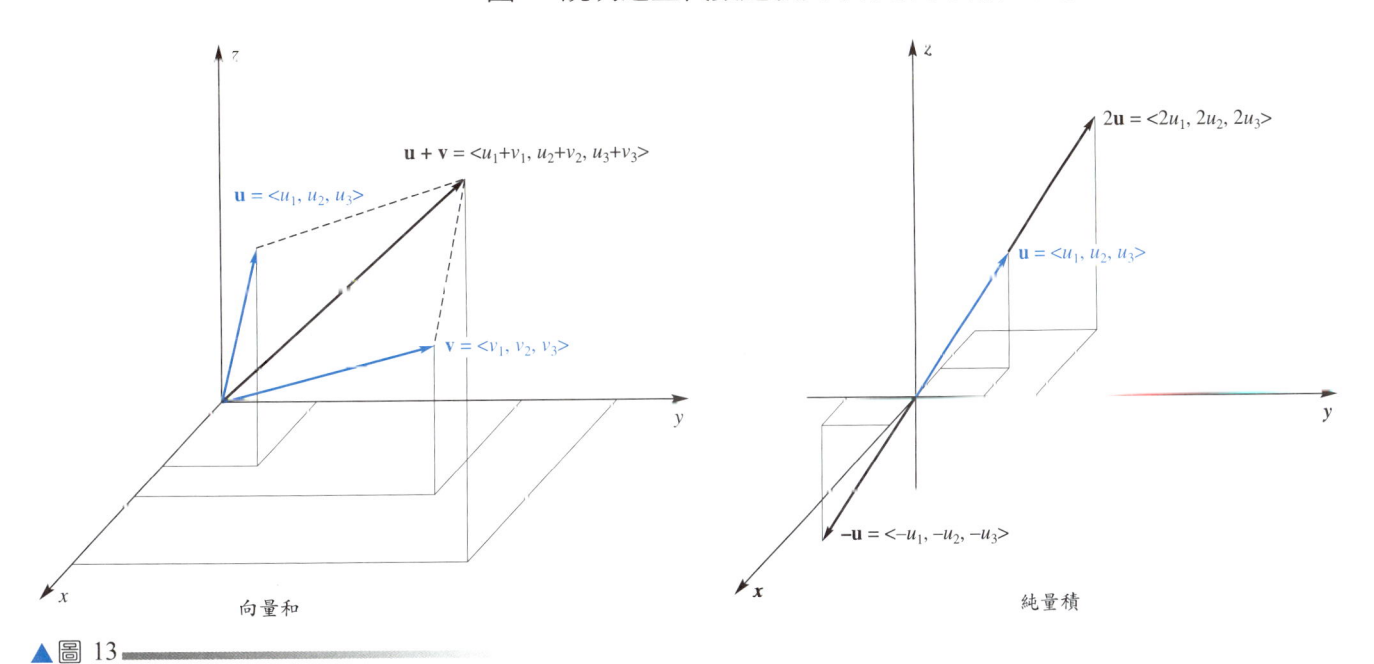

向量和　　　　　　　　　　　　　　　純量積

▲ 圖 13

二度空間向量

這是二度空間向量的定義。若 $\mathbf{u} = \langle u_1, u_2 \rangle$, $\mathbf{v} = \langle v_1, v_2 \rangle$ 且 c 為一數量，則

$$c\mathbf{u} = \langle cu_1, cu_2 \rangle$$
$$\mathbf{u} + \mathbf{v} = \langle u_1 + v_1, u_2 + v_2 \rangle$$
$$\mathbf{u} - \mathbf{v} = \langle u_1 - v_1, u_2 - v_2 \rangle$$
$$\mathbf{i} = \langle 1, 0 \rangle; \quad \mathbf{j} = \langle 0, 1 \rangle$$
$$\|\mathbf{u}\| = \sqrt{u_1^2 + u_2^2}$$

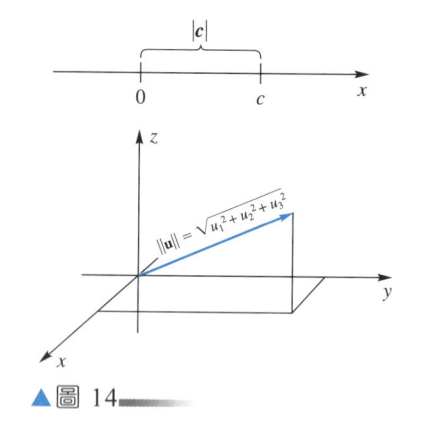

▲圖 14

三度空間中三個特別的向量是 $\mathbf{i} = \langle 1, 0, 0 \rangle$，$\mathbf{j} = \langle 0, 1, 0 \rangle$ 及 $\mathbf{k} = \langle 0, 0, 1 \rangle$，稱之為**標準單位向量**（standard unit vectors）或是**基底向量**（basis vectors）。每一個向量 $\mathbf{u} = \langle u_1, u_2, u_3 \rangle$ 都可用 $\mathbf{i}$、$\mathbf{j}$ 及 $\mathbf{k}$ 表示

$$\mathbf{u} = \langle u_1, u_2, u_3 \rangle = u_1 \mathbf{i} + u_2 \mathbf{j} + u_3 \mathbf{k}$$

向量的**大小**（magnitude）就是代表它的箭頭的長度，假如該箭頭起於原點終止於 (u_1, u_2, u_3)，則它的長可立即由距離公式獲得

$$\|\mathbf{u}\| = \sqrt{(u_1 - 0)^2 + (u_2 - 0)^2 + (u_3 - 0)^2} = \sqrt{u_1^2 + u_2^2 + u_3^2}$$

如同數線上 $|c|$ 給定了點 c 到原點的距離，空間中，$\|\mathbf{u}\|$ 給定了有序三元組 $\mathbf{u} = \langle u_1, u_2, u_3 \rangle$ 到原點的距離，見圖 14。利用向量的代數解釋，下列有關向量運算的性質可輕易地證明。

定理 A

$\mathbf{u}$、$\mathbf{v}$ 及 $\mathbf{w}$ 為任意向量，a 與 b 為任意數量，下列關係式恆成立。

1. $\mathbf{u} + \mathbf{v} = \mathbf{v} + \mathbf{u}$
2. $(\mathbf{u} + \mathbf{v}) + \mathbf{w} = \mathbf{u} + (\mathbf{v} + \mathbf{w})$
3. $\mathbf{u} + \mathbf{0} = \mathbf{0} + \mathbf{u} = \mathbf{u}$
4. $\mathbf{u} + (-\mathbf{u}) = \mathbf{0}$
5. $a(b\mathbf{u}) = (ab)\mathbf{u}$
6. $a(\mathbf{u} + \mathbf{v}) = a\mathbf{u} + a\mathbf{v}$
7. $(a + b)\mathbf{u} = a\mathbf{u} + b\mathbf{u}$
8. $1\mathbf{u} = \mathbf{u}$
9. $\|a\mathbf{u}\| = |a|\|\mathbf{u}\|$

證明 我們就規則 6 與規則 9 於三度空間的情形，展示證明的進行。規則 6 的證明如下

$$\begin{aligned}
a(\mathbf{u} + \mathbf{v}) &= a(\langle u_1, u_2, u_3 \rangle + \langle v_1, v_2, v_3 \rangle) \\
&= a\langle u_1 + v_1, u_2 + v_2, u_3 + v_3 \rangle \\
&= \langle a(u_1 + v_1), a(u_2 + v_2), a(u_3 + v_3) \rangle \\
&= \langle au_1 + av_1, au_2 + av_2, au_3 + av_3 \rangle \\
&= \langle au_1, au_2, au_3 \rangle + \langle av_1, av_2, av_3 \rangle \\
&= a\langle u_1, u_2, u_3 \rangle + a\langle v_1, v_2, v_3 \rangle \\
&= a\mathbf{u} + a\mathbf{v}
\end{aligned}$$

規則 9 的證明如下

空間幾何與向量 Chapter 11　493

$$\|a\mathbf{u}\| = \|\langle au_1, au_2, au_3\rangle\|$$
$$= \sqrt{(au_1)^2 + (au_2)^2 + (au_3)^2}$$
$$= \sqrt{a^2(u_1^2 + u_2^2 + u_3^2)}$$
$$= \sqrt{a^2}\sqrt{u_1^2 + u_2^2 + u_3^2} = |a|\,\|\mathbf{u}\|$$

● **範例 4**

令 $\mathbf{u} = \langle 1, 1, 2\rangle$，$\mathbf{v} = \langle 0, -1, 2\rangle$，求 (a) $\mathbf{u} + \mathbf{v}$ 與 (b) $\mathbf{u} - 2\mathbf{v}$ 並以 $\mathbf{i}$、$\mathbf{j}$ 及 $\mathbf{k}$ 表示之，求 (c) $\|\mathbf{u}\|$ 與 (d) $\|-3\mathbf{u}\|$。

解答：

(a) $\mathbf{u} + \mathbf{v} = \langle 1, 1, 2\rangle + \langle 0, -1, 2\rangle = \langle 1 + 0, 1 + (-1), 2 + 2\rangle$
$= \langle 1, 0, 4\rangle = 1\mathbf{i} + 0\mathbf{j} + 4\mathbf{k} = \mathbf{i} + 4\mathbf{k}$

(b) $\mathbf{u} - 2\mathbf{v} = \langle 1, 1, 2\rangle - 2\langle 0, -1, 2\rangle = \langle 1 - 0, 1 - (-2), 2 - 4\rangle$
$= \langle 1, 3, -2\rangle = \mathbf{i} + 3\mathbf{j} - 2\mathbf{k}$

(c) $\|\mathbf{u}\| = \sqrt{1^2 + 1^2 + 2^2} = \sqrt{6}$

(d) $\|-3\mathbf{u}\| = |-3|\,\|\mathbf{u}\| = 3\sqrt{6}$

定義　單位向量

一個長度為 1 的向量，稱為**單位向量**（unit vector）。

● **範例 5**

令 $\mathbf{v} = \langle 4, -3\rangle$，求 $\|\mathbf{v}\|$ 及與同向的單位向量 $\mathbf{u}$。

解答： 此題中，所有向量皆為二度空間向量，$\mathbf{v}$ 的長度，即大小，為 $\|\mathbf{v}\| = \sqrt{4^2 + (-3)^2} = 5$。欲求 $\mathbf{u}$，我們將 $\mathbf{v}$ 除以長度 $\|\mathbf{v}\|$，即

$$\mathbf{u} = \frac{\mathbf{v}}{\|\mathbf{v}\|} = \frac{\langle 4, -3\rangle}{\sqrt{4^2 + (-3)^2}} = \frac{\langle 4, -3\rangle}{5} = \frac{1}{5}\langle 4, -3\rangle = \left\langle \frac{4}{5}, -\frac{3}{5}\right\rangle$$

$\mathbf{u}$ 的長度為

$$\|\mathbf{u}\| = \left\|\frac{\mathbf{v}}{\|\mathbf{v}\|}\right\| = \left\|\frac{1}{\|\mathbf{v}\|}\mathbf{v}\right\| = \left|\frac{1}{\|\mathbf{v}\|}\right|\|\mathbf{v}\| = \frac{1}{\|\mathbf{v}\|}\|\mathbf{v}\| = 1$$

一個向量除以一個純量

我們將常常提到一個向量 $\mathbf{v}$「除以」一個純量 c，我們的意思是將此向量乘以 c 的倒數，也就是

$$\frac{\mathbf{v}}{c} = \frac{1}{c}\mathbf{v}$$

若 $c \neq 0$，右式表示一個純量乘一個向量，稍早我們已對此作定義。然而，一個向量除以一個向量是無意義的。

■ **練習題 11.2**

$\mathbf{w} = \mathbf{u}_1 + \mathbf{u}_2 + \mathbf{u}_3$　$\mathbf{w} = \mathbf{u}_1 + \mathbf{u}_2 + \mathbf{u}_3$　$\mathbf{w} = 2\mathbf{u} - 3\mathbf{v}$ 1-4 題中，畫出向量 $\mathbf{w}$。

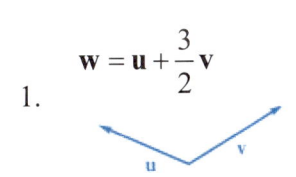

1. $\mathbf{w} = \mathbf{u} + \frac{3}{2}\mathbf{v}$

2. $\mathbf{w} = 2\mathbf{u} - 3\mathbf{v}$

3. $\mathbf{w} = \mathbf{u}_1 + \mathbf{u}_2 + \mathbf{u}_3$

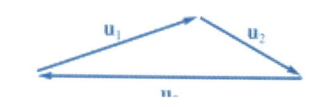

4. $\mathbf{w} = \mathbf{u}_1 + \mathbf{u}_2 + \mathbf{u}_3$

5. 圖 15 是一個平行四邊形，請用 **u** 與 **v** 表示 **w**。

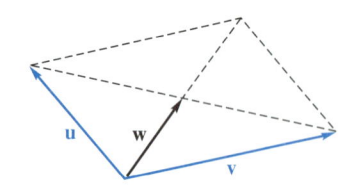

▲圖 15

6. 圖 16 中的大三角形中，**m** 是中線（它平分通過的邊），請 **u** 用 **v** 與表示 **m** 與 **n**。

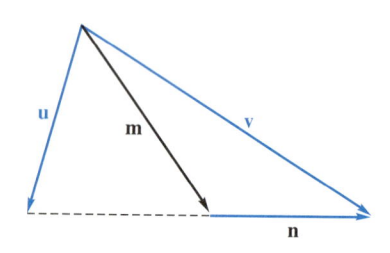

▲圖 16

7. 圖 17 中，$\mathbf{w} = -(\mathbf{u}+\mathbf{v})$ 且 $\|\mathbf{u}\|=\|\mathbf{v}\|=1$，求 $\|\mathbf{w}\|$。

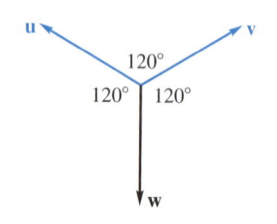

▲圖 17

8. 做題 7，將頂角改成 $90°$，兩邊的夾角改成 $135°$。

9-10 題中，根據給定的三度空間向量 u 與 v，求出它們的和 u+v、差 u−v 及大小 $\|\mathbf{u}\|$ 與 $\|\mathbf{v}\|$。

9. $\mathbf{u} = \langle -1, 0, 0 \rangle$，$\mathbf{v} = \langle 3, 4, 0 \rangle$

10. $\mathbf{u} = \langle 1, 0, 1 \rangle$，$\mathbf{v} = \langle -5, 0, 0 \rangle$

11. 一個重 258.5 磅的物體，用兩條繩子支撐，此兩繩與鉛直方向的夾角分別為 $27.34°$ 與 $39.22°$，求每一條繩子對物體施力的大小。

12. 請在二度空間中，證明定理 A 中的每一個敘述。

13. 令 $\mathbf{v}_1, \mathbf{v}_2, \ldots, \mathbf{v}_n$ 為多邊形按順序排的各邊，圖 18 是 $n = 7$ 的一例，求證 $\mathbf{v}_1 + \mathbf{v}_2 + \cdots + \mathbf{v}_n = \mathbf{0}$

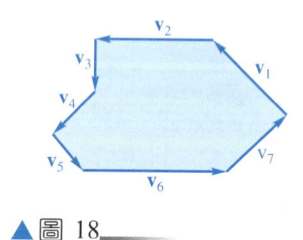

▲圖 18

11.3 點積

我們已經討論了純量乘法（scalar multiplication），也就是一個純量 c 乘一個向量 **u**，其結果 $c\mathbf{u}$ 是一個向量。現在我們要介紹一種兩個向量的相乘，稱為**點積**（dot product），或是**純量積**（scalar product），以 $\mathbf{u} \cdot \mathbf{v}$ 表示。對二度空間向量而言，它的定義如下：

$$\mathbf{u} \cdot \mathbf{v} = \langle u_1, u_2 \rangle \cdot \langle v_1, v_2 \rangle = u_1 v_1 + u_2 v_2$$

對三度空間向量而言，它的定義如下：

$$\mathbf{u} \cdot \mathbf{v} = \langle u_1, u_2, u_3 \rangle \cdot \langle v_1, v_2, v_3 \rangle = u_1v_1 + u_2v_2 + u_3v_3$$

範例 1

令 $\mathbf{u} = \langle 0, 1, 1 \rangle$，$\mathbf{v} = \langle 2, -1, 1 \rangle$，$\mathbf{w} = \langle 6, -3, 3 \rangle$，若定義可行，請完成下列各計算。

(a) $\mathbf{u} \cdot \mathbf{v}$，(b) $\mathbf{v} \cdot \mathbf{u}$，(c) $\mathbf{v} \cdot \mathbf{w}$，(d) $\mathbf{u} \cdot \mathbf{u}$，(e) $(\mathbf{u} \cdot \mathbf{v}) \cdot \mathbf{w}$。

解答：

(a) $\mathbf{u} \cdot \mathbf{v} = \langle 0, 1, 1 \rangle \cdot \langle 2, -1, 1 \rangle = (0)(2) + (1)(-1) + (1)(1) = 0$

(b) $\mathbf{v} \cdot \mathbf{u} = \langle 2, -1, 1 \rangle \cdot \langle 0, 1, 1 \rangle = (2)(0) + (-1)(1) + (1)(1) = 0$

(c) $\mathbf{v} \cdot \mathbf{w} = \langle 2, -1, 1 \rangle \cdot \langle 6, -3, 3 \rangle = (2)(6) + (-1)(-3) + (1)(3) = 18$

(d) $\mathbf{u} \cdot \mathbf{u} = \langle 0, 1, 1 \rangle \cdot \langle 0, 1, 1 \rangle = 0^2 + 1^2 + 1^2 = 2$

(e) $(\mathbf{u} \cdot \mathbf{v}) \cdot \mathbf{w}$ 不可定義，因為 $\mathbf{u} \cdot \mathbf{v}$ 是一個純量，而純量與向量的點積不可行。

點積的性質可輕易得證。下述定理，如同本節其他定理，適用於二度及三度空間向量。

定理 A　點積的性質

若 $\mathbf{u}$、$\mathbf{v}$ 與 $\mathbf{w}$ 是向量，c 是一個純量，則

1. $\mathbf{u} \cdot \mathbf{v} = \mathbf{v} \cdot \mathbf{u}$
2. $\mathbf{u} \cdot (\mathbf{v} + \mathbf{w}) = \mathbf{u} \cdot \mathbf{v} + \mathbf{u} \cdot \mathbf{w}$
3. $c(\mathbf{u} \cdot \mathbf{v}) = (c\mathbf{u}) \cdot \mathbf{v}$
4. $\mathbf{0} \cdot \mathbf{u} = 0$
5. $\mathbf{u} \cdot \mathbf{u} = \|\mathbf{u}\|^2$

為了彰顯點積的特點，我們提出另一個與向量 $\mathbf{u}$、$\mathbf{v}$ 的幾何性質有關的式子。

定理 B

設 θ 是非零向量 $\mathbf{u}$ 與 $\mathbf{v}$ 之間最小的非負角，則

$$\mathbf{u} \cdot \mathbf{v} = \|\mathbf{u}\|\|\mathbf{v}\|\cos \theta$$

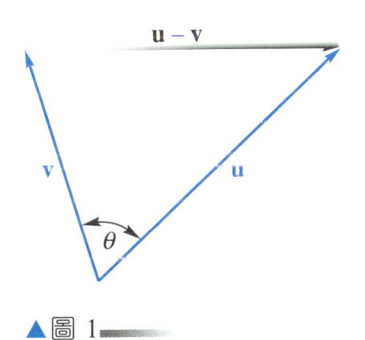

證明　為了證明此結果，我們將餘弦定理應用於圖 1 的三角形中。

$$\|\mathbf{u} - \mathbf{v}\|^2 = \|\mathbf{u}\|^2 + \|\mathbf{v}\|^2 - 2\|\mathbf{u}\|\|\mathbf{v}\|\cos \theta$$

另一方面，由定理 A 中所描述的點積性質可得

▲圖 1

$$\|\mathbf{u} - \mathbf{v}\|^2 = (\mathbf{u} - \mathbf{v}) \cdot (\mathbf{u} - \mathbf{v})$$
$$= \mathbf{u} \cdot (\mathbf{u} - \mathbf{v}) - \mathbf{v} \cdot (\mathbf{u} - \mathbf{v})$$
$$= \mathbf{u} \cdot \mathbf{u} - \mathbf{u} \cdot \mathbf{v} - \mathbf{v} \cdot \mathbf{u} + \mathbf{v} \cdot \mathbf{v}$$
$$= \|\mathbf{u}\|^2 + \|\mathbf{v}\|^2 - 2\mathbf{u} \cdot \mathbf{v}$$

這兩個關於 $\|\mathbf{u} - \mathbf{v}\|^2$ 的表示相等,可得

$$\|\mathbf{u}\|^2 + \|\mathbf{v}\|^2 - 2\|\mathbf{u}\|\|\mathbf{v}\|\cos\theta = \|\mathbf{u}\|^2 + \|\mathbf{v}\|^2 - 2\mathbf{u} \cdot \mathbf{v}$$
$$-2\|\mathbf{u}\|\|\mathbf{v}\|\cos\theta = -2\mathbf{u} \cdot \mathbf{v}$$
$$\mathbf{u} \cdot \mathbf{v} = \|\mathbf{u}\|\|\mathbf{v}\|\cos\theta$$
∎

範例 2

求圖 2 中,$\mathbf{u} = \langle 8, 6 \rangle$ 與 $\mathbf{v} = \langle 5, 12 \rangle$ 之間的夾角。

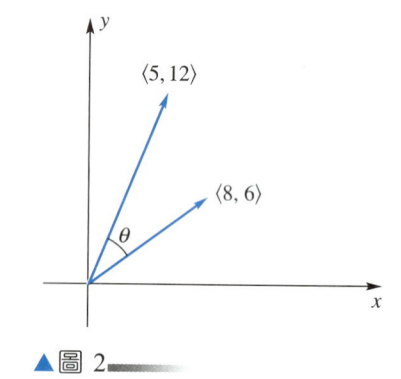

解答:求定理 B 中的 $\cos\theta$,可得

$$\cos\theta = \frac{\mathbf{u} \cdot \mathbf{v}}{\|\mathbf{u}\|\|\mathbf{v}\|} = \frac{(8)(5) + (6)(12)}{(10)(13)} = \frac{112}{130} \approx 0.862$$

所以,

$$\theta \approx \cos^{-1}(0.862) \approx 0.532 \ (\text{或}\ 30.5°)$$

▲圖 2

定理 B 的一個重要結果如下述:

定理 C 垂直性準則(Perpendicularity Criterion)

兩向量 $\mathbf{u}$ 與 $\mathbf{v}$ 是垂直的,若且惟若它們的點積 $\mathbf{u} \cdot \mathbf{v}$ 為 0。

證明 兩個非零向量是垂直的,若且惟若它們之間的最小非負夾角為 $\pi/2$,也就是若且惟若 $\cos\theta = 0$。但是,$\cos\theta = 0$ 若且惟若 $\mathbf{u} \cdot \mathbf{v} = 0$(若我們同意零向量垂直於所有向量,則此結果對零向量亦成立)。 ∎

定義 正交(orthogonal)

互相垂直的向量稱為**正交的**(orthogonal)。

範例 3

求範例 1 中之三向量每兩向量之間的夾角,哪兩向量是正交的?

解答:對向量 $\mathbf{u}$ 與 $\mathbf{v}$ 我們有

$$\cos\theta_1 = \frac{\mathbf{u} \cdot \mathbf{v}}{\|\mathbf{u}\|\|\mathbf{v}\|} = \frac{(0)(2) + (1)(-1) + (1)(1)}{\|\langle 0, 1, 1\rangle\|\|\langle 2, -1, 1\rangle\|} = \frac{0}{\sqrt{2}\sqrt{6}} = 0$$

對向量 $\mathbf{u}$ 與 $\mathbf{w}$ 我們有

$$\cos\theta_2 = \frac{\mathbf{u}\cdot\mathbf{w}}{\|\mathbf{u}\|\|\mathbf{w}\|} = \frac{(0)(6)+(1)(-3)+(1)(3)}{\|\langle 0,1,1\rangle\|\|\langle 6,-3,3\rangle\|} = \frac{0}{\sqrt{2}(3\sqrt{6})} = 0$$

最後，對向量 **v** 與 **w** 我們有

$$\cos\theta_3 = \frac{\mathbf{v}\cdot\mathbf{w}}{\|\mathbf{v}\|\|\mathbf{w}\|} = \frac{(2)(6)+(-1)(-3)+(1)(3)}{\|\langle 2,-1,1\rangle\|\|\langle 6,-3,3\rangle\|} = \frac{18}{\sqrt{6}(3\sqrt{6})} = 1$$

因此，向量 **u** 與 **v** 及向量 **u** 與 **w** 是正交的，所以，$\theta_1 = \theta_2 = \pi/2$。請留意，對向量 **v** 與 **w** 而言，夾角的餘弦為 1 指出 $\theta_3 = 0$，也就是，此兩向量的方向一致。

再一次說明，每一個平面向量 **u** 可寫成 $\mathbf{u} = u_1\mathbf{i} + u_2\mathbf{j}$，其中 $\mathbf{i} = \langle 1,0\rangle$ 且 $\mathbf{j} = \langle 0,1\rangle$，每一個空間向量 **v** 可寫成 $\mathbf{v} = v_1\mathbf{i} + v_2\mathbf{j} + v_3\mathbf{k}$，其中 $\mathbf{i} = \langle 1,0,0\rangle$，$\mathbf{j} = \langle 0,1,0\rangle$ 且 $\mathbf{k} = \langle 0,0,1\rangle$。

範例 4

已知如圖 3 所示三點 $A(4, 3)$，$B(1, -1)$ 及 $C(6, -4)$，求角 ABC 的度量。

解答：

$$\mathbf{u} = \overrightarrow{BA} = (4-1)\mathbf{i} + (3+1)\mathbf{j} = 3\mathbf{i} + 4\mathbf{j} = \langle 3,4\rangle$$
$$\mathbf{v} = \overrightarrow{BC} = (6-1)\mathbf{i} + (-4+1)\mathbf{j} = 5\mathbf{i} - 3\mathbf{j} = \langle 5,-3\rangle$$
$$\|\mathbf{u}\| = \sqrt{3^2+4^2} = 5$$
$$\|\mathbf{v}\| = \sqrt{5^2+(-3)^2} = \sqrt{34}$$
$$\mathbf{u}\cdot\mathbf{v} = (3)(5) + (4)(-3) = 3$$
$$\cos\theta = \frac{\mathbf{u}\cdot\mathbf{v}}{\|\mathbf{u}\|\|\mathbf{v}\|} = \frac{3}{5\sqrt{34}} \approx 0.1029$$

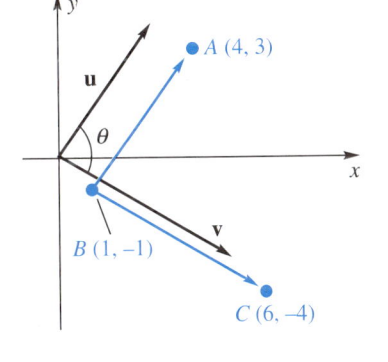

約 $\theta \approx 1.468$ (84.09°)

▲圖 3

範例 5

已知如圖 4 所示三點 $A(1, -2, 3)$，$B(2, 4, -6)$ 及 $C(5, -3, 2)$，求角 ABC 的度量。

解答： 首先，我們決定由原點發出且分別與 $\overrightarrow{BA}$ 及 $\overrightarrow{BC}$ 相等的向量 **u** 及 **v**。將終點坐標減去起點坐標就可完成此工作，也就是

$$\mathbf{u} = \overrightarrow{BA} = \langle 1-2, -2-4, 3+6\rangle = \langle -1,-6,9\rangle$$
$$\mathbf{v} = \overrightarrow{BC} = \langle 5-2, -3-4, 2+6\rangle = \langle 3,-7,8\rangle$$

因此

$$\cos\theta = \frac{\mathbf{u}\cdot\mathbf{v}}{\|\mathbf{u}\|\|\mathbf{v}\|} = \frac{(-1)(3)+(-6)(-7)+(9)(8)}{\sqrt{1+36+81}\sqrt{9+49+64}} \approx 0.9251$$

$$\theta = 0.3894 \quad (約 22.31°)$$

▲圖 4

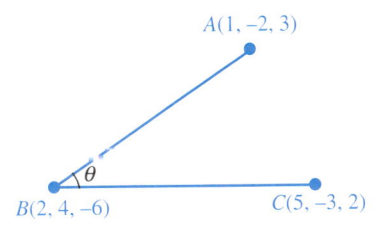

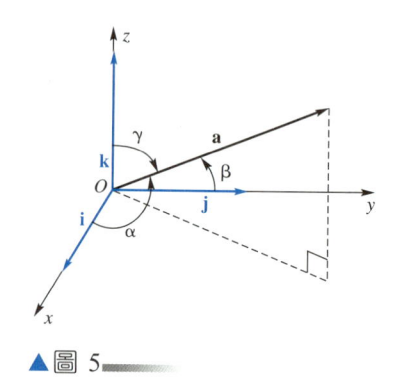

方向角與餘弦 一個非零的三度空間向量 **a** 與基底向量 **i**、**j** 及 **k** 之間的最小非負夾角稱為 **a** 的**方向角**（direction angles），如圖 5 所示分別記為 α，β 及 γ，通常，處理**方向餘弦**（direction cosines）是較方便的：$\cos\alpha$，$\cos\beta$ 及 $\cos\gamma$。

若 $\mathbf{a} = a_1\mathbf{i} + a_2\mathbf{j} + a_3\mathbf{k}$ 則

$$\cos\alpha = \frac{\mathbf{a}\cdot\mathbf{i}}{\|\mathbf{a}\|\|\mathbf{i}\|} = \frac{a_1}{\|\mathbf{a}\|},$$

$$\cos\beta = \frac{\mathbf{a}\cdot\mathbf{j}}{\|\mathbf{a}\|\|\mathbf{j}\|} = \frac{a_2}{\|\mathbf{a}\|},$$

$$\cos\gamma = \frac{\mathbf{a}\cdot\mathbf{k}}{\|\mathbf{a}\|\|\mathbf{k}\|} = \frac{a_3}{\|\mathbf{a}\|}$$

請留意，

$$\cos^2\alpha + \cos^2\beta + \cos^2\gamma = \frac{a_1^2}{\|\mathbf{a}\|^2} + \frac{a_2^2}{\|\mathbf{a}\|^2} + \frac{a_3^2}{\|\mathbf{a}\|^2} = 1$$

向量 $\langle \cos\alpha, \cos\beta, \cos\gamma \rangle$ 是一個與 **a** 同向的單位向量。

▲圖 5

● **範例 6**

求向量 $\mathbf{a} = 4\mathbf{i} - 5\mathbf{j} + 3\mathbf{k}$ 的方向角。

解答：因為 $\|\mathbf{a}\| = \sqrt{4^2 + (-5)^2 + 3^2} = 5\sqrt{2}$

$$\cos\alpha = \frac{4}{5\sqrt{2}} = \frac{2\sqrt{2}}{5}, \quad \cos\beta = -\frac{5}{5\sqrt{2}} = -\frac{\sqrt{2}}{2}, \quad \cos\gamma = \frac{3}{5\sqrt{2}} = \frac{3\sqrt{2}}{10}$$

且

$$\alpha \approx 55.55°, \beta = 135°, \gamma \approx 64.90°$$

投影 已知 **u** 與 **v** 兩向量，令 θ 是它們的夾角，目前，我們假設 $0 \leq \theta \leq \pi/2$。令 **w** 是與 **v** 同向且長度為 $\|\mathbf{u}\|\cos\theta$ 的向量，見圖 6。因為 **w** 與 **v** 同向，我們知道 $\mathbf{w} = c\mathbf{v}$，對某非負數量 c。另一方面，**w** 的長度為 $\|\mathbf{u}\|\cos\theta$，因此

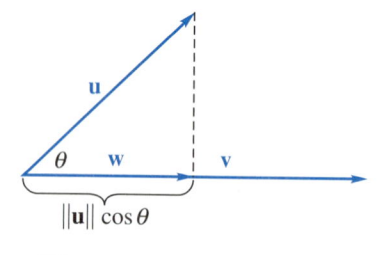

$$\|\mathbf{u}\|\cos\theta = \|\mathbf{w}\| = \|c\mathbf{v}\| = c\|\mathbf{v}\|$$

所以常數 c 為

$$c = \frac{\|\mathbf{u}\|}{\|\mathbf{v}\|}\cos\theta = \frac{\|\mathbf{u}\|}{\|\mathbf{v}\|}\frac{\mathbf{u}\cdot\mathbf{v}}{\|\mathbf{u}\|\|\mathbf{v}\|} = \frac{\mathbf{u}\cdot\mathbf{v}}{\|\mathbf{v}\|^2}$$

因此，

▲圖 6

空間幾何與向量　Chapter 11

$$\mathbf{w} = \left(\frac{\mathbf{u}\cdot\mathbf{v}}{\|\mathbf{v}\|^2}\right)\mathbf{v}\ 。$$

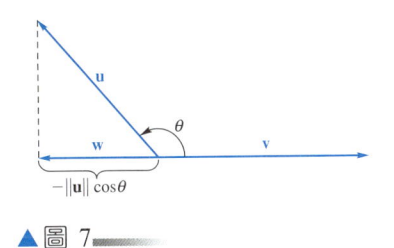

當 $\pi/2 < \theta \le \pi$ 時，我們定義 **w** 是位於向量 **v** 所決定的直線上且與 **v** 反向的向量，見圖 7。其長度為 $\|\mathbf{w}\| = -\|\mathbf{u}\|\cos\theta = c\|\mathbf{v}\|$，對某正數量 c。因此，$c = (-\|\mathbf{u}\|\cos\theta)/(\|\mathbf{v}\|) = -\mathbf{u}\cdot\mathbf{v}/\|\mathbf{v}\|^2$。因為 **w** 與 **v** 反向，我們得 $\mathbf{w} = -c\mathbf{v} = (\mathbf{u}\cdot\mathbf{v}/\|\mathbf{v}\|^2)\mathbf{v}$。因此，對兩種情況，我們都有 $\mathbf{w} = (\mathbf{u}\cdot\mathbf{v}/\|\mathbf{v}\|^2)\mathbf{v}$，此向量 **w** 稱為 **u** 在 **v** 的**投影向量**（vector projection of u on v），或只稱為 **u 在 v 的投影**（projection of u on v），記為 $\text{proj}_\mathbf{v}\mathbf{u}$

$$\text{proj}_\mathbf{v}\mathbf{u} = \left(\frac{\mathbf{u}\cdot\mathbf{v}}{\|\mathbf{v}\|^2}\right)\mathbf{v}$$

▲ 圖 7

u 在 **v** 的**投影純量**（scalar projection of u on v）定義為 $\|\mathbf{u}\|\cos\theta$，它是正的、零或負的，由 θ 是銳角、直角或鈍角決定之。當 $0 \le \theta \le \pi/2$ 時，投影純量與 $\text{pr}_\mathbf{v}\mathbf{u}$ 的長度相等，當 $\pi/2 < \theta \le \pi$ 時，投影數量等於 $\text{pr}_\mathbf{v}\mathbf{u}$ 之長度的相反數。

● 範例 7

令 $\mathbf{u} = \langle -1, 5\rangle$ 且 $\mathbf{v} = \langle 3, 3\rangle$，求 **u** 在 **v** 的投影向量與 **u** 在 **v** 的投影純量。

解答：圖 8 中顯示了兩向量，投影向量為

$$\text{proj}_{\langle 3,3\rangle}\langle -1,5\rangle = \left(\frac{\langle -1,5\rangle\cdot\langle 3,3\rangle}{\|\langle 3,3\rangle\|^2}\right)\langle 3,3\rangle = \frac{-3+15}{3^2+3^2}\langle 3,3\rangle = \langle 2,2\rangle = 2\mathbf{i} + 2\mathbf{j}$$

且投影純量為

$$\|\mathbf{u}\|\cos\theta = \|\langle -1,5\rangle\|\frac{\langle -1,5\rangle\cdot\langle 3,3\rangle}{\|\langle -1,5\rangle\|\|\langle 3,3\rangle\|} = \frac{-3+15}{\sqrt{3^2+3^2}} = 2\sqrt{2}$$

▲ 圖 8

以一個固定的力 **F**，沿著由 P 到 Q 的直線移動一個物體，所作的功等於該力在移動方向的分力大小乘以移動距離，因此，若 **D** 為由 P 到 Q 的向量，則所作的功為

（**F** 在 **D** 的投影純量）$\|\mathbf{D}\| = (\|\mathbf{F}\|\cos\theta)\|\mathbf{D}\|$

也就是

$$\text{功} = \mathbf{F}\cdot\mathbf{D}$$

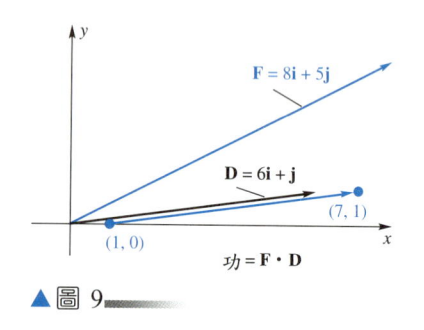

▲圖9

範例 8

已知一力 **F** = 8**i** + 5**j**，以牛頓為單位，將一物體由 (1, 0) 移至 (7, 1)，距離以公尺為單位，見圖 9，請問作了多少的功？

解答：**D** 為由 (1, 0) 到 (7, 1) 的向量，即 **D** = 6**i** + **j** 則

功 = **F** · **D** = (8)(6) + (5)(1) = 53 牛頓–公尺 = 53 焦耳

平面 利用向量觀點來描述平面將可得到豐盛的結果。令 $\mathbf{n} = \langle A, B, C \rangle$ 是一個固定的非零向量，$P_1(x_1, y_1, z_1)$ 是一個固定點，則由滿足 $\overrightarrow{P_1P} \cdot \mathbf{n} = 0$ 的點 $P(x, y, z)$ 所成的集合是過 P_1 且垂直於 **n** 的**平面**（plane）。因為每一個平面都包含一個點且垂直於某向量，所以，每一個平面都可用此法描述。

為了求得平面的笛卡兒方程式，以分量形式表示向量 $\overrightarrow{P_1P}$，也就是

$$\overrightarrow{P_1P} = \langle x - x_1, y - y_1, z - z_1 \rangle$$

則 $\overrightarrow{P_1P} \cdot \mathbf{n} = 0$ 同義於

$$A(x - x_1) + B(y - y_1) + C(z - z_1) = 0$$

此式（A, B 及 C 中至少有一不為零）稱為平面的**標準式**（standard form for the equation of a plane）。

若移除小括號且化簡框格中的式子，我們可以用線性方程式的形式表示之：

$$Ax + By + Cz = D, \quad A^2 + B^2 + C^2 \neq 0$$

因此，每一個平面有一個線性的方程式，反之，三度空間中之線性方程式的圖形為一平面。欲了解後者，令 (x_1, y_1, z_1) 滿足原式，即

$$Ax_1 + By_1 + Cz_1 = D$$

上式減去此式後，得框格中的式子，如我們所知，它代表一個平面。

空間幾何與向量 **Chapter 11** 501

範例 9

求過 $(5, 1, -2)$ 且垂直於 $\mathbf{n} = \langle 2, 4, 3 \rangle$ 的平面之方程式，然後，求出此平面與平面 $3x - 4y + 7z = 5$ 之間的夾角。

解答：為了進行第一個工作，只需將問題代入平面標準式，可得
$$2(x - 5) + 4(y - 1) + 3(z + 2) = 0$$
相當於
$$2x + 4y + 3z = 8$$
一個垂直於第二個平面的向量 $\mathbf{m}$ 為 $\mathbf{m} = \langle 3, -4, 7 \rangle$。兩平面之間的夾角也是它們的法線之間的夾角，見圖 10，因此，
$$\cos\theta = \frac{\mathbf{m} \cdot \mathbf{n}}{\|\mathbf{m}\|\|\mathbf{n}\|} = \frac{(3)(2) + (-4)(4) + (7)(3)}{\sqrt{9 + 16 + 49}\sqrt{4 + 16 + 9}} \approx 0.2375$$
$$\theta \approx 76.26°$$

實際上，兩平面之間有兩個夾角，它們是互補的，此過程中只求出其中的一個，若要求出另一個，可將 $180°$ 減去第一個，在此例中，為 $103.74°$。

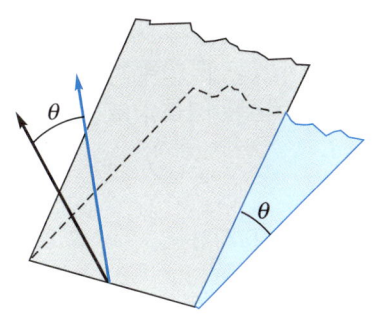

▲ 圖 10

範例 10

請證明點 (x_0, y_0, z_0) 到平面 $Ax + By + Cz = D$ 的距離 L 可由下述公式求出
$$L = \frac{|Ax_0 + By_0 + Cz_0 - D|}{\sqrt{A^2 + B^2 + C^2}}$$

解答：令 (x_1, y_1, z_1) 是平面上一點，$\mathbf{m} = \langle x_0 - x_1, y_0 - y_1, z_0 - z_1 \rangle$ 是由 (x_1, y_1, z_1) 到 (x_0, y_0, z_0) 的向量，見圖 11。現在，雖然可能與圖中所示反向，$\mathbf{n} = \langle A, B, C \rangle$ 是一個與給定平面垂直的向量。我們所求的數值 L 是 $\mathbf{m}$ 在 $\mathbf{n}$ 的投影之長度，因此，
$$L = |\|\mathbf{m}\|\cos\theta| = \frac{|\mathbf{m} \cdot \mathbf{n}|}{\|\mathbf{n}\|}$$
$$= \frac{|A(x_0 - x_1) + B(y_0 - y_1) + C(z_0 - z_1)|}{\sqrt{A^2 + B^2 + C^2}}$$
$$= \frac{|Ax_0 + By_0 + Cz_0 - (Ax_1 + By_1 + Cz_1)|}{\sqrt{A^2 + B^2 + C^2}}$$

但是，(x_1, y_1, z_1) 在平面上，所以，
$$Ax_1 + By_1 + Cz_1 = D$$
將此結果代入上述有關 L 的表示式之結果，就可得欲證的公式。

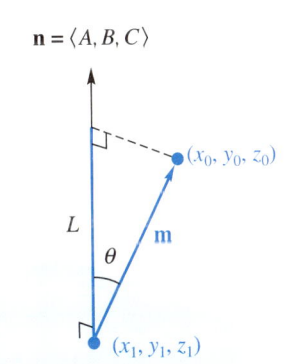

▲ 圖 11

範例 11

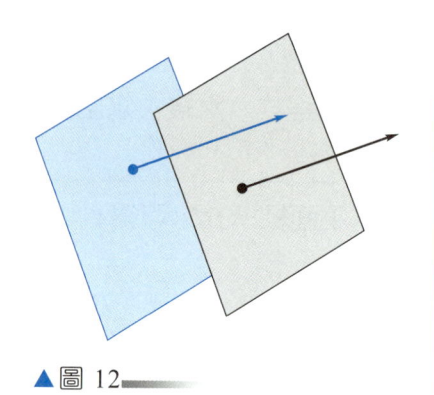

求兩平行平面 $3x - 4y + 5z = 9$ 與 $3x - 4y + 5z = 4$ 之間的距離。

解答： 因為向量 $(3, -4, 5)$ 垂直於此兩平面，所以它們是平行的，見圖 12。顯然，點 $(1, 1, 2)$ 在第一個平面上，利用範例 10 中的公式，我們可求出點 $(1, 1, 2)$ 到第二個平面的距離 L

$$L = \frac{|3(1) - 4(1) + 5(2) - 4|}{\sqrt{9 + 16 + 25}} = \frac{5}{5\sqrt{2}} \approx 0.7071$$

▲ 圖 12

練習題 11.3

1. 令 $\mathbf{a} = -2\mathbf{i} + 3\mathbf{j}, \mathbf{b} = 2\mathbf{i} - 3\mathbf{j}$ 且 $\mathbf{c} = -5\mathbf{j}$，請計算下列各式。

   (a) $2\mathbf{a} - 4\mathbf{b}$ (b) $\mathbf{a} \cdot \mathbf{b}$

   (c) $\mathbf{a} \cdot (\mathbf{b} + \mathbf{c})$ (d) $(-2\mathbf{a} + 3\mathbf{b}) \cdot 5\mathbf{c}$

   (e) $\|\mathbf{a}\| \mathbf{c} \cdot \mathbf{a}$ (f) $\mathbf{b} \cdot \mathbf{b} - \|\mathbf{b}\|$

2. 求 $\mathbf{a}$ 與 $\mathbf{b}$ 的夾角並繪圖

   (a) $\mathbf{a} = 12\mathbf{i}, \mathbf{b} = -5\mathbf{i}$

   (b) $\mathbf{a} = 4\mathbf{i} + 3\mathbf{j}, \mathbf{b} = -8\mathbf{j} - 6\mathbf{j}$

   (c) $\mathbf{a} = -\mathbf{i} + 3\mathbf{j}, \mathbf{b} = 2\mathbf{i} - 6\mathbf{j}$

   (d) $\mathbf{a} = \sqrt{3}\mathbf{i} + \mathbf{j}, \mathbf{b} = 3\mathbf{i} + \sqrt{3}\mathbf{j}$

3. 令 $\mathbf{a} = \mathbf{i} + 2\mathbf{j} - \mathbf{k}, \mathbf{b} = \mathbf{j} + \mathbf{k}$ 且 $\mathbf{c} = -\mathbf{i} + \mathbf{j} + 2\mathbf{k}$ 請計算下列各式。

   (a) $\mathbf{a} \cdot \mathbf{b}$ (b) $(\mathbf{a} + \mathbf{c}) \cdot \mathbf{b}$

   (c) $\mathbf{a} / \|\mathbf{a}\|$ (d) $(\mathbf{b} - \mathbf{c}) \cdot \mathbf{a}$

   (e) $\dfrac{\mathbf{a} \cdot \mathbf{b}}{\|\mathbf{a}\| \|\mathbf{b}\|}$ (f) $\mathbf{b} \cdot \mathbf{b} - \|\mathbf{b}\|^2$

4. 已知 $\mathbf{a} = \langle \sqrt{2}, \sqrt{2}, 0 \rangle$，求 $\mathbf{a}$ 的方向餘弦及方向角。

5. 已知 $\mathbf{a} = \mathbf{i} - \mathbf{j}, \mathbf{b} = \mathbf{i} + \mathbf{j}$，且 $\mathbf{c} = 2\mathbf{k}$，請證明它們是兩兩互相垂直。

6. 請找出同時垂直 $-4\mathbf{i} + 5\mathbf{j} + \mathbf{k}$ 與 $4\mathbf{i} + \mathbf{j}$，且長度為 10 的兩個向量。

7-8 題中 $\mathbf{u} = \mathbf{i} + 2\mathbf{j}$，$\mathbf{v} = 2\mathbf{i} - \mathbf{j}$ 且 $\mathbf{w} = \mathbf{i} + 5\mathbf{j}$ 請找出各指定投影。

7. $\text{proj}_{\mathbf{v}} \mathbf{u}$ 8. $\text{proj}_{\mathbf{u}} \mathbf{w}$

9. 已知 $\mathbf{u} = -\mathbf{i} + 5\mathbf{j} + 3\mathbf{k}$ 且 $\mathbf{v} = -\mathbf{i} + \mathbf{j} - \mathbf{k}$，求 $\mathbf{u}$ 在 $\mathbf{v}$ 的純量投影。

10. 下列哪一式無意義？

    (a) $\mathbf{u} \cdot (\mathbf{v} + \mathbf{w})$ (b) $(\mathbf{u} \cdot \mathbf{w}) + \mathbf{w}$

    (c) $\|\mathbf{u}\| (\mathbf{v} \cdot \mathbf{w})$ (d) $(\mathbf{u} \cdot \mathbf{w}) \mathbf{w}$

11. 下列哪一式無意義？

    (a) $\mathbf{u} \cdot (\mathbf{v} + \mathbf{w})$ (b) $(\mathbf{n} \cdot \mathbf{w}) \|\mathbf{w}\|$

    (c) $\|\mathbf{u}\| \cdot (\mathbf{v} + \mathbf{w})$ (d) $(\mathbf{u} + \mathbf{w}) \mathbf{w}$

12. 給定兩個非平行的向量 $\mathbf{a} = 3\mathbf{i} - 2\mathbf{j}$ 與 $\mathbf{b} = -3\mathbf{i} + 4\mathbf{j}$，也給定另一個向量 $\mathbf{r} = 7\mathbf{i} - 8\mathbf{j}$，求純量 k 與 m，使得 $\mathbf{r} = k\mathbf{a} + m\mathbf{b}$。

13. 使用力 $\mathbf{F} = 3\mathbf{i} + 10\mathbf{j}$ 牛頓，將一個物體往北方（即 y 軸正向）移動 10 公尺，所做的功為何？

14. 使用力 $\mathbf{F} = 6\mathbf{i} + 8\mathbf{j}$ 磅，將一個物體由 (1,0) 移到 (6,8)，距離以呎為單位，所做的功為何？

15. 使用力 $\mathbf{F} = -4\mathbf{k}$ 牛頓，將一個物體由 (0, 0, 8) 移到 (4, 4, 0)，距離以公尺為單位，所做的功為何？

16. 使用力 $\mathbf{F} = 3\mathbf{i} - 6\mathbf{j} + 7\mathbf{k}$ 磅，將一個物體由 (2, 1, 3) 移到 (9, 4, 6)，距離以呎為單位，所做的功為何？

17、18 題中，請找出具有法向量 **n** 且過定點 *P* 的平面方程式

17. $\mathbf{n} = 2\mathbf{i} - 4\mathbf{j} + 3\mathbf{k}$; $P(1, 2, -3)$

18. $\mathbf{n} = <1, 4, 4>$; $P = (1, 2, 1)$

19. 求過點 (−4, −1, 2) 且平行於下列各給定平面的平面方程式。
    (a) xy-平面
    (b) 平面 $2x - 3y - 4z = 0$

11.4 叉積

兩向量的點積是純量，我們已在上一節討論了它的應用，現在，我們要介紹**叉積**（cross product），或稱為向量積（vector product），它也有許多用途。$\mathbf{u} = \langle u_1, u_2, u_3 \rangle$ 與 $\mathbf{v} = \langle v_1, v_2, v_3 \rangle$ 的叉積 $\mathbf{u} \times \mathbf{v}$ 定義為：

$$\mathbf{u} \times \mathbf{v} = \langle u_2 v_3 - u_3 v_2, u_3 v_1 - u_1 v_3, u_1 v_2 - u_2 v_1 \rangle$$

在此表示中，公式難以記憶，且它的特徵也不顯著。請留意一件明顯的事，叉積是一個向量。

為了幫助記憶叉積的公式，我們複習一個之前的數學課程學過的東西——行列式。首先，一個 2×2 的行列式之值為

$$\begin{vmatrix} a & b \\ c & d \end{vmatrix} = ad - bc$$

然後，一個 3×3 的行列式之值為（沿最上一列展開）：

$$\begin{vmatrix} a_1 & a_2 & a_3 \\ b_1 & b_2 & b_3 \\ c_1 & c_2 & c_3 \end{vmatrix} = a_1 \begin{vmatrix} a_1 & a_2 & a_3 \\ b_1 & b_2 & b_3 \\ c_1 & c_2 & c_3 \end{vmatrix} - a_2 \begin{vmatrix} a_1 & a_2 & a_3 \\ b_1 & b_2 & b_3 \\ c_1 & c_2 & c_3 \end{vmatrix} + a_3 \begin{vmatrix} a_1 & a_2 & a_3 \\ b_1 & b_2 & b_3 \\ c_1 & c_2 & c_3 \end{vmatrix}$$

$$= a_1 \begin{vmatrix} b_2 & b_3 \\ c_2 & c_3 \end{vmatrix} - a_2 \begin{vmatrix} b_1 & b_3 \\ c_1 & c_3 \end{vmatrix} + a_3 \begin{vmatrix} b_1 & b_2 \\ c_1 & c_2 \end{vmatrix}$$

利用行列式，我們可以將 $\mathbf{u} \times \mathbf{v}$ 的定義寫成：

$$\mathbf{u} \times \mathbf{v} = \begin{vmatrix} \mathbf{i} & \mathbf{j} & \mathbf{k} \\ u_1 & u_2 & u_3 \\ v_1 & v_2 & v_3 \end{vmatrix} = \begin{vmatrix} u_2 & u_3 \\ v_2 & v_3 \end{vmatrix} \mathbf{i} - \begin{vmatrix} u_1 & u_3 \\ v_1 & v_3 \end{vmatrix} \mathbf{j} + \begin{vmatrix} u_1 & u_2 \\ v_1 & v_2 \end{vmatrix} \mathbf{k}$$

請留意，左邊向量 **u** 的分量放在第二列，而右邊向量 **v** 的分量放在第三列。這很重要，因為假如我們將 **u** 與 **v** 的位置交換，也就是將行列式中的第二列與第三列互換，則行列式之值就異號了，讀者可檢驗之。因此，

$$\mathbf{u} \times \mathbf{v} = -(\mathbf{v} \times \mathbf{u})$$

有時稱之為反交換律。

扭（力）矩

叉積在力學中扮演重要角色。令 O 是一物體中的一定點，假設一力 **F** 作用於此物體的另一點 P，則 **F** 在此物體造成旋轉，此旋轉之軸過 O 且垂直於含 OP 與 **F** 的平面。

$$\tau = \overrightarrow{OP} \times \mathbf{F}$$

向量 **F** 稱為**扭（力）矩**，它指出軸的方向且大小為 $\|\overrightarrow{OP}\|\|\mathbf{F}\|\sin\theta$，這正是 **F** 繞此軸的力矩。

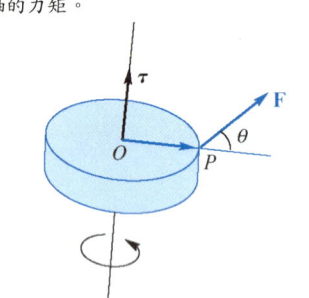

範例 1

令 $\mathbf{u} = (1, -2, -1)$ 且 $\mathbf{v} = (-2, 4, 1)$，請利用行列式的定義計算 $\mathbf{u} \times \mathbf{v}$ 與 $\mathbf{v} \times \mathbf{u}$。

解答：

$$\mathbf{u} \times \mathbf{v} = \begin{vmatrix} \mathbf{i} & \mathbf{j} & \mathbf{k} \\ 1 & -2 & -1 \\ -2 & 4 & 1 \end{vmatrix} = \begin{vmatrix} -2 & -1 \\ 4 & 1 \end{vmatrix} \mathbf{i} - \begin{vmatrix} 1 & -1 \\ -2 & 1 \end{vmatrix} \mathbf{j} + \begin{vmatrix} 1 & -2 \\ -2 & 4 \end{vmatrix} \mathbf{k}$$

$$= 2\mathbf{i} + \mathbf{j} + 0\mathbf{k}$$

$$\mathbf{v} \times \mathbf{u} = \begin{vmatrix} \mathbf{i} & \mathbf{j} & \mathbf{k} \\ -2 & 4 & 1 \\ 1 & -2 & -1 \end{vmatrix} = \begin{vmatrix} 4 & 1 \\ -2 & -1 \end{vmatrix} \mathbf{i} - \begin{vmatrix} -2 & 1 \\ 1 & -1 \end{vmatrix} \mathbf{j} + \begin{vmatrix} -2 & 4 \\ 1 & -2 \end{vmatrix} \mathbf{k}$$

$$= -2\mathbf{i} - \mathbf{j} + 0\mathbf{k}$$

u × v 的幾何解釋 如同點積，叉積由它的幾何解釋中顯示出其特徵。

定理 A

令 **u** 與 **v** 是三度空間的向量，θ 是它們的夾角，則
1. $\mathbf{u} \cdot (\mathbf{u} \times \mathbf{v}) = 0 = \mathbf{v} \cdot (\mathbf{u} \times \mathbf{v})$ 即 $\mathbf{u} \times \mathbf{v}$ 垂直於 **u** 與 **v**。
2. **u**、**v** 與 $\mathbf{u} \times \mathbf{v}$ 形成一個符合右手法則的三元組。
3. $\|\mathbf{u} \times \mathbf{v}\| = \|\mathbf{u}\|\|\mathbf{v}\|\sin\theta$。

證明 令 $\mathbf{u} = \langle u_1, u_2, u_3 \rangle$ 且 $\mathbf{v} = \langle v_1, v_2, v_3 \rangle$。

(i) $\mathbf{u} \cdot (\mathbf{u} \times \mathbf{v}) = u_1(u_2 v_3 - u_3 v_2) + u_2(u_3 v_1 - u_1 v_3) + u_3(u_1 v_2 - u_2 v_1)$，當我們移除括號，六項成對消去後，只剩下 0。當我們展開 $\mathbf{v} \cdot (\mathbf{u} \times \mathbf{v})$ 時，類似的情況發生。

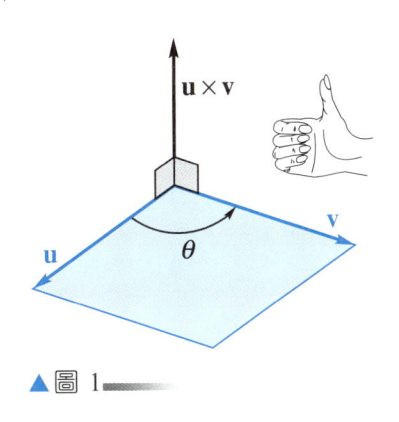

(ii) 圖 1 中展示了三元組 **u**、**v**、**u** × **v** 符合右手法則的意義。其中 θ 是由 **u** 掃至 **v** 的夾角，右手的指頭依 θ 的旋轉方向捲曲，欲利用解析法證明此三元組符合右手法則是困難的，讀者可利用一些特例檢驗之。請特別留意，**i** × **j** = **k**，由定義可知三元組 **i**、**j**、**k** 符合右手法則。

(iii) 我們需要拉格朗日恆等式

$$\|\mathbf{u} \times \mathbf{v}\|^2 = \|\mathbf{u}\|^2\|\mathbf{v}\|^2 - (\mathbf{u} \cdot \mathbf{v})^2$$

此式的證明為簡單的代數練習，利用此恆等式可得

$$\begin{aligned}\|\mathbf{u} \times \mathbf{v}\|^2 &= \|\mathbf{u}\|^2\|\mathbf{v}\|^2 - (\|\mathbf{u}\|\|\mathbf{v}\|\cos\theta)^2 \\ &= \|\mathbf{u}\|^2\|\mathbf{v}\|^2(1 - \cos^2\theta) \\ &= \|\mathbf{u}\|^2\|\mathbf{v}\|^2 \sin^2\theta\end{aligned}$$

因為 $0 \leq \theta \leq \pi$，$\sin\theta \geq 0$，取正平方根可產生

$$\|\mathbf{u} \times \mathbf{v}\| = \|\mathbf{u}\|\|\mathbf{v}\|\sin\theta$$

我們對 **u**·**v** 與 **u** × **v** 作幾何解釋是很重要的，在原始的定義中，此兩種乘積利用分量來定義，分量是與坐標系的選擇有關的，然而事實上，乘積是與坐標系無關的。它們是固有的幾何數量，不論採用哪一種坐標系來計算 **u**·**v** 與 **u** × **v**，都會得到相同的結果。

這裡有一個由兩向量平行若且惟若它們的夾角為 0° 或 180° 之事實與定理 A 產生的簡單結果。

定理 B

三度空間中的兩向量 **u** 與 **v** 平行若且惟若 **u** × **v** = **0**。

我們的第一個應用是求出過不共線三點的平面之方程式。

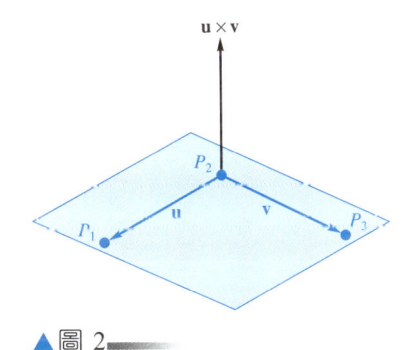

範例 2

求圖 2 中過 $P_1(1, -2, 3)$、$P_2(4, 1, -2)$ 及 $P_3(-2, -3, 0)$ 三點的平面之方程式。

解答：令 $\mathbf{u} = \overrightarrow{P_2P_1} = \langle -3, -3, 5 \rangle$ 且 $\mathbf{v} = \overrightarrow{P_2P_3} = \langle -6, -4, 2 \rangle$，由定理 A 的第一部分，我們知道

$$\mathbf{u} \times \mathbf{v} = \begin{vmatrix} \mathbf{i} & \mathbf{j} & \mathbf{k} \\ -3 & -3 & 5 \\ -6 & -4 & 2 \end{vmatrix} = 14\mathbf{i} - 24\mathbf{j} - 6\mathbf{k}$$

垂直於 $\mathbf{u}$ 與 $\mathbf{v}$，因此垂直於包含它們的平面。過 $(4, 1, -2)$ 且具有法向量 $14\mathbf{i} - 24\mathbf{j} - 6\mathbf{k}$ 的平面之方程式（見 11.3 節）為

$$14(x - 4) - 24(y - 1) - 6(z + 2) = 0$$

或

$$14x - 24y - 6z = 44$$

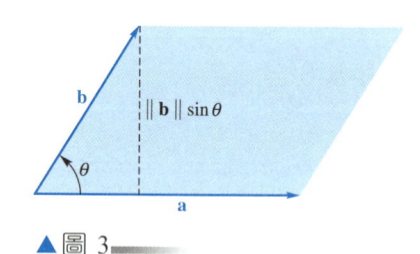

範例 3

請證明以 $\mathbf{a}$ 與 $\mathbf{b}$ 為鄰邊的平行四邊形之面積為 $\|\mathbf{a} \times \mathbf{b}\|$。

解答：回想，一個平行四邊形的面積為底乘以高，現在，請看圖 3 且利用事實 $\|\mathbf{a} \times \mathbf{b}\| = \|\mathbf{a}\|\|\mathbf{b}\| \sin \theta$。

▲圖 3

範例 4

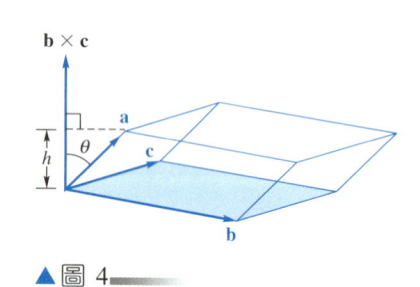

請證明由向量 $\mathbf{a}$、$\mathbf{b}$ 與 $\mathbf{c}$ 所決定之平行六面體的體積為

$$V = |\mathbf{a} \cdot (\mathbf{b} \times \mathbf{c})| = \left\| \begin{vmatrix} a_1 & a_2 & a_3 \\ b_1 & b_2 & b_3 \\ c_1 & c_2 & c_3 \end{vmatrix} \right\|$$

解答：參照圖 4 且視 $\mathbf{b}$ 與 $\mathbf{c}$ 所決定之平面為平行六面體的底部，如範例 3 所示此底之面積為 $\|\mathbf{b} \times \mathbf{c}\|$，

平行六面體的高 h 為 $\mathbf{a}$ 在 $\mathbf{b} \times \mathbf{c}$ 的投影數量，因此，

$$h = \|\mathbf{a}\||\cos \theta| = \frac{\|\mathbf{a}\||\mathbf{a} \cdot (\mathbf{b} \times \mathbf{c})|}{\|\mathbf{a}\|\|\mathbf{b} \times \mathbf{c}\|} = \frac{|\mathbf{a} \cdot (\mathbf{b} \times \mathbf{c})|}{\|\mathbf{b} \times \mathbf{c}\|}$$

且

$$V = h\|\mathbf{b} \times \mathbf{c}\| = |\mathbf{a} \cdot (\mathbf{b} \times \mathbf{c})|$$

▲圖 4

檢驗極端的情況 絕對不要被動地讀一本數學的書，盡量提出問題。特別是，盡可能注意極端的例子。這裡，我們探討 $\mathbf{a}$、$\mathbf{b}$ 與 $\mathbf{c}$ 在同一平面的情況，平行六面體的體積為 0，而由公式求出也是 0。範例 3 中，若 $\mathbf{b}$ 與 $\mathbf{c}$ 平行，會發生什麼事？

假設上例中，向量 $\mathbf{a}$、$\mathbf{b}$ 與 $\mathbf{c}$ 為同平面，此時，平行六面體的高為 0，所以體積為 0。而由公式求出的體積也是 0 嗎？若 $\mathbf{a}$ 在 $\mathbf{b}$ 與 $\mathbf{c}$ 決定的平面上，則任何垂直於 $\mathbf{b}$ 與 $\mathbf{c}$ 的向量也垂直於 $\mathbf{a}$。向量 $\mathbf{b} \times \mathbf{c}$ 垂直於 $\mathbf{b}$ 與

c，所以 **b** × **c** 垂直於 **a**，因此，**a** · (**b** × **c**) = 0。

代數性質 計算叉積的規則整理於下述定理中，定理的證明是利用分量表示式，且逐項寫出，將留為練習。

定理 C

假設 **u**、**v** 與 **w** 為三度空間中的向量，k 為一數量，則

1. **u** × **v** = −(**v** × **u**) （反交換律）
2. **u** × (**v** + **w**) = (**u** × **v**) + (**u** × **w**) （左邊分配律）
3. k(**u** × **v**) = (k**u**) × **v** = **u** × (k**v**)
4. **u** × **0** = **0** × **u** = **0**，**u** × **u** = **0**
5. (**u** × **v**) · **w** = **u** · (**v** × **w**)
6. **u** × (**v** × **w**) = (**u** · **w**)**v** − (**u** · **v**)**w**

一旦熟悉了定理 C 之後，複雜的向量計算將可輕易完成，我們以一種計算叉積的新方法為例。我們將需要下述簡單但重要的乘積

$$\mathbf{i} \times \mathbf{j} = \mathbf{k}, \quad \mathbf{j} \times \mathbf{k} = \mathbf{i}, \quad \mathbf{k} \times \mathbf{i} = \mathbf{j}$$

這些結果有循環性，圖 5 可幫助記憶。

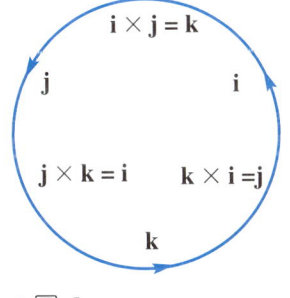

▲圖 5

範例 5

若 **u** = 3**i** − 2**j** + **k** 且 **v** = 4**i** + 2**j** − 3**k**，求 **u** × **v**。

解答：我們利用定理 C，特別是分配律與反交換律：

$$\begin{aligned}
\mathbf{u} \times \mathbf{v} &= (3\mathbf{i} - 2\mathbf{j} + \mathbf{k}) \times (4\mathbf{i} + 2\mathbf{j} - 3\mathbf{k}) \\
&= 12(\mathbf{i} \times \mathbf{i}) + 6(\mathbf{i} \times \mathbf{j}) - 9(\mathbf{i} \times \mathbf{k}) - 8(\mathbf{j} \times \mathbf{i}) - 4(\mathbf{j} \times \mathbf{j}) \\
&\quad + 6(\mathbf{j} \times \mathbf{k}) + 4(\mathbf{k} \times \mathbf{i}) + 2(\mathbf{k} \times \mathbf{j}) - 3(\mathbf{k} \times \mathbf{k}) \\
&= 12(\mathbf{0}) + 6(\mathbf{k}) - 9(-\mathbf{j}) - 8(-\mathbf{k}) - 4(\mathbf{0}) \\
&\quad + 6(\mathbf{i}) + 4(\mathbf{j}) + 2(-\mathbf{i}) - 3(\mathbf{0}) \\
&= 4\mathbf{i} + 13\mathbf{j} + 14\mathbf{k}
\end{aligned}$$

熟練者可在他們的腦中完成其中大部分的計算，初學者可能覺得還是行列式法較簡單。

練習題 11.4

1. 令 **a** = −3**i** + 2**j** − 2**k**，**b** = −**i** + 2**j** − 4**k** 且 **c** = 7**i** + 3**j** − 4**k**，請求出下列各結果：

   (a) **a** × **b**
   (b) **a** × (**b** + **c**)
   (c) **a** · (**b** + **c**)

(d) $\mathbf{a} \times (\mathbf{b} \times \mathbf{c})$

2. 請求出同時垂直 $\mathbf{a} = \mathbf{i} + 2\mathbf{j} + 3\mathbf{k}$ 與 $\mathbf{b} = -2\mathbf{i} + 2\mathbf{j} - 4\mathbf{k}$ 的所有向量。

3. 請求出垂直於由 $(1, 3, 5)$、$(3, -1, 2)$ 及 $(4, 0, 1)$ 三點所決定之平面的單位向量。

4. 求以 $(3, 2, 1)$、$(2, 4, 6)$ 及 $(-1, 2, 5)$ 為頂點之三角形的面積。

5-6 題中，求過給定三點的平面之方程式。

5. $(1, 3, 2)$、$(0, 3, 0)$ 和 $(2, 4, 3)$

6. $(7, 0, 0)$、$(0, 3, 0)$ 和 $(0, 0, 5)$

7. 求過點 $(2, 5, 1)$ 且與平面 $x - y + 2z = 4$ 平行的平面方程式。

8. 求過點 $(0, 0, 2)$ 且與平面 $x + y + z = 1$ 平行的平面方程式。

9. 曾加空間求過點 $(-1, -2, 3)$ 且同時垂直於平面 $x - 3y + 2z = 7$ 與 $2x - 2y - z = -3$ 的平面方程式。

10. 求以 $(2, 3, 4)$、$(0, 4, -1)$ 及 $(5, 1, 3)$ 為邊之平行六面體的體積（範例 4）。

11. 下列何者無意義？

    (a) $\mathbf{u} \cdot (\mathbf{v} \times \mathbf{w})$ (b) $\mathbf{u} + (\mathbf{v} \times \mathbf{w})$
    (c) $(\mathbf{a} \cdot \mathbf{b}) \times \mathbf{c}$ (d) $(\mathbf{a} \times \mathbf{b}) + k$
    (e) $(\mathbf{a} \cdot \mathbf{b}) + k$ (f) $(\mathbf{a} + \mathbf{b}) \times (\mathbf{c} + \mathbf{d})$
    (g) $(\mathbf{u} \times \mathbf{v}) \times \mathbf{w}$ (h) $(k\mathbf{u}) \times \mathbf{v}$

11.5 向量值函數與曲線運動

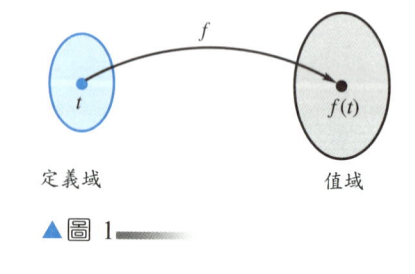

一個函數是一個規則，在此規則之下，某一集合中的每一元素 t，此集合稱為定義域，對應到另一集合中的某唯一元素 $f(t)$，見圖 1。由對應元素所組成的集合稱為值域。到目前為止，本書所討論的函數都是實數變數，實數值的函數，也就是定義域與值域都是一群實數所成集合。一個典型的例子，$f(t) = t^2$ 此函數將實數 t 對應到實數 t^2。

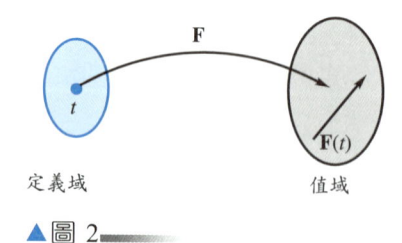

▲圖 1

現在，我們提出眾推廣情形中的第一種，見圖 2。一個實變數 t 的**向量值函數（vector-valued function）** $\mathbf{F}$，將每一個實數 t 對應到一個向量 $\mathbf{F}(t)$，因此，

$$\mathbf{F}(t) = f(t)\mathbf{i} + g(t)\mathbf{j} + h(t)\mathbf{k} = \langle f(t), g(t), h(t) \rangle$$

其中，f、g 及 h 是一般實數函數。一個典型的例子為

$$\mathbf{F}(t) = t^2\mathbf{i} + e^t\mathbf{j} + 2\mathbf{k} = \langle t^2, e^t, 2 \rangle$$

▲圖 2

請留意，我們採用粗體字，這可幫我們區分向量值函數與純量函數。

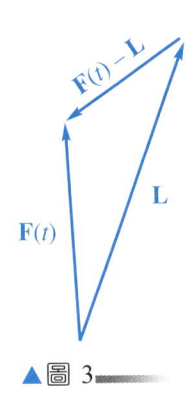

空間幾何與向量 Chapter 11

向量函數的微積分 微積分中最基本的概念是極限,直觀地,$\lim_{t \to c} \mathbf{F}(t) = \mathbf{L}$ 意指,當 t 趨近 c 時,向量 $\mathbf{F}(t)$ 趨近 $\mathbf{L}$。另一種說法為,當 $t \to c$ 時,向量 $\mathbf{F}(t) - \mathbf{L}$ 趨近於 $\mathbf{0}$,見圖 3。較嚴謹的 ε-δ 定義與 1.2 節中針對實數值函數所作的定義是幾乎一致的。

▲圖 3

定義 向量值函數的極限

$\lim_{t \to c} \mathbf{F}(t) = \mathbf{L}$ 意指,對一個給定的 $\varepsilon > 0$(無論多小),存在一個對應的 $\delta > 0$,使得若 $0 < |t - c| < \delta$,則 $\|\mathbf{F}(t) - \mathbf{L}\| < \varepsilon$;也就

$$0 < |t - c| < \delta \Rightarrow \|\mathbf{F}(t) - \mathbf{L}\| < \varepsilon$$

只要我們把 $\|\mathbf{F}(t) - \mathbf{L}\|$ 解釋為向量 $\mathbf{F}(t) - \mathbf{L}$ 的長度,則 $\lim_{t \to c} \mathbf{F}(t)$ 的定義與我們在第 1 章對於極限所作的定義幾乎一致。我們的定義意指,只要令 t 夠接近 c(在 δ 之內),就可使 $\mathbf{F}(t)$ 夠靠近 $\mathbf{L}$(在 ε 之內)(此處的距離是三度空間中的量度)。

二維向量

本節的定義與定理是針對三維向量,但二維向量的結果是顯而易見的。例如,若 $\mathbf{F}(t) = \langle f(t), g(t) \rangle = f(t)\mathbf{i} + g(t)\mathbf{j}$
則定理 A 意指
$\lim_{t \to c} \mathbf{F}(t) = \left[\lim_{t \to c} f(t)\right]\mathbf{i} + \left[\lim_{t \to c} g(t)\right]\mathbf{j}$

定理 A

令 $\mathbf{F}(t) = f(t)\mathbf{i} + g(t)\mathbf{j} + h(t)\mathbf{k}$,則 $\mathbf{F}$ 在 c 有極限若且惟若 f、g 與 h 在 c 皆有極限。此時

$$\lim_{t \to c} \mathbf{F}(t) = \left[\lim_{t \to c} f(t)\right]\mathbf{i} + \left[\lim_{t \to c} g(t)\right]\mathbf{j} + \left[\lim_{t \to c} h(t)\right]\mathbf{k}$$

如你所預期,所有常見的極限定理皆成立,連續也有其一般的意義,也就是,若 $\lim_{t \to c} \mathbf{F}(t) = \mathbf{F}(c)$ 則 $\mathbf{F}$ 在 c 為連續(continuous)。根據定理 A,顯然 $\mathbf{F}$ 在 c 為連續若且惟若 f、g 與 h 皆在該處連續。最後,導函數(derivative)$\mathbf{F}'(t)$ 的定義與實數值函數的一樣,

$$\mathbf{F}'(t) = \lim_{\Delta t \to 0} \frac{\mathbf{F}(t + \Delta t) - \mathbf{F}(t)}{\Delta t}$$

上式可用分量寫成

$\mathbf{F}'(t) =$
$$\lim_{\Delta t \to 0} \frac{[f(t+\Delta t)\mathbf{i} + g(t+\Delta t)\mathbf{j} + h(t+\Delta t)\mathbf{k}] - [f(t)\mathbf{i} + g(t)\mathbf{j} + h(t)\mathbf{k}]}{\Delta t}$$
$$= \lim_{\Delta t \to 0} \frac{f(t+\Delta t) - f(t)}{\Delta t}\mathbf{i} + \lim_{\Delta t \to 0} \frac{g(t+\Delta t) - g(t)}{\Delta t}\mathbf{j}$$
$$+ \lim_{\Delta t \to 0} \frac{h(t+\Delta t) - h(t)}{\Delta t}\mathbf{k}$$
$$= f'(t)\mathbf{i} + g'(t)\mathbf{j} + h'(t)\mathbf{k}$$

結論為，若 $\mathbf{F}(t) = f(t)\mathbf{i} + g(t)\mathbf{j} + h(t)\mathbf{k}$，則

$$\mathbf{F}'(t) = f'(t)\mathbf{i} + g'(t)\mathbf{j} + h'(t)\mathbf{k} = \langle f'(t), g'(t), h'(t) \rangle$$

範例 1

若 $\mathbf{F}(t) = (t^2 + t)\mathbf{i} + e^t\mathbf{j} + 2\mathbf{k}$，求 $\mathbf{F}'(t)$，$\mathbf{F}''(t)$ 及 $\mathbf{F}'(0)$ 與 $\mathbf{F}''(0)$ 的夾角 θ。

解答：$\mathbf{F}'(t) = (2t + 1)\mathbf{i} + e^t\mathbf{j}$ 且 $\mathbf{F}''(t) = 2\mathbf{i} + e^t\mathbf{j}$，因此 $\mathbf{F}'(0) = \mathbf{i} + \mathbf{j}$，$\mathbf{F}''(0) = 2\mathbf{i} + \mathbf{j}$ 且

$$\cos\theta = \frac{\mathbf{F}'(0) \cdot \mathbf{F}''(0)}{\|\mathbf{F}'(0)\|\|\mathbf{F}''(0)\|} = \frac{(1)(2) + (1)(1) + (0)(0)}{\sqrt{1^2 + 1^2 + 0^2}\sqrt{2^2 + 1^2 + 0^2}} = \frac{3}{\sqrt{2}\sqrt{5}}$$

$$\theta \approx 0.3218 \quad \text{(about } 18.43°\text{)}$$

接下來，有一些微分法則。

定理 B　微分公式

令 $\mathbf{F}$ 與 $\mathbf{G}$ 為可微分向量值函數，p 為一可微分實數值函數，且 c 為一數量，則

1. $D_t[\mathbf{F}(t) + \mathbf{G}(t)] = \mathbf{F}'(t) + \mathbf{G}'(t)$
2. $D_t[c\mathbf{F}(t)] = c\mathbf{F}'(t)$
3. $D_t[p(t)\mathbf{F}(t)] = p(t)\mathbf{F}'(t) + p'(t)\mathbf{F}(t)$
4. $D_t[\mathbf{F}(t) \cdot \mathbf{G}(t)] = \mathbf{F}(t) \cdot \mathbf{G}'(t) + \mathbf{G}(t) \cdot \mathbf{F}'(t)$
5. $D_t[\mathbf{F}(t) \times \mathbf{G}(t)] = \mathbf{F}(t) \times \mathbf{G}'(t) + \mathbf{F}'(t) \times \mathbf{G}(t)$
6. $D_t[\mathbf{F}(p(t))] = \mathbf{F}'(p(t))p'(t)$（連鎖法則）

證明　我們只證明公式 4，其餘部分留給讀者。令

$$\mathbf{F}(t) = f_1(t)\mathbf{i} + f_2(t)\mathbf{j} + f_3(t)\mathbf{k},$$
$$\mathbf{G}(t) = g_1(t)\mathbf{i} + g_2(t)\mathbf{j} + g_3(t)\mathbf{k}$$

則

$$\begin{aligned}
D_t[\mathbf{F}(t) \cdot \mathbf{G}(t)] &= D_t\big[f_1(t)g_1(t) + f_2(t)g_2(t) + f_3(t)g_3(t)\big] \\
&= f_1(t)g_1'(t) + g_1(t)f_1'(t) + f_2(t)g_2'(t) + g_2(t)f_2'(t) \\
&\quad + f_3(t)g_3'(t) + g_3(t)f_3'(t) \\
&= \big[f_1(t)g_1'(t) + f_2(t)g_2'(t) + f_3(t)g_3'(t)\big] \\
&\quad + \big[g_1(t)f_1'(t) + g_2(t)f_2'(t) + g_3(t)f_3'(t)\big] \\
&= \mathbf{F}(t) \cdot \mathbf{G}'(t) + \mathbf{G}(t) \cdot \mathbf{F}'(t)
\end{aligned}$$

因為向量值函數的導函數是由微分各分量求得，所以，利用各分量的積分來定義其積分是自然的，也就是，若 $\mathbf{F}(t) = f(t)\mathbf{i} + g(t)\mathbf{j} + h(t)\mathbf{k}$

$$\int \mathbf{F}(t)\, dt = \left[\int f(t)\, dt\right]\mathbf{i} + \left[\int g(t)\, dt\right]\mathbf{j} + \left[\int h(t)\, dt\right]\mathbf{k}$$

$$\int_a^b \mathbf{F}(t)\, dt = \left[\int_a^b f(t)\, dt\right]\mathbf{i} + \left[\int_a^b g(t)\, dt\right]\mathbf{j} + \left[\int_a^b h(t)\, dt\right]\mathbf{k}$$

範例 2

若 $\mathbf{F}(t) = t^2\mathbf{i} + e^{-t}\mathbf{j} - 2\mathbf{k}$，求 (a) $D_t[t^3\mathbf{F}(t)]$ (b) $\int_0^1 \mathbf{F}(t)\, dt$

解答：

(a) $D_t[t^3\mathbf{F}(t)] = t^3(2t\mathbf{i} - e^{-t}\mathbf{j}) + 3t^2(t^2\mathbf{i} + e^{-t}\mathbf{j} - 2\mathbf{k})$
$= 5t^4\mathbf{i} + (3t^2 - t^3)e^{-t}\mathbf{j} - 6t^2\mathbf{k}$

(b) $\int_0^1 \mathbf{F}(t)\, dt = \left(\int_0^1 t^2\, dt\right)\mathbf{i} + \left(\int_0^1 e^{-t}\, dt\right)\mathbf{j} + \left(\int_0^1 (-2)\, dt\right)\mathbf{k}$
$= \frac{1}{3}\mathbf{i} + (1 - e^{-1})\mathbf{j} - 2\mathbf{k}$

曲線運動 我們將利用上述有關向量值函數的理論，來探討空間中質點的運動。令 t 表示時間，且假設動點 P 的坐標以參數式 $x = f(t)$，$y = g(t)$，$z = h(t)$ 表示，則由原點發出的向量

$$\mathbf{r}(t) = f(t)\mathbf{i} + g(t)\mathbf{j} + h(t)\mathbf{k}$$

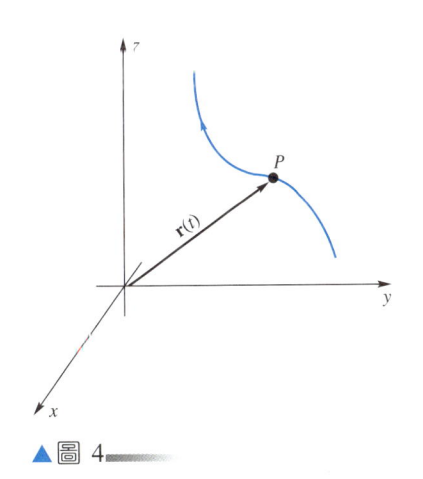

稱為該點的**位置向量（position vector）**。當 t 改變時，$\mathbf{r}(t)$ 的首端描出動點 P 的路徑，見圖 4。這是一條曲線，所產生的運動稱為**曲線運動（curvilinear motion）**。

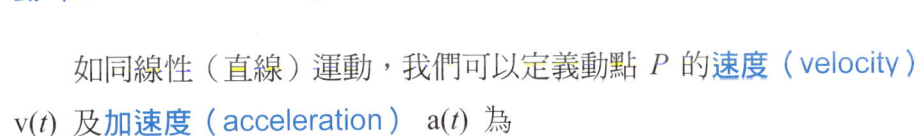

▲圖 4

如同線性（直線）運動，我們可以定義動點 P 的**速度（velocity）** $\mathbf{v}(t)$ 及**加速度（acceleration）** $\mathbf{a}(t)$ 為

$$\mathbf{v}(t) = \mathbf{r}'(t) = f'(t)\mathbf{i} + g'(t)\mathbf{j} + h'(t)\mathbf{k}$$
$$\mathbf{a}(t) = \mathbf{r}''(t) = f''(t)\mathbf{i} + g''(t)\mathbf{j} + h''(t)\mathbf{k}$$

因為

$$\mathbf{v}(t) = \lim_{\Delta t \to 0} \frac{\mathbf{r}(t + \Delta t) - \mathbf{r}(t)}{\Delta t}$$

如圖 5 所示，顯然，$\mathbf{v}(t)$ 具有切線的方向，加速度向量 $\mathbf{a}(t)$ 指向曲線的**凹向（concave）**（即曲線彎曲的那一側）。

▲ 圖 5

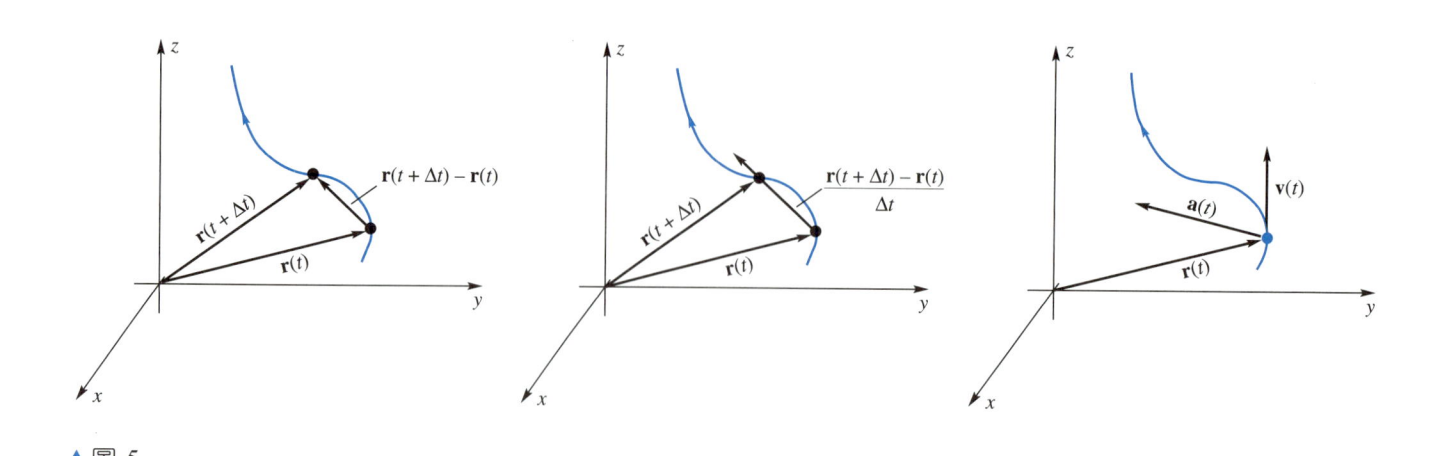

若 $\mathbf{r}(t)$ 是一物體的位置向量，則沿此路徑由時間 $t = a$ 描到時間 $t = b$ 的弧長為

$$L = \int_a^b \sqrt{[f'(t)]^2 + [g'(t)]^2 + [h'(t)]^2}\, dt = \int_a^b \|\mathbf{r}'(t)\|\, dt$$

因此，由時間 $t = a$ 到任意時間 t 的累積弧長（accumulate arc length）為

$$s = \int_a^t \sqrt{[f'(u)]^2 + [g'(u)]^2 + [h'(u)]^2}\, du = \int_a^t \|\mathbf{r}'(u)\|\, du。$$

由微積分第一基本定理，可得累積弧長的導數 ds/dt 為

$$\frac{ds}{dt} = \sqrt{[f'(t)]^2 + [g'(t)]^2 + [h'(t)]^2} = \|\mathbf{r}'(t)\|$$

但是，累積弧長的導數（即變化率）是所謂的 速率（speed），因此，物體的速率為

$$速率 = \frac{ds}{dt} = \|\mathbf{r}'(t)\| = \|\mathbf{v}(t)\|$$

請留意，物體的速率是一個純量，然而它的速度卻是一個向量。

等速圓周運動（uniform circular motion） 是曲線運動中最重要的應用之一，它發生在二維空間中。假設一物體在 xy-平面上以逆時針方向，繞一個以 $(0, 0)$ 為圓心，a 為半徑的圓，並以每秒 ω 弧度的固定角速率運動。若其初始位置在 $(a, 0)$，則它的位置函數為

$$\mathbf{r}(t) = a \cos \omega t\, \mathbf{i} + a \sin \omega t\, \mathbf{j}$$

空間幾何與向量 **Chapter 11** 513

範例 3

求等速圓周運動的速度、加速度及速率。

解答： 我們微分位置函數 $\mathbf{r}(t) = a\cos\omega t\,\mathbf{i} + a\sin\omega t\,\mathbf{j}$ 求出 $\mathbf{v}(t)$ 及 $\mathbf{a}(t)$

$$\mathbf{v}(t) = \mathbf{r}'(t) = -a\omega\sin\omega t\,\mathbf{i} + a\omega\cos\omega t\,\mathbf{j}$$

$$\mathbf{a}(t) = \mathbf{v}'(t) = -a\omega^2\cos\omega t\,\mathbf{i} - a\omega^2\sin\omega t\,\mathbf{j}$$

速率為

$$\frac{ds}{dt} = \|\mathbf{v}(t)\| = \sqrt{(-a\omega\sin\omega t)^2 + (a\omega\cos\omega t)^2}$$
$$= \sqrt{a^2\omega^2(\sin^2\omega t + \cos^2\omega t)} = a\omega$$

請留意，假如我們將 $\mathbf{a}$ 的起點放在物體的位置，點 P，則 $\mathbf{a}$ 指向原點且垂直於速度向量 $\mathbf{v}$，見圖 6。

▲圖 6

在 11.1 節的範例 6 中，我們已看過一個**螺線（helix）**的特例。在此我們將此觀念稍做推廣，稱由下述位置函數所描出的路徑為螺線，

$$\mathbf{r}(t) = a\cos\omega t\,\mathbf{i} + a\sin\omega t\,\mathbf{j} + ct\,\mathbf{k}$$

假如我們只看此運動的 x 及 y 分量，看到的是等速圓周運動。假如我們只看此運動的 z 分量，看到的是等速直線運動。把這兩者放在一起，我們看到的是，物體一邊上升一邊旋轉（假設 $c > 0$）。

範例 4

求螺線運動的速度、加速度及速率。

解答： 速度及加速度為
$$\mathbf{v}(t) = \mathbf{r}'(t) = -a\omega\sin\omega t\,\mathbf{i} + a\omega\cos\omega t\,\mathbf{j} + c\,\mathbf{k}$$
$$\mathbf{a}(t) = \mathbf{v}'(t) = -a\omega^2\cos\omega t\,\mathbf{i} - a\omega^2\sin\omega t\,\mathbf{j}$$

速率為
$$\frac{ds}{dt} = \|\mathbf{v}(t)\| = \sqrt{(-a\omega\sin\omega t)^2 + (a\omega\cos\omega t)^2 + c^2} = \sqrt{a^2\omega^2 + c^2}$$

範例 5

一物體在平面上運動，其參數式為 $x = 3\cos t$ 與 $y = 2\sin t$，其中 t 表示時間且 $0 \leq t \leq 2\pi$，令 P 表示物體的位置

(a) 請畫出 P 的路徑，

(b) 求速度 $\mathbf{v}(t)$、速率 $\|\mathbf{v}(t)\|$ 及加速度 $\mathbf{a}(t)$ 的表式，

(c) 求速率的極大值與極小值及它們發生於何處，

(d) 證明起點在 P 的加速度恆指向原點。

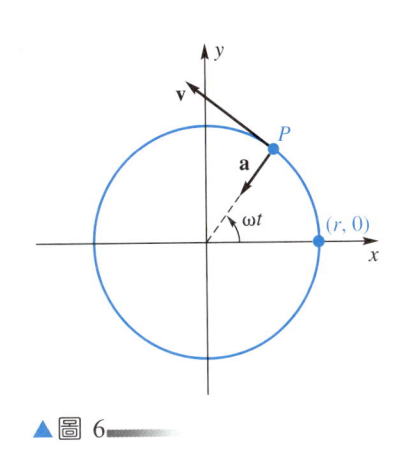

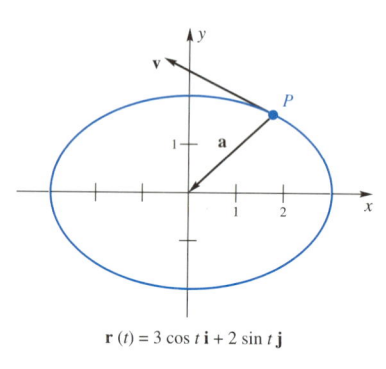

解答：

(a) 因為 $x^2/9 + y^2/4 = 1$，路徑是如圖 7 所示的一個橢圓，

(b) 位置函數為
$$\mathbf{r}(t) = 3\cos t\,\mathbf{i} + 2\sin t\,\mathbf{j}$$
所以
$$\mathbf{v}(t) = -3\sin t\,\mathbf{i} + 2\cos t\,\mathbf{j}$$
$$\|\mathbf{v}(t)\| = \sqrt{9\sin^2 t + 4\cos^2 t} = \sqrt{5\sin^2 t + 4}$$
$$\mathbf{a}(t) = -3\cos t\,\mathbf{i} - 2\sin t\,\mathbf{j}$$

(c) 因為速率為 $\sqrt{5\sin^2 t + 4}$，所以當 $\sin t = \pm 1$，即 $t = \pi/2$ 或 $3\pi/2$ 時，有極大值 3，對應於橢圓上的點 $(0, \pm 2)$。同理，當 $\sin t = 0$ 時有極小值 2，對應於點 $(\pm 3, 0)$。

(d) 請留意，$\mathbf{a}(t) = -\mathbf{r}(t)$，因此若將 $\mathbf{a}(t)$ 起點放在 P，則此向量將指向原點，我們推得 $\|\mathbf{a}(t)\|$ 在 $(\pm 3, 0)$ 為最大，在 $(0, \pm 2)$ 為最小。

▲圖 7 $\mathbf{r}(t) = 3\cos t\,\mathbf{i} + 2\sin t\,\mathbf{j}$

範例 6

一拋射體以和 x 軸正向夾角 θ 的方向，每秒 v_0 英尺的初速率，由原點發射，見圖 8。不計摩擦力，求速度 $\mathbf{v}(t)$ 與位置函數 $\mathbf{r}(t)$ 的表式，並證明其路徑為一拋物線。

解答：重力加速度為每平方秒 $\mathbf{a}(t) = -32\mathbf{j}$ 英尺，初始條件為 $\mathbf{r}(0) = \mathbf{0}$ 且 $\mathbf{v}(0) = v_0\cos\theta\,\mathbf{i} + v_0\sin\theta\,\mathbf{j}$，由 $\mathbf{a}(t) = -32\mathbf{j}$ 開始，我們將積分兩次。

$$\mathbf{v}(t) = \int \mathbf{a}(t)\,dt = \int (-32)\,dt\,\mathbf{j} = -32t\,\mathbf{j} + \mathbf{C}_1$$

條件 $\mathbf{v}(0) = v_0\cos\theta\,\mathbf{i} + v_0\sin\theta\,\mathbf{j}$ 可使我們計算 $\mathbf{C}_1$ 且得 $\mathbf{C}_1 = v_0\cos\theta\,\mathbf{i} + v_0\sin\theta\,\mathbf{j}$，因此

$$\mathbf{v}(t) = (v_0\cos\theta)\mathbf{i} + (v_0\sin\theta - 32t)\mathbf{j}$$

且

$$\mathbf{r}(t) = \int \mathbf{v}(t)\,dt = (tv_0\cos\theta)\mathbf{i} + (tv_0\sin\theta - 16t^2)\mathbf{j} + \mathbf{C}_2$$

由條件 $\mathbf{r}(0) = \mathbf{0}$ 得 $\mathbf{C}_2 = 0$，所以

$$\mathbf{r}(t) = (tv_0\cos\theta)\mathbf{i} + (tv_0\sin\theta - 16t^2)\mathbf{j}$$

為了求路徑的方程式，我們將消去下列式中的參數 t，

$$x = (v_0\cos\theta)t，\; y = (v_0\sin\theta)t - 16t^2$$

我們特地解出第一式的 t 且代入第二式，得

$$y = (\tan\theta)x - \left(\frac{4}{v_0\cos\theta}\right)^2 x^2$$

此式為拋物線的方程式。

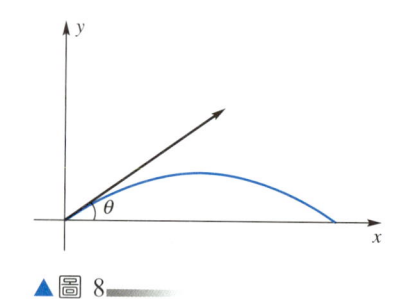

▲圖 8

範例 7

一顆棒球以每小時 75 哩（即每秒 110 呎）的速度，由 8 呎的高度以 x-軸正向之上 1 度的角度拋出。初始位置為 $\mathbf{r}(0) = 8\mathbf{k}$，除了重力加速度之外，球的旋轉產生 y-軸正向每秒 2 呎的加速度。當球的位置之 x 分量為 60.5 呎時，此球的位置為何？

解答： 初始位置向量為 $\mathbf{r}(0) = 8\mathbf{k}$，初始速度向量為 $\mathbf{v}(0) = 110\cos 1°\mathbf{i} + 110\sin 1°\mathbf{k}$，加速度向量為 $\mathbf{a}(t) = 2\mathbf{j} - 32\mathbf{k}$。仿上一例的過程得

$$\mathbf{v}(t) = \int \mathbf{a}(t)\,dt = \int (2\mathbf{j} - 32\mathbf{k})\,dt = 2t\mathbf{j} - 32t\mathbf{k} + \mathbf{C}_1$$

因為 $110\cos 1°\mathbf{i} + 110\sin 1°\mathbf{k} = \mathbf{v}(0) = \mathbf{C}_1$，我們得

$$\mathbf{v}(t) = 110\cos 1°\mathbf{i} + 2t\mathbf{j} + (110\sin 1° - 32t)\mathbf{k}$$

速度向量的積分可得位置向量：

$$\mathbf{r}(t) = \int \mathbf{v}(t)\,dt = \int \left[110\cos 1°\mathbf{i} + 2t\mathbf{j} + (110\sin 1° - 32t)\mathbf{k}\right]dt$$
$$= 110(\cos 1°)t\mathbf{i} + t^2\mathbf{j} + \left[110(\sin 1°)t - 16t^2\right]\mathbf{k} + \mathbf{C}_2$$

初始位置為 $\mathbf{r}(0) = 8\mathbf{k}$，可推得 $\mathbf{C}_2 = 8\mathbf{k}$，因此

$$\mathbf{r}(t) = 110(\cos 1°)t\mathbf{i} + t^2\mathbf{j} + \left[8 + 110(\sin 1°)t - 16t^2\right]\mathbf{k}$$

接下來，我們將求出 x 分量 60.5 呎時，t 的值為何。由 $110(\cos 1°)t = 60.5$ 得 $t = 60.5/(110\cos 1°) \approx 0.55008$ 秒，球在此時的位置為

$$\mathbf{r}(0.55008) = 110(\cos 1°)0.55008\mathbf{i} + (0.55008)^2\mathbf{j}$$
$$+ \left[8 + 110(\sin 1°)0.55008 - 16(0.55008)^2\right]\mathbf{k}$$
$$\approx 60.5\mathbf{i} + 0.303\mathbf{j} + 4.21\mathbf{k}$$

若這顆球是美國大聯盟中的一位投手投給大聯盟中的一位打擊手，這顆球剛好在打擊手的腰部之上（離地面 4.21 呎）且離本壘板大約 4 吋（0.303 呎）。

行星運動的開普勒定律 17 世紀初，開普勒由丹麥貴族 Tycho Brahe 手上承接一批天文學的資料，開普勒花了數年的時間研究這些資料，然後經由反覆試驗法，透過多次試驗逐漸消去錯誤，及一點點的運氣，他提出了行星運動的三個定律：

1. 行星在一個橢圓形的軌道上運行，太陽位於此橢圓的一個焦點上。
2. 太陽與行星之連線段在相等時間內掃出相等的面積。
3. 行星軌跡的週期之平方與行星到太陽的平均距離之立方成正比。

然而，稍後人們發現開普勒的行星運動定律可用牛頓運動定律導出。開普勒第一運動定律可由下式描述

$$r(\theta) = \frac{r_0(1+e)}{1+e\cos\theta}$$

此為橢圓的極式，其中 $r(\theta)$ 是角度為 θ 時，行星到太陽的距離，e 是橢圓的離心率，且

$$e = \frac{r_0 v_0^2}{GM} - 1 = \frac{1}{r_0 GM}\left(2\frac{dA}{dt}\right)^2 - 1$$

其中 M 是太陽的質量，G 是重力常數，r_0 是行星到太陽的最短距離，v_0 是行星最靠近太陽時的速率，且 dA/dt 是連接行星與太陽的線段所掃過之面積的變化率（由開普勒第二定律得知為常數）。我們不打算證明定律一，直接接受之。

範例 8

請推導開普勒第二定律。

解答：令 $\mathbf{r}(t)$ 表示行星在時間為 t 時的位置向量，且令 $\mathbf{r}(t+\Delta t)$ 為 Δt 時間單位後的位置，見圖 9。時間 Δt 中所掃過之面積 ΔA 大約是由 $\mathbf{r}(t)$ 與 $\Delta \mathbf{r} = \mathbf{r}(t+\Delta t) - \mathbf{r}(t)$ 所形成平行四邊形之面積的一半。利用前述章節中所提，兩向量所成三角形之面積為其叉積之大小的一半，可得

$$\Delta A \approx \frac{1}{2}\|\mathbf{r}(t) \times \Delta \mathbf{r}\|$$

因此

$$\frac{\Delta A}{\Delta t} \approx \frac{1}{2}\left\|\mathbf{r}(t) \times \frac{\Delta \mathbf{r}}{\Delta t}\right\|$$

所以，令 $\Delta t \to 0$ 可得

$$\frac{dA}{dt} = \frac{1}{2}\|\mathbf{r}(t) \times \mathbf{r}'(t)\|$$

唯一作用在行星的力為太陽的引力，此引力作用於太陽與行星之間的直線上，且大小為 $GMm/\|\mathbf{r}(t)\|^2$，其中 m 為行星的質量，由牛頓第二定律 ($F = ma$) 得

$$-\frac{GMm}{\|\mathbf{r}(t)\|^3}\mathbf{r}(t) = m\mathbf{a}(t) = m\mathbf{r}''(t)$$

等式兩邊同時除以 m 得 $\mathbf{r}''(t) = -(GM/\|\mathbf{r}(t)\|^3)\mathbf{r}(t)$。

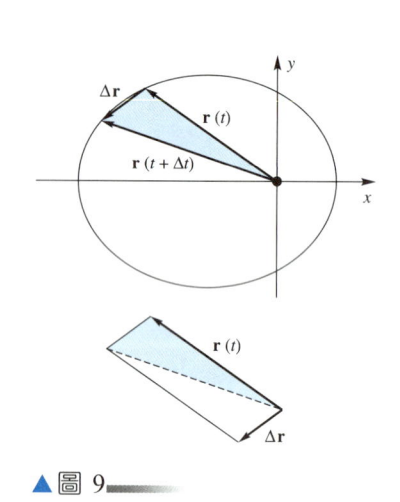

▲圖 9

空間幾何與向量 Chapter 11　517

根據此式，考慮 dA/dt 表示式中的 $\mathbf{r}(t) \times \mathbf{r}'(t)$。利用定理 B 的性質 5 微分此向量得

$$\frac{d}{dt}(\mathbf{r}(t) \times \mathbf{r}'(t)) = \mathbf{r}(t) \times \mathbf{r}''(t) + \mathbf{r}'(t) \times \mathbf{r}'(t)$$

$$= \mathbf{r}(t) \times \left(-\frac{GM}{\|\mathbf{r}(t)\|^3}\mathbf{r}(t)\right) + \mathbf{0}$$

$$= \left(-\frac{GM}{\|\mathbf{r}(t)\|^3}\right)\mathbf{r}(t) \times \mathbf{r}(t) = \mathbf{0}$$

此結果告訴我們，向量 $\mathbf{r}(t) \times \mathbf{r}'(t)$ 是一個常數向量，所以它的大小 $\|\mathbf{r}(t) \times \mathbf{r}'(t)\|$ 為一常數，因此 dA/dt 是一個常數。

範例 9

請推導開普勒第三定律。

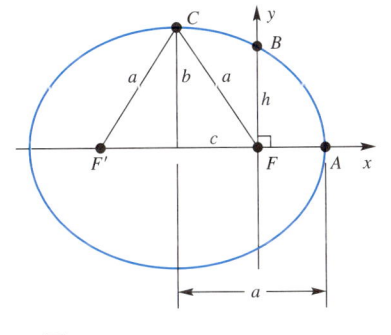

▲ 圖 10

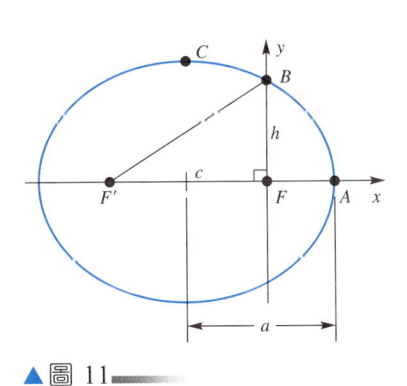

▲ 圖 11

解答： 將太陽放在原點，且讓行星的近日點（軌道上距太陽最近之點）躺在 x 軸正向上。圖 10 中，近日點在點 A，點 C 表示軌道上位於短軸上的點，點 B 表示軌道上位於過原點而垂直於長軸之直線上的點。令 a、b 分別表示橢圓長軸及短軸之長的一半，c 表示兩焦點之中心到焦點的距離。橢圓的細繩性質告訴我們，橢圓上任一點至兩焦點的距離之和為 $2a$，因此 $\overline{F'C} + \overline{CF} = 2a$ 且因為 $\overline{F'C} = \overline{CF}$，我們推得 $\overline{F'C} = \overline{CF} = a$。細繩性質的另一應用到點 B 可得 $\overline{F'B} + \overline{BF} = 2a$。

利用畢氏定理可得 $a^2 = b^2 + c^2$ 且 $(\overline{F'B})^2 = h^2 + (2c)^2$，見圖 11。由上述可得 $\overline{F'B} = 2a - \overline{BF} = 2a - h$。總結上述結果可得

$$h^2 + (2c)^2 = (\overline{F'B})^2 = (2a - h)^2 = 4a^2 - 4ah + h^2$$

所以，我們推得 $4c^2 = 4a^2 - 4ah$，因此 $c^2 = a^2 - ah$。因為 $a^2 = b^2 + c^2$，得

$$a^2 - b^2 = c^2 = a^2 - ah$$

因此，$b^2 = ah$。

點 B 也發生在角 θ 為 $\pi/2$，利用開普勒第一定律得

$$h = r(\pi/2) = \frac{r_0(1+e)}{1 + e\cos(\pi/2)} = \frac{1}{GM}\left(2\frac{dA}{dt}\right)^2$$

令 T 表示行星的週期，經過一週期，掃過的面積為 πab。因此，其平均面積為 $\pi ab/T$。但是由第二定律得 dA/dt 為一常數 $dA/dt = \pi ab/T$ 因此，

$$T = \frac{\pi ab}{dA/dt}$$

現在將所有的討論放在一起，利用上述的 $b^2 = ah$ 且 $h = \left(2\frac{dA}{dt}\right)^2/GM$，我們得

$$T^2 = \left(\frac{\pi ab}{dA/dt}\right)^2 = \frac{\pi^2 a^2}{(dA/dt)^2}ah = \frac{\pi^2 a^3}{(dA/dt)^2}\frac{(2\,dA/dt)^2}{GM} = \frac{4\pi^2}{GM}a^3$$

行星與太陽的最短距離為 $a-c$，最長距離為 $a+c$。開普勒將其平均值 $(a-c+a+c)/2 = a$ 為行星與太陽的平均距離。因此，最後的方式可推得週期的平方與行星到太陽的平均距離之立方成正比。

練習題 11.5

1-5 題中，求出各極限或指出其不存在。

1. $\lim\limits_{t \to 1} [2t\mathbf{i} - t^2\mathbf{j}]$

2. $\lim\limits_{t \to 1} \left[\dfrac{t-1}{t^2-1}\mathbf{i} - \dfrac{t^2+2t-3}{t-1}\mathbf{j}\right]$

3. $\lim\limits_{t \to 0} \left[\dfrac{\sin t \cos t}{t}\mathbf{i} - \dfrac{7t^3}{e^t}\mathbf{j} + \dfrac{t}{t+1}\mathbf{k}\right]$

4. $\lim\limits_{t \to \infty} \left[\dfrac{t\sin t}{t^2}\mathbf{i} - \dfrac{7t^3}{t^3-3t}\mathbf{j} - \dfrac{\sin t}{t}\mathbf{k}\right]$

5. $\lim\limits_{t \to 0^-} \left\langle e^{-1/t^2}, \dfrac{t}{|t|}, |t| \right\rangle$

6. 求下列各函數的 $D_t\,\mathbf{r}(t)$ 與 $D_t^2\,\mathbf{r}(t)$。
   (a) $\mathbf{r}(t) = (3t+4)^3\mathbf{i} + e^{t^2}\mathbf{j} + \mathbf{k}$
   (b) $\mathbf{r}(t) = \sin^2 t\,\mathbf{i} + \cos 3t\,\mathbf{j} + t^2\mathbf{k}$

7. 已知 $\mathbf{r}(t) = \sin 3t\,\mathbf{i} - \cos 3t\,\mathbf{j}$ 求 $D_t[\mathbf{r}(t) \cdot \mathbf{r}'(t)]$。

8. 已知 $\mathbf{r}(t) = \sqrt{t-1}\,\mathbf{i} + \ln(2t^2)\mathbf{j}$ 且 $h(t) = e^{-3t}$，求 $D_t[h(t)\mathbf{r}(t)]$。

9-13 題中，請求出在指定時間 $t = t_1$ 的速度 $\mathbf{v}$，加速度 $\mathbf{a}$ 與速率 s。

9. $\mathbf{r}(t) = 4t\mathbf{i} + 5(t^2-1)\mathbf{j} + 2t\mathbf{k}; t_1 = 1$

10. $\mathbf{r}(t) = (1/t)\mathbf{i} + (t^2-1)^{-1}\mathbf{j} + t^5\mathbf{k}; t_1 = 2$

11. $\mathbf{r}(t) = \mathbf{i} + \left(\int_0^t x^2\,dx\right)\mathbf{j} + t^{2/3}\mathbf{k}; t_1 = 2$

12. $\mathbf{r}(t) = \cos t\,\mathbf{i} + \sin t\,\mathbf{j} + \mathbf{k}; t_1 = \pi$

13. $\mathbf{r}(t) = \left(\int_t^1 e^x\,dx\right)\mathbf{i} + \left(\int_t^\pi \sin \pi\theta\,d\theta\right)\mathbf{j} + t^{2/3}\mathbf{k};$ $t_1 = 2$

14. 證明：假如一個運動質點的速率是固定的常數，則它的加速度向量總是垂直於速度向量。

15-16 題中，請針對各給定向量方程式求出曲線的長度。

15. $\mathbf{r}(t) = t\,\mathbf{i} + \sin t\,\mathbf{j} + \cos t\,\mathbf{k}; 0 \le t \le 2$

16. $\mathbf{r}(t) = \sqrt{6}t^2\mathbf{i} + \dfrac{2}{3}t^3\mathbf{j} + 6t\,\mathbf{k}; 3 \le t \le 6$

17. 求積分 $\int_0^1 (e^t\mathbf{i} + e^{-t}\mathbf{j})\,dt$ 之值。

11.6 三度空間中的直線與切線

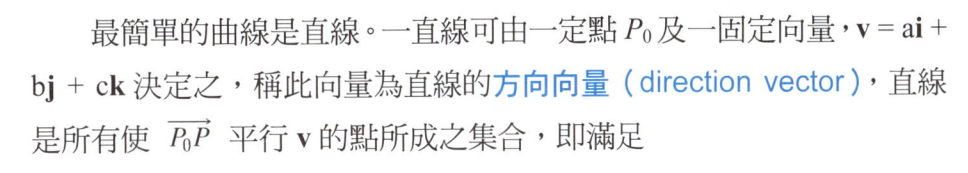

最簡單的曲線是直線。一直線可由一定點 P_0 及一固定向量，$\mathbf{v} = a\mathbf{i} + b\mathbf{j} + c\mathbf{k}$ 決定之，稱此向量為直線的**方向向量**（direction vector），直線是所有使 $\overrightarrow{P_0P}$ 平行 $\mathbf{v}$ 的點所成之集合，即滿足

$$\overrightarrow{P_0P} = t\mathbf{v}$$

t 為實數的點所成集合，見圖 1。若 $\mathbf{r} = \overrightarrow{OP}$ 與 $\mathbf{r}_0 = \overrightarrow{OP_0}$ 分別為 P 與 P_0 的位置向量，則 $\overrightarrow{P_0P} = \mathbf{r} - \mathbf{r}_0$，因此，直線的方程式可寫成

$$\mathbf{r} = \mathbf{r}_0 + t\mathbf{v}$$

若我們寫下 $\mathbf{r} = \langle x, y, z \rangle$ 與 $\mathbf{r}_0 = \langle x_0, y_0, z_0 \rangle$，並相等上式中各分量，可得

$$x = x_0 + at, \quad y = y_0 + bt, \quad z = z_0 + ct$$

這是過 (x_0, y_0, z_0) 且平行 $\mathbf{v} = \langle a, b, c \rangle$ 之直線的**參數式**（parametric equations）。數字 a、b 及 c 稱為直線的**方向數字**（direction numbers）。它們不是唯一的；任何非零倍數 ka、kb 及 kc 也是方向數字。

範例 1

求圖 2 中過 $(3, -2, 4)$ 與 $(5, 6, -2)$ 之直線的參數式。

解答：一個與給定直線平行的向量為

$$\mathbf{v} = \langle 5 - 3, 6 + 2, -2 - 4 \rangle = \langle 2, 8, -6 \rangle$$

若我們選擇 (x_0, y_0, z_0) 為 $(3, -2, 4)$，則可得參數式。

$$x = 3 + 2t, \ y = -2 + 8t, \ z = 4 - 6t$$

請留意，$t = 0$ 決定了點 $(3, -2, 4)$，而 $t = 1$ 給定 $(5, 6, -2)$。事實上，$0 \le t \le 1$ 對應到連接這兩點的線段。

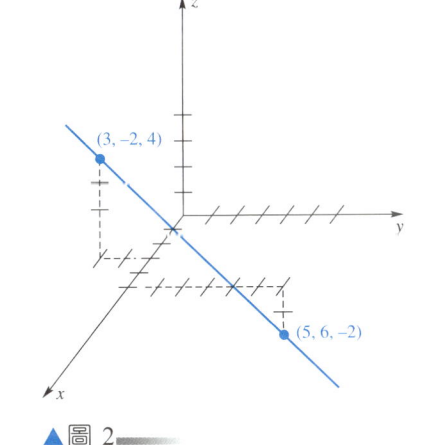

若我們解出每一個參數式中的 t（假設 a、b、c 皆異於 0）且相等之，則可得過點 (x_0, y_0, z_0) 且具方向數 a、b、c 之直線的**對稱方程式**（symmetric equations）

$$\frac{x - x_0}{a} = \frac{y - y_0}{b} = \frac{z - z_0}{c}$$

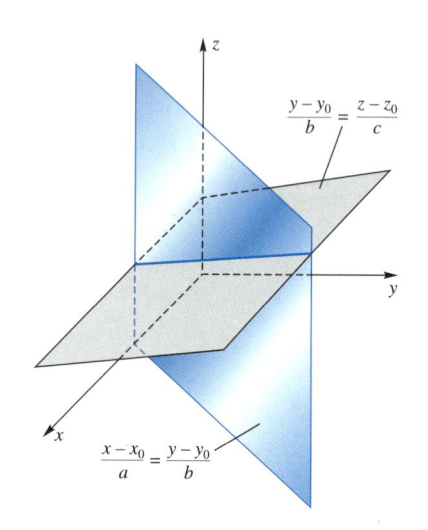

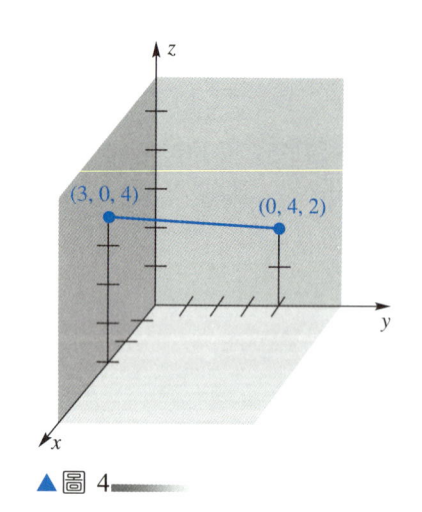

這是下列兩式的結合

$$\frac{x - x_0}{a} = \frac{y - y_0}{b} \quad \text{與} \quad \frac{y - y_0}{b} = \frac{z - z_0}{c}$$

兩者都是平面的方程式，見圖 3；當然，兩平面的交集是一直線。

範例 2

求過點 $(2, 5, -1)$ 且平行於向量 $\langle 4, -3, 2 \rangle$ 之直線的對稱方程式。

解答：

$$\frac{x - 2}{4} = \frac{y - 5}{-3} = \frac{z + 1}{2}$$

▲ 圖 3

範例 3

求由下列兩平面相交而得之直線的對稱式

$$2x - y - 5z = -14 \quad \text{與} \quad 4x + 5y + 4z = 28$$

解答：我們由找直線上兩點開始。任兩點都可以，但是我們選擇直線穿過 yz-平面與穿過 xz-平面的點，見圖 4。為了獲得前者，令 $x = 0$ 且同時解所得方程式 $-y - y - 5z = -14$ 與 $5y + 4z = 28$。如此，獲得點 $(0, 4, 2)$。同理，令 $y = 0$ 可得點 $(3, 0, 4)$。隨之可得一個與所求之直線平行的向量

$$\langle 3 - 0, 0 - 4, 4 - 2 \rangle = \langle 3, -4, 2 \rangle$$

將 $(3, 0, 4)$ 代入 (x_0, y_0, z_0)，可得

$$\frac{x - 3}{3} = \frac{y - 0}{-4} = \frac{z - 4}{2}$$

另一種解法是根據兩平面的交線垂直於兩平面法線的事實。向量 $\mathbf{u} = \langle 2, -1, -5 \rangle$ 是第一個平面的法向量；$\mathbf{v} = \langle 4, 5, 4 \rangle$ 是第二個法向量，因為

$$\mathbf{u} \times \mathbf{v} = \begin{vmatrix} \mathbf{i} & \mathbf{j} & \mathbf{k} \\ 2 & -1 & -5 \\ 4 & 5 & 4 \end{vmatrix} = 21\mathbf{i} - 28\mathbf{j} + 14\mathbf{k}$$

向量 $\mathbf{w} = \langle 21, -28, 14 \rangle$ 平行於所求直線。由此可得 $\frac{1}{7}\mathbf{w} = \langle 3, -4, 2 \rangle$ 也具此性質，接下來在交線上任取一點，例如 $(3, 0, 4)$，接下來的步驟就與前述解答相同。

▲ 圖 4

空間幾何與向量　Chapter 11　521

● 範例 4

求過點 $(1, -2, 3)$ 且同時垂直 x-軸與直線

$$\frac{x-4}{2} = \frac{y-3}{-1} = \frac{z}{5}$$

之直線的參數式。

解答：x-軸與給定直線分別具有方向 $\mathbf{u} = \langle 1, 0, 0 \rangle$ 與 $\mathbf{v} = \langle 2, -1, 5 \rangle$。

$$\mathbf{u} \times \mathbf{v} = \begin{vmatrix} \mathbf{i} & \mathbf{j} & \mathbf{k} \\ 1 & 0 & 0 \\ 2 & -1 & 5 \end{vmatrix} = 0\mathbf{i} - 5\mathbf{j} - \mathbf{k}$$

是一個垂直於 $\mathbf{u}$ 與 $\mathbf{v}$ 的向量。

所求直線同時平行 $\langle 0, -5, -1 \rangle$ 與 $\langle 0, 5, 1 \rangle$。因為第一個方向數為零，直線不具有對稱方程式。它的參數方程式為

$$x = 1 \ , \ y = -2 + 5t \ , \ z = 3 + t$$

曲線的切線　令

$$\mathbf{r} = \mathbf{r}(t) = f(t)\mathbf{i} + g(t)\mathbf{j} + h(t)\mathbf{k} = \langle f(t), g(t), h(t) \rangle$$

為三度空間中一曲線的位置向量，見圖 5。曲線的切線具有方向向量

$$\mathbf{r}'(t) = f'(t)\mathbf{i} + g'(t)\mathbf{j} + h'(t)\mathbf{k} = \langle f'(t), g'(t), h'(t) \rangle$$

▲ 圖 5

● 範例 5

求曲線 $\mathbf{r}(t) = t\mathbf{i} + \frac{1}{2}t^2\mathbf{j} + \frac{1}{3}t^3\mathbf{k}$ 在 $P(2) = \left(2, 2, \frac{8}{3}\right)$ 之切線的參數方程式與對稱方程式。

解答：

$$\mathbf{r}'(t) = \mathbf{i} + t\mathbf{j} + t^2\mathbf{k}$$

且

$$\mathbf{r}'(2) = \mathbf{i} + 2\mathbf{j} + 4\mathbf{k}$$

所以，切線的方向向量為 $\langle 1, 2, 4 \rangle$。切線的對稱方程式為

$$\frac{x-2}{1} = \frac{y-2}{2} = \frac{z - \frac{8}{3}}{4}$$

參數方程式為

$$x = 2 + t \ , \ y = 2 + 2t \ , \ z = \frac{8}{3} + 4t$$

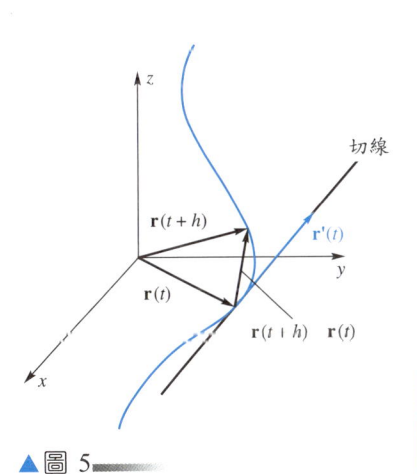

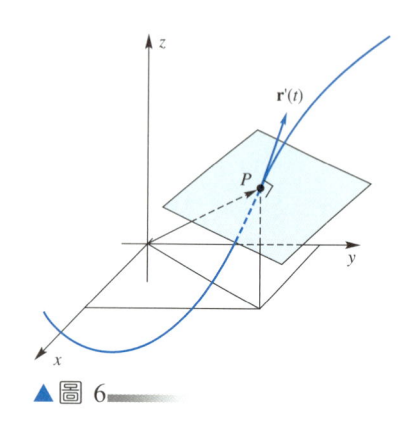

平滑曲線的一個定點 P 上,恰只有一個平面垂直於該曲線。若我們已知點 P 之切線的方向向量,則此向量垂直於上述平面,見圖6。如此,加上已知點,就足以求出上述平面的方程式了。

範例 6

求過點 $P(2, 0, 8)$ 且垂直於曲線 $\mathbf{r}(t) = 2\cos\pi t\,\mathbf{i} + \sin\pi t\,\mathbf{j} + t^3\mathbf{k}$ 之平面的方程式。

解答:第一個討論的問題是產生該點的 t 值。將 z 分量相等之,得 $t^3 = 8$,即 $t = 2$。可快速驗證 $t = 2$ 也產生 P 的 x 及 y 分量。因為 $r'(t) = -2\pi\sin\pi t\,\mathbf{i} + \pi\cos\pi t\,\mathbf{j} + 3t^2\mathbf{k}$。我們可得到,過 P 之切線的方向向量為 $r'(2) = \pi\mathbf{j} + 12\mathbf{k} = \langle 0, \pi, 12\rangle$,這同時也是所求平面的法向量。所以,平面的方程式為

$$0x + \pi y + 12z = D$$

為了求 D,我們代入 $x = 2$、$y = 0$ 及 $z = 8$

$$D = 0(2) + \pi(0) + 12(8) = 96$$

所求平面的方程式為 $\pi y + 12z = 96$。

練習題 11.6

1. 請找出通過 $(1, -2, 3)$ 與 $(4, 5, 6)$ 兩點之直線的參數方程式。

2-3 題中,請寫出過給定點,並平行於給定向量之直線的參數式與對稱式。

2. $(4, 5, 6)$,$\langle 3, 2, 1\rangle$

3. $(-2, 2, -2)$,$\langle 7, -6, 3\rangle$

4-5 題中,請找出給定兩平面之交線的對稱方程式。

4. $4x + 3y - 7z = 1, 10x + 6y - 5z = 10$

5. $x + 4y - 2z = 13, 2x - y - 2z = 5$

6. 求垂直於平面 $x - 5y + 2z = 10$,且通過點 $(4, 0, 6)$ 之直線的對稱方程式。

7. 求過點 $(-5, 7, -2)$,且同時垂直於向量 $\langle 2, 1, -3\rangle$ 與向量 $\langle 5, 4, -1\rangle$ 之直線的對稱式。

8. 求出包含下列兩平行線之平面的方程式,

$$\begin{cases} x = -2 + 2t \\ y = 1 + 4t \\ z = 2 - t \end{cases} \quad \begin{cases} x = 2 - 2t \\ y = 3 - 4t \\ z = 1 + t \end{cases}$$

9. 求出包含直線 $x = 1 + 2t$,$y = -1 + 3t$,$z = 4 + t$,且通過點 $(1, -1, 5)$ 的平面方程式。

10. 求曲線 $\mathbf{r}(t) = 2\cos t\,\mathbf{i} + 6\sin t\,\mathbf{j} + t\,\mathbf{k}$ 在 $t = \pi/3$ 之切線的對稱方程式。

11. 已知曲線 $x = 3t$，$y = 2t^2$，$z = t^5$，請找出與該曲線在 $t = -1$ 垂直之平面的方程式。

12. 考慮曲線 $\mathbf{r}(t) = 2t\mathbf{i} + \sqrt{7t}\,\mathbf{j} + \sqrt{9 - 7t - 4t^2}\,\mathbf{k}$, $0 \leq t \leq \dfrac{1}{2}$

    (a) 證明此曲線躺在一個以原點為中心的球上。

    (b) $t = \dfrac{1}{4}$ 時的切線與 xz 平面的交點為何？

13. 考慮曲線 $\mathbf{r}(t) = 2t\mathbf{i} + t^2\mathbf{j} + (1 - t^2)\mathbf{k}$

    (a) 請證明此曲線躺在一個平面上，並求出該平面的方程式。

    (b) 請問此曲線在 $t = 2$ 的切線與 xy 平面相交於何處？

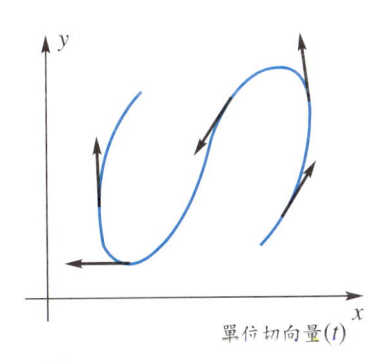

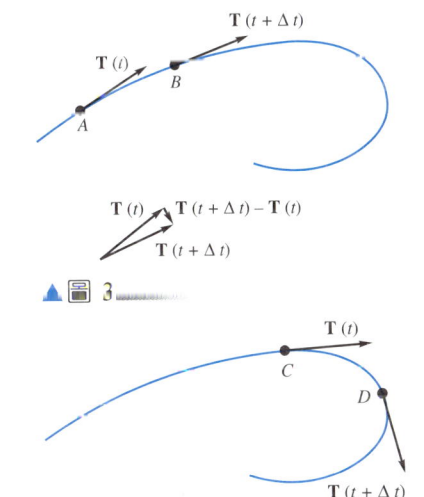

11.7 曲率與加速度的分量

我們將介紹一個稱為**曲率**（curvature）的數值，它量度了一條曲線在一給定點的彎曲程度。一條直線的曲率應該是零，而一條突然彎曲的曲線應該有較大的曲率，見圖 1。

▲圖 1

令 $\mathbf{r}(t) = f(t)\mathbf{i} + g(t)\mathbf{j} + h(t)\mathbf{k}$ 表示一物體在時間 t 時的位置。我們假設 $\mathbf{r}'(t)$ 為連續且 $\mathbf{r}'(t)$ 恆不為零向量。最後一個條件是為了確定累積弧長 $s(t)$ 隨著時間的增加而遞增。我們對曲率的測度將與切線的改變多快有關。不採用切向量 $\mathbf{r}'(t)$ 進行討論，我們選擇用單位切向量進行討論，見圖 2。

$$\mathbf{T}(t) = \dfrac{\mathbf{r}'(t)}{\|\mathbf{r}'(t)\|} = \dfrac{\mathbf{v}(t)}{\|\mathbf{v}(t)\|}$$

▲圖 2

為了完成定義曲率的工作，我們考慮單位向量的變化率，圖 3 及圖 4 中對一給定曲線展示了此觀念。圖 3 中，當物體在 Δt 時間內由點 A 移動到 B 時，單位切向量的改變很小，換句話說，$\mathbf{T}(t + \Delta t) - \mathbf{T}(t)$ 的改變很小。另一方面，圖 4 中，當物體在同樣的時間 Δt 內，由點 C 移動到 D 時，單位切向量的變化很大，換句話說，$\mathbf{T}(t + \Delta t) - \mathbf{T}(t)$ 的改變很大。因此，我們對曲率 κ 的定義為單位切向量對弧長 s 之變化率的大小，即

$$\kappa = \left\| \dfrac{d\mathbf{T}}{ds} \right\|$$

▲圖 3

▲圖 4

我們不對 t 而對弧長 s 微分，因為我們希望曲率是一個曲線的固有性質，與物體在曲線上移動多快無關（想像圓周運動，圓的曲率不應該與物體繞著曲線旅行的快慢有關）。

前述有關曲率的定義，無法幫助我們確切的計算出一特定曲線的曲率。為了找到一個有效的公式，我們進行如下。在 11.5 節中，我們見到一個物體的速率可表示成

$$速率 = \|\mathbf{v}(t)\| = \frac{ds}{dt}$$

因為當 t 增加時 s 也增加，我們可套用反函數定理（定理 6.2B）來說明 $s(t)$ 的反函數存在且

$$\frac{dt}{ds} = \frac{1}{ds/dt} = \frac{1}{\|\mathbf{v}(t)\|}$$

這使我們可寫下

$$\kappa = \left\|\frac{d\mathbf{T}}{ds}\right\| = \left\|\frac{d\mathbf{T}}{dt}\frac{dt}{ds}\right\| = \left|\frac{dt}{ds}\right|\left\|\frac{d\mathbf{T}}{dt}\right\| = \frac{1}{\|\mathbf{v}(t)\|}\|\mathbf{T}'(t)\| = \frac{\|\mathbf{T}'(t)\|}{\|\mathbf{r}'(t)\|}$$

一些重要例題　為了讓你明白我們對曲率的定義是切合實際的，我們舉一些熟悉的曲線為例。

範例 1

證明一直線的曲率恆為零。

解答：對一直線向量，單位切向量是一常數向量，所以導數為零。但是為了說明向量方法，我們展示了代數的說明。若運動是沿著一條參數式如下述的直線

$$x = x_0 + at$$
$$y = y_0 + bt$$
$$z = z_0 + ct$$

則其位置向量可寫成

$$\mathbf{r}(t) = \langle x_0, y_0, z_0 \rangle + t\langle a, b, c \rangle$$

因此

$$\mathbf{v}(t) = \mathbf{r}'(t) = \langle a, b, c \rangle$$
$$\mathbf{T}(t) = \frac{\langle a, b, c \rangle}{\sqrt{a^2 + b^2 + c^2}}$$
$$\kappa = \frac{\|\mathbf{T}'(t)\|}{\|\mathbf{v}(t)\|} = \frac{\|\mathbf{0}\|}{\sqrt{a^2 + b^2 + c^2}} = 0$$

曲率　曲率是一個相當簡單的觀念。然而，求曲率的計算過程卻常常是又長又混亂。

範例 2

求一個以 a 為半徑之圓的曲率。

解答：我們假設圓位於 xy-平面上且圓心在原點，所以位置向量為

$$\mathbf{r}(t) = a\cos t\,\mathbf{i} + a\sin t\,\mathbf{j}$$

因此，

$$\mathbf{v}(t) = \mathbf{r}'(t) = -a\sin t\,\mathbf{i} + a\cos t\,\mathbf{j}$$

$$\|\mathbf{v}(t)\| = \sqrt{a^2\sin^2 t + a^2\cos^2 t} = a$$

$$\mathbf{T}(t) = \frac{\mathbf{v}(t)}{\|\mathbf{v}(t)\|} = \frac{-a\sin t\,\mathbf{i} + a\cos t\,\mathbf{j}}{a} = -\sin t\,\mathbf{i} + \cos t\,\mathbf{j}$$

$$\kappa = \frac{\|\mathbf{T}'(t)\|}{\|\mathbf{v}(t)\|} = \frac{\|-\cos t\,\mathbf{i} - \sin t\,\mathbf{j}\|}{a} = \frac{1}{a}$$

因為 κ 是半徑的倒數，小的圓有大的曲率，而大的圓有小的曲率，見圖 5。

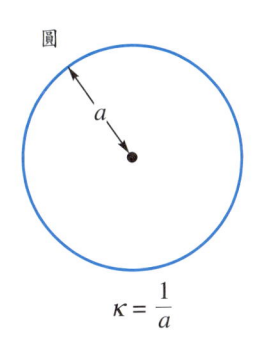

圓
$\kappa = \dfrac{1}{a}$

▲圖 5

範例 3

求螺線 $\mathbf{r}(t) = a\cos t\,\mathbf{i} + a\sin t\,\mathbf{j} + ct\,\mathbf{k}$ 的曲率。

解答：

$$\mathbf{v}(t) = \mathbf{r}'(t) = -a\sin t\,\mathbf{i} + a\cos t\,\mathbf{j} + c\,\mathbf{k}$$

$$\|\mathbf{v}(t)\| = \sqrt{a^2\sin^2 t + a^2\cos^2 t + c^2} = \sqrt{a^2 + c^2}$$

$$\mathbf{T}(t) = \frac{\mathbf{v}(t)}{\|\mathbf{v}(t)\|} = \frac{-a\sin t\,\mathbf{i} + a\cos t\,\mathbf{j} + c\,\mathbf{k}}{\sqrt{a^2 + c^2}}$$

$$\mathbf{T}'(t) = \frac{-a\cos t\,\mathbf{i} - a\sin t\,\mathbf{j}}{\sqrt{a^2 + c^2}}$$

$$\kappa = \frac{\|\mathbf{T}'(t)\|}{\|\mathbf{v}(t)\|} = \frac{\|(-a\cos t\,\mathbf{i} - a\sin t\,\mathbf{j})/\sqrt{a^2 + c^2}\|}{\sqrt{a^2 + c^2}} = \frac{a}{a^2 + c^2}$$

到目前為止，我們討論的三種曲線，直線、圓及螺線，曲率都是常數。這種現象只發生於特殊的例子。一般而言，曲率是一種以 t 為變數的函數。

≈ 檢驗極端的例子

再一次提醒，檢驗極端的例子是具教導性的。若 $c = 0$，則運動位於一個以 a 為半徑的圓上，且曲率為
$a/(a^2 + 0^2) = 1/a$，這是一個以 a 為半徑之圓的曲率。若 $c \to \infty$，則我們是鉛直延展我們的螺線使之成為一條直線且
$$\lim_{c\to\infty}\frac{a}{a^2 + c^2} = 0$$
這是一條直線的曲率。兩種結果都如我們所預期的。

三度空間曲線的密切圓

曲率半徑與曲率圓的觀念可推廣到三度空間中的曲線。曲率半徑仍是 $R = 1/\kappa$，但是曲率圓是較複雜的觀念。曲率圓完全平躺在**密切平面**（osculating plane）（本節末將定義之）上。對一平面曲線而言，密切平面是包括曲線的平面。

平面曲線的曲率半徑與中心 令 P 是平面曲線（即躺在 xy-平面上的曲線）上曲率不為零的點。考慮與該曲線切於 P 與具相同曲率的圓。此圓將位於曲線彎曲的那一側。稱之為**曲率圓**（circle of curvature）或**密切圓**（osculating circle）。它的半徑 $R = 1/\kappa$ 稱為曲率半徑且它的中心稱為**曲率中心**（center of curvature），見圖 6。下述例題將說明這些觀念。

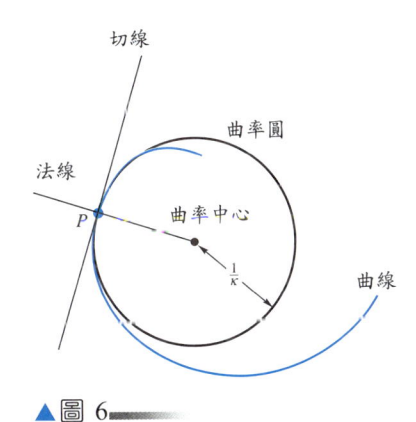

切線
曲率圓
法線
P
曲率中心
$\dfrac{1}{\kappa}$
曲線

▲圖 6

範例 4

求由下述位置向量所描述之曲線在點 $(0, 0)$ 及 $(2, 1)$ 的曲率及曲率半徑

$$\mathbf{r}(t) = 2t\,\mathbf{i} + t^2\,\mathbf{j}$$

解答：

$$\mathbf{v}(t) = \mathbf{r}'(t) = 2\,\mathbf{i} + 2t\,\mathbf{j}$$

$$\|\mathbf{v}(t)\| = \sqrt{2^2 + (2t)^2} = 2\sqrt{1 + t^2}$$

$$\mathbf{T}(t) = \frac{\mathbf{v}(t)}{\|\mathbf{v}(t)\|} = \frac{2\mathbf{i} + 2t\,\mathbf{j}}{2\sqrt{1+t^2}} = \frac{1}{\sqrt{1+t^2}}\,\mathbf{i} + \frac{t}{\sqrt{1+t^2}}\,\mathbf{j}$$

$$\mathbf{T}'(t) = -\frac{t}{(1+t^2)^{3/2}}\,\mathbf{i} + \frac{1}{(1+t^2)^{3/2}}\,\mathbf{j}$$

$$\kappa(t) = \frac{\|\mathbf{T}'(t)\|}{\|\mathbf{v}(t)\|} = \frac{\sqrt{\dfrac{t^2}{(1+t^2)^3} + \dfrac{1}{(1+t^2)^3}}}{2\sqrt{1+t^2}} = \frac{1}{2(1+t^2)^{3/2}}$$

點 $(0, 0)$ 及 $(2, 1)$ 分別發生於 $t = 0$ 與 $t = 1$。因此給這些點的曲率為

$$\kappa(0) = \frac{1}{2(1+0^2)^{3/2}} = \frac{1}{2}$$

$$\kappa(1) = \frac{1}{2(1+1^2)^{3/2}} = \frac{\sqrt{2}}{8}$$

因此，所求兩曲率半徑之值為 $1/\kappa(0) = 2$ 與 $1/\kappa(1) = 8/\sqrt{2} = 4\sqrt{2}$。曲率圓表示於圖 7 中。

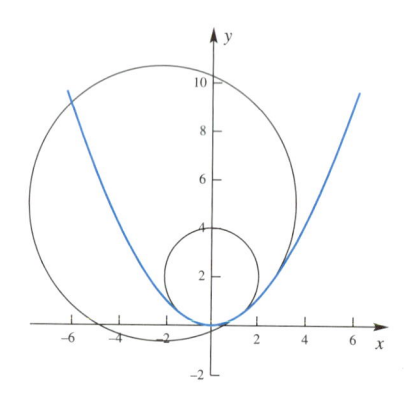

▲ 圖 7

平面曲線曲率的其他公式　令 ϕ 表示依逆時針方向由 $\mathbf{i}$ 到 $\mathbf{T}$ 的角度，見圖 8，則

$$\mathbf{T} = \cos\phi\,\mathbf{i} + \sin\phi\,\mathbf{j}$$

所以

$$\frac{d\mathbf{T}}{d\phi} = -\sin\phi\,\mathbf{i} + \cos\phi\,\mathbf{j}$$

現在，$d\mathbf{T}/d\phi$ 是一個單位向量（長度為 1）且 $\mathbf{T} \cdot d\mathbf{T}/d\phi = 0$。而且

$$\kappa = \left\|\frac{d\mathbf{T}}{ds}\right\| = \left\|\frac{d\mathbf{T}}{d\phi}\frac{d\phi}{ds}\right\| = \left\|\frac{d\mathbf{T}}{d\phi}\right\|\left|\frac{d\phi}{ds}\right| = \left|\frac{d\phi}{ds}\right|$$

上述 κ 公式幫助我們直觀地理解曲率（它測量了 ϕ 對 s 的變化率），並且讓我們對下述定理可有相當簡單的證明。

定理 A

考慮一曲線，其向量方程式為 $\mathbf{r}(t) = f(t)\mathbf{i} + g(t)\mathbf{j}$，即參數式為 $x = f(t)$ 及 $y = g(t)$，則

$$\kappa = \frac{|x'y'' - y'x''|}{\left[(x')^2 + (y')^2\right]^{3/2}}$$

尤其，當曲線是 $y = g(x)$ 的圖形時，則

$$\kappa = \frac{|y''|}{\left[1 + (y')^2\right]^{3/2}}$$

第一公式中是對 t 微分；第二公式中是對 x 微分。

證明 我們可以直接由公式 $\kappa = \|\mathbf{T}'(t)\|/\|\mathbf{r}'(t)\|$ 求出 κ。就微分及代數技巧而言，這是一個好的（但是痛苦的）練習。然而，我們選擇利用上面導出的公式 $\kappa = |d\phi/ds|$。參考圖 8，我們可得

$$\tan \phi = \frac{dy}{dx} = \frac{dy/dt}{dx/dt} = \frac{y'}{x'}$$

上式兩邊對 t 微分可得

$$\sec^2 \phi \, \frac{d\phi}{dt} = \frac{x'y'' - y'x''}{(x')^2}$$

則

$$\frac{d\phi}{dt} = \frac{x'y'' - y'x''}{(x')^2 \sec^2 \phi} = \frac{x'y'' - y'x''}{(x')^2(1 + \tan^2 \phi)}$$

$$= \frac{x'y'' - y'x''}{(x')^2(1 + (y')^2/(x')^2)} = \frac{x'y'' - y'x''}{(x')^2 + (y')^2}$$

但是

$$\kappa = \left|\frac{d\phi}{ds}\right| = \left|\frac{d\phi}{dt}\frac{dt}{ds}\right| = \left|\frac{d\phi/dt}{ds/dt}\right| = \frac{|d\phi/dt|}{\left[(x')^2 + (y')^2\right]^{1/2}}$$

綜合上述兩結果，可得

$$\kappa = \frac{|x'y'' - y'x''|}{\left[(x')^2 + (y')^2\right]^{3/2}}$$

這是定理的第一個聲明，欲得第二個聲明，只要將 $y = g(x)$ 為參數式 $x = t$，$y = g(t)$，所以 $x' = 1$ 且 $x'' = 0$，就可得結果。

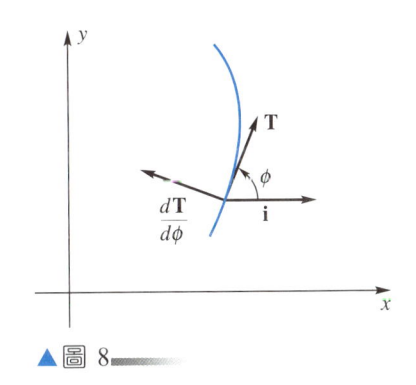

▲ 圖 8

範例 5

求橢圓 $x = 3\cos t$，$y = 2\sin t$ 在 $t = 0$ 與 $t = \pi/2$ 之點（即 $(3, 0)$ 與 $(0, 2)$）的曲率。畫出橢圓並說明所得的曲率圓

解答：由已知方程式可得

$$x' = -3\sin t, \quad y' = 2\cos t$$
$$x'' = -3\cos t \quad y'' = -2\sin t$$

因此

$$\kappa = \kappa(t) = \frac{|x'y'' - y'x''|}{[(x')^2 + (y')^2]^{3/2}} = \frac{6\sin^2 t + 6\cos^2 t}{[9\sin^2 t + 4\cos^2 t]^{3/2}}$$
$$= \frac{6}{[5\sin^2 t + 4]^{3/2}}$$

所以

$$\kappa(0) = \frac{6}{4^{3/2}} = \frac{3}{4}$$
$$\kappa\left(\frac{\pi}{2}\right) = \frac{6}{9^{3/2}} = \frac{2}{9}$$

請留意 $\kappa(0)$ 應該大於 $\kappa(\pi/2)$，理所當然的。圖 9 中顯示了 $(3, 0)$ 的曲率圓，其半徑為 $\frac{4}{3}$，也顯示了 $(0, 2)$ 的，其半徑為 $\frac{9}{2}$。

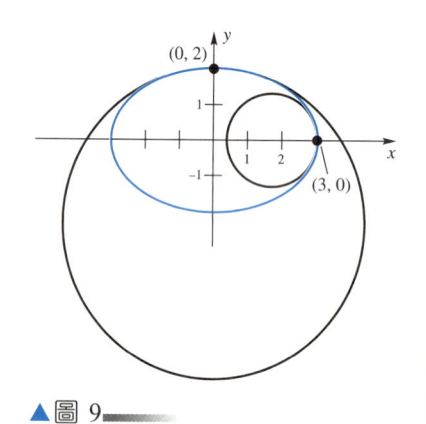

▲圖 9

範例 6

求 $y = \ln|\cos x|$ 在 $x = \pi/3$ 的曲率。

解答：我們採用定理 A 的第二個公式，注意，式中的微分是對 x 微分。因為 $y' = -\tan x$ 且 $y'' = -\sec^2 x$，

$$\kappa = \frac{|-\sec^2 x|}{(1 + \tan^2 x)^{3/2}} = \frac{\sec^2 x}{(\sec^2 x)^{3/2}} = |\cos x|$$

所以 $x = \pi/3$ 時，$\kappa = \frac{1}{2}$。

加速度的分量 一個沿一曲線且位置向量為 $\mathbf{r}(t)$ 的運動，其單位切向量為 $\mathbf{T}(t) = \mathbf{r}'(t)/\|\mathbf{r}'(t)\|$，此向量滿足 $\mathbf{T}(t) \cdot \mathbf{T}(t) = 1$，對所有的 t。

等式兩邊對 t 微分，且在左式並用乘法微分公式，可得

$$\mathbf{T}(t) \cdot \mathbf{T}'(t) + \mathbf{T}(t) \cdot \mathbf{T}'(t) = 0$$

化簡為 $\mathbf{T}(t) \cdot \mathbf{T}'(t) = 0$，可得 $\mathbf{T}(t)$ 及 $\mathbf{T}'(t)$ 對所有的 t 都是垂直的。一般而言，$\mathbf{T}'$ 不是一個單位向量，所以我們定義**主單位法向量**（principal unit normal vector）為

$$\mathbf{N}(t) = \frac{\mathbf{T}'(t)}{\|\mathbf{T}'(t)\|}$$

現在，假想你正在一個彎曲的道路上開車，當車子加速時你感覺到自己被往相反方向推。當車子加速，你感覺到被往後推，當車子左彎，你感覺到被往右推。這兩種加速度分別稱為加速度的**切分量**（tangential component）及**法分量**（normal component）。我們要做的是，將加速度 $\mathbf{a}(t) = \mathbf{r}''(t)$ 以此兩分量表示之，即以單位切向量 $\mathbf{T}(t)$ 及單位法向量 $\mathbf{N}(t)$ 表示之。說得更清楚，就是我們希望找出 a_T 與 a_N 使得

$$\mathbf{a} = a_T \mathbf{T} + a_N \mathbf{N}$$

為達此目標，我們注意到

$$\mathbf{T} = \frac{\mathbf{v}}{\|\mathbf{v}\|} = \frac{\mathbf{v}}{ds/dt}$$

所以

$$\mathbf{v} = \frac{ds}{dt}\mathbf{T}$$

等式兩邊對 t 微分，且利用乘法原則，可得

$$\mathbf{v}' = \frac{ds}{dt}\mathbf{T}' + \mathbf{T}\frac{d^2s}{dt^2}$$

利用 $\mathbf{a} = \mathbf{v}'$，$\mathbf{T}' = \|\mathbf{T}'\|\mathbf{N}$ 及 $\|\mathbf{T}'\| = \kappa\dfrac{ds}{dt}$ 等事實，可得

$$\mathbf{a} = \frac{d^2s}{dt^2}\mathbf{T} + \frac{ds}{dt}\|\mathbf{T}'\|\mathbf{N} = \frac{d^2s}{dt^2}\mathbf{T} + \left(\frac{ds}{dt}\right)^2 \kappa \mathbf{N}$$

加速度的切分量及法分量為

$$a_T = \frac{d^2s}{dt^2}$$

及

$$a_N = \left(\frac{ds}{dt}\right)^2 \kappa$$

由物理觀念視之，這些結果是合理的。假如你在一條直的道路上加速，則 $a_T = \dfrac{d^2s}{dt^2} > 0$ 且 $\kappa = 0$，所以 $a_N = 0$。因此，在此情況中，你只感覺到一個往後的推力，而左右兩側皆無推力。另一方面，假如你以等速（即 ds/dt 是常數）繞一曲線，則 $a_T = \dfrac{d^2s}{dt^2} = 0$ 且 $\kappa > 0$ 使得 a_N 為

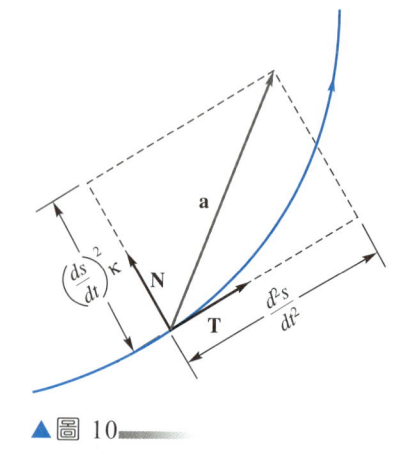

正。最後，假想一邊繞一曲線一邊加速，在此情況中，a_T 與 a_N 為正，且 a 將指向往內且往前，見圖 10。你將感覺到往後且往右。為了計算 a_N，顯然我們需要先計算 κ。然而，因為 T 與 N 為正交，此計算可避免，

$$\|\mathbf{a}\|^2 = a_T^2 + a_N^2$$

所以，我們可計算

$$a_N = \sqrt{\|\mathbf{a}\|^2 - a_T^2}$$

向量 N 可由下式直接計算

$$\mathbf{N} = \frac{\mathbf{a} - a_T \mathbf{T}}{a_N}$$

加速度分量的向量形式　我們可用位置向量 r 表示出加速度分量的公式。由下式開始

$$\mathbf{a} = a_T \mathbf{T} + a_N \mathbf{N}$$

等式兩邊與 T 點積，可得

$$\mathbf{T} \cdot \mathbf{a} = \mathbf{T} \cdot (a_T \mathbf{T} + a_N \mathbf{N}) = a_T \mathbf{T} \cdot \mathbf{T} + a_N \mathbf{T} \cdot \mathbf{N} = a_T(1) + a_N(0) = a_T$$

我們在此應用 T 是一個單位向量且 T 與 N 為正交的事實。因此，

$$a_T = \mathbf{T} \cdot \mathbf{a} = \frac{\mathbf{r}'}{\|\mathbf{r}'\|} \cdot \mathbf{r}'' = \frac{\mathbf{r}' \cdot \mathbf{r}''}{\|\mathbf{r}'\|}$$

等式兩邊與 T 叉積，可得 a_N 的相似公式：

$$\mathbf{T} \times \mathbf{a} = a_T \mathbf{T} \times \mathbf{T} + a_N \mathbf{T} \times \mathbf{N} = a_T \mathbf{0} + a_N (\mathbf{T} \times \mathbf{N}) = a_N (\mathbf{T} \times \mathbf{N})$$

兩邊同時取其大小，可得

$$\|\mathbf{T} \times \mathbf{a}\| = |a_N| \|\mathbf{T} \times \mathbf{N}\| = a_N \|\mathbf{T}\| \|\mathbf{N}\| \sin \frac{\pi}{2} = a_N(1)(1)(1) = a_N$$

請留意，$a_N = (ds/dt)^2 \kappa > 0$，所以上式中的 a_N 的絕對值可略去。

因此，

$$a_N = \|\mathbf{T} \times \mathbf{a}\| = \left\| \frac{\mathbf{r}'}{\|\mathbf{r}'\|} \times \mathbf{r}'' \right\| = \frac{\|\mathbf{r}' \times \mathbf{r}''\|}{\|\mathbf{r}'\|}$$

最後，我們可找出曲率 κ 的公式：

$$\kappa = \frac{a_N}{(ds/dt)^2} = \frac{\|\mathbf{r}' \times \mathbf{r}''\|/\|\mathbf{r}'\|}{\|\mathbf{r}'\|^2} = \frac{\|\mathbf{r}' \times \mathbf{r}''\|}{\|\mathbf{r}'\|^3}$$

點 P 的副法線向量（選讀） 給定曲線 C 上之點 P 的單位向量 $\mathbf{T}$，理所當然，點 P 上與 $\mathbf{T}$ 垂直的單位向量有無限多個，見圖 11。我們挑取其中一個，$\mathbf{N} = \mathbf{T}'/\|\mathbf{T}'\|$，並稱之為主法向量。向量

$$\mathbf{B} = \mathbf{T} \times \mathbf{N}$$

稱為**副法向量**（binormal vector）它也是一個單位向量且同時垂直於 $\mathbf{T}$ 與 $\mathbf{N}$（為什麼？）。

若單位切向量 $\mathbf{T}$，主法向量 $\mathbf{N}$ 及副法向量 $\mathbf{B}$ 的起點都在 P，則它們形成一個符合右手規則且兩兩互相垂直的單位向量三元組，稱之為點 P 上的**三面形**(trihedral)，見圖 12。

這一個移動的三面形在稱為「微分幾何」的領域中扮演極重要的角色。由 $\mathbf{T}$ 與 $\mathbf{N}$ 決定的平面稱為點 P 上的**密切平面**（osculating plane）。

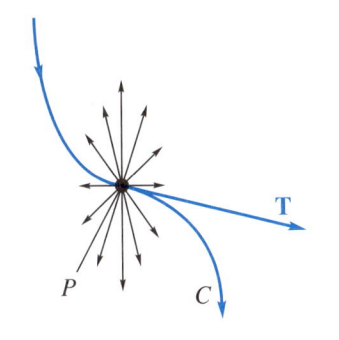

▲ 圖 11

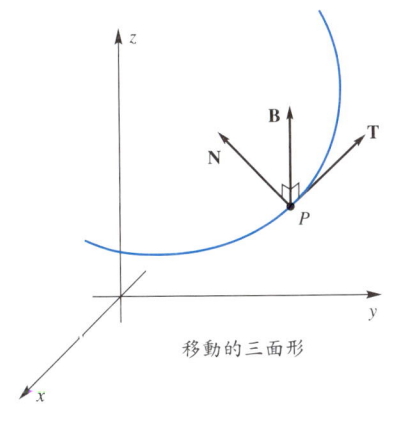

▲ 圖 12 移動的三面形

範例 7

求等速圓周運動 $\mathbf{r}(t) = a \cos \omega t \, \mathbf{i} + a \sin \omega t \, \mathbf{j}$ 的 $\mathbf{T}$、$\mathbf{N}$ 及 $\mathbf{B}$，並求出加速度的法分量與切分量。

解答：

$$\mathbf{T} = \frac{\mathbf{r}'}{\|\mathbf{r}'\|} = \frac{-a\omega \sin \omega t \, \mathbf{i} + a\omega \cos \omega t \, \mathbf{j}}{\|-a\omega \sin \omega t \, \mathbf{i} + a\omega \cos \omega t \, \mathbf{j}\|} = -\sin \omega t \, \mathbf{i} + \cos \omega t \, \mathbf{j}$$

$$\mathbf{N} = \frac{\mathbf{T}'}{\|\mathbf{T}'\|} = \frac{-\omega \cos \omega t \, \mathbf{i} - \omega \sin \omega t \, \mathbf{j}}{\|-\omega \cos \omega t \, \mathbf{i} - \omega \sin \omega t \, \mathbf{j}\|} = -\cos \omega t \, \mathbf{i} - \sin \omega t \, \mathbf{j}$$

$$\mathbf{B} = \mathbf{T} \times \mathbf{N} = \begin{vmatrix} \mathbf{i} & \mathbf{j} & \mathbf{k} \\ -\sin \omega t & \cos \omega t & 0 \\ -\cos \omega t & -\sin \omega t & 0 \end{vmatrix} = \mathbf{k}$$

$$a_T = \frac{\mathbf{r}' \cdot \mathbf{r}''}{\|\mathbf{r}'\|} = \frac{(-a\omega \sin \omega t \, \mathbf{i} + a\omega \cos \omega t \, \mathbf{j}) \cdot (-a\omega^2 \cos \omega t \, \mathbf{i} - a\omega^2 \sin \omega t \, \mathbf{j})}{a\omega} = 0$$

$$\mathbf{r}' \times \mathbf{r}'' = \begin{vmatrix} \mathbf{i} & \mathbf{j} & \mathbf{k} \\ -a\omega \sin \omega t & a\omega \cos \omega t & 0 \\ -a\omega^2 \cos \omega t & -a\omega^2 \sin \omega t & 0 \end{vmatrix} = a^2 \omega^3 \mathbf{k}$$

$$a_N = \frac{\|\mathbf{r}' \times \mathbf{r}''\|}{\|\mathbf{r}'\|} = \frac{a^2 \omega^3}{a\omega} = a\omega^2$$

因為物體以等速運動，加速度的切分量為 0。加速度的法分量等於加速度向量的大小。圖 13 中顯示了 $\mathbf{T}$、$\mathbf{N}$ 及 $\mathbf{B}$。

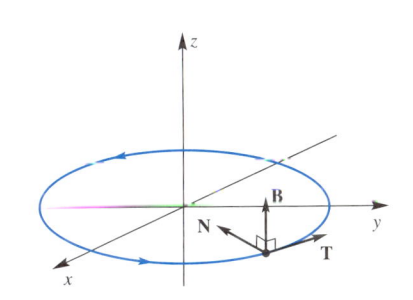

▲ 圖 13

範例 8

求曲線運動 $\mathbf{r}(t) = t\mathbf{i} + t^2\mathbf{j} + \frac{1}{3}t^3\mathbf{k}$ 在點 $(1, 1, \frac{1}{3})$ 的 $\mathbf{T}$、$\mathbf{N}$、$\mathbf{B}$、a_T、a_N 及 κ。

解答：

$$\mathbf{r}'(t) = \mathbf{i} + 2t\mathbf{j} + t^2\mathbf{k}$$
$$\mathbf{r}''(t) = 2\mathbf{j} + 2t\mathbf{k}$$

當 $t = 1$，可得 $(1, 1, \frac{1}{3})$，我們得

$$\mathbf{r}' = \mathbf{i} + 2\mathbf{j} + \mathbf{k}$$
$$\mathbf{r}'' = 2\mathbf{j} + 2\mathbf{k}$$
$$\mathbf{T} = \frac{\mathbf{r}'}{\|\mathbf{r}'\|} = \frac{\mathbf{i} + 2\mathbf{j} + \mathbf{k}}{\sqrt{6}}$$
$$a_T = \frac{\mathbf{r}' \cdot \mathbf{r}''}{\|\mathbf{r}'\|} = \frac{6}{\sqrt{6}}$$
$$a_N = \frac{\|\mathbf{r}' \times \mathbf{r}''\|}{\|\mathbf{r}'\|} = \frac{1}{\sqrt{6}} \left\| \begin{matrix} \mathbf{i} & \mathbf{j} & \mathbf{k} \\ 1 & 2 & 1 \\ 0 & 2 & 2 \end{matrix} \right\| = \frac{1}{\sqrt{6}} \|2\mathbf{i} - 2\mathbf{j} + 2\mathbf{k}\| = \sqrt{2}$$
$$\mathbf{N} = \frac{\mathbf{a} - a_T\mathbf{T}}{a_N} = \frac{(2\mathbf{j} + 2\mathbf{k}) - (\mathbf{i} + 2\mathbf{j} + \mathbf{k})}{\sqrt{2}} = \frac{-\mathbf{i} + \mathbf{k}}{\sqrt{2}}$$
$$\mathbf{B} = \mathbf{T} \times \mathbf{N}$$
$$= \begin{vmatrix} \mathbf{i} & \mathbf{j} & \mathbf{k} \\ 1/\sqrt{6} & 2/\sqrt{6} & 1/\sqrt{6} \\ -1/\sqrt{2} & 0 & 1/\sqrt{2} \end{vmatrix}$$
$$= \frac{1}{\sqrt{3}}\mathbf{i} - \frac{1}{\sqrt{3}}\mathbf{j} + \frac{1}{\sqrt{3}}\mathbf{k}$$
$$\kappa = \frac{\|\mathbf{r}' \times \mathbf{r}''\|}{\|\mathbf{r}'\|^3} = \frac{a_N}{\|\mathbf{r}'\|^2} = \frac{\sqrt{2}}{6}$$

練習題 11.7

1-2 題中，請畫出指定之 t 範圍內的曲線，並求出點 $t = t_1$ 的 $\mathbf{v}$、$\mathbf{a}$、$\mathbf{T}$ 及 κ。

1. $\mathbf{r}(t) = t\mathbf{i} + t^2\mathbf{j}; 0 \leq t \leq 2; t_1 = 1$

2. $\mathbf{r}(t) = t\mathbf{i} + 2\cos t\mathbf{j} + 2\sin t\mathbf{k}; 0 \leq t \leq 4\pi; t_1 = \pi$

3-4 題中，請求出點 $t = t_1$ 的單位切向量 $\mathbf{T}(t)$ 與曲率 $\kappa(t)$。關於求 κ，我們建議仿範例 5 套用定理 A。

3. $\mathbf{u}(t) = 4t^2\mathbf{i} + 4t\mathbf{j}; t_1 = \frac{1}{2}$

4. $\mathbf{z}(t) = 3\cos t\mathbf{i} + 4\sin t\mathbf{j}; t_1 = \pi/4$

5-6 題中，請在 xy-平面上畫出給定直線，然後在指定點上找出曲率與曲率半徑，最後在該點上畫出密切圓（提示：關於求曲率，可仿範例 6 套用定理 A 的第二公式）。

5. $y = 2x^2$, $(1, 2)$

6. $y = \sin x$, $\left(\dfrac{\pi}{4}, \dfrac{\sqrt{2}}{2}\right)$

7. 求 $\mathbf{r}(t) = \dfrac{1}{2}t^2\mathbf{i} + t\mathbf{j} + \dfrac{1}{3}t^3\mathbf{k}$ 在 $t_1 = 2$ 的曲率 κ，單位切向量 $\mathbf{T}$，單位法向量 $\mathbf{N}$ 及副法向量 $\mathbf{B}$。

8-9 題中，找出加速度向量在 t 的加切分量及法分量（a_T 及 a_N），然後在 $t = t_1$ 上計算。見範例 7 與範例 8。

8. $\mathbf{r}(t) = 3t\mathbf{i} + 3t^2\mathbf{j}; t_1 = \dfrac{1}{3}$

9. $\mathbf{r}(t) = (t+1)\mathbf{i} + 3t\mathbf{j} + t^2\mathbf{k}; t_1 = 1$

10. 已知一質點的位置向量為 $\mathbf{r}(t) = \sin t\,\mathbf{i} + \sin 2t\,\mathbf{j}$，$0 \leq t \leq 2\pi$ 請畫出其路徑（你應該得到一個 8 字），何處的加速度為零？何處的加速度指向原點？

11. 給定一個螺線 $\mathbf{r}(t) = \sin t\,\mathbf{i} + \cos t\,\mathbf{j} + (t^2 - 3t + 2)\mathbf{k}$，其中 $\mathbf{k}$ 分量量度了地面之上以公尺為單位的高度，且 $t \geq 0$，現在考慮一個在該螺線上運動的質點，假如質點在地面上 12 公尺的高度處沿著螺線在該點的切線離開螺線，請算出切線的方向向量。

11.8 三度空間中的曲面

一個三變數方程式的圖形通常是一個曲面。我們已經遇過兩個例子，$Ax + By + Cz = D$ 的圖形是一平面；$(x - h)^2 + (y - k)^2 + (z - l)^2 = r^2$ 的圖形是一球面。曲面的作圖最好是借由找出曲面與某些特選平面的交集來完成之。這些交集稱為**截痕**（cross sections），見圖 1；與坐標平面的交集稱為**描跡**（traces）。

▲圖 1

範例 1

請畫出 $\dfrac{x^2}{16} + \dfrac{y^2}{25} + \dfrac{z^2}{9} = 1$ 的圖形。

解答：為了找出 xy-平面上的描跡，我們在給定方程式中令 $z = 0$，得方程式

$$\dfrac{x^2}{16} + \dfrac{y^2}{25} = 1$$

其圖型為一橢圓。xz- 平面及 yz- 平面上的描跡（分別由令 $y = 0$ 與 $x = 0$ 求得）也皆為橢圓。這三個橢圓展示於圖 2 中，他們幫助我們對所求曲面（稱為橢圓曲面）獲得一個很好的視覺圖像。

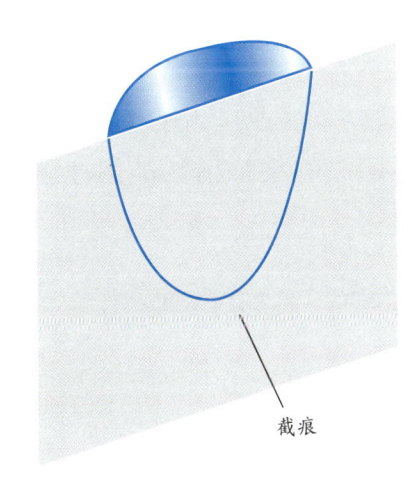

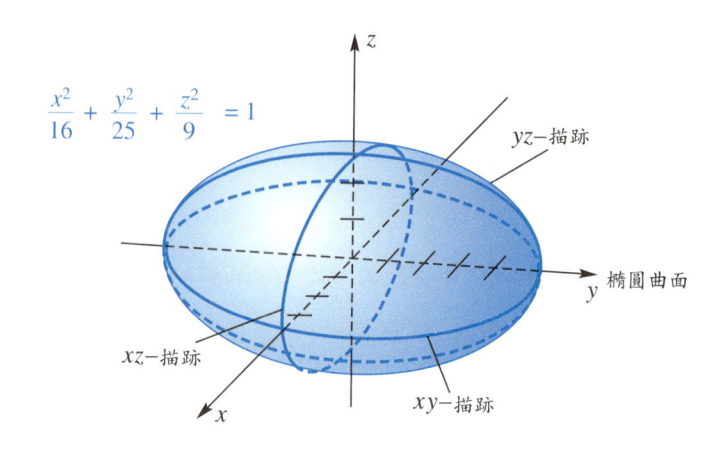

$$\frac{x^2}{16}+\frac{y^2}{25}+\frac{z^2}{9}=1$$

▲ 圖 2

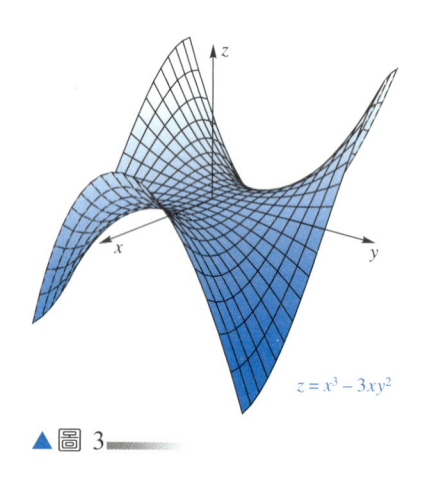

假如曲面較複雜，展示出許多與坐標平面平行之平面的截痕是很有幫助的。此處若有一個具繪圖功能電腦是很有助益的。圖 3 中，我們展示一個典型的電腦繪圖，"馬鞍" $z = x^3 - 3xy^2$ 的圖形。此章稍後我們將討論更多的電腦繪圖。

柱面 在高中所學的幾何中，你應該已熟悉正圓柱面，而柱面將指一群更廣義的曲面。

▲ 圖 3

令 C 是一個平面曲線，ℓ 是一條不與 C 同平面且與 C 相交的直線。與 ℓ 平行且與 C 相交之直線上的所有點所成的集合稱為一個**柱面**（cylinder），見圖 4。

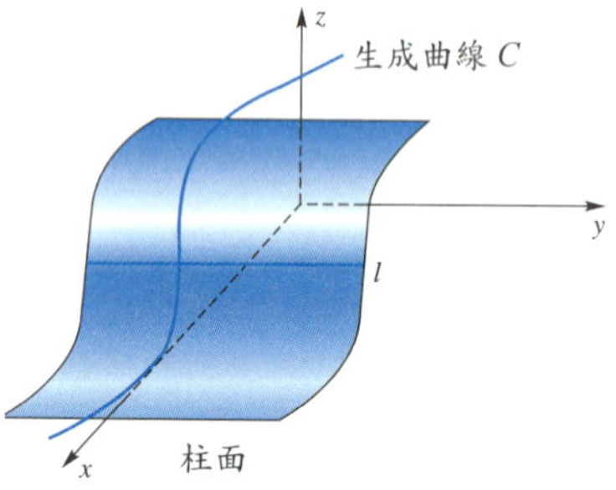

當我們在三度空間中作二變數函數的圖形時，柱面自然地產生。考慮第一個例子

$$\frac{y^2}{a^2}-\frac{x^2}{b^2}=1$$

▲ 圖 4

其中不含有變數 z。此方程式在 xy-平面上決定了一條曲線 C，雙曲線。甚至，若 $(x_1, y_1, 0)$ 滿足此方程式則 (x_1, y_1, z) 亦然。當 z 跑完全實數值，點 (x_1, y_1, z) 描出一條平行於 z 軸的直線。我們的結論為，給定方程式的圖形為一柱面，如圖 5 所示的一個雙曲柱面。

第二個例子是 $z = \sin y$ 的圖形，見圖 6。

▲圖 5 雙曲柱面 $\dfrac{y^2}{a^2} - \dfrac{x^2}{b^2} = 1$

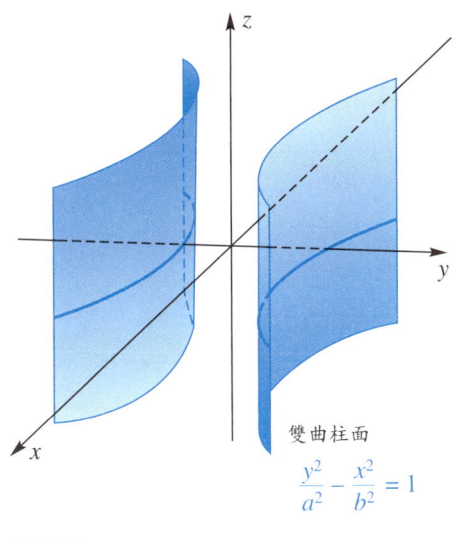

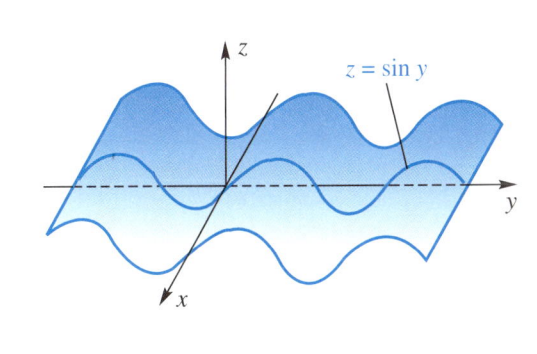

▲圖 6 $z = \sin y$

二次曲面 若一個曲面是一個二次方程式在三度空間中的圖形，則稱為**二次曲面**（quadric surface）。一個二次曲面的平面截痕為圓錐曲線。

一個二次方程式具下列形式

$$Ax^2 + By^2 + Cz^2 + Dxy + Exz + Fyz + Gx + Hy + Iz + J = 0$$

我們可證明，經過座標軸的平移與旋轉，任何上述方程式可簡化成下列兩式中的一種

$$Ax^2 + By^2 + Cz^2 + J = 0$$

或

$$Ax^2 + By^2 + Iz = 0$$

可由上列兩式中之第一式表示的二次曲面，將對稱於坐標平面與原點，稱之為**中心二次曲面**（central quadrics）。在圖 7 至 12 中，我們列出 6 種常見的二次曲面，仔細研讀之。這些圖是由專業美工人員繪製的，我們不期望我們的讀者在演練問題時複製它們。一個對一般繪圖者合理的作圖展示於下一例了，圖 13 中。

二次曲面

橢圓曲面：$\dfrac{x^2}{a^2} + \dfrac{y^2}{b^2} + \dfrac{z^2}{c^2} = 1$

平面	截痕
xy–平面	橢圓
xz–平面	橢圓
yz–平面	橢圓
平行於 xy–平面	橢圓、一點或空集合
平行於 xz–平面	橢圓、一點或空集合
平行於 yz–平面	橢圓、一點或空集合

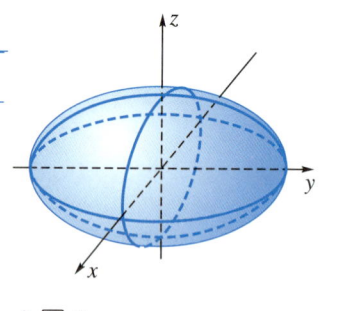

▲圖 7

單片雙曲面：$\dfrac{x^2}{a^2} + \dfrac{y^2}{b^2} - \dfrac{z^2}{c^2} = 1$

平面	截痕
xy–平面	橢圓
xz–平面	雙曲線
yz–平面	雙曲線
平行於 xy–平面	橢圓
平行於 xz–平面	雙曲線
平行於 yz–平面	雙曲線

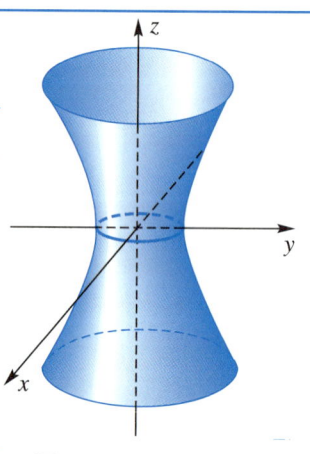

▲圖 8

雙片雙曲面：$\dfrac{x^2}{a^2} - \dfrac{y^2}{b^2} - \dfrac{z^2}{c^2} = 1$

平面	截痕
xy–平面	雙曲線
xz–平面	雙曲線
yz–平面	空集合
平行於 xy–平面	雙曲線
平行於 xz–平面	雙曲線
平行於 yz–平面	橢圓、一點或空集合

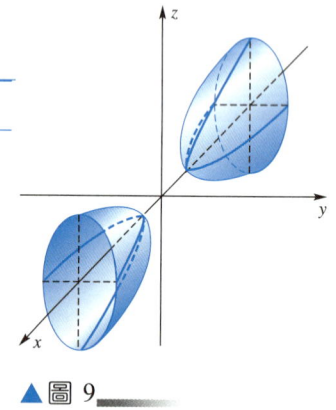

▲圖 9

橢圓拋物面：$z = \dfrac{x^2}{a^2} + \dfrac{y^2}{b^2}$

平面	截痕
xy-平面	一點
xz-平面	拋物線
yz-平面	拋物線
平行於 xy-平面	橢圓、一點或空集合
平行於 xz-平面	拋物線
平行於 yz-平面	拋物線

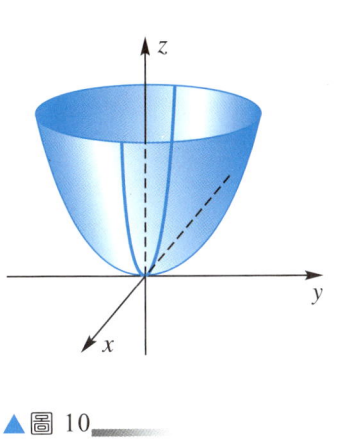

▲圖 10

雙曲拋物面：$z = \dfrac{y^2}{b^2} - \dfrac{x^2}{a^2}$

平面	截痕
xy-平面	相交兩直線
xz-平面	拋物線
yz-平面	拋物線
平行於 xy-平面	雙曲線或相交兩直線
平行於 xz-平面	拋物線
平行於 yz-平面	拋物線

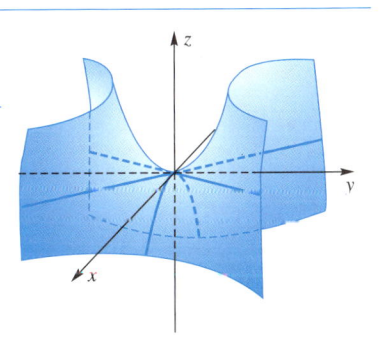

▲圖 11

橢圓錐面：$\dfrac{x^2}{a^2} + \dfrac{y^2}{b^2} - \dfrac{z^2}{c^2} = 0$

平面	截痕
xy-平面	一點
xz-平面	相交兩直線
yz-平面	相交兩直線
平行於 xy-平面	橢圓或一點
平行於 xz-平面	雙曲線或相交兩直線
平行於 yz-平面	雙曲線或相交兩直線

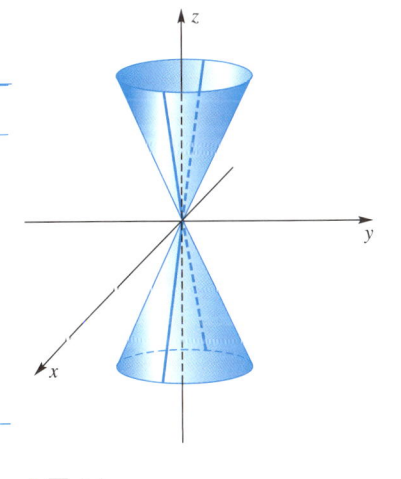

▲圖 12

範例 2

分析方程式 $\dfrac{x^2}{4} + \dfrac{y^2}{9} - \dfrac{z^2}{16} = 1$ 並作其圖。

解答：三坐標平面上的描跡，可分別由令 $z = 0$、$y = 0$ 及 $x = 0$ 求出。

xy-平面：$\dfrac{x^2}{4} + \dfrac{y^2}{9} = 1$，一橢圓

xz-平面：$\dfrac{x^2}{4} - \dfrac{z^2}{16} = 1$，一雙曲線

yz-平面：$\dfrac{y^2}{9} - \dfrac{z^2}{16} = 1$，一雙曲線

這些描跡圖示於圖 13 中。其中也展示了平面 $z = 4$ 及 $z = -4$ 上的截痕。請留意，當我們在原式中代入 $z = \pm 4$，可得

$$\dfrac{x^2}{4} + \dfrac{y^2}{9} - \dfrac{16}{16} = 1$$

相當於

$$\dfrac{x^2}{8} + \dfrac{y^2}{18} = 1$$

為一橢圓。

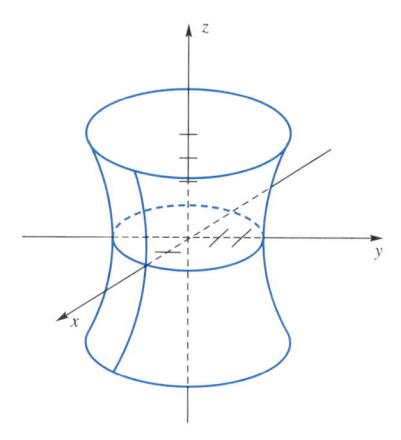

▲圖 13

範例 3

說出下列各方程式的圖形

(a) $4x^2 + 4y^2 - 25z^2 + 100 = 0$ (b) $y^2 + z^2 - 12y = 0$
(c) $x^2 - z^2 = 0$ (d) $9x^2 + 4z^2 - 36y = 0$

解答：

(a) 方程式兩邊各除以 -100，可得

$$-\dfrac{x^2}{25} - \dfrac{y^2}{25} + \dfrac{z^2}{4} = 1$$

其圖形為一雙片的雙曲面。它與 xy-平面不相交，但在與此平面平行（但至少距 2 單位遠）之平面上的截痕為圓。

(b) 變數 x 沒有出現在方程式中，所以圖形為一平行於 x-軸的柱面。因為方程式可寫成 $(y - 6)^2 + z^2 = 36$，其圖形為一柱面。

(c) 因為變數 y 沒有出現，圖形為一柱面。給定方程式可寫成 $(x - z)(x + z) = 0$，所以其圖形由兩平面 $x = z$ 與 $x = -z$ 組成。

(d) 方程式可寫成

$$\dfrac{x^2}{4} + \dfrac{z^2}{9} = y$$

其圖形為一雙曲拋物面，且對稱於 y-軸。

練習題 11.8

1-20 題中，畫出下列各方程式在三度空間的圖形，並說出圖形的名稱。

1. $4x^2 + 36y^2 = 144$
2. $y^2 + z^2 = 15$
3. $3x + 2z = 10$
4. $z^2 = 3y$
5. $x^2 + y^2 - 8x + 4y + 13 = 0$
6. $2x^2 - 16z^2 = 0$
7. $4x^2 + 9y^2 + 49z^2 = 1764$
8. $9x^2 - y^2 + 9z^2 - 9 = 0$
9. $4x^2 + 16y^2 - 32z = 0$
10. $-x^2 + y^2 + z^2 = 0$
11. $y = e^{2z}$
12. $6x - 3y = \pi$
13. $x^2 - z^2 + y = 0$
14. $x^2 + y^2 - 4z^2 + 4 = 0$
15. $9x^2 + 4z^2 - 36y = 0$
16. $9x^2 + 25y^2 + 9z^2 = 225$
17. $5x + 8y - 2z = 10$
18. $y = \cos x$
19. $z = \sqrt{16 - x^2 - y^2}$
20. $z = \sqrt{x^2 + y^2 + 1}$

21. 請找出 $y = x^2/4 + y^2/9$ 與平面 $z = 4$ 相交所得之橢圓的焦點坐標。

22. 證明曲面 $y = 4 - x^2$ 與 $y = x^2 + z^2$ 的相交曲線在 xz 平面的投影是一個橢圓，並求其長軸及短軸長。

23. 證明螺線 $\mathbf{r} = t\cos t\,\mathbf{i} + t\sin t\,\mathbf{j} + t\,\mathbf{k}$ 躺在圓錐 $x^2 + y^2 - z^2 = 0$ 上。而螺線 $\mathbf{r} = 3t\cos t\,\mathbf{i} + t\sin t\,\mathbf{j} + t\,\mathbf{k}$ 又是躺在哪個曲面上？

11.9 柱面坐標與球面坐標

表示三度空間點之位置的方法有許多種，給出笛卡兒（直角）坐標 (x, y, z) 只是其中的一種。另兩種在微積分中扮演重要角色的坐標系為柱面坐標 (r, θ, z) 及球面坐標 (ρ, θ, ϕ)。這三種坐標的意義在圖 1 中針對同一點 P 作說明。

柱面坐標（cylindrical coordinate system） (r, θ, z) 用極坐標的 r 與 θ（見 10.5 節）取代直角坐標的 x 與 y，z 坐標則與直角坐標的一樣。我們通常只採用 $r \geq 0$，並且將 θ 限制在 $0 \leq \theta \leq 2\pi$。

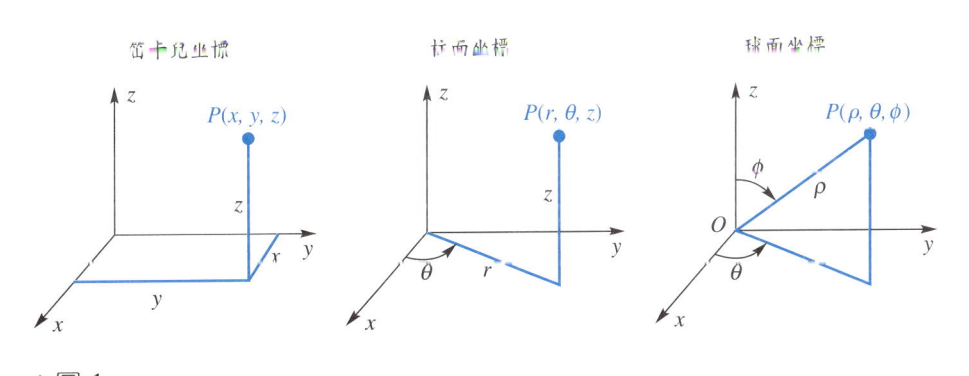

▲圖 1

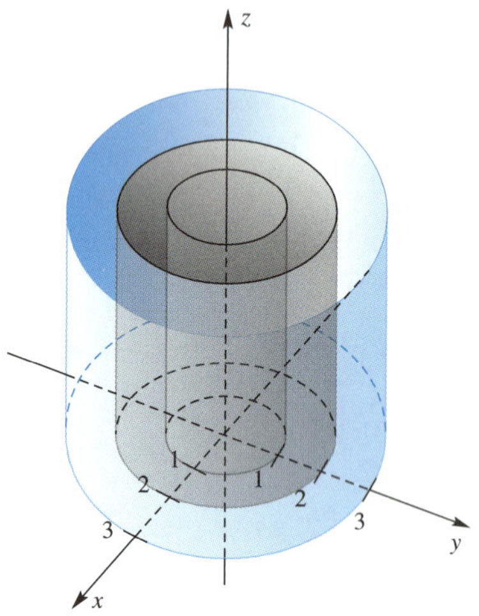

若 ρ (rho) 表原點至 P 的距離 $|OP|$，θ 為 P 在 xy-平面之投影 P' 的極角，且 ϕ 為 z 軸正向與線段 OP 的夾角，則點 P 的**球面坐標**（spherical coordinates）為 (ρ, θ, ϕ)。我們有如下述之限制

$$\rho \geq 0, \quad 0 \leq \theta < 2\pi, \quad 0 \leq \phi \leq \pi$$

柱面坐標 假如一立體或一曲面具一對稱軸，適當旋轉之，使得 z-軸成為它的對稱軸，然後使用柱面坐標，是明智之舉。請留意，在柱面坐標中以 z 軸為對稱軸之圓柱面，及含 z-軸之平面，它們的方程式都極簡單，見圖 2 與圖 3。圖 3 中，我們允許 $r < 0$。

柱面與笛卡兒坐標系的關係如下列式子：

柱面化成笛卡兒	笛卡兒化成柱面
$x = r\cos\theta$	$r = \sqrt{x^2 + y^2}$
$y = r\sin\theta$	$\tan\theta = y/x$
$z = z$	$z = z$

利用這些關係式，我們可在這兩種坐標中來去自如。

範例 1

求 (a) 柱面坐標為 $(4, 2\pi/3, 5)$ 之點的笛卡兒坐標 (b) 笛卡兒坐標為 $(-5, -5, 2)$ 之點的柱面坐標

解答：

(a) $x = 4\cos\dfrac{2\pi}{3} = 4 \cdot \left(-\dfrac{1}{2}\right) = -2$

$y = 4\sin\dfrac{2\pi}{3} = 4 \cdot \left(\dfrac{\sqrt{3}}{2}\right) = 2\sqrt{3}$

$z = 5$

因此，$(4, 2\pi/3, 5)$ 的笛卡兒坐標為 $(-2, 2\sqrt{3}, 5)$。

(b) $r = \sqrt{(-5)^2 + (-5)^2} = 5\sqrt{2}$

$\tan\theta = \dfrac{-5}{-5} = 1$

$z = 2$

圖 4 中指出 θ 在 $\pi/2$ 及 π 之間，因為 $\tan\theta = 1$，得 $\theta = 5\pi/4$。$(-5, -5, 2)$ 的柱面坐標為 $(5\sqrt{2}, 5\pi/4, 2)$。

柱面 $r = 1, r = 2, r = 3$

▲圖 2

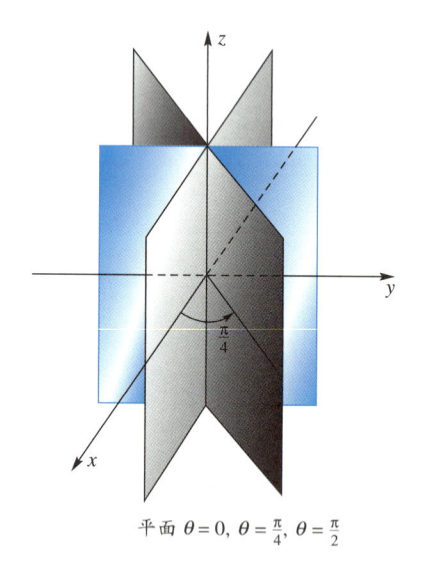

平面 $\theta = 0, \theta = \dfrac{\pi}{4}, \theta = \dfrac{\pi}{2}$

▲圖 3

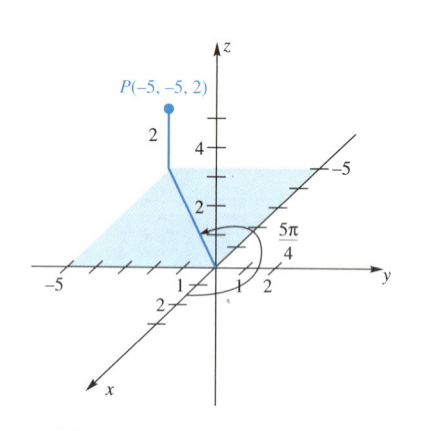

▲圖 4

範例 2

已知笛卡兒方程式分別為 $x^2 + y^2 = 4 - z$、$x^2 + y^2 = 2x$ 的拋物面與柱面，求它們的柱面坐標方程式。

解答：

拋物面：$r^2 = 4 - z$

柱面：$r^2 = 2r \cos \theta$ 或（同義於）$r = 2 \cos \theta$

方程式除以一變數可能會漏失一個解。例如，$x^2 = x$ 除以 x，得 $x = 1$ 且遺失了解 $x = 0$。同理，$r^2 = 2r \cos \theta$ 除以，可得 $r = 2 \cos \theta$ 且顯然漏失了解 $r = 0$（原點）。然而原點以 $(0, \pi/2)$ 代入 $r = 2 \cos \theta$ 是滿足此式的，因此 $r^2 = 2r \cos \theta$ 與 $r = 2 \cos \theta$ 有一致的極圖形。

範例 3

求柱面坐標中，方程式分別為 $r^2 + 4z^2 = 16$，$r^2 \cos 2\theta = z$ 之曲面的笛卡兒方程式。

解答： 因為 $r^2 = x^2 + y^2$，曲面 $r^2 + 4z^2 = 16$ 的笛卡兒方程式為 $x^2 + y^2 + 4z^2 = 16$ 或 $x^2/16 + y^2/16 + z^2/4 = 1$，其圖形為一橢圓面。

因為 $\cos 2\theta = \cos^2 \theta - \sin^2 \theta$，第二個方程式可寫成 $r^2 \cos^2 \theta - r^2 \sin^2 \theta = z$。在笛卡兒坐標中可寫成 $x^2 - y^2 = z$，其圖形為一雙曲拋物面。

球面坐標 當一立體或曲面對稱於一點時，球面坐標可扮演簡化角色。尤其一個以原點為中心的球，有簡單的方程式 $\rho = \rho_0$，見圖 5。也請留意，一個以 z-軸為軸，以原點為頂點之圓錐的方程式為 $\phi = \phi_0$。我們可輕易的找出球面與柱面坐標的關係，及球面與笛卡兒坐標的關係。

球面化為笛卡兒

$x = \rho \sin \phi \cos \theta$
$y = \rho \sin \phi \sin \theta$
$z = \rho \cos \phi$

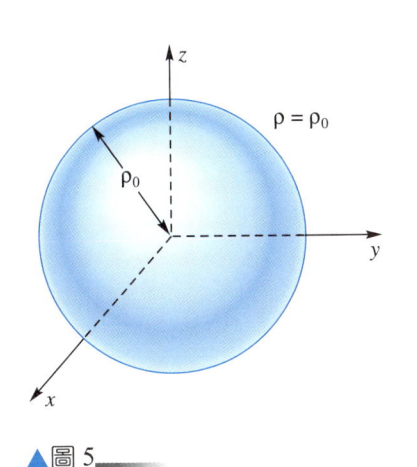

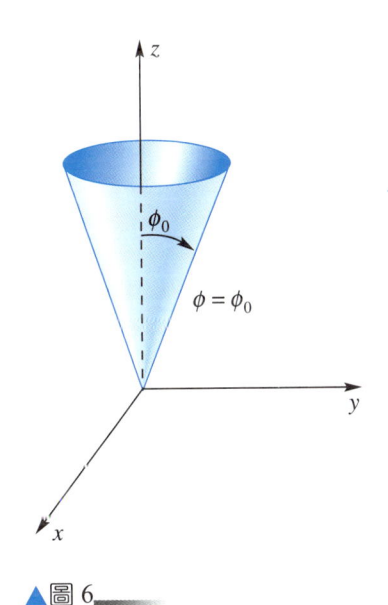

笛卡兒化為球面

$\rho = \sqrt{x^2 + y^2 + z^2}$
$\tan \theta = y/x$
$\cos \phi = \dfrac{z}{\sqrt{x^2 + y^2 + z^2}}$

範例 4

求球面坐標為 $(8, \pi/3, 2\pi/3)$ 之點 P 的笛卡兒坐標。

解答： 我們在圖 7 中畫出點 P

$$x = 8 \sin \frac{2\pi}{3} \cos \frac{\pi}{3} = 8 \frac{\sqrt{3}}{2} \frac{1}{2} = 2\sqrt{3}$$

$$y = 8 \sin \frac{2\pi}{3} \sin \frac{\pi}{3} = 8 \frac{\sqrt{3}}{2} \frac{\sqrt{3}}{2} = 6$$

▲圖 5

▲圖 6

▲圖 7

$$z = 8\cos\frac{2\pi}{3} = 8\left(-\frac{1}{2}\right) = -4$$

因此，P 的笛卡兒坐標為 $(2\sqrt{3}, 6, -4)$

範例 5

請描述 $\rho = 2\cos\phi$ 的圖形。

解答：我們轉化為笛卡兒坐標。兩邊同乘 ρ 得
$$\rho^2 = 2\rho\cos\phi$$
$$x^2 + y^2 + z^2 = 2z$$
$$x^2 + y^2 + (z-1)^2 = 1$$

其圖形為一球面，半徑為 1，中心為具有笛卡兒坐標 $(0, 0, 1)$ 的點。

範例 6

求拋物面 $z = x^2 + y^2$ 的球面坐標方程式。

解答：進行 x、y 及 z 的代換，可產生
$$\rho\cos\phi = \rho^2\sin^2\phi\cos^2\theta + \rho^2\sin^2\phi\sin^2\theta$$
$$\rho\cos\phi = \rho^2\sin^2\phi(\cos^2\theta + \sin^2\theta)$$
$$\rho\cos\phi = \rho^2\sin^2\phi$$
$$\cos\phi = \rho\sin^2\phi$$
$$\rho = \cos\phi\csc^2\phi$$

請留意 $\phi = \pi/2$ 產生 $\rho = 0$，此表示我們再第四步驟消去 ρ 時，並沒有漏失原點。

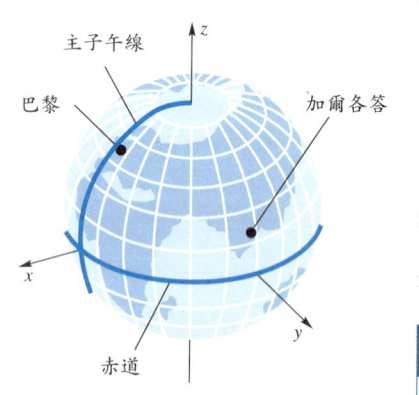

地理學上的球面坐標 地理學家及航海家利用一種很像球面坐標的坐標系統，稱之為經度-緯度系統。假設地球是一個球，中心在原點，z-軸正向通過北極，x-軸正向通過主子午線，見圖 8。依慣例，經度以在主子午線的東西度量表示之，緯度以在赤道的南北度量表示之。利用這種資料可輕易地獲得球面坐標。

▲圖 8

範例 7

假設地球是一個半徑為 3960 哩的球，請找出巴黎（東經 2.2°，北緯 48.4°）到加爾各答（東經 88.2°，北緯 22.3°）的大圓距離。

解答：我們先計算兩城市的球面角 θ 及 ϕ

巴　　黎：$\theta = 2.2° \approx 0.0384$ 弧度

$\phi = 90° - 48.4° = 41.6° \approx 0.7261$ 弧度

> 加爾各答：$\theta = 88.2° \approx 1.5394$ 弧度
> $\phi = 90° - 22.3° = 67.7° \approx 1.1816$ 弧度
>
> 由這些資料及 $\rho = 3960$ 哩，如範例 4 中所示，我們可決定其笛卡兒坐標
>
> 巴　　黎：$P_1(2627.2, 100.9, 2961.3)$
>
> 加爾各答：$P_2(115.1, 3662.0, 1502.6)$
>
> 接下來，參考圖 9，我們可以決定 $\overrightarrow{OP_1}$ 與 $\overrightarrow{OP_2}$ 的夾角 γ，
>
> $$\cos \gamma = \frac{\overrightarrow{OP_1} \cdot \overrightarrow{OP_2}}{\|\overrightarrow{OP_1}\|\|\overrightarrow{OP_2}\|} \approx \frac{(2627.2)(115.1) + (100.9)(3662) + (2961.3)(1502.6)}{(3960)(3960)}$$
> $$\approx 0.3266$$
>
> 因此，$\gamma \approx 1.2381$ 弧度且大圓距離 d 為
>
> $$d = \rho\gamma \approx (3960)(1.2381) \approx 4903 \text{ 英里}$$

練習題 11.9

1. 請將下列各柱面坐標轉換成笛卡兒（直角）坐標。

    (a) $(6, \pi/6, -2)$　　(b) $(4, 4\pi/3, -8)$

2. 請將下列各笛卡兒坐標轉換成球面坐標。

    (a) $(2, -2\sqrt{3}, 4)$　　(b) $(-\sqrt{2}, \sqrt{2}, 2\sqrt{3})$

3-5 題中，畫出各給定柱面或球面方程式的圖形。

3. $r = 5$　　4. $\phi = \pi/6$　　5. $r = 3\cos\theta$

6-10 題中，為各方程式作指定的轉換。

6. 將 $x^2 + y^2 = 9$ 轉換成柱面坐標方程式。

7. 將 $x^2 + y^2 + 4z^2 = 10$ 轉換成柱面坐標方程式。

8. 將 $2x^2 + 2y^2 - 4z^2 = 0$ 轉換成球面坐標方程式。

9. 將 $x^2 + y^2 = 9$ 轉換成球面坐標方程式。

10. 將 $r^2 \cos 2\theta = z$ 轉換成笛卡兒坐標方程式。

Chapter 12 多變數函數的導數

本章概要

- 12.1 多變數函數
- 12.2 偏導數
- 12.3 極限與連續
- 12.4 可微分性
- 12.5 方向導數與梯度
- 12.6 連鎖法則
- 12.7 切平面與近似
- 12.8 極大值與極小值
- 12.9 拉格朗日乘子法

12.1 多變數函數

到目前為止，有兩種函數被強調。第一種函數，例如 $f(x) = x^2$，將一實數 x 與一實數 $f(x)$ 相聯繫，稱為單變數實數值函數。第二種函數，例如 $\mathbf{f}(x) = \langle x^3, e^x \rangle$，將一實數 x 與一向量 $\mathbf{f}(x)$ 相聯繫，稱為單變數向量值函數。

現在我們的興趣轉移至**二實數變數的實數值函數**（real-valued function of two real variables），也就是，如圖 1 中，一個將某集合 D 中的每一個有序偶 (x, y) 指派至某唯一實數 $f(x, y)$，例如

(1) $$f(x, y) = x^2 + 3y^2$$

(2) $$g(x, y) = 2x\sqrt{y}$$

請留意，$f(-1, 4) = (-1)^2 + 3(4)^2 = 49$ 且 $g(-1, 4) = 2(-1)\sqrt{4} = -4$。

集合 D 稱為函數的**定義域**（domain），假如沒有特別指明，我們取 D 為自然定義域，即平面上所有使函數規則有意義且會給出一實數的點 (x, y) 所成集合。對 $f(x, y) = x^2 + 3y^2$ 而言，其自然定義域為平面全部，對 $g(x, y) = 2x\sqrt{y}$ 而言，自然定義域為 $\{(x, y): -\infty < x < \infty, y \geq 0\}$。函數的**值域**（range）是所有函數值所成之集合。若 $z = f(x, y)$，稱 x 與 y 為**自變數**（independent variables）且稱 z 為**因變數**（dependent variable）。

所有我們已討論的可自然地推廣到三個實變數（甚至 n 個實變數）的實數值函數，我們可自在地使用之，毋須再加說明。

● 範例 1

在 xy-平面上，畫出 $f(x, y) = \dfrac{\sqrt{y - x^2}}{x^2 + (y - 1)^2}$ 的自然定義域。

解答：為了使指派規則有意義，我們須要去掉 $\{(x, y): y < x^2\}$ 與點 $(0, 1)$，所得定義域如圖 2 所示。

圖形　一個二變數函數的**圖形**（graph）是指方程式 $z = f(x, y)$ 的圖形，也就是空間中所有點 $(x, y, f(x, y))$ 所成圖形，(x, y) 在 f 的定義域中，通常是一個曲面，見圖 3。而且因為每一個定義域中的 (x, y) 只對應到一個值 z，所以每一條與 xy-平面垂直的直線與曲面至多只交於一點。

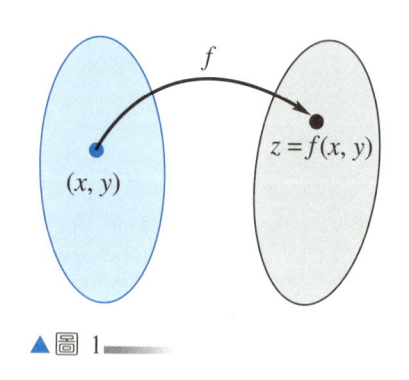

▲圖 1

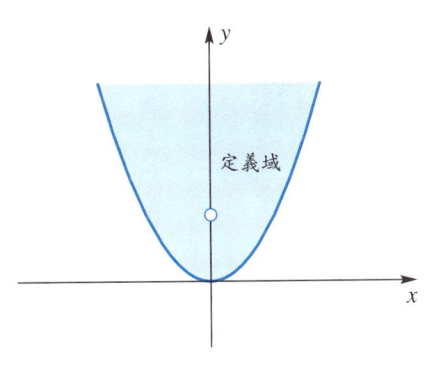

多變數函數的導數　Chapter 12　547

▲ 圖 2

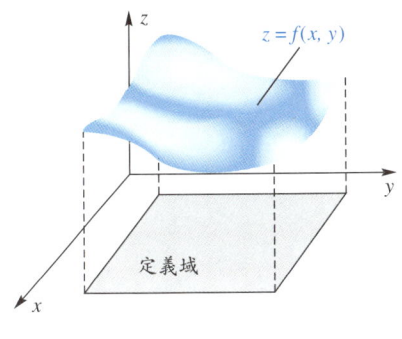

▲ 圖 3

$z = \frac{1}{3}\sqrt{36 - 9x^2 - 4y^2}$

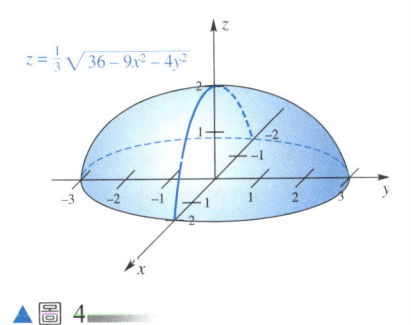

▲ 圖 4

範例 2

請作 $f(x, y) = \frac{1}{3}\sqrt{36 - 9x^2 - 4y^2}$ 的圖形。

解答：令 $z = \frac{1}{3}\sqrt{36 - 9x^2 - 4y^2}$，且請留意 $z \geq 0$。若兩邊平方再化簡，我們得

$$9x^2 + 4y^2 + 9z^2 = 36$$

這是橢圓面的方程式，見 11.8 節。給定函數的圖形為此橢圓面的上半部，見圖 4。

範例 3

請作 $z = f(x, y) = y^2 - x^2$ 的圖形。

解答：圖形為一雙曲拋物面，見 11.8 節；其圖見圖 5。

電腦繪圖　一些電腦套裝軟體，包括 Maple 及 Mathematica 可輕鬆地產生複雜的三度空間圖形。我們在圖 6 至圖 9 中展示了 4 個這樣的圖形。如這 4 個圖形中所示，通常我們選擇讓 y-軸稍指向觀看者，而不是讓它橫躺在紙面上。同樣的，通常我們將軸以圖形外的框線顯示之，而不採用一般的位置，因為它將干擾我們對圖形的觀看。

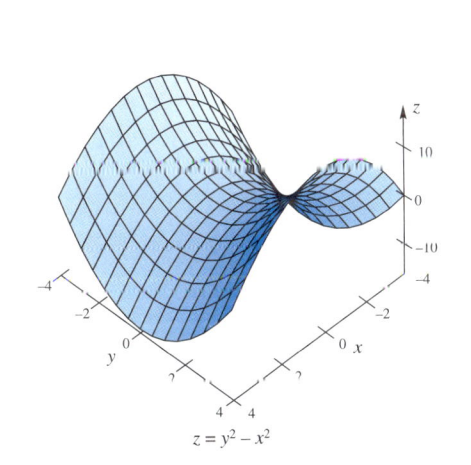

$z = y^2 - x^2$

▲ 圖 5

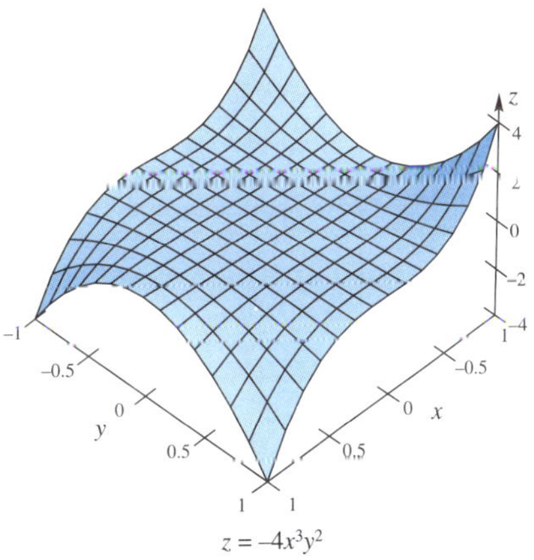

$z = -4x^3y^2$

▲ 圖 6

$z = x - \frac{1}{8}x^3 - \frac{1}{3}y^2$

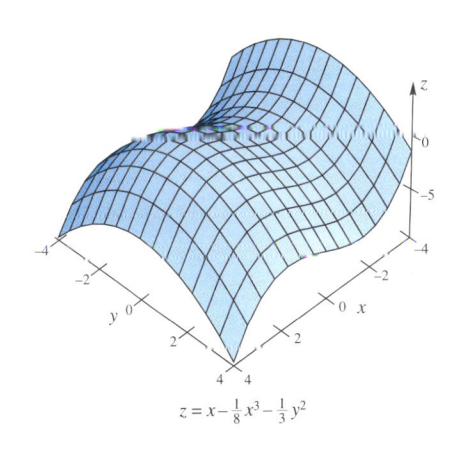

▲ 圖 7

$z = xy \exp(-x^2 - y^2)$

▲ 圖 8

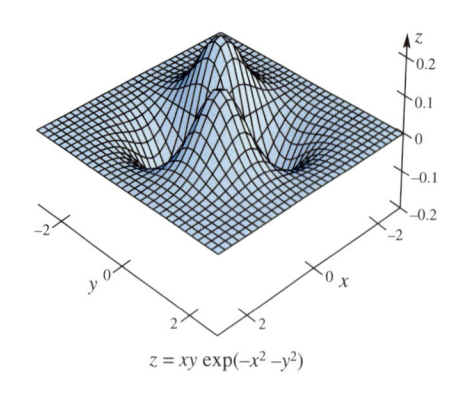

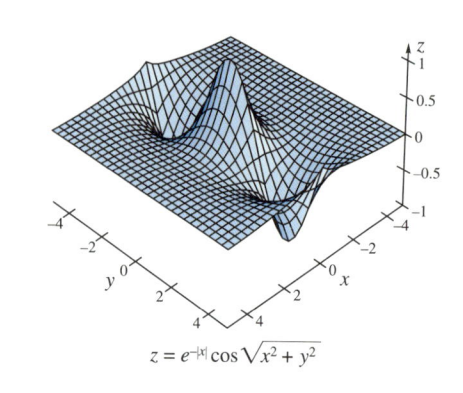

$z = e^{-|x|} \cos \sqrt{x^2 + y^2}$

▲ 圖 9

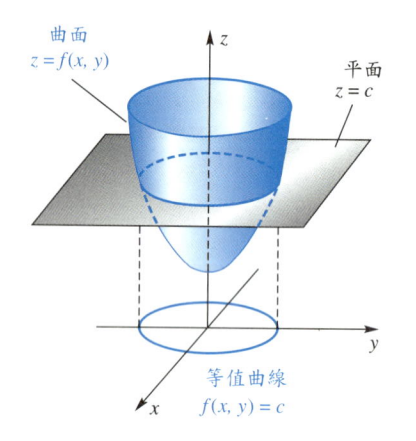

▲ 圖 10

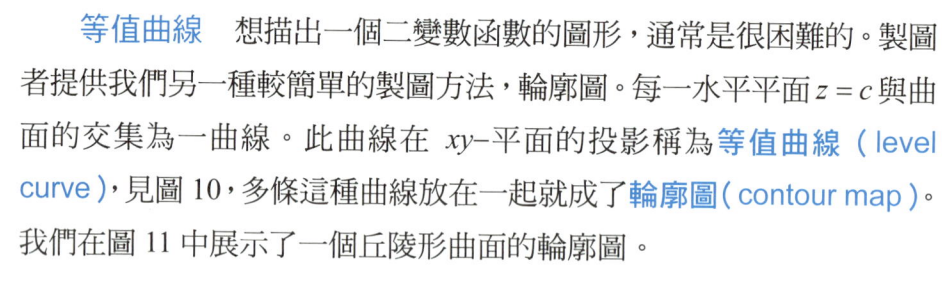

▲ 圖 11

等值曲線 想描出一個二變數函數的圖形，通常是很困難的。製圖者提供我們另一種較簡單的製圖方法，輪廓圖。每一水平平面 $z = c$ 與曲面的交集為一曲線。此曲線在 xy-平面的投影稱為 **等值曲線（level curve）**，見圖 10，多條這種曲線放在一起就成了 **輪廓圖（contour map）**。我們在圖 11 中展示了一個丘陵形曲面的輪廓圖。

我們常常如圖 11 的上圖所示，將輪廓圖展示在三度空間的圖形上。

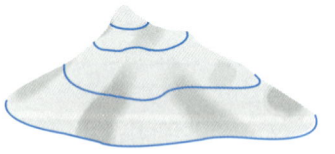

範例 4

畫出曲面 $z = \frac{1}{3}\sqrt{36 - 9x^2 - 4y^2}$ 與 $z = y^2 - x^2$ 的輪廓圖（見範例 2 及範例 3、圖 4 及圖 5）。

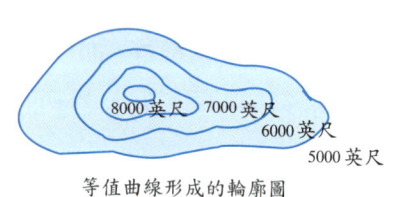

解答：$z = \frac{1}{3}\sqrt{36 - 9x^2 - 4y^2}$ 對應於 $z = 0, 1, 1.5, 1.75, 2$ 的等值曲線展示於圖 12 中，它們是橢圓。同理，圖 13 中，我們展示了 $z = y^2 - x^2$ 對應於 $z = -5, -4, -3, \ldots, 2, 3, 4$ 的等值曲線。除了 $z = 0$ 之外，皆為雙曲線。$z = 0$ 的等值曲線是兩相交直線。

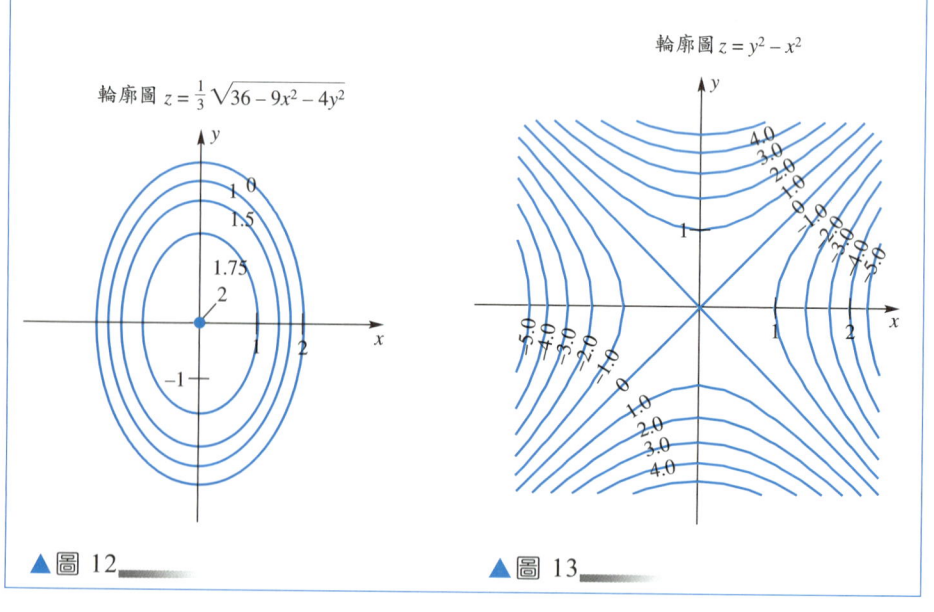

▲ 圖 12

▲ 圖 13

多變數函數的導數 Chapter 12　549

輪廓圖 $z = xy$

▲ 圖 14

範例 5

畫出 $z = f(x, y) = xy$ 的輪廓圖。

解答：對應於 $z = -4, -1, 0, 1, 4$ 的等值曲線展示於圖 14 中，它們是雙曲線。比較圖 13 與圖 14，我們建議 $z = xy$ 的圖形可能是一個雙曲拋物面，但是軸旋轉了 $45°45°$，此判斷是正確的。

電腦繪圖與等值曲線　在圖 15 到 19 中，我們畫出 5 個曲面，同時也畫出對應的等值曲線。另一圖形則是將等值曲線畫在曲面上的三維圖形。請留意，我們旋轉 xy-平面，使 x-軸指向右，如此更容易顯示出曲面與等值曲線的相關性。

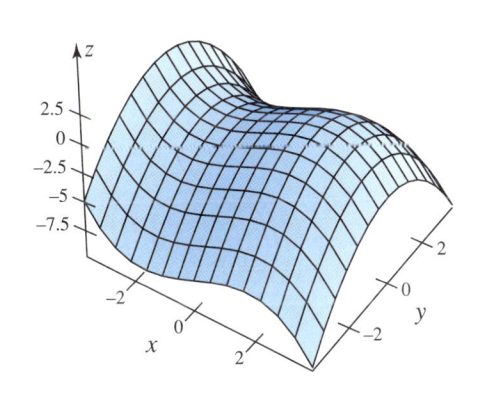

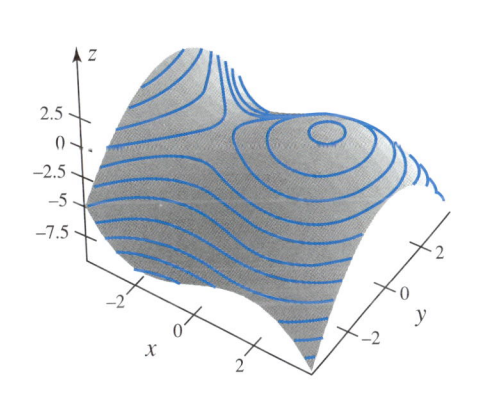

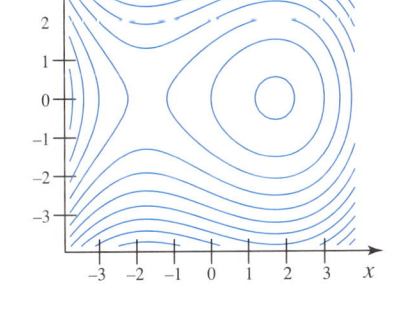

$$z = x - \left(\frac{1}{9}\right)x^3 - \left(\frac{1}{2}\right)y^2 \quad \begin{cases} -3.8 \leq x \leq 3.8 \\ -3.8 \leq y \leq 3.8 \end{cases}$$

▲ 圖 15

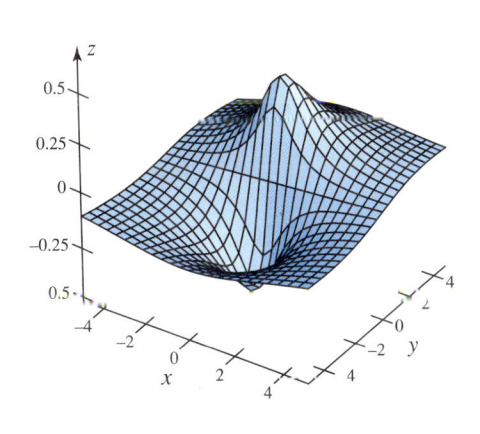

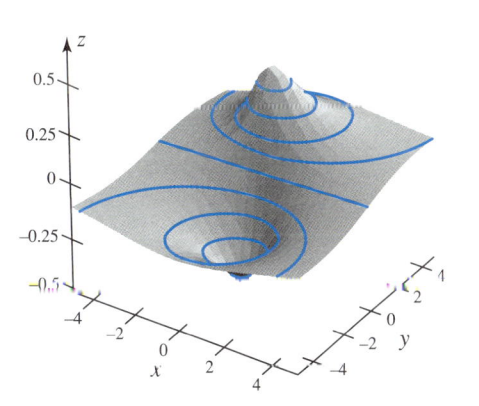

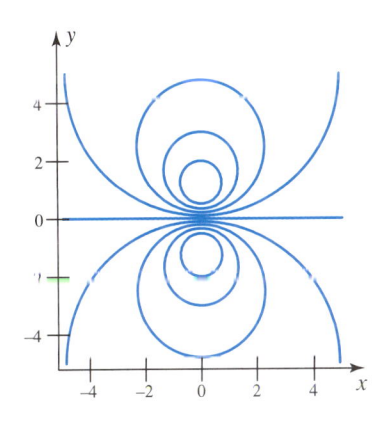

$$z = \frac{y}{(1 + x^2 + y^2)} \quad \begin{cases} -5 \leq x \leq 5 \\ -5 \leq y \leq 5 \end{cases}$$

▲ 圖 16

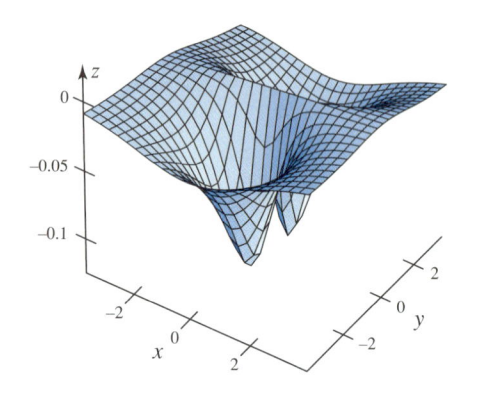

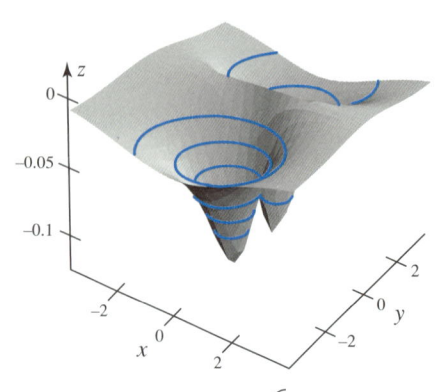

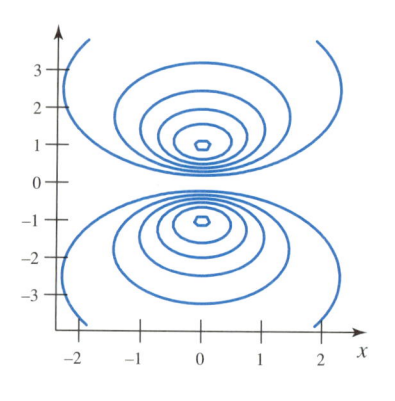

$$z = -1 + \cos\left(\frac{y}{1+x^2+y^2}\right) \quad \begin{cases} -3.8 \leq x \leq 3.8 \\ -3.8 \leq y \leq 3.8 \end{cases}$$

▲ 圖 17

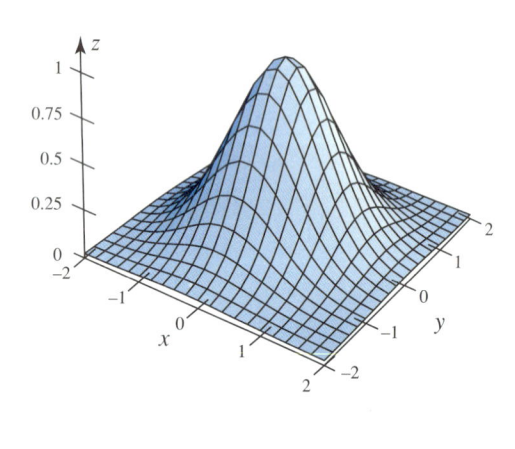

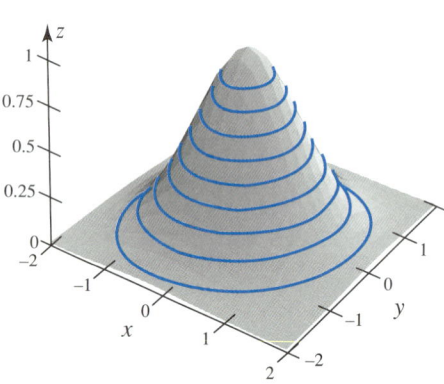

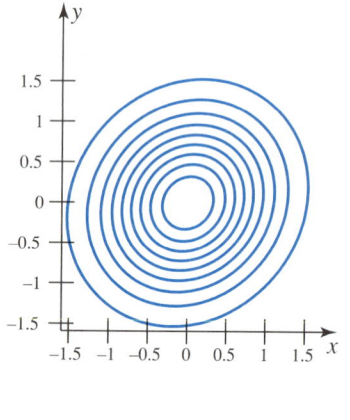

$$z = e^{-x^2-y^2+xy/4} \quad \begin{cases} -2 \leq x \leq 2 \\ -2 \leq y \leq 2 \end{cases}$$

▲ 圖 18

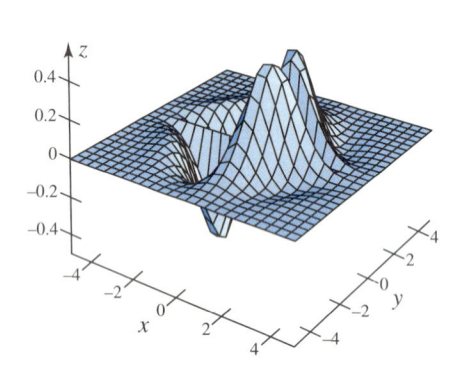

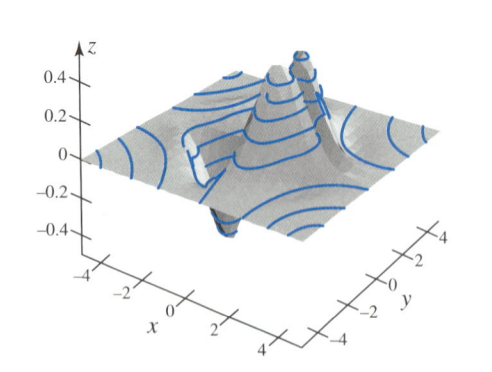

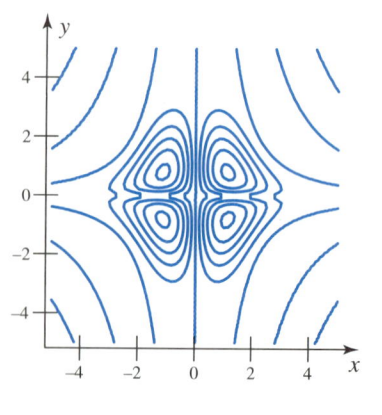

$$z = e^{-(x^2+y^2)/4}\sin(x\sqrt{|y|}) \quad \begin{cases} -5 \leq x \leq 5 \\ -5 \leq y \leq 5 \end{cases}$$

▲ 圖 19

輪廓圖的應用　輪廓圖經常來指出在地圖上各點的天氣或其他狀況，例如，從某地到另一地的溫度變化。我們想像 $T(x, y)$ 等於在 (x, y) 處的溫度。溫度相同的等值曲線稱為**等溫線（isothermal curves）**。圖 20 顯示出美國在某一時間的等溫線圖。

1917 年 4 月 9 日那一天，北至愛阿華州南至密西西比州皆可感覺到一個震央靠近聖路易南方密西西比河的強烈地震。地震的強度從 I 級測量到 XII 級，對應於較劇烈的地震有較高的級數。VI 級的地震將對結構會產生物理性的損害。圖 21 顯示輪廓圖的另一型式。若我們將強度 I 想成位置 (x, y) 的函數，則可利用對應於相等震度的水準曲線圖說明地震強度，具有一固定震度的曲線稱為**等震度線（isoseismic curves）**。圖 21 表示出經歷 VI 級地震的區域，包含了聖路易區及密蘇里州東南部一帶地區。密蘇里州東部及伊利諾州西南部經歷 V 與 VI 之間的強度。因堪薩斯與孟菲斯靠近相同的等震線，故在堪薩斯與孟菲斯的強度大約相同。

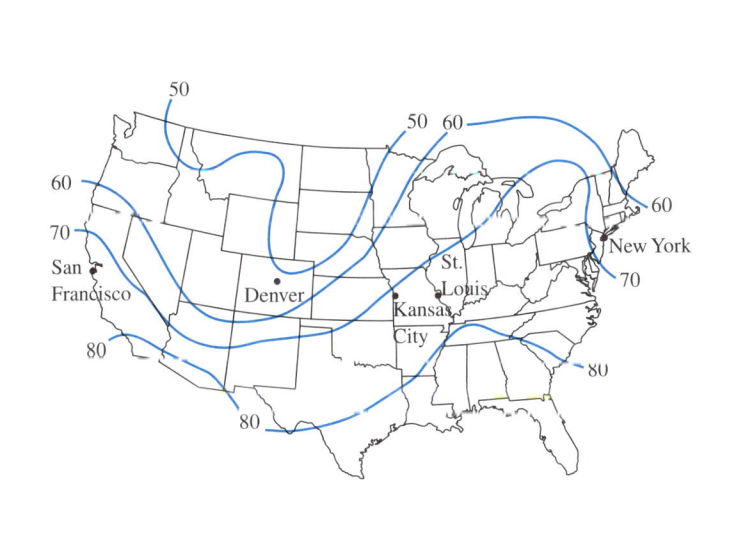

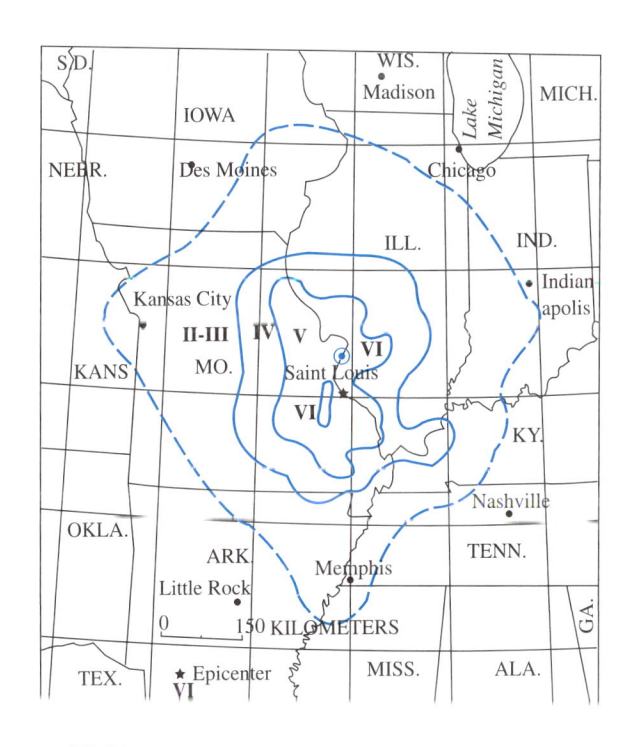

▲圖 20

▲圖 21

三變數或更多變數的函數　許多量與三變數或更多變數有關。例如，大禮堂內的溫度可與位置 (x, y, z) 有關，此處產生了函數 $T(x, y, z)$。流體速度可與位置 (x, y, z) 及時間 t 有關，這裡就產生了函數 $V(x, y, z, t)$。最後，全班 50 名學生的考試平均分數與 50 個考試分數 $x_1, x_2, \ldots, x_{50}$ 有關，產生了函數 $A(x_1, x_2, \ldots, x_{50})$。

我們可藉由**等值曲面圖形**（level surfaces）（即函數值為常數的三維曲面）視覺化三變數函數，但是四變數或更多變數的函數比較不容易被視覺化。三變數或更多變數之函數的自然定義域，是由使該函數有意義，且函數值為實數之所有的有序三元組（或四元組等等）所成之集合。

範例 6

求各函數的定義域，並描述 f 的等值曲面。

(a) $f(x, y, z) = \sqrt{x^2 + y^2 + z^2 - 1}$

(b) $g(w, x, y, z) = \dfrac{1}{\sqrt{w^2 + x^2 + y^2 + z^2 - 1}}$

解答：

(a) 為了避開負數的平方根，有序三元組 (x, y, z) 須滿足 $x^2 + y^2 + z^2 - 1 \geq 0$，因此，$f$ 的定義域，是由單位球上及其外部的點所組成。f 的水準曲面是三度空間中的曲面 $f(x, y, z) = \sqrt{x^2 + y^2 + z^2 - 1} = c$。只要 $c \geq 0$，此關係產生了 $x^2 + y^2 + z^2 = c + 1$，一個中心在原點的球面。所以等值曲面為中心在 $(0, 0, 0)$ 的同心球面。

(b) 有序四元組 (w, x, y, z) 必須滿足 $w^2 + x^2 + y^2 + z^2 - 1 > 0$，因為我們必須避開負數的平方根及分母是 0。

範例 7

令 $F(x, y, z) = z - x^2 - y^2$，請描述並繪出 F 對於 -1、0、1 及 2 的等值曲面。

解答： 由式子 $F(x, y, z) = z - x^2 - y^2 = c$ 推得 $z = c + x^2 + y^2$。這是一個開口朝上且頂點在 $(0, 0, c)$ 的拋物面。相關的等值曲面請見圖 22。

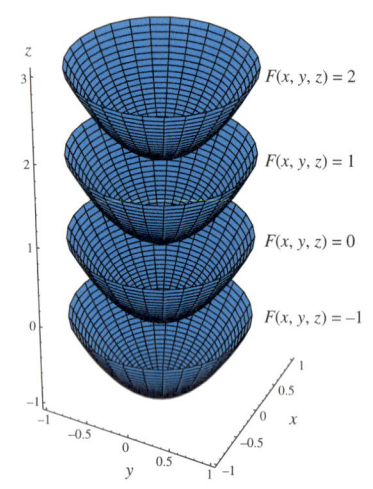

▲ 圖 22

練習題 12.1

1. 令 $f(x, y) = x^2 y + \sqrt{y}$，求下列各函數值。

   (a) $f(2, 1)$ (b) $f(3, 0)$

   (c) $f(1, 4)$ (d) $f(a, a^4)$

   (e) $f(1/x, x^4)$ (r) $f(2, -4)$

2. 令 $g(x, y, z) = \sqrt{x \cos y + z^2}$，求下列各函數值。

   (a) $g(4, 0, 2)$ (b) $g(-9, \pi, 3)$

   (c) $g(2, \pi/3, -1)$ [C] (d) $g(3, 6, 1.2)$

3. 找到 $F(f(t), g(t))$，假如 $F(x, y) = x^2 y$ 且 $f(t) = t \cos t$, $g(t) = \sec^2 t$。

4-6 題中，請描繪 f 的圖形。

4. $f(x, y) = 6$ 5. $f(x, y) = 6 - x - 2y$

6. $f(x, y) = 3 - x^2 - y^2$

7-11 題中，請對指定的 k 值，畫出等值曲線 $z = k$。

7. $z = \dfrac{1}{2}(x^2 + y^2), k = 0, 2, 4, 6, 8$

8. $z = \dfrac{x}{y}, k = -2, -1, 0, 1, 2$

9. $z = \dfrac{x^2}{y}, k = -4, -1, 0, 1, 4$

10. $z = x^2 + y, k = -4, -1, 0, 1, 4$

11. $z = y - \sin x, k = -2, -1, 0, 1, 2$

12. 假設 $T(x, y) = \dfrac{x^2}{x^2 + y^2}$，令 $T(x, y)$ 是平面上點 (x, y) 的溫度，請畫出相對於 $T = \dfrac{1}{10}, \dfrac{1}{5}, \dfrac{1}{2}, 0$ 的等溫線。

13. 圖 20 展示了美國某一時間的等溫線圖：
    (a) 舊金山、丹佛及紐約，何者與聖路易大約有一樣的溫度？
    (b) 假如你在堪薩斯城，想要儘快開往較涼快的地方，該往哪個方向開？想要開往較暖和的地方，該往哪個方向開？
    (c) 假如你正要離開堪薩斯城，往哪個方向開可維持大約相同的溫度？

14. 請描述函數 $f(x, y, z) = x^2 + y^2 + z^2$；$k > 0$ 的等值曲面。

15-18 題中，請利用你能拿到的 CAS（Maple, Mathematica 或是 Matlab…等），畫出圖形及輪廓圖（contour plot）。

15. $f(x, y) = \sin\sqrt{2x^2 + y^2}$；$-2 \le x \le 2$, $-2 \le y \le 2$

16. $f(x, y) = \sin(x^2 + y^2)/(x^2 + y^2)$, $f(0, 0) = 1$；$-2 \le x \le 2$, $-2 \le y \le 2$

17. $f(x, y) = (2x - y^2)\exp(-x^2 - y^2)$；$-2 \le x \le 2$, $-2 \le y \le 2$

18. $f(x, y) = (\sin x \sin)/(1 + x^2 + y^2)$；$-2 \le x \le 2$, $-2 \le y \le 2$

12.2 偏導數

假設 f 為含有二變數 x 及 y 的函數。若 y 保持固定，例如 $y = y_0$，則 $f(x, y_0)$ 為含單一變數 x 的函數，它在 $x = x_0$ 的導數被稱為 f 在 (x_0, y_0) **對 x 的偏導數**（partial derivative of f with respect to x），記作 $f_x(x_0, y_0)$。因此

$$f_x(x_0, y_0) = \lim_{\Delta x \to 0} \frac{f(x_0 + \Delta x, y_0) - f(x_0, y_0)}{\Delta x}$$

同理，f 在 (x_0, y_0) 對 y 的偏導數記作 $f_y(x_0, y_0)$，且定義為

$$f_y(x_0, y_0) = \lim_{\Delta y \to 0} \frac{f(x_0, y_0 + \Delta y) - f(x_0, y_0)}{\Delta y}$$

我們不想用利用上述定義來求 $f_x(x_0, y_0)$ 及 $f_y(x_0, y_0)$，而是先利用一般求導數的公式，求出 $f_x(x, y)$ 及 $f_y(x, y)$ 後，再以 $x = x_0$ 且 $y = y_0$ 代入。重點是只要我們固定一變數，則單一變數函數的微分法則對於求偏導數也適用。

範例 1

若 $f(x, y) = x^2 y + 3y^3$，求 $f_x(1, 2)$ 及 $f_y(1, 2)$。

解答：欲求 $f_x(x, y)$ 我們將 y 視為常數，對 x 微分可得

$$f_x(x, y) = 2xy + 0$$

因此，

$$f_x(1, 2) = 2 \cdot 1 \cdot 2 = 4$$

同理，我們視 x 為常數，對 y 微分，可得

$$f_y(x, y) = x^2 + 9y^2$$

所以，

$$f_y(1, 2) = 1^2 + 9 \cdot 2^2 = 37$$

若 $z = f(x, y)$，我們可以使用下列另一種表示法：

$$f_x(x, y) = \frac{\partial z}{\partial x} = \frac{\partial f(x, y)}{\partial x} \qquad f_y(x, y) = \frac{\partial z}{\partial y} = \frac{\partial f(x, y)}{\partial y}$$

$$f_x(x_0, y_0) = \left.\frac{\partial z}{\partial x}\right|_{(x_0, y_0)} \qquad f_y(x_0, y_0) = \left.\frac{\partial z}{\partial y}\right|_{(x_0, y_0)}$$

∂ 是一種很特殊的數學符號，稱為偏導數記號。如同我們在第 2 章所遇到的線性算子 D_x 與 $\frac{d}{dx}$，符號 $\frac{\partial}{\partial x}$ 與 $\frac{\partial}{\partial y}$ 也表示線性算子。

範例 2

若 $z = x^2 \sin(xy^2)$，求 $\partial z / \partial x$ 及 $\partial z / \partial y$。

解答：

$$\begin{aligned}\frac{\partial z}{\partial x} &= x^2 \frac{\partial}{\partial x}[\sin(xy^2)] + \sin(xy^2) \frac{\partial}{\partial x}(x^2) \\ &= x^2 \cos(xy^2) \frac{\partial}{\partial x}(xy^2) + \sin(xy^2) \cdot 2x \\ &= x^2 \cos(xy^2) \cdot y^2 + 2x \sin(xy^2) \\ &= x^2 y^2 \cos(xy^2) + 2x \sin(xy^2) \\ \frac{\partial z}{\partial y} &= x^2 \cos(xy^2) \cdot 2xy = 2x^3 y \cos(xy^2)\end{aligned}$$

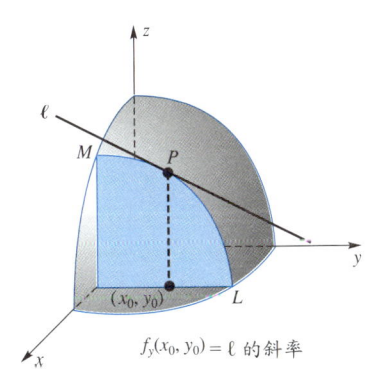

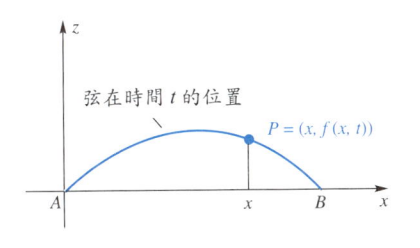

幾何與物理意義 考慮方程式為 $z = f(x, y)$ 的曲面，平面 $y = y_0$ 與此曲面相交於曲線 QPR，見圖 1，且 $f_x(x_0, y_0)$ 的值表示此曲線在 $P(x_0, y_0, f(x_0, y_0))$ 上的切線斜率。同理，平面 $x = x_0$ 交曲面於曲線 LPM，見圖 2，且 $f_y(x_0, y_0)$ 表示此曲線在 P 上的切線斜率。

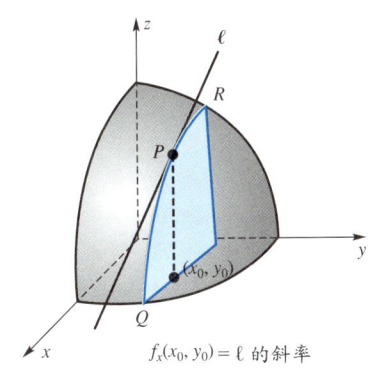

偏導數亦可解釋成（瞬間）變化率。設一根小提琴的弦固定在 A 及 B，且在 xz-平面上震動。圖 3 顯示了弦在時間 t 的位置。令 P 為弦上一個 x-軸坐標為 x 的點，假設 $z = f(x, t)$ 表示該點在時間 t 時弦的高度，則 $\partial z / \partial x$ 表此根弦在 P 上的斜率。且 $\partial z / \partial t$ 表 P 在指定垂直線上高度的變化率。換言之，$\partial z / \partial t$ 為 P 的垂直速度。

範例 3

曲面 $z = f(x, y) = \sqrt{9 - 2x^2 - y^2}$ 與平面 $y = 1$ 相交於一曲線，如圖 1 所示，試求在 $(\sqrt{2}, 1, 2)$ 處之切線的參數方程式。

解答：
$$f_x(x, y) = \tfrac{1}{2}(9 - 2x^2 - y^2)^{-1/2}(-4x)$$
所以 $f_x(\sqrt{2}, 1) = -\sqrt{2}$。此值表示曲線於 $(\sqrt{2}, 1, 2)$ 處之切線的斜率，即 $-\sqrt{2}/1$ 為沿切線的高度變化率。於是得知這條直線的方向數為 $\langle 1, 0, -\sqrt{2} \rangle$，由於它經過 $(\sqrt{2}, 1, 2)$，
$$x = \sqrt{2} + t, \quad y = 1, \quad z = 2 - \sqrt{2}t$$
表示所求參數方程式。

範例 4

由氣體定律 $PV = 10T$ 得知，某種氣體的體積與其溫度 T 及壓力 P 有關，此處 T 以立方吋為單位，P 以磅／平方吋為單位，且 T 以 °K 計。若 V 保持定值 50，則在 $T = 200$ 時，壓力相對於溫度的變化率為何？

解答： 因 $P = 10T/V$，故
$$\frac{\partial P}{\partial T} = \frac{10}{V}$$
因此，
$$\left.\frac{\partial P}{\partial T}\right|_{T=200, V=50} = \frac{10}{50} = \frac{1}{5}$$
因此，壓力以每一°K $\frac{1}{5}$ 磅／平方吋的速率增加。

高階偏導數 因為含有變數 x 及 y 之函數的偏導數，也是另一個含有此兩變數的函數，所以它可對 x 或 y 微分，這就產生了 f 的**二階偏導數**（second partial derivatives）：

$$f_{xx} = \frac{\partial}{\partial x}\left(\frac{\partial f}{\partial x}\right) = \frac{\partial^2 f}{\partial x^2} \qquad f_{yy} = \frac{\partial}{\partial y}\left(\frac{\partial f}{\partial y}\right) = \frac{\partial^2 f}{\partial y^2}$$

$$f_{xy} = (f_x)_y = \frac{\partial}{\partial y}\left(\frac{\partial f}{\partial x}\right) = \frac{\partial^2 f}{\partial y\,\partial x} \qquad f_{yx} = (f_y)_x = \frac{\partial}{\partial x}\left(\frac{\partial f}{\partial y}\right) = \frac{\partial^2 f}{\partial x\,\partial y}$$

範例 5

求 $f(x, y) = xe^y - \sin(x/y) + x^3 y^2$ 的四個二階偏導數。

解答：

$$f_x(x, y) = e^y - \frac{1}{y}\cos\left(\frac{x}{y}\right) + 3x^2 y^2$$

$$f_y(x, y) = xe^y + \frac{x}{y^2}\cos\left(\frac{x}{y}\right) + 2x^3 y$$

$$f_{xx}(x, y) = \frac{1}{y^2}\sin\left(\frac{x}{y}\right) + 6xy^2$$

$$f_{yy}(x, y) = xe^y + \frac{x^2}{y^4}\sin\left(\frac{x}{y}\right) - \frac{2x}{y^3}\cos\left(\frac{x}{y}\right) + 2x^3$$

$$f_{xy}(x, y) = e^y - \frac{x}{y^3}\sin\left(\frac{x}{y}\right) + \frac{1}{y^2}\cos\left(\frac{x}{y}\right) + 6x^2 y$$

$$f_{yx}(x, y) = e^y - \frac{x}{y^3}\sin\left(\frac{x}{y}\right) + \frac{1}{y^2}\cos\left(\frac{x}{y}\right) + 6x^2 y$$

請留意，在範例 5 中，$f_{xy} = f_{yx}$，只有在初級課程中所提及的二變數函數才會有此情形。12.3 節中（定理 C）將討論此等式成立的準則。

同理可定義出第三階或更高階的偏導數，表示法是類似的。因此若 f 為一含有雙變數 x 及 y 的函數，則 f 的三階偏導數可由逐次對 f 偏微分而得，首先對 x，再對 y 兩次，可得

$$\frac{\partial}{\partial y}\left[\frac{\partial}{\partial y}\left(\frac{\partial f}{\partial x}\right)\right] = \frac{\partial}{\partial y}\left(\frac{\partial^2 f}{\partial y\,\partial x}\right) = \frac{\partial^3 f}{\partial y^2\,\partial x} = f_{xyy}$$

共有 8 個三階偏導數。

超過兩個變數 設 f 為含有三個變數 x、y、z 的一個函數，f 在 (x, y, z) 對 x 的**偏導數**（partial derivative of f with respect to x）記為 $f_x(x, y, z)$ 或 $\partial f(x, y, z)/\partial x$，定義為

因此，$f_x(x, y, z)$ 可藉由將 y 及 z 視為常數，然後對 x 微分而得。

同理，可定義出對 y 及 z 的偏導數。四變數或更多變數之函數的偏導數的定義也類似，如 f_{xy} 及 f_{xyz} 等，有關對多個變數進行微分的偏微分，稱為**混合型偏導數**（mixed partial derivatives）。

範例 6

若 $f(x, y, z) = xy + 2yz + 3zx$，求 f_x、f_y 及 f_z。

解答： 欲求 f_x，我們將 y 及 z 視作常數，然後對 y 微分：

$$f_y(x, y, z) = x + 2z$$

同理，

$$f_z(x, y, z) = 2y + 3x$$

範例 7

若 $T(w, x, y, z) = ze^{w^2+x^2+y^2}$，求所有一階偏導數及 $\dfrac{\partial^2 T}{\partial w\,\partial x}$、$\dfrac{\partial^2 T}{\partial x\,\partial w}$，與 $\dfrac{\partial^2 T}{\partial z^2}$。

解答： 四個一階偏導數為

$$\frac{\partial T}{\partial w} = \frac{\partial}{\partial w}(ze^{w^2+x^2+y^2}) = 2wze^{w^2+x^2+y^2}$$

$$\frac{\partial T}{\partial x} = \frac{\partial}{\partial x}(ze^{w^2+x^2+y^2}) = 2xze^{w^2+x^2+y^2}$$

$$\frac{\partial T}{\partial y} = \frac{\partial}{\partial y}(ze^{w^2+x^2+y^2}) = 2yze^{w^2+x^2+y^2}$$

$$\frac{\partial T}{\partial z} = \frac{\partial}{\partial z}(ze^{w^2+x^2+y^2}) = e^{w^2+x^2+y^2}$$

其餘的偏導數為

$$\frac{\partial^2 T}{\partial w\,\partial x} = \frac{\partial^2}{\partial w\,\partial x}(ze^{w^2+x^2+y^2}) = \frac{\partial}{\partial w}(2xze^{w^2+x^2+y^2}) = 4wxze^{w^2+x^2+y^2}$$

$$\frac{\partial^2 T}{\partial x\,\partial w} = \frac{\partial^2}{\partial x\,\partial w}(ze^{w^2+x^2+y^2}) = \frac{\partial}{\partial x}(2wze^{w^2+x^2+y^2}) = 4wxze^{w^2+x^2+y^2}$$

$$\frac{\partial^2 T}{\partial z^2} = \frac{\partial^2}{\partial z^2}(ze^{w^2+x^2+y^2}) = \frac{\partial}{\partial z}(e^{w^2+x^2+y^2}) = 0$$

練習題 12.2

1-6 題中請找出各函數的所有一階偏導數。

1. $f(x, y) = (2x - y)^4$
2. $f(x, y) = \dfrac{x^2 - y^2}{xy}$
3. $f(x, y) = e^x \cos y$
4. $f(x, y) = e^y \sin x$
5. $f(x, y) = \sqrt{x^2 - y^2}$
6. $g(x, y) = e^{-xy}$

7. 已知 $f(x, y) = 2x^2 y^3 - x^3 y^5$，請驗證 $\dfrac{\partial^2 f}{\partial y \partial x} = \dfrac{\partial^2 f}{\partial x \partial y}$。

8. 已知 $F(x, y) = \dfrac{2x - y}{xy}$，求 $F_x(3, -2)$ 與 $F_y(3, -2)$。

9. 已知 $f(x, y) = \tan^{-1}(y^2 / x)$，求 $f_x(\sqrt{5}, -2)$ 與 $f_y(\sqrt{5}, -2)$。

10. 求曲面 $36z = 4x^2 + 9y^2$ 與平面 $x = 3$ 的相交曲線在點 $(3, 2, 2)$ 的切線斜率。

11. 求曲面 $2z = \sqrt{9x^2 + 9y^2 - 36}$ 與平面 $y = 1$ 的相交曲線在點 $(2, 1, \dfrac{3}{2})$ 的切線斜率。

12. 一個金屬板位於 xy-平面上，此板在 (x, y) 的溫度為 $T(x, y) = 4 + 2x^2 + y^3$（以攝氏為單位），假如我們自點 $(3, 2)$ 出發，沿 y 軸正向方向移動，則溫度相對於距離(以呎為單位)的變化率為何？

一個二變數函數，若滿足**拉普拉斯方程式**（Laplace's Equation）$\dfrac{\partial^2 f}{\partial x^2} + \dfrac{\partial^2 f}{\partial y^2} = 0$ 就稱為**調和函數**（harmonic）。請證明第 13 與 14 題為調和函數。

13. $f(x, y) = x^3 y - xy^3$

14. $f(x, y) = \ln(4x^2 + 4y^2)$

15. 用符號 ∂ 表示下列各式

    (a) f_{yyy} (b) f_{xxy} (c) f_{xyyy}

16. 用下標符號表示下列各式

    (a) $\dfrac{\partial^3 f}{\partial x^2 \partial y}$ (b) $\dfrac{\partial^4 f}{\partial x^2 \partial y^2}$ (c) $\dfrac{\partial^5 f}{\partial x^3 \partial y^2}$

17. 已知 $f(x, y, z) = 3x^2 y - xyz + y^2 z^2$，求下列各偏導數。

    (a) $f_x(x, y, z)$ (b) $f_y(0, 1, 2)$
    (c) $f_{xy}(x, y, z)$

18. **波動方程式**（wave equation）$c^2 \partial^2 u / \partial x^2 = \partial^2 u / \partial t^2$ 與**熱傳導方程式**（heat equation）$c \partial^2 u / \partial x^2 = \partial u / \partial t$（$c$ 為一常數），是物理學裡最重要的方程式中的兩個。它們是**偏微分方程**（partial differential equations）。請證明下列各敘述：

    (a) $u = \cos x \cos ct$ 與 $u = e^x \cosh ct$ 滿足波動方程式。

    (b) $u = e^{-ct} \sin x$ 與 $u = t^{-1/2} e^{-x^2/(4ct)}$ 滿足熱傳導方程式。

12.3 極限與連續

本節的目的是對敘述

$$\lim_{(x,y) \to (a,b)} f(x, y) = L$$

給予適當的意義。看來似乎令人不解，我們在討論多變數函數的極限之前，就先討論了偏導數。畢竟，我們已在第 1 章討論過極限，也在第 2 章討論了導數。然而，偏微分確實只是一個頗簡單的概念，因為除了某一變數之外其餘的變數皆固定住了。在偏導數的定義中，我們只需要在第 1 章就已談過的單變數函數之極限。然而，雙變數（或多變數）函數的極限是一個較深入的概念，目前我們必須考慮所有趨近 (a, b) 的路徑之 (x, y)。這可不能像偏微分一樣，化簡成「一次一個變數」。

二變數函數的極限有一個常用的直觀意義：當 (x, y) 趨近 (a, b) 時，$f(x, y)$ 的值越來越靠近 L。問題是，如圖 1 所示，(x, y) 有無限多條路徑趨近 (a, b)。我們想要做一種定義，在此定義下，無論 (x, y) 選擇哪一條路徑趨近 (a, b)，皆可得相同的 L。幸運的是，先前的單變數函數及稍後對向量函數所作的極限之定義，與我們現在要作的定義是類似的。

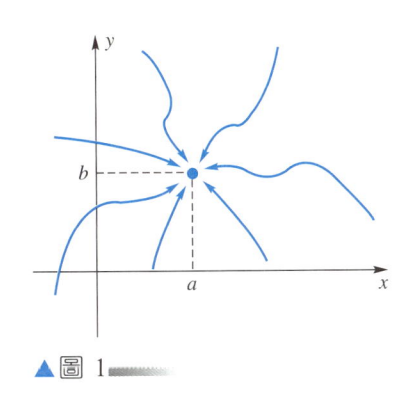

▲ 圖 1

定義　二變數函數的極限

$\lim_{(x,y) \to (a,b)} f(x, y) = L$ 的意義是，任給 $\varepsilon > 0$（無論多小），必存在一個對應的 $\delta > 0$，使得若 $0 < \|(x, y) - (a, b)\| < \delta$，則 $|f(x, y) - L| < \varepsilon$。

為了解釋 $\|(x, y) - (a, b)\|$，我們視 (x, y) 及 (a, b) 為兩個向量。則

$$\|(x, y) - (a, b)\| = \sqrt{(x - a)^2 + (y - b)^2}$$

且滿足 $0 < \|(x, y) - (a, b)\| < \delta$ 的點是以 δ 為半徑之圓的所有點，但不含其圓心 (a, b)，見圖 2。此定義的要義為：只要我們取 (x, y) 夠靠近 (a, b)，（以 $\|(x, y) - (a, b)\|$ 為距離的測度時，在 δ 之內），就可使 $f(x, y)$ 如我們所願的靠近 L（以 $|f(x, y) - L|$ 為距離的測度時，在 ε 之內）。將此定義與第 1 章中極限的定義及第 11 章中向量函數極限的定義相比較；它們的相似性是顯而易見的。

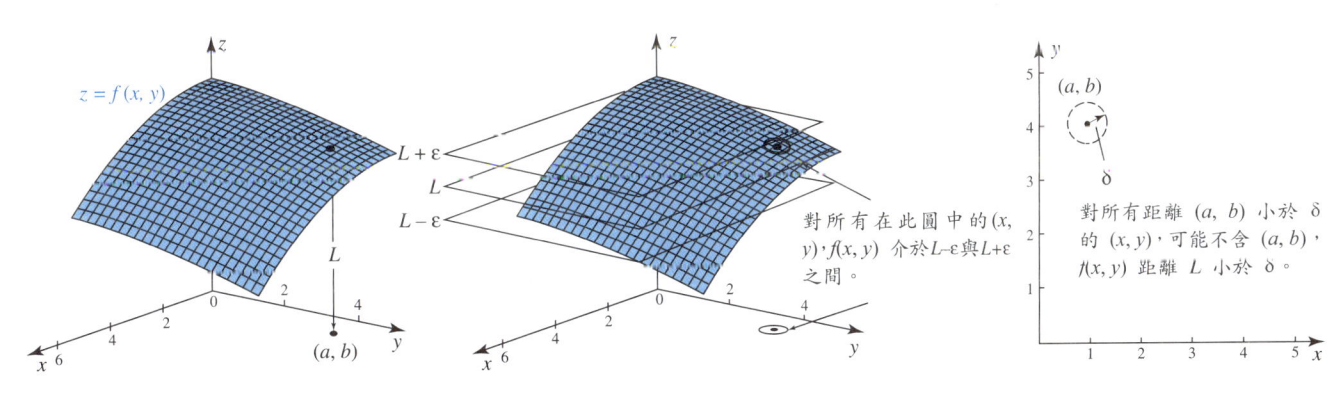

對所有在此圖中的 (x, y)，$f(x, y)$ 介於 $L-\varepsilon$ 與 $L+\varepsilon$ 之間。

對所有距離 (a, b) 小於 δ 的 (x, y)，可能不含 (a, b)，$f(x, y)$ 距離 L 小於 δ。

▲ 圖 2

定義中有幾個觀點需留意：

1. 趨近 (a, b) 的路徑是不相關的。這意指若不同的趨近路徑導出不同的 L 值，則極限不存在。
2. $f(x, y)$ 在 (a, b) 的行為是無關緊要的；甚至，函數在 (a, b) 不一定有定義。這是由 $0 < \|(x, y) - (a, b)\|$ 所規定的。
3. 更改定義中的用詞，就可推廣用於三變數（甚至更多）函數。需要時，只要以 (x, y, z) 及 (a, b, c) 代替 (x, y) 及 (a, b) 即可。

我們會希望有許多函數，它們的極限藉由代入就可獲得。對單變數函數這是事實（但是，當然不是所有函數皆可）。再敘述第一個藉由代入求極限的定理之前，我們先作一些定義。一個以 x 與 y 為變數的**多項式（polynomial）**為

$$f(x, y) = \sum_{i=1}^{n} \sum_{j=1}^{m} c_{ij} x^i y^j$$

一個以 x 與 y 為變數的**有理函數（rational function）**為

$$f(x, y) = \frac{p(x, y)}{q(x, y)}$$

其中 p 與 q 是以 x 和 y 為變數的多項式，且 q 不為零。下列定理類似於定理 1.3B。

定理 A

若 $f(x, y)$ 是一個多項式，則
$$\lim_{(x,y) \to (a,b)} f(x, y) = f(a, b)$$
若 $f(x, y) = p(x, y)/q(x, y)$，其中 p 與 q 是多項式，則
$$\lim_{(x,y) \to (a,b)} f(x, y) = \frac{p(a, b)}{q(a, b)}$$
且 $q(a, b) \neq 0$。而且，若
$$\lim_{(x,y) \to (a,b)} p(x, y) = L \neq 0 \quad 且 \quad \lim_{(x,y) \to (a,b)} q(x, y) = 0$$
則
$$\lim_{(x,y) \to (a,b)} \frac{p(x, y)}{q(x, y)}$$
不存在。

範例 1

若下列極限存在，請求出其值。

(a) $\lim_{(x,y)\to(1,2)}(x^2y+3y)$ 與 (b) $\lim_{(x,y)\to(0,0)}\dfrac{x^2+y^2+1}{x^2-y^2}$

解答：

(a) 欲求極限的函數是多項式，所以利用定理 A 可得

$$\lim_{(x,y)\to(1,2)}(x^2y+3y)=1^2\cdot 2+3\cdot 2=8$$

(b) 第二個函數是一個有理函數，但是分母的極限為 0，分子的極限為 1。因此，由定理 A 可知其極限不存在。

範例 2

說明定義如下的函數 f 在原點沒有極限（圖 3）

$$f(x,y)=\dfrac{x^2-y^2}{x^2+y^2}$$

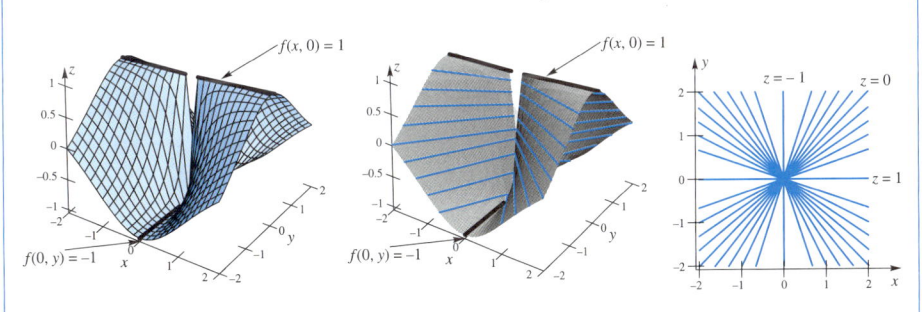

▲圖 3

解答： 函數 f 在 xy-平面上除了原點外，到處有定義。在 x-軸上異於原點之點上，f 的值為

$$f(x,0)=\dfrac{x^2-0}{x^2+0}=1$$

因此，當 (x,y) 沿 x-軸趨近 $(0,0)$ 時，$f(x,y)$ 的極限為

$$\lim_{(x,0)\to(0,0)}f(x,0)=\lim_{(x,0)\to(0,0)}\dfrac{x^2-0}{x^2+0}=+1$$

同理，當 (x,y) 沿 y-軸趨近 $(0,0)$ 時，$f(x,y)$ 的極限為

$$\lim_{(0,y)\to(0,0)}f(0,y)=\lim_{(0,y)\to(0,0)}\dfrac{0-y^2}{0+y^2}=-1$$

因此，依 $(x,y)\to(0,0)$ 之方式，得到不同答案。事實上，有些點隨意趨近於 $(0,0)$，其 f 的值為 1，而其它同樣靠近 $(0,0)$ 的點，其 f 的值為 -1。所以，在 $(0,0)$ 的極限不存在。

範例 2 的極坐標

我們可利用極坐標說明範例 2 的極限不存在

$$\lim_{(x,y)\to(0,0)}\dfrac{x^2-y^2}{x^2+y^2}$$
$$=\lim_{r\to 0}\dfrac{r^2\cos^2\theta-r^2\sin^2\theta}{r^2}$$
$$=\lim_{r\to 0}\cos 2\theta$$
$$=\cos 2\theta$$

在 $(0,0)$ 的每一個鄰域中，其值可為 -1 至 1 之間的所有數，我們推得極限不存在。

針對分析雙變數函數在原點的極限，轉化成極坐標通常是比較有利的。重點是 $(x, y) \to (0, 0)$ 若且惟若 $r = \sqrt{x^2 + y^2} \to 0$，因此雙變數函數的極限可表示成單變數 r 的極限。

範例 3

若下列極限存在，請求出其值。

(a) $\lim\limits_{(x,y) \to (0,0)} \dfrac{\sin(x^2 + y^2)}{3x^2 + 3y^2}$ 與 (b) $\lim\limits_{(x,y) \to (0,0)} \dfrac{xy}{x^2 + y^2}$

解答：

(a) 轉化成極坐標並利用羅比達法則，可得

$$\lim_{(x,y) \to (0,0)} \frac{\sin(x^2 + y^2)}{3x^2 + 3y^2} = \lim_{r \to 0} \frac{\sin r^2}{3r^2} = \frac{1}{3}\lim_{r \to 0} \frac{2r \cos r^2}{2r} = \frac{1}{3}$$

(b) 再一次，轉化成極坐標，可得

$$\lim_{(x,y) \to (0,0)} \frac{xy}{x^2 + y^2} = \lim_{r \to 0} \frac{r \cos \theta \, r \sin \theta}{r^2} = \cos \theta \sin \theta$$

因為此極限與 θ 有關，不同的達原點之直線有不同的極限，所以此極限不存在。

在某一點的連續性 假如要稱 $f(x, y)$ 在點 (a, b) **連續**（continuous），我們必須有：(1) f 在 (a, b) 有定義，(2) f 在 (a, b) 有極限，且 (3) $f(a, b)$ 等於 f 的極限。總之，我們需要有

$$\lim_{(x,y) \to (a,b)} f(x, y) = f(a, b)$$

這些要求與單變數函數中的連續之需求是一樣的。直觀上，是指 f 在 (a, b) 沒有跳動、劇烈震盪或無界的行為。

定理 A 可用來說明多項式函數在所有 (x, y) 皆為連續，且有理函數在除了使分母為 0 的點之外的所有點皆為連續。甚至，連續函數的相加、相乘及相除（當然不可除以 0）也為連續。此結果搭配下列定理可用來說明許多雙變數函數的連續性。

定理 B　函數的合成

設雙變數函數 g 在 (a, b) 連續，且單變數函數 f 在 $g(a, b)$ 連續，則合成函數 $f \circ g$ 定義為 $(f \circ g)(x, y) = f(g(x, y))$ 在 (a, b) 連續。

本定理的證明類似於定理 1.6E 的證明。

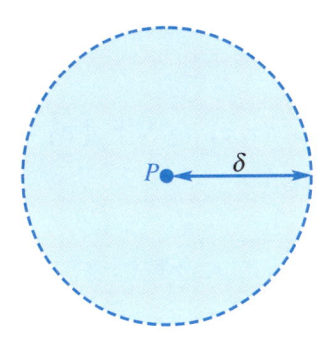

二度空間的鄰域

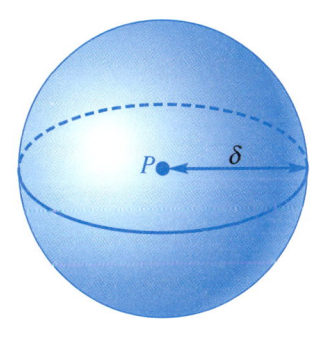

三度空間的鄰域

▲圖 4

▲圖 5

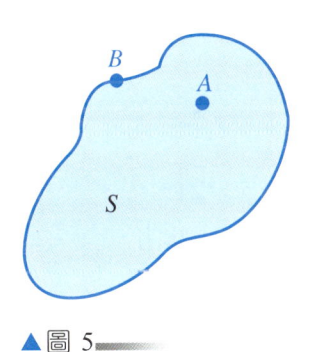

一個集合的邊界

假如你站在美國與加拿大的邊界上，則你可以觸碰到兩個國家，不管你的觸碰有多短。這是我們對邊界點定義的要義。任一個邊界點的鄰域（即你的觸碰範圍）將同時包含在 S 內及在 S 外的點，不管該鄰域有多小。

本章稍後討論函數的極值時，及在 13、14 章中探討多重積分時，一個集合的邊界將扮演重要的角色。

範例 4

描述下列函數連續的點 (x, y)。

(a) $H(x, y) = \dfrac{2x + 3y}{y - 4x^2}$

(b) $F(x, y) = \cos(x^3 - 4xy + y^2)$

解答：

(a) $H(x, y)$ 是一個有理函數，所以它在任一個不使分母為 0 的點皆為連續。其分母，$y - 4x^2$ 在拋物線 $y = 4x^2$ 上為 0。因此，$H(x, y)$ 在除了拋物線 $y = 4x^2$ 上之外的點皆為連續。

(b) 函數 $g(x, y) = x^3 - 4xy + y^2$ 為一多項式，對所有 (x, y) 皆為連續。同時，$f(t) = \cos t$ 對所有實數 t 皆為連續。我們由定理 B 推得 $F(x, y)$ 對所有 (x, y) 皆為連續。

在一集合上的連續性　我們稱 $f(x, y)$ 在一集合 S 上連續，意指 $f(x, y)$ 在此集合的每一點皆連續。雖說如此，但仍有一些與此敘述有關的細微描述須釐清。

首先，我們必須介紹一些有關平面及高維空間中之集合的名詞。以點 P 為中心且半徑為 δ 的一個**鄰域（neighborhood）**，是指滿足 $\|Q - P\| < \delta$ 的所有 Q 點所成的集合。在二維空間中，一鄰域表一圓的「內部」；在三維空間中，它是表一球的內部，見圖 5。若存在 P 的一鄰域包含於 S，我們稱點 P 為集合 S 的一個**內點（interior point）**。S 所有內點所成集合稱為 S 的**內部（interior）**。另一方面，若 P 的每一個鄰域同時包含在 S 的點及不在 S 的點，我們稱 P 為 S 的一個**邊界點（boundary point）**。S 的所有邊界點所成集合稱為 S 的**邊界（boundary）**。在圖 5 中，A 為 S 的一個內點，且 B 為 S 的一個邊界點。若一集合的點皆為內點，則稱此集合為**開集（open）**，若它包含所有邊界點，則此集合為**閉集（closed）**。一個集合有可能既不是開集也不是閉集。這裡的討論附帶地解釋了一度空間中「開區間」及「閉區間」的使用原因。最後，若存在 $R > 0$ 使得 S 中的數對皆在以原點為圓心，R 為半徑的圓內部，我們就稱集合 S 為**有界的（bounded）**。

若 S 為一開集，我們稱 f 在 S 上連續，意指 f 在 S 的每一點皆為連續。另一方面，若 S 包含一些或所有邊界點，則我們必須小心說明在這些點的連續性之正確涵義（記得我們在一維空間中，我們曾提到在一區間端點上的左及右連續性）。我們稱 f 在 S 的邊界點 P 上連續，意指當 Q 經由 S 中的點趨近 P 時，$f(Q)$ 必趨近 $f(P)$。

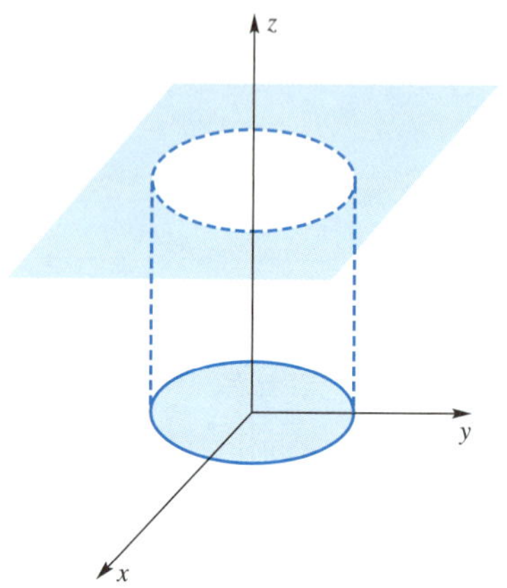

在此有一例子可以幫助我們了解以上的討論，見圖 6。設

$$f(x, y) = \begin{cases} 0 & \text{若 } x^2 + y^2 \leq 1 \\ 4 & \text{其它} \end{cases}$$

若 S 表集合 $\{(x, y): x^2 + y^2 \leq 1\}$，我們可說 $f(x, y)$ 在 S 上連續。另一方面若說 $f(x, y)$ 在整個平面上連續，則不正確。

在 12.2 節中，我們提到，在初級課程中所討論的大多數雙變數函數皆滿足 $f_{xy} = f_{yx}$；即混合型偏導數的微分次序可以不在乎。現在我們已學過連續性，底下列出一個有關上列敘述成立的條件。

定理 C　混合偏導數的相等

若 f_{xy} 及 f_{yx} 在一開集 S 上連續，則 $f_{xy} = f_{yx}$，對 S 的每一點。

本定理的證明可參考一般高等微積分書籍。

以上連續性的討論是針對含有兩個變數的函數，我們相信你可完成簡單的修改來描述含有三個變數以上之函數的連續性。

▲圖 6

練習題 12.3

1-8 題中，請求出各指定極限或說明極限不存在。

1. $\lim\limits_{(x, y) \to (1, 3)} (3x^2 y - xy^3)$

2. $\lim\limits_{(x, y) \to (2, \pi)} [x \cos^2(xy) - \sin(xy/3)]$

3. $\lim\limits_{(x, y) \to (0, 0)} \dfrac{\sin(x^2 + y^2)}{x^2 + y^2}$

4. $\lim\limits_{(x, y) \to (0, 0)} \dfrac{\tan(x^2 + y^2)}{x^2 + y^2}$

5. $\lim\limits_{(x, y) \to (0, 0)} \dfrac{x^4 - y^4}{x^2 + y^2}$

6. $\lim\limits_{(x, y) \to (0, 0)} \dfrac{xy}{\sqrt{x^2 + y^2}}$

7. $\lim\limits_{(x, y) \to (0, 0)} \dfrac{xy}{(x^2 + y^2)^2}$

8. $\lim\limits_{(x, y) \to (0, 0)} xy \dfrac{x^2 - y^2}{x^2 + y^2}$

9-10 題中，請畫出各指定集合，並描述該集合的邊界，最後，說明它是開集、閉集或都不是。

9. $\{(x, y): 2 \leq x \leq 4, 1 \leq y \leq 5\}$

10. $\{(x, y): x^2 + y^2 < 4\}$

11. 令 $f(x, y) \begin{cases} \dfrac{x^2 - 4y^2}{x - 2y}, & x \neq 2y \\ g(x), & x = 2y \end{cases}$

    若 f 在整個平面為連續，請求出 $g(x)$ 的式子。

12. 請考慮一個沿 x-軸到達原點，及另一個沿直線 $y = x$ 到達原點的路徑，利用此兩路徑說明 $\lim\limits_{(x, y) \to (0, 0)} \dfrac{xy}{x^2 + y^2}$ 不存在。

13. 說明 $\lim\limits_{(x, y) \to (0, 0)} \dfrac{xy + y^3}{x^2 + y^2}$ 不存在。

14. 令 $f(x, y) = x^2 y/(x^4 + y^2)$，

    (a) 證明：當沿著直線 $y = mx$，$(x, y) \to (0, 0)$ 時，$f(x, y) \to 0$

(b) 證明：當沿著拋物線 $y = x^2$，$(x, y) \to (0, 0)$ 時，$f(x, y) \to \dfrac{1}{2}$

(c) 你有何結論？

12.4 可微分性

對單變數函數而言，f 在 x 可微分是指導數 $f'(x)$ 存在，相當於說 f 的圖形在 x 具有一非垂直切線。

現在我們要問：二變數函數之可微分性的正確觀念為何？當然它必須具有切平面的存在性，且顯然它不可能只是偏導數存在而已，因為它們只表現出 f 在兩個方向上的行為。為了強調這個觀念，考慮圖 1 中所示函數

$$f(x, y) = -10\sqrt{|xy|}$$

請留意 $f_x(0, 0)$ 及 $f_y(0, 0)$ 皆存在且等於 0；然而沒人會認為這圖形在原點處有一切平面，其原因當然是 f 的圖形除了在兩個方向上之外，無法用任意平面（特別是 xy-平面）來適當的逼近之，一個切平面應該在所有的方向上都很適當的逼近其圖形。

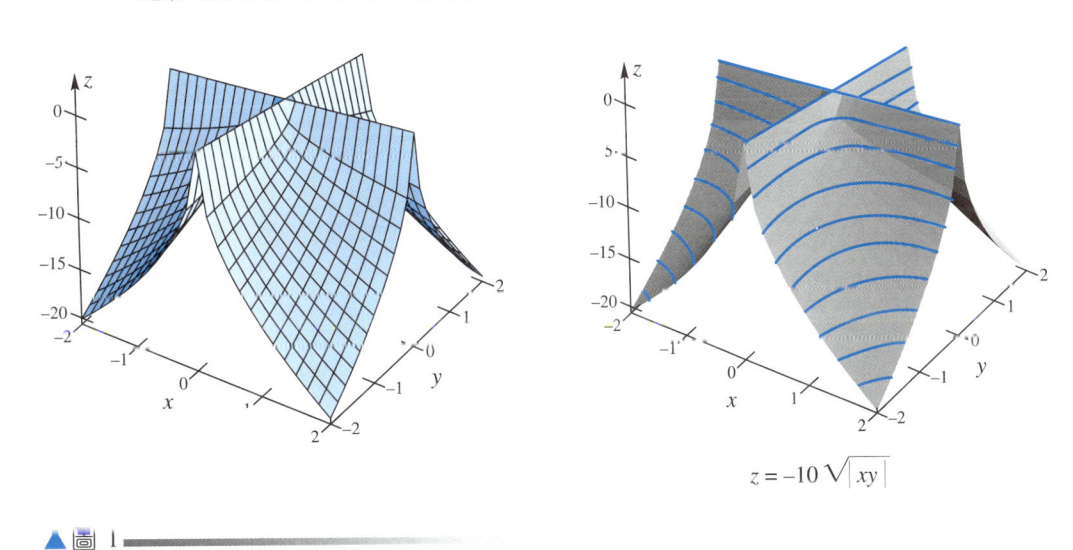

$z = -10\sqrt{|xy|}$

▲圖 1

考慮第二個問題，在雙變數函數中，何者扮演導數的角色？就算沒有其它理由，光是有兩個偏導數，就足以使得偏導數不是所求。

欲回答上述兩個問題，首先我們對點 (x, y) 及向量 $\langle x, y \rangle$ 不做區別。因此，我們寫成 $\mathbf{p} = (x, y) = \langle x, y \rangle$，且 $f(\mathbf{p}) = f(x, y)$，記得

(1) $f'(a) = \lim_{x \to a} \dfrac{f(x) - f(a)}{x - a} = \lim_{h \to 0} \dfrac{f(a + h) - f(a)}{h}$

它的類似形式為

(2) $f'(\mathbf{p}_0) = \lim_{\mathbf{p} \to \mathbf{p}_0} \dfrac{f(\mathbf{p}) - f(\mathbf{p}_0)}{\mathbf{p} - \mathbf{p}_0} = \lim_{\mathbf{h} \to \mathbf{0}} \dfrac{f(\mathbf{p}_0 + \mathbf{h}) - f(\mathbf{p}_0)}{\mathbf{h}}$

只可惜，除以一向量是沒有意義的。

但我們切勿太快放棄。另一種對單變數函數之可微分性的解釋，如下列所述。若 f 在 a 可微分，則有切線通過 $(a, f(a))$，它在 x 靠近 a 時近似該函數。換句話說，f 在 a 的附近幾乎是線性的。圖 2 中展示了此單變函數；當我們將 $y = f(x)$ 的圖形放大，將會了解切線與函數變得幾乎難以區別。

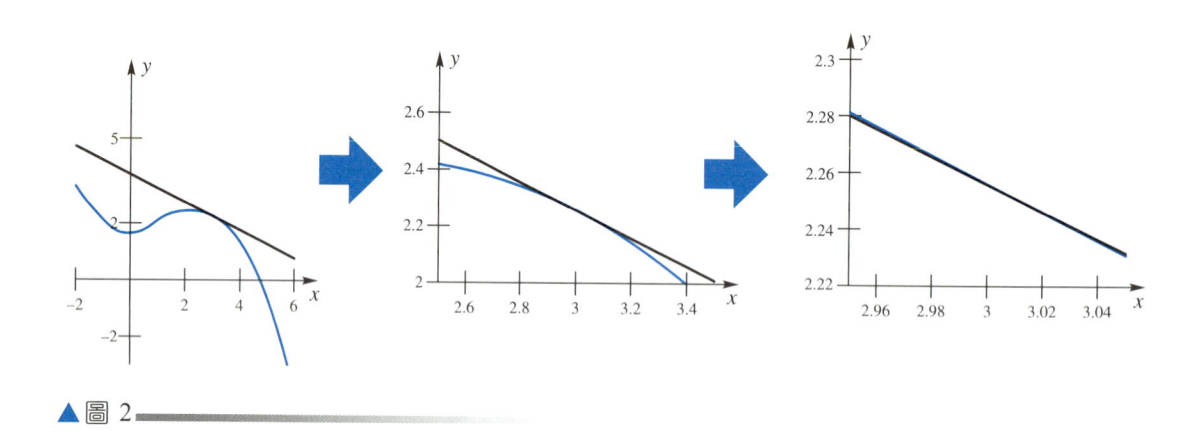

▲圖 2

更精確的說，若存在一常數 m 使得

$$f(a + h) = f(a) + hm + h\varepsilon(h)$$

此處 $\varepsilon(h)$ 為滿足 $\lim_{h \to 0} \varepsilon(h) = 0$ 之函數，則稱函數 f 在 a **局部線性**（locally linear）。解 $\varepsilon(h)$ 可得

$$\varepsilon(h) = \dfrac{f(a + h) - f(a)}{h} - m$$

函數 $\varepsilon(h)$ 為通過點 $(a, f(a))$ 及 $(a + h, f(a + h))$ 的割線斜率與通過點 $(a, f(a))$ 的切線斜率之差。若 f 在 a 為局部線性，則

$$\lim_{h \to 0} \varepsilon(h) = \lim_{h \to 0} \left[\frac{f(a+h) - f(a)}{h} - m \right] = 0$$

這表示

$$\lim_{h \to 0} \frac{f(a+h) - f(a)}{h} = m$$

我們斷言 f 在 a 必定可微分而 m 必定等於 $f'(a)$。反之，若 f 在 a 為可微分，則

$$\lim_{h \to 0} \frac{f(a+h) - f(a)}{h} = f'(a) = m$$

因而 f 為局部線性。所以，在單變數情形時，f 在 a 為局部線性，若且惟若 f 在 a 可微分。

此局部線性的觀念可推廣到 f 是雙變數函數的情形，而我們將利用此特性去定義雙變數函數的可微分性。首先，我們定義局部線性。

定義　二變數函數的局部線性

若 f 在 (a, b) 滿足下式

$$f(a + h_1, b + h_2) = f(a, b) + h_1 f_x(a, b) + h_2 f_y(a, b) + h_1 \varepsilon_1(h_1, h_2) + h_2 \varepsilon_2(h_1, h_2)$$

其中當 $(h_1, h_2) \to 0$ 時，$\varepsilon_1(h_1, h_2) \to 0$ 且 $\varepsilon_2(h_1, h_2) \to 0$，則稱 f 在 (a, b) 為**局部線性**（locally linear）。

如同在單變數的情況中，h 為 x 的微小增量，在雙變數的情況中，我們可視 h_1 及 h_2 分別為 x 及 y 的微小增量。

圖 3 示出當我們拉近雙變數函數將它放大時的樣子（圖 3 中，我們在點 $(x, y) = (1, 1)$ 放大圖形）。若我們將畫面拉得夠近，則曲面類似於平面，而等值線圖似乎由平行直線組成。我們可藉由定義 $\mathbf{p}_0 = (a, b)$，$\mathbf{h} = (h_1, h_2)$ 及 $\varepsilon(\mathbf{h}) = (\varepsilon_1(h_1, h_2), \varepsilon_2(h_1, h_2))$，來簡化上述定義（函數 $\varepsilon(\mathbf{h})$ 為向量變數的向量值函數）。因此，

$$f(\mathbf{p}_0 + \mathbf{h}) = f(\mathbf{p}_0) + (f_x(\mathbf{p}_0), f_y(\mathbf{p}_0)) \cdot \mathbf{h} + \varepsilon(\mathbf{h}) \cdot \mathbf{h}$$

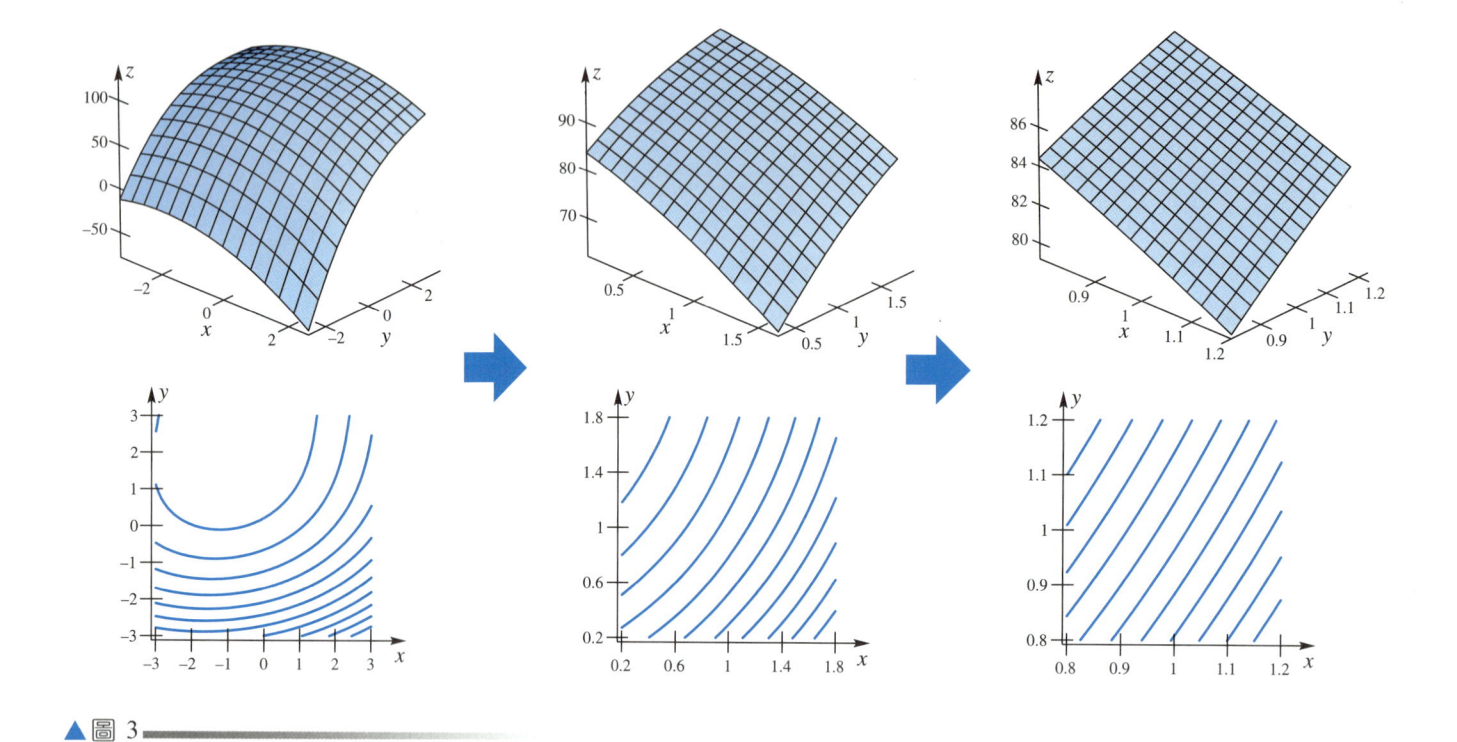

▲ 圖 3

此公式很容易推廣到 f 是三變數（或更多變數）的函數。現在，我們定義可微分性與局部線性是同義的。

> **定義** 　二變數或多變數函數的可微分性
>
> 若函數 f 在 **p** 為局部線性，則稱 f 在 **p 可微分**（differentiable）。若 f 在開集 R 中每一點可微分，則稱 f 在 R 可微分。

向量 $(f_x(\mathbf{p}), f_y(\mathbf{p})) = f_x(\mathbf{p})\mathbf{i} + f_y(\mathbf{p})\mathbf{j}$ 記為 $\nabla f(\mathbf{p})$，稱為 f 的**梯度**（gradient）。因此，f 在 **p** 可微分，若且唯若

$$f(\mathbf{p} + \mathbf{h}) = f(\mathbf{p}) + \nabla f(\mathbf{p}) \cdot \mathbf{h} + \varepsilon(\mathbf{h}) \cdot \mathbf{h}$$

此處，當 $\mathbf{h} \to \mathbf{0}$ 時，$\varepsilon(\mathbf{h}) \to \mathbf{0}$，算子 ∇ 唸作 "del"，且經常稱為 del **算子**（del operator）。

在上面的論述中，梯度與導數類似。我們指出定義的若干特徵如下：

1. 導數是一個數，而梯度 $\nabla f(\mathbf{p})$ 是一個向量。
2. 乘積 $\nabla f(\mathbf{p}) \cdot \mathbf{h}$ 與 $\varepsilon(\mathbf{h}) \cdot \mathbf{h}$ 皆為內積。
3. 可微分性與梯度的定義很容易推廣到任意維度。

下面定理列出一條件以確保函數在一點的可微分性。

定理 A

若 $f(x, y)$ 在一個內部包含點 (a, b) 的圓盤 D 上有連續的偏導數 $f_x(x, y)$ 及 $f_y(x, y)$，則 $f(x, y)$ 在 (a, b) 為可微分。

證明 令 h_1 及 h_2 分別為 x 及 y 的微小增量，它們夠小使得 $(a + h_1, b + h_2)$ 在圓盤 D 的內部（這樣的值 h_1 及 h_2 皆存在是由於 D 的內部是一個開集的結果）。$f(a + h_1, b + h_2)$ 與 $f(a, b)$ 的差為

> **證明中的區間記號**
>
> 證明中使用的區間記號，如 $[a, a + h_1]$，是假設 $h_1 > 0$。其實，h_1 與 h_2 也可以是負的。在此證明中，我們將區間解釋成所有介在兩端點之間的數（不管哪一端點較大）。閉區間時包含兩端點，而開區間時不包含兩端點。

(3)
$$f(a + h_1, b + h_2) - f(a, b)$$
$$= [f(a + h_1, b) - f(a, b)] + [f(a + h_1, b + h_2) - f(a + h_1, b)]$$

我們現在利用導數均值定理（定理 3.6A）兩次：一次對 $f(a + h_1, b) - f(a, b)$，而一次對 $f(a + h_1, b + h_2) - f(a + h_1, b)$。在第一種情形中，我們對 $[a, a + h_1]$ 中的 x，定義 $g_1(x) = f(x, b)$，而由導數均值定理可知在 $(a, a + h_1)$ 中存在 c_1 使得

$$g_1(a + h_1) - g_1(a) = f(a + h_1, b) - f(a, b) = h_1 g_1'(c_1) = h_1 f_x(c_1, b)$$

在第二種情形中，我們對 $[b, b + h_2]$ 中的 y，定義 $g_2(y) = f(a + h_1, y)$，則在 $(b, b + h_2)$ 中存在 c_2 使得

$$g_2(b + h_2) - g_2(b) = h_2 g_2'(c_2)$$

可得

$$g_2(b + h_2) - g_2(b) = f(a + h_1, b + h_2) - f(a + h_1, b)$$
$$= h_2 g_2'(c_2) = h_2 f_y(a + h_1, c_2)$$

(3) 式變成

$$f(a + h_1, b + h_2) - f(a, b) = h_1 f_x(c_1, b) + h_2 f_y(a + h_1, c_2)$$
$$= h_1 \big[f_x(c_1, b) + f_x(a, b) - f_x(a, b) \big]$$
$$+ h_2 \big[f_y(a + h_1, c_2) + f_y(a, b) - f_y(a, b) \big]$$
$$= h_1 f_x(a, b) + h_2 f_y(a, b)$$
$$+ h_1 \big[f_x(c_1, b) - f_x(a, b) \big]$$
$$+ h_2 \big[f_y(a + h_1, c_2) - f_y(a, b) \big]$$

現在令 $\varepsilon_1(h_1, h_2) = f_x(c_1, b) - f_x(a, b)$ 且 $\varepsilon_2(h_1, h_2) = f_y(a + h_1, c_2) - f_y(a, b)$。因為 $c_1 \in (a, a + h_1)$ 且 $c_2 \in (b, b + h_2)$，所以當 $h_1, h_2 \to 0$ 時，$c_1 \to a$ 且 $c_2 \to b$。因此，

$$f(a + h_1, b + h_2) - f(a, b) = h_1 f_x(a, b) + h_2 f_y(a, b)$$
$$+ h_1 \varepsilon_1(h_1, h_2) + h_2 \varepsilon_2(h_1, h_2)$$

此處當 $(h_1, h_2) \to (0, 0)$ 時，$\varepsilon_1(h_1, h_2) \to 0$ 且 $\varepsilon_2(h_1, h_2) \to 0$。所以，$f$ 為局部線性，因而在 (a, b) 為可微分。

若函數 f 在 $\mathbf{p}_0$ 為可微分，則當 $\mathbf{h}$ 的長度很小時，

$$f(\mathbf{p}_0 + \mathbf{h}) \approx f(\mathbf{p}_0) + \nabla f(\mathbf{p}_0) \cdot \mathbf{h}$$

令 $\mathbf{p} = \mathbf{p}_0 + \mathbf{h}$，我們發現若 $\mathbf{p}$ 靠近 $\mathbf{p}_0$，則定義成

$$T(\mathbf{p}) = f(\mathbf{p}_0) + \nabla f(\mathbf{p}_0) \cdot (\mathbf{p} - \mathbf{p}_0)$$

的函數 T 應該是 $f(\mathbf{p})$ 的良好近似。方程式 $z = T(\mathbf{p})$ 定義一個在 $\mathbf{p}_0$ 附近近似 f 的平面。很自然地，稱此平面為**切平面**（tangent plane），見圖 4。

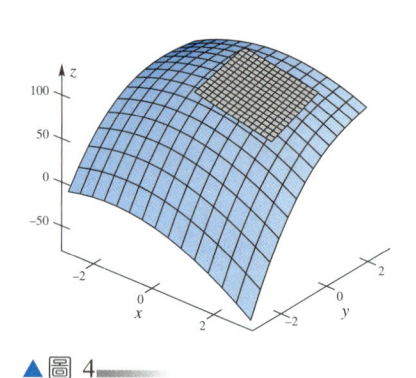

▲ 圖 4

範例 1

證明 $f(x, y) = xe^y + x^2 y$ 到處可微分，並求其梯度。然後求在 $(2, 0)$ 的切平面方程式。

解答：首先，請留意

$$\frac{\partial f}{\partial x} = e^y + 2xy \quad \text{和} \quad \frac{\partial f}{\partial y} = xe^y + x^2$$

這兩個函數到處皆連續，所以由定理 A，f 到處可微分。梯度為

$$\nabla f(x, y) = (e^y + 2xy)\mathbf{i} + (xe^y + x^2)\mathbf{j} = \langle e^y + 2xy, xe^y + x^2 \rangle$$

因此，

$$\nabla f(2, 0) = \mathbf{i} + 6\mathbf{j} = \langle 1, 6 \rangle$$

切平面的方程式為

$$z = f(2, 0) + \nabla f(2, 0) \cdot \langle x - 2, y \rangle$$
$$= 2 + \langle 1, 6 \rangle \cdot \langle x - 2, y \rangle$$
$$= 2 + x - 2 + 6y = x + 6y$$

● 範例 2

已知 $f(x, y, z) = x \sin z + x^2 y$，求 $\nabla f(1, 2, 0)$。

解答：因為偏導數為

$$\frac{\partial f}{\partial x} = \sin z + 2xy, \quad \frac{\partial f}{\partial y} = x^2, \quad \frac{\partial f}{\partial z} = x \cos z$$

在點 $(1, 2, 0)$ 上，這些偏導數的值分別為 4、1 及 1。因此，

$$\nabla f(1, 2, 0) = 4\mathbf{i} + \mathbf{j} + \mathbf{k}$$

梯度的法則　在很多方面，梯度的性質很像導數。記得 D 被視為一個算子時是線性的。算子 ∇ 也是線性的。

定理 B　∇ 的性質

梯度算子滿足下列各式：

1. $\nabla[f(\mathbf{p}) + g(\mathbf{p})] = \nabla f(\mathbf{p}) + \nabla g(\mathbf{p})$
2. $\nabla[\alpha f(\mathbf{p})] = \alpha \nabla f(\mathbf{p})$
3. $\nabla[f(\mathbf{p})g(\mathbf{p})] = f(\mathbf{p}) \nabla g(\mathbf{p}) + g(\mathbf{p}) \nabla f(\mathbf{p})$

證明　這三個結果都可由偏導數的相關事實得證。我們只證明雙變數情況中的 (3)，同時省略 $\mathbf{p}$ 的表示。

$$\nabla fg = \frac{\partial(fg)}{\partial x}\mathbf{i} + \frac{\partial(fg)}{\partial y}\mathbf{j}$$

$$= \left(f\frac{\partial g}{\partial x} + g\frac{\partial f}{\partial x}\right)\mathbf{i} + \left(f\frac{\partial g}{\partial y} + g\frac{\partial f}{\partial y}\right)\mathbf{j}$$

$$= f\left(\frac{\partial g}{\partial x}\mathbf{i} + \frac{\partial g}{\partial y}\mathbf{j}\right) + g\left(\frac{\partial f}{\partial x}\mathbf{i} + \frac{\partial f}{\partial y}\mathbf{j}\right)$$

$$= f\nabla g + g\nabla f$$

連續性與可微分性　在單變數函數時，可微分性可保證連續性，但反之不一定成立。在此，反之亦為真。

定理 C

若 f 在 $\mathbf{p}$ 可微分，則 f 在 $\mathbf{p}$ 連續。

證明　因為 f 在 $\mathbf{p}$ 可微分

$$f(\mathbf{p} + \mathbf{h}) - f(\mathbf{p}) = \nabla f(\mathbf{p}) \cdot \mathbf{h} + \boldsymbol{\varepsilon}(\mathbf{h}) \cdot \mathbf{h}$$

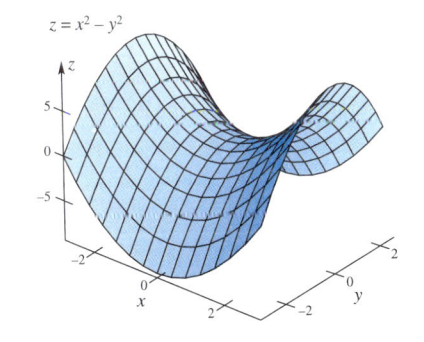

▲ 圖 5　$z = x^2 - y^2$

因此

$$|f(\mathbf{p}+\mathbf{h}) - f(\mathbf{p})| \leq |\nabla f(\mathbf{p}) \cdot \mathbf{h}| + |\varepsilon(\mathbf{h}) \cdot \mathbf{h}|$$
$$= \|\nabla f(\mathbf{p})\|\|\mathbf{h}\||\cos\theta| + |\varepsilon(\mathbf{h}) \cdot \mathbf{h}|$$

當 $\mathbf{h} \to \mathbf{0}$ 時，最後各項皆趨近純量 0，所以

$$\lim_{\mathbf{h}\to\mathbf{0}} f(\mathbf{p}+\mathbf{h}) = f(\mathbf{p})$$

最後一個式子表示 f 在 $\mathbf{p}$ 連續。

梯度場 梯度 ∇f 指派給每一個在 f 之定義域內的點 $\mathbf{p}$ 一個向量 $\nabla f(\mathbf{p})$，所有這些向量所成集合稱為 f 之 **梯度場**（gradient field）。在圖 5 及 6 中，顯示曲面 $z = x^2 - y^2$ 的繪圖及其對應梯度場。這些圖形是否對梯度向量所指方向有些提示？我們在下一節裡討論這主題。

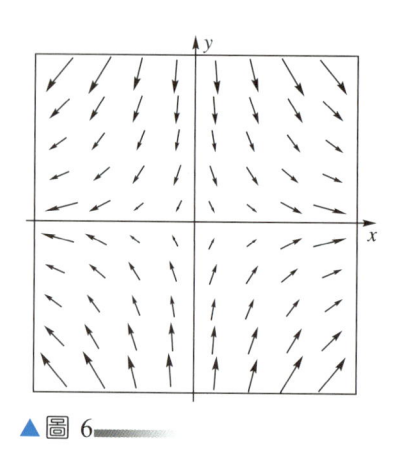

▲ 圖 6

■ 練習題 12.4

1-5 題中，請找出梯度。

1. $f(x, y) = x^2 y + 3xy$

2. $f(x, y) = xe^{xy}$

3. $f(x, y) = x^2 y \cos y$

4. $f(x, y, z) = \sqrt{x^2 + y^2 + z^2}$

5. $f(x, y, z) = x^2 y e^{x-z}$

6-8 題中，請找出給定函數在指定點 $\mathbf{p}$ 的梯度向量，然後找出點 $\mathbf{p}$ 上的切平面方程式（見範例 1）。

6. $f(x, y) = x^2 y - xy^2, \mathbf{p} = (-2, 3)$

7. $f(x, y) = \cos\pi x \sin\pi y + \sin 2\pi y, \mathbf{p} = (-1, \frac{1}{2})$

8. $f(x, y) = \frac{x^2}{y}, \mathbf{p} = (2, -1)$

9-10 題中，找出點 $\mathbf{p}$ 上的「超切平面」（tangent "hyperplane"）方程式 $\omega = T(x, y, z)$。

9. $f(x, y, z) = 3x^2 - 2y^2 + xz^2, \mathbf{p} = (1, 2, -1)$

10. $f(x, y, z) = xyz + x^2, \mathbf{p} = (2, 0, -3)$

11. 證明
$$\nabla\left(\frac{f}{g}\right) = \frac{g\nabla f - f\nabla g}{g^2}$$

12. 證明
$$\nabla(f^r) = rf^{r-1}\nabla f$$

13. 請找出 $z = x^2 - 6x + 2y^2 - 10y + 2xy$ 圖形上，切平面為水平面的點 (x, y)。

14. 請找出滿足 $\nabla f(\mathbf{p}) = \mathbf{p}$ 的函數 $f(\mathbf{p})$。

12.5 方向導數與梯度

再一次考慮二變數函數 $f(x, y)$。偏導數 $f_x(x, y)$ 及 $f_y(x, y)$ 分別表示在平行 x-軸及 y-軸方向的變化率（及切線的斜率）。現在我們想討論在任何方向的變化率。這引出方向導數的概念，它與梯度有關。

為了方便起見，我們使用向量符號。設 $\mathbf{p} = (x, y)$，且 $\mathbf{i}$ 及 $\mathbf{j}$ 為正 x-軸及正 y-軸上的單位向量，那麼在點 $\mathbf{p}$ 的兩個偏導數可寫成下列形式。

$$f_x(\mathbf{p}) = \lim_{h \to 0} \frac{f(\mathbf{p} + h\mathbf{i}) - f(\mathbf{p})}{h}$$

$$f_y(\mathbf{p}) = \lim_{h \to 0} \frac{f(\mathbf{p} + h\mathbf{j}) - f(\mathbf{p})}{h}$$

為了獲得我們尋找的觀念，我們在此須以一任意單位向量 $\mathbf{u}$ 來取代 $\mathbf{i}$ 或 $\mathbf{j}$。

> **定義**
>
> 任給一單位向量 $\mathbf{u}$，令
>
> $$D_{\mathbf{u}} f(\mathbf{p}) = \lim_{h \to 0} \frac{f(\mathbf{p} + h\mathbf{u}) - f(\mathbf{p})}{h}$$
>
> 若此極限存在，則稱它為 f 在點 $\mathbf{p}$ 沿 $\mathbf{u}$ 方向的**方向導數**（directional derivative）。

因此，$D_{\mathbf{i}} f(\mathbf{p}) = f_x(\mathbf{p})$ 且 $D_{\mathbf{j}} f(\mathbf{p}) = f_y(\mathbf{p})$。因為 $\mathbf{p} = (x, y)$，所以我們也可用符號 $D_{\mathbf{u}} f(x, y)$。圖 1 顯示了 $D_{\mathbf{u}} f(x_0, y_0)$ 的幾何意義。向量 $\mathbf{u}$ 決定了 xy-平面上通過 (x_0, y_0) 的一直線。通過 L 且垂直於 xy-平面的平面與曲面 $z = f(x, y)$ 相交於曲線 C。它在點 $(x_0, y_0, f(x_0, y_0))$ 的切線具有斜率 $D_{\mathbf{u}} f(x_0, y_0)$。另外一個有用的解釋是，$D_{\mathbf{u}} f(x_0, y_0)$ 量度了 f 相對於在方向 $\mathbf{u}$ 之距離的變化率。

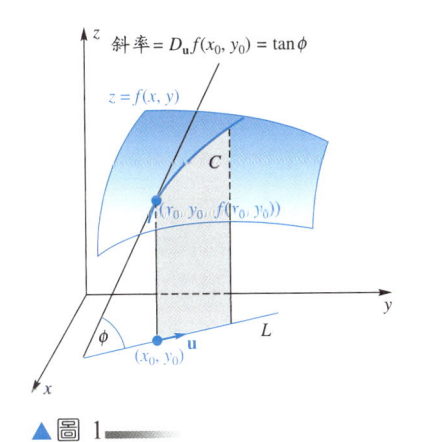

關於梯度 回想 12.4 節中 $\nabla f(\mathbf{p})$ 表示成

$$\nabla f(\mathbf{p}) = f_x(\mathbf{p})\mathbf{i} + f_y(\mathbf{p})\mathbf{j}$$

▲圖 1

定理 A

設 f 在 $\mathbf{p}$ 可微分，則 f 在 $\mathbf{p}$ 具有沿單位向量 $\mathbf{u} = u_1\mathbf{i} + u_2\mathbf{j}$ 的方向導數，且

$$D_{\mathbf{u}}f(\mathbf{p}) = \mathbf{u} \cdot \nabla f(\mathbf{p})$$

即

$$D_{\mathbf{u}}f(x, y) = u_1 f_x(x, y) + u_2 f_y(x, y)$$

證明 因為 f 在 $\mathbf{p}$ 可微分，

$$f(\mathbf{p} + h\mathbf{u}) - f(\mathbf{p}) = \nabla f(\mathbf{p}) \cdot (h\mathbf{u}) + \boldsymbol{\varepsilon}(h\mathbf{u}) \cdot (h\mathbf{u})$$

此處，當 $h \to 0$ 時 $\boldsymbol{\varepsilon}(h\mathbf{u}) \to \mathbf{0}$，因此，

$$\frac{f(\mathbf{p} + h\mathbf{u}) - f(\mathbf{p})}{h} = \nabla f(\mathbf{p}) \cdot \mathbf{u} + \boldsymbol{\varepsilon}(h\mathbf{u}) \cdot \mathbf{u}$$

取 $h \to 0$ 時的極限，就可得所求結果。

● 範例 1

若 $f(x, y) = 4x^2 - xy + 3y^2$，求 f 在 $(2, -1)$ 沿向量 $\mathbf{a} = 4\mathbf{i} + 3\mathbf{j}$ 的方向導數。

解答： 在 $\mathbf{a}$ 方向的單位向量 $\mathbf{u}$ 為 $\left(\frac{4}{5}\right)\mathbf{i} + \left(\frac{3}{5}\right)\mathbf{j}$，同時 $f_x(x, y) = 8x - y$ 且 $f_y(x, y) = -x + 6y$；因此，$f_x(2, -1) = 17$，$f_y(2, -1) = -8$。由定理 A 可得

$$D_{\mathbf{u}}f(2, -1) = \left\langle \tfrac{4}{5}, \tfrac{3}{5} \right\rangle \cdot \left\langle 17, -8 \right\rangle = \tfrac{4}{5}(17) + \tfrac{3}{5}(-8) = \tfrac{44}{5}$$

雖然我們不打算詳細討論，我們確信對三個變數以上的函數仍然成立，只要稍加修飾即可。

● 範例 2

求 $f(x, y, z) = xy \sin z$ 在點 $(1, 2, \pi/2)$ 沿向量 $\mathbf{a} = \mathbf{i} + 2\mathbf{j} + 2\mathbf{k}$ 的方向導數。

解答： 在 $\mathbf{a}$ 方向的單位向量 $\mathbf{u}$ 為 $\frac{1}{3}\mathbf{i} + \frac{2}{3}\mathbf{j} + \frac{2}{3}\mathbf{k}$。同時，$f_x(x, y, z) = y \sin z$，$f_y(x, y, z) = x \sin z$，且 $f_z(x, y, z) = xy \cos z$，所以 $f_x(1, 2, \pi/2) = 2$，$f_y(1, 2, \pi/2) = 1$，且 $f_z(1, 2, \pi/2) = 0$，我們得到

$$D_{\mathbf{u}}f\left(1, 2, \tfrac{\pi}{2}\right) = \tfrac{1}{3}(2) + \tfrac{2}{3}(1) + \tfrac{2}{3}(0) = \tfrac{4}{3}$$

最大變化率 給定某一函數 f 在某一定點 $\mathbf{p}$ 上，我們自然要問 f 在哪一個方向改變最快，即，在哪一方向 $D_{\mathbf{u}}f(\mathbf{p})$ 為最大。由內積的幾何公式（11.3 節），我們可寫下

$$D_{\mathbf{u}}f(\mathbf{p}) = \mathbf{u} \cdot \nabla f(\mathbf{p}) = \|\mathbf{u}\|\|\nabla f(\mathbf{p})\|\cos\theta = \|\nabla f(\mathbf{p})\|\cos\theta$$

此處，θ 為 $\mathbf{u}$ 及 $\nabla f(\mathbf{p})$ 的夾角。因此，$D_{\mathbf{u}}f(\mathbf{p})$ 在 $\theta = 0$ 時有最大值，而在 $\theta = \pi$ 時有最小值。我們得到下面結論。

定理 B

一個函數於點 $\mathbf{p}$ 上，在梯度的方向增加最快（其變化率為 $\|\nabla f(\mathbf{p})\|$），且在反方向減少最快（其變化率為 $-\|\nabla f(\mathbf{p})\|$）。

● 範例 3

假設有一隻小蟲位於雙曲拋物面 $z = y^2 - x^2$ 上點 $(1,1,0)$ 處，如圖 2 所示。請問，往哪個方向，小蟲爬起來最陡，且其起始的斜率為何？

解答：令 $f(x, y) = y^2 - x^2$。因 $f_x(x, y) = -2x$ 且 $f_y(x, y) = 2y$，

$$\nabla f(1,1) = f_x(1,1)\mathbf{i} + f_y(1,1)\mathbf{j} = -2\mathbf{i} + 2\mathbf{j}$$

因此，小蟲應該在點 $(1, 1, 0)$ 上往方向 $-2\mathbf{i} + 2\mathbf{j}$ 移動，斜率為 $\|-2\mathbf{i} + 2\mathbf{j}\| = \sqrt{8} = 2\sqrt{2}$。

▲ 圖 2

等值曲線與梯度 記得在 12.1 節中，一曲面 $z = f(x, y)$ 的等值曲線為，此曲面與平行於 xy-平面的平面 $z = k$ 相交之曲線在 xy-平面上的投影。此函數在同一等值曲線上的所有點之值為一常數，見圖 3。

以 L 表示 $f(x, y)$ 通過 f 定義域內任意選取點 $P(x_0, y_0)$ 的一條等值曲線，且令單位向量 $\mathbf{u}$ 為 L 在點 $\mathbf{p}$ 的切線。因為 f 的值在等值曲線上各點皆相同，當 $\mathbf{u}$ 與 L 相切時，它的方向導數 $D_{\mathbf{u}}f(x_0, y_0)$（即 $f(x, y)$ 在方向 $\mathbf{u}$ 的變化率）為 0（這推論似乎看起來很直觀，但仍需證明，我們省略其證明，因為由 12.7 節可得知此結果）。因為

$$0 = D_{\mathbf{u}}f(x_0, y_0) = \nabla f(x_0, y_0) \cdot \mathbf{u}$$

我們得知 ∇f 與 $\mathbf{u}$ 垂直，這是一個值得寫成定理的結果。

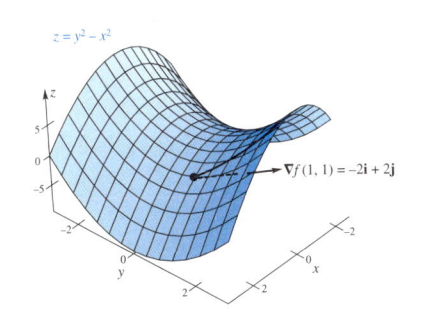

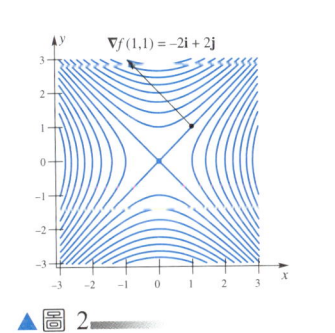

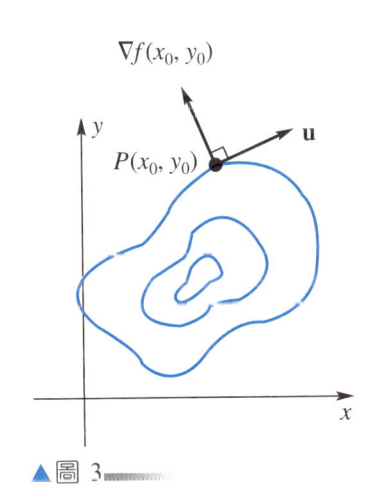

▲ 圖 3

定理 C

f 在點 P 的梯度垂直於 f 通過點 P 的等值曲線。

通過 $P(2,1)$ 的等
值曲線 $z=\dfrac{x^2}{4}+y^2$

▲ 圖 4

範例 4

給定拋物面 $z = x^2/4 + y^2$，求通過 $P(2,1)$ 的等值曲線方程式，並畫其圖形。求此拋物面在 P 的梯度向量，並以 P 為始點畫出梯度。

解答：此拋物面對應於平面 $z = k$ 的等值曲線具有方程式 $x^2/4 + y^2 = k$，欲求過點 P 的等值曲線所對應之 k 值，我們以 $(2,1)$ 代入 (x, y)，得到 $k = 2$。因此，通過 P 的等值曲線方程式為橢圓

$$\frac{x^2}{8} + \frac{y^2}{2} = 1$$

接下來，令 $f(x, y) = x^2/4 + y^2$，因為 $f_x(x, y) = x/2$，且 $f_y(x, y) = 2y$，此拋物面在 $P(2,1)$ 的梯度為

$$\nabla f(2,1) = f_x(2,1)\mathbf{i} + f_y(2,1)\mathbf{j} = \mathbf{i} + 2\mathbf{j}$$

過點 P 的等值曲線及在 P 的梯度如圖 4 所示。

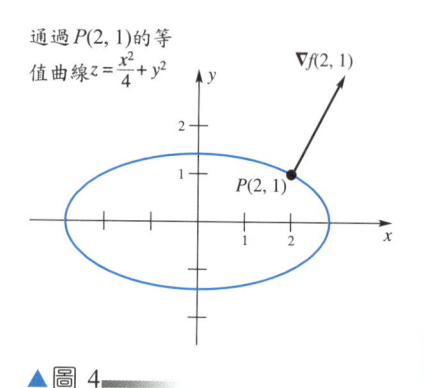

為了提供定理 B 和 C 額外的說明，我們要求電腦將曲面 $z = |xy|$，連同它的輪廓圖及梯度場一起畫出來。如圖 5 所示。注意梯度向量垂直於等值曲線，並且它們指向 z 增加最快的方向。

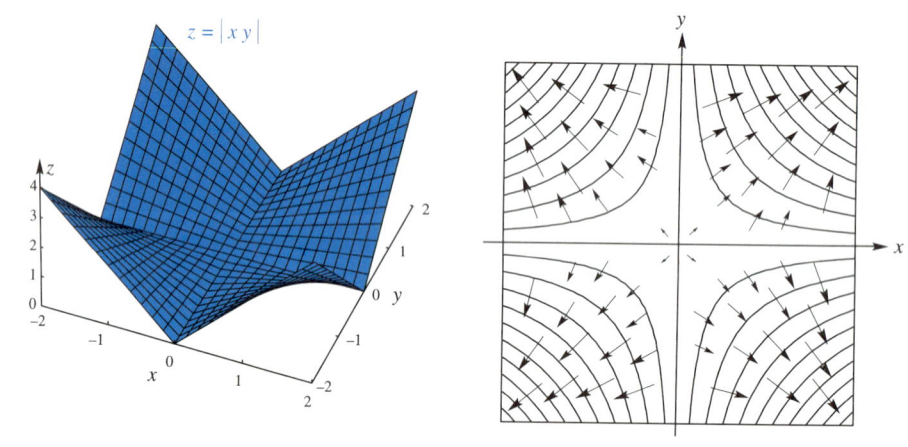

▲ 圖 5

從二變數到三變數

$z = f(x, y)$	$w = f(x, y, z)$
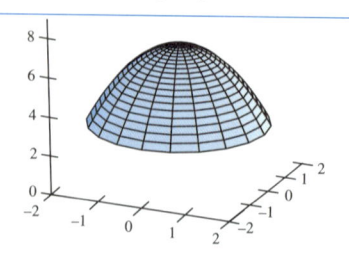 圖形是一曲面	我們無法畫出圖形，因為需要四維空間

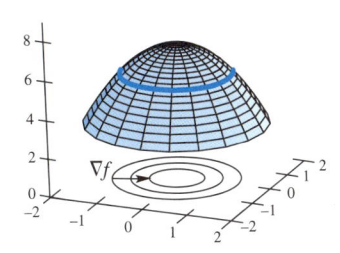

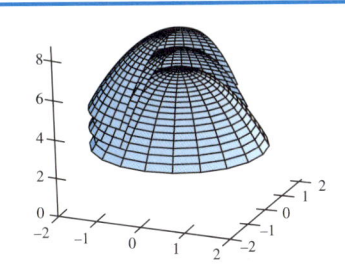

$f(x, y) = k$ 決定 xy-平面上的一條等值曲線

$f(x, y, z) = k$ 決定 xyz-空間中的一個等值曲面

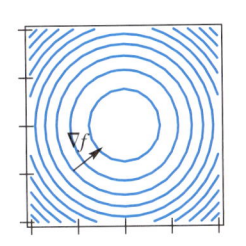

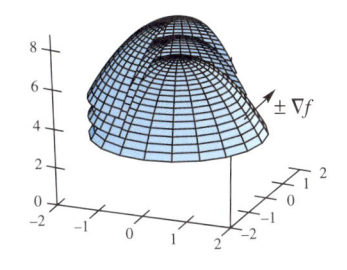

∇f 是等值曲線的一個法向量

∇f 是等值曲面的一個法向量

高維度 二變數函數等值曲線的觀念可推廣至三變數函數的等值曲面。若 f 為一含有三個變數的函數，則曲面 $f(x, y, z) = k$，k 為一常數，被稱為 f 的一等值曲面。在一個等值曲面上的所有點，其函數值皆相同，且定義域內某一點 $P(x, y, z)$ 上，$f(x, y, z)$ 的梯度向量垂直於通過 P 之 f 的等值曲面。

有關在一均勻物體中熱傳導的問題，$w = f(x, y, z)$ 表示在點 (x, y, z) 的溫度，水準曲面 $f(x, y, z) = k$ 被稱為等溫曲面，因為所有點皆具相同溫度 k。在此物體的任意一點，熱往梯度的反方向流動（即以溫度減損最劇烈的方向），因此它垂直於通過此點的等值曲面。另外，如果 $w = f(x, y, z)$ 表在電位場中，某點的靜電位（電壓），此函數的等值曲面被稱為等電位曲面。在一等電位曲面上的所有點都具有相同靜電位，電流往梯度的反方向流動，即電位流失最劇烈的方向。

範例 5

設在一均勻物體中各點的溫度函數為 $T = e^{xy} - xy^2 - x^2yz$，則在點 $(1, -1, 2)$ 上溫度流失最劇烈的方向為何？

解答：在點 $(1, -1, 2)$ 上梯度的反方向是溫度減損最劇烈的方向。因 $\nabla T = (ye^{xy} - y^2 - 2xyz)\mathbf{i} + (xe^{xy} - 2xy - x^2z)\mathbf{j} + (-x^2y)\mathbf{k}$，$-\nabla T$ 在點 $(1, -1, 2)$ 上為

$$(e^{-1} - 3)\mathbf{i} - e^{-1}\mathbf{j} - \mathbf{k}$$

練習題 12.5

1-3 題中，請找出 f 在點 p 沿方向 a 的方向導數。

1. $f(x, y) = x^2 y$; $\mathbf{p} = (1, 2)$; $\mathbf{a} = 3\mathbf{i} - 4\mathbf{j}$

2. $f(x, y) = e^x \sin y$; $\mathbf{p} = (0, \pi/4)$; $\mathbf{a} = \mathbf{i} + \sqrt{3}\mathbf{j}$

3. $f(x, y, z) = x^3 y - y^2 z^2$; $\mathbf{p} = (-2, 1, 3)$; $\mathbf{a} = \mathbf{i} - 2\mathbf{j} + 2\mathbf{k}$

4-5 題中請找出 f 在點 p 上增加最快方向的單位向量，並請回答在此方向的變化率為何？

4. $f(x, y) = x^3 - y^5$; $\mathbf{p} = (2, -1)$

5. $f(x, y, z) = x^2 yz$; $\mathbf{p} = (-1, -1, 2)$

6. 請問 $f(x, y, z) = 1 - x^2 - y$ 在點 $\mathbf{p} = (-1, 2)$ 上，減少最快的方向 u 為何？

7. 請問 $f(x, y) = \sin(3x - y)$ 在點 $\mathbf{p} = (\pi/6, \pi/4)$ 上，減少最快的方向 u 為何？

8. 請畫出 $f(x, y) = y/x^2$ 過 $\mathbf{p} = (1, 2)$ 的等值曲線，並計算出梯度向量 $\nabla f(\mathbf{p})$，然後將起點放在 p 畫出此向量。關於 $\nabla f(\mathbf{p})$ 有什麼事實？

9. 做第 8 題，將 f 改成 $f(x, y) = x^2 + 4y^2$，p 改成 $\mathbf{p} = (2, 1)$。

10. 請找出 $f(x, y, z) = xy + z^2$ 在點 $(1, 1, 1)$ 指向點 $(5, -3, 3)$ 方向的方向導數。

11. 已知一個中心在原點的實心球，此球內點 (x, y, z) 的溫度為

$$T(x, y, z) = \frac{200}{5 + x^2 + y^2 + z^2}$$

(a) 請根據直接的觀察，決定此實心球在哪裡最熱？

(b) 請在點 $(1, -1, 1)$ 上，找出指向溫度增加最快之方向的一個向量。

(c) 問題 (b) 中的向量是否指向原點？

12. 已知 $f_x(2, 4) = -3$ 且 $f_y(2, 4) = 8$，請找出 f 在點 $(2, 4)$ 上指向點 $(5, 0)$ 方向的方向導數。

12.6 連鎖法則

單變數合成函數的連鎖法則是各位讀者所熟悉的。假設 $y = f(x(t))$，其中 f 及 x 皆為可微分函數，則

$$\frac{dy}{dt} = \frac{dy}{dx}\frac{dx}{dt}$$

現在，我們要將連鎖法則推廣到多變數函數。

第一種型式 若 $z = f(x, y)$，其中 x 及 y 為 t 的函數，則尋求 dz/dt 應該是有意義的，且應該有公式可以表示它。

優雅的一般性

單變數連鎖法則（2.5 節的定理 A）在多變數函數的推廣是否成立？是的，在此有一個優雅的敘述：令 $\mathbb{R}^n$ 表示歐幾里得 n 度空間，g 為由 $\mathbb{R}$ 映至 $\mathbb{R}^n$ 的一函數，且令 f 為由 $\mathbb{R}^n$ 映至 $\mathbb{R}$ 的函數；若 g 在 t 可微分且 f 在 $g(t)$ 可微分，則合成函數 $f \circ g$ 在 t 可微分且

$(f \circ g)'(t) = \nabla f(g(t)) \cdot g'(t)$

定理 A 連鎖法則（Chain Rule）

設 $x = x(t)$ 及 $y = y(t)$ 皆在 t 可微分，而且令 $z = f(x, y)$ 在 $(x(t), y(t))$ 可微分，則 $z = f(x(t), y(t))$ 在 t 亦可微分，且

$$\frac{dz}{dt} = \frac{\partial z}{\partial x}\frac{dx}{dt} + \frac{\partial z}{\partial y}\frac{dy}{dt}$$

證明　我們模仿附錄 A.2 中定理 B 的證明。為了簡化符號，令 $\mathbf{p} = (x, y)$，$\Delta\mathbf{p} = (\Delta x, \Delta y)$，且 $\Delta z = f(\mathbf{p} + \Delta\mathbf{p}) - f(\mathbf{p})$。那麼，因 f 可微分，

$$\Delta z = f(\mathbf{p} + \Delta\mathbf{p}) - f(\mathbf{p}) = \nabla f(\mathbf{p}) \cdot \Delta\mathbf{p} + \boldsymbol{\varepsilon}(\Delta\mathbf{p}) \cdot \Delta\mathbf{p}$$
$$= f_x(\mathbf{p})\,\Delta x + f_y(\mathbf{p})\,\Delta y + \boldsymbol{\varepsilon}(\Delta\mathbf{p}) \cdot \Delta\mathbf{p}$$

其中當 $\Delta\mathbf{p} \to \mathbf{0}$ 時，$\boldsymbol{\varepsilon}(\Delta\mathbf{p}) \to \mathbf{0}$，

兩邊各除以 Δt，得到

(1) $$\frac{\Delta z}{\Delta t} = f_x(\mathbf{p})\frac{\Delta x}{\Delta t} + f_y(\mathbf{p})\frac{\Delta y}{\Delta t} + \boldsymbol{\varepsilon}(\Delta\mathbf{p}) \cdot \left\langle \frac{\Delta x}{\Delta t}, \frac{\Delta y}{\Delta t} \right\rangle$$

現在，當 $\Delta t \to 0$ 時，$\left\langle \frac{\Delta x}{\Delta t}, \frac{\Delta y}{\Delta t} \right\rangle$ 趨近 $\left\langle \frac{dx}{dt}, \frac{dy}{dt} \right\rangle$。同時，當 $\Delta t \to 0$ 時，Δx 與 Δy 皆趨近 0（記住，因為可微分，所以 $x(t)$ 與 $y(t)$ 皆為連續）。當 $\Delta t \to 0$ 時，可得 $\Delta\mathbf{p} \to \mathbf{0}$，因此 $\boldsymbol{\varepsilon}(\Delta\mathbf{p}) \to \mathbf{0}$。於是，當我們在 (1) 中，令 $\Delta t \to 0$，可得

$$\frac{dz}{dt} = f_x(\mathbf{p})\frac{dx}{dt} + f_y(\mathbf{p})\frac{dy}{dt}$$

上式與宣告的論述一致。

連鎖法則：二變數的情形

有一個示意圖可幫助你記住連鎖法則。

因變數 $z = f(x, y)$

中間變數

自變數 t

$$\frac{dz}{dt} = \frac{\partial z}{\partial x}\frac{dx}{dt} + \frac{\partial z}{\partial y}\frac{dy}{dt}$$

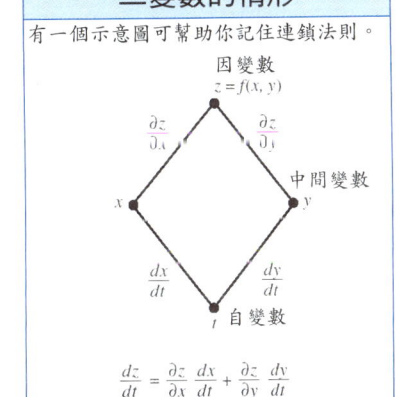

● 範例 1

假設 $z = x^3 y$，其中 $x = 2t$ 且 $y = t^2$，求 dz/dt。

解答：

$$\frac{dz}{dt} = \frac{\partial z}{\partial x}\frac{dx}{dt} + \frac{\partial z}{\partial y}\frac{dy}{dt}$$
$$= (3x^2 y)(2) + (x^3)(2t)$$
$$= 6(2t)^2(t^2) + 2(2t)^3(t)$$
$$= 40t^4$$

不採用連鎖法則，我們一樣可解出範例 1。利用直接代換，

$$z = x^3 y = (2t)^3 t^2 = 8t^5$$

可得 $dz/dt = 40t^4$。但是，直接代換通常不好用或不方便，請看下一例。

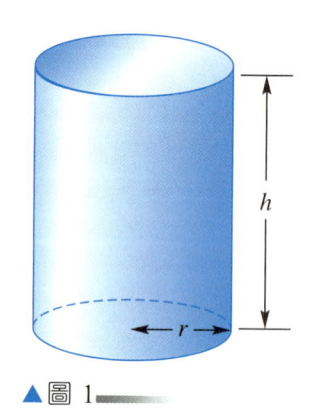

範例 2

當一個正圓柱體被加熱時，它的半徑 r、高度 h 及表面積 S 皆增加。假設當半徑為 10 公分且高度為 100 公分時，它的半徑以 0.2 公分／小時的變化率增加，且高以 0.5 公分／小時的變化率增加。此時，表面積 S 相對於時間的增加率為何？

解答： 一圓柱體的總表面積，見圖 1，為 $S = 2\pi rh + 2\pi r^2$，因此

$$\frac{dS}{dt} = \frac{\partial S}{\partial r}\frac{dr}{dt} + \frac{\partial S}{\partial h}\frac{dh}{dt}$$
$$= (2\pi h + 4\pi r)(0.2) + (2\pi r)(0.5)$$

當 $r = 10$ 及 $h = 100$ 時，

$$\frac{dS}{dt} = (2\pi \cdot 100 + 4\pi \cdot 10)(0.2) + (2\pi \cdot 10)(0.5)$$
$$= 58\pi \text{ 平方公分／小時}$$

▲圖 1

定理 A 的結果可推廣到三變數的函數，說明如下。

連鎖法則：三變數的情形

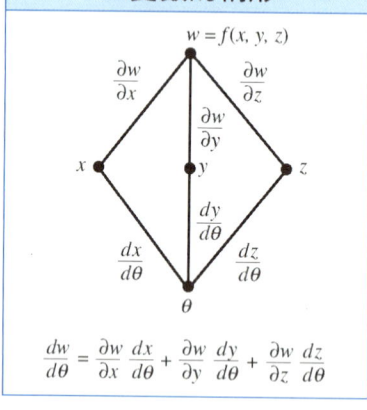

$w = f(x, y, z)$

$$\frac{dw}{d\theta} = \frac{\partial w}{\partial x}\frac{dx}{d\theta} + \frac{\partial w}{\partial y}\frac{dy}{d\theta} + \frac{\partial w}{\partial z}\frac{dz}{d\theta}$$

範例 3

假設 $w = x^2 y + y + xz$，其中 $x = \cos\theta$，$y = \sin\theta$，且 $z = \theta^2$，求 $dw/d\theta$，並求其在 $\theta = \pi/3$ 之值。

解答：

$$\frac{dw}{d\theta} = \frac{\partial w}{\partial x}\frac{dx}{d\theta} + \frac{\partial w}{\partial y}\frac{dy}{d\theta} + \frac{\partial w}{\partial z}\frac{dz}{d\theta}$$
$$= (2xy + z)(-\sin\theta) + (x^2 + 1)(\cos\theta) + (x)(2\theta)$$
$$= -2\cos\theta\sin^2\theta - \theta^2\sin\theta + \cos^3\theta + \cos\theta + 2\theta\cos\theta$$

當 $\theta = \pi/3$ 時，

$$\frac{dw}{d\theta} = -2 \cdot \frac{1}{2} \cdot \frac{3}{4} - \frac{\pi^2}{9} \cdot \frac{\sqrt{3}}{2} + \left(\frac{1}{4} + 1\right)\frac{1}{2} + \frac{2\pi}{3} \cdot \frac{1}{2}$$
$$= -\frac{1}{8} - \frac{\pi^2\sqrt{3}}{18} + \frac{\pi}{3}$$

第二種型式 假設 $z = f(x, y)$，其中 $x = x(s, t)$ 且 $y = y(s, t)$，則 $\partial z/\partial s$ 及 $\partial z/\partial t$ 皆為有意義的。

定理 B　連鎖法則

設 $x = x(s,t)$ 及 $y = y(s,t)$ 在 (s,t) 上皆具有一階偏導數，而且 $z = f(x,y)$ 在 $(x(s,t), y(s,t))$ 可微分，則 $z = f(x(s,t), y(s,t))$ 具有一階偏導數：

1. $\dfrac{\partial z}{\partial s} = \dfrac{\partial z}{\partial x}\dfrac{\partial x}{\partial s} + \dfrac{\partial z}{\partial y}\dfrac{\partial y}{\partial s}$
2. $\dfrac{\partial z}{\partial t} = \dfrac{\partial z}{\partial x}\dfrac{\partial x}{\partial t} + \dfrac{\partial z}{\partial y}\dfrac{\partial y}{\partial t}$

證明　若設定 s 為一定數，則 $x(s,t)$ 與 $y(s,t)$ 為 t 的函數，那麼，就可利用定理 A。此時以 ∂ 代替 d 以表示 s 為固定，則我們得 (2) 中 $\partial z/\partial t$ 的公式。同理，由設定 t 為一定數，可得 $\partial z/\partial s$ 的公式。

● 範例 4

假設 $z = 3x^2 - y^2$，其中 $x = 2s + 7t$ 且 $y = 5st$，求 $\partial z/\partial t$，以 s 及 t 表示之。

解答：

$$\begin{aligned}
\frac{\partial z}{\partial t} &= \frac{\partial z}{\partial x}\frac{\partial x}{\partial t} + \frac{\partial z}{\partial y}\frac{\partial y}{\partial t} \\
&= (6x)(7) + (-2y)(5s) \\
&= 42(2s + 7t) - 10st(5s) \\
&= 84s + 294t - 50s^2t
\end{aligned}$$

當然，假如我們將 x 與 y 的表示式代入 z 的公式中，且求對 t 的偏導函數，則可得到相同的答案！

$$\begin{aligned}
\frac{\partial z}{\partial t} &= \frac{\partial}{\partial t}[3(2s + 7t)^2 - (5st)^2] \\
&= \frac{\partial}{\partial t}[12s^2 + 84st + 147t^2 - 25s^2t^2] \\
&= 84s + 294t - 50s^2t
\end{aligned}$$

底下的例子說明有三個中間變數的結果。

● 範例 5

假設 $w = x^2 + y^2 + z^2 + xy$，其中 $x = st$，$y = s - t$，且 $z = s + 2t$，求 $\partial w/\partial t$。

解答：

$$\begin{aligned}
\frac{\partial w}{\partial t} &= \frac{\partial w}{\partial x}\frac{\partial x}{\partial t} + \frac{\partial w}{\partial y}\frac{\partial y}{\partial t} + \frac{\partial w}{\partial z}\frac{\partial z}{\partial t} \\
&= (2x + y)(s) + (2y + x)(-1) + (2z)(2) \\
&= (2st + s - t)(s) + (2s - 2t + st)(-1) + (2s + 4t)2 \\
&= 2s^2t + s^2 - 2st + 2s + 10t
\end{aligned}$$

隱函數　假設 $F(x, y) = 0$ 定義出 y 為 x 的一個隱函數，譬如，$y = g(x)$ 但是 g 難以或甚至無法決定，我們仍然能求出 dy/dx。有一種方法可以做到，就是在 2.7 節中所提到的隱微分法，在這裡，我們有另一種方法。

我們將 $F(x, y) = 0$ 兩邊對 x 微分，根據連鎖法則，可得

$$\frac{\partial F}{\partial x}\frac{dx}{dx} + \frac{\partial F}{\partial y}\frac{dy}{dx} = 0$$

解出 dy/dx，可產生公式

$$\boxed{\frac{dy}{dx} = -\frac{\partial F/\partial x}{\partial F/\partial y}}$$

範例 6

若 $x^3 + x^2y - 10y^4 = 0$，分別利用 (a) 連鎖法則，(b) 隱微分，求 dy/dx。

解答：

(a) 令 $F(x, y) = x^3 + x^2y - 10y^4$，則

$$\frac{dy}{dx} = -\frac{\partial F/\partial x}{\partial F/\partial y} = -\frac{3x^2 + 2xy}{x^2 - 40y^3}$$

(b) 兩邊對 x 微分，可得

$$3x^2 + x^2\frac{dy}{dx} + 2xy - 40y^3\frac{dy}{dx} = 0$$

解 dy/dx 所得結果與利用連鎖法則所得結果相同。

假設 $F(x, y, z) = 0$ 定義出 z 為 x 及 y 的一個隱函數，則固定 y 而兩邊對 x 微分，產生

$$\frac{\partial F}{\partial x}\frac{\partial x}{\partial x} + \frac{\partial F}{\partial y}\frac{\partial y}{\partial x} + \frac{\partial F}{\partial z}\frac{\partial z}{\partial x} = 0$$

若我們解出 $\partial z/\partial x$，且注意到 $\partial y/\partial x = 0$，可得下列公式的第一個。同理，固定 x，再兩邊對 y 微分，可得第二個公式。

$$\boxed{\frac{\partial z}{\partial x} = -\frac{\partial F/\partial x}{\partial F/\partial z}, \quad \frac{\partial z}{\partial y} = -\frac{\partial F/\partial y}{\partial F/\partial z}}$$

範例 7

若 $F(x, y, z) = x^3 e^{y+z} - y\sin(x - z) = 0$，定義 z 為 x 及 y 的一個隱函數，求 $\partial z/\partial x$。

解答：

$$\frac{\partial z}{\partial x} = -\frac{\partial F/\partial x}{\partial F/\partial z} = -\frac{3x^2 e^{y+z} - y\cos(x - z)}{x^3 e^{y+z} + y\cos(x - z)}$$

練習題 12.6

1-3 題中，利用連鎖法則求出 dw/dt，並請用 t 表示之。

1. $\omega = x^2 y^3; x = t^3, y = t^2$

2. $\omega = e^x \sin y + e^y \sin x, x = 3t, y = 2t$

3. $\omega = xy + yz + xz; x = t^2, y = 1 - t^2, z = 1 - t$

4-6 題中，利用連鎖法則求出 $\partial \omega/\partial t$，並請用 s 與 t 表示之。

4. $\omega = x^2 y; x = st, y = s - t$

5. $\omega = e^{x^2+y^2}; x = s \sin t, y = t \sin s$

6. $\omega = e^{xy+z}; x = s + t, y = s - t, z = t^2$

7. 設 $z = x^2 y$，$x = 2t + s$ 且 $y = 1 - st^2$，求 $\left.\dfrac{\partial z}{\partial t}\right|_{s=1, t=-2}$

8. 一個金屬板的在 (x, y) 溫度為 e^{-x-3y} 溫度，有一隻蟲子以每分鐘 $\sqrt{8}$ 呎的速率（也就是 $dx/dt = dy/dt = 2$）沿東北方向爬行，以蟲子的觀點來看，當它爬過原點之時，溫度相對於時間的變化率為何？

9-10 題中，請利用範例 6a 的方法找出 dy/dx。

9. $x^3 + 2x^2 y - y^3 = 0$

10. $x \sin y + y \cos x = 0$

11. 假如 $ye^{-x} + z \sin x = 0$，找出 $\partial x/\partial z$（範例 7）。

12. 令 $z = f(x, y)$，其中，$x = r\cos\theta$ 且 $y = r\sin\theta$，證明：

$$\left(\frac{\partial z}{\partial x}\right)^2 + \left(\frac{\partial z}{\partial y}\right)^2 = \left(\frac{\partial z}{\partial r}\right)^2 + \frac{1}{r^2}\left(\frac{\partial z}{\partial \theta}\right)^2$$

13. 物理學中的波動方程式是偏微分方程式

$$\frac{\partial^2 y}{\partial t^2} = c^2 \frac{\partial^2 y}{\partial x^2}$$

此處，c 為一常數。證明：假如 f 為任一個可二次微分的函數，則下列函數滿足波動方程式

$$y(x, t) = \frac{1}{2}[f(x - ct) + f(x + ct)]$$

14. 令 $F(t) = \int_{g(t)}^{h(t)} f(u)du$，其中 f 為連續，g 與 h 為可微分，證明

$$F'(t) = f(h(t))h'(t) - f(g(t))g'(t)$$

並利用此結果找出 $F'(\sqrt{2})$，其中

$$F(t) = \int_{\sin\sqrt{2}\pi t}^{t^2} \sqrt{9 + u^4}\, du 。$$

12.7 切平面與近似

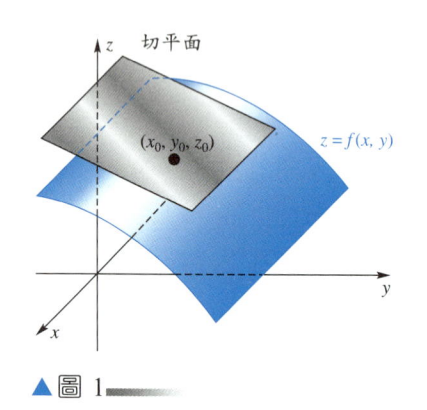

在 12.4 節中我們介紹了曲面切平面的表示,但是只處理由方程式 $z = f(x, y)$ 所決定的曲面,見圖 1。現在,我們想考慮較一般的情況,現在,曲面是由 $F(x, y, z) = k$ 所決定(請留意,$z = f(x, y)$ 可寫成 $F(x, y, z) = f(x, y) - z = 0$)。考慮此曲面上過點 (x_0, y_0, z_0) 的一條曲線。若 $x = x(t)$,$y = y(t)$,且 $z = z(t)$ 為此曲線的參數方程式,則對所有 t,

$$F(x(t), y(t), z(t)) = k$$

由連鎖法則可得,

$$\frac{dF}{dt} = \frac{\partial F}{\partial x}\frac{dx}{dt} + \frac{\partial F}{\partial y}\frac{dy}{dt} + \frac{\partial F}{\partial z}\frac{dz}{dt} = \frac{d}{dt}(k) = 0$$

我們採用 F 的梯度及曲線 $\mathbf{r}(t) = x(t)\mathbf{i} + y(t)\mathbf{j} + z(t)\mathbf{k}$ 導數的向量形式表示上式,可得

$$\nabla F \cdot \frac{d\mathbf{r}}{dt} = 0$$

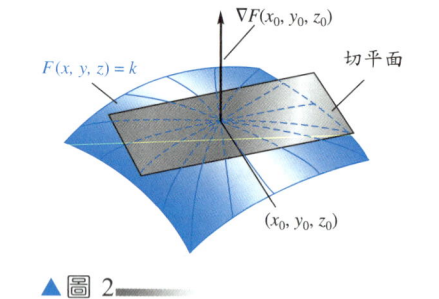

稍早在 11.5 節中已說過,$d\mathbf{r}/dt$ 切於曲線,所以,在 (x_0, y_0, z_0) 的梯度垂直於此點的切線。以上推論對任一通過 (x_0, y_0, z_0) 而位於曲面 $F(x, y, z) = k$ 上的曲線皆成立,見圖 2,因此,我們有下列的定義。

定義

令 $F(x, y, z) = k$ 決定一曲面,假設 F 在曲面上一點 $P(x_0, y_0, z_0)$ 可微分,且 $\nabla F(x_0, y_0, z_0) \neq \mathbf{0}$,則過點 P 且垂直於 $\nabla F(x_0, y_0, z_0)$ 的平面,稱為此曲面在點 P 的**切平面**(tangent plane)。

根據這個定義及 11.3 節,我們可寫出切平面的方程式。

定理 A 切平面

已知曲面 $F(x, y, z) = k$,則在點 (x_0, y_0, z_0) 的切平面方程式為 $\nabla F(x_0, y_0, z_0) \cdot \langle x - x_0, y - y_0, z - z_0 \rangle = 0$,即

$$F_x(x_0, y_0, z_0)(x - x_0) + F_y(x_0, y_0, z_0)(y - y_0) + F_z(x_0, y_0, z_0)(z - z_0) = 0$$

特別地,對曲面 $z = f(x, y)$ 而言,在點 $(x_0, y_0, f(x_0, y_0))$ 的切平面方程式為

$$z - z_0 = f_x(x_0, y_0)(x - x_0) + f_y(x_0, y_0)(y - y_0)$$

▲ 圖 1

▲ 圖 2

證明 第一個敘述是顯然的，而第二個敘述可利用 $F(x, y, z) = f(x, y) - z$ 證明之。

若 z 為 x 及 y 的函數，如 $z = f(x, y)$，則由定理 A 的第二部分，可將切平面方程式寫成

$$z - f(x_0, y_0) = f_x(x_0, y_0)(x - x_0) + f_y(x_0, y_0)(y - y_0)$$

令 $\mathbf{p} = (x, y)$ 且 $\mathbf{p}_0 = (x_0, y_0)$，則切平面方程式為

$$z = f(x_0, y_0) + \langle f_x(x_0, y_0), f_y(x_0, y_0)\rangle \cdot \langle x - x_0, y - y_0 \rangle$$
$$= f(\mathbf{p}_0) + \nabla f(\mathbf{p}_0) \cdot (\mathbf{p} - \mathbf{p}_0)$$

因此，本節中的定義與 12.4 節所給切平面的定義是一致的。

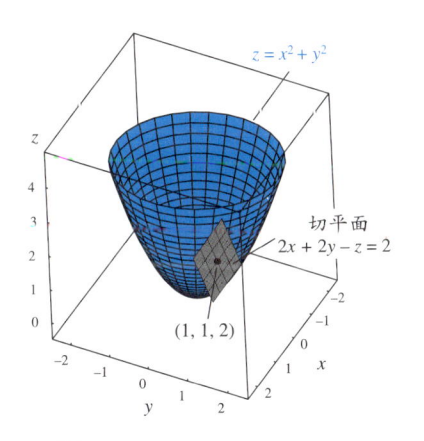

範例 1

求 $z = x^2 + y^2$ 在點 $(1, 1, 2)$ 的切平面方程式，見圖 3。

解答： 令 $f(x, y) = x^2 + y^2$，請留意，$\nabla f(x, y) = 2x\mathbf{i} + 2y\mathbf{j}$。因此，$\nabla f(1, 1) = 2\mathbf{i} + 2\mathbf{j}$，由定理 A 可知，所求方程式為

$$z - 2 = 2(x - 1) + 2(y - 1)$$

或

$$2x + 2y - z = 2$$

▲ 圖 3

範例 2

求曲面 $x^2 + y^2 + 2z^2 = 23$ 在點 $(1, 2, 3)$ 的切平面及法線方程式。

解答： 令 $F(x, y, z) = x^2 + y^2 + 2z^2 - 23$，所以 $\nabla F(x, y, z) = 2x\mathbf{i} + 2y\mathbf{j} + 4z\mathbf{k}$，且 $\nabla F(1, 2, 3) = 2\mathbf{i} + 4\mathbf{j} + 12\mathbf{k}$。根據定理 A，在點 $(1, 2, 3)$ 的切平面方程式為

$$2(x - 1) + 4(y - 2) + 12(z - 3) = 0$$

同理，過點 $(1, 2, 3)$ 的法線對稱式為

$$\frac{x - 1}{2} = \frac{y - 2}{4} = \frac{z - 3}{12}$$

微分與近似 我們建議讀者複習 2.9 節，在該節中曾提到單變數函數的微分與近似。

假設 $z = f(x, y)$ 且 $P(x_0, y_0, z_0)$ 為曲面 $z = f(x, y)$ 上的一個定點。引進新的坐標軸（dx-、dy- 及 dz- 軸），它們皆平行於原來的軸，且以 P 為原

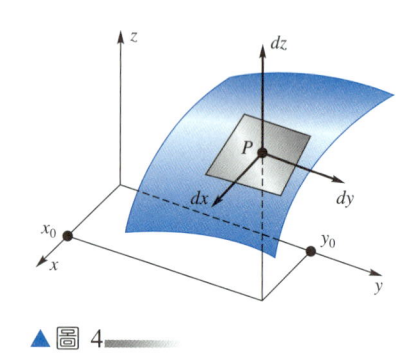

點，見圖 4。舊坐標系統中，在點 P 的切平面方程式為

$$z - z_0 = f_x(x_0, y_0)(x - x_0) + f_y(x_0, y_0)(y - y_0)$$

但是，用微分 d 取代增量 Δ，在新坐標系統中可寫成簡單的形式

$$dz = f_x(x_0, y_0)\,dx + f_y(x_0, y_0)\,dy$$

此式建議了一個定義。

▲ 圖 4

> **定義**
>
> 設 $z = f(x, y)$，其中 f 為一可微分函數，且令 dx 及 dy（稱為 x 及 y 的微分）為變數。**因變數的微分**（differential of the dependent variable）dz，又稱為 f 的**全微分**（total differential）且寫成 $df(x, y)$，定義為
>
> $$dz = df(x, y) = f_x(x, y)\,dx + f_y(x, y)\,dy = \nabla f \cdot \langle dx, dy \rangle$$

dz 的意義可由下列事實引出，若 $dx = \Delta x$ 及 $dy = \Delta y$ 分別代表 x 及 y 的極小變化量，則 dz 可代表 Δz（即 z 的變化量）的一個良好的近似值。如圖 5 所示，但 dz 好像不是 Δz 的非常好的近似，但您可看到的是，若 Δx 及 Δy 愈小，則 dz 愈容易近似於 Δz。

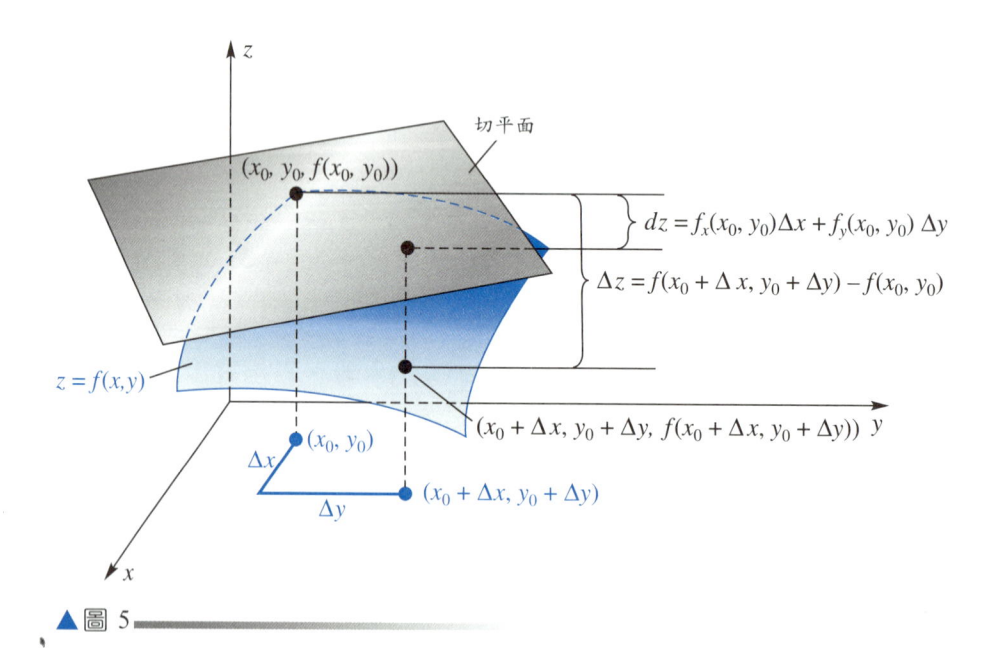

▲ 圖 5

● **範例 3**

令 $z = f(x, y) = 2x^3 + xy - y^3$，當 (x, y) 由 $(2, 1)$ 變化至 $(2.03, 0.98)$ 時，請計算 Δz 及 dz。

解答：
$$\Delta z = f(2.03, 0.98) - f(2, 1)$$
$$= 2(2.03)^3 + (2.03)(0.98) - (0.98)^3 - [2(2)^3 + 2(1) - 1^3]$$
$$= 0.779062$$
$$dz = f_x(x, y)\, \Delta x + f_y(x, y)\, \Delta y$$
$$= (6x^2 + y)\, \Delta x + (x - 3y^2)\, \Delta y$$

在 $(2, 1)$ 上，且 $\Delta x = 0.03$ 與 $\Delta y = -0.02$ 時，
$$dz = (25)(0.03) + (-1)(-0.02) = 0.77$$

範例 4

公式 $P = k(T/V)$，其中 k 為一常數，描述了一個體積為 V 且溫度為 T 之封閉氣體的壓力 P，在溫度誤差為 $\pm 0.4\%$ 以及體積誤差為 $\pm 0.9\%$ 的條件下，求 P 的最大百分誤差的近似值。

解答： 設 P 的誤差為 ΔP，我們求它的近似值 dP。因此，

$$|\Delta P| \approx |dP| = \left| \frac{\partial P}{\partial T} \Delta T + \frac{\partial P}{\partial V} \Delta V \right|$$
$$\leq \left| \frac{k}{V}(\pm 0.004T) \right| + \left| -\frac{kT}{V^2}(\pm 0.009V) \right|$$
$$= \frac{kT}{V}(0.004 + 0.009) = 0.013 \frac{kT}{V} = 0.013 P$$

最大相對誤差為 $|\Delta P|/P$，近似於 0.013，故最大百分誤差近似於 1.3%。

二變數或多變數函數的泰勒多項式 回想在單變數函數時，我們可利用泰勒多項式 $P_n(x)$ 來逼近函數 $f(x)$。一階及二階泰勒多項式為

$$P_1(x) = f(x_0) + f'(x_0)(x - x_0)$$
$$P_2(x) = f(x_0) + f'(x_0)(x - x_0) + \frac{1}{2}f''(x_0)(x - x_0)^2$$

第一式為點 $(x_0, f(x_0))$ 上的切線。此論述推廣到二變數函數成為

$$P_1(x, y) = f(x_0, y_0) + [f_x(x_0, y_0)(x - x_0) + f_y(x_0, y_0)(y - y_0)]$$

這當然是在 $(x_0, y_0, f(x_0, y_0))$ 的切平面，且

$$P_2(x, y) = f(x_0, y_0) + [f_x(x_0, y_0)(x - x_0) + f_y(x_0, y_0)(y - y_0)]$$
$$+ \frac{1}{2}[f_{xx}(x_0, y_0)(x - x_0)^2 + 2f_{xy}(x_0, y_0)(x - x_0)(y - y_0) + f_{yy}(x_0, y_0)(y - y_0)^2]$$

同時，這些結果可推廣至 n 階泰勒多項式及變數多於兩個的函數。

範例 5

請找出函數 $f(x, y) = 1 - e^{-x^2-2y^2}$ 在點 (0, 0) 的一階及二階泰勒多項式，並利用它們找出 $f(0.05, -0.06)$ 的近似值。

解答：

$$f_x(x, y) = 2xe^{-x^2-2y^2}$$
$$f_y(x, y) = 4ye^{-x^2-2y^2}$$
$$f_{xx}(x, y) = (2 - 4x^2)e^{-x^2-2y^2}$$
$$f_{yy}(x, y) = (4 - 16y^2)e^{-x^2-2y^2}$$
$$f_{xy}(x, y) = -8xye^{-x^2-2y^2}$$

因此

$$P_1(x, y) = f(0,0) + [f_x(0,0)(x - 0) + f_y(0,0)(y - 0)]$$
$$= (1 - e^0) + (0x + 0y) = 0$$

且

$$P_2(x, y) = f(0,0) + [f_x(0,0)(x - 0) + f_y(0,0)(y - 0)]$$
$$+ \frac{1}{2}[f_{xx}(0,0)(x - 0)^2 + 2f_{xy}(0,0)(x - 0)(y - 0) + f_{yy}(0,0)(y - 0)^2]$$
$$= (1 - e^0) + (0x + 0y) + \frac{1}{2}[2x^2 + 2 \cdot 0xy + 4y^2]$$
$$= x^2 + 2y^2$$

$f(0.05, -0.06)$ 的一階近似為

$$f(0.05, -0.06) \approx P_1(0.05, -0.06) = 0$$

二階近似為

$$f(0.05, -0.06) \approx P_2(0.05, -0.06) = 0.05^2 + 2(-0.06)^2 = 0.00970$$

圖 6 中展示了二階多項式（一階多項式只是 $P_1(x, y) = 0$）與函數 $f(x, y)$。$f(0.05, -0.06)$ 的真實值為

$$f(0.05, -0.06) = 1 - e^{-0.05^2-2(0.06)^2} = 1 - e^{-0.0097} \approx 0.00965$$

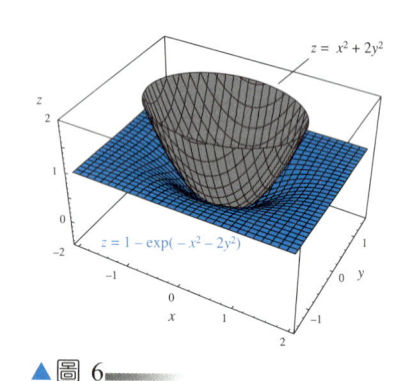

▲ 圖 6

練習題 12.7

1-3 題中，請找出各給定曲面在指定點的切平面方程式。

1. $x^2 + y^2 + z^2 = 16; (2, 3, \sqrt{3})$

2. $x^2 - y^2 + z^2 + 1 = 0; (1, 3, \sqrt{7})$

3. $z = \dfrac{x^2}{4} + \dfrac{y^2}{4}; (2, 2, 2)$

請利用全微分 dz 求出 (x, y) 由 P 移動到 Q 時，z 值之變化量的近似值。然後利用計算機算出確切的變化量（算至使用之計算機的準確度），見範例 3。

4. $z = 2x^2y^3; P(1, 1), Q(0.99, 1.02)$

5. $z = \ln(x^2y); P(-2, 4), Q(-1.98, 3.96)$

6. 請找出曲面 $z = x^2 - 2xy - y^2 - 8x + 4y$ 上,切平面為水平面的所有點。

7. 請證明曲面 $x^2 + 4y + z^2 = 0$ 與 $x^2 + y^2 + z^2 - 6z + 7 = 0$ 在點 $(0, -1, 2)$ 上為相切,也就是,證明它們在點 $(0, -1, 2)$ 上有相同的切平面。

8. 已知曲面 $x^2 + 2y^2 + 3z^2 = 12$ 上一點之切平面垂直於參數方程式為 $x = 1 + 2t$,$y = 3 + 8t$,$z = 2 - 6t$ 之直線,請找出該點。

9. 請證明橢圓體

$$\frac{x^2}{a^2} + \frac{y^2}{b^2} + \frac{z^2}{c^2} = 1$$

在點 (x_0, y_0, z_0) 上之切平面的方程式可寫成下列形式

$$\frac{x_0 x}{a^2} + \frac{y_0 y}{b^2} + \frac{z_0 z}{c^2} = 1 \text{ 。}$$

C 10. 已知函數 $f(x, y) = \sqrt{x^2 + y^2}$,請找出該函數在點 $(x_0, y_0) = (3, 4)$ 的二階泰勒近似。然後利用下列各方法找出 $f(3.1, 3.9)$ 的近似值。

 (a) 一階泰勒近似

 (b) 二階泰勒近似

 (c) 直接使用計算機。

12.8 極大值與極小值

　　本節的目的是將第 3 章的觀念推廣至多變數函數;快速複習該章是有幫助的,特別是 3.1 及 3.3 節。其中各定義的推廣幾乎沒有任何改變,但為了清楚起見,我們重複各敘述。假設 $\mathbf{p} = (x, y)$ 及 $\mathbf{p_0} = (x_0, y_0)$ 分別為二度空間中的可變點及一定點(它們也可以是 n 維空間中的點)。

定義

令 f 為一函數,S 為其定義域且 $\mathbf{p_0}$ 為 S 內一點。

(i) 若 $f(\mathbf{p_0}) \geq f(\mathbf{p})$,對所有在 S 中的 $\mathbf{p}$,則 $f(\mathbf{p_0})$ 為 f 的全域極大值(global maximum value)。

(ii) 若 $f(\mathbf{p_0}) \leq f(\mathbf{p})$,對所有在 S 中的 $\mathbf{p}$,則 $f(\mathbf{p_0})$ 為 f 的全域極小值(global minimum value)。

(ii) 若 $f(\mathbf{p_0})$ 是一個全域極大值或極小值,則 $f(\mathbf{p_0})$ 是一個全域極值(global extreme value)。

為了得區域極大值(local maximum value)與區域極小值(local minimum value)的定義,在 (i) 及 (ii) 中,我們只需使不等式在 $N \cap S$ 上成立,此處 N 為 $\mathbf{p_0}$ 的一鄰域。若 $f(\mathbf{p_0})$ 為區域極大值或區域極小值,則 $f(\mathbf{p_0})$ 為 f 在 S 上的區域極值(local extreme value)。

　　圖 1 說明了上述定義的幾何觀念。注意一全面極大值(或極小值)當然為一局部極大值(或極小值)。

區域極大值

全域極大值

區域極小值

全域極小值

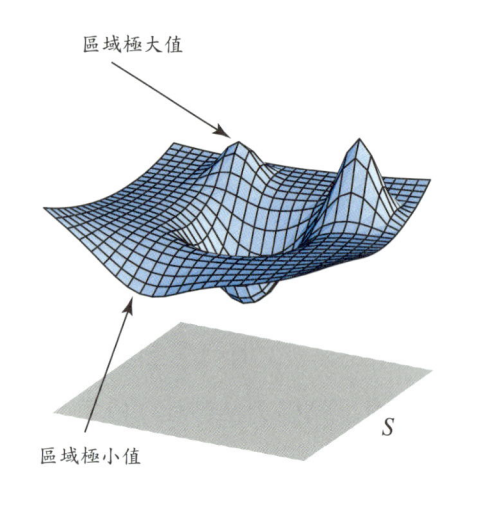

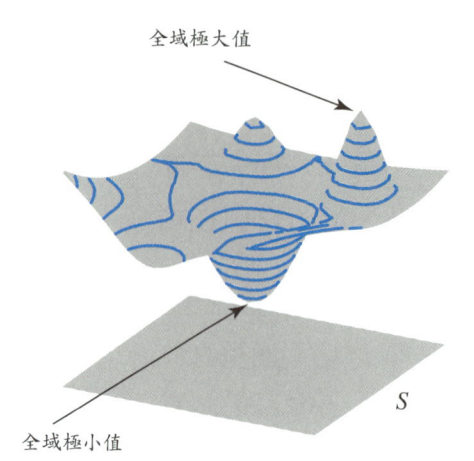

▲圖 1

第一個是個大定理，證明較難，但直觀上是容易理解的。

定理 A　極大–極小存在定理（Max-Min Existence Theorem）

若 f 在一有界之封閉集合 S 上連續，則 f 同時具有一全域極大值及一全域極小值。

上述定理的證明可在大多數的高等微積分書上找到。

極值在何處發生？　此情況與單變數函數時一樣，f 在 S 上的<u>臨界點（critical points）</u>有三種類型。

1. <u>邊界點（Boundary points）</u>：參見 12.3 節。
2. <u>平穩點（Stationary points）</u>：假設 $\mathbf{p}_0$ 為 S 的一內點，若 f 在此點可微分且 $\nabla f(\mathbf{p}_0) = \mathbf{0}$，則我們稱 $\mathbf{p}_0$ 為一平穩點。在此點上，其切平面為水平的。
3. <u>奇異點（Singular points）</u>：假設 $\mathbf{p}_0$ 為 S 的一內點，若 f 在此點不可微分，例如 f 在此點的圖形具有一尖銳角，則我們稱 $\mathbf{p}_0$ 為一奇異點。

現在我們敘述另一個大定理，且確實地證明它。

定理 A　臨界點定理（Critical Point Theorem）

設 f 定義在一個包含 $\mathbf{p}_0$ 的集合 S 上，且 $f(\mathbf{p}_0)$ 是一個極值，則 $\mathbf{p}_0$ 必定是一個臨界點；即 $\mathbf{p}_0$ 是

1. S 的一個邊界點；或
2. f 的一個平穩點；或
3. f 的一個奇異點。

證明 設 $\mathbf{p}_0$ 不為一邊界點，亦不為一奇異點（使得 $\mathbf{p}_0$ 為一內點，且其 ∇f 存在）。只要能證明 $\nabla f(\mathbf{p}_0) = \mathbf{0}$，我們就完成了證明。為了簡單化，令 $\mathbf{p}_0 = (x_0, y_0)$；若是在高維度的情形，亦是以同樣的方式。

因為 f 在 (x_0, y_0) 有一極值，所以 $g(x) = f(x, y_0)$ 在 x_0 有一極值。而且因為 f 在 (x_0, y_0) 上可微分，所以 g 在 x_0 可微分，因此，由單變數函數的臨界點定理（定理 3.1B）

$$g'(x_0) = f_x(x_0, y_0) = 0$$

同理，$h(y) = f(x_0, y)$ 在 y_0 有一極值，且滿足

$$h'(y_0) = f_y(x_0, y_0) = 0$$

因兩個偏導函數皆為 0，所以其梯度為 0。

此定理及其證明對極值為全域或區域極值皆為有效。

範例 1

求 $f(x, y) = x^2 - 2x + y^2/4$ 的區域極大值或極小值。

解答：給定函數為在整個定義域，xy-平面上，可微分。因此，唯一可能的臨界點就是平穩點，這可由 $f_x(x, y)$ 及 $f_y(x, y)$ 同時等於 0 求得。但 $f_x(x, y) = 2x - 2$ 且 $f_y(x, y) = y/2$ 僅當 $x = 1$ 及 $y = 0$ 時為 0。只要決定 $(1, 0)$ 得到一極大值或極小值或兩者皆不是。稍後我們將會得到更好的方式，但此時我們必須用一些技巧。注意 $f(1, 0) = -1$，且

$$f(x, y) = x^2 - 2x + \frac{y^2}{4} = x^2 - 2x + 1 + \frac{y^2}{4} - 1$$
$$= (x - 1)^2 + \frac{y^2}{4} - 1 \geq -1$$

因此，$f(1, 0)$ 確實為 f 的一個全域極小值。沒有任何區域極大值。

範例 2

求 $f(x, y) = -x^2/a^2 + y^2/b^2$ 的區域極小值或極大值。

解答：唯一的臨界點可由 $f_x(x, y) = -2x/a^2$ 及 $f_y(x, y) = 2y/b^2$ 同時等於 0 而得。得到點 $(0, 0)$，但它不產生極大值也不產生極小值，見圖 2，它稱為一個鞍點（saddle point）。所以此函數沒有區域極值。

範例 2 告訴我們一項麻煩的事實，就是 $\nabla f(x_0, y_0) = \mathbf{0}$ 並不保證在 (x_0, y_0) 具有一區域極值。幸運的是，有一個很好的判別法可決定在一平穩點上有何結果產生，這是我們的下一個主題。

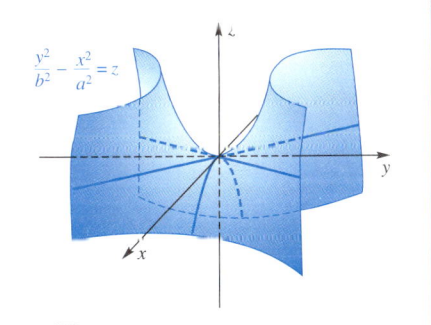

▲圖 2

判別極值的充分條件　你會認為下一個定理類似於單變數函數的二階導數檢定（定理 3.3B）。嚴謹的證明是超過本書範圍的，但是我們利用前一節討論的二變數函數的泰勒多項式，提供了此證明的概述。

> **定理 C**　**二階偏導數檢定（Second Partials Test）**
>
> 設 $f(x, y)$ 在 (x_0, y_0) 的一個鄰域內具有連續的二階偏導數，且 $\nabla f(x_0, y_0) = \mathbf{0}$。令
>
> $$D = D(x_0, y_0) = f_{xx}(x_0, y_0) f_{yy}(x_0, y_0) - f_{xy}^2(x_0, y_0)$$
>
> 1. 若 $D > 0$ 且 $f_{xx}(x_0, y_0) < 0$，則 $f(x_0, y_0)$ 為一個區域極大值；
> 2. 若 $D > 0$ 且 $f_{xx}(x_0, y_0) > 0$，則 $f(x_0, y_0)$ 為一個區域極小值；
> 3. 若 $D < 0$，則 $f(x_0, y_0)$ 不是一個極值（(x_0, y_0) 為一鞍點）；
> 4. 若 $D = 0$，則此檢定無效。

證明　我們假設 $f(0, 0) = 0$ 且 $x_0 = y_0 = 0$（若此條件不成立，我們可在不改變其形狀的情況下，平移其圖形，使它滿足此條件，稍後再平移回原位）。對 $(0, 0)$ 附近的 (x, y) 而言，f 的行為相似於 f 在 $(0, 0)$ 的二階泰勒多項式

$$P_2(x, y) = f(0,0) + f_x(0,0)x + f_y(0,0)y + \frac{1}{2}[f_{xx}(0,0)x^2 + 2f_{xy}(0,0)xy + f_{yy}(0,0)y^2]$$

（一個嚴謹的證明在利用 $P_2(x, y)$ 逼近 $f(x, y)$ 時，需考慮它的餘項）在條件 $\nabla f(0,0) = \langle f_x(0,0), f_y(0,0) \rangle = \mathbf{0}$ 及條件 $f(0,0) = 0$ 之下，二階泰勒多項式可化簡為

$$P_2(x, y) = \frac{1}{2}[f_{xx}(0,0)x^2 + 2f_{xy}(0,0)xy + f_{yy}(0,0)y^2]$$

令 $A = f_{xx}(0,0)$，$B = f_{xy}(0,0)$ 且 $C = f_{yy}(0,0)$，可得

$$P_2(x, y) = \frac{1}{2}[Ax^2 + 2Bxy + Cy^2]$$

完成 x 的完全平方是可得，

$$P_2(x, y) = \frac{A}{2}\left[x^2 + 2\frac{By}{A}x + \left(\frac{By}{A}\right)^2 + \frac{C}{A}y^2 - \left(\frac{By}{A}\right)^2\right]$$

$$= \frac{A}{2}\left[\left(x + \frac{B}{A}y\right)^2 + \left(\frac{C}{A} - \frac{B^2}{A^2}\right)y^2\right]$$

式子 $\left(x + \dfrac{B}{A}y\right)^2$ 對所有不為 $(0, 0)$ 的 (x, y) 皆為正。若 $\dfrac{C}{A} - \dfrac{B^2}{A^2} > 0$

即 $AC - B^2 = f_{xx}(0,0)f_{yy}(0,0) - f_{xy}^2(0,0) = D > 0$，則中括號內的表式皆為正。若同時 $A > 0$，則對所有的 $(x, y) \neq (0, 0)$，$P_2(x, y) > 0$，此時，$f(0, 0) = 0$ 是一個局部極小值。同理，若 $D > 0$ 且 $A < 0$，則對所有的 $(x, y) \neq (0, 0)$，$P_2(x, y) < 0$，此時，$f(0,0)$ 為一極大值。當 $D > 0$，則 $P_2(x, y)$ 的圖形為一頂點在 $(0, 0)$ 的拋物面，若 $A > 0$，其開口朝上；若 $A < 0$，開口朝下。

若 $D < 0$，則 $P_2(x, y)$ 的圖形為一雙曲拋物面，$(0, 0)$ 為一鞍點，見 11.8 節中的圖 11。

最後，若 $D = 0$，則 $P_2(x, y)$ 中各項皆為零，所以 $P_2(x, y) = 0$。此時，為了決定 $f(x, y)$ 在 $(0, 0)$ 附近的行為，我們需要更高階項，但是此定理對高階項並無討論，所以我們無法判斷 $f(0, 0)$ 是區域極小值或極大值。

範例 3

若可能的話，求函數 $F(x, y) = 3x^3 + y^2 - 9x + 4y$ 的極值。

解答：因 $F_x(x, y) = 9x^2 - 9$ 且 $F_y(x, y) = 2y + 4$，由同時解出方程式 $F_x(x, y) = F_y(x, y) = 0$，得點 $(1, -2)$ 及 $(-1, -2)$。

現在 $F_{xx}(x, y) = 18x$，$F_{yy}(x, y) = 2$ 及 $F_{xy} = 0$。因此，在臨界點 $(1, -2)$ 上，

$$D = F_{xx}(1, -2) \cdot F_{yy}(1, -2) - F_{xy}^2(1, -2) = 18(2) - 0 = 36 > 0$$

而且，$F_{xx}(1, -2) = 18 > 0$，由定理 C(2) 可知，$F(1, -2) = -10$ 為 F 的一個區域極小值。

檢驗另外一個臨界點 $(-1, -2)$，可得 $F_{xx}(-1, -2) = -18$，$F_{yy}(-1, -2) = 2$ 且 $F_{xy}(-1, -2) = 0$，它們滿足 $D = -36 < 0$。因此，由定理 (3) 可知 $(-1, -2)$ 是一個鞍點，且 $F(-1, -2)$ 不是一個極值。

範例 4

求原點至曲面 $z^2 = x^2y + 4$ 的最短距離。

解答：設 $P(x, y, z)$ 為曲面上任一點，則原點至 P 之距離的平方為 $d^2 = x^2 + y^2 + z^2$。我們想求出 P 的坐標使得 d^2（也是 d）為最小值。

因為 P 在曲面上，故其坐標滿足曲面方程式。將 $z^2 = x^2y + 4$ 代入 $d^2 = x^2 + y^2 + z^2$，得到 d^2 為 x 和 y 的函數：

$$d^2 = f(x, y) = x^2 + y^2 + x^2y + 4$$

欲求臨界點，我們令 $f_x(x, y) = 0$ 且 $f_y(x, y) = 0$，得到

$$2x + 2xy = 0 \text{ 及 } 2y + x^2 = 0$$

將兩式中的 y 項消去,可得

$$2x - x^3 = 0$$

因此,$x = 0$ 或 $x = \pm\sqrt{2}$。代入第二個方程式,得 $y = 0$ 及 $y = -1$。因此,臨界點為 $(0, 0)$,$(\sqrt{2}, -1)$ 及 $(-\sqrt{2}, -1)$(沒有邊界點)。

為了檢驗這些點,我們需要 $f_{xx}(x, y) = 2 + 2y$,$f_{yy}(x, y) = 2$,$f_{xy}(x, y) = 2x$ 及

$$D(x, y) = f_{xx}f_{yy} - f_{xy}^2 = 4 + 4y - 4x^2$$

因為 $D(\pm\sqrt{2}, -1) = -8 < 0$,所以 $(\sqrt{2}, -1)$ 及 $(-\sqrt{2}, -1)$ 皆不為極值。然而,$D(0, 0) = 4 > 0$ 且 $f_{xx}(0, 0) = 2 > 0$,所以 $(0, 0)$ 會產生最小距離。以 $x = 0$,$y = 0$ 代入 d^2 的式中,求出 $d^2 = 4$。

故原點與給定曲面之間的最短距離為 2。

在單變數函數求極值過程中,邊界點的檢驗是簡單的,因為只有兩個邊界點。在雙變數或多變數函數中,此問題就困難多了。有些情形,如下一個例子,整個邊界可參數化,然後套用第 3 章的方法求極大值和極小值。另一種情形,如範例 6,邊界可分段參數化,然後在每一段邊界上求函數的極值。下一節中,我們將看到另一種方法,拉格朗日乘算子法。

範例 5

求 $f(x, y) = 2 + x^2 + y^2$ 在有界的閉集合 $S = \left\{(x, y): x^2 + \frac{1}{4}y^2 \leq 1\right\}$ 上的極大值與極小值。

解答:圖 3 展示了曲面 $z = f(x, y)$ 以及在 xy-平面上的集合 S。一階偏導數為 $f_x(x, y) = 2x$ 與 $f_y(x, y) = 2y$。因此,在內部唯一可能的臨界點是 $(0, 0)$。因為

$$D(0, 0) = f_{xx}(0, 0)f_{yy}(0, 0) - f_{xy}^2(0, 0) = 2 \cdot 2 - 0 = 4 > 0$$

且 $f_{xx}(0, 0) = 2 > 0$,所以 $f(0, 0) = 2$ 為極小值。

全域極大值必定發生在 S 的邊界。圖 3 也展示出 S 的邊界向上投影到曲面 $z = f(x, y)$ 上;沿著此曲線,f 在某處有極大值。我們將 S 的邊界參數化,得

$$x = \cos t, \ y = 2\sin t, \ 0 \leq t \leq 2\pi$$

最佳化問題化簡成單變數函數

$$g(t) = f(\cos t, 2\sin t), \ 0 \leq t \leq 2\pi$$

的最佳化問題,套用連鎖法則(定理 12.6A),

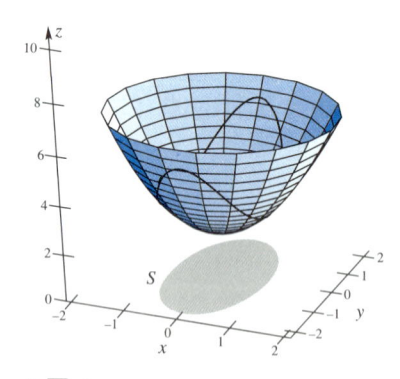

▲ 圖 3

$$g'(t) = \frac{\partial f}{\partial x}\frac{dx}{dt} + \frac{\partial f}{\partial y}\frac{dy}{dt}$$
$$= 2x(-\sin t) + 2y(2\cos t)$$
$$= -2\sin t\cos t + 8\sin t\cos t$$
$$= 6\sin t\cos t = 3\sin 2t$$

令 $g'(t) = 0$，可得 $t = 0, \frac{\pi}{2}, \pi, \frac{3\pi}{2}$ 及 2π，因此 g 在 $[0, 2\pi]$ 中有五個臨界點。這五個 t 值決定 f 的五個臨界點 $(1, 0)$、$(0, 2)$、$(-1, 0)$、$(0, -2)$ 及 $(1, 0)$；最後一點與第一點相同，因為角度 2π 與角度 0 產生相同的點。f 的對應值為

$$f(1, 0) = 3 \quad f(0, 2) = 6$$
$$f(-1, 0) = 3 \quad f(0, -2) = 6$$

在 S 之內部的臨界點，可得 $f(0, 0) = 2$。所以，f 在 S 上的極小值為 2，極大值為 6。

範例 6

一條電纜線，由發電廠經過一條淺河流，舖設到一個新設立的工廠。此河流寬 50 呎，工廠位於下游 200 呎且距河邊 100 呎處，見圖 4。電纜線的費用為，舖設於水面下的每呎\$600，沿河岸舖設的每呎\$100，跨過土地舖設於河岸到工廠的每呎\$200。該如何設計舖設線路，可花費最少的舖設費？此最少舖設費是多少？

解答：令 P、Q、R 及 F 代表圖 4 中所示各點。令 x 表示河岸上與發電廠隔河相對之點到 Q 的距離，y 表示河岸上與工廠最近之點與 R 的距離。則電纜線的長度與費用如下表所列

纜線舖設方式	長度	費用
水面下	$\sqrt{x^2 + 50^2}$	\$600／英尺
沿河岸	$200 - (x + y)$	\$100／英尺
跨過土地	$\sqrt{y^2 + 100^2}$	\$200／英尺

因此，總費用為

$$C(x, y) = 600\sqrt{x^2 + 50^2} + 100(200 - x - y) + 200\sqrt{y^2 + 100^2}$$

(x, y) 的值需滿足 $x \geq 0$，$y \geq 0$，$x + y \leq 200$，見圖 5。取偏微分並設定它們為 0，可得，

$$C_x(x, y) = 300(x^2 + 50^2)^{-1/2}(2x) - 100 = \frac{600x}{\sqrt{x^2 + 50^2}} - 100 = 0$$

$$C_y(x, y) = 100(y^2 + 100^2)^{-1/2}(2y) - 100 = \frac{200y}{\sqrt{y^2 + 100^2}} - 100 = 0$$

此方程組的解為

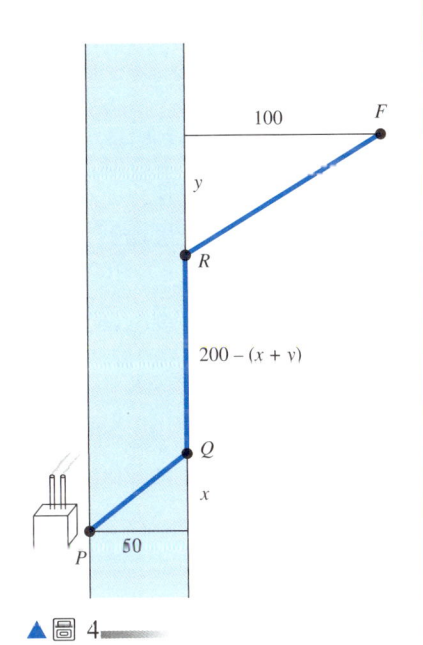

▲圖 4

$$x = \frac{10}{7}\sqrt{35} \approx 8.4515$$

$$y = \frac{100}{3}\sqrt{3} \approx 57.735$$

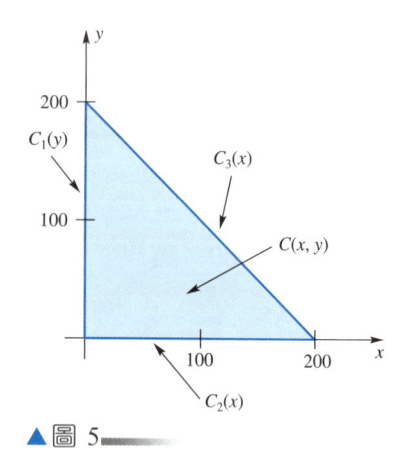

現在，套用二階偏導數檢定：

$$C_{xx}(x, y) = \frac{600\sqrt{x^2 + 50^2} - 600x^2/\sqrt{x^2 + 50^2}}{x^2 + 50^2}$$

$$C_{yy}(x, y) = \frac{200\sqrt{y^2 + 100^2} - 200y^2/\sqrt{y^2 + 100^2}}{y^2 + 100^2}$$

$$C_{xy}(x, y) = 0$$

計算 D 在 $x = \frac{10}{7}\sqrt{35}$ 且 $y = \frac{100}{3}\sqrt{3}$ 時之值，可得

$$D = C_{xx}\left(\tfrac{10}{7}\sqrt{35}, \tfrac{100}{3}\sqrt{3}\right)C_{yy}\left(\tfrac{10}{7}\sqrt{35}, \tfrac{100}{3}\sqrt{3}\right) - \left[C_{xy}\left(\tfrac{10}{7}\sqrt{35}, \tfrac{100}{3}\sqrt{3}\right)\right]^2$$

$$= \frac{35\sqrt{35}}{18}\frac{3\sqrt{3}}{4} - 0^2$$

$$= \frac{35}{24}\sqrt{105} > 0$$

因此，$x = \frac{10}{7}\sqrt{35}$ 且 $y = \frac{100}{3}\sqrt{3}$ 產生一個區域極小值，其值為

$$C\left(\tfrac{10}{7}\sqrt{35}, \tfrac{100}{3}\sqrt{3}\right) =$$
$$36{,}000\sqrt{\tfrac{5}{7}} + 100\left(200 - \tfrac{10}{7}\sqrt{35} - \tfrac{100}{3}\sqrt{3}\right) + \frac{40{,}000}{\sqrt{3}} \approx \$66{,}901$$

我們需要檢查邊界。當 $x = 0$ 時，費用函數為

$$C_1(y) = C(0, y) = 30{,}000 + 100(200 - y) + 200\sqrt{y^2 + 100^2}$$

（函數 $C_1(y)$ 與 $C(x, y)$ 在 $C(x, y)$ 的三角形定義域之左邊界上是一致的。同理，下列定義的 $C_2(x)$ 與 $C_3(x)$ 分別在下方及上方邊界上與 $C(x, y)$ 一致，見圖 5）利用第 3 章的方法，我們發現，當 $y = 100/\sqrt{3}$ 時，C_1 得極小值，大約是 \$67,321。在 $y = 0$ 的邊界上，費用函數為

$$C_2(x) = C(x, 0) = 20{,}000 + 600\sqrt{x^2 + 50^2} + 100(200 - x)$$

再一次利用第 3 章的方法，我們發現，當 $x = 10\sqrt{5/7}$ 時。C_2 得一極小值，大約是 \$69,580。最後，我們需著手於邊界 $x + y = 200$。我們用 $200 - x$ 取代 y，得到單以 x 為變數的費用函數：

$$C_3(x) = C(x, 200 - x)$$
$$= 600\sqrt{x^2 + 50^2} + 200\sqrt{(200 - x)^2 + 100^2}$$

此函數在 $x \approx 15.3292$ 時得一極小值，大約是 \$73,380。

因此，最少的舖設費為 \$66,901，發生於 $x = \frac{10}{7}\sqrt{35} \approx 8.4515$ 且 $y = \frac{100}{3}\sqrt{3} \approx 57.735$ 時。

▲ 圖 5

練習題 12.8

1-3 題中，請找出所有的臨界點，並指出該點決定一個區域極大值或區域極小值，或者，它是一個鞍點。提示：利用定理 C。

1. $f(x, y) = x^2 + 4y^2 - 4x$

2. $f(x, y) = xy$

3. $f(x, y) = xy + \dfrac{2}{x} + \dfrac{4}{y}$

4-5 題中，找出 f 在 S 中的全域極大值及全域極小值，並指出它們發生在哪裡。

4. $f(x, y) = 3x + 4y$，$S = \{(x, y) : 0 \leq x \leq 1, -1 \leq y \leq 1\}$

5. $f(x, y) = x^2 - y^2 + 1$，$S = \{(x, y) : x^2 + y^2 \leq 1\}$（範例 5）

6. 請利用本節的方法找出原點至平面 $x + 2y + 3z = 12$ 的最短距離。

7. 已知一閉合長方體之體積為 v_0，請找出該長方體具有最小面積時的長寬高。

8. 最小平方（Least Squares）：給定 xy-平面上的 n 個點 $(x_1, y_1), (x_2, y_2), \cdots, (x_n, y_n)$，我們希望找到一條直線 $y = mx + b$，使得這些點至該直線的垂直距離的平方和為最小；也就是，我們希望極小化

$$f(m, b) = \sum_{i=1}^{n} (y_i - mx_i - b)^2$$

（見圖 6，同時，請記得 x_i 與 y_i 是固定的）

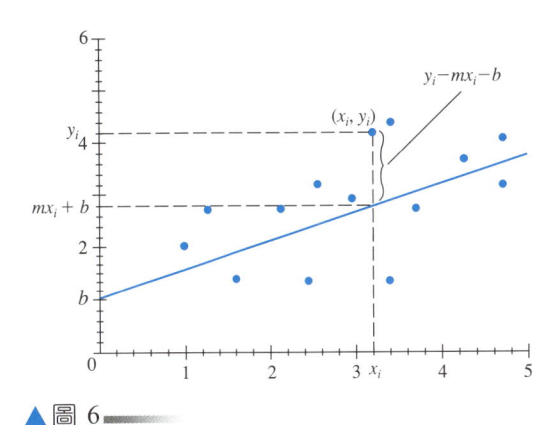

▲圖 6

(a) 求 $\partial f / \partial m$ 與 $\partial f / \partial b$，且令這些結果為零。證明這些步驟可產生方程組

$$m \sum_{i=1}^{n} x_i^2 + b \sum_{i=1}^{n} x_i = \sum_{i=1}^{n} x_i y_i$$

$$m \sum_{i=1}^{n} x_i + nb = \sum_{i=1}^{n} y_i$$

(b) 解此方程組中的 m 與 b。

(c) 請利用二階偏導函數判別法（定理 C），證明 f 在這樣找出的 m 與 b 具有最小值。

9. 請針對已知點 $(3, 2), (4, 3), (5, 4), (6, 4)$ 與 $(7, 5)$ 找出最小平方直線（請第 8 題）。

10. 求 $f(x, y) = 10 + x + y$ 在圓盤 $x^2 + y^2 \leq 9$ 上的極大值與極小值。提示：邊界的參數式為 $x = 3 \cos t$，$y = 3 \sin t$，$0 \leq t \leq 2\pi$

12.9 拉格朗日乘子法

本節將先區別兩種問題。求 $x^2 + 2y^2 + z^4 + 4$ 的極小值是一個自由的極值問題，在 $x + 3y - z = 7$ 條件下求 $x^2 + 2y^2 + z^4 + 4$ 的極小值，是一個限制的極值問題。有許多實際的應用，特別在經濟學上，都是屬於後者。例如，一生產者期望得到最大利潤，但又必須受制於能使用之材料的數量，勞力的多寡等等。

12.8 節的範例 4 就是一個限制的極值問題。我們欲求出曲面 $z^2 = x^2y + 4$ 至原點的最小距離。我們將此問題化成在 $z^2 = x^2y + 4$ 限制條件下，求 $d^2 = x^2 + y^2 + z^2$ 的最小值。我們是將限制條件的 z^2 代入 d^2 的表示式中，再解自由的（即未受限制的）極值問題。12.8 節的範例 5 也是受限制的最佳化問題。我們知道極大值必須發生在區域 S 的邊界上，故導出 $z = 2 + x^2 + y^2$ 在限制條件 $x^2 + \frac{1}{4}y^2 = 1$ 下的極大化問題。首先將限制式參數化，然後極大化單變數函數（變數為限制式的參數），就可解此問題。然而，時常，限制式無法輕易地針對其中的一變數求解，或是限制式無法用單變數參數化。甚至，當利用這些方法之一時，另一方法可能較簡單；這是 **拉格朗日乘子法**（Lagrange multipliers）。

方法之幾何解釋　第 12.8 節的範例 5 中的部分問題是在限制式 $g(x, y) = 0$ 之下對目標函數 $f(x, y) = 2 + x^2 + y^2$ 極大化，其中 $g(x, y) = x^2 + \frac{1}{4}y^2 - 1$。圖 1 展示出曲面 $z = f(x, y)$ 與限制式；橢圓柱代表限制式。圖 1 的第二部分展示出限制式與曲面 $z = f(x, y)$ 的交集。此最佳化問題是沿著此相交曲線，找出函數在何處有極大值，在何處有極小值。圖 1 的第二及第三部分提示當目標函數 f 的水準曲線相切於限制曲線時，會有極大值及極小值。這是隱藏在拉格朗日乘算子法背後的重要觀念。

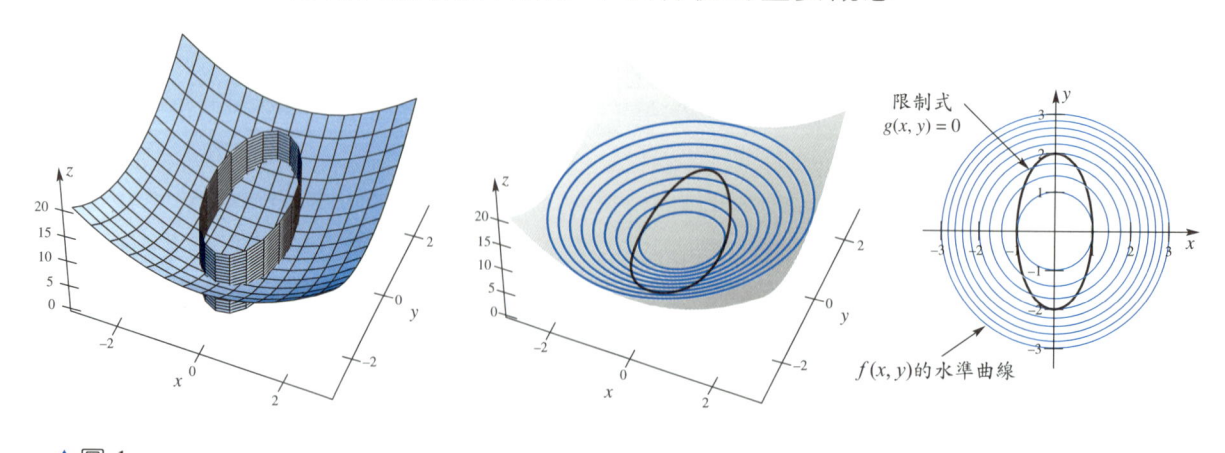

▲ 圖 1

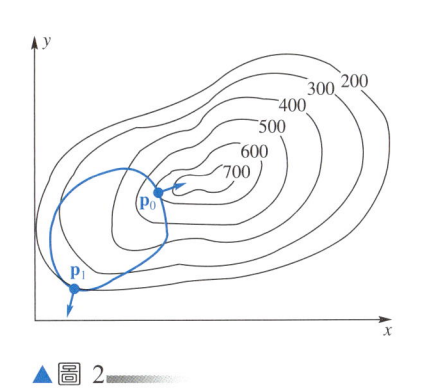

多變數函數的導數 Chapter 12   599

接下來，我們考慮 $f(x, y)$ 在 $g(x, y) = 0$ 之限制下的一般最佳化問題。f 的等值曲線是曲線 $f(x, y) = k$，此處 k 為常數。它們是圖 2 中的黑色曲線，$k = 200, 300, \ldots, 700$。限制式 $g(x, y) = 0$ 的圖形也是一條曲線；顯示於圖 2 的灰色曲線。在 $g(x, y) = 0$ 的限制下極大化 f，是指求出具有最大可能 k 值的等值曲線，而此水準曲線與限制曲線相交。顯然，從圖 2 可知這樣的等值曲線與限制曲線在點 $\mathbf{p}_0 = (x_0, y_0)$ 上相切，所以，f 在 $g(x, y) = 0$ 之限制下的極大值為 $f(x_0, y_0)$。在另一切點 $\mathbf{p}_1 = (x_1, y_1)$ 上，可得 f 在 $g(x, y) = 0$ 之限制下的極小值 $f(x_1, y_1)$。

▲圖 2

拉格朗日方法提供一個求點 $\mathbf{p}_0$ 及 $\mathbf{p}_1$ 的代數技巧。因在如此點上，等值曲線與限制條件相切（即有同一條切線），兩曲線具有同一條垂直線。但在一等值曲線上任意一點上，梯度向量 ∇f 垂直於等值曲線（12.5 節），同理 ∇g 垂直於限制曲線。因此，∇f 及 ∇g 在 $\mathbf{p}_0$ 及 $\mathbf{p}_1$ 上互相平行；即

$$\nabla f(\mathbf{p}_0) = \lambda_0 \nabla g(\mathbf{p}_0) \quad \text{和} \quad \nabla f(\mathbf{p}_1) = \lambda_1 \nabla g(\mathbf{p}_1)$$

此處 λ_0 及 λ_1 為某非零實數。

以上論述是相當直觀的，在某種適當的假設下可做得很嚴謹。同時，此推論對於在 $g(x, y, z) = 0$ 的限制下，求 $f(x, y, z)$ 的極大值或極小值仍然有效。我們只要考慮等值曲面而不是等值曲線就可以。事實上，以上結果對任何多變數函數都有效。

底下就是拉格朗日乘算子法的陳述。

定理 A　拉格朗日方法（Lagranger's Method）

欲求 $f(\mathbf{p})$ 在 $g(\mathbf{p}) = 0$ 之限制下的極大值或極小值，須解下列方程組

$$\nabla f(\mathbf{p}) = \lambda \nabla g(\mathbf{p}) \quad \text{與} \quad g(\mathbf{p}) = 0$$

之中的 $\mathbf{p}$ 與 λ。每一個這樣的點 $\mathbf{p}$ 為限制之極值問題的一個臨界點，且對應的 λ 稱為一個拉格朗日乘算子。

應用　我們以幾個例子來說明這個方法。

▲ 圖 3

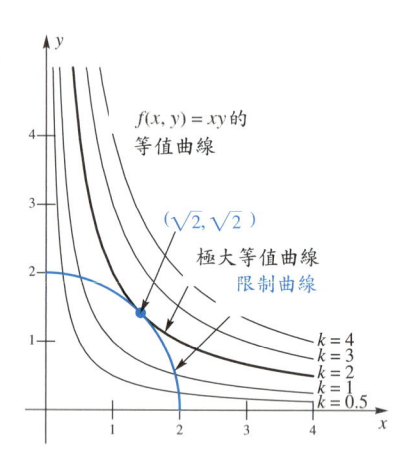

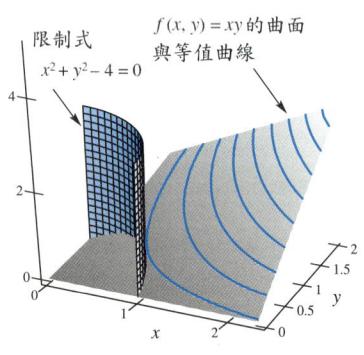

▲ 圖 4

範例 1

已知一長方形,其對角線長為 2,求最大面積?

解答:將此長方形放在第一象限內,使其兩邊沿著坐標軸;原點對面之頂點的座標為 (x, y),此處 x,y 皆為正,見圖 3。其對角線的長為 $\sqrt{x^2 + y^2} = 2$,面積為 xy。

因此,我們可將此問題化為在 $g(x, y) = x^2 + y^2 - 4 = 0$ 的限制下求 $f(x, y) = xy$ 的極大值。其對應的梯度為

$$\nabla f(x, y) = f_x(x, y)\mathbf{i} + f_y(x, y)\mathbf{j} = y\mathbf{i} + x\mathbf{j}$$

$$\nabla g(x, y) = g_x(x, y)\mathbf{i} + g_y(x, y)\mathbf{j} = 2x\mathbf{i} + 2y\mathbf{j}$$

因此,拉格朗日方程組變成

(1) $y = \lambda(2x)$

(2) $x = \lambda(2y)$

(3) $x^2 + y^2 = 4$

同時求出各解。若將 (1) 式乘以 y,(2) 式乘以 x,得 $y^2 = 2\lambda xy$ 及 $x^2 = 2\lambda xy$,由此可得

(4) $y^2 = x^2$

由 (3) 及 (4) 可得,$x = \sqrt{2}$ 及 $y = \sqrt{2}$;將它們代入 (1) 式,得 $\lambda = \frac{1}{2}$。因此,在維持 x 與 y 為正的情況下,(1) 到 (3) 的解為 $x = \sqrt{2}$,$y = \sqrt{2}$ 及 $\lambda = \frac{1}{2}$。

我們的結論為,對角線為 2 之最大面積長方形是邊長為 $\sqrt{2}$ 的正方形,其面積為 2。此問題的幾何意義如圖 4 所示。

範例 2

利用拉格朗日方法,求 $f(x, y) = y^2 - x^2$ 在橢圓 $x^2/4 + y^2 = 1$ 上的極大值和極小值。

解答:參考 12.8 節的圖 2 中,雙曲拋物面 $z = f(x, y) = y^2 - x^2$ 的圖形。由此圖形我們會猜測,在 $(\pm 2, 0)$ 上發生極小值,且在 $(0, \pm 1)$ 上發生極大值。底下我們證明這推測。

我們可將限制條件定為 $g(x, y) = x^2 + 4y^2 - 4 = 0$。現在

$$\nabla f(x, y) = -2x\mathbf{i} + 2y\mathbf{j}$$

且

$$\nabla g(x, y) = 2x\mathbf{i} + 8y\mathbf{j}$$

拉格朗日方程式為

(1) $-2x = \lambda 2x$

(2) $2y = \lambda 8y$

(3) $x^2 + 4y^2 = 4$

由第三個等式可知 x 及 y 不可皆為 0。若 $x \neq 0$，則第一個等式可得 $\lambda = -1$，且由第二等式可得 $y = 0$。由第三式知 $x = \pm 2$。因此臨界點為 $(\pm 2, 0)$。

若 $y \neq 0$，由第二式知 $\lambda = \frac{1}{4}$，則由第一式得 $x = 0$，最後由第三式得 $y = \pm 1$。因此，$(0, \pm 1)$ 亦為臨界點。現在，對 $f(x, y) = y^2 - x^2$ 而言，

$$f(2, 0) = -4$$
$$f(-2, 0) = -4$$
$$f(0, 1) = 1$$
$$f(0, -1) = 1$$

$f(x, y)$ 在已知橢圓上的最小值為 -4；最大值為 1。

範例 3

求 $f(x, y, z) = 3x + 2y + z + 5$ 在 $g(x, y, z) = 9x^2 + 4y^2 - z = 0$ 之限制下的最小值。

解答：f 與 g 的梯度為 $\nabla f(x, y, z) = 3\mathbf{i} + 2\mathbf{j} + \mathbf{k}$ 與 $\nabla g(x, y, z) = 18x\mathbf{i} + 8y\mathbf{j} - \mathbf{k}$。欲求臨界點，我們解下列方程組中的 (x, y, z, λ)。

$$\nabla f(x, y, z) = \lambda \nabla g(x, y, z) \text{ 且 } g(x, y, z) = 0$$

其中 λ 為一拉格朗日乘算子。以上相當於解下列具有 4 個含有變數 x、y、z 及 λ 之方程式

(1) $3 = 18x\lambda$
(2) $2 = 8y\lambda$
(3) $1 = -\lambda$

由 (3) 式知 $\lambda = -1$ 代入 (1) 及 (2) 式，得 $x = -\frac{1}{6}$ 及 $y = -\frac{1}{4}$。再代入 (4) 式，得 $z = \frac{1}{2}$。因此原四個方程式的聯立解為 $\left(-\frac{1}{6}, -\frac{1}{4}, \frac{1}{2}, -1\right)$，唯一的臨界點為 $\left(-\frac{1}{6}, -\frac{1}{4}, \frac{1}{2}\right)$。因此，$f(x, y, z)$ 在 $g(x, y, z) = 0$ 之限制下的最小值為 $f\left(-\frac{1}{6}, -\frac{1}{4}, \frac{1}{2}\right) = \frac{9}{2}$（我們如何知道此值為極小值而不是極大值呢？）。

兩個或多個限制式　若是求極大值或極小值之函數的變數被加上一個以上的限制條件，則須使用另加的拉格朗日乘算子（每一限制條件加一個）。例如，在 $g(x, y, z) = 0$ 及 $h(x, y, z) = 0$ 之限制下求某一三變數函數的極值，則我們必須解出下列方程組中的變數 x, y, z, λ 及 μ。

$$\nabla f(x, y, z) = \lambda \nabla g(x, y, z) + \mu \nabla h(x, y, z), \quad g(x, y, z) = 0, \quad h(x, y, z) = 0$$

此處 λ 及 μ 為拉格朗日乘算子。以上相當於求下列五個以 x, y, z, λ 及 μ 為變數之方程式的聯立解。

(1) $f_x(x, y, z) = \lambda g_x(x, y, z) + \mu h_x(x, y, z)$

(2) $f_y(x, y, z) = \lambda g_y(x, y, z) + \mu h_y(x, y, z)$

(3) $f_z(x, y, z) = \lambda g_z(x, y, z) + \mu h_z(x, y, z)$

(4) $g(x, y, z) = 0$

(5) $h(x, y, z) = 0$

由這方程組的解，可得臨界點。

範例 4

已知一橢圓為柱面 $x^2 + y^2 = 2$ 與平面 $y + z = 1$ 的交集，見圖 5。求 $f(x, y, z) = x + 2y + 3z$ 在此橢圓上的極大值與極小值。

解答： 我們想求 $f(x, y, z)$ 在 $g(x, y, z) = x^2 + y^2 - 2 = 0$ 及 $h(x, y, z) = y + z - 1 = 0$ 之限制下的極大值和極小值。所對應的拉格朗日方程式為

(1) $1 = 2\lambda x$

(2) $2 = 2\lambda y + \mu$

(3) $3 = \mu$

(4) $x^2 + y^2 - 2 = 0$

(5) $y + z - 1 = 0$

由 (1) 式知 $x = 1/(2\lambda)$；由 (2) 及 (3) 式，得 $y = -1/(2\lambda)$。因此，由 (4) 式可得 $(1/(2\lambda))^2 + (-1/(2\lambda))^2 = 2$，得 $\lambda = \pm\frac{1}{2}$。當 $\lambda = \frac{1}{2}$ 時，產生臨界點 $(x, y, z) = (1, -1, 2)$；而 $\lambda = -\frac{1}{2}$ 時，產生臨界點 $(x, y, z) = (-1, 1, 0)$。我們得到 $f(1, -1, 2) = 5$ 為極大值，且 $f(-1, 1, 0) = 1$ 為極小值。

函數在有界閉集的最佳化 套用下列步驟，我們可找出函數 $f(x, y)$ 在有界之閉集 S 上的極大值或極小值。首先，我們利用 12.8 節的方法找出在 S 內部的極大值或極小值。然後，利用拉格朗日算子找出邊界上的區域極大值點或區域極小值點。最後，比較函數在這些點的值，就可以找出在 S 上的極大值、極小值了。

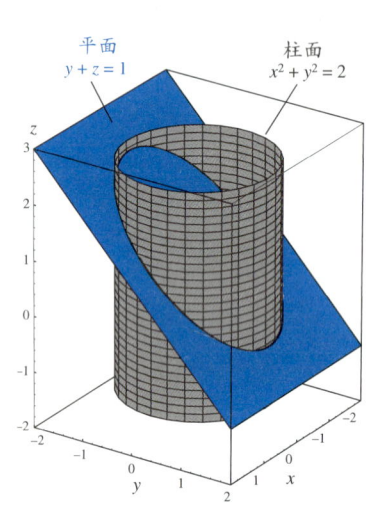

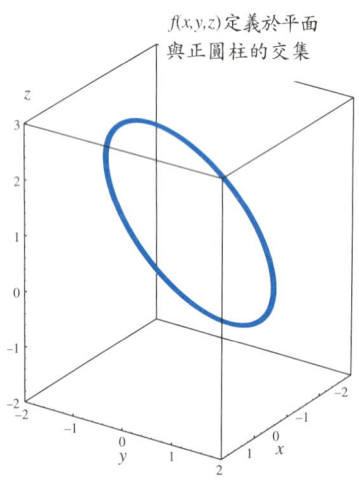

平面 $y + z = 1$

柱面 $x^2 + y^2 = 2$

$f(x,y,z)$ 定義於平面與正圓柱的交集

▲圖 5

想一想對稱性

圖 6 建議，檢驗的 4 個點對稱於原點。確實是如此！

範例 5

求函數 $f(x, y) = 4 + xy - x^2 - y^2$ 在集合 $S = \{(x, y): x^2 + y^2 \leq 1\}$ 上的極大值與極小值。

解答： 圖 6 展示了 $z = 4 + xy - x^2 - y^2$ 的圖形。集合 S 是一個圓心在原點且半徑為 1 的圓及其內部。因此，我們要找 f 在圖 6 上端所示區域的極大值與極小值，該區域包含了所示曲線及其內部。我們從找出 S 內部的所有臨界點開始：

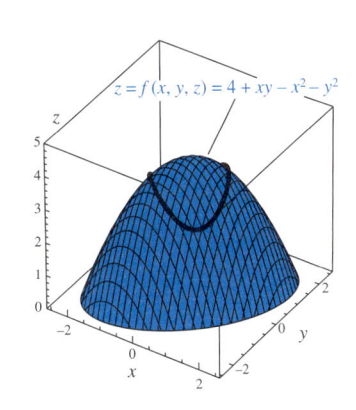

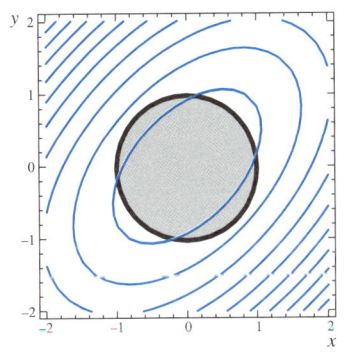

$$\frac{\partial f}{\partial x} = y - 2x = 0$$

$$\frac{\partial f}{\partial y} = x - 2y = 0$$

其唯一解,即唯一的內部臨界點,為 (0, 0)。接下來,我們套用拉格朗日乘算子法找出函數在邊界上的極大值或極小值。一個邊界上的點須滿足限制式 $x^2 + y^2 - 1 = 0$,所以,我們令 $g(x, y) = x^2 + y^2 - 1$,則

$$\nabla f(x, y) = (y - 2x)\mathbf{i} + (x - 2y)\mathbf{j}$$
$$\nabla g(x, y) = 2x\mathbf{i} + 2y\mathbf{j}$$

設定 $\nabla f(x, y) = \lambda \nabla g(x, y)$ 導致

$$y - 2x = \lambda 2x$$
$$x - 2y = \lambda 2y$$

解此兩式中的 λ,得

$$\frac{y}{2x} - 1 = \lambda = \frac{x}{2y} - 1$$

可推得 $x = \pm y$。與限制式 $x^2 + y^2 - 1 = 0$ 聯合,此式可推得 $x = \pm\sqrt{2}/2$,$y = \pm\sqrt{2}/2$。因此,我們須求出 f 在 $(0, 0)$,$\left(\frac{\sqrt{2}}{2}, \frac{\sqrt{2}}{2}\right)$,$\left(-\frac{\sqrt{2}}{2}, \frac{\sqrt{2}}{2}\right)$,$\left(\frac{\sqrt{2}}{2}, -\frac{\sqrt{2}}{2}\right)$ 及 $\left(-\frac{\sqrt{2}}{2}, -\frac{\sqrt{2}}{2}\right)$ 等5點的值:

$$f(0, 0) = 4 \quad f\left(\tfrac{\sqrt{2}}{2}, \tfrac{\sqrt{2}}{2}\right) = \tfrac{7}{2} \quad f\left(-\tfrac{\sqrt{2}}{2}, \tfrac{\sqrt{2}}{2}\right) = \tfrac{5}{2}$$

$$f\left(\tfrac{\sqrt{2}}{2}, -\tfrac{\sqrt{2}}{2}\right) = \tfrac{5}{2} \quad f\left(-\tfrac{\sqrt{2}}{2}, -\tfrac{\sqrt{2}}{2}\right) = \tfrac{7}{2}$$

f 在 S 的極大值為 4,發生在點 $(x, y) = (0, 0)$。f 在 S 的極小值為 $\frac{5}{2}$,發生在兩點 $\left(-\frac{\sqrt{2}}{2}, \frac{\sqrt{2}}{2}\right)$ 與 $\left(\frac{\sqrt{2}}{2}, -\frac{\sqrt{2}}{2}\right)$。

▲ 圖 6

練習題 12.9

1. 請找出 $f(x, y) = x^2 + y^2$ 在 $g(x, y) = xy - 3 = 0$ 之限制下的極小值。

2. 請找出 $f(x, y) = 4x^2 - 4xy + y^2$ 在 $x^2 + y^2 = 1$ 之限制下的極大值。

3. 請找出 $f(x, y, z) = x^2 + y^2 + z^2$ 在 $x + 3y - 2z = 12$ 之限制下的極小值。

4. 已知一個開口(無頂部)的長方體之表面積為 48,當它具有最大體積時,其長寬高為何?

5. 請找出原點與平面 $x + 3y - 2z = 4$ 的最短距離。

6. 已知一個封閉的長方體內接於橢圓體 $\frac{x^2}{a^2} + \frac{y^2}{b^2} + \frac{z^2}{c^2} = 1$,且各面平行於坐標面,請找出它的最大體積。

7-9 題中,請找出函數 f 在有界封閉集合 S 上的極大值與極小值。利用 12.8 節中的方法找出 S 之內部的極大值與極小值;然後利用拉格朗日乘算子找出 S 邊界上的極大值與極小值。

7. $f(x,y) = 10 + x + y$; $\{(x,y): x^2 + y^2 \leq 1\}$

8. $f(x,y) = x^2 + y^2 + 3x - xy$; $S = \{(x,y): x^2 + y^2 \leq 9\}$

9. $f(x,y) = (1+x+y)^2$; $S = \{(x,y): \dfrac{x^2}{4} + \dfrac{y^2}{16} \leq 1\}$

10. 令 $\omega = x_1 x_2 \cdots x_n$,

    (a) 在 $x_1 + x_2 + \cdots + x_n = 1$ 且所有的 $x_i > 0$ 之限制下求 ω 的極大值。

    (b) 請利用 (a),針對正數 $a_1, a_2, ..., a_n$ 導出著名的幾何平均對－術平均不等式(Geometric Mean-Arithmetic Mean Inequality)

    $$\sqrt[n]{a_1, a_2, ..., a_n} \leq \frac{a_1 + a_2 + \cdots + a_n}{n}$$

Chapter 13 多重積分

本章概要

13.1 矩形區域上的二重積分
13.2 疊積分
13.3 非矩形區域的二重積分
13.4 二重積分在極坐標系
13.5 二重積分的應用
13.6 曲面的面積
13.7 三重積分在笛卡兒坐標系
13.8 三重積分在柱面及球面坐標系
13.9 多重積分的變數變換

13.1 矩形區域上的二重積分

微分和積分是微積分的主要過程。我們已學過二維及三維空間中的微分（第 12 章）；現在是討論二維及三維空間中之積分的時候了。單變數（黎曼）積分的理論與應用將推廣到多重積分。在第 5 章裡我們曾使用單變數積分求出曲線圍成平面區域的面積，求出平面曲線的弧長，及決定變化密度之長細線的質心。本章利用多重積分求出一般固體的體積，曲面的面積，及具有變化密度的薄片與固體的質心。

微積分基本定理清楚表明了積分與微分之間的密切關係；此定理也提供了計算單變數積分的主要理論工具。在此我們將多重積分化簡成一連串單變數積分，其中微積分第二基本定理將再次扮演主要角色。你在第 4 至第 7 章所學過的積分技巧將接受檢驗。

在 4.2 節曾介紹單變數函數的黎曼積分，值得再複習一下。記得我們構造出一個分割，將區間 $[a, b]$ 分成長度為 Δx_k 的子區間，$k = 1, 2, \ldots, n$，在第 k 個區間中選取一樣本 $\overline{x}_k$，然後寫出

$$\int_a^b f(x)\, dx = \lim_{\|P\| \to 0} \sum_{k=1}^n f(\overline{x}_k)\, \Delta x_k$$

我們利用同樣的方式來定義二變數函數的積分。

令 R 為各邊平行於坐標軸的一矩形，也就是令

$$R = \{(x, y) : a \leq x \leq b, c \leq y \leq d\}$$

畫出平行 x-軸及 y-軸的各直線，形成 R 的一分割 P，如圖 1 所示。它將 R 分成 n 個子矩形，以 R_k 表示，$k = 1, 2, \ldots, n$。設 Δx_k 及 Δy_k 為 R_k 的邊長，$\Delta A_k = \Delta x_k \Delta y_k$ 為其面積。在 R_k 上，選取一個樣本點 $(\overline{x}_k, \overline{y}_k)$，形成黎曼和

$$\sum_{k=1}^n f(\overline{x}_k, \overline{y}_k)\, \Delta A_k$$

當 $f(x, y) \geq 0$ 時，此式表示 n 個長方體的體積和，見圖 2 及 3。令分割愈來愈細，使得所有 R_k 愈來愈小，將導出我們所要的觀念。

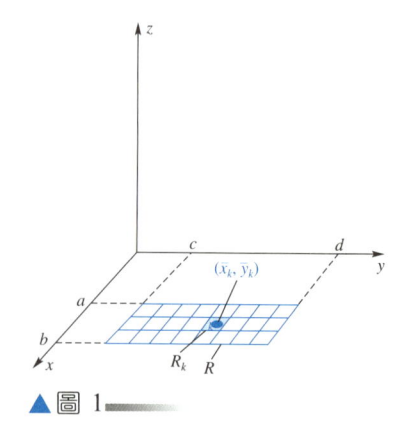

▲圖 1

▲圖 2

▲圖 3

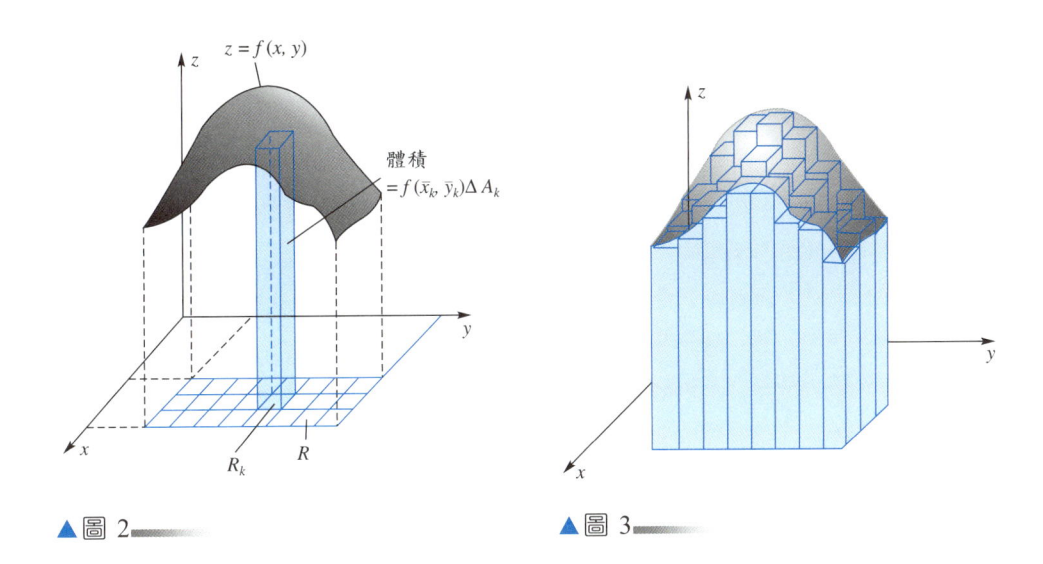

現在我們要給予正式的定義。我們使用以前介紹過的符號，及另一個附件 — P 的範數，它是分割中所有子矩形之對角線的最大長度，記為 $\|P\|$。

> **定義　二重積分（The Double Integral）**
>
> 假設 f 是定義在一個封閉矩形 R 上的二變數函數。若
> $$\lim_{\|P\|\to 0}\sum_{k=1}^{n} f(\overline{x}_k, \overline{y}_k)\,\Delta A_k$$
> 存在，我們稱 f 在 R 上可積分。而且，稱 $\iint\limits_R f(x,y)\,dA$ 為 f 在 R 上的**二重積分（double integral）**，其定義為
> $$\iint\limits_R f(x,y)\,dA = \lim_{\|P\|\to 0}\sum_{k=1}^{n} f(\overline{x}_k, \overline{y}_k)\,\Delta A_k$$

此二重積分的定義中含有 $\|P\|\to 0$ 時的極限。這不是第 1 章中所說的那一種極限，所以我們應該說明這裡真正的意義。若對每一 $\varepsilon>0$，存在 $\delta>0$，使得矩形 R 的每一個用平行 x-軸及平行 y-軸的直線進行分割且滿足 $\|P\|<\delta$ 的分割 P 在第 k 個矩形內任選一點 $(\overline{x}_k, \overline{y}_k)$，恆有 $\left|\sum_{k=1}^{n} f(\overline{x}_k, \overline{y}_k)\,\Delta A_k - L\right|<\varepsilon$，則稱 $\lim_{\|P\|\to 0}\sum_{k=1}^{n} f(\overline{x}_k, \overline{y}_k)\,\Delta A_k = L$。

記得當 $f(x)\geq 0$ 時，$\int_a^b f(x)\,dx$ 代表曲線 $y=f(x)$ 下方在 a 及 b 之間所圍成區域的面積。同理，若 $f(x,y)\geq 0$，則 $\iint\limits_R f(x,y)\,dA$ 代表了曲面 $z=f(x,y)$ 之下與矩形 R 之上所圍成固體的**體積（volume）**，見圖 4。事實上，我們將固體的體積定義為此積分。

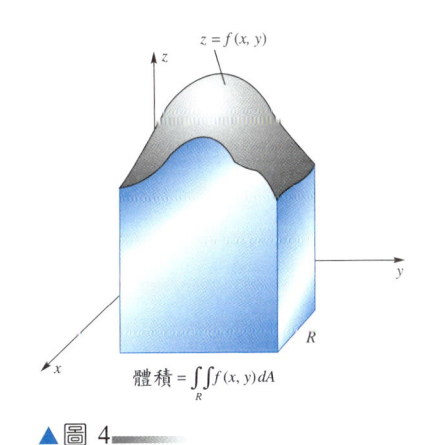

▲圖 4

存在問題 不是每一個二變數函數在給定的矩形 R 上皆可積分，原因與單變數函數的情形一樣（4.2 節）。尤其若一個函數在 R 上為無界時，它一定不可積分。幸運的是，雖然它的證明超過我們現在所學的程度，但是定理 4.2A 有一個自然的推廣。

> **定理 A** 可積分性定理
>
> 若 f 在封閉矩形 R 上有界，且它除了在有限個平滑曲線上之外皆為連續，則 f 在 R 上可積分。特別地，若 f 在整個矩形 R 上連續，則 f 在此矩形上可積分。

因此，大部分一般的函數（只要它們有界）在每一矩形上皆可積分。例如，

$$f(x, y) = e^{\sin(xy)} - y^3 \cos(x^2 y)$$

在每一矩形上可積分。另一方面，

$$g(x, y) = \frac{x^2 y - 2x}{y - x^2}$$

在任一個與拋物線 $y = x^2$ 相交的矩形上皆不可積分。圖 5 的階梯函數在 R 上可積分，因為它只在兩條線段上不連續。

二重積分的性質 二重積分承襲了大多數單一積分的性質。

1. 二重積分為線性；即

2. a. $\iint\limits_R kf(x, y)\, dA = k \iint\limits_R f(x, y)\, dA$

3. b. $\iint\limits_R [f(x, y) + g(x, y)]\, dA = \iint\limits_R f(x, y)\, dA + \iint\limits_R g(x, y)\, dA$

4. 二重積分在只重疊於一線段的兩個矩形中具相加性，見圖 6。

$$\iint\limits_R f(x, y)\, dA = \iint\limits_{R_1} f(x, y)\, dA + \iint\limits_{R_2} f(x, y)\, dA$$

5. 比較性質成立。若對所有在 R 中的 (x, y)，$f(x, y) \leq g(x, y)$ 皆成立，則

$$\iint\limits_R f(x, y)\, dA \leq \iint\limits_R g(x, y)\, dA$$

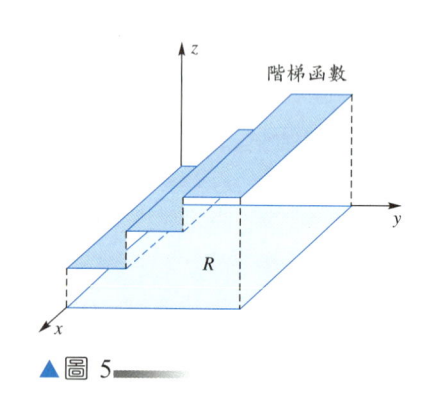

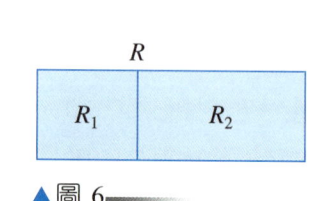

▲ 圖 5

▲ 圖 6

以上性質在比矩形更廣泛的集合中亦可成立，待 13.3 節再詳細討論。

二重積分的求值 此議題將是下一節的討論重點，屆時我們將提出一個求二重積分的有用工具。然而，我們已可進行一些積分的求值，也可找出其他的近似值。

首先，若在 R 中 $f(x,y)=1$，則其二重積分就是 R 的面積，由此可知

$$\iint_R k\,dA = k\iint_R 1\,dA = kA(R)$$

範例 1

設 f 為如圖 5 的階梯函數；即令

$$f(x,y) = \begin{cases} 1, & \text{if } 0 \leq x \leq 3, 0 \leq y \leq 1 \\ 2, & \text{if } 0 \leq x \leq 3, 1 < y \leq 2 \\ 3, & \text{if } 0 \leq x \leq 3, 2 < y \leq 3 \end{cases}$$

計算 $\iint_R f(x,y)\,dA$，此處 $R = \{(x,y): 0 \leq x \leq 3, 0 \leq y \leq 3\}$。

解答： 可設 R_1、R_2 及 R_3 分別如下：

$$R_1 = \{(x,y): 0 \leq x \leq 3, 0 \leq y \leq 1\}$$
$$R_2 = \{(x,y): 0 < x \leq 3, 1 \leq y \leq 2\}$$
$$R_3 = \{(x,y): 0 \leq x \leq 3, 2 \leq y \leq 3\}$$

則利用加法性質，可得

$$\iint_R f(x,y)\,dA = \iint_{R_1} f(x,y)\,dA + \iint_{R_2} f(x,y)\,dA + \iint_{R_3} f(x,y)\,dA$$
$$= 1A(R_1) + 2A(R_2) + 3A(R_3)$$
$$= 1\cdot 3 + 2\cdot 3 + 3\cdot 3 = 18$$

在此推導中，我們利用了 f 在一矩形邊界上的值並不影響積分之值的事實。

範例 1 只是一個極小的成就而已，坦白說，若沒有其他工具，我們無法再做什麼。然而，我們總是利用計算黎曼和來近似一個二重積分。一般而言，我們可預期選取的分割愈細，其近似愈佳。

▲ 圖 7

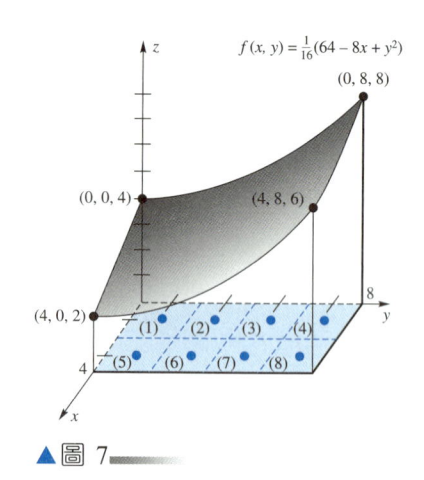

範例 2

求 $\iint\limits_R f(x, y)\, dA$ 的近似值，此處

$$f(x, y) = \frac{64 - 8x + y^2}{16}$$

且

$$R = \{(x, y) : 0 \le x \le 4, 0 \le y \le 8\}$$

利用黎曼和求出，其中將 R 分成 8 個等面積的方塊，且選取各方塊的中心為樣本點，見圖 7。

解答：函數在各選取樣本點之值如下所示：

(1) $f(x_1, y_1) = f(1, 1) = \dfrac{57}{16}$; (5) $f(x_5, y_5) = f(3, 1) = \dfrac{41}{16}$

(2) $f(x_2, y_2) = f(1, 3) = \dfrac{65}{16}$; (6) $f(x_6, y_6) = f(3, 3) = \dfrac{49}{16}$

(3) $f(x_3, y_3) = f(1, 5) = \dfrac{81}{16}$; (7) $f(x_7, y_7) = f(3, 5) = \dfrac{65}{16}$

(4) $f(x_4, y_4) = f(1, 7) = \dfrac{105}{16}$; (8) $f(x_8, y_8) = f(3, 7) = \dfrac{89}{16}$

因此，由於 $\Delta A_k = 4$，

$$\iint\limits_R f(x, y)\, dA \approx \sum_{k=1}^{8} f(\overline{x}_k, \overline{y}_k)\, \Delta A_k$$

$$= 4 \sum_{k=1}^{8} f(\overline{x}_k, \overline{y}_k)$$

$$= \frac{4(57 + 65 + 81 + 105 + 41 + 49 + 65 + 89)}{16} = 138$$

在 13.2 節中，我們將學到如何求此積分的準確值，它為 $138\frac{2}{3}$。

練習題 13.1

1-2 題中，令 $R = \{(x, y) : 1 \le x \le 4, 0 \le y \le 2\}$，就給定的函數 f 求 $\iint\limits_R f(x, y)\, dA$ 之值（見範例 1）。

1. $f(x, y) = \begin{cases} 2 & 1 \le x < 3, 0 \le y \le 2 \\ 3 & 3 \le x \le 4, 0 \le y \le 2 \end{cases}$

2. $f(x, y) = \begin{cases} 2 & 1 \le x < 3, 0 \le y < 1 \\ 1 & 1 \le x < 3, 1 \le y \le 2 \\ 3 & 3 \le x \le 4, 0 \le y \le 2 \end{cases}$

3-5 題中，假設 $R = \{(x, y) : 0 \le x \le 2, 0 \le y \le 2\}$，$R_1 = \{(x, y) : 0 \le x \le 2,\ 0 \le y \le 1\}$ 且 $R_2 = \{(x, y) : 0 \le x \le 2, 1 \le y \le 2\}$，另外也假設 $\iint\limits_R f(x, y)\, dA = 3$、$\iint\limits_R g(x, y)\, dA = 5$ 且 $\iint\limits_{R_1} g(x, y)\, dA = 2$。請利用積分性質計算積分值。

3. $\iint\limits_{R}[3f(x,y)-g(x,y)]\,dA$ 4. $\iint\limits_{R_2}g(x,y)\,dA$

5. $\iint\limits_{R_1}[2g(x,y)+3]\,dA$

8. $\iint\limits_{R}3\,dA$ 9. $\iint\limits_{R}(y+1)\,dA$

10. $\iint\limits_{R}(x^2+y^2)\,dA$

6-7 題中，$R = \{(x, y) : 0 \le x \le 6, 0 \le y \le 4\}$ 且 P 是一個利用直線 $x = 2$、$x = 4$ 與 $y = 2$ 分割成六個等正方形之分割。假設 $(\overline{x}_k, \overline{y}_k)$ 是六個正方形的中心，請計算與之對應的黎曼和 $\sum\limits_{k=1}^{6}(\overline{x}_k, \overline{y}_k)\,\Delta A_k$，而求出 $\iint\limits_{R}f(x,y)\,dA$ 的近似值（範例 2）。

6. $f(x, y) = 12 - x - y$ 7. $f(x, y) = x^2 + 2y^2$

8-10 題中，已知 $R = \{(x, y) : 0 \le x \le 2, 0 \le y \le 3\}$，請畫出一固體，使得該固體的體積是由給定的二重積分表示。

11. 記得 $[\![x]\!]$ 是最大整數函數，針對圖 8 中的 R，求下列各積分值

   (a) $\iint\limits_{R}[\![x]\!][\![y]\!]\,dA$ (b) $\iint\limits_{R}([\![x]\!]+[\![y]\!])\,dA$

▲ 圖 8

13.2 疊積分

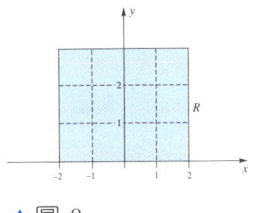

現在我們鄭重地面對計算 $\iint\limits_{R}f(x,y)\,dA$ 之值的問題，其中 R 為矩形

$$R = \{(x, y) : a \le x \le b, c \le y \le d\}$$

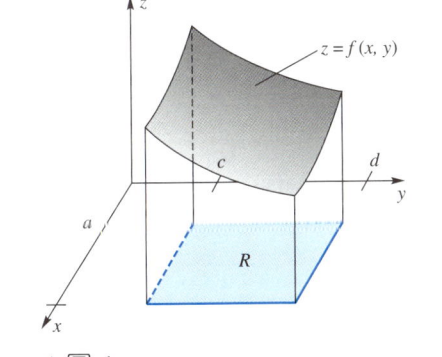

假設此時在 R 中 $f(x, y) \ge 0$ 恆成立，所以我們可將此積分解釋成圖 1 曲面下方的固體體積。

(1) $V = \iint\limits_{R}f(x,y)\,dA$

▲ 圖 1

有另一種求此立體體積的方法，至少它的可行性是如此的直觀。利用平行 xz 平面的平面將此立體截成薄片，如圖 2a 所示。此薄片的表面面積根據它距離 xz 平面多遠而定，即根據 y 而定；因此，以 $A(y)$ 表示該面積，見圖 2b。

此薄片的體積 ΔV 近似於

$$\Delta V \approx A(y)\,\Delta y$$

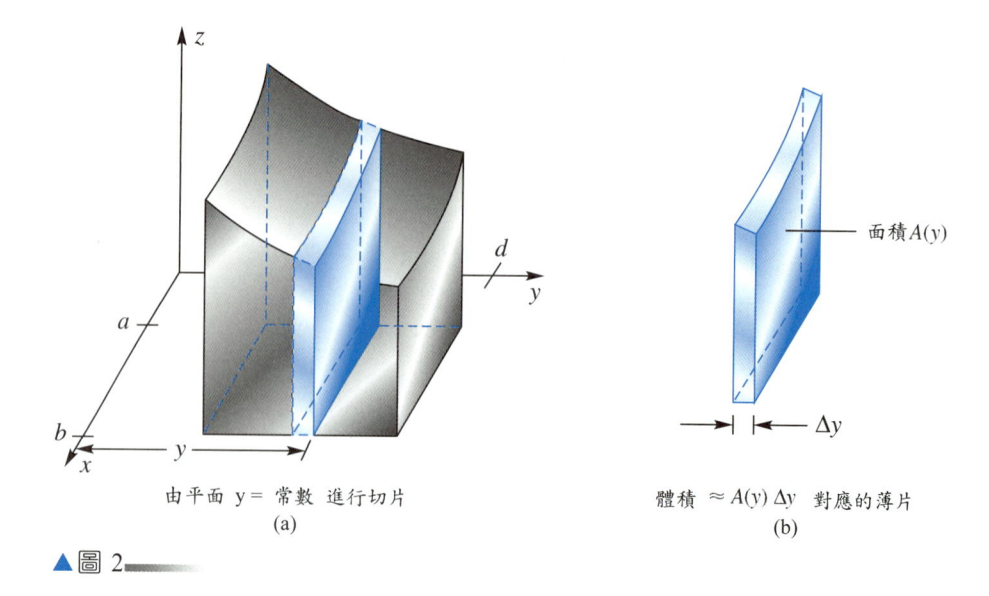

由平面 y = 常數 進行切片
(a)

體積 ≈ A(y) Δy　對應的薄片
(b)

▲ 圖 2

回想以前的規則（切片、近似、積分），我們可寫成

$$V = \int_c^d A(y)\,dy$$

另一方面，對固定的 y，我們可以利用一般單一積分計算 $A(y)$；事實上，

$$A(y) = \int_a^b f(x,y)\,dx$$

因此，我們得到一個固體，它的橫截面面積為 $A(y)$。在 5.2 節中我們對已知橫截面之區域的體積已進行討論。可得

(2) $\quad V = \displaystyle\int_c^d A(y)\,dy = \int_c^d \left[\int_a^b f(x,y)\,dx\right] dy$

上式中的右式稱為**疊積分**（iterated integral）。

令 (1) 及 (2) 式中 V 的表示式相等，則得到我們所要的結果

$$\iint_R f(x,y)\,dA = \int_c^d \left[\int_a^b f(x,y)\,dx\right] dy$$

假如上述過程是是以平行 yz-平面的平面將立體切片開始，則這將會得到另一個疊積分，而且是以相反次序進行積分。

若 f 為負，代表什麼？

若 $f(x,y)$ 在 R 上為負，則 $\iint_R f(x,y)\,dA$ 表示介於曲面 $z = f(x,y)$ 與 xy-平面上之矩形 R 之間的固體的有號體積。

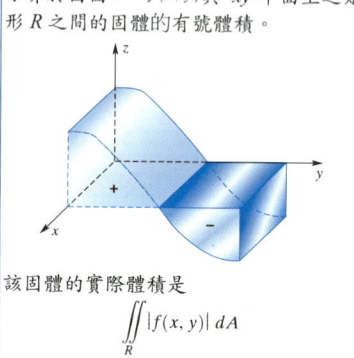

該固體的實際體積是
$$\iint_R |f(x,y)|\,dA$$

多重積分 **Chapter 13**

$$\iint\limits_R f(x, y)\, dA = \int_a^b \left[\int_c^d f(x, y)\, dy \right] dx$$

有兩點須注意。第一，雖然我們是在 f 為非負的假設下導出上列兩個框格中的結果，但是除去此假設後，依然正確。第二，除非疊積分可計算，否則此練習是無意義的。幸運的是，通常疊積分的計算是簡單的，我們說明如下。

計算疊積分　首先考慮一個簡單的例子。

範例 1

計算 $\int_0^3 \left[\int_1^2 (2x + 3y)\, dx \right] dy$。

解答：在內積分中，y 為定數，所以

$$\int_1^2 (2x + 3y)\, dx = \left[x^2 + 3yx \right]_1^2 = 4 + 6y - (1 + 3y) = 3 + 3y$$

因此，

$$\int_0^3 \left[\int_1^2 (2x + 3y)\, dx \right] dy = \int_0^3 [3 + 3y]\, dy = \left[3y + \frac{3}{2} y^2 \right]_0^3$$
$$= 9 + \frac{27}{2} = \frac{45}{2}$$

範例 2

計算 $\int_1^2 \left[\int_0^3 (2x + 3y)\, dy \right] dx$。

解答：注意此例只是將範例 1 的積分次序對換而已；我們希望得到相同的答案。

$$\int_0^3 (2x + 3y)\, dy = \left[2xy + \frac{3}{2} y^2 \right]_0^3$$
$$= 6x + \frac{27}{2}$$

因此，

$$\int_1^2 \left[\int_0^3 (2x + 3y)\, dy \right] dx = \int_1^2 \left[6x + \frac{27}{2} \right] dx = \left[3x^2 + \frac{27}{2} x \right]_1^2$$
$$= 12 + 27 - \left(3 + \frac{27}{2} \right) = \frac{45}{2}$$

從現在起，我們常將疊積分中的括號省略掉。

符號註解

dx 及 dy 的次序很重要，因為它指出哪一個積分先處理。第一個積分包含了被積函數，左邊最靠近該函數的積分符號，及右邊的第一個 dx 或 dy 符號。有時候，我們稱此積分為內積分式，其值為內積分。

範例 3

計算 $\int_0^8 \int_0^4 \frac{1}{16}[64 - 8x + y^2]\, dx\, dy$。

解答：注意此疊積分可對照 13.1 節中範例 2 的二重積分，我們求得其答案為 $138\frac{2}{3}$。通常，我們不另外處理內積分式，而是直接由內往外進行計算。

$$\int_0^8 \int_0^4 \frac{1}{16}[64 - 8x + y^2]\, dx\, dy = \frac{1}{16}\int_0^8 \left[64x - 4x^2 + xy^2\right]_0^4 dy$$

$$= \frac{1}{16}\int_0^8 [256 - 64 + 4y^2]\, dy$$

$$= \int_0^8 \left(12 + \frac{1}{4}y^2\right) dy$$

$$= \left[12y + \frac{y^3}{12}\right]_0^8$$

$$= 96 + \frac{512}{12} = 138\frac{2}{3}$$

計算體積 現在我們能求出多種固體的體積。

範例 4

求在曲面 $z = 4 - x^2 - y$ 之下，且在矩形 $R = \{(x, y): 0 \le x \le 1, 0 \le y \le 2\}$ 之上的固體體積 V，見圖 3。

解答 $\approx$：我們假設此固體具固定高 2.5，來估計此體積為 $(2.5)(2) = 5$。若下列計算得到之答案不接近 5，則此計算有誤。

$$V = \iint_R (4 - x^2 - y)\, dA = \int_0^2 \int_0^1 (4 - x^2 - y)\, dx\, dy$$

$$= \int_0^2 \left[4x - \frac{x^3}{3} - yx\right]_0^1 dy = \int_0^2 \left[4 - \frac{1}{3} - y\right] dy$$

$$= \left[\frac{11}{3}y - \frac{1}{2}y^2\right]_0^2 = \frac{22}{3} - 2 = \frac{16}{3}$$

練習題 13.2

1-7 題中，請算出各疊積分之值。

1. $\int_0^2 \int_0^3 (9-x)\, dy\, dx$ 2. $\int_0^2 \int_1^3 x^2 y\, dy\, dx$

3. $\int_0^\pi \int_0^1 x \sin y\, dx\, dy$ 4. $\int_0^{\ln 3} \int_0^{\ln 2} e^{x+y}\, dy\, dx$

5. $\int_0^1 \int_0^1 xe^{xy}\, dy\, dx$ 6. $\int_0^3 \int_0^1 2x\sqrt{x^2 + y}\, dx\, dy$

7. $\int_0^1 \int_0^2 \frac{y}{1+x^2}\, dy\, dx$

8-9 題中，請算出指定的二重積分之值。

8. $\iint_R xy^3 \, dA$; $R = \{(x, y): 0 \leq x \leq 1, -1 \leq y \leq 1\}$

9. $\iint_R \sin(x+y) \, dA$;

   $R = \{(x, y): 0 \leq x \leq \pi/2, 0 \leq y \leq \pi/2\}$

10-13 請找出各圖中曲面之下的體積。

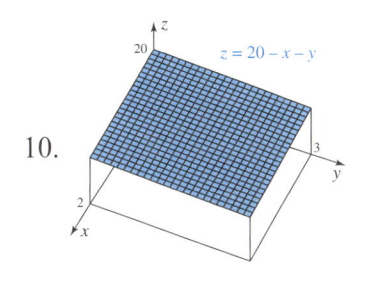

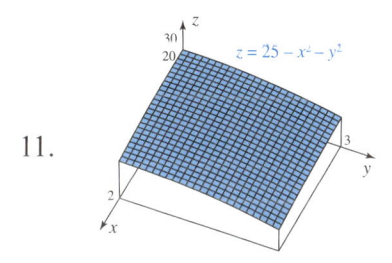

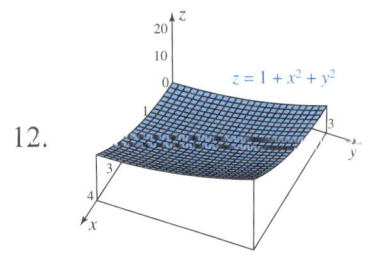

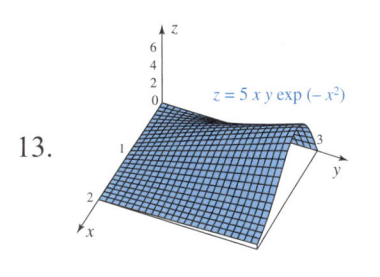

10. $z = 20 - x - y$

11. $z = 25 - x^2 - y^2$

12. $z = 1 + x^2 + y^2$

13. $z = 5xy \exp(-x^2)$

14. 證明：若 $f(x, y) = g(x)h(y)$，則

$$\int_a^b \int_c^d f(x, y) \, dy \, dx = \left[\int_a^b g(x) \, dx\right]\left[\int_c^d h(y) \, dy\right]$$

15. 請利用第 14 題，求 $\int_0^{\sqrt{\ln 2}} \int_0^1 \frac{xye^{x^2}}{1+y^2} \, dy \, dx$ 之值。

16. 求 $\int_0^1 \int_0^1 xye^{x^2+y^2} \, dy \, dx$ 之值。

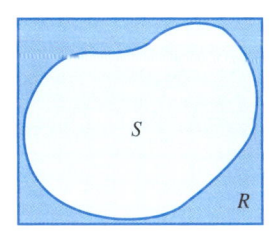

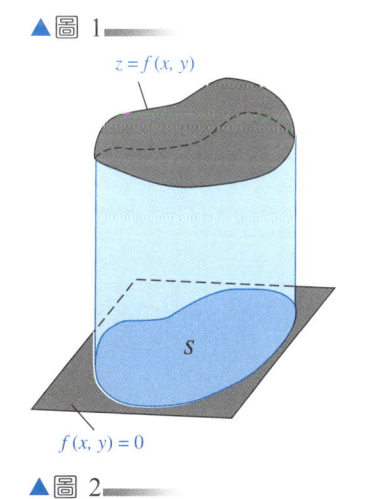

13.3 非矩形區域上的二重積分

現在考慮平面上一個有界的閉集合 S。一個四邊皆平行坐標軸的矩形 R 圍繞著 S，見圖 1。設 $f(x, y)$ 在 S 上有定義，且在 S 外 R 的部分定義為 $f(x, y) = 0$，見圖 2。若 f 在 R 上可積分，則我們稱 f 在 S 上可積分，且寫成

$$\iint_S f(x, y) \, dA = \iint_R f(x, y) \, dA$$

我們可確信此二重積分在一般集合 S 上為 (1) 線性，(2) 在各集合只重疊於平滑曲線之集合群上具加法性，(3) 滿足比較性質，見 13.1 節。

在一般區域上計算二重積分 含有曲線邊界的集合可能很複雜。在此，我們只考慮所謂 x-簡單集和 y-簡單集及有限個這些集合的聯集。若一集合 S 在 y-方向上為簡單，意指在這方向上的直線交 S 於單一區間（或一點或皆不是），則稱 S 為 **y-簡單**（y-simple）。因此，若存在有定義於 $[a, b]$ 上的兩個函數 ϕ_1 及 ϕ_2 使得

$$S = \{(x, y) : \phi_1(x) \leq y \leq \phi_2(x), a \leq x \leq b\}$$

就稱集合為 y-簡單，見圖 3。若存在定義於 $[c, d]$ 上的兩函數 ψ_1 及 ψ_2 使得

$$S = \{(x, y) : \psi_1(y) \leq x \leq \psi_2(y), c \leq y \leq d\}$$

就稱集合 S 為 **x-簡單**（x-simple）（圖 4）。

▲ 圖 3

▲ 圖 4

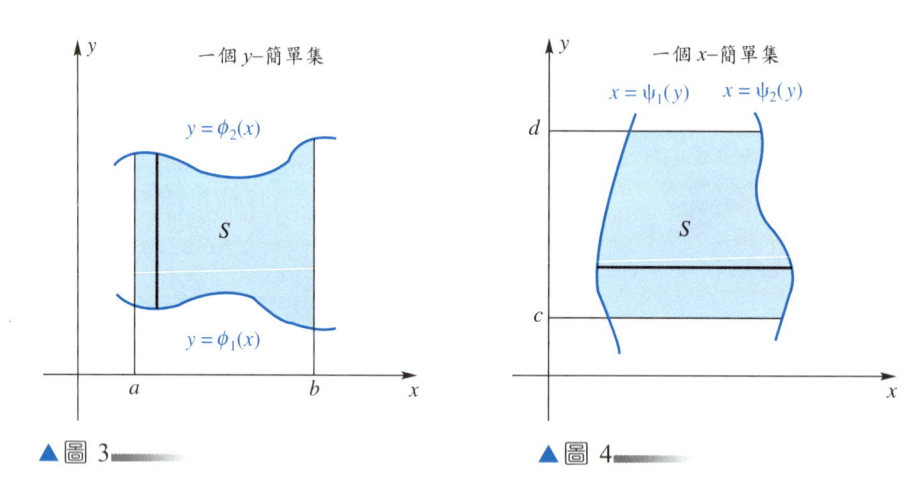

圖 5 顯示一個既不是 x-簡單，也不是 y-簡單的集合。

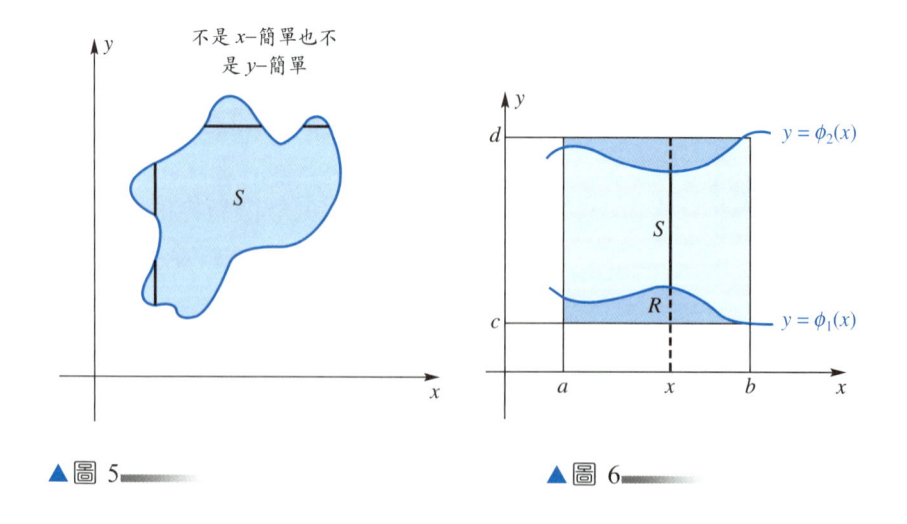

▲ 圖 5

▲ 圖 6

現在假如我們想求一函數 $f(x, y)$ 在一個 y-簡單集 S 上的二重積分。我們用矩形 R 封閉 S，見圖 6，且在 S 的外部具有 $f(x, y) = 0$，則

$$\iint_S f(x,y)\,dA = \iint_R f(x,y)\,dA = \int_a^b \left[\int_c^d f(x,y)\,dy\right]dx$$
$$= \int_a^b \left[\int_{\phi_1(x)}^{\phi_2(x)} f(x,y)\,dy\right]dx$$

總之，

$$\iint_S f(x,y)\,dA = \int_a^b \int_{\phi_1(x)}^{\phi_2(x)} f(x,y)\,dy\,dx$$

在內積分中，x 為固定；因此，積分是沿著圖 6 的深色鉛垂線，此積分為圖 7 中截面積 $A(x)$。最後，對 $A(x)$ 由 a 至 b 積分。

若 S 為 x-簡單，見圖 4，同理可導出下列公式

$$\iint_S f(x,y)\,dA = \int_c^d \int_{\psi_1(y)}^{\psi_2(y)} f(x,y)\,dx\,dy$$

若 S 不為 x-簡單，亦不為 y-簡單，見圖 5，通常它可被考慮成具有這些性質的集合之聯集。例如圖 8 的圓環不為任何方向的簡單集，但它是兩個 y-簡單集 S_1 及 S_2 的聯集。可求出每一區域上的積分，然後加在一起即可得在 S 上的積分了。

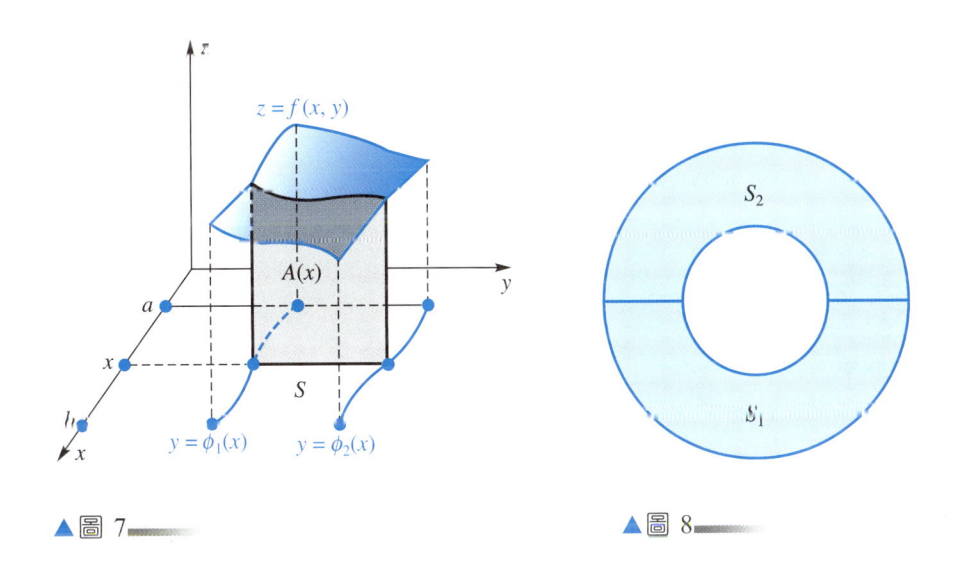

▲圖 7　　　　　　　　　　　　　　　　▲圖 8

一些例子　為了進行初步的練習，我們求兩個疊積分，其中內積分上的上、下限為變數。

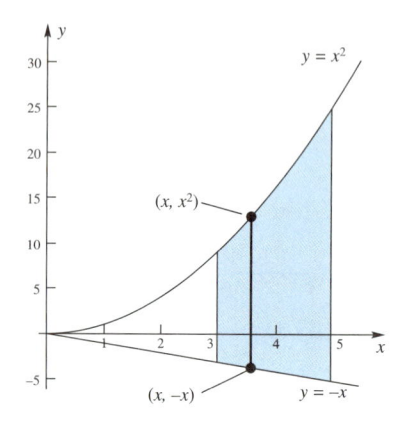

▲ 圖 9

範例 1

求下列疊積分之值

$$\int_3^5 \int_{-x}^{x^2} (4x + 10y)\, dy\, dx$$

解答：首先我們對 y 做內積分，暫時將 x 視為常數（圖 9），得到

$$\int_3^5 \int_{-x}^{x^2} (4x + 10y)\, dy\, dx = \int_3^5 \left[4xy + 5y^2\right]_{-x}^{x^2} dx$$

$$= \int_3^5 \left[(4x^3 + 5x^4) - (-4x^2 + 5x^2)\right] dx$$

$$= \int_3^5 (5x^4 + 4x^3 - x^2)\, dx = \left[x^5 + x^4 - \frac{x^3}{3}\right]_3^5$$

$$= \frac{10,180}{3} = 3393\frac{1}{3}$$

請留意，疊積分之外積分的上、下限不可含有被積分函數的任一變數。

範例 2

求下列疊積分之值

$$\int_0^1 \int_0^{y^2} 2ye^x\, dx\, dy$$

解答：積分的區域展示於圖 10。

$$\int_0^1 \int_0^{y^2} 2ye^x\, dx\, dy = \int_0^1 \left[\int_0^{y^2} 2ye^x\, dx\right] dy$$

$$= \int_0^1 \left[2ye^x\right]_0^{y^2} dy = \int_0^1 (2ye^{y^2} - 2ye^0)\, dy$$

$$= \int_0^1 e^{y^2}(2y\, dy) - 2\int_0^1 y\, dy$$

$$= \left[e^{y^2}\right]_0^1 - 2\left[\frac{y^2}{2}\right]_0^1 = e - 1 - 2\left(\frac{1}{2}\right) = e - 2$$

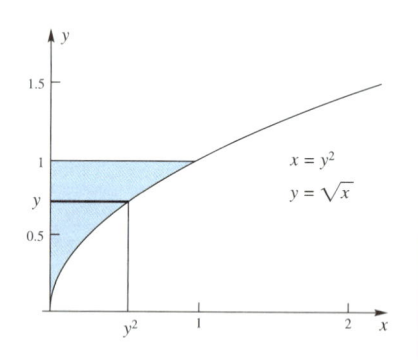

▲ 圖 10

我們考慮利用疊積分求體積的問題。

範例 3

利用二重積分,求由坐標平面及平面 $3x + 6y + 4z - 12 = 0$ 所圍成之四面體的體積。

解答:以 S 表示 xy-平面上形成此四面體之底的三角形(圖 11 及圖 12)。我們欲求介於曲面 $z = \frac{3}{4}(4 - x - 2y)$ 和區域 S 之間的固體體積。

給定平面交 xy-平面於直線 $x + 2y - 4 = 0$,其中有一線段在 S 的邊界上。因為直線方程式可寫成 $y = 2 - x/2$,及 $x = 4 - 2y$,S 可視為 y-簡單集

$$S = \left\{(x, y): 0 \leq x \leq 4, 0 \leq y \leq 2 - \frac{x}{2}\right\}$$

或為 x-簡單集

$$S = \{(x, y): 0 \leq x \leq 4 - 2y, 0 \leq y \leq 2\}$$

我們將 S 視為一 y-簡單集;你可自行驗證,不論採用何者,最後的答案應當一致。

此立體的體積 V 為

$$V = \iint_S \frac{3}{4}(4 - x - 2y)\, dA$$

若我們將它寫成疊積分,則固定 x 而沿由至 $y = 2 - x/2$ 的一直線積分(圖 11 及圖 12),再將所得結果由 $x = 0$ 至 $x = 4$ 積分。因此,

$$\begin{aligned}
V &= \int_0^4 \int_0^{2-x/2} \frac{3}{4}(4 - x - 2y)\, dy\, dx \\
&= \int_0^4 \left[\frac{3}{4}\int_0^{2-x/2}(4 - x - 2y)\, dy\right] dx \\
&= \int_0^4 \frac{3}{4}\left[4y - xy - y^2\right]_0^{2-x/2} dx \\
&= \frac{3}{16}\int_0^4 (16 - 8x + x^2)\, dx \\
&= \frac{3}{16}\left[16x - 4x^2 + \frac{x^3}{3}\right]_0^4 = 4
\end{aligned}$$

你可回想四面體體積是底面積乘以高的三分之一。就此例而言,$V = \frac{1}{3}(4)(3) = 4$。這證實了我們的答案正確無誤。

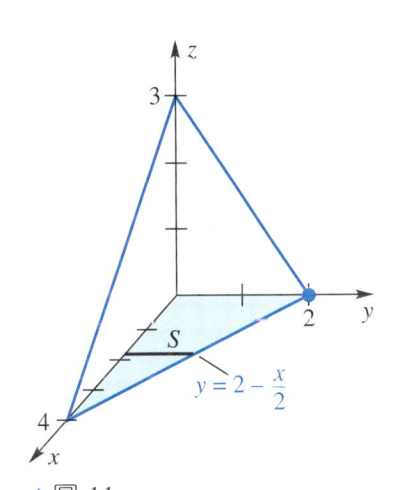

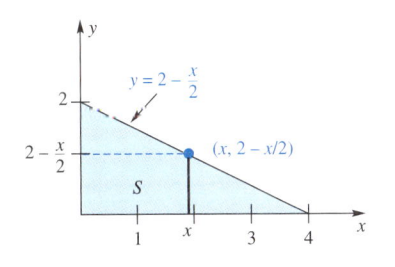

▲ 圖 11

▲ 圖 12

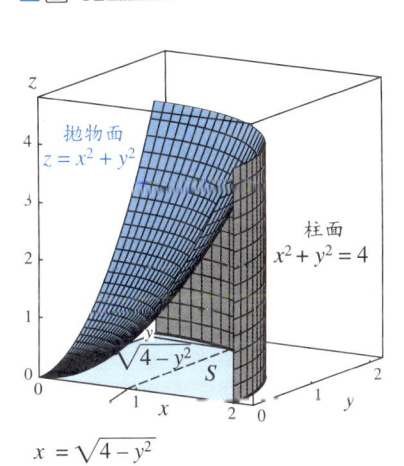

▲ 圖 13

範例 4

求由圓拋物面 $z = x^2 + y^2$,柱面 $x^2 + y^2 = 4$ 及坐標平面在第一卦限 $x \geq 0, y \geq 0, z \geq 0$ 所圍成固體的體積(圖 13)。

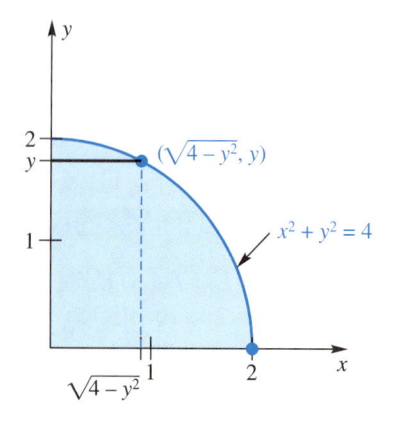

▲ 圖 14

解答： 區域 S 位於 xy-平面的第一卦限上，由圓 $x^2 + y^2 = 4$ 的四分之一，與直線 $x = 0$ 和 $y = 0$ 所圍成。雖然，S 可視為 y-簡單或 x-簡單區域，我們將 S 視為後者，且將其邊界曲線寫成 $x = \sqrt{4 - y^2}$，$x = 0$ 及 $y = 0$，因此

$$S = \{(x, y): 0 \le x \le \sqrt{4 - y^2}, 0 \le y \le 2\}$$

圖 14 展示了 xy-平面上的區域 S。我們現在的目的是，利用疊積分計算

$$V = \iint_S (x^2 + y^2) \, dA$$

這一次，我們先固定 y，而沿由 $x = 0$ 至 $x = \sqrt{4 - y^2}$ 的一條直線（圖 14）作積分，然後，再將結果由 $y = 0$ 至 $y = 2$ 做積分。

$$V = \iint_S (x^2 + y^2) \, dA = \int_0^2 \int_0^{\sqrt{4-y^2}} (x^2 + y^2) \, dx \, dy$$

$$= \int_0^2 \left[\frac{1}{3}(4 - y^2)^{3/2} + y^2 \sqrt{4 - y^2} \right] dy$$

利用三角代換 $y = 2 \sin \theta$，後者積分可寫成

$$\int_0^{\pi/2} \left[\frac{8}{3} \cos^3 \theta + 8 \sin^2 \theta \cos \theta \right] 2 \cos \theta \, d\theta$$

$$= \int_0^{\pi/2} \left[\frac{16}{3} \cos^4 \theta + 16 \sin^2 \theta \cos^2 \theta \right] d\theta$$

$$= \frac{16}{3} \int_0^{\pi/2} \cos^2 \theta \, (1 - \sin^2 \theta + 3 \sin^2 \theta) \, d\theta$$

$$= \frac{16}{3} \int_0^{\pi/2} (\cos^2 \theta + 2 \sin^2 \theta \cos^2 \theta) \, d\theta$$

$$= \frac{16}{3} \int_0^{\pi/2} (\cos^2 \theta + \frac{1}{2} \sin^2 2\theta) \, d\theta$$

$$= \frac{16}{3} \int_0^{\pi/2} \left(\frac{1 + \cos 2\theta}{2} + \frac{1 - \cos 4\theta}{4} \right) d\theta = 2\pi$$

≈ 此答案合理嗎？注意圖 13 中四分之一圓柱體體積為 $\frac{1}{4} \pi r^2 h = \frac{1}{4} \pi (2^2)(4) = 4\pi$。此數的一半確實是很合理的體積值。

範例 5

利用交換積分的次序，計算 $\int_0^4 \int_{x/2}^2 e^{y^2} \, dy \, dx$。

解答： 因為 e^{y^2} 不具有形如基本函數的反導函數，內積分不能直接求出。然而，我們認出給定的疊積分等於

$$\iint_S e^{y^2} \, dA$$

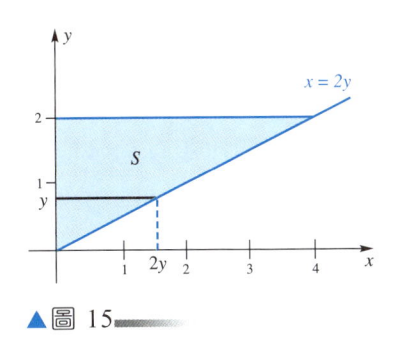

此處 $S = \{(x, y): x/2 \leq y \leq 2, 0 \leq x \leq 4\} = \{(x, y): 0 \leq x \leq 2y, 0 \leq y \leq 2\}$，見圖 15。若我們將此二重積分寫成先對 x 積分的疊積分，則可得

$$\int_0^2 \int_0^{2y} e^{y^2} \, dx \, dy = \int_0^2 \left[x e^{y^2} \right]_0^{2y} dy$$

$$= \int_0^2 2y e^{y^2} \, dy = \left[e^{y^2} \right]_0^2 = e^4 - 1$$

▲ 圖 15

練習題 13.3

1-8 題中，求各疊積分之值。

1. $\int_0^1 \int_0^{3x} x^2 \, dy \, dx$

2. $\int_{-1}^3 \int_0^{3y} (x^2 + y^2) \, dx \, dy$

3. $\int_1^3 \int_{-y}^{2y} x e^{y^3} \, dx \, dy$

4. $\int_{1/2}^1 \int_0^{2x} \cos(\pi x^2) \, dy \, dx$

5. $\int_0^{\pi/4} \int_{\sqrt{2}}^{\sqrt{2}\cos\theta} r \, dr \, d\theta$

6. $\int_0^2 \int_{-x}^{x} e^{-x^2} \, dy \, dx$

7. $\int_0^{\pi/2} \int_0^{\sin y} e^x \cos y \, dx \, dy$

8. $\int_{\pi/6}^{\pi/2} \int_0^{\sin\theta} 6r \cos\theta \, dr \, d\theta$

9-11 題中，請將給定的二重積分轉換成疊積分求出該積分值。

9. $\iint_S xy \, dA$；S 是由 $y = x^2$ 與 $y = 1$ 圍成之區域。

10. $\iint_S (x^2 + 2y) \, dA$；S 是由 $y = x^2$ 與 $y = \sqrt{x}$ 圍成之區域。

11. $\iint_S \dfrac{2}{1+x^2} \, dA$；$S$ 是具有頂點 $(0, 0), (2, 2)$ 與 $(0, 2)$ 的三角形區域。

12-16 題中，請繪出指定的固體，然後利用疊積分求出它的體積。

12. 由坐標平面與 $z = 6 - 2x - 3y$ 所圍成的四面體。

13. 由坐標平面、平面 $x = 5$ 與 $y + 2z - 4 = 0$ 所圍成的楔形物。

14. 第一卦線中，由曲面 $9x^2 + 4y^2 = 36$ 與平面 $9x + 4y - 6z = 0$ 所圍成的固體。

15. 第一卦線中，由柱面 $y = x^2$ 與平面 $x = 0, z = 0, y + z = 1$ 所圍成的固體。

16. 第一卦線中，由曲面 $9z = 36 - 9x^2 - 4y^2$ 與坐標平面所圍成的固體。

17-19 題中，請將給定的疊積分寫成另一個次序交換的疊積分。提示：仿範例 5，先畫出一區域 S，並以兩種方式表示之。

17. $\int_0^1 \int_0^x f(x, y) \, dy \, dx$

18. $\int_0^1 \int_0^{x^{1/4}} f(x, y) \, dy \, dx$

19. 求 $\iint_S xy^2 \, dA$ 之值，此處 S 為圖 16 所示區域。

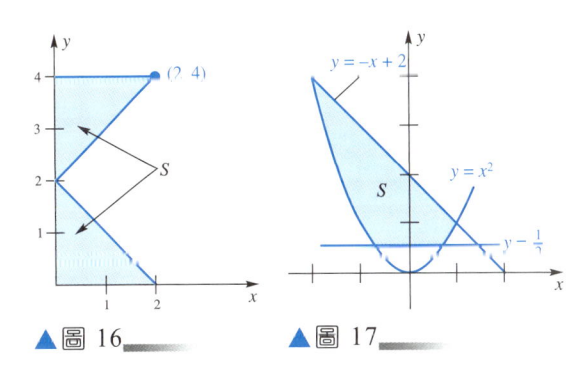

▲ 圖 16   ▲ 圖 17

20. 求 $\iint_S xy \, dA$ 之值，此處 S 為圖 17 所示區域。

13.4 二重積分在極坐標系

平面上某些曲線，如圓、心臟線及玫瑰線用極坐標比用直角坐標容易描述。因此，我們可預期在這些曲線所圍的區域上積分，利用極坐標是比較容易的。在 13.9 節中，我們將看到如何進行更一般性的轉換。目前，我們只深入討論一個特別的轉換，由直角坐標轉換成極坐標，因為此技巧非常有用。

設 R 為圖 1 所示的形狀，我們稱之為一極矩形，稍後將分析之。令 $z = f(x, y)$ 在 R 上決定一曲面，且假設 f 為連續非負函數。那麼，在此曲面之下且 R 之上所形成固體的體積 V（圖 2）為

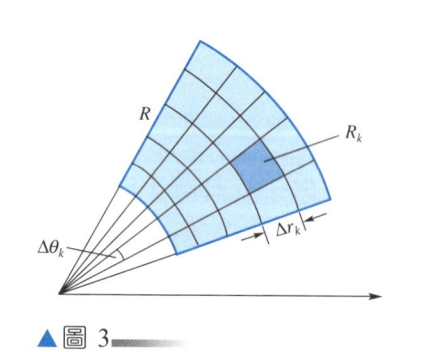

$$(1) \quad V = \iint_R f(x, y)\, dA$$

用極坐標，一極矩形 R 具有下列形式

$$R = \{(r, \theta) : a \leq r \leq b, \alpha \leq \theta \leq \beta\}$$

其中 $a \geq 0$ 且 $\beta - \alpha \leq 2\pi$。同時，曲面的方程式可寫成

$$z = f(x, y) = f(r\cos\theta, r\sin\theta) = F(r, \theta)$$

我們將利用極坐標，以另一種方式求體積 V。

利用極坐標的網格將 R 分割成小的極矩形 $R_1, R_2, \ldots, R_n$，且令 Δr_k 及 $\Delta \theta_k$ 代表 R_k 的長與寬，如圖 3 所示。面積 $A(R_k)$ 為

$$A(R_k) = \bar{r}_k\, \Delta r_k\, \Delta \theta_k$$

此處 $\bar{r}_k$ 為 R_k 的平均半徑，因此

$$V \approx \sum_{k=1}^{n} F(\bar{r}_k, \bar{\theta}_k)\bar{r}_k\, \Delta r_k\, \Delta \theta_k$$

當我們求出範數趨近 0 之時的極限時，應該就得到了真正的體積。此極限值為二重積分

$$(2) \quad V = \iint_R F(r, \theta)\, r\, dr\, d\theta = \iint_R f(r\cos\theta, r\sin\theta)\, r\, dr\, d\theta$$

現在我們有兩種 V 的表式，即 (1) 和 (2) 式。相等之，可得

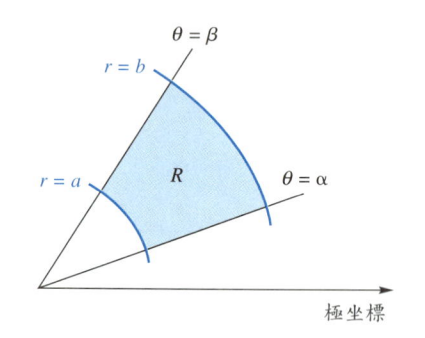

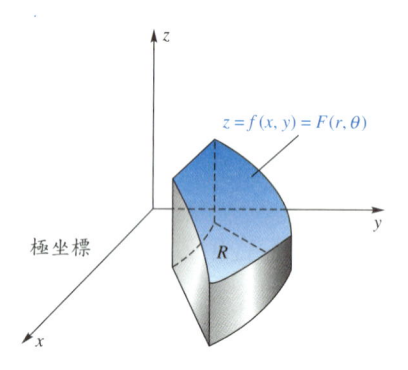

多重積分 Chapter 13 623

$$\iint\limits_R f(x, y)\, dA = \iint\limits_R f(r\cos\theta, r\sin\theta)\, r\, dr\, d\theta$$

框格中的結果是在 f 為非負的假設下導出的，但它對一般函數亦成立，特別是連續函數，不論正的或負的。

疊積分　當我們將極二重積分寫成疊積分時，以上結果是相當有用的，說明如下。

● 範例 1

求極矩形 $R = \{(r,\theta): 1 \leq r \leq 3, 0 \leq \theta \leq \pi/4\}$ 之上（圖 4）和曲面 $z = e^{x^2+y^2}$ 之下，所形成固體的體積 V。

解答：因為 $x^2 + y^2 = r^2$

$$\begin{aligned}
V &= \iint\limits_R e^{x^2+y^2}\, dA \\
&= \int_0^{\pi/4} \left[\int_1^3 e^{r^2} r\, dr\right] d\theta \\
&= \int_0^{\pi/4} \left[\frac{1}{2} e^{r^2}\right]_1^3 d\theta \\
&= \int_0^{\pi/4} \frac{1}{2}(e^9 - e)\, d\theta = \frac{\pi}{8}(e^9 - e) \approx 3181
\end{aligned}$$

▲圖 4

如果不藉助極坐標，我們不能解決這個問題。注意此時多出的因數 r，正是我們求 e^{r^2} 的反導函數所必需的。

一般的區域　回想我們如何將矩形上的二重積分，推廣至一般集合 S 上的二重積分。我們只要用一個矩形包圍 S，且被積分的函數在 S 外部定義為 0。對極坐標中的二重積分，我們可做同樣的事，除了利用極矩形而不是一般矩形。省略其細節，我們單單確定前面框號內的公式，對一般集合 S 也成立。

極坐標中的積分特別有趣的是那些我們稱為 r–簡單及 θ–簡單的集合。若一集合 S 具有下列形式（圖 5），則稱它為一 **r–簡單集（r-simple）**，

$$S = \{(r,\theta): \phi_1(\theta) \leq r \leq \phi_2(\theta), \alpha \leq \theta \leq \beta\}$$

另一種稱為一 θ–**簡單集（θ-simple）**（圖6），

$$S = \{(r,\theta): a \leq r \leq b, \psi_1(r) \leq \theta \leq \psi_2(r)\}$$

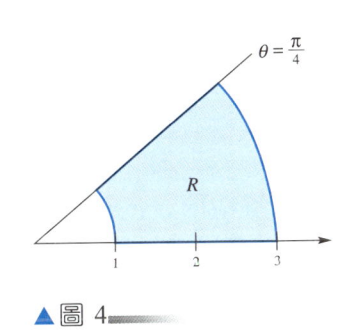

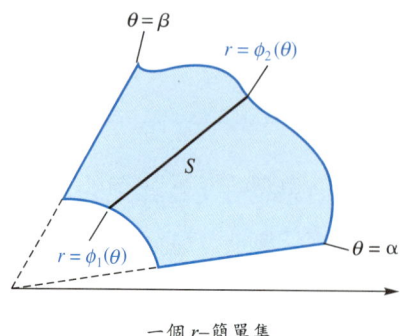

▲ 圖 5 一個 r-簡單集

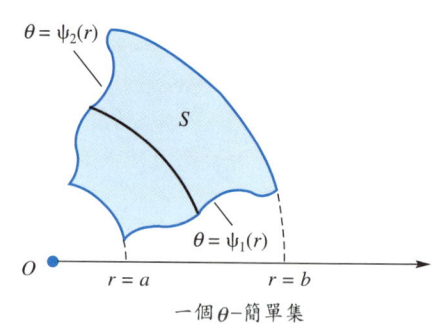

▲ 圖 6 一個 θ-簡單集

範例 2

求 $\iint_S y\,dA$ 之值，此處 S 表示第一象限上，由圓 $r = 2$ 之外部與心臟線 $r = 2(1 + \cos\theta)$ 之內部所形成的區域，見圖 7。

解答：因 S 為一 r-簡單集，可將給定積分寫成一個疊極積分，r 為內積分的變數。在內積分中，**θ** 為固定；積分是沿圖 7 中，由 $r = 2$ 至 $r = 2(1 + \cos\theta)$ 的粗線而做

$$\iint_S y\,dA = \int_0^{\pi/2} \int_2^{2(1+\cos\theta)} (r\sin\theta)r\,dr\,d\theta$$

$$= \int_0^{\pi/2} \left[\frac{r^3}{3}\sin\theta\right]_2^{2(1+\cos\theta)} d\theta$$

$$= \frac{8}{3}\int_0^{\pi/2} \left[(1+\cos\theta)^3\sin\theta - \sin\theta\right] d\theta$$

$$= \frac{8}{3}\left[-\frac{1}{4}(1+\cos\theta)^4 + \cos\theta\right]_0^{\pi/2}$$

$$= \frac{8}{3}\left[-\frac{1}{4} + 0 - (-4 + 1)\right] = \frac{22}{3}$$

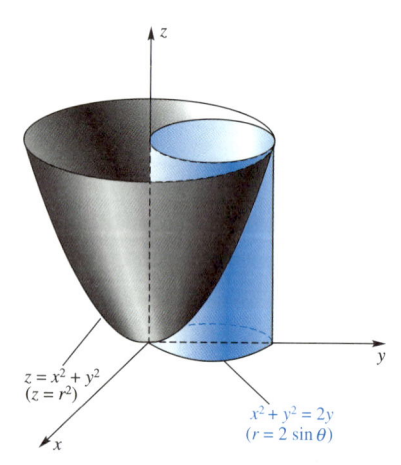

▲ 圖 8

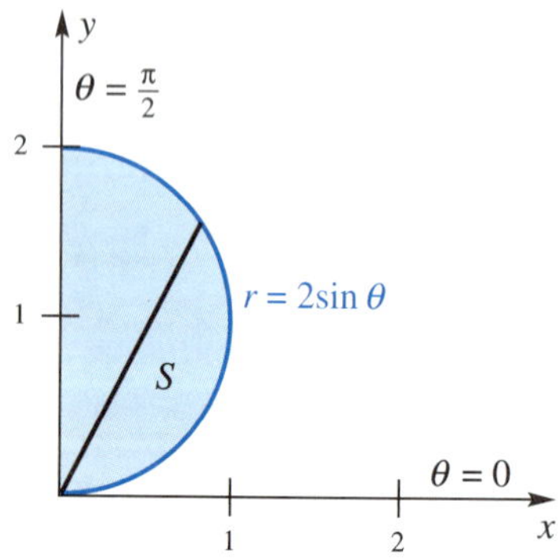

範例 3

求由曲面 $z = x^2 + y^2$ 下方，xy-平面上方，及柱面 $x^2 + y^2 = 2y$ 內部所形成之固體的體積（圖 8）。

解答：由對稱性可知，我們要求的體積是第一卦限部分之體積的兩倍。當我們採用 $x = r\cos\theta$ 與 $y = r\sin\theta$ 時，曲面方程式為 $z = r^2$，柱面方程式為 $r = 2\sin\theta$。設 S 為圖 9 所示的區域，則所求體積 V 為

$$V = 2\iint_S (x^2+y^2)\,dA = 2\int_0^{\pi/2}\int_0^{2\sin\theta} r^2 r\,dr\,d\theta$$

$$= 2\int_0^{\pi/2}\left[\frac{r^4}{4}\right]_0^{2\sin\theta} d\theta = 8\int_0^{\pi/2} \sin^4\theta\,d\theta$$

$$= 8\left(\frac{3}{8}\cdot\frac{\pi}{2}\right) = \frac{3\pi}{2}$$

最後一項積分可套用本書附錄的積分表的第 113 公式。

▲ 圖 9

> **≈ 常識**
>
> 欲估計範例 3 之體積，注意圖 8 所示圓柱高為 4（令 $z = x^2 + y^2$ 中 $x = 0$ 且 $y = 2$）。因此，所求體積是比半徑為 1，高為 4 之圓柱體的一半小一點，也就是，小於 $(\frac{1}{2})\pi(1^2)4 = 2\pi$。我們的答案是 $3\pi/2$，這是合理的。

一個機率積分 在第 8 章我們已討論過標準常態機率密度函數

$$f(x) = \frac{1}{\sqrt{2\pi}} e^{-x^2/2}$$

當時我們宣稱（但無法證明）$\int_{-\infty}^{\infty} f(x)\,dx = 1$。現在，我們將在下面兩個例子中證明此結果。

範例 4

證明 $I = \int_0^{\infty} e^{-x^2}\,dx = \dfrac{\sqrt{\pi}}{2}$

解答：我們將採用一種間接，但顯然是很靈巧的方法來接近這個問題。首先回想

$$I = \int_0^{\infty} e^{-x^2}\,dx = \lim_{b \to \infty} \int_0^b e^{-x^2}\,dx$$

現在令 V_b 是由曲面 $z = e^{-x^2-y^2}$ 的下方及頂點為 $(\pm b, \pm b)$ 之正方形的上方所形成固體的體積（圖 10），則

$$V_b = \int_{-b}^b \int_{-b}^b e^{-x^2-y^2}\,dy\,dx = \int_{-b}^b e^{-x^2}\left[\int_{-b}^b e^{-y^2}\,dy\right]dx$$

$$= \int_{-b}^b e^{-x^2}\,dx \int_{-b}^b e^{-y^2}\,dy = \left[\int_{-b}^b e^{-x^2}\,dx\right]^2 = 4\left[\int_0^b e^{-x^2}\,dx\right]^2$$

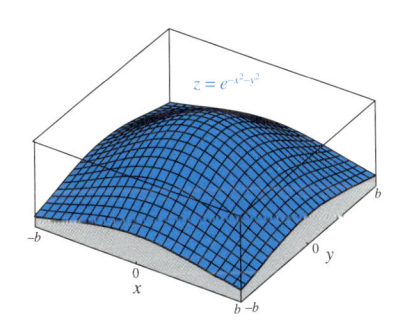

▲ 圖 10

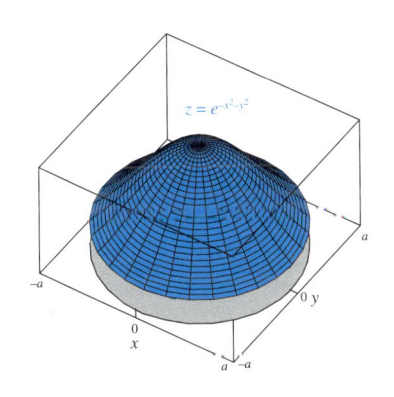

接著可得，由 $z = e^{-x^2-y^2}$ 的下方及整個 xy-平面的上方所形成區域的體積為

$$(1)\quad V = \lim_{b \to \infty} V_b = \lim_{b \to \infty} 4\left[\int_0^b e^{-x^2}\,dx\right]^2 = 4\left[\int_0^{\infty} e^{-x^2}\,dx\right]^2 = 4I^2$$

另一方面，我們亦可利用極坐標求出 V。此時，V 為當 $a \to \infty$ 時，V_a 的極限。此 V_a 為由曲面 $z = e^{-x^2-y^2} = e^{-r^2}$ 的下方與半徑為 a，中心在原點的圓區域的上方所形成固體的體積（圖 11）。

$$(2)\quad V = \lim_{a \to \infty} V_a = \lim_{a \to \infty} \int_0^{2\pi}\int_0^a e^{-r^2} r\,dr\,d\theta = \lim_{a \to \infty} \int_0^{2\pi}\left[-\frac{1}{2}e^{-r^2}\right]_0^a d\theta$$

$$= \lim_{a \to \infty} \frac{1}{2}\int_0^{2\pi}\left[1 - e^{-a^2}\right]d\theta = \lim_{a \to \infty} \pi\left[1 - e^{-a^2}\right] = \pi$$

▲ 圖 11

令 (1) 及 (2) 式的兩個 V 值相等，則得到 $4I^2 = \pi$ 或 $I = \frac{1}{2}\sqrt{\pi}$。正如我們所求。

範例 5

試證 $\int_{-\infty}^{\infty} \frac{1}{\sqrt{2\pi}} e^{-x^2/2} dx = 1$

解答：依對稱性，可得

$$\int_{-\infty}^{\infty} \frac{1}{\sqrt{2\pi}} e^{-x^2/2} dx = 2\int_{0}^{\infty} \frac{1}{\sqrt{2\pi}} e^{-x^2/2} dx$$

現在，我們令代換 $u = x/\sqrt{2}$，則 $dx = \sqrt{2}\, du$。積分的界限不變，所以可得

$$\begin{aligned}\int_{-\infty}^{\infty} \frac{1}{\sqrt{2\pi}} e^{-x^2/2} dx &= 2\int_{0}^{\infty} \frac{1}{\sqrt{2\pi}} e^{-u^2} \sqrt{2}\, du \\ &= \frac{2\sqrt{2}}{\sqrt{2\pi}} \int_{0}^{\infty} e^{-u^2} du \\ &= \frac{2\sqrt{2}}{\sqrt{2\pi}} \frac{\sqrt{\pi}}{2} = 1\end{aligned}$$

為了得到最後一個式子，我們利用了範例 4 的結果。

練習題 13.4

1-3 題中，求疊積分之值。

1. $\int_{0}^{\pi/2} \int_{0}^{\cos\theta} r^2 \sin\theta\, dr\, d\theta$
2. $\int_{0}^{\pi} \int_{0}^{\sin\theta} r^2\, dr\, d\theta$
3. $\int_{0}^{\pi} \int_{0}^{2} r\cos\frac{\theta}{4}\, dr\, d\theta$

4-5 題中，請利用計算 $\iint_S r\, dr\, d\theta$，求給定區域 S 的面積。請確定你有先畫出此區域。

4. S 為圓 $r = 4\cos\theta$ 之內部與圓 $r = 2$ 之外部。

5. S 為四瓣玫瑰線 $r = a\sin 2\theta$ 的一瓣。

6-7 題中，給定一個極疊積分。請畫出面積是由該疊積分所提供的區域，並求出積分值，藉此，就找出此區域的面積。

6. $\int_{0}^{\pi/4} \int_{0}^{2} r\, dr\, d\theta$
7. $\int_{0}^{\pi/2} \int_{0}^{\theta} r\, dr\, d\theta$

8-11 題中，利用極坐標求其值，請先畫出積分區域的圖形。

8. $\iint_S e^{x^2+y^2}\, dA$，此處 S 為由 $x^2 + y^2 = 4$ 所封閉的區域。

9. $\iint_S \sqrt{4 - x^2 - y^2}\, dA$，此處 S 為第一象限內，圓 $x^2 + y^2 = 4$ 介於 $y = 0$ 與 $y = x$ 之間的區域。

10. $\iint_S y\, dA$，此處 S 為第一象限內，由 $x^2 + y^2 = 4$ 之內部與 $x^2 + y^2 = 1$ 之外部所形成的極矩形。

11. $\int_{0}^{1} \int_{0}^{\sqrt{1-x^2}} (4 - x^2 - y^2)^{-1/2}\, dy\, dx$

12. 請利用極坐標找出第一卦限中，圓柱 $x^2 + y^2 = 9$ 內在拋物面 $z = x^2 + y^2$ 之下的固體體積。

13. 請利用極坐標找出上界為 $2x^2 + 2y^2 + z^2 = 18$，下界為 $z = 0$，且側面界限為 $x^2 + y^2 = 4$ 的固體體積。

13.5 二重積分的應用

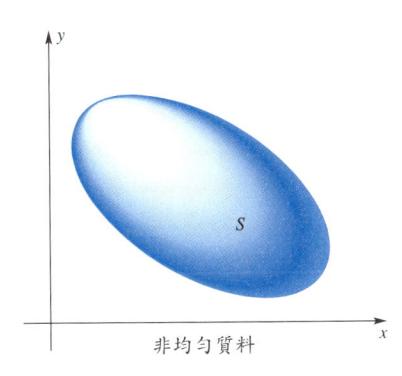

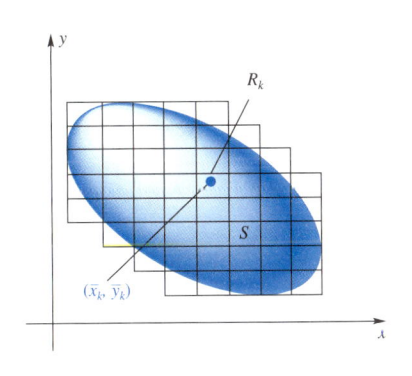

二重積分最常見的應用就是用來計算固體的體積。此類的應用已看過例子了，現在我們討論其他的應用（質量、質心、轉動慣量及旋轉體的半徑）。

考慮一張平坦的紙，且此紙薄得可視為二維的。在 5.6 節，我們稱此紙張為薄片（lamina），但是，當時我們只看均質的（homogeneous）薄片。在此，我們想討論具有變化密度的薄片，即非均質的（nonhomogeneous）薄片（圖 1）。

▲ 圖 1 非均勻質料

假設一個薄片覆蓋在一個 xy-平面中的區域 S 上，且在 (x, y) 的密度（單位面積上的質量）以 $\delta(x, y)$ 表示。將 S 分割成小矩形 $R_1, R_2, \ldots, R_k$，如圖 2 所示。選取 R_k 上的一點 $(\bar{x}_k, \bar{y}_k)$，則 R_k 的質量近似於 $\delta(\bar{x}_k, \bar{y}_k) A(R_k)$，此薄片的總質量近似於

$$m \approx \sum_{k=1}^{n} \delta(\bar{x}_k, \bar{y}_k) A(R_k)$$

▲ 圖 2

當分割的範數趨近 0 時，上面式子的極限即為真正的質量 m。而此極限是如下述之二重積分。

$$m = \iint_S \delta(x, y)\, dA$$

範例 1

一個由 x 軸，直線 $x = 8$ 及曲線 $y = x^{2/3}$ 所圍成（圖 3）之薄片具有密度 $\delta(x, y) = xy$，求其總質量。

解答：

$$m = \iint_S xy\, dA = \int_0^8 \int_0^{x^{2/3}} xy\, dy\, dx$$

$$= \int_0^8 \left[\frac{xy^2}{2}\right]_0^{x^{2/3}} dx = \frac{1}{2} \int_0^8 x^{7/3}\, dx$$

$$= \frac{1}{2}\left[\frac{3}{10}x^{10/3}\right]_0^8 = \frac{768}{5} = 153.6$$

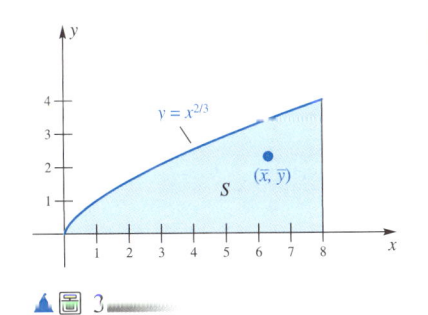

▲ 圖 3

質心 我們建議您複習一下 5.6 節有關質心的觀念。在那裡，我們分別以 $m_1, m_2, \ldots, m_n$ 表示點 $(x_1, y_1), (x_2, y_2), \ldots, (x_n, y_n)$ 的點質量，則對 y-軸及對 x-軸的總矩量分別為

$$M_y = \sum_{k=1}^{n} x_k m_k \qquad M_x = \sum_{k=1}^{n} y_k m_k$$

而且，質心（平衡點）的坐標 $(\bar{x}, \bar{y})$ 為

$$\bar{x} = \frac{M_y}{m} = \frac{\sum_{k=1}^{n} x_k m_k}{\sum_{k=1}^{n} m_k} \qquad \bar{y} = \frac{M_x}{m} = \frac{\sum_{k=1}^{n} y_k m_k}{\sum_{k=1}^{n} m_k}$$

現在考慮一個覆蓋在 xy-平面中之區域 S 上的薄片，其變動密度為 $\delta(x, y)$，如圖 1 所示。將此薄片分割成如圖 2 所示，且假設每一個 R_k 的質量幾乎集中於 $(\bar{x}_k, \bar{y}_k)$，$k = 1, 2, \ldots, n$。最後，令分割的範數趨近 0。於是導出下列公式：

$$\bar{x} = \frac{M_y}{m} = \frac{\iint_S x\delta(x, y)\, dA}{\iint_S \delta(x, y)\, dA} \qquad \bar{y} = \frac{M_x}{m} = \frac{\iint_S y\delta(x, y)\, dA}{\iint_S \delta(x, y)\, dA}$$

範例 2

求範例 1 中薄片的質心。

解答：於範例 1 中，我們已得此薄片的質量為 $\dfrac{768}{5}$，對 y-軸及 x-軸的矩量 M_y 及 M_x 分別為

$$M_y = \iint_S x\delta(x, y)\, dA = \int_0^8 \int_0^{x^{2/3}} x^2 y\, dy\, dx$$

$$= \frac{1}{2}\int_0^8 x^{10/3}\, dx = \frac{12{,}288}{13} \approx 945.23$$

$$M_x = \iint_S y\delta(x, y)\, dA = \int_0^8 \int_0^{x^{2/3}} xy^2\, dy\, dx$$

$$= \frac{1}{3}\int_0^8 x^3\, dx = \frac{1024}{3} \approx 341.33$$

我們得到

$$\bar{x} = \frac{M_y}{m} = \frac{80}{13} \approx 6.15, \quad \bar{y} = \frac{M_x}{m} = \frac{20}{9} \approx 2.22$$

≈ 注意圖 3 中質心 $(\bar{x}, \bar{y})$ 在 S 的右上部分，但這是可預期的，因為當離 x-軸及 y-軸的距離愈大，薄片密度 $\delta(x, y) = xy$ 就愈大。

範例 3

已知一個具有半徑為 a 的四分之一圓形狀的薄片，其密度正比於至圓心的距離，求此薄片的質心（圖 4）。

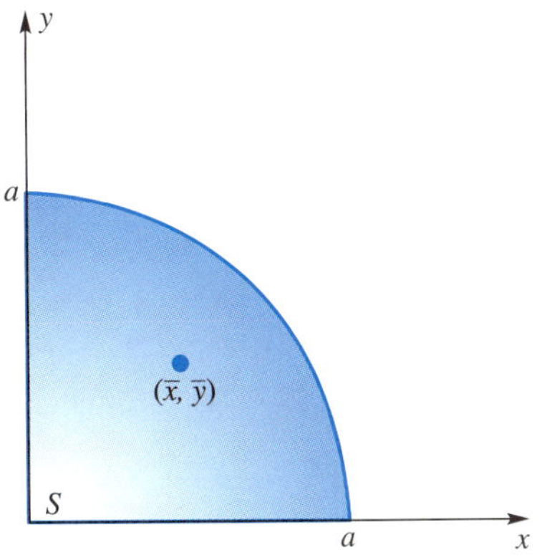

解答：由已知條件，可得 $\delta(x, y) = k\sqrt{x^2 + y^2}$，其中 k 為一常數。S 的形狀建議採用極坐標表示。

$$m = \iint_S k\sqrt{x^2 + y^2}\, dA = k \int_0^{\pi/2} \int_0^a r r\, dr\, d\theta$$
$$= k \int_0^{\pi/2} \frac{a^3}{3}\, d\theta = \frac{k\pi a^3}{6}$$

同時，

$$M_y = \iint_S xk\sqrt{x^2 + y^2}\, dA = k \int_0^{\pi/2} \int_0^a (r\cos\theta) r^2\, dr\, d\theta$$
$$= k \int_0^{\pi/2} \frac{a^4}{4} \cos\theta\, d\theta = \left[\frac{ka^4}{4} \sin\theta\right]_0^{\pi/2} = \frac{ka^4}{4}$$

我們得到，

$$\bar{x} = \frac{M_y}{m} = \frac{ka^4/4}{k\pi a^3/6} = \frac{3a}{2\pi}$$

因為此薄片具有對稱性，所以可得到 $\bar{y} = \bar{x}$，不須再做計算。

▲ 圖 4

此刻，一些敏銳的讀者可能會問一個問題。倘若一薄片是均質的；即 $\delta(x, y) = k$ 為常數，又會如何？本節由二重積分導出的公式是否與 5.6 節中僅由單積分導出的公式一致呢？答案是肯定的。在此稍微證明一下，考慮計算在一 y-簡單集 S 上的 M_y（圖 5）。

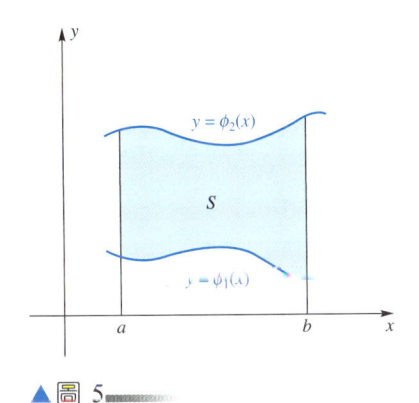

$$M_y = \iint_S xk\, dA = k \int_a^b \int_{\phi_1(x)}^{\phi_2(x)} x\, dy\, dx = k \int_a^b x[\phi_2(x) - \phi_1(x)]\, dx$$

▲ 圖 5

右式的單變數積分即是 5.6 節中的公式

轉動慣量 由物理學我們知道，一個質量為 m 的質點以速度 v，沿一直線運動時，其動能 KE 為

(1) $KE = \frac{1}{2}mv^2$

若此質點運動不是沿一直線，而是繞一軸旋轉，且其角速度為 ω 弧度／單位時間，則其線性速度為 $v = r\omega$，此處 r 為圓周的半徑。將此代入 (1)，可得

$$KE = \frac{1}{2}(r^2 m)\omega^2$$

上式中的 $r^2 m$ 稱為此質點的**轉動慣量（moment of inertia）**，以 I 表示。因此，對一個旋轉質點而言，

(2) $KE = \frac{1}{2}I\omega^2$

由 (1) 及 (2) 式，我們得知一物體的轉動慣量在一個圓周運動中所扮演的角色，類似於質量在線性運動中所扮演的角色。

對一平面上 n 個質點的系統而言，若它們的質量為 $m_1, m_2, \ldots, m_n$，且距一條直線 L 的距離為 $r_1, r_2, \ldots, r_n$，則此系統繞 L 的轉動慣量定義為

$$I = m_1 r_1^2 + m_2 r_2^2 + \cdots + m_n r_n^2 = \sum_{k=1}^{n} m_k r_k^2$$

換言之，即為各質點轉動慣量的和。

現在考慮一個密度為 $\delta(x, y)$ 的薄片，覆蓋平面上的一區域 S（圖 1）。若將 S 分割成如圖 2，每一個 R_k 的轉動慣量之近似值相加起來，再取極限，可導出下列的公式。此薄片繞 x–、y–及 z–軸的轉動慣量為

$$I_x = \iint\limits_S y^2 \delta(x, y)\, dA \qquad I_y = \iint\limits_S x^2 \delta(x, y)\, dA$$

$$I_z = \iint\limits_S (x^2 + y^2)\, \delta(x, y)\, dA = I_x + I_y$$

範例 4

求範例 1 的薄片繞 x–、y–及 z–軸的轉動慣量。

解答：

$$I_x = \iint\limits_S xy^3\, dA = \int_0^8 \int_0^{x^{2/3}} xy^3\, dy\, dx = \frac{1}{4}\int_0^8 x^{11/3}\, dx = \frac{6144}{7} \approx 877.71$$

$$I_y = \iint\limits_S x^3 y\, dA = \int_0^8 \int_0^{x^{2/3}} x^3 y\, dy\, dx = \frac{1}{2}\int_0^8 x^{13/3}\, dx = 6144$$

$$I_z = I_x + I_y = \frac{49{,}152}{7} \approx 7021.71$$

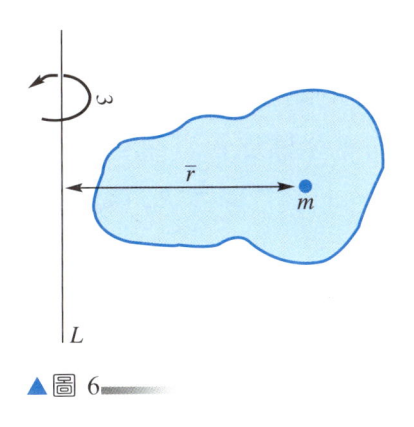

考慮下列的問題。若總質量為 m 的質量系統可由繞直線 L 有相同轉動慣量的單一點質量 m 來代替（圖6），則此點距 L 多遠？答案是 $\bar{r}$，此處 $m\bar{r}^2 = I$。而

$$\bar{r} = \sqrt{\frac{I}{m}}$$

稱為系統的**迴轉半徑**（radius of gyration）。因此，系統以角速度 ω 繞 L 旋轉時，其動能為

$$KE = \tfrac{1}{2}m\bar{r}^2\omega^2$$

▲ 圖 6

練習題 13.5

1-4 題中，請找出由給定曲線圍成且具有指定密度之薄片的質量 m 與質心 $(\bar{x}, \bar{y})$。

1. $x = 0, x = 4, y = 0, y = 3; \delta(x, y) = y + 1$

2. $y = 0, y = \sin x, 0 \le x \le \pi; \delta(x, y) = y$

3. $y = e^{-x}, y = 0\ x = 0, x = 1; \delta(x, y) = y^2$

4. $r = 2\sin\theta; \delta(r, \theta) = r$

5-6 題中，請找出由給定曲線圍成且具有指定密度 δ 之薄片的轉動慣量 I_x、I_y 與 I_z。

5. $y = \sqrt{x}, x = 9, y = 0; \delta(x, y) = x + y$

6. 頂點為 $(0, 0), (0, a), (a, a), (a, 0)$ 的正方形；$\delta(x, y) = x + y$

7-8 題中，給定一個疊積分，此二重積分提供了某個薄片 R 的質量，請畫出該薄片 R 並決定其密度，然後求出質量與質心。

7. $\int_0^2 \int_0^x k\, dy\, dx$

8. $\int_{-3}^3 \int_0^{9-x^2} k(x^2 + y^2)\, dy\, dx$

9. 求第 6 題中的薄片對 x-軸的迴轉半徑。

10. 已知一半徑為 a 的均勻圓薄片（δ 為常數），求對直徑的轉動慣量與迴轉半徑。

13.6 曲面的面積

我們已看過曲面面積的一些特殊情形。例如，我們在 11.4 節的範例 3 中求出空間中的平行四邊形面積。我們也知道球的表面積為 $4\pi r^2$。在本節裡，我們詳述在指定區域上方之曲面 $z = f(x, y)$ 的面積公式。

假設 G 是一個這樣子的曲面，它位於 xy-平面上某一個有界之封閉區域 S 的上方。假設 f 有連續一階偏導函數 f_x 及 f_y。首先，利用平行於 x-軸及 y-軸（見圖 1）的直線將區域 S 作一分割 P，令 R_m 表示那些完

全位於 S 內的小矩形，$m = 1, 2, \ldots, n$。對每一 m，令 G_m 為曲面的一部分，且其在 xy-平面的投影為 R_m，又令 P_m 為 G_m 上的點，且其在 xy-平面的投影為 R_m 的一個頂點，而此頂點具有最小的 x-坐標及 y-坐標。最後，令 T_m 表示在 P_m 處之切平面上的平行四邊形，且其投影為 R_m，如圖 1 所示，詳圖如圖 2 所示。

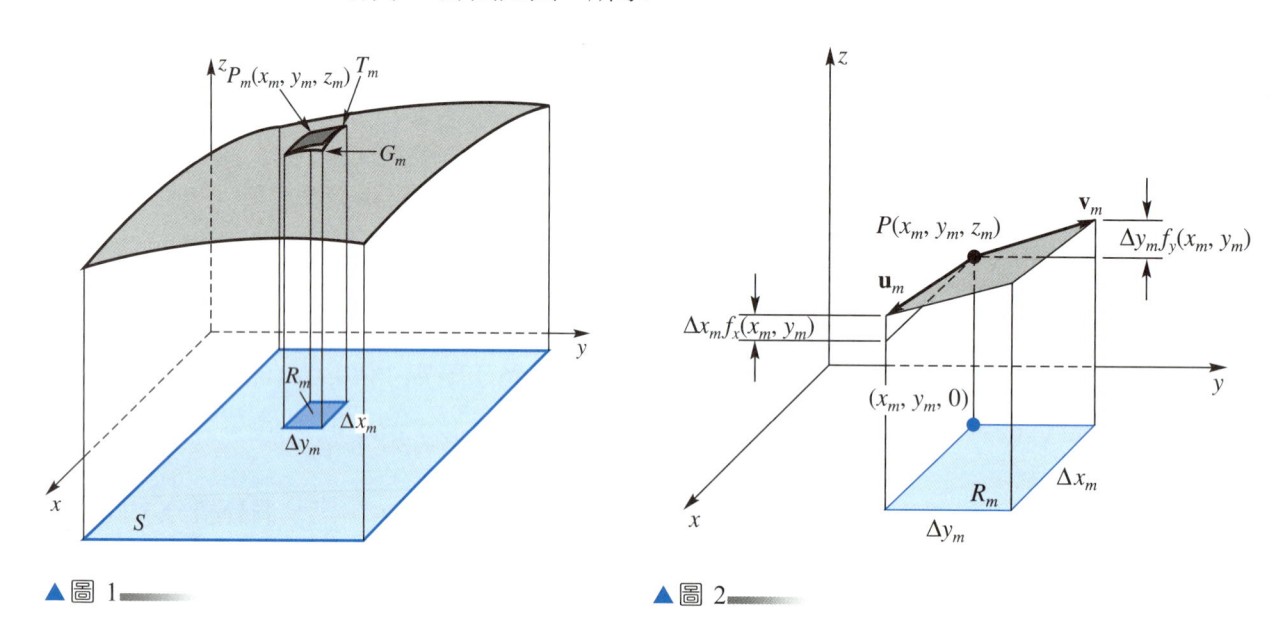

▲ 圖 1

▲ 圖 2

其次，我們求投影為 R_m 之平行四邊形 T_m 的面積。令兩向量 u_m 及 v_m 為 T_m 的兩鄰邊，則

$$\mathbf{u}_m = \Delta x_m \mathbf{i} + f_x(x_m, y_m) \Delta x_m \mathbf{k}$$
$$\mathbf{v}_m = \Delta y_m \mathbf{j} + f_y(x_m, y_m) \Delta y_m \mathbf{k}$$

我們由 11.4 節可知平行四邊形 T_m 的面積為 $\|\mathbf{u}_m \times \mathbf{v}_m\|$，此處

$$\begin{aligned}\mathbf{u}_m \times \mathbf{v}_m &= \begin{vmatrix} \mathbf{i} & \mathbf{j} & \mathbf{k} \\ \Delta x_m & 0 & f_x(x_m, y_m) \Delta x_m \\ 0 & \Delta y_m & f_y(x_m, y_m) \Delta y_m \end{vmatrix} \\ &= (0 - f_x(x_m, y_m) \Delta x_m \Delta y_m)\mathbf{i} - (f_y(x_m, y_m) \Delta x_m \Delta y_m - 0)\mathbf{j} \\ &\quad + (\Delta x_m \Delta y_m - 0)\mathbf{k} \\ &= \Delta x_m \Delta y_m [-f_x(x_m, y_m)\mathbf{i} - f_y(x_m, y_m)\mathbf{j} + \mathbf{k}] \\ &= A(R_m)[-f_x(x_m, y_m)\mathbf{i} - f_y(x_m, y_m)\mathbf{j} + \mathbf{k}]\end{aligned}$$

所以，T_m 的面積為

$$A(T_m) = \|\mathbf{u}_m \times \mathbf{v}_m\| = A(R_m)\sqrt{[f_x(x_m, y_m)]^2 + [f_y(x_m, y_m)]^2 + 1}$$

我們將這些平行四邊形 T_m，$m = 1, 2, ..., n$ 相加，並取極限，即得曲面 G 的面積

$$A(G) = \lim_{\|P\| \to 0} \sum_{m=1}^{n} A(T_m)$$
$$= \lim_{\|P\| \to 0} \sum_{m=1}^{n} \sqrt{[f_x(x_m, y_m)]^2 + [f_y(x_m, y_m)]^2 + 1}\, A(R_m)$$
$$= \iint_S \sqrt{[f_x(x, y)]^2 + [f_y(x, y)]^2 + 1}\, dA$$

或更簡潔地說

$$A(G) = \iint_S \sqrt{f_x^2 + f_y^2 + 1}\, dA$$

圖 1 所畫出在 xy-平面上的區域 S 是一個矩形，但未必是如此，圖 3 則展示了 S 不是矩形時的情況。

▲圖 3

一些例子 我們以四個例子說明上面的公式。

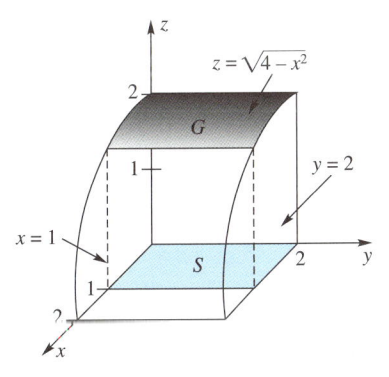

● **範例 1**

若 S 為 xy-平面上由直線 $x = 0$ 及 $x = 1$，$y = 0$ 及 $y = 2$ 所圍成之矩形區域，求柱曲面 $z = \sqrt{4 - x^2}$ 投影在 S 上的那一部分曲面的面積（圖 4）。

解答：設 $f(x, y) = \sqrt{4 - x^2}$。則 $f_x = -x/\sqrt{4 - x^2}$，$f_y = 0$，且

$$A(G) = \iint_S \sqrt{f_x^2 + f_y^2 + 1}\, dA = \iint_S \sqrt{\frac{x^2}{4 - x^2} + 1}\, dA = \iint_S \frac{2}{\sqrt{4 - x^2}}\, dA$$
$$= \int_0^1 \int_0^2 \frac{2}{\sqrt{4 - x^2}}\, dy\, dx = 4 \int_0^1 \frac{1}{\sqrt{4 - x^2}}\, dx = 4 \left[\sin^{-1} \frac{x}{2}\right]_0^1 = \frac{2\pi}{3}$$

▲圖 4

● **範例 2**

求曲面 $z = x^2 + y^2$ 在平面 $z = 9$ 下方部分的面積

解答：此曲面的指定部分 G 投影在圓 $x^2 + y^2 = 9$ 內部的圓周區域 S 上（圖 5）。設 $f(x, y) = x^2 + y^2$，則 $f_x = 2x$，$f_y = 2y$，且

$$A(G) = \iint_S \sqrt{4x^2 + 4y^2 + 1}\, dA$$

S 的形狀可以用極坐標來表示。

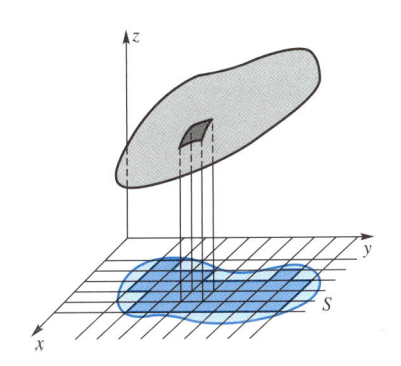

▲圖 5

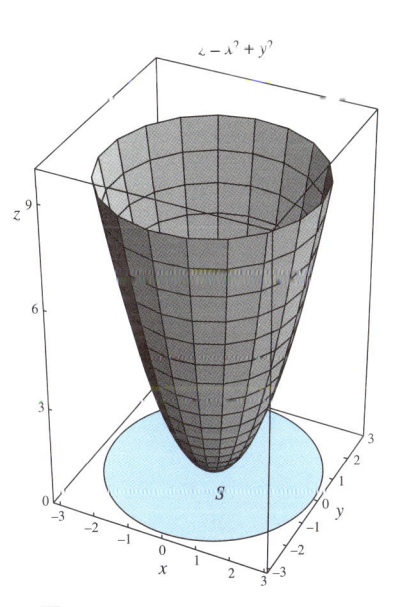

$$A(G) = \int_0^{2\pi} \int_0^3 \sqrt{4r^2 + 1}\, r\, dr\, d\theta$$

$$= \int_0^{2\pi} \frac{1}{8}\left[\frac{2}{3}(4r^2 + 1)^{3/2}\right]_0^3 d\theta$$

$$= \int_0^{2\pi} \frac{1}{12}(37^{3/2} - 1)\, d\theta = \frac{\pi}{6}(37^{3/2} - 1) \approx 117.32$$

一個底直徑等於高的正圓柱體與它的內接球有值得注意的性質：兩平行平面（垂直於圓柱的軸）之間的曲面有相等的面積。下面例子就半球面闡述此性質，圖 6 中兩曲面有相等的面積。我們可以很容易地將該性質推廣到球的情形。

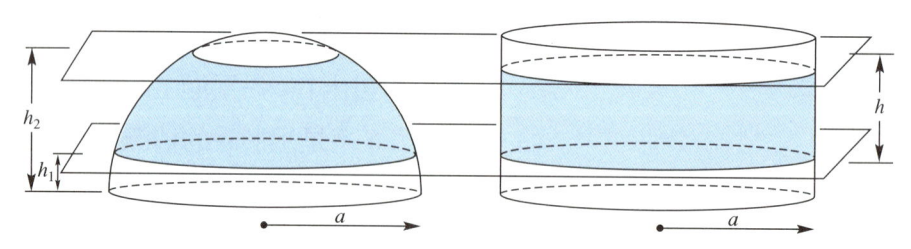

▲ 圖 6

範例 3

試證：利用平面 $z = h_1$ 及 $z = h_2$ ($0 \leq h_1 \leq h_2 \leq a$) 在半球面 $x^2 + y^2 + z^2 = a^2$，$z \geq 0$，截出的曲面 G 的面積為

$$A(G) = 2\pi a(h_2 - h_1)$$

試證這也是在正圓柱 $x^2 + y^2 = a^2$ 上介於兩平面 $z = h_1$ 及 $z = h_2$ 之間的曲面面積。

解答：令 $h = h_2 - h_1$。半球面定義為

$$z = \sqrt{a^2 - x^2 - y^2}$$

而位在 xy-平面下方的區域 S 是環形區域：$b = \sqrt{a^2 - h_2^2}$，此處 $b = \sqrt{a^2 - h_2^2}$，$c = \sqrt{a^2 - h_1^2}$（圖 7）。在兩水平面之間的半球面面積為

$$A(G) = \iint_S \sqrt{\left[\frac{\partial}{\partial x}\sqrt{a^2 - x^2 - y^2}\right]^2 + \left[\frac{\partial}{\partial y}\sqrt{a^2 - x^2 - y^2}\right]^2 + 1}\, dA$$

$$= \iint_S \sqrt{\frac{x^2}{a^2 - x^2 - y^2} + \frac{y^2}{a^2 - x^2 - y^2} + 1}\, dA$$

$$= \iint_S \frac{a}{\sqrt{a^2 - x^2 - y^2}}\, dA$$

此積分用極坐標很容易處理。

$$A(G) = \int_0^{2\pi} \int_b^c \frac{a}{\sqrt{a^2 - r^2}} r \, dr \, d\theta = \int_0^{2\pi} a\left[-\sqrt{a^2 - c^2} + \sqrt{a^2 - b^2}\right] d\theta$$
$$= 2\pi a\left[\sqrt{a^2 - b^2} - \sqrt{a^2 - c^2}\right] = 2\pi a(h_2 - h_1) = 2\pi ah$$

因為圓柱的曲面面積是圓周長 $2\pi a$ 乘上高 h，所以在兩平面之間的曲面面積是 $2\pi ah$，此與半球面上之截曲面的面積一致。

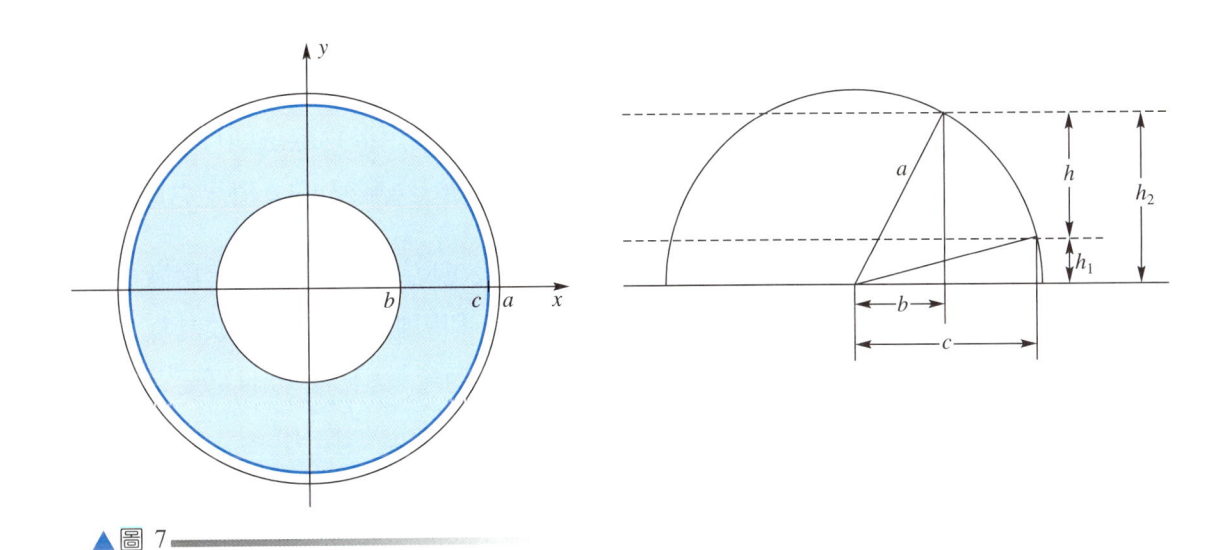

▲圖 7

範例 4

求在以 $(0, 0)$，$(2, 0)$ 及 $(0, 2)$ 為頂點的三角形之上的雙曲拋物面 $z = x^2 - y^2$ 之面積。

解答：令 $f(x, y) = x^2 - y^2$，則 $f_x(x, y) = 2x$ 且 $f_y(x, y) = -2y$。所求面積為疊積分

$$A = \int_0^2 \int_0^{2-x} \sqrt{f_x^2 + f_y^2 + 1} \, dy \, dx$$
$$= \int_0^2 \int_0^{2-x} \sqrt{(2x)^2 + (-2y)^2 + 1} \, dy \, dx$$
$$= 2\int_0^2 \left(\int_0^{2-x} \sqrt{y^2 + \left(x^2 + \frac{1}{4}\right)} \, dy\right) dx \quad \text{利用附錄的積分表的公式 44}$$
$$= 2\int_0^2 \left[\frac{y}{2}\sqrt{y^2 + \left(x^2 + \frac{1}{4}\right)} + \frac{\left(x^2 + \frac{1}{4}\right)}{2}\ln\left|y + \sqrt{y^2 + \left(x^2 + \frac{1}{4}\right)}\right|\right]_0^{2-x} dx$$
$$= 2\int_0^2 \left[\frac{2-x}{2}\sqrt{(2-x)^2 + \left(x^2 + \frac{1}{4}\right)}\right.$$

曲面面積問題

對大多數的曲面面積問題，雙重積分的設定是簡單的。只是將需要的導函數代入即可。但是，因為反導函數的求取常常是如此的困難，以致於套用微積分第二基本定理去求這些積分的值通常是困難，甚至是不可能的。

$$+ \frac{1}{2}\left(x^2 + \frac{1}{4}\right)\ln\left|(2-x) + \sqrt{(2-x)^2 + \left(x^2 + \frac{1}{4}\right)}\right|$$

$$- \frac{1}{2}\left(x^2 + \frac{1}{4}\right)\ln\left|\sqrt{x^2 + \frac{1}{4}}\right|\right] dx$$

$$= 2\int_0^2 \left[\frac{2-x}{2}\sqrt{2x^2 - 4x + \frac{17}{4}} + \frac{4x^2 + 1}{8}\ln\left((2-x) + \sqrt{2x^2 - 4x + \frac{17}{4}}\right)\right.$$

$$\left. - \frac{4x^2 + 1}{16}\ln\left(x^2 + \frac{1}{4}\right)\right] dx$$

最後一個積分太複雜，以致無法用微積分第二基本定理求出，所以，我們需要數值方法。套用拋物線法則且令 $n = 10$，可得最後一個積分的近似值 4.8386（事實上，較大的 n 值，也得到相同的近似值）。

在最後一例中，找出反導函數，然後套用微積分第二基本定理，就可求出內積分。然後，利用數值方法去完成計算。雖然，有數值方法求二重積分，但是它們使用起來相當笨拙且需要在大量的點上求值。比較好用的方法是，若可以的話先求出內積分，然後求一個單積分的數值近似。

練習題 13.6

1-8 題中，求各指定曲面的面積，並畫其圖。

1. 平面 $3x + 4y + 6z = 12$ 在一個 xy-平面上之矩形上方的部分，該矩形以 $(0,0)$、$(2,0)$、$(2,1)$ 及 $(0,1)$ 為頂點。

2. 曲面 $z = \sqrt{4 - y^2}$ 在一個 xy-平面上之矩形上方的部分，該矩形以 $(1,0)$、$(2,0)$、$(2,1)$ 及 $(1,1)$ 為頂點。

3. 柱面 $x^2 + z^2 = 9$ 在一個 xy-平面上之矩形上方的部分，該矩形以 $(0,0)$、$(2,0)$、$(2,3)$ 及 $(0,3)$ 為頂點。

4. 拋物面 $z = x^2 + y^2$ 被平面 $z = 4$ 切下的部分。

5. 曲面 $z = x^2/4 + 4$ 被平面 $x = 0$、$x = 1$、$y = 0$ 與 $y = 2$ 切下的部分。

6. 球面 $x^2 + y^2 + z^2 = a^2$ 在圓柱面 $x^2 + y^2 = b^2$（此處 $0 < b \le a$）內部的部分。

7. 曲面 $z = 9 - x^2 - y^2$ 在平面 $z = 5$ 上方的部分。

8. 曲面 $z = 9 - x^2$ 在 xy- 平面之區域 $0 \le x \le 20$ 上方的部分。

9. （與範例 3 有關）證明：半徑為 a 之球上，由球面角 ϕ 所決定的極帽（polar cap）（圖 8）之面積為 $2\pi a^2(1 - \cos\phi)$。

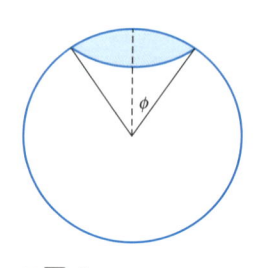

▲圖 8

10-11 題中，求給定曲面的曲面面積，假如無法用微積分第二基本定理求出積分之值，請利用拋物線法則且令 $n = 10$。

10. 拋物面 $z = x^2 + y^2$ 在下述區域上方的部分

(a) 第一象限中，圓在 $x^2+y^2=9$ 的內部

(b) 以 $(0,0),(3,0),(0,3)$ 為頂點之三角形的內部

11. 雙曲拋物面 $z=y^2-x^2$ 在下述區域上方的部分

(a) 第一象限中，圓 $x^2+y^2=9$ 的內部

(b) 以 $(0,0),(3,0),(0,3)$ 為頂點之三角形的內部

13.7 三重積分在笛卡兒坐標系

包含在單變數積分及二重積分內的觀念，可推廣至三重積分，甚至 n 重積分。

考慮含有三個變數的函數 f，它被定義在一個各面皆平行於坐標平面的盒狀區域 B 上。我們無法畫出 f 的圖形（需要四維空間），但可畫出 B（圖 1）。以通過 B 且平行於坐標平面的各平面，在 B 中形成一個分割 P，將 B 切成小盒子 $B_1, B_2, \ldots, B_n$；圖 1 中展示了一個典型的小盒子 B_k。在 B_k 中，選取一個樣本點 $(\bar{x}_k, \bar{y}_k, \bar{z}_k)$，並考慮黎曼和

$$\sum_{k=1}^{n} f(\bar{x}_k, \bar{y}_k, \bar{z}_k)\,\Delta V_k$$

▲圖 1

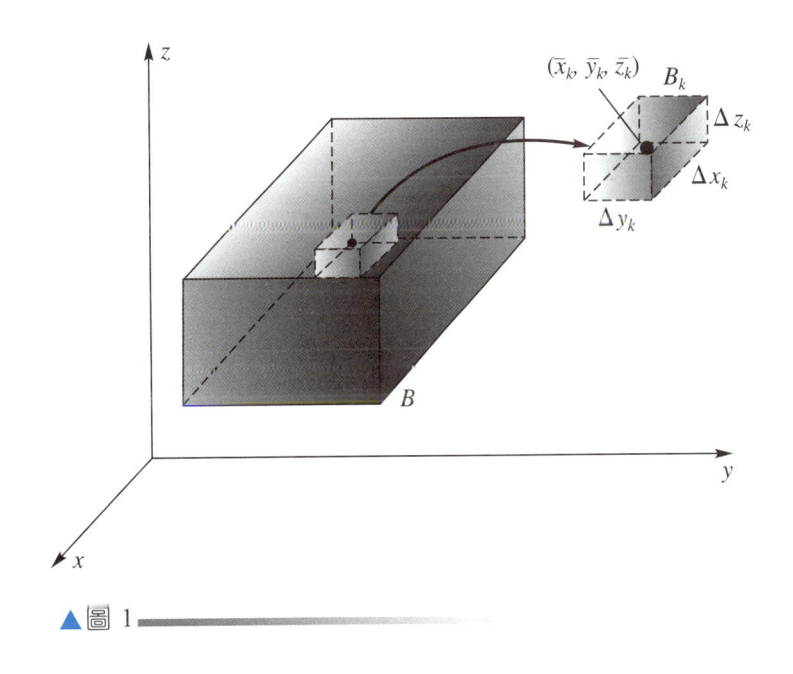

此處 $\Delta V_k = \Delta x_k\,\Delta y_k\,\Delta z_k$ 為 B_k 的體積。假設分割的範數 $\|P\|$ 為所有小盒子中最長之對角線的長度，那麼，只要下述極限存在，我們就定義三重積分（triple integral）為

$$\iiint_B f(x, y, z)\, dV = \lim_{\|P\|\to 0} \sum_{k=1}^{n} f(\overline{x}_k, \overline{y}_k, \overline{z}_k)\, \Delta V_k$$

　　如在單變數及二重積分中的情形一樣，問題是何種函數為可積分？當然 f 在 B 上為連續是充分條件。事實上，也允許有某一些不連續，例如，在有限個平滑曲面上。在此我們不證明它（一個相當困難的工作），只是確信它為真。誠如你們所期望，三重積分具有一些一般的性質：線性，在僅重合於邊界曲面之多個區域中的加法性，及比較性質。最後，三重積分可寫成三重疊積分，說明如下。

範例 1

求 $\iiint_B x^2 y z\, dV$ 之值，此處 B 為盒狀區域

$$B = \{(x, y, z): 1 \leq x \leq 2, 0 \leq y \leq 1, 0 \leq z \leq 2\}$$

解答：

$$\iiint_B x^2 y z\, dV = \int_0^2 \int_0^1 \int_1^2 x^2 y z\, dx\, dy\, dz$$

$$= \int_0^2 \int_0^1 \left[\frac{1}{3} x^3 y z\right]_1^2 dy\, dz = \int_0^2 \int_0^1 \frac{7}{3} y z\, dy\, dz$$

$$= \frac{7}{3} \int_0^2 \left[\frac{1}{2} y^2 z\right]_0^1 dz = \frac{7}{3} \int_0^2 \frac{1}{2} z\, dz$$

$$= \frac{7}{6} \left[\frac{z^2}{2}\right]_0^2 = \frac{7}{3}$$

有六種可能的積分次序，任何一種都可產生答案 $\frac{7}{3}$。

　　一般的區域　考慮三度空間中一有界之閉集合 S，且將它封閉於一個盒狀區域 B 內，如圖 2 所示。設 $f(x, y, z)$ 定義在 S 上，且於 S 的外部定義 f 為 0，則我們可定義

$$\iiint_S f(x, y, z)\, dV = \iiint_B f(x, y, z)\, dV$$

　　雖然我們將右式的積分定義視為沒有疑義，然而並不表示它很容易求出。事實上，若集合 S 相當複雜時，我們將無法求出其值。

　　假設 S 為一 z-簡單集（鉛垂線與 S 的交集為單一線段），且令 S_{xy} 為它在 xy-平面上的投影（圖 3），則

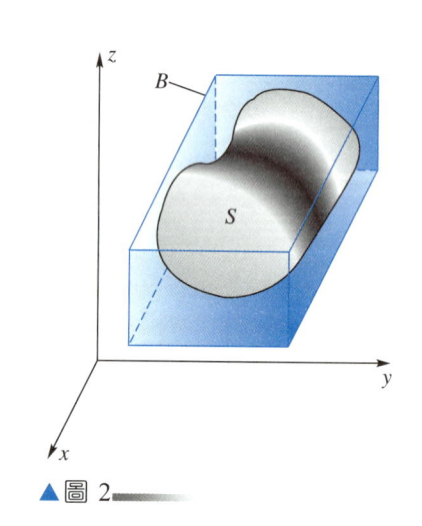

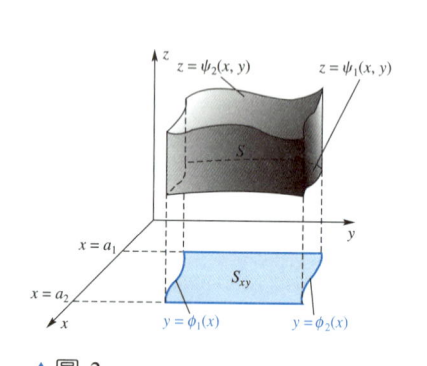

▲圖 2

▲圖 3

$$\iiint_S f(x,y,z)\,dV = \iint_{S_{xy}} \left[\int_{\psi_1(x,y)}^{\psi_2(x,y)} f(x,y,z)\,dz \right] dA$$

若 S_{xy} 同時也為一 y-簡單集（如圖 3 所示），我們可將上式的外二重積分寫成一個疊積分

$$\iiint_S f(x,y,z)\,dV = \int_{a_1}^{a_2} \int_{\phi_1(x)}^{\phi_2(x)} \int_{\psi_1(x,y)}^{\psi_2(x,y)} f(x,y,z)\,dz\,dy\,dx$$

其他積分次序也有可能，依 S 的形狀而定，但是在每一種情況中，我們都應該預期內積分的界限為含有兩個變數的函數，中積分的界限為單一變數的函數，而外積分的界限為常數。

底下有一些例子。第一個只是說明一個三重疊積分的求值計算。

積分的界限

最內層積分的界限與其他兩個積分變數有關；中間層積分的界限與最外層積分變數有關；最後，最外層積分的界限可能不與任一積分變數有關。

● 範例 2

求疊積分 $\int_{-2}^{5}\int_{0}^{3x}\int_{y}^{x+2} 4\,dz\,dy\,dx$ 之值。

解答：

$$\begin{aligned}
\int_{-2}^{5}\int_{0}^{3x}\int_{y}^{x+2} 4\,dz\,dy\,dx &= \int_{-2}^{5}\int_{0}^{3x}\left(\int_{y}^{x+2} 4\,dz\right) dy\,dx \\
&= \int_{-2}^{5}\int_{0}^{3x} [4z]_{y}^{x+2}\,dy\,dx \\
&= \int_{-2}^{5}\int_{0}^{3x} (4x - 4y + 8)\,dy\,dx \\
&= \int_{-2}^{5} [4xy - 2y^2 + 8y]_{0}^{3x}\,dx \\
&= \int_{-2}^{5} (-6x^2 + 24x)\,dx = -14
\end{aligned}$$

● 範例 3

已知第一卦限中一固體區域 S，是由拋物柱面 $z = 2 - \frac{1}{2}x^2$ 及平面 $z = 0$、$y = x$ 及 $y = 0$ 所圍成，求 $f(x,y,z) = 2xyz$ 在其上的三重積分之值。

平面 y = 0　　平面 y = x　　曲面 $z = 2 - \dfrac{x^2}{2}$

固體區域 S_{xy}

固體區域 S

▲圖 4

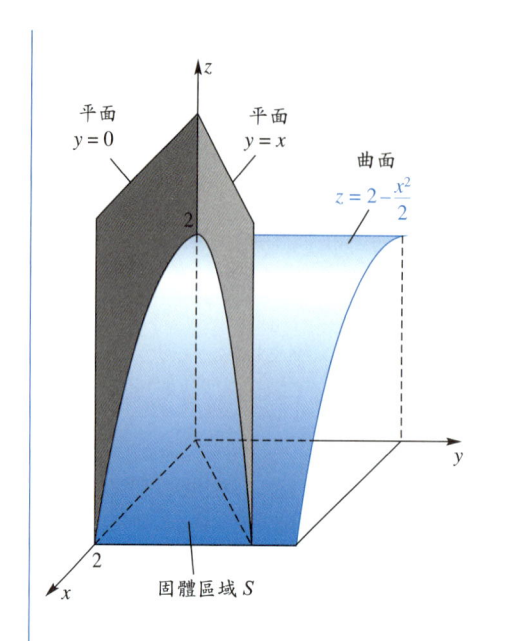

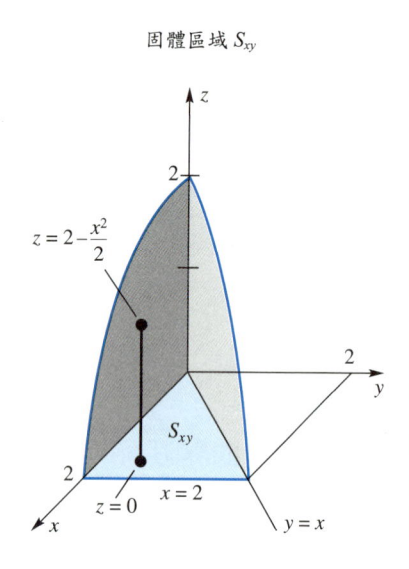

解答：此固體區域 S 如圖 4 所示，三重積分 $\iiint\limits_{S} 2xyz\, dV$ 可由一疊積分求出。

首先，請注意 S 為一 z-簡單集，且其投影 S_{xy} 在 xy-平面上為 y-簡單集（亦為 x-簡單集）。在第一個積分中，x 及 y 為固定；先沿著由 $z = 0$ 至 $z = 2 - x^2/2$ 的鉛垂線積分，然後在 S_{xy} 上積分。

$$\iiint\limits_{S} 2xyz\, dV = \int_0^2 \int_0^x \int_0^{2-x^2/2} 2xyz\, dz\, dy\, dx$$

$$= \int_0^2 \int_0^x [xyz^2]_0^{2-x^2/2}\, dy\, dx$$

$$= \int_0^2 \int_0^x \left(4xy - 2x^3 y + \frac{1}{4}x^5 y\right) dy\, dx$$

$$= \int_0^2 \left(2x^3 - x^5 + \frac{1}{8}x^7\right) dx = \frac{4}{3}$$

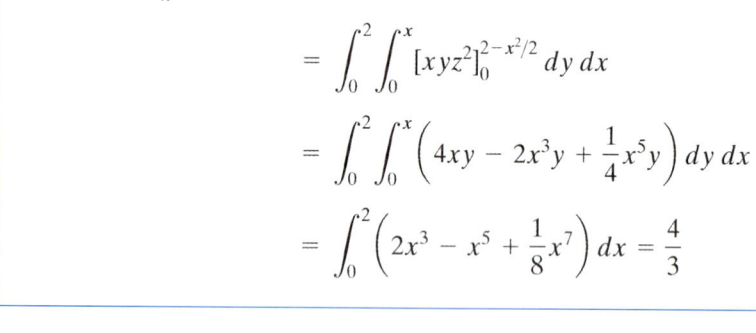

在範例 3 中有幾種不同可能的積分次序。我們舉例說明解此題的另一方法。

平面區域 S_{xz}

▲圖 5

範例 4

請利用積分次序 $dy\, dx\, dz$，求範例 3 的積分值。

解答：已知固體 S 為 y-簡單集，且它在如圖 5 所示的平面集合 S_{xz} 上。先沿著由 $y = 0$ 至 $y = x$ 的水平線積分，然後在 S_{xz} 上積分。

$$\iiint\limits_S 2xyz\, dV = \int_0^2 \int_0^{\sqrt{4-2z}} \int_0^x 2xyz\, dy\, dx\, dz$$
$$= \int_0^2 \int_0^{\sqrt{4-2z}} x^3 z\, dx\, dz = \frac{1}{4}\int_0^2 \left(\sqrt{4-2z}\right)^4 z\, dz$$
$$= \frac{1}{4}\int_0^2 (16z - 16z^2 + 4z^3)\, dz = \frac{4}{3}$$

質量及質心 質量及質心的觀念可推廣至固體區域。到目前為止，導出正確公式的過程已相當熟悉，我們的箴言就是：切片、近似、積分。圖 6 中展示了整個觀念，其中符號 $\delta(x, y, z)$ 表示在點 (x, y, z) 的密度（每單位體積中的質量）。

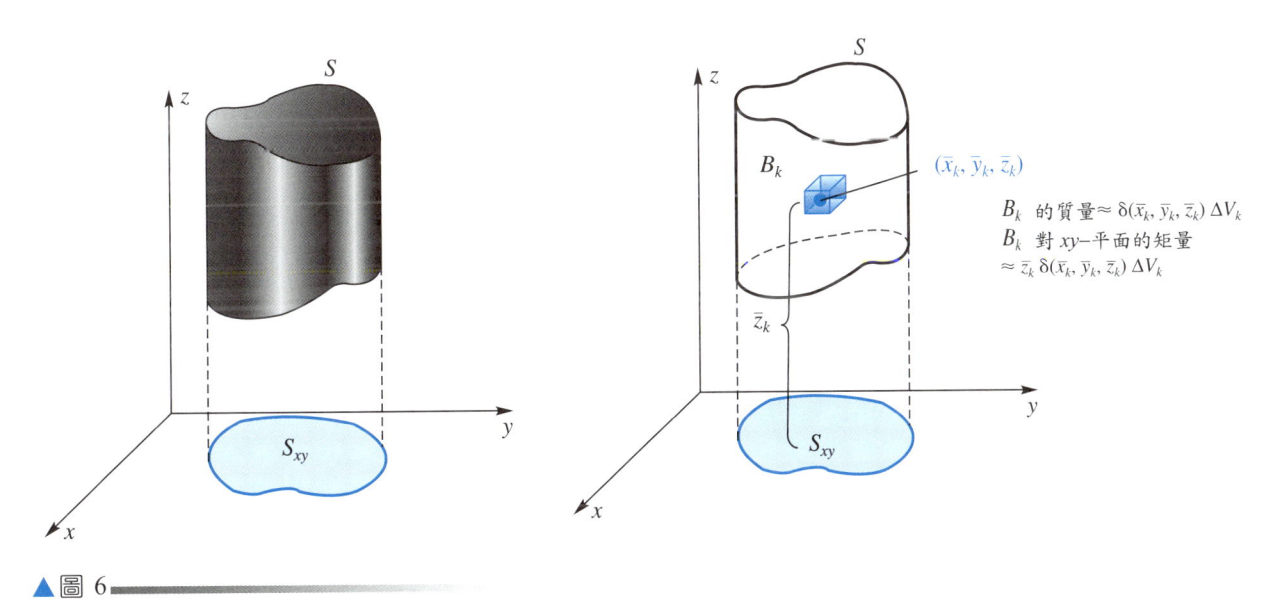

B_k 的質量 $\approx \delta(\bar{x}_k, \bar{y}_k, \bar{z}_k) \Delta V_k$
B_k 對 xy-平面的矩量
$\approx \bar{z}_k \delta(\bar{x}_k, \bar{y}_k, \bar{z}_k) \Delta V_k$

▲ 圖 6

令 m 為立體 S 的質量，M_{xy} 為 S 對 xy-平面的矩量，且 $\bar{z}$ 為質心的 z-軸坐標，則它們的積分公式分別為

$$m = \iiint\limits_S \delta(x, y, z)\, dV$$
$$M_{xy} = \iiint\limits_S z\delta(x, y, z)\, dV$$
$$\bar{z} = \frac{M_{xy}}{m}$$

M_{yz}、M_{xz}、$\bar{x}$ 及 $\bar{y}$ 也有類似的公式。

範例 5

求範例 3 中固體 S 的質量及質心，假設其密度與至 xy-平面上之底部的距離成正比。

解答：依題義得知，$\delta(x, y, z) = kz$，此處 k 為一常數。因此

$$m = \iiint_S kz\, dV = \int_0^2 \int_0^x \int_0^{2-x^2/2} kz\, dz\, dy\, dx$$

$$= k\int_0^2 \int_0^x \frac{1}{2}\left(2 - \frac{x^2}{2}\right)^2 dy\, dx = k\int_0^2 \int_0^x \left(2 - x^2 + \frac{1}{8}x^4\right) dy\, dx$$

$$= k\int_0^2 \left(2x - x^3 + \frac{1}{8}x^5\right) dx = k\left[x^2 - \frac{x^4}{4} + \frac{x^6}{48}\right]_0^2 = \frac{4}{3}k$$

$$M_{xy} = \iiint_S kz^2\, dV = \int_0^2 \int_0^x \int_0^{2-x^2/2} kz^2\, dz\, dy\, dx$$

$$= \frac{k}{3}\int_0^2 \int_0^x \left(2 - \frac{x^2}{2}\right)^3 dy\, dx$$

$$= \frac{k}{3}\int_0^2 \int_0^x \left(8 - 6x^2 + \frac{3}{2}x^4 - \frac{1}{8}x^6\right) dy\, dx$$

$$= \frac{k}{3}\int_0^2 \left(8x - 6x^3 + \frac{3}{2}x^5 - \frac{1}{8}x^7\right) dx$$

$$= \frac{k}{3}\left[4x^2 - \frac{3}{2}x^4 + \frac{1}{4}x^6 - \frac{1}{64}x^8\right]_0^2 = \frac{4}{3}k$$

$$M_{xz} = \iiint_S kyz\, dV = \int_0^2 \int_0^x \int_0^{2-x^2/2} kyz\, dz\, dy\, dx$$

$$= k\int_0^2 \int_0^x \frac{1}{2}y\left(2 - \frac{x^2}{2}\right)^2 dy\, dx = k\int_0^2 \frac{1}{4}x^2\left(2 - \frac{x^2}{2}\right)^2 dx$$

$$= k\int_0^2 \left(x^2 - \frac{1}{2}x^4 + \frac{1}{16}x^6\right) dx = \frac{64}{105}k$$

$$M_{yz} = \iiint_S kxz\, dV = \int_0^2 \int_0^x \int_0^{2-x^2/2} kxz\, dz\, dy\, dx = \frac{128}{105}k$$

$$\bar{z} = \frac{M_{xy}}{m} = \frac{4k/3}{4k/3} = 1$$

$$\bar{y} = \frac{M_{xz}}{m} = \frac{64k/105}{4k/3} = \frac{16}{35}$$

$$\bar{x} = \frac{M_{yz}}{m} = \frac{128k/105}{4k/3} = \frac{32}{35}$$

多變數隨機變數 我們在 5.7 節中已見過，隨機變數的機率如何當成機率密度函數之下的面積來計算。也見過期望值如何當成動差來進行計算。這些觀念可輕易地推廣到多變數隨機變數的情況。一函數 $f(x, y, z)$ 若滿足下列條件，就稱之為隨機變數 (X, Y, Z) 的**聯合機率密度函數**（joint probability density function）（PDF）：$f(x, y, z) \geq 0$，對所有 S

中的 (x, y, z) 且

$$\iiint_S f(x, y, z)\, dz\, dy\, dx = 1$$

其中 S 是 (X, Y, Z) 的所有可能值所形成之區域。一個與 (X, Y, Z) 有關的機率可視為在一個適當區域上的三重積分。對某函數 $g(X, Y, Z)$ 的期望值，定義為

$$E(g(X, Y, Z)) = \iiint_S g(x, y, z) f(x, y, z)\, dz\, dy\, dx$$

透過一些修改，此討論也可用在多變數隨機變數上。

範例 6

已知隨機變數 (X, Y, Z) 的聯合 PDF 形如下述

$$f(x, y, z) = \begin{cases} \dfrac{1}{2}, & \text{若 } 0 \le x \le 2;\ 0 \le y \le x;\ 0 \le z \le 1 \\ 0, & \text{其它} \end{cases}$$

求 (a) $P(Y \le X/2)$ 與 (b) $E(Y)$。

解答：

(a) 我們注意到 $Y \le X/2$ 若且惟若 (X, Y) 在圖 7 的陰影區域 R 中，且 $0 \le Z \le 1$，因此，

$$P\left(Y \le \frac{X}{2}\right) = \int_0^2 \int_0^{x/2} \int_0^1 \frac{1}{2}\, dz\, dy\, dx = \int_0^2 \int_0^{x/2} \frac{1}{2}\, dy\, dx = \int_0^2 \frac{x}{4}\, dx = \left[\frac{x^2}{8}\right]_0^2 = \frac{1}{2}$$

(b) Y 的期望值為

$$E(Y) = \iiint_S y f(x, y, z)\, dz\, dy\, dx = \int_0^2 \int_0^x \int_0^1 \frac{y}{2}\, dz\, dy\, dx$$

$$= \int_0^2 \int_0^x \frac{y}{2}\, dy\, dx = \int_0^2 \left[\frac{y^2}{4}\right]_0^x dx$$

$$= \int_0^2 \frac{x^2}{4}\, dx = \left[\frac{x^3}{12}\right]_0^2 = \frac{2}{3}$$

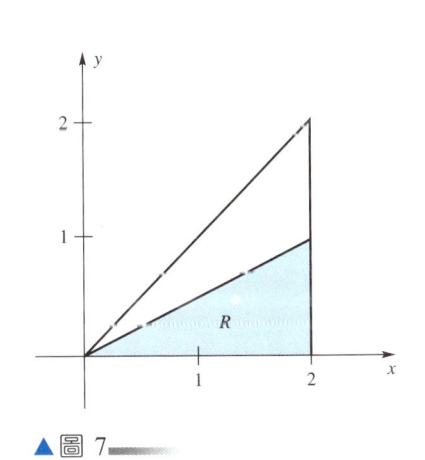

▲圖 7

練習題 13.7

1-4 題中，求疊積分之值。

1. $\displaystyle\int_{-3}^{7} \int_0^{2x} \int_y^{x-1} dz\, dy\, dx$

2. $\displaystyle\int_1^4 \int_{z-1}^{2z} \int_0^{y+2z} dx\, dy\, dz$

3. $\displaystyle\int_0^2 \int_1^z \int_0^{\sqrt{x/z}} 2xyz\, dy\, dx\, dz$

4. $\displaystyle\int_0^{\pi/2} \int_0^z \int_y^y \sin(x + y + z)\, dx\, dy\, dz$

5-8 題中，畫出固體 S，然後寫出 $\iiint_S f(x,y,z)\,dV$ 的疊積分。

5. $S = \{(x, y, z) : 0 \leq x \leq 1,\ 0 \leq y \leq 3,\ 0 \leq z \leq \dfrac{1}{6}(12 - 3x - 2y)\}$

6. $S = \{(x, y, z) : 0 \leq x \leq \dfrac{1}{2},\ 0 \leq y \leq 4,\ 0 \leq z \leq 2\}$

7. $S = \{(x, y, z) : 0 \leq x \leq 3z,\ 0 \leq y \leq 4 - x - 2z,\ 0 \leq z \leq 2\}$

8. S 是第一卦限中，由曲面 $z = 9 - x^2 - y^2$ 與坐標平面所圍成之區域。

9-11 題中，請利用三重疊積分求各指定之值，

9. 第一卦限內由 $y = 2x^2$ 與 $y + 4z = 8$ 所圍成之固體的體積。

10. 由柱面 $x^2 = y$ 與 $z^2 = y$ 與及平面 $y = 1$ 與所圍成之固體的體積。

11. 具有常數密度之實心球體 $\{(x, y, z) : x^2 + y^2 + z^2 \leq a^2\}$，在第一卦限部分的質心。

12. 已知隨機變數 (x, y) 的聯合 PDF 為

$$f(x, y) = \begin{cases} ky, & \text{若}\ 0 \leq x \leq 12;\ 0 \leq y \leq x \\ 0, & \text{其他} \end{cases}$$

求下列各值：

(a) k　　(b) $P(Y > 4)$

(c) $E(X)$

13.8 三重積分在柱面及球面坐標系

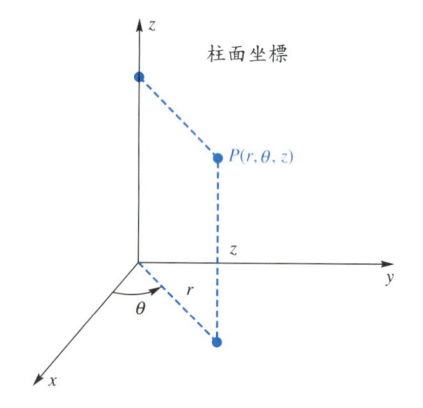

當一個三度空間中的固體區域 S 有一對稱軸時，在 S 的三重積分值通常可利用柱面座標輕鬆地求出。同理若 S 對某一點對稱，球面坐標是有幫助的。我們曾在 11.9 節討論過柱面及球面坐標，不妨先複習一下。這兩種都是我們在 13.9 節中將討論的多重積分之變數轉換的特例。

柱面坐標（Cylindrical Coordinates）　圖 1 提醒我們有關柱面坐標的意義，並展示了我們將用的符號。柱面坐標與笛卡兒（直角）坐標具有下列關係式

$$x = r\cos\theta, \quad y = r\sin\theta, \quad x^2 + y^2 = r^2$$

所以，採用柱面坐標來表示函數 $f(x, y, z)$ 時可化成

$$f(x, y, z) = f(r\cos\theta, r\sin\theta, z) = F(r, \theta, z)$$

現在，假設我們要求 $\iiint_S f(x,y,z)\,dV$ 的值，此處 S 為一固體區域。考慮利用一柱面格點將 S 分割，此處典型的體積元如圖 2 所示。因為這一塊（稱為一柱面楔體）具有體積 $\Delta V_k = \bar{r}_k\,\Delta r_k\,\Delta\theta_k\,\Delta z_k$，所以積分近似於下列形式之和

$$\sum_{k=1}^{n} F(\bar{r}_k, \bar{\theta}_k, \bar{z}_k) \bar{r}_k \, \Delta z_k \, \Delta r_k \, \Delta \theta_k$$

當分割的範數趨近 0 時，其極限導出一個新的積分，且為三重積分中，由直角坐標化為柱面坐標提出一個重要的公式。

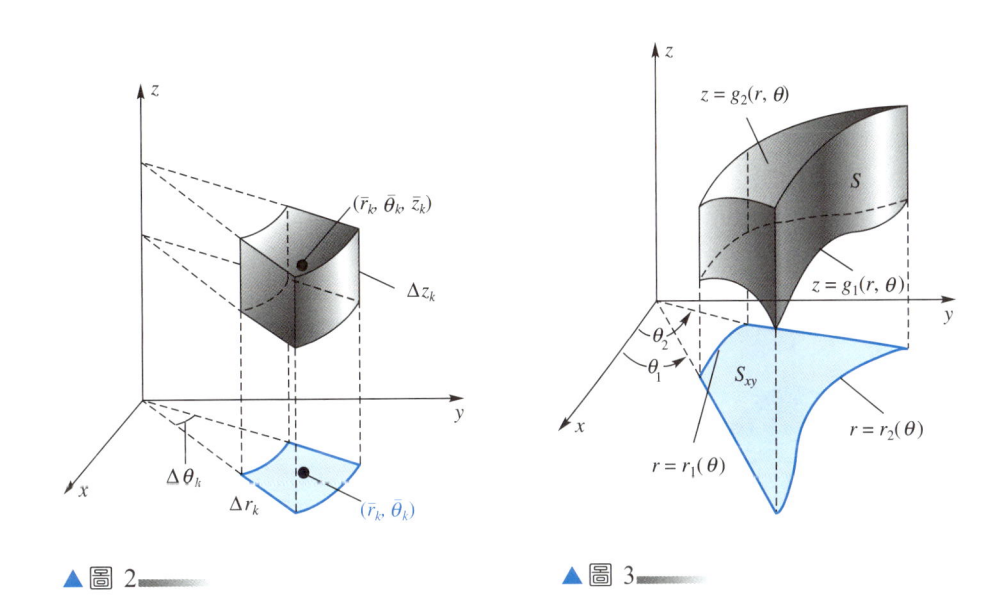

▲ 圖 2

▲ 圖 3

設 S 為一 z-簡單體，且令它在 xy-平面上的投影 S_{xy} 為 r-簡單，如圖 3 所示。若 f 在 S 上為連續，則

$$\iiint_S f(x, y, z) \, dV = \int_{\theta_1}^{\theta_2} \int_{r_1(\theta)}^{r_2(\theta)} \int_{g_1(r,\theta)}^{g_2(r,\theta)} f(r\cos\theta, r\sin\theta, z) r \, dz \, dr \, d\theta$$

值得注意的事實是，直角坐標的 $dz \, dy \, dx$ 在柱面坐標中變成了 $r \, dz \, dr \, d\theta$。

柱面坐標與極坐標

在二維空間中，由笛卡爾坐標轉換成極坐標為
$$x = r\cos\theta \quad y = r\sin\theta$$
然而，在三維空間中，由笛卡爾坐標轉換成極坐標為
$$x = r\cos\theta \quad y = r\sin\theta$$
$$z = z$$
換句話說，要在三度空間中使用柱面坐標描述一點，我們先指出有序數偶 (x,y) 的極坐標，然後直接套用 z- 坐標即可。因為我們已有
$$dx \, dy = r \, dr \, d\theta$$
所以，對於下述結果應該不會訝異
$$dx \, dy \, dz = r \, dz \, dr \, d\theta$$

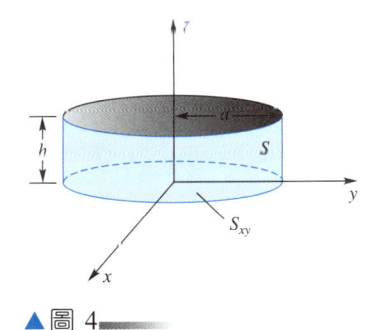

▲ 圖 4

● 範例 1

假設一立體柱 S 的密度正比於至底部的距離，求其質量及質心。

解答： S 的定向如圖 4 所示，我們可將密度函數寫成 $\delta(x, y, z) = kz$，其中 k 為一常數，則

$$m = \iiint_S \delta(x, y, z) \, dV = k \int_0^{2\pi} \int_0^a \int_0^h zr \, dz \, dr \, d\theta$$

$$= k \int_0^{2\pi} \int_0^a \frac{1}{2} h^2 r \, dr \, d\theta = \frac{1}{2} k h^2 \int_0^{2\pi} \int_0^a r \, dr \, d\theta$$

$$= \frac{1}{2} k h^2 \int_0^{2\pi} \frac{1}{2} a^2 \, d\theta = \frac{1}{2} k h^2 \pi a^2$$

$$M_{xy} = \iiint\limits_S z\delta(x, y, z)\, dV = k\int_0^{2\pi}\int_0^a\int_0^h z^2 r\, dz\, dr\, d\theta$$

$$= k\int_0^{2\pi}\int_0^a \frac{1}{3}h^3 r\, dr\, d\theta = \frac{1}{3}kh^3\int_0^{2\pi}\int_0^a r\, dr\, d\theta$$

$$= \frac{1}{3}kh^3\pi a^2$$

$$\bar{z} = \frac{M_{xy}}{m} = \frac{\frac{1}{3}kh^3\pi a^2}{\frac{1}{2}kh^2\pi a^2} = \frac{2}{3}h$$

根據對稱性可得 $\bar{x} = \bar{y} = 0$。

範例 2

求第一卦限中，上方由曲面 $z = 4 - x^2 - y^2$ 且側邊由柱面 $x^2 + y^2 = 2x$ 所圍成固體區域 S 的體積，見圖 5。

解答： 在柱面坐標中，拋物面為 $z = 4 - r^2$，且柱面為 $r = 2\cos\theta$。z-變數由 xy-平面往上跑至拋物面，即由 0 至 $4 - r^2$。圖 6 展示了此固體在 xy-平面的 "足印"；此圖建議，對一固定的 θ，r 由 0 到 $2\cos\theta$。最後，θ 由 0 到 $\pi/2$。因此，

$$V = \iiint\limits_S 1\, dV = \int_0^{\pi/2}\int_0^{2\cos\theta}\int_0^{4-r^2} r\, dz\, dr\, d\theta$$

$$= \int_0^{\pi/2}\int_0^{2\cos\theta} r(4 - r^2)\, dr\, d\theta = \int_0^{\pi/2}\left[2r^2 - \frac{1}{4}r^4\right]_0^{2\cos\theta} d\theta$$

$$= \int_0^{\pi/2}(8\cos^2\theta - 4\cos^4\theta)\, d\theta$$

$$= 8\cdot\frac{1}{2}\cdot\frac{\pi}{2} - 4\cdot\frac{3}{8}\cdot\frac{\pi}{2} = \frac{5\pi}{4}$$

我們利用附錄的積分表中的公式 113，可計算出最後的積分值。

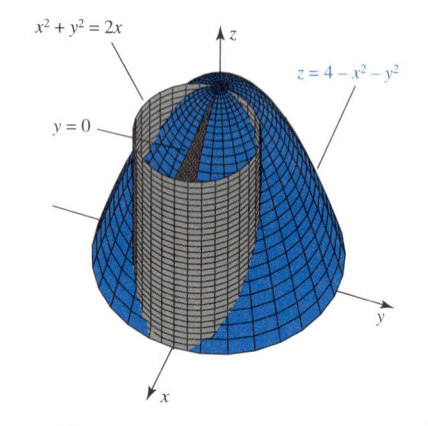

▲ 圖 5

▲ 圖 6

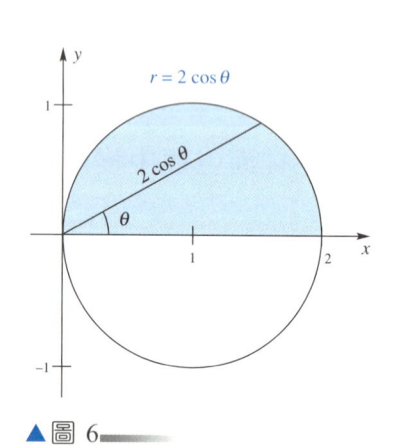

球面坐標（Spherical Coordinates） 圖 7 提醒我們有關球面坐標的意義，它曾在 11.9 節中被介紹過。我們知道

$$x = \rho\sin\phi\cos\theta, \quad y = \rho\sin\phi\sin\theta, \quad z = \rho\cos\phi$$

說明了球面坐標與直角坐標的關係。圖 8 表示在球面坐標中的體積元（稱為球面楔體 spherical wedge）。雖然我們省略其細節，但可證明球面楔體的體積為

$$\Delta V = \bar{\rho}^2\sin\bar{\phi}\,\Delta\rho\,\Delta\theta\,\Delta\phi$$

此處 $(\bar{\rho}, \bar{\theta}, \bar{\phi})$ 為楔體內某一選取點。

利用一球面格點將一固體 S 分割，造出適當的和，再取極限，導出以 $\rho^2 \sin\phi \, d\rho \, d\theta \, d\phi$ 取代 $dz \, dy \, dx$ 的積分。

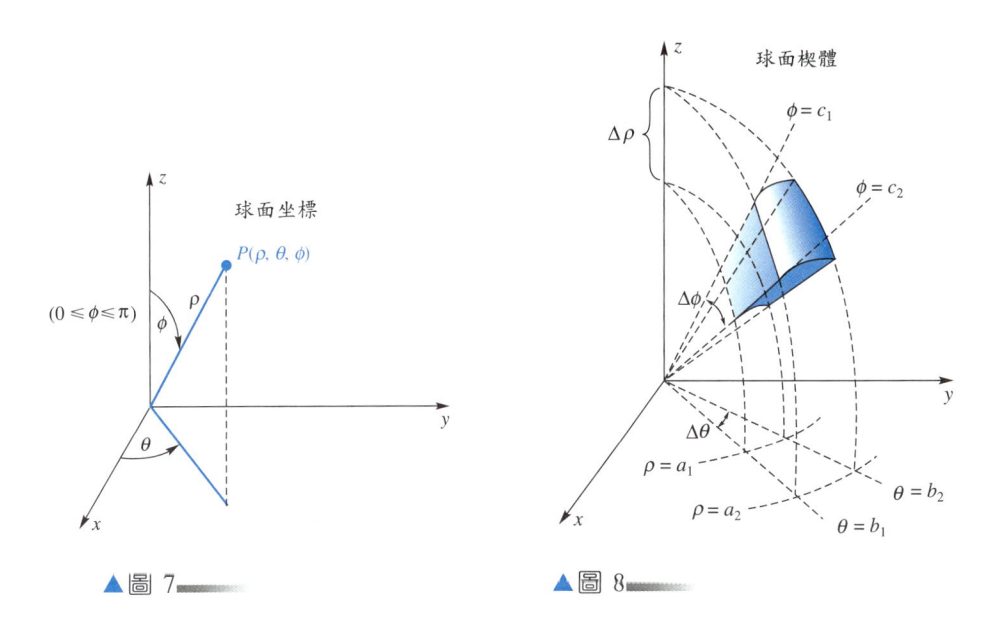

▲圖 7   ▲圖 8

$$\iiint_S f(x,y,z) \, dV = \iiint_{\text{適當的界限}} f(\rho \sin\phi \cos\theta, \rho \sin\phi \sin\theta, \rho \cos\phi) \rho^2 \sin\phi \, d\rho \, d\theta \, d\phi$$

範例 3

假設一球狀固體 S 之密度 δ 正比於至球心的距離，求其質量。

解答：固定球心在原點，且設其半徑為 a，則密度為 $\delta = k\sqrt{x^2+y^2+z^2} = k\rho$。因此，質量 m 為

$$m = \iiint_S \delta \, dV = k \int_0^\pi \int_0^{2\pi} \int_0^a \rho \rho^2 \sin\phi \, d\rho \, d\theta \, d\phi$$

$$= k \frac{a^4}{4} \int_0^\pi \int_0^{2\pi} \sin\phi \, d\theta \, d\phi = \frac{1}{2} k\pi a^4 \int_0^\pi \sin\phi \, d\phi$$

$$= k\pi a^4$$

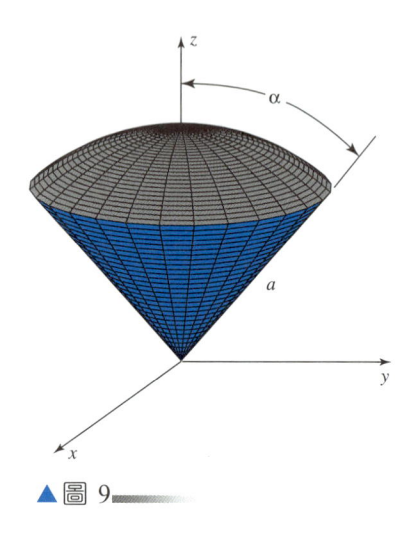

範例 4

已知一均勻固體 S，上端由球面 $\rho = a$，下端由圓錐 $\phi = \alpha$ 所圍成，此處 a 及 α 皆為常數（圖 8），求 S 的體積和質心。

解答： 所求體積 V 為

$$V = \int_0^\alpha \int_0^{2\pi} \int_0^a \rho^2 \sin\phi \, d\rho \, d\theta \, d\phi$$
$$= \int_0^\alpha \int_0^{2\pi} \left(\frac{a^3}{3}\right) \sin\phi \, d\theta \, d\phi$$
$$= \frac{2\pi a^3}{3} \int_0^\alpha \sin\phi \, d\phi = \frac{2\pi a^3}{3}(1 - \cos\alpha)$$

可得此固體的質量為

$$m = kV = \frac{2\pi a^3 k}{3}(1 - \cos\alpha)$$

此處 k 為常數密度。

由對稱性可知，質心在 z-軸上；即 $\bar{x} = \bar{y} = 0$。為了求出 $\bar{z}$，我們先計算 M_{xy}

$$M_{xy} = \iiint_S kz \, dV = \int_0^\alpha \int_0^{2\pi} \int_0^a k(\rho \cos\phi)\rho^2 \sin\phi \, d\rho \, d\theta \, d\phi$$
$$= \int_0^\alpha \int_0^{2\pi} \int_0^a k\rho^3 \sin\phi \cos\phi \, d\rho \, d\theta \, d\phi$$
$$= \int_0^\alpha \int_0^{2\pi} \frac{1}{4} k a^4 \sin\phi \cos\phi \, d\theta \, d\phi$$
$$= \int_0^\alpha \frac{1}{2} \pi k a^4 \sin\phi \cos\phi \, d\phi = \frac{1}{4} \pi a^4 k \sin^2\alpha$$

因此，

$$\bar{z} = \frac{\frac{1}{4}\pi a^4 k \sin^2\alpha}{\frac{2}{3}\pi a^3 k(1 - \cos\alpha)} = \frac{3a \sin^2\alpha}{8(1 - \cos\alpha)}$$
$$= \frac{3}{8} a(1 + \cos\alpha)$$

▲ 圖 9

練習題 13.8

1-4 題中，求出利用柱面或球面坐標給定之的積分之值，並描述積分區域 R。

1. $\int_0^{2\pi} \int_0^3 \int_0^{12} r \, dz \, dr \, d\theta$

2. $\int_0^{\pi/4} \int_0^3 \int_0^{9-r^2} zr \, dz \, dr \, d\theta$

3. $\int_0^\pi \int_0^{2\pi} \int_0^a \rho^2 \sin\phi \, d\rho \, d\theta \, d\phi$

4. $\int_0^{\pi/2} \int_0^{\pi/2} \int_0^a \rho^2 \cos^2\phi \sin\phi \, d\rho \, d\theta \, d\phi$

5-7 題中,利用柱面坐標,求各指定之量。

5. 以拋物面 $z = x^2 + y^2$ 及平面 $z = 4$ 為邊界之固體的體積。

6. 上以球面 $r^2 + z^2 = 5$,下以拋物面 $r^2 = 4z$ 為邊界之固體的體積。

7. 上以 $z = 12 - 2x^2 - 2y^2$,下以 $z = x^2 + y^2$ 為邊界之均質固體的質心。

8-10 題中,利用球面坐標,求各指定之量。

8. 在球面 $\rho = b$ 之內且在球面 $\rho = a (a < b)$ 之外,同時密度正比於至原點之距離的固體之質量。

9. 一個半徑為 a 且密度正比於至球心之距離的實心半球的質心。

10. 在球面 $x^2 + y^2 + z^2 = 16$ 之內,在圓錐 $z = \sqrt{x^2 + y^2}$ 之外,且在 xy-平面上方之固體的體積。

13.9 多重積分的變數變換

下列公式

$$dx \, dy = r \, dr \, d\theta$$
$$dx \, dy \, dz = r \, dz \, dr \, d\theta$$
$$dx \, dy \, dz = \rho^2 \sin\phi \, d\rho \, d\theta \, d\phi$$

術語與符號

已知一函數由集合 A 對應到集合 B,若 A 中兩相異元素 x 與 y,對應到 B 中兩相異元素 $f(x)$ 與 $f(y)$,則稱 f 為 **1 對 1**(**one-to-one**)。若其值域為集合 B,則稱 B 為**映成**(**onto**)。一個 1 對 1 且映成的函數可保證它的反函數 f^{-1} 一定存在。$\mathbb{R}^2$ 表示所有有序實數對所成集合。

只是變數變換公式中的特例。它們是本節討論之一般性結果的特例。在展示多重積分的結果之前,我們先複習單變數積分的變數變換(change of variables),或稱為代換(substitutions)。

假如 g 是一個一對一的單變數函數,則 g 有反函數 g^{-1},且由第 4 章可知:

$$\int_a^b f(g(x)) \, g'(x) \, dx = \int_{g(a)}^{g(b)} f(u) \, du$$

交換 x 與 u 的角色,我們可寫下:

$$\int_a^b f(x) \, dx = \int_{g^{-1}(a)}^{g^{-1}(b)} f(g(u)) \, g'(u) \, du$$

上式可視為做了代換 $x = g(u)$ 之後的結果。圖 1 中展示了一個例子。我們將於此節中,對多重積分發展出一個類似的變數變換公式。我

們由探討 $\mathbb{R}^2$ 到 $\mathbb{R}^2$ 之函數的變換開始。

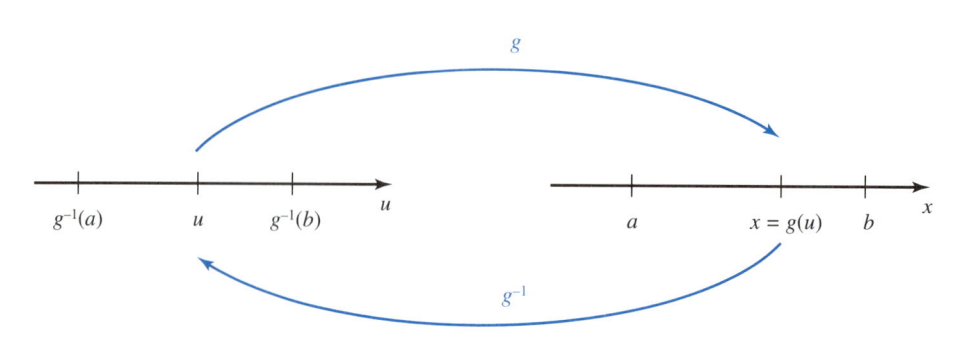

▲ 圖 1

由 *uv*–平面到 *xy*–平面的轉換　假設

$$x = x(u, v) \text{ 且 } y = y(u, v)$$

且令

$$G(u, v) = (x(u, v), y(u, v))$$

G 是一個輸入為向量的向量值函數。這樣的函數稱為一個 $\mathbb{R}^2$ 到 $\mathbb{R}^2$ 的**轉換（transformation）**。稱有序偶 $(x, y) = G(u, v)$ 為 (u, v) 在轉換 G 之下的**像（image）**，且稱 (u, v) 為 (x, y) 的**前像（preimage）**。集合 S 在 uv-平面的**像集（image of a set）**等於 xy-平面上滿足下列條件之點所成集合 $(x, y) = G(u, v)$，其中 (u, v) 在 S 中。此函數 G 無法用一般的方式作圖，因為須要四維空間。我們將此函數表示成一個由 uv-平面上之點到 xy-平面上之點的對應。圖 2 中有一例證。圖中展示了 uv-平面上一個以 u 及 v-軸之平行線所形成的格點及它在 xy-平面的像。uv-平面之鉛垂線的像稱為 G 的 ***u*–曲線（*u*-curves）**（uv-平面之鉛垂線為 $u = $ 常數）。同理，水平線的像稱為 G 的 ***v*–曲線（*v*-curves）**。

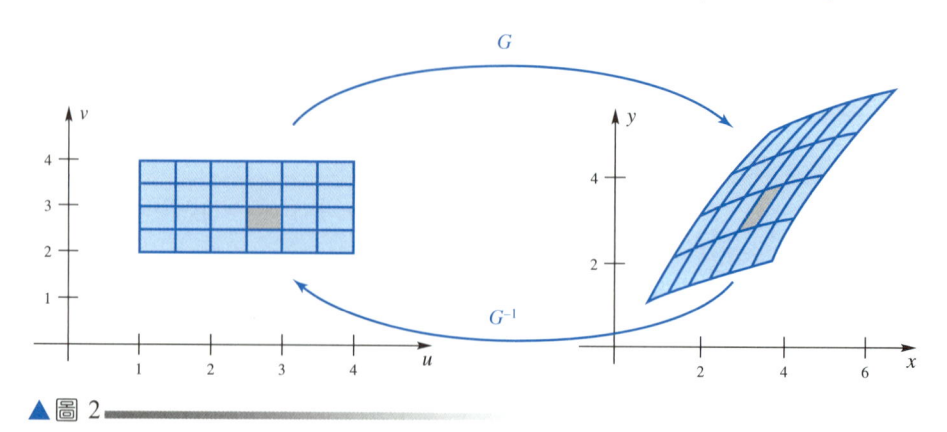

▲ 圖 2

● **範例 1**

令
$$x = x(u, v) = u + v$$
$$y = y(u, v) = u - v$$

且 $G(u, v) = (x(u, v), y(u, v))$，請找出並畫出，格點 $\{(u, v): (u = 3, 4, 5$ 且 $1 \leq v \leq 4)$ 或 $(v = 1, 2, 3, 4$ 且 $3 \leq u \leq 5)\}$ 中的 u-曲線與 v-曲線。

解答：若我們解下列方程組的 u 與 v
$$x = u + v$$
$$y = u - v$$

可得
$$u = \frac{1}{2}x + \frac{1}{2}y$$
$$v = \frac{1}{2}x - \frac{1}{2}y$$

u-曲線可由下式決定
$$C = \frac{1}{2}x + \frac{1}{2}y, \quad C = 3, 4, 5$$

導出下列曲線
$$y = 2C - x, \quad C = 3, 4, 5$$

這些是具有斜率 -1 的平行線。同理，v-曲線可由解下式中的 y 求出
$$C = \frac{1}{2}x - \frac{1}{2}y, \quad C = 1, 2, 3, 4$$

其解為
$$y = -2C + x, \quad C = 1, 2, 3, 4$$

這些是斜率為 1 的平行線。圖展示了這些曲線。虛線是 $u = 3$ 的 u-曲線與 $v = 2$ 的 v-曲線。

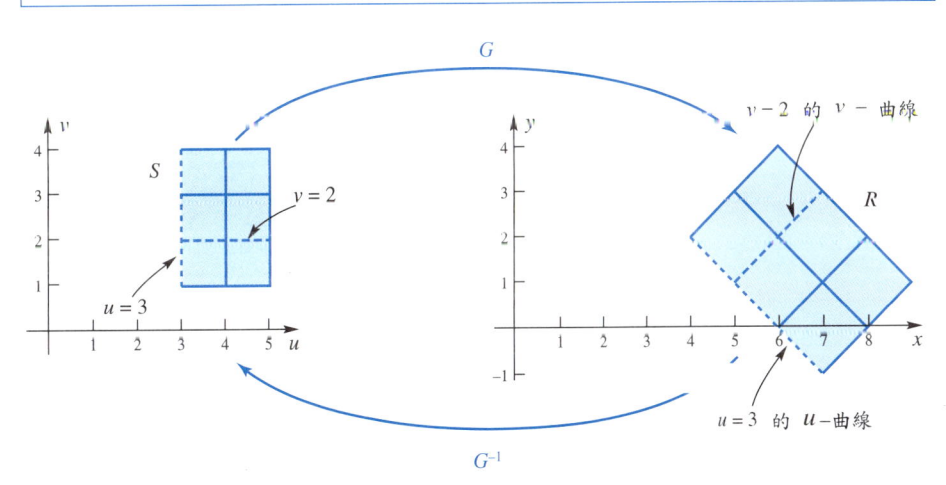

▲ 圖 3

範例 2

已知 $u > 0$ 且 $v > 0$,令

$$x = x(u, v) = u^2 - v^2$$
$$y = y(u, v) = uv$$

且

$$G(u, v) = (x(u, v), y(u, v))$$

請畫出格點 $\{(u, v): (u = 0, 1, 2, 3, 4, 5$ 且 $0 \leq v \leq 5)$ 或 $(v = 0, 1, 2, 3, 4, 5$ 且 $0 \leq u \leq 5)\}$ 中的 u-曲線與 v-曲線,並指出 $u = 4$ 的 u 曲線。

解答:為了解出下列方程組的 u 與 v

$$x = u^2 - v^2$$
$$y = uv$$

我們解第二式的 v,得 $v = y/u$。

將此式代入第一式得:

$$x = u^2 - y^2/u^2$$

此式等價於

$$u^4 - xu^2 - y^2 = 0$$

這是一個 u^2 的二次方程式,所以我們可套用二次公式得

$$u^2 = \frac{x + \sqrt{x^2 + 4y^2}}{2}$$

(我們須取 + 號,否則右式會是負的)因此,

$$u = \sqrt{\frac{1}{2}\left(x + \sqrt{x^2 + 4y^2}\right)}$$

$$v = \frac{y}{u} = \frac{y}{\sqrt{\frac{1}{2}\left(x + \sqrt{x^2 + 4y^2}\right)}}$$

只要 $(x, y) \neq (0, 0)$ 此式都可用;我們把下列敘述留為練習: $(x, y) = (0, 0)$ 若且惟若 $(u, v) = (0, 0)$。

u-曲線由下式決定

$$C = \sqrt{\frac{x + \sqrt{x^2 + 4y^2}}{2}}, \quad C = 0, 1, 2, 3, 4, 5$$

化簡後可得

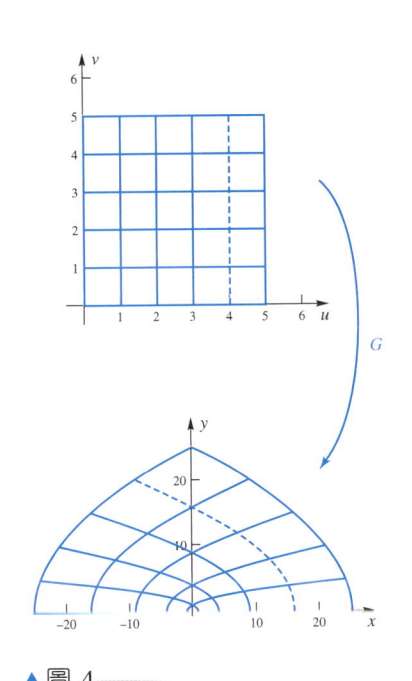

$$2C^2 = x + \sqrt{x^2 + 4y^2}$$
$$4C^4 - 4C^2 x + x^2 = x^2 + 4y^2$$
$$x = -\frac{y^2 - C^4}{C^2}$$

對 $C = 0, 1, 2, 3, 4, 5$，這些是開口朝左的水平拋物線。同理 v-曲線由下式決定之

$$C = \frac{y}{\sqrt{(x + \sqrt{x^2 + 4y^2})/2}}$$
$$C^2\left(x + \sqrt{x^2 + 4y^2}\right) = 2y^2$$
$$x^2 + 4y^2 = \frac{4y^4}{C^4} - \frac{4xy^2}{C^2} + x^2$$
$$x = \frac{y^2 - C^4}{C^2}$$

這些是開口朝右的水平拋物線。u 與 v-曲線展示於圖 4 中。

相對於 $u = 4 \, (0 \leq v \leq 5)$ 的 u-曲線為

$$x = -\frac{y^2 - 4^4}{4^2} = -\frac{1}{16}y^2 + 16, \quad 0 \leq y \leq 20$$

此 u-曲線是圖 4 中的虛線。

▲圖 4

二重積分的變數變換公式　在單變數積分，如 $\int_a^b f(x)\,dx$，實施變數變換時，我們需考慮

1. 被積函數 $f(x)$
2. 微分 dx
3. 積分的界限

對雙重積分，如 $\iint\limits_R f(x, y)\,dx\,dy$，實施過程是類似的：我們需考慮

1. 被積函數 $f(x, y)$
2. 微分 $dx\,dy$
3. 積分的區域

下一個定理闡述了主要結果。

> **定理 A　二重積分的變數變換（Change of Variables for Double Integrals）**
>
> 假設 G 是一個由 $\mathbb{R}^2$ 到 $\mathbb{R}^2$ 的一對一轉換，它將 uv-平面上的有界區域 S 映成到 xy-平面上的有界區域 R。若 G 的形式為 $G(u,v) = (x(u,v), y(u,v))$ 則
>
> $$\iint_R f(x, y)\, dx\, dy = \iint_S f(x(u,v), y(u,v)) |J(u,v)|\, du\, dv$$
>
> 其中 $J(u,v)$ 稱為**雅可比式（Jacobian）**，為行列式
>
> $$J(u,v) = \begin{vmatrix} \dfrac{\partial x}{\partial u} & \dfrac{\partial x}{\partial v} \\ \dfrac{\partial y}{\partial u} & \dfrac{\partial y}{\partial v} \end{vmatrix} = \dfrac{\partial x}{\partial u}\dfrac{\partial y}{\partial v} - \dfrac{\partial x}{\partial v}\dfrac{\partial y}{\partial u}$$

證明的概述　我們開始於在 uv-平面上，對一個包含 S 的長方形取一個正規的分割（即一個具有常數 Δu 與 Δv 的分割）。雖然通常 u-曲線與 v-曲線不平行於 x 與 y-軸（事實上，u-曲線與 v-曲線常常不是直線），此分割的像將是 xy-平面上之區域 R 的一個分割。令 $(u_i, v_i), i = 1, 2, \ldots, n$ 是第 i 個長分形左下方的角落，且令 (x_i, y_i) 是 (u_i, v_i) 在 G 轉換之下的像。令 S_k 代表區域 S 之分割中的第 k 個矩形，且令 R_k 是它在 xy-平面的像，見圖 5。則 f 在區域 R 的二重積分為

$$\iint_R f(x, y)\, dx\, dy \approx \sum_{k=1}^{n} f(x_k, y_k)\, \Delta A_k$$

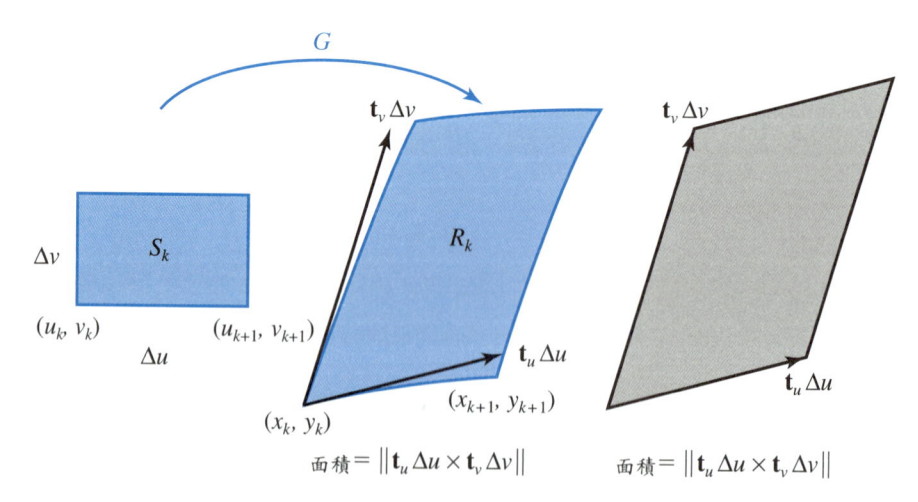

▲圖 5

其中 ΔA_k 是 R_k 的面積。雖然區域 R_k 不是一個矩形，但是它近似於一個平行四邊形。在 11.4 節中，我們展示了如何利用兩個邊向量之外積得平行四邊形的面積。因此，我們需找出 (x_k, y_k) 上切於 u-曲線

的向量與切於 v-曲線的向量。我們將展示如何獲得 u-曲線的切向量，同理可得 v-曲線的切向量。假設 (x_{k+1}, y_{k+1}) 是圖 5 所示 (u_{k+1}, v_{k+1}) 的像。則由 (x_k, y_k) 至 (x_{k+1}, y_{k+1}) 的向量為

$$\begin{aligned}(x_{k+1} - x_k)\mathbf{i} + (y_{k+1} - y_k)\mathbf{j} &= [x(u_{k+1}, v_k) - x(u_k, v_k)]\mathbf{i} \\ &\quad + [y(u_{k+1}, v_k) - y(u_k, v_k)]\mathbf{j} \\ &\approx \Delta u \frac{\partial x}{\partial u}(u_k, v_k)\mathbf{i} + \Delta u \frac{\partial y}{\partial u}(u_k, v_k)\mathbf{j} \\ &= \Delta u \left(\frac{\partial x}{\partial u}(u_k, v_k)\mathbf{i} + \frac{\partial y}{\partial u}(u_k, v_k)\mathbf{j}\right)\end{aligned}$$

括弧裡的向量，稱之為 $\mathbf{t}_u$，它在 (x_k, y_k) 上切於 u-曲線。同理，向量

$$\mathbf{t}_v = \frac{\partial x}{\partial v}(u_k, v_k)\mathbf{i} + \frac{\partial y}{\partial v}(u_k, v_k)\mathbf{j}$$

在 (x_k, y_k) 上切於 v-曲線。所以，區域 R_k 的面積 ΔA_k 為

$$\begin{aligned}\Delta A_k &\approx \|\Delta u\, \mathbf{t}_u \times \Delta v\, \mathbf{t}_v\| \\ &= \left\|\begin{vmatrix} \mathbf{i} & \mathbf{j} & \mathbf{k} \\ \Delta u \frac{\partial x}{\partial u}(u_k, v_k) & \Delta u \frac{\partial y}{\partial u}(u_k, v_k) & 0 \\ \Delta v \frac{\partial x}{\partial v}(u_k, v_k) & \Delta v \frac{\partial y}{\partial v}(u_k, v_k) & 0 \end{vmatrix}\right\| \\ &= \Delta u\, \Delta v \left\|\begin{vmatrix} \frac{\partial x}{\partial u} & \frac{\partial y}{\partial u} \\ \frac{\partial x}{\partial v} & \frac{\partial y}{\partial v} \end{vmatrix}_{(u_k, v_k)} \mathbf{k}\right\| \\ &= \Delta u\, \Delta v \left|\left[\frac{\partial x}{\partial u}\frac{\partial y}{\partial v} - \frac{\partial y}{\partial u}\frac{\partial x}{\partial v}\right]_{(u_k, v_k)}\right| \|\mathbf{k}\| \\ &= |J(u_k, v_k)|\Delta u\, \Delta v\end{aligned}$$

因此，可得

$$\begin{aligned}\iint_R f(x, y)\, dx\, dy &\approx \sum_{k=1}^n f(x_k, y_k)\, \Delta A_k \\ &\approx \sum_{k=1}^n f(x(u_k, v_k), y(u_k, v_k))|J(u_k, v_k)|\Delta u\, \Delta v \\ &\approx \iint_S f(x(u, v), y(u, v))|J(u, v)|\, du\, dv\end{aligned}$$

此完成了證明的概述。∎

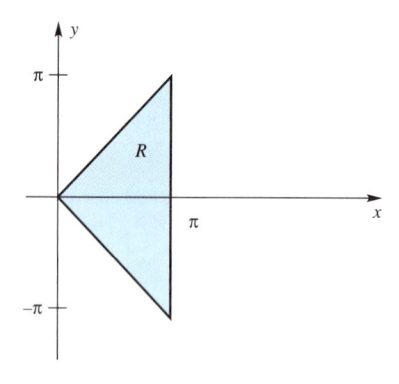

▲ 圖 6

範例 3

求 $\iint_R \cos(x-y)\sin(x+y)\,dA$ 之值，其中 R 是以 $(0,0)$、$(\pi,-\pi)$ 及 (π,π) 為頂點的三角形。

解答： 令 $u = x - y$ 且 $v = x + y$。解 x 與 y，可得 $x = \frac{1}{2}(u+v)$ 與 $y = \frac{1}{2}(v-u)$。區域 R 可以下式表示

$$-x \leq y \leq x$$
$$0 \leq x \leq \pi$$

代入 u 與 v，可得

$$-\frac{1}{2}(u+v) \leq \frac{1}{2}(v-u) \leq \frac{1}{2}(u+v)$$
$$0 \leq \frac{1}{2}(u+v) \leq \pi$$

可化簡為

$$u \geq 0,\quad v \geq 0$$
$$0 \leq u + v \leq 2\pi$$

這是 uv-平面上的區域 S，見圖 6。此轉換的雅可比式為

$$J = \begin{vmatrix} \dfrac{\partial x}{\partial u} & \dfrac{\partial x}{\partial v} \\ \dfrac{\partial y}{\partial u} & \dfrac{\partial y}{\partial v} \end{vmatrix} = \begin{vmatrix} \dfrac{1}{2} & \dfrac{1}{2} \\ -\dfrac{1}{2} & \dfrac{1}{2} \end{vmatrix} = \dfrac{1}{2}$$

因此

$$\iint_R \cos(x-y)\sin(x+y)\,dA = \iint_S \cos u \sin v \left|\frac{1}{2}\right| dv\,du$$

$$= \frac{1}{2}\int_0^{2\pi}\int_0^{2\pi-u} \cos u \sin v\,dv\,du$$

$$= \frac{1}{2}\int_0^{2\pi} \cos u\,(1 - \cos(2\pi - u))\,du$$

$$= \frac{1}{2}\int_0^{2\pi} \cos u\,(1 - \cos u)\,du$$

$$= \frac{1}{2}\int_0^{2\pi} (\cos u - \cos^2 u)\,du$$

$$= \frac{1}{2}\int_0^{2\pi}\left(\cos u - \frac{1+\cos 2u}{2}\right)du$$

$$= \frac{1}{2}\int_0^{2\pi}\left(\cos u - \frac{1}{2} - \frac{1}{2}\cos 2u\right)du$$

$$= \frac{1}{2}\left[\sin u - \frac{1}{2}u - \frac{1}{4}\sin 2u\right]_0^{2\pi} = -\frac{1}{2}\pi$$

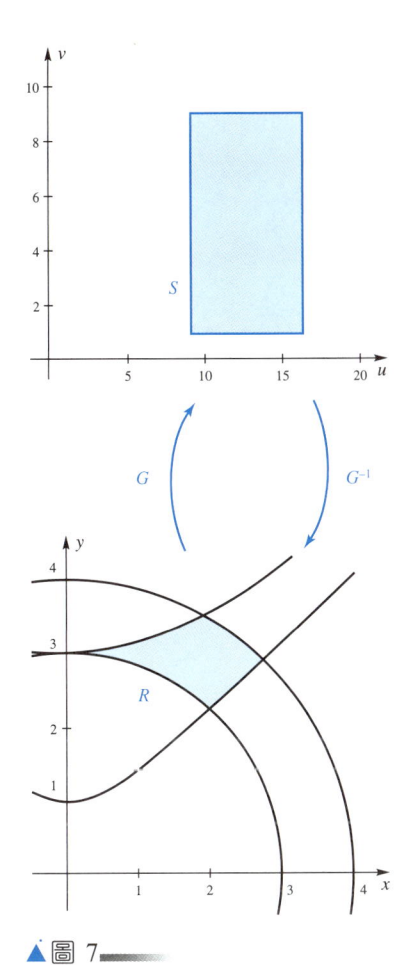

積分的區域常常建議出一個轉換，如下例所示。

範例 4

求第一象限中，被下列曲線包圍之區域的質心，假設它的密度正比於到原點之距離的平方。

$$x^2 + y^2 = 9 \qquad y^2 - x^2 = 1$$
$$x^2 + y^2 = 16 \qquad y^2 - x^2 = 9$$

解答：質量為 $\iint_R k(x^2 + y^2)\,dx\,dy$，雖然被積分函數很簡單，但因為界限是複雜的，所以積分的求值是困難的。然而，代換 $u = x^2 + y^2$ 與 $v = y^2 - x^2$ 可將區域 R 轉換成 uv-平面上的矩形 S

$$x = \sqrt{\frac{u-v}{2}} = \frac{1}{\sqrt{2}}(u-v)^{1/2}$$

$$9 \leq u \leq 16 \text{ 且 } 1 \leq v \leq 9$$

$$y = \sqrt{\frac{u+v}{2}} = \frac{1}{\sqrt{2}}(u+v)^{1/2}$$

所以，此轉換的雅可比式為

$$J(u,v) = \begin{vmatrix} \frac{\partial x}{\partial u} & \frac{\partial x}{\partial v} \\ \frac{\partial y}{\partial u} & \frac{\partial y}{\partial v} \end{vmatrix} = \begin{vmatrix} \frac{1}{2\sqrt{2}}(u-v)^{-1/2} & -\frac{1}{2\sqrt{2}}(u-v)^{-1/2} \\ \frac{1}{2\sqrt{2}}(u+v)^{-1/2} & \frac{1}{2\sqrt{2}}(u+v)^{-1/2} \end{vmatrix} = \frac{1}{4\sqrt{u^2 - v^2}}$$

質量為

$$m = \iint_R k(x^2 + y^2)\,dx\,dy = k\iint_S u|J(u,v)|\,du\,dv$$

$$= k\int_1^9 \int_9^{16} \frac{u}{4\sqrt{u^2 - v^2}}\,du\,dv$$

$$= \frac{k}{4}\int_1^9 \left[\sqrt{u^2 - v^2}\right]_{u=9}^{u=16}\,dv$$

$$= \frac{k}{4}\int_1^9 \left(\sqrt{256 - v^2} - \sqrt{81 - v^2}\right)\,dv$$

$$= \frac{k}{4}\left(\frac{45}{2}\sqrt{7} + 128\arcsin\frac{9}{16} - \frac{81}{4}\pi - \frac{1}{2}\sqrt{255}\right.$$
$$\left. - 128\arcsin\frac{1}{16} + 2\sqrt{5} + \frac{81}{2}\arcsin\frac{1}{9}\right) \approx 16.343k$$

倒數第三行的積分可套用附錄的積分表中的公式 54，或利用 CAS。矩量為

$$M_y = \iint_R xk(x^2 + y^2)\,dx\,dy = k\iint_S \sqrt{\frac{u-v}{2}}u|J(u,v)|\,du\,dv$$

$$= \frac{k}{4\sqrt{2}}\int_9^{16}\int_1^9 \frac{u\sqrt{u-v}}{\sqrt{u^2 - v^2}}\,dv\,du$$

▲ 圖 7

$$= \frac{k}{4\sqrt{2}} \int_9^{16} \int_1^9 \frac{u}{\sqrt{u+v}} \, dv \, du$$

$$= \frac{k}{2\sqrt{2}} \int_9^{16} \left(u\sqrt{u+9} - u\sqrt{u+1} \right) du$$

$$= \frac{k\sqrt{2}}{4} \left(500 - \frac{1564}{15}\sqrt{17} - \frac{324}{5}\sqrt{2} + \frac{100}{3}\sqrt{10} \right) \approx 29.651k$$

與

$$M_x = \iint_R yk(x^2+y^2) \, dx \, dy = k \iint_S \sqrt{\frac{u+v}{2}} u |J(u,v)| \, du \, dv$$

$$= \frac{k}{4\sqrt{2}} \int_9^{16} \int_1^9 \frac{u\sqrt{u+v}}{\sqrt{u^2-v^2}} \, dv \, du$$

$$= \frac{k}{4\sqrt{2}} \int_9^{16} \int_1^9 \frac{u}{\sqrt{u-v}} \, dv \, du$$

$$= \frac{k}{2\sqrt{2}} \int_9^{16} \left(u\sqrt{u-1} - u\sqrt{u-9} \right) du$$

$$= \frac{k\sqrt{2}}{4} \left(100\sqrt{15} - \frac{308}{5}\sqrt{7} - \frac{928}{15}\sqrt{2} \right) \approx 48.376k$$

倒數第三行的積分可套用附錄的積分表中的公式 96，或利用 CAS。因此，質心的坐標為

$$\overline{x} = \frac{M_y}{m} \approx \frac{29.651k}{16.343k} \approx 1.814$$

$$\overline{y} = \frac{M_x}{m} \approx \frac{48.376k}{16.343k} \approx 2.960$$

點 $(\overline{x}, \overline{y}) = (1.814, 2.960)$ 示於圖 8 中。

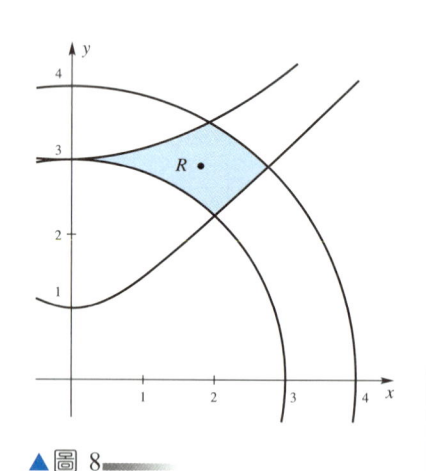

▲ 圖 8

三重積分的變數變換公式 定理 A 可推廣至三重（甚至多重）積分。假設 G 是一個由 $\mathbb{R}^3$ 到 $\mathbb{R}^3$，將 $uvw-$ 空間中的有界區域 S 映成到 $xyz-$空間中的有界區域 R，且 G 具有形式 $G(u,v) = (x(u,v,w), y(u,v,w), z(u,v,w))$，則

$$\iiint_R f(x,y,z) \, dx \, dy \, dz = \iiint_S f(x(u,v,w), y(u,v,w), z(u,v,w))$$
$$\times |J(u,v,w)| \, du \, dv \, dw$$

其中 $J(u,v,w)$ 為行列式

$$J(u,v,w) = \begin{vmatrix} \frac{\partial x}{\partial u} & \frac{\partial x}{\partial v} & \frac{\partial x}{\partial w} \\ \frac{\partial y}{\partial u} & \frac{\partial y}{\partial v} & \frac{\partial y}{\partial w} \\ \frac{\partial z}{\partial u} & \frac{\partial z}{\partial v} & \frac{\partial z}{\partial w} \end{vmatrix}。$$

範例 5

請針對柱面坐標導出變數變換公式 $dx\,dy\,dz = r\,dr\,d\theta\,dz$。

解答： 因為變數變換為 $x = r\cos\theta$、$y = r\sin\theta$ 及 $z = z$，雅可比式為

$$J(r,\theta,z) = \begin{vmatrix} \frac{\partial x}{\partial r} & \frac{\partial x}{\partial \theta} & \frac{\partial x}{\partial z} \\ \frac{\partial y}{\partial r} & \frac{\partial y}{\partial \theta} & \frac{\partial y}{\partial z} \\ \frac{\partial z}{\partial r} & \frac{\partial z}{\partial \theta} & \frac{\partial z}{\partial z} \end{vmatrix} = \begin{vmatrix} \cos\theta & -r\sin\theta & 0 \\ \sin\theta & r\cos\theta & 0 \\ 0 & 0 & 1 \end{vmatrix}$$

$$= 0\begin{vmatrix} -r\sin\theta & 0 \\ r\cos\theta & 0 \end{vmatrix} - 0\begin{vmatrix} \cos\theta & 0 \\ \sin\theta & 0 \end{vmatrix} + 1\begin{vmatrix} \cos\theta & -r\sin\theta \\ \sin\theta & r\cos\theta \end{vmatrix}$$

$$= r\cos^2\theta + r\sin^2\theta = r$$

因此，

$$dx\,dy\,dz = |J(r,\theta,z)|\,dr\,d\theta\,dz = r\,dr\,d\theta\,dz$$

而球面坐標的關係式為 $dx\,dy\,dz = \rho^2 \sin\phi\,d\rho\,d\theta\,d\phi$。

練習題 13.9

1. 已知轉換 $x = u + v$、$y = v - u$，請畫出格點 $\{(u,v):(u = 2, 3, 4, 5$ 且 $1 \leq v \leq 3)$ 或 $(v = 1, 2, 3$ 且 $2 < u < 5)\}$ 中的 u-曲線與 v-曲線。

2. 已知轉換 $x = u\sin v$、$y = u\cos v$，請畫出格點 $\{(u,v):(u = 0, 1, 2, 3$ 且 $0 \leq v \leq \pi)$ 或 $(v = 0, \pi/2, \pi$ 且 $0 \leq u \leq 3)\}$ 中的 u-曲線與 v-曲線。

3-4 題中，找出給定頂點之矩形的像（image），並求轉換的雅可比式。

3. $x = u + 2v, y = u - 2v; (0, 0), (2, 0), (2, 1), (0, 1)$

4. $x = u^2 + v^2, y = v; (0, 0), (1, 0), (1, 1), (0, 1)$

5-7 題中，請找出由 uv-平面至 xy-平面之轉換，並求其雅可比式。假設 $x \geq 0$ 且 $y \geq 0$。

5. $u = x + 2y, v = x - 2y$

6. $u = x^2 + y^2, v = x$

7. $u = x^2, v = xy$

8-9 題中，利用轉換求各給定二重積分之值，此處之積分區域 R 為以 $(1,0)$、$(4, 0)$ 及 $(4, 3)$ 為頂點之三角形。

8. $\iint_R \ln\dfrac{x+y}{x-y}\,dA$

9. $\iint\limits_{R} \sin(\pi(2x-y))\cos(\pi(y-2x))\, dA$

10. 請找出由直角坐標對應到球面坐標之轉換的雅可比式。

Chapter 14 向量微積分

本章概要

- 14.1 向量場
- 14.2 線積分
- 14.3 路徑的獨立性
- 14.4 平面上的格林定理
- 14.5 曲面積分
- 14.6 高斯散度定理
- 14.7 斯托克斯定理

14.1 向量場

函數的觀念是微積分中的主角。此觀念,及與它相關的微積分已逐步地推廣之。本書前三分之二大部分的內容中,涉及的函數都是輸入為實數,輸出也是實數的函數。在第 11 章中,我們介紹了向量值函數,即輸入為實數,輸出為向量的函數。然後,在第 12 章中,我們介紹了多變數的實數值函數,即輸入為實數有序數偶或實數三元序(或實數 n 元序)且輸出為一實數的函數。自然地,下一步就是探討輸入及輸出都是向量的函數。在一般微積分的學習系列中,這是最後一步了。

考慮一函數 **p**,它將 n 度空間的任一點 **p**,聯繫到一個向量 **F(p)**。例如在二度空間中,

$$\mathbf{F}(\mathbf{p}) = \mathbf{F}(x, y) = -\tfrac{1}{2} y\mathbf{i} + \tfrac{1}{2} x\mathbf{j}$$

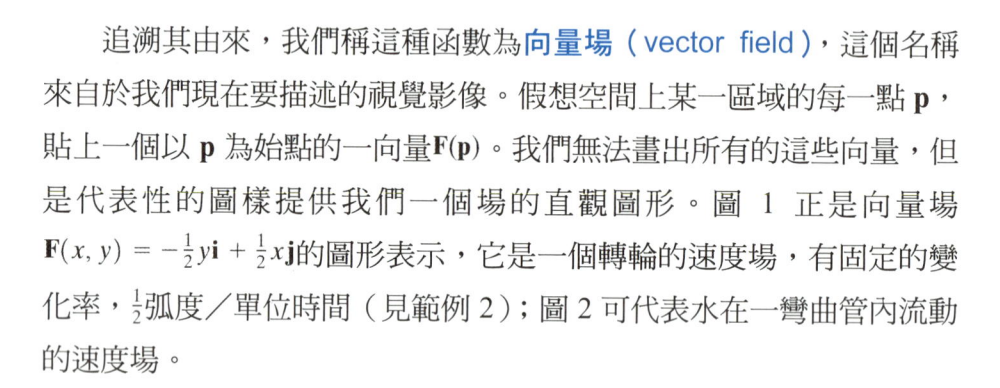

追溯其由來,我們稱這種函數為**向量場(vector field)**,這個名稱來自於我們現在要描述的視覺影像。假想空間上某一區域的每一點 **p**,貼上一個以 **p** 為始點的一向量 **F(p)**。我們無法畫出所有的這些向量,但是代表性的圖樣提供我們一個場的直觀圖形。圖 1 正是向量場 $\mathbf{F}(x, y) = -\tfrac{1}{2} y\mathbf{i} + \tfrac{1}{2} x\mathbf{j}$ 的圖形表示,它是一個轉輪的速度場,有固定的變化率,$\tfrac{1}{2}$ 弧度/單位時間(見範例 2);圖 2 可代表水在一彎曲管內流動的速度場。

科學上當然還有其它向量場,如電場、磁場、力場及重力場,我們都只考慮這些場與時間無關時的情況,稱為**穩定向量場(steady vector fields)**。相對於向量場,若函數 F 結合空間上的每一點到一數,則稱之為**純量場(scalar field)**。指定每一點之溫度的函數正是自然界中的一個純量場之例子。

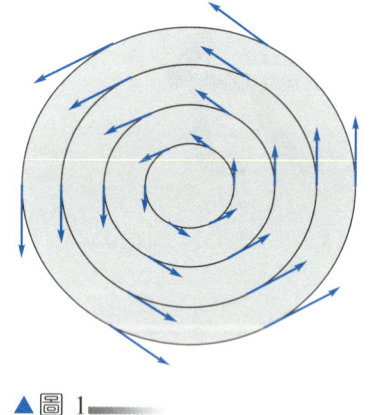

▲圖 1

範例 1

描繪向量場

$$\mathbf{F}(x, y) = \frac{x\mathbf{i} + y\mathbf{j}}{\sqrt{x^2 + y^2}}$$

的一個向量代表圖。

解答: $\mathbf{F}(x, y)$ 為與 $x\mathbf{i} + y\mathbf{j}$ 指向同一方向的單位向量,即指離原點,圖 3 表示了幾個這樣的向量。

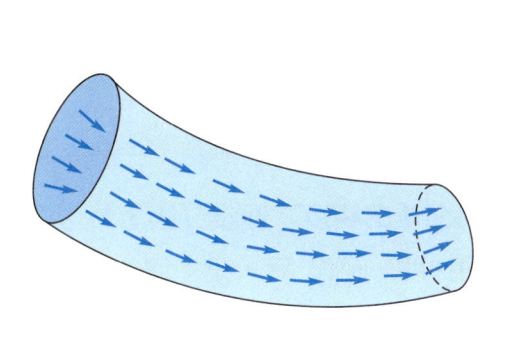

▲ 圖 2

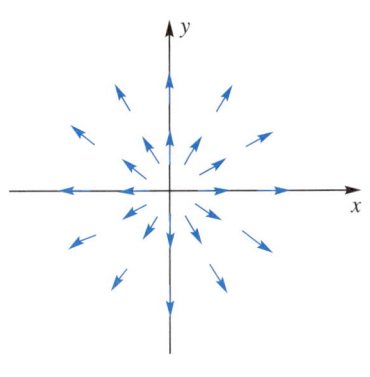

▲ 圖 3

範例 2

請畫出向量場

$$\mathbf{F}(x, y) = -\tfrac{1}{2} y \mathbf{i} + \tfrac{1}{2} x \mathbf{j}$$

的一個向量代表圖,並證明它的每一個向量與一圓心在原點的圓相切,且其長度等於此圓半徑的一半(見圖 1)。

解答:圖 4 展示了一個此向量場的作圖。若 $\mathbf{r} = x\mathbf{i} + y\mathbf{j}$ 為點 (x, y) 的位置向量,則

$$\mathbf{r} \cdot \mathbf{F}(x, y) = -\tfrac{1}{2} xy + \tfrac{1}{2} xy = 0$$

因此,$\mathbf{F}(x, y)$ 垂直於 $\mathbf{r}$,同時相切於半徑為 $\|\mathbf{r}\|$ 的圓。最後

$$\|\mathbf{F}(x, y)\| = \sqrt{\left(-\tfrac{1}{2} y\right)^2 + \left(\tfrac{1}{2} x\right)^2} = \tfrac{1}{2} \|\mathbf{r}\|$$

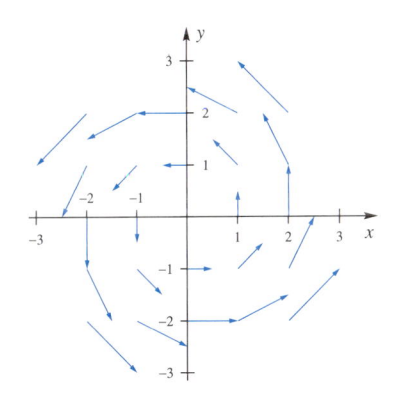

▲ 圖 4

　　根據牛頓理論,介於質量 M 及 m 的兩物體之間的引力大小為 GMm/d^2,此處 d 為這兩物體之間的距離,G 為萬有引力常數。此正是萬有引力平方反比定律,它掃供我們一個很重要的向量場例子。因為向量代表力,我們可稱此場為**力場**(force field)。

範例 3

設有一球心在原點,且質量為 M 的球體(如地球)。試導出此質量作用於一個位置為 (x, y, z),且質量為 m 之物體,所產生的重力場公式 $\mathbf{F}(x, y, z)$。並描繪此向量場。

解答:假設我們將質量 M 的物體視為在原點的一質量。令 $\mathbf{r} = x\mathbf{i} + y\mathbf{j} + z\mathbf{k}$。則 $\mathbf{F}$ 具有大小

$$\|\mathbf{F}\| = \frac{GMm}{\|\mathbf{r}\|^2}$$

且 $\mathbf{F}$ 的方向指向原點;即 $\mathbf{F}$ 具有單位向量 $-\mathbf{r}/\|\mathbf{r}\|$ 的方向。我們得到

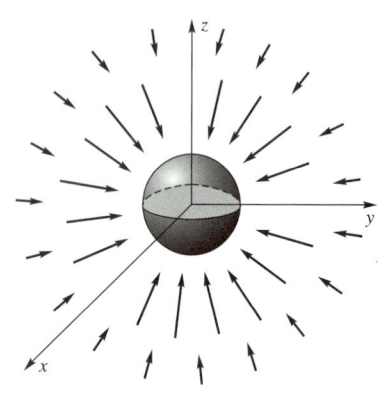

$$\mathbf{F}(x, y, z) = \frac{GMm}{\|\mathbf{r}\|^2}\left(\frac{-\mathbf{r}}{\|\mathbf{r}\|}\right) = -GMm\frac{\mathbf{r}}{\|\mathbf{r}\|^3}$$

此場如圖 5 所示。

純量場的梯度 假設 $f(x, y, z)$ 決定一個純量場，且 f 為可微分。那麼 f 的梯度，記作 ∇f，是一個如下所示的向量場

$$\mathbf{F}(x, y, z) = \nabla f(x, y, z) = \frac{\partial f}{\partial x}\mathbf{i} + \frac{\partial f}{\partial y}\mathbf{j} + \frac{\partial f}{\partial z}\mathbf{k}$$

▲圖 5

我們第一次見到**梯度場**（gradient fields）是在 12.4 及 12.5 節中。當時學過 $\nabla f(x, y, z)$ 指向 $f(x, y, z)$ 的最大增加之方向。若向量場 **F** 是純量場 f 的梯度場，則稱為**保守向量場**（conservative vector field），f 為其**位能函數**（potential function）（這些名詞的意義將在 14.3 節中說明）。這種場與其位能函數在物理學上非常重要。特別的是，遵守平方反比定律的場（例如，電場及重力場）為保守場，如底下的說明。

範例 4

假設 **F** 為出自一平方反比定律的力；即令

$$\mathbf{F}(x, y, z) = -c\frac{\mathbf{r}}{\|\mathbf{r}\|^3} = -c\frac{x\mathbf{i} + y\mathbf{j} + z\mathbf{k}}{(x^2 + y^2 + z^2)^{3/2}}$$

此處 c 為一常數，見範例 3。證明：

$$f(x, y, z) = \frac{c}{\sqrt{x^2 + y^2 + z^2}} = c(x^2 + y^2 + z^2)^{-1/2}$$

為 **F** 的一個位能函數，因此 **F** 為保守場（$\mathbf{r} \neq \mathbf{0}$）。

解答：

$$\begin{aligned}\nabla f(x, y, z) &= \frac{\partial f}{\partial x}\mathbf{i} + \frac{\partial f}{\partial y}\mathbf{j} + \frac{\partial f}{\partial z}\mathbf{k} \\ &= -\frac{c}{2}(x^2 + y^2 + z^2)^{-3/2}(2x\mathbf{i} + 2y\mathbf{j} + 2z\mathbf{k}) \\ &= \mathbf{F}(x, y, z)\end{aligned}$$

範例 4 確實太容易，因為我們已給了函數 f。有一比較困難而較有意思的問題如下。給定一向量場 **F**，確定它是否為保守場。果真如此，求其位能函數。我們將在 14.3 節討論這個問題。

一個向量場的散度與旋度 一個給定的向量場

$$\mathbf{F}(x, y, z) = M(x, y, z)\mathbf{i} + N(x, y, z)\mathbf{j} + P(x, y, z)\mathbf{k}$$

與兩個重要的場有關聯。第一個稱為 **F** 的 **散度（divergence）**，是一個純量場；第二個稱為 **F** 的 **旋度（curl）**，是一個向量場。

定義 散度與旋度（div and curl）

假設 $\mathbf{F} = M\mathbf{i} + N\mathbf{j} + P\mathbf{k}$ 為一向量場，且 M、N 及 P 的一階偏導函數皆存在。則

$$\text{div } \mathbf{F} = \frac{\partial M}{\partial x} + \frac{\partial N}{\partial y} + \frac{\partial P}{\partial z}$$

$$\text{curl } \mathbf{F} = \left(\frac{\partial P}{\partial y} - \frac{\partial N}{\partial z}\right)\mathbf{i} + \left(\frac{\partial M}{\partial z} - \frac{\partial P}{\partial x}\right)\mathbf{j} + \left(\frac{\partial N}{\partial x} - \frac{\partial M}{\partial y}\right)\mathbf{k}$$

> **它們意謂什麼？**
> 為了幫助您了解散度及旋度，我們給予此物理解釋。若 **F** 表示一流體的速度場，則在某一點 **p** 上的 div **F**，量度了這流體由 **p** 散出（div **F** > 0）或向 **p** 凝聚（div **F** < 0）的傾向情形。另一方面，curl **F** 選取此流體旋轉最快所繞之軸的方向，且 ‖curl **F**‖ 是這旋轉速率的量度。此旋轉的方向是根據右手定則，我們將於本章中稍後推廣這項討論。

此時很難看出這些場的意義；以後才會提到。現在我們只想計算出散度與旋度，且找出它們與梯度算子 ∇ 的關係。回憶 ∇ 為如下的算子

$$\nabla = \frac{\partial}{\partial x}\mathbf{i} + \frac{\partial}{\partial y}\mathbf{j} + \frac{\partial}{\partial z}\mathbf{k}$$

若 ∇ 對一函數 f 作運算，它就產生梯度 ∇f，亦寫成 $\text{grad } f$。此時，稍微誤用（但非常有用）一下符號，我們可寫成

$$\nabla \cdot \mathbf{F} = \left(\frac{\partial}{\partial x}\mathbf{i} + \frac{\partial}{\partial y}\mathbf{j} + \frac{\partial}{\partial z}\mathbf{k}\right) \cdot (M\mathbf{i} + N\mathbf{j} + P\mathbf{k})$$

$$= \frac{\partial M}{\partial x} + \frac{\partial N}{\partial y} + \frac{\partial P}{\partial z} = \text{div } \mathbf{F}$$

$$\nabla \times \mathbf{F} = \begin{vmatrix} \mathbf{i} & \mathbf{j} & \mathbf{k} \\ \frac{\partial}{\partial x} & \frac{\partial}{\partial y} & \frac{\partial}{\partial z} \\ M & N & P \end{vmatrix}$$

$$= \left(\frac{\partial P}{\partial y} - \frac{\partial N}{\partial z}\right)\mathbf{i} - \left(\frac{\partial P}{\partial x} - \frac{\partial M}{\partial z}\right)\mathbf{j} + \left(\frac{\partial N}{\partial x} - \frac{\partial M}{\partial y}\right)\mathbf{k} = \text{curl } \mathbf{F}$$

因此，$\text{grad } f$、$\text{div } \mathbf{F}$ 及 $\text{curl } \mathbf{F}$ 全部都能用算子 ∇ 表示；這是記憶這些場之定義的好方法。

● 範例 5

設 $\mathbf{F}(x, y, z) = x^2 yz\,\mathbf{i} + 3xyz^3\,\mathbf{j} + (x^2 - z^2)\mathbf{k}$，求 div **F** 及 curl **F**。

解答：

$$\text{div } \mathbf{F} = \nabla \cdot \mathbf{F} = 2xyz + 3xz^3 - 2z$$

$$\text{curl } \mathbf{F} = \nabla \times \mathbf{F} = \begin{vmatrix} \mathbf{i} & \mathbf{j} & \mathbf{k} \\ \frac{\partial}{\partial x} & \frac{\partial}{\partial y} & \frac{\partial}{\partial z} \\ x^2 yz & 3xyz^3 & x^2 - z^2 \end{vmatrix}$$

$$= -(9xyz^2)\mathbf{i} - (2x - x^2 y)\mathbf{j} + (3yz^3 - x^2 z)\mathbf{k}$$

練習題 14.1

1-6 題中，畫出給定向量場 **F** 的一個向量代表圖。

1. $\mathbf{F}(x, y) = x\mathbf{i} + y\mathbf{j}$
2. $\mathbf{F}(x, y) = x\mathbf{i} - y\mathbf{j}$
3. $\mathbf{F}(x, y) = -x\mathbf{i} + 2y\mathbf{j}$
4. $\mathbf{F}(x, y) = 3x\mathbf{i} + y\mathbf{j}$
5. $\mathbf{F}(x, y, z) = x\mathbf{i} + 0\mathbf{j} + \mathbf{k}$
6. $\mathbf{F}(x, y, z) = -z\mathbf{k}$

7-8 題中，求出 ∇f。

7. $F(x, y, z) = x^2 - 3xy + 2z$
8. $f(x, y, z) = \sin(xyz)$

9-10 題中，求 $\operatorname{div} \mathbf{F}$ 與 $\operatorname{curl} \mathbf{F}$。

9. $\mathbf{F}(x, y, z) = x^2\mathbf{i} - 2xy\mathbf{j} + yz^2\mathbf{k}$
10. $\mathbf{F}(x, y, z) = \cos x\, \mathbf{i} + \sin y\, \mathbf{j} + 3\mathbf{k}$

11. 令 f 是一個純量場，**F** 是一個向量場。請指出下列各表示是純量場，向量場或無意義。

    (a) $\operatorname{div} f$
    (b) $\operatorname{grad} f$
    (c) $\operatorname{curl} \mathbf{F}$
    (d) $\operatorname{div}(\operatorname{grad} f)$
    (e) $\operatorname{curl}(\operatorname{grad} f)$
    (f) $\operatorname{grad}(\operatorname{div} \mathbf{F})$
    (g) $\operatorname{curl}(\operatorname{curl} \mathbf{F})$
    (h) $\operatorname{div}(\operatorname{div} \mathbf{F})$

12. 本問題與課文中定義了 div 及 curl 之後，另給的解說有關。考慮四個向量場 **F**、**G**、**H** 及 **L**，對每一個 z 而言，它們的向量排列方式如圖 6 所示，請利用幾何理由決定下列各結果

    (a) 在 **p** 的散度為正、負或是零？
    (b) 一個鉛垂軸放在 **p** 的槳輪（第 14.7 節，圖 4）依那一方向旋轉，順時針、逆時針或是不旋轉？
    (c) 假設 $\mathbf{F} = c\mathbf{j}$、$\mathbf{G} = e^{-y^2}\mathbf{j}$、$\mathbf{H} = e^{-x^2}\mathbf{j}$ 且 $\mathbf{L} = (x\mathbf{i} + y\mathbf{j})/\sqrt{x^2 + y^2}$，它們形如圖 6，請計算它們的散度與旋度，由此確認你在 (a) 與 (b) 的答案。

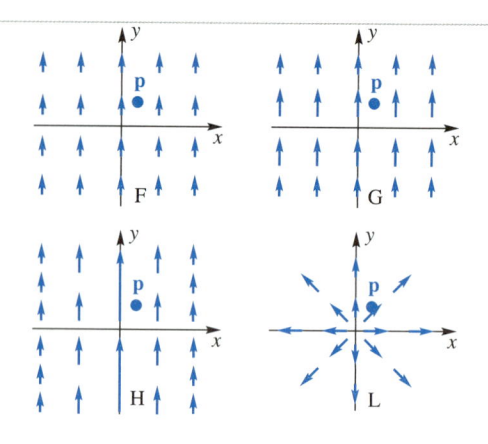

▲圖 6

13. 考慮向量場 $\mathbf{v}(x, y, z) = -\omega y\mathbf{i} + \omega x\mathbf{j}$，$\omega > 0$（見範例 2 與圖 1）。注意 **v** 垂直於 $x\mathbf{i} + y\mathbf{j}$ 且 $\|\mathbf{v}\| = \omega\sqrt{x^2 + y^2}$，因此，**v** 描述一個以常數角速度 ω 繞 z-軸旋轉（如一立體）的流體。請證明 $\operatorname{div} \mathbf{v} = 0$ 且 $\operatorname{curl} \mathbf{v} = 2\omega\mathbf{k}$。

14. 純量函數 $\operatorname{div}(\operatorname{grad} f) = \nabla \cdot \nabla f$（也寫成 $\nabla^2 f$）稱為拉普拉斯算子（*Laplacian*），滿足 $\nabla^2 f = 0$ 的函數 f 稱為調和函數（*harmonic*），它們是物理學中重要的觀念。請證明 $\nabla^2 f = f_{xx} + f_{yy} + f_{zz}$，然後求下列各函數的 $\nabla^2 f$，並決定何者為調和函數。

    (a) $f(x, y, z) = 2x^2 - y^2 - z^2$
    (b) $f(x, y, z) = xyz$
    (c) $f(x, y, z) = x^3 - 3xy^2 + 3z$
    (d) $f(x, y, z) = (x^2 + y^2 + z^2)^{-1/2}$

14.2 線積分

換掉 [a, b] 而改以二維或三維的集合來做積分,可得定積分 $\int_a^b f(x)\,dx$ 的一種推廣,這將我們導向第 13 章的雙重及三重積分。另外一種很不一樣的推廣,就是以一條 xy-平面上的曲線 C 取代 [a, b],所得的積分 $\int_C f(x, y)\,ds$ 稱為**線積分(line integral)**,但是比較恰當的名稱應為曲線積分。

設 C 為一條平滑的平面曲線;即令 C 具下列參數式

$$x = x(t), \quad y = y(t), \quad a \le t \le b$$

此處 x' 及 y' 在 (a, b) 上為連續且不同時為 0。若它的正方向是對應於 t 值的增加,我們稱 C 為**正向(positively oriented)**。我們假設 C 為正向且 C 隨 t 由 a 至 b 只行走一次。因此,C 有起點 $A = (x(a), y(a))$ 及終點 $B = (x(b), y(b))$。考慮參數區間 [a, b] 的分割 P,它是由插入下列各點所得,

$$a = t_0 < t_1 < t_2 < \cdots < t_n = b$$

[a, b] 的這一個分割導致曲線 C 可區分為 n 段子弧線 $P_{i-1}P_i$,點 P_i 對應於 t_i。設 Δs_i 為弧 $P_{i-1}P_i$ 的長度,且令 $\|P\|$ 為分割 P 的範數;即令 $\|P\|$ 為最長的 $\Delta t_i = t_i - t_{i-1}$。最後,選取子弧 $P_{i-1}P_i$ 上的樣本點 $Q_i(\overline{x}_i, \overline{y}_i)$(見圖 1)。

現在我們考慮黎曼和

$$\sum_{i=1}^n f(\overline{x}_i, \overline{y}_i)\,\Delta s_i$$

若 f 為非負,則其和近似於圖 2 所示彎曲垂直帷幕的面積。若 f 在區域 D 上連續,D 包含此曲線 C,則當 $\|P\| \to 0$ 時,其黎曼和具有極限。此極限稱為 **f 沿 C 由 A 至 B 相對於弧長的線積分(line integral of f along C from A to B with respect to arc length)**;即

$$\int_C f(x, y)\,ds = \lim_{\|P\| \to 0} \sum_{i=1}^n f(\overline{x}_i, \overline{y}_i)\,\Delta s_i$$

若 $f(x, y) \ge 0$,則它代表了圖 2 中彎曲帷幕的真正面積。

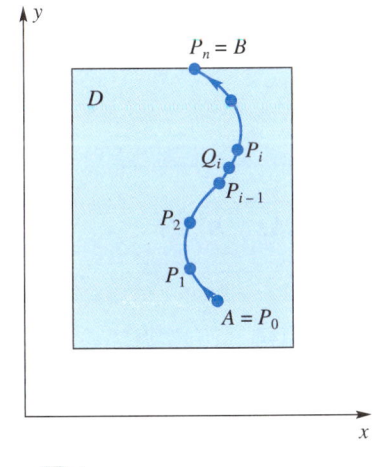

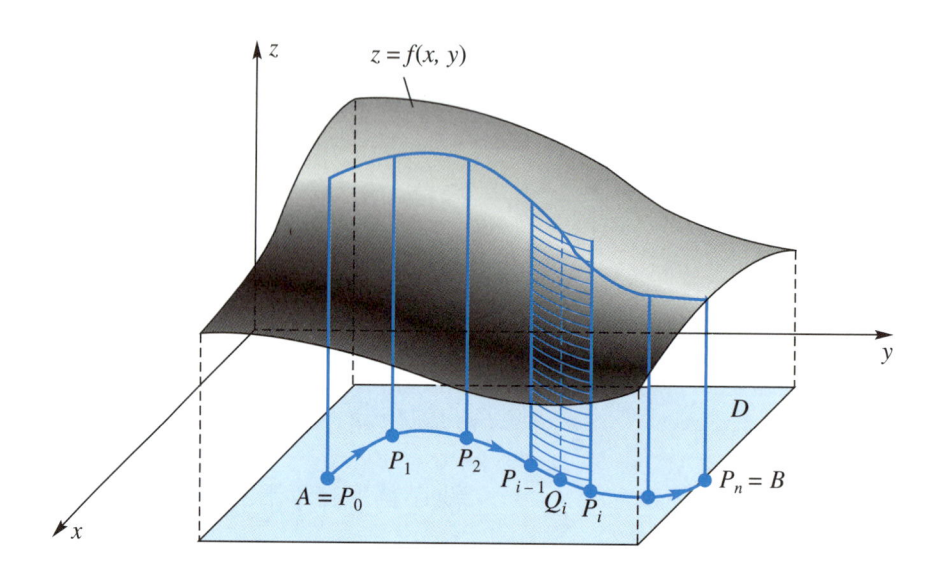

▲ 圖 2

以上的定義並沒有告訴我們求 $\int_C f(x, y)\, ds$ 的方法。最好的方法是，將所有的東西化成以參數 t 來表示，而得到一般的定積分。套用 $ds = \sqrt{[x'(t)]^2 + [y'(t)]^2}\, dt$（見 5.4 節）可得

$$\int_C f(x, y)\, ds = \int_a^b f(x(t), y(t))\sqrt{[x'(t)]^2 + [y'(t)]^2}\, dt$$

當然，一曲線可能被化成多種參數式；幸運的是，可證明任一種參數化都可得到同一個 $\int_C f(x, y)\, ds$ 的值。

線積分的定義也以推廣到雖然本身不為平滑曲線，但卻是分段平滑的曲線 C 上，也就是由幾段平滑曲線 $C_1, C_2, \ldots, C_k$ 所連接而成的曲線，如圖 3 所示。我們只要定義 C 上的積分為個別曲線上積分的和就可以了。

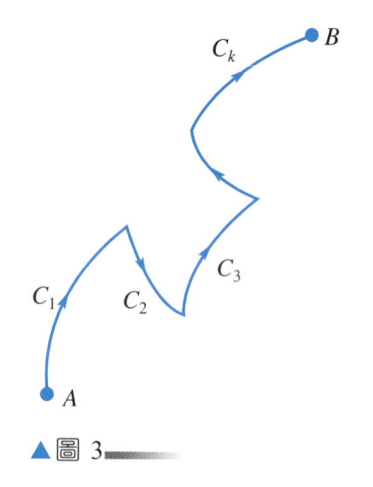

▲ 圖 3

例子與應用 我們先考慮兩個例子，其中 C 為一個圓的一部分。

範例 1

求 $\int_C x^2 y\, ds$ 之值，此處 C 由下列參數式決定。$x = 3\cos t$、$y = 3\sin t$、$\leq t \leq \pi/2$。同時證明：參數式 $x = \sqrt{9 - y^2}$、$y = y$、$0 \leq y \leq 3$，也可得到同一值。

解答：利用第一種參數式，可得

$$\int_C x^2 y\, ds = \int_0^{\pi/2} (3\cos t)^2 (3\sin t)\sqrt{(-3\sin t)^2 + (3\cos t)^2}\, dt$$

$$= 81 \int_0^{\pi/2} \cos^2 t \sin t \, dt$$

$$= \left[-\frac{81}{3} \cos^3 t \right]_0^{\pi/2} = 27$$

對第二種參數式而言，我們利用 5.4 節所給 ds 的另外公式，可得

$$ds = \sqrt{1 + \left(\frac{dx}{dy}\right)^2} \, dy = \sqrt{1 + \frac{y^2}{9 - y^2}} \, dy = \frac{3}{\sqrt{9 - y^2}} \, dy$$

及

$$\int_C x^2 y \, ds = \int_0^3 (9 - y^2) y \frac{3}{\sqrt{9 - y^2}} \, dy = 3 \int_0^3 \sqrt{9 - y^2} \, y \, dy$$

$$= -\left[(9 - y^2)^{3/2}\right]_0^3 = 27$$

範例 2

一條細電線彎曲成半圓的形狀

$$x = a \cos t, \quad y = a \sin t, \quad 0 \leq t \leq \pi, \quad a > 0$$

若電線某一點的密度正比於該點到 x-軸的距離，求此條電線的質量及質心。

解答：我們的老格言：切片、近似、積分，仍然適合。一小段長 Δs 電線的質量（圖 4）近似於 $\delta(x, y) \Delta s$，此處 $\delta(x, y) = ky$ 為在 (x, y) 的密度（k 為一常數）。因此，整條電線的質量為

$$m = \int_C ky \, ds = \int_0^\pi ka \sin t \sqrt{a^2 \sin^2 t + a^2 \cos^2 t} \, dt$$

$$= ka^2 \int_0^\pi \sin t \, dt$$

$$= [-ka^2 \cos t]_0^\pi = 2ka^2$$

電線對 x-軸的矩量為

$$M_x = \int_C y \, ky \, ds = \int_0^\pi ka^3 \sin^2 t \, dt$$

$$= \frac{ka^3}{2} \int_0^\pi (1 - \cos 2t) \, dt$$

$$= \frac{ka^3}{2} \left[t - \frac{1}{2} \sin 2t \right]_0^\pi = \frac{ka^3 \pi}{2}$$

因此，

$$\bar{y} = \frac{M_x}{m} = \frac{\frac{1}{2} ka^3 \pi}{2ka^2} = \frac{1}{4} \pi a$$

由對稱性可知，$\bar{x} = 0$，所以質心位於 $(0, \pi a/4)$。

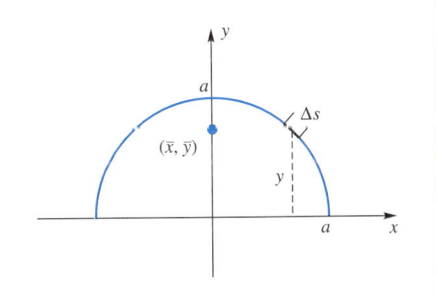

▲圖 4

以上結果可輕易地推廣至三度空間中的平滑曲線。特別，若 C 具下列參數式

$$x = x(t), \quad y = y(t), \quad z = z(t), \quad a \le t \le b$$

則

$$\int_C f(x, y, z)\, ds = \int_a^b f(x(t), y(t), z(t)) \sqrt{[x'(t)]^2 + [y'(t)]^2 + [z'(t)]^2}\, dt$$

範例 3

求密度為 $\delta(x, y, z) = kz$ 之金屬絲的質量，假設它的形狀為具有下列參數式的螺線。

$$x = 3\cos t, \quad y = 3\sin t, \quad z = 4t, \quad 0 \le t \le \pi$$

解答：

$$m = \int_C kz\, ds = k \int_0^\pi (4t) \sqrt{9\sin^2 t + 9\cos^2 t + 16}\, dt$$

$$= 20k \int_0^\pi t\, dt = \left[20k \frac{t^2}{2} \right]_0^\pi = 10k\pi^2$$

m 的單位依長度及密度的單位而定。

功　假設作用於空間中某一點 (x, y, z) 的力為向量場

$$\mathbf{F}(x, y, z) = M(x, y, z)\mathbf{i} + N(x, y, z)\mathbf{j} + P(x, y, z)\mathbf{k}$$

其中 M、N 及 P 皆為連續函數。我們欲求由 $\mathbf{F}$ 沿一個平滑定向曲線 C，移動一個質點所作的功。令 $\mathbf{r} = x\mathbf{i} + y\mathbf{j} + z\mathbf{k}$ 為曲線上某一點 $Q(x, y, z)$ 的位置向量（圖 5）。若 $\mathbf{T}$ 為 Q 上的單位切向量，則 $\mathbf{F} \cdot \mathbf{T}$ 為 $\mathbf{F}$ 在 Q 上的切分量。F 沿曲線將質點由 Q 移一短距離 Δs 所作的功近似於 $\mathbf{F} \cdot \mathbf{T} \Delta s$，因此將質點沿曲線 C，由 A 至 B 移動所作的功定義成 $\int_C \mathbf{F} \cdot \mathbf{T}\, ds$。功是一個純量，但是它可正或負。當力沿曲線的分向量與物體的移動同向，則功是正的。當力沿曲線的分向量與物體的移動反向，則功是負的。由 11.7 節，我們知道 $\mathbf{T} = (d\mathbf{r}/dt)(dt/ds) = d\mathbf{r}/ds$，所以我們得到下列功的另一種公式。

$$W = \int_C \mathbf{F} \cdot \mathbf{T}\, ds = \int_C \mathbf{F} \cdot \frac{d\mathbf{r}}{dt}\, dt = \int_C \mathbf{F} \cdot d\mathbf{r}$$

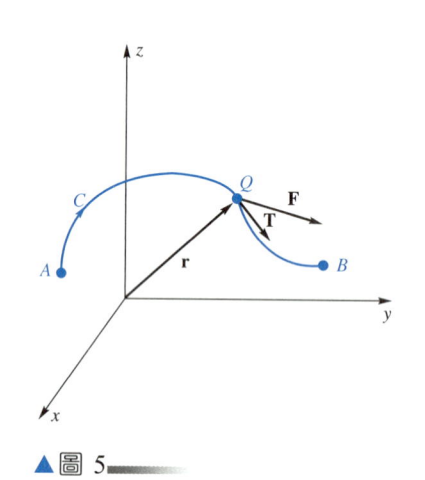

▲圖 5

在最後一個式子中，可將 $\mathbf{F}\cdot d\mathbf{r}$ 視為 $\mathbf{F}$ 對一質點沿著「無窮小的」切分量 $d\mathbf{r}$ 運動所作的功，此公式較受物理學家及應用數學家所接受。

功還有一種表示式，通常在微積分中相當有用。假如我們接受 $d\mathbf{r} = dx\,\mathbf{i} + dy\,\mathbf{j} + dz\,\mathbf{k}$ 的寫法則

$$\mathbf{F}\cdot d\mathbf{r} = (M\mathbf{i} + N\mathbf{j} + P\mathbf{k})\cdot(dx\,\mathbf{i} + dy\,\mathbf{j} + dz\,\mathbf{k}) = M\,dx + N\,dy + P\,dz$$

且

$$W = \int_C \mathbf{F}\cdot d\mathbf{r} = \int_C M\,dx + N\,dy + P\,dz$$

積分 $\int_C M\,dx$、$\int_C N\,dy$ 及 $\int_C P\,dz$ 皆為特殊的線積分。它們正是本節前面所定義的 $\int_C f\,ds$。只是 Δs_i 分別由 Δx_i、Δy_i 及 Δz_i 所取代。然而，我們指出，雖然在一路徑上 C 上 Δs_i 恆取為正，但是 Δx_i、Δy_i 及 Δz_i 卻可能為負。這項結果就是改變 C 的定向會轉換 $\int_C M\,dx$、$\int_C N\,dy$ 及 $\int_C P\,dz$ 的正負號，但是 $\int_C f\,ds$ 的正負號不變。

● 範例 4

求下列符合平方反比定律的力場所作的功。

$$\mathbf{F}(x, y, z) = -c\frac{\mathbf{r}}{\|\mathbf{r}\|^3} = \frac{-c(x\,\mathbf{i} + y\,\mathbf{j} + z\,\mathbf{k})}{(x^2 + y^2 + z^2)^{3/2}} = M\mathbf{i} + N\mathbf{j} + P\mathbf{k}$$

當它沿著由 $(0, 3, 0)$ 至 $(4, 3, 0)$ 的直線 C 移動一質點時，如圖 6 所示。

解答：沿著 C，$y = 3$ 且 $z = 0$，所以 $dy = dz = 0$，將 x 看成參數，則

$$W = \int_C M\,dx + N\,dy + P\,dz = -c\int_C \frac{x\,dx + y\,dy + z\,dz}{(x^2 + y^2 + z^2)^{3/2}}$$

$$= -c\int_0^4 \frac{x}{(x^2 + 9)^{3/2}}\,dx = \left[\frac{c}{(x^2 + 9)^{1/2}}\right]_0^4 = -\frac{2c}{15}$$

▲ 圖 6

▲ 圖 7

當然，必須註明適當單位，乃依長度及力的單位而定。若 $c > 0$，則力場 $\mathbf{F}$ 所作的功為負，此說法合理嗎？在本問題中，力總是指向原點，所以力沿著曲線的分向量，總是在質點運動的反方向（見圖 7）。當此事發生時，功就為負。

底下為一關於上面所介紹線積分的平面觀點。

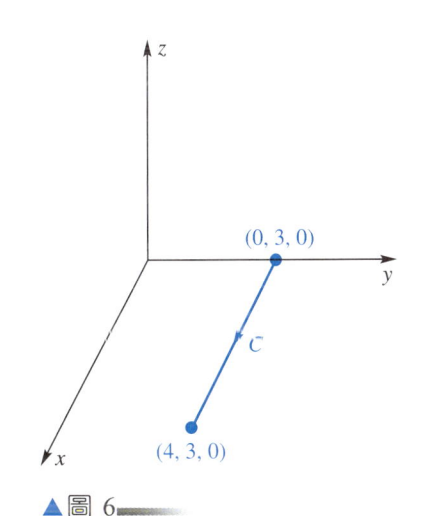

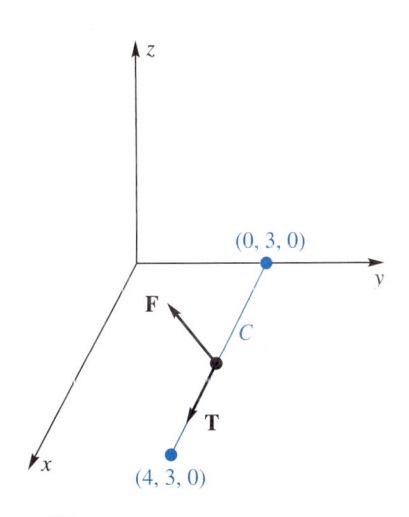

範例 5

求線積分 $\int_C (x^2 - y^2)\, dx + 2xy\, dy$，其中曲線 C 為參數式 $x = t^2$、$y = t^3$、$0 \le t \le \frac{3}{2}$。

解答：因為 $dx = 2t\, dt$。且 $dy = 3t^2\, dt$，

$$\int_C (x^2 - y^2)\, dx + 2xy\, dy = \int_0^{3/2} \left[(t^4 - t^6)2t + 2t^5(3t^2) \right] dt$$

$$= \int_0^{3/2} (2t^5 + 4t^7)\, dt = \frac{8505}{512} \approx 16.61$$

範例 6

求 $\int_C xy^2\, dx + xy^2\, dy$ 之值，沿著路徑 $C = C_1 \cup C_2$，如圖 8 所示。同時求沿著 $(0, 2)$ 至 $(3, 5)$ 之直線路徑 C_3 的積分值。

解答：在 C_1 上，$y = 2$，$dy = 0$，且

$$\int_{C_1} xy^2\, dx + xy^2\, dy = \int_0^3 4x\, dx = [2x^2]_0^3 = 18$$

在 C_2、$x = 3$、$dx = 0$，且

$$\int_{C_2} xy^2\, dx + xy^2\, dy = \int_2^5 3y^2\, dy = [y^3]_2^5 = 117$$

我們得到，

$$\int_C xy^2\, dx + xy^2\, dy = 18 + 117 = 135$$

在 C_3 上，$y = x + 2$、$dy = dx$，於是

$$\int_{C_3} xy^2\, dx + xy^2\, dy = 2\int_0^3 x(x+2)^2\, dx$$

$$= 2\int_0^3 (x^3 + 4x^2 + 4x)\, dx$$

$$= 2\left[\frac{x^4}{4} + \frac{4x^3}{3} + 2x^2 \right]_0^3 = \frac{297}{2}$$

注意由 $(0, 2)$ 至 $(3, 5)$ 之兩條不同路徑會得到不同的積分值。

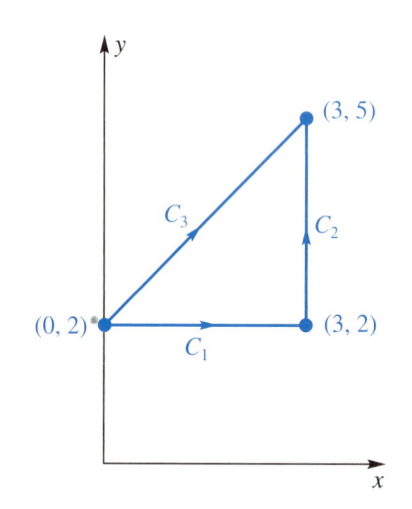

▲ 圖 8

練習題 14.2

1-6 題中，求下列各問題的積分值。

1. $\int_C (x^3 + y)\, ds$；C 是曲線 $x = 3t$、$y = t^3$、$0 \le t \le 1$。

2. $\int_C (2x + 9z)\, ds$；C 是曲線 $x = t$、$y = t^2$、$z = t^3$、$0 \le t \le 1$。

3. $\int_C y\,dx + x^2\,dy$；C 是曲線 $x = 2t$、$y = t^2 - 1$、$0 \le t \le 2$。

4. $\int_C y^3\,dx + x^3\,dy$；C 是由 $(-4,1)$ 開始經 $(-4,-2)$ 到 $(2,-2)$ 的直角曲線。

5. $\int_C y\,dx + x\,dy$；C 是曲線 $y = x^2$、$0 \le x \le 1$。

6. $\int_C (x+y+z)\,dx + (x-2y+3z)\,dy + (2x+y-z)\,dz$，$C$ 是由 $(0,0,0)$ 開始，經 $(2,0,0)$ 到 $(2,3,0)$，最後抵達 $(2,3,4)$ 的線段路徑。

7. 求密度為 $\delta(x,y) = k|x|$ 之金屬絲的質量，假設它的形狀為 $y = x^2$ 在 $(-2,4)$ 與 $(2,4)$ 之間的曲線。

8-9 題中，找出力場 **F** 沿曲線 C 移動一質點所作的功。

8. $\mathbf{F}(x,y) = (x^3 - y^3)\mathbf{i} + xy^2\mathbf{j}$；$C$ 是曲線 $x = t^2$、$x = t^3$、$-1 \le t \le 0$。

9. $\mathbf{F}(x,y,z) = (2x-y)\mathbf{i} + 2z\mathbf{j} + (y-z)\mathbf{k}$；$C$ 是由 $(0,0,0)$ 到的直線 $(1,1,1)$。

10. 圖 9 展示了一個向量場及三條曲線，請決定每一個線積分 $\int_{C_i} \mathbf{F} \cdot d\mathbf{r}$，$i = 1, 2, 3$ 為正、負或是零，並說明你的答案。

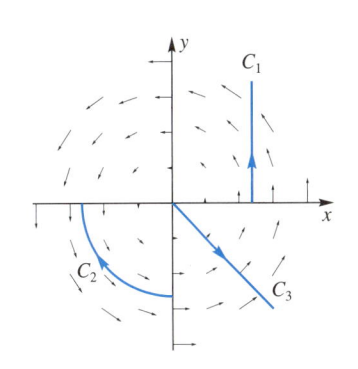

▲圖 9

11. 圖 10 展示了一個向量場及三條曲線，請決定每一個線積分 $\int_{C_i} \mathbf{F} \cdot d\mathbf{r}$，$i = 1, 2, 3$ 為正、負或是零，並說明你的答案。

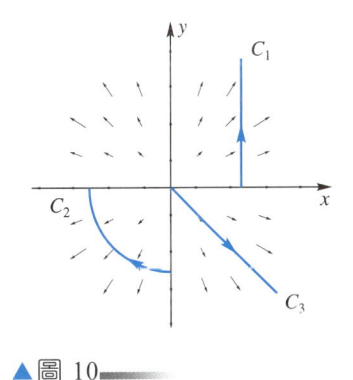

▲圖 10

14.3 路徑的獨立性

微積分第二基本定理是求定積分之值的基本工具。以符號表示為

$$\int_a^b f'(x)\,dx = f(b) - f(a)$$

現在我們要問：線積分是否也有類似的定理？答案是肯定的。

接下來的討論中，若在二度空間中，$\mathbf{r}(t)$ 可視為 $x(t)\mathbf{i} + y(t)\mathbf{j}$，若在三度空間中，$\mathbf{r}(t)$ 可視為 $x(t)\mathbf{i} + y(t)\mathbf{j} + z(t)\mathbf{k}$。同時，在二度及三度空間中，$\mathbf{r}(t)$ 將分別表示 $f(x,y)$ 及 $f(x,y,z)$。

定理 A　線積分基本定理（Fundamental Theorem for Line Integrals）

假設 C 為一分段平滑曲線，其參數式為 $\mathbf{r} = \mathbf{r}(t)$，$a \leq t \leq b$ 起點為 $\mathbf{a} = \mathbf{r}(a)$，終點為 $\mathbf{b} = \mathbf{r}(b)$。若 f 在一包含 C 的開集合上，連續可微分，則

$$\int_C \nabla f(\mathbf{r}) \cdot d\mathbf{r} = f(\mathbf{b}) - f(\mathbf{a})$$

證明　首先假設 C 為平滑。則

$$\begin{aligned}\int_C \nabla f(\mathbf{r}) \cdot d\mathbf{r} &= \int_a^b [\nabla f(\mathbf{r}(t)) \cdot \mathbf{r}'(t)] \, dt \\ &= \int_a^b \frac{d}{dt} f(\mathbf{r}(t)) \, dt = f(\mathbf{r}(b)) - f(\mathbf{r}(a)) \\ &= f(\mathbf{b}) - f(\mathbf{a})\end{aligned}$$

注意我們如何先將線積分表示成一般定積分，然後套用連鎖法則，最後利用微積分第二基本定理。

若 C 不為平滑，而僅是分段平滑我們只要將上述結果套用在每一分段上即可。細節留給讀者。

範例 1

回想 14.1 節的範例 4，

$$f(x, y, z) = f(\mathbf{r}) = \frac{c}{\|\mathbf{r}\|} = \frac{c}{\sqrt{x^2 + y^2 + z^2}}$$

是平方反比定律場 $\mathbf{F}(\mathbf{r}) = -c\mathbf{r}/\|\mathbf{r}\|^3$ 的位能函數，請計算 $\int_C \mathbf{F}(\mathbf{r}) \cdot d\mathbf{r}$，此處 C 為任意由 $(0, 3, 0)$ 至 $(4, 3, 0)$ 不經過原點的分段平滑曲線。

解答：因為 $\mathbf{F}(\mathbf{r}) = \nabla f(\mathbf{r})$，所以

$$\begin{aligned}\int_C \mathbf{F}(\mathbf{r}) \cdot d\mathbf{r} &= \int_C \nabla f(\mathbf{r}) \cdot d\mathbf{r} = f(4, 3, 0) - f(0, 3, 0) \\ &= \frac{c}{\sqrt{16 + 9}} - \frac{c}{\sqrt{9}} = -\frac{2c}{15}\end{aligned}$$

現在比較範例 1 與前一節的範例 4。在那裡，我們一樣是求同一函數由 $(0, 3, 0)$ 至 $(4, 3, 0)$ 的線積分，但是對某一條指定的曲線 C。令人驚訝的是，無論 $(0, 3, 0)$ 至 $(4, 3, 0)$ 取何種曲線，我們會得到相同答案。我們稱給定之線積分為路徑無關。

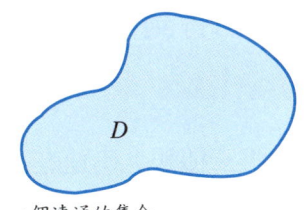

向量微積分 Chapter 14

一個連通的集合

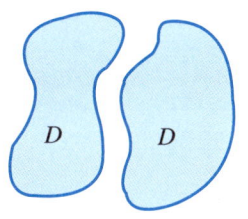

一個不連通的集合

▲ 圖 1

路徑無關的判別 若一集合 D 內的任意兩點可由一完全位於 D 內的分段平滑曲線連接（圖 1），則稱 D 為**連通的**（connected）。假如給定 D 內任兩點 A 及 B，則對 D 內每一條由 A 至 B 的正向曲線 C 而言，其線積分值皆相同；則稱此線積分 $\int_C \mathbf{F}(\mathbf{r}) \cdot d\mathbf{r}$ **在 D 中為路徑無關**（independent of path in D）。

若 $\mathbf{F}$ 為另一函數 f 的梯度，則 $\int_C \mathbf{F}(\mathbf{r}) \cdot d\mathbf{r}$ 為路徑無關。此敘述可視為定理的結果，反之亦可成立。

> **定理 B　路徑無關定理（Independence of Path Theorem）**
>
> 假設 $\mathbf{F}(\mathbf{r})$ 在一連通之開集 D 上連續，則線積分 $\int_C \mathbf{F}(\mathbf{r}) \cdot d\mathbf{r}$ 在 D 中為路徑無關，若且唯若 $\mathbf{F}(\mathbf{r}) = \nabla f(\mathbf{r})$，$f$ 為某一純量函數；也就是，若且唯若 F 為在 D 上的一保守向量場。

證明 定理 A 只是說明「若」敘述。假設 $\int_C \mathbf{F}(\mathbf{r}) \cdot d\mathbf{r}$ 為在 D 中為路徑無關，我們的工作是構造一函數 f，使得 $\nabla f = \mathbf{F}$；即我們必須找出向量場 $\mathbf{F}$ 的一個位能函數。為了簡化討論，我們將局限於二度空間中，D 為一平面集合，且 $\mathbf{F}(\mathbf{r}) = M(x, y)\mathbf{i} + N(x, y)\mathbf{j}$。

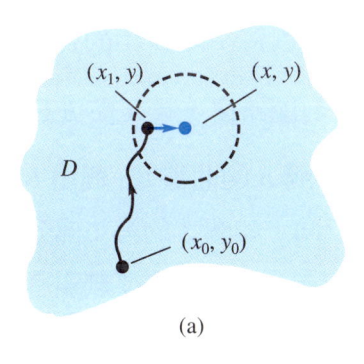

令 (x_0, y_0) 為 D 中的一定點，且令 (x, y) 為 D 中的任意其它一點。選取 D 內的的第三點 (x_1, y)，且稍微靠 (x, y) 的左方，以一條 D 內水平線段連接它與 (x, y)。同時以 D 內的一曲線連接 (x_0, y_0) 至 (x_1, y)（因為 D 為連通的開集，以上皆可能做到；見圖 2a）。最後，C 表示包含上述兩分段，由 (x_0, y_0) 至 (x, y) 的路徑，且定義 f 為

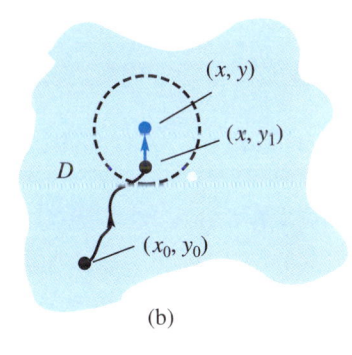

$$f(x, y) = \int_C \mathbf{F}(\mathbf{r}) \cdot d\mathbf{r} = \int_{(x_0, y_0)}^{(x_1, y)} \mathbf{F}(\mathbf{r}) \cdot d\mathbf{r} + \int_{(x_1, y)}^{(x, y)} \mathbf{F}(\mathbf{r}) \cdot d\mathbf{r}$$

路徑無關的條件可推出此積分值為唯一。

上面的右式中第一個積分與 x 無關；第二個，y 為固定，它可寫成一般定積分，例如，視 t 為一參數，可得

$$\frac{\partial f}{\partial x} = 0 + \frac{\partial}{\partial x} \int_{x_1}^{x} M(t, y)\, dt = M(x, y)$$

最後一個等式正是利用微積分第一基本定理的結果（定理 4.4A）。

▲ 圖 2

同理可利用圖 2b 證出 $\partial f/\partial y = N(x, y)$。我們得到所希望的 $\nabla f = M(x, y)\mathbf{i} + N(x, y)\mathbf{j} = \mathbf{F}$。

本節的諸多結果最終導致下一個定理。此定理將三種觀念串連在一起，它們是保守向量場，路徑無關的線積分，及沿著封閉路徑的線積分為零。

定理 C　線積分的等價條件（Equivalent Conditions for Line Integrals）

假設 $\mathbf{F}(\mathbf{r})$ 在一連通的開集 D 中為連續，則下列條件等價：

(1) 存在函數 f，使得 $\mathbf{F} = \nabla f$（$\mathbf{F}$ 在 D 為保守的）。

(2) $\displaystyle\int_C \mathbf{F}(\mathbf{r}) \cdot d\mathbf{r}$ 在 D 為路徑無關。

(3) $\displaystyle\int_C \mathbf{F}(\mathbf{r}) \cdot d\mathbf{r} = 0$，對每一條 D 中的封閉路線。

證明　定理 B 已說明了 (1) 與 (2) 等價。所以我們須證明 (2) 與 (3) 等價。假設 $\displaystyle\int_C \mathbf{F}(\mathbf{r}) \cdot d\mathbf{r}$ 為路徑無關。我們須證明對每一條 D 中的封閉路徑 C 皆有 $\displaystyle\int_C \mathbf{F}(\mathbf{r}) \cdot d\mathbf{r} = 0$。令 C 是 D 中的一條封閉路徑，且 A 與 B 是如圖 3 之第一部分所示的相異點。假設 C 為由 A 到 B 的曲線 C_1 與由 B 到 A 的曲線 C_2 的組成。令 $-C_2$ 代表曲線 C_2 的反向，如圖 3 的第二部分所示。因為 C_1 與 $-C_2$ 具有相同的起點 A，及相同的終點 B，路徑無關可推得

$$\int_C \mathbf{F}(\mathbf{r}) \cdot d\mathbf{r} = \int_{C_1} \mathbf{F}(\mathbf{r}) \cdot d\mathbf{r} + \int_{C_2} \mathbf{F}(\mathbf{r}) \cdot d\mathbf{r}$$

$$= \int_{C_1} \mathbf{F}(\mathbf{r}) \cdot d\mathbf{r} - \int_{-C_2} \mathbf{F}(\mathbf{r}) \cdot d\mathbf{r}$$

$$= \int_{C_1} \mathbf{F}(\mathbf{r}) \cdot d\mathbf{r} - \int_{C_1} \mathbf{F}(\mathbf{r}) \cdot d\mathbf{r} = 0$$

此證明了 (2) 可推得 (3)。(3) 推得 (2) 的論述基本上是上述討論的相反。細節留給讀者。

定理 C 的條件 3 有一個有趣的物理學意義。在一個保守（conservative）力場中，繞著一條封閉路徑移動一個質點所作的功為零。尤其是，對重力場及電場此敘述都成立，因為它們都是保守場。

條件 2 及 3 都可推得 $\mathbf{F}$ 為某一純量函數 f 的梯度，但是這些條件在這關係中不是特別有用。比較有用的是底下的定理。然而我們需要對 D

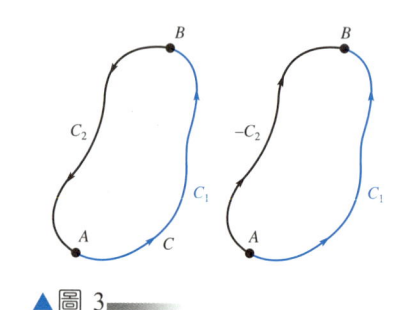

再附加一個條件,即所謂它是 簡單連通(simply connected)。在二度空間上,這是指 D 沒有任何「孔洞」,在三度空間上是指它沒有任何通過 D 的「隧道」(有關它的嚴謹定義,請參考高等微積分書籍)。

定理 D

假設 $\mathbf{F} = M\mathbf{i} + N\mathbf{j} + P\mathbf{k}$,此處 M、N 與 P,及它們的一階導函數在一個簡單連通的開集 D 內皆為連續。則 $\mathbf{F}$ 為保守場($\mathbf{F} = \nabla f$),若且唯若 curl $\mathbf{F} = \mathbf{0}$,也就是,若且唯若

$$\frac{\partial M}{\partial y} = \frac{\partial N}{\partial x}, \quad \frac{\partial M}{\partial z} = \frac{\partial P}{\partial x}, \quad \frac{\partial N}{\partial z} = \frac{\partial P}{\partial y}$$

在二變數函數中,$\mathbf{F} = M\mathbf{i} + N\mathbf{j}$,$\mathbf{F}$ 為保守力,若且唯若

$$\frac{\partial M}{\partial y} = \frac{\partial N}{\partial x}$$

「唯若」部分($\Rightarrow$ 部分)易於證明。「若」部分($\Leftarrow$ 部分)對二變數可由格林定理(定理 14.4A)得證,而對三變數則由斯托克定理(見 14.7 節範例 4)得證。

由梯度回復原來函數 假設我們被賦予一個滿足定理 D 之條件的向量場 $\mathbf{F}$。那麼我們知道,存在一個函數 f 滿足 $\nabla f = \mathbf{F}$。但是我們要如何求出 f? 首先以一個二度空間的向量場來說明此答案。

範例 2

請判斷 $\mathbf{F} = (4x^3 + 9x^2y^2)\mathbf{i} + (6x^3y + 6y^5)\mathbf{j}$ 是否為保守場,若是,請求出函數 f,使得 $\mathbf{F}$ 為 f 的梯度。

解答:$M(x, y) = 4x^3 + 9x^2y^2$,且 $N(x, y) = 6x^3y + 6y^5$。此時,在二變數的情形中,定理 D 的條件告訴我們須證明

$$\frac{\partial M}{\partial y} = \frac{\partial N}{\partial x}$$

現在,

$$\frac{\partial M}{\partial y} = 18x^2y, \quad \frac{\partial N}{\partial x} = 18x^2y$$

故所求條件被滿足,f 必定存在。
欲求 f,首先注意

$$\nabla f = \frac{\partial f}{\partial x}\mathbf{i} + \frac{\partial f}{\partial y}\mathbf{j} = M\mathbf{i} + N\mathbf{j}$$

因此，

(1) $\dfrac{\partial f}{\partial x} = 4x^3 + 9x^2y^2$, $\dfrac{\partial f}{\partial y} = 6x^3y + 6y^5$

若我們將左邊等式對 x 求反導函數，則可得

(2) $f(x, y) = x^4 + 3x^3y^2 + C_1(y)$

其中積分「常數」C_1 是與 y 有關。但是在 (2) 中，對 y 的偏導函數必須等於 $6x^3y + 6y^5$。因此

$$\dfrac{\partial f}{\partial y} = 6x^3y + C_1'(y) = 6x^3y + 6y^5$$

我們得到 $C_1'(y) = 6y^5$，再一次求反導函數可得

$$C_1(y) = y^6 + C$$

此處 C 為一常數（與 x 及 y 皆無關）。將上式代入 (1) 式產生

$$f(x, y) = x^4 + 3x^3y^2 + y^6 + C$$

接下來，我們利用範例 2 的結果來計算一個線積分。

路徑無關之線積分的符號

假如線積分
$$\int_C P(x, y)\, dx + Q(x, y)\, dy$$
為路徑無關，則我們常寫成
$$\int_{(a,b)}^{(c,d)} P(x, y)\, dx + Q(x, y)\, dy$$
只標明路徑 C 的起點 (a, b) 與終點 (c, d)。
同理，我們用
$$\Big[f(x, y)\Big]_{(a, b)}^{(c, d)}$$
表示
$$f(c, d) - f(a, b)$$

範例 3

假設 $\mathbf{F}(\mathbf{r}) = \mathbf{F}(x, y) = (4x^3 + 9x^2y^2)\mathbf{i} + (6x^3y + 6y^5)\mathbf{j}$。請計算 $\displaystyle\int_C \mathbf{F}(\mathbf{r}) \cdot d\mathbf{r} = \int_C (4x^3 + 9x^2y^2)\, dx + (6x^3y + 6y^5)\, dy$，此處 C 為由 $(0, 0)$ 至 $(1, 2)$ 的任意路徑。

解答：範例 1 說明了 $\mathbf{F} = \nabla f$，其中
$$f(x, y) = x^4 + 3x^3y^2 + y^6 + C$$
因此，給定的線積分為路徑無關。事實上，由定理 A 可得

$$\int_C \mathbf{F}(\mathbf{r}) \cdot d\mathbf{r} = \int_{(0,0)}^{(1,2)} (4x^3 + 9x^2y^2)\, dx + (6x^3y + 6y^5)\, dy$$
$$= \Big[x^4 + 3x^3y^2 + y^6 + C\Big]_{(0,0)}^{(1,2)} = 1 + 12 + 64 = 77$$

範例 4

證明 $\mathbf{F} = (e^x \cos y + yz)\mathbf{i} + (xz - e^x \sin y)\mathbf{j} + xy\, \mathbf{k}$ 為保守場，且求 f 使得 $\mathbf{F} = \nabla f$。

解答：
$$M = e^x \cos y + yz, \quad N = xz - e^x \sin y, \quad P = xy$$

所以

$$\frac{\partial M}{\partial y} = -e^x \sin y + z = \frac{\partial N}{\partial x}, \qquad \frac{\partial M}{\partial z} = y = \frac{\partial P}{\partial x}, \qquad \frac{\partial N}{\partial z} = x = \frac{\partial P}{\partial y}$$

它們正是定理 D 的條件。現在

(3) $\quad \begin{aligned} \frac{\partial f}{\partial x} &= e^x \cos y + yz \\ \frac{\partial f}{\partial y} &= xz - e^x \sin y \\ \frac{\partial f}{\partial z} &= xy \end{aligned}$

若我們將第一式對 x 求反導函數，則可得

(4) $\quad f(x, y, z) = e^x \cos y + xyz + C_1(y, z)$

現在，將 (4) 式對 y 微分，且其結果等於 (3) 式的第二式。

$$-e^x \sin y + xz + \frac{\partial C_1}{\partial y} = xz - e^x \sin y$$

或

$$\frac{\partial C_1(y, z)}{\partial y} = 0$$

將後者對 y 求反導函數，可得

$$C_1(y, z) = C_2(z)$$

將此代入 (4) 式中

(5) $\quad f(x, y, z) = e^x \cos y + xyz + C_2(z)$

我們再將 (5) 式對 z 微分，且其結果等於 (3) 式中的第三式，得到

$$\frac{\partial f}{\partial z} = xy + C_2'(z) = xy$$

或 $C_2'(z) = 0$ 且 $C_2(z) = C$。總結可得

$$f(x, y, z) = e^x \cos y + xyz + C$$

能量守恆 讓我們在物理學上做一應用，同時也告訴我們為何取名守恆力場。我們將建立能量守恆定律，其中說到，受保守力場作用之物體所得的動能與位能之和為一常數。

假設質量為 m 的一物體在一保守力 $\mathbf{F}(\mathbf{r}) = \nabla f(\mathbf{r})$ 的作用下，沿一平滑曲線 C 運動，

$$\mathbf{r} = \mathbf{r}(t) = x(t)\mathbf{i} + y(t)\mathbf{j} + z(t)\mathbf{k}, \quad a \le t \le b$$

在物理學中我們得到，物體在時間 t 時具有下列三項事實。

1. $\mathbf{F}(\mathbf{r}(t)) = m\mathbf{a}(t) = m\mathbf{r}''(t)$ （牛頓第二定律）
2. $\text{KE} = \frac{1}{2}m\|\mathbf{r}'(t)\|^2$ （KE = 動能）
3. $\text{PE} = -f(\mathbf{r})$ （PE = 位能）

因此，

$$\begin{aligned}\frac{d}{dt}(\text{KE}+\text{PE}) &= \frac{d}{dt}\left[\frac{1}{2}m\|\mathbf{r}'(t)\|^2 - f(\mathbf{r})\right]\\ &= \frac{m}{2}\frac{d}{dt}[\mathbf{r}'(t)\cdot\mathbf{r}'(t)] - \left[\frac{\partial f}{\partial x}\frac{dx}{dt}+\frac{\partial f}{\partial y}\frac{dy}{dt}+\frac{\partial f}{\partial z}\frac{dz}{dt}\right]\\ &= m\mathbf{r}''(t)\cdot\mathbf{r}'(t) - \nabla f(\mathbf{r})\cdot\mathbf{r}'(t)\\ &= [m\mathbf{r}''(t) - \nabla f(\mathbf{r})]\cdot\mathbf{r}'(t)\\ &= [\mathbf{F}(\mathbf{r}) - \mathbf{F}(\mathbf{r})]\cdot\mathbf{r}'(t) = 0\end{aligned}$$

我們結論 KE + PE 為常數。

練習題 14.3

1-4 題中，請決定給定的場是否為保守場，若是，求函數 F，使得 $\mathbf{F} = \nabla f$；若不是，請說 $\mathbf{F}$ 不是保守場，見範例 2 與範例 4。

1. $\mathbf{F}(x, y, z) = (10x - 7y)\mathbf{i} - (7x - 2y)\mathbf{j}$

2. $\mathbf{F}(x, y) = (45x^4y^2 - 6y^6 + 3)\mathbf{i} + (18x^5y - 12xy^5 + 7)\mathbf{j}$

3. $\mathbf{F}(x, y) = (2e^y - ye^x)\mathbf{i} + (2xe^y - e^x)\mathbf{j}$

4. $\mathbf{F}(x, y, z) = 3x^2\mathbf{i} + 6y^2\mathbf{j} + 9z^2\mathbf{k}$

5-7 題中，證明給定的線積分與路徑無關（利用定理 C），然後求積分之值（藉由選一條方便的路徑，或是找出一個位能函數 f 且套用定理 A）。

5. $\int_{(-1,2)}^{(3,1)} (y^2 + 2xy)\,dx + (x^2 + 2xy)\,dy$

6. $\int_{(0,0)}^{(1,\pi/2)} e^x \sin y\,dx + e^x \cos y\,dy$

7. $\int_{(0,1,0)}^{(1,1,1)} (yz+1)\,dx + (xz+1)\,dy + (xy+1)\,dz$

8. 假設 $\nabla f(x, y, z) = M(x, y, z)\mathbf{i} + N(x, y, z)\mathbf{j} + P(x, y, z)\mathbf{k}$，其中 M、N 與 P 在一個開集合 D 中具有連續的一階偏導數，請證明在 D 中

$$\frac{\partial M}{\partial y} = \frac{\partial N}{\partial x},\ \frac{\partial M}{\partial z} = \frac{\partial P}{\partial x},\ \frac{\partial N}{\partial z} = \frac{\partial P}{\partial y}$$

提示：在 f 上套用定理 12.3C。

9. 對每一個 (x, y, z)，令 $\mathbf{F}(x, y, z)$ 是一個指向原點且長度反比於至原點的距離；也就是

$$\mathbf{F}(x, y, z) = \frac{-k(x\mathbf{i} + y\mathbf{j} + z\mathbf{k})}{(x^2 + y^2 + z^2)}$$

請利用找出 $\mathbf{F}$ 的一個位能函數，證明 $\mathbf{F}$ 為保守場。

提示：若看起來很困難，請看問題 10。

10. 藉著下列證明推廣第 9 題：假設

$$\mathbf{F}(x, y, z) = [g(x^2 + y^2 + z^2)](x\mathbf{i} + y\mathbf{j} + z\mathbf{k})$$

其中 g 為一個單變數連續函數，則 $\mathbf{F}$ 為一個保守場。

提示：證明 $\mathbf{F} = \nabla f$，此處 $f(x, y, z) = \frac{1}{2}h(x^2 + y^2 + z^2)$ 且 $h(u) = \int g(u)\,du$。

14.4 平面上的格林定理

我們由從另一個觀點看微積分第二基本定理開始。

$$\int_a^b f'(x)\,dx = f(b) - f(a)$$

此式告訴我們一個函數在集合 $S = [a,b]$ 上的積分值等於一個相關函數（反導函數）以某種方式在 S 的邊界上求值，這裡的邊界是由 a 及 b 兩點所組成。本章將提出此結果的三個推廣：格林定理，高斯定理，斯托克斯定理。假如我們把它們說成：積分（二重或三重，或是 14.5 節介紹的面積分）可表示成在積分區域的邊界上算出來的某個量，則它們是微積分第二基本定理的推廣。這些定理應用在物理學中，特別是在熱力學、電磁學及流體力學中。第一個定理出自一位自學成功的英國數學物理學家喬治格林（George Green，1793-1841）。

我們假設 C 為簡單封閉曲線（10.4 節），在 xy-平面上形成區域 S 的邊界。C 的定向原則為：沿著 C 的正向行進時 S 一直維持在左邊的那一個方向；也就是，逆時鐘方向。$\mathbf{F}(x,y) = M(x,y)\mathbf{i} + N(x,y)\mathbf{j}$ 繞 C 的線積分，可表示成

$$\oint_C M\,dx + N\,dy$$

定理 A　格林定理（Green's Theorem）

假設 C 是一個分段平滑，簡單封閉曲線，且形成 xy-平面上區域 S 的邊界。若 $M(x,y)$，$N(x,y)$ 且它們的偏導函數在 S 及其邊界 C 上皆為連續，則

$$\iint_S \left(\frac{\partial N}{\partial x} - \frac{\partial M}{\partial y}\right) dA = \oint_C M\,dx + N\,dy$$

證明　我們證明當 S 同時為 x-簡單集及 y-簡單集的情況，再推廣至一般情形。因為 S 為 y-簡單集，其形狀如圖 1a 所示；即

$$S = \{(x,y): g(x) \leq y \leq f(x), a \leq x \leq b\}$$

邊界 C 由四個弧形 C_1、C_2、C_3 及 C_4（C_2 及 C_4 可能退化）所組成，且

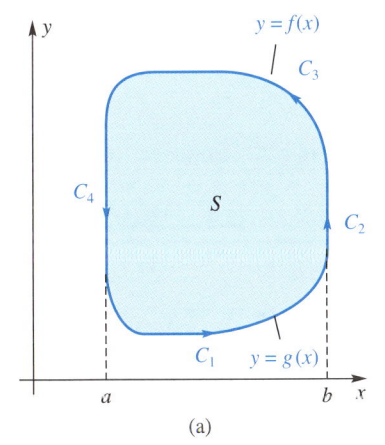

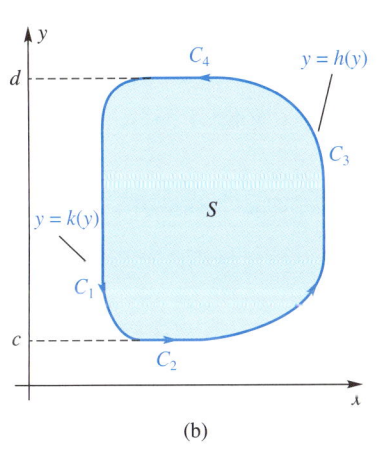

▲圖 1

一個應許的結果

假設 $\partial N/\partial x = \partial M/\partial y$，則格林定理告訴我們

$$\oint_C M\,dx + N\,dy = 0$$

這可推得向量場 $\mathbf{F} = M\mathbf{i} + N\mathbf{j}$ 是保守場。這正是我們在定理 14.3D 對雙變數所作的宣告。

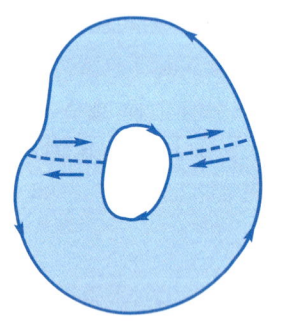

$$\oint_C M\,dx = \int_{C_1} M\,dx + \int_{C_2} M\,dx + \int_{C_3} M\,dx + \int_{C_4} M\,dx$$

在 C_2 及 C_4 上的積分皆為 0，因為在這些曲線上 x 為常數，所以 $dx = 0$。因此，

$$\begin{aligned}
\oint_C M\,dx &= \int_a^b M(x, g(x))\,dx + \int_b^a M(x, f(x))\,dx \\
&= -\int_a^b [M(x, f(x)) - M(x, g(x))]\,dx \\
&= -\int_a^b \int_{g(x)}^{f(x)} \frac{\partial M(x,y)}{\partial y}\,dy\,dx \\
&= -\iint_S \frac{\partial M}{\partial y}\,dA
\end{aligned}$$

同理，當我們視 S 為 x-簡單集時，我們可得到

$$\oint_C N\,dy = \iint_S \frac{\partial N}{\partial x}\,dA$$

雖然其中的曲線 C_1、C_2、C_3 及 C_4 須重新定義，如圖 1b 所示。我們結論格林定理在同時為 x-簡單集及 y-簡單集的集合 S 上成立。

此結果可輕易地推廣至一區域 S 上，此 S 可拆解成區域 $S_1, S_2, \ldots, S_k$ 的聯集，每一個皆為 x-簡單集及 y-簡單集（圖 2）。我們只須把前面已證明的結果套用在這些集合上，然後將各結果相加即可。注意每一線積分在連接各區域的邊界上抵銷掉了，因為行經這些邊界兩次，但卻是以相對的方向進行的。

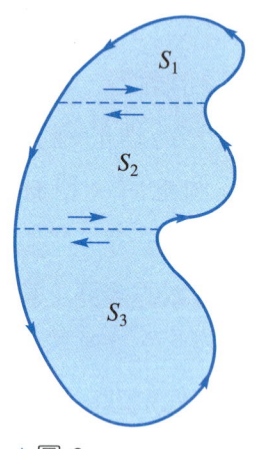

格林定理甚至對具有多個孔洞的區域 S 亦成立（圖 3），只要邊界的每一部分都有定向，且當某人在此曲線上依正向移動時，S 一直維持在它的左邊。我們只要將它分成幾個一般區域即可，如圖 4 所示。

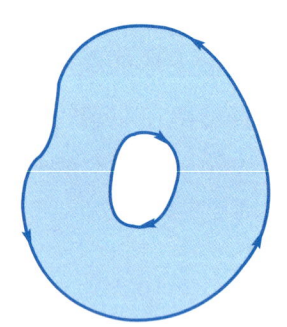

範例與應用 有時，格林定理提供了求線積分值的最簡單方法。

● **範例 1**

設 C 為頂點 $(0, 0)$、$(1, 2)$ 及 $(0, 2)$ 所組成三角形的邊界（圖 5）。請計算

$$\oint_C 4x^2 y\,dx + 2y\,dy$$

(a) 以直接的方法　　　　　(b) 利用格林定理

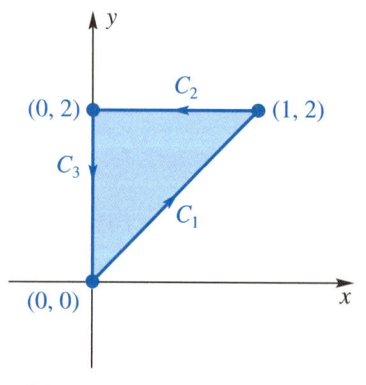

▲圖 2

▲圖 3

▲圖 4

▲圖 5

解答：

(a) 在 C_1，$y = 2x$ 且 $dy = 2\,dx$，所以

$$\int_{C_1} 4x^2 y\,dx + 2y\,dy = \int_0^1 8x^3\,dx + 8x\,dx = [2x^4 + 4x^2]_0^1 = 6$$

同時，

$$\int_{C_2} 4x^2 y\,dx + 2y\,dy = \int_1^0 8x^2\,dx = \left[\frac{8x^3}{3}\right]_1^0 = -\frac{8}{3}$$

$$\int_{C_3} 4x^2 y\,dx + 2y\,dy = \int_2^0 2y\,dy = [y^2]_2^0 = -4$$

因此，

$$\oint_C 4x^2 y\,dx + 2y\,dy = 6 - \frac{8}{3} - 4 = -\frac{2}{3}$$

(b) 利用格林定理，

$$\oint_C 4x^2 y\,dx + 2y\,dy = \int_0^1 \int_{2x}^2 (0 - 4x^2)\,dy\,dx$$

$$= \int_0^1 [-4x^2 y]_{2x}^2\,dx = \int_0^1 (-8x^2 + 8x^3)\,dx$$

$$= \left[\frac{-8x^3}{3} + 2x^4\right]_0^1 = -\frac{2}{3}$$

範例 2

證明若平面上一區域 S 具有邊界 C，此處 C 為一分段平滑，簡單封閉曲線，則 S 的面積為

$$A(S) = \frac{1}{2} \oint_C (-y\,dx + x\,dy)$$

解答： 設 $M(x, y) = -y/2$ 且 $N(x, y) = x/2$，再利用格林定理：

$$\oint_C \left(-\frac{y}{2}\,dx + \frac{x}{2}\,dy\right) = \iint_S \left(\frac{1}{2} + \frac{1}{2}\right) dA = A(S)$$

範例 3

利用範例 2 的結果，求由橢圓 $\dfrac{x^2}{a^2} + \dfrac{y^2}{b^2} = 1$ 所圍成的面積。

解答： 給定的橢圓具有參數方程式

$$x = a\cos t, \quad y = b\sin t, \quad 0 \le t \le 2\pi$$

因此，

$$A(S) = \frac{1}{2} \oint_C (-y\,dx + x\,dy)$$
$$= \frac{1}{2} \int_0^{2\pi} (-(b\sin t)(-a\sin t\,dt) + (a\cos t)(b\cos t\,dt))$$
$$= \frac{1}{2} \int_0^{2\pi} ab(\sin^2 t + \cos^2 t)\,dt$$
$$= \frac{1}{2} ab \int_0^{2\pi} dt = \pi ab$$

範例 4

利用格林定理求下列線積分：

$$\oint_C (x^3 + 2y)\,dx + (4x - 3y^2)\,dy$$

此處 C 為橢圓 $\dfrac{x^2}{a^2} + \dfrac{y^2}{b^2} = 1$。

解答：設 $M(x,y) = x^3 + 2y$，$N(x,y) = 4x - 3y^2$，使得 $\partial M/\partial y = 2$ 且 $\partial N/\partial x = 4$。由格林定理及範例 3，

$$\oint_C (x^3 + 2y)\,dx + (4x - 3y^2)\,dy = \iint_S (4 - 2)\,dA = 2A(S) = 2\pi ab$$

格林定理的向量形式 我們的下一個目的，是要用兩種不同的方式，重新敘述向量形式的平面格林定理。稍後，我們將把這兩個形式推廣成三度空間中的兩個重要定理。

我們假設 C 為 xy-平面中一個平滑、簡單封閉曲線，且藉由弧長參數式 $x = x(s)$ 及 $y = y(s)$ 可給定一個反時針定向。那麼

$$\mathbf{T} = \frac{dx}{ds}\mathbf{i} + \frac{dy}{ds}\mathbf{j}$$

為一單位切向量，且

$$\mathbf{n} = \frac{dy}{ds}\mathbf{i} - \frac{dx}{ds}\mathbf{j}$$

為一單位法向量，且若區域 S 的邊界是由 C 所形成，則此法向量指離 S（圖 6）（注意 $\mathbf{T} \cdot \mathbf{n} = 0$）。若 $\mathbf{F}(x,y) = M(x,y)\mathbf{i} + N(x,y)\mathbf{j}$ 為一向量場，則

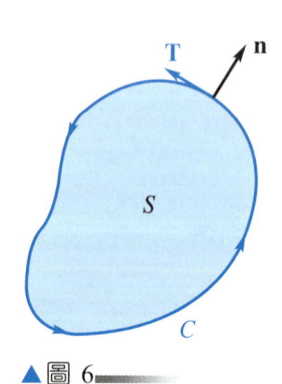

▲圖 6

$$\oint_C \mathbf{F} \cdot \mathbf{n}\, ds = \oint_C (M\mathbf{i} + N\mathbf{j}) \cdot \left(\frac{dy}{ds}\mathbf{i} - \frac{dx}{ds}\mathbf{j}\right) ds = \oint_C (-N\, dx + M\, dy)$$
$$= \iint_S \left(\frac{\partial M}{\partial x} + \frac{\partial N}{\partial y}\right) dA$$

最後一個等式是根據格林定理。另一方面，

$$\operatorname{div} \mathbf{F} = \nabla \cdot \mathbf{F} = \frac{\partial M}{\partial x} + \frac{\partial N}{\partial y}$$

我們得到

$$\oint_C \mathbf{F} \cdot \mathbf{n}\, ds = \iint_S \operatorname{div} \mathbf{F}\, dA = \iint_S \nabla \cdot \mathbf{F}\, dA$$

以上結果稱為平面上的高斯散度定理。

我們給予最後一個公式一個物理解釋，藉此也可明瞭名詞散度（*divergence*）的由來。想像有一固定密度的均勻流體層沿 xy-平面移動，此流體層是如此的薄，以致我們可將它視為二維的。我們希望計算出流體在區域 S 中流過邊界曲線 C 的變率（圖 7）。

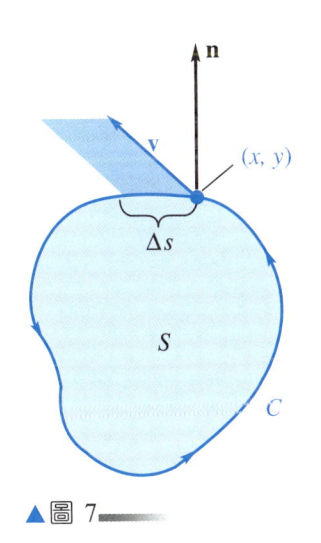

設 $\mathbf{F}(x, y) = \mathbf{v}(x, y)$ 表示流體在點 (x, y) 的速度向量，且令 Δs 是始點為 (x, y) 的一小段曲線。流體每單位時間內流過這線段的量近似於圖 7 中平行四邊形的面積，它是 $\mathbf{v} \cdot \mathbf{n}\, \Delta s$。每單位時間流出 S 的（淨）流體量稱為向量場 $\mathbf{F}$ 以向外方向通過曲線 C 的流量（flux），因此

$$\mathbf{F}\text{ 通過 }C\text{ 的流量} = \oint_C \mathbf{F} \cdot \mathbf{n}\, ds$$

▲圖 7

現在考慮 S 內一定點 (x_0, y_0)，及一個繞著它且半徑為 r 的小圓 C_r。在邊界為 C_r 的圓周區域 S_r 上，$\operatorname{div} \mathbf{F}$ 近似於在圓心的 $\operatorname{div} \mathbf{F}(x_0, y_0)$（我們假設 $\operatorname{div} \mathbf{F}$ 為連續）；所以根據格林定理，

$$F\text{ 通過 }C_r\text{ 的流量} = \oint_C \mathbf{F} \cdot \mathbf{n}\, ds = \iint_{S_r} \operatorname{div} \mathbf{F}\, dA \approx \operatorname{div} \mathbf{F}(x_0, y_0)(\pi r^2)$$

我們結論 $\operatorname{div} \mathbf{F}(x_0, y_0)$ 量度了流體從 (x_0, y_0)「散出」的變率。若 $\operatorname{div} \mathbf{F}(x_0, y_0) > 0$，則在 (x_0, y_0) 處流體必有一個源點（source）；若 $\operatorname{div} \mathbf{F}(x_0, y_0) < 0$，則在 (x_0, y_0) 處流體必有一個匯點（sink）。若流過一區域邊界的流量為 0，則在此區域內的源點與匯點必互相平衡。另一方面，

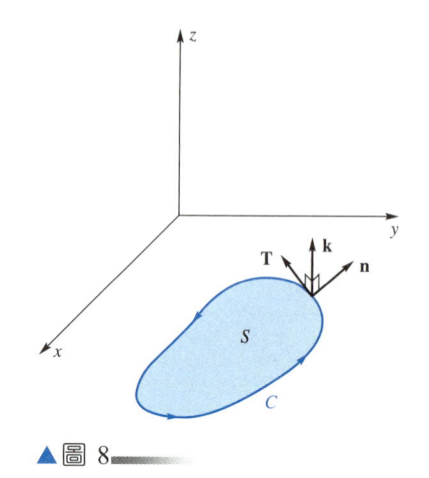

若在一區域 S 內沒有源點或匯點，則 div $\mathbf{F} = 0$，由格林定理知，必有另一淨流量為零的流體通過 S 的邊界。

格林定理還有另外一種向量形式。我們重畫圖 6，但這一次是畫成三度空間的子集（圖 8）。若 $\mathbf{F} = M\mathbf{i} + N\mathbf{j} + 0\mathbf{k}$，則格林定理告訴我們

$$\oint_C \mathbf{F} \cdot \mathbf{T}\, ds = \oint_C M\, dx + N\, dy = \iint_S \left(\frac{\partial N}{\partial x} - \frac{\partial M}{\partial y}\right) dA$$

另一方面，

$$\text{curl } \mathbf{F} = \nabla \times \mathbf{F} = \begin{vmatrix} \mathbf{i} & \mathbf{j} & \mathbf{k} \\ \frac{\partial}{\partial x} & \frac{\partial}{\partial y} & \frac{\partial}{\partial z} \\ M & N & 0 \end{vmatrix} = \left(\frac{\partial N}{\partial x} - \frac{\partial M}{\partial y}\right)\mathbf{k}$$

所以

$$(\text{curl } \mathbf{F}) \cdot \mathbf{k} = \left(\frac{\partial N}{\partial x} - \frac{\partial M}{\partial y}\right)$$

格林定理因而可取下列形式

$$\oint_C \mathbf{F} \cdot \mathbf{T}\, ds = \iint_S (\text{curl } \mathbf{F}) \cdot \mathbf{k}\, dA$$

它有時稱為平面中的斯托克斯定理。

若我們將此結果應用在一圓心在 (x_0, y_0) 的小圓 C_r，則得到

$$\oint_{C_r} \mathbf{F} \cdot \mathbf{T}\, ds \approx (\text{curl } \mathbf{F}(x_0, y_0)) \cdot \mathbf{k}(\pi r^2)$$

我們說，在 C_r 切線方向的流量是由 F 的旋量（所謂 F 繞 C_r 的*循環量 circulation*）測量出。換言之，curl $\mathbf{F}$ 量度了流體繞 (x_0, y_0) 旋轉的趨向。若在一區域 S 內的 curl $\mathbf{F} = 0$，則對應的流體流通被稱為非旋轉性（*irrotational*）。

範例 5

向量場 $\mathbf{F}(x, y) = -\frac{1}{2}y\mathbf{i} + \frac{1}{2}x\mathbf{j} = M\mathbf{i} + N\mathbf{j}$ 表一輪子以穩定逆時鐘方向繞 z-軸旋轉的速度向量（見 14.1 節的範例 2），試計算 $\oint_C \mathbf{F} \cdot \mathbf{n}\, ds$ 及 $\oint_C \mathbf{F} \cdot \mathbf{T}\, ds$，$C$ 為 xy-平面中任意封閉曲線。

解答：若 S 為由 C 封閉的區域，

$$\oint_C \mathbf{F} \cdot \mathbf{n}\, ds = \iint_S \operatorname{div} \mathbf{F}\, dA = \iint_S \left(\frac{\partial M}{\partial x} + \frac{\partial N}{\partial y}\right) dA = 0$$

$$\oint_C \mathbf{F} \cdot \mathbf{T}\, ds = \iint_S (\operatorname{curl} \mathbf{F}) \cdot \mathbf{k}\, dA = \iint_S \left(\frac{\partial N}{\partial x} - \frac{\partial M}{\partial y}\right) dA$$

$$= \iint_S \left(\frac{1}{2} + \frac{1}{2}\right) dA = A(S)$$

練習題 14.4

1-3 題中，請利用格林定理求給定線積分之值，由畫出區域 S 的圖形開始。

1. $\oint_C 2xy\, dx + y^2\, dy$，此處 C 為由 $y = x/2$ 與 $y = \sqrt{x}$ 在 $(0, 0)$ 與 $(4, 2)$ 之間所形成的封閉曲線。

2. $\oint_C (2x + y^2)\, dx + (x^2 + 2y)\, dy$，此處 C 為由 $y = 0$，$x = 2$ 及 $y = x^3/4$ 所形成的封閉曲線。

3. $\oint_C (x^2 + 4xy)\, dx + (2x^2 + 3y)\, dy$，此處 C 為橢圓 $9x^2 + 16y^2 = 144$。

4-5 題中，請利用格林定理的向量形式計算 (a) $\oint_C \mathbf{F} \cdot \mathbf{n}\, dS$ 與 (b) $\oint_C \mathbf{F} \cdot \mathbf{T}\, dS$。

4. $\mathbf{F} = y^2\mathbf{i} + x^2\mathbf{j}$；$C$ 為以 $(0, 0)$、$(1, 0)$、$(1, 1)$ 及 $(0, 1)$ 為頂點之單位正方形的邊界。

5. $\mathbf{F} = y^3\mathbf{i} + x^3\mathbf{j}$；$C$ 為單位圓。

6. 若 $\mathbf{F} = (x^2 + y^2)\mathbf{i} + 2xy\, \mathbf{j}$，求 F 通過以 $(0, 0)$、$(1, 0)$、$(1, 1)$ 及 $(0, 1)$ 為頂點之單位正方形的邊界 C 的流量；也就是，計算 $\oint_C \mathbf{F} \cdot \mathbf{n}\, dS$。

7. 求 $\mathbf{F} = (x^2 + y^2)\mathbf{i} - 2xy\, \mathbf{j}$ 沿第 6 題中的曲線 C，依反時針方向移動一物體所作的功。

8. 若 $\mathbf{F} = (x^2 + y^2)\mathbf{i} + 2xy\, \mathbf{j}$，請計算 F 繞第 6 題中的曲線 C 的循環量；也就是，計算 $\oint_C \mathbf{F} \cdot \mathbf{T}\, dS$。

9. 令 $\mathbf{F} = \dfrac{y}{x^2 + y^2}\mathbf{i} - \dfrac{x}{x^2 + y^2}\mathbf{j} = M\mathbf{i} + N\mathbf{j}$

    (a) 證明 $\partial N / \partial x = \partial M / \partial y$

    (b) 利用參數式 $x = \cos t$、$y = \sin t$，證明 $\oint_C M\, dx + N\, dy = -2\pi$，此處 C 為單位圓。

    (c) 為什麼此結果不會與格林定理互相矛盾？

10. 令 $\mathbf{F}(\mathbf{r}) = \mathbf{r}/\|\mathbf{r}\|^2 = (x\mathbf{i} + y\mathbf{j})/(x^2 + y^2)$

    (a) 證明 $\oint_C \mathbf{F} \cdot \mathbf{n}\, dS = 2\pi$，此處 C 為圓心在原點，半徑為 a 的圓，且 $\mathbf{n} = (x\mathbf{i} + y\mathbf{j})/\sqrt{x^2 + y^2}$ 為指離 C 的單位法向量。

(b) 證明 div**F** = 0。

(c) 說明為何 (a) 與 (b) 的結果不會與格林定理的向量形式互相矛盾。

(d) 證明：若 C 是一個平滑的簡單封閉曲線，則根據原點在 C 之內或之外，$\int_C \mathbf{F} \cdot \mathbf{n}\, dS$ 等於 2π 或 0。

14.5 曲面積分

線積分是單變數定積分的推廣；同理，曲面積分是二重積分的推廣。

設曲面 G 的圖形為 $z = f(x, y)$，其中 (x, y) 在 xy-平面上的一個矩形 R 之內。令 P 為將 R 分成 n 個子矩形 R_i 的一個分割；對應於曲面 G 可導出一個具有 n 片 G_i（圖 1）的分割。在 R_i 中選取一個樣本點 $(\overline{x}_i, \overline{y}_i)$，且令 $(\overline{x}_i, \overline{y}_i, \overline{z}_i) = (\overline{x}_i, \overline{y}_i, f(\overline{x}_i, \overline{y}_i))$ 為 G_i 上的對應點。那麼我們定義 g 在 G 上的**曲面積分**（surface integral）為

$$\iint_G g(x, y, z)\, dS = \lim_{\|P\| \to 0} \sum_{i=1}^{n} g(\overline{x}_i, \overline{y}_i, \overline{z}_i)\, \Delta S_i$$

此處 ΔS_i 為 G_i 的面積。最後，將以上定義推廣至 R 為 xy-平面上一般封閉、有界集合的情形（定義 g 在 R 外部的值為 0）。

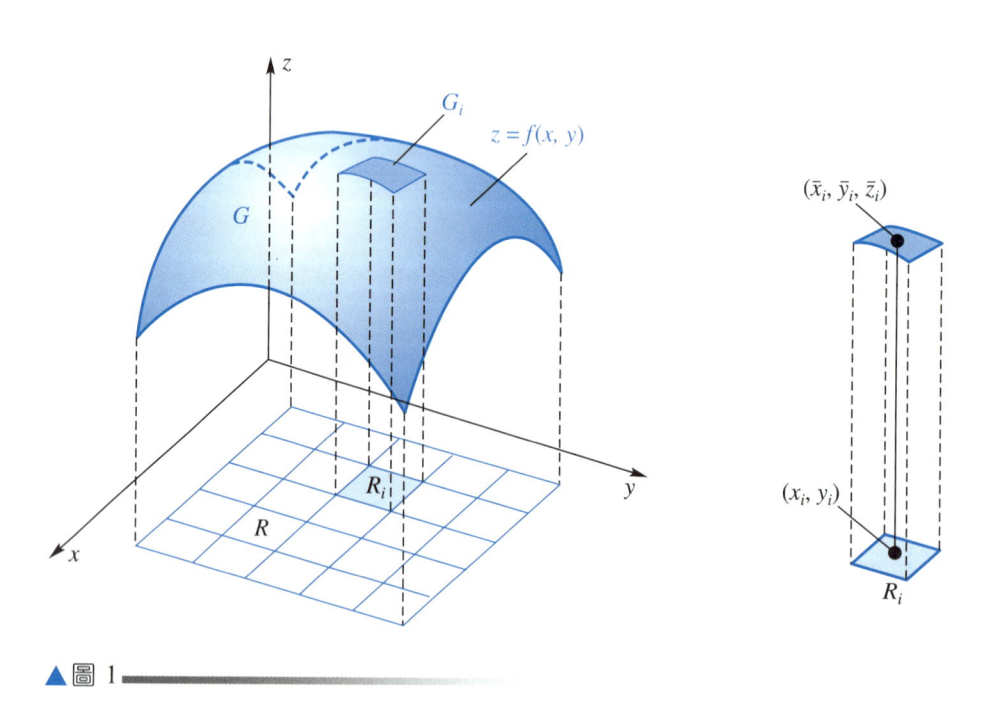

▲ 圖 1

向量微積分　Chapter 14

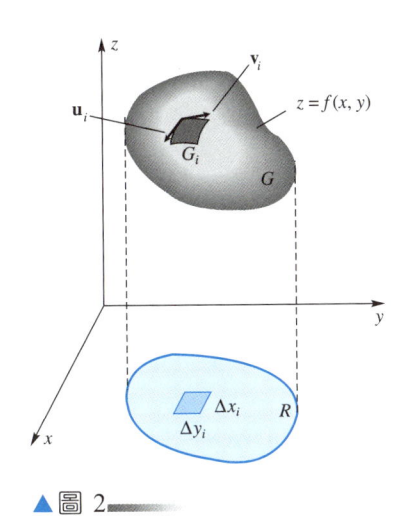

計算曲面積分　有了定義還不夠；我們需要一個實用的方法來計算曲面積分。13.6 節的方法提供了正確的結果。我們曾證明在適當的條件下，曲面中一小碎片的面積 G_i（圖 2）約為 $\|\mathbf{u}_i \times \mathbf{v}_j\|$，此處的 $\mathbf{u}_i$ 及 $\mathbf{v}_i$ 是與曲面相切的平行四邊形的兩鄰邊，因此，

$$A(G_i) \approx \|\mathbf{u}_i \times \mathbf{v}_j\| \approx \sqrt{(f_x(x_i, y_i))^2 + (f_y(x_i, y_i))^2 + 1}\, \Delta y_i\, \Delta x_i$$

可推導出下列定理。

定理 A

假設 G 表示曲面 $z = f(x, y)$，其中 (x, y) 在 R 中。若 f 具有連續的一階偏導函數，且 $g(x, y, z) = g(x, y, f(x, y))$ 在 R 為連續，則

$$\iint\limits_G g(x, y, z)\, dS = \iint\limits_R g(x, y, f(x, y)) \sqrt{f_x^2 + f_y^2 + 1}\, dy\, dx$$

注意，當 $g(x, y, z) = 1$ 時，定理 A 提供了 13.6 節的曲面面積公式。

範例 1

求 $\iint\limits_G (xy + z)\, dS$ 的值，其中 G 表示平面 $2x - y + z = 3$ 中如圖 3 所示三角形 R 上方的部分。

解答：此時，$z = 3 + y - 2x = f(x, y)$、$f_x = -2$、$f_y = 1$，且 $g(x, y, z) = xy + 3 + y - 2x$。

因此，

$$\iint\limits_G (xy + z)\, dS = \int_0^1 \int_0^x (xy + 3 + y - 2x) \sqrt{(-2)^2 + 1^2 + 1}\, dy\, dx$$

$$= \sqrt{6} \int_0^1 \left[\frac{xy^2}{2} + 3y + \frac{y^2}{2} - 2xy \right]_0^x dx$$

$$= \sqrt{6} \int_0^1 \left[\frac{x^3}{2} + 3x - \frac{3x^2}{2} \right] dx = \frac{9\sqrt{6}}{8}$$

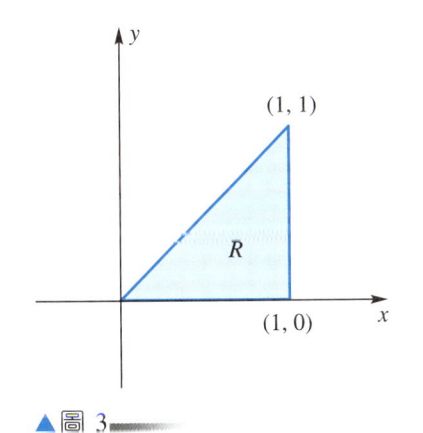

範例 2

求 $\iint\limits_G xyz\, dS$ 的值，此處 G 表示圓錐 $z^2 = x^2 + y^2$ 上，介於平面 $z = 1$ 及 $z = 4$ 之間的部分（圖 4）。

解答：我們可寫成

$$z = (x^2 + y^2)^{1/2} = f(x, y)$$

由此可得

$$f_x^2 + f_y^2 + 1 = \frac{x^2}{x^2+y^2} + \frac{y^2}{x^2+y^2} + 1 = 2$$

因此，

$$\iint_G xyz\, dS = \iint_R xy\sqrt{x^2+y^2}\sqrt{2}\, dy\, dx$$

化成極坐標之後，可得

$$\sqrt{2}\int_0^{2\pi}\int_1^4 (r\cos\theta)(r\sin\theta)r^2\, dr\, d\theta = \sqrt{2}\int_0^{2\pi}\left[\sin\theta\cos\theta\frac{r^5}{5}\right]_1^4 d\theta$$

$$= \frac{1023\sqrt{2}}{5}\left[\frac{\sin^2\theta}{2}\right]_0^{2\pi} = 0$$

範例 3

已知部分球面 G 的方程式為

$$z = f(x, y) = \sqrt{9 - x^2 - y^2},\ x^2 + y^2 \leq 4$$

假設有一薄金屬覆蓋其上，且在 (x, y, z) 的密度為 $\delta(x, y, z) = z$。求此覆蓋面的質量。

解答：設 R 為 G 在 xy-平面上的投影；即 $R = \{(x, y): x^2 + y^2 \leq 4\}$，則

$$m = \iint_G \delta(x, y, z)\, dS = \iint_R z\sqrt{f_x^2 + f_y^2 + 1}\, dA$$

$$= \iint_R z\sqrt{\frac{x^2}{9-x^2-y^2} + \frac{y^2}{9-x^2-y^2} + 1}\, dA$$

$$= \iint_R z\frac{3}{z}\, dA = 3(\pi 2^2) = 12\pi$$

假設曲面 G 的方程式具有 $y = h(x, z)$ 的形式，且 R 為它在 xy-平面上的投影，那麼曲面積分的公式可為

$$\iint_G g(x, y, z)\, dS = \iint_R g(x, h(x, z), z)\sqrt{h_x^2 + h_z^2 + 1}\, dx\, dz$$

當曲面 G 的方程式為 $x = k(y, z)$ 時也有一個公式。

範例 4

求 $\iint\limits_{G} (x^2 + z^2)\, dS$ 之值，此處 G 表示了拋物面 $y = 1 - x^2 - z^2$ 中投影到 $R = \{(x, z): x^2 + z^2 \leq 1\}$ 上的那一部分。

解答：

$$\iint\limits_{G} (x^2 + z^2)\, dS = \iint\limits_{R} (x^2 + z^2)\sqrt{4x^2 + 4z^2 + 1}\, dA$$

若我們以極坐標表示，可得

$$\int_0^{2\pi} \int_0^1 r^2 \sqrt{4r^2 + 1}\, r\, dr\, d\theta$$

在內部的積分中，令 $u = \sqrt{4r^2 + 1}$，則 $u^2 = 4r^2 + 1$ 且 $u\, du = 4r\, dr$，可得

$$\frac{1}{16} \int_0^{2\pi} \int_1^{\sqrt{5}} (u^2 - 1) u^2\, du\, d\theta = \frac{(25\sqrt{5} + 1)\pi}{60} \approx 2.979$$

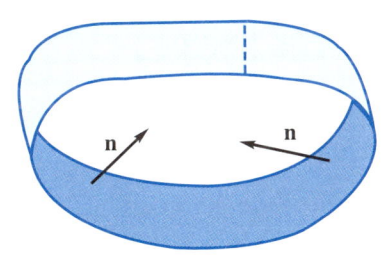

向量場通過一個曲面的流量　為了目前的討論及以後應用方便起見，我們需要考慮更進一步的曲面。在實際應用中，所面對的曲面大多都有兩面（two sides）。然而，我們可輕易建立出剛好只有一面（one side）的曲面。取一紙箍（圖 5），在虛線處撕開，將一端半扭轉，然後黏回去（圖 6）。你將得到所謂的單面曲面（one-sided surface），稱為默比烏斯帶（Möbius band）。

▲圖 5

▲圖 6

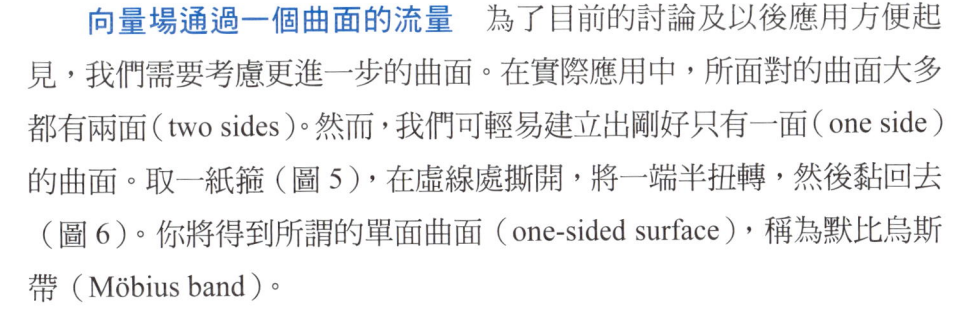

從現在開始，我們僅考慮雙面曲面（two-sided surfaces）。以下的說法是有意意的：把曲面當成一個幕簾，說流體由曲面的一面流經曲面到另一面。我們也可以假設曲面為平滑，是指它具有連續的變動單位法向量 n。假設 G 是一個這樣的平滑雙面曲面，且假設它被置於一個具連續速度場 $\mathbf{F}(x, y, z)$ 的流體內。若 ΔS 為 G 中某一小片的面積，則 F 在其中幾乎為常數，且流體在單位法向量的 n 的方向流經此片的體積 ΔV（圖 7）為

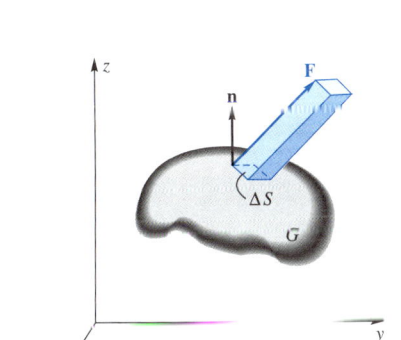

$$\Delta V \approx \mathbf{F} \cdot \mathbf{n}\, \Delta S$$

我們得到

$$\mathbf{F} \text{ 通過 } G \text{ 的流量} = \iint\limits_{G} \mathbf{F} \cdot \mathbf{n}\, dS$$

▲圖 7

範例 5

已知 $\mathbf{F} = -y\mathbf{i} + x\mathbf{j} + 9\mathbf{k}$，且 G 是由下列式子所決定的球面的一部分
$z = f(x, y) = \sqrt{9 - x^2 - y^2}$，$0 \le x^2 + y^2 \le 4$，
求 $\mathbf{F}$ 向上經過 G 的流量

解答： 注意，場 $\mathbf{F}$ 是一個以正 $z-$軸方向流動的旋轉流。
曲面的方程式可寫成

$$H(x, y, z) = z - \sqrt{9 - x^2 - y^2} = z - f(x, y) = 0$$

因此，

$$\mathbf{n} = \frac{\nabla H}{\|\nabla H\|} = \frac{-f_x\mathbf{i} - f_y\mathbf{j} + \mathbf{k}}{\sqrt{f_x^2 + f_y^2 + 1}} = \frac{(x/z)\mathbf{i} + (y/z)\mathbf{j} + \mathbf{k}}{\sqrt{(x/z)^2 + (y/z)^2 + 1}}$$

是此曲面的一個單位法向量。向量 $-\mathbf{n}$ 也是該曲面的一個法向量，但是我們希望單位法向量指向上，所以 $\mathbf{n}$ 是正確的選擇。利用事實 $x^2 + y^2 + z^2 = 9$，直接計算可得

$$\mathbf{n} = \frac{(x/z)\mathbf{i} + (y/z)\mathbf{j} + \mathbf{k}}{3/z} = \frac{x}{3}\mathbf{i} + \frac{y}{3}\mathbf{j} + \frac{z}{3}\mathbf{k}$$

（用簡單的幾何推論也可得此結果；法向量必直接指離原點）
$\mathbf{F}$ 流經 G 的流量為

$$\text{流量} = \iint_G \mathbf{F} \cdot \mathbf{n}\, dS$$

$$= \iint_G (-y\mathbf{i} + x\mathbf{j} + 9\mathbf{k}) \cdot \left(\frac{x}{3}\mathbf{i} + \frac{y}{3}\mathbf{j} + \frac{z}{3}\mathbf{k}\right) dS$$

$$= \iint_G 3z\, dS$$

最後，我們將此面積分寫成一個二重積分，利用 R 為半徑 2 的一圓，以及 $\sqrt{f_x^2 + f_y^2 + 1} = 3/\sqrt{9 - x^2 - y^2} = 3/z$ 的事實。

$$\text{流量} = \iint_G 3z\, dS = \iint_R 3z\frac{3}{z}\, dA = 9(\pi \cdot 2^2) = 36\pi$$

在單位時間內，流經 G 的總流量為 36π 立方單位。

注意範例 5 中所發生的抵消，細心的讀者將猜測其中隱含一個定理。

定理 B　極限之直觀意義

假設 G 表示由 $z = f(x, y)$ 其中 (x, y) 在 R 中，所給定的一個平滑雙面曲面，且令 $\mathbf{n}$ 表示 G 的向上單位法向量。若 f 具有連續一階偏導數，而 $\mathbf{F} = M\mathbf{i} + N\mathbf{j} + P\mathbf{k}$ 是一個連續向量場，則 $\mathbf{F}$ 流經（通過）G 的流量為

$$\text{流量 } \mathbf{F} = \iint_G \mathbf{F} \cdot \mathbf{n}\, dS = \iint_R [-Mf_x - Nf_y + P]\, dx\, dy$$

證明　若我們寫成 $H(x, y, z) = z - f(x, y)$，則

$$\mathbf{n} = \frac{\nabla H}{\|\nabla H\|} = \frac{-f_x \mathbf{i} - f_y \mathbf{j} + \mathbf{k}}{\sqrt{f_x^2 + f_y^2 + 1}}$$

由定理 A 可知

$$\iint_G \mathbf{F} \cdot \mathbf{n}\, dS = \iint_R (M\mathbf{i} + N\mathbf{j} + P\mathbf{k}) \cdot \frac{-f_x \mathbf{i} - f_y \mathbf{j} + \mathbf{k}}{\sqrt{f_x^2 + f_y^2 + 1}} \sqrt{f_x^2 + f_y^2 + 1}\, dx\, dy$$

$$= \iint_R (-Mf_x - Nf_y + P)\, dx\, dy \qquad \blacksquare$$

您可以試著利用定理 B 再作一次範例 5。底下為另一例子。

範例 6

求向量場 $\mathbf{F} = x\mathbf{i} + y\mathbf{j} + z\mathbf{k}$ 流經拋物面 $z = 1 - x^2 - y^2$ 位於 xy-平面上方之部分的流量，取 $\mathbf{n}$ 為向上單位法向量。

解答：

$$f(x, y) = 1 - x^2 - y^2, \qquad f_x = -2x, \qquad f_y = -2y$$

$$-Mf_x - Nf_y + P = 2x^2 + 2y^2 + z$$
$$= 2x^2 + 2y^2 + 1 - x^2 - y^2 = 1 + x^2 + y^2$$

$$\iint_G \mathbf{F} \cdot \mathbf{n}\, dS = \iint_R (1 + x^2 + y^2)\, dx\, dy = \int_0^{2\pi} \int_0^1 (1 + r^2) r\, dr\, d\theta = \frac{3}{2}\pi$$

參數化曲面　我們已看過，空間中的曲線可表示成 $\mathbf{r}(t) = x(t)\mathbf{i} + y(t)\mathbf{j} + z(t)\mathbf{k}$ 其中 $a \leq t \leq b$。假如，r 是一個具有兩個參數（如 u 與 v）的函數又如何呢？代數式

$$\mathbf{r}(u, v) = x(u, v)\mathbf{i} + y(u, v)\mathbf{j} + z(u, v)\mathbf{k}, \quad (u, v) \in R$$

將產生一個曲面，應該不是一個太令人訝異的結果。對每一個 R 中的 (u, v)，我們皆可得到一個三度空間中的向量。將每一個向量 $\mathbf{r}(u, v)$ 的起點放在原點，則由它們的終點所成的集合稱為**參數化曲面**（parametrized surface）。

範例 7

描述並畫出，下列以參數形式定義出的曲面
(a) $\mathbf{r}(u, v) = u\mathbf{i} + v\mathbf{j} + (9 - u^2 - v^2)\mathbf{k},\ u^2 + v^2 \leq 9$
(b) $\mathbf{r}(u, v) = u\cos v\, \mathbf{i} + u\sin v\, \mathbf{j} + (9 - u^2)\mathbf{k},\ 0 \leq u \leq 3, 0 \leq v \leq 2\pi$
(c) $\mathbf{r}(u, v) = 3\cos u \sin v\, \mathbf{i} + 3\sin u \sin v\, \mathbf{j} + 3\cos v\, \mathbf{k},\ 0 \leq u \leq 2\pi, 0 \leq v \leq \pi$

▲ 圖 8

▲ 圖 9

解答：

(a) 對此 **r**，我們看到 x 與 y 分量只是 u 與 v，而 z 為 $9 - u^2 - v^2$。這只是函數 $f(x, y) = 9 - x^2 - y^2$ 在圓盤 $x^2 + y^2 \leq 9$ 之上的圖形。此圖為一個頂點為 $(0, 0, 9)$ 且開口朝下的拋物面，見圖 8。

(b) x 與 y 分量，看來就像極坐標的公式，除了 u 與 v 分別取代了 **r** 與 θ。因為 $z = 9 - u^2 = 9 - x^2 - y^2$，此曲面與 (a) 的一樣。

(c) 我們認出 $\mathbf{r}(u, v)$ 的各分量是中心在原點，半徑為 3 之球面的球面坐標。當 u 由 0 至 2π，v 由 0 至 π，我們可得到全部球面，見圖 9。

許多情況中，我們需將曲面描述成參數曲面。下一個例題告訴我們，參數化的方式通常不只一種。

● **範例 8**

請找出下列曲面的參數方程式
(a) 半徑為 2 的正圓柱面，其軸為 y 軸上的 $-4 \leq y \leq 4$。
(b) 中心在原點且半徑為 2，在 xy-平面上方的半球面。

解答：

(a) 假如我們考慮 xz- 平面上的極坐標，可得 $x = 2\cos v$ 與 $z = 2\sin v$。另一個參數 u 為點至 yz-平面的距離。因此，參數方程式為 $\mathbf{r}(u, v) = 2\cos v\, \mathbf{i} + u\, \mathbf{j} + 2\sin v\, \mathbf{j}$ 且 (u, v) 的定義域為 $-4 \leq u \leq 4$，$0 \leq v \leq 2\pi$。

(b) 對一個半球面，我們可以套用柱面坐標 $x = u\cos v$ 與 $y = u\sin v$，在此例中，半圓 $x^2 + y^2 + z^2 = 4$，$z \geq 0$ 可寫成 $z = \sqrt{4 - x^2 - y^2} = \sqrt{4 - u^2}$。因此，參數方程式為 $\mathbf{r}(u, v) = u\cos v\, \mathbf{i} + u\sin v\, \mathbf{j} + \sqrt{4 - u^2}\, \mathbf{k}$ 且定義域為 $0 \leq u \leq 2$，$0 \leq v \leq 2\pi$。或者我們也可以考慮球面坐標，且讓由 z 軸正向量起的夾角（通常寫成 ϕ）由 0 到 $\pi/2$（由 0 到 π 可得到全球面）。則參數方程式為 $\mathbf{r}(u, v) = 2\cos u \sin v\, \mathbf{i} + 2\sin u \sin v\, \mathbf{j} + 2\cos v\, \mathbf{k}$，$0 \leq u \leq 2\pi$，$0 \leq v \leq \pi/2$。

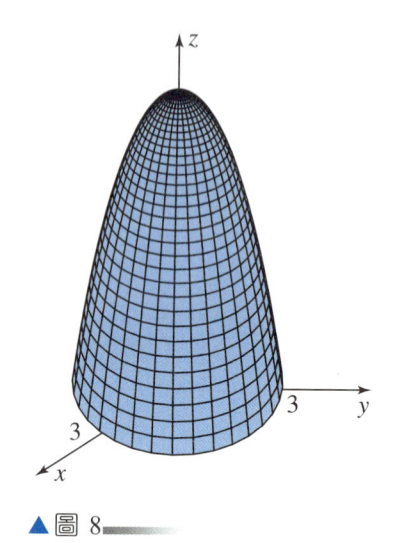

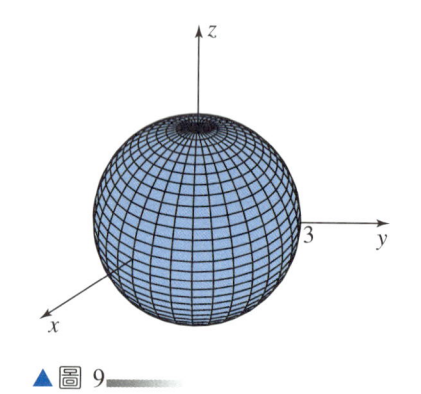

參數化曲面的曲面面積 圖 10 展示了由矩形 R 到曲面 G 的對應。（通常，定義域不需要是矩形，但是為了簡化推導過程，我們假設它是矩形）假如我們分割矩形 R，可看到 R_i（第 i 個矩形）對應到一個彎曲的補片（curved patch）G_i，且 R 分割中之矩形的邊對應到曲面上的一彎曲部分。然而，若 Δu_i 及 Δv_i 很小，則該補片將很接近一個側邊向量為 $\Delta u_i \mathbf{r}_u(u_i, v_i)$ 與 $\Delta v_i \mathbf{r}_v(u_i, v_i)$ 的平行四邊形，其中 (u_i, v_i) 為第 i 個矩形的左下角，且 $\mathbf{r}_u$ 與 $\mathbf{r}_v$ 分別代表了偏導數 $\dfrac{\partial \mathbf{r}}{\partial u}$ 與 $\dfrac{\partial \mathbf{r}}{\partial v}$。

▲ 圖 10

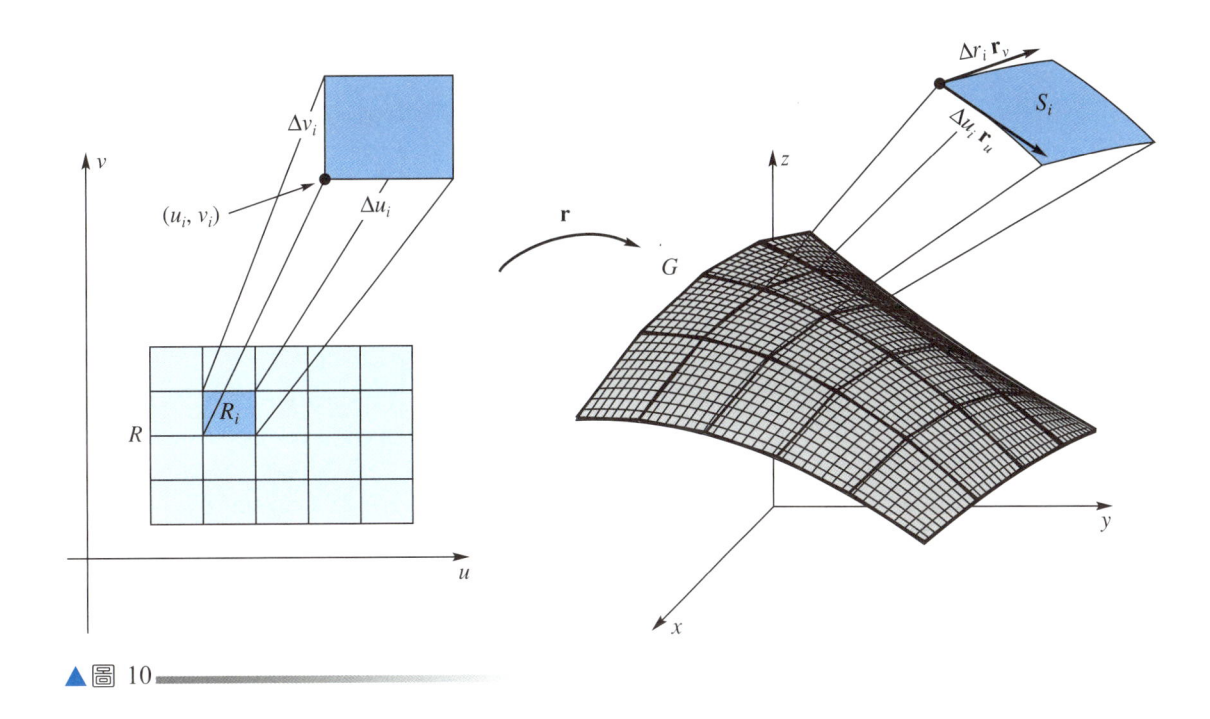

補片 G_i 的曲面面積近似於

$$\Delta S_i \approx \|(\Delta u_i \mathbf{r}_u(u_i, v_i)) \times (\Delta v_i \mathbf{r}_v(u_i, v_i))\| = \|\mathbf{r}_u(u_i, v_i) \times \mathbf{r}_v(u_i, v_i)\| \Delta u_i \Delta v_i$$

所以，參數化曲面的曲面面積為

$$SA = \iint_R \|\mathbf{r}_u(u, v) \times \mathbf{r}_v(u, v)\| \, dA$$

曲面面積的微分為

$$dS = \|\mathbf{r}_u(u, v) \times \mathbf{r}_v(u, v)\| \, dA$$

則一個參數式曲面的面積分為

$$\iint_G f(x, y, z) \, dS = \iint_R f(\mathbf{r}(u, v)) \|\mathbf{r}_u(u, v) \times \mathbf{r}_v(u, v)\| \, dA$$

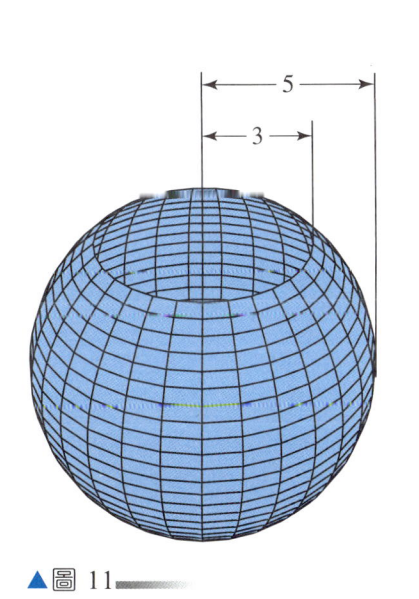

範例 9

一個中心在原點，半徑為 5 的薄球殼，頂端有一個半徑為 3 的洞口，見圖 11。假設其密度正比於至 z 軸之距離的平方，請找出該球殼的曲面面積，質量與質心。

解答：我們可參數化該曲面為

$$\mathbf{r}(u, v) = 5\cos u \sin v \, \mathbf{i} + 5\sin u \sin v \, \mathbf{j} + 5\cos v \, \mathbf{k}$$

其中 $0 \le u \le 2\pi$，$\sin^{-1}\frac{3}{5} \le v \le \pi$。

需要的導數為

▲ 圖 11

$$\mathbf{r}_u(u, v) = -5 \sin u \sin v \, \mathbf{i} + 5 \cos u \sin v \, \mathbf{j} + 0\mathbf{k}$$
$$\mathbf{r}_v(u, v) = 5 \cos u \cos v \, \mathbf{i} + 5 \sin u \cos v \, \mathbf{j} - 5 \sin v \, \mathbf{k}$$

$$\mathbf{r}_u(u, v) \times \mathbf{r}_v(u, v) = \begin{vmatrix} \mathbf{i} & \mathbf{j} & \mathbf{k} \\ \dfrac{\partial x}{\partial u} & \dfrac{\partial y}{\partial u} & \dfrac{\partial z}{\partial u} \\ \dfrac{\partial x}{\partial v} & \dfrac{\partial y}{\partial v} & \dfrac{\partial z}{\partial v} \end{vmatrix}$$

$$= \begin{vmatrix} \mathbf{i} & \mathbf{j} & \mathbf{k} \\ -5 \sin u \sin v & 5 \cos u \sin v & 0 \\ 5 \cos u \cos v & 5 \sin u \cos v & -5 \sin v \end{vmatrix}$$

$$= -25 \cos u \sin^2 v \, \mathbf{i} - 25 \sin u \sin^2 v \, \mathbf{j}$$
$$\quad - 25 \sin v \cos v (\sin^2 u + \cos^2 u) \, \mathbf{k}$$
$$= -25 \cos u \sin^2 v \, \mathbf{i} - 25 \sin u \sin^2 v \, \mathbf{j} - 25 \sin v \cos v \, \mathbf{k}$$

此叉積的大小為

$$\|\mathbf{r}_u(u, v) \times \mathbf{r}_v(u, v)\| = 25 \, |\sin v|$$

曲面面積為

$$SA = \iint\limits_R \|\mathbf{r}_u(u, v) \times \mathbf{r}_v(u, v)\| \, dA = \iint\limits_R 25 \, |\sin v| \, dv \, du$$

$$= 25 \int_0^{2\pi} \int_{\sin^{-1}(3/5)}^{\pi} \sin v \, dv \, du$$

$$= 25 \int_0^{2\pi} [-\cos v]_{\sin^{-1}(3/5)}^{\pi} \, du$$

$$= 25(2\pi) \frac{9}{5} = 90\pi \approx 282.74$$

質量等於曲面積分之值

$$m = \iint\limits_G \delta(x, y, z) \, dS = \iint\limits_G k(x^2 + y^2) \, dS$$

$$= \iint\limits_R (25k \sin^2 v) \|\mathbf{r}_u(u, v) \times \mathbf{r}_v(u, v)\| \, dA$$

$$= 25^2 k \int_0^{2\pi} \int_{\sin^{-1}(3/5)}^{\pi} \sin^2 v \, |\sin v| \, dv \, du$$

$$= 625k \int_0^{2\pi} \int_{\sin^{-1}(3/5)}^{\pi} \sin^3 v \, dv \, du$$

$$= 625k \int_0^{2\pi} \left[-\frac{1}{3} \sin^2 v \cos v - \frac{2}{3} \cos v \right]_{\sin^{-1}(3/5)}^{\pi} du$$

$$= 625k \int_0^{2\pi} \frac{162}{125} \, du$$

$$= 1620\pi k \approx 5089.4k$$

由對稱性可得 $\bar{x} = \bar{y} = 0$。相對於 xy–平面的矩量為

$$M_{xy} = \iint_G z\delta(x, y, z)\, dS$$

$$= \iint_R (5\cos v)(25k\sin^2 v)\|\mathbf{r}_u(u,v) \times \mathbf{r}_v(u,v)\|\, dA$$

$$= 5 \cdot 25^2 k \int_0^{2\pi} \int_{\sin^{-1}(3/5)}^{\pi} \cos v \sin^3 v\, dv\, du$$

$$= 3125k \int_0^{2\pi} \left[\frac{1}{4}\sin^4 v\right]_{\sin^{-1}(3/5)}^{\pi} du$$

$$= 3125k \int_0^{2\pi} \left[-\frac{81}{2500}\right] du$$

$$= -\frac{81 \cdot 3125k}{2500} 2\pi = -\frac{405}{2}k\pi$$

質心的 z-分量為

$$\bar{z} = \frac{M_{xy}}{m} = \frac{-\dfrac{405}{2}k\pi}{1620\pi k} = -\frac{1}{8}$$

因此，質心為 $\left(0, 0, -\dfrac{1}{8}\right)$。因為移走部分質料的是頂端，不是底部，所以質心的 z-分量為負是可預期的。

■ 練習題 14.5

1-3 題中，求 $\iint_G g(x, y, z)\, dS$ 之值。

1. $g(x, y, z) = x^2 + y^2 + z$; $G: z = x + y + 1$,
 $0 \le x \le 1, 0 \le y \le 1$

2. $g(x, y, z) = x$; $G: x + y + 2z = 4$, $0 \le x \le 1, 0 \le y \le 1$

3. $g(x, y, z) = \sqrt{4x^2 + 4y^2 + 1}$；$G$ 是 $z = x^2 + y^2$ 在 $y = z$ 下方的部分。

4-5 題中，請利用定理 B 計算 $\mathbf{F}$ 流經 G 的流量。

4. $\mathbf{F} = (x, y, z) = -y\mathbf{i} + x\mathbf{j}$；$G$ 是平面 $z = 8x - 4y - 5$ 在以 $(0, 0, 0)$, $(0, 1, 0)$, $(1, 0, 0)$ 為頂點之三角形上方的部分。

5. $\mathbf{F} = (x, y, z) = y\mathbf{i} - x\mathbf{j} + 2\mathbf{k}$；$G$ 是由 $z = \sqrt{1-y^2}$，$0 \le x \le 5$ 決定的曲面。

6-8 題中，請畫參數曲面在指定定義域的圖形。

6. $\mathbf{r}(u, v) = u\mathbf{i} + 3v\mathbf{j} + (4 - u^2 - v)\mathbf{k}$;
 $0 \le u \le 2, 0 \le v \le 1$

7. $\mathbf{r}(u, v) = 2\cos v\mathbf{i} + 3\sin v\mathbf{j} + u\mathbf{k}$;
 $-6 \le u \le 6, 0 \le v \le 2\pi$

8. $\mathbf{r}(u, v) = u\mathbf{i} + 3\sin v\mathbf{j} + 5\cos v\mathbf{k}$;
 $-6 \le u \le 6, 0 \le v \le 2\pi$

9-10 題中，請利用一個 CAS（電腦代數系統，例如 Maple，Mathematica），畫出參數曲面在指定定義域的圖形，並找出所畫曲面的面積。

9. $\mathbf{r}(u, v) = u \sin v \, \mathbf{i} + u \cos v \, \mathbf{j} + v \, \mathbf{k}$;
   $-6 \leq u \leq 6, 0 \leq v \leq \pi$

10. $\mathbf{r}(u, v) = \sin u \sin v \, \mathbf{i} + \cos u \sin v \, \mathbf{j} + \sin v \, \mathbf{k}$;
    $0 \leq u \leq 2\pi, 0 \leq v \leq 2\pi$

11. 令 G 為球面 $x^2 + y^2 + z^2 = a^2$，求下列各值。

    (a) $\iint_G z^2 \, dS$

    (b) $\iint_G \dfrac{x + y^3 + \sin z}{1 + z^4} \, dS$

    (c) $\iint_G (x^2 + y^2 + z^2) \, dS$

    (d) $\iint_G x^2 \, dS$

    (e) $\iint_G (x^2 + y^2) \, dS$

    提示：利用對稱性質，將問題簡單化。

14.6 高斯散度定理

一個集合的邊界

回想 12.3 節當點 P 的每一個鄰域都含有在 S 中的點，及不在 S 中的點時，稱之為 S 的邊界點。一集合的邊界是指所有邊界點所成的集合。

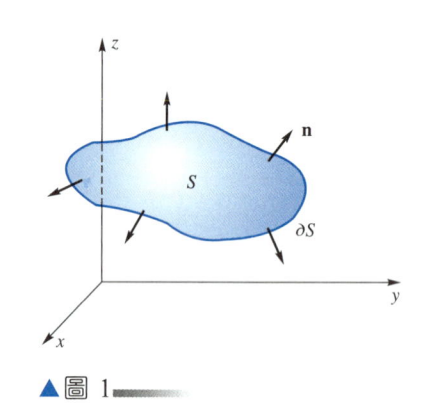

▲ 圖 1

格林、高斯及斯托克斯定理皆指出在一集合 S 上的積分是與在 S 邊界上的積分有關。為了強調這些定理的相似性，我們介紹符號 ∂S，用來表示 S 的邊界。因此，格林定理之一種情形（14.4 節）可寫成

$$\oint_{\partial S} \mathbf{F} \cdot \mathbf{n} \, ds = \iint_S \operatorname{div} \mathbf{F} \, dA$$

此式指出，$\mathbf{F}$ 流經一個封閉有界平面區域 S 的邊界 ∂S 的流量等於 div $\mathbf{F}$ 在該區域上的二重積分。高斯定理（亦稱散度定理 Divergence Theorem）將以上結果提升了一個維度。

高斯定理 設 S 為三度空間上的一個有界的封閉固體，它完全封閉在一個分段平滑曲面 ∂S 裡面（圖 1）。

定理 A　高斯定理（Gauss's Theorem）

假設 $\mathbf{F} = M\mathbf{i} + N\mathbf{j} + P\mathbf{k}$ 是一個向量場，使得 M、N 及 P 在固體 S 及它的邊界 ∂S 上具有連續的一階偏導數。若 $\mathbf{n}$ 表示對 ∂S 的向外單位法向量，則

$$\iint_{\partial S} \mathbf{F} \cdot \mathbf{n} \, dS = \iiint_S \operatorname{div} \mathbf{F} \, dV$$

換言之，$\mathbf{F}$ 流經三度空間中的一個封閉區域之邊界的流量等於它的散度在該區域上的三重積分。

以笛卡爾（非向量的）形式敘述高斯定理，在應用及證明都很有幫助。我們可寫成

$$\mathbf{n} = \cos \alpha \, \mathbf{i} + \cos \beta \, \mathbf{j} + \cos \gamma \, \mathbf{k}$$

此處 α、β 及 γ 表 **n** 的方向角。因此

$$\mathbf{F} \cdot \mathbf{n} = M \cos \alpha + N \cos \beta + P \cos \gamma$$

所以高斯定理可寫成

$$\iint_{\partial S} (M \cos \alpha + N \cos \beta + P \cos \gamma)\, dS = \iiint_{S} \left(\frac{\partial M}{\partial x} + \frac{\partial N}{\partial y} + \frac{\partial P}{\partial z} \right) dV$$

高斯定理的證明　我們先考慮區域 S 為 x-簡單、y-簡單及 z-簡單集。我們將證明

$$\iint_{\partial S} M \cos \alpha\, dS = \iiint_{S} \frac{\partial M}{\partial x}\, dV$$

$$\iint_{\partial S} N \cos \beta\, dS = \iiint_{S} \frac{\partial N}{\partial y}\, dV$$

$$\iint_{\partial S} P \cos \gamma\, dS = \iiint_{S} \frac{\partial P}{\partial z}\, dV$$

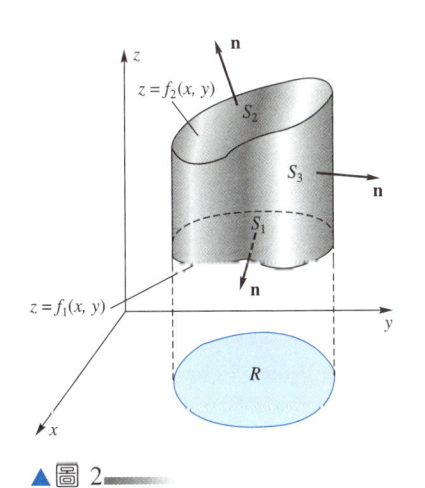

因為這些結果都很相似，我們只證明第三個式子。

因為 S 是 z-簡單，它可以用不等式 $f_1(x, y) \leq z \leq f_2(x, y)$ 來表示。如圖 2 所示，∂S 是由三個部分所組成：S_1 對應於 $z = f_1(x, y)$；S_2 對應於 $z = f_2(x, y)$；S_3 對應於側曲面，它可能是空集合。在 S_3 上，$\cos \gamma = \cos 90° = 0$，所以我們忽略它的貢獻。定理 14.5A 可知，

$$\iint_{S_2} P \cos \gamma\, dS = \iint_{R} P(x, y, f_2(x, y))\, dx\, dy$$

以上提到的結果我們都假設法向量 **n** 指向上。因此當我們應用於 S_1 上時，**n** 是往下的法向量（圖 2），我們必須改變它的符號。

$$\iint_{S_1} P \cos \gamma\, dS = -\iint_{R} P(x, y, f_1(x, y))\, dx\, dy$$

由此可得

▲圖 2

$$\iint_{\partial S} P \cos \gamma \, dS = \iint_R \left[P(x, y, f_2(x, y)) - P(x, y, f_1(x, y)) \right] dx \, dy$$

$$= \iint_R \left[\int_{f_1(x,y)}^{f_2(x,y)} \frac{\partial P}{\partial z} \, dz \right] dx \, dy$$

$$= \iiint_S \frac{\partial P}{\partial z} \, dV$$

剛被證明的結果，可輕易地推廣至由有限個像 S 的集合所構成的聯集區域上。我們省略其細節。

範例 1

給定 $\mathbf{F} = x\mathbf{i} + y\mathbf{j} + z\mathbf{k}$ 且 $S = \{(x, y, z): x^2 + y^2 + z^2 \leq a^2\}$，請計算下列兩式之值，以檢驗高斯定理。

(a) $\iint_{\partial S} \mathbf{F} \cdot \mathbf{n} \, dS$ 及 (b) $\iiint_S \text{div } \mathbf{F} \, dV$

解答：

(a) 在 ∂S 上，$\mathbf{n} = (x\mathbf{i} + y\mathbf{j} + z\mathbf{k})/a$，於是 $\mathbf{F} \cdot \mathbf{n} = (x^2 + y^2 + z^2)/a = a$。因此

$$\iint_{\partial S} \mathbf{F} \cdot \mathbf{n} \, dS = a \iint_{\partial S} dS = a(4\pi a^2) = 4\pi a^3$$

(b) 由於 div $\mathbf{F}$ = 3，

$$\iiint_S \text{div } \mathbf{F} \, dV = 3 \iiint_S dV = 3 \frac{4\pi a^3}{3} = 4\pi a^3$$

範例 2

計算向量場 $\mathbf{F} = x^2 y \mathbf{i} + 2xz \mathbf{j} + yz^3 \mathbf{k}$ 流經下列長方體表面的流量（圖 3）

$$0 \leq x \leq 1, \quad 0 \leq y \leq 2, \quad 0 \leq z \leq 3$$

(a) 採用直接計算 (b) 利用高斯定理

解答：

(a) 欲直接計算 $\iint_{\partial S} \mathbf{F} \cdot \mathbf{n} \, dS$，我們計算在六個面上的積分，再將它們相加。在表面 $x = 1$ 上，$\mathbf{n} = \mathbf{i}$，且 $\mathbf{F} \cdot \mathbf{n} = x^2 y = 1^2 y = y$，所以

$$\iint_{x=1} \mathbf{F} \cdot \mathbf{n} \, dS = \int_0^3 \int_0^2 y \, dy \, dz = 6$$

透過類似計算可構造出下列表格

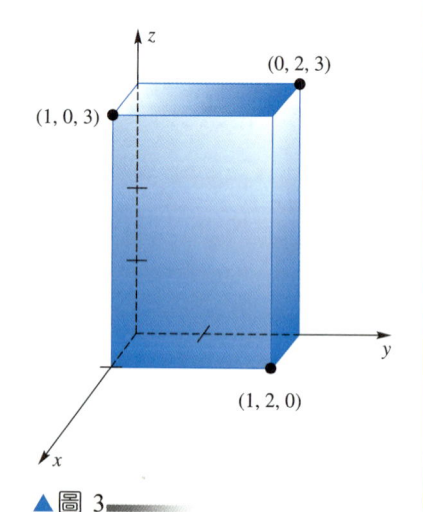

▲ 圖 3

面	**n**	**F** · **n**	$\iint\limits_{\text{面}} \mathbf{F} \cdot \mathbf{n}\, dS$
x = 1	**i**	y	6
x = 0	−**i**	0	0
y = 2	**j**	$2xz$	9/2
x = 0	−**j**	$-2xz$	−9/2
z = 3	**k**	$27y$	54
z = 0	−**k**	0	0

因此，

$$\iint\limits_{\partial S} \mathbf{F} \cdot \mathbf{n}\, dS = 6 + 0 + \frac{9}{2} - \frac{9}{2} + 54 + 0 = 60$$

(b) 根據高斯定理，可得

$$\iint\limits_{\partial S} \mathbf{F} \cdot \mathbf{n}\, dS = \iiint\limits_{S} (2xy + 0 + 3yz^2)\, dV$$

$$= \int_0^1 \int_0^2 \int_0^3 (2xy + 3yz^2)\, dz\, dy\, dx = \int_0^1 \int_0^2 (6xy + 27y)\, dy\, dx$$

$$= \int_0^1 (12x + 54)\, dx = [6x^2 + 54x]_0^1 = 60$$

範例 3

設 $x^2 + y^2 = 4$，$z = 0$ 及 $z = 3$ 所圍成的柱體，令 **n** 對邊界 ∂S 上向外的單位法向量（圖 4）。若 $\mathbf{F} = (x^3 + \tan yz)\mathbf{i} + (y^3 - e^{xz})\mathbf{j} + (3z + x^3)\mathbf{k}$，求 **F** 流經 ∂S 的流量。

解答：直接求 $\iint\limits_{\partial S} \mathbf{F} \cdot \mathbf{n}\, dS$ 是很困難的。

但是，

$$\text{div } \mathbf{F} = 3x^2 + 3y^2 + 3 = 3(x^2 + y^2 + 1)$$

所以根據高斯定理，並轉換成柱面坐標，可得

$$\iint\limits_{\partial S} \mathbf{F} \cdot \mathbf{n}\, dS = 3\iiint\limits_{S} (x^2 + y^2 + 1)\, dV$$

$$= 3\int_0^{2\pi} \int_0^2 \int_0^3 (r^2 + 1)r\, dz\, dr\, d\theta$$

$$= 9\int_0^{2\pi} \int_0^2 (r^3 + r)\, dr\, d\theta$$

$$= 9\int_0^{2\pi} 6\, d\theta = 108\pi$$

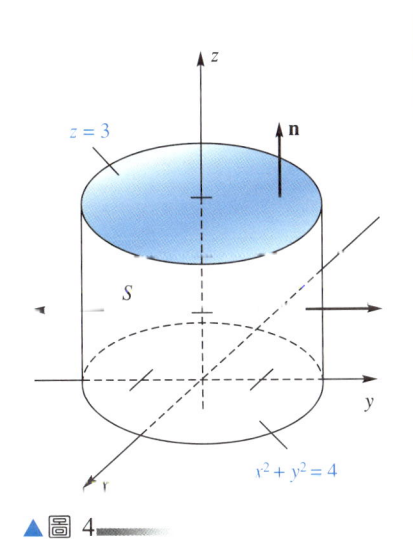

▲圖 4

推廣與應用 到目前為止，我們隱含地假設固體 S 在它的內部沒有任何孔洞，而且它的邊界 ∂S 是一個連通的曲面。事實上，只要我們要求 **n** 指離固體的內部，高斯定理對含有孔洞的固體（例如一個厚塊瑞士乳酪）也是成立的。例如，令 S 是球心在都在原點的兩個同心球之間的立體殼，假如我們認定 ∂S 由兩曲面所組成（外曲面上的 **n** 指離原點，內曲面上的 **n** 指向原點），則高斯定理也適用於 S 上。

範例 4

設 S 是由 $1 \leq x^2 + y^2 + z^2 \leq 4$ 所決定的固體，且令 $\mathbf{F} = x\mathbf{i} + (2y+z)\mathbf{j} + (z+x^2)\mathbf{k}$。求 $\iint_{\partial S} \mathbf{F} \cdot \mathbf{n}\, dS$ 之值。

解答：

$$\iint_{\partial S} \mathbf{F} \cdot \mathbf{n}\, dS = \iiint_S \text{div }\mathbf{F}\, dV$$

$$= \iiint_S (1+2+1)\, dV$$

$$= 4\left[\frac{4}{3}\pi(2^3) - \frac{4}{3}\pi(1^3)\right] = \frac{112\pi}{3}$$

回想在 14.1 節中，由在原點上的一個點質量（point mass）M 所產生的重力場下具有下列形式：

$$\mathbf{F}(x, y, z) = -cM\frac{\mathbf{r}}{\|\mathbf{r}\|^3}$$

其中 $\mathbf{r} = x\mathbf{i} + y\mathbf{j} + z\mathbf{k}$ 且 c 為一常數。

範例 5

假設 S 是一個固體區域，它的內部包含有一個位於原點的點質量 M，且對應的場為 $\mathbf{F} = -cM\mathbf{r}/\|\mathbf{r}\|^3$。證明不論 S 的形狀為何，F 流經 ∂S 的流量（flux）為 $-4\pi cM$。

解答： 因為 **F** 在原點上不連續，不能直接引用高斯定理。但是我們想像，自 S 中移除一個球心在原點，且半徑為 a 的小球體 S_a，剩下的部分為一固體 W，具有外邊界 ∂S，以及內邊界 ∂S_a（圖 5）。當引用高斯定理於 W 上時，我們可得到

$$\iint_{\partial S} \mathbf{F} \cdot \mathbf{n}\, dS + \iint_{\partial S_a} \mathbf{F} \cdot \mathbf{n}\, dS = \iint_{\partial W} \mathbf{F} \cdot \mathbf{n}\, dS = \iiint_W \text{div }\mathbf{F}\, dV$$

但是，我們可檢驗出 $\text{div }\mathbf{F} = 0$，所以

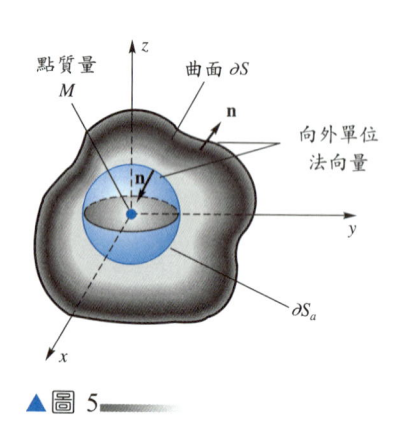

▲ 圖 5

$$\iint_{\partial S} \mathbf{F} \cdot \mathbf{n}\, dS = -\iint_{\partial S_a} \mathbf{F} \cdot \mathbf{n}\, dS$$

在曲面 ∂S_a 上，$\mathbf{n} = -\mathbf{r}/\|\mathbf{r}\|$ 和 $\|\mathbf{r}\| = a$。因此，

$$-\iint_{\partial S_a} \mathbf{F} \cdot \mathbf{n}\, dS = -\iint_{\partial S_a} \left(-cM \frac{\mathbf{r}}{\|\mathbf{r}\|^3}\right) \cdot \left(-\frac{\mathbf{r}}{\|\mathbf{r}\|}\right) dS$$

$$= -cM \iint_{\partial S_a} \frac{\mathbf{r} \cdot \mathbf{r}}{a^4}\, dS$$

$$= -cM \iint_{\partial S_a} \frac{1}{a^2}\, dS$$

$$= \frac{-cM}{a^2}(4\pi a^2) = -4\pi cM$$

我們可將範例 5 的結果推廣至一個包含 k 個點質量 $M_1, M_2, \ldots, M_k$ 在其內部的固體 S 上。此結果稱為高斯定律，將 $\mathbf{F}$ 流經 ∂S 的流量表示成

$$\iint_{\partial S} \mathbf{F} \cdot \mathbf{n}\, dS = -4\pi c(M_1 + M_2 + \cdots + M_k)$$

最後，高斯定律可推廣至一個質量為連續分佈且總質量為 M 的物體 B 上。使用的方法是：將它分成許多小塊，再以點質量求它們的近似值。結果為

$$\iint_{\partial S} \mathbf{F} \cdot \mathbf{n}\, dS = -4\pi cM$$

其中 S 為包含 B 的任何區域。

練習題 14.6

1-5 題中，請利用高斯散度定理求 $\iint_{\partial S} \mathbf{F} \cdot \mathbf{n}\, dS$ 的值。

1. $\mathbf{F}(x, y, z) = z\mathbf{i} + x\mathbf{j} + y\mathbf{k}$；$S$ 是半球體 $0 \leq z \leq \sqrt{9 - x^2 - y^2}$。

2. $\mathbf{F}(x, y, z) = \cos z^2\, \mathbf{i} + y\mathbf{j} + \cos x^2\, \mathbf{k}$；$S$ 是正立方體 $-1 \leq x \leq 1$，$-1 \leq y \leq 1$，$-1 \leq z \leq 1$。

3. $\mathbf{F}(x, y, z) = x^2yz\, \mathbf{i} + xy^2z\, \mathbf{j} + xyz^2\, \mathbf{k}$；$S$ 是盒狀體 $0 \leq x \leq a$，$0 \leq y \leq b$，$0 \leq z \leq c$。

4. $\mathbf{F}(x, y, z) = 3x\mathbf{i} - 2y\mathbf{j} + 4z\mathbf{k}$；$S$ 是實心球體 $x^2 + y^2 + z^2 \leq 9$。

5. $\mathbf{F}(x, y, z) = x^2\mathbf{i} + y^2\mathbf{j} + z^2\mathbf{k}$；$S$ 是包含在 $x + y + z = 4$，$x = 0$，$y = 0$，$z = 0$ 之內的固體。

6. 令 $\mathbf{F}(x, y, z) = x\mathbf{i} + y\mathbf{j} + z\mathbf{k}$，且 S 為高斯散度定理可應用的一個固體，證明 S 的體積為

$$V(S) = \frac{1}{3}\iint_{\partial S} \mathbf{F}\cdot\mathbf{n}\,dS$$

7. 請利用上題驗證,高為 h 且半徑為 a 之正圓柱體的體積公式。

8. 求下列各 $\iint_{\partial S}\mathbf{F}\cdot\mathbf{n}\,dS$ 之值,若選擇正確的方法,每一題都應該是簡單的,有些甚至是顯而易見的。

   (a) $\mathbf{F} = (2x+yz)\mathbf{i} + 3y\,\mathbf{j} + z^2\,\mathbf{k}$; S 是實心球體 $x^2+y^2+z^2 \leq 1$。

   (b) $\mathbf{F} = (x^2+y^2+z^2)^{5/3}(x\,\mathbf{i}+y\,\mathbf{j}+z\,\mathbf{k})$; S 是實心球體 $x^2+y^2+z^2 \leq 1$。

   (c) $\mathbf{F} = x^2\,\mathbf{i}+y^2\,\mathbf{j}+z^2\,\mathbf{k}$; S 是實心球體 $(x-2)^2+y^2+z^2 \leq 1$。

   (d) $\mathbf{F} = x^2\,\mathbf{i}$; S 是正立方體 $0\leq x\leq 1$,$0\leq y\leq 1$,$0\leq z\leq 1$。

   (e) $\mathbf{F} = (x+z)\,\mathbf{i}+(y+x)\,\mathbf{j}+(z+y)\,\mathbf{k}$; S 是第一卦限由平面 $3x+4y+2z=12$ 所切下的四面體。

   (f) $\mathbf{F} = x^3\,\mathbf{i}+y^3\,\mathbf{j}+z^3\,\mathbf{k}$; S 是實心球體 $x^2+y^2+z^2 \leq 1$。

   (g) $\mathbf{F} = (x\,\mathbf{i}+y\,\mathbf{j})\ln(x^2+y^2)$; S 是實心柱體 $x^2+y^2 \leq 4$,$0\leq z\leq 2$。

9. 請以 $\mathbf{F} = f\nabla g$ 套用高斯散度定理,證明:高斯第一恆等式
$$\iint_{\partial S} fD_{\mathbf{n}}g\,dS = \iiint_S (f\nabla^2 g + \nabla f\cdot\nabla g)\,dV$$

10. 證明:高斯第二恆等式
$$\iint_{\partial S}(fD_{\mathbf{n}}g - gD_{\mathbf{n}}f)\,dS = \iiint_S (f\nabla^2 g - g\nabla^2 f)\,dV$$

14.7 斯托克斯定理

我們曾在 14.4 節中結論格林定理可寫成

$$\oint_{\partial S}\mathbf{F}\cdot\mathbf{T}\,ds = \iint_S (\operatorname{curl}\mathbf{F})\cdot\mathbf{k}\,dA$$

根據敘述,此定理是針對由單純封閉曲線 ∂S 所圍成的平面集合 S 進行討論。我們將推廣此結果至 S 為三度空間中之曲面的情形。定理的此種形式出自愛爾蘭科學家斯托克斯(George Gabriel Stokes, 1819-1903)。

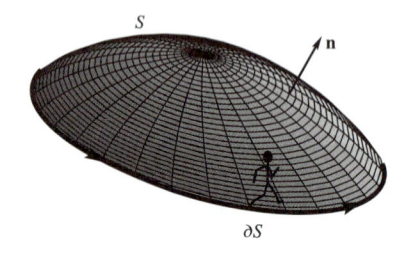

我們將須對曲面 S 有一些限制。首先,我們假設 S 為兩側且含有連續改變的單位法向量 $\mathbf{n}$(因此 14.5 節的單側默比烏斯帶不在討論之列)。其次,我們要求邊界 ∂S 為一分段平滑,單純封閉曲線,定向與 $\mathbf{n}$ 一致。意指若你站立在曲面邊界附近,頭指向 $\mathbf{n}$ 的方向,且眼睛注視曲線的方向,則曲面是在你的左邊(圖 1)。

▲圖 1

定理 A　斯托克斯定理（Stokes's Theorem）

假設 S、∂S 及 $\mathbf{n}$ 如以上所述，且 $\mathbf{F} = M\mathbf{i} + N\mathbf{j} + P\mathbf{k}$ 是一個向量場，其中 M，N 和 P 在 S 及邊界 ∂S 上具有連續的一階偏導數。若 $\mathbf{T}$ 表示對 ∂S 的單位切向量，則

$$\oint_{\partial S} \mathbf{F} \cdot \mathbf{T}\, ds = \iint_S (\operatorname{curl} \mathbf{F}) \cdot \mathbf{n}\, dS$$

例子與應用　斯托克斯定理的證明適合在高等微積分介紹。然而，我們至少可以在例子中驗證這個定理。

範例 1

已知 $\mathbf{F} = y\mathbf{i} - x\mathbf{j} + yz\mathbf{k}$，$S$ 為拋物面 $z = x^2 + y^2$，且它的邊界為圓 $x^2 + y^2 = 1$，$z = 1$（圖 2），請驗證斯托克斯定理。

解答：我們可以用下列參數方程式來描述 ∂S，

$$x = \cos t, \quad y = \sin t, \quad z = 1$$

則 $dz = 0$，且（見 14.2 節）

$$\oint_{\partial S} \mathbf{F} \cdot \mathbf{T}\, ds = \oint_{\partial S} y\, dx - x\, dy = \int_0^{2\pi} [\sin t(-\sin t)\, dt - \cos t \cos t\, dt]$$

$$= -\int_0^{2\pi} [\sin^2 t + \cos^2 t]\, dt = -2\pi$$

另一方面，欲計算 $\iint_S (\operatorname{curl} \mathbf{F}) \cdot \mathbf{n}\, dS$，

首先，我們得到

$$\operatorname{curl} \mathbf{F} = \nabla \times \mathbf{F} = \begin{vmatrix} \mathbf{i} & \mathbf{j} & \mathbf{k} \\ \dfrac{\partial}{\partial x} & \dfrac{\partial}{\partial y} & \dfrac{\partial}{\partial z} \\ y & -x & yz \end{vmatrix} = z\mathbf{i} + 0\mathbf{j} - 2\mathbf{k}$$

那麼，利用定理 14.5B

$$\iint_S (\operatorname{curl} \mathbf{F}) \cdot \mathbf{n}\, dS = \iint_R [-z(2x) - 0(2y) - 2]\, dx\, dy$$

$$= -2\iint_R [xz + 1]\, dx\, dy$$

$$= -2\iint_R [x(x^2 + y^2) + 1]\, dx\, dy$$

$$= -2\int_0^{2\pi}\int_0^1 [r^3 \cos\theta + 1] r\, dr\, d\theta$$

$$= -2\int_0^{2\pi} \left[\frac{1}{5}\cos\theta + \frac{1}{2}\right] d\theta = -2\pi$$

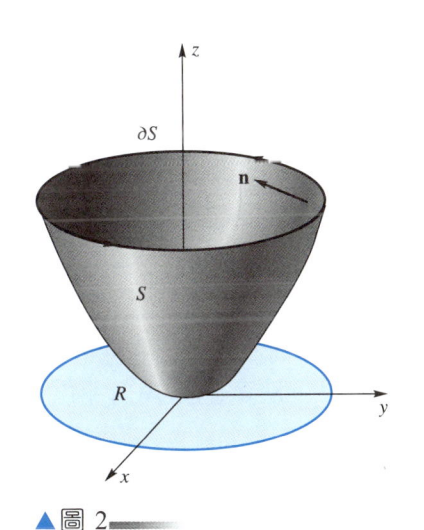

▲圖 2

範例 2

令 S 為球面 $x^2 + y^2 + (z - 4)^2 = 10$ 在平面 $z = 1$ 下方的部分，且設 $\mathbf{F} = y\mathbf{i} - x\mathbf{j} + yz\mathbf{k}$，請利用斯托克斯定理計算

$$\iint_S (\text{curl } \mathbf{F}) \cdot \mathbf{n} \, dS$$

此處 $\mathbf{n}$ 為向上的單位法向量。

解答： 注意，場 $\mathbf{F}$ 與例 1 的一樣，且 S 也以同一圓當為其邊界曲線。我們得到

$$\iint_S (\text{curl } \mathbf{F}) \cdot \mathbf{n} \, dS = \oint_{\partial S} \mathbf{F} \cdot \mathbf{n} \, ds = -2\pi$$

事實上，我們得到 curl $\mathbf{F}$ 對於所有以圖 2 的 ∂S 作為它們的定向邊界之所有曲面 S 的流量皆為 -2π。

範例 3

已知 $\mathbf{F} = 2z\mathbf{i} + (8x - 3y)\mathbf{j} + (3x + y)\mathbf{k}$，$C$ 為圖 3 的三角形曲線，請利用斯托克斯定理，求 $\oint_C \mathbf{F} \cdot \mathbf{T} \, ds$。

解答： 曲面 S 可以是任何以 C 為有向邊界（oriented boundary）的曲面，但是我們選取對我們有利的簡單的三角形平面 T。決定此三角形平面的 $\mathbf{n}$ 時，須注意下列向量位於此曲面上

$$\mathbf{A} = (0 - 1)\mathbf{i} + (0 - 0)\mathbf{j} + (2 - 0)\mathbf{k} = -\mathbf{i} + 2\mathbf{k}$$
$$\mathbf{B} = (0 - 1)\mathbf{i} + (1 - 0)\mathbf{j} + (0 - 0)\mathbf{k} = -\mathbf{i} + \mathbf{j}$$

因此

$$\mathbf{N} = \mathbf{A} \times \mathbf{B} = \begin{vmatrix} \mathbf{i} & \mathbf{j} & \mathbf{k} \\ -1 & 0 & 2 \\ -1 & 1 & 0 \end{vmatrix} = -2\mathbf{i} - 2\mathbf{j} - \mathbf{k}$$

垂直於該曲面。因此向上的單位法向量 $\mathbf{n}$ 為

$$\mathbf{n} = \frac{2\mathbf{i} + 2\mathbf{j} + \mathbf{k}}{\sqrt{4 + 4 + 1}} = \frac{2}{3}\mathbf{i} + \frac{2}{3}\mathbf{j} + \frac{1}{3}\mathbf{k}$$

同時

$$\text{curl } \mathbf{F} = \begin{vmatrix} \mathbf{i} & \mathbf{j} & \mathbf{k} \\ \frac{\partial}{\partial x} & \frac{\partial}{\partial y} & \frac{\partial}{\partial z} \\ 2z & 8x - 3y & 3x + y \end{vmatrix} = \mathbf{i} - \mathbf{j} + 8\mathbf{k}$$

且 curl $\mathbf{F} \cdot \mathbf{n} = \frac{8}{3}$。我們得到

$$\oint_C \mathbf{F} \cdot \mathbf{T} \, ds = \iint_T (\text{curl } \mathbf{F}) \cdot \mathbf{n} \, dS = \frac{8}{3}(\text{area of } T) = \frac{8}{3}\left(\frac{3}{2}\right) = 4$$

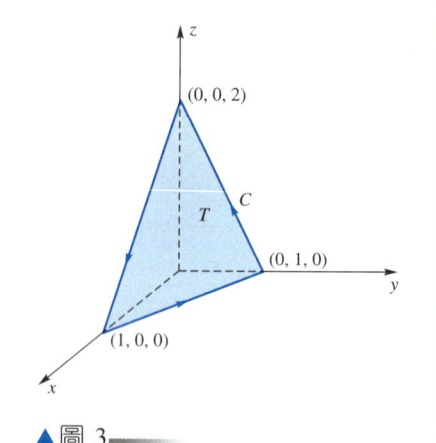

▲ 圖 3

範例 4

假設向量場 **F** 及區域 D 滿足定理 14.3C 的假設條件。證明：若在 D 中 curl **F** = **0**，則 F 為保守場。

解答：根據 14.3 節的討論，我們須要證明 $\oint_C \mathbf{F} \cdot d\mathbf{r} = 0$，其中 C 為 D 中任意簡單封閉路徑。令 S 表示一個以 C 為邊界且方向與 C 一致的曲面（可證明，D 的簡單連通性可確定這種曲面的存在性），然後由斯托克斯定理知，

$$\oint_C \mathbf{F} \cdot d\mathbf{r} = \oint_C \mathbf{F} \cdot \mathbf{T}\, ds = \iint_S (\operatorname{curl} \mathbf{F}) \cdot \mathbf{n}\, dS = 0$$

旋度的物理意義　在 14.4 節中，我們曾提到旋度的意義，現在我們擴展它的討論。假設 C 是半徑為 a 且圓心在 P 點的一圓，則

$$\oint_C \mathbf{F} \cdot \mathbf{T}\, ds$$

稱為 **F** 繞 C 的環流量（circulation）。它測量了速度場為 **F** 的流體繞 C 環流的趨勢。若 **F** 為連續，且 C 非常小，由斯托克斯定理可得

$$\oint_C \mathbf{F} \cdot \mathbf{T}\, ds = \iint_S (\operatorname{curl} \mathbf{F}) \cdot \mathbf{n}\, dS \approx [\operatorname{curl} \mathbf{F}(P)] \cdot \mathbf{n}\, (\pi a^2)$$

右式在 **n** 與 curl **F**(P) 同向時將有最大值。

假設有一個槳輪被放置在流體中，它的中心在 P 點，且軸與 n 同向（圖 4）。則此槳輪將在 **n** 與 curl **F** 同向時旋轉最快，而它的旋轉方向是由右手定則決定。

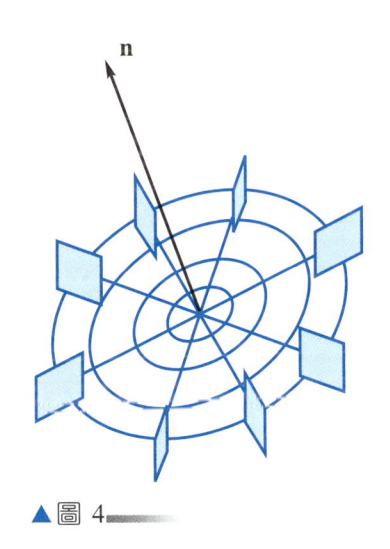

▲圖 4

練習題 14.7

1-3 題中，請利用斯托克斯定理計算 $\iint_S (\operatorname{curl} \mathbf{F}) \cdot \mathbf{n}\, dS$。

1. $\mathbf{F} = x^2 \mathbf{i} + y^2 \mathbf{j} + z^2 \mathbf{k}$；$S$ 為半球面 $z = \sqrt{1 - x^2 - y^2}$ 且 **n** 為向上的單位法向量。

2. $\mathbf{F} = (y + z)\mathbf{i} + (x^2 + z^2)\mathbf{j} + y\mathbf{k}$；$S$ 為 $y = 0$ 與 $y = 1$ 之間的半柱面 $z = \sqrt{1 - x^2}$，且 **n** 為向上的單位法向量。

3. $\mathbf{F} = yz\mathbf{i} + 3xz\mathbf{j} + z^2\mathbf{k}$；$S$ 為球面 $x^2 + y^2 + z^2 = 16$ 在平面 $z = 2$ 下方的部分，且 **n** 為向外的單位法向量。

4-6 題中，請利用斯托克斯定理計算 $\oint_C \mathbf{F} \cdot \mathbf{T}\, ds$。

4. $\mathbf{F} = 2z\mathbf{i} + x\mathbf{j} + 3y\mathbf{k}$；$C$ 是由平面 $z = x$ 與柱面 $x^2 + y^2 = 4$ 相交而成的橢圓，且方向定為：從上方看是順時針方向。

5. $\mathbf{F} = (y - x)\mathbf{i} + (x - z)\mathbf{j} + (x - y)\mathbf{k}$；$C$ 是平面 $x + 2y + z = 2$ 在第一卦限部分的邊界，且方向定為：從上方看是順時針方向。

6. $\mathbf{F} = (z-y)\mathbf{i} + y\mathbf{j} + x\mathbf{k}$；$C$ 是柱面 $x^2 + y^2 = x$ 與球面 $x^2 + y^2 + z^2 = 1$ 相交而成的曲線，且方向定為：從上方看是逆時針方向。

7. 假設曲面 S 由式子 $z = g(x, y)$ 決定，請證明：斯托克斯定理中的曲面積分可寫成下述二重積分
$$\iint\limits_{S}(\text{curl }\mathbf{F}) \cdot \mathbf{n}\, dS = \iint\limits_{S_{xy}}(\text{curl }\mathbf{F}) \cdot (-g_x\mathbf{i} - g_y\mathbf{j} + \mathbf{k})\, dA$$
其中，$\mathbf{n}$ 為 S 的向上單位法向量，S_{xy} 為 S 在 xy-平面的投影。

8. 令 $\mathbf{F} = x^2\mathbf{i} - 2xz\mathbf{j} + yz^2\mathbf{k}$ 且 ∂S 為曲面 $z = xy$，$0 \le x \le 1$，$0 \le y \le 1$ 的邊界，且方向定為從上方看是逆時針方向，請利用斯托克斯定理及問題 7 求 $\oint_{\partial S} \mathbf{F} \cdot \mathbf{T}\, ds$ 之值。

9. 令 $\mathbf{F} = 2\mathbf{i} + xz\mathbf{j} + z^3\mathbf{k}$ 且 ∂S 為曲面 $z = xy^2$，$0 \le x \le 1$，$0 \le y \le 1$ 的邊界，且方向定為從上方看是逆時針方向，求 $\oint_{\partial S} \mathbf{F} \cdot \mathbf{T}\, ds$ 之值。

10. 令 S 為一實心球（或是一個被"良好的"曲面 ∂S 包圍的固體），證明
$$\iint\limits_{\partial S}(\text{curl }\mathbf{F}) \cdot \mathbf{n}\, dS = 0$$
(a) 利用斯托克斯定理。

(b) 利用高斯定理。提示：證明 $\text{div}(\text{curl }\mathbf{F}) = 0$。

附錄 A 附錄

本章概要

A.1　數學歸納法
A.2　一些重要定理的證明

A.1 數學歸納法

在數學中，我們常常面臨一項工作，就是要確定某一特定命題 P_n 對每一整數 $n \geq 1$ 皆為真（也可能是對整數 $n \geq N$）。這裡有三個例子：

1. P_n: $1^2 + 2^2 + 3^2 + \cdots + n^2 = \dfrac{n(n+1)(2n+1)}{6}$

2. Q_n: $2^n > n + 20$

3. R_n: $n^2 - n + 41$ 是一個質數

命題 P_n 對每一正整數皆為真，且 Q_n 對每一大於或等於 5 的整數皆為真（稍後我們將證明）。第三個命題 R_n 是有趣的。注意對 $n = 1, 2, 3, \ldots$，$n^2 - n + 41$ 的值是 $41, 43, 47, 53, 61, \ldots$（到目前為止都是質數），事實上，對不大於 40 的 n 都會得到一個質數；但是當 $n = 41$ 時，上述公式產生合成數 $1681 = (41)(41)$。用 40 個（或 4 億個）個別情形來證明一個命題為真，好像可說此命題為真，但顯然不足以證明它對所有 n 皆為真，有限個的情形與所有的情形之間的差別是非常非常大的。

我們該作什麼？是否有一種程序可證出一命題 P_n 對所有皆為真？數學歸納法提供一個肯定的答案。

數學歸納法

令 $\{P_n\}$ 為一個由多個命題（敘述）所成的序列，且滿足下列兩個條件：

(i) P_N 為真（通常 N 是 1）。

(ii) 若 P_i 為真，則 P_{i+1} 為真，$i \geq N$。

則，P_n 為真對每一個整數 $n \geq N$。

我們不證明這個方法；它通常被視為一個公理，而我們希望它看起來是顯然成立的。畢竟，假如每一個骨牌的倒下會撞倒下一個，那麼第一個骨牌的倒下將會使整列骨牌全倒。我們的主要工作是直接說明如何使用數學歸納法。

範例 1

$$P_n: \quad 1^2 + 2^2 + 3^2 + \cdots + n^2 = \frac{n(n+1)(2n+1)}{6}$$

對所有的 $n \geq 1$ 為真。

解答：首先，我們得知

$$P_1: \quad 1^2 = \frac{1(1+1)(2+1)}{6}$$

為真，

其次，我們說明 (ii) 的含意。我們由寫出敘述 P_i 及 P_{i+1} 開始，

$$P_i: \quad 1^2 + 2^2 + \cdots + i^2 = \frac{i(i+1)(2i+1)}{6}$$

$$P_{i+1}: \quad 1^2 + 2^2 + \cdots + i^2 + (i+1)^2 = \frac{(i+1)(i+2)(2i+3)}{6}$$

我們必須證明：若 P_i 為真，則可推得 P_{i+1} 也為真。所以假設 P_i 為真，則 P_{i+1} 的左邊可寫成如下：（*表示使用到 P_i）

$$[1^2 + 2^2 + \cdots + i^2] + (i+1)^2 \stackrel{*}{=} \frac{i(i+1)(2i+1)}{6} + (i+1)^2$$

$$= (i+1)\frac{2i^2 + i + 6i + 6}{6}$$

$$= \frac{(i+1)(i+2)(2i+3)}{6}$$

上述一連串等式可得敘述 P_{i+1}。於是 P_i 為真可推得 P_{i+1} 也為真。根據數學歸納法原理，P_n 對每一正整數 n 皆為真。

範例 2

證明 $P_n: \quad 2^n > n + 20$ 對每一整數 $n \geq 5$ 皆為真。

解答：首先，我們得知 $P_5: \quad 2^5 > 5 + 20$ 為真。其次，我們假設 $P_i: \quad 2^i > i + 20$ 為真，且試著由此敘述導出 $P_{i+1}: \quad 2^{i+1} > i + 1 + 20$ 為真。但是

$$2^{i+1} = 2 \cdot 2^i \stackrel{*}{>} 2(i + 20) = 2i + 40 > i + 21$$

由左式推至右式，正是命題 P_{i+1}。因此，P_n 對每一整數 $n \geq 5$ 皆為真。

範例 3

證明 P_n: $x-y$ 是 x^n-y^n 的因式，對每一整數 $n \geq 1$。

解答：顯然，$x-y$ 是 $x-y$ 的因式，於是 P_1 為真。假設 $x-y$ 是 $x^i - y^i$ 的因式，即假設

$$x^i - y^i = Q(x,y)(x-y)$$

$Q(x,y)$ 為一多項式。則

$$\begin{aligned}x^{i+1} - y^{i+1} &= x^{i+1} - x^i y + x^i y - y^{i+1} \\ &= x^i(x-y) + y(x^i - y^i) \\ &\stackrel{*}{=} x^i(x-y) + y Q(x,y)(x-y) \\ &= [x^i + y Q(x,y)](x-y)\end{aligned}$$

因此，P_i 為真可推得 P_{i+1} 也為真。根據數學歸納法，我們得到 P_n 對每一整數 $n \geq 1$ 皆為真。

■ 練習題 A.1

請利用數學歸納法證明各給定命題對每一整數 $n \geq 1$ 皆為真。

1. $1 + 2 + 3 + \cdots + n = \dfrac{n(n+1)}{2}$

2. $1 + 3 + 5 + \cdots + (2n-1) = n^2$

3. $1 \cdot 2 + 2 \cdot 3 + 3 \cdot 4 + \cdots + n(n+1) = \dfrac{n(n+1)(n+2)}{3}$

4. $1^2 + 3^2 + 5^2 + \cdots + (2n-1)^2 = \dfrac{n(2n-1)(2n+1)}{3}$

5. $1^2 + 2^2 + 3^2 + \cdots + n^3 = \left[\dfrac{n(n+1)}{2}\right]^2$

6. $1^4 + 2^4 + 3^4 + \cdots + n^4 = \dfrac{n(n+1)(6n^3 + 9n^2 + n - 1)}{30}$

7. $n^3 - n$ 可被 6 整除。

8. $n^3 + (n+1)^3 + (n+2)^3$ 可被 9 整除。

A.2 一些重要定理的證明

定理 A 主要極限定理

設 n 為一正整數，k 為一常數，且 f 及 g 為在 c 具有極限的函數，則

1. $\lim\limits_{x \to c} k = k$
2. $\lim\limits_{x \to c} x = c$
3. $\lim\limits_{x \to c} kf(x) = k \lim\limits_{x \to c} f(x)$
4. $\lim\limits_{x \to c} [f(x) + g(x)] = \lim\limits_{x \to c} f(x) + \lim\limits_{x \to c} g(x)$

5. $\lim_{x \to c}[f(x) - g(x)] = \lim_{x \to c} f(x) - \lim_{x \to c} g(x)$

6. $\lim_{x \to c}[f(x) \cdot g(x)] = \lim_{x \to c} f(x) \cdot \lim_{x \to c} g(x)$

7. $\lim_{x \to c} \dfrac{f(x)}{g(x)} = \dfrac{\lim_{x \to c} f(x)}{\lim_{x \to c} g(x)}$, provided $\lim_{x \to c} g(x) \neq 0$

8. $\lim_{x \to c}[f(x)]^n = \left[\lim_{x \to c} f(x)\right]^n$

9. $\lim_{x \to c} \sqrt[n]{f(x)} = \sqrt[n]{\lim_{x \to c} f(x)}$；當 n 為偶數時 $\lim_{x \to c} f(x) > 0$。

證明　在 1.3 節結束前，我們證明了 1 至 5 部分，現在由第 6 部分開始。首先證明第 8 部分的一個特例，

$$\lim_{x \to c}[g(x)]^2 = \left[\lim_{x \to c} g(x)\right]^2$$

我們已證明 $\lim_{x \to c} x^2 = c^2$（1.2 節的範例 7），所以 $f(x) = x^2$ 為一連續函數，因此由合成函數極限定理（定理 1.6E）可知

$$\lim_{x \to c}[g(x)]^2 = \lim_{x \to c} f(g(x)) = f\left[\lim_{x \to c} g(x)\right] = \left[\lim_{x \to c} g(x)\right]^2$$

其次

$$f(x)g(x) = \frac{1}{4}\left\{[f(x) + g(x)]^2 - [f(x) - g(x)]^2\right\}$$

現在利用第 3、4、5 部分，與已證出的結果，則第 6 部分得證。

欲證明第 7 部分，利用合成函數極限定理，令 $f(x) = 1/x$，再利用 1.2 節範例 8，則

$$\lim_{x \to c} \frac{1}{g(x)} = \lim_{x \to c} f(g(x)) = f\left(\lim_{x \to c} g(x)\right) = \frac{1}{\lim_{x \to c} g(x)}$$

最後，由第 6 部分可得

$$\lim_{x \to c} \frac{f(x)}{g(x)} = \lim_{x \to c}\left[f(x) \cdot \frac{1}{g(x)}\right] = \lim_{x \to c} f(x) \cdot \lim_{x \to c} \frac{1}{g(x)}$$

這是我們要的結果。

我們再重複利用第 6 部分可得出第 8 部分（技巧地使用數學歸納法）。

針對第 9 部分，我們只打算證明平方根的情況，令 $f(x) = \sqrt{x}$，由

1.2 節範例 5 可知它對所有正數為連續函數，利用合成函數極限定理，可得

$$\lim_{x \to c} \sqrt{g(x)} = \lim_{x \to c} f(g(x)) = f\left(\lim_{x \to c} g(x)\right) = \sqrt{\lim_{x \to c} g(x)}$$

以上是我們要的結果。

> **定理 B　鏈導法則**
>
> 若 g 在 a 可微分，且 f 在 $g(a)$ 可微分，則 $f \circ g$ 在 a 可微分且
> $$(f \circ g)'(a) = f'(g(a))g'(a)$$

證明　我們在此提供一個可輕鬆地推廣到高維度情形的證明（見 12.6 節）。由假設知，f 在 $b = g(a)$ 可微分，即存在一個 $f'(b)$ 使得

(1) $\displaystyle\lim_{\Delta u \to 0} \frac{f(b + \Delta u) - f(b)}{\Delta u} = f'(b)$

定義一個以 Δu 為變數的函數

$$\varepsilon(\Delta u) = \frac{f(b + \Delta u) - f(b)}{\Delta u} - f'(b)$$

兩邊各乘以 Δu，得到

(2) $f(b + \Delta u) - f(b) = f'(b)\Delta u + \Delta u\, \varepsilon(\Delta u)$

(1) 式的極限存在等價於：在 (2) 中，$\Delta u \to 0$ 時 $\varepsilon(\Delta u) \to 0$。若在 (2) 中，以 $g(a + \Delta x) - g(a)$ 代替 Δu，且 $g(a)$ 代替 b，我們得到

$$f(g(a + \Delta x)) - f(g(a)) = f'(g(a))[g(a + \Delta x) - g(a)] \\ + [g(a + \Delta x) - g(a)]\varepsilon(\Delta u)$$

兩邊各除以 Δx

(3) $\displaystyle \frac{f(g(a + \Delta x)) - f(g(a))}{\Delta x} = f'(g(a))\frac{g(a + \Delta x) - g(a)}{\Delta x} \\ + \frac{g(a + \Delta x) - g(a)}{\Delta x}\varepsilon(\Delta u)$

在 (3) 式中，令 $\Delta x \to 0$ 因為 g 在 a 可微分，它在此點為連續，因此當 $\Delta x \to 0$ 時，$\Delta u \to 0$ 意指 $\varepsilon(\Delta u) \to 0$，我們得到

$$\lim_{\Delta x \to 0} \frac{f(g(a + \Delta x)) - f(g(a))}{\Delta x} = f'(g(a))\lim_{\Delta x \to 0}\frac{g(a + \Delta x) - g(a)}{\Delta x} + 0$$

也就是 $f \circ g$ 在 a 可微分且

$$(f \circ g)'(a) = f'(g(a))g'(a)$$

定理 C　冪法則

若 r 為有理數，則 x^r 在任意 x 皆可微分，此時 x 在一開區間內使 x^{r-1} 為實數且

$$D_x(x^r) = rx^{r-1}$$

證明　首先考慮 $r = 1/q$，q 為一正整數時，回想 $a^q - b^q$ 可分解為

$$a^q - b^q = (a - b)(a^{q-1} + a^{q-2}b + \cdots + ab^{q-2} + b^{q-1})$$

所以

$$\frac{a - b}{a^q - b^q} = \frac{1}{a^{q-1} + a^{q-2}b + \cdots + ab^{q-2} + b^{q-1}}$$

因此，若 $f(t) = t^{1/q}$

$$\begin{aligned}
f'(x) &= \lim_{t \to x} \frac{t^{1/q} - x^{1/q}}{t - x} = \lim_{t \to x} \frac{t^{1/q} - x^{1/q}}{(t^{1/q})^q - (x^{1/q})^q} \\
&= \lim_{t \to x} \frac{1}{t^{(q-1)/q} + t^{(q-2)/q}x^{1/q} + \cdots + x^{(q-1)/q}} \\
&= \frac{1}{qx^{(q-1)/q}} = \frac{1}{q}x^{1/q-1}
\end{aligned}$$

由鏈導法則，及 p 為一整數，可得

$$D_x(x^{p/q}) = D_x[(x^{1/q})^p] = p(x^{1/q})^{p-1} D_x(x^{1/q}) = px^{p/q-1/q}\frac{1}{q}x^{1/q-1} = \frac{p}{q}x^{p/q-1}$$

定理 D　向量極限

令 $\mathbf{F}(t) = f(t)\mathbf{i} + g(t)\mathbf{j}$，則 $\mathbf{F}$ 在 c 點有一極限，若且惟若 f 及 g 在 c 點有極限。此時

$$\lim_{t \to c} \mathbf{F}(t) = \left[\lim_{t \to c} f(t)\right]\mathbf{i} + \left[\lim_{t \to c} g(t)\right]\mathbf{j}$$

證明　首先，對任意向量 $\mathbf{u} = u_1\mathbf{i} + u_2\mathbf{j}$

$$|u_1| \leq \|\mathbf{u}\| \leq |u_1| + |u_2|$$

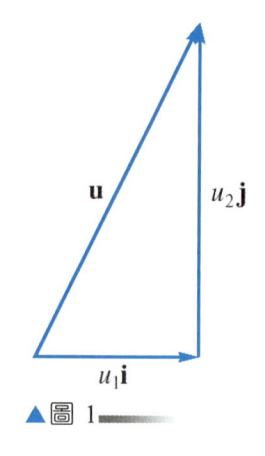

此事實可由圖 1 看出。

現在假設 $\lim_{t \to c} \mathbf{F}(t) = \mathbf{L} = a\mathbf{i} + b\mathbf{j}$。也就是，任給 $\varepsilon > 0$，則存在一個 $\delta > 0$ 使得

$$0 < |t - c| < \delta \Rightarrow \|\mathbf{F}(t) - \mathbf{L}\| < \varepsilon$$

但由上述框格中不等式的左式部分可得

$$|f(t) - a| \leq \|\mathbf{F}(t) - \mathbf{L}\|$$

即

$$0 < |t - c| < \delta \Rightarrow |f(t) - a| < \varepsilon$$

此說明 $\lim_{t \to c} f(t) = a$，同理可證出 $\lim_{t \to c} g(t) = b$

此定理的前半部已完成。

相反地，假設

$$\lim_{t \to c} f(t) = a \quad \text{and} \quad \lim_{t \to c} g(t) = b$$

且令 $\mathbf{L} = a\mathbf{i} + b\mathbf{j}$，任給 $\varepsilon > 0$，存在一個 $\delta > 0$，使得 $0 < |t - c| < \delta$ 則

$$|f(t) - a| < \frac{\varepsilon}{2} \text{ 和 } |g(t) - b| < \frac{\varepsilon}{2}$$

因此，由上述框格中不等式的右式部分可得

$$0 < |t - c| < \delta \Rightarrow \|\mathbf{F}(t) - \mathbf{L}\| \leq \frac{\varepsilon}{2} + \frac{\varepsilon}{2} = \varepsilon$$

所以

$$\lim_{t \to c} \mathbf{F}(t) = \mathbf{L} = a\mathbf{i} + b\mathbf{j} = \lim_{t \to c} f(t) \mathbf{i} + \lim_{t \to c} g(t) \mathbf{j}$$

▲圖 1

附錄 B 積分表

本章概要

- B.1 基本式
- B.2 三角式
- B.3 含 $\sqrt{u^2 \pm a^2}$
- B.4 含 $\sqrt{a^2 - u^2}$
- B.5 指數和對數式
- B.6 反三角式
- B.7 雙曲線式
- B.8 其它代數式
- B.9 定積分

B.1 基本式

1. $\int u\, dv = uv - \int v\, du$

2. $\int u^n\, du = \dfrac{1}{n+1} u^{n+1} + c \quad \text{if } n \neq -1$

3. $\int \dfrac{du}{u} = \ln |u| + c$

4. $\int e^u\, du = e^u + c$

5. $\int a^u\, du = \dfrac{a^u}{\ln a} + c$

6. $\int \sin u\, du = -\cos u + c$

7. $\int \cos u\, du = \sin u + c$

8. $\int \sec^2 u\, du = -\tan u + c$

9. $\int \csc^2 u\, du = -\cot u + c$

10. $\int \sec u \tan u\, du = -\sec u + c$

11. $\int \csc u \cot u\, du = -\csc u + c$

12. $\int \tan u\, du = -\ln |\cos u| + c$

13. $\int \cot u\, du = \ln |\sin u| + c$

14. $\int \sec u\, du = \ln |\sec u + \tan u| + c$

15. $\int \csc u\, du = \ln |\csc u - \cot u| + c$

16. $\int \dfrac{du}{\sqrt{a^2 - u^2}} = \sin^{-1} \dfrac{u}{a} + c$

17. $\int \dfrac{d^u}{a^2 + u^2} = \dfrac{1}{a} \tan^{-1} \dfrac{u}{a} + c$

18. $\int \dfrac{du}{a^2 - u^2} = \dfrac{1}{2a} \ln \left| \dfrac{u+a}{u-a} \right| + c$

19. $\int \dfrac{du}{\sqrt{u^2 - a^2}} = \dfrac{1}{a} sce^{-1} \left| \dfrac{u}{a} \right| + c$

B.2 三角式

20. $\int \sin^2 u\, du = \dfrac{1}{2} u - \dfrac{1}{4} \sin 2u + c$

21. $\int \cos^2 u\, du = \dfrac{1}{2} u + \dfrac{1}{4} \sin 2u + c$

22. $\int \tan^2 u\, du = \tan u - u + c$

23. $\int \cot^2 u\, du = -\cot u - u + c$

24. $\int \sin^3 u\, du = -\dfrac{1}{3}(2 + \sin^2 u) \cos u + c$

25. $\int \cos^3 u\, du = -\dfrac{1}{3}(2 + \cos^2 u) \sin u + c$

26. $\int \tan^3 u\, du = \dfrac{1}{2}\tan^2 u + \ln|\cos u| + c$

27. $\int \cot^3 u\, du = -\dfrac{1}{2}\cot^2 u - \ln|\sin u| + c$

28. $\int \sec^3 u\, du = \dfrac{1}{2}\sec u \tan u + \dfrac{1}{2}\ln|\sec u + \tan u| + c$

29. $\int \sec^3 u\, du = \dfrac{1}{2}\csc u \cot u + \dfrac{1}{2}\ln|\csc u - \cot u| + c$

30. $\int \sin au \sin bu\, du = \dfrac{\sin(a-b)u}{2(a-b)} - \dfrac{\sin(a+b)u}{2(a+b)} + c$ 若 $a^2 \neq b^2$

31. $\int \cos au \cos bu\, du = \dfrac{\sin(a-b)u}{2(a-b)} + \dfrac{\sin(a+b)u}{2(a+b)} + c$ 若 $a^2 \neq b^2$

32. $\int \sin au \cos bu\, du = -\dfrac{\cos(a-b)u}{2(a-b)} - \dfrac{\cos(a+b)u}{2(a+b)} + c$ 若 $a^2 \neq b^2$

33. $\int \sin^n u\, du = -\dfrac{1}{n}\sin^{n-1} u \cos u + \dfrac{n-1}{n}\int \sin^{n-2} u\, du$

34. $\int \cos^n u\, du = -\dfrac{1}{n}\cos^{n-1} u \sin u + \dfrac{n-1}{n}\int \cos^{n-2} u\, du$

35. $\int \tan^n u\, du = \dfrac{1}{n-1}\tan^{n-1} u - \int \tan^{n-2} u\, du$ 若 $n \neq 1$

36. $\int \cot^n u\, du = \dfrac{-1}{n-1}\cot^{n-1} u - \int \cot^{n-2} u\, du$ 若 $n \neq 1$

37. $\int \sec^n u\, du = \dfrac{1}{n-1}\sec^{n-2} u \tan u + \dfrac{n-2}{n-1}\int \sec^{n-2} u\, du$ 若 $n \neq 1$

38. $\int \csc^n u\, du = \dfrac{-1}{n-1}\csc^{n-2} u \cot u + \dfrac{n-2}{n-1}\int \csc^{n-2} u\, du$ 若 $n \neq 1$

39a. $\int \sin^n u \cos^m u\, du = \dfrac{\sin^{n-1} u \cos^{m+1} u}{n+m} + \dfrac{n-1}{n+m}\int \sin^{n-2} u \cos^m u\, du$ 若 $n \neq -m$

39b. $\int \sin^n u \cos^m u\, du = \dfrac{\sin^{n+1} u \cos^{m-1} u}{n+m} + \dfrac{m-1}{n+m}\int \sin^n u \cos^{m-2} u\, du$ 若 $m \neq -n$

40. $\int u \sin u\, du = \sin u - u\cos u + c$

41. $\int u \cos u\, du = \cos u + u\sin u + c$

42. $\int u^n \sin u \, du = -u^n \cos u + n \int u^{n-1} \cos u \, du$

43. $\int u^n \cos u \, du = u^n \sin u - n \int u^{n-1} \sin u \, du$

B.3　含 $\sqrt{u^2 \pm a^2}$

44. $\int \sqrt{u^2 \pm a^2} \, du = \dfrac{u}{2} \sqrt{u^2 \pm a^2} \pm \dfrac{a^2}{2} \ln |u + \sqrt{u^2 \pm a^2}| + c$

45. $\int \dfrac{du}{\sqrt{u^2 \pm a^2}} = \ln |u + \sqrt{u^2 \pm a^2}| + c$

46. $\int \dfrac{\sqrt{u^2 + a^2}}{u} \, du = \sqrt{u^2 + a^2} - a \ln \left(\dfrac{a + \sqrt{u^2 + a^2}}{u} \right) + c$

47. $\int \dfrac{\sqrt{u^2 - a^2}}{u} \, du = \sqrt{u^2 - a^2} - a \sec^{-1} \dfrac{u}{a} + c$

48. $\int u^2 \sqrt{u^2 \pm a^2} \, du = \dfrac{u}{8}(2u^2 \pm a^2)\sqrt{u^2 \pm a^2} - \dfrac{a^4}{8} \ln |u + \sqrt{u^2 \pm a^2}| + c$

49. $\int \dfrac{u^2 \, du}{\sqrt{u^2 \pm a^2}} = \dfrac{u}{2}\sqrt{u^2 \pm a^2} \mp \dfrac{a^2}{2} \ln |u + \sqrt{u^2 \pm a^2}| + c$

50. $\int \dfrac{du}{u^2 \sqrt{u^2 \pm a^2}} = \mp \dfrac{\sqrt{u^2 \pm a^2}}{a^2 u} + c$

51. $\int \dfrac{\sqrt{u^2 \pm a^2}}{u^2} \, du = -\dfrac{\sqrt{u^2 \pm a^2}}{u} + \ln |u + \sqrt{u^2 \pm a^2}| + c$

52. $\int \dfrac{du}{(u^2 \pm a^2)^{3/2}} = \dfrac{\pm u}{a^2 \sqrt{u^2 \pm a^2}} + c$

53. $\int (u^2 \pm a^2)^{3/2} \, du = \dfrac{u}{8}(2u^2 \pm 5a^2)\sqrt{u^2 \pm a^2} + \dfrac{3a^4}{8} \ln |\sqrt{u^2 \pm a^2}| + c$

B.4　含 $\sqrt{a^2 - u^2}$

54. $\int \sqrt{a^2 - u^2} \, du = \dfrac{u}{2}\sqrt{a^2 - u^2} + \dfrac{a^2}{2} \sin^{-1} \dfrac{u}{a} + c$

55. $\int \dfrac{\sqrt{a^2 - u^2}}{u} \, du = \sqrt{a^2 - u^2} - a \ln \left| \dfrac{a + \sqrt{a^2 - u^2}}{u} \right| + c$

56. $\int \dfrac{u^2 - du}{\sqrt{a^2 - u^2}} = -\dfrac{u}{2}\sqrt{a^2 - u^2} + \dfrac{a^2}{2}\sin^{-1}\dfrac{u}{a} + c$

57. $\int u^2 \sqrt{a^2 - u^2}\, du = \dfrac{u}{8}(2u^2 - a^2)\sqrt{a^2 - u^2} + \dfrac{a^4}{8}\sin^{-1}\dfrac{u}{a} + c$

58. $\int \dfrac{du}{u^2 \sqrt{a^2 - u^2}} = -\dfrac{\sqrt{a^2 - u^2}}{a^2 u} + c$

59. $\int \dfrac{\sqrt{a^2 - u^2}}{u^2}\, du = -\dfrac{\sqrt{a^2 - u^2}}{u} - \sin^{-1}\dfrac{u}{a} + c$

60. $\int \dfrac{du}{u\sqrt{a^2 - u^2}} = -\dfrac{1}{a}\ln\left|\dfrac{a + \sqrt{a^2 - u^2}}{u}\right| + c$

61. $\int \dfrac{du}{u\sqrt{a^2 - u^2}} = -\dfrac{1}{a}\ln\left|\dfrac{a + \sqrt{a^2 - u^2}}{u}\right| + c$

62. $\int (a^2 - u^2)^{3/2}\, du = \dfrac{u}{8}(5a^2 - 2u^2)\sqrt{a^2 - u^2} + \dfrac{3a^4}{8}\sin^{-1}\dfrac{u}{a} + c$

B.5 指數和對數式

63. $\int u e^u\, du = (u - 1)e^u + c$

64. $\int u^n e^n\, du = u^n e^n - n\int u^{n-1} e^n\, du$

65. $\int \ln u\, du = u\ln u - u + c$

66. $\int u^n \ln u\, du = \dfrac{u^{n+1}}{n+1}\ln u - \dfrac{u^{n+1}}{(n+1)^2} + c$

67. $\int e^{au}\sin bu\, du = \dfrac{e^{au}}{a^2 + b^2}(a\sin bu - b\cos bu) + c$

68. $\int e^{au}\cos bu\, du = \dfrac{e^{au}}{a^2 + b^2}(a\cos bu + b\sin bu) + c$

B.6 反三角式

69. $\int \sin^{-1} u\, du = u\sin^{-1} u + \sqrt{1 - u^2} + c$

70. $\int \tan^{-1} u\, du = u\tan^{-1} u - \dfrac{1}{2}\ln(1 + u^2) + c$

71. $\int \sec^{-1} u\, du = u \sec^{-1} u - \ln|u + \sqrt{u^2-1}| + c$

72. $\int u \sin^{-1} u\, du = \dfrac{1}{4}(2u^2-1)\sin^{-1} u + \dfrac{u}{4}\sqrt{1-u^2} + c$

73. $\int u \tan^{-1} u\, du = \dfrac{1}{2}(u^2+1)\tan^{-1} u - \dfrac{u}{2} + c$

74. $\int u \sec^{-1} u\, du = \dfrac{u^2}{2}\sec^{-1} u - \dfrac{1}{2}\sqrt{u^2-1} + c$

75. $\int u^n \sin^{-1} u\, du = \dfrac{u^{n+1}}{n+1}\sin^{-1} u - \dfrac{1}{n+1}\int \dfrac{u^{n+1}}{\sqrt{1-u^2}}\, du$ 若 $n \ne -1$

76. $\int u^n \tan^{-1} u\, du = \dfrac{u^{n+1}}{n+1}\tan^{-1} u - \dfrac{1}{n+1}\int \dfrac{u^{n+1}}{\sqrt{1+u^2}}\, du$ 若 $n \ne -1$

77. $\int u^n \sec^{-1} u\, du = \dfrac{u^{n+1}}{n+1}\sec^{-1} u - \dfrac{1}{n-1}\int \dfrac{u^n}{\sqrt{u^2-1}}\, du$ 若 $n \ne -1$

B.7　雙曲線式

78. $\int \sinh u\, du = \cosh u + c$　　79. $\int \cosh u\, du = \sinh u + c$

80. $\int \tanh u\, du = \ln(\cosh u) + c$　　81. $\int \coth u\, du = \ln|\sinh u| + c$

82. $\int \text{sech}\, u\, du = \tan^{-1}|\sinh u| + c$　83. $\int \text{csch}\, u\, du = \ln\left|\tanh \dfrac{u}{2}\right| + c$

84. $\int \sinh^2 u\, du = \dfrac{1}{4}\sinh 2u - \dfrac{u}{2} + c$

85. $\int \cosh^2 u\, du = \dfrac{1}{4}\sinh 2u + \dfrac{u}{2} + c$

86. $\int \tanh^2 u\, du = u - \tanh u + c$　　87. $\int \coth^2 u\, du = u - \coth u + c$

88. $\int \text{sech}^2 u\, du = \tanh u + c$　　89. $\int \text{csch}^2 u\, du = \coth u + c$

90. $\int \text{sech}\, u\, \tanh u\, du = -\text{sech}\, u + c$　91. $\int \text{csch}\, u\, \coth u\, du = -\text{csch}\, u + c$

B.8 其他代數式

92. $\int u(au+b)^{-1} du = \dfrac{u}{a} - \dfrac{b}{a^2} \ln|au+b| + c$

93. $\int u(au+b)^{-2} du = \dfrac{1}{a^2}\left[\ln\triangle|au+b| + \dfrac{b}{au+b}\right] + c$

94. $\int u(au+b)^{n} du = \dfrac{u(au+b)^{n+1}}{a(n+a)} - \dfrac{(au+b)^{n+2}}{a^2(n+1)(n+2)} + c$ 若 $n \neq -1, -2$

95. $\int \dfrac{du}{(a^2 \pm b^2)^n} = \dfrac{1}{2a^2(n-1)}\left(\dfrac{u}{(a^2 \pm u^2)^{n-1}} + (2n-3)\int \dfrac{du}{(a^2 \pm u^2)^{n-1}}\right)$ 若 $n \neq -1$

96. $\int u\sqrt{au+b}\, du = \dfrac{2}{15a^2}(3au-2b)(au+b)^{3/2} + c$

97. $\int u\sqrt{au+b}\, du - \dfrac{2}{a(2n+3)}\left(u^n(au+b)^{3/2} - nb\int u^{n-1}\sqrt{au+b}\, du\right)$

98. $\int \dfrac{u\, du}{\sqrt{au+b}} = \dfrac{2}{3a^2}(au-2b)\sqrt{au+b} + c$

99. $\int \dfrac{u^n\, du}{\sqrt{au+b}} = \dfrac{2}{a(2n+1)}\left(u^n\sqrt{au+b} - nb\int \dfrac{u^{n-1}du}{\sqrt{au+b}}\right)$

100a. $\int \dfrac{du}{u\sqrt{au+b}} = \dfrac{1}{\sqrt{b}} \ln\left|\dfrac{\sqrt{au+b} - \sqrt{b}}{\sqrt{au+b} + \sqrt{b}}\right| + c$ 若 $b > 0$

100b. $\int \dfrac{du}{u\sqrt{au+b}} = \dfrac{2}{\sqrt{-b}} \tan^{-1} \sqrt{\dfrac{au+b}{-b}} + c$ 若 $b < 0$

101. $\int \dfrac{du}{u^n\sqrt{au+b}} = \dfrac{\sqrt{au+b}}{b(n-1)u^{n-1}} - \dfrac{(2n-3)a}{(2n-2)b}\int \dfrac{du}{u^{n-1}\sqrt{au+b}}$ 若 $n \neq -1$

102. $\int \sqrt{2au-u^2}\, du = \dfrac{u-1}{2}\sqrt{2au-u^2} + \dfrac{a^2}{2}\sin^{-1}\dfrac{u-a}{a} + c$

103. $\int \dfrac{du}{\sqrt{2au-u^2}} = \sin^{-1}\dfrac{u-a}{a} + c$

104. $\int u^n\sqrt{2au-u^2}\, du = -\dfrac{u^{n-1}(2au-u^2)^{3/2}}{n+2} + \dfrac{(2n+1)a}{n+2}\int u^{-1}\sqrt{2au-u^2}\, du$

105. $\int \dfrac{u^n du}{\sqrt{2au-u^2}} = \dfrac{u^{n-1}}{n}\sqrt{2au-u^2} + \dfrac{(2n-1)a}{n}\int \dfrac{u^{n-1}du}{\sqrt{2au-u^2}}$

106. $\int \dfrac{\sqrt{2au-u^2}}{u} du = \sqrt{2au-u^2} + a\sin^{-1}\dfrac{u-a}{a} + c$

107. $\int \dfrac{\sqrt{2au-u^2}}{u^n} du = \dfrac{(2au-u^2)^{3/2}}{(3-2n)au^n} + \dfrac{n-3}{(2n-3)a} \int \dfrac{\sqrt{2au-u^2}}{u^{n-1}} du$

108. $\int \dfrac{du}{u^n\sqrt{2au-u^2}} = \dfrac{\sqrt{2au-u^2}}{a(1-2n)u^n} + \dfrac{n-1}{(2n-1)a} \int \dfrac{du}{u^{n-1}\sqrt{2au-u^2}}$

109. $\int (\sqrt{2au-u^2})^n du = \dfrac{u-a}{n+1}(2au-u^2)^{n/2} + \dfrac{na^2}{n+1} \int (\sqrt{2au-u^2})^{n-2} du$

110. $\int \dfrac{du}{(\sqrt{2au-u^2})^n} = \dfrac{u-a}{(n-2)a^2}\left(\sqrt{2au-u^2}\right)^{2-n} + \dfrac{n-3}{(n-2)a^2} \int \dfrac{du}{\left(\sqrt{2au-u^2}\right)^{n-2}}$

B.9 定積分

111. $\int_0^\infty u^n e^{-u} du = \Gamma(n+1) = n! \quad (n \geq 0)$

112. $\int_0^\infty e^{-au^2} du = \dfrac{1}{2}\sqrt{\dfrac{\pi}{a}} \quad (n > 0)$

113. $\int_0^{\pi/2} \sin^n u\, du = \int_0^{\pi/2} \cos^n u\, du = \begin{cases} \dfrac{1\cdot 3\cdot 5\cdots(n-1)}{2\cdot 4\cdot 6\cdots n}\dfrac{\pi}{2} & 若 n 為偶數且 n \geq 2 \\ \dfrac{2\cdot 4\cdot 6\cdots(n-1)}{3\cdot 5\cdot 7\cdots n} & 若 n 為奇數且 n \geq 3 \end{cases}$

0-1

1. 1/3   3. 2   5. $x+2, x \neq 2$ 7. $\dfrac{-2}{x-1}$

9. (a)0   (b)未定義   (c)0   (d)未定義   (e)0   (f)1

11. 3.6666⋯   13. $\dfrac{254}{99}$

0-2

1. (a)$(2,7)$ (b)$[-3,4)$ (c)$(-\infty,-2]$ (d)$[-1,3]$

3. $(-1-\sqrt{13}, -1+\sqrt{13})$ 5. $[-4,3]$

7. $(-2,1) \cup (3,\infty)$ 9. $(-\infty,-1) \cup (0,6)$

11. $(-\infty,-3] \cup [7,\infty)$ 13. $\left[-\dfrac{15}{4}, \dfrac{5}{4}\right]$

15. $(-\infty,-1] \cup [4,\infty)$

0-3

1. $(x+2)^2+(y-3)^2=16$ 3. $(x-3)^2+(y-4)^2=16$

5. 圓心 $=(0,3)$ 半徑 $=5$

7. $y=-x+4; x+y-4=0$ 9. $0x+y-5=0$

11. (a) $y=2x-9$ (b) $y=\dfrac{-1}{2}x-\dfrac{3}{2}$

　　(c) $y=\dfrac{-2}{3}x-1$ (d) $y=\dfrac{3}{2}x-\dfrac{15}{2}$

　　(e) $y=\dfrac{-3}{4}x-\dfrac{3}{4}$ (f) $x=3$ (g) $y=-3$

13. $(-1,2); y=\dfrac{3}{2}x+\dfrac{7}{2}$

0-4

11. $(0,1), (-3,4)$ 13. $(\sqrt{2},\sqrt{2}), (-\sqrt{2},-\sqrt{2})$

15. (a)(2)   (b)(1)   (c)(3)   (d)(4)

0-5

1. (a)0   (b)-3 (c)1   (d)$1-k^2$ (e)-24

　　(f)$\dfrac{15}{16}$ (g)$-2h-h^2$ (h)$-2h-h^2$ (i)$-4h-h^2$

5. $12a^2+12ah+4h^2$ 7. 奇函數   9. 奇函數

11. (even)偶函數   13. 都不是

15. (a)3/2   (b)4   (c)0   (d)$\dfrac{1}{2}C^2+C$

　　(f)定義域：$\{C \in \mathbb{R}, C \geq 0\}$　值域：$\{y \in \mathbb{R}, y \geq 0\}$

0-6

1. (a)9   (b)0   (c)$\dfrac{3}{2}$ (d)4   (e)16   (f)25

3. $g^3(x)=x^6+3x^4+3x^2+1, (g \circ g \circ g)(x)$
   $=x^8+4x^6+8x^4+8x^2+5$

9. (a)$\dfrac{1}{1-x}$ (b)x (c)$1-x$

0-7

1. (a)$\dfrac{\pi}{6}$ (b)$\dfrac{\pi}{4}$ (c)$-\dfrac{\pi}{3}$ (d)$\dfrac{4}{3}\pi$ (e)$\dfrac{-37}{18}\pi$

　　(f)$\dfrac{\pi}{18}$

3. (a)$\dfrac{\sqrt{3}}{3}$ (b)-1 (c)$-\sqrt{2}$ (d)1   (e)1   (f)-1

7. 週期 $=\pi$，振幅 $=2$ 9. $\dfrac{1}{4}$ 11. $\dfrac{2+\sqrt{3}}{4}$

1-1

1. (a)2   (b)1   (c)不存在   (d)5/2   (e)2   (f)不存在
   (g)2   (h)1   (i)5/2

3. (a)2   (b)未定義   (c)2   (d)4   (e)不存在
   (f)不存在

5. (a)0   (b)不存在   (c)2   (d)2

7. (a)0   (b)不存在   (c)1   (d)1/2

1-3

1. 0   3. $-2/3$ 5. 2   7. $\dfrac{u+1}{4}$ 9. 12   11. 0

13. 2/5   15. -1

1-4

1. 1   3. 0   5. $\dfrac{3}{2}$ 7. 0   9. 1

1-5

1. 1   3. 1   5. π 7. 1   9. 0   11. 0   13. 1

15. ∞ 17. ∞ 19. $-\infty$ 21. 0   23. -1 25. $-\infty$

27. 水平漸近線 $y=0$　垂直漸近線 $x=-1$

29. 水平漸近線 $y=0$　沒有垂直線漸近線

31. 斜漸近線 $y=3x+4$

1-6

1. 連續   3. 不連續   5. 不連續   7. 不連續

9. 不連續：$x=-3,4,6,8$　左連續：$x=4,8$
   右連續：$x=-3,6$

11. 定義 $f(7)=14$ 13. 定義 $H(1)=\dfrac{1}{2}$

2-1

1. $-4, -2, 0, 2, 4$ 3. $y = -x - 1$
5. (a)5公尺／秒 (b)4.003公尺／秒 (c)$4+h$ (d)4
7. $t = 2$ 9. 4

13. (a)48呎／秒 (b)$\frac{3}{2}$秒 (c)292呎 (d)5.77秒
    (e)137呎／秒
15. 276呎

2-2

1. 2   3. 2   5. $\frac{3}{2\sqrt{3x}}$ 7. $-\frac{5}{(x-5)^2}$
9. $f(x) = x^2 + 2x$ 在 $x = 3$
11. $f(x) = x^2$ 在 x 12. $f(t) = \frac{2}{t}$ 在 t 13. 1.5

2-3

1. $3\pi x^2$ 3. $\frac{-\pi}{x^2}$ 5. $7\pi x^6 - 10x^4 + 10x^{-3}$
7. $3x^2 + 1$ 9. $5x^4 + 6x^2 + 2x$ 11. $\frac{2}{(x+1)^2}$
13. $\frac{-15x^2 + 24x + 5}{(3x^2+1)^2}$ 15. (a)12 (b)-58 (c)$\frac{-82}{49}$
17. (a)-24呎／秒 (b)1.25秒

2-4

1. $2\cos x - 3\sin x$ 3. $\sec x \cdot \tan x$ 5. $\sec^2 x$
7. $\sec^2 x$ 9. $\frac{x\cos x - \sin x}{x^2}$ 11. $-x^2 \sin x + 2x\cos x$

2-5

1. $15(1+x)^{14}$ 3. $11(x^3 - 2x^2 + 3x + 1)^{10}(3x^2 - 4x + 3)$
5. $-3\sin x \cos^2 x$ 7. $-\frac{6(x+1)^2}{(x-1)^4}$
9. $2(3x-2)(3-x^2)(9 + 4x - 9x^2)$ 11. -7400
13. $4(2x+3)\sin^3(x^2+3x)\cos(x^2+3x)$
15. $-2(F(z))^{-3}F'(z)$ 17. $-\sin x F'(\cos x)$
19. $-2\sin 1$ 21. $\frac{2x+3}{x^2+3x+\pi}$ 23. $\frac{3}{2(3x-2)}$
25. $\frac{1}{\sqrt{x^2+1}}$ 27. -1 29. $(4x-1)e^{2x^2-x}$
31. $3x^2 e^x + x^3 e^x$

2-6

1. 6   3. $-343\cos(7x)$ 5. $\frac{-6}{(x-1)^4}$ 7. $\frac{1}{2}$
9. $a = -2, b = 7, c = 0$
11. (a) $v(t) = 12 - 4t$ $a(t) = -4$
    (b) $(-\infty, 3)$ (c) $(3, \infty)$ (d) 所有的 t

2-7

1. $\frac{x}{y}$ 3. $\frac{1-y^2}{2xy}$ 5. $\frac{1+y^2\sin(xy^2)}{-2xy\sin(xy^2)-2y}$
7. $y = 1$ 9. $\frac{1}{2x\cos(x^2) + 6x^2}$

2-8

1. $\frac{dy}{dt} = 62, \frac{dx}{dt} = \frac{96}{255}$ 3. 1296吋^3／秒
5. 392哩／時   7. 0.0796呎／秒
9. $\frac{15}{\sqrt{5}} \approx 6.7$ 單位／秒

2-9

1. $(2x+1)dx$ 3. $3(\sin x + \cos x)^2 \cdot (\cos x - \sin x)dx$
5. $2(x^{10} + \sqrt{\sin 2x}) \cdot \left(10x^9 + \frac{\cos 2x}{\sqrt{\sin 2x}}\right)dx$
7. 5.9917   9. $f(1.02) \approx 10.24$
11. $L(x) = 4x - 4$ 13. $L(x) = 3x + 4$

3-1

1. 端點：$-2, 4$　奇異點：無
   平穩點：$0, 2$　臨界點：$-2, 0, 2, 4$
3. 端點：$-2, 4$　奇異點：無
   平穩點：$-1, 0, 1, 2, 3$　臨界點：$-2, -1, 0, 1, 2, 3, 4$
5. 臨界點：$-3, -2, 1, 3$　極大值 $= 9$　極小值 $= \frac{-7}{5}$
7. 臨界點：$-2, -1, 0, 1, 2$　極大值 $= 10$　極小值 $= 1$
9. 臨界點：$-1, 1, 4$　極大值 $= \frac{1}{2}$　極小值 $= \frac{-1}{2}$
11. 臨界點：$0, \frac{3}{4}\pi, \pi$　極大值 $= \sqrt{2}$　極小值 $= -1$
13. 臨界點：$-2\pi, \frac{-5}{3}\pi, \frac{-\pi}{3}, \frac{\pi}{3}, \frac{5}{3}\pi, 2\pi$
    極大值 $= \frac{5}{3}\pi + \sqrt{3}$　極小值 $= \frac{-5}{3}\pi - \sqrt{3}$

3-2

1. 遞增 $(-\infty, \infty)$
3. 遞增 $(-\infty, 1] \cup [2, \infty)$　遞減 $[1, 2]$

5. 遞增 $\left[0, \frac{\pi}{2}\right] \cup \left[\frac{3}{2}\pi, 2\pi\right]$ 遞減 $\left[\frac{\pi}{2}, \frac{3}{2}\pi\right]$

7. 上凹 $(-\infty, \infty)$ 沒有反曲點

9. 遞增 $\left(-\infty, \frac{-1}{2}\right] \cup [1, \infty)$ 遞減 $\left[\frac{-1}{2}, 1\right]$

上凹 $\left(\frac{1}{4}, \infty\right)$ 下凹 $\left(-\infty, \frac{1}{4}\right)$

11. 遞增 $[0, \infty)$ 遞減 $(-\infty, 0]$

上凹 $\left(\frac{-1}{\sqrt{3}}, \frac{1}{\sqrt{3}}\right)$ 下凹 $\left(-\infty, \frac{-1}{\sqrt{3}}\right) \cup \left(\frac{1}{\sqrt{3}}, \infty\right)$

3-3

1. 臨界點：$0, 4$ 區域極小：$x = 4$ 區域極大：$x = 0$

3. 臨界點：$-2, 2$ 區域極小：$x = -2$ 區域極大：$x = 2$

5. 臨界點：$0, \frac{3}{2}$ 區域極小值 $H\left(\frac{3}{2}\right) = \frac{-27}{16}$

   沒有區域極大值

7. 區域極小：$x = 0$

3-4

1. -4 與 4 3. $-2\sqrt{3}$ 與 $2\sqrt{3}$ 5. 矩形是正方形時

7. $x = 10$ 呎 $y = 40$ 呎

3-6

1. 不適用，$g'(0)$ 不存在 3. $c = -1$ 5. $c = 1$

7. 不適用，$h'(0)$ 不存在

9. 不適用，$f(x)$ 在 $x = 0$ 不可微

3-7

1. 1.46 3. -0.12061 5. 0.45018 7. 0.48095

9. 0.91486

3-8

1. $5x + C$ 3. $x^3 + \sqrt{3}x + C$ 5. $28x^{1/4} + C$

7. $x^3 - \frac{\pi}{2}x^2 + C$ 9. $\frac{-3}{x} + \frac{1}{x^2} + C$

11. $\frac{x^4}{4} + \frac{2}{3}\sqrt{x^3} + C$ 13. $\frac{(x+1)^3}{3} + C$

15. $\frac{t^3}{3} - 2\sin t + C$ 17. $\frac{(\pi x^3 + 1)^5}{5} + C$

19. $\frac{9}{16}\sqrt[3]{(2t^2 - 11)^4} + C$ 21. $\frac{-1}{5}(1 + \cos x)^5 + C$

23. $\frac{1}{2}x^3 + \frac{1}{2}x^2 + C_1 x + C_2$ 25. $\frac{1}{6}x^3 + \frac{1}{2x} + C_1 x + C_2$

27. $\frac{1}{2}\ln|2x + 1| + C$ 29. $\frac{1}{4}\ln(2z^2 + 8) + C$

31. $\frac{1}{3}e^{3x+1} + C$ 33. $\frac{1}{2}e^{x^2 + 6x} + C$

3-9

5. $y = \frac{1}{3}x^3 + x + C$; $y = \frac{1}{3}x^3 + x - \frac{1}{3}$

7. $y = \pm\sqrt{x^2 + C}$; $y = \sqrt{x^2}$

9. $S = \frac{16}{3}t^3 + 2t^2 - t + C$; $S = \frac{16}{3}t^3 + 2t^2 - t + 100$

11. $y = \frac{3}{2}x^2 + \frac{1}{2}$ 13. 144 呎

4-1

1. 15 3. $\frac{85}{2}$ 5. $\sum_{i=1}^{41} i$ 7. $\sum_{i=1}^{50} u_{2i-1}$ 9. 90

11. 14,950 13. 22,825 15. $\frac{15}{4}$ 17. $\frac{17}{4}$ 19. $\frac{31}{8}$

4-2

1. 5.625 3. 15.6878 5. $\int_{-1}^{4} \frac{x^2}{1+x} dx$ 7. 4

9. $\frac{27}{2}$ 11. $-\pi - 8$ 13. 40, 80, 120, 160, 200, 240

4-3

1. $A(x) = 2x$

3. 假如 $1 \leq x \leq 2$，則 $A(x) = \frac{1}{2}(x-1)^2$

   假如 $2 \leq x$，則 $A(x) = x - \frac{3}{2}$

5. $2x$ 7. $-(x-2)\cot(2x)$ 9. $2x\sin(x^2)$

11. $\sin^5 x \cos x + \cos^5 x \sin x$

13. 遞增：$(0, \infty)$ 上凹：$(0, \infty)$

15. 10 17. $\frac{1}{2}$

4-4

1. 4 3. $\frac{3}{4}$ 5. 15 7. $\sqrt{3}$ 9. $\frac{2}{3}$ 11. $\frac{122}{9}$

13. $\frac{8}{3}$ 15. $\frac{-1}{9}$ 17. $\frac{1}{64}$ 19. $\frac{1}{\pi}$

21. $1 - \cos 1$

4-5

1. 40 3. $\dfrac{17}{6}$ 5. $C=\pm\dfrac{\sqrt{3}}{3}$ 7. $C=\dfrac{5}{2}$

9. 0 11. $\dfrac{8}{3}$

4-6

1. 0.7877, 0.5654, 0.6766, 0.6671, $\dfrac{2}{3}$

3. 3.4966, 7.4966, 5.4966, 5.2580, 5.25

5-1

1. 6 3. $\dfrac{32}{3}$ 5. $\dfrac{253}{12}$ 7. $\dfrac{22}{3}$ 9. $\dfrac{1}{3}$

5-2

1. (a) $\dfrac{32\pi}{3}$ (b) $\dfrac{16\pi}{3}$ 3. $\dfrac{100\pi}{3}$ 5. $\dfrac{32\pi}{3}$ 7. $\dfrac{2\pi}{3}$

9. (a) $\dfrac{1024}{35}\pi$ (b) $\dfrac{704}{5}\pi$

5-3

1. (c) $\Delta V \approx 2\pi x^3 \Delta x$ (d) $2\pi\int_0^1 x^3 dx$ (e) $\dfrac{\pi}{2}$

3. (c) $\Delta V \approx 2\pi(9x-x^3)\Delta x$ (d) $2\pi\int_0^3 (9x-x^3)dx$

   (e) $\dfrac{81\pi}{2}$

5. (c) $\Delta V \approx 2\pi(3-x)(9-x^2)\Delta x$

   (d) $2\pi\int_0^3 (27-9x-3x^2+x^3)dx$ (e) $\dfrac{135\pi}{2}$

7. (a) $\pi\int_c^d [f(y)^2 - g(y)^2]dy$

   (b) $2\pi\int_c^d y[f(y)-g(y)]dy$

   (c) $2\pi\int_c^d (3-y)[f(y)-g(y)]dy$

5-4

1. $\dfrac{1}{54}(181\sqrt{181}-13\sqrt{13})$ 3. $\dfrac{1}{3}(2\sqrt{2}-1)$

5. $2\sqrt{5}$ 7. $6\sqrt{37}\pi$ 9. $\dfrac{8\pi}{3}(2\sqrt{2}-1)$

5-5

1. 1.5 呎-磅 3. 0.012 焦耳 5. 52,000 呎-磅

7. 350,000 呎-磅 9. 3931.2 磅

5-6

1. $\dfrac{5}{21}$ 3. $\dfrac{21}{5}$ 5. $M_y=17, M_x=-3; \overline{x}=1, \overline{y}=\dfrac{-3}{17}$

7. $\overline{x}=\dfrac{2}{3}, \overline{y}=\dfrac{2}{3}$ 9. $\overline{x}=\dfrac{6}{5}, \overline{y}=0$

5-7

1. (a) 0.1 (b) 0.35 3. (a) 0.6 (b) 2.2

5. (a) 0.6875 (b) 2.4

   (c) $F(x)=\begin{cases} 0 & ,x<0 \\ \dfrac{1}{16}x^3-\dfrac{3}{256}x^4, 0\le x\le 4 \\ 1 & ,x>4 \end{cases}$

7. (a) $\dfrac{1}{3}$ (b) $\dfrac{4}{3}\ln 4$ (c) $F(x)=\begin{cases} 0 & ,x<1 \\ \dfrac{4x-4}{3x}, 1\le x\le 4 \\ 1 & ,x>4 \end{cases}$

9. $\dfrac{a+b}{2}$

6-1

1. $\dfrac{2x+3}{x^2+3x+\pi}$ 3. $\dfrac{3}{x-4}$ 5. $\dfrac{3}{x}$

7. $2x+4x\ln x+\dfrac{3}{x}(\ln x)^2$

9. $\dfrac{1}{\sqrt{x^2+1}}$ 11. $\dfrac{1}{243}$

13. $\dfrac{1}{2}\ln|2x+1|+C$ 15. $\ln|3v^2+9v|+C$

17. $(\ln x)^2+C$ 19. $\dfrac{1}{10}[\ln(486+\pi)-\ln\pi]$

21. $\dfrac{x^2}{2}+x+\ln|x-1|+C$

23. $\dfrac{x^4}{4}-\dfrac{4}{3}x^3+8x^2-64x+256\ln|x+4|+C$

25. $-\dfrac{x^3+33x^2+8}{2(x^3-4)^{3/2}}$

27. 極小值 $f(1)=-1$

6-2

5. $f^{-1}(x)=x^2-1, x\ge 0$ 7. $f^{-1}(x)=-\dfrac{\sqrt{x}}{2}$

11. $\dfrac{1}{16}$ 13. 4

6-3

1. x^3 3. $\cos x$ 5. $3\ln x - 3x$ 7. $3x^2$

9. e^{x+2} 11. $\dfrac{e^{\sqrt{x+2}}}{2\sqrt{x+2}}$ 13. $2x$ 15. $x^2 e^x(x+3)$

17. $x\sqrt{e^{x^2}} + \dfrac{x}{|x|}e^{\sqrt{x^2}}$ 19. $\dfrac{-y}{x}$ 21. $\dfrac{1}{3}e^{3x+1}+C$

23. $\dfrac{1}{2}e^{x^2+6x}+C$ 25. $e^{-1/x}+C$

27. $\dfrac{1}{2}e^3(e^2-1)$ 29. 4π

6-4

1. $2\cdot 6^{2x}\ln 6$ 3. $\dfrac{1}{\ln 3}$ 5. $3^z\left[\dfrac{1}{z+5}+\ln(z+5)\ln 3\right]$

7. $\dfrac{2^{x^2-1}}{\ln 2}+C$ 9. $\dfrac{40}{\ln 5}$ 11. $10^{x^2}2x\ln 10 + 20x^{19}$

13. $(\pi+1)x^\pi + (\pi+1)^x \ln(\pi+1)$

15. $(x^2+1)^{\ln x}\left(\dfrac{\ln(x^2+1)}{x} + \dfrac{2x\ln x}{x^2+1}\right)$

6-5

1. $y = 4e^{-6t}$ 3. $y = 2e^{0.005(t-10)}$ 5. 56,569

7. 7.43 克   9. 81.6°F   11. $\dfrac{1}{e}$ 13. e^2

6-6

1. $y = e^{-x}(x+C)$ 3. $y = xe^x + Cx$

5. $y = \dfrac{1}{6}(x+1)^4 + C(x+1)^{-2}$ 7. $y = \dfrac{e^{2x}+4e^{-3x}}{5}$

9. $400 - 350e^{-0.8}$ 磅

6-7

1. $\lim\limits_{t\to\infty} y(t) = 12,\ y(2)\approx 10.5$ 3. $\lim\limits_{t\to\infty} y(t) = 0,\ y(2)\approx 6$

5. $y = \dfrac{1}{2}e^{x/2}$ 7. $y = x + 1 + 3e^{-x}$

6-8

1. $\dfrac{\pi}{4}$ 3. $\dfrac{-\pi}{3}$ 5. $\dfrac{\pi}{3}$ 7. $\dfrac{-\pi}{6}$ 9. $\dfrac{1}{9}$

11. (a) $\dfrac{\pi}{2}$ (b) $\dfrac{-\pi}{2}$ 13. $\dfrac{\cos x}{2+\sin x}$ 15. $\dfrac{4x}{\sqrt{1-4x^4}}$

17. $x^2\left[\dfrac{xe^x}{1+e^{2x}} + 3\tan^{-1}(e^x)\right]$ 19. $\dfrac{\pi}{4}$ 21. $\dfrac{\pi}{2}$

23. $\dfrac{1}{2}\arctan 2x + C$ 25. $\dfrac{1}{3}\sin^{-1}\left(\dfrac{\sqrt{3}}{2}x\right)+C$

27. $\dfrac{1}{2}\tan^{-1}\left(\dfrac{x-3}{2}\right)+C$

6-9

1. $2\sinh x\cosh x = \sinh 2x$

3. $10\sinh x\cosh x = 5\sinh 2x$

5. $3\sinh(3x+1)$ 7. $\coth x$ 9. $x^2\sinh x + 2x\cosh x$

11. $\dfrac{1}{3}\cosh(3x+2)+C$ 13. $2\sinh\sqrt{z}+C$

15. $\cosh(\sin x)+C$ 17. $\dfrac{1}{4}[\ln(\sinh x^2)]^2 + C$

7-1

1. $\dfrac{1}{6}(x-2)^6 + C$ 3. $\dfrac{1}{2}\tan^{-1}\left(\dfrac{x}{2}\right)+C$

5. $\dfrac{1}{2}\ln(x^2+4)+C$ 7. $5\sqrt{2t+1}+C$

9. $-2\cos\sqrt{t}+C$ 11. $\dfrac{3}{2}x^2 - x + \ln|x+1|+C$

13. $6\sin^{-1}(e^x)+C$ 15. $\dfrac{1}{4}\ln(x^4+4)+C$

17. $\tan(e^x)+C$ 19. $\dfrac{-1}{3\sin(t^3-2)}+C$

21. $\dfrac{1}{3}\sinh 3x + C$ 23. $\dfrac{1}{4}\tan^{-1}\left(\dfrac{1}{4}\right)$

25. $\dfrac{1}{2}\tan^{-1}\left(\dfrac{x+1}{2}\right)+C$ 27. $\dfrac{1}{18}\ln|9x^2+18x+10|+C$

7-2

1. $xe^x - e^x + C$ 3. $x\sin x + \cos x + C$

5. $(\pi-x)\cos x + \sin + C$ 7. $x\ln(7x^5) - 5x + C$

9. $-\dfrac{\ln x}{x} - \dfrac{1}{x} + C$ 11. $x^2 e^x - 2xe^x + 2e^x + C$

13. $z\ln^2 z - 2z\ln z + 2z + C$ 15. 1

7-3

1. $\dfrac{1}{2}x - \dfrac{1}{4}\sin 2x + C$ 3. $\sin x - \dfrac{1}{3}\sin^3 x + C$

5. $\dfrac{3}{128}t - \dfrac{1}{384}\sin 12t + \dfrac{1}{3072}\sin 24t + C$

7. $\dfrac{1}{10}\sin 5y + \dfrac{1}{6}\sin 3y + C$

9. $\dfrac{1}{3}\tan^3 x - \tan x + x + C$

11. 0，因為 $\sin(k\pi)=0$，k：整數

7-4

1. $\dfrac{2}{5}(x+1)^{5/2} - \dfrac{2}{3}(x+1)^{3/2} + C$

3. $\dfrac{2}{27}(3t+4)^{3/2} - \dfrac{8}{9}(3t+4)^{1/2} + C$

5. $8\sin^{-1}\left(\dfrac{x}{4}\right) - \dfrac{x\sqrt{16-x^2}}{2} + C$ 7. $-\sqrt{1-t^2} + C$

9. $\ln\left|\sqrt{x^2+2x+5} + x + 1\right| + C$

11. $\sin^{-1}\left(\dfrac{x-3}{5}\right) + C$

7-5

1. $\ln|x| - \ln|x+1| + C$

3. $3\ln|x+4| - 2\ln|x-1| + C$

5. $2\ln|x| - \ln|x+1| + \ln|x-2| + C$

7. $\dfrac{1}{2}x^2 - 2\ln|x| + 7\ln|x+2| + 7\ln|x-2| + C$

9. $2\ln|x| + \ln|x-4| + \dfrac{1}{x-4} + C$

11. $-2\ln|2x-1| + \dfrac{3}{2}\ln|x^2+9| + C$

13. $\dfrac{1}{2}\ln|x^2+1| + \dfrac{5}{2(x^2+1)} + C$

7-6

1. $\dfrac{-1}{5}e^{-5x}\left(\dfrac{1}{5}+x\right)+C$ 3. $\dfrac{1}{2}[\ln 2]^2$

5. $\dfrac{1}{64}[24x + 8\sin 4x + \sin 8x] + C$

7. $2\ln\left|\dfrac{\sqrt{8}-2}{\sqrt{6}-2}\right| \approx 1.223$ 9. 4

11. (a) $\dfrac{1}{24}\ln\left|\dfrac{4x+3}{4x-3}\right|+C$ (b) $\dfrac{1}{24}\ln\left|\dfrac{4e^x+3}{4e^x-3}\right|+C$

13. (a) $\dfrac{2}{27}(3y-10)\sqrt{3y+5}+C$

(b) $\dfrac{2}{27}(3\sin t-10)\sqrt{3\sin t+5}+C$

15. $\dfrac{231\pi}{2048} \approx 0.35435$ 17. 0.11083

8-1

1. 1   3. -1 5. $\dfrac{-2}{7}$ 7. 1   9. $\dfrac{-3}{2}$ 11. $\dfrac{-2}{7}$

13. $\dfrac{-1}{24}$ 15. ∞ 17. 定義 $f(1)=1$

8-2

1. 0   3. 0   5. 2   7. 1   9. 1   11. 0   13. 1   15. $\dfrac{-3}{2}$

17. 0   19. $\sin(1)$

8-3

1. 發散   3. $\dfrac{1}{e}$ 5. 發散   7. 發散   9. 發散

11. $\dfrac{2}{e}$ 13. 發散

15. (b) $\mu = \dfrac{a+b}{2}$ $\sigma^2 = \dfrac{(b-a)^2}{12}$ (c) $\dfrac{1}{5}$

8-4

1. $\dfrac{3}{\sqrt[3]{2}}$ 3. $2\sqrt{7}$ 5. $\dfrac{\pi}{2}$ 7. 3   9. $\dfrac{3}{2}$ 11. 6

9-1

1. $\dfrac{1}{3}$ 3. $\dfrac{\sqrt{3}}{2}$ 5. 發散   7. 0   9. 發散   11. 發散

13. e 15. $a_n = \dfrac{n}{2^{n+1}}, 0$ 17. $a_n = \dfrac{n^2+n}{n^2+2n}, 1$

19. $a_n = \dfrac{1}{n(n+1)}, 0$ 21. $\dfrac{3}{4}, \dfrac{2}{3}, \dfrac{5}{8}, \dfrac{3}{5}$

9-2

1. $\dfrac{1}{6}$ 3. 發散   5. -1 7. $\dfrac{3}{2}$

9. 3   11. $\dfrac{2}{9}$ 13. $\dfrac{13}{999}$ 15. 1

9-3

1. 發散   3. 發散   5. 收斂   7. 發散

9. 發散   11. 發散   13. 收斂

9-4

1. 發散   3. 收斂   5. 發散   7. 發散；一般項檢定

9. 收斂；極限比較檢定   11. 收斂；比值檢定

13. 發散；極限比較檢定   15. 收斂；積分檢定

17. 發散；一般項檢定

9-5

1. $|S - S_9| \le 0.065$ 3. $|S - S_9| \le 0.09901$
9. 絕對收斂   11. 絕對收斂   13. 條件收斂
15. 發散

9-6

1. 所有 x 3. $-1 \le x \le 1$ 5. $-1 \le x \le 1$ 7. 所有 x
9. $-1 < x < 1$ 11. $-3 < x < 1$

9-7

1. $1 - x + x^2 - x^3 + x^4 - x^5 + \cdots; 1$

3. $\dfrac{1}{2} + \dfrac{3x}{4} + \dfrac{9x^2}{8} + \dfrac{27x^3}{16} + \cdots; \dfrac{2}{3}$

5. $\dfrac{x^2}{2} - \dfrac{x^3}{6} + \dfrac{x^4}{12} - \dfrac{x^5}{20} + \cdots; 1$

7. $2x + \dfrac{2x^3}{3} + \dfrac{2x^5}{5} + \cdots; 1$

9. $x + x^3 + \dfrac{x^5}{2!} + \dfrac{x^7}{3!} + \dfrac{x^9}{4!} + \cdots$

11. $x + x^2 + \dfrac{x^3}{6} - \dfrac{x^4}{6} + \dfrac{3x^5}{40} + \cdots$

13. $x - \dfrac{x^3}{9} + \dfrac{x^5}{25} - \dfrac{x^7}{49} + \cdots$

9-8

1. $x + x^2 + \dfrac{x^3}{3} - \dfrac{x^5}{30}$ 3. $1 + 3x + \dfrac{x^2}{2} + \dfrac{x^4}{24} + \dfrac{x^5}{60}$

5. $e + e(x-1) + \dfrac{e}{2}(x-1)^2 + \dfrac{e}{6}(x-1)^3$

7. $\dfrac{1}{2} - \dfrac{\sqrt{3}}{2}\left(x - \dfrac{\pi}{3}\right) - \dfrac{1}{4}\left(x - \dfrac{\pi}{3}\right)^2 + \dfrac{\sqrt{3}}{12}\left(x - \dfrac{\pi}{3}\right)^3$

9. $3 + 5(x-1) + 4(x-1)^2 + (x-1)^3$

11. 0.9045

9-9

1. $1 + 2x + 2x^2 + \dfrac{4}{3}x^3 + \dfrac{2}{3}x^4; 1.2712$

3. $x - \dfrac{1}{2}x^2 + \dfrac{1}{3}x^3 - \dfrac{1}{4}x^4; 0.1133$

5. $e + e(x-1) + \dfrac{e}{2}(x-1)^2 + \dfrac{e}{6}(x-1)^3$

7. $\dfrac{\sqrt{3}}{3} + \dfrac{4}{3}\left(x - \dfrac{\pi}{6}\right) + \dfrac{4\sqrt{3}}{9}\left(x - \dfrac{\pi}{6}\right)^2 + \dfrac{8}{9}\left(x - \dfrac{\pi}{6}\right)^3$

9. $16 + 32(x-2) + 24(x-2)^2 + 8(x-2)^3 + (x-2)^4$

15. $2\sqrt{2}\pi$

17. $R_6(x) = -\dfrac{\cos C}{5040}\left(x - \dfrac{\pi}{4}\right)^7; 2.685 \times 10^{-8}$

10-1

1. 焦點：$(1, 0)$ 準線：$x = -1$
3. 焦點：$(0, -3)$ 準線：$y = 3$
5. $y^2 = 8x$ 7. $x^2 = -8y$ 9. $y^2 = -8x$
11. $y = -2x - 2; y = \dfrac{1}{2}x - \dfrac{9}{2}$

10-2

1. 水平橢圓   3. 鉛直雙曲線
5. 鉛直拋物線（開口朝上）   7. 鉛直橢圓
13. $\dfrac{x^2}{88} + \dfrac{y^2}{169} = 1$ 15. $6x - \sqrt{6}y = 4\sqrt{3}$ 17. $y - 13$

10-3

1. 圓   3. 雙曲線   5. 空集合   7. 相交兩直線
9. 平行兩直線   19. $\dfrac{u^2}{4} + \dfrac{v^2}{12} = 1$
21. (a) $y = x^2 - x$ (b) $x = \dfrac{1}{4}y^2 - y$

(c) $\left(x - \dfrac{5}{2}\right)^2 + \left(y - \dfrac{5}{2}\right)^2 = \dfrac{25}{2}$

10-4

1. (b)簡單；不封閉   (c) $y = \dfrac{2}{3}x$
3. (b)簡單；不封閉   (c) $y = \sqrt{4-x}$
5. (b)簡單；不封閉   (c) $y = \dfrac{1}{x}$
7. (b)非簡單；不封閉   (c) $x^2 = y^3 + 4y^2$
9. (b)簡單；封閉   (c) $\dfrac{x^2}{9} + \dfrac{y^2}{4} = 1$
11. (b)非簡單；封閉   (c) $x + y = 9$
13. $\dfrac{dy}{dx} = \dfrac{-1}{2}S, \dfrac{d^2y}{dx^2} = \dfrac{-1}{24S}$
15. $y - 8 = 3(x - 4)$
17. $3\sqrt{13}$
19. (a) 2π (b) 6π
    (c)(a)中的曲線繞單位圓一次
    (b)中的曲線繞單位圓三次

10-5

3. (a) $\left(1, \frac{-3}{2}\pi\right), \left(1, \frac{5}{2}\pi\right), \left(-1, \frac{-1}{2}\pi\right), \left(-1, \frac{3}{2}\pi\right)$

   (b) $\left(1, \frac{-3}{4}\pi\right), \left(1, \frac{5}{4}\pi\right), \left(-1, \frac{-7}{4}\pi\right), \left(-1, \frac{9}{4}\pi\right)$

5. (a) $\left(6, \frac{1}{6}\pi\right)$ (b) $\left(4, \frac{5}{6}\pi\right)$ (c) $\left(2, \frac{5}{4}\pi\right)$ (d)(0, 0)

7. $\theta = \frac{\pi}{2}$ 9. $\theta = \frac{\pi}{4}$ 11. $x = 0$ 13. $x = -3$

15. $(x-3)^2 + (y-2)^2 = 4$ 17. 直線 19. 直線

21. 圓 23. 雙曲線,$e=2$ 25. 橢圓,$e = \frac{1}{4}$

10-6

19. $\left(6, \frac{\pi}{3}\right), \left(6, \frac{5}{3}\pi\right)$ 21. $(0,0), \left(\frac{3\sqrt{3}}{2}, \frac{\pi}{3}\right)$

10-7

1. πa^2 3. 33π 5. 6 7. $4\pi - 6\sqrt{3}$

9. $4\sqrt{3} - \frac{4}{3}\pi$

11-1

5. $(x-2)^2 + (y-4)^2 + (z-5)^5 = 25$

7. $\left(\frac{1}{2}, -1, -2\right); \sqrt{\frac{17}{2}}$ 13. 16.59

11-2

5. $\frac{1}{2}\mathbf{u} + \frac{1}{2}\mathbf{v}$ 7. 1

9. $\mathbf{u} + \mathbf{v} = <2, 4, 0>; \mathbf{u} - \mathbf{v} = <-4, -4, 0>;$
   $\|\mathbf{u}\| = 1; \|\mathbf{v}\| = 5$

11. 分別是 178.15 磅與 129.40 磅

11-3

1. (a) $-12\mathbf{i} + 18\mathbf{j}$ (b) -13 (c) -28 (d) 375
   (e) $-15\sqrt{13}$ (f) $13 - \sqrt{13}$

3. (a) 1 (b) 4 (c) $\frac{\sqrt{6}}{6}\mathbf{i} + \frac{\sqrt{6}}{3}\mathbf{j} - \frac{\sqrt{6}}{6}\mathbf{k}$ (d) 2
   (e) $\sqrt{3}/6$ (f) 0

7. 0 9. $\sqrt{3}$ 11. (c), (d) 13. 100 焦耳

15. 32 焦耳 17. $2x - 4y + 3z = -15$

19. (a) $z = 2$ (b) $2x - 3y - 4z = -13$

11-4

1. (a) $-4\mathbf{i} - 10\mathbf{j} - 4\mathbf{k}$ (b) $-6\mathbf{i} - 36\mathbf{j} - 27\mathbf{k}$
   (c) 8 (d) $-98\mathbf{i} - 59\mathbf{j} + 88\mathbf{k}$

3. $\pm\left\langle \frac{7}{\sqrt{86}}, \frac{-1}{\sqrt{86}}, \frac{6}{\sqrt{86}} \right\rangle$ 5. $2x - y - z = -3$

7. $x - y + 2z = -1$ 9. $7x + 5y + 4z = -5$

11. (c), (d)

11-5

1. $2\mathbf{i} - \mathbf{j}$ 3. $\mathbf{i}$ 5. $<0, -1, 0>$ 7. 0

9. $\mathbf{v}(1) = 4\mathbf{i} + 10\mathbf{j} + 2\mathbf{k};$ $\mathbf{a}(1) = 10\mathbf{j}; s(1) = 2\sqrt{30}$

11. $\mathbf{v}(2) = 4\mathbf{j} + \frac{2^{2/3}}{3}\mathbf{k};$
    $\mathbf{a}(2) = 4\mathbf{j} - \frac{1}{9\sqrt[3]{2}}\mathbf{k}; s(2) = \sqrt{16 + \frac{2^{4/3}}{9}}$

13. $\mathbf{v}(2) = -e^2\mathbf{i} + \frac{2^{2/3}}{3}\mathbf{k};$ $\mathbf{a}(2) = -e^2\mathbf{i} - \pi\mathbf{j} - \frac{1}{9\sqrt[3]{2}}\mathbf{k};$
    $s(2) = \sqrt{e^4 + \frac{2^{4/3}}{9}} \approx 7.408$

15. $2\sqrt{2}$ 17. $(e-1)\mathbf{i} + (1-e^{-1})\mathbf{j}$

11-6

1. $x = 1 + 3t, y = -2 + 7t, z = 3 + 3t$

3. $\frac{x+2}{7} = \frac{y-2}{-6} = \frac{z+2}{3}$ 5. $\frac{x+8}{10} = \frac{y}{2} = \frac{z+\frac{21}{2}}{9}$

7. $\frac{x+5}{11} = \frac{y-7}{-13} = \frac{z+2}{3}$ 9. $3x - 2y = 5$

11. $3x - 4y + 5z = -22$ 13. $\left(\frac{5}{2}, 1, 0\right)$

11-7

1. $\mathbf{v}(1) = <1, 2>; \mathbf{a}(1) = <0, 2>;$
   $\mathbf{T}(1) = \left\langle \frac{1}{\sqrt{5}}, \frac{2}{\sqrt{2}} \right\rangle; \kappa = \frac{2}{5^{3/2}}$

3. $\frac{1}{\sqrt{2}}\mathbf{i} + \frac{1}{\sqrt{2}}\mathbf{j}; \frac{1}{4\sqrt{2}}$ 5. $k = \frac{4}{17\sqrt{17}}; R = \frac{17\sqrt{17}}{4}$

7. $\frac{\sqrt{11}}{21\sqrt{7}}; \mathbf{T} = \frac{2}{\sqrt{21}}\mathbf{i} + \frac{1}{\sqrt{21}}\mathbf{j} + \frac{4}{\sqrt{21}}\mathbf{k}$

9. $a_T(1) = \frac{4}{\sqrt{14}}; a_N(1) = 2\sqrt{\frac{5}{7}}$

11. $(\cos 5)\mathbf{i} - (\sin 5)\mathbf{j} + 7\mathbf{k}$

11-8

1. 橢圓柱面 3. 平面 5. 圓柱面 7. 橢圓曲面

9. 橢圓拋物面 11. 柱面 13. 雙曲拋物面

15. 橢圓拋物面 17. 平面 19. 半球面
21. $(0, \pm 2\sqrt{5}, 4)$ 23. $x^2 + 9y^2 - 9z^2 = 0$

11-9

1. (a) $(3\sqrt{3}, 3, -2)$ (b) $(-2, -2\sqrt{3}, -8)$
7. $r^2 + 4z^2 = 10$ 9. $\rho \sin\phi = 3$

12-1

1. (a) 5 (b) 0 (c) 6 (d) $a^6 + a^2$ (e) $2x^2$
   (f) $(2, -4)$ 不在定義域中
3. t^2
13. (a) *san Francisco*
    (b) 西北方；東南方
    (c) 西南方或東北方

12-2

1. $f_x(x,y) = 8(2x-y)^3$; $f_y(x,y) = -4(2x-y)^3$
3. $f_x(x,y) = e^x \cos y$; $f_y(x,y) = -e^x \sin y$
5. $f_x(x,y) = x(x^2-y^2)^{-1/2}$; $f_y(x,y) = -y(x^2-y^2)^{-1/2}$
7. $f_{xy}(x,y) = 12xy^2 - 15x^2y^4 = f_{yx}(x,y)$
9. $f_x(\sqrt{5}, -2) = \dfrac{-4}{21}$; $f_y(\sqrt{5}, -2) = -4\sqrt{5}/21$
13. $\partial^2 f / \partial x^2 = 6xy$; $\partial^2 f / \partial y^2 = -6xy$
15. (a) $\partial^3 f / \partial y^3$; (b) $\partial^3 f / \partial y \partial x^2$; (c) $\partial^4 f / \partial y^3 \partial x$
17. (a) $6xy - yz$, (b) 8, (c) $6x - z$

12-3

1. -18 3. 1 5. 0 7. 不存在 11. $g(x) = 2x$

12-4

1. $(2xy + 3y)\mathbf{i} + (x^2 + 3x)\mathbf{j}$
3. $< 2xy \cos y, x^2(\cos y - y \sin y) >$
5. $xe^{x-z} < y(x+2), x, -xy >$
7. $< 0, -2\pi >, z = -2\pi y + \pi - 1$
9. $w = 7x - 8y - 2z + 3$ 13. $(1, 2)$

12-5

1. $\dfrac{8}{5}$ 3. $\dfrac{52}{3}$ 5. $\dfrac{1}{\sqrt{21}} < -4, 2, -1 >, \sqrt{21}$
7. $\dfrac{1}{\sqrt{10}} < -3, 1 >$ 9. $\nabla f(2,1) = 4 < 1, 2 >$
11. (a) $(0, 0, 0)$ (b) $< -1, 1, -1 >$ (c) 是的

12-6

1. $12t''$ 3. $-4t^3 + 2t - 1$
5. $2(s^2 \sin t \cos t + t \sin^2 s) \exp(s^2 \sin^2 t + t^2 \sin^2 s)$
7. 72 9. $(3x^2 + 4xy)/(3y^2 - 2x^2)$
11. $\dfrac{\sin x}{ye^{-x} - z \cos x}$

12-7

1. $2(x-2) + 3(y-3) + \sqrt{3}(z - \sqrt{3}) = 0$
3. $x + y - z = 2$
5. $-0.03; -0.03015101$

12-8

1. $(2, 0)$；區域極小值 3. $(1, 2)$；區域極小值
5. 在 $(\pm 1, 0)$ 有全域極大值 2；在 $(0, \pm 1)$ 有全域極小值 0
7. 正方體 9. $y = \dfrac{7}{10}x + \dfrac{1}{10}$

12-9

1. $f(\sqrt{3}, \sqrt{3}) = f(-\sqrt{3}, -\sqrt{3}) = 6$
3. $f\left(\dfrac{6}{7}, \dfrac{18}{7}, \dfrac{-12}{7}\right) = \dfrac{72}{7}$ 5. $\left(\dfrac{8}{7}\right)^{1/2}$
7. $f\left(\dfrac{1}{\sqrt{2}}, \dfrac{1}{\sqrt{2}}\right) = 10 + \sqrt{2}$ 是極大值
   $f\left(\dfrac{-1}{\sqrt{2}}, \dfrac{-1}{\sqrt{2}}\right) = 10 - \sqrt{2}$ 是極小值
9. $f\left(\dfrac{2}{\sqrt{5}}, \dfrac{8}{\sqrt{5}}\right) \approx 29.9443$ 是極大值

13-1

1. 14 3. 4 5. 10 7. 520 11. (a) -6; (b) 6

13-2

1. 48 3. 1 5. $e - 2$ 7. $\dfrac{\pi}{2}$ 9. 2 11. 124
13. $\dfrac{45(e^4 - 1)}{4e^4}$ 15. $\left(\dfrac{1}{4}\right) \ln 2$

13-3

1. $\dfrac{3}{4}$ 3. $\dfrac{1}{2}(e^{27} - e)$ 5. $\dfrac{(2 - \pi)}{8}$ 7. $e - 2$
9. 0 11. $4\tan^{-1} 2 - \ln 5$ 13. 20 15. $\dfrac{4}{15}$

17. $\int_0^1 \int_y^1 f(x,y)dxdy$ 19. $\dfrac{256}{15}$

13-4

1. $\dfrac{1}{12}$ 3. $4\sqrt{2}$ 5. $\pi a^2/8$ 7. $\pi^3/48$

9. $2\pi/3$ 11. $\pi(2-\sqrt{3})/2$ 13. $\dfrac{\pi}{3}(18^{3/2}-10^{3/2})$

13-5

1. $m=30; \bar{x}=2; \bar{y}=1.8$
3. $m \approx 0.1056; \bar{x} \approx 0.281; \bar{y} \approx 0.581$
5. $I_x \approx 269; I_y \approx 5194; I_z \approx 5463$
7. $k; 2k; \left(\dfrac{4}{3}, \dfrac{2}{3}\right)$ 9. $\bar{r}=\sqrt{5/12}$ $a \approx 0.6455a$

13-6

1. $\sqrt{61}/3$ 3. $9\sin^{-1}\left(\dfrac{2}{3}\right)$ 5. $\dfrac{\sqrt{5}}{2}+2\ln\left[\dfrac{(\sqrt{5}+1)}{2}\right]$

7. $\dfrac{(17^{3/2}-1)}{6}\pi$ 11. (a) $\dfrac{\pi}{24}(37^{3/2}-1)$ (b) 15.4233

13-7

1. -40 3. $\dfrac{2}{3}$ 5. $\int_0^1\int_0^3\int_0^{\frac{1}{6}(12-3x-2y)} f(x,y,z)dzdydx$

7. $\int_0^{2/5}\int_{x/3}^{(4-x)/2}\int_0^{4-x-2z} f(x,y,z)dydzdx$ 9. $\dfrac{128}{15}$

11. $\bar{x}=\bar{y}=\bar{z}=3a/8$

13-8

1. $V=108\pi$ 3. $V=\dfrac{4}{3}\pi a^3$ 5. 8π

7. $\bar{x}=\bar{y}=0; \bar{z}=\dfrac{16}{3}$ 9. $\bar{x}=\bar{y}=0; \bar{z}=2a/5$

13-9

3. $J=-4$ 5. $x=u/2+v/2; y=u/4-v/4; J=\dfrac{-1}{4}$

7. $x=\sqrt{u}; y=\dfrac{v}{\sqrt{u}}; J=\dfrac{1}{2u}$ 9. 0

14-1

7. $<2x-3y, -3x, 2>$ 9. $2yz; <z^2, 0, -2y>$
11. (a)無意義   (b)向量場   (c)向量場   (d)純量場
    (e)向量場   (f)向量場   (g)向量場   (h)無意義

14-2

1. $14(2\sqrt{2}-1)$ 3. $\dfrac{100}{3}$ 5. 1 7. $k(17\sqrt{17}-1)/6$
9. 1.5 11. $C_1:$正 $C_2:$零 $C_3:$正

14-3

1. $f(x,y)=5x^2-7xy+y^2+C$
3. $f(x,y)=2xe^y-ye^x+C$
5. 14 7. 3 9. $f(x,y,z)=\dfrac{-k}{2}\ln(x^2+y^2+z^2)$

14-4

1. $\dfrac{-64}{15}$ 3. 0 5. (a) 0 (b) 0 7. -2
9. (c) M, N 在$(0,0)$不連續

14-5

1. $8\sqrt{3}/3$ 3. $5\pi/8$ 5. 20
9. $\pi\left[6\sqrt{37}+\ln\sqrt{\dfrac{\sqrt{37}+6}{\sqrt{37}-6}}\right]$
11. (a) 0 (b) 0 (c) $4\pi a^4$ (d) $4\pi a^4/3$ (e) $8\pi a^4/3$

14-6

1. 0 3. $3a^2b^2c^2/4$ 5. 64 7. $\pi a^2 h$

14-7

1. 0 3. -48π 5. 2 9. $1/3$ $n \geq 3$ $n \geq 2$